MONOGRAPHIEN AUS DEM GESAMTGEBIET DER PHYSIOLOGIE DER PFLANZEN UND DER TIERE

HERAUSGEGEBEN VON

M. GILDEMEISTER-LEIPZIG · R. GOLDSCHMIDT-BERLIN
C. NEUBERG-BERLIN · J. PARNAS-LEMBERG · W. RUHLAND-LEIPZIG

NEUNUNDZWANZIGSTER BAND

WUNDKOMPENSATION TRANSPLANTATION UND CHIMÄREN BEI PFLANZEN

VON

N. P. KRENKE

BERLIN
VERLAG VON JULIUS SPRINGER
1933

WUNDKOMPENSATION TRANSPLANTATION UND CHIMÄREN BEI PFLANZEN

VON

PROFESSOR N. P. KRENKE

LEITER DER ABTEILUNG FÜR PHYTOMORPHOGENESE
AM TIMIRIASEFF-INSTITUT · MOSKAU

ÜBERSETZT VON

DR. N. BUSCH
KIEL

REDIGIERT VON

DR. O. MORITZ
PRIVATDOZENT AM BOTANISCHEN INSTITUT
DER UNIVERSITÄT KIEL

MIT 201 ABBILDUNGEN IM TEXT
UND AUF ZWEI FARBIGEN TAFELN

BERLIN
VERLAG VON JULIUS SPRINGER
1933

ALLE RECHTE VORBEHALTEN.

ISBN-13: 978-3-642-98471-6   e-ISBN-13: 978-3-642-99285-8
DOI: 10.1007/978-3-642-99285-8
Softcover reprint of the hardcover 1st edition 1933

UNSERE ARBEIT AN DIESER AUSGABE DES WERKES

WIDMEN WIR

HERRN PROFESSOR DR. G. TISCHLER

IN DANKBARKEIT UND VEREHRUNG

N. BUSCH O. MORITZ

Vorwort des Autors zur deutschen Übersetzung.

1. Die deutsche Ausgabe dieser Arbeit verdankt der Initiative einiger deutscher Naturwissenschaftler ihre Entstehung und wurde in erster Linie von Herrn Professor TISCHLER, der das Buch teilweise im russischen Original kannte, unterstützt.

Dieser deutschen Ausgabe wurde die russische Arbeit „Chirurgie der Pflanzen" aus dem Jahre 1928 zugrunde gelegt. Die notwendigen Umarbeitungen und Ergänzungen waren so ausgedehnter Art, daß die deutsche Ausgabe ein vollkommen neues Werk darstellt. Dementsprechend wird die russische Arbeit (1928) zitiert, soweit es sich um Hinweise auf bestimmte Meinungsäußerungen handelt.

Der Umfang der deutschen Ausgabe ist dadurch auf das $1^{1}/_{2}$fache der russischen Arbeit (1928) angeschwollen. Diese Zunahme des Umfanges ergab sich hauptsächlich aus der Einfügung einer Reihe eigener experimenteller Arbeiten, welche seit 1927 ausgeführt wurden und erst jetzt in der vorliegenden deutschen und der gleichzeitig erscheinenden russischen Ausgabe des Werkes veröffentlicht werden.

Es wird durchweg in dieser Arbeit das Hauptgewicht auf eigene Untersuchungen gelegt. Da aber das dazugehörende Literaturmaterial sich als außerordentlich reichhaltig erweist, entsteht in der Regel ein Bild vom Gesamtzustand der betrachteten Fragen. Wir wiederholen aber, daß das Werk in keinem Fall als Handbuch oder als kompilatorische Arbeit zu betrachten ist.

Auch dort, wo wir mit fremdem Material operieren, stellen die vorgenommenen Vergleiche und Systematisierungen für uns eine Arbeit von selbständigem Interesse dar.

Ich glaube sagen zu können, daß das Werk in seiner jetzigen Form ein organisches Ganzes darstellt. Natürlich trage ich als Autor lediglich die Verantwortung für dieses Ganze. Soweit Kürzungen unternommen werden, wird das nach unserer Meinung zum Schaden des Ganzen geschehen. Meinerseits hatte ich die Einwilligung zu einer Übersetzung des Werkes an die Bedingung geknüpft, daß die Abweichungen der Übersetzung vom Original lediglich durch die technischen Differenzen beider Sprachen bedingt sein sollten.

Doch habe ich mich mit der Aufnahme von Fußnoten und eines Anhangskapitels aus dem engeren Fachbereich des Redakteurs einverstanden erklärt.

Am Schlusse dieses die Organisation betreffenden Teils des Vorwortes halte ich es für meine angenehme Pflicht, denjenigen meinen Dank zu sagen, welche den Hauptanteil am Zustandekommen dieser deutschen Ausgabe haben, nämlich den Herren Professor Dr. TISCHLER, Dr. BUSCH und Dr. MORITZ, außerdem dem Herausgeber, Herrn Professor Dr. RUHLAND. Besonders schätze ich die Arbeit des Übersetzers Herrn Dr. BUSCH und die Arbeit von Herrn Dr. O. MORITZ, welcher die Redaktion der deutschen Übersetzung übernahm und weitere neue Literatur einfügte. Die außerordentlich große Mühe, welche sie mit dieser Arbeit gehabt haben, ist mir verständlich und dies destomehr, weil ich nicht immer zu dem bestimmten Termin das Material abliefern konnte.

Leider habe ich keine Möglichkeit gehabt, die Übersetzung durchzusehen, so daß ich über dieselbe nicht urteilen kann. Wenn die deutsche Ausgabe aus dem Drucke erscheinen wird, werde ich darüber meine Meinung äußern. Zugleich möchte ich mitteilen, daß gleichzeitig im Jahre 1933 dieses Werk auch in russischer Sprache erscheint, so daß es möglich sein wird, sich an das Original zu halten, falls in der deutschen Übersetzung Unklarheiten vorhanden sein sollten.

2. Unsere Arbeit beschäftigt sich wesentlich mit der experimentellen Seite des Problems, da historische Behandlungen genug vorliegen.

Einige grundlegende Arbeiten deutscher Sprache: VÖCHTING (1892, 1908), K. GOEBEL (1902, 1908), B. NĚMEC (1924), H. WINKLER (1912, 1916, 1924), KORSCHELT (1927, 1931), sowie auch einige alte französische Arbeiten, z. B. A. THOUIN (1810, 1824) bringen sowohl geschichtliche Übersichten wie auch Darstellungen der prinzipiellen Fragen der Regeneration und Transplantation bei Pflanzen. Es muß jedoch betont werden, daß die Geschichte dieser Probleme weit ins legendarische Altertum zurückreicht.

Die althebräische phantastische Schilderung des Paradieses in der Bibel zeigt, daß es sich hier sowohl um Obst- als auch um Ziergartenbau handelt. Fast das gleiche gilt auch für den Weinbau. Man muß annehmen, daß sowohl im Garten- wie im Weinbau wahrscheinlich schon zu Beginn der Entstehung organisierter Pflanzungen verschiedene chirurgische Operationen an der Pflanze vorgenommen wurden. D. h. es wurden tatsächlich schon Versuche über Regeneration, vielleicht auch Transplantation der Pflanzen ausgeführt. THOUIN (1810) hat sogar Zweifel geäußert, ob bis zu seiner Zeit die Pfropfkunst theoretisch oder praktisch eine weitere Vervollkommnung erfahren habe.

Der gegenwärtige Stand des Transplantations- und Regenerationsproblems bei den Pflanzen zeigt demgegenüber wesentliche Veränderungen. Heute finden sogar schon Diskussionen statt über die Grundfragen dieser Probleme, wie z. B. über Ursachen und Mechanismus verschiedener Regenerationen, über die gegenseitigen Beziehungen der miteinander gepfropften Komponenten, die Möglichkeit verschiedener

Verwachsungen bei Pfropfungen und die dabei ablaufenden Prozesse, endlich über den Entwicklungsmechanismus verschiedener Chimären und die gegenseitigen Beziehungen der sie zusammensetzenden Komponenten. Es ist kaum anzunehmen, daß diese Diskussionen bald ein Ende nehmen werden. Die letzten 25 Jahre von 1907 an, beginnend mit den Chimären von WINKLER, haben eine Reihe neuer wichtiger Versuche, Beobachtungen und theoretischer Konstruktionen gebracht. Die Dinge liegen bis jetzt so, daß alle Aussichten für eine Weiterentwicklung der Arbeiten auf diesem Gebiet gegeben sind. Gerade in den letzten 25 Jahren sind die Fragen der Transplantation und zum Teil auch der Regeneration aus dem jahrhundertelangen Zustand der Ruhe in den Zustand der Bewegung übergegangen.

Unser Ziel war, mit dieser Arbeit einen bescheidenen Teil zu dieser Bewegung beizutragen. Das gilt hauptsächlich für die Fragen der Transplantation an Pflanzen, wobei das Chimärenproblem einbegriffen ist. Was die Regeneration anbelangt, so haben die oben angeführten Arbeiten ein so reiches Tatsachen- und Literaturmaterial gebracht, daß wir es nicht für nötig hielten, uns diesen Fragen mit der Ausführlichkeit zu widmen, die sie wohl verdienen. Wir haben das Material systematisiert und einige eigene Untersuchungen und auch einige neue Arbeiten anderer Autoren angeführt. Wir widmen bei unseren Arbeiten im allgemeinen, und speziell bei denen über Regeneration und Transplantation, unsere Aufmerksamkeit insbesondere den Fragen der Variabilität. Das veranlaßt uns sehr häufig zu Berechnungen dieser Variabilität. Weiter interessieren uns besonders solche Abweichungen, die manchmal für Mißbildungen gehalten werden, womit wir dem Beispiel eines DARWIN, DE VRIES, GOEBEL u. a. folgen. Wir stimmen dabei grundsätzlich CHARLES DARWIN zu, daß zwischen den formbildenden Abweichungen und den Mißbildungen eine scharfe Grenze zu ziehen unmöglich ist.

Diese Art der Stellungnahme veranlaßt uns nicht selten, uns vom Versuch den entsprechenden natürlichen Erscheinungen zuzuwenden. Wir haben deshalb z. B. auch einige natürliche Verwachsungen, die Beziehung zu unserem experimentellen Gebiet haben, behandelt.

Endlich möchten wir noch betonen, daß die Fragen der Regeneration und Transplantation der Pflanzen und auch andere damit zusammenhängende Probleme in keinem Falle, wie man es manchmal annimmt, ein gewissermaßen abgeschlossenes, besonderes Gebiet der Botanik darstellen. Vielmehr steht, wenn wir selbst die unbestreitbare Notwendigkeit der Behandlung der genannten Probleme für die allgemeine Physiologie hier außer acht lassen, für uns außer Zweifel, daß diese Probleme nicht selten in einem engen Zusammenhang mit allgemeinen und speziellen Fragen der Formbildung, mit gewissen Fragen der Evolution und der Genetik stehen. Daraus ergibt sich die Notwendigkeit einer ausgedehnteren Berücksichtigung benachbarter Wissensgebiete bei Arbeiten über Regeneration und Transplantation. Besonders notwendig erscheint diese Orientierung bei solchen Arbeiten, die monographischen Charakter tragen. Dabei gibt die gewaltige Entwicklung aller genannten Disziplinen keinerlei Sicherheit, daß eine einzelne Person auch nur die wichtigsten Errungenschaften beherrscht. Es ist deshalb möglich, daß auch in der vorliegenden Arbeit, wo es nötig war, benachbarte Gebiete zu berühren, gewisse spezielle Dinge nicht berücksichtigt wurden. Das kann sich sowohl auf sachliche Fragen als auch zum Teil auf die Literaturbehandlung beziehen. Was diese betrifft, so soll nichts weniger als etwa ein vollständiges bibliographisches Verzeichnis gegeben, sondern nur die von uns benutzten Arbeiten sollen erwähnt werden. Unsere Stellungnahme zu diesen Arbeiten ist aus dem Text ersichtlich.

Außerdem führen wir eine Anzahl Arbeiten an, die uns als Quelle weiterer Literaturhinweise gedient haben, die wir im übrigen aber nicht behandeln[1]).

Bei dieser Arbeit haben mir in einigen Fällen einige Mitarbeiter meines Laboratoriums geholfen; außerdem haben A. N. KRENKE im Experiment über die Regeneration der Achselsprosse bei *Mirabilis jalapa* (s. S. 272) und T. N. BELSKAJA an der Untersuchung der buntblütigen *Mirabilis jalapa* (s. S. 775) und N. J. DUBROWITZKAJA an den Arbeiten über Monokotylenpfropfungen (S. 433) teilgenommen.

Den genannten Personen und den übrigen Mitarbeitern meines Laboratoriums sage ich hiermit meinen tiefgefühlten Dank.

Zum Schluß ist es mir eine angenehme Pflicht, die mir vom Moskauer Timiriaseff-Institut für Biologie in der UdSSR. erwiesene bedeutende Organisations- und andere verschiedenartige Hilfe hervorzuheben, denn nur infolge dieser Hilfe habe ich die Möglichkeit gehabt, dieses umfangreiche Werk in so kurzer Zeit abzuliefern.

Moskau, Ende 1931[2]).

N. KRENKE.

---

[1]) [Im Literaturverzeichnis durch Einklammerung kenntlich gemacht. M.]
[2]) Wenngleich der Hauptteil der Arbeit zu dem genannten Zeitpunkt als abgeschlossen gelten konnte, sind bis zum Januar 1933 noch einige Ergänzungen und Änderungen von mir für die deutsche Ausgabe angegeben worden.

Februar 1933. N. KRENKE.

Redaktionelle Vorbemerkung.

Der von Herrn Professor TISCHLER angeregte Plan einer deutschen Ausgabe dieses Werkes, sah eine Übersetzung der ursprünglichen russischen Arbeit und deren Ergänzung und Bearbeitung durch mich vor. Im Verlaufe der Verhandlungen ergab sich dann erfreulicherweise, daß der Autor selber die große Mühe einer völligen Neubearbeitung seines Werkes zu übernehmen wünschte, womit zweifellos die Einheitlichkeit des Werkes am besten gewährleistet war. Die Arbeit an dieser deutschen Übersetzung gliederte sich nach Vorliegen des russischen Textes also ohne weiteres einmal in die Lieferung einer möglichst wortgetreuen Übersetzung und 2. in die Redaktion dieser wörtlichen Übersetzung. Diese Redaktion war sowohl stilistischer wie sachlicher Art.

Zur stilistischen Redaktion ist zu sagen, daß dem Wunsche des Autors nach einer möglichst genauen Übersetzung seiner Arbeit der Wunsch des Herrn Verlegers und des Herrn Herausgebers sowie der eigene Wunsch des Redakteurs gegenüber stand, eine möglichst lesbare und Längen vermeidende deutsche Fassung zu finden. Es ist klar, daß diese doppelte Gebundenheit die redaktionelle Aufgabe nicht erleichterte, die ohnehin infolge des durch äußere Umstände bedingten unregelmäßigen Eintreffens des russischen Originaltextes schwierig war. Ich habe versucht, auf der einen Seite mich dem Wunsche des Herrn Autors entsprechend bei der Redaktion innerhalb der Grenzen zu halten, welche die technischen Differenzen zwischen den beiden Sprachen bedingen. Andererseits aber glaubte ich diese Grenzen so weit ziehen zu müssen, daß den stilistischen Wünschen des Herausgebers und Verlages, nicht zuletzt des Lesers, möglichst weitgehend Genüge getan wurde. Wo ich im Zweifel war, ob ich mich noch innerhalb des Bereiches der gesteckten Grenzen befände, habe ich dies anmerkungsweise vermerkt.

Derartige Redaktion steht naturgemäß schon auf der Grenze zur sachlichen Redaktion. Zu einer solchen war ich von seiten des Herrn Verlegers und des Herrn Herausgebers verpflichtet. Andererseits hatte mir der Herr Autor in liebenswürdiger Weise das Recht zur Ergänzung und Stellungnahme in Form von Diskussionen und Anmerkungen eingeräumt. In Anbetracht dessen, daß der Herr Autor sich in seinem Vorwort gegen den Handbuchcharakter seines Werkes aufs Entschiedenste verwahrt, entfiel für mich die Notwendigkeit, meinerseits durch eine vollständige und restlose Zitierung von Literatur das umfangreiche Literaturverzeichnis des Originalwerks (etwa 1400 Nummern) unnötig zu vermehren, während andererseits die Notwendigkeit bestand, zu prüfen, was noch zusätzlich aufzunehmen sei. Ich habe mich dabei im allgemeinen von dem Gedanken leiten lassen, den an sich beträchtlichen Umfang des Werkes nicht noch weiter zu vergrößern und den originalen Charakter der Arbeit nicht zu stören. Die zusätzliche Aufnahme einer Anzahl von Arbeiten (insgesamt etwa 100), die nicht berücksichtigt oder dem Herrn Autor noch nicht bekannt waren, ließ sich aber selbstverständlich nicht vermeiden. Diese Berücksichtigung fand ganz allgemein in Form von Fußnoten, die klar durch eckige Klammern und den Buchstaben M. als von der Redaktion herrührend bezeichnet sind, statt. Bezüglich der in der Arbeit berührten serologischen und Immunitätsfragen und der damit in Zusammenhang stehenden Fragen der Einführung von Fremdstoffen in die Pflanze konnte ich mich im Einverständnis mit dem Herrn Autor etwas ausführlicher fassen[1].

Mein Dank gilt zunächst Herrn Dr. BUSCH für seine aufopfernde Mitarbeit. Gemeinsam mit ihm und in seinem Namen danke ich vor allem dem Herrn Autor für die außergewöhnliche Mühe, die er sich für diese deutsche Ausgabe gemacht hat. Außerdem gilt unser tiefgefühlter Dank dem Verleger, Herrn Dr. FERDINAND SPRINGER, und dem Herrn Herausgeber, Professor Dr. RUHLAND.

Zu Dank verpflichtet sind wir ferner Herrn Professor Dr. TISCHLER für seinen Anteil am Zustandekommen der Herausgabe und Fräulein Dr. VOM BERG für tatkräftige Hilfe bei der Durchführung der Übersetzung und der Redaktion.

Kiel, Juli 1932.

O. MORITZ.

---

[1] Die bei der erstmaligen Fertigstellung des Werkes herrschende Wirtschaftskrise machte es notwendig, eine Kürzung vorzunehmen, die über den oben geschilderten Rahmen hinausging. Es ist selbstverständlich, daß ich für die Natur dieser Kürzungen und die sich aus ihnen ergebenden Unterschiede der jetzigen deutschen Ausgabe gegenüber der ursprünglichen deutschen Übersetzung die volle Verantwortung übernehme. Ich glaube das um so mehr tun zu können, als ich bemüht war, sachlich möglichst wenig zu kürzen, was auch im Sinne des Herrn Verlegers und des Herrn Herausgebers war.

Selbstverständlich litt die Zusammenarbeit mit dem Herrn Autor unter der großen territorialen Entfernung. Ich bin bemüht gewesen, die sich hieraus ergebenden Mängel durch weitgehende Revision der Literaturangaben usw. zu vermeiden. Soweit dennoch Lücken oder Fehler vorhanden sind, bitte ich, uns auf diese hinweisen zu wollen, womit ich zugleich im Sinne des Autors handele.

Kiel, Februar 1933.

O. MORITZ.

Inhaltsverzeichnis.

Erster Teil.

Klassifikation der mechanischen Einwirkungen auf die Pflanze. Die natürlichen mechanischen Einwirkungen 1

I. Natürliche Störung der Ganzheit bei Pflanzenelementen (C_1) 4
II. Natürliche Abtrennung von Pflanzenteilen (C_2) 13
III. Natürliche Verwachsung von Pflanzenteilen (C_3) 14
   1. Über den Begriff der „Verwachsung" 14
   2. Definition der Pfropfung 23
   3. Pfropfsymbiose; Definition und Klassifikation 23
   4. Natürliche Pfropfungen 24
     a) Unbestimmt zufällige, natürliche Pfropfungen 33
     b) Über Autotransplantation 43
     c) Strukturell bedingte, taxonomisch zufällige, natürliche Verwachsungen 47
     d) Physiologisch bedingte, taxonomisch zufällige, natürliche Verwachsungen 66
     e) Gemischt bedingte, taxonomisch zufällige, natürliche Verwachsungen 79
     f) Formbildende, natürliche Verwachsungen 80
       Herkunft der zweizeiligen Blattanordnung bei Ulmus und Morus. S. 83. — Stengelbildung bei Mirabilis jalapa. S. 93. — Die Bildung der Blütenkörbe bei Helianthus annuus. S. 111. — Formbildende Verwachsungen an Früchten. S. 119. — Zusammenfassende Schlußbetrachtung über formbildende Verwachsungen. S. 121.
     g) Experimentell eingeleitete natürliche Verwachsungen 124
       Experimentell eingeleitete, organisch bedingte, natürliche Verwachsungen. S. 124. — Experimentell eingeleitete, nicht organisch bedingte, natürliche Verwachsungen. S. 125.
     h) Erweiterte Klassifikation der natürlichen Verwachsungen .. 126
IV. Mechanische Verlagerung von Pflanzenteilen (C_4) ... 126
V. Überleitung zu den künstlichen (chirurgischen) Einwirkungen (Windwirkung) 136

Zweiter Teil.

Künstliche (chirurgische) Einwirkungen 139

I. Spezielle Vorbemerkungen 139
II. Über die Reaktionen von Zellen und Geweben auf die Verwundung 141
   1. Vorbemerkungen 141
   2. Über die Frage des Wundreizes 143
   3. Über den Traumatotropismus und angrenzende Probleme ... 178

Inhaltsverzeichnis.

Seite
III. Über die Wundheilung und den Ersatz abgetrennter Teile 201
1. Allgemeine Bemerkungen 201
2. Regeneration bei Pflanze und Tier 203
3. Klassifikationsschema der Wundkompensationsformen bei Pflanzen 206
4. Beispiele zum Klassifikationsschema 211
   a) Immutation 211
   b) Inkrementation (insbesondere nach Ringelung) 212
   c) Regeneration 217
      Über Spezifität des Regenerationstypus. S. 217. — Zellrestitutionen. S. 219. — Organrestitutionen. S. 221. — Reproduktionsähnliche Restitution. S. 232. — Restitutionsähnliche Reproduktion. S. 233. — Der Kallus. S. 233. — Über die Variabilität der kallusbürtigen Neubildungen (insbesondere Blattascidien und Fäden). S. 249. — Über die Ursachen der Organreproduktion. S. 259. — Chromosomenverhältnisse in traumatisch bedingten Neubildungen. S. 261. — Preventive reproduktive Nebensprosse. (Korrelative Beziehungen der Blätter zu ihren Achselsprossen bei Mirabilis jalapa.) S. 272.
IV. Über den Zustand abgetrennter Pflanzenteile 293
1. Grundprobleme der Amputatregeneration 293
2. Allgemeine und unmittelbare Regenerationsursachen 294
3. Mechanismus der Regeneration der Amputate 298
4. Die regenerative Fähigkeit verschiedener Pflanzenteile 305
5. Minimalgröße regenerierender Pflanzenteile 314
6. Die Bedeutung der ontogenetischen Stadien für die Regeneration 315
   Lebensdauer der Regenerate, S. 318.
7. Die Regenerationsfähigkeit als genetisches Merkmal 333
8. Veränderlichkeit der Regenerate 334
9. Künstliche Stimulation der Regeneration 335
10. Zusammenfassung über Stecklingsbildung 340
V. Transplantation (Umpflanzung, Pfropfungen) 341
1. Allgemeine Begriffe 341
2. Über den Verwachsungsprozeß bei Pfropfungen 347
   a) Bildung des intermediären Gewebes 347
   b) Die Isolierschicht, ihre Bildung, Bedeutung und weiteren Schicksale 370
   c) Verbindung der Leitsysteme 399
      Gefäßverbindung. S. 399. — Über die Verwachsung des Phloems. S. 422.
   d) Verwachsungsprozeß bei Monokotylenpfropfungen 433
   e) Über die Richtung weiterer Arbeiten über den Verwachsungsprozeß 454
      Allgemeine Schlußfolgerungen bezüglich des Verwachsungsprozesses. S. 457.
3. Über Ziele und Bedeutung der Pfropfexperimente 461
   a) Morphologische Fragen 461
   b) Grundsätzliches zum Problem der Beziehungen zwischen Unterlage und Reis 475
      Über die Variabilität, insbesondere die Parallelvariabilität der Transplantosymbionten. S.475. Schlußfolgerungen. S.501.

Inhaltsverzeichnis. XV

Seite

c) Physiologische Beeinflussung von Unterlage und Reis wechselseitig 502
Verschiebung der Phasen der vegetativen Entwicklung. S. 503. — Über den Übertritt organischer Stoffe. S. 505. — Übertritt von Mineralstoffen. S. 518. — Die Beeinflussung der Frostwiderstandsfähigkeit. S. 521. — Der Einfluß der Unterlage auf die Immunität des Reises und umgekehrt. S. 523. — Die Beeinflussung der p_H-Verhältnisse innerhalb der Pfropfpartner. S. 529. — Über den Einfluß der Unterlage auf die Nachkommenschaft des Reises. S. 531. — Über die Buntblättrigkeit. S. 541. — Über die Blütezeit. S. 547. — Die Pfropfung verschiedenaltriger Pflanzen. S. 549. — Über die Reizleitung in Pfropfungen. S. 553. — Schlußwort über die gegenseitigen physiologischen Beziehungen der Transplantosymbionten. S. 555.

d) Praktische Anwendung der Pfropfungen 557
Ersatz der Wurzel. S. 557. — Veränderung des Wurzelsystems der Unterlage. S. 558. — Die Bewurzelung von Stecklingen mit geringem Wurzelbildungsvermögen. S. 573. — Vermehrung von nichtkonstanten Hybriden und von somatischen Mutationen. S. 574. — Genetische Veränderung der Nachkommenschaft des Reises. S. 574. — Erhöhung der Ernte vom Reis. S. 575. — Über die Beschleunigung des Eintritts der Erntezeit. S. 575. — Änderung der Lebensdauer des Reises. S. 576. — Änderung des Wuchscharakters des Reises. S. 576. — Änderung der anatomischen Strukturen der Transplantosymbionten. S. 577. — Die Erhöhung der Widerstandsfähigkeit des Reises. S. 577. — Die Verbesserung der Geschmackseigenschaften. S. 578. — Erhöhung der Frostfestigkeit. S. 579. — Begünstigung der Kreuzbestäubung. S. 579. — Kronen von Formobstbäumen usw. S. 579. — Heranzucht von Ausstellungsfrüchten. S. 580. — Rettung schwacher Sämlinge usw. S. 580.

4. Über die verwandtschaftlichen Beziehungen der Pfropfpartner zueinander 581
5. Pfropfmethoden und Pfropfungen auf nicht bewurzelte Stecklinge 598

VI. Chimären 601
1. Definition und Klassifikation der Chimären 601
2. Pfropfchimären 605
a) Geschichtlicher Überblick 605
b) Bemerkungen zu technischen Fragen der Chimärenherstellung 610
c) Bildungsmechanismus und Bauprinzipien der Chimärenformen 614
d) Über die Labilität von Chimären verschiedener Chlamyditätsordnung 642
e) Über die Natur der Epidermis nach ihrem Verhalten in den Chimären 647
f) Weiteres zum Problem der di- und polychlamyden Chimären 656
g) Das Burdonenproblem 660
Die Crataegomespili. S. 660. — Epidermisvariabilität bei Solanum lycopersicum-memphiticum (KRENKE). S. 666. — Pilzchimären. S. 671. — Solanum lycopersicum gigas und Solanum nigrum gigas. S. 674.
h) Immunitätsverhältnisse bei Chimären 676

i) Über Solanum lycopersicum-memphiticum (KRENKE) 680
Herkunft. S. 680. — Blätter, Blüten und Sprosse. S. 683. — Morphologie der Früchte. S. 693. — Die Färbung der Früchte. S. 698. — Gewebstopographie der Früchte. S. 705. — Frostfestigkeit der Chimären. S. 708. — Unterbrochene Chimären. S. 708.
3. Stimulationschimären 710
   a) Veränderung einzelner Zellen oder Gewebsbezirke eines Organs 710
   b) Veränderung ganzer Organe der Pflanze 713
4. Kreuzungschimären 714
   Rückblick auf die künstlichen Chimären 724
5. Über die natürlichen Chimären 725
   a) Klassifikation und Vergleich mit den künstlichen Chimären . 725
   b) Zufällige natürliche Chimären 728
      Perikarpxenien. S. 729. — Weitere Beispiele. S. 731. — Die „Obscuratum"-Form bei Phaseolus. S. 737. — „Abutilon", „Andenken an Bonn" und andere buntblättrige Chimären. S. 741. — Natürliche Chromosomenchimären. S. 755.
   c) Scheinbar erbliche Chimären 757
      Über den Begriff der Vererbung. S. 757. — Plastiden und Anthocyan in Chimären. S. 759. — Vererbung der Buntblättrigkeit bei Pelargonium zonale. S. 762.
   d) Echt erbliche Chimären 770
      Über Mirabilis jalapa gilvaroseostriata. S. 775.
   e) Indirekt vererbbare Chimären 796
      Über Myosotis-Chimären. S. 796. — Verbena-Chimären. S. 797. — Gedanken zur Arbeit DEMERECs über Delphinium. S. 837.
   f) Schlußbetrachtung über künstliche und natürliche Chimären . 840
VII. Einführung von Fremdstoffen in die Pflanze 841
   a) Über den Begriff der Einführung von Fremdstoffen ... 841
   b) Erworbene Immunität 842
      Direkte Einführung. S. 842. — Indirekte Einführung. S. 846.
   c) Innere Therapie der Pflanzen und ähnliche Erscheinungen. . 852
Anhang: Betrachtungen über die serologischen Beziehungen der Pfropfpartner zueinander (O. MORITZ) 871
Literaturverzeichnis 878
Gattungs- und Artnamen 912
Namenverzeichnis 920
Sachverzeichnis 926
Berichtigungen und Nachträge 933

Erster Teil.
Klassifikation der mechanischen Einwirkungen auf die Pflanze.
Die natürlichen mechanischen Einwirkungen.

Für eine geordnete Behandlung unseres Themas ist es notwendig, alle Arten der mechanischen Einwirkung auf die Pflanze in ein bestimmtes biologisches System einzugliedern. Das weiter unten angegebene Schema gestattet uns, die Tatsachen auf Grund biologisch gleichartiger Entstehungsursachen zu gruppieren. Dieses Schema kann aber nicht alle Einzelheiten umfassen, und einige werden daher im Text besonders aufgeführt werden (s. Schema S. 2—3).

Alle Unterabteilungen des Schemas sind mit Buchstaben und Ziffern bezeichnet. Dies gestattet uns, genau darauf hinzuweisen, welchen Fall des Schemas die jeweils betrachtete Tatsache verwirklicht. Z. B. würde die Entstehung eines natürlichen Ablegers mit Durchfaulen des Stengels in folgender Weise bezeichnet werden: $T\text{-}A_1\text{-}B_1\text{-}C_2\text{-}D_2$.

Hier haben wir keinen Fall echter mechanischer Einwirkung vor uns, worauf auch in der formelmäßigen Darstellung hingewiesen wird.

Ähnliche Fälle sind deshalb mit in das Schema aufgenommen worden, weil wir es für nützlich halten, diejenigen Vorgänge, die sich zwar nicht als streng mechanische betrachten lassen, deren Endergebnis aber mit demjenigen mechanischer Prozesse übereinstimmt, hier mit zu behandeln.

Nehmen wir an, wir hätten ein Stückchen Blattstiel einer *Nicotiana* abgeschnitten und es in umgekehrter Lage auf einen Sproßzweig von *Solanum* gepfropft: Unser Schema würde den Fall folgendermaßen bezeichnen: $T\text{-}A_2\text{-}B_2\text{-}C_3\text{-}D_3\text{-}E_2\text{-}F_3\text{-}G_2\text{-}H_2\text{-}I_2\text{-}K_1\ldots$

Ein vom Zweig abgeschnittenes, bewurzeltes Efeublatt würde folgenden Fall darstellen: $T\text{-}A_2\text{-}B_2\text{-}C_2\text{-}D_1\text{-}E_1\text{-}e_1\text{-}F_1\text{-}G_3\text{-}H_2$ (das Efeublatt gibt nach der Bewurzelung keine Sprosse). Wenn eine Sproßbildung eintritt, wie beim Blatte von *Begonia rex* oder *Camelia japonica,* so würde in unserer Formelbezeichnung das letzte Glied H_1 statt H_2 heißen. Das würde bedeuten, daß das bewurzelte Blatt (bei *Begonia rex* vom Stiel oder der Spreite aus und bei *Camelia* von der Wurzel des Stieles aus, s. JANSE, 1921) einen Sproß ergibt, welcher die ursprüngliche Pflanze wiederholt.

2   Klassifikation der mechanischen Einwirkungen auf die Pflanze.

Allgemeines Schema der mechanischen Wirkungen auf die Pflanze.

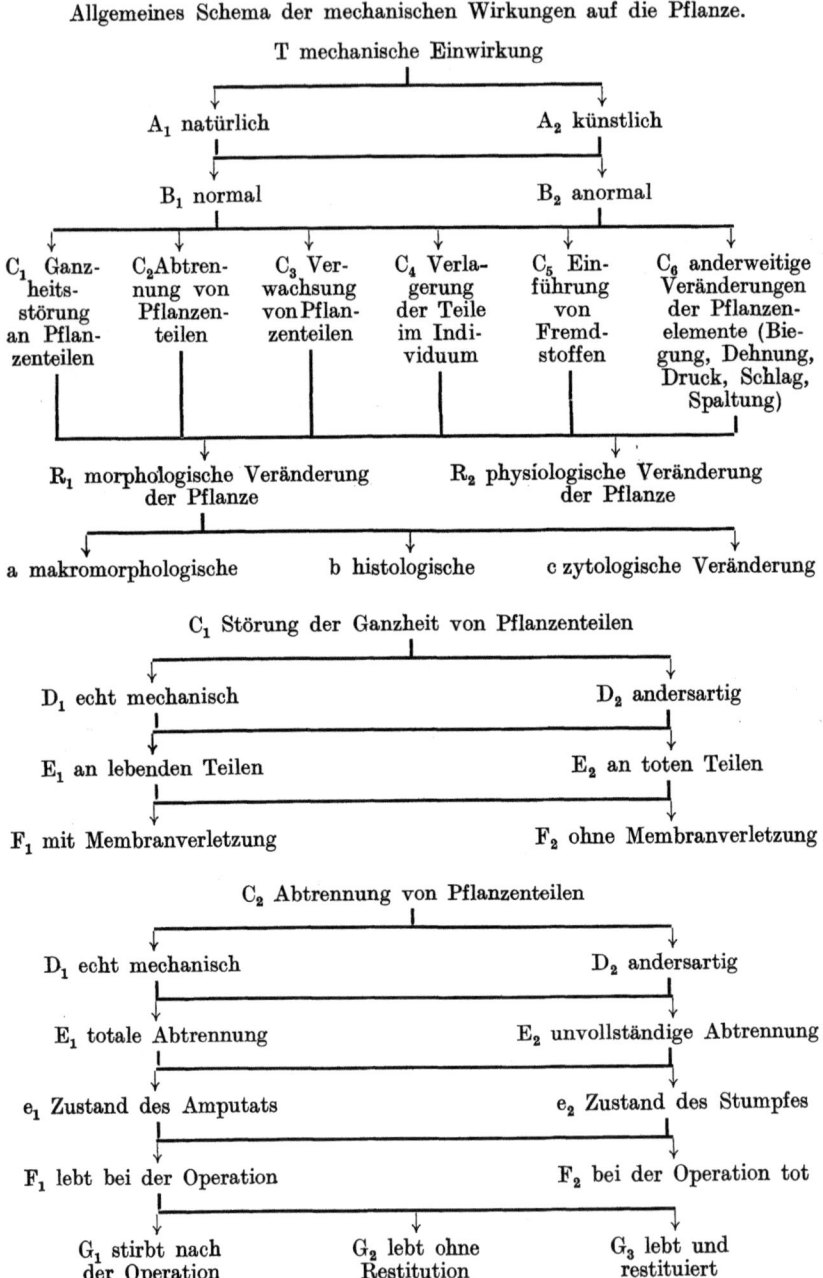

Die natürlichen mechanischen Einwirkungen. 3

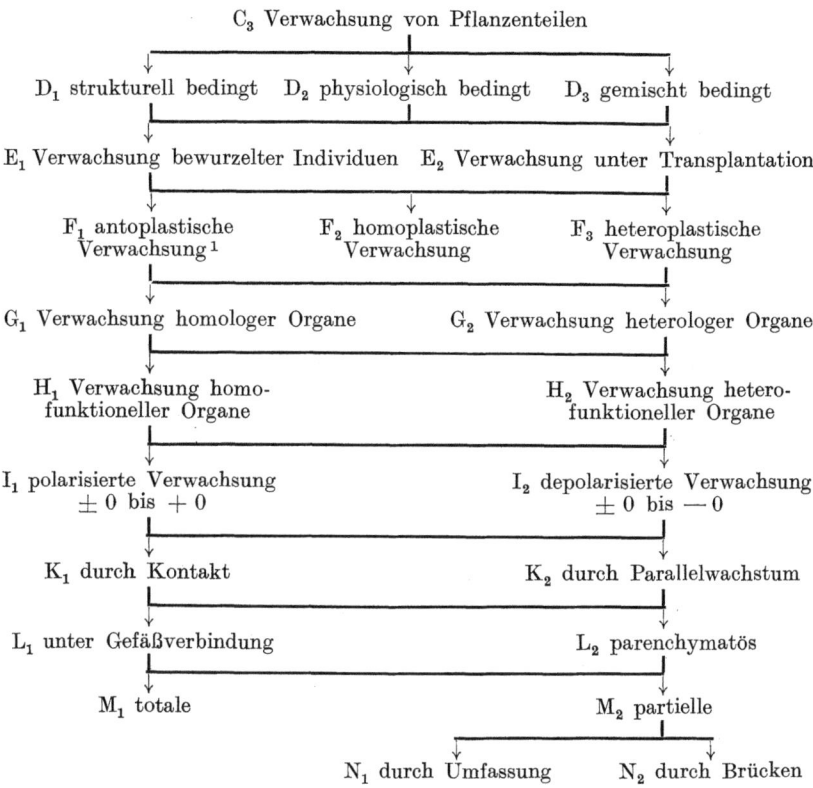

Man könnte die Einteilung noch weiter ins Einzelne führen, aber für unsere Ziele ist dies in keiner Weise erforderlich. Es ist wichtig, auf die Notwendigkeit eines klaren biologischen Schemas hinzuweisen. Selbstverständlich kann man durch eine derartige Bezeichnung nicht feststellen, welche Pflanze gepfropft wurde, welche Pflanze als Unterlage, welche als Reis diente usw. Ein Schema, welches allen diesen Forderungen entspräche, würde zu kompliziert und unübersichtlich werden. Unsere Gliederung gestattet uns, eine vorliegende Tatsache in ein System einzuordnen, und man könnte sagen, daß der formulierte Ausdruck die „biologische Adresse" des Falles wäre.

Die mechanische Einwirkung ist einer unter vielen Typen (T) der Wirkungen auf die Pflanze. Die Betrachtung des Resultats einer solchen Wirkung (s. R_1 und R_2) ist für alle Sonderfälle gleichmäßig möglich.

Wir wollen uns zunächst der Abteilung A dieses Wirkungsfaktors zuwenden, und zwar zunächst den natürlichen mechanischen Einwirkungen auf die Pflanze.

---

[1] [Vgl. Anmerkung auf S. 24. M.]

Normale Einwirkungen auf die Pflanze (B_1) wollen wir diejenigen Fälle nennen, welche man in der Natur in der Regel vorfindet. Sie sind das Ergebnis des normalen Ablaufs des Entwicklungsmechanismus und der physiologischen Prozesse bei den vorliegenden Pflanzen.

I. Natürliche Störung der Ganzheit bei Pflanzenelementen (C_1).

In erster Linie interessieren uns diejenigen Tatsachen, welche auf wirklich mechanischen (D_1) Ursachen beruhen und erst dann diejenigen, welche auf Ursachen anderer Art (D_2) zurückgehen. Um im Text überflüssige Unterabteilungen zu vermeiden, wird es bequemer sein, die abnormalen Erscheinungen neben den normalen zu betrachten.

In der Natur sind verschiedene Zerreißungen von Geweben und anderen Gebilden sehr verbreitet. Bei *Plectonema tomasinium* ist die Erscheinung der scheinbaren Verzweigung mit der Zerreißung der gemeinsamen Scheide der Fäden verbunden. Bei *Lycoperdon* öffnet sich beim Reifwerden des Fruchtkörpers die innere Schicht des Peridiums oben eventuell durch eine unregelmäßige Zerreißung. Die Absonderung von Soredien geschieht bei Flechten durch Zerreißung der Rindenschicht (s. R. WETTSTEIN, 1901). Bei vielen Farnen, z. B. *Aspidium filix mas*, befreit sich der Embryo aus dem umgebenden Gewebe unter Zerreißung dieses Gewebes. Beim Auskeimen der Samen kommt es fast stets zu einer Zerreißung von toten oder auch lebenden Geweben. Die Entwicklung von Seitenwurzeln bedingt ebenfalls eine Zerreißung von Rindenschichten, welche über der endogenen Wurzelanlage liegen. Abb. 1a (s. S. 5) stellt Wurzeln von *Mirabilis jalapa* dar, die als Reis auf *Nicotiana affinis* gepfropft war. Die Anlage einer derartigen Wurzel zeigt Abb. 1b.

Bei der Keilpfropfung bricht die Wurzel entlang den Flächen der Pfropfwunde nach außen durch, d. h. in der Richtung des geringsten Widerstandes. Es ist natürlich, daß an der Verwachsungsstelle, besonders an derjenigen einer nicht dauerhaften und nicht eigentlich gelungenen Pfropfung, wie *Mirabilis* auf *Nicotiana*, das zarte junge Gewebe sich leicht durchbrechen und zusammendrücken läßt. Deshalb (s. Abb. 1a) erscheinen zwei gleichartige Reihen von Wurzeln. Wenn man einen Steckling von *Mirabilis* sich einfach in der Erde bewurzeln läßt, so brechen die ersten Wurzeln direkt nach unten zu durch, ohne die Rinde zu verletzen. Vielmehr schieben sie diese beiseite und biegen sich unter der Rinde nach unten hin um. Gewöhnlich finden wir zu Beginn dieses Vorganges überhaupt keine Wurzeln, welche von höher gelegenen Teilen der Seitenfläche des Stengels ausgehen. Dies spricht dafür, daß die Wurzeln rein mechanisch in der Richtung des geringsten Widerstandes durchbrechen. Daher ist es verständlich, daß normale Nebenwurzeln oder Adventivwurzeln radiär und nicht in irgendeiner anderen Richtung die Rindenschicht durchbrechen. Selbstverständlich kann, wenn der Stengel nicht zylindrisch ist, oder auch, wenn Unregelmäßigkeiten in der Festigkeit der verschiedenen Rindengewebe vorliegen, der Weg der wachsenden Wurzel auch ein anderer sein. So durchbrechen Wurzeln an konisch geformten Stellen ihr Ursprungsgewebe oft nicht in der Richtung der Ebene, welche senkrecht zur Stengel- oder Wurzelachse liegt, sondern etwas geneigt nach der Spitze des Kegels zu, da hier die Entfernung bis zur Oberfläche kürzer und also der Widerstand geringer ist (vgl. ZEHENDNER, 1924). Es ist ferner die von uns entdeckte Tatsache interessant, daß an der Spitze einer durchbrechenden Wurzel des Reises von *Mirabilis* eine besonders hervorgewölbte Zellgruppe als spezielle Bildung existiert (s. Abb. 1b). Sie wirkt als Keil, welcher der Wurzel den Durchbruch erleichtert. Diese sich teilende „Spitzenzelle" der Wurzelhaube (BORODIN, 1910, S. 284), sowie die Wurzelhaube selbst stellen Erscheinungen von beträchtlichem theoretischen Interesse dar (s. ein beliebiges ausführlicheres Lehrbuch der Pflanzenanatomie).

Abb. 1a. Pfropfung von *Mirabilis jalapa* (*M. j.*) auf *Nicotiana affinis* (*N. a.*). Bei den Pfeilen: die Pfropfstellen mit Luftwurzeln.

Ähnlich wie Seitenwurzeln werden auch die Zweige von *Equisetum* angelegt. Hier beobachtet man eine bemerkenswerte Besonderheit. Normalerweise entwickeln derartige Zweige sich bei Blattpflanzen aus Knospen, welche in den Blattachseln angelegt werden. Am Schachtelhalm treten die Zweige unterhalb der Blätter aus, wobei sie die zylindrische Achse durchbrechen. FAMINTZIN (1876) hat gezeigt, daß in Wirklichkeit die

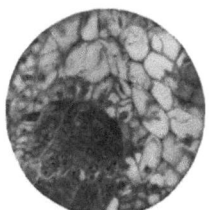

Abb. 1b. Anlage einer *Mirabilis*-Wurzel in der Pfropfung *Mirabilis jalapa* auf *Nicotiana affinis*.

Sproßknospe des Schachtelhalms in der Blattachsel angelegt wird, daß sie aber dank ihrer Anlage in der inneren Rindenschicht in der Tiefe der Blattspur unterhalb der Blattspreite durchbricht, wodurch die Bedeutung der Richtung des geringsten Widerstandes unterstrichen wird. Wenn die Knospe durch die Blattachsel hindurchbräche, müßte sie in der Rinde auf einem anderen als dem kürzesten Wege (des Stengelradius) wachsen. Dies geschieht nicht, sondern tatsächlich durchbricht die Knospe das Deckgewebe annähernd in der Richtung des Radius.

In ähnlicher Weise ist oft der Durchbruch adventiver Sproßknospen, welche auf Wurzeln vieler Dikotylen auftreten (WITTROCK, 1884), von Zerreißungserscheinungen in der Rinde begleitet. Bei verschiedenen Arten kann die Tiefe, in welcher die Anlage dieser Knospen stattfindet, sehr verschieden sein. So ist bei *Cirsium arvense, Convolvulus arvense, Populus alba, Rumex acetosa* und vielen anderen die Anlage vollkommen endogen (aus dem Perizykel). Aber bei *Ailanthus glandulosa, Rubus, Rosa*, welche sehr früh die primäre Wurzelrinde verlieren, werden die Nebenknospen scheinbar an der Oberfläche angelegt. Immerhin entstehen sie stets unterhalb der Korkschicht (M. BEIJERINK, 1886). Noch näher zur Oberfläche hin (in der 2. und 3. subepidermalen Schicht und dabei ordnungslos) werden die Nebenknospen von *Aristolochia clematis*, welche die primäre Rinde der Hauptwurzel nicht so früh verliert, angelegt.

Sämtliche angeführten Beispiele, welche man um eine große Zahl weiterer Fälle vermehren könnte (Vermehrung bei *Helodea, Mango*-Bäumen usw.), stellen normale Fälle einer natürlichen mechanischen Störung der Ganzheit von Geweben und Zellen (durch Zerreißung der Zellmembran lebender Zellen) dar. Besonders charakteristisch ist dabei der Umstand, daß sehr oft Gewebezerreißungen stattfinden, wenn es sich um den natürlichen Schutz der geschlechtlichen oder somatischen Nachkommenschaft oder überhaupt um den Schutz junger Anlagen handelt.

Dabei ist es interessant, daß der geschlechtliche, wie auch der somatische Keimling in der Regel ganz durch die umgebenden mütterlichen Gewebe geschützt ist, während die jungen Anlagen einer schon erwachsenen Pflanze in anderer Weise, welche keine Gewebszerreißung bei der weiteren Entwicklung der Anlagen mehr verlangt, geschützt werden. Wenn man berücksichtigt, daß der Schutz z. B. des Vegetationskegels eines gewöhnlichen Sprosses nicht als irgendwie ungenügend bewertet werden kann, so wird die Erwägung möglich sein, ob nicht die allseitige Umhüllung des Embryos durch mütterliches Gewebe außer durch den mechanischen Schutz, den dieses gewährt, noch durch den spezifischen Ernährungsmechanismus dieser Gewebe bedingt ist. Selbstverständlich kann diese Frage nur historisch und evolutionär betrachtet werden.

Jetzt sollen Erscheinungen des Typus (T-A-B_2-C_1-D-E-F) betrachtet werden. Wir haben dann also dieselben Verhältnisse wie oben, nur mit dem Unterschied, daß es sich nicht um für die Pflanzen normale Erscheinungen handelt (s. Schema).

Wir haben schon früher (KRENKE, 1924, 1928a, 1928b, 1931, 1933a) mitgeteilt, daß von uns eine gesetzmäßige Veränderlichkeit, nicht einfache spezielle Abweichungen (vgl. DE VRIES, 1903, BLARINGHEM, 1907, STOMPS, 1917, 1922, COULTER und LAND, 1916) des Kotyledonenapparates bei sog. ,,dikotylen Pflanzen" festgestellt worden ist. Dabei sind als Glieder der Variabilitätsreihe von monokotylen Formen bis hin zu polykotylen alle möglichen Übergänge vorhanden. Abb. 2 zeigt einige ,,monokotyle" Formen von *Helianthus annuus*. In letzter Zeit

Abb. 2. Varianten des Kotyledonen-Apparates bei *Helianthus annuus*.

(KRENKE, 1931) ist ein fünfkeimblättriger Sämling der Sonnenblume gefunden worden und früher (KRENKE, 1924) haben wir auch einen fünfkeimblättrigen Sämling von *Phaseolus vulgaris* festgestellt. Aber die Veränderlichkeit beschränkt sich nicht nur auf die Zahl der Kotyledonen mit allen Übergangsformen. Wir finden in dem bei uns untersuchten Material von *Helianthus annuus* eine ununterbrochene Reihe von Übergängen von echten lappenförmigen monokotylen Formen zu unvollkommenen, einseitig nicht ganz entwickelten Ascidien und endlich völlig ausgebildeter Kelchform (s. Abb. 3 dieser Arbeit und Abb. 9 und 10 der russischen Ausgabe 1928).

Wir haben auch kurz mitgeteilt (KRENKE, 1931), daß es uns gelungen ist, bei der Sonnenblume genetische Halbrassen mit einerseits hoher Prozentzahl von tri- und tetrakotylen Sämlingen und Übergangsformen zu diesen und andererseits solche mit großem Prozentanteil monokotyler Sämlinge mit Übergangs- und Ascidialformen festzustellen (vgl. DE VRIES, 1903, S. 321, u. a.). Und zwar begegnete man bei der ascidialen monokotylen Halbrasse fast keinen trikotylen Exemplaren oder Übergangsformen zu diesen und noch weniger irgendwelchen tetrakotylen Individuen.

In der polykotylen Halbrasse kommen monokotyle oder gar Ascidialformen fast gar nicht vor. Besonders interessant ist die Tatsache, daß wir mit der Auslese einer Rasse, welche die Abweichungen nur bis hin zur Trikotylie zeigte, im Jahre 1923 begonnen haben, ohne daß sich in den ersten Jahren eine vorzugsweise Vererbung weder der Monokotylie noch der Trikotylie erwiesen hätte. Die ganze Variationsbreite wurde vererbt.

So findet hier direkt vor unseren Augen ein gesetzmäßiger progressiver Vorgang der Formbildung im gegebenen Merkmal statt (vgl. VICTOR JOLLOS, 1931.) Wir betonen, daß die tetrakotyle Form zum erstenmal in der Nachkommenschaft eines Individuums auftrat, das die höchste Prozentzahl trikotyler Formen ergeben hatte. Die meisten Ascidialformen traten bei demjenigen Individuum auf, welches den höchsten Prozentsatz an monokotylen (in der Mehrzahl der Fälle lappigen) Formen geliefert hatte. Wir können hierüber keine ausführliche Literaturbetrachtung anstellen noch auch ausführlich beweisen, daß die lappigen und ascidialen Formen nicht als Verwachsungsprodukte betrachtet werden dürfen. Die Lappen sind keine Verwachsungsprodukte, sondern Auswüchse. Äußersten Falles wird man von einer „kongenitalen" Verwachsung sprechen

Abb. 3. Ascidialform eines Keimlings von *Helianthus annuus*.

dürfen (vgl. K. GOEBEL, 1923, S. 1591 und 1928, S. 463 und auch R. COMPTON, 1913). Wir haben schon zum Teil in früheren Arbeiten diese Frage berührt, und wollen sie in einer zukünftigen Arbeit ausführlicher behandeln.

Hier sei darauf hingewiesen, daß wir, ausgehend von den geschichtlichen Voraussetzungen der Evolutionslehre und insbesondere der Entwicklungsmechanik manchmal schon im voraus das Auftreten bestimmter, bis jetzt noch nicht festgestellter Formen erwarten können. Diese Erwartung aber bezieht sich ausschließlich auf die Form als solche; über ihr Erscheinen als stabile lebensfähige genetische Einheit wird allein die natürliche Auslese entscheiden. Diese unsere Ansicht wird ausführlicher im Kapitel über die Parallelvariabilität erwähnt werden. Gerade die ascidialen Sämlinge der Sonnenblume (wahrscheinlich auch anderer Arten, wo solche vorhanden sind) sind geeignet, unseren Satz zu belegen. Wenn man von der Entwicklungsmechanik des Kotyledonenapparates (primäre ringförmige meristematische Zone; vgl. COULTER und LAND, 1914, 1915) ausgeht, so könnte man die Ascidialformen (wie auch die oben erwähnten anderen Formen des Kotyledonenapparates) theoretisch erwarten. Sie kommen auch, wie wir sahen, in Wirklichkeit zustande. Aber wir sehen auch, daß die Lebensfähigkeit der Form begrenzt ist. Uns interessiert hier zunächst, daß sie aus einer rein mechanischen Ursache entsteht.

Der Vegetationskegel des Sprosses ascidialer Sämlinge wird bis zu einem gewissen Grade durch die wachsende Basis des Kotyledonenapparates erstickt. Die Kotyledonenscheide schließt mit ihrer Innenseite über den in der Entwicklung zurückgebliebenen Vegetationskegel des Hauptsprosses zusammen (s. Abb. 4 und 5).

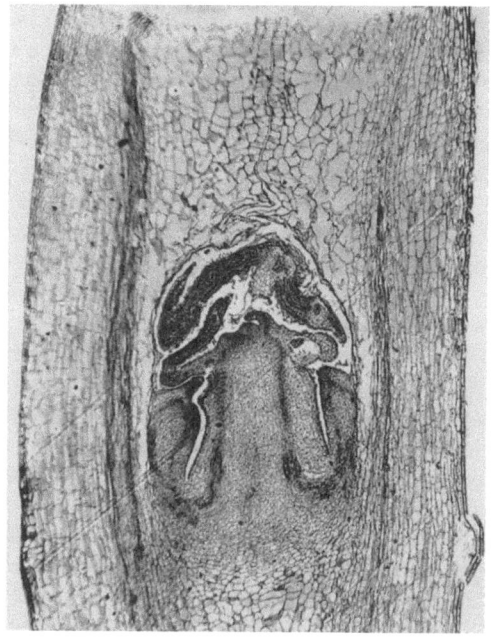

Abb. 4.

Dieser Sproß setzt seine Entwicklung fort, erfährt verschiedene Deformationen und wird oft, besonders bei vollkommen entwickelten Ascidien erstickt, da er nicht die Kraft hat, nach außen durchzubrechen.

Ein solcher ascidialer Sämling verbleibt oft noch 2—4, 5 Monate in seiner Ausgangsform, während eine normale di- oder monokotyle einjährige Pflanze in dieser Zeit das Stadium der Vollreife oder jedenfalls das Stadium der vollen Blüte erreicht.

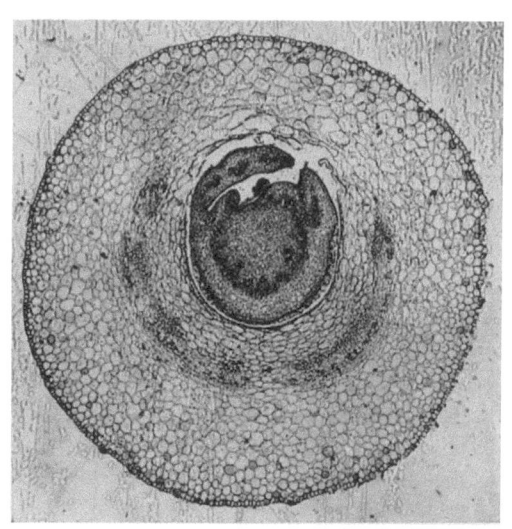

Abb. 5.
Abb. 4 und 5. Unterdrückung des Vegetationskegels in Ascidialformen von *Helianthus annuus*.

Nicht selten aber bricht der Sproß nach außen durch. Dabei zerreißt er immer in größerem oder geringerem Maße die Kotyledonenscheide und auch in der Regel das Ascidium. Nur in speziellen Fällen, wenn er seitlich in der Richtung des geringsten Widerstandes von seiten der Scheide (s. Abb. 5, schmalerer Teil, welcher kein Leitsystem hat) durchbricht und sich nach der Seite zu an dem erhaltengebliebenen Ascidium vorbeischiebt, existieren der Sproß und das Ascidium nebeneinander (russ. Ausgabe 1928, Abb. 7, S. 35).

Die Verwachsung des Sprosses mit dem ihn umgebenden Gewebe des Kotyledonenapparates haben wir niemals beobachtet, obgleich schon im jungen Zustand die genannten Gewebe aneinandergepreßt sein können.

Sehr oft kommt es ferner bei der Sonnenblume zu einer Längszerreißung an der Basis der Blattstiele (s. Abb. 43, I). Dies geschieht auf folgende Weise: Die Blätter eines Paares sind an der Basis ihrer Stiele durch eine gemeinsame Scheide, welche ringsherum den Stengel umgibt, verbunden. Beim Wachstum des Sprosses und bei seiner fortschreitenden Verdickung wird diese Scheide gedehnt, im Verlauf der Dehnung kann eine Zerreißung dort auftreten, wo wir die Stelle des geringsten Widerstandes zu vermuten haben, also am ehesten in der Längsrichtung an der Basis des Stieles.

Ein besonders grobes Beispiel für eine Zerreißung stellt die Längszerreißung durch Frostwirkung (s. auch „Sonnenspalten") dar (s. R. HARTIG, 1900, und SORAUER, 1924).

Man findet auch Fälle von Gewebszerreißungen, welche sowohl den normalen als, auch den abnormalen zugerechnet werden könnten. Als besonders charakteristisches Beispiel haben hier wahrscheinlich die Blätter von *Musa*-Arten zu gelten (z. B. *Musa ensete, Musa japonica Hort*). Im Sommer zerreißt der Wind in der Regel die Spreiten der erwachsenen Blätter, so daß die fiederartig gegliedert erscheinen. Diese Blätter setzen aber ihre normale Funktion weiter fort. Diese Erscheinung kann man als vollkommen normal bezeichnen, da sie regelmäßig geschieht und verursacht wird durch geringe Elastizität und die geringe Dauerhaftigkeit der Gewebe, welche wir in der Spreite dieses Riesenblattes finden. Andererseits kann man diese Zerreißung auch als biologisch abnormal für die *Banane* bezeichnen, da sie nicht im Zusammenhang steht mit den normalen Wachstumserscheinungen und den normalen Funktionen des Organs. Schützt man die *Banane* vor Wind, so zerreißen ihre Blätter fast nicht.

Etwas Entsprechendes finden wir bei anderen Arten der gleichen Familie, z. B. *Ravenala madagascariensis* oder bei der tropischen *Canna*. Ebenfalls gibt es Wirkungstypen, welche zwischen einer natürlichen und einer künstlichen Einwirkung liegen. In Obstgärten und seltener auch in der Natur brechen sehr oft Zweige, welche durch die Früchte belastet sind, ab. In diesem Falle wurden zwar die Zweige nicht künstlich abgebrochen, jedoch waren es künstliche physiologische Einwirkungen auf die Bäume (Ernährung), welche ihre Fruchtbarkeit soweit verstärkten, daß es zu einem Abbrechen des Zweiges kam.

Das Abreißen von Blättern und das Abbrechen von Zweigen durch den Wind, das Herausreißen von Bäumen durch den Orkan und das Zerreißen von Wurzelgeweben, Durchschlag von Blattspreiten durch Hagel usw., das alles sind Beispiele für natürliche, nicht normale, mechanische Störung der Ganzheit lebender Pflanzenelemente unter Zerreißung der Zellmembranen. Soweit uns bekannt ist, wurde noch nie die Frage der Einwirkung natürlicher Zerreißung lebender Elemente auf das übrige Gewebe aufgeworfen. Wie wir bei der Untersuchung der Zell- und Gewebsreaktionen auf künstliche Verwundung sehen werden, ergeben sich aus den vorhandenen Daten neue interessante Fragen bezüglich der Einwirkung von Wundstoffen. Das Fehlen einer hinreichenden Tatsachengrundlage für die Bewertung derartiger Einflüsse im Verlauf einer natürlichen Zerreißung (z. B. beim Durchbruch von Seitenwurzeln usw.) zwingt uns, auf spekulative Betrachtungen über dies Thema zu verzichten. Doch sollte die Aufmerksamkeit auf diesen Punkt gelenkt werden.

Als Beispiel für die Zerreißung lebender Gewebe ohne Zerreißung von Zellmembranen können verschiedene Erscheinungen dienen. Z. B. die Bildung von Spalten in Früchten und überhaupt Organen, in deren Inneren sich Gewebe finden, welche aus schwach miteinander verbundenen oder sogar teilweise mazerierten Zellen bestehen. Bei der Zerreißung derartiger Gewebe findet man fast immer auch Bezirke, wo die Zellen sich voneinander getrennt haben, ohne daß es zu einer Verletzung der Membranen gekommen wäre.

Auf ähnliche Weise werden durch den Wind Pilzkonidien z. B. bei *Phytophtora infestans Mont.* abgetrennt. Ebenso können durch Druck des fließenden Wassers die Coenobien und andere vegetative Bildungen grüner Algen abgetrennt werden. Aus den abgetrennten Teilen wird im allgemeinen die ursprüngliche Pflanze wieder hergestellt. Endlich finden wir in dem Prozeß des Abfallens von Blättern und Früchten geeignete Beispiele für die Abtrennung von Gewebszellen ohne Membranverletzung.

Wenn wir jetzt übergehen zu einer Besprechung der Zerreißung toter Körperteile unter Verletzung von Zellmembranen, so möchten wir zuerst Zerreißungen im Korkgewebe der Rinde nennen, welche infolge des normalen Dickenwachstums des Sprosses zustande kommen.

Als weiteres Beispiel für die Zerreißung toten Gewebes kann die Bildung gefiederter oder gelappter Blätter bei einigen Palmen dienen. W. A. DEJNEGA (1902), welcher wohl der beste Kenner dieser Frage ist, sagt folgendes:

„Die Ablösung von Segmenten voneinander kann entweder auf dem Wege der Verschleimung lebender Zellen — sog. aktive Ablösung — oder auf dem Wege der Eintrocknung und nachfolgenden Zerreißung bestimmter Gewebsbezirke der Blattspreite — sog. passive Ablösung — vor sich gehen."

Das Eintrocknen bezeichnet der Autor als Absterben von Gewebsbezirken. Bei den Palmen kommt also die Gliederung der Blattspreite entweder auf anderem als mechanischem Wege — durch Zellverschleimung — oder auf mechanischem Wege, nämlich durch Zerreißung toter Zellen, zustande. Es handelt sich hier um Arten der Gattungen *Phönix, Archantophönix Cunninghamiana, Kentia Belmoriana, Chamaedorea, Hyophorbe indica.*

Es kommt vor, daß ein Baumstamm vermöge seines Dickenwachstums den Stamm einer ihn umschlingenden Liane dehnt. Durch Störung der regelmäßigen Saftbewegung in dem Lianenstamm kann es zum Absterben der Liane kommen. Wenn diese abgestorbenen Teile in Zersetzung übergehen, so vermögen die Schlingen der Liane nicht mehr dem dicker werdenden Stamm Widerstand zu leisten: Sie zerreißen und zerfasern (KERNER, 1906).

Die Zerreißung des Korkgewebes und die Zergliederung der Palmenblätter durch Zerreißung sind für die Pflanze ganz normale Erscheinungen. Das Lianenbeispiel ist eine Erscheinung, welche wir zwischen normale und anormale Vorkommnisse stellen können. Als abnormale Zerreißung betrachten wir die Art, wie sich Weizenkörner der Sporen von *Tilletia tritici* entledigen. Etwas Ähnliches geschieht mit der Außenschicht der Gallen, welche *Ustilago maydis* an Maispflanzen hervorbringt. Hier ist die Gallenoberfläche bedeckt mit einer weißlichen Haut, welche aus abgestorbenen Zellen der Wirtspflanze und aufgequollenen Hyphen des Parasiten besteht (WORONICHIN, 1922).

Als ebenfalls nicht reinen Typus in bezug auf die Mechanik der Abgliederung haben wir auch das Abfaulen der Blätter und manchmal der Sprosse zu betrachten. Letzteres haben wir z. B. bei *Mirabilis jalapa* beobachtet, worüber wir weiter unten sprechen werden.

Vor der Abtrennung des Blattes von *Bryophyllum crenatum* wird eine Isolierschicht im Blattstiel angelegt. Es ist bemerkenswert, daß der Prozeß von unten her beginnt, wodurch das Blatt vor einer vorzeitigen Abtrennung unter dem Einfluß des Eigengewichtes bewahrt bleibt. Würde die Schicht gleichzeitig auf dem ganzen Querschnitt oder von oben her angelegt, so würde dem Abbrechen ein geringerer Widerstand entgegen stehen. Die Ursache dafür, daß die Teilungen unten beginnen, wird darin liegen, daß auf diese Zellen andersartige Reize wirken als auf die oberen. Hier haben wir eine Dehnung, dort einen Druck (KRENKE 1928 b).

Die beschriebene Erscheinung stellt ein charakteristisches Beispiel für die Störung der Ganzheit des lebenden Gewebes ohne Verletzung von Zellmembranen aber mit Zerreißung abgestorbener Elemente (Gefäße) dar. Manchmal zerreißen aber auch Epidermiszellen.

Ein ähnlicher Prozeß geht, wie D. FEHÉR (1925, 1927) gezeigt hat, bei Laub- und Nadelhölzern vor sich. Es handelt sich hier um das Abfallen von Früchten und Zapfen. GORDJAGIN (1925) hat gezeigt, daß bei einer Reihe von Sorten während des Winters eine starke Verdunstung durch die Blattnarben und auch durch die Knospen hindurch stattfindet, wenn diese nicht ganz isoliert werden:

„Es ist sehr wohl möglich, daß viele Fälle winterlichen Erfrierens einjähriger Zweige letzten Endes auf das winterliche Austrocknen, welches tatsächlich durch die Unreife der Narben und Knospen und nicht der Rinde bedingt ist, sich zurückführen lassen wird."

Im Zusammenhang damit steht nach GORDJAGIN ein Hinweis SORAUERs, der empfahl, die Blätter an solchen Sorten, deren Sprosse unter Frost leiden, im voraus abzureißen. Bei rechtzeitiger Entfernung der Blätter bleibt nach der Meinung GORDJAGINs viel mehr Zeit zur Abheilung der Blattnarben übrig. Unserer Meinung nach werden hier wahrscheinlich auch Wundreize („Hormone"), welche die Peridermbildung begünstigen, eine Rolle spielen (s. HABERLANDT, 1928). So haben wir hier alte Tatsachen, welche zeigen, daß infolge des natürlichen Prozesses des Laubfalles Pflanzen erkranken können. Wie weitgehend diese Erscheinung verbreitet ist, werden weitere Untersuchungen zeigen müssen.

Wir haben damit solche Fälle der Klasse C_1 unseres Schemas besprochen, bei welchen echt mechanische Prozesse eine Rolle spielen. Dabei haben wir es bei den Beispielen aus dem Gebiet des Abfallens der Früchte und Blätter mit Erscheinungen zu tun, welche einen Übergang zu Störungen der Ganzheit von Pflanzenelementen aus nicht mechanischen Ursachen darstellen, denn die Zellmazeration der Trennungsschicht ist hauptsächlich ein physiologischer und nicht ein mechanischer Prozeß. Auf ähnlichen Störungen beruht auch das Durchfaulen von Stengeln bei der Bildung natürlicher Ableger und die Bildung von Löchern in Fruchtkörpern mancher Pilze. Bei einigen Moosen der Ordnung der *Marchantiales* wird die Oberhaut des Sporangiums nicht gespalten, sondern sie fault durch, so daß auf diesem Wege die Sporen frei werden. Die Zellmembranen vieler Algen öffnen sich beim Geschlechtsprozeß wie auch beim Austritt von Zoosporen vielfach durch Verschleimung. Oben ist der Zerfall der Blätter einiger Palmen in einzelne Lappen infolge von Zellverschleimung beschrieben worden *(Chamaerops humilis, Cocos weddeliana, Calamus ciliaris, Rhapis flabelliformis)*. Hierher gehört auch die Zerstörung von Zellmembranen bei der normalen Bildung der Gefäße.

II. Natürliche Abtrennung von Pflanzenteilen (C_2)[1].

Die Abtrennung von toten Elementen (T-A-B-C_2-D_1-E_1-e_1-F_2) stellt eine allgemein bekannte Erscheinung dar (Beispiele dafür sind in der russischen Ausgabe 1928 auf S. 48—49 angeführt).

Die mechanische Abtrennung lebender Pflanzenelemente (T-A-B-C_2-D_1-E_1-e_1-F_1) stellt ebenfalls eine allgemein bekannte Erscheinung dar. Man findet sie besonders häufig bei der vegetativen Vermehrung

---
[1] [Vgl. noch H. PFEIFFER: Handbuch der Pflanz.-Anat., 1928. M.]

niederer wie auch höherer Pflanzen, wo die Abgliederung unter der Einwirkung des Eigengewichtes der sich vom Mutterorganismus trennenden Teile stattfindet. Auch gelegentliche mechanische Einwirkungen (Wasserströmung, Wind usw.) sind häufig die Ursachen. Bei Früchten geht Ähnliches vor sich (z. B. bei *Rhizophora*).

Über dieses Thema, wie auch über die „Abtrennung lebender Elemente ohne mechanische Einwirkung" und den „Zustand der zurückgebliebenen Pflanzenteile nach dem Verlust der abgetrennten Elemente" (T-A-B-C_2-D-E-e_2) finden sich in der russischen Ausgabe S. 48—67 ausführliche Erklärungen und Beispiele.

III. Natürliche Verwachsung von Pflanzenteilen (C_3).

1. Über den Begriff der „Verwachsung".

Die Frage der natürlichen Verwachsung der Pflanzenorgane miteinander kann nicht als vollkommen gelöst betrachtet werden. Es finden sich oft Unklarheiten bezüglich des Gebrauches des Terminus „Verwachsung". Man kann etwa folgende Sätze finden: „Diese Zellen sind zwischen den Bodenteilchen eingepreßt oder liegen ihnen an, verwachsen zum Teil mit ihnen[1]." Oder: „Diese dichte Verwachsung der Wurzelhaare mit den Bodenteilchen hilft diesen...[2]." oder es wird von der Anheftung von Wurzeln von *Tecoma radicans* an die Stammrinde und sogar an eine Wand als von einer Verwachsung gesprochen. Dabei wird darauf hingewiesen, daß die Wurzeln, welche in Berührung mit einem harten Substrat kommen, länger werden und die Wurzelhärchen sich in Saugnäpfe oder -säckchen umwandeln, welche bald an der Unterlage ankleben, dann braun werden und absterben. Sie können also in keinem Falle resorptive Funktionen ausüben (KERNER, s. oben S. 706).

Im ersten Falle wird von einer Verwachsung lebender Zellen mit toter Materie gesprochen. Wir haben dafür zwei Merkmale: 1. eine feste mechanische Verkittung und 2. eine chemische gegenseitige Wirkung. Es werden also durch die Wurzelhärchen irgendwelche Stoffe abgesondert, welche mit den Bodenlösungen in Wechselwirkung treten, und dadurch die Ernährung der Wurzel mit diesen Lösungen bewirken. Es könnte nach diesem Beispiel scheinen, als ob diese Merkmale genügten, um den Terminus „Verwachsung" gelten zu lassen. Aber für uns besteht ein großer Unterschied zwischen dieser „Verwachsung" und der Verwachsung in der Pfropfung einer Pflanze auf eine andere. WINKLER (1912) aber und andere finden keinen großen Unterschied zwischen dem pflanzlichen Substrat und dem Bodensubstrat (s. u.).

---

[1] KERNER, A.: Russische Übersetzung 1906. „Pflanzenleben", 5. Ausgabe, Bd. 1, S. 77.

[2] KELLER, B.: Bd. 1, S. 187. 1923.

In einem anderen Beispiel wird über eine Haftwurzel gesprochen und gesagt, daß die Verwachsung eine feste, mechanische Anheftung sei, d. h. eine Verkittung zwischen nicht unmittelbar lebenden Elementen (Stammkruste oder Wand auf der einen Seite und abgestorbene Wurzelrinde auf der anderen Seite). Wenn dies der Fall ist, so sind ein zusammengenieteter Kessel oder ein durch Klammern zusammengehaltener Balken (PATON, 1915) ebenfalls gute Beispiele für ,,Verwachsungen". (Selbstverständlich ist diese Gegenüberstellung absichtlich paradox gehalten.)

Wenn wir aber die Haustorien der *Orobanche,* die so eng mit den Teilen der Wirtswurzel verwächst, daß es sehr schwer ist zu entscheiden, welche Zellen dem Wirt und welche dem Parasiten angehören, oder das *Lophophytum mirabile* betrachten, welches auf Wurzeln verschiedener Pflanzen aus der Familie der Mimosen parasitiert, und bei der sich Gefäßbündel entwickeln, welche sich mit den Bündeln der Nährwurzel verbinden, indem sie sich auf diese zuwenden, so daß die Grenze zwischen dem Wirtsorganismus und Parasiten nicht genau festgestellt werden kann (KERNER, S. 184, 193), oder wenn wir an die sehr enge Verbindung der Gefäße des Parasiten *Cuscuta* mit den Gefäßen der Wirtspflanze denken (s. KOMAROFF, 1923, S. 172), so haben wir zweifellos Beispiele einer unmittelbaren Verwachsung lebender Pflanzenteile vor uns. Noch deutlicher kommt dies zum Ausdruck bei der Familie der *Loranthaceae,* wie z. B. bei *Loranthus europaeus,* welcher auf Eichenzweigen parasitiert. Allgemein bekannt ist auch *Viscum album,* welches auf Lärchen, Birken, Linden, Ulmen, Erlen und anderen Bäumen lebt. Allerdings behauptet A. MEYER (1914), daß im Falle des Parasitismus eine plasmatische Verbindung durch Plasmodesmen zwischen dem Parasiten und dem Wirt unbewiesen bleibt. Bezüglich der gewöhnlichen Pfropfungen kann man ein Gleiches sagen. Außerdem sind, wie wir noch sehen werden, gerade kürzlich sehr ernste Zweifel über die Existenz von Plasmodesmen im gewöhnlichen Sinn dieses Wortes ausgesprochen worden (JUNGERS, 1930). Dabei nimmt MEYER an, daß zwischen dem Parasiten und Wirt ebenso wie zwischen Unterlage und Reis ein Stoffwechsel existiert. Es bleibt also die Frage zu lösen, ob es einen Unterschied gibt zwischen der ,,Verwachsung" des Parasiten mit dem Wirt und der Verwachsung eines Kulturapfels mit einem wilden Apfel als Unterlage. Wir finden bei WINKLER keine eigentliche Antwort auf diese Frage, doch hat WINKLER bei Untersuchung der gegenseitigen Beziehungen aufeinander gepfropfter Pflanzen auch die Wechselwirkung zwischen Parasit und Wirt behandelt. Dabei gelangte er im Grunde für beide zu den gleichen Schlüssen (1912a). Der Autor stellt sich nicht die allgemeine Aufgabe, den ,,Verwachsungsbegriff" zu definieren, sondern betrachtet alle Fälle eines Zusammenlebens von Pflanzen vom Standpunkt ihrer gegenseitigen Einwirkung aufeinander und nach Art eines neuentstandenen Ganzen (gepfropfte

Pflanzen, Flechten, Parasit und Wirt). In einer anderen Arbeit von WINKLER (1912 b) finden wir folgende Definitionen:

„Unter Gelingen der Transplantation ist hier das zellige Verwachsen von Reis und Unterlage verstanden, in dem Sinne, daß nicht nur eine Verklebung oder ein loses äußerliches Aneinanderhaken durch indifferenziertes Verwachsungsgewebe stattfindet, sondern die Herstellung eines einheitlichen Individuums mit glatter Verbindung der Leitungsbahnen von Unterlage und Reis."

Wie man sieht, fallen unter diese Definition durchaus einige Fälle von Verwachsung des Parasiten mit dem Wirt, während dagegen Beispiele gelungener Pfropfungen bei Pilzen und Algen, wo eine „Differenzierung von Geweben" nicht statthaben kann, nicht unter die Definition fallen würden. Diese Definition des Verwachsungsbegriffes hat WINKLER von DANIEL übernommen.

Es braucht eine „vollständige" Verwachsung im Sinne von DANIEL und WINKLER dem Ergebnis nach keine „feste" Verwachsung zu sein, denn z. B.:

„Haben die Versuche, Aprikosen auf leichtem trockenem Lehm- und Sandboden unter Anwendung einer Mandelunterlage anzupflanzen, keinen Erfolg gehabt, denn es hat sich gezeigt, daß die Aprikosen auf Mandelunterlage keine genügend feste Verwachsung geben, so daß die Abtrennung des Reises von der Unterlage nicht selten eintritt, zu der Zeit wo der Baum sich schon in der Periode vollster Fruchtbarkeit befindet" (KITSCHUNOW, 1926, S. 43).

Es dürfte aber außer Zweifel stehen, daß, wenn das Reis die Fruchtreife erreicht hat, eine Verbindung der Gefäßsysteme zustande gekommen sein muß. Mit anderen Worten: Eine vorliegende Verwachsung kann dauerhaft oder nicht dauerhaft sein. GOEBEL (1889, 1923 und 1928, S. 463) behandelt den Begriff der „Verwachsung" als natürliche Erscheinung sehr ausführlich. Bei Besprechung der Verwachsung von Organen auf ein und derselben Pflanze kommt er zu der Ansicht, daß diejenige Erscheinung, bei welcher zwei Organe, die ursprünglich zweifellos getrennt angelegt wurden, sich verbinden, als echte Verwachsungen bezeichnet werden können. Als Resultat einer solchen Verbindung entsteht eine kontinuierliche Bildung. GOEBEL stellt zu den „Verwachsungen", z. B. die feste Verbindung der Ränder zweier Blätter mit Hilfe einer dicken Verkittung der Epidermalzellen ohne jegliche gegenseitige Verbindung der übrigen Blattgewebe (s. S. 75). Dabei hält der Autor eine derartige Verbindung nicht für eine „Verklebung", denn er trennt ebenso wie WINKLER und früher R. WETTSTEIN (1901) den Begriff der Verklebung von demjenigen der Verwachsung (s. z. B. 1923, S. 5191). Außerdem wendet GOEBEL noch folgende Ausdrücke an: Verschmelzung und Verwachsung. Dem Wesen nach sind die Erscheinungen gleich. GOEBEL spricht sich darüber folgendermaßen aus (1923, S. 1589):

„Wir können von einer Verschmelzung sprechen, wenn eine (wirkliche oder scheinbare) Änderung der Zahlenverhältnisse der Blütenorgane dadurch eintritt, daß aus zwei (oder mehr) Blattanlagen nur ein Blattgebilde hervorgeht, von Verwachsung dann, wenn eine Änderung der Lage durch den Zusammenhang zwischen einzelnen Blattorganen folgt. Beiderlei Vorgänge sind natürlich nicht scharf voneinander trennbar, es sind mit diesen Bezeichnungen nur zwei extreme Fälle hervorgehoben."

Wir sind vollkommen damit einverstanden, daß man es hier mit einer und derselben Erscheinung zu tun hat. Wir haben sie mit dem gemeinsamen Ausdruck „Verwachsung" belegt. Dabei sind wir der Meinung, daß die Verschmelzung tatsächlich die extreme Form einer Verbindung darstellt, während die Verwachsung (nach der GOEBELschen Bestimmung) eine Reihe gradueller Unterschiede zeigen kann und keineswegs einen Extremfall ausdrückt. GOEBEL selbst gibt viele Beispiele hierfür. Auch wir werden später einige bringen. Wir haben diese Definition von GOEBEL deshalb gewählt, weil sie, wenngleich sie sich nur auf die Verwachsungen innerhalb der Blütenregion bezieht, die allgemeine prinzipielle Seite der Sache am deutlichsten zum Ausdruck bringt. An anderer Stelle macht GOEBEL (1928, S. 463) den Verwachsungsbegriff genau so deutlich klar:

„Der Ausdruck Verwachsung wird teils in wörtlichem, teils in vergleichendem Sinne gebracht, d. h. man versteht darunter sowohl die Tatsache, daß ursprünglich getrennte Organe, sich mit ihren freien Teilen vereinigen, als die, daß man vielfach Organe, die bei gewissen Pflanzen frei, selbständig sind, bei anderen miteinander vereinigt findet, ohne daß diese Vereinigung durch eine im Laufe der Einzelentwicklung eintretende Verwachsung erfolgen würde."

Aber hier ist nur die Definition solcher Verwachsungen gegeben, welche wir weiter unten zu den formbildenden Verwachsungen stellen werden. Außerdem haben wir es hier mit einer rein morphologischen Definition zu tun, welche weder den Verwachsungsmechanismus noch die physiologischen gegenseitigen Beziehungen der verwachsenden Elemente berührt.

Allerdings wird weiter unten (S. 463) über einige Fälle des Verwachsungsmechanismus gesprochen, ohne daß diese Betrachtungen für die allgemeine Definition des Prozesses ausgenutzt würden. GOEBEL schreibt:

„Eine zeitweilige oder dauernde Verwachsung durch Nahtverbindungen tritt zwischen den Blättern der Blütenhülle in manchen Fällen bei bestimmter („klappiger") Knospenlage ein (vgl. REICHE, 1891). Entweder wachsen die einander berührenden Epidermiszellen benachbarter Blätter zahnartig zwischeneinander ein, dann können wir von einer „Zellennaht" sprechen, oder die Verzahnung erfolgt nur durch Kutikularrippen und -zapfen, Kutikularnaht. In diesen Fällen erfolgte also im Gegensatz zu den oben erwähnten die Verwachsung erst nach Ausbildung der Kutikula. Indes kann diese auch nach der Verwachsung in manchen Fällen teilweise resorbiert werden (Staminaltubus von *Lobelia* nach REICHE...)."

Endlich redet GOEBEL noch von der kongenitalen Verwachsung, die wir aber erst weiter unten behandeln wollen, da dieser Verwachsungstypus ein ganz besonderer ist. So hat also GOEBEL hier nur Definitionen für bestimmte Verwachsungsfälle vom Standpunkt der vergleichenden Morphologie gegeben.

Auch die Definition FIGDORS (1891, S. 199) scheint uns nicht ganz vollendet zu sein:

„Eine faktische Verwachsung", d. i. eine organische Verbindung ursprünglich oder künstlich getrennter Teile wird stets durch Neubildungen von Zellen vermittelt. Die hierbei stattfindende Zellbildung ist eine gewöhnliche Zweiteilung mit mehr oder minder ausgesprochenen Anklängen an die „Sprossung".

Hier läßt sich eine natürliche Verwachsung, bei welcher keine Zellteilung vor sich geht (epidermale Verwachsungen), nicht unterbringen. Weiter ist nicht klar, welche Bindung man als organische anerkennen kann, ob auch die Verbindung der Leitsysteme nötig ist oder nicht.

Die Ansicht NĚMECs (1924, S. 833) über das Wesen der Verwachsung ist aus folgenden Worten zu ersehen:

„Bei Pfropfungen an Monokotylen können sogar die beiden Bestandteile verwachsen, aber es entstehen keine Gefäßbündelverbindungen. Die ununterbrochene Kommunikation der Leitbahnen von Unterlage und Pfropfreis ist eine Bedingung des normalen Entwicklungsganges der gepfropften Pflanze (SCHUBERT, 1913)."

Mit andern Worten gesagt, lassen NĚMEC, sowohl wie GOEBEL die Anwendung des Terminus „Verwachsung" zu, ohne daß die Bedingung der Verbindung der Gefäßsysteme der beiden Komponenten (vgl. S. 401) erfüllt zu sein brauchte. Anders liegen die Dinge, wenn das Reis in diesem Falle sich schlecht entwickeln würde. Aber hier handelt es sich nicht um eine Frage der Klassifikation der Verwachsungserscheinung, sondern um das Problem des Grades der Verwachsung.

Früher hat NĚMEC geradezu die Notwendigkeit einer genauen Bestimmung des Verwachsungsbegriffes gefordert. Im Jahre 1910 schreibt er folgendes (S. 240 und 241):

„In jenen Partien, welche wirklich verwachsen, war eine Grenze zwischen beiden Pflanzen nicht gesichert festzustellen...

Verschiedene Erfahrungen haben mich zur Überzeugung gebracht, daß von einem wirklichen Verwachsen heterogener Gewebe nur dann gesprochen werden kann, wenn die die fremden Protoplasten trennenden Membranen von Plasmodesmen durchdrungen sind... Ich glaube weiter, daß zu einer derartigen Vereinigung nur gesunde Zellen fähig sind."

Weiter sagt der Autor, daß jede Verletzung einen krankhaften Zustand der Zellen hervorruft, der ihr ein Verwachsen mit einer artfremden Nachbarzelle recht schwer macht...

„Ist der krankhafte Zustand der Zelle transitorisch und kurz andauernd, so könnte dennoch eine verspätete Verwachsung eintreten, worüber ich jedoch keine konkreten Erfahrungen besitze."

Aus dem ersten Teil der Betrachtung von NĚMEC könnte man den Schluß ziehen, daß er für nicht vollkommen gesunde Zellen eine Verwachsung zuläßt, wenn auch ohne Plasmodesmenverbindung. Sein letzter Satz scheint aber darauf hinzuweisen, daß grundsätzlich für die

Möglichkeit einer Verwachsung eine vorherige Gesundung der Zellen notwendig sei. Außerdem spricht er nur von einer Verwachsung bei Geweben fremder Arten und nicht vom Verwachsungsbegriff im allgemeinen. So wird auch hier nicht alles klar.

Vöchting (1892) hält eine gute Verwachsung ohne Verbindung der Gefäßsysteme der Komponenten für möglich. So sagt (S. 116) er bei der Untersuchung der Verwachsung herausgeschnittener Wurzelstücke der roten Rübe, welche in gleicher Orientierung replantiert worden waren, daß es bemerkenswert sei, daß auf der hinteren Seite des Stückes sogar bei guter Verwachsung kein Durchtritt von Leitbündeln (von seiten der Unterlage wie auch von seiten des Reises) stattfinde.

Man muß darauf hinweisen, daß nach dem Autor eine Gefäßverbindung auch in diesem Falle zustande gekommen ist, doch an ganz anderen Flächen des Stückes. Aber seinen Ausdruck „gute Verwachsung" bezieht Vöchting auf die genannte hintere Fläche unabhängig von dem Verwachsungszustand der anderen Flächen.

Endlich sei hier noch Kabus (1912) zitiert, der (S. 26) unterstreicht,

daß „man nur dann von einer „Verwachsung" von Kartoffelknollen sprechen kann, wenn auf den operierten Flächen von der Unterlage und dem Reis aus nicht verkorkte Papillen, welche nicht nur sich berühren, sondern fest miteinander dauernd verzahnen, sich bilden".

Wir sind persönlich nicht mit der Formulierung Vöchtings einverstanden. Wir sind der Meinung, daß in diesem Falle auf der hinteren Fläche eine gute Verwachsung fehlt, denn wenn das Reis nur mit Hilfe einer gefäßlosen Verbindung sich mit der Unterlage verbunden hätte, so würde in diesem Falle unvermeidlich früher oder später das Reis eingegangen sein, oder es hätte schwer gelitten. Dabei kann nach unserer Meinung eine vollkommene Verwachsung ohne Gefäßverbindung der Komponenten vorhanden sein, wenn solche Organbezirke miteinander verwachsen, welche natürlicherweise keine Gefäßbündel enthalten. Als Beispiel davon kann noch die Beschreibung einer Verwachsung von Blattspreiten des Flieders (Abb. 15) gelten. Außerdem mag hier auf Verwachsungen bei Algen, Flechten und Pilzen hingewiesen werden, solchen Pflanzen also, welche kein Gefäßsystem besitzen. Simon (1930, S. 137—138) sagt bei der Besprechung der Angaben von Daniel über interfamiliäre Pfropfungen, daß er keine anatomischen Bilder für die Verwachsung gegeben habe,

„und es ist deshalb ungewiß, ob unter dem Ausdruck „soudure" nur eine oberflächliche Verkittung der beiderseitigen Wundgewebe oder eine wirkliche Verwachsung mit gegenseitiger Angliederung der Leitungsbahnen zu verstehen ist".

Daraus ist zu ersehen, daß Simon für eine „tatsächliche" Verwachsung das Zustandekommen einer Verbindung der Leitsysteme der beiden miteinander verwachsenen Komponenten verlangt.

Wenn man davon absieht, daß bei ihm nur von künstlichen Pfropfungen die Rede ist, so gibt FUNK (1929, S. 458—459) die allgemeinste Definition für den Verwachsungsbegriff:

„Von einer wirklichen Verwachsung zwischen zwei Pflanzen kann nur dann die Rede sein wenn der Austausch der zur normalen Entwicklung der beiden Symbionten erforderlichen Stoffe zwischen Reis und Unterlage in hinreichender Weise vonstatten geht."

Wenn FUNK von einer vollständigen Verwachsung oder wenigstens von einer guten Verwachsung gesprochen hätte, so würde diese Definition uns am meisten befriedigt haben, obgleich auch sie nicht alle Fälle und Zustände von Verwachsungen umfaßt.

Aber FUNK spricht von einer „wirklichen Verwachsung" und daraus folgt, daß jene deutlich verwachsenden Pfropfungen, bei welchem in irgendeinem Grade infolge der Pfropfung die Entwicklung des Reises abgeschwächt ist, nicht hierher passen. Wie bekannt, wird gerade mit diesem Ziel eine ganze Reihe von Pfropfungen im Gartenbau ausgeführt. Wir werden Beispiele dafür später anführen. Es kann hier tatsächlich von normaler Entwicklung des Reises nicht die Rede sein.

Der Verwachsungsbegriff wird auch in den Arbeiten der Systematiker, welche sich mit dem Entwicklungsprozeß der Pflanzen befassen, angewandt. WETTSTEIN sagt bei Beschreibung der Blüten der Familie der *Campanulaceae* folgendes (1924, S. 835):

„Staubgefäße so viele wie Kronblätter, frei, aber anfangs zumeist mit den Antheren etwas „zusammenneigend" oder dauernd etwas verbunden."

In dieser Definition ist es ziemlich unklar, was unter einer Verbindung verstanden wird, wenngleich dieses Merkmal für die Systematik wichtig ist. Einem unklaren Begriffe der „Verwachsung" begegnen wir auch bei VELENOVSKY (1907) und PENZIG (1920—1921), die verschiedene Varianten und Abnormitäten, welche im Pflanzenbau vorkommen, beschrieben. Wendet man sich der älteren Literatur zu, so finden wir bei THOUIN (1810) folgende Begriffsbestimmung für eine Pfropfung. Dabei ist völlig klar, daß es sich um das Wesen der Verwachsung handelt (S. 210):

„Die Pfropfung ist ein lebendiger Teil der Pflanze, welche, wenn sie an die andere ebensolche angeschlossen ist, mit der letzteren gleich wird (s'identifie) und wächst, als ob sie sich auf ihrem eigenen Stengel befände."

Hier gibt es keinen deutlichen Hinweis auf den Verwachsungsmechanismus und der Verwachsungsprozeß wird nach seinem physiologischen Resultat, der erfolgreichen Entwicklung des Reises, bewertet.

Man muß noch bemerken, daß auf miteinander verwachsene Pflanzen, einerlei wie dieser Ausdruck verstanden wird, auch der Begriff „Zusammenleben, Symbiose" angewandt wird (VÖCHTING, DANIEL, WINKLER, BUDER, KOSO-POLIANSKY, FUNK u. a.).

Gewöhnlich wird der Begriff „Symbiose" auf das Zusammenleben von Wurzeln einer Reihe von Pflanzen mit Pilzen, Bakterien usw. oder auf das Zusammenleben von Algen mit Pilzen (Flechten) bezogen. Hier sind aber die gegenseitigen Beziehungen der Symbionten sehr eigenartig, z. B. parasitiert bei den Flechten (s. ELENKIN, 1921) zuerst der Pilz. Dann saprophytiert er auf Kosten der Algen[1]. Beide Komponenten haben einen Vorteil aus ihrem Zusammenleben und sind manchmal nicht imstande, allein zu leben. Außer bei den Flechten gibt es noch andere Formen von Symbiose bis hin zur Symbiose der Pflanze mit dem Tier[2] (KOSO-POLIANSKY, 1921, S. 10). Es finden sich alle Übergänge von Symbiose zum Parasitismus.

Das Zusammenleben des Reises mit der Unterlage (z. B. Kirsche mit Süßkirsche als Unterlage oder der Birne auf einer Quitten-Unterlage) hat aber einen gänzlich anderen Charakter als die erwähnten Symbiosefälle. Das Reis sowohl wie die Unterlage können ebensogut und manchmal noch besser ohne ihren Partner, d. h. auf eigenen Wurzeln leben. Der Begriff der „Symbiose" ist kein elementarer Begriff und erfordert eine ernste, ins Einzelne gehende Bearbeitung. Tatsächlich muß man sogar in den Pfropfungen bei Verwendung dieses Terminus verschiedene Typen von „Symbiose" unterscheiden. Z. B. sagt DOROFEJEW (1904) in seiner Untersuchung über das Verhalten eines etiolierten Reises in Pfropfungen folgendes:

„Wenn man unter dem Begriff der gegenseitigen Symbiose die gegenseitigen Beziehungen zweier aufeinander gepfropfter autotropher grüner Pflanzen versteht, so ist am ehesten die Beziehung eines Reises, welches sich bis zur Blüte ausschließlich heterotroph auf Kosten des in der Unterlage gespeicherten Vorratmaterials ernährt, zu den Erscheinungen eines tatsächlichen Parasitismus zu stellen."

Es ist dies besonders deshalb interessant, weil es zeigt, daß sich auch bei den Pfropfungen verschiedene Stadien von der Symbiose bis zum Parasitismus aufzeigen lassen, ähnlich wie dies bei den Symbiosen von Algen mit Tieren oder mit anderen Symbionten der Fall ist.

Zusammenfassend kann man sagen, daß in die Begriffsbestimmung der „Verwachsung" nicht der differenzierte Ausdruck „Symbiose" eingeführt werden kann, so verlockend dies auch scheinen mag. Wenn man aber einen besonderen Symbiosetypus aufstellt, welcher sich nur auf bestimmte natürliche Verwachsungen bezieht, so kann sich dies als praktisch erweisen. Wir werden weiter unten die Abgliederung eines derartigen bestimmten Begriffes vornehmen.

Schlußfolgerung. Es ist am richtigsten und einfachsten, den Begriff „Verwachsung" zu definieren, indem man auf den ursprünglichen Begriff des Wortes Wachstum zurückgeht, was nichts anderes heißt, als daß eine aus Wachstum sich ergebende physiologische

---
[1] Siehe TOBLER (1925).
[2] [Vgl. weiter BUCHNER (1930), STECHE (1927) u. a. (M.).]

Verbindung von Elementen als Verwachsung bezeichnet wird. Dies Wort Wachstum könnte man besser durch das Wort „Entwicklung", worunter Wachstum und Zellteilung verstanden werden kann, ersetzen. Dann ergibt sich die folgende Formulierung: „Verwachsung" ist die Erscheinung, daß zwei oder mehr getrennt angelegte lebende Komponenten auf dem Wege der Entwicklung wenigstens eines der beiden Partner eine physiologische, gegenseitige, ohne Verletzung unzertrennliche neue Ganzheit bilden.

Wie wir weiter unten sehen werden, liegt das Wesen der ersten Periode des Verwachsungsprozesses darin, daß in Teilung begriffene Zellen dicht aneinandergeschoben werden, sich verkitten, wonach der Prozeß nicht weiter zu verlaufen braucht. In diesem Falle bildet sich dann keine Gefäßverbindung. Findet eine solche in der Folge statt, so kann selbstverständlich keine Rede von einer Trennung der beiden Komponenten ohne Gewebsverletzung sein. Nach unserer Begriffsbestimmung aber führt nicht jede Verkittung und jede Verklebung ohne weiteres zur Verwachsung. Deshalb werden wir die Verklebung einzelliger Algen (z. B. *Phormidium subfuscum, Phormidium autumnale* u. a.) nicht als Verwachsung bezeichnen.

Es wird auch die Verklebung von Antheren, wie wir sie bei *Compositen* und manchmal bei *Campanulaceen* finden, keine Verwachsung in unserem Sinne sein. In diesen Fällen, besonders im ersten, kann die Erscheinung der Verkittung durch Verschleimung der Membranen benachbarter Zellen und nicht durch Wachstum bewirkt sein. Weiter ist verständlich, daß auch dann, wenn die verkittende Substanz isolierend wirkt, d. h. gegenseitige physiologische Beziehungen zwischen den Komponenten hindert, der Verwachsungsbegriff nicht anwendbar sein wird.

Es kann aber manchmal Verklebung in Verwachsung übergehen. Dies ist aus den Verhältnissen bei künstlichen Pfropfungen und auch aus den oben angeführten Worten GOEBELs zu ersehen. Es ist klar, daß die Verbindung zweier Organe durch Verklebung oder mit Hilfe mechanischer Verkittung ohne physiologische Wechselwirkung keine Verwachsung darstellt. Aber nachdem die Kutikula resorbiert wurde, kommt es an diesen Stellen zu einer unmittelbaren Verkittung der Membranen und weiter können sogar Gefäße gebildet werden, so daß eine feste Verwachsung entsteht. Anscheinend hat dieser Prozeß in der Natur formbildende Bedeutung. WETTSTEIN (1901) sagt z. B. über die Staubfäden der Ordnung der *Synandrae* folgendes:

„Die Staubfäden, welche mehr oder weniger miteinander verwachsen sind, oder wenigstens mit verklebten Antheren...",

d. h. hier wird die Verklebung als Anfangsstadium der Verwachsung erwähnt. Zu demselben Begriff der Verwachsungserscheinung führen uns auch die Betrachtungen von GOEBEL über die Verschmelzungs-

und Verwachsungs-Prozesse (1923, S. 1589—1591 und 1928, S. 463 bis 465 u. a.).

Die übrigen angeführten Beispiele (selbstverständlich abgesehen von den allgemein bekannten Symbiosen) stellen eine wahre Verwachsung dar. Diese Verwachsung aber wird unter verschiedene Typen fallen. Im Falle der genannten Parasiten geht die mehr oder weniger feste Verwachsung mit der Bildung von speziellen Saugorganen (vgl. mit S. 15) einher. Im Falle von festen Pfropfungen wird die Verwachsung mit der Bildung einer Leitbündelverbindung der gepfropften Komponente einhergehen. Wir möchten daran erinnern, daß die Pfropfung eines chlorophyllfreien Reises auf eine grüne Pflanze, einem parasitischen Verhältnis sehr ähnlich ist. Endlich ist die weniger feste Verwachsung größtenteils (besonders bei Samenpflanzen) durch ein Fehlen einer Leitbündelverbindung zwischen Unterlage und Reis oder durch das besonders ausgeprägte Fehlen physiologischer Korrelationen charakterisiert. In verschiedenen natürlichen und künstlichen Verwachsungen können entweder einzelne Organe der Pflanze oder die Pflanzen im ganzen miteinander verwachsen. Zwischen den beiden letzten Möglichkeiten existieren auch Übergangszustände.

2. Definition der Pfropfung.

Wir werden nunmehr das Problem der parasitären Verwachsung verlassen und zu der Verwachsung durch Pfropfung übergehen. **Ich bezeichne diejenigen Verwachsungen als Pfropfungen, bei welchen auf natürlichem oder künstlichem Wege Teile solcher Pflanzen miteinander verwachsen, welche sich unter natürlichen Bedingungen in gleicher Weise ernähren**: z. B. grüne bewurzelte Pflanzen mit grünen bewurzelten Pflanzen auch dann, wenn eine der Komponenten künstlich des Chlorophylls beraubt wurde, oder Parasiten mit Parasiten oder Saprophyten mit Saprophyten usw.

3. Pfropfsymbiose; Definition und Klassifikation.

Durch solche Definition haben wir die Möglichkeit bekommen, den uns interessierenden Typus der Symbiose (s. S. 21) abzugliedern. Das Zusammenleben gepfropfter Pflanzen wollen wir als **Pfropfsymbiose** bezeichnen. Im Falle künstlicher Pfropfungen werden wir von **künstlicher Pfropfsymbiose** sprechen. Im Falle, daß die Pfropfung auf natürlichem Wege zustande kam, werden wir von **natürlicher Pfropfsymbiose** sprechen. Jeder dieser beiden Typen wird seinerseits einzuteilen sein in 1. **Transplantationspfropfsymbiose**: Der Pfropfung ging die Abtrennung der gepfropften Teile von der Mutterpflanze voran; 2. in **eigentliche Pfropfsymbiose bewurzelter Pflanzen**: Hier haben wir es mit Pfropfungen zu tun, denen keine Abtrennung der gepfropften Teile von der Mutterpflanze voranging.

Beide Arten der Pfropfsymbiose können stattfinden zwischen a) Teilen desselben Individuums: autoplastische Pfropfsymbiose, b) verschiedenen Individuen der gleichen Spezies: homoplastische Pfropfsymbiose, c) verschiedenen Individuen verschiedener Spezies oder Gattungen usw.: heteroplastische Pfropfsymbiose[1].

Danach ergibt sich folgendes Schema:

Pfropfsymbiose.

A. Natürliche
  I. Transplantationspfropfsymbiose
    a) autoplastisch
    b) homoplastisch
    c) heteroplastisch
  II. Eigentliche Pfropfsymbiose bewurzelter Pflanzen
    a) s. sub. I
    b) s. sub. I
    c) s. sub. I

B. Künstliche
  I.
    a) ⎫
    b) ⎬ s. sub. A.
    c) ⎭
  II.
    a) ⎫
    b) ⎬ s. sub. A.
    c) ⎭

4. Natürliche Pfropfungen.

Man kann zweifeln, ob die Anwendung des Ausdruckes „Pfropfung" auf die natürlichen Verwachsungen berechtigt ist. Aber uns scheint, daß hier Widerspruch allenfalls aus rein psychologischen Gründen erfolgen kann. Man hat sich eben daran gewöhnt, als Pfropfungen künstliche Transplantationen zu bezeichnen. Dabei gibt es in der Natur eine ganze Reihe vollkommener Analoga zu künstlichen Verwachsungen. Und zwar gibt es nicht nur Verwachsung durch Ablaktation unter Belassung der verwachsenen Elemente auf ihren Mutterpflanzen, sondern auch echte Transplantation, d. h. die Bildung von Unterlage und Reis unter Abtrennung des letzten von seiner Mutterpflanze. Sehr oft ist auch der Mechanismus der natürlichen Verwachsungen gänzlich dem der künstlichen gleich. So stellt sich also das trennende Moment als rein formaler Natur dar, nämlich als das Fehlen der Teilnahme der menschlichen Hand am Prozeß. Aus diesem Grunde können wir allerdings die natürlichen Pfropfungen nicht als chirurgische bezeichnen, wenn man den strengen Sinn dieses Wortes aufrechterhalten will.

---

[1] [Da im Deutschen die Gefahr einer Verwechselung zwischen „autoplastischer Pfropfung" und Autotransplantation (Selbstpfropfung) kaum vorliegen dürfte, wird hier abweichend vom russischen Original die in der Botanik und Zoologie bisher gebräuchliche Nomenklatur (vgl. KÜSTER, 1925a und DÜRKEN, 1929) beibehalten, um keine Verwirrung anzurichten. Im russischen Original wird a) als „Homopfropfung", b) und c) als „Heteropfropfung" bezeichnet, worauf hier hingewiesen sei. M.]

Es existieren aber natürliche Pfropfungen, bei denen sich prinzipiell besondere Züge aufweisen lassen. Wir denken hier an gewisse spezielle Voraussetzungen, welche für eine sehr wichtige Gruppe der natürlichen Verwachsungen nötig sind. Dabei handelt es sich hier nicht um die Fähigkeit zum eigentlichen Verwachsungsvorgang, weil dieser in gleicher Weise für alle natürlichen Pfropfungen gilt. Das spezifische Moment für diese Reihe natürlicher Pfropfungen ist das formbildende Element in der evolutionären Bedeutung dieses Begriffes. Die künstlichen Pfropfungen haben tatsächlich keinerlei Beziehungen zur somatischen evolutionären Formbildung. Wir haben hier den Ausdruck somatische Formbildung angewandt, weil, wenngleich die Fixierung der Form während der Evolution das Resultat des generativen Systems ist (vgl. S. NAVASCHIN, 1928), doch im Prozeß der ontogenetischen wie auch der evolutionären Formbildung eine Wechselwirkung zwischen der somatischen und generativen Entwicklung und umgekehrt vorhanden ist. Wir befassen uns dabei nicht mit den genetischen „Faktoren" der Merkmale, sondern mit ihrem somatischen Ausdruck in der Dynamik der somatischen Veränderlichkeit.

Außerdem haben auch die künstlichen Pfropfungen gewisse Beziehungen zur evolutionären Formbildung. Wie wir weiter unten sehen werden, sind bei künstlichen Pfropfungen die Veränderungen im generativen Apparat des Reises unter dem Einfluß der Unterlage möglich, wenngleich diese Einwirkung nicht spezifisch ist. Nach CH. DARWIN sind wir also verpflichtet, wenn wir den Menschen als einen Evolutionsfaktor betrachten, daran festzuhalten, daß die künstlichen Pfropfungen ebenfalls ein Material zur Formbildung abgeben können. Dieses Material aber ist unmittelbar abhängig nur von der Variabilität des generativen Systems des Reises unter der Wirkung des fremden Einflusses, der nicht mit der somatischen Struktur des Reises in direkter Verbindung steht.

In jener besonders wichtigen Gruppe der natürlichen Verwachsungen treten diese in unmittelbarer Verbindung mit den evolutionären somatischen Strukturen auf. Und diese Verwachsungen können eine evolutionäre Bedeutung haben für die Formbildung, welche wir als somatisch bezeichnet haben.

Wir können danach getrost von natürlichen Pfropfungen reden, müssen aber bedenken, daß ein besonders wichtiger Typus der natürlichen Pfropfung spezifische Besonderheiten aufweist. Hier haben wir es nämlich mit evolutionärer somatischer Formbildung, welche den künstlichen Pfropfbildungen fehlt, zu tun.

Es scheint, als ob in den formbildenden natürlichen Pfropfungen ein spezifischer Zustand vorläge, insofern als nämlich bei diesem Verwachsungsprozeß in der Regel ernstere Verletzungen, welche scheinbar mit den künstlichen Pfropfungen obligatorisch verbunden sind, fehlen. Aber wenngleich dies Moment im allgemeinen sehr charakteristisch ist, so kann man es trotzdem nicht als scharf begrenzend bezeichnen. Die Experimente von KÖHLER (1930 z. B.) über die Bildung von Anastomosen zwischen den Keimhyphen verschiedener Individuen und sogar verschiedener Pilzarten sind unserer Bewertung nach ein spezieller Fall von künstlichen Pfropfungen, bei denen jedoch jegliche traumatische Einwirkung fehlt. Die Anastomose einer Hyphe tritt im künstlichen Milieu an eine Hyphe eines anderen Individuums und verwächst mit ihr an ihren Enden. Die Verwachsung geht auf dem Wege einer Auflösung und Verschmelzung entsprechender Membranbezirke vor sich.

Diesen ähneln, wenngleich nur eine Verkittung vorhanden ist, eine Auflösung der Membranen aber fehlt, die künstlichen Verwachsungen von Organen höherer Pflanzen, welche auch auf natürlichem Wege leicht miteinander verwachsen, wie z. B. die Luftwurzeln von *Chlorophytum comosum*. Auf der anderen Seite wirkt bei natürlichen formbildenden Verwachsungen, wenn auch sehr selten, der gegenseitige Druck der miteinander verwachsenden Teile mit. D. h. hier haben wir eine gegenseitige mechanische Einwirkung, welche sehr schwer vom Trauma abzugrenzen ist, wenn man unter dem letzteren durchweg nicht nur mechanische Störungen der Gewebe unter Verletzung der Zellmembranen, sondern auch gewisse, wenn auch sehr geringe Störungen in den Protoplasten unter der Einwirkung von Druckkräften auf die Zelle ohne Membranverletzungen versteht.

Wenn wir das Gesagte und die weiter unten anzuführenden Zusätze berücksichtigen, so können wir die natürlichen Pfropfungen in folgender Weise einteilen:

A. Zufällige Pfropfungen.
   Sie teilen sich auf in:
   I. Unbestimmt zufällige;
   II. Taxonomisch zufällige.

B. Gesetzmäßige Pfropfungen.
   Sie teilen sich auf in:
   I. Historisch formbildende;
   II. Experimentell eingeleitete.

In der Hauptsache ist diese Einteilung unter evolutionär-systematischem Gesichtswinkel durchgeführt. Weiter unten werden ausführliche Erklärungen gegeben. Die Hauptaufmerksamkeit werden wir den historisch formbildenden Pfropfungen zuwenden, wenngleich unser Hauptthema und der Umfang dieses Buches uns nicht gestatten, uns in spezielle systematische Betrachtungen zu vertiefen.

Weiter werden wir alle Typen natürlicher Pfropfung unter dem Gesichtswinkel des Mechanismus, nach dem der Kontakt der Komponenten zustande kommt, in zwei Gruppen einteilen:

A. Kontaktpfropfungen und B. Pfropfungen durch Parallelwachstum.

Als Kontaktpfropfungen werden solche Verwachsungen bezeichnet, welche infolge der Berührung einzelner Bezirke der verwachsenden Organe auf irgendwelchen Stufen ihrer Entwicklung — jedoch nicht in den ersten Stadien ihrer Anlage — vor sich gehen. So erweisen sich die Organe dieses Typus nicht ihrer ganzen Länge nach, sondern nur an einer oder an einigen getrennten Stellen bei getrennter Basis miteinander verwachsen. In den Zwischenräumen zwischen diesen Verwachsungsstellen bleiben die Organe äußerlich voneinander unabhängig. Nur äußerlich deshalb, weil eine innere Abhängigkeit der genannten Teile infolge des Stoffaustausches durch die Verwachsungsbezirke bestehen kann.

Pfropfungen durch Parallelwachstum wollen wir solche Verwachsungen von Pflanzenteilen nennen, die entlang irgendeines ununterbrochenen Bezirkes von der Basis der Anlage her infolge parallelen Wachstums entstanden sind. Hier also wachsen ursprünglich voneinander unabhängige Vegetationspunkte von Anfang an nebeneinander in ununterbrochener Berührung her und pfropfen sich im Verlaufe der Entwicklung einer an den andern. Der Extremfall einer Parallelpfropfung wird die volle Verschmelzung zweier oder mehrerer Organe sein. Eine solche Verschmelzung festzustellen, gelingt nur bei Anwesenheit von Übergangsstadien, da bei der vollen Verschmelzung auch die anatomischen Merkmale eines ursprünglichen Getrenntseins der verschmolzenen Organe verschwinden können.

Parallelverwachsungen sind dem Mechanismus ihrer Entstehung nach diejenigen, welche man nach GOEBEL (1923, S. 1591 und 1928, S. 464—465) als „kongenital" bezeichnet. Mindestens stehen sie ihnen sehr nahe.

Ein formeller Unterschied zwischen diesen Verwachsungen ist durch den Umstand gegeben, daß Parallelverwachsungen neben den formbildenden Verwachsungen, zu welchen die kongenitalen gehören, auch Verwachsungen nicht formbildenden Charakters umfassen. Das ist unter anderem auch dadurch bedingt, daß unser Terminus nur den allgemeinen Verwachsungsmechanismus charakterisiert.

Weiter verlangt der Begriff „Pfropfung durch Parallelwachstum" nur wirklich unabhängige Vegetationspunkte der erwachsenen Elemente ohne Rücksicht darauf, ob die mit diesen Vegetationspunkten abschließenden Anlagen an ihrer Basis ein einheitliches Ganzes (kongenitale Verwachsung) darstellen, oder ob diese Anlagen vollkommen unabhängig voneinander waren.

Daß wir diesen Umstand nicht berücksichtigen, beruht nicht auf Unterschätzung dieses an sich wichtigen Momentes, sondern geschieht aus der Überzeugung heraus, daß es sehr oft unmöglich sein wird, eine scharfe Grenze zu ziehen zwischen kongenital verwachsenen Anlagen und solchen Anlagen, welche als unabhängig betrachtet wurden.

Selbstverständlich handelt es sich für uns um zwei oder mehrere völlig koordinierte Vegetationspunkte.

Wir sind uns auch über den scheinbar scharfen Unterschied im klaren, der darin besteht, daß bei der kongenitalen Verwachsung sich zwei oder mehrere Vegetationspunkte, z. B. auf einem gemeinsamen Höcker herausdifferenzieren. Gerade dieser Höcker wird schon als kongenital verwachsen angenommen. Man kann nun aber alle Übergänge von zwei oder mehreren Vegetationspunkten, welche direkt aus dem ursprünglichen Vegetationspunkt hervorgehen, bis zu Vegetationspunkten, welche sich aus einer ihnen gemeinsamen Basis absondern, finden. Niemand wird wahrscheinlich die einander gegenüberliegenden Blätter von *Syringa vulgaris* oder *Sambucus racemosa* für kongenital an ihren Basen verwachsen halten. Bei *Helianthus annuus* haben wir den umgekehrten Fall, da man, vom ontogenetischen Standpunkt aus gesehen, eine deutliche kongenitale Verwachsung der Blattscheide der beiden gegenüberliegenden und eventuell auch etwas gegeneinander verschobenen Blätter hier dauernd findet. Wie schon oben bemerkt wurde, ist beim Kotyledonenapparat einiger Rassen der *Sonnenblume* ontogenetische kongenitale Verwachsung festzustellen. Bei anderen Rassen aber ist diese Verwachsung nicht so deutlich, und es können sogar Unstimmigkeiten bezüglich der Annahme einer solchen Verwachsung entstehen.

Außerdem besitzen wir Präparate von Vegetationskegeln des Sprosses von *Syringa vulgaris*, wo die Kernteilungsbilder einen besonders aktiven Meristemring um die Kegelspitze herum bezeichnen. Hier ist also die Voraussetzung zur Bildung eines Ringwalles vorhanden. Und gerade von diesem Ring werden dann zwei, manchmal drei und sehr selten viele Anlagen gesondert angelegt. Man könnte sagen, daß diese Anlagen nicht unabhängig voneinander, sondern auf einer ihnen gemeinsamen meristematischen Zone angelegt werden. Dann hätten wir hierin ein ontogenetisches Merkmal ihrer kongenitalen Verwachsung zu sehen (vgl. COULTER und LAND, 1914, 1915). Wir hätten nur ein sehr frühes Stadium verfolgt, was man für gewöhnlich tut, wenn man einen schon entwickelten oder sich abzeichnenden Wall (Höcker) und unabhängige Anlagen beobachtet. Dabei ist es möglich, Fälle zu finden, wo diese letzteren aus einer für sie gemeinsamen, meristematischen Basis herstammen. Der verbindende Teil dieser Basis hat die Teilungsfähigkeit verloren, da sich ein gemeinsamer Höcker oder eine andere gemeinsame Grundlage für die ihr Wachstum fortsetzenden Vegetationskegel nicht gebildet hat.

Scheinbar stellt die systematische Charakteristik der vorliegenden Pflanze ein besonders sicheres Kriterium für kongenitale Verwachsungen dar. Aber in bestimmten systematischen Einheiten ist es nicht schwer, viele Beispiele für das Vorhandensein aller Übergänge von Verwachsungen, welche als kongenital aufgefaßt werden, bis zu Anlagen, welche als unabhängig bewertet werden, zu finden. Hier kann man keine

Grenze ziehen. Umgekehrt kann in anderen Fällen eine ontogenetisch der kongenitalen Verwachsung scheinbar gleiche Form durch vergleichende Forschungen nicht als solche bestätigt werden.

Auf Grund dieser Betrachtungen haben wir uns dafür entschieden, die kongenitale Verwachsung nicht als besonderen Haupttypus abzugliedern.

Als wichtigen Typus dagegen haben wir die formbildenden Verwachsungen abgetrennt. Da aber in der Regel die kongenitalen Verwachsungen zu den formbildenden gehören, so haben wir ihnen auch deshalb keine besondere Stellung zugewiesen.

Der Mechanismus des Auftretens kongenitaler Verwachsungen kann als irgendeine Variante der Verwachsungen durch Parallelwachstum angenommen werden.

Übrigens weist der Ausdruck „kongenitale Verwachsung" weder auf die biologische Seite dieser Verwachsungen, nämlich ihre formbildende Bedeutung hin, noch charakterisiert er den ontogenetischen Prozeß ihrer Bildung.

Wenn man dagegen sagt, daß eine formbildende Verwachsung vorliegt, welche in der Ontogenese durch Parallelpfropfung hergestellt wird, so scheint uns das die Tatsache, welche der Begriff „kongenitale Verwachsung" umfassen soll, besser wiederzugeben.

Wir lehnen aber diesen Ausdruck nicht gänzlich ab, weil er für die Charakteristik spezieller Fälle formbildender Verwachsungen durch Parallelwachstum bequem ist. Es ist nur schwierig, diesem Ausdruck eine besonders streng motivierte Stellung in unserer allgemeinen Klassifikation der natürlichen Verwachsungen zu geben (s. die Übersicht auf S. 127).

Verschmelzungsprozesse sind am häufigsten bei den Vorgängen der historisch formbildenden Verwachsungen. Hier kann die Verschmelzung nur vom historischen Standpunkt aus, d. h. vom vergleichend systematischen Standpunkt aus und mit Hilfe partieller Rückschläge der gegenwärtigen, verschmolzenen Form zu ihrem früheren getrennten Zustand bewiesen werden. Daher ist es verständlich, daß man solche Rückschläge nicht als Mißgeburt, Monstrosität oder teratologische Erscheinung bezeichnen kann, da man hierunter ganz zufällige Geschehnisse versteht. Selbstverständlich sind diese Rückschläge, welche Abweichungen von der gewöhnlichen gegenwärtigen Form darstellen, irgendwie anormal, aber sie sind gesetzmäßige Abweichungen, welche sich aus der historischen Entstehung der gegebenen vorliegenden Form ergeben. Man muß sich auch vor Augen halten, daß ein tatsächlich restloser Rückschlag irgendwelcher gegenwärtiger Formen in ihren ehemaligen historischen Zustand unmöglich ist. Das geht daraus hervor, daß die gegenwärtige Entwicklung der vorliegenden Form schon unter anderen korrelativen Beziehungen der Organe zueinander wie auch der physiologischen Vorgänge zueinander sowie bezüglich der äußeren Entwicklungsbedingungen verläuft.

Auf Grund ähnlicher Betrachtungen kann man es nicht für völlig ausgeschlossen halten, daß selbst MENDELsche Abspaltungen (!) der elterlichen Formen besonders in späteren Generationen keinen vollkommenen Rückschlag zu diesen Formen darstellen. Es ist möglich, daß sich sehr häufig diese Abspaltungen von den ursprünglichen elterlichen Formen in irgendwelchen Merkmalen, welche dem Auge bei gewöhnlicher Betrachtung entgehen, unterscheiden.

Dies kann infolge von Mutation irgendwelcher „Genomeren" beliebiger elterlicher Gene oder sogar infolge von Mutation ganzer Gene möglich sein. Dabei können diese Mutationen eben dadurch bedingt sein, daß sich die elterlichen Chromosomen in den für sie ungewöhnlichen Existenz- und Entwicklungsbedingungen der hybriden Form befanden. Diese Annahmen stimmen im ganzen mit den Angaben verschiedener Autoren über die größere Veränderlichkeit der Bastarde überein.

Zuerst ist zu erwähnen, daß LIDFORSS (1914, S. 13) bei der Bewertung seiner früheren Beobachtungen über *Brombeer*-Arten und über *Oenothera Lamarckiana*, bei welchen er früher Mutationserscheinungen beobachtet hatte, „bei Aussaat von Samen von geselbsteten Blüten" zu dem Schluß kam, daß es sich nicht um wahre Mutationen handelt, sondern um Nachwirkungen einer früher stattgefundenen Kreuzung. Auf ähnliche Weise erklärte er „Mutanten" der *Oenothera* für die bis jetzt wahre Mutationen angenommen wurden.

Auf diese Weise liegen nach LIDFORSS (s. die Bemerkung von TÄCKHOLM, 1922, S. 371) daher keinerlei prinzipielle Unterschiede zwischen den beiden Typen von Artbildung, die er bei den Brombeeren konstatiert hat, d. h. durch Bastardierung und durch „Mutation" vor. Als Mutation werden nur konstant gewordene Hybridabspaltungen anerkannt. Tatsächlich erweisen sich auch diese Mutationen als erblich und sind nichts weiter als Folgen eines früher vorhanden gewesenen Hybridzustandes. Das berührt selbstverständlich das Wesen der Frage, da die Tatsache der Erblichkeit wichtig ist.

In der Besprechung der Arbeiten von OSTENFELD (1921), von TÄCKHOLM (1922) u. a. über die Gattung *Hieracium tridentatum* schreibt LEWITZKY (1926, S. 18) folgendes:

„Es ist sehr wahrscheinlich, daß der Apogamie wie auch der Mutation dieser Art eine analoge... hybride Konstitution des Karyotyps zugrunde liegt, wie sie von ROSENBERG für andere nahe verwandte apogame Arten von *Hieracium* festgestellt ist.

Das Bestehen eines ursächlichen Zusammenhanges zwischen der scharfen Störung der karyotypischen Beziehungen in Form einer heterochromosomen Hybridisation und ... somatischer Mutation ist im höchsten Grade wahrscheinlich. Es ist sehr wohl möglich, daß auch einige paradoxe Bildungen, welche in der Nachkommenschaft von Interspezieshybriden entstehen, auf faktorieller Veränderung beruhen (s. IKENO, 1925). Gewöhnlich ist aber ein exakter Beweis vollkommen unmöglich, und es ist sehr natürlich, daß man alle solche Fälle auf Kosten der Einteilung bringt.

Zugunsten der Meinung, daß die karyotypischen Veränderungen das Entstehen faktorialer Veränderungen begünstigen, sprechen anscheinend auch experimentelle Angaben."

Hier ist es am Platze, noch auf die Untersuchung von ROEMER (1924) hinzuweisen. Bei dem von ihm untersuchten *Lupinus* findet er einen engen Zusammenhang zwischen der Kreuzung und der vegetativen Mutation in allen Generationen nach der Kreuzung. Dabei betont der Autor, daß hier Mutationen, die durch den Hybridenzustand verursacht wurden, und nicht sog. „vegetative Abspaltungen" vorliegen.

Auch IVANOW (1930) hat 8% Chimärenpflanzen in der F_2 der Kreuzung *Avena barbata* und *Avena sativa* beobachtet. Der Autor hält diese Chimären für Folgen somatischer Mutationen. Er betont, daß (S. 257/8) „das Auftreten von somatischen Mutationen in größerer Menge nur bei der Kreuzung von Arten mit verschiedener Chromosomenzahl festgestellt wurde. Dieses spricht zugunsten der Annahme, daß das Auftreten dieser Mutationen in diesem Falle in direkter Abhängigkeit von weitgehenden Veränderungen karyotypischer Verhältnisse (LEVITZKY, 1925) steht. Man kann das Vorkommen mutativer Variationen auch in den Geschlechtszellen annehmen. Dabei kommen hier ebenso wie auch im Falle der somatischen Mutationen außer den Transgenationen anscheinend auch chromosomale Aberrationen vor."

Weiter führt der Autor ein konkretes Beispiel für das Auftreten von Intermediärformen zwischen *Avena ludoviciana* und *Avena sterilis*, die in der Kreuzung nicht beteiligt war, in der erwähnten F_2 an.

In der letzten Zeit haben einige Autoren (M. NAVASCHIN, 1927, 1928, 1931, HOLLINGSHEAD, 1930b, AVERY, 1930) sogar Veränderungen der Formen elterlicher Chromosomen bei Zwischenarthybriden beobachtet. Die Erscheinung besteht in der Verschmelzung der Trabanten mit dem Chromosomenkörper und in Veränderung der Chromosomenmasse. Die reziproken Kreuzungen zeigen, daß diese Erscheinung, welche M. NAVASCHIN (1928) „Amphiplastie" genannt hat, nicht von dem Einfluß mütterlichen Protoplasmas, sondern von einem gegenseitigen Einfluß der fremden Chromosomen in einem Bastard abhängt. Aber anscheinend ist der Faktor der beschriebenen Veränderlichkeit der Hybriden nicht der hybride Zustand als solcher, sondern die Gleichgewichtsstörung in den Hybridenkernen. Diese Gleichgewichtsstörung kann auch durch Veränderungen der chromosomalen Zusammensetzung des Kerns unabhängig von seiner Hybridität hervorgerufen werden. M. NAVASCHIN (1931) findet z. B. einen hohen Prozentsatz von somatischen Chromosomenmutationen in der Nachkommenschaft von chromosom-anormalen Pflanzen (z. B. in der Nachkommenschaft von trisomischen Formen).

Abgesehen vom soeben Gesagten, wurde der Einfluß der Gleichgewichtsstörung bei der Kernhybridität auf die Chromosomenmutationen genetisch bei „secondary trisomies" an *Datura* (BLAKESLEE, 1924) gezeigt. Außerdem wurde die „Amphiplastie" bei *Crepis* (M. NAVASCHIN, 1929, 1931, 1932a und b) gefunden und für *Nicotiana* angenommen (CLAUSEN, 1931).

Weiter nimmt M. NAVASCHIN (1930) an, daß gewisse Knospenmutationen und „vegetative Abspaltungen" durch die Chromosomenvariationen bedingt sind. Infolgedessen haben dann benachbarte Zellen eine verschiedenartige Chromosomenzusammensetzung (Ersatz eines homologen Chromosoms durch ein anderes; Ersatz, Hinzukommen oder Verlust von nichthomologen Chromosomen usw.).

Weiter unten (s. S. 537f.) möchten wir uns noch mit den Hinweisen MITSCHURINs auf die große Veränderlichkeit von Hybriden besonders in den jungen Stadien ihrer ontogenetischen Entwicklung befassen.

Im Falle einer Bestätigung der oben ausgesprochenen Vermutung (Möglichkeit unvollkommener Rückschläge bei Abspaltung „elterlicher" Formen) würde man eine solche Erscheinung als dem Evolutionsprozeß günstig ansehen müssen, da diese „Rückschläge" neues Material für die natürliche Auslese darstellen würden.

Selbstverständlich ist es notwendig, ein hinreichendes Tatsachenmaterial zu sammeln, ehe eine derartige Ansicht angenommen werden kann. An sich halten wir ein derartiges Unternehmen nicht für hoffnungslos. Wichtig genug ist die Frage zweifellos.

Wiederum unterliegt es keinem Zweifel, daß die spezifischen Bedingungen des hybriden Zustandes nicht ausreichen, um die genannte Variabilität der Gene in solchem Maße hervorzurufen, daß dadurch bis jetzt nicht beobachtete Merkmale entstehen. Sonst würden die allgemein bekannten Spaltungsverhältnisse in F_2 unmöglich sein. Wir betonen aber, daß eine große Menge kleinster Merkmale gewöhnlich unserer Aufmerksamkeit entgeht.

Das Gesagte stimmt überein mit einem der Grundprinzipien der natürlichen Auslese, nämlich mit dem Prinzip des evolutionären Auseinanderweichens der Merkmale. In der gegenwärtigen Form fehlen gewisse Merkmale, welche bei Ahnen vorhanden waren, einerlei ob es sich um strukturelle, chemische oder physiologische Merkmale handelt. Also gibt es auch keine restlose Rückkehr zu den Ahnen.

Übrigens entwickelt CH. DARWIN (1875, Bd. 2, S. 1—36) bei der Besprechung des Rückschlags zu den Ahnen die hier mitgeteilten Betrachtungen nicht, und es scheint uns, als ob wir hier einem tiefgehenden Widerspruch zur Bewertung der evolutionären Bedeutung der Parallelveränderlichkeit durch DARWIN begegnen. Wir werden weiter unten gelegentlich der Besprechung der Bedeutung dieser Variabilitätsform für das Studium des Einflusses künstlicher Pfropfungen zurückzukommen haben.

Man wird also, wenn wir gegenwärtig einen Stengel oder ein beliebiges anderes Organ historisch aus zwei oder mehreren homologen oder gar nichthomologen Organe durch Verwachsung entstanden denken, nicht der Meinung sein dürfen, daß in der geschichtlichen Vergangenheit die das heutige Organ zusammensetzenden Teile den gleichen Bau hatten und die gleichen Prozesse beherbergten, welche wir bei den Teilen fanden, die auf unserem gegenwärtigen Individuum zum Vorschein kamen. Die gegenwärtigen, abgeleiteten Formen sind in der Regel nur eine Art von Nachhall dieser früheren, vergangenen Formen.

Wir sind der Meinung, daß man sich diese Betrachtung stets vor Augen halten muß, wenn ein Vergleich gegenwärtiger Formen mit den ältesten der Paläontologie und mit Reliktformen versucht wird.

Wir gehen nunmehr zu den oben genannten 3 Grundtypen der natürlichen Pfropfungen über, indem wir zunächst die zufälligen natürlichen Pfropfungen behandeln.

Die Zufälligkeit und die Gesetzmäßigkeit werden von uns im dialektischen Sinne aufgefaßt (s. WL. ILJIN, 1909 und ENGELs Ausgabe 1925).

Wir wenden uns zunächst der ersten Gruppe der natürlichen Pfropfungen zu (s. S. 26).

a) Unbestimmt zufällige, natürliche Pfropfungen.

Diese Gruppe teilt sich ihrerseits in zwei weitere auf:

a) Pfropfungen, bei denen wir beim gegenwärtigen Zustand unserer Kenntnisse die biologischen Faktoren ihrer Existenz nicht erkennen können, obgleich wir die zukünftige Entdeckung solcher Faktoren nicht für ausgeschlossen halten.

b) Pfropfungen, denen nur ein zufälliges Zusammentreffen irgendwelcher in bezug auf diese Pfropfungen für uns unbestimmter äußerer Bedingungen zugrunde liegt, und zwar solcher Bedingungen, die nach Belieben auch von nicht biologischem Charakter sein können.

Unter unbestimmt zufälligen, natürlichen Pfropfungen verstehen wir solche Verwachsungen von Organen einer und derselben Pflanze untereinander oder von verschiedenen Individuen, welche weder mit den historischen formbildenden Prozessen, noch auch mit der normalen Entwicklungsmechanik der vorliegenden Pflanzen im Zusammenhang stehen. Daraus geht hervor, daß diese Verwachsungen einen zufälligen, episodischen Charakter tragen und daß sie durch zufällige äußere Entwicklungsbedingungen, welche auf einzelne Individuen oder auf einzelne Organe eines Individuums wirkten, hervorgerufen werden.

Es ist selbstverständlich, daß auch den zufälligen Verwachsungen ein gewisser historischer Faktor zugrunde liegt, der aber solcher Art ist, daß man ihn auch für die künstlichen Pfropfungen in Anspruch nehmen könnte. Wir denken dabei an die Verwachsung der beiden Verwachsungspartner. Wie nämlich aus dem Gesagten hervorgeht, haben wir bei der Umgrenzung der Punkte a) und b) bei den unbestimmt zufälligen Verwachsungen (s. etwas weiter oben) die Faktoren der Verwirklichung der Verwachsung berücksichtigt. Damit wollen wir betonen, daß nicht die Rede ist von der Fähigkeit zur Verwachsung selbst, sondern von den Bedingungen, die beim Auftreten und der Verwirklichung dieser Fähigkeit mitwirken. Denn es ist klar, daß das, was überhaupt nicht verwachsen kann, auch nicht einmal eine zufällige Verwachsung geben kann. Weiter unten im Kapitel über die künstlichen Verwachsungen werden wir uns damit ausführlicher zu beschäftigen haben.

Es können sowohl homologe Organe als auch nichthomologe miteinander verwachsen. Eine zufällige Verwachsung homologer Organe kommt öfter vor als die nichthomologer (vgl. DARWIN).

Wir halten es nicht für zweckmäßig, eine größere Anzahl von Beispielen für unbestimmt zufällige Verwachsungen anzuführen. Es ist nicht schwer, sie aus einer Unzahl von Beobachtungen, welche in den Abhandlungen über die Teratologie der Pflanzen zusammengestellt sind, auszuwählen (s. z. B. O. PENZIG, 1920—1921, P. VUILLEMIN, 1926 u. a.). Wir möchten jedoch hier einige Originalbeobachtungen mitteilen.

Auf Abb. 13 (s. S. 49) im linken unteren Winkel finden wir die Darstellung einer Kontaktverwachsung zwischen zwei Blättern aus aufeinanderfolgenden Blattpaaren von *Syringa vulgaris*. Es sei betont, daß dieser Fall von Verwachsung äußerst selten ist und in keinem Zusammenhang steht mit der normalen Entwicklungsmechanik der Blätter oder dem Knospenbau des *Flieders*. Gleichzeitig wird unten die Beschreibung einer Blattverwachsung derselben *Syringa* gegeben, die aber zu derjenigen Gruppe der natürlichen Verwachsung gehört, welche in unmittelbarem Zusammenhang mit der normalen Entwicklungsmechanik und der normalen Knospenlage dieser Blätter steht.

Es werden gelegentlich illustrierte Untersuchungen über die von uns beobachteten Verwachsungen veröffentlicht werden. Unter ihnen findet sich auch eine zufällige Verwachsung von Blättern bei *Solanum memphiticum* und *Solanum lycopersicum*. Bei jeder der beiden Arten wurden zwei normalerweise aufeinanderfolgende Blätter miteinander verwachsen gefunden. Wie bei dem soeben beschriebenen Falle von *Syringa* sind also Blätter verschiedener Knoten miteinander verwachsen. Aber bei *Solanum* erstreckt sich die Verwachsung über die ganzen Stiele und über den ganzen Mittelnerv der unteren Blattseite. Die eigentlichen Blattspreiten sind von der Verwachsung frei geblieben. Es entstanden so also Formen, welche sehr an die von VELENOVSKY (1907, Bd. 2, S. 409 bis 411c) beschriebenen erinnern.

Wahrscheinlich würde man diese Verwachsungsform als Parallelverwachsung bezeichnen können. Wir werden sie auf eine rein zufällige Störung in der Blattanlage zurückführen können.

Bei Laubblättern von *Mirabilis jalapa* und bei Kotyledonen von *Helianthus annuus* haben wir komplizierte Verwachsungsfälle vorgefunden, bei denen gegenüberliegende Blätter verschiedener Größe entlang den Ventralseiten der Hauptader miteinander verwachsen waren. Außerdem waren auch die unteren Ränder der Blattspreiten auf einer Seite dieser Blätter miteinander vereinigt. Auf diese Weise entstand ein ganz ungewöhnliches zweiblättriges Ascidium (Blattbecher). Wir haben absichtlich nur von einer Vereinigung und nicht von einer Verwachsung der unteren Seitenränder gesprochen. Wir sind der Meinung, daß diese Verbindung einfach durch das gemeinsame Wachstum des meristematischen Ringes bedingt wurde, an dem sich gewöhnlich zwei Blatthügel anlegen. Meist entwickeln sich diese Höcker unabhängig, während sie in diesem Fall anormalerweise miteinander verbunden waren, weil die Zwischenbezirke nicht in normaler Weise auseinandergewichen sind. Dieser Mechanismus wäre unverständlich, wenn die beschriebenen anormalen Blätter Stiele gehabt hätten. In diesem Falle würde es unmöglich gewesen sein, daß der anormal gebaute Teil der meristematischen Ursprungszone sich als ein Teil der Blattspreite erwiesen hätte. Tatsächlich aber waren die Blätter sitzend, stiellos. In der meristematischen Ursprungszone haben also beide Blattspreiten sich von vornherein zu entwickeln begonnen, und nur so ist ja auch die beschriebene Verbindung ihrer Ränder verständlich. Wir haben es also nicht mit einer Verwachsung zu tun, sondern mit einer Bildung, welche sich anormalerweise als Ganzes aus der meristematischen Ursprungszone heraus entwickelt hat.

Bei *Mirabilis jalapa* wird das Verwachsungsbild noch dadurch kompliziert, daß auf der Seite der Blätter, wo die Spreitenränder bis zur Basis frei waren, sich zwischen ihnen noch ein drittes freies Blatt entwickelt hat. Der betreffende Knoten ist also dreiblättrig. Eine derartige Vermehrung der Blattzahl findet man bei *Mirabilia jalapa*, wie auch bei der großen Mehrzahl anderer Pflanzen mit kreuzweise gegenständigen Blättern sehr häufig.

Nicht selten hat diese Veränderung formbildenden Charakter (KRENKE, 1927).

Während es sich bisher um Verwachsungen zwischen verschiedenen Blättern handelte, finden wir nicht selten auch Teile eines einzelnen Blattes, die miteinander verwachsen sind. So findet man z. B. infolge von Unregelmäßigkeiten des embryonalen Baues bei Kotyledonen von *Helianthus annuus* gelegentlich, daß die jungen Kotyledonen sich nicht ganz entfalten, sondern irgendein Teil der Spreite, meist der obere, nach der anderen Seite hin scharf umgebogen bleibt. Manchmal ist dieser umgebogene Teil entlang seiner ganzen unteren (Bauchfläche) Fläche mit dem entsprechenden Teil der unteren Fläche des restlichen Spreitenteils verwachsen.

Auf Abb. 6 ist ein Fall von Pfropfung durch Parallelwachstum von 3 Blütenstengeln einer Gartenform von *Hyacinthus orientalis* abgebildet. Nur ganz oben hat einer der 3 Stengel sein Wachstum unabhängig von den anderen weiter fortgesetzt. Hier sind offenbar an der Zwiebelsohle 3 Stengel angelegt worden.

Auf Abb. 7 zeigen wir den Querschnitt eines 3fachen Stengels in der Höhe der Zwiebelspitze. Auf diesem Querschnitt sieht man, daß bei den beiden am vollständigsten verbundenen Stengeln sich an der Grenze ihrer Verwachsung zwei Gefäßbündel mit ihren inneren Xylemteilen miteinander verbunden haben. Außerdem sind hier die inneren Bündelringe in jedem der beiden Stengel im Verwachsungsgebiet nicht geschlossen. Es fehlen je ein oder zwei Bündel in jedem Ring. Man wird damit zu rechnen haben, daß diese Bündel überhaupt nicht angelegt wurden. Der dritte, isoliert liegende Stengel hat jedoch einen geschlossenen Bündelring. Im äußeren Ring aber sehen wir an der Verwachsungsgrenze, und zwar in ihrem Zentrum, ein verhältnismäßig breiteres Bündel, von dem auf beiden Seiten Anastomosen abgehen.

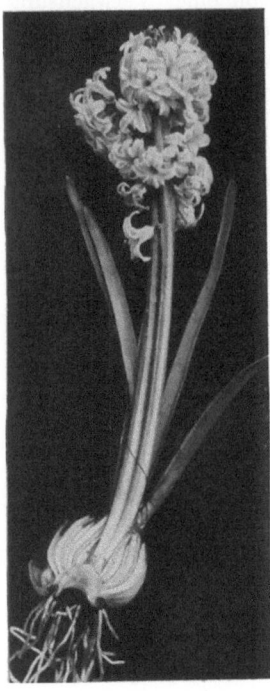

Abb. 6.
Verwachsener Blütenschaft von *Hyacinthus orientalis*.

Wir sind der Meinung, daß es sich hier um zwei Bündel, die seitlich miteinander verschmolzen sind, handelt. Und zwar gehört jedes der beiden Bündel verschiedenen Stengeln an: Eines dem beschriebenen isolierter liegenden und das zweite dem einen der beiden stärker miteinander verwachsenen Stengel. Es ist möglich, daß auch das zweite verbreiterte Bündel, welches neben dem eben beschriebenen an der Verwachsungsgrenze liegt, aus zwei Bündeln, welche verschiedenen Stengeln angehören, durch Verschmelzung entstanden ist. Allerdings entspricht die Orientierung nicht vollkommen der beiderseitigen Anordnung der mittleren Bündel des äußeren Ringes im Verwachsungsbereich. Es scheint uns einfacher, anzunehmen, daß im Verlauf des Verwachsungsprozesses die Bündel sich desorientiert haben, sie also als „wilde Bündel" zu betrachten, welche sich unabhängig vom übrigen Leitsystem der miteinander verwachsenen Stengel angelegt haben. Es läßt sich übrigens ziemlich allgemein feststellen, daß solche „wilde" Leitsystembezirke im Bereich einer Verwachsung, speziell bei künstlichen Pfropfungen, beobachtet werden können.

Der beschriebene, unvollkommene Zusammenschluß der Leitbündelringe ist nach unseren Beobachtungen bei den Pfropfungen durch Parallelwachstum eine allgemeine Erscheinung sowohl bei „Monokotylen" als auch „*Dikotylen*" als auch bei *Coniferen*. Je vollständiger die Verwachsung ist, desto mehr findet sich ein Auseinanderweichen der einzelnen Leitbündelringe. Bei völlig miteinander verwachsenen Stengeln wird der „Ring" des Leitsystems vollkommen gemeinsam, oft selbst ohne

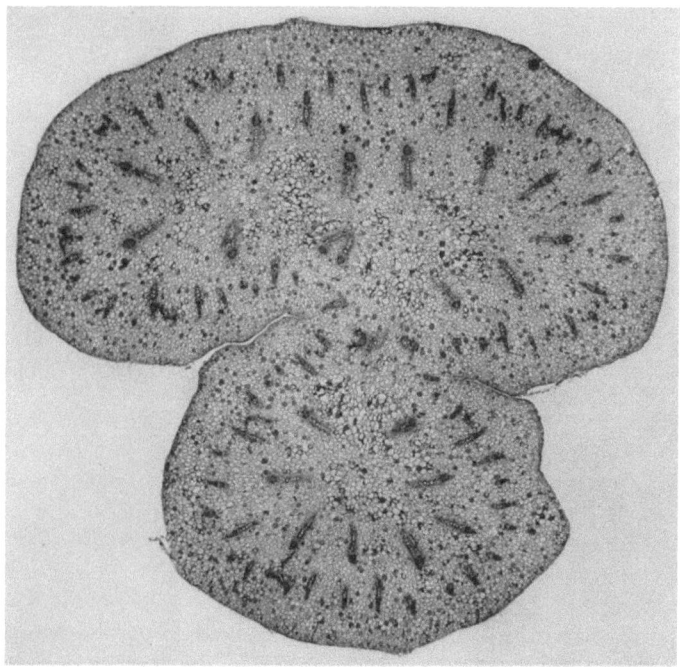

Abb. 7. Querschnitt durch den verwachsenen *Hyacinthus*-Stengel in Höhe der Zwiebelspitze.

Einbiegung im Verwachsungsgebiet. Etwas Derartiges finden wir im äußeren Bündelring der beiden stärker verwachsenen Stengel in Abb. 7. Zwar sieht man hier noch eine sehr geringe Einbiegung. Ferner nähert sich der gemeinsame „Leitbündelring" miteinander verwachsender Stengel der Form nach immer mehr einem Kreis und ist schließlich bei vollständiger Verschmelzung der Stengel ein regelrechter normal erscheinender Ring geworden, welcher in der Regel schwer oder gar nicht von dem Leitsystem eines normalen Stengels zu unterscheiden ist.

So sieht man, daß eine Reihe von Übergangsformen besteht, von zwei unabhängigen Leitbündelringen bei oberflächlicher Verwachsung bis hin zu einem vollkommen gemeinsamen Leitsystem. Bei vollkommener Verwachsung werden dann die bisquitförmigen Einbiegungen langsam gerader, endlich bildet sich eine Ellipsenform heraus, um schließlich bei vollständiger Verschmelzung in die Kreisform überzugehen. Selbstverständlich verändert sich auch die Form der äußeren Querschnittfläche der verwachsenen Stengel.

Wir haben schon oben die Anastomosen erwähnt, welche von dem anscheinend durch Verschmelzung entstandenen Bündel an der Verwachsungsgrenze des isolierter stehenden Stengels abgehen (s. Abb. 7).

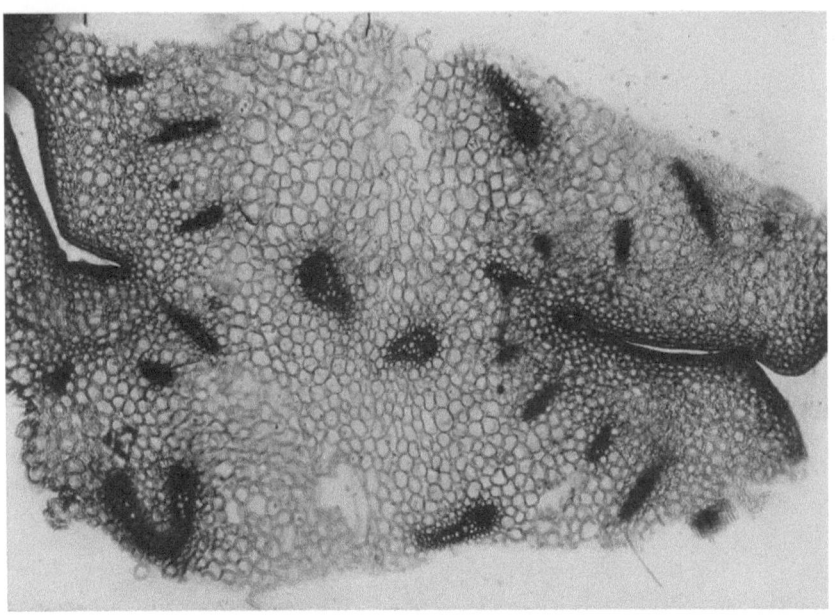

Abb. 8. Querschnitt durch *Hyacinthus*-Stengel mit deutlich sichtbarer Anastomose.

Serienschnitte haben gezeigt, daß diese Anastomosen weiter auseinandergehen und sich den Bündeln anschließen, welche zweifellos verschiedenen Stengeln angehören. Eine der Anastomosen verbindet sich mit dem Bündel des isolierteren Stengels, und ein anderes verbindet sich mit jenem Bündel, das dem Ende des entsprechenden äußeren Spaltes (des tieferen) am nächsten liegt und verschmilzt an der Stelle der Verbindung dieses Bündels mit dem isolierteren Stengel.

Auf Abb. 8 (Handschnitt) sieht man schon eine direkte Verbindung benachbarter Bündel der beiden verwachsenen Stengel durch eine Anastomose. Hier läßt der äußere Spalt in der Verwachsungsstelle, wie auch die Orientierung der Bündel keinen Zweifel zu, daß diese beiden Leitbündel verschiedenen Stengeln angehören. Wir konnten also feststellen, daß bei natürlichen Pfropfungen von Monokotylenstengeln eine Verbindung der Leitsysteme der miteinander verwachsenen Komponenten hergestellt wird. Der Mechanismus dieser Verbindung kann von dreierlei Art sein:

1. Es wird sich um unmittelbare Verschmelzung von Bündeln verschiedener Stengel handeln können. Dadurch wird auch eine Verbindung mit den anderen Bündeln hergestellt, welche durch Anastomosen, wie sie in normalen Stengeln der Monokotylen vorhanden sind, miteinander kommunizieren.

2. Durch direkte Verschmelzung der Bündel und durch Anastomosen, welche von den verschmolzenen Bündeln ausgehen und dann zu den übrigen Bündeln der beiden miteinander verwachsenen Stengel die Verbindung herstellen, kann weiterhin eine Kommunikation der Leitbündel bewirkt werden.

3. Mit Hilfe einer direkten Verbindung durch Bündelanastomosen, welche verschiedene Partner einer Pfropfung miteinander koppeln, kann die Leitbündelverbindung hergestellt werden.

Wir haben deshalb hierauf die Aufmerksamkeit gelenkt, weil man bis zur Gegenwart hin annahm, daß bei künstlichen Pfropfungen von Monokotylen eine Verbindung der Leitsysteme nicht festgestellt werden kann. Wir haben schon 1928 unserer Überzeugung Ausdruck verliehen, daß eine derartige Verbindung existiert und diese unsere Erwartung begründet aus der Wahrscheinlichkeit, daß in natürlichen Verwachsungen bei Monokotylen Bündelverwachsungen stattfinden. Jetzt haben wir diese letztere Erscheinung beweisen können, und wie wir weiter unten sehen werden, ist es ferner gelungen, auch bei künstlichen Monokotylenpfropfungen eine Leitbündelverbindung festzustellen.

Wenn wir zu den Anastomosen bei *Hyacinthus* zurückkehren, so sehen wir, daß die Anastomosen immer genau von der Grenze zwischen Phloem und Xylem des Bündels ausgehen. An dieser Stelle legen sie sich auch dem anderen Bündel an. In sog. offenen Bündeln befindet sich hier das Kambium und von ihm gehen bei offenen Bündeln die Anastomosen aus. Man bekommt den Eindruck, daß sich in den geschlossenen Bündeln der „Monokotylen" an der Grenze von Phloem und Xylem eine Zellschicht befindet, welche die Entstehung der Anastomosen gerade an dieser Stelle besonders begünstigt.

Über die Frage des Verhältnisses von „Monokotylen" zu den „Dikotylen" existiert eine große Literatur. Wir haben hier aber nicht die Möglichkeit, uns in diese Frage weiter zu vertiefen. Wir möchten nur bemerken, daß auf Abb. 8 an der Linie der äußersten Grenze des Phloems der peripheren Bündel eine kleinzellige, latent meristematische Schicht zu sehen ist. Diese Schicht haben wir deshalb so genannt, weil die gänzlich analoge Schicht in den Stengeln von *Tradescantia* in weiter unten noch zu beschreibenden künstlichen Pfropfungen tatsächlich große meristematische Aktivität entwickelt hat. Diese Aktivität hört aber infolge der früh beginnenden Differenzierung der neugebildeten Zellen bald auf.

Endlich bleiben uns noch bei Betrachtung der verwachsenen *Hyacinthen*-Stengel auch die absterbenden Parenchymbezirke im Zentrum jedes der Stengel zu erwähnen. Dabei ist der Umstand interessant, daß sich derartige absterbende Parenchymfelder auch im Zentralgebiet der Verwachsungsstelle der Stengel bilden, d. h. an denjenigen Stellen, welche in bezug auf die verwachsenden Stengel einzeln betrachtet Zentren der Absterbeerscheinung sein würden.

Einzelne aber immerhin kleinere Bezirke des absterbenden Parenchyms sind auch an verschiedenen anderen Stellen der Stengel zu erblicken. Sie stören aber das Gesamtbild nicht.

Wahrscheinlich steht die beschriebene Absterbeerscheinung des Parenchyms hauptsächlich mit dem höheren Alter des Gewebes in Zusammenhang. Doch weist die zerstreute Lage einzelner absterbender Bezirke deutlich darauf hin, daß die Erscheinung nicht nur im Alter, sondern auch in anderen und nicht weiter bekannten Ursachen begründet ist.

Es ist möglich, daß dies der normale Vorgang bei der Bildung gewisser hohler Stengel ist, die ja in gewissem Maße bei *Hyacinthus* vorliegen.

Über diese absterbenden Parenchymbezirke wird noch weiter unten bei Besprechung des Einflusses der ,,Nekrohormone" die Rede sein (s. S. 157).

Auf Abb. 9 ist in der Mitte eine natürliche Pfropfung durch Parallelwachstum zweier Halme von *Secale cereale* gezeigt, bei der die Ähren einzeln stehen. Auf dem Halm sieht man sehr gut die Längsrinne der Verwachsungsstelle. Diese Rinne aber verschwindet nach unten zu langsam (s. Fortsetzung des Halmbildes auf der rechten Abbildung) und ganz unten ist der Halm völlig rund. Wir haben also wie bei dem beschriebenen Fall von *Hyacinthus* nach unten zu eine vollkommenere Verwachsung. Nebenan und zwar rechts von dem verwachsenen Individuum ist eine gewöhnliche Ähre derselben Roggenart dargestellt. Die anatomischen Bilder entsprechen vollkommen der oben gegebenen allgemeinen Beschreibung von Pfropfungen durch Parallelwachstum an Stengeln.

Die Doppelähren, welche infolge der Verwachsung der beiden Stengel entstanden sind, darf man nicht mit verzweigten Ähren, welche speziell auch bei *Secale cereale* (s. MAJSURIAN, 1925) angetroffen werden, verwechseln. Links auf derselben Abb. 9 sind zwei auf verschiedener Höhe sich verzweigende Ähren von *Phleum pratense L.* abgebildet. In dem von uns beobachteten Material von *Secale cereale* unterschieden sich die verzweigten Ähren von den verwachsenen dadurch, daß im Verzweigungsfalle sogar in der Ährenbasis selber der Halm keinerlei Verwachsungszeichen zeigt. In Verwachsungsfällen dagegen, welche sogar die Ähren selber mit betroffen haben, sieht man an dem Halm an der Verwachsungsstelle auch in der Nähe der Ähren eine Rinne entlang der Verwachsungslinie verlaufen (s. Abb. 9).

Abb. 9. Natürliche Pfropfungen durch Parallelwuchs bei verschiedenen Gramineenhalmen (s. Text).

Noch ein anderes äußeres Merkmal ist ausgezeichnet brauchbar. Im Fall der Verzweigung nämlich erweist sich der Querschnitt der Ähre und der Blütenachse unmittelbar unterhalb des Verzweigungsbeginnes als normal. Im Falle einer unvollkommenen Verwachsung der Ähren ist die Form des Querschnittes des verwachsenen Teiles der Ähre unmittelbar unter der Stelle des freien Auseinanderweichens anormal verlängert.

42   Natürliche Verwachsung von Pflanzenteilen.

Aber ganz allgemein gesagt, wird man die Möglichkeit nicht für ausgeschlossen halten, daß man dichotome Verzweigung mit einer Verwachsung verwechseln kann, wenn diese nämlich beim Halm vollkommen und bei der Ähre unvollkommen ist.

Die Verwachsung zweier Stämme von *Picea excelsa* LAM. et D. C. zeigen Abb. 10 und 11. Eine Reihe von Sägeschnitten hat folgendes

Abb. 10. Querschnitte durch verwachsene Stengel von *Picea excelsa* (s. Text).

Abb. 11. Querschnitte durch verwachsene Stengel von *Picea excelsa* (dieselben Blöcke wie Abb. 10, doch von der anderen Seite).

aufgedeckt: Im 12. Lebensjahr haben die beiden nebeneinander herwachsenden Stämme sich in ihren unteren Teilen infolge der natürlichen Verdickung berührt. Dabei begannen von diesem Augenblick an die Jahresringe sich im Vergleich zur Norm unverhältnismäßig stark zu verdicken, und zwar dort, wo später die Verwachsungsspuren, die Längsrinnen, auftraten. In derjenigen Rinne, die nach Süden, dem Licht zugewandt, liegt, waren diese Verbreiterungen stärker ausgeprägt als in der entgegengesetzten Richtung (s. Abb. 11, I, Querschnitt der nördlichen Längsrinne). Dasselbe Mißverhältnis besteht natürlich auch bezüglich der Breite der Ringe bis zum Moment der Berührung der Stämme.

Das Resultat war, daß die südliche Rinne eher ausgefüllt wurde als die nördliche. Entweder infolge der Reibung der Stämme durch den Wind oder infolge des natürlichen Wachstumsdruckes, was wahrscheinlicher ist, und für die nördliche Seite sogar obligatorisch, wurde die Rinde an der Berührungsstelle der letzten Rinne verletzt. Anfangs geschah das nur an der Stelle der südlichen Rinne und erst dann an der nördlichen, da die Ausfüllung durch Verdickungsringe sich verspätet hatte. Im Bereich des bloßgelegten Kambiums der letzten Ringe ging nun die Verwachsung vor sich. Von da an lieferte das verwachsene, d. h. für beide Stämme gemeinsam gewordene Kambium auch gemeinsame Jahresringe.

Es ist klar, daß die Breite dieser gemeinsamen Ringe mit Ausnahme der ersten von ihnen, nicht mehr von den ehemaligen Ringen, sondern lediglich von den allgemeinen Wachstumsbedingungen des Baumes abhing. Dies sieht man ausgezeichnet auf der Abbildung, wo die genannten Ringe schon im Bereich der Rinnen nicht mehr anormal dick sind, wie dieses vor der Bildung des ersten gemeinsamen Ringes der Fall war. Wie gesagt, kam die Verwachsung nur im unteren Teil des Stammes zustande, und zwar auf der Südseite, auf etwas größere Höhenerstreckung hin (70 cm) als auf der Nordseite, wo sie sich über 50 cm erstreckt. So sehen wir in einem der oberen Schnitte (Abb. 11, I) auf der einen Seite schon gemeinsame Ringe vorliegen, während auf der anderen (H) die eine Rinne noch nicht durch gemeinsame Ringe (Jahresringe) angefüllt ist. Auf die Ausdehnung von 25 cm oberhalb der oberen Verwachsungsstelle berührten die Stämme einander eng, waren jedoch nicht verwachsen. Sie waren an der inneren Seite flach und gingen dann ziemlich schroff in zylindrische Form über und sind dann weiterhin voneinander getrennt geblieben.

Als Gesamtbild ergibt sich also ein gemeinsamer Baumstumpf mit auseinanderweichenden Stämmen. Ein derartiges äußeres Bild zeigt auch ein allgemein bekannter Fall verzweigter Stämme (s. Sorauer, 1924, S. 824).

b) Über Autotransplantation[1].

Bezüglich zufälliger Verwachsungen von Stämmen gibt es viele Literaturangaben (s. z. B. Küster, 1925, Klein, 1908, Moquin Tandon, deutsche Übersetzung, 1842 u. a.). Wir möchten hier nur noch auf den Hinweis von Sorauer (1924, S. 822—823) eingehen. Bei der Kontaktverwachsung (s. S. 26) von Stämmen geht der untere Teil des einen von ihnen manchmal zugrunde und auf diese Weise wird der eine Stamm zu einem tatsächlichen Reis, während der zweite Stamm zu einer wahren Unterlage wird. Wir haben hier eine echte natürliche Transplantation

---

[1] [Nicht zu verwechseln mit „autoplastischer" Transplantation. Vgl. S. 24. M.]

und nicht nur eine Verwachsung (Pfropfung) vor uns. Eine derartige Art von Transplantation möchten wir zum Unterschied der künstlichen Transplantation als Autotransplantation bezeichnen. Weiter unten werden wir weitere Beispiele für diese Erscheinungen zeigen.

In allen zusammenfassenden Arbeiten über Pflanzenteratologie und auch Pflanzenpathologie (s. z. B. SORAUER, 1924, S. 822) kann man eine hinreichende Anzahl von Beispielen von Wurzelverwachsungen im Bereich eines Individuums, wie auch im Bereich der Wurzeln zweier verschiedener Individuen und sogar Arten finden. Bezüglich spezieller Arbeiten möchten wir FRANKE (1883), FLORY (1919) und WINOGRADOW-NIKITIN (1924) erwähnen. PENZIG (1920—1922, Bd. 1, S. 10) nennt die Erscheinung der Wurzelverwachsung zweier Pflanzen ,,Rhizocollesie". Wahrscheinlich ist diese Erscheinung viel verbreiteter, als das infolge der Schwierigkeit der Beobachtung erscheinen mag. Es sind sogar ganze ,,Kolonien" von Pflanzen, welche vermittels ihrer Wurzeln verwachsen sind, möglich.

Biologisches Interesse bietet diese Erscheinung insofern, als hier die Ernährung eines Individuums auf Kosten eines anderen vorliegt. Dies ist besonders offensichtlich, wenn das eine Individuum seine eigene Krone verliert, d. h., wenn ein blattloser Stammbezirk oder einfach ein Stumpf zurückbleibt. Wenn keine Regeneration einsetzt, geht ein derartiger Stumpf auf eigenen Wurzeln schnell zugrunde. Wenn aber eine Verwachsung wenigstens eines Teils seiner Wurzeln mit Wurzeln eines anderen gesunden Individuums vorliegt, bleibt dieser Stumpf am Leben, bildet dann sogar neue Jahresringe und Stockausschlag. Ein derartiges Bild haben HARTIG (1900) und WINOGRADOW-NIKITIN (1924) für verschiedene *Abies*-Arten beschrieben. Die Bildung neuer Kallusse hat HARTIG auch bei *Larix* und *Picea* seltener bei *Pinus* beobachtet. WINOGRADOW-NIKITIN erwähnt nur neue Jahresringe. Für die *Abies*-Arten folgt aus der Mitteilung von HARTIG, daß sich solche gebildet haben.

Dieser Fall stellt seinem Wesen nach einen Übergang von einer einfachen Verwachsung zum eigentlichen Typus der Autotransplantation dar, wenn man nämlich den Stumpf als Reis und das ganze 2. Individuum als Unterlage betrachtet. Dann entsteht also eine Transplantation eines Stammteiles auf ein anderes Individuum infolge der Verwachsung einer oder mehrerer Wurzeln beider. Aber dieser Prozeß würde nur dann eine vollkommene Transplantation sein, wenn das Reis aufhören würde, selbständig Mineralnahrung aufzunehmen, etwa infolge Absterbens aller eigenen Wurzeln mit Ausnahme der unmittelbar verwachsenen. Ein derartiger Zustand ist denkbar. Außerdem ist dieser beschriebene Übergang zur Autotransplantation prinzipiell dem ersten Stadium der künstlichen Transplantation durch Ablaktation, wo das zukünftige Reis temporär auf eigenen Wurzeln belassen wird, analog. Ein ähnliches Bild haben wir auch bei der Pfropfung nach der alten Methode des

„Duplierens" oder des „bottle-grafting" vor uns, wo das zukünftige Reis im abgeschnittenen Zustand zu Beginn seiner Verwachsung mit seinem unteren Ende in Wasser oder einen anderen Nährboden, in dem es sich manchmal sogar bewurzelt, gestellt wird. Auf ähnliche Dinge werden wir im Kapitel über die künstlichen Verwachsungen (s. S. 590) einzugehen haben.

Wir haben früher (KRENKE, 1928, S. 633, Abb. 78a) den Fall einer Verwachsung zweier Wurzeln von *Daucus carota* mit Freibleiben der stengelnahen Teile gezeigt. Auf der genannten Photographie ersieht man eine langsame Verschmelzung der Gefäßbündelzylinder, welche ganz dem

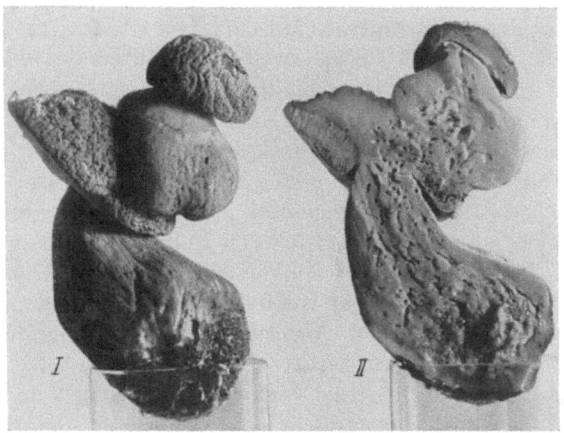

Abb. 12. Autotransplantation von *Boletus edulis* (s. Text).

beschriebenen Verschmelzungsprozeß der Sproßleitsysteme gleicht. D. h. es sind hier alle Übergänge von zwei unabhängigen Ringen zu einem verschmolzenen Ringe über das „Achterstadium" und eine ganze Reihe von „bisquitähnlichen" Formen zu sehen.

Die zusammenfassenden Schriften über die Teratologie der Pflanzen bringen ferner eine große Anzahl von Beispielen für zufällige Verwachsungen von Blüten und Früchten im Bereich eines Individuums. Eine Photographie von Fruchtverwachsungen bei *Prunus insititia, Diospyrus kaki, Cucurbita pepo, Phaseolus vulgaris, Brassica oleracea* und *Helianthus annuus* haben wir in unserer Arbeit (1928a, S. 101, 110, 643) unter Angabe verschiedener Übergangszustände wiedergegeben. Wir kennen ferner einen Fall der sehr seltenen Verwachsung zweier Blüten bei *Erythrina christa galli*.

Nicht selten sind Fruchtverwachsungen bei *Cucumis*, bei einigen Arten von *Gossypium* und *Corylus*, seltener haben wir bei *Juglans* und bei *Malus* derartige Fälle gefunden; bei *Malus* war im allgemeinen die zweite Frucht nicht genügend entwickelt.

Noch seltener fanden wir Verwachsungen bei *Vitis;* Verwachsungen bei den Scheinfrüchten von *Fragaria, Morus alba* und *Morus nigra* haben wir auch beobachtet.

Man muß noch hinzufügen, daß zufällige Verwachsungen nicht selten auch bei niederen Pflanzen vorkommen. Es ist allgemein bekannt, daß manchmal *Boletus scaber, Boletus candidus, Boletus rufus, Boletus edulis,* und viele andere zu Paaren oder sogar zu dritt miteinander verwachsen (s. Abb. 12). Manchmal sind bei ihnen nur die Hüte der Fruchtkörper, manchmal nur die Füße, manchmal beide miteinander verwachsen. Neulich wurde mir ein sehr originelles Exemplar von *Boletus edulis,* welches nach unserer Meinung einen sehr seltenen Fall von Selbstpfropfung darstellt, übergeben (aus dem biochemischen Museum zum Gedächtnis K. A. TIMIRIASEFF, Moskau). Abb. 12 zeigt zwei Längshälften des Objekts.

Wir sehen, daß auf dem Hütchen des einen Fruchtkörpers ein zweiter jüngerer Fruchtkörper wächst. Auf dem Längsschnitt kann man die Grenze zwischen beiden Fruchtkörpern verfolgen. Diese Grenze ist auf keinen Fall die braune Hutoberfläche des unteren Pilzes. Vielmehr ist das „Reis" an der Anheftungsstelle in den Hut der Unterlage eingesenkt, ähnlich, als ob in diesen für den Fuß des Reises eine Öffnung hineingeschnitten wäre unter vollkommen genauer Anpassung der Flächen aneinander. An dieser Stelle ist beim Hut der „Unterlage" das Hymenium fast reduziert. Anzeichen für das Vorhandensein einer „Durchwachsung" (Prolifikation) der Unterlage sind nicht vorhanden.

Wir erklären die beschriebene Erscheinung in folgender Weise: Der Fruchtkörper der Unterlage wurde in lockerer Erde in der Tiefe angelegt, was bei diesen Pilzen nicht selten vorkommt. Im jungen Zustande, als er sich noch im Wachsen befand, ist dieser Fruchtkörper auf einen zweiten jüngeren, welcher sich in geringerer Tiefe angelegt hatte, gestoßen. Infolge des Wachstums der Unterlage wurde ihr Hut durch die untere Fläche des „Reis"fußes stark eingedrückt, was im Endergebnis zu der Verwachsung — Pfropfung — führte. Beim Weiterwachsen der Unterlage wurde natürlich das angewachsene Reis nach außen hinausgeschoben und saß nunmehr dem Hute der Unterlage auf. Die Verwachsung kam vollkommen fest zustande. Man kann das Reis nicht abtrennen, ohne das verbindende „Gewebe" zu zerreißen. Die Ernährung des Reises erfolgte mit Hilfe der Unterlage. Die Tatsache, daß die Unterlage verkrümmt ist, spricht ebenfalls für den beschriebenen Vorgang bei der Selbstpfropfung[1].

Dieser Fall erfordert eine weitere Fortsetzung der Experimente über künstliche Pfropfung bei Pilzen näher und entfernter verwandter systematischer Einheiten. Solche Untersuchungen, die zweifellos ein bedeutendes theoretisches Interesse haben, liegen nicht viel vor. Gerade

---

[1] Anmerkung bei der Korrektur: Ein inzwischen von uns aufgefundener ähnlicher Fall rechtfertigt die hier gegebene Erklärung vollkommen (N. K.).

die Aufzucht eines gegebenen Reises auf einem vorliegenden Körper als Unterlage und nicht einfache Verpflanzung von ,,Gewebsbezirken" ist interessant.

Der Erfolg ähnlicher Pfropfungen bei Einhaltung bestimmter technischer Methoden ist zum Teil durch das Experiment bewiesen (s. S. 470). Das angeführte Beispiel ist deshalb interessant, weil hier nicht nur die Verwachsungen zweier Individuen, sondern auch die Übertragung des einen Individuums auf ein anderes durch Abreißen von seinem Substrat vor sich ging, also ein Vorgang, der der künstlichen Transplantation weitgehend ähnelt. Alle bis jetzt angeführten Beispiele für unbestimmt zufällige Verwachsungen haben wir nicht in die beiden auf S. 33 erwähnten Gruppen eingeteilt. Das ist bis zum gewissen Grade absichtlich geschehen. In der Tat ist es bei weitem nicht immer möglich, bei dem gegenwärtigen Stand der Kenntnisse diese Einteilung durchzuführen.

Wir wissen z. B. im Falle von *Hyacinthus* nicht, ob je spezifische biologische Faktoren dieser Verwachsung gefunden werden, oder ob sie nur durch zufälliges Zusammentreffen äußerer Bedingungen, die die Anlage von 3 Vegetationskegeln am Blütensproß hervorgerufen haben, bewirkt wurde. Es kommt uns durchaus wahrscheinlich vor, daß diese biologischen Faktoren gefunden werden könnten, ohne daß man dies mit Sicherheit behaupten dürfte. Dasselbe gilt auch für *Secale*. Anders liegen die Verhältnisse bei der Verwachsung von Pilzen *(Boletus edulis)* und unseren übrigen Beispielen für Verwachsung zweier verschiedener Individuen. Hier sehen wir keine spezifischen biologischen Faktoren für die Verwirklichung der Verwachsung. Das rein zufällige Zusammentreffen äußerer Bedingungen bestimmt ihre Verwirklichung. Deshalb bringen wir diese Fälle mit Sicherheit zu den unbestimmten Verwachsungen der Gruppe b).

Anders läge der Fall, wenn es sich um Verwachsung von zwar verschiedenen Individuen handelte, aber von solchen, die aus für sie spezifischen biologischen Ursachen unvermeidlich in unmittelbare Nähe voneinander sich entwickeln. Die Verwirklichung zufälliger Verwachsung bei solchen Individuen wäre im gewissen Grade schon von spezifischen biologischen Faktoren abhängig. Sie hätten wir zu der oben erwähnten Gruppe a) gestellt. In unseren Beispielen lag ein solcher Fall nicht vor.

Man könnte diese und ähnliche Betrachtungen noch weiter ins einzelne führen. Wir halten es aber nicht für angebracht, da wir den unbestimmt zufälligen, natürlichen Verwachsungen keine große Beachtung schenken wollten.

c) **Strukturell bedingte, taxonomisch zufällige, natürliche Verwachsungen.**

Wir nennen taxonomisch zufällige, natürliche Verwachsungen solche, welche durch irgendwelche spezifische Merkmale der teilnehmenden

Arten bedingt sind, deren Verwirklichung aber nicht notwendig erfolgt, und denen keinerlei evolutionäre, formbildende Bedeutung zukommt. Wir teilen diese Verwachsungen folgendermaßen ein.
1. **Strukturell bedingte**, 2. **physiologisch bedingte**, 3. **gemischt bedingte**.

Wir verstehen unter **strukturell bedingten Verwachsungen** solche, bei denen als Hauptfaktoren, welche die Verwachsungen bestimmen, irgendwelche morphologische Verhältnisse der Pflanze fungieren.

Physiologisch bedingte Verwachsungen wollen wir solche nennen, bei denen als Hauptfaktoren, welche die Verwachsungen bestimmen, physiologische Eigenschaften der Pflanze maßgebend sind.

Es ist selbstverständlich, daß bei strukturell bedingten Verwachsungen auch physiologische Faktoren mitwirken, und daß bei physiologisch bedingten Verwachsungen auch morphologische Verhältnisse mitspielen. Diese Einteilung ist aber darauf gegründet, welche der beiden Faktorengruppen **vorherrscht**. Manchmal wird man finden, daß beide Faktorengruppen gleiche Bedeutung erlangen. Sodann würde sich die angegebene Einteilung als künstlich erweisen. Wir haben deshalb für derartige Fälle als dritten Typus die genannten **gemischt bedingten Verwachsungen** aufgestellt.

Zur besseren Erläuterung unserer Klassifikation möchten wir einige eigene Beobachtungen, und zwar in erster Linie eine interessante Erscheinung bei *Syringa vulgaris* mitteilen. Um Raum zu sparen, geben wir hier nur 3 von 10 photographischen Abbildungen, welche in unsere frühere Arbeit (1928, S. 74—84 und 569) aufgenommen sind. Wir führen im Text die Verweisungen auf alle Illustrationen der russischen Ausgabe mit an. So kann man sich eventuell an Hand der russischen Ausgabe ein vollkommenes Bild der Verhältnisse machen. Aber auch ohne die fehlenden Illustrationen bleibt das Bild in seinen Hauptzügen klar.

Man findet bei *Syringa vulgaris* L.[1] sehr oft Blätter mit eingekerbtem Rand, statt glatt- und ganzrandige. SCHLECHTENDAL (1855) hat als erster diese Erscheinung beobachtet. Er beschreibt eine ähnliche Erscheinung bei *Syringa persica* L. und weist darauf hin, daß man bei ihr federartig getrennte Blätter, und zwar manchmal durchgehend auf ganzen Zweigen findet. Das Auftreten dieser lappigen Blätter hängt von klimatischen Bedingungen ab, da nicht jedes Jahr diese Erscheinung in gleichem Maße auftritt. Es existiert nun eine Gartenform von *Syringa persica*, *Forma pinnata*, bei welcher alle Blätter eines Busches gefiedert sind, und dieses Merkmal ist bei ihr unabhängig von den äußeren Bedingungen konstant vorhanden. Über den gewöhnlichen Flieder schreibt der genannte Autor folgendes (S. 599):

---
[1] Seltener bei *Syringa villosa*, VAHL, *Syringa josikaea*, REHL, *Syringa chinensis*, WILLD u. a.

Strukturell bedingte, taxonomisch zufällige, natürliche Verwachsungen. 49

„Ich habe mich gewundert, daß im vergangenen Sommer auf dem weißblütigen Exemplar von *Syringa vulgaris,* welcher eine vermehrte Elementenzahl in seinen Blüten hatte, sich auch dreilappige Blätter gezeigt haben. Diese Blätter befanden sich an Sprossen für sich und mit gewöhnlichen einfachen Blättern vermischt. So zeigen derartige Blätter Verwandtschaft mit *Fraxinus* und mit *Jasminus.*"

Zu demselben Schluß kommt auch im Jahre 1922 PENZIG (2. Aufl., Bd. 3, S. 39). Er schreibt:

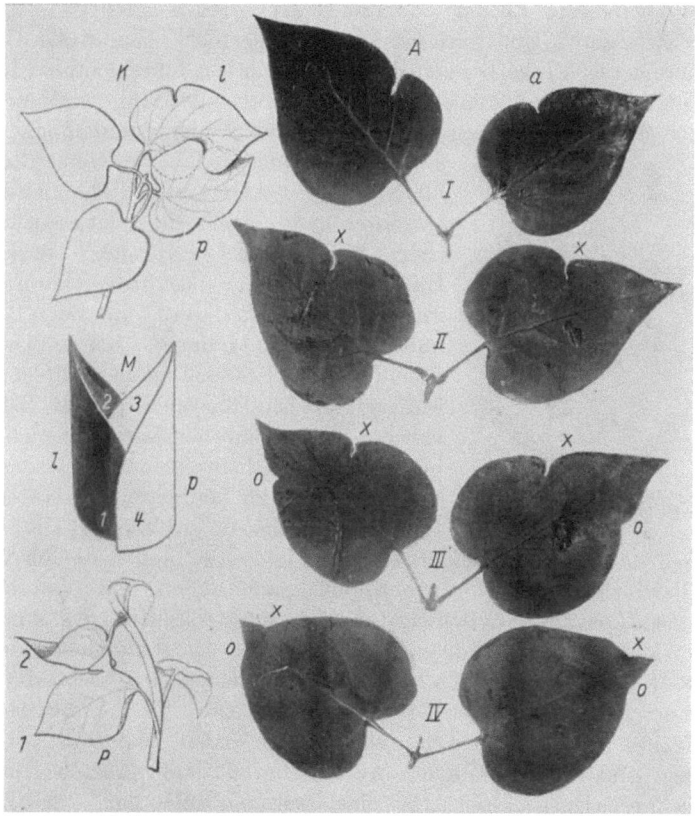

Abb. 13. Gelappte Blätter und Blattverwachsungen bei *Syringa vulgaris* (s. Text).

„Die lappige oder federartige Zergliederung der Blattränder bei *Syringa vulgaris* kommt sehr oft vor, und dieses steht in bestimmter Beziehung zu der Verwandtschaft mit *Syringa persica,* bei welcher solche Blattformen normal sind."

Auch LINGELSHEIM (1917) geht ausführlich auf solche Formen ein. Wir haben unsere Arbeit zwei Jahre später als LINGELSHEIM ausgeführt, aber wegen Isolierung von der ausländischen Literatur (1919) ist unsere Arbeit unabhängig von ihm entstanden. Trotz gleichen Objekts und mancher anderer Ähnlichkeiten, unterschieden wir uns bezüglich der Betrachtungsweise und der Schlüsse ziemlich weitgehend voneinander. Für uns ist die Ansicht der beiden vorgenannten Autoren, welche die genannte Lappigkeit der Blätter von *Syringa vulgaris* mit verwandtschaftlichen Beziehungen zu den anderen Arten in Zusammenhang bringen, unannehmbar, da unsere Beobachtungen ein anderes Ergebnis zeitigten (s. Abb. 13, I, II, III, IV). Abb. 13 zeigt uns Aufnahmen der genannten lappigen Blätter. Auch stärker ausgesprochene Lappen kommen vor. Beim Flieder sind die Blätter kreuzweise gegenständig. Auf der Zeichnung sind einzelne Paare dargestellt. Eine volle Übereinstimmung der Einkerbungen der beiden Blätter eines Paares (durch Kreise und Kreuze und A-a bezeichnet) kann nur dann vorkommen, wenn sich die Einkerbungen eines jeden Blattes nicht unabhängig von den Einkerbungen des anderen Blattes bilden. Es ist klar, daß dies nur dann eintreten kann, wenn die Blätter sich in irgendeiner Weise gegenseitig berühren. Und eine derartige Berührung kann nur im „Embryonalstadium", in der Blattknospe, zustande kommen. Bei der Untersuchung früher Stadien haben wir folgendes festgestellt: Die Knospenlage der Blätter variiert in den einzelnen Paaren und auch in den einzelnen Paaren einer und derselben

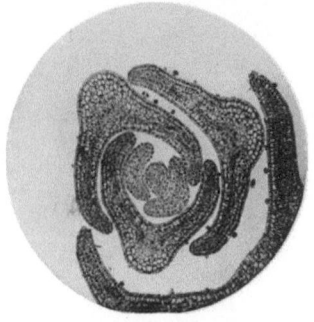

Abb. 14. Querschnitt durch eine Sproßknospe von *Syringa vulgaris*.

Knospe. Eine der häufigeren Varianten ist folgender Typus (s. Abb. 14): Die Einbiegungen der Spreiten beider Blätter fassen so hintereinander, daß jedes Blatt eine Hälfte seiner Spreite nach außen und die andere nach innen kehrt im Verhältnis zu den Spreitenhälften des anderen Blattes. Man kann sich das leicht an einem Kartonmodell, wie es Abb. 13 M zeigt, vorstellen. Weiter wurde bemerkt (s. Abb. 17 der russischen Ausgabe), daß bei jedem Blattpaar die innere Hälfte sich stärker entwickelt, d. h. nach dem Modell die Hälfte 1 des schwarzen und die Hälfte 3 des weißen Blattes. Die äußeren Hälften sind in ihrer Entwicklung für eine Zeitlang gehemmt. Selbstverständlich stellt Abb. 17 der russischen Ausgabe ein tatsächliches Bild dar. Eine Verschiebung im Schnitt konnte nicht eintreten, da die Knospe nach Paraffineinbettung am Mikrotom geschnitten wurde. Außerdem gaben Wiederholungspräparate von anderen Knospen das gleiche Bild.

Das weitere Verständnis wird gefördert, wenn wir das genannte Modell betrachten. Nehmen wir an, wir drehten die inneren Hälften jedes Blattes heraus, während die äußeren festgehalten würden. In den Punkten, welche auf der Zeichnung bezeichnet sind, stoßen dann die inneren Hälften mit den äußeren zusammen. Hier üben sie gegenseitig einen Druck aufeinander aus. Dieser Vorgang läuft in der Natur in sehr frühen Entwicklungsstadien des Blattes (in der Knospe) ab. Er ist bedingt 1. durch die individuelle Variation der Blätter bezüglich der Intensität ihrer Entwicklung und 2. durch den Druck, welcher vom Vegetationskegel (s. Abb. 14) auf die ihm anliegenden Blätter ausgeübt wird und die diese ihrerseits auf die inneren Lappen der nachfolgenden Blätter, d. h. auf die Lappen 1 und 3 übertragen. Abb. 14 zeigt uns sogar deutlich, daß ein Blättchen zerdrückt wurde, welches auf einen anderen Lappen drückt.

Die beiseite geschobenen Blattspreiten bestehen aus aktiven, sehr jungen Zellen. Es wird also an den Berührungsstellen der Blätter des Paares das Wachstum gehemmt, während es sich an anderen Teilen fortsetzt. Die Blattspreite „quillt" also gewissermaßen zu beiden Seiten des Berührungspunktes über. Im Resultat müssen dann Einkerbungen beim erwachsenen Blatt auftreten. Selbstverständlich müssen diese Einkerbungen an den Paaren unbedingt symmetrisch in entsprechenden Hälften der gegenüberliegenden Blätter sein. Wenn diese Hemmung bei den Hälften jedes Blattes zustande kam, so entstehen Einkerbungen vom Typus III und IV oder ihnen ähnliche. Wenn der Zusammenstoß nur auf einer Seite vor sich ging, so werden einseitige Einkerbungen ähnlich I und II resultieren. Wir möchten die Aufmerksamkeit auf das erste Paar lenken. Das linke Blatt (A) ist größer als das rechte Blatt (a). Also wuchs es stärker. Wenn dieses aber der Fall ist, so ist der Zuwachs der einen Spreite (A) am Berührungspunkt größer als der Zuwachs im kleinen Blatt (a). Also muß die Einkerbung des großen Blattes (A) tiefer sein als die Einkerbung des kleineren Blattes (a). So ist es auch in Wirklichkeit. Es ist dies ein Beweis für die Richtigkeit unserer Betrachtungen. Endlich kann man schon an vollkommen fertig angelegten Blättern im Herbst das dem Zeichen K entsprechende Bild finden. Hier sind zwei Blätter „L" und „p" (die Buchstaben entsprechen den Buchstaben am Modell) auf einer Seite im gekreuzten Zustand verblieben. Auf der Zeichnung sind die „Überquellungen" am Berührungspunkte zu sehen. Wenn man die Blätter vorsichtig auseinandernimmt, so wird ihre tatsächliche Verwachsung offensichtlich, da das verbindende Gewebe zerreißt. Also haben wir es hier mit einer tatsächlichen, festen, automatischen Verwachsung der Blätter zu tun. Auf der anderen Seite der Blätter sind symmetrische Einkerbungen zurückgeblieben. Sehr oft wird auch eine Verwachsung zustande kommen, was manchmal aus dem eingetrockneten Rest in der Tiefe der Einkerbungen zu ersehen ist. Aber bei der Entfaltung der Blätter kommt es zu einer Zerreißung dieser zarten Verbindung. Wahrscheinlich kommt die Verwachsung öfter vor, als wir sie im erwachsenen Zustande beobachten. Die Zerreißung geht jedoch so früh vor sich, daß auch nicht eine Spur von ihr zu sehen ist. Dann bleiben nur die

Einkerbungen zurück. Auf der Figur „K" (Abb. 13 und auch auf Abb. 18 der russischen Ausgabe) sind weitere seltene Fälle gezeigt, wo das untere Blattpaar (im allgemeinen nicht das obere) verwachsen blieb, während sich dies wesentlich häufiger beim oberen Blattpaar (b) beobachten läßt. Das ist verständlich, denn im oberen Paar haben wir weniger Spannung, welche Zerreißungen durch den Druck von innen her bewirken könnte. Aus demselben Beispiel sehen wir auch einen zweiten Beweis für die Richtigkeit der Deutungen unserer beschriebenen Verwachsungen, welche mit Beteiligung eines Druckes von innen heraus, hervorgerufen durch das Wachstum des Vegetationskegels mit nachfolgender Übertragung dieses Druckes auf die Lappen der Blattpaare, gekennzeichnet ist. Wichtig ist hier, daß, wenn ein mittleres Paar verwachsen ist, an den Blättern desjenigen Paares, welches dem verwachsenen folgt, Einkerbungen relativ selten beobachtet werden. Noch weniger findet man Verwachsungen in zwei aufeinanderfolgenden Paaren. Es zeigt sich also, daß das verwachsene Paar den Druck, welcher vom Vegetationskegel ausgeübt wurde, abfängt, ihn nicht oder jedenfalls nur in sehr abgeschwächtem Grade weiterleitet. Deshalb werden in den genannten Blättern des umfassenden Paares nicht nur keine Verwachsungen, sondern auch keine irgendwie größeren Einkerbungen beobachtet. Darauf werden wir noch weiter unten zurückkommen. Das untersuchte Material wurde von veredelten Fliederbüschen der Gartenbauschule des staatlichen Institutes zu Moskau entnommen.

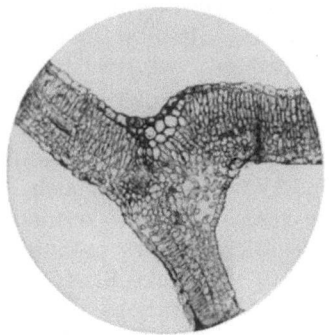

Abb. 15.
Querschnitt einer Blattverwachsung von *Syringa vulgaris* (s. Text).

Wenn man Fliederbüsche in verschiedenen klimatischen Bezirken (von Tiflis bis Moskau) beobachtet, so finden wir ganz unveränderlich Fälle von Selbstpfropfungen an Blättern. Dabei findet man nicht nur einseitige, sondern auch zweiseitige Verwachsungen, die ein sehr originelles Bild abgeben (s. Abb. 13, Nr. III und Fig. 2, 3, 4 in den Tafeln 2 und 3 der russischen Ausgabe). Diese Fälle sind relativ selten, denn gewöhnlich wird die Pfropfung schon im früheren Stadium der Blattentfaltung zerrissen. Wir haben die Verwachsung bei einem Typus der Faltung der Blattpaare beschrieben. Ähnlich geht die Verwachsung auch bei einem anderen Typ vor sich. Es wird aber besser sein, zunächst eine Beschreibung der Veränderlichkeit des Blattbaus überhaupt zu geben.

Auf Abb. 15 ist das anatomische Bild der beschriebenen Verwachsung zu sehen (in der russischen Ausgabe Abb. 20). Die Verwachsung kann, braucht aber nicht, mit einer Gefäßverbindung zwischen beiden Blättern einhergehen.

Auf Zeichnung „P" der Abb. 13 ist ein seltener Fall von Verwachsung der Ränder von Blättern verschiedener Paare gezeigt. (Abb. 3, Fig. 1 und Abb. 4, Fig. 1 der russischen Ausgabe 1928 erklären diese Erscheinung.) Infolge der Störung in der Knospenzusammensetzung ist eins der Blätter (←) des unteren Paares in ganz jungem Zustande durch die Blattlappen des nachfolgenden Paares (p) gedrückt worden.

Der durch das weitere Wachstum des Vegetationskegels ausgeübte Druck hat es dann vollends zur Verwachsung kommen lassen. Meist kommt es dann aber zu einer Entwicklungshemmung des betroffenen Blattes (s. Photographie), das erst später bei Weiterentwicklung der Blätter losgelassen wird.

Endlich haben wir zweimal folgenden Zustand beobachtet. Bei weiterer Entfaltung des einseitig verwachsenen Paares ging die Zerreißung nicht an der Verwachsungsstelle selbst, sondern dicht neben ihr, wie es gewöhnlich vorkommt, vor sich. Dabei wurde bei einem Blatt ein Stückchen mit einer Fläche von annähernd 0,35 qcm abgerissen und wurde so zu einem tatsächlichen Reis, während das unverstümmelte Blatt als Unterlage fungierte.

Wir haben hier also einen neuen Fall der oben erwähnten echten Autotransplantation vor uns. Das Reisstückchen, welches auf gewöhnliche Weise seine Rißränder vernarbt hat, lebte frisch und grün bis zum Ende der Vegetationsperiode; dann haben wir die Verwachsungsstelle fixiert.

Wir haben irgendwelche prinzipiellen anatomischen Unterschiede nicht festgestellt. Nur war die Verwachsungsfläche größer als gewöhnlich. Übrigens haben wir vor, die Präparate nochmals genauer zwecks vergleichender Feststellung der Zellgrößen und der Membrandicken durchzusehen.

So kommen wir zum Schluß, daß die beschriebene Lappigkeit bei *Syringa vulgaris* keine Beziehung zu den Fliederblättern von *Fraxinus* und *Jasminus* noch auch zu den gefiederten Blättern der *Syringa persica* hat. Bei *Jasmin, Esche* und *persischem Flieder* ist die Gliederung durch die normale Entwicklungsmechanik der gegliederten Blätter bedingt, so daß sich also verwandtschaftliche Verhältnisse mit *Fraxinus* und *Jasminus* allenfalls beim Blatt des *persischen Flieders* wahrscheinlich machen lassen.

Es wird aber bei *Syringa vulgaris* noch eine Gliederung der Blätter beobachtet, welche von keinem der Autoren bisher beschrieben wurde. Ihre Herkunft wird man tatsächlich in einer verwandtschaftlichen Beziehung zu den genannten Pflanzen suchen können. Auf Abb. 22[1] ist ein solcher Fall gezeigt. Hier haben die Blätter a und b die Lappen auf einem Wege gebildet, welcher der für gegliederte Blätter gewöhnliche ist. Im Falle der Reduktion des kleinen Blattes beim Blatt vom Typus a entsteht eine asymmetrische Blattspreite ganz ähnlich der, wie wir sie bei *Ulmus* finden, wo infolge dauernder Reduktion das Blatt asymmetrisch ist.

---

[1] Russ. Ausg. 1928, S. 84.

Kleine Blätter werden auf der entsprechenden Stelle bei *Ulmus* nur als ziemlich seltene Abweichung gefunden. Darüber wird ausführlich zu sprechen sein.

Blatt a stellt eines der ersten Glieder der Komplikationsreihe der Blätter dar. Ähnliche Blätter wie auch Blätter mit dichotomer Verzweigung findet man, ebenso wie auch sonstige von der Norm abweichende Blätter, viel häufiger auf stark ernährten Wurzelschößlingen oder auf Wassersprossen. Sie können auch experimentell hervorgerufen werden.

Wir möchten hier die Analyse der Variation des Blatt- und Knospenbaues bei *Syringa vulgaris* und *Syringa josikaea* mitteilen. Diese Analyse ist von mir unter Beteiligung meiner Schülerin S. I. WOJTINSKAJA ausgeführt worden. Die Protokolle sowie die größte Zahl der Berechnungen, welche weiter unten in den Tabellen angeführt werden, sind von WOJTINSKAJA unter unserer Leitung hergestellt worden.

Wir haben in der Literatur keine Arbeit gefunden, in der quantitativ genau die Variation des Knospenbaues, wie auch des Baues gegenüberliegender Blattpaare aufgezeigt wurde. Das gilt nicht nur für *Syringa*, sondern ganz allgemein. Dabei ist eine derartige Analyse vom Standpunkt der allgemeinen Morphologie wie auch besonders zum Zwecke der Erforschung der beschriebenen Lappigkeit der Blätter und ihrer Verwachsung sehr interessant und notwendig.

Es wurden die beiden Arten *Syringa vulgaris* und *Syringa josikaea* untersucht.

Dabei wurden folgende Aufgaben gestellt:

1. Die Variation im gegenseitigen Bau gegenüberliegender Blätter zu klären und

2. die Verteilungsfolge von Paaren mit irgendwelchen Blattbaueigentümlichkeiten entlang einer Knospenachse zu untersuchen.

1. Der Blattbau wurde im Frühling 1927 mit einiger Verspätung untersucht. Deshalb waren bei einigen Knospen die Blätter der unteren Paare schon so weit entfaltet, daß man sie nicht berücksichtigen konnte. Besonders viele derartige Fälle haben wir bei *Syringa josikaea* zu verzeichnen gehabt. Deshalb überragt die Zahl der untersuchten Blattpaare (1527) nur um 485 die Zahl der bearbeiteten Knospen (1042). Hier lag also Material für die Antwort auf die zweite Frage, d. h. bezüglich der Variation der Aufeinanderfolge verschieden gebauter Paare innerhalb einer Knospe, nur in beschränktem Maße, vor. Bei *Syringa vulgaris* war die Lage günstiger, da hier 1527 Paare von 514 Knospen, also im Durchschnitt 3 Blattpaare für jede Knospe, untersucht wurden.

Die Untersuchung wurde durch einfache Präparation der Knospen, wenn nötig unter Zuhilfenahme der Lupe, durchgeführt. Diejenigen Frühstadien der Blattentwicklung, bei denen sich der Charakter des gegenseitigen Baues noch nicht feststellen ließ, wurden selbstverständlich nicht berücksichtigt.

Strukturell bedingte, taxonomisch zufällige, natürliche Verwachsungen. 55

Die Kombinationsfolge entlang der Knospenachse wurde auf folgende Weise registriert. Jeder Typ gegenseitiger Lage der Blätter wurde mit besonderen Buchstaben (a, b, c, d...) bezeichnet. Wenn das untere vorhergehende Blattpaar vom Typus d war und das nachfolgende vom Typus a, so wurde diese Folge mit da bezeichnet. Wenn das nächste obere Paar vom Typus c war, so zeigte es mit dem vorherigen eine Folge ac usw., d. h., wenn wir eine Knospe hatten, welche aus folgenden Typen aufeinanderfolgender Paare bestand: $\overrightarrow{cd}\ \overrightarrow{ea\,b}$, so wurden die aufeinanderfolgenden Kombinationen dieser Typen mit Pfeilen wie oben bezeichnet.

Die Analyse gab also die Möglichkeit festzustellen: ob der gegenseitige Bau der Blätter jedes nachfolgenden Paares von dem Bau der Blätter des vorhergehenden Paares abhängt, oder ob der gegenseitige Bau der Blätter innerhalb jedes Paares unabhängig von den übrigen Paaren variiert.

In beiden untersuchten Arten von *Syringa* ergaben sich folgende Varianten der gegenseitigen Deckung der gegenüberliegenden Blätter:

◯ Gegenseitig ineinander geschachtelte Deckung ohne Druck der Blätter aufeinander und also ohne Einkerbungen der Blätter.

◯ Dasselbe, aber mit einseitigem Drucke und daraus entstehenden entsprechenden einseitigen Einkerbungen bei den Blättern.

◯ Dasselbe, aber mit zweiseitigem Drucke und entsprechenden Einkerbungen der Blätter.

◯ Einseitig umfassende Deckung ohne den genannten Druck und ohne Einkerbungen an den Blättern.

◯ Dasselbe, aber mit einseitigen Einkerbungen.

◯ Dasselbe, aber mit zweiseitigen Einkerbungen.

◯ Gegeneinanderschließende (klappige) Deckung.

Diese Varianten haben sich bei beiden erforschten Arten auf folgende Weise verteilt (s. Tabelle 1).

Daraus ist zu ersehen, daß beide Arten sich voneinander unterscheiden. Diese Unterscheidung kommt in der Häufigkeit der Fälle bestimmter Typen gegenseitiger Deckung der gegenüberliegenden Blätter, wie auch in der Häufigkeit der Fälle von Einkerbungen in den Blättern, welche infolge gegenseitiger Druckwirkung an bestimmten Punkten ihrer Ränder entstanden sind, zum Ausdruck.

Wie zu erwarten war, begegnet man bei *Syringa josikaea* sehr wenigen Fällen mit Einkerbung (Zeile 2 und 3). Tatsächlich haben wir bei ihr niemals Blattverwachsungen, wie sie für *Syringa vulgaris* beschrieben sind, gefunden. Aber einige wenige von uns gefundene Fälle eingekerbter

Blätter zeigen, daß such hier derartige Verwachsungen, wenn auch selten, vorkommen können. Denn manchmal wird der oben beschriebene gegenseitige Druck der Blattränder aufeinander doch beobachtet.

Tabelle 1.

	Varianten der gegenseitigen Deckung gegenüberliegender Blätter		Syringa vulgaris		Syringa josikaea	
			Absolute Zahl der Fälle	%	Absolute Zahl der Fälle	%
1	a)		897	58,743	1386	90,766
2	b)		97	6,352	8	0,524
3	c)		60	3,929	4	0,262
4	d)		389	25,475	129	8,448
5	e)		75	4,912	0	0
6	f)		7	0,458	0	0
7	g)		2	0,131	0	0
8	Zusammen:		1527 Paare	100%	1527 Paare	100%

Weiter ist zu sehen, daß die Tatsache des Vorkommens einer bestimmten gegenseitigen Lagerung der Blätter in einem Paar für sich noch nicht genügt, um eine Verwachsung zu ermöglichen. Tatsächlich haben wir bei *Syringa josikaea* viel häufiger die Kombination des Typus a (Zeile 1) gefunden, als bei *Syringa vulgaris,* während eingekerbte Blätter bei diesem Typus wesentlich weniger häufig waren (Zeile 2 und 3). Hier ist also die relative Intensität in der Blattentfaltung eines Paares von Bedeutung. Ein genügend starker Unterschied in dieser Intensität ruft gegenseitigen Druck hervor, woraus Einkerbungen und Verwachsungen resultieren. Also ist ein bestimmter Typ der Blattlage in der Knospe, wie er oben erwähnt wurde, zwar eine unbedingt notwendige, nicht aber hinreichende Voraussetzung der Verwachsung.

Weiter ist zu sehen, daß die Einkerbung der Blätter von *Syringa vulgaris* häufiger beim Typus a ist (b + c = 10,281%) als beim Typus d (e + f = 5,370%). Aber es wäre fehlerhaft, daraus den Schluß zu ziehen, daß gerade der ineinandergeschachtelte Bau vom Typus a für die Verwachsung der Blätter besonders günstig ist. Die nächste Zählung demonstriert dies. Der Typus der ineinandergeschachtelten Lage wurde in 1054 Fällen (a + b + c) gefunden. Von diesen Fällen zeigte sich Einkerbung der Blätter in 157 Fällen (b + c). D. h. in 14,90% von 1054.

Der Typus der umfassenden Lage wurde in 471 Fällen (d + e + f) gefunden. Davon waren 82 Fälle mit eingekerbten Blättern zu verzeichnen (e + f), d. h. 17,43% von 471). Man kann also annehmen, daß die umfassende Knospenlage für die Verwachsung günstiger ist, als die hintereinander greifende, auf jeden Fall ist in beiden Fällen die Günstigkeit gleich. Die biometrische Glaubwürdigkeit des Unterschiedes zwischen 17,43% und 14,09 % ist hier D/m Diff. = 1,217 (in üblicher Weise als alternative Veränderlichkeit ausgerechnet). D. h. wir können nur mit der Wahrscheinlichkeit von 0,795 oder 3,89 gegen 1 sagen, daß bei wiederholter Untersuchung desselben Materials unter den gleichen Bedingungen die umfassende Lage von neuem einen annähernd gleichen Überschuß an eingekerbten Blättern geben wird. Wie bekannt, ist aber diese Wahrscheinlichkeit nicht genügend und also ist dieser Überschuß nicht sicher. Auf diese Weise kann man vorläufig nur annehmen, daß die umfassende und die hintereinandergreifende Lage der Blätter für das Zustandekommen einer Verwachsung günstig ist.

Die oben gezeigte größere empirische Häufigkeit von Blättern mit hintereinandergreifender Lage bei *Syringa vulgaris* (b + c = 10,281% gegen e + f = 5,73%) ist nicht durch den gegebenen Bautypus, sondern einfach durch seine relativ größere empirische Häufigkeit (a + b + c = 69,024% gegen d + e + f = 30,845%) bedingt.

Beim Typus der gegenseitigen Umgreifung sind tatsächlich 10,281: 5,370 = 1,91mal mehr eingekerbte Blätter gefunden worden, als beim Typus der einseitigen Umfassung, und Fälle vom hintereinanderfassenden Typus auch 69,024:30,845 = 2,21mal mehr gefunden worden als solche von umfassendem Typus. So fehlen für eine volle Proportionalität der Häufigkeit sogar beim hintereinandergreifenden Typus eine Menge von eingekerbten Blättern. Dies stimmt mit dem oben erwähnten erhöhten Prozentsatz eingekerbter Blätter im Bereich des umfassenden Typus (17,43% gegenüber 14,20%) überein.

Beim zusammenschließenden (klappigen) Typus (Typus g) wurde Einkerbung der Blätter nicht gefunden, könnte auch nach unserer Meinung nicht gefunden werden.

Im Falle einseitiger Umfassung zeigt sich im ganzen das gleiche wie bei gegenseitiger, die wir hier ausführlicher behandelt haben. Manchmal sind es hier auch die beiden Seiten des inneren (umfaßten) Blattes, welche sich intensiver entwickeln, wenn nämlich die Entfaltung des äußeren (umfassenden) Blattes gehemmt wird. So entsteht ein Druck von innen her an den entsprechenden Punkten jener Ränder und eine Verwachsung wird möglich.

Wenn es wirklich möglich ist, von verschiedenen Typen der Knospendeckung gegenüberliegender Blätter zu sprechen, wenn man also wirklich einseitig und gegenseitig umfassenden und klappigen Typus unterscheiden kann, so wird man eine Abhängigkeit des Blattbaues eines Paares nur von dem Bau eines vorhergehenden erwarten können und nicht umgekehrt. In der Regel wird tatsächlich das folgende Paar dann angelegt, wenn im vorhergehenden Paar der Bautypus der Blätter schon determiniert ist (s. Abb. 14).

Uns interessiert aber nicht in erster Linie dies Moment. Wir möchten erklären, ob die von uns beschriebenen Verwachsungen der Blätter eines vorliegenden Paares von dem Verhalten des nachfolgenden (nach oben hin) Paares abhängen. Für Abb. 14 ausgedrückt: Uns interessiert der Einfluß des unmittelbar dem Vegetationskegel folgenden Paares auf die Verwachsung der Blätter der Paare 1—2 und 3—4.

Wir haben schon gesagt, daß eine der Verwachsungsursachen nach unserer Meinung der Druck ist, welcher auf ein vorliegendes Blattpaar von innen her ausgeübt wird. Wenn das der Fall ist, so müßte man erwarten, daß ein sich frei entfaltendes inneres Paar einen größeren Druck auf ein nachfolgendes Paar ausüben wird, als ein verwachsenes inneres Paar.

Im ersten Falle müßten also im äußeren Paar Einkerbungen und Verwachsungen an den Blättern häufiger festzustellen sein.

Ob ein Paar — uns interessiert hier ein inneres Paar — sich frei entfaltet hat, kann man nach der An- oder Abwesenheit von Einkerbungen der Blattränder beurteilen. Sind Einkerbungen vorhanden, so heißt das, daß die Blätter einen Druck aufeinander ausübten, sich also nicht frei entwickelten.

Wenn dies richtig ist, so müßte sich herausstellen, daß Paare mit eingekerbten Blättern an einer Knospenachse häufiger unterhalb von ganzrandigen Paaren als oberhalb solcher gefunden werden. Die Tatsachen haben diese Betrachtungen bestätigt. Die folgende Tabelle veranschaulicht die entsprechende Analyse der Verhältnisse bei *Syringa vulgaris*. Alles weitere dürfte sich aus den Überschriften der entsprechenden Kolumnen (s. Tabelle 2) ergeben.

Wir geben nicht nur die empirisch gefundenen Zahlen, sondern stellen diese auch den theoretisch zu erwartenden Zahlen gegenüber. Nur so kann man sagen, ob die Häufigkeit der gegebenen Kombination sich von derjenigen unterscheidet, welche nach dem Zufallsgesetz vorauszusehen war. Wenn diese Häufigkeiten sich nicht unterscheiden oder sich nicht sicher unterscheiden, so kann man keine biologische Ausdeutung der vorliegenden Kombinationen geben. Unterscheiden sich aber diese Häufigkeiten, so ist zu verlangen, daß eine biologische Deutung der Abweichung gegeben wird. Früher (KRENKE, 1927a, S. 112—113) haben wir vorgeschlagen, diese Unterschiede durch einen speziellen „Zufälligkeitskoeffizienten" oder durch den ihm reziproken „biologischen Koeffizienten" zu bezeichnen, welcher sich vom „index of closeness of fit" von PEARSON unterscheidet. Es soll hier auf diese Dinge nur hingewiesen werden.

Aus der Betrachtung der Tabelle 2 ergibt sich folgende, für uns wichtige Gesetzmäßigkeit. In allen untersuchten Fällen ist in denjenigen Kombinationen, in denen ein Paar mit ganzrandigen Blättern (a, d oder g) und ein Paar mit eingekerbten Blättern (b, c, e und f) als Glieder

Blattbau bei *Syringa*.

in die Reihenfolge eingehen, die empirische Häufigkeit von der theoretischen bedeutend verschieden. Dabei ist der Unterschied vollkommen

Tabelle 2. Verteilung der Bautypen bei gegenüberliegenden Blättern an der Knospenachse von *Syringa vulgaris L.*

Ordnungszahl	Theoretische Kombinationen der Bautypen der Blätter in aufeinanderfolgenden Paaren	Empirische Zahl der Fälle	Dasselbe in % der Gesamtzahl der untersuchten Kombinationen	Theoretisch vorausberechneter Prozentsatz	Prozentischer Unterschied zwischen theoretischen und empirischen Werten	Ordnungszahl	Theoretische Kombinationen der Bautypen der Blätter in aufeinanderfolgenden Paaren	Empirische Zahl der Fälle	Dasselbe in % der Gesamtzahl der untersuchten Kombinationen	Theoretisch vorausberechneter Prozentsatz	Prozentischer Unterschied zwischen theoretischen und empirischen Werten
1	a → a	360	35,538	34,507	+1,031	25	b → b	6	0,592	0,404	+0,188
2	a → d	131	12,931	14,965	—2,034	26	b → e	5	0,494	0,312	+0,182
3	d → a	158	15,597	14,965	+0,632	27	e → b	3	0,296	0,312	—0,016
4	a → b	12	1,185	3,732	—2,547	28	b → c	2	0,197	0,250	—0,053
5	b → a	44	4,344	3,732	+0,612	29	c → b	4	0,395	0,250	+0,145
6	a → e	28	2,764	2,885	—0,121	30	b → f	2	0,197	0,029	+0,168
7	e → a	46	4,541	2,885	+1,656	31	f → b	1	0,099	0,029	+0,070
8	a → c	16	1,579	2,308	—0,729	32	b → g	0	0	0,008	—0,008
9	c → a	30	2,962	2,308	+0,654	33	g → b	2	0,197	0,008	+0,189
10	a → f	0	0	0,269	—0,269	34	e → e	1	0,099	0,241	—0,142
11	f → a	5	0,494	0,269	+0,225	35	c → e	1	0,099	0,193	—0,094
12	a → g	0	0	0,077	—0,077	36	e → c	0	0	0,193	—0,193
13	g → a	0	0	0,077	—0,077	37	e → f	0	0	0,023	—0,023
14	d → d	82	8,095	6,490	+1,605	38	f → e	0	0	0,023	—0,023
15	d → b	8	0,790	1,618	—0,828	39	e → g	0	0	0,006	—0,006
16	b → d	22	2,172	1,618	+0,554	40	g → e	0	0	0,006	—0,006
17	d → e	9	0,888	1,251	—0,363	41	c → c	6	0,592	0,154	+0,438
18	e → d	14	1,382	1,251	+0,131	42	c → f	0	0	0,018	—0,018
19	d → c	4	0,395	1,001	—0,606	43	f → c	0	0	0,018	—0,018
20	c → d	10	0,987	1,001	—0,014	44	c → g	0	0	0,005	—0,005
21	d → f	0	0	0,117	—0,117	45	g → c	0	0	0,005	—0,005
22	f → d	1	0,099	0,117	—0,018	46	f → f	0	0	0,002	—0,002
23	d → g	0	0	0,033	—0,033	47	f → g	0	0	0,001	—0,001
24	g → d	0	0	0,033	—0,033	48	g → f	0	0	0,001	—0,001
						49	g → g	0	0	0,000	—0,000

Zusammen: Es sind 29 Kombinationen aus 49 theoretisch möglichen empirisch festgestellt — 1013 | 100% | 100% | 0

gesetzmäßig, da dort, wo die Kombinationen als erste Glieder *a, d* oder *g* zeigen und als zweite Glieder *b, c, d* oder *f*, diese Kombinationen empirisch seltener gefunden wurden, als diejenigen, wo *a, d, g*, als zweite Glieder der Kombination auftreten und als erste Glieder *b, c, e* oder *f*

(s. paarweise die Zeilen 4—5, 6—7, 8—9, 10—11, 15—16, 17—18, 19—20, 21—22).

Das erste Glied der Kombination stellt ein äußeres Blattpaar dar, während das zweite das innere Blattpaar ist. D. h., daß dieses jüngere Blattpaar sich in der Knospe an dem oberen Knoten nach dem älteren Blattpaar findet.

So hat also diese Analyse gezeigt, daß unsere Überlegung richtig war.

Ein sich frei entfaltendes inneres Blattpaar übt einen Druck auf das es umgebende Paar aus. Dabei werden an den Blättern dieses letzteren Paares Einkerbungen und Verwachsungen häufiger gefunden als in dem Fall, wo das innere Paar in seiner Entwicklung gehemmt war, und deshalb keinen genügenden Druck ausübte.

Auf das jüngste Blattpaar übt der Vegetationskegel des Sprosses (s. Abb. 14) den Druck aus. Das Ausmaß dieses Druckes kann den Charakter der Blattentfaltung dieses Paares beeinflussen. Diese Wirkung wird sich im Zustandekommen von Einkerbungen beliebiger Tiefe oder durch Fehlen solcher Einkerbungen ausdrücken. Wie schon gesagt wurde, hat dabei aber nicht nur der Druck von innen heraus, sondern auch die variable Intensität, mit welcher die Blätter sich entfalten, eine Bedeutung. So erklärt es sich, daß sich ganz allgemein die empirischen Daten den theoretischen nähern.

Tabelle 2a. Analyse der Verteilung verschiedener Typen gegenseitigen Baues von gegenüberliegenden Blättern an der Knospenachse bei *Syringa josikaea* Rchb.

Ordnungszahl	Theoretische Kombinationen der Bautypen der Blätter in aufeinanderfolgenden Paaren	Empirische Zahl der Fälle	Dasselbe in % der Gesamtzahl der untersuchten Kombinationen	Theoretisch vorausberechneter Prozentsatz	Prozentischer Unterschied zwischen theoretischen und empirischen Werten
1	a → a	394	81,238	82,384	—1,146
2	a → d	54	11,134	7,668	+3,466
3	d → a	29	5,979	7,668	—1,689
4	a → b	3	0,619	0,476	+0,143
5	b → a	2	0,412	0,476	—0,064
6	a → c	0	0	0,238	—0,238
7	c → a	1	0,206	0,238	—0,032
8	d → d	2	0,412	0,714	—0,302
9	d → b	0	0	0,044	—0,044
10	b → d	0	0	0,044	—0,044
11	d → c	0	0	0,022	—0,022
12	c → d	0	0	0,022	—0,022
13	b → b	0	0	0,003	—0,003
14	b → c	0	0	0,001	—0,001
15	c → b	0	0	0,001	—0,001
16	c → c	0	0	0,001	—0,001
Zusammen: Es sind 7 Kombinationen aus 16 theoretisch möglichen empirisch festgestellt		485	100%	100%	0

Wie schon oben erwähnt wurde, sind bei *Syringa josikaea* (s. Tabelle 1) Blattverwachsungen nicht gefunden worden, und eingekerbte Blätter waren nur in geringer Zahl vorhanden. Deshalb sagt die Tabelle 3 über dieses Merkmal nichts aus (s. Tabelle 3).

In dieser Tabelle (Zeile 4—5) finden wir einmal den umgekehrten Fall, wie wir ihn bei *Syringa vulgaris* gefunden haben. Und in einem anderen Falle (Zeile 6—7) finden wir das gleiche. Die kleine Zahl der Fälle läßt aber keinerlei Betrachtungen über dieses Thema zu. Bezüglich der übrigen Verhältnisse der Tabelle 2 *(Syringa vulgaris)* möchten wir bemerken, daß mit Ausnahme der Kombination e → e und f → f (Zeile 34 und 46) alle übrigen gleichnamigen Kombinationen (Zeile 1, 14, 25, 41) empirisch etwas häufiger vorkommen als dies nach dem Zufallsgesetz theoretisch bei diesem Material zu erwarten gewesen wäre. Aber der Unterschied ist nicht überall sehr groß. Man kann diesen Unterschied überlegungsgemäß aus den Druckverhältnissen nicht erklären. Nehmen wir als Beispiel die Kombination c → c (Zeile 41). Hier haben sich häufiger Blattpaare mit erschwerter Entfaltung (s. Tabelle 1, Zeile 3) gefunden. Das innere Paar konnte also auf keine Weise übermäßigen Druck auf das ihm gegenüberliegende äußere Paar ausüben und bei diesem also zweiseitige Lappigkeit verursachen. Wir haben aber darauf hingewiesen, daß wir dem Druck nur eine aushilfsmäßige Bedeutung zuschreiben. Unabhängig vom Druck besitzen die Blätter eine individuelle Variabilität bezüglich des Merkmals der Kraft ihrer Entfaltung. Diesen Faktor betrachten wir als den hauptsächlichsten. Daraus geht hervor, daß die oben erwähnte empirische Vorzugsstellung gleichnamiger Kombinationen verursacht wird durch die ihnen innewohnende Tendenz zu gleichnamiger Variation hinsichtlich des Blattbaues und gleichartiger Variation bezüglich der Kraft ihrer Entfaltung, welche auf den nächst benachbarten Knoten der Knospenachse zu jeder gegebenen Entwicklungsperiode ausgeübt wird.

Diese Verhältnisse sind aber offensichtlich bei *Syringa josikaea* (s. Tabelle 2a) gestört. Hier sind gleichnamige Kombinationen (s. Zeile 1, 8, 13, 16) empirisch sogar seltener, als sie dem Zufallsgesetz nach zu erwarten wären. Umgekehrt werden die ungleichnamigen Kombinationen a → b und a → d (s. Zeile 1 und 4) empirisch häufiger gefunden. Besonders stark abweichend ist die Häufigkeit der ersten Kombination, d. h. des Zusammenfallens gegenseitig hintereinandergreifender und umfassender Knospenlage (s. Tabelle 1, Zeile 2 und 4). Anscheinend hängt der einseitig umfassende Deckungstyp (d) in seiner Entwicklung irgendwie von gegenseitig umfassenden (a) des vorhergehenden Paares ab. Deshalb überragt auch die empirische Häufigkeit der Kombination *a → d* die ihr entsprechende theoretische Häufigkeit bedeutend.

Zum Schlusse der quantitativen Analyse möchten wir zwei Beispiele für die von uns angewandte gewöhnliche Berechnungsmethode der theoretischen Häufigkeiten verschiedener Kombinationen geben:

1. Für verschiedennamige Kombinationen: in den Fällen 2 und 3, Tabelle 2:

$$\frac{897 \times 389}{1527^2} = 0{,}14965 = 14{,}965\%.$$

Die Bedeutung der Zahlen im Zähler und Nenner ist aus der Tabelle 1 zu ersehen. Die Zahl 0,14965 ist die Wahrscheinlichkeit des Zusammentreffens der vorliegenden Kombinationen bei den empirischen Häufigkeiten der Elemente, aus denen sie sich aufbauen. Die Zahl 14,965 ist die theoretische Häufigkeit dieser Kombination.

2. Für gleichnamige Kombinationen: Im Falle 1, Tabelle 2 $(897:1527)^2 = 0,34507 = 34,507\%$.

Es gilt hier die gleiche Erklärung wie oben.

Zu Beginn unseres Kapitels über *Syringa* haben wir die Arbeit von LINGELSHEIM (1917) erwähnt. Er hat auch Verwachsung von Blättern beobachtet, beschreibt aber die Verwachsung nur einseitig und nur beim oberen Paar. Er führt Illustrationen, wie wir sie gegeben haben, nicht an, abgesehen von einigen vom Typus unserer Abb. 13, welche undeutlich ausgeführt sind. LINGELSHEIM hat weder die Geschichte der Knospenentwicklung noch die Variabilität des Blattbaues untersucht. Er führt die von ihm gefundenen, den unseren ähnlichen Verwachsungen auf einen Druck zurück, der auf die Knospe von außen her ausgeübt wird, und damit auf eine Erscheinung, welche wir in unseren Untersuchungen nicht beteiligt gefunden haben. Er meint, daß spezielle ungünstige Witterungsverhältnisse diesen Druck auslösen. Zum Schluß weist der Autor darauf hin, daß wahrscheinlich durch künstliches Aufhalten der Knospenentwicklung, die beschriebene Verwachsung der Blätter und möglicherweise auch die Verwachsung anderer vegetativer Pflanzenorgane nach Wunsch hervorgerufen werden kann. Wir sind mit LINGELSHEIM darüber einig, daß eine der Ursachen der beschriebenen Selbstpfropfung ein Druck ist. Dieser Druck aber wird von dem wachsenden Vegetationskegel ausgeübt und nicht durch zufällig in der Entwicklung aufgehaltene Knospenschuppen oder aus irgendwelchen anderen Gründen nicht zur Entfaltung gekommene Blätter. Während wir also meinen, daß bei normaler Knospenentwicklung der Druck von innen her zur Wirkung kommt, ist LINGELSHEIM umgekehrt der Meinung, daß ein mehr oder weniger anormaler Druck von außen für die Erscheinung verantwortlich sei. Selbstverständlich muß beim Wirken eines Druckes von innen her nach dem Gesetz von actio und reactio dem inneren Druck ein Druck von außen her von seiten der noch nicht entfalteten Knospenteile entgegenwirken. Dies ist aber eine sekundäre Folgeerscheinung und nicht die Ursache, welche die Verwachsung hervorruft. Es bleibt als Ursache der Druck, den ein inneres wachsendes Blattpaar auf die ihm anliegenden dachziegelartig zusammengeschlossenen (gegenseitig oder einseitig umfassenden) Blattpaare ausübt, übrig. Außerdem sind wir der Meinung, daß der Druck des Vegetationskegels die Verwachsung nur begünstigt, während die Hauptursache dieser Erscheinung in einer natürlichen Variabilität der Blätter in dem Merkmal ihrer Entfaltungsintensität liegt. Je energischer die Entfaltung ist, desto mehr Aussichten sind für das Zustandekommen einer Verwachsung gegeben unter der Bedingung, daß die Blattentfaltung des gegebenen Paares durch eine verzögerte Entfaltung des umfassenden Paares erschwert wird. Unsere Deutung erklärt nicht nur vollkommen die Verwachsung beim oberen Paar des Sprosses, sondern auch jede weiter unten liegende, die LINGELSHEIM gar nicht beschreibt, und die man von seinem Standpunkt aus auch nicht erklären kann.

Wenn man das bisher Gesagte überblickt, so sind auch wir der Meinung, daß das Wetter einen Einfluß auf die Zahl der Verwachsungsfälle oder die Häufigkeit des Auftretens von lappigen Blättern haben muß, da ja die Wachstumsenergie des Vegetationskegels und die Entfaltungsenergie der Knospen zweifellos vom Wetter abhängen. Was die künstliche Hervorrufung der beschriebenen Verwachsungen durch Druck von außen her anbelangt, so müßte dieses durch ein Experiment nachkontrolliert werden. Erfolg ist auch hier möglich, was unseren Ausführungen nicht widersprechen würde, da ja in diesem Falle die Blattentfaltung, Wachstum vorausgesetzt, angehalten würde. Abgesehen von der direkten Beobachtung kann als gewichtiger Beweis für die Richtigkeit unserer Deutung der Ursache für die Blattverwachsung bei *Syringa* folgender Umstand dienen: LINGELSHEIM selbst weist darauf hin, daß bei verschiedenen *Syringa*-Arten die Verwachsung nicht gleichmäßig oft gefunden wird, sondern daß er bei *Syringa Sweginzowii* KOEHNE und LINGELSHEIM und bei *Syringa amurensis* RUPR., *Syringa persica* L., *Syringa chinensis* WILLD. und *Syringa Emodi* WALL. unter denselben Bedingungen kein einzigesmal derartige Verwachsung gefunden hat. Dies ist unverständlich, wenn man sich auf den Standpunkt von LINGELSHEIM stellt. Wenn man nämlich die ganze Ursache in äußerlicher Hemmung der Knospenentfaltung sehen wollte, müßte auch hier unvermeidlich eine Verwachsung auftreten können. Nach unserer Überlegung ist aber die erste notwendige Voraussetzung der beschriebenen Verwachsung ein bestimmter Bau und ein bestimmter Entfaltungsplan der Blattpaare. Nur unter dieser Bedingung und unter Mitwirkung des Druckes vom Vegetationskegel her kann die Bildung von Lappen oder Selbstpfropfung zustandekommen. Der hierfür notwendige Bau und Entfaltungsmodus ist nur einer von verschiedenen möglichen Varianten. Dies werden wir weiter unten durch zahlenmäßige Angaben demonstrieren. Wir nehmen von vornherein an, daß die Häufigkeit dieser Varianten verschieden ist und wahrscheinlich sogar (s. Tabelle 1, 2, 2a) ein Artmerkmal darstellt (d. h. die ganze Variationsbreite der Bautypen). Damit ist von vornherein wahrscheinlich, daß bei einer Reihe von Arten dieser Typus überhaupt nicht oder sehr selten gefunden wird. Wenn man sich aber daran erinnert, daß der genannte Typus nur eine notwendige, dagegen keine hinreichende Bedingung der Lappigkeit und der Verwachsung ist, so ist verständlich, daß in einer Reihe von Arten die gesuchten Erscheinungen auch nicht angetroffen werden konnten. Damit ist es klar, warum wir die genannten Verwachsungen als strukturell bedingte, taxonomische Selbstpfropfungen bezeichnet haben.

Als zusätzliche Faktoren sind Wachstumsintensität des Vegetationskegels und Entfaltungsintensität der Blätter wichtig. Diese hängen ihrerseits von der individuellen somatischen Variation einzelner Knospen, wie auch von äußeren Bedingungen der Entwicklung ab. Alles dieses kommt darin zum Ausdruck, daß in den Grenzen aller dieser Faktoren die Verwachsung der Blätter als gelegentliche Erscheinung verwirklicht wird.

Dabei haben wir nur diejenige Verwachsung vor Augen, welche mit normalen Varianten des Knospenbaus korrelativ verbunden ist. Diejenigen Fälle, welche durch zufällige Störung der Knospenbildung, d. h. durch Störungen, welche außerhalb der Grenzen, einer für diese Art normalen Veränderlichkeit der Knospenbildung liegen, sind für uns als tatsächlich zufällige Verwachsungen zu bezeichnen. Sie können auch in anderen Arten mit anderem Knospenbau gefunden werden. Deshalb haben wir z. B. den Fall, welchen wir im unteren linken Winkel der Abb. 13 dargestellt haben, in dem Kapitel über echt zufällige Verwachsung behandelt. Tatsächlich haben wir gesehen, daß, wenn auch nicht gleiche, so bis zu gewissem Grade ähnliche Verwachsungen von Blättern auch bei *Solanum* gefunden wurden. Die Ähnlichkeit kommt dadurch zum Ausdruck, daß in beiden Fällen die Blätter verschiedener Knoten sogar unabhängig von der gegenständigen Blattanordnung bei *Syringa* und der wechselständigen bei *Solanum* miteinander verwachsen.

Beispiele für natürliche Verwachsungen von Blättern gibt es viele. Es sind aber bei weitem nicht alle ausführlich untersucht. Deshalb werden hier sehr häufig Fehler bezüglich der Klassifikation gemacht. Es werden als Verwachsungen Erscheinungen ganz anderer Art bezeichnet. Z. B. werden Aszidialbildungen der Kotyledonen von *Helianthus annuus* (s. oben) oder „Doppelblätter", welche bei gegenständiger oder wechselständiger Anordnung getroffen werden, als Verwachsung bezeichnet. Bei der Mehrzahl derartiger Fälle handelt es sich nicht um Verwachsung in unserem Sinne, da die einzelnen Blätter in der Anlage nicht voneinander unabhängig sind, sondern durch ein gemeinsames System aktiven, meristematischen Gewebes verbunden sind. „Verwachsung" solchen Typs kann man als „kongenital" bezeichnen. Hiervon war schon die Rede.

Zu demselben „Verwachsungstypus" könnte man anscheinend auch einige Blätter (s. Abb. 23 der russischen Ausgabe 1928) z. B. von *Rubus idaeus* L. stellen. Auf Blatt 2 und 3 sind seitliche Blätter in großem oder geringem Grade mit den oberen Blättchen des ganzen Blattes verwachsen. Bei Blatt 3 ist dieselbe Erscheinung beim unteren rechten und beim linken Blättchen vorhanden. Für „kongenitale Verwachsung" spricht die Tatsache, daß beide Teile der miteinander verwachsenen Blätter in einer und derselben wachsenden Zone angelegt wurden und dadurch wahrscheinlich als Resultat Formen entstanden sind, welche wir so oft bei Himbeeren und vielen anderen Pflanzen mit gefingerten oder gefiederten Blättern finden. Aber man kann nicht immer eine derartige Erscheinung als kongenitale Verwachsung bezeichnen. In der Mehrzahl der Fälle handelt es sich hier nur um Produkte einer gemeinsamen Ursprungszone. Als kongenitale Verwachsung werden wir diejenigen Fälle bezeichnen können, wo es gelingt, zu beweisen, daß die gemeinsame Zone eine sekundäre Erscheinung ist, und daß sie als Resultat der Verschmelzung zweier ursprünglich nicht miteinander verbundener Ursprungszonen entstanden ist. Dies muß entweder als Abweichungen oder aus dem Bau irgendeiner verwandten Art geschlossen werden. So zeigt z. B. *Phaseolus* (s. russische Ausgabe 1928 Abb. 24) tatsächlich Verwachsungen von Blättchen eines Blattes, was aus den doppelten Stielen der Bildungen, manchmal auch aus der Naht der Verbindungslinie zu sehen ist. Hier sind auch Formen vom Typus, wie wir ihn bei Himbeeren beschrieben haben, zu finden.

Es sei hier noch eine Beobachtung mitgeteilt, die der Untersuchung der Entwicklung des Embryosackes bei *Knautia hybrida* COULT. durch N. T. KACHIDZE mit Erlaubnis der Autorin entnommen wird, obgleich ihre Arbeit nicht vollkommen beendet ist.

Es ist bekannt, daß bei *Knautia*-Arten, wie auch bei allen anderen *Dipsacaceen* die Samenanlage nur einen Nucellus enthält. Bei dem vorliegenden Exemplar von *Knautia hybrida* wurde eine Neigung zur Vermehrung der Anzahl der Samenknospen bis zu zwei festgestellt. Auch entwickelten sich in einer Samenanlage statt einem Embryosack deren zwei.

Wenngleich das Material nicht groß war, so bekam man trotzdem den Eindruck, daß hier eine regelrechte Verdoppelung der Elemente des weiblichen Reproduktionssystems vor sich gehe. So wurden in einem Embryosack zwei Eizellen und überzählige Polkerne beobachtet. In einer Samenknospe fand man zwei Embryosäcke.

Weiter wurde beobachtet, daß anscheinend eine „Aufspaltung" von einer Samenanlage in zwei Samenknospen vorkam. Etwas Ähnliches hat auch DOLL (1927) bei *Knautia arvensis* beobachtet.

Frau KACHIDZE hat 300 Samen ausgesät. Von diesen gingen 240 auf. Aus 7 Samen gingen je 2 gänzlich selbständige Sämlinge hervor, 8 Samen ergaben doppelte Sämlinge. Einige davon bestanden aus 2 verwachsenen fast gleichen Sämlingen. Die anderen bestanden aus ungleichen Sämlingen, d. h. ein Embryo war normal entwickelt, während der andere ihm angewachsen war und winzige Kotyledonen und schwache Würzelchen hatte. Wenn zwei selbständige Embryonen gebildet wurden, befanden sie sich aber immer in einer Frucht, welche dem Aussehen nach sich nicht von der Norm unterschied. Die Spaltung der Frucht wurde bei einem Exemplar von *Dipsacus fullonum* beobachtet, bei welchem neben doppelten Wurzeln bei einer Frucht auch Doppelfrüchte entstanden, welche mit einer Seite des Perikarps verwachsen waren.

Die angegebene Beobachtung bei *Knautia* verdient Beachtung. Hier sind tatsächlich allerfrüheste Bildungsstadien an den verwachsenen Embryonen beginnend mit der „Verwachsung", besser gesagt Verschmelzung, zweier Embryosäcke verfolgt worden. Dabei kann die Verwachsung eines Embryos nicht zu dem gewöhnlichen somatischen Typ kongenitaler Verwachsung gestellt werden, da die Embryonen sich aus zwei unabhängigen Eizellen in einem Embryosack bilden. Diese Eizellen aber stammen anscheinend aus der Verschmelzung zweier Embryosäcke.

Die Embryonen verwachsen also während des Prozesses ihrer weiteren Entwicklung.

Diesen ganzen Verwachsungsprozeß könnte man „generative Verwachsung" nennen.

Weiter kann die Beobachtung von Frau KACHIDZE im Zusammenhang mit zwei- oder dreizähligen Samenanlagen bei anderen Familien (nach ENGLER: *Rubiaceae*, *Caprifoliaceae*, *Valerianaceae*) derselben Reihe der *Rubiales* gebracht werden, wozu Frau KACHIDZE selber neigt. Weitere Betrachtungen über dieses Thema sind vorläufig verfrüht.

Wir möchten uns darauf beschränken, vorläufig die Beobachtungen von N. D. KACHIDZE in unserer Gruppe der „taxonomisch zufälligen Verwachsungen" zu bringen. Es ist aber nicht ausgeschlossen, daß man in Zukunft diesen Fall in die Gruppe der „formbildenden Verwachsungen" wird bringen müssen.

Solange es sich um die Verwachsung von Embryonen handelt, ist es richtiger, diese Verwachsungen als strukturell bedingt zu bezeichnen. Da bis jetzt sich gerade die Verwachsung von Embryonen als am klarsten erweist, so haben wir das Beispiel von *Knautia hybrida* in der entsprechenden Abteilung der taxonomisch zufälligen Verwachsungen mit behandelt.

Wir werden im Kapitel über die natürlichen Chimären noch einmal auf die Verwachsungen der Embryonen bei Polyembryonie als auf einen der möglichen Bildungswege natürlicher Chimären hinweisen.

d) Physiologisch bedingte, taxonomisch zufällige, natürliche Verwachsungen.

WINOGRADOW-NIKITIN (1924, S. 313) schreibt über die Selbstpfropfungen von Organen verschiedener Individuen folgendes:

In der Natur sind Fälle von Selbstpfropfungen von Organen verschiedener Pflanzen nicht selten.

Physiologisch bedingte, taxonomisch zufällige, natürliche Verwachsungen. 67

„Die Erscheinung zusammengewachsener Bäume von *Parrotia persica,* welche man Gelegenheit hat, im Bezirk Lenkoran und Astra zu beobachten, ist sehr interessant. Sowie sich Zweige, Stümpfe oder Stämme einzelner Bäume miteinander berühren und sich etwas in dieser Lage fixieren, verwachsen sie schnell miteinander. Es entsteht dann eine merkwürdige Waldlandschaft. Man sieht nicht selten, daß ein Baum mit einem anderen durch eine lebendige Brücke, von welcher Stümpfe und sogar neue Stämme emporwachsen, verbunden ist. Es macht Mühe, dem äußeren Aussehen nach zu entscheiden, zu welchem Baum dieser oder jener knorrige Ast gehört. Es dürfte richtiger sein, anzunehmen, daß Neubildungen an der Mitte

Abb. 16. Verwachsungen bei *Parrotia persica* (s. Text).

einer derartigen Brücke, die manchmal durch ihr starkes Wachstum in Erstaunen versetzen können, von dem einen wie dem anderen Baum ernährt werden können, daß zwischen ihnen ein sehr reger Stoffaustausch existiert. Auf kleinerem Raum wird dieser Stoffaustausch noch durch Verwachsungen der Wurzeln enger. Die Eigenschaft des Eisenbaumes, sehr üppigen Stockausschlag auf den Stümpfen zu geben, ist deshalb nicht besonders verwunderlich. Durch mehrfaches Abhauen zerstümmelte, oft nur bis auf einen Rand des lebendigen Kambiums erhaltene, über dem weggewaschenen Boden hängende Stümpfe geben trotzdem einen reichlichen und gut wachsenden Stockausschlag. Es besteht die Möglichkeit, in einigen Fällen durch Ausgrabungen die von uns gemachte Annahme des Vorkommens von Wurzelverwachsungen zu bestätigen."

Der Autor beschreibt diese Verwachsungen weiterhin nicht ausführlich.

Uns hat aber diese Mitteilung interessiert. Es ist uns gelungen, diese Wälder bei der Stadt Lenkoran, welche an der Küste des südwestlichen Teils des Kaspischen Meeres liegt, zu besuchen. Das Klima nähert sich dem feucht subtropischen. Tatsächlich sind die Verwachsungswälder bei dieser endemischen *Parrotia persica* sehr interessant. Die Zweige verwachsen in fast allen Richtungen im Bereich eines Individuums wie auch verschiedener Individuen. Wir haben Außenansichten einiger Verwachsungen und auch Schnitte davon photographisch abgebildet. Die Abb. 16 A stellt eine Gruppe miteinander verwachsener Zweige eines Individuums dar. Die geschlossenen Schlingen werden durch Kontaktverwachsung von Seitenzweigen mit ihrem Mutterzweig (M.) und auch mit anderen Zweigen (A.) gebildet. Manchmal werden

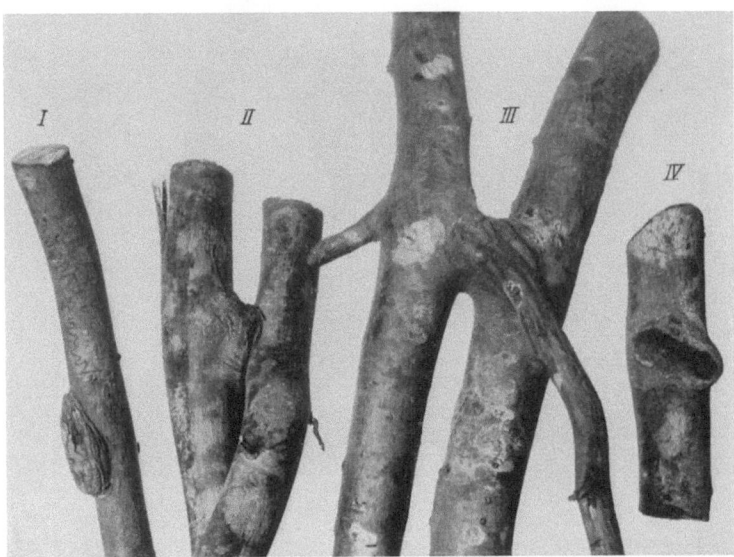

Abb. 17. Kallusbildungen bei Verwachsungen der *Parrotia persica*.

auf diese Weise ganze Ketten von Schlingen aus aufeinanderfolgenden Kettenringen gebildet. In der Pfeilrichtung ist ein ganzer Auswuchs chaotischer Verwachsungen zu sehen. Bei schematischer Beschreibung ist der Verwachsungsmechanismus der folgende: Dort, wo ein Zweig einem andern aufliegt, wird von seiten der „Unterlage", also desjenigen Zweiges, welchem das „Reis" sich auflegt, ein äußerer Kallus gebildet (s. Abb. 17, I und IV). Dieser Kallus umfaßt in größerem oder geringerem Maße den Zweig, welcher sich dem andern aufgelegt hat (Abb. 17, II und III), wobei er einem entsprechenden Kallus von seiten des letzteren begegnet. Aber wenn die Berührung sehr eng ist, so ist gewöhnlich der entgegenkommende Kallus schwächer entwickelt. Wenn die Berührung nicht sehr eng ist, so bildet sich der Kallus von seiten beider Zweige mit gleicher Intensität (Abb. 54, Fig. X und XI und Abb. 19, Fig. 1,

2, 3, 4). Nachdem die Kallusränder zusammengetroffen sind, verwachsen sie miteinander (s. dieselben Illustrationen). Die Verwachsung geht nicht gleichmäßig über den ganzen Kallusrand hin vor sich, sondern anfangs an den stärker hervorgewölbten, also zuerst miteinander in Berührung gekommenen Stellen.

Es erhebt sich hier noch eine Frage. Es ist nämlich interessant, weshalb die hier beschriebenen schlingenartigen (ovalen und runden), einander entgegenkommenden Kallusbildungen sich gerade aufeinander zu entwickeln. Im Prozeß ihrer Entwicklung sind sie voneinander unabhängig. Es könnte scheinen, daß sie auch topographisch sich nicht einer dem andern entsprechend entwickeln, weshalb auch im Augenblick des Zusammentreffens ihrer Ränder nicht so genau zusammentreffen könnten, wie dieses in Wirklichkeit der Fall ist. Um dieses zu erklären, muß man entweder gegenseitige Induktion auf Entfernung annehmen oder eine andere Erklärung geben. Wir lehnen persönlich die Induktion ab und sind vielmehr der Meinung, daß die Ursache der Erscheinung darin liegt, daß die unten beschriebene zur Kallusbildung führende Reizung von der Stelle der primären Berührung der Zweige her sich in jedem Zweig auf gleiche Entfernung ausbreitet. Deshalb entsteht auch eine gegenseitig entsprechende Kallusbildung. Die unvermeidlichen Ungenauigkeiten in der Übereinstimmung der Reizverbreitung äußern sich in der Regel im Bereich der Wallbreite der Kallusbildungen. Deshalb können die Kalluswälle nicht überall ganz in der Mitte ihrer Randwälle zusammenstoßen, sondern berühren sich gelegentlich auch nur mit ihren Seiten. Dies stört selbstverständlich die Verwachsung nicht. Es verwachsen nun immer gerade diese seitlichen Kallusbildungen, während an der Stelle der primären direkten Berührung der Zweige die Verwachsung nur in seltenen Sonderfällen zustande kommt, und im allgemeinen auch nicht so fest und regelmäßig wie die Verwachsung durch seitliche Kallusbildungen (s. Abb. 19, Nr. 3 und 4). Gewöhnlich aber, wenigstens in den von uns untersuchten Verwachsungen, kommt an der Stelle der primären Berührung der Zweige eine Verwachsung nicht zustande, und so finden wir den Rest der Rinde und manchmal sogar fremde Einschlüsse, worüber wir weiter unten noch zu sprechen haben werden. Außerdem kann man hier beobachten, daß verschiedene innere Auswüchse aus dem umfassenden Kallus hervorgehen. Diese können sich in die hier befindlichen abgestorbenen Teile und Einschlüsse einkeilen oder sich zerteilen und sie sogar ganz umwachsen, indem sie manchmal auch mit ihnen entgegenkommenden inneren Kallusbildungen der anderen Seite verwachsen (s. Abb. 19, Nr. 1, 2, 3, 6—8).

Wie aus Abb. 18 zu ersehen ist, kommt es auch bei vollkommen querer Aneinanderlagerung der Zweige zu einer Verwachsung. Wir fanden unter den Verwachsungen von Zweigen, welche verschiedenen

Individuen angehörten, auch solche zwischen Zweigen, welche in diametral einander entgegengesetzter Richtung aufeinander zuwuchsen. Hier fehlt also irgendeine strenge Einhaltung der Polarität als Bedingung

Abb. 18. Querverwachsung bei *Parrotia persica*.

der Möglichkeit zur erfolgreichen Verwachsung. Allerdings geht die Verwachsung bei annähernd gleicher Richtung der Zweige anscheinend

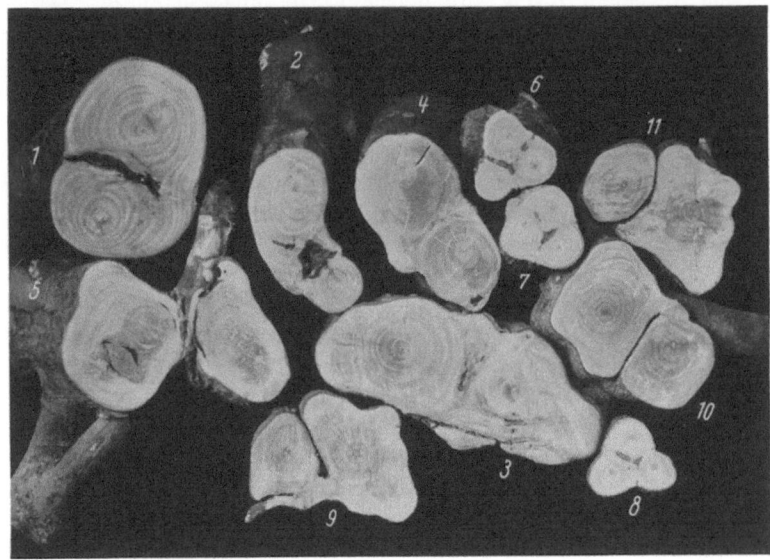

Abb. 19. Querschnitte von Längsverwachsungen bei *Parrotia persica Hedera helix* (6—8) und *Thea sinensis* (9, 10, 11).

besser und erfolgreicher vor sich. Hier ist aber noch eine experimentelle Kontrolle unserer Aussagen erforderlich. Es kann sein, daß die Ursache hierfür nicht die Polarität, sondern eine festere und dichtere gegenseitige Aneinanderlagerung der Zweige ist, welche gewöhnlich eintritt,

Physiologisch bedingte, taxonomisch zufällige, natürliche Verwachsungen. 71

wenn die Zweige in der beschriebenen Weise in gleicher Richtung wachsen. In Zukunft werden wir persönlich oder durch Mitarbeiter natürlicherweise streng einander entgegenwachsende Zweige verschiedener Individuen oder auch eines Individuums dicht miteinander verbinden. Außerdem werden wir sie auch in allen anderen möglichen Kombinationen miteinander verbinden und nach 2—3 Jahren die Resultate ablesen.

Bei nicht so enger Aneinanderlagerung der Zweige, etwa nur bei lang dauernder Berührung, kommt ebenfalls Verwachsung zustande. Hier trennen manchmal die einander begegnenden Kallusse die Zweige voneinander und bei weiterem Wachstum bilden diese Kallusgebilde eine Art von kleiner Brücke zwischen beiden Zweigen. Ohne die von uns durchgeführten Untersuchungen der Verwachsungsprozesse wäre es unmöglich, den Charakter dieser Brücken zu bestimmen. Nach voller Verwachsung der Kallusse ist hier die äußere Oberfläche von der Oberfläche gewöhnlicher Zweige nicht zu unterscheiden. Das Verständnis der Verhältnisse in diesen Brücken wird dadurch erschwert, daß die Fälle nicht selten sind, wo ein dünnerer Zweig beim Auflegen auf einem dickeren (s. Abb. 17, III) sozusagen von diesem letzteren verschluckt wird, so daß sein Ende aus der Mitte der entgegengesetzten Seite des dickeren Zweiges herauswächst. Man kann sehr oft, ohne einen Schnitt auszuführen, nicht feststellen, ob dieses Ende tatsächlich die Fortsetzung des genannten dünneren Zweiges ist, oder ob es sich einfach um eine Verzweigung des dickeren Astes handelt. Wenn dieses Ende schließlich dicht an der Oberfläche des dickeren Zweiges abbricht, so wächst die Abbruchstelle unbedingt zu, und zwischen zwei annähernd parallelen Zweigen sehen wir dann eine Brücke, welche äußerlich ganz der oben beschriebenen Brücke durch Kallusbildungen ähnelt. Abb. 17, III stellt ein Anfangsstadium dieses Prozesses dar. Hier ist das Ende des verbindenden dünnen Zweiges (rechts) nicht abgebrochen und außerdem ist diese Erscheinung etwas komplizierter. Es wird hier infolge der geringen Entfernung zwischen den beiden parallelen Zweigen die Brücke zwischen ihnen nur durch ein kurzes Stück des queren dünnen Zweiges gebildet, außerdem beteiligen sich aber auch noch Kallusbildungen an der unmittelbaren Verwachsung. Dabei verwachsen diese Kallusse gleichzeitig auch noch mit dem queren dünnen Zweig. Auf diese Weise entsteht eine gemischte Brücke. Des weiteren kommt nicht selten auch der Fall vor, daß der Kallus bei unmittelbarer Verwachsung den dünnen Zweig umwächst, so daß dieser sich innerhalb des Kallusteiles einer Brücke befindet.

Wenn ein dünner Zweig durch einen dickeren verschluckt wird oder auch durch einen Kallus verschluckt wird, sieht es sehr oft so aus, als ob er ein Seitensproß des Brückenkallus oder ein besonderer Seitensproß eines dicken Zweiges ist, worauf wir schon hinwiesen. Wir beschäftigen uns hier damit, weil die Berücksichtigung dieses Zustandes notwendig ist, um Fehler zu vermeiden.

In der Tat sagt WINOGRADOW-NIKITIN (s. oben), daß ,,der Baum durch lebendige Brücken, auf welchen Äste und sogar neue Stämme wachsen, verbunden wird", und daß diese Bildungen Neubildungen aus der Mitte solcher Brücken sind. Wir sind auf Grund unserer Beobachtungen in den Wäldern und auf Grund der beschriebenen Verwachsungen davon überzeugt, daß in der überwiegenden Mehrzahl der Fälle von Neubildungen an diesen Verwachsungsbrücken nicht die Rede sein kann, sondern nur von Zweigen, welche ihre Entwicklung fortsetzen und die auf irgendeinem Wege in die Zusammensetzung der genannten Brücken eingetreten sind. Weiter spricht anscheinend WINOGRADOW-NIKITIN gar nicht von *Kallus*brücken, die selbstverständlich nicht von so großer Länge sein können, sondern nur von Brücken, welche durch miteinander verwachsende Zweige gebildet werden. In diesem Falle können die ,,Stämme", welche auf diesen Brücken sich neu bilden, wahrscheinlich einfach als gewöhnliche Seitenverzweigungen der miteinander verwachsenen Zweige gelten. Persönlich haben wir derartige ,,Stämme" nicht gesehen. Die Tatsache, daß diese Verzweigungen bei solchen Zweigen, welche von einem horizontal liegenden Sproß abgehen, eine mehr oder weniger senkrechte Richtung eingenommen haben, stellt eine sehr gewöhnliche Erscheinung dar. Das mächtige Wachstum kann auch durch die verstärkte Ernährung, besonders, wenn eines der Enden der miteinander verwachsenen Grundzweige abgebrochen ist oder aus irgendwelchem anderen Grunde sein Wachstum gehemmt ist, erklärt werden. Dann wird das verbliebene wachsende Ende die Nahrung zugleich von beiden Bäumen bei interindividueller Verwachsung oder von zwei Zweigen bei intraindividueller Verwachsung bekommen.

Wir halten es aber für nicht ausgeschlossen, daß tatsächlich die Bildung oder Wachstumsanregung schlummernder Knospen an diesen Stellen vorkommt. [Wir bevorzugen den Ausdruck ,,schlummernde" Knospen vor ,,schlafende" Knospen. Schon R. HARTIG (1900) hat gezeigt, und später hat JOST (1925) bestätigt, daß diese Knospen ein Interkalarwachstum besitzen (nach HARTIG Intermedialwachstum). Dies gestattet ihnen, sich auf der Höhe des Kambiums eines sich entwickelnden Stammes zu erhalten. Wenn dieses Knospenwachstum aus irgendwelchen Gründen aufhört, so ist die Knospe innerhalb des Stammes unter den über sie hinweg neugebildeten Jahresringen des Holzteiles begraben. Der Terminus ,,schlummernde Knospe" entspricht also mehr ihrem Aktivitätszustand als der Ausdruck ,,schlafende Knospe". Besser ist es aber auf jeden Fall, wie dieses auch HARTIG getan hat, sie als preventive Knospen zum Unterschied von adventiven zu bezeichnen.]

Physiologisch bedingte, taxonomisch zufällige, natürliche Verwachsungen. 73

Weiter unten werden wir eine allgemeine Würdigung des beschriebenen Verwachsungsprozesses der *Parrotia* und auch ferner noch bei *Picea* geben (s. Abb. 10 und 11).

Hier aber möchten wir zunächst zur Vervollständigung des Materials noch einige Bemerkungen über physiologisch bedingte Verwachsungen bei *Hedera helix* anführen.

Die Fähigkeit der *Hedera*-Stengel zur gegenseitigen Verwachsung ist allgemein bekannt. In den Wäldern des Transkaukasus und in einigen Küstengebieten des Nordkaukasus haben wir Gelegenheit gehabt, Bäume zu sehen, welche wie mit einem Netz verwachsener Zweige von *Hedera helix* überzogen waren. Nicht selten geschieht die Verwachsung auch in der Querrichtung der Zweige und sogar schräg nach hinten. Aber die Verwachsung von diametral entgegengesetzt gerichteten Sprossen haben wir nicht beobachtet. Es ist natürlich möglich, daß dies einfach dadurch bedingt ist, daß wir entsprechend orientierte Stengel nicht gefunden haben, jedenfalls nicht unter Entfernungsbedingungen, welche die Verwachsung ermöglicht hätten. Es wäre hier ein direktes Experiment, welches dem oben für *Parrotia persica* vorgeschlagenen prinzipiell gleicht, notwendig. Abb. 19; 6, 7, 8 stellen verschiedene Querschnitte von vier längsverwachsenen Stengeln von *Hedera helix* dar. Wir haben hier ein schönes Beispiel, wie die Längsverwachsung tatsächlich eine Kontaktpfropfung ist, aber als eine Pfropfung durch Parallelwachstum erscheint:

1. Ging hier die Verwachsung keineswegs von der Basis aus, noch auch von den jüngsten Stadien der Sprosse, sondern in einer gewissen Entfernung von dem Anlageort der Sprosse.

2. Verwuchsen hier nicht die Sproßanlagen, sondern schon erwachsene Stengel infolge ihrer lokalen Längsberührung auf einen bestimmten Bezirk hin. Deshalb sind auch stellenweise in den Verwachsungsbezirken bedeutende Reste von Rinde zu sehen.

Wir haben oben festgestellt, daß auf den Photographien vier verwachsene Sprosse abgebildet sind, während auf den ersten Blick nur drei zu sehen sind.

Der dünne vierte Sproß ist auf Abb. 19, 7 als eine Art Auswölbung an der äußeren Verwachsungsgrenze zweier Stengel zu erkennen. Teilweise ist er mit dem einen von beiden verwachsen. Auf der letzten Abbildung ist das helle Zentrum dieses Sprosses besser zu sehen. Weiter aber hat sich gezeigt, daß dieser Sproß zwischen den zwei großen Stengeln eingekeilt war — selbstverständlich schon vor ihrer Verwachsung. Nach eingetretener weiterer Verwachsung ist dieser dünne Sproß vollkommen mit der inneren Fläche eines der größeren Sprosse verschmolzen. Die Verwachsung der großen Sprosse miteinander bewirkte eine vollkommene Einschließung des dünnen Sprosses. Dies alles zeigt Abb. 19, 8 ganz deutlich. Hier befindet sich das helle Zentrum des dünnen Sprosses annähernd an die Verbindungsstelle der drei großen Sprosse, d. h. annähernd im Zentrum der ganzen Figur. Bei genauer Betrachtung kann man auch die Jahresringe des dünnen Sprosses sehen. Auf Abb. 19, 6 ist in einem höheren Querschnitt der Verwachsungsstelle der dünne Sproß, welcher innerhalb dieses Systems eingewachsen ist, noch zu unterscheiden. Weiterhin aber war sein Ende frei und setzte sein selbständiges Dasein fort. Also ist das Einschlußbild des dünnen Sprosses innerhalb der verwachsenen Gruppe anderer Sprosse vollkommen demjenigen bei *Parrotia* festgestellten ähnlich. Aber infolge des weniger dichten Wuchshabitus ist bei *Hedera helix* eine derartige Kombination viel seltener als bei *Parrotia*.

Wenn wir nunmehr den Mechanismus der beschriebenen Verwachsung der drei *Hedera*-Sprosse mit der Längsverwachsung von Stämmen und Zweigen von *Picea exelsa* und *Parrotia persica* vergleichen, so sehen wir, daß hier in allen Fällen ein gemeinsames Merkmal vorhanden ist, nämlich die Verdickung der Jahresringe an den äußeren Längsrinnen, welche sich bei der Längsberührung der Stengel entlang der sehr oft zylindrischen Oberfläche bilden. Es erfolgt schließlich eine Ausfüllung dieser Rinnen und dann die Ausbildung eines gemeinsamen Kambiums (vgl. Beschreibung bei *Picea exelsa* auf S. 42), welches jetzt für das gesamte System gemeinsame peripherische Jahresringe produziert. Die Abbildungen zeigen die verschiedenen Stadien dieses Prozesses der mit verschiedener Geschwindigkeit (s. z. B. Abb. 19, 1—9, 10, 11) verlaufen kann.

Ein ganz ähnliches Bild bietet die Ausfüllung der Rinnen und Nischen bei quergestellter Verwachsung (s. Abb. 18).

Den oben beschriebenen Verwachsungstypus haben wir (KRENKE, 1928a, S. 110—111) als Verwachsung durch „Umfassung" bezeichnet. In den Längsverwachsungen von Stengeln, welche streng parallel in einer Richtung wachsen, werden wir von einer Plus- (+) Längsumfassung sprechen und diese Umfassung folgendermaßen bezeichnen + 0.

Bei streng gekreuzter Richtung der verwachsenen Zweige werden wir von einer ± Umfassung reden und solche als ± 0 bezeichnen. Im Falle polarentgegengesetzter Verwachsung, d. h. wenn die Stengel, welche zum Verwachsen kommen, diametral einander entgegenwachsen, wollen wir von einer Minus- (—) Längsumfassung reden und eine derartige Erscheinung als — 0 bezeichnen.

Die verschiedenen Möglichkeiten können wir durch Angabe des Divergenzwinkels zweier verwachsener Stengel bezeichnen, wobei wir nur die Achsenteile in den Bezirken, welche der Verwachsungsstelle am nächsten liegen, berücksichtigen. Es ist klar, daß weiterhin die Stengel in den verschiedensten Richtungen gebogen sein können.

Wenn also in gleicher polarer Richtung wachsende Stengel zur Verwachsung kommen, und an der Verwachsungsstelle z. B. unter dem Winkel von 25⁰ auseinander gehen, so werden wir dies in folgender Weise bezeichnen: $25° + 0$. Wenn die Stengel aber in entgegengesetzter polarer Richtung miteinander verwachsen und an den Verwachsungsstellen ein Winkel von 10⁰ die Divergenz ausdrückt, so können wir das ausdrücken durch $10° - 0$. Also sind die oben beschriebenen äußeren Verwachsungsbilder nach diesem System folgendermaßen auszudrücken: $0° + 0$, $90° \pm 0$ und $0° - 0$. Wir wollen bei extremen Lagen die Angabe der Grade unterlassen, da sie hier ohne weiteres klar ist. Bei Intermediärtypen dagegen ist die Gradangabe zur Charakterisierung des Falles ganz unentbehrlich.

Wir halten diese Bezeichnung für die Beschreibung von entsprechenden Verwachsungen für nützlich. Sie wird überall dort Anwendung finden können, wo die Bewertung polarer Beziehungen von Pflanzenteilen erforderlich ist. Sie ist objektiv und kürzt die wörtliche Formulierung ganz beträchtlich ab. Wir können damit die morphologische Beschreibung der Verwachsung durch Umfassung verlassen.

Wir haben oben gesehen, daß bei *Picea* wie auch bei allen anderen beschriebenen Pflanzen man am ehesten eine Verwachsung an den Stellen der ersten Berührung der Sprosse erwarten sollte. In Wirklichkeit kommt hier die Verwachsung gar nicht zustande oder sie ist wenig fest und unregelmäßig. Dies kann durch verschiedene Ursachen erklärt werden:

1. Es könnte daran liegen, daß keine Berührung lebendiger Gewebe beider Partner stattfindet. Das ist zwar der Fall, wenn an den Berührungsstellen zufällige Reibung fehlt, reicht aber nicht zur Erklärung aus, wenn durch zufällige Reibung, etwa vom Wind verursacht, die zur Berührung gekommenen Auswölbungen der beiden Sprosse oberflächlich zerstört werden.

2. Die Verwachsung kann auch im Falle der Bloßlegung von Geweben durch den überschüssigen Druck an diesen Stellen gestört werden, was zur „Überreizung" und sogar zum Zugrundegehen der anliegenden Zellschichten ohne Regeneration der vorliegenden Gewebe führen wird. Dann entsteht ein neues Hindernis für die Verwachsung gerade aus den Wundresten oder abgestorbenen und verkorkten Stellen. Es entsteht eine „isolierende Schicht". Wir werden uns mit diesem Ausdruck im Kapitel über die künstlichen Pfropfungen noch sehr ausgiebig auseinanderzusetzen haben. Der Reiz wird in gewisser Entfernung von dem Ort der unmittelbaren Berührung der Sprosse allmählich schwächer werden und wahrscheinlich erst dann einen der Verwachsung günstigen Faktor darstellen, welcher die verstärkte Ausbildung von Jahresringen im Bereich der Auseinanderweichung der Stengelflächen (in den Rinnen also) fördert.

3. Wenn selbst die regenerative Fähigkeit der noch zu beschreibenden Bezirke bloßgelegten Gewebes erhalten bleibt, wird eine unvollkommenere Verwachsung durch folgende Umstände bestimmt:

a) Einmal durch die verschiedene Richtung ihrer normalen Entwicklung, die stärker voneinander abweicht als an den Orten, wo wir später die verstärkte Jahresringbildung finden (s. oben). Hier hat also die radiale Polarität eine Bedeutung.

b) Dann könnten die für eine Verwachsung ungünstigeren physikochemischen, physikalischen, eventuell auch chemischen Eigenschaften der Zellen dieser Bezirke im Vergleich zu den Geweben der peripheren Teile der Verdickungswulste von Bedeutung sein.

In der Literatur ist uns diese Fragestellung in bezug auf die Verwachsungen durch Umfassung bisher noch nicht begegnet. SORAUER (1924, S. 823) schreibt z. B. über die „gehenkelten Stämme" nur folgendes:

„Sämtliche Vorgänge dieser Art beruhen auf der Fähigkeit des kambialen Gewebes, Verkittungsschichten zwischen verschiedenen Achsen zu bilden. Die Prozesse unterscheiden sich von der Veredelung nur dadurch, daß die später miteinander verwachsenen Kambialschichten zunächst durch die Rinde der Pflanzenteile voneinander geschieden sind. Diese muß erst durch allmähliche Reibung entfernt werden. Ist die Verschmelzung der Achsen vor sich gegangen, dann lagert sich alljährlich ein zusammenhängender Holzmantel über die Verwachsungsstelle. Manchmal liegen größere, braune Partien abgestorbener Rinde mitten in der Verwachsungsfläche, was sich durch die unebene Beschaffenheit der miteinander in Berührung tretenden Achsen erklären läßt. Wenn zwei mit Borkenschuppen bekleidete Stämme einander berühren, so reiben sich zunächst die hervorragendsten Stellen ab und verwachsen miteinander zuerst, während tiefer liegende Furchen gar nicht an der Verwachsung teilnehmen, sondern von dem neuen Gewebe eingeschlossen werden."

Wenngleich es auf den ersten Blick so scheint, als ob diese Beschreibung der unsrigen sehr ähnelt, so ist doch ein wesentlicher Unterschied vorhanden. Aus der Beschreibung SORAUERS geht hervor, daß die Verwachsung gerade in erster Linie an der Stelle der primären Berührung der Stengel, Stämme oder Zweige stattfindet und die Rindenreste einfach in Vertiefungen liegen, welche, weil sie nicht einer Reibungswirkung unterworfen sind, nicht an der Verwachsung teilnehmen. Wir sagen dagegen, daß gerade an den Stellen der tatsächlichen primären Berührung eine Verwachsung nicht zustande kommt, oder daß sie hier erschwert ist. Die Rindenreste liegen nicht nur in den Vertiefungen, was wir selbstverständlich anerkennen und im ersten Punkt unserer Beschreibung mit erfassen, sondern gerade dort, wo scheinbar die Verwachsung in erster Linie zu erwarten wäre, d. h. an den vorgewölbten, unmittelbar und zuerst zur Berührung gekommenen Stengelpartien.

Wir können natürlich formell unsere Schlüsse nicht auf alle Objekte ausdehnen. Es sprechen aber doch auch viele Gründe dafür, anzunehmen, daß der von uns beschriebene Gang der Geschehnisse, wenn nicht ganz allgemein, so doch jedenfalls sehr verbreitet ist (vgl. noch E. KÜSTER, 1899). Wir wollen auf einige weitere Diskrepanzen zwischen SORAUERs Terminologie und der unsrigen, wie z. B. bezüglich des Ausdrucks Verkittungsschicht, hier nicht eingehen, da sie besser weiter unten mit zu besprechen sind.

Wir haben bei derjenigen Verwachsung, welche wir als ,,Verwachsung durch Umfassung" bezeichnen, länger verweilt, da wir hier auf eine interessante Erscheinung stießen. Wir haben aber auch Beispiele (s. Abb. 19, 4) von vollständiger oder fast vollständiger Verwachsung (s. Abb. 19, 3) gesehen. Wir nennen eine Verwachsung, welche über die ganze Berührungsfläche hin zustande kommt, eine ,,vollständige Verwachsung". Dabei betonen wir, daß hier nur die Rede ist von dem Charakter der Verwachsung in bezug auf die Berührungsstelle der Organe. Der Ausdruck ,,vollständige Verwachsung" ist also unserer Meinung nach nicht nur möglich, wenn eine restlose Verwachsung ganzer Organe stattfindet. Aber vollkommene Verwachsung kann qualitativ verschieden sein. Bei Kontaktpfropfungen (s.

Abb. 20. Umschlingung zweier Zweige von *Carpinus orientalis* ohne Verwachsung.

S. 26) nähert sie sich größtenteils der schon oben erwähnten und beschriebenen Verwachsung. Bei Pfropfungen durch Parallelwachstum, wo eine vollkommene Verwachsung die Regel darstellt (s. Abb. 6 [*Hyazinthus*]), verläuft diese ganz regelmäßig und ist eng mit der normalen Differenzierung der Gewebe verbunden. Deshalb teilen wir die vollständige Verwachsung noch ein in a) vollständige Kontaktverwachsung und b) vollständige Verwachsung durch Parallelwachstum.

Die Verwachsungen bei *Parrotia persica* und *Hedera helix* haben wir als Beispiele für unseren Typus der physiologisch bedingten, taxonomisch zufälligen, natürlichen Verwachsung angeführt.

Durch physiologische Faktoren wird hier die ausschließliche Fähigkeit dieser Pflanzen zur natürlichen Verwachsung bedingt. Diese Fähigkeit ist so stark ausgeprägt, daß sie als taxonomisches Merkmal bewertet werden muß. Es steht außer Zweifel, daß diese Verwachsungen in der Hauptsache nicht durch den morphologischen Charakter der Verzweigung (strukturelle Faktoren) hervorgerufen wird, welche etwa die Berührung der Zweige erleichtert hätte.

Bei anderen Arten können die Zweige einander berühren soviel sie wollen, sie können einander sogar durch Wulstbildungen umwachsen (s. Abb. 20, *Carpinus orientalis* LAM.), ohne daß eine Verwachsung zustande käme. Das Wesen der Sache liegt also gerade in der spezifischen physiologischen Beschaffenheit der beschriebenen Pflanzen. Bei einigen tropischen Arten ist diese Fähigkeit noch besser ausgeprägt. So verschmelzen bei *Ficus latifolia* und anderen Arten die Stengel stellenweise zu einer gemeinsamen Masse, in der einige Öffnungen sichtbar sind. Hier sieht es aus, als ob ein Stengel zerflösse.

Als zufällig müssen wir die Verwachsungen deshalb ansehen, weil sie nur im Falle der Berührung der Stengel zustande kommen. Diese Berührung ist aber nicht obligatorisch, da z. B. bei *Parrotia persica* keine besonderen morphologischen Voraussetzungen dafür vorliegen. Wenn irgendwo diese Voraussetzungen sich als sehr wichtig erweisen, so müssen wir diese Fälle als gemischt bedingt, trotzdem aber als zufällige Verwachsungen (s. S. 26) bezeichnen. Hier wird die Wahrscheinlichkeit eines Zustandekommens einer Verwachsung schon größer.

Wie schon auf S. 67 im Zitat aus WINOGRADOW-NIKITIN bemerkt wurde, haben bei *Parrotia persica* auch die Wurzeln die gleiche große Verwachsungsfähigkeit. Wir haben dies an Abhängen und Erdrutschen beobachtet. Auf Abb. 19, 5 ist ein Bezirk von verwachsenen Wurzeln gezeigt. Die Gesamtansicht stellt Abb. 16 W dar. Hier sieht man eine dünne Wurzel, welche zwischen zwei dickeren eingekeilt ist und mit beiden verwachsen ist. Unten aber ist die Verwachsung derselben dünnen Wurzel mit einer anderen Wurzel zu sehen. Die dicke Wurzel haben wir nicht genau an der Verwachsungsstelle mit den eingekeilten dünnen Wurzeln durchschnitten, um den interessanten Befund zu zeigen, daß sich innerhalb der Wurzelrinde Steinstückchen befinden (s. den verlängerten Einschluß mit einem dünnen Spalt an den Seiten). Zu Seiten dieses Steines sind zwei Zentren von Jahresringen zu sehen. Wir stellen uns diese Sache folgendermaßen vor: Der Stein hatte sich in der Gabelung zweier Wurzeln festgesetzt; dann könnte es sein, daß diese Verzweigungen unter dem Einfluß der Reizung, die der Druck von seiten des Steines auf die wachsenden Wurzeln ausübte, den Stein umwuchsen, so daß er schließlich gewissermaßen verschlungen wurde. Es ist auch möglich, daß der Stein zwischen zwei Wurzeln lag, welche infolge zufälliger Berührung miteinander in Verwachsung begriffen waren und auf diese Weise den Stein mit einschlossen. Also fassen wir die zwei erwähnten Zentren von Jahresringen in den größeren Wurzeln als Spuren von zwei früher getrennten und jetzt miteinander verwachsenen Wurzeln auf. Der Einschluß eines Steines gehört eigentlich schon in das letzte Kapitel unseres Buches.

Eine oberflächliche Verwachsung der Wurzel bei *Hedera helix* beschreibt FRANKE (1883).

Als nächstfolgendes Beispiel einer physiologisch bedingten Verwachsung möchten wir die Verwachsung von *Viscum album* mit verschiedenen Wirtspflanzen anführen. Wir möchten daran erinnern, daß man hier nicht die beiden Ausdrücke Verwachsung und Pfropfung nebeneinander verwenden kann (S. 20—23). Jedoch genügt diese Verwachsung allen Forderungen, welche wir an den Verwachsungsbegriff stellen (s. S. 22).

Es unterliegt auch keinem Zweifel, daß physiologische Faktoren die zu besprechende Verwachsung bedingt haben.

Ebenfalls ist auch hier die Zufälligkeit einleuchtend. Und zwar deshalb, weil ganz allgemein gesagt eine absolute Zufälligkeit nicht existiert. So kann man auch hier nicht sagen, daß *Viscum album* ganz zufällig auf die es ernährende Pflanze gelangt. Seine Eigenschaft zu parasitieren hat sich im Evolutionsprozeß herausgebildet. Und wenn die überwiegende Mehrzahl von *Viscum album* eingeht, so trifft ein Teil von ihnen wiederum infolge der durch die Evolution bedingten Gemeinsamkeit in der geographischen Verbreitung von *Viscum album* und der entsprechenden Wirtspflanzen auch nach der Wahrscheinlichkeitstheorie doch auf entsprechende Wirtspflanzen. Andernfalls wäre die parasitische Art gänzlich ausgestorben.

Also, will man den Ausdruck Zufälligkeit hier überhaupt anwenden, so haben wir selbstverständlich nur eine relative „Zufälligkeit" dabei im Auge. Grad und Charakter der Zufälligkeit kann in verschiedenen Fällen beliebig verschieden sein. In dieser Art behandelt auch die Mathematik den Begriff des Zufalls.

e) Gemischt bedingte, taxonomische, natürliche Verwachsungen.

Wir haben soeben schon die gemischt bedingten, taxonomischen, natürlichen Verwachsungen erwähnt.

Auf allen in unserem Laboratorium vorhandenen, stark entwickelten Büschen von *Chlorophytum commosum* wurde Verwachsung grün gewordener Luftwurzeln des oberirdischen rhizomähnlichen Stengelteiles beobachtet. Die Plastizität dieser Wurzeln ist sehr groß. Stellenweise bilden die verwachsenen Wurzeln eine monolitische Masse. Es zeigt sich aber, daß die Verwachsung nur oberflächlich, epidermal zustande kommt. Die Verwachsung gehört großenteils zum Typus der Verwachsung durch Parallelwachstum. Aber wie gesagt ist dies wohl die allereinfachste Art, denn wir haben keinerlei irgendwie tiefer gehende Verwachsung beobachtet. Manchmal findet man auch Verwachsungen in schräger und querer Richtung der Wurzel.

Hier ist zweifellos eine spezifische physiologische Bedingtheit vorhanden. Aber nicht geringere Bedeutung haben auch Strukturfaktoren.

80 Natürliche Verwachsung von Pflanzenteilen.

Tatsächlich kommt die Verwachsung nur deshalb zustande, weil die Wurzeln in dichten Reihen stellenweise vollkommen dicht aneinanderschließend angelegt werden (s. Abb. 21).

Wir werden aus analoger Betrachtung heraus zu den gemischt bedingten Verwachsungen auch die tiefgehende Verwachsung und Verschmelzung „kriechender" Luftwurzeln der tropischen *Ficus scandens, Ficus benjamina* und anderer Arten dieser Gattung stellen, ebenso wie die Verwachsungen einiger Arten der Familie der *Bignoniaceae, Araceae* (z. B. *Pothos clatocaulus* usw.) (s. KERNER, 1906, u. a.).

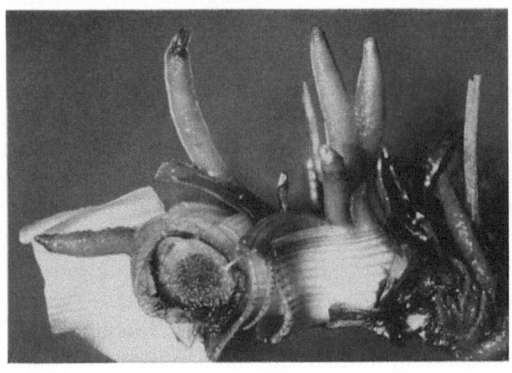

Abb. 21. Oberflächliche Verwachsung der Luftwurzeln von *Chlorophytum commosum*.

f) Formbildende, natürliche Verwachsungen.

Wir haben es bei den formbildenden, natürlichen Verwachsungen mit einer besonders wichtigen Gruppe zu tun, da sie einen der Faktoren darstellen, die für die Bildung neuer systematischer Einheiten mit verantwortlich sind.

Hier möchten wir drei eigene Beobachtungen aus diesem Gebiet mitteilen. Diese Mitteilung trägt in jedem Falle nur vorläufigen Charakter, da die endgültige Bearbeitung des Materials noch nicht in abgeschlossener Form vorgelegt werden kann. Doch verdienen die Schlüsse, die wir ziehen, vielleicht dennoch Beachtung.

Als Ergänzung zu unseren früheren Ausführungen über formbildende Verwachsungen möchten wir im folgenden unseren grundsätzlichen Standpunkt hinsichtlich aller Aussagen über diese historischen, somatischen, formbildenden Prozesse darlegen, soweit Probleme des Verwachsungsvorganges dabei berührt werden.

Schlüsse dieser Art gründen sich für gewöhnlich auf vergleichend morphologische, geographische, paläontologische und in letzter Zeit auch auf ökologische und formalgenetische Untersuchungen. Die letzteren schließen also aus den Tatsachen der Vererbung und Hybridisierung heutiger Formen auf ehemalige Formen. Manchmal werden als Hilfsdaten sog. teratologische Erscheinungen mit in Betracht gezogen. Wir haben uns schon früher dahingehend ausgesprochen, daß wir in keiner Weise derartige Formen als teratologische betrachtet wissen wollen. Wir schrieben (KRENKE, 1928, S. 84):

,,Die Mehrzahl der Mißbildungen stellen taxonomische Abweichungen dar, und haben oft eine phylogenetische Bedeutung. Nicht selten zeigen diese Abweichungen eine der seltenen Varianten der Organentwicklung und helfen damit der Erkenntnis vom Wesen des Organs (z. B. CELAKOVSKY, 1878, über die Deutung von Samenanlagen und Staubfäden auf Grund von Aszidien). Die Literatur ist an Beispielen reich dafür, daß eine Abweichung in einer systematischen Einheit sich als dauerndes Merkmal in einer anderen findet.

Deshalb müssen 1. die genannten Abweichungen zugleich mit normalen Formen erforscht werden; 2. ist es bezüglich dieser Abweichungen notwendig, sich kategorisch von dem Ausdruck ,,Mißbildungen" abzuwenden und diese in Analogie zu dem mathematischen Begriff der ,,besonderen Punkte" in biologischer Ausdrucksweise als ,,besondere Formen" zu bezeichnen. Von diesen Punkten sind die ,,isolierten Punkte" von besonderem Interesse, d. h. also Punkte, welche graphisch (morphologisch) außerhalb der Kurve (welche diese Erscheinung darstellt) liegen, aber dem Wesen nach dieser Kurve angehören, da ihre Koordinaten der Kurvengleichung entsprechen.

Mit anderen Worten: Die scheinbar isolierten Formen einer Pflanze können in den gemeinsamen Prozeß (,,Gleichung") der Entwicklung der normalen Form hineinpassen.

Es sind aber auch andere Punkte interessant. Z. B. stellen die äußeren Varianten der Variationskurve ,,Schlußpunkte" dar. Der Prolifikationsfall, wo ein eigentlich beendeter ontogenetischer Zyklus von neuem beginnt, kann als ,,grader Punkt" bezeichnet werden usw. (bezüglich der elementaren Begriffe der besonderen Punkte s. B. KAJALOVITSCH, 1923).

Tatsächlich kann man solche Formen nicht als teratologisch bezeichnen, welche Indikatoren einer vergangenen oder augenblicklich vor sich gehenden Evolution darstellen. Deshalb ist es uns ganz verständlich, daß eine Reihe großer biologischer Denker, wie CH. DARWIN, DE VRIES und im Grunde auch GOEBEL (1928, I. Teil, S. 440) es allgemein ablehnen, eine scharfe Grenze zwischen Abweichungen formbildenden Charakters und Krüppelbildungen zu ziehen. Im theoretischen Teil des Vorwortes haben wir darauf hingewiesen.

Es sei aber die Notwendigkeit betont, zweierlei zu unterscheiden: Wir wissen nämlich infolge unserer geringen Kenntnisse häufig nicht, ob eine besondere Form als unwesentliche Krüppelbildung zu bezeichnen ist, oder ob sie eine Abweichung darstellt, welche im Zusammenhang mit den formbildenden Prozessen steht. Andererseits existieren aber in Wirklichkeit beide Arten von Erscheinungen für uns oder unser Auge als ungewöhnliche Formen. Aber auch die beiden verschiedenen Arten der Abweichung von der gewöhnlichen Form existieren tatsächlich. Wir sind deshalb der Meinung, daß die theoretische Einteilung unbedingt aufrechterhalten werden muß. Unklare Fälle werden zweckmäßig auch als solche unter entsprechender Begründung zu bezeichnen sein. Um dieser Einteilung einen organischen Charakter zu geben, ist es notwendig, aus den Monographien über die Teratologie und aus der Masse der vielen zerstreuten Abhandlungen das ganze Material, welches sicher zu den formbildenden Abweichungen gehört, herauszusondern.

Unserer Meinung nach kann so die Basis für eine sehr ernste, selbständige theoretische Arbeit evolutionistisch-morphogenetischer Richtung gewonnen werden. Wir würden eine solche Abhandlung als „die Lehre von den formbildenden Abweichungen" bezeichnen.

Aber wie gesagt werden viele Unklarheiten, die man gar nicht umgehen kann, zunächst mit in Kauf zu nehmen sein. Dies wird notwendigerweise einen Anschluß an die Sphäre der tatsächlich teratologischen Form mit sich bringen. Diese Verbindung ist jedoch nur infolge unserer Unkenntnis notwendig. Doch ist nunmehr verständlich, warum man eine allgemeine Abhandlung über Abweichungen nicht als „Lehre von der pflanzlichen Teratologie" bezeichnen darf. Wir würden eine derartige Arbeit lieber als „die Lehre von den besonderen Formen" bezeichnen, und würden in sie solche Erscheinungen, welche ohne weiteres als teratologisch zu gelten haben, nicht mit aufnehmen. Diesen letzteren wird man eine selbständige Disziplin neben der Lehre von den Pflanzenkrankheiten zuzuweisen haben.

Nach dem Gesagten dürfte unsere Stellungnahme zu den Abweichungen klar sein. Dabei zwingt uns unser Standpunkt zur Vorsicht bei jeder Beurteilung der Formbildung auf Grund abweichender Formen. In unseren Untersuchungen bringen wir diese Vorsicht zunächst dadurch zum Ausdruck, daß wir Schlüsse in bezug auf einen historischen Prozeß der gegebenen Formbildung nicht zulassen, wenn wir in den gegenwärtigen Abweichungen, welche sich in einer vorliegenden systematischen Einheit finden, nicht eine ganze Reihe allmählicher Übergänge von der normalen zu untersuchenden Form finden bis hin zu jener Form, die wir als Spur der geschichtlichen Vergangenheit der uns vorliegenden gegenwärtigen Normalform auffassen wollen. Mit anderen Worten ziehen wir die erwähnten phylogenetischen Schlüsse erst dann, wenn es gelingt, aus dem untersuchten, gegenwärtig vorliegenden Material der betreffenden Art den ganzen vorauszusehenden Mechanismus der somatischen Formbildung zu verfolgen. In dieser Hinsicht lassen wir die Ausfüllung von Lücken in den uns vorliegenden Materialien durch irgendwelche theoretische und logische Überlegung und Schlüsse nicht zu. Voraussetzung für unsere These ist, daß sich in dem gegenwärtigen, morphologischen Geschehen, wenn auch nur als seltene Abweichungen, Spuren des geschichtlich vergangenen Prozesses auffinden lassen müssen. Selbstverständlich können für solche Prozesse, die in sehr entfernter, historischer Vergangenheit liegen, oder für solche, welche sehr nahe liegen, sich die erwähnten Spuren eventuell auch nicht finden. Dann aber werden wir auch nicht versuchen, diese Prozesse zu charakterisieren.

In den folgenden vorläufigen Mitteilungen haben wir uns der genannten Forderung vollkommen unterworfen. Als vorläufig müssen wir sie bezeichnen, da wir die mikroskopische und statistische Analyse und auch den systematischen Vergleich noch nicht beendet haben.

Herkunft der zweizeiligen Blattanordnung bei Ulmus und Morus. Wie wir schon bemerkt haben, hat sich unsere Aufmerksamkeit schon im Jahre 1927 abgesehen von der Blattform auch der interessanten Blattanordnung bei *Brussonetia papyrifera* VENT. (1799) zugewandt (Synon.: *Morus papyrifera* L. 1753, und *Papyrius papyrifera* KUNTZE 1891). Auf Abb. 44, welche wir in Verfolgung eines ganz anderen Zieles in diese Arbeit eingeführt haben, kann man einige Bilder, wie sie uns hier interessieren, bemerken. So sind auf Abb. 44 I unten am Sproß zwei der ersten Blätter zweizeilig angeordnet. Überhaupt kann man unten, manchmal aber auch oben, Blätter in dieser Anordnung finden. Manchmal sind sie auf einem ganzen Sproß so angeordnet. Dabei variiert die Blattordnung von der zweizeiligen bis zur 2/5 Anordnung. Gewöhnlich folgen aber auf zweizeilig angeordnete untere Blätter weiter oben gegenständige. Und zwar ist immer ein Blatt des Paares kleiner, sowohl hinsichtlich der Spreitengröße als auch bezüglich der Länge und des Querschnittes des Stieles. Auf Sprossen mit gegliederten Blättern sind die kleineren Blätter gegenständiger Paare bedeutend weniger gegliedert, derart, daß, wenn die größeren Blätter eine relativ geringe Gliederung besitzen, sich die gegenüberliegenden, kleineren in der Regel als ganzrandig erweisen (z. B. Fig. IV, Paar 2 und 3, 4 und 5, 6 und 7). So sieht man, daß die größeren und die kleineren Blätter je eine Spirale bilden (vgl. M. GOLENKIN, 1895). Besonders deutlich sieht man zwei Spiralen ganz stark voneinander abweichender, gegenüberliegender Blätter (und zwar der Größe und der Form nach) bei *Pilea imparifolia* WEDD. und bei *Pilea nutans* WEDD., wie auch bei *Pellionia* und anderen aus der Gruppe der *Procrideae*. Es zeigt sich weiter, daß die erwähnten unteren, manchmal auch die oberen zweizeiligen Blätter immer auf der Spirale der größeren der gegenständigen Blätter liegen. Deshalb wird man anerkennen müssen, daß bei diesen zweizeiligen Blättern die kleinen ihnen gegenüberliegenden Blätter fehlen. Es entsteht so der Eindruck einer geschichtlichen Reduktion, welche im unteren Teil des Sprosses ihr Ende fand, während sie im mittleren Teile noch nicht zu Ende gekommen ist, sich hier aber in verkleinerten Blättern kundgibt. Aber wie wir später sehen werden, kann der Prozeß noch kompliziert sein. Weiter ist es wichtig zu bemerken, daß die gegenüberliegenden Blätter nicht genau auf den diametral entgegengesetzten Enden eines vorliegenden Sproßquerschnittes liegen, sondern daß ihre Anheftungsstellen etwas einander genähert sind. D. h., daß die Blätter in Wirklichkeit nicht genau gegenständig sind, sondern unter einem Winkel einander genähert. In einigen Fällen haben wir festgestellt, daß die genannte Annäherung der Blätter zu einer Verwachsung führt. Dabei wurden einige intermediäre Stadien der Verwachsung bis hin zur Bildung einer Spreite mit nicht sehr tief gehender dichotomischer Verzweigung an ihrer Spitze festgestellt. Dieses Blatt gehörte im vorliegenden Fall der Spirale der größeren Blätter an, während das gegenüberliegende kleine Blatt natürlich fehlte, weil es in den Aufbau des größeren Blattes eingegangen war.

Bei *Morus nigra* L. ist die Blattanordnung in der Regel 2/5. Aber an einzelnen Stellen, besonders unten an den Sprossen, sind die Blätter manchmal zweizeilig. Auch werden einzelne Sprosse mit gänzlich zweizeiliger Blattanordnung gefunden. Übergänge von zweizeiliger Blattanordnung zur 2/5 Stellung sind auch vorhanden.

Bei *Ulmus campestris* L. ist die Blattanordnung zweizeilig. Bei den von uns beobachteten anderen Arten von *Ulmus* und bei *Morus alba* finden wir entsprechende Verhältnisse.

Nach dem bisher über die Blattanordnung von *Brussonetia, Morus* und *Ulmus* (Ordnung *Urticineae*) Gesagten werden wir im weiteren die zweireihige von der 2/5 Blattanordnung ableiten. Denn zwischen ihnen haben sich alle Übergänge finden lassen (vgl. L. BRAVAIS und SCHWENDENER, 1878, u. a.). Deshalb könnte der Prozeß dieses Überganges in der Vergangenheit auch bei *Ulmus* vorgekommen sein. Wir werden einen anderen Prozeß, nämlich den Vorgang der Bildung der spiraligen Anordnung bei den genannten Arten unabhängig von dem Charakter dieser Stellung betrachten. Dabei ist bei uns der Gedanke aufgetaucht, daß eine derartige Blattanordnung bei *Ulmus* und *Morus* durch das Verschwinden der gegenüberliegenden Blätter ähnlich dem, wie man ihn bei *Brussonetia* annehmen kann, wo dieser Prozeß noch nicht zum Abschluß gekommen ist, bewirkt wurde. Im allgemeinen stellen die *Urticineae* ein reichhaltiges Material für die Erkenntnis von Formbildungsprozessen im Merkmale der Blattanordnung (s. Literatur bei M. GOLENKIN, 1895) dar.

Wenn unsere Annahme richtig ist, so müssen unserer Voraussetzung nach wenigstens in speziellen Fällen alle Stadien dieses Prozesses auch bei gegenwärtigen Formen von *Ulmus* und *Morus* sich zeigen können.

K. GOEBEL (1928, S. 341—344) leitet die zweizeilige Anordnung der Blätter der *Urticifloren* ab von gegenüberliegenden Paaren mit stark ausgeprägter Anisophyllie. Speziell für *Ulmus* nimmt GOEBEL an, das nächste Blattpaar sei stark auseinandergerückt und von sehr ungleicher Größe. Dafür spricht auch die Keimungsgeschichte, da auf einem oder einigen der ersten Knoten, die auf die Kotyledonen folgen, die Blätter gekreuzt paarweise stehen. Es handelt sich hierbei um das dritte Paar eines Sämlings von *Ulmus effusa*. Das untere Blatt des ungleichartigen Paares ist kleiner und kann zu einer schuppenartigen Form reduziert werden. Dabei konnte bei voller Reduktion der entsprechenden Blätter in den nachfolgenden ehemaligen Paaren auch die gegenwärtige Anordnung der Blätter bei *Ulmus* entstehen.

In der Nähe der Stadt Taschkent (Mittelasien) haben wir etwa 300 Bäume von *Morus niger* L. und etwa 350 Bäume von *Ulmus campestris* L. untersucht. Die letzte Art besteht zweifellos aus einigen Rassen.

Unsere Untersuchungen waren von Erfolg gekrönt. Das Verschwinden der gegenständigen Blattanordnung geht nicht auf dem Wege der Reduktion eines Blattes des Paares, sondern auf demjenigen einer Verschmelzung gegenüberliegender Blätter vor sich. D. h. es tritt dasselbe ein, was wir auch bei *Brussonetia* gefunden haben. Die manchmal beobachtete Verschiebung der gegenüberliegenden Blätter in die zweizeilig wechselständige Anordnung kann wegen der Seltenheit des Vorkommens auch als Folge des Fehlens einer allgemeinen Gesetzmäßigkeit in diesem Prozeß und braucht in diesem Falle nicht als die Grundlage für die Bildung der wechselständigen Anordnung aus der gegenständigen angesehen zu werden. Wir wollen damit nicht sagen, daß dieser Prozeß überhaupt unmöglich sei, die Existenz dieser Vorkommnisse steht vielmehr außer Zweifel. Darüber hinausgehend lassen wir sogar zu, daß, worauf auch GOEBEL hinweist, dieser Prozeß gemeinsam mit der Reduktion auch bei *Ulmus* stattfinden kann. Anscheinend ist er aber nicht allein vorhanden. Bei der Gattung *Pellionia* und anderen wird sogar das Verschwinden der gegenüberliegenden Blattanordnung gerade auf dem Wege der Reduktion der kleinen Blätter gegenständiger Paare beobachtet.

An erwachsenen und jungen Bäumen von *Ulmus campestris* haben wir alle Stadien des von uns vorausgesehenen Prozesses gefunden und sind keinem Falle begegnet, welcher uns das Verschwinden der uns interessierenden Blätter auf dem Wege restloser Reduktion derselben hätte zeigen können. Dabei sind aber anscheinend allererste Stadien der Reduktion vorhanden. Der weitere Prozeß geht dagegen wohl auf einem anderen Wege vor sich.

Wir haben oben schon bemerkt, daß bei *Brussonetia* in der gegenständigen Blattanordnung eine besondere Spirale der kleinen Blätter vorhanden ist. Man kann annehmen, daß anfangs eine Verkleinerung dieser Blätter und dann eine Verschmelzung mit den ihnen gegenüberliegenden größeren zustande kommt.

Wenn man annimmt, daß bei *Ulmus* und *Morus* der Prozeß auf demselben Wege vor sich ging, so müssen wir erwarten, daß im Falle der Feststellung gegenständiger Blätter bei ihnen eines von beiden kleinere Ausmaße zeigt. Es sei darauf hingewiesen, daß wir vor Beginn unserer Untersuchungen über *Ulmus* und *Morus* diese Annahme ausgesprochen haben, ohne die tatsächlichen Abweichungen, welche bei ihnen vorkommen, zu kennen.

Als wir dann die Untersuchungen unternahmen, haben wir einzelne Fälle von gegenständigen Blattpaaren bei diesen Pflanzen mit allen Übergängen eines Verwachsungsprozesses zwischen beiden bis zur völligen Verschmelzung beider gefunden. Aber, was besonders wichtig ist, es erwies sich ein Blatt des Paares in der Regel tatsächlich als merklich kleiner und mit kürzerem und dünnerem Stiel. Außerdem ordneten sich die kleineren Blätter nach einer besonderen Spirale, welche von derjenigen der größeren Blätter verschieden war. D. h. also, daß wir hier das gleiche Bild gefunden haben, welches normalerweise bei *Brussonetia papyrifera* auftrat. Weiter haben wir bei *Ulmus campestris* ganze, lange Achsen gefunden, wo die gegenständige Blattanordnung überwog. Auf einigen kleineren Zweigen waren dagegen nur kleinere Blätter vorhanden. Endlich hat sich gezeigt, daß diese Erscheinung bei verschiedenen Bäumen mit verschiedener Häufigkeit vorkommt. Bei der Mehrzahl fehlen gegenständige Blätter vollkommen. Zwei Bäume waren aber durch sehr reichliches Vorhandensein dieser Form ausgezeichnet.

Außerdem haben wir bei *Ulmus* eine Menge von Ascidien festgestellt. Dabei wurden Ascidien viel häufiger auf denjenigen Individuen gefunden, die auch gegenständig angeordnete Blätter trugen. Irgendwelche merkliche traumatische oder andere Schädigungen sind in dem ganzen von uns untersuchten Material nicht gefunden worden (vgl. BLARINGHAM, 1907, S. 101—103 und Tafel II). Die Bildung von Ascidien steht aber anscheinend nicht in direkter Beziehung zu der Blattanordnung. Dies ergibt sich daraus, daß die Ascidien selbst in Form wechselständiger wie auch in Form gegenständiger Blätter gefunden werden. Im Falle der gegenständigen Anordnung können sich die Ascidien sowohl mit gewöhnlichen Blättern als auch miteinander kombinieren. Im letzteren Fall war im allgemeinen dann eines der Ascidien kleiner als das andere. Endlich wurden Fälle von Verwachsung von Ascidien mit dem gegenständigen Blatt gefunden. Verwachsung von Ascidienpaaren wurden nicht beobachtet, aber selbstverständlich dürfte in der Natur auch ein solcher Fall vorkommen. Sie sind uns nur wegen der Seltenheit gegenständiger Ascidien nicht vor Augen gekommen. So verhalten sich also in gegenständigen Paaren, wie auch in paarweiser gegenständiger Anordnung mit gewöhnlichen Blättern die Ascidien prinzipiell ebenso wie gewöhnliche Blätter. Nur im Falle einer Verwachsung des Ascidiums mit einem gewöhnlichen Blatt haben wir keine volle Verschmelzung

Herkunft der zweizeiligen Blattanordnung bei *Ulmus* und *Morus*.

zu der einen oder anderen Form (Ascidium oder flaches Blatt) beobachtet. Man könnte dies an den Übergangsstadien, welche aber nicht gefunden wurden, feststellen. Im allgemeinen aber ist eine ganz **ununterbrochene** Reihe von Übergängen vom flachen Blatt bis zum tiefen

Abb. 22. Blattanordnung bei *Ulmus campestris* (s. Text).

Ascidium vorhanden. Aber in jedem beschriebenen gegenständigen Paar sind verschiedene Glieder dieser Reihe vorhanden, und sie bewahren ihre Formen auch bei der Verwachsung beider Partner eines Paares.

Endlich haben wir nicht wenige Fälle von zweiblättrigen Ascidien, d. h. von solchen mit verschieden tief dichotomisch verzweigter Spitze gefunden. Derartige Ascidien hatten nie einen gegenständigen Partner, und der Stiel zeigte bei tiefer Verzweigung der Spitze alle Merkmale einer Verwachsung aus zwei Partnern. Alles dies zwingt zu der Annahme, daß diese Ascidien ebenfalls das Verwachsungsprodukt zweier gegenständiger Blätter sind. Ein derartiger Prozeß fiel hier zufälligerweise mit der Bildung der Ascidien zusammen. Dafür sprechen auch diejenigen Fälle, wo eine der beiden Spitzen dieser Ascidien kleiner war. Dieses entspricht den oben angeführten Tatsachen (ungleich große gegenständige Partner). Ohne spezielle, vorangehende Analyse ist ein direkter Vergleich der Größe der Ascidien mit der Größe des gegenüberliegenden normalen Blattes natürlich nicht möglich, gleichwie es unmöglich ist, direkt festzustellen, ob das genannte Ascidium zur Spirale der kleineren oder zur Spirale der größeren Blätter gehört. Die Entwicklungsmechanik des Ascidiums ist tatsächlich eine andere als die eines flachen Blattes. Der Ascidienstiel ist viel länger und die Spreite kürzer. Dabei ist gewöhnlich, je länger der Stiel ist, um so kleiner aber tiefer der Kelch. Gleiches gilt auch für die große Zahl (mehr als 5000) von Ascidien, welche wir bei einem Individuum der Linde festgestellt und gemessen haben (bei Moskau). Es scheint sich um eine ganz allgemein in der Entwicklungsmechanik der Ascidien begründete Erscheinung zu handeln. Selbstverständlich kann man einen genauen quantitativen Ausdruck aller von uns erwähnten Größenverhältnisse nur durch statistische Analysen erhalten. Dies wird auch später durchgeführt werden, denn die entsprechenden Ausmaße sind von uns aufgezeichnet worden.

Die Unmöglichkeit, ohne spezielle Analyse die Zugehörigkeit eines Ascidiums, welches mit einem flachen Blatt ein Paar bildet, zu einer bestimmten Spirale festzustellen, gilt aber nur für die Mehrzahl der Fälle. Manchmal ist diese Zuordnung nicht schwer vorzunehmen. Wenn wir tatsächlich (s. Abb. 22, Zweig 1, von oben nach unten gerechnet) finden, daß auf diesem Zweig wenigstens ein Fall eines gegenständigen Blattpaares vorhanden ist, so braucht man nur die Spirale (Zickzacklinie) von dem kleineren Blatt des Paares zu führen, um zu sehen, welche Ascidien zu dieser Spirale gehören. Sie gehören also zu der Spirale der kleineren Blätter. Nur der spezielle Fall, wo beide Blätter eines gegenständigen Ausgangspaares gleich sind, kann eine derartige Zuordnung verhindern.

In dem großen von uns beobachteten Material haben wir nur einen Fall gefunden, welcher unserer Konstruktion bezüglich der Herkunft der zweizeilig wechselständigen Blattanordnung bei *Ulmus* nicht genügte (s. Abb. 22, Zweig 1 in der Mitte). In diesem Falle war das dem Ascidium gegenüberliegende Blatt dichotom verzweigt, was in unserem Material, soweit es anatomisch kontrolliert wurde, als Zeichen kongenitaler Verwachsung zweier Blätter zu gelten hat. Das zeigt sich dadurch, daß hier ein dreiblättriger Quirl angelegt wurde. Das stört unsere Ableitung jedoch nicht, stützt sie vielmehr. Wir haben (s. oben) tatsächlich nachgewiesen (KRENKE, 1924, 1927 und 1931), daß bei gegenständiger Blatt-

Herkunft der zweizeiligen Blattanordnung bei *Ulmus* und *Morus*.

anordnung in der Regel (bei verschiedenen Arten und Rassen in gleicher Menge) dreiblättrige Quirle gefunden werden, die Erhöhung der Elemente gegen die Norm bedeuten. Diese Veränderlichkeit hat selten formbildenden Charakter. Daß wir also einen solchen Fall bei *Ulmus* gerade auf einem Zweig mit fast vollständig gegenständiger Blattanordnung gefunden haben, entspricht andererseits völlig der von uns erklärten Gesetzmäßigkeit.

Abb. 23. Knospenverschmelzung bei *Morus nigra*. Die Blätter noch unverwachsen.

Endlich bleibt uns noch hinsichtlich *Ulmus* mitzuteilen, daß bei Annäherung der Anheftungsstellen der gegenständigen Blätter an den Stengeln, d. h. auf dem Wege ihrer Verwachsung, sich auch die Achselknospen der vollkommenen Verschmelzung auf natürliche Weise nähern. Ihre vollkommene Verschmelzung kann derjenigen der Blätter vorangehen. Manchmal beobachteten wir Verschmelzung von Knospen in den Achseln gegenüberliegender Blätter, deren Stiele sich einander genähert hatten, ohne aber noch im geringsten miteinander zu verwachsen.

Am häufigsten war dies bei *Morus* der Fall. Es wurden überhaupt bei *Morus nigra* gegenüberliegende Blätter und Verwachsungen viel seltener als bei *Ulmus* gefunden (s. Abb. 23). Die Hauptsache ist aber, daß diese Fälle gleichmäßig bei allen untersuchten Pflanzen festgestellt wurden, während, wie schon bemerkt wurde, bei *Ulmus* einzelne Pflanzen, welche anscheinend einer Rasse angehörten, ein besonders reich-

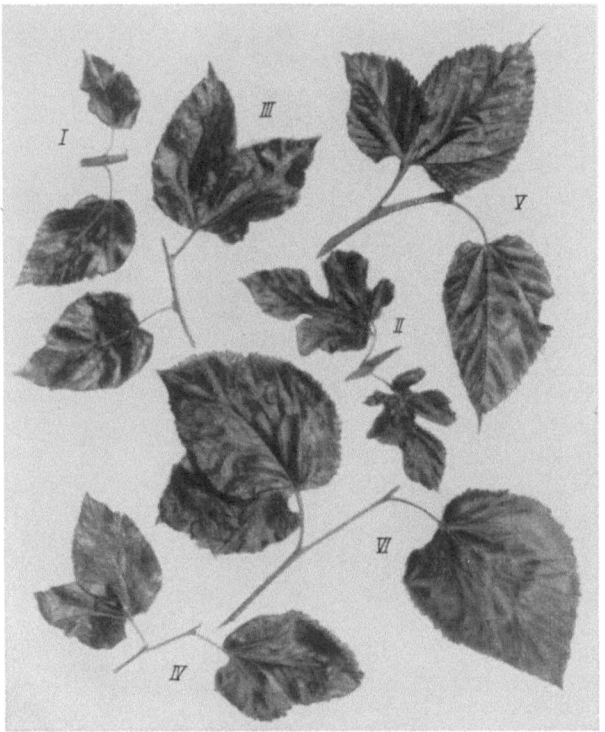

Abb. 24. *Morus nigra*, Verwachsungsstadien von Blättern.

haltiges Material gaben. Wir halten das für sehr wertvoll, denn normalerweise könnte man erwarten, daß, wenn die von uns erwähnten Abweichungen zu den formbildenden gehören, sie in verschiedenen Rassen und besonders bei verschiedenen Arten quantitativ verschieden zum Ausdruck kommen können. Daß bei *Morus* die Abweichungen gleichmäßig im ganzen Material verteilt sind, läßt sich vielleicht durch die Einheitlichkeit des Materials erklären.

Wir haben nur in fünf Fällen bei *Morus* Zweige gefunden, die zwei Paare gegenständiger Blätter trugen. In einem Fall waren die Paare nur durch ein einzelstehendes Blatt voneinander getrennt. Auch hier paßten die kleineren Blätter der gegenständigen Paare nicht in die Spirale der größeren Blätter, sondern lagen auf dem Abschnitt einer selbständigen Spirale. D. h. es liegen dieselben Verhältnisse vor wie bei *Brussonetia*. Wir möchten flüchtig die übrigen Illustrationen zu dem beschriebenen Prozeß anführen.

Auf Abb. 24, I und II sind gegenständige Paare von *Morus nigra* L. gezeigt. Es ist deutlich die geringere Größe eines der Blätter in dem Fall ganzrandiger wie auch lappiger Formen erkennbar. Die ganzrandigen Blätter stellen eine Altersform dar. Weiter sind einige Verwachsungsstadien gezeigt. III ist eine etwas weitergehende Verwachsung, IV zeigt Verwachsung nur am Grund der Stiele. V und VI sind intermediäre Formen.

Abb. 25. *Morus nigra*, verschiedene Stadien der Verwachsung von Achselknospen (s. Text).

Auf Abb. 25 sind der Reihe nach alle Verwachsungsstadien von Achselknospen gegenständiger Blätter bei *Morus* gezeigt. Dieser Vorgang geht der Annäherung der Anheftungsstellen am Stengel parallel ohne daß eine Verwachsung der Stiele einträte. Es ist nicht schwer, nach der geringeren Länge und Dicke des Stieles die kleineren Blätter zu bestimmen.

Auf Abb. 22 finden wir Zweige von *Ulmus campestris* L.

I. Vorzugsweise gegenüberliegende Blätter, zwischen denen viele Ascidien gefunden werden. Oben am Zweig einige Paare normaler gegenüberliegender Blätter. II: Ein ascidienreicher Zweig. Am 8. und 9. Knoten von unten beim ersten Blatt beginnend ist die Kombination von Ascidien mit einem gewöhnlichen Blatt zu einem Paar zu sehen. Im oberen Drittel des Zweiges haben wir zwei Fälle von Ascidienpaaren. Eins der Ascidien in jedem Paar ist kleiner als das andere. An den Zweigen III und IV je eine Ascidiengruppe. Zwei Ascidien sind zweiblättrig. V. Ein Blattpaar mit verwachsenen Stielen.

Abb. 26 stellt ebenfalls *Ulmus campestris* L. dar.

I. Ein Zweig mit dicht aneinander sich nähernden, aber noch nicht verwachsenen Blättern. Die Achselknospen sind schon verschmolzen. Ein scharfer Unterschied der Blattgröße der zusammengesetzten Paare ist sichtbar.

II. Das nachfolgende Stadium — zwei Paare mit teilweise verwachsenen Blättern.
III. Anfang der Verwachsung eines Ascidiums mit seinem Blattpartner.
IV. Eine ähnliche Bildung wie auf Abb. 22, V.
V. und VI. Gegenständige Aszidien.
VII. Ein Paar, gebildet aus Ascidium und gewöhnlichem Blatt.

Abb. 26. *Ulmus campestris*, Blattverwachsung (s. Text).

Auf Abb. 27, I—III finden wir einige Verschmelzungsstadien von gegenständigen Blättern. IV—VI dasselbe, aber unter Bildung zweiblättriger Ascidien. Aus der letzten Reihe ist zu ersehen, daß bei voller Verschmelzung ein normales Ascidium entsteht, d. h. es ist möglich, daß auch die einfache ascidiale Form durch Zusammenschließen gewöhnlicher gegenständiger Blätter entsteht. Die übrigen Einzelheiten auf den Photographien brauchen nicht beschrieben zu werden. Einige von ihnen sind bei der Beschreibung des ganzen Verwachsungsprozesses erwähnt worden.

Abb. 28, I ist ein Zweig von *Ulmus* mit vier andernorts beschriebenen zweiblättrigen Ascidien. II ist ein Zweig mit einigen Blattpaaren, welche frei sind, während andere verwachsen sind. Unten finden wir zwei Paare, in denen Ascidien mit einfachen Blättern kombiniert sind. Bei dem unteren Paar ist das Blatt abgebrochen, es sind aber zwei Achselknospen zu sehen.

Stengelbildung bei *Mirabilis jalapa*. Es ist bekannt, daß *Mirabilis jalapa* kreuzweise gegenständige Blätter besitzt. Auf die Blätter gehen wir weiter unten ein. Allen erwachsenen Sprossen ist eine Längsrinne an beiden Seiten jedes Internodiums eigen, so daß der Stengelquerschnitt leicht bisquitartige Form hat. Bei jüngeren Stengeln und Sämlingen ist die Rinne sehr oft fast nicht sichtbar; an ihre Stelle tritt dann ein hellerer Flaumstreifen.

In den von uns gefundenen 30 Fällen trikotyler Sämlinge bei *Mirabilis jalapa* hat sich immer gezeigt, daß der Querschnitt des Stengels aussieht, als ob drei einzelne runde Stengel verschmolzen wären.

Abb. 27. Blattverschmelzung und Ascidienbildung bei *Ulmus campestris* (s. Text).

Dies hat uns veranlaßt anzunehmen, daß der normale Stengel von *Mirabilis jalapa* geschichtlich als eine aus zwei runden Stengeln verwachsene Form aufzufassen ist. Wenn das der Fall ist, so müssen wir, wie gesagt, alle Stadien dieses Prozesses, wenn auch nur in einer der möglichen Formen der Abweichung, finden.

Tatsächlich haben wir alle Stadien bis in die kleinsten Einzelheiten hinein feststellen können, wobei Sämlinge das günstigste Material darstellen (*Mirabilis jalapa* ergibt auch Adventivsprosse aus vorjährigen Wurzeln). Besonders häufig finden sich Abweichungen in denjenigen Sämlingen, welche im Herbst im Freiland ausgesät wurden. Wir haben dies in Tiflis (Transkaukasus) wie auch in Moskau beobachtet. Anscheinend erschüttert die für *Mirabilis* ungewöhnliche winterliche Frostperiode das stabile geschichtlich gewordene System der Embryonen etwas.

94   Natürliche Verwachsung von Pflanzenteilen.

Die nächstfolgenden Photographien stellen eine Reihe von Sämlingen dar, die von der zur Zeit als normal geltenden Form der *Mirabilis jalapa* abweichen. Überall sind mit dem Buchstaben c die Kotyledonen bezeichnet. Die Ziffer 1 ist dem ersten auf die Kotyledonen folgenden Stengelknoten beigegeben unter der Bedingung allerdings nur, daß dieser Teil des Stengels nicht „gespalten" ist. Wenn dieses Internodium „gespalten" ist, so ist das erste Blatt der einen Hälfte mit der Ziffer 1

Abb. 28. *Ulmus campestris*, Blattverwachsung teilweise zweiblättriger Ascidien.

und das entsprechende Blatt der anderen Hälfte mit der Ziffer 1a bezeichnet. Alle Hauptachsen sind durch die Buchstaben a, b bezeichnet. Nur auf Abb. 32 haben wir eine von ihnen durch die Bezeichnung „A" als sekundär kompliziert hervorgehoben.

Die Buchstaben a, b, A beziehen sich auf entsprechende Achsen im ganzen, beginnend von der Basis. Die übrigen Bezeichnungen aber (außer n auf Abb. 31, I) beziehen sich auf diejenigen Elemente, neben welche sie gestellt sind. Es ist wichtig, dies im Auge zu behalten. Alles übrige wird bei der Beschreibung zu erklären sein. Auf Abb. 29, II ist am besten zu sehen, daß die Hauptachse an ihrer Basis aus zwei Achsen verwachsen ist.

Im Gegensatz zu der für dieses Stadium üblichen Entwicklung einer normalen Pflanze ist hier auch die Längsrinne gut zum Ausdruck ge-

Abb. 29. Sproßbildung bei *Mirabilis jalapa* (s. Text).

kommen. Am überzeugendsten ist natürlich die Verdoppelung der Sproßspitze (a, b). Dabei ist bemerkenswert, daß im ersten Knoten

Abb. 30. Sproßbildung bei *Mirabilis jalapa* (s. Text).

dieser auseinandergewichenen Stengel nur je ein Blatt (1, 1a) sich nachweisen läßt. In der Achsel des einen von ihnen (1) ist eine kleine Achselknospe zu sehen. Die auseinandergewichenen Achsen haben in der nächstfolgenden Etage schon wie normal je zwei gegenständige Blätter. Darauf wird weiter unten besonders einzugehen sein.

Wenn man sich jetzt in Gedanken die auseinandergewichenen Stengelteile in dem Bezirk, welcher durch horizontale parallele Linien begrenzt ist, verbindet, und sich ferner vorstellt, daß von den Kotyledonen an bis zur oberen Parallellinie eine tiefere Verwachsung vorliegt, so bekommen wir ein normales Internodium nach Art des ersten mit einem normalen Paar gegenständiger Blätter (1, 1a) im ersten Knoten.

Abb. 31. Sproßbildung bei *Mirabilis jalapa* (s. Text).

Abb. 30, III zeigt einen ganz analogen Sämling mit den entsprechenden Bezeichnungen. Hier sind nur die Internodien etwas stärker auseinandergewichen, wenn man die Länge des gespaltenen Bezirks mit der Länge des ganzen Internodiums vergleicht.

Auf derselben Abb. 30, Fig. I ist zwischen den Abschnitten der parallelen Linien des ersten Internodiums gar keine Spaltung eingetreten. Aber das Aussehen weicht von dem eines gewöhnlichen Sämlings ab. An einem normalen Sämling ist nämlich im ersten Internodium die Rinne kaum zu bemerken, worauf schon oben hingewiesen wurde, während sie hier ganz scharf ausgeprägt ist. So stellt das beschriebene Internodium eine weniger vollkommene Verwachsung dar, als sie normalerweise vorliegt.

Auf Abb. 31, I und II sind Fälle gezeigt von vollständigem Auseinanderweichen des ersten Internodiums, so daß zwei selbständige Stengel entstehen.

Da die Bezeichnungen die gleichen sind, brauchen wir das übrige nicht zu wiederholen, möchten nur betonen, daß auch hier in den durch die Spaltung entstandenen Internodien auf den ersten Knoten nur je ein Blatt (1, 1a) mit den zugehörigen Achselknospen (↓) sich befindet. Die Tatsache aber, daß die auseinandergewichenen Teile des Internodiums, welches eigentlich hätte entstehen sollen, von verschiedener Länge sind, bestätigt nur unsere Annahme. Tatsächlich sind die Sprosse, welche ein verwachsenes Internodium bilden, nachdem sie unabhängig voneinander geworden sind, der allgemeinen Variabilität der Entwicklung unterworfen. Gerade bei *Mirabilis jalapa* ist die Variation der Entwicklungsintensität der Sprosse sehr bedeutend. Wenn man also in Gedanken aus zwei auseinandergewichenen Sproßteilen eine Wiederherstellung des verwachsenen Internodiums vornimmt, so muß man sich vorstellen, daß der kleinere der Sproßteile zunächst sich voll entwickelt habe, bevor eine Verbindung möglich ist. Dann wird Blatt 1 mit Blatt 1a ein Paar bilden.

Aber allgemein gesagt, könnte man annehmen, daß die Sprosse, welche ein Internodium zusammensetzen, auch im verwachsenen Zustand ab und zu eine gewisse Selbständigkeit ihrer Entwicklung zeigen können. Tatsächlich kommt dies manchmal vor, was eine sehr starke Stütze für unsere Auffassung darstellt. Diese gewisse Unabhängigkeit der Entwicklung miteinander verwachsener Sprosse haben wir mehrfach bei dikotylen Sprossen beobachtet. Selbstverständlich kann das nicht in den Extremfällen der Verwachsung beider Komponenten eines Internodiums eintreten, sondern nur bei einigen Intermediärstadien der Verwachsung. Je weniger vollkommen die Verwachsung ist, um so häufiger tritt die beschriebene Unabhängigkeit in Erscheinung. Das Grenzstadium der Verwachsung stellt tatsächlich eine gegenwärtige gewöhnliche Form dar, wo die Entwicklung jedes der beiden verwachsenen Sprosse eines Internodiums geschichtlich korrelativ mit der des anderen verbunden ist. Die Untersuchung der Vegetationspunkte der Sprosse ist noch nicht abgeschlossen. Es ist sehr wahrscheinlich, daß es gelingt, Spuren von zwei Vegetationskegeln in einem Vegetationskegel der heutigen Entwicklungsform wiederzuerkennen. Selbst dann aber, wenn wir diese Spuren werden feststellen können, wird doch ein derartiger, faktisch zusammengesetzter Vegetationspunkt in der gegenwärtigen Form sich als ein Ganzes entwickeln. Dies wird einmal deshalb geschehen, weil die Verschmelzung der beiden Teilvegetationskegel fast vollkommen ist, wie auch infolge der geschichtlich zustande gekommenen Korrelation ihrer Entwicklung.

Anders liegen die Dinge, wenn in den abweichenden Formen die Vegetationspunkte sich voneinander getrennt haben, während eine hinreichend tiefe Verwachsung des Internodiums, das sich bildete, aufrechterhalten blieb. Hier bestehen größere Aussichten, daß jene Unabhängigkeit, die den beiden Verwachsungspartnern historisch einmal zukam, mehr oder weniger zutage tritt. Wie gesagt, haben wir dies tatsächlich festgestellt.

Indem wir gleichzeitig das erste Internodium eines trikotylen Sämlings zeigen, möchten wir auf derartige Erscheinungen eingehen und uns dann einem anderen Beispiel zuwenden. Abb. 32 zeigt einen trikotylen Sämling. Die abgefallenen Kotyledonen befanden sich in Höhe der horizontalen Linie. Am ersten Internodium befinden sich rechts und links zwei Längsrinnen, welche den nach vorn gelagerten von drei vorhandenen Stengeln begrenzen. Die dritte Rinne befindet sich hinten und trennt gemeinsam mit den zwei genannten Rinnen die übrigen beiden Stengel.

Abb. 32. Tricotyler Sämling von *Mirabilis jalapa*. Bildung des ersten Internodiums (s. Text).

Am ersten Knoten finden wir, wie gewöhnlich bei trikotylen Sämlingen „dikotyler" Pflanzen (s. KRENKE, 1923), drei Blätter (1, 1′, 1a). Diese Blätter sind aber schon besonderer Herkunft. Wir betrachten sie ebenso wie bei den dikotylen Sämlingen als zu den drei in geschichtlicher Vergangenheit voneinander unabhängig zu denkenden Stengeln gehörend. Und in der Tat sehen wir, daß der eine (rechte) der Verwachsungspartner in seiner Entwicklung zurückgeblieben ist. Er ist kürzer als der übriggebliebene verwachsene Teil des Internodiums in diesem Abschnitt, dessen Erstreckung an der linken Seite bemerkt ist. Auch das Blatt 1a, welches wir als zu diesem Sproß gehörend betrachten, blieb zusammen mit ihm zurück. Der übriggebliebene verwachsene Teil des Internodiums (der Abschnitt zwischen den parallelen Linien) besteht jetzt nur aus zwei miteinander verwachsenen Stengeln, an dem sich am lebenden Objekt ausgezeichnet zwei Rinnen beobachten ließen.

Die folgende Abb. 33 demonstriert die Unabhängigkeit in der Entwicklung der die Internodien zusammensetzenden Teilstengel in sehr origineller Form. Hier geht der Prozeß im zweiten Internodium vor sich. Wir werden uns weiter unten noch mit den ersten der nachfolgenden Internodien zu befassen haben. Wir sehen hier, daß das Blatt 2a den Eindruck macht, als ob es an das Blatt 2' gepfropft sei. Ein Stückchen des ursprünglichen Stieles des genannten gepfropften Blattes ist scheinbar mit dem nächst unteren Internodium auf die Erstreckung, die durch die parallelen Linien bezeichnet ist, verwachsen. Abgesehen davon, daß der genannte Abschnitt tatsächlich ein Stückchen vom Stengel und nicht die Fortsetzung des Stieles vom Blatt 2a ist, kann man dieses bei objektiver Betrachtung der Illustration ohne weiteres annehmen. Es dürfte mit genügender Deutlichkeit zu sehen sein, daß die Stiele der entsprechenden Blätter 2 und 2' ihrer Länge nach gerade demjenigen Bezirk entsprechen, welchen wir für den Stiel des Blattes 2a halten. Wir wiederholen aber, daß am lebenden Objekt an der anderen Seite der Ort der Insertion leicht zu sehen war. Wir haben die Pflanze deshalb von dieser Seite photographiert, weil von hier aus das Wichtigste zu sehen ist. Es zeigt sich, daß das untere Ende des verwachsenen Stengelbezirkes (←) sich natür-

Abb. 33. *Mirabilis jalapa*, Zerreißung einer Internodialkomponente (s. Text).

licherweise von seinem Grund, welcher sich auf der Höhe der Blätter 1 und 1' befindet, an der Stelle, welche durch einen Pfeil bezeichnet ist, abgerissen hat. Die Rißfläche ist auch auf der Photographie zu sehen. Außerdem sieht man, daß die Fläche des verbliebenen Internodiums, die dem zerrissenen Stengel zugekehrt ist, etwas eingezackt und unregelmäßig ist und den Eindruck macht, als ob auch sie abgerissen sei, während die entgegengesetzte Fläche dieses Internodiums (durch eine vertikale Linie begrenzt), ganz ebenmäßig verläuft. Endlich sieht man auf dem zurückgebliebenen Teil des Internodiums eine ungewöhnlich tiefe Längsrinne sehr gut. Dieser Teil blieb also aus zwei Stengeln zusammengesetzt.

Es ist jetzt nicht schwer, den ganzen Prozeß der Herkunft der beschriebenen Erscheinung zu erklären. Das zweite Internodium war in seiner Anlage und in den ersten Entwicklungsstadien aus drei Stengeln verwachsen. Diesem entspricht auch das oben erwähnte Vorhandensein von drei Blättern (2, 2', 2a). Zwei der Teilinternodien waren etwas vollkommener verwachsen als das dritte, welches später abriß. Dies letztere geht aus dem zurückgebliebenen oberen Bezirk hervor, welcher, wenngleich er mit dem erhaltenen Zwischeninternodium verwachsen ist, doch fast völlig seine morphologische Selbständigkeit behalten hat. Weiter unten werden wir sehen, daß derartige verschieden feste Verwachsungen der Stengel in einem aus drei Stengeln verwachsenden Internodium häufig anzutreffen sind. Selbstverständlich wird diese Häufigkeit von uns ausgewertet in bezug auf die Häufigkeit des Vorkommens dreifach verwachsener Internodien.

Es ist selbstverständlich, daß ein nur wenig verwachsener Stengel eine größere Individualität und deshalb eine größere Unabhängigkeit seiner Entwicklung aufweist.

In unserer Pflanze wuchs der wenig verwachsene Stengel langsamer als seine vollkommen verwachsenen Partner. In einem einfacheren Fall wäre er zusammen mit seinem Blatte 2a einfach in seinem Wachstum zurückgeblieben. Dann hätte man ein Bild, welches dem auf Abb. 32 dargestellten, soweit es sich um Blatt und Stengel 1a handelt, ähnlich wäre. Das Zurückbleiben der Entwicklung wäre dann stärker ausgeprägt. Auch solche Bilder haben wir mehrfach beobachtet.

In dem vorliegenden Falle zeigt sich ein komplizierender Umstand. In dem Frühstadium der Entwicklung, als ein Zurückbleiben im Wachstum des betreffenden Stengels noch nicht zu bemerken war, ist sein Blatt 2a mit dem Stiel des Blattes 2' verwachsen (s. den Bezirk zwischen den zwei horizontalen parallelen Linien). Deshalb wurde der bei der Entwicklung des Internodiums in seiner Eigenentwicklung zurückbleibende Stengel durch den schneller wachsenden Partner mit Gewalt in der Längsrichtung ausgedehnt. Die Zerreißung hätte nun auch an der Verwachsungsstelle einsetzen können. Aber der geringste Widerstand wurde von einem Stengelquerschnitt geleistet, so daß es hier zur Zerreißung kam. Soweit wir auf Grund unserer Kenntnisse der Baulehre die Materialwiderstände beurteilen können, kann man diese tatsächlich vorgefundene Zerreißung auch aus den Berechnungen dieser Lehre begründen. Selbstverständlich ist eine derartige mathematische Begründung ohne spezielles Experiment unmöglich, da es keinen Widerstandskoeffizienten der uns interessierenden Gewebe in ihrem vorliegenden Zustande gibt.

Auch hier ist das Stückchen des schwächeren Stengels mit seinem Blatt auf eine ihm eigentlich nicht zukommende Stelle transplantiert worden, so daß damit noch ein weiterer Fall (s. S. 48f.) für autoplastische Selbstpfropfung vorliegt. Aber ihr Mechanismus ist ganz anders als der, welcher bei den Blättern von *Syringa* zur Beobachtung kam oder gar bei den Heteroautotransplantationen an Bäumen und Pilzen. Sie steht aber dem Fall ganz nahe, den wir für *Phaseolus vulgaris* (KRENKE, 1924) beschrieben haben.

Deshalb ist es notwendig, den Begriff „Autotransplantation" zu differenzieren. Wir finden folgende Typen dieses Vorkommnisses vor:

I. Autoplastische[1] Autotransplantation ist eine natürliche Transplantation von Teilen im Bereiche eines Individuums.

II. Homoplastische Autotransplantation ist eine natürliche Transplantation von Teilen im Bereiche verschiedener Individuen der gleichen Art.

III. Heteroplastische Autotransplantation findet zwischen Individuen verschiedener Arten statt.

Diese drei Typen sind weiter nach unserer Einteilung der Verwachsungstypen (s. S. 26) aufzuteilen:

1. Kontakt-Autotransplantation (Fälle vom Typus *Syringa vulgaris*, *Boletus edulis*, Fälle des von SORAUER (1924, S. 822 usw.) beschriebenen Typus.

2. Autotransplantation durch Parallelwachstum (Fälle des Typus, welchen wir bei *Mirabilis jalapa* und *Phaseolus vulgaris* beschrieben haben).

Wir sind hier vom Hauptthema abgeschweift, doch lag die Veranlassung dazu in der Notwendigkeit einer vorläufigen Erklärung des bei *Mirabilis jalapa* vorgefundenen Falles. Wir hielten es für angebracht, diesen Fall gerade hier zu beschreiben. Denn selbstverständlich interessiert er uns nicht als ein „Jokus" der Natur, sondern für uns sind seine Ursachen wichtig. Während die Analyse der Ursachen oft eine Erscheinung in das Gebiet der eigentlichen Teratologie (s. S. 81/82) verweisen wird, finden wir in den hier beschriebenen homoplastischen Autotransplantationen von *Mirabilis jalapa* eine neue Bestätigung für eine gewisse Autonomie der Entwicklung der Stengel, welche ein verwachsenes Internodium zusammensetzen. Umgekehrt ergibt sich eine Stütze unserer Auffassung von diesen Internodien als Gebilden, welche aus zwei oder in speziellen Fällen aus einer größeren Anzahl von Stengeln verwachsen sind.

Doch sind unsere Beweise und Erklärungen damit nicht erschöpft. Vielmehr ist zunächst noch die Frage nach dem anatomischen Bau der gewöhnlichen Stengel von *Mirabilis,* welche wir als geschichtlich aus verwachsenen hervorgegangen dargestellt haben, berechtigt.

---

[1] [Vgl. Anmerkung auf S. 24. M.]

Das anatomische Bild von Querschnitten der auseinandergewichenen Sprosse (s. Abb. 29—33) wie auch von deutlich verwachsenen Teilen der Internodien und auch der Querschnitt eines normalen *Mirabilis*-Stengels entsprechen vollkommen einer natürlichen Verwachsung durch Parallelwuchs. Diese Bilder haben wir schon oben beschrieben (s. S. 36f.). Im Kapitel über die Transplantation zeigen wir einige Abbildungen vom Bau eines *Mirabilis*-Stengels. Es fehlen jedoch ausreichende Querschnitte. In einer zukünftigen Arbeit werden wir alle notwendigen Illustrationen anführen.

Endlich kommen wir nun zum Hauptmoment unseres Studiums der Verhältnisse bei *Mirabilis jalapa*. Es mag hier gesagt werden, daß dieser Teil unserer Untersuchungen sich als besonders schwierig erwies. Wir waren an diesem Punkte geneigt, auf eine Mitteilung über *Mirabilis* überhaupt zu verzichten, nachdem eine befriedigende Lösung nicht gefunden wurde. Nun scheint es jedoch, als ob wir einen Ausweg gefunden hätten. Und wir halten es für interessant, den Leser mit dem Gedankengang speziell in dem Teil, welcher uns in eine Art von Sackgasse führte, bekanntzumachen.

Wir haben die ganze Zeit bisher gesagt, daß wir den Stengel von *Mirabilis jalapa*, so wie er sich uns in der Gegenwart vorstellt, als historisch aus zwei verwachsenen Stengeln hervorgegangen betrachten. Aus welchen zwei Stengeln soll er nun hervorgegangen sein? Solange es sich nur um das erste Internodium handelte, war es nicht so schwer, eine entsprechende Erklärung zu finden. Man konnte sogar annehmen, daß zugleich zwei kongenital verwachsene Vegetationskegel des Hauptsprosses angelegt wurden (s. GOEBEL, 1923, S. 1591 und 1928, S. 464—465). Man konnte auch an eine Verwachsung des Hauptstengels mit Achselsprossen denken.

Aber wenn man zur Bewertung des zweiten und nächstfolgenden Internodiums überging, oder auch eine morphologische Bewertung der auseinandergewichenen Teile des ersten Internodiums unternahm (s. I, Ia und a, b, Abb. II auf Abb. 29 und 31), so erwies sich die Sache als nicht so einfach.

Für das Verständnis der weiteren Betrachtungen ist es notwendig, daran zu erinnern, daß die Blattanordnung bei *Mirabilis jalapa* eine kreuzweis gegenständige ist. Dabei liegen in den normalen Pflanzen die beschriebenen beiden Längsrinnen jedes Internodiums immer in einer vertikalen Fläche zu den Achsen der Blätter, welche sich am Basalende des zu betrachtenden Internodiums befinden. So liegen die Rinnen des ersten Internodiums entsprechend über je einem Kotyledo (s. Abb. 32, I). Die Rinnen des zweiten Internodiums sind aber entsprechend über den Blättern des ersten Paares angeordnet usw.

Da aber jedes Blattpaar in bezug auf die benachbarten Paare um 90^0 gedreht ist, so sind auch die Rinnen jedes Internodiums in einer

Fläche angeordnet, welche zu der entsprechenden Fläche des vorhergehenden Internodiums senkrecht steht.

Weiter haben wir biometrisch nachgewiesen (s. weiter unten S. 272f.), daß beginnend von den Kotyledonen in jedem Paar ein Blatt in der Regel kleiner ist als das andere (Anisophyllie, s. GOEBEL, 1928, S. 337 bis 346). Dabei gehen die Grundachselsprosse bei natürlicher Entwicklung nur aus der Achsel des kleineren Blattes hervor. Wenn aber manchmal der Achseltrieb des größeren Blattes sich auch entwickelt, so ist er unvergleichlich schwächer als der Achseltrieb des kleineren Blattes desselben Paares.

Außerdem können aus der Achsel beider Blätter auch Nebenachseltriebe hervorgehen. Aber bei den kleineren Blättern eines gegenständigen Paares entwickeln sich diese Sprosse in der Regel zu mehreren aus der Achsel eines Blattes. Von ihnen können wenigstens die ersten größere Ausmaße erreichen. Genau das entgegengesetzte Bild bietet die Anlage und Entwicklung der Nebenachsen aus den Achseln der größeren Blätter der gegenständigen Blattpaare dar.

Die beschriebenen Erscheinungen sind am besten auf gut entwickelten Büschen zu beobachten.

Wir wenden uns nun von neuem den Abbildungen zu. Auf Abb. 31, I, II stellen die auseinandergewichenen Bezirke des ersten Internodiums bis zu den Blättern 1 und 1a morphologisch und anatomisch deutlich normale Stengel dar. Im Querschnitt sind sie rund und zeigen keine Zeichen von Rinnen. Außerdem trägt jeder von ihnen nur ein Blatt. Bei Vereinigung dieser Sprosse entsteht genau das erste Internodium mit dem ersten gegenständigen Blattpaar. Wenn man also in Gedanken den Grad der Verwachsung noch größer werden läßt, so erhält man genau das Bild des ersten Internodiums eines vollkommen normalen Sämlings.

Aber das tatsächliche Bild zeigt sich sofort gestört, wenn wir bei Verbindung der auseinandergewichenen Teile des ersten Internodiums, die wir in Gedanken verwachsen lassen, die Sprosse a und b verbinden, d. h. versuchen, auch die zweiten Internodien der auseinandergewichenen Sprosse zu rekonstruieren. Dann werden die Längsverwachsungsrinnen in derselben Ebene liegen, in welcher die Rinnen des ersten Internodiums sich befinden. Wie aber schon gesagt wurde, liegen tatsächlich bei *Mirabilis* die Rinnen des zweiten Internodiums genau in der dazu senkrecht stehenden Fläche, über den Blättern 1 und 1a. Also geschieht die Bildung des verwachsenen zweiten Internodiums und der darauf folgenden, nicht einfach durch eine Verwachsung auf dem Wege des Parallelwachstums zweier schon angelegter Ausgangssprosse, sondern auf irgendeinem anderen Wege.

Noch mehr Schwierigkeiten macht die Tatsache, daß jeder der Sprosse a und b (Abb. 29, II) die beschriebenen Längsrinnen auch haben kann, und daß diese in der Mediane der entsprechenden Blätter liegen.

Diese Ebene ist in der Photographie die Bildebene selbst oder eine ihr parallele Ebene, wenn man die Dickenerstreckung der Sprosse berücksichtigt.

Also müssen wir anerkennen, daß bei unserer Auffassung der Rinnen als Indikatoren für eine stattgehabte Stengelverwachsung die Stengel a und b auch aus zwei Komponenten verwachsen sind. Aber, wenn man nach dem äußeren Aussehen der Sämlinge urteilt, so sind diese Stengel als Fortsetzung der auseinandergewichenen Stengel aufzufassen, d. h. derjenigen, welche wir als echt primäre Komponenten des „normalen" *Mirabilis*-Stengels anerkannt haben, worauf sich ja bis jetzt unsere Betrachtung aufbaute. Die Frage ist, auf welche Weise der primäre, unverwachsene Stengel im Verlauf seiner weiteren monopodialen Entwicklung nach Bildung des ersten Blattes (1 oder 1a) zu einem Stengel wird, der nunmehr aus zwei Primärstengeln verwachsen ist.

Entweder müssen wir ganz eindeutig das tatsächlich zu beobachtende Bild erklären oder auf unsere Auffassung von den Rinnen verzichten. Hierzu waren wir bereit, doch hat uns davon die Betrachtung der Bilder, welche wir für das erste Internodium beschrieben haben, abgehalten. Es ist sehr schwer, hier die Auffassung, daß sie aus zwei primären Stengeln bestehen, die wenigstens kongenital verwachsen sind, fahren zu lassen. Alle morphologischen und anatomischen Bilder der beschriebenen Abweichungen sprechen dafür.

Es scheint uns nun, daß wir einen glücklichen Ausweg aus diesem Dilemma gefunden haben, welcher uns nicht nur gestattet, die gefundenen Widersprüche aufzuklären, sondern auch eine Reihe von Erscheinungen, die wir bis jetzt noch nicht berührten, zu erklären.

Unsere Deutung ist folgende: Die Zusammengesetztheit des ersten Internodiums aus zwei Stengeln ist sehr schwer abzulehnen. Wenn man eine dichotomische Verzweigung des Vegetationskegels eines Hauptstengels hier annimmt, so sagt man damit, daß diese Verzweigung bei der Anlage dieses Vegetationskegels im Embryo zustande kam. Denn tatsächlich nehmen die Rinnen ihren Ausgang von der Basis des ersten Internodiums. Läßt man eine derartige Verzweigung des Vegetationskegels gerade bei der Anlage zu, so heißt dies, daß man sagt, es seien zwei kongenital verwachsene Vegetationskegel angelegt worden, welche dann bei ihrem Parallelwachstum einen verwachsenen Stengel ergeben haben. Dann kommen wir zu unserer ersten Anschauung zurück.

Die auseinandergewichenen Sprosse durch eine zufällige Verletzung des Vegetationskegels des Hauptstengels zu erklären, ist unmöglich. Denn die Verdoppelung der Stengel verläuft stets entsprechend dem Verlauf der Rinnen. Im Falle einer Verletzung müßte die Verdoppelung, wenn sie zustande kommt, nach irgendwelchen zufälligen, radialen Richtungen orientiert sein.

Wir nehmen also die Verwachsung des ersten Internodiums aus zwei Stengeln als bewiesen an. Dann ist es unmöglich anzunehmen, daß die nächstfolgenden Internodien, welche das gleiche morphologische und anatomische Bild zeigen, auf anderem Wege zustande gekommen sind. Das muß sich gleichzeitig auch auf die Stengel a und b (s. Abb. 29, II) beziehen; welche die Fortsetzung der auseinandergewichenen Sprosse (1, 1a) des ersten Internodiums bilden.

Es erweist sich dabei als unmöglich, diese Stengel als direkte Fortsetzung der Vegetationskegel der auseinandergewichenen Stengel des ersten Internodiums zu betrachten. Es entsteht so das Postulat: Also sind diese Stengel (a, b) aus neuen Vegetationskegeln, welche nach der Bildung der Blätter 1 und 1a entstanden sind, hervorgegangen. Dann fällt aber die Fortsetzung des Vegetationskegels der auseinandergewichenen Sprosse nach der Bildung der Blätter 1 und 1a fort. Wenn sie einmal vorhanden waren und jetzt fehlen, so heißt das, daß die Vegetationskegel gleich nach der Bildung der genannten Blätter erloschen sind. Daraus ergibt sich als Schluß: Die Sprosse a und b stellen Achseltriebe der entsprechenden Blätter 1a und 1 dar. Dann haben wir es aber mit einem besonderen Typus sympodialer Verzweigung zu tun.

Sobald wir diesen Schluß gezogen haben, wird sofort das ganze Bild klarer. Ja, gewisse Verhältnisse, deren Betrachtung nicht zu den unmittelbaren Zielen dieses Buches gehört, erscheinen in völlig neuem Lichte.

Wir wollen zunächst bei unserer engeren Aufgabe bleiben.

Wenn jedes nächstfolgende Internodium von neuem in der Achsel des vorhergehenden Blattes angelegt wird, so kann man sich ohne Schwierigkeit diese Internodien durch Pfropfung mittels Parallelwachstum zweier Achseltriebe entstanden vorstellen. Was waren das für Triebe? Für die auseinandergewichenen Stengel a und b (s. Abb. 29, II) ist diese Frage sehr einfach. Hier stellen diese Stengel zwei gleichzeitig angelegte Achseltriebe der entsprechenden Blätter (1a und 1) dar. Aber beim normalen Individuum trägt jeder Knoten zwei gegenüberliegende Blätter. Hier kann man die Anlage des Internodiums, welches auf jedes Blattpaar folgt, sich auf eine der folgenden Weisen entstanden vorstellen.

Wir geben dabei zunächst alle denkbaren Möglichkeiten mit der entsprechenden Kritik und werden dann bei einer dieser Möglichkeiten, welche wir für besonders gut begründet halten, verweilen.

1. Es verwachsen miteinander zwei gänzlich entsprechende Achseltriebe, je ein Achseltrieb aus jedem gegenständigen Blatt. Dann müssen aber die Verwachsungen eines solchen Internodiums nicht über den entsprechenden Blättern stehen, sondern die verbindende Ebene müßte um einen Winkel von $90°$ gegenüber der tatsächlich vorhandenen verschoben sein, was nicht den Tatsachen entspricht.

2. In der Achsel jedes der gegenständigen Blätter eines Paares wird je ein Achseltrieb angelegt. Diese Anlagen aber liegen einander nicht streng gegenüber, sondern sind verschoben. Wenn man einen lotrecht stehenden Sproß und ein Blattpaar betrachtet, welches dem Körper des Betrachtenden parallel gerichtet ist, so wird etwa beim linken Blatt die Anlage näher der betrachtenden Person liegen, während sie beim rechten weiter entfernt von ihr liegt. Wenn man sich diese Anlage in einer lotrechten Fläche, die durch die Blattachsen geht, zusammengeschoben vorstellt, so ist die linke Anlage die vordere und die rechte wird nach hinten zu liegen kommen.

Im Verlauf der weiteren Entwicklung werden sie einen verwachsenen Sproß geben. Jetzt werden die Verwachsungsrinnen allerdings über den entsprechenden Blättern liegen, d. h. dieses Bild wird der Wirklichkeit entsprechen. Es entspricht selbstverständlich der Zustand bei der umgekehrten Lage der rechten und linken Anlage ebenfalls den Forderungen der Tatsachen.

Einer derartigen Möglichkeit kann man nicht kategorisch widersprechen. Aber abgesehen von der Kompliziertheit einer derartigen Sachlage, sprechen die Verhältnisse bei gewissen normalen und abweichenden Formen der *Mirabilis* nicht dafür. Außerdem müssen hier trotzdem wenigstens manchmal Störungen in der Anordnung der Rinnen zu beobachten sein, da es schwer ist, sich vorzustellen, daß das beschriebene Alternieren der Verwachsungsebenen immer mit der gleichen Genauigkeit ausgeführt würde. Wir haben aber in Wirklichkeit keine Störungen in der Anordnung der Rinnen jemals beobachtet.

3. Die folgende Erklärungsmöglichkeit erscheint uns besonders gut motiviert.

Die zwei Achselanlagen von **nur einem Blatt des Paares** verwachsen miteinander. Diese Anlagen sind aber so angeordnet, daß die Blattachse zwischen ihren Spitzen liegt. Dann werden die Rinnen des entwickelten neuen Internodiums genau der wirklichen Sachlage entsprechen. Die Achselsprosse des anderen Blattes im Paar entwickelt sich vorläufig nicht.

So ergibt sich eine Erklärung für das erwähnte merkwürdige Verhalten der gegenständigen Blätter bei der Bildung der Achseltriebe, vorausgesetzt, daß die Internodien bis jetzt der monopodialen Hauptachse angehören.

Wir haben gesagt, daß die Achselsprosse des kleinen Blattes vom gegenüberliegenden Paar infolge der besonderen Intensität ihrer Entwicklung mehrfach die Achseltriebe des großen Blattes überragen, wenn hier derartige Triebe überhaupt gebildet werden.

Nimmt man unsere Auffassung an, nach der ein Internodium die verwachsenen Achseltriebe des großen Blattes sind, welche zu einer Zeit, wo die Achselanlagen des kleinen Blattes sich noch nicht zum Wachstum angeschickt haben oder sich im allerersten Stadium des Wachstums befinden, miteinander verwachsen, so würden wir ein völlig anderes Bild erhalten.

Dann würde sich nämlich ergeben, daß die später zu beobachtenden, unvergleichlich stärkeren Achseltriebe des kleineren Blattes nicht mit gleichaltrigen Achseltrieben des großen Blattes, sondern mit sekundären Achseltrieben zu vergleichen sind.

Die Hauptachseltriebe des großen Blattes sind also gewissermaßen maskiert. Sie erwecken den Anschein, als ob sie einen monopodialen Hauptsproß weiter fortsetzten, während sie in Wirklichkeit die ihnen entsprechenden Achselsprosse des kleinen Blattes in ihrer Entwicklung weit überholt haben.

Es wäre danach also nicht möglich die scheinbaren Hauptachselsprosse des größeren Blattes mit den Hauptachselsprossen des kleineren Blattes zu vergleichen, sondern wir müßten sie mit den Beisprossen aus dem kleineren Blatt vergleichen.

Es wurde aber schon gesagt, daß bei *Mirabilis jalapa* sich die Triebe aus den Beiknospen einer Blattachsel immer schwächer entwickeln als die Hauptachseltriebe. Dies gilt auch für die Beisprosse aus der Achsel des kleineren Blattes. Vergleicht man das tatsächlich Vergleichbare, so zeigt sich, daß die beiderseitigen Beisprosse sehr oft in ihrer Entwicklung übereinstimmen. Wenn auch hier ein gewisses Übergewicht von seiten des kleineren Blattes beobachtet wird, so ist das leicht zu erklären.

Denn die Beitriebe der kleinen Blätter sind in den Frühstadien ihrer Entwicklung weniger unterdrückt als die entsprechenden Sprosse der größeren Blätter. Tatsächlich geht beim kleinen Blatt die Anlage der Beiknospen in der Blattachsel noch vor Beginn der starken Entwicklung der ersten Achseltriebe vor sich.

In bezug auf das große Blatt aber haben wir das umgekehrte Bild. Hier entwickelt sich gleich von Anfang an der Hauptachseltrieb, und zwar viel früher, als die Entwicklung der entsprechenden Sprosse des kleinen Blattes beginnt. Deshalb werden sich die an sich möglichen Anlagen von zwei Knospen vom Augenblick ihrer Anlage an beeinträchtigt zeigen durch die stark entwickelten ersten Achseltriebe dieses Blattes, welche zusammen das verwachsene Internodium bilden.

Aber unsere Betrachtungen über die verschiedenen Achseltriebe bei der anisophyllen *Mirabilis* können in keinem Falle auf andere anisophylle wie auch isophylle Pflanzen ausgedehnt werden (s. die Arbeiten von R. Dostál und seinen Schülern, wie auch von K. Goebel).

Nunmehr wollen wir die Anwendbarkeit unserer Auffassung von den Internodien der *Mirabilis* auf die Erklärung einiger bis jetzt noch nicht erwähnter Bildungsabweichungen untersuchen.

Auf Abb. 31, I, II sind an der Basis der auseinandergewichenen Stengel a und b die Triebe n zu sehen.

(Die Buchstaben a und b beziehen sich auf die auseinandergewichenen Sprosse in ihrer Gesamtheit. Die übrigen Benennungen [außer n] beziehen sich nur auf diejenigen Elemente, neben welche sie gesetzt sind. Dies haben wir schon gesagt, doch sei hier nochmal daran erinnert. Wir haben also hier, wenn wir von den Sprossen a und b reden den tatsächlich verwachsenen, normalen, unteren Teil von ihnen bis einschließlich zu den Blättern 1 und 1a im Auge.)

Wir konnten sie durch keine vernunftgemäße Methode erklären, bis wir annahmen, daß die Sprosse a und b nicht Abspaltungen vom Hauptsproß, sondern die normalerweise verwachsenen, hier aber auseinandergewichenen Achseltriebe des größeren Keimblattes darstellen. Der Größenunterschied bei den letzteren wurde schon früher bemerkt (J. KOŘINEK, 1922, u. a.), doch haben wir (weiter unten) diesen Unterschied genauer festgelegt. Alles, was wir hier über die Laubblätter gesagt haben, dehnen wir auch auf die Kotyledonen aus, wofür hinreichende Gründe vorhanden sind.

Deutet man die Achsen (a und b) in dieser Weise als unverwachsene Triebe, so muß man annehmen, daß die Sprosse n echte Hauptachsen sind, die sich hier entwickelt haben, weil sie weniger unterdrückt wurden, als das bei verwachsenen Achseltrieben der Fall ist. Die Lage der Triebe n entspricht einer derartigen Auffassung. Ihre Basis befindet sich nicht zwischen den auseinandergewichenen Sprossen a und b, sondern in der Mitte neben ihnen. D. h. die Sprosse n befinden sich zwischen dem kleineren Kotyledon und der Basallinie der zerspaltenen Sprosse, welche wir als Achseltriebe des großen Kotyledons auffassen.

Selbstverständlich verlangt diese Deutung der Sprosse n noch eine weitere Bestätigung durch ihre direkte Untersuchung. Wir haben vor, diese auszuführen. Es kann sein, daß auch sie sich nur als Achseltriebe erweisen, z. B. aus der Achsel des kleineren Keimblattes. Aber bis jetzt erklärt angesichts der vorliegenden Bilder unsere Auffassung über die Herkunft der Internodien diese Sprosse hinreichend.

Die Tatsache aber, daß sie gegenständige Blätter haben, stellt kein Hindernis für die Anerkennung ihrer Hauptsproßnatur dar. Die Ursache dafür liegt darin, daß wir bis jetzt keinen Grund haben, die Hauptsprosse auch als aus zwei Komponenten verwachsen zu betrachten. Aber bei unserer Deutung der Internodien erhielt man die Gegenständigkeit der Blätter durch Verwachsung von Sprossen, welche an diesem Knoten nur je ein Blatt trugen. Dieser Zustand der Achseltriebe, welche das Internodium zusammensetzen, kann durch eine alte Reduktion derselben gegenständigen Blätter, welche nach der Seite dieser Sprosse sich entwickeln müßten, hervorgerufen sein. Es ist klar, daß hier kein Platz für sie vorhanden ist.

Die Tatsache aber, daß, wenn die eigentlich verwachsenen Sprosse auseinander gewichen sind (s. Abb. 31), im ersten Internodium nur ein

Blatt (1 und 1a) vorhanden ist, stört unsere Auffassung nicht. Allerdings sind im auseinandergewichenen Zustand keinerlei räumliche Hindernisse für die Entwicklung der zweiten Blätter (1, 1a) vorhanden. Aber, wenn diese hier fehlenden Blätter im Verlauf der geschichtlichen Entwicklung im verwachsenen Internodium unterdrückt wurden, so ist es natürlich zu erwarten, daß ihre Reduktion auch nach zufälliger Trennung dieser Sprosse erhalten blieb. Diese Auffassung wäre rein mechanisch und würde dem geschichtlichen Prozesse Rechnung tragen.

Wenn man also annimmt, daß die Sprosse n der Abb. 31 echte, normale Hauptachsen sind, so stört hier die Anwesenheit der gegenständigen Blätter nicht.

Wir wiederholen aber, daß wir uns vorläufig über die Sprosse n nicht näher auslassen können. Gegen unsere Grundauffassung über das Wesen des Internodiums spricht dies nicht. Im Falle einer Verwachsung der Triebe n würde man diese erklären können dadurch, daß diese eben nicht getrennte Achseltriebe darstellen, sondern, daß bei den tatsächlichen Hauptachsen auch ein doppelter Vegetationspunkt vorhanden ist.

In bezug auf *Mirabilis* bedürfen wir für unsere Betrachtung nun noch zweier Bestätigungen.

Wir erwarten, daß der Vegetationskegel der auseinandergewichenen Sprosse gleich nach der Bildung des Blattes (1 und 1a) am ersten Knoten (s. Abb. 31) unterdrückt wird. Diese Tatsache ist es, die zum Auftreten eines besonderen Typs sympodialer Verzweigung führt.

Auf Abb. 31 sind durch die Pfeile Achselbeitriebe aus den Blättern 1 und 1a bezeichnet. Denn die ersten Achseltriebe gingen in die Bildung des nächstfolgenden entsprechenden Internodiums ein, in dessen oberem Knoten derselbe Prozeß sich wiederholt hat usw. Die Spitzen dieser Sprosse sind in der Abbildung durch (!) bzw. einen Pfeil (beim b) bezeichnet.

Wir möchten aber die Aufmerksamkeit auf die Fig. 1 lenken, wo durch das Zeichen + ein sehr kleiner Sproß gekennzeichnet wird. Betrachten wir nochmals den ganzen Trieb b dieses *Mirabilis*-Sämlings. Das Blatt 1 ist das erste Blatt der abgespaltenen, normalen Achse. Es entwickelte sich normalerweise (s. Fig. II, Blätter 1, 1a und Blatt 1a auf Fig. I) aus der Achsel eines jeden solchen Blattes eines der mehrfach verwachsenen Internodien. Dies ergab die Sprosse, deren Spitzen wir besonders gekennzeichnet haben. Dabei befanden sich im oberen Knoten des ersten verwachsenen Internodiums schon zwei gegenständige Blätter.

Nun sehen wir, daß auf einem solchen Knoten beim beschriebenen Sproß (Sproß b, Fig. I) nur ein Blatt (2) zu finden ist. Das Blatt, das als gegenständiges anwesend sein müßte, fehlt. Außerdem war der Stengelbezirk zwischen dem Zeichen + und der Basis beim Blatt 1 rund, und jede Rinnenspur fehlte. Dies alles kann nur dadurch erklärt werden, daß aus der Blattachsel des Blattes 1 ein nicht verwachsenes Internodium sich entwickelt hat. Eine der Achsen, die sich eigentlich hätte bilden sollen, erlosch bei ihrer Anlage, es hat sich nur eine zweite Achse entwickelt, die also ein echter, normaler Trieb ist. In diesem Falle müßte sich bei ihm ein Blatt (2) finden, aus dessen Achsel sich der zweite Trieb entwickeln müßte. Dies finden wir auch in Wirklichkeit. Das Zeichen + steht bei dem Trieb, welcher sich aus der Achsel des Blattes 2 entwickelt.

Wir finden auf diese Weise einen neuen Fall der Unabhängigkeit der Entwicklung von Sprossen, welche ein verwachsenes Internodium zusammensetzen. Auch dies bestätigt unsere Auffassung von den letzteren. Außerdem sieht man, daß der Trennungsprozeß eines verwachsenen Internodiums nicht immer nur im ersten Internodium eines Sämlings vor sich zu gehen braucht.

Etwas Analoges sehen wir auch beim Sämling I der Abb. 30. Hier gehört das Blatt b der eigentlichen primären Achse des gespaltenen zweiten Internodiums an. Der zweite ursprüngliche Trieb zeigt sich von bedeutend kleineren Ausmaßen und ist auf der Abb. 30 I durch den ersten verdeckt. Die Achsel des Blattes zum Sproß b trägt einen Beitrieb. Weitere Einzelheiten sollen hier nicht mehr erklärt werden. Die Spaltung des zweiten Internodiums in die zwei Normaltriebe, die es zusammensetzen, ist auf Fig. III der Abb. 29 ausgezeichnet zu sehen. 2 und 2a sind einzelne Blätter des oberen Teils dieser Sprosse; a und b sind die entsprechenden Achseltriebe der genannten Blätter.

Auf Fig. I sind dank der anormal tiefen Rinne die Teilachsen des zweiten noch nicht gespaltenen Internodiums zu sehen.

Die Abb. 30, II und IV demonstrieren, daß die Neigung zu weiteren Verwachsungen nicht verlorengegangen ist, selbst bei historisch verwachsenen Sprossen. Tatsächlich sieht man auf Fig. IV, daß der Achseltrieb des Blattes 1' in seiner ganzen Länge mit einem gewöhnlichen Internodium verwachsen ist. Die Normalität dieses Internodiums geht zunächst schon daraus hervor, daß die Trennungsrinne dem Blatt 1 zugewendet ist. Man kann den linken Teil unmöglich für einen Teil des Internodiums halten. Dann hätte sich gezeigt, daß die Rinne dieses Internodiums nicht dem Blatt 1', sondern den Beobachtern zugewendet wäre. Wie schon oftmals bemerkt wurde, findet sich ein derartiger Zustand in einem normalen Internodium nicht. Deshalb ist die erste Behauptung richtig. Das gleiche bestätigt auch die Analyse der Spitze des ganzen Sämlings. Da aber die Erklärung des zuletzt Gesagten nach der Photographie sehr kompliziert sein würde, so kann sie ohne Schaden für die Sache hier ausgelassen werden.

Fig. IV derselben Photographie (32) zeigt Verwachsung eines normalen Achseltriebes mit einem ebenfalls normalen Internodium. Unter normal verstehen wir hier den für unsere augenblickliche Zeit normalen Zustand der geschichtlich gewordenen Verwachsung der erwähnten Achsen.

Zum Schluß möchten wir bemerken, daß unsere Auffassung der Blattspuren des ersten Blattes der abgespaltenen Sprosse (s. Abb. 29, II, 1, 1a, Abb. 30, III, 1, 1a, Abb. 31, 1, 1a und die entsprechenden Knoten in den oben beschriebenen Abspaltungen des zweiten Internodiums) auch durch das Folgende bestätigt wird. Wir sagen, daß in diesem Knoten der Verzweigungswechsel vor sich ging. Besser gesagt, beginnt hier die sympodiale Verzweigung infolge des Eingehens des primären Vegetationskegels der auseinandergewichenen Sprosse. Wenn das der Fall ist, so ist natürlich zu erwarten, daß die Achseltriebe der Blätter 1 und 1a und entsprechend diejenigen im zweiten Knoten (2 und 2a auf Abb. 29, III) in der Richtung ihres Wachstums abgelenkt werden von der Entwicklungsrichtung des erloschenen Vegetationskegels des abgespaltenen echten ursprünglichen Sprosses. So ist es auch in der Tat. In allen Fällen sind die genannten Achseltriebe mehr oder weniger nach der Seite der erloschenen Vegetationspunkte geneigt. Es bildet sich auch zwischen den gewöhnlichen Sprossen und den genannten Achseltrieben ein stumpfer Winkel, dessen Spitze an den Insertionsstellen der Blätter 1, 1a oder 2a liegt.

Die vorläufige allgemeine Schlußfolgerung bezüglich der morphogenetischen Verwachsung der Sprosse bei *Mirabilis jalapa* wird danach folgendermaßen lauten:

Die Verzweigung von *Mirabilis jalapa* ist kompliziert sympodial. Die Komplikation kommt dadurch zustande, daß jedes Internodium durch zwei kongenital verwachsene Sprosse gebildet wird, die aus der Achsel des größeren Blattes jedes gegenständigen Blattpaares, von den Kotyledonen an beginnend, hervorgehen. Diese Erklärung vermag viele Abweichungen der gegenwärtigen Formen, wie auch das besondere Verhalten der gegenständigen Blätter in bezug auf das Merkmal ihrer Achseltriebe, die nicht in der Zusammensetzung des Internodiums des scheinbaren Hauptsprosses aufgehen, zu erklären.

Diese Verzweigung schlagen wir vor, falls sie sich weiterhin bestätigen sollte, als sympodiale Verzweigung durch paarweise Verwachsung zu bezeichnen.[1]

Die noch nötigen Untersuchungen über die Vegetationskegel werden besonders ausgeführt werden.

Die Bildung der Blütenkörbe bei *Helianthus annuus*. Als drittes Studienobjekt für die formbildenden Verwachsungen haben wir *Helianthus*

---

[1] Diese Betrachtungen können auch auf andere Pflanzen mit gegenständigen Blättern und sympodialer Verzweigung Anwendung finden (z. B. auf *Asclepias syriaca* L. u. a.).

annuus L. gewählt. Auch hier gehen die Verwachsungen auf dem Wege der Pfropfung durch Parallelwachstum vor sich.

Abb. 34. *Helianthus annuus*, Verwachsung von Blütenkörben (s. Text).

Abb. 35. *Helianthus annuus*, Verwachsung von Blütenkörben (s. Text).

Auf Abb. 34 ist eins der ersten Stadien der Verwachsung dreier Blütenkörbe (der allerkleinste unten) zur Darstellung gekommen.

Abb. 36. *Helianthus annuus*, Verwachsung von Blütenkörben (s. Text).

Abb. 37. *Helianthus annuus*, Verwachsung von Blütenkörben (s. Text).

Abb. 35 zeigt ein fortgeschritteneres Verwachsungsstadium zweier Blütenkörbe. Hier ist der Hüllkelch schon gemeinsam geworden, doch finden sich noch Einkerbungen an den Seiten. Die bisquitähnliche Form der verwachsenen Blütenkörbe zugleich mit dem Verschwinden der seitlichen Strahlblüten an den Verwachsungsstellen ähnelt gänzlich den oben beschriebenen Verwachsungsphasen bei parallelem Wachstum von

Die Bildung der Blütenkörbe bei *Helianthus annuus*. 113

Stengeln. Aber bei der Verwachsung der Blütenkörbe der Sonnenblume kommt es vor, daß ein Teil der Strahlblüten an der Verwachsungsstelle verbleibt. Hier kommt es also zu einer ungenügend tiefen Verwachsung, während sich an den anderen Stellen eine vollständige Verwachsung herausbildet. Dann bleiben an der Stelle der Verwachsung der Blütenkörbe Inselchen und Halbinselchen von Strahlblüten zurück. Abb. 36 zeigt einen solchen Fall.

Man sieht hier, daß im mittleren Teil der Verwachsungsgrenze einige Strahlblüten durch vollkommen verwachsene Bezirke von denjenigen Strahlblüten isoliert wurden, die mehr seitlich die Verwachsungsgrenze der Blütenkörbe markieren.

Es ist verständlich, daß bei weiterer Verwachsung sich die

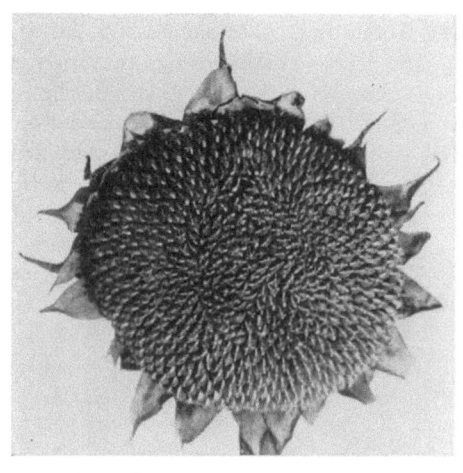

Abb. 38. *Helianthus annuus*, Verwachsung von Blütenkörben (s. Text).

auf Abb. 35 dargestellte Form langsam in einen gewöhnlichen, runden Blütenkorb umwandelt. Im Grenzstadium der Verwachsung, also bei vollkommener Verschmelzung, zeigt sich, daß es nicht unmittelbar möglich ist, die Herkunft von pseudonormalen Blütenkörben, welche in diesem Falle aus zweien verwachsen sind, festzustellen.

Die weitere Verwachsung mit dem Zustandekommen einer Insel von Strahlblüten kann ein Stadium durchlaufen, wo im Zentrum des verwachsenen Blütenkorbes ein oder zwei Strahlblüten verblieben sind. Bei einem voll-

Abb. 39. *Helianthus annuus*, Verwachsung von Blütenkörben (s. Text).

kommen runden Blütenkorb wird dieser wie proliferiert aussehen. Aber eine derartige Auffassung der Bildung wäre sicher fehlerhaft.

Ein solches Bild sehen wir auf Abb. 37. Im Zentrum sehen wir in Form eines hellen Dreiecks sogar ein Blättchen des verbliebenen

Hüllkelches. Zwei oder drei ehemalige Strahlblüten mit langen Korollen, die aber röhrenförmig geworden sind, sind verblieben. Diese Röhrenform ist natürlich nicht notwendig. Im russischen Original dieses Buches (1928) ist ein Fall von pseudoproliferierten einzelnen Strahlblüten neben anderen zur Abbildung gekommen (Abb. 28, 2).

Das letzte Verwachsungsstadium vor der völligen Verschmelzung der Blütenkörbe ist charakterisiert durch zwei oder mehr Zentren (abhängig von der Zahl der miteinander verwachsenen Körbe) der Blütenanordnung. Das sieht man besser nach dem Abfallen der Korollen an der Anordnung der Früchte. Abb. 38, veranschaulicht uns diesen Fall. Bei genauer Betrachtung ist es hier nicht schwer, zwei Zentren aufzufinden.

Abb. 40. *Helianthus annuus*, Verwachsung von Blütenkörben (s. Text).

Es entsteht nun genau wie bei dem oben für *Mirabilis jalapa* beschriebenen Prozeß folgende Frage: Was für Blütenkörbe miteinander verwachsen, und welche Bedeutung dieser Vorgang vom Standpunkt der Formbildung hat. Die Antwort auf diese Frage ergibt sich aus den Abb. 38—42.

Auf Abb. 39 kann man ohne Schwierigkeit annehmen, daß der verwachsene Blütenkorb I dem Achseltrieb des abgeschnittenen Blattes k angehört. Man kann fast mit derselben Sicherheit annehmen, daß der Blütenkorb II dem Achseltrieb des Blattes C angehört. Der Blütenkorb vom Achseltrieb des Blattes M tritt in die Zusammensetzung des Blütenkorbes 2 an der rechten Seite der Photographie ein.

Dabei sind alle drei genannten Achseltriebe an den Berührungsstellen von innen her miteinander verwachsen. Im verwachsenen Zustand stellen sie den Hauptstengel dar.

Auf Abb. 40 kann man den Blütenkorb I als dem Achseltrieb des abgeschnittenen Blattes, dessen Basis sich etwa auf der Höhe der Horizontallinie befindet, angehörend ansehen. Das Blatt M gehört anscheinend zu dem Sproß, an dessen Ende wir den Blütenstand II finden. Der Blütenkorb III saß auf dem Achselsproß eines Blattes, das mit an der Bildung des Hüllkelches beteiligt ist, obgleich es sich weit von den übrigen Blattbildungen dieses Bezirkes unterscheidet.

Auf Abb. 41 sind die Blütenkörbe I und II, welche die Achseltriebe der entsprechenden Blätter krönen, zu sehen. Auf den ersten Blick ist der Sproß, welcher aus der Achsel des Blattes e hervorgeht, nicht zu sehen. Bei aufmerksamer Betrachtung wird es klar, daß dieser Sproß durch Verwachsung in den Aufbau des oberen Stengelteiles eingegangen ist und daß der Blütenkorb III den genannten ehemaligen Achseltrieb krönt. Der Blütenkorb A aber schließt anscheinend den verkürzten Achseltrieb des oberen Blattes ab.

Abb. 42 zeigt ein ganzes System miteinander verwachsener Blütenkörbe.

Die Blattstiele x, y, z sind drauf und dran, mit ihrer Basis in den zukünftigen gemeinsamen Hüllkelch der vier miteinander verwachsenen Blütenkörbe (K, M, n, c) einzutreten. Der Blütenkorb K krönt den Achseltrieb des Blattes z. Der Blütenkorb M schließt den entsprechenden Sproß des Blattes x ab, während der Blütenkorb n den Achseltrieb des Blattes y beschließt.

Der Blütenkorb C ist auch ohne Erklärung verständlich.

Auf der Abbildung entspricht die Buchstabenanordnung nicht der natürlichen Reihenfolge. Diese würde für die Blütenkörbe folgendermaßen sein: C, K, M, N, c. Dabei ist der Blütenkorb c der wichtigste. Dem entspricht die Blattfolge.

Wir kennen noch drei Fälle, wo aus der Mitte des gemeinsamen runden Blütenkorbes der Austritt eines kleinen besonderen Blütenkorbes sich deutlich andeutete. Er war aber trotzdem an der ganzen Peripherie verwachsen. Später haben wir alle Intermediärstadien gefunden, die uns zeigten, daß diese Erscheinung sich im Wesen nicht von der oben beschriebenen unter-

Abb. 41. *Helianthus annuus*, Verwachsung von Blütenkörben (s. Text).

scheidet. Nur war hier zufällig ein Blütenkorb durch verschiedene andere, die durch Pfropfung infolge Parallelwachstums miteinander und mit dem Korb, der sich als zentral erwies, verwuchsen, umgeben.

Die von uns untersuchten anatomischen Schnitte aller beschriebenen Verwachsungen bestätigen vollkommen unsere Deutung der makromorphologischen Bilder.

Es sei darauf hingewiesen, daß einige Rassen von *Helianthus annuus* besonders reich an Übergangsformen sind (einige Rassen, die durch Selektion und Selbstung aus der Rasse „65 Dnewka" erhalten wurden). Diese Stammrasse ihrerseits wurde in der Saratowschen Versuchsstation aus den Samen 420 und 206 (s. TALANOW, 1924, S. 70) ausgelesen.

PLACZEK (1930, S. 395, 1928, S. 92) hat für die Sonnenblume darauf hingewiesen, daß die Inzucht als solche die Absonderung phänotypisch neuer Formen, die bei weiterem Schutz vor Fremdbestäubung ihren Phänotyp behalten, indem sie konstante Nachkommenschaften geben, begünstigt. „Es besteht Grund dafür zu denken, daß die Inzucht das Auftreten der Mutationsprozesse begünstigt."

Wir haben gleichzeitig Ähnliches beobachtet. Die von uns beschriebenen Bilder (von Blütenständen wie auch vom Kotyledonenapparat und anderen Organen) fassen wir gerade als Indikatoren des aktiven, formbildenden Prozesses auf.

Abb. 42. *Helianthus annuus*, Verwachsung von Blütenkörben (s. Text).

Selbstverständlich werden ähnliche Übergangsformen auch innerhalb der Grenzen der Blütenkörbe gewöhnlicher Achselsprosse gefunden.

Wenn man jetzt den gewöhnlichen, großen Blütenkorb untersucht, welcher den Hauptstengel abschließt, so finden wir bei Untersuchung seiner Rückseite, d. h. der Seite des Hüllkelches, alle Merkmale eines Baues, den wir als fasziiert bezeichnen könnten.

Es ist sehr interessant, daß bei den Wildformen der Sonnenblume, wie auch bei einigen Kulturformen (z. B. bei *Helianthus annuus cucumerifolius*), die wahrscheinlich den wilden Formen näherstehen, der Hauptblütenkorb fehlt und statt dessen eine Unzahl kleiner Körbe auf dünnen Stengelchen vorhanden ist. Hier sieht man an der Hüllkelchseite im allgemeinen keine Fasziation.

Ferner haben wir in unserem Material, welches durch systematische Inzucht erhalten wurde, eine progressive Verstärkung der Verzweigung beobachtet. Es wurden aber außerdem auch andere Abweichungen beobachtet, für deren Beschreibung hier kein Platz ist.

Es entsteht der Eindruck, daß unsere Ausgangskulturform in einigen Merkmalen zur wilden Form zurückkehrt. Als Hauptsache ist die Aufteilung des Hauptblütenkorbes in die ihn zusammensetzenden Körbe der miteinander verwachsenden Achseltriebe und die Verteilung der verwachsenen Sprosse zu betrachten.

Es ist hier interessant, an die Experimente von LOPRIORE (1895), die dann von KNY (1905) wiederholt und weiter entwickelt wurden, zu erinnern.

Bezüglich der Fähigkeit zur Regeneration künstlich längsgespaltener ganzer Sproßsysteme schreibt KNY (S. 1) folgendes:

„Als besonders geeignete Objekte boten sich die Blütenköpfchen der Korbblütler (Kompositen) dar, unter diesen ihrer großen Dimensionen wegen, diejenigen der Sonnenrose (*Helianthus annuus*)."

LOPRIORE und KNY haben in der Hauptsache bei geschickter Längszerschneidung der köpfchentragenden Sproßspitzen in möglichst frühen Stadien der Entwicklung eine Regeneration beider Hälften erhalten. Die Hälften stellten annähernd normale Blütenkörbe wieder her.

Selbstverständlich weist diese Restitution der Sprosse keinesfalls darauf hin, daß unbedingt eine geschichtliche Verwachsung vorliegt. Trotzdem aber dürfte die Gegenüberstellung unserer Beobachtungen mit den Experimenten von LOPRIORE und KNY nicht ohne Interesse sein. Es ist möglich, daß in diesem Falle die Regeneration dadurch erleichtert wurde, daß beim Längsschnitt diejenigen Teile der Anlage bloßgelegt wurden, welche potenziell die Randzone von Blütenkörben entwickeln müßten, wenn diese geschichtlich verwachsenen Anlagen sich in unabhängige Vegetationskegel zerteilt hätten.

Einen solchen Prozeß haben wir auch jetzt vor uns. In dem weitgehend verwachsenen Blütenkorb fehlen gewöhnlich in der Mitte Teile der Peripherie der sie zusammensetzenden Blütenkörbe. Aber wenn ihre Anlagen unabhängig voneinander sind, dann entwickelt sich die volle, runde Form der Blütenkörbe.

Selbstverständlich ist es nicht möglich, daß bei Längsspaltung der Schnitt genau entlang der Grenze der geschichtlichen Verwachsung der Anlagen ging. Eigentlich existieren in den gegenwärtigen Anlagen derartige Grenzen nicht. Faktisch liegt eine gemeinsame Anlage vor. Aber auf jeden Fall werden irgendwelche inneren Anlagezonen, welche wir als die Partner der geschichtlichen Verwachsung zu bezeichnen haben, durch den Schnitt getrennt werden.

Die Erwähnung der Arbeit von E. JOHNSON (1926) dürfte ferner hier interessant sein. Sie hat durch Einwirkung von X-Strahlen des Radiums auf Samen und Sämlinge der gewöhnlichen Sonnenblume neben anderen Abweichungen auch Verbänderungen der Blütenkörbe erhalten. Dabei waren diese Verbänderungen ganz denjenigen ähnlich, welche wir beschrieben und unter natürlichen Verhältnissen gefunden haben. So seien hier folgende Worte der Autorin angeführt (S. 399):

„Durch die Radiumbestrahlung mit mittleren Dosen von Samen und Sämlingen wird eine Fasziation des Stengels, der Blätter und der Blütenstände hervorgerufen. Der fasziierte Stengel erwirbt gewöhnlich eine flachgedrückte Form mit dichotomischer Spaltung des Hauptsprosses, welcher dadurch einige Blütenstände an Stelle eines einzigen gibt. Die Fasziation der Endblütenstände kommt durch Verschmelzung an der Stelle des Hüllkelches (involukral) zustande oder auch in Form einer Stengelverzweigung unmittelbar unter dem Hüllkelch. Dadurch entsteht eine zwei- oder dreifache Sproßspitze (mit 3 einzelnen Blütenkörben gekrönt). Es entstehen auch viele Anormalitäten an den Blattorganen: Strahlenblüten, veränderte Blattanordnung, beginnende Fasziation der Blätter, welche in der Frühperiode des Wachstums vorherrscht und mit Eintritt der Reife verschwindet."

Diese Angaben haben, von unserem Standpunkt aus gesehen, große Bedeutung, denn sie bestätigen unsere Betrachtungen über den Blütenkorb der Sonnenblume und anderer Arten. Wenn man bei einer Sonnenblumenrasse (JOHNSON erwähnt darüber nichts), die gewöhnlich derartige Abweichungen nicht gibt, durch künstliche Einwirkung eine Zergliederung des Blütenkorbes in zwei oder mehrere hervorrufen kann, so heißt das, daß eine solche Eigenschaft in der Natur der Sonnenblume selbst im latenten Zustand angelegt ist. Mit anderen Worten gesagt, ist nach unserer Meinung unter normalen Bedingungen der Blütenkorb zusammengesetzt aus einigen fasziierten. Die Fasziation ist so vollkommen, daß, wie oben beschrieben wurde, diese Erscheinung gewöhnlich nicht zu bemerken ist, und daß der Blütenkorb ein scheinbar unzertrennliches Ganzes bildet.

Wir fassen also das Bestrahlungsresultat nicht als Fasziation der Blütenkörbe, sondern als Defasziation auf. Wir wiederholen aber, daß bei alledem unsere Betrachtungen nur vorläufiger Natur sind. Man kann sich in diese Frage nicht weiter vertiefen, denn zu ihrer Lösung sind sehr eingehende Sonderforschungen nötig, die sich wahrscheinlich weit über die Grenze des Genus *Helianthus* hinaus erstrecken müssen. Soweit also unsere Auffassung über die Herkunft der Blütenkörbe von *Helianthus annuus* (vgl. PENZIG, 1920—1921, Bd. 2, S. 465—487). Wir haben genau dieselben Übergangsformen auch bei *Calendula officinalis* beobachtet. Hier aber fanden wir sie viel seltener.

Wir halten es nicht für ausgeschlossen, daß diese grundsätzlichen Betrachtungen auf die Kompositen allgemeiner anwendbar sind. Selbstverständlich ist dies nur eine Annahme, die wir für möglich halten.

Schematisch könnte man sich diesen Prozeß in folgender Weise vorstellen: Die oberen Internodien werden kürzer und ihre Blüten bilden zusammen mit den Achsen die Blütenkörbe, indem sie miteinander verwachsen. Dabei brauchte im Ausgangszustand jeder Achseltrieb nur eine Blüte zu tragen. Auf den weiteren Stadien des genannten Prozesses haben sich anfangs Blütenkörbe aus den Achseltrieben und dann durch aufeinanderfolgende Verschmelzung von Achseltrieben untereinander gebildet. Erst dann bildet sich eine gewisse kleinere Zahl von Sprossen (schließlich ein Hauptsproß) aus, welche durch größere Blütenkörbe gekrönt sind.

Wenn dies der Fall ist, so muß man die normalen Achseltriebe bei unserer gegenwärtigen Form von *Helianthus annuus* schon als sekundäre auffassen, da die primären in der Zusammensetzung des Hauptstammes aufgingen.

Formbildende Verwachsungen an Früchten. Selbstverständlich kann, ganz allgemein gesagt, der beschriebene Prozeß sowohl in integraler als auch in differentialer Richtung verlaufen (vgl. das Gesagte mit POTONIÉ, 1912). Am leichtesten sind die formbildende Verwachsung und ihre unmittelbaren Ursachen an den gerippten Sorten der Tomate (z. B. bei Ponderosa, Magnum bonum u. a.) zu beobachten. Hier sieht man eine große Variabilität bezüglich der Zahl und Form der Blütenblätter, Staubfäden und Kelchblätter (von 5—20). Wenn man die Sache aufmerksam betrachtet, so ist es leicht, auch eine verschiedene Anzahl von Pistillen zu finden. „Normalerweise" darf nur je ein Pistill in je einer Blüte sein. An den Blüten mit zahlenmäßig vergrößerten Blütenkreisen befinden sich mehrere größtenteils miteinander verwachsene Pistille. Die Verwachsung erstreckt sich manchmal über die ganze Höhe hin oder beschränkt sich mitunter auf den unteren Teil. Es kommt auch eine Verwachsung der Pistille in Gruppen vor, wobei diese Gruppen in der Blüte miteinander verwachsen sind. Sehr oft sieht man nur ein Pistill. Es ist aber flach und erinnert etwas an die Pistille von *Celosia cristata*. Seine Seiten sind rippig. Das ist (bei der *Tomate*) nur scheinbar ein „einziges" Pistill. In Wirklichkeit sind hier mehrere Pistille vorhanden, welche zu einem ganzen verwachsen sind, was sehr gut an den Furchen zu sehen ist. Bei derartig komplizierten Blüten ist der Blütenboden gewöhnlich größtenteils verdickt, flacher, und man meint deutlich zu sehen, daß er aus zwei oder mehreren Einzelpartnern verwachsen ist. So sind wir zu einer Teilantwort gekommen: Diese „anormalen" Blüten bestehen aus zwei (oder mehreren) miteinander verwachsenen „normalen" Blüten. Die Verwachsung kann bis zu den allerverschiedensten Entwicklungsstadien der Blütenböden wie auch der Blüten vor sich gehen. Manchmal sehen wir auf Blütenböden, die nur unten verwachsen sind, zwei vollkommen voneinander unabhängige Blüten. Manchmal finden wir zwei völlig unabhängige Blüten auf einem vollkommen verwachsenen Blütenboden. Weiter finden wir alle Intermediärstadien für die Verwachsung der Blüte.

Als äußersten Verwachsungsgrad, den man nur in den Anfangsstadien in der Entwicklung als solchen, und zwar an Mikrotomschnitten beobachten kann, werden wir den zu betrachten haben, wo keine einzelnen Elemente einzelner

Blüten (wenn auch ihre Anlage ganz am Anfang unabhängig war) zu sehen sind, sondern wo eine einheitlich erscheinende Blüte mit erhöhter Elementenzahl entsteht. Ganz genau dasselbe gilt auch für die Pistille. Hier beobachten wir alle Stadien von ein oder mehreren unabhängigen Pistillen bis hin zu einem scheinbar einheitlichen Pistill mit mehreren Fruchtblättern. Die rippigen Sorten der *Tomaten* haben entweder deutlich oder latent verwachsene Früchte. Die Plazenten sind bei ihnen gewöhnlich zahlreicher und unregelmäßig angeordnet, was zweifellos auch zu erwarten ist. Diese Erscheinung ist bei rippigen Rassen vererbbar. Bei glattfrüchtigen Rassen werden manchmal rippige Früchte (und umgekehrt) in Form von Modifikationen (s. Voss, 1904a) gefunden, was auch zu erwarten ist, wie aus unseren allgemeinen Betrachtungen folgt.

Nunmehr wollen wir noch die Schoten von *Brassica* betrachten (Abb. 32 der russischen Ausgabe 1928). Normalerweise finden wir auf dem Fruchtboden eine Schote, d. h. also ein Früchtchen aus zwei Fruchtblättern. Abb. 32, Fig. 7 stellt einen Fall von fast unabhängiger Entwicklung zweier Schoten auf einem einzelnen oder auch schon verwachsenen Fruchtboden dar. Fig. 8 zeigt eine doppelte Schote, welche, wie alle doppelten Früchte infolge **Selbstpfropfung durch Parallelwachstum** entstanden ist. Stellen wir uns vor, daß diese beiden Schoten sich so nahe aneinandergelegt hätten, daß bei ihrer Entwicklung eine Verwachsung ohne Einkerbung, welche die Schoten voneinander unterscheiden ließ, zustande kam. Den Verlauf dieses Prozesses kann man sich leicht etwa auf Nr. 9 der Tafeln der russischen Ausgabe nach dem Bild, welches zwei Mohnkapseln darstellt, die sich auf einem Blütenstengel entwickelt haben, klar machen. Es fehlt jedes Anzeichen von Fasziation. Es ist deutlich zu sehen, daß die Narbenlappen, deren Zahl der Anzahl der Fruchtblätter entspricht, eine interessante Abweichung darstellen. Es kam nämlich nicht zur vollen Entwicklung der inneren Lappen der beiden Kapseln, d. h. also derjenigen Lappen, welche direkt auf die Berührungsstelle der beiden Kapseln gerichtet sind. Wenn sie in ihrer Entwicklung sich noch mehr einander genähert hätten und wenigstens teilweise miteinander verwachsen wären, so wäre ohne Zweifel die Zahl der nicht vollentwickelten Fruchtblätter und Narbenlappen infolge der Beengung noch größer. Als Extremfall dieser Erscheinung ist es leicht, sich eine Kapsel, welche scheinbar eine einzige ist, in Wirklichkeit aber ihrer Entstehungsgeschichte nach eine doppelte mit Vergrößerung der Fruchtblätterzahl gegen die Norm, vorzustellen. Die inneren Fruchtblätter der beiden aber haben sich nicht entwickelt, es kann auch sein, daß infolge des Druckes, der auf sie ausgeübt wurde, sie sogar gar nicht angelegt wurden. Es ist verständlich, daß eine tatsächlich doppelte Kapsel, welche als eine einzige erscheint, auch die normale Anzahl von Fruchtblättern haben kann. Eine ganz ähnliche Betrachtung ist noch für viele Fälle anwendbar.

Selbstverständlich war bisher nur von der Vergrößerung der Fruchtblattzahl im Zusammenhang mit der Anlage von zwei oder mehreren Pistillen die Rede. Die Vermehrung der Fruchtblattzahl, wenn in Wirklichkeit nur ein Pistill vorliegt, ist jener schon erwähnten Erscheinung analog, die bei jedem Blattquirl auftreten kann (s. auch KRENKE, 1924).

Wir hätten also unter den obengenannten Bedingungen eine scheinbar einfache einzelne Schote bekommen, welche aber aus 4 Fruchtblättern bestünde. Bei sehr engem Aneinanderliegen von zwei oder mehreren Pistillen kommt es zur Entwicklung einer größeren Anzahl von äußeren Fruchtblättern, so daß im Resultat eine Frucht mit vielen Fruchtblättern entsteht. Hier ist es interessant zu bemerken, daß eine Kohlart existiert *(Brassica quadrivalvis)*, bei welcher eben eine Schote mit vielen Fruchtblättern normal ist, ähnlich so, wie wir es bei der *Tomate* gesehen haben.

Bezüglich weiterer Literatur über formbildende Verwachsungen sei auf K. GOEBEL, 1923, S. 1589—1591 und 1928, S. 463—465, und H. POTONIÉ, 1912, u. a. hingewiesen.

Zusammenfassende Schlußbetrachtung über formbildende Verwachsungen. In der evolutionistisch gerichteten Systematik wird diesen Verwachsungen auch eine gewisse Aufmerksamkeit gewidmet. Dies geschieht aber, ohne daß man direkte Beweise sozusagen für die technische Möglichkeit der Verwachsungen und für den Mechanismus der somatischen Existenz der vorgestellten Prozesse sucht.

CHARLES DARWIN weist den Verwachsungen eine sehr wichtige Stelle im Evolutionsprozeß zu.

Es steht außer Zweifel, daß die vergleichenden, systematischen Untersuchungen ein wertvolles Material darstellen, welches einzelne Evolutionsmomente der angenommenen Prozesse demonstriert. Es zeigt sich aber, daß es nicht möglich ist, den Prozeß selbst zu begreifen. Man kann im allgemeinen nicht ohne die Daten der vergleichenden Systematik auskommen. Aber die Untersuchung des Mechanismus der systematischen Verwirklichung des angenommenen historischen Prozesses an formbildenden Abweichungen der augenblicklich existierenden Formen scheinen uns ebenfalls sehr wichtig zu sein. Gerade dieser von uns betonte Weg wurde in den oben angegebenen Beispielen, die wir für die formbildenden Verwachsungen brachten, demonstriert.

Wenn man jede einzelne Abweichung als solche betrachtet, so haben wir es häufig mit Modifikationen zu tun. Wir haben uns aber schon mehrfach (z. B. KRENKE, 1927a, S. 117—119 und S. 498 dieses Buches) über den Parallelismus der erblichen Variabilität und der modifikativen Variabilität dahingehend ausgesprochen, daß die letztere durch die erstere bedingt ist.

Hier möchten wir die analoge Meinung von K. GOEBEL anführen, welche von ihm im Hinblick auf einen speziellen Fall (s. 1923, S. 1575) ausgesprochen wurde:

„Wir sehen polyandrische Blüten, die zu oligandrischen experimentell gemacht werden können (durch Hungerkulturen). Das sind nur Modifikationen nicht erblicher Natur. Aber sie verlaufen in derselben Richtung, in der, wie uns die vergleichende Betrachtung annehmen läßt, auch die phylogenetische Entwicklung stattgefunden hat. Das ist natürlich nur ein Schluß. Aber er ist, wie mir scheint, sehr viel besser begründet, als die immer wiederholte Annahme, die Polyandrie sei aus Oligandrie hervorgegangen. Ganz dieselben Erscheinungen treffen wir auch bei den *Rosaceen*."

Wir haben schon anfangs darauf hingewiesen, daß unsere Untersuchungen nicht vollkommen zum Abschluß gelangt sind. Wir können deshalb nicht in endgültiger Form behaupten, daß bei *Ulmus, Morus*, bei *Mirabilis, Helianthus* und *Solanum lycopersicum* die geschichtliche Formbildung gerade auf dem von uns gezeigten Wege verlief. Wir können nur sagen, daß:

1. der von uns untersuchte Prozeß somatischer Umformung bei den gegenwärtigen Arten ihre von uns berührten Merkmale erklärt und

2. daß es durchaus möglich ist, daß diese Merkmale im Verlaufe ihrer geschichtlichen Entwicklung tatsächlich den beschriebenen Weg durchlaufen haben. Dies begründen wir durch die Auffassung bestimmter gegenwärtiger Abweichungen als Spuren des geschichtlichen formbildenden Prozesses. Diese Abweichungen demonstrieren die technische Möglichkeit einer somatischen Verwirklichung des genannten Prozesses in der von uns vorgestellten Richtung.

Damit sagen wir aber nicht, daß alle Abweichungen bei gegenwärtigen Formen Reste vergangener Prozesse sind. Selbstverständlich sind alle Abweichungen unbedingt mit der geschichtlichen Entwicklung des Organismus verbunden. Aber in nicht geringerem Grade sind auch Abweichungen verbreitet, welche Vorbilder zukünftiger Formen darstellen. Der Prozeß der natürlichen Auslese wird die evolutionäre Befestigung solcher Formen bestimmen. Ähnliche Betrachtungen über diese Frage vom Standpunkt der augenblicklichen Genetik sind etwas durchaus Gewöhnliches. Ganz allgemein ist die orthodoxe Genetik allerdings wenig geneigt, sich mit der Lösung evolutionärer Probleme zu befassen, da es sich hier um Probleme handelt, welche über die Grenzen des direkten Experiments hinausgehen.

Aber in der letzten Zeit sind einige genetische Arbeiten erschienen, die als Ziel gerade die Behandlung von Evolutionsprozessen haben. Zwei Arbeiten aus diesem Gebiet haben besonders unsere Aufmerksamkeit erregt. Eine sehr interessante und ernste Arbeit lieferte der russische

Genetiker S. S. TSCHETWERIKOW (1926) unter dem Titel: ,,Über einige Momente des Evolutionsprozesses vom Standpunkt der heutigen Genetik."

Wir möchten hier nur kurz auf diejenigen Punkte der Arbeit hinweisen, die eine nahe Beziehung zu unserer oben erwähnten Theorie haben. Die Grundbetrachtung TSCHETWERIKOWs geht von den Mutations- (,,Genovariationen") und Kombinationsprozessen aus.

Wir bewerten viele Abweichungen oder nicht vollkommen zum Ausdruck gekommene Merkmale in einer systematischen Einheit als Anzeichen für Formbildung, d. h. als Merkmale, die normal und vollkommener in einer anderen verwandten systematischen Einheit vorhanden sein können. Dieses haben wir auf dem Botanikerkongreß in Moskau im Januar 1926 und noch früher im Winter 1924—1925 demonstriert und formuliert (s. KRENKE, 1927a, S. 71 und 162—165), d. h. bevor die Arbeiten von TSCHETWERIKOW herauskamen. Wir haben dabei in der Hauptsache die ontogenetische Veränderlichkeit und speziell die Abweichungen von der Norm dieser Veränderlichkeit behandelt.

Bei Besprechung der für die Auslese ,,gleichgültigen" Genovariationen schreibt TSCHETWERIKOW, daß einige von ihnen (S. 9) ,,die zufällig zwischen der normalen Population irgendwie entstehen, manchmal den ,,normalen" Merkmalen benachbarter Arten oder sogar Genus und Familien entsprechen". Im Grunde ist das derselbe Satz, den wir aufstellten.

Der zweite Grundsatz, der den von uns angeführten Beispielen und Betrachtungen zugrunde liegt, ist das Bild der späteren Häufung und Befestigung der Abweichung, die dann als Charaktermerkmal in dieser oder jener Verwandtschaftsgruppe ein für sie normales Merkmal wird.

TSCHETWERIKOW kommt zu demselben Schluß auch vom genetischen Standpunkt, daß (S. 50—51)

,,für das Begreifen der Auslesetätigkeit die Vorstellung über die mehrfältige Wirkung von Genen (Pleiotropie), die von MORGAN eingeführt wurde, außerordentlich wichtig ist. Dieses führt uns zu der Vorstellung vom genotypischen Milieu als einem Genenkomplex, der selber vererbbar, im Auftreten jedes Genes in seinem Merkmal zur Wirkung kommt...
...Die Auslese, welche nicht nur das Gen, welches das auszulesende Merkmal bedingt, sondern auch den ganzen Genotyp (genotypische Milieu) umfaßt, führt zu der Verstärkung des auszulesenden Merkmales und wirkt in diesem Sinne aktiv im Evolutionsprozeß."

Der Autor erklärt, indem er von der Pleiotropie ausgeht, auch die entsprechende Veränderlichkeit und genotypische Korrelation der Merkmale.

Vor kurzem (1931) ist noch eine für uns wichtige genetische Arbeit unter dem Namen ,,Genetik und Evolutionsproblem" von VIKTOR JOLLOS erschienen. In dieser Arbeit behandelt der Autor ein sehr wichtiges

Problem. Er hat bei *Drosophila* aufeinanderfolgend sich wiederholende Mutationen eines und desselben Genes nachgewiesen. Diese Mutationen kamen äußerlich zum Ausdruck. Der Autor hat die Bedeutung seiner Beobachtungen durchaus erkannt und mit den entsprechenden Grundthesen der DARWINschen Theorie verglichen, und diese so auch vom formalgenetischen Standpunkt gestützt.

Damit können wir die allgemeine Betrachtung über die eigentlichen natürlichen Verwachsungen (Pfropfungen) beenden.

g) Experimentell eingeleitete, natürliche Verwachsungen.

Es müssen aber noch jene Verwachsungen behandelt werden, welche ihrem Wesen nach zu den natürlichen gehören, aber zu ihrem Zustandekommen eines experimentellen Anstoßes bedürfen.

Derartige Verwachsungen wollen wir **experimentell eingeleitete natürliche Verwachsungen** nennen. Diese Verwachsungen lassen sich ihrerseits in zwei Typen einteilen: 1. Können wir solche Vorkommnisse unterscheiden, welche unmittelbar durch die Entwicklungsmechanik der Pflanzenorgane bestimmt werden. Wir hätten in ihnen **experimentell eingeleitete, organisch bedingte, natürliche Verwachsungen** vor uns.

2. Als zweiten Typus betrachten wir solche Verwachsungen, welche nicht in unmittelbarem Zusammenhang mit der Entwicklungsmechanik der Organe stehen, vom Prozeß der ontogenetischen Organisation also nicht abhängen, und die wir als **experimentell eingeleitete, nicht organisch bedingte, natürliche Verwachsungen** bezeichnen wollen.

Experimentell eingeleitete, organisch bedingte, natürliche Verwachsungen. Früher (KRENKE, 1928b, S. 91—92) haben wir einen Fall natürlicher Pfropfung durch Parallelwachstum an zwei Achseltrieben beschrieben, die aus zwei einander genäherten Knospen in der Achsel eines zufällig verdoppelten Blattes von *Alnus glutinosa* sich entwickelten. Dabei war die Verschmelzung der genannten Knospen so vollkommen, daß der sich entwickelnde Sproß von außen her sich vom normalen nur durch die vergrößerte Anzahl ungewöhnlich angeordneter Blätter und Schuppen an der Basis dieser Blätter unterschied.

Eine ähnliche Erscheinung kann man sehr oft experimentell hervorrufen. Dazu ist nur nötig, daß man die Spitze einer Pflanze oder eines Zweiges oder auch andere Vegetationspunkte entfernt und so die Entwicklung von Achselknospen aus doppelten und dreifachen Blättern stimuliert. Die unmittelbare Voraussetzung zu dieser Verwachsung ist die Anwesenheit derartiger Blätter an der Pflanze, wobei noch hinreichend einander genäherte Knospen bei ihnen vorhanden sein müssen. Hier liegt also jenes Moment der ontogenetischen Entwicklung vor.

Auf der Abb. 2 (s. S. 7) sind Sämlinge von *Helianthus annuus* mit 2-, 3- und 4lappigen Kotyledonen gezeigt worden. Vom Standpunkt der vergleichenden Morphologie kann man sie als kongenital aus mehreren primären Kotyledonen verwachsen betrachten. Aber in ihrer ontogenetischen Entwicklung entstehen sie als Ganzes aus einigen Vegetationskegeln, stellen aber keine direkte Verschmelzung unabhängiger Anlagen von Kotyledonen dar. Es wächst einfach ein bestimmter Bezirk der meristematischen Ringzone als Ganzes. In der Achsel derartiger Kotyledonen werden häufig mehrere Achselknospen angelegt. Ihre Zahl aber entspricht nicht unbedingt der Anzahl der Lappen der vorliegenden Kotyledonen.

Durch die obengenannte Methode ist es leicht, diese Knospen zur Entwicklung zu bringen und nicht selten entwickeln sie sich zu einem zweifachen, vierfachen und sogar zu einem fünffachen, verwachsenen Sproß. Dabei können sogar innerhalb der Grenzen eines solchen summarischen Sprosses die ihn aufbauenden Sprosse miteinander auf verschieden weite Entfernungen hin verwachsen sein. Verschiedene Verwachsungsstrecken findet man auch bei ähnlichen Sprossen, welche aber von verschiedenen Sämlingen ihren Ausgang nehmen.

Zwei Abbildungen der beschriebenen Sprosse sind von uns in die russische Ausgabe aufgenommen worden.

Alle Verwachsungsstadien zweier Achselsprosse haben wir aus den Achseln von Doppelblättern bei *Ulmus campestris* und *Morus nigra* erhalten. Nach der oben gegebenen Beschreibung der Knospen dieser Blätter (s. S. 91 f.) konnte man dieses Resultat voraussehen.

Auch bei *Crepis ciliata* erhielten wir verwachsene Sprosse aus der Achsel von doppelten Blättern einer Rosette.

Es ist interessant, daß wir bei *Crepis biennis* in den Kulturen von M. Navaschin fasziierte Sprosse so oft beobachtet haben, daß diese Erscheinung als Merkmal, wenn nicht dieser Art, so doch der betreffenden Rasse gelten könnte. Aber diese Sprosse in einen direkten Zusammenhang mit den oben beschriebenen zu stellen, erschien uns unmöglich. Für die Entwicklung der genannten fasziierten Sprosse war es nicht nötig, daß sie aus der Achsel von doppelten Blättern hervorgingen (vgl. Sorauer, 1924, S. 368—371).

Experimentell eingeleitete, nicht organisch bedingte, natürliche Verwachsungen. Wir möchten nur ein kurzes Beispiel anführen. Analoge Fälle gibt es viele.

In einigen Bezirken von Turkestan wenden manchmal die Einwohner folgende Pfropfmethode bei Weinreben an. Die jungen Enden zweier Sprosse werden eng aneinander in einen entsprechenden hohlen Knochen eingeführt, welcher also ein Rohr darstellt. Bei der weiteren Entwicklung dieser Sprosse kommt es, wie man mir erzählt hat, zu Verwachsungen.

h) **Erweiterte Klassifikation der natürlichen Verwachsungen.**

Der Übersichtlichkeit halber wollen wir alle von uns behandelten Typen der natürlichen Verwachsung in einem Schema zusammenstellen. Hierzu sollen dann noch einige Ergänzungen erfolgen.

Erklärungen zum Schema der natürlichen Pfropfungen.

Die Mehrzahl der angeführten Einteilungen in der Tabelle sind im Text besprochen. Wir werden das Hauptsächlichste davon nicht wiederholen, müssen aber, um das Lesen der Tabelle zu erleichtern, einige der Unterabteilungen erklären:

a) Verwachsungen von Teilen, welche an ihren Ursprungspflanzen bleiben.
b) Verwachsungen im Bereiche eines Individuums[1].
c) Verwachsung homologer Organe.
d) Verwachsung von Organen mit gleichen Hauptfunktionen.
e) Verwachsungen von im allgemeinen gleich polar orientierten Organen.
f) Siehe im Text S. 26.
g) Verwachsung mit Wiederherstellung der Verbindung von Leitsystemen.
h) Verwachsung an der ganzen Berührungsfläche.
IV. Natürliche Verwachsungen, welche aber durch einen experimentellen Anstoß verwirklicht sind.
A. Verwachsungen, welche auf Eigentümlichkeiten der individuellen ontogenetischen Entwicklung beruhen.

a') Ein Teil (Reis) wird im Endresultat von der Ursprungspflanze abgetrennt.
b') Verwachsungen zwischen verschiedenen Individuen derselben Art.
b'') Verwachsungen zwischen Individuen verschiedener Arten.
c') Verwachsung von nicht homologen Organen.
d') Verwachsung von Organen verschiedener Hauptfunktionen.
e') Verwachsungen von im allgemeinen verschieden orientierten Organen.
f') Siehe im Text S. 27.
g') Nur parenchymatische oder epidermale Verwachsungen.
h') Verwachsung nicht mit der ganzen Berührungsfläche.
o') Verwachsung des peripheren Berührungsgebietes.
m) Verwachsung von einzelnen beliebigen Bezirken der Berührungsfläche.

Die Verwirklichung der Verwachsungen unter I ist nicht aus biologischen Gründen erklärbar. Jeder beliebige der in der Pfeilrichtung erwähnten Faktoren ist möglich.

Die Formen der Verwachsungen unter b' und b'' sind ausschließlich durch das zufällige Zusammenkommen einer Reihe äußerer Faktoren bedingt.

IV. Mechanische Verlagerung von Pflanzenteilen (C_4).

Bei Behandlung der mechanischen Verlagerung von Pflanzenteilen (C_4) soll der Transport z. B. von Nährstoffen als außerhalb der Grenzen dieses Buches liegend nicht berücksichtigt werden. Nur mit solchen Fällen wollen wir uns beschäftigen, wo eine Verlagerung geformter Teile des Pflanzenkörpers vor sich geht.

---

[1] [Vgl. Anmerkung auf S. 24. M.]

Klassifikation der natürlichen Pfropfungen.

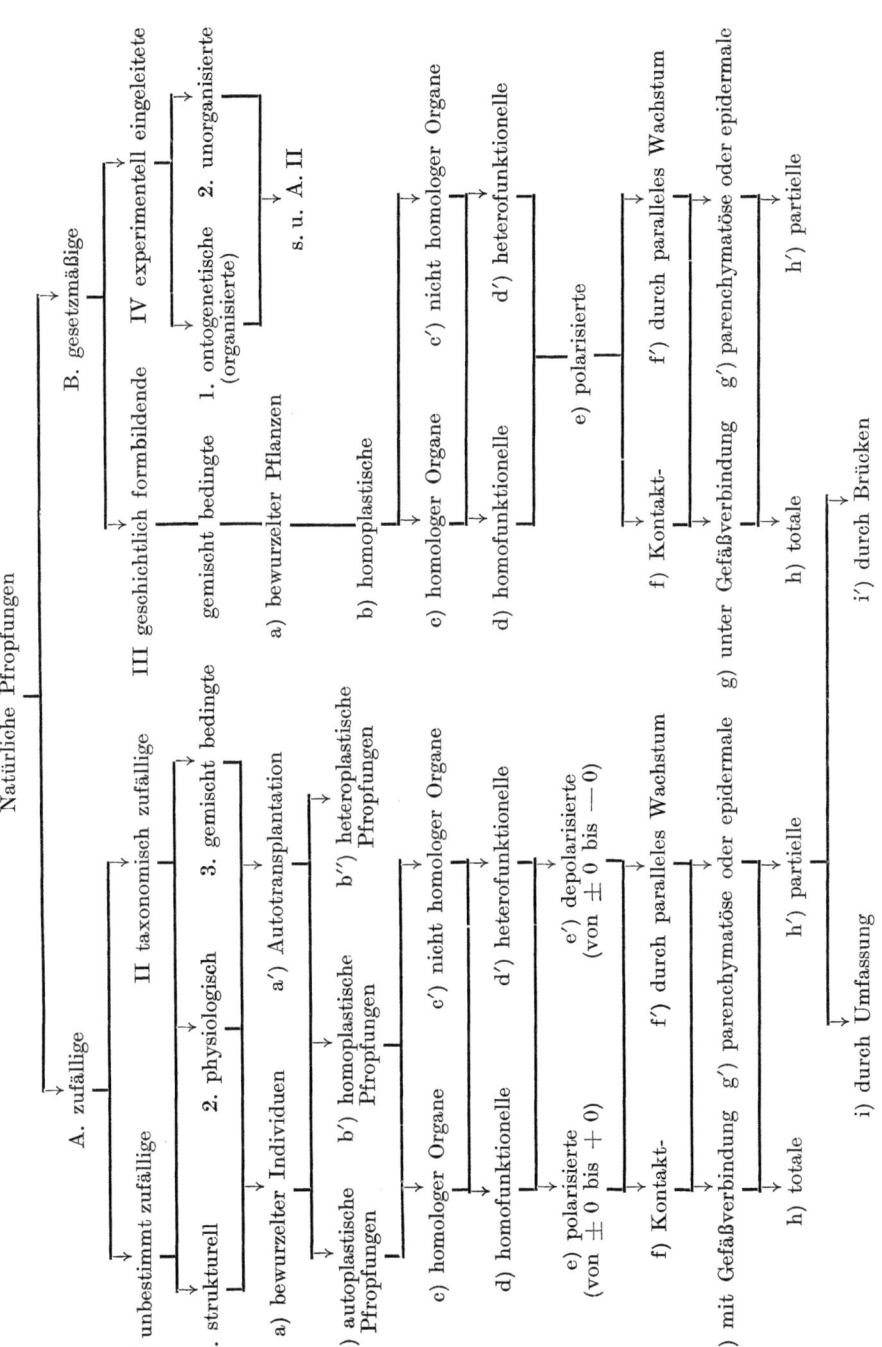

Die Verlagerung von Elementen des Pflanzenkörpers ist, wenn man von Verlagerungen innerhalb der Grenzen einer Zelle absieht, eine seltene Erscheinung. KÜSTER schreibt hierüber folgendes (1926a, S. 6): „Es gibt im Pflanzenkörper keine beweglichen und verschieblichen Zellen. Nur manche faserähnlichen Zellenarten sehen wir in früheren Phasen ihrer Entwicklung durch sog. gleitendes Wachstum sich zwischeneinander einkeilen und ihre Spitzen eine bescheidene Strecke weit vorwärts schieben. Es gibt im Pflanzenkörper keine Wanderzellen, keine Phagozyten, keine Diapedese, keine Infiltrationen, keine Zellenanhäufungen, keine Entzündungen, es sei denn, daß man diesen Begriff so stark erweitert, daß er darüber seinen terminologischen Wert verliert."

Wenn man die „Verlagerung" im weiteren Sinne auffaßt, dann liegt die Sache anders. KÜSTER aber (S. 6) schreibt:

„Der feste Verband der Pflanzenzellen bringt es mit sich, daß Wachstum von Zellen und Zellgruppen in expansivem Sinne vor sich geht und auf deren Umgebung wirkt, d. h. wachsende Zellen schieben ihre Umgebung vor sich her. „Infiltrierendes" Wachstum fehlt entweder ganz oder spielt als „gleitendes" Wachstum der zwischen anderen sich eindrängenden Zellen eine nur untergeordnete Rolle."

Wir führen im Kapitel über den Verwachsungsprozeß einen derartigen Fall bei der Verwachsung von Siebröhren an.

Man muß allgemein zwei Typen von Verlagerung unterscheiden. Wir werden den ersten als aktive Verlagerung und den zweiten als passive Verlagerung bezeichnen. Die Benennung beider Typen ist verständlich. Also fällt der Fall des gleitenden Wachstums unter den ersten Typ, die Verlagerungen der dabei benachbarten Zellen würden als passive Verlagerungen zu gelten haben[1].

Hier interessiert uns vorzugsweise die passive Verlagerung.

Gewöhnlich steht sie im Zusammenhang entweder mit äußeren oder mit inneren mechanischen Einwirkungen. Eigentlich sind auch die inneren mechanischen Faktoren in bezug auf die passiv verlagerten Elemente äußere. Aber zum Unterschied dieser Faktoren von äußeren in bezug auf das Individuum im ganzen wollen wir hier von „intraexternen" Faktoren sprechen.

Über die Wirkung äußerer mechanischer Einwirkungen auf anatomische Umbildungen in der Pflanze hat in jüngster Zeit RASDORSKY (s. z. B. 1923—1924 und früher JUNGNER, 1895) viel Interessantes mitgeteilt. Er berührt aber fast nicht die Frage der Verlagerung der Elemente.

Dabei sind noch NÄGELI, WIESNER und weiter N. M. GAJDUKOW (1912), der sich ihnen anschließt, der Meinung, daß „Verschiebungen" in den Zellmembranen unter dem Einfluß mechanischer Verletzungen vor sich gehen. Diese Verschiebungen werden mit Hilfe des Ultramikroskops verfolgt.

---

[1] [H. WULFF hat im Kieler Botanischen Institut gewichtige Gründe dafür finden können, daß die generative Zelle sich im Pollenschlauch aktiv bewegt Vgl. Vorl. Mitt. Planta **19**, 1933 M.

Wir finden Versuche, unter Benutzung der Mizellartheorie von NÄGELI als Hilfshypothese zu einem Verständnis dieser Verschiebungen zu kommen. So sagt N. M. GAJDUKOW, der speziell sich mit ultramikroskopischen Untersuchungen an Gespinstfasern beschäftigt hat, folgendes (1912, S. 90):
„Die Experimente der Zerstäubung und der Zerlegung von WIESNER [Sitzgsber. Wien. Akad. Wiss., Math.-naturwiss. Kl. **92**, 17, 1886)] sprechen nicht gegen die NÄGELIsche Theorie. WIESNER hat gefunden, daß die Pflanzenfasern, auf welche die von ihm angewandten Methoden der Zerstäubung und Zerlegung angewandt wurden, zuerst in Fibrillen und dann in kleine Körnchen (Dermatosomen) zerfallen, die in einer gleichmäßigen sülzähnlichen Masse liegen. Es ist sehr wahrscheinlich, daß die Fibrillen und Dermatosomen von WIESNER den mizellaren Komplexen und Verbindungen des wasserarmen Stoffes („Ziegelsteine") von NÄGELI gleich sind, und daß die gleichmäßige sülzartige Masse ein wasserreicher Stoff mit kleinen Poren („Kalk") ist. Bei Anwesenheit beider mizellarer Stoffe, des wasserarmen und des wasserreichen, zeigen sich im Mikroskop die Erscheinungen der Schichtung und Strichelung."

Die Schlüsse von GAJDUKOW werden von MOLISCH (1922) im allgemeinen bekräftigt, wenngleich der letztere sagt, daß diese Erscheinungen nicht als abschließend erklärt gelten können[1].

In der letzten Zeit wurde die Frage der Verlagerung kleinster Teile innerhalb der Zellmembranen von Leinfasern erneut untersucht. MÜLLER, W. (1921) hat eine ganze Reihe von Typen solcher Verlagerungen abgesondert und darauf hingewiesen, daß sie kein Merkmal der monokotylen Pflanzen darstellen, sondern bei mechanischen Verletzungen auch bei Dikotylen, speziell elementaren Fasern von Lein erhalten werden. Diese Verschiebungen setzen die Festigkeit herab. SCHILLING (1921) hat Veränderungen, die an der Leinfaser infolge der Verletzung des Stengels durch Hagel entstehen, untersucht und festgestellt, daß sowohl die Bastfaser als auch die umgebenden Parenchymzellen stark und ungleichmäßig verholzen können, ihre Form verändern usw. Eine derartige Erscheinung macht das Produkt für die Herstellung langer Fäden unbrauchbar. In diesem Falle wurden die „Verschiebungen" nicht nachgewiesen, aber ihr Vorhandensein ist nicht unwahrscheinlich. SCHWENDENER, WIESNER und GAJDUKOW haben sich dahingehend geäußert, daß die „Verschiebungen" das Resultat mechanischer Verletzungen darstellen. Unter dem Ultramikroskop werden die Verschiebungen durch eine Reihe einzelner leuchtender Punkte festgestellt.

Aber die Frage der „Verschiebungen" und anderer mechanischer Störungen in der Zellmembran kann nur nach endgültiger Erklärung des normalen Baus der Zellmembran, der bis jetzt noch strittig ist, gelöst werden. USPENSKY (1921, S. 48) kommt zu dem Schluß, daß die „optischen Eigenschaften der Zellmembran nicht von Mizellen noch von den Dehnungen, sondern von einer siebartigen Struktur abhängen".

---
[1] [Vgl. LÜDTKE (1931a u. b). M.]

Als besonders interessant haben Verschiebungen von Kernen aus einer Zelle in die andere zu gelten.

Bekanntlich hat zuerst MIEHE (1901) durch mechanische Einwirkung Kerne und Teile von ihnen aus einer Zelle in Nachbarzellen einiger Arten von *Allium, Tradescantia, Iris, Asparagus,* überführt. KÖRNICKE hat in demselben Jahr fast das gleiche in der Nähe einer Schnittwunde gezeigt. NEMEC (1902) hat auch Kerne zwecks Untersuchung ihrer Verschmelzung in andere Zellen überführt. Er hat im Jahre 1910 (S. 233—238) den gleichen Effekt nach Verwundung erhalten. Dabei ging in einzelnen Fällen anscheinend ebenso wie bei MIEHE nur ein Teil des Kerns in die andere Zelle über (s. noch G. TISCHLER, 1921—1922, S. 177). Bei der Erforschung des Verwachsungsprozesses der Pfropfungen und ferner auch einmal am offenen Kallus (s. KRENKE, 1928b, S. 573, Abb. 8) haben wir den Übergang von Kernen ohne Verschmelzung beobachtet, obgleich sie sich manchmal dicht aneinander anschließen.

MIEHE (1901) ist der Meinung, daß die Kerne durch eine kleine Verletzung in der Hautschicht des Plasmas in der Nähe der Poren der Zellmembranen durchtreten. Dabei meint er, daß der Übergang auch durch den lebendigen Protoplasten infolge seiner Kontraktionen und durch Saugwirkung begünstigt wird.

BENECKE und JOST (1924, Bd. 1, S. 387) sind der Meinung, daß Plasmodesmen dadurch bewiesen werden, daß ,,geformte Teile des Plasmas und der Stärkekörnchen auf diesem Wege von einer Zelle zur anderen übertreten könnten''.

Indem sie weiter an Experimente von MIEHE und KÖRNICKE erinnern, sagen die erwähnten Autoren, daß die Kerne zweifellos ihren Weg durch die Plasmabrücken genommen haben, ,,aber solche Wanderungen sind bei der Feinheit der Kanäle nur unter hohen einseitigen Drucken möglich, wie sie in der Natur wohl kaum vorkommen''.

D. h. also, daß die Autoren anscheinend den Übergang durch Zerreißung von Zellmembranen nicht anerkennen. Dabei schreibt NĚMEC (1910, S. 236) darüber folgendes:

,,Die Risse in der Wand, welche durch mechanischen Druck entstehen, sind nicht immer klein, zuweilen kann dadurch eine Öffnung verursacht werden, welche dauernd offen bleibt. So ist die Entstehung der zweikernigen Zelle in Fig. 108 B zu erklären, wo die Wand zwischen den Zellen C, Y zum größten Teil verschwunden ist, die beiden Kerne legen sich aneinander und würden später wahrscheinlich verschmelzen.''

Auf Grund unserer Beobachtungen sind wir geneigt, diesen Übergang von Kernen bei mechanischen Einwirkungen hauptsächlich infolge von Zerreißungen anzuerkennen. Anscheinend kommen Zerreißungen in der Gegend der Poren zustande, wodurch auch das Auseinanderziehen des Kernendes in der Richtung nach der Pore zu erklärt wird. Wir schließen aber die Möglichkeit des Überganges durch Plasmodesmen, wenn solche existieren (s. JUNGERS, 1930), nicht aus.

G. A. LEVITSKY (1927, S. 24) nimmt an, daß der Übergang durch Poren vor sich geht, ohne Verletzungen zu erwähnen. Der genannte Autor hat eine bemerkenswerte Untersuchung auf diesem Gebiet ausgeführt. Er hat durch Druckwirkungen auf die Antheren von *Plantago major* Z. oder durch Zerschneiden der Antheren ein „Überklettern" einzelner Chromosomen aus einzelnen Pollen-Mutterzellen in benachbarte Zellen erreicht. Das „Überklettern" von Chromosomen ging im ersten wie im zweiten Schritt der Reduktionsteilung vor sich. Weiter hat sich erwiesen, daß derartige Veränderungen nicht zum Tode führen (S. 23)[1].

Bei Untersuchung von Antheren, welche unter Druckwirkungen gestanden hatten, wurden am nächsten Tag die Folgen dieser Einwirkung in sehr zahlreichen von der Norm abweichenden Gruppen von „speziellen Pollenmutterzellen", die nicht zu Tetraden, sondern zu „Pentaden", „Hexaden" und „Oktaden" zusammengesetzt waren, und mit Kernen, welche sich deutlich ihrer Größe nach unterschieden, versehen waren, festgestellt. Dieses Bild ist demjenigen, das die Reduktionsteilung bei Artbastarden zeigt, sehr ähnlich. Auf diese Weise haben wir noch eine Methode zur Erzielung von Pollenkörnern, die von der Norm abweichende Chromosomenzahl besitzen.

Eigentlich müßten sich die Beispiele, die von uns in diesem Kapitel über die Verschiebung von Elementen in der Pflanze gebracht worden sind, formell im zweiten Teil des Buches (Chirurgische Einwirkungen) befinden. Wir haben uns aber entschlossen, sie hier zur Erhaltung der Einheit des Eindruckes vom Thema wie auch deshalb, weil im Wesen die chirurgische Einwirkung in diesen Beispielen nicht spezifisch war, zu belassen. Das Wesen der Sache lag in der mechanischen Einwirkung überhaupt. Wir haben noch ein Beispiel, welches vom genetischen und ebenso vom physiologischen Standpunkt aus gut den Experimenten von LEVITSKY gegenübergestellt werden kann, wenngleich das genannte Beispiel schon im Wesen ganz zu den chirurgischen Operationen gehört. Wir denken an die Experimente von KOSTOFF und KENDALL (1931) mit experimentellen Störungen des Meiosis in den Antheren durch rechtzeitige Durchstechung mit einer scharfen Nadel. Es wurden so Monaden, Diaden, Triaden, Pentaden, Hexaden gebildet, die dann teils abortiven und teils lebensfähigen (15—30%) Pollen gaben. Die Pflanzen, welche durch die Bestäubung mit lebensfähigen Pollenstaub aus operierten Antheren erhalten wurden, zeigten interessante Abweichungen. Aber es ist bequemer auf das physiologische Wesen der Wirkung von Durchstechungen an entsprechender Stelle weiter unten zurückzukommen. Wir werden dort auch die möglicherweise bestehenden Gemeinsamkeiten der Arbeiten von LEVITSKY und KOSTOFF erwähnen.

---

[1] [Vgl. hier die Angabe von DAMMANN nach H. KNIEP (1931), dem es gelang, unter Druckwirkung mehrkernige Rieseneier bei *Fucus* zu erzielen. M.]

Wir haben keine Möglichkeit, uns bei den Beobachtungen über den natürlichen Übergang von Kernen oder Teilen von ihnen hier aufzuhalten. Wir erinnern nur an Beschreibungen von FARMER, MOORE und DIGBY (bei Prothallien einiger Farne) und DIGBY (1905 und auch 1909) mit *Galtonia candicans* (Chromatin bodies). GATES (1911) hat einen unvollkommenen Übergang von Kernen (Pseudonucleus) von einer Zelle in die andere beobachtet. Entsprechendes berichtet LEVITSKY (1927, S. 23) von seinen Experimenten an *Asparagus officinalis*. Endlich sei an die Beobachtung von P. A. BARANOW (1926) erinnert, welcher bei *Ranunculus acer. subsp.* STEVENI im Periblem der Wurzel, der

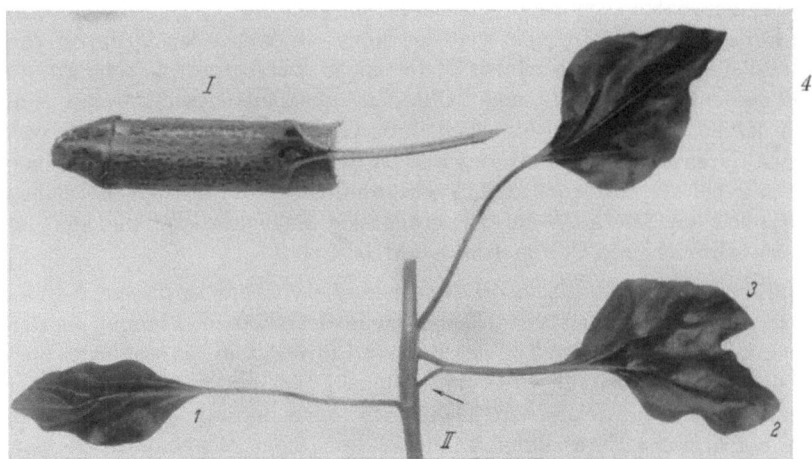

Abb. 43. *Helianthus annuus*, Blattverlagerung infolge Verwachsung.

Meristemzone, eine natürliche Verschiebung des Kernes von einer Zelle in die andere durch eine Öffnung, die sich in der Zellmembran gebildet hatte, feststellt. Der Autor hat auch die Verbindung von 3, 4—5 Zellen und die Vereinigung aller Kerne in einer Zelle beobachtet.

FARMER, MOORE, DIGBY und GATES sind der Meinung, daß die von ihnen entdeckten Bilder in den normalen Entwicklungszyklus dieser Pflanzen hineingehören.

Im Kapitel über die natürlichen Verwachsungen (s. S. 43f.) haben wir schon Beispiele für Autotransplantation angeführt. Auch diese Beispiele müssen als Verlagerung eines Individuums betrachtet werden. Wir möchten hier zwei Fälle anführen, von denen der erste als Organverlagerung bezeichnet werden kann, während der zweite schon eine Verschiebung der Organanlage ist.

Auf Abb. 43, II sehen wir den Abschnitt eines *Helianthus*-Stengels. Hier haben wir zwei kreuzgegenständige Blätterpaare, nämlich 1—2 und 3—4. Während des Entwicklungsprozesses kam es zur Verwachsung der Blätter 2 und 3. Es verwuchsen die Blattspreiten und Blattstiele, diese aber nicht bis zur Basis. Die Verwachsung kam in einem sehr jungen Stadium zustande, als das Wachstum des Stengels noch fortging. Im Endresultat hafteten die Blätter 2 und 3 aneinander, weshalb sich das Blatt 2 an der Anheftungsstelle von seinem „Partner" (dem Blatt 1) weg verschob, während das Blatt 3 sich entsprechend von seinem „Partner" (dem Blatt 4) hier fort nach unten zu verschob. Außerdem kam es zu einer Verschiebung der Stengelelemente.

Auf der anderen Seite, die auf dem Bild nicht zu sehen ist, zeigte sich eine Verdrehung des Stengels. Dies ist vollkommen verständlich, da die Blätter 2 und 3, welche in verschiedenen aufeinander senkrecht stehenden Flächen sich befinden müssen, infolge der Verwachsung in einer und derselben Fläche liegen, was eine Drehung des Stengels im Verlaufe des Wachstums herbeiführen muß. Da der ganze Prozeß in der wachsenden Stengelspitze vor sich ging, ist das Ganze sehr verständlich. Es ist klar, daß die beiden beschriebenen Verschiebungen durch zufällige, immerhin aber natürliche mechanische Ursachen hervorgerufen wurden.

Als zweites Beispiel möchten wir unsere Beobachtung an *Brussonetia papyrifera* VENT. angeben. Gewöhnlich ist die Blattanordnung unten am Sproß die 2/5 Anordnung, welche dann in gekreuzte, etwas verschobene übergeht, d. h. die Blätter sind nicht einander genau gegenüber, sondern im stumpfen Winkel zueinander inseriert. Dabei befinden sich immer im Blattpaar zwei verschiedene Blätter, ein kleineres und ein anderes, das größer gebaut ist. Außerdem ist durchschnittlich die Kerbung des größeren Blattes im Paare bedeutend stärker als die des kleineren. Die kleineren Blätter sind sogar größtenteils nicht gekerbt. Die Entwicklung des kleinen Blattes eines Paares bleibt bedeutend hinter dem größeren zurück. Wir sind der Meinung, daß die größeren und kleineren Blätter zwei verschiedenen und selbständigen Spiralen angehören, worauf auch eine Reihe anderer Umstände hinweist (s. Abb. 44). Dies sieht man sehr gut an den Spitzen der Sprosse, wo immer das größere Blatt sich als unverhältnismäßig stark entwickelt erweist (s. IV, h, H, VII, h h, I, h kaum zu sehen, während H stark entwickelt ist).

Unter den 322 von uns untersuchten Zweigen haben wir bei 151 Zweigen folgende Erscheinung beobachtet, welche wir wegen ihrer Häufigkeit nicht als zufällige „Mißbildung" betrachten können. Wir fanden nämlich, daß nach dem ersten gegenständigen Blattpaar des Sprosses von unten beginnend, nur ein einzeln stehendes großes Blatt des Paares vorhanden ist, während sein kleinerer gegenüberliegender „Partner" fehlt (selbstverständlich liegen entsprechende Verletzungen und noch mehr das Abfallen der Blätter nicht vor). Auf dieses einzeln stehende Blatt folgten dann normale gegen-

134 Mechanische Verlagerung von Pflanzenteilen.

ständige Paare. Aber in 14 Fällen zeigte sich, daß in der Etage, welche dem alleinstehenden Blatt folgte, kein gegenständiges Paar, sondern 3 Blätter quirlständig vorhanden waren. Auf

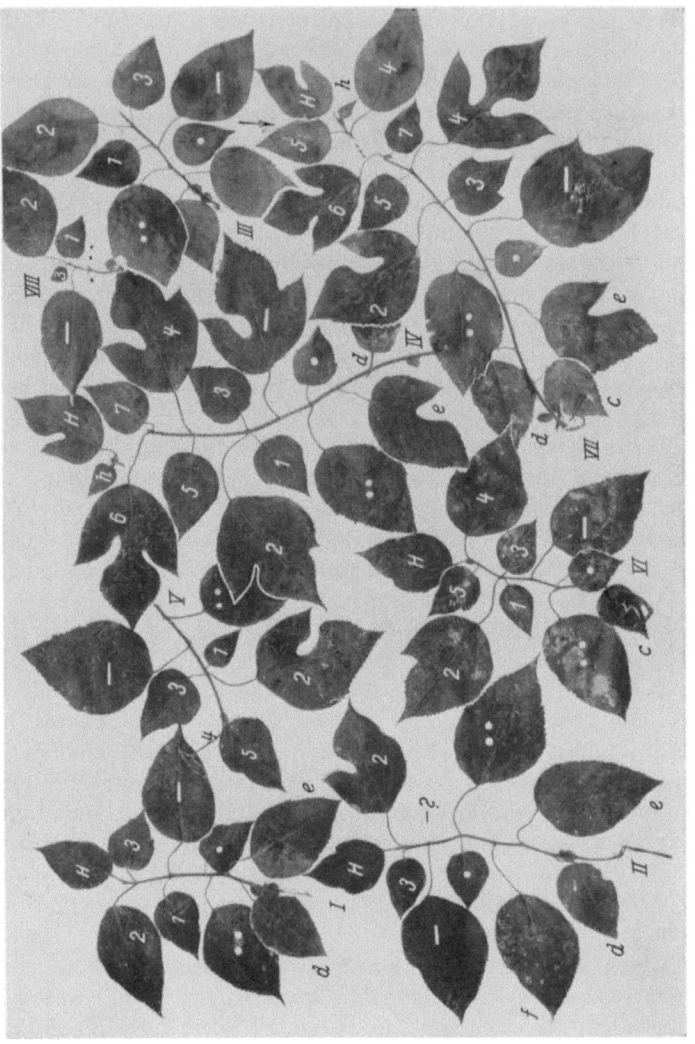

Abb. 44. *Brussonetia papyrifera* Vent.

II, IV, V, VI sind durch weiße Punkte auf der Blattspreite diejenigen gegenständigen Paare bezeichnet, auf welche nur ein großes Blatt folgt, das besonders hervorgehoben ist, wodurch auf die Abwesenheit des „kleineren Partners" hingewiesen wird. Dann folgen die 3 Blätter, die überall mit den Ziffern 1, 2, 3 bezeichnet sind. Weiterhin kommen von neuem gegenständige Paare. Wir finden im folgenden eine Bestätigung dafür, daß das dritte Blatt der genannten Blattgruppe ein vorgeschobenes Kleinblatt des vorhergehenden Paares ist.

1. Das dritte Blatt entspricht nach allen seinen Merkmalen dem immer zu fordernden kleinen Blatt des vorhergehenden Paares.

2. Das dritte Blatt der dreigliedrigen Blattgruppe befindet sich immer genau auf der Seite des fehlenden Blattes des vorhergehenden unvollständigen Paares.

3. Niemals wurde ein drittes Blatt bemerkt, wenn im vorhergehenden Paar das kleine Blatt vorhanden war. Aber das Fehlen des genannten kleinen Blattes ruft die dreifache Gruppierung in der nachfolgenden Etage nicht unbedingt hervor. Unter 151 Fällen, in welchem das Blatt fehlte, wurde nur in 14 Fällen die dreifache Gruppierung angetroffen und in 9 Fällen fanden wir intermediäre Lagen, wo das kleine Paarblatt sich nach oben zu auf die nächstfolgende Etage hin verschoben hatte, ohne sie zu erreichen. In allen übrigen 128 Fällen fehlte das kleine Blatt überhaupt. In welchem Moment der Entwicklung seine Anlage zugrunde geht, ist bis jetzt noch nicht untersucht worden. Die Unterdrückung seiner Entwicklung ist nur dann verständlich, wenn wir die Bedingungen kennen, unter welchen diese Anlage zugrunde geht.

4. Soweit man verfolgen konnte, bestätigt der Verlauf der Gefäßbündel, daß die Anlage des kleinen Blattes, welches die Verschiebung erlitten hat, nicht in derjenigen Etage, wo es abweichend festgestellt wurde, erfolgt, sondern dort, wo in dem vorherigen Paare jetzt das kleine Blatt des Paares fehlt.

5. Eine derartige tatsächliche Verschiebung des kleinen Blattes ist völlig erklärbar: Es wurde ja schon darauf hingewiesen, daß das kleine Blatt in seiner Entwicklung im Paar stark gegenüber dem größeren zurückbleibt. Es ist klar, daß die Anlagen der Blätter in den zwei nächstfolgenden Etagen in der Knospe einander außerordentlich naheliegen. Während der Entwicklung der Blätter geht auch das Wachstum des Stengels vor sich. Bei diesem Wachstum ist es möglich, daß die Anlage des kleinen Blattes des vorhergehenden Paares, in die Höhe getragen wird, während das weiter entwickelte größere an seiner Stelle zurückbleibt.

6. Es werden auch intermediäre Stadien des Transportes beobachtet. Ein solches finden wir an dem Zweig III bei dem Blatt 1. Es ist in bezug auf seinen Partner nach oben hin verschoben. Eine ähnliche Verschiebung kann man in seltenen Fällen auch bei der anderen Blattetage finden. Z. B. zeigt Zweig VII die Verschiebung des kleinen Blattes des ersten gegenständigen Paares (durch einen weißen Punkt bezeichnet) nach oben hin.

7. Das Gesagte genügt, um die Tatsache einer natürlichen Verschiebung eines Blattes aus einer Etage in die andere anzuerkennen.

Bei dieser Beobachtung ist auch interessant, daß die Verschiebung gerade an der Stelle des Sprosses vor sich geht, wo der Übergang von einer spiraligen Blattanordnung zur gegenständigen beobachtet wird. An den Orten des Übergangs von gegenständiger zu spiraliger Anlage, die sehr häufig in den oberen Teilen des Sprosses von *Brussonetia* vorkommt, sind solche Verschiebungen niemals beobachtet worden[1].

V. Überleitung zu den chirurgischen Einwirkungen (Windwirkung).

Zum Schluß möchten wir die Abb. 45, welche die Veränderungen in der Stamm- und Kronenbildung einer *wilden Birne* (photographiert in Galizien 1918) unter dem Einfluß des Windes zeigt, anführen. Der Stamm hat sich in der Windrichtung bei seinem Wachstum gebeugt. Gewöhnlich wird darauf hingewiesen, daß in solchen Fällen,

Abb. 45. Windwirkung auf einen Birnbaum (s. Text).

„die dem Wind zugekehrten Zweige absterben und der Stamm von dieser Seite bloßgelegt wird. Dadurch erhalten die Zweige der entgegengesetzten Seite eine stärkere Nahrungszufuhr und entwickeln sich stärker, indem sie sich der Richtung des Windes nach, ähnlich wie eine Fahne ausdehnen" (KELLER, 1924).

SORAUER (1924, S. 422) schreibt:

---

[1] In der ganzen beschriebenen Untersuchung wurden die Zweige von *Brussonetia* sämtlich ohne Auslese berücksichtigt. Ein 5—6 Jahre altes Bäumchen hat sich als besonders reich an Abweichungen erwiesen.

Als Beispiel einer deutlichen Veränderung in der Lage des Sprosses unter dem Einfluß des mechanischen Druckes können die von PENZIG angegebenen Daten über die *Kartoffel* dienen. Es wurde beobachtet, daß Seitenknospen endogener Bildung nicht nach außen aus der Knolle herauswuchsen wie normal, sondern nach innen in sie hinein. Im Endresultat können die nach innen hineingewachsenen Sprosse (Prolificatio interna) Knöllchen bilden, so daß sich dann innerhalb der Hauptknolle einige kleinere zeigen. Dieselbe Erscheinung läßt sich auch künstlich hervorrufen. Bei einer vorjährigen Knolle wird das Wachstum der normalen Augen durch Ätzung der Knollenoberfläche mit 1,5%iger Schwefelsäure (nach SCHRIBAUX) unterdrückt. Dabei wird die Knollenfläche hart. Wenn in der Knolle innere Knospen vorhanden sind, so können sie den Widerstand der äußeren harten Rinde nicht überwinden und wachsen nach innen hinein. Hier ist zwar die Anlage des Sprosses nicht verschoben worden, aber seine Wuchsrichtung erweist sich als vollkommen verändert.

„Der fahnenartige Charakter liegt nicht nur in der Biegung der Äste nach der Seite, wohin der Wind weht, sondern auch in der Verzweigung, welche bei größerer Menge der Haupttriebe spärlicher zu sein scheint. Die Zweige, welche dem Wind entgegen wachsen müssen, bleiben kürzer und sterben bisweilen ab."

L. KLEIN (1904) ist der Meinung, daß die Ursache für das Absterben der genannten Zweige die austrocknende Wirkung des Windes ist. Sehr oft kommt auch das Holz nicht bis zur Vollreife, so daß die Zweige im Winter erfrieren.

Auf unserer Aufnahme ist aber zu erkennen, daß die Zweige gerade gegen den Wind an der konvexen Seite des gebogenen Astes sich entwickelt haben. Wir sind der Meinung, daß wir es hier mit einer biologisch normalen Erscheinung zu tun haben, da es bekannt ist, daß bei Biegung eines Stengels eine verstärkte Bildung von Seitensprossen gerade auf der konvexen Seite vor sich geht. GOEBEL (1908, S. 83) führt ein interessantes Beispiel von *Equisetum Schaffneri* an, bei welchem die seitlichen Sprosse des unteren Stengelteils sich normalerweise nicht entwickeln. Aber „beim Stengel, welcher sich im gebogenen Zustand entwickelt hat, entwickeln sich die seitlichen Sprosse des unteren Teiles weiter, aber nur auf dem hervorgewölbten oberen Teil".

Ganz dasselbe geschieht im Falle einer Verbiegung der Wurzeln: „Die seitlichen Wurzeln, ebenso wie die Wurzelknospen bilden sich auf den gebogenen Wurzeln vorzugsweise und ausschließlich auf der gewölbten Seite" (NOLL, 1900).

Unsere Birne hat also eine normale Reaktion auf den Gewebszustand der konvexen Seite des Stammes gegeben. Hier bildete sich die Hauptmasse der Seitensprosse. Die beschriebene umgekehrte Anordnung dieser Sprosse ist eine biologisch anormale Erscheinung, die speziell durch ungünstige Winde, welche an der konvexen, geschädigten Seite auftreten, hervorgerufen wurde. Deshalb ist das Auftreten von Seitensprossen an der konkaven Seite natürlich. Wenn wir ununterbrochen die auftretenden Sprosse unseres *Pirus* abgehauen hätten, so wäre wahrscheinlich der Nahrungsstrom auch durch die Knospen der konkaven Seite ausgenutzt worden, und diese Knospen hätten sich zu Zweigen entwickelt. Aber unter den Wachstumsbedingungen, unter welchen der Baum lebte, hat der Wind nur eine Verbiegung des Stammes bewirkt, ohne schädlichen Einfluß auf die jungen Sprosse auszuüben. So haben sie sich also hier an der Biegungsstelle an der für sie natürlichen Seite gebildet.

Die verstärkte Ernährung der Zweige an der konvexen Seite kann zum Teil auch durch die Experimente von KRAUSE (1881) gedeutet werden. Er hat gezeigt, daß in den Gewebszellen an der konkaven Seite sich die Zuckermenge erhöht, was sich in höherer Konzentration des Preßsaftes äußert. SORAUER (1924, S. 496) ist der Meinung, daß der überflüssige Zucker der konvexen Seite für die Verdickung der Zellmembranen (Zellulose) verwendet wird und schließt, daß deshalb die konvexe Seite

138 Überleitung zu den chirurgischen Einwirkungen (Windwirkung).

ihr Wachstum schneller abschließt als die konkave Zweigseite, die dem Wind nicht zugekehrt ist. Damit würde auch die Fixierung der Biegung gegeben sein. Wir halten es für sehr wahrscheinlich, daß ein Teil der Saccharide einer verstärkten Ernährung der Zweige (und der Zweigknospen) der konvexen Seite zugute kommt. Wenn man noch hinzufügt, daß diese Seite unter eventuell günstigeren Licht- und Wärmebedingungen steht (die Strahlen, welche sie treffen, nähern sich der senkrechten Einfallsrichtung), so kann man in dem Gesagten eine gewisse physiologische Begründung der vorzugsweisen Entwicklung von Zweigen

Abb. 46. Windwirkung auf eine *Juniperus*-Art (,,Arga'') (s. Text).

an der konvexen Seite sehen. Allerdings unter der Voraussetzung, daß gegenteilige Einwirkungen nicht dominieren. Im letzten Falle ist nicht nur eine Erstickung dieser Zweige möglich, sondern sogar eine Vernichtung der Rinde an der konvexen Stengelseite, was sehr oft in höheren Gebirgslagen unter der ,,schleifenden'' Windwirkung beobachtet wird (J. BRAUNS, 1916).

Abb. 46 zeigt ein Beispiel für weitgehende Veränderung des Baumwuchses unter der Wirkung des Windes.

Dieser *Juniperus* oder nach der hiesigen Benennung ,,Arga'', wächst auf einem Bergrücken in der Höhe von 2500 m in Mittelasien auf der Bergkette ,,Talasski Alatau''. Der Baumstamm hat sich ganz der Erde zugeneigt, und zwar mit der Spitze in der Richtung auf die fernen Berge. Der offene Teil seiner Krone ist ganz gesund, während der der Erde zugekehrte sich nicht weiter entwickelt. (Vgl. URSPRUNG, 1906.)

Damit wollen wir die Frage der natürlichen mechanischen Einwirkung verlassen, wobei wir darauf hinweisen, daß im letzten Paragraphen (stellenweise auch in anderen) eine Reihe von Einwirkungen (Hagel, Wind usw.) schon nicht zu den Einwirkungen zu rechnen sind, welche unmittelbar mit der Entwicklung der Pflanze zusammenhängen. Vielmehr stellen sie sozusagen Übergangsformen zu chirurgischen Eingriffen dar.

Zweiter Teil.
Künstliche (chirurgische) Einwirkungen.
I. Spezielle Vorbemerkungen.

Es wurde schon darauf hingewiesen, daß allgemein chirurgische Fragen in ihrer Anwendung auf das Pflanzenreich längst noch nicht in ihrer Gesamtheit hinreichend bearbeitet sind. Es bestehen sogar noch viele Streitpunkte und Unstimmigkeiten bezüglich der experimentellen Resultate selbst.

Von den feineren wissenschaftlichen Experimenten abgesehen, begegnen wir schon in der Praxis dauernd unverständlichen Erscheinungen. Weshalb entwickelt sich z. B. *Prunus cerasus* gut auf *Prunus avium* als Unterlage, während diese sich keineswegs oder jedenfalls sehr schlecht auf *Prunus cerasus* pfropfen läßt. Weshalb lassen sich z. B. einige Sorten der Art *Pirus communis* (wie z. B. „*Pastyrskaja*", „*Curé*", „*Ferdinand*" oder „*Quittenbirne*") ausgezeichnet auf *Cydonia vulgaris* pfropfen, während andere („*Tschernaja alagirskaja*", „*Napoleon*" usw.) sich auf dieselbe Quittensorte nicht pfropfen lassen? Unerklärt bleibt auch, weshalb sich grünstämmige Formen der Gattung *Cereus* (z. B. *Cereus grandiflorus, Cereus speciosissimus* u. a.) besser als Unterlagen verwenden lassen (z. B. für *Echinocactus, Epiphyllum* usw.) als Arten derselben Gattung mit Stämmen bläulicher Schattierung (z. B. *Cereus acereus, Cereus Seidelii, Cereus cyaneus* u. a.). Derartige ungelöste Fragen gibt es sehr viele. Sehr viel Unklarheiten und sehr viel Strittiges bietet auch noch die Frage der Wechselwirkungen zwischen Unterlage und Reis bei solchen Pfropfungen, welche gelingen.

Diese Unstimmigkeiten sind durch den Mangel an genauen wissenschaftlichen Arbeiten auf diesem Gebiet bedingt. Was bis zur allerletzten Zeit hier gearbeitet worden ist, ist noch weit entfernt von der Lösung dieser Fragen, so daß bis zur restlosen befriedigenden Antwort noch sehr viel zu arbeiten bleibt.

In erster Linie muß man sich mit den allgemeinen Prinzipien bekanntmachen, welche einer chirurgischen Beeinflussung einer Pflanze zugrunde liegen.

Sogar eine scheinbar so einfache Frage, wie die der Bewurzelung von Stecklingen, erweist sich als gänzlich unzureichend bearbeitet. Es gibt z. B. keine allgemeine Antwort, ob man durch experimentelle Einwirkung normalerweise sich nicht bewurzelnde Stecklinge zur Bewurzelung zwingen kann[1]. Es ist unbekannt, weshalb in einem Fall sich die Wurzel aus dem unteren Kallus des Stecklings entwickelt, im andern nicht. Mangelhaft ist auch die Bedeutung des Ortes der Entnahme

---
[1] Wenngleich in der Arbeit HAGEMANNs eine ausgedehnte spezielle Untersuchung vorliegt (O. M.).

des Stecklings von der ursprünglichen Pflanze für die Bewurzelung oder für die Verwachsung in einer Pfropfung untersucht usw.

Jeder Einschnitt, jede Druckwirkung beeinflußt die lebendigen Zellen der Pflanzen. Von ihrer Reaktion hängt es in erster Linie ab, was weiterhin erfolgt, ob es dabei zu einer Abheilung der Wunde, zur Verwachsung bei Pfropfungen oder zu traumatotropischen Erscheinungen kommt. Bei der Verwachsung an der Berührungsstelle von Unterlage und Reis berühren sich zunächst die Zellen. Und nur von ihren gegenseitigen Beziehungen und Reaktionen hängt unmittelbar der Erfolg oder Mißerfolg einer Pfropfung ab. Der Zustand des ganzen Pflanzenkörpers, alle inneren Bedingungen, können in irgendeiner Weise auf die einander berührenden Zellen von Reis und Unterlage einwirken. Aber die ausführende Rolle spielen nur diese unmittelbar sich berührenden Zellen und Gewebe.

Selbstverständlich wird in gewissem Grade eine bestimmte Reaktion die Folge einer bestimmten Beeinflussung sein. Deshalb müssen wir bei der Untersuchung der Zellreaktion auf mechanische Einwirkungen hin den Charakter dieser Einwirkungen wie auch den Zustand der zu operierenden Elemente der ganzen Pflanze oder des Organs näher bezeichnen.

Zum Beweis dafür, daß der Zustand der unmittelbaren Verwachsungsstelle von Bedeutung ist, kann man die sog. doppelte oder Zwischenpfropfung anführen. So läßt sich die Birne *Williams Christ* schlecht auf *Cydonia* pfropfen, während die Birne *Doyenne du comice* sich ausgezeichnet auf diese Unterlage pfropfen läßt. Man geht dann auf folgende Weise vor: Zunächst wird *Doyenne* auf *Cydonia* gepfropft. Nach der Verwachsung wird das Reis so abgeschnitten, daß ein Stückchen von 5 cm Länge zurückbleibt. Und auf diesen Stumpf wird *Williams Christ* okuliert, so daß die zweite Pfropfung von der ersten einen Abstand von $1^1/_2$—2 cm hat. *Williams Christ* läßt sich auf *Doyenne* gut pfropfen. Von dieser blieb aber nur ein ganz kleines Stückchen erhalten, welches weder eigene Wurzeln noch Knospen hat. Für den Pfropferfolg ist hier also nicht die ganze Pflanze, sondern sind lediglich die streng lokalen Bedingungen der Pfropfstelle maßgebend.

Eine andere Frage ist es aber, ob, wie KABUS (1912) meint, der Verwachsungserfolg bei oberirdischen Sprossen vom Vorhandensein eines Vegetationspunktes am Reis abhängt. Bei der Pfropfung von Knollen, Früchten oder Geweben ist diese Bedingung nicht unbedingt notwendig.

Selbstverständlich ist die chemische Zusammensetzung jeder einzelnen Zelle einer ganzen Pflanze durch die Gesamtheit der Pflanze und ihre Lebensvorgänge bedingt. Aber, wenn wir einen Teil abgetrennt haben, so wird von diesem Moment ab sein weiterer Zustand und sein Verhalten nur von ihm selbst abhängen, weshalb die Untersuchungen sich auf streng lokal begrenzte Bezirke zu erstrecken haben. Das Reis *Williams Christ* bestand auch nur aus einem Auge. Von seiten des

Reises hat also auch nicht die ganze Pflanze den Einfluß ausgeübt, sondern die Knospe eines rein lokalen Pfropfbezirks. Es ist klar, daß die Hauptunterlage, d. h. die Quitte, keine günstige Einwirkung auf den Pfropferfolg von *Williams Christ* und *Doyenne* ausüben konnte, da *Williams Christ* mit *Cydonia* schlecht verwächst. Die Unterlage stört aber diese Pfropfung nicht, so daß also das Wurzelsystem der *Cydonia* den Verwachsungserfolg zwischen *Williams Christ* und *Doyenne du comice* nicht beeinflußt.

Es ist aber klar, daß eine Verletzung der Wurzel der Unterlage während der Verwachsungsperiode den Pfropfungserfolg beeinflussen muß, da so die Zuleitung des Wassers abgeschwächt wird. Das Vorhandensein oder Fehlen beblätterter Achsen an der Unterlage zur Zeit der Verwachsung wirkt sich ebenfalls auf den Pfropferfolg aus, da für ihn auch organische Stoffe, welche das Reis mit seinen unentfalteten Blättern zunächst nicht produzieren kann, notwendig sind. Wenn aber im Sproß der Unterlage ein genügender Vorrat an organischen Stoffen vorhanden ist, so gelingt die Pfropfung auch ohne Belassung der Unterlage auf ihren Wurzeln ausgezeichnet.

Früher wurde schon gesagt, daß *Monokotylen* sich schlecht pfropfen lassen, aber niemand hat gezeigt, welche Ursache dieser Erscheinung zugrunde liegt. Noch weniger finden sich Hinweise darauf, daß der Mißerfolg der Monokotylenpfropfung mit irgendeiner zwischen den gepfropften Pflanzen wirksamen ,,Abstoßung" etwas zu tun hat. Man muß noch daran denken, daß die ganze geringere Regenerationsfähigkeit der Monokotylensprosse die Ursache der schlechten Pfropfbarkeit sein kann. Wenn aber die Pfropfung ausgeführt wird, ehe die Sproßausgestaltung endgültig geworden ist, also in sehr jungem Zustand, so wird ein Erfolg wahrscheinlicher sein, da der Verwachsung weniger Widerstände entgegenstehen werden. Wie wir weiter unten sehen werden, gelingen Pfropfungen von Längshälften der Zwiebeln von *Hyacinthus* ausgezeichnet. Auch sind einige Erfolge bei Pfropfung anderer Monokotylen erzielt worden.

Eine nicht geringere Bedeutung hat auch die Untersuchung der Verwundungsstelle für das Verständnis des Wundheilungsprozesses, da auch in diesem Falle diejenigen Zellen, welche der Schnitt- oder der Bruchstelle am nächsten liegen, die eigentlich ausführenden Organe sind. Dies ist der Grund, weshalb wir das Kapitel über die chirurgischen Einwirkungen gerade mit diesem Fragenkomplex beginnen.

II. Über die Reaktionen von Zellen und Geweben auf die Verwundung.

1. Vorbemerkungen.

Jede Reaktion der Pflanze auf eine Verwundung hängt von zwei Faktoren ab:

1. von den gegenüber der Norm neuartigen chemischen, physikalischen und physikochemischen Prozessen des unmittelbaren Verwundungsgebietes (s. a. SCHÜRHOFF 1906, ber. mechanischer Verhältnisse) und
2. von der durch die Verwundung entstandenen Störung der korrelativen Beziehungen der Pflanzenteile untereinander. Wir möchten darauf aufmerksam machen, daß die Störung der korrelativen Beziehungen nicht mit den abweichenden physikalischen, chemischen und physikochemischen Prozessen, die im Verwundungsgebiet ablaufen, im Zusammenhang zu stehen braucht, sondern, daß diese Störung auch durch die Veränderung der allgemeinen Beziehungen in der Entwicklung der Pflanze hervorgerufen werden kann. So hängt die Ausbildung von Achseltrieben aus der Achsel der unteren Blätter bei der Abnahme der Sproßspitze nicht von der Verwundung als solcher, sondern von den veränderten Bedingungen in der Verteilung der normalen Nährstoffe in der Pflanze usw. ab (vgl. L. BLARINGHEM, 1907)[1].

Je nachdem, welche von den genannten Faktorengruppen die Charakteristik des uns interessierenden Momentes der Reaktion beherrscht, teilen wir die Wundreaktionen ein in:
1. eigentliche Wundreaktionen und
2. abgeleitete Wundreaktionen.

Die eigentlichen Wundreaktionen können ihrerseits entweder einen streng lokalen Charakter haben, indem sie nur die Wundfläche umfassen, oder auch in weiterer Entfernung von der Wundoberfläche ablaufen. Wir werden die erste Art als begrenzte und die zweite als unbegrenzte eigentliche Wundreaktionen bezeichnen. Streng gesagt, begegnet man absolut begrenzten Reaktionen, d. h. den Reaktionen, die nur durch eine Zellschicht, welche unmittelbar die Wundoberfläche bedeckt, gegeben werden, in seltenen Ausnahmen. Gewöhnlich nehmen an der Reaktion irgendwie eine oder mehrere der nachfolgenden Zellschichten teil.

Andererseits begegnet man reinen unbegrenzten eigentlichen Wundreaktionen auch kaum. Sie werden in der Regel von irgendwelchen begrenzten Reaktionen begleitet sein. Z. B. entsteht beim Durchdringen der Wundstoffe durch die Schnittoberfläche in die Tiefe, wo sie dann Reaktionen auslösen, das Bild einer unbegrenzten Reaktion. Gleich-

---

[1] [S. KRÄMER, (1932) berichtet über Experimente, die erkennen lassen, daß auch die Korrelationsstörungen sich verschieden auswirken, je nachdem, ob sie durch Resektion oder durch Eingipsen von Organen bewirkt werden. Im ersten Fall ergaben sich Kompensationen, im zweiten Falle nicht. E. BEIN findet Beziehungen zwischen der Wachstumsleistung (eventuell Transpirationsleistung des Blattes) und der Stiellänge. Eingipsen und Resektion wirken fast gleich. Dementsprechend wird man kaum von „Wundreizen" als wirksamem Prinzip sprechen können. J. HELM (1932) bespricht den vielfältigen Komplex von Faktoren, der die Veränderungen in der Sproßgewebedifferenzierung nach Entfernen junger Blattanlagen beeinflußt, ausführlich (dort weitere Literatur) (M.).]

zeitig verkorken aber etwa nur die Hüllen der obersten Zellschicht, so daß also die Verkorkung eine begrenzte Wundreaktion ist. Deshalb ist es im allgemeinen besser, die begrenzten und unbegrenzten Wundreaktionen als gleichzeitig existierende Formen der eigentlichen Wundreaktionen aufzufassen. Aber praktisch ist es bequemer, je nachdem, welche von diesen Reaktionen bei einer bestimmten Verwundung vorherrschend ist, die Einteilung vorzunehmen.

Zunächst möchten wir die Voraussetzungen für die eigentlichen Wundreaktionen und die Reaktionen selbst betrachten. Dann werden wir zu den abgeleiteten Wundreaktionen übergehen.

2. Über die Frage des Wundreizes.

Wir haben schon mehrmals die Frage der Wundreize, d. h. eigentlich der Wundstoffe berührt. Sie wurden aber bis jetzt nur vom Standpunkt der Beziehungen dieser Stoffe zu den Wachstumsreaktionen ganz allgemein betrachtet. Im folgenden werden wir kurz die sehr wichtige Frage nach dem Einfluß der genannten Stoffe auf die Zellteilungen behandeln.

Bei hinreichend starker Verletzung der Zelle tritt ihr Tod infolge einer brüsken Störung der gesamten Organisation von Plasma und Kern ein. Der Tod kann aber auch bei verhältnismäßig schwacher mechanischer Einwirkung eintreten. Nach den Arbeiten LEPESCHKINs (1926 und 1927b) und E. BÜNNINGs (1927) hat man sich den Tod der Zelle so vorzustellen, daß bei bestimmten mechanischen oder chemischen Einwirkungen eine irreversible Koagulation der dispersen Phase der Plasmakolloide eintritt. Aber sogar vorübergehende Koagulation kann rein mechanisch auf den plasmatischen Grundstoff (Dispersionsmilieu), welcher nach LEPESCHKIN aus einer labilen Verbindung von Eiweißstoffen und Lipoiden besteht, einwirken[1]. Die gemeinsame Wirkung des mechanischen Faktors und der schädlichen Stoffe, welche in die Zelle eingeführt wurden oder sich in ihr bilden (E. BÜNNING, 1927), ruft dann Zersetzung und Zerstörung des Dispersionsmilieus und endlich den Tod hervor.

Aber manchmal ist sogar eine recht bedeutende, mechanische Störung der Zelle für sie nicht tödlich. Viele Autoren haben hierauf schon hingewiesen. ALBACH (1928, S. 426) beschreibt eine reversible Veränderung in mechanisch isolierten Zellen. Dabei erwies sich anscheinend das Anfangsstadium der traumatischen Koagulation später als wiederhergestellt. Überzeugender sind aber die mikrochirurgischen Experimente von WADA (1930). Er hat nachgewiesen, daß die Zellen der Staubfadenhaare von *Tradescantia virginica* sogar nach Anstich von Plasma und

---

[1] [Vgl. auch die neueren Arbeiten von LEPESCHKIN, 1928 und 1932 (Ber. d. Bot. Ges.) (M.).]

Kern mit der Mikromanipulatornadel genesen können. Es zeigt sich dabei, daß die Widerstandsfähigkeit und die Reaktion auf die Verwundung bei Kern und Plasma verschieden ist. Durchweg geht die Genesung des Kerns leichter vonstatten („Reversible Gel-Sol-Umwandlung"), aber (S. 409) „Beim Wiederherstellen der Kerne geht die Heilung des Zytoplasmas immer früher vor sich, indem die Plasmaströmungen zuerst im Wandbelag anfangen sich merklich um den Kern zu sammeln und sich dann zu Plasmasträngen entwickeln".

Dieses ist aber nur bei leichter Verletzung des Plasmas der Fall. Außerdem wurde beobachtet, daß die Verletzung des Protoplasmas allein auch Veränderungen im unberührten Kern hervorrief. Dies wird nicht nur durch physiologische, sondern auch durch chemische Wirkung der Produkte des verletzten Plasmas erklärt. Auch das umgekehrte Bild, d. h. daß ein schwer verletzter und veränderter Kern die Koagulation des schwach verletzten Plasmas verstärkt, wird beobachtet.

SMALL (1929, S. 270) durchstach auch mit Hilfe des Mikromunipulators die Zellen der Kartoffelknolle von zwei Seiten und hat gezeigt, daß im herausfließenden Zellsaft das p_H erniedrigt war, während das Protoplasma, welches im Gewebe zurückbleibt, in dieser Hinsicht unverändert bleibt. Also kann man annehmen, daß in den Experimenten WADAs die physikalisch-chemischen Veränderungen des Protoplasmas und nicht eine direkte Veränderung seines p_H eine Rolle spielte. Allerdings bekam SMALL andere Resultate als SCHAEDE (1924) beim Arbeiten mit der Epidermis der Zwiebelschale.

Die Wiederholung der SCHAEDEschen Experimente durch andere Forscher hat bis jetzt noch nicht zu denselben Resultaten geführt (s. SMALL, S. 303). SCHAEDE behauptet, daß verletztes Protoplasma saurer wird (Rötung von Methylrot).

Bezüglich der Tatsache, daß der Zellsaft saurer als Zytoplasma ist, sehen wir die Resultate von SCHAEDE und SMALL in Übereinstimmung. SMALL kommt zum Schluß, daß bei den Zellen der Kartoffelknolle das p_H der Membranen etwa 5,9, des Zytoplasmas 5,9 und des Zellsaftes 5,2—4,8 ist. SMALL macht keine Angaben über den Kern, während SCHAEDE bei Vitalfärbung, die nicht merklich schadet, fand, daß der Kern und das Zytoplasma nicht gleichmäßig auf Methylrot reagieren. Der Zellsaft wurde, wie gesagt, rot, zeigte also höheren Säuregrad.

Dabei muß man berücksichtigen, daß nicht nur die Zellen verschiedener Pflanzenarten, sondern auch die Zellen verschiedener Gewebe eines Individuums und auch gleichartige Zellen, jedoch verschiedenen Alters oder in verschiedenen Vitalzuständen und unter verschiedenen äußeren Bedingungen auf traumatische Verletzung sehr verschieden reagieren können. Die Arbeit von FEHSE (1927) veranlaßt zu der Annahme, daß bei einer Verwundung auch elektrische Erscheinungen in der Pflanze berücksichtigt werden müssen. Diese Frage wird weiterhin noch durch die Arbeiten von BRAUNER (1927), CHOLODNY (1927) u. a. berührt.

Ferner ist aber zu berücksichtigen, daß im Falle einer mechanischen Zerstörung der Zelle ihr Inhalt ausfließt und in seinen einzelnen Bestandteilen (Plasma, Zellsaft, Organoide der Zelle) chemische Umwandlungen erfährt, in deren Gefolge chemische Verbindungen, die vorher im lebenden Protoplasten nicht existierten, auftreten können.

Es ist bekannt (RICHARDS, 1896, ZALESKY, 1902, PALLADIN, 1916, u. a.), daß die Verwundung nicht nur die Atmungsprozesse in den unverletzten Nachbarzellen stark beeinflußt, sondern auch die ihrem Wesen nach der Atmung nahestehenden Vorgänge, welche in den durch den Schnitt zerstörten Protoplasten stattfinden. Im allgemeinen muß man die zerstörten Protoplasten und also die gesamte Flüssigkeitsschicht auf der Oberfläche des Schnittes als eine autolysierende Masse betrachten. Bekanntlich wird an in Autolyse begriffenen Ansätzen die Wirkung der Zellenzyme unabhängig von dem strukturell definierten System des Plasmas untersucht. Man wird auf diesem Wege z. B. das Wesen und Verhalten der Atmungspigmente kennenlernen können. [Allgemeine Angaben s. IWANOWSKI „Pflanzenphysiologie" (S. 440—449), 1917—1919 und KOSTYTSCHEW, Chemische Physiologie, 1926. Die Einzelheiten können in der dort angeführten Literatur und bei OPARIN (1922, 1927) gefunden werden.] Beim Studium der Reaktionen der Zellen und Gewebe auf die Verwundung muß man also die durch den Schnitt zerstörten Protoplasten mit ihrem gesamten Inhalt berücksichtigen. Die Prozesse, welche in dieser Masse stattfinden, müssen vom Augenblicke der Verwundung an studiert werden, denn es ist von größter Wichtigkeit, die Wirkung dieser Schicht und der Prozesse, die in ihr ablaufen, auf die dem Schnitt zunächst gelegenen, unversehrten Zellen zu kennen. Natürlich kann der Inhalt der zerstörten Protoplasten ebensogut auch durch Vermittlung der Interzellularen und des Leitgewebes zu ferner gelegenen Zellen gelangen und dort zur Wirkung kommen. Diese Erscheinung haben wir verschiedentlich an Präparaten beobachtet, wo die Färbung zeigte, daß die Substanzen, welche sich auf der Schnittfläche befinden, stellenweise auch in die Tiefe des Gewebes eindringen und gerade in den Interzellularen sichtbar werden.

Man wird auch zu untersuchen haben, wie sich die zerstörten Protoplasten, welche die Schnittoberfläche der beiden Komponenten einer Pfropfung bedecken, gegenseitig beeinflussen. Das wird besondere Bedeutung erlangen bei der Pfropfung verschiedener Arten und Gattungen aufeinander. Trotz ihrer Wichtigkeit ist mit diesen Forschungen noch kaum begonnen worden. Man wird vermutlich mit dem Studium in Autolyse begriffener, in üblicher Weise gewonnener Preßsäfte zweier uns interessierender Arten den Anfang machen müssen.

Da die Operationsresultate in ihrer Gesamtheit von der weiteren Tätigkeit und dem Zustand der lebenden Zellen, die der Schnittoberfläche anliegen oder ihr mehr oder weniger benachbart sind, abhängen, so berühren wir von allen chemischen Fragen, welche hier angeschnitten werden könnten, nur die, welche unmittelbar mit dem Problem der Wirkung von Substanzen aus den zerstörten Zellen auf die in geringem Abstand befindlichen lebendigen zu tun haben.

Der Gedanke, daß eine solche Beeinflussung möglich sei, ist schon mehrfach ausgesprochen worden und ist experimentell begründet. Bei Untersuchung der Chloroplastenbewegung in den der Wundoberfläche benachbarten Zellen und den darauffolgenden Schichten hat FRANK als erster (1880, S. 220 und 237) diese Reaktion als Resultat der Wirkungen „von unbekannten Reizen, welche durch die Verwundung bedingt sind", bezeichnet.

Bald danach hat KRABBE (1887, S. 419) bei Untersuchung der Abkapselung von Protoplasmateilen in Bastfasern von *Linum usitatissimum* die Meinung geäußert, daß das tote Plasma eine chemische Wirkung auf die Membranen des anliegenden lebenden Plasmas ausübt. Auch hier handelt es sich nur um eine chemische oder physikalische Veränderung der Membranen als solcher. BILLROTH (1890) nahm an, daß Stoffe aus den zerstörten Zellen resorbiert werden können und dabei „auf die übrigen gesunden Gewebe sozusagen als formativer Reiz wirken". Im Jahr 1891 äußerte FIGDOR (1891, S. 185—186) die Ansicht, daß eine Resorption der Reste zerstörter Zellen durch unversehrte Zellen stattfindet und in diesen Wachstum und Teilung hervorrufe. Diese Anschauung gründet sich auf Beobachtungen bei der Pfropfung von *Kartoffel*-Knollen. Im Jahre 1892a sprach WIESNER die Meinung aus, daß Substanzen aus den verwundeten Zellen die Teilungsvorgänge in den gesunden beeinflussen. KRIEG (1908) erklärte Neubildungen im Mark eines geringelten Weidenzweiges durch den Einfluß von bis zum Mark vorgedrungenen Produkten der bei der Operation verletzten äußeren Rindenzellen. Im selben Jahre wies NABOKICH (1908) die stimulierende Wirkung von Pflanzenpreßsaft auf das Wachstum nach. Derselbe Autor verneinte aber bei der Besprechung der Ansichten von BILLROTH, FIGDOR und KABUS die Resorption und stimulierende Wirkung der Zellreste. LAMPRECHT (1918 und 1925) nähert sich den verallgemeinernden Schlüssen HABERLANDTs (1913—1930). In seiner ersten Arbeit aber zeigt er nur die Bedeutung des Leptoms als Quelle der Zellteilungsstimulatoren in isolierten Blattstücken.

Im Jahre 1921 hat CHAMBERLAIN seine Untersuchung über die Jahresringe bei *Aloe ferox* publiziert. Für uns sind die einzelnen Bündel des sekundären Verdickungsringes wichtig. Die Bündel sind leptozentrisch, das Phloem wird von dickwandigen Xylemelementen umringt. Rund um die Bündel herum befinden sich zarte dünnwandige

Parenchymzellen (in diesem Falle sekundäre, weil sie aus dem Kambium stammen). Einige Zellen dieses Parenchyms, welches im allgemeinen inaktiv ist, teilen sich und bilden so flache Zellen, die ihrerseits nach der Teilung an das Kambium erinnern, welches das Bündel umgibt. Wenn dieses Kambium, sagt CHAMBERLAIN, weiter aktiv gewesen wäre, „so hätte man die Zone von Xylem oder Phloem, welches das Primärbündel umringt, erraten können. Aber die Entwicklung hört bald nach dem auf Fig. 5 genannten Stadium auf, bevor die Verholzung festgestellt werden kann."

Besonders interessant ist es, daß die primäre Tätigkeit dieses „Kambiums" mit der natürlichen Zerstörung des Phloems in Zusammenhang steht, was auf Fig. 5 des Verfassers sehr gut zu sehen ist. Der Autor sagt darüber folgendes:

„Ein anderes Charakteristikum dieser Bündel ist dies, daß mit der Zerstörung des Phloems eine starke meristematische Tätigkeit in den das Xylem umgebenden Zellen einsetzt." (S. 299.)

Aber CHAMBERLAIN hat keinen direkten Schluß auf die Stimulation von Teilungen durch den Zerfall des Phloems gezogen. Man könnte noch einige andere Autoren, welche diese Frage berührt haben, anführen, aber erst HABERLANDT (s. die Arbeiten von 1913—1930) führte nähere experimentelle Untersuchungen aus. Er arbeitete mit *Kartoffel*-Knollen und den Stengelknollen von *Brassica oleracea gongylodes caulorapa*. Aus dem Mark des *Kohlrabi* wurde eine Querscheibe von 1—2 cm Dicke herausgeschnitten[1], dann teilte man die erhaltene Scheibe in drei Sektoren, von denen einer 5—20 Minuten mit einem starken Wasserstrahl gewaschen wurde. Das zweite Stück wurde nicht abgewaschen, sondern kam in ein Deckelglas mit einem Stück feuchten Filtrierpapiers. Der dritte Teil wurde mit Wasser gespült wie der erste und dann mit einer dünnen Schicht von Brei aus dem Mark der Kohlrabiknolle bedeckt. Dann wurden das erste und das dritte Stück in dasselbe Glas wie das zweite gelegt[2]. Schon nach 2 Wochen konnte man unter dem Mikroskop an der Oberfläche der drei Sektoren folgendes beobachten: Die erste Platte (nur mit Wasser gewaschen) blieb im früheren Zustand, die zweite bildete auf der Oberfläche eine dünne Schicht von Korkgewebe, ebenso verhielt sich die dritte Schicht (gewaschen und mit einer Breischicht bedeckt).

Das erste Stück gab also keine Neubildung, d. h. Zellteilung fand nicht statt, weil nach HABERLANDTs Meinung die Stoffe aus den durch den Schnitt verletzten Zellen mit dem Wasser ausgewaschen wurden und also auch nicht in die benachbarten gesunden Zellen gelangen

---

[1] Oder es wurden 3 Scheiben herausgeschnitten, statt einer, die dann weiter zerschnitten wurde.

[2] Das Glas wurde im Laboratorium am Nordfenster und in einem anderen Fall im Dunkelschrank aufgestellt. Dieses beweist, daß das Licht keinen weiteren Faktor darstellt.

konnten. Das zweite Stück zeigte Zellteilung, d. h. die Stoffe aus den verletzten Zellen wirkten auf die benachbarten gesunden Zellen ein und regten sie zur Teilung an. Das dritte Stück endlich wurde zwar auch erst abgewaschen, bekam aber von neuem den Inhalt der verletzten Zellen der Breischicht. Dies Experiment zwang HABERLANDT, das Vorhandensein irgendwelcher chemischer Wundreize, Hormone, anzunehmen, die aus den zerstörten Zellen herausfließen und die Teilung in den gesunden anregen. Dieselben Versuche machte man mit Kartoffelknollen und den Blättern von Sukkulenten *(Crassulaceen: Sempervivum montanum, Escheveria secunda, Crassula lactea, Bryophyllum crenatum, Sedum spectabile)*. Ein von der Pflanze abgetrenntes Blatt wurde parallel zur Oberfläche geschnitten. Ein anderes Blatt derselben Pflanze wurde vorsichtig in der gleichen Richtung zerrissen, derart, daß man einen kleinen Einschnitt am Blattende machte, und das Blatt durch vorsichtiges Zerreißen in zwei Platten zerlegte. Es zeigte sich, daß in den Geweben des Blattes (außer der Epidermis) keine Verletzung der Zellen stattfindet, sondern die Zellen sich ohne Zerstörung der Zellwände trennen. In diesem Falle ist also keine Wirkung der Wundhormone zu erwarten. Die zerschnittenen und zerlegten Blatthälften bewahrte man weiter ebenso auf wie die *Kohlrabi*-Stückchen. Es ergibt sich folgendes Resultat: Auf der Wundfläche des durchschnittenen Blattes tritt Zellteilung ein, während sie an den Wunden der ohne Schnitt getrennten Blatthälften ausbleibt. Dieser Tatbestand läßt sich durch Annahme von Wundhormonen, die im ersten Falle infolge der Zellzerstörung frei wurden und zur Wirkung kamen, während sie im zweiten Falle bei Abwesenheit von Zellverletzung nicht zur Wirkung kamen, erklären. Weiter verletzte HABERLANDT die Härchen und Epidermis der Organe mehrerer Pflanzen *(Pelargonium zonale, Coleus rehneltianus, C. hybridus, Saintpaulia ionantha)* durch verschiedene mechanische Operationen. Dabei wurden Wachstum und Teilung nicht nur in den unmittelbar anliegenden, gesunden, sondern sogar in etwas entfernteren Zellen beobachtet. Besonders interessant sind die Vorgänge, welche sich bei Verwundung der Schließzellen von *Pelargonium zonale* abspielen.

1. Beide oder eine Schließzelle gingen ein infolge der Verletzung. Dann begannen die ihnen benachbarten Epidermiszellen in der Richtung der Schließzellen auszuwachsen und zerdrückten diese. Weiterhin teilten sich diese Nachbarzellen so, daß sich ihre Tochterzellen im allgemeinen parallel zur äußeren Grenze des Ostiums anordnen.

2. In seltenen Fällen teilten sich die Schließzellen selber durch eine Querwand, wobei sich auch die ihnen benachbarten Epidermiszellen wie üblich weiter teilten, nur ohne auszuwachsen.

3. In einer Reihe von Fällen blieben die Schließzellen am Leben. Sie teilten sich nicht, sondern Wachstumsvorgänge und vermehrte Färbbarkeit von Kern und Protoplasma waren die einzigen Reaktionen

Aber auch hier verhielten sich die Nachbarzellen wie im zweiten Falle. HABERLANDT nimmt an, daß von den innerlich verletzten, aber am Leben gebliebenen Schließzellen Wundhormone in die Nachbarzellen hinein diffundieren und sie zur Teilung der benachbarten Zellen anregen (vgl. BÜNNING, 1927, und S. 185 dieser Arbeit). Die Tatsache, daß die Schließzellen selber sich vielfach nicht teilen (vgl. ähnliche Fälle bei den Experimenten mit Haarzellen), spricht dafür, daß Epidermiszellen viel empfindlicher gegen die Teilungshormone sind als die Schließzellen, in denen sie sich bilden[1]. Zum Schluß stellt HABERLANDT seine diesbezüglichen Ergebnisse wie folgt zusammen:

„Es genügt die lokale Verletzung einzelner Zellen, die nicht bis zum Absterben führt, um in ihnen typische Kern- und Zellteilungen auszulösen. Da diese Teilungen genau so verlaufen wie in der Nachbarschaft getöteter Zellen, und da in diesem Falle auf Grund der Versuche mit Knollen und Blättern die Wirksamkeit von Wundhormonen angenommen werden muß, so ist daraus der zwingende Analogieschluß zu ziehen, daß auch in geschädigten, aber am Leben bleibenden Zellen Wundhormone entstehen, welche die Zellteilungen auslösen." (HABERLANDT, 1921, S. 40.)

Man muß hinzufügen, daß nach unseren Beobachtungen lokale Schädigungen oder sogar Nekrose des Plasmas einzelner Zellen (vgl. KÜSTER, 1929, S. 93) an der Wundoberfläche vorkommen, wodurch innere Herde von Wundreizen geschaffen werden. Diese Reize können die Teilung und Genesung (s. S. 183, 262 und vgl. NĚMEC, 1910, S. 241) sowohl bei der verletzten Zelle als auch bei ihren Nachbarzellen anregen. Auf diese Weise erklären wir uns die manchmal vorkommenden Bilder, daß einzelne Zellen der Wundoberfläche sich in ganz anderer Richtung als die übrigen, also nicht parallel zur Schnittfläche, teilen. Damit erklären wir auch die manchmal sowohl in der Nähe einer Schnittfläche als auch in der natürlichen Ontogenese der Gewebe anzutreffenden meristematischen Knäuel, die aus einer oder mehreren Schichten von meristematischen Zellen bestehen, die kugelartig um eine sich nicht teilende ältere Zelle gelagert sind.

Noch ein Experiment dürfte von Interesse sein. HABERLANDT (1921b) rief bei *Oenothera Lamarckiana* den Beginn der Embryonalentwicklung ohne Befruchtungsprozeß hervor[2]. Er nimmt an, daß bei der natürlichen Befruchtung eine Verletzung der Eizelle stattfindet, wie ja auch Fälle vorkommen, wo die Produkte aus anderen zerstörten Zellen in die Eizelle eindringen. Schon im ersten Falle kann es zur Bildung von Wundhormonen kommen, welche dann Embryonalentwicklung auslösen. Ein gutes Beispiel hierfür bietet *Cycas revoluta*.

---

[1] [Vgl. über weitere Resistenzbesonderheiten der Schließzellen. H. DÖRING (1932) (M.).]

[2] [E. HEDEMANN (1931) ist es gelungen, bei *Mirabilis* in ganz entsprechender Weise die Eizellen zu parthenogenetischer Entwicklung anzuregen. Doch gelang es auch hier nicht, mehr als Frühstadien der Entwicklung zu erlangen. M.]

Bei ihr dringen die Spermatozoiden so heftig in die Eizelle ein, daß die diese deformieren. Manchmal gelangen mehrere Spermien statt eines einzigen in die Eizelle. Eins von diesen verschmilzt mit dem Kern der Eizelle, die anderen verbleiben in den äußeren Schichten des Protoplasmas, zersetzen sich und bilden nach Meinung des Autors „Nekrohormone". Eine Reihe prinzipiell ähnlicher Fälle veranlaßt viele Forscher anzunehmen, daß die Entwicklung des Eies zum Embryo eine Folgeerscheinung der Wirkung besonderer, den Wundhormonen ähnlicher Stoffe ist. Das kann experimentell nachgeprüft werden. Es ist sehr schwer, die Eizelle bei der Pflanze künstlich und unmittelbar zu verletzen, wohl aber ist die Verletzung der in der Nähe liegenden Zellen sehr leicht möglich. Falls sich Wundhormone bilden und auf die Eizelle wirken können, müssen die bei der Verwundung der oben genannten Zellen entstandenen Hormone die Eizelle zur Teilung und Entwicklung eines Embryos **ohne Befruchtungsprozeß** anregen.

Und tatsächlich hat HABERLANDT bei *Oenothera Lamarckiana* unter Ausschaltung der Befruchtung, lediglich durch Stich mit einer dünnen Stahl- oder Glasnadel oder sogar durch einfachen Fingerdruck auf die Narbe den Entwicklungsbeginn eines Teiles der Samenanlagen bewirken können. Bei der weiteren Untersuchung der Anlagen ergab sich das Vorhandensein von Anfangsstadien der Embryonalentwicklung, woraus HABERLANDT den Schluß zog, daß Zellteilung durch die Wundhormone hervorgerufen worden ist.

In solchen Fällen bildeten sich nur Frühstadien der Entwicklung von Adventivembryonen oder anderer Auswüchse, die vom Nucellus oder der inneren Zellage des inneren Integuments ihren Ausgang nahmen[1].

In ähnlicher Weise erklärt HABERLANDT (1921c, 1922a) die natürliche Parthenogenese (z. B. bei *Taraxacum officinale* und bei *Marsilia Drummondii*). Auch hier wird natürlicherweise ein Absterben von Zellen (welche an den Embryosack oder an die Eizelle grenzen) beobachtet. Übrigens ist das Experiment HABERLANDTs mit *Oenothera* nicht prinzipiell neu. CH. DARWIN (1875, V, I, S. 434) äußert sich dazu folgendermaßen:

„...it is well known that with many plants the ovarium may be fully developed, though pollen be wholly excluded. Lastly Mr. Smith... observed with an orchid, the Bonatea speciosa, the singular fact that the development of the ovarium could be effected by the mechanical irritation of the stigma."

---

[1] [Auf eine sehr interessante Bildungsabweichung im Zusammenhang mit dem Vorkommen reichlicher Mengen abgestorbener Zellen weist J. STOW (1930) hin. Es handelt sich um die Ausbildung embryosackähnlicher Formen in den Antheren von *Hyacinthus*-Pflanzen, die abnormen Temperaturen ausgesetzt waren. Der Autor bemerkt ausdrücklich, daß die Abweichung nur vorkam, wenn reichlich abgestorbener Pollen vorhanden war und deutet den Zusammenhang mit HABERLANDTs Nekrohormonen an. M.]

Dieses war jedoch nur eine mündliche Mitteilung an Dr. HOOKER. Die neueren Untersuchungen aber lassen die Glaubwürdigkeit dieser Angabe erkennen.

Schließlich sei noch die Stellungnahme POPOFFs zur Frage der Parthenogenese hier mitgeteilt (1930, S. 318):

„Schon vor 16 Jahren habe ich, ausgehend von theoretischen Erwägungen über die Natur der Geschlechtszellen die Ansicht vertreten, daß die Entwicklungsanregung des reifen, unbefruchteten Eies bei der künstlichen Parthenogenese keine den Geschlechtszellen allein zukommende Eigentümlichkeit ist, sondern daß die künstlich parthenogenetischen Erscheinungen allgemeine Zellerscheinungen sind und daß sie ein allgemeiner Ausdruck der Hebung der generellen Zellebensprozesse an erster Stelle auch der Oxydationsprozesse, und zwar sowohl der somatischen als auch der Geschlechtszellen, sind.

Die künstlich parthenogenetischen Erscheinungen stellen somit nur ein Teilgebiet des großen Zellstimulationsgebietes, dem sie subordiniert sind, dar.

Und diese Verallgemeinerung hat sich bewährt, sie wurde der Ausgang und die Grundlage meiner Zellstimulationsforschungen und gab die Möglichkeit zur Abgrenzung dieses großen, theoretisch wie praktisch so wichtigen biologischen Gebietes.

Die Erscheinungen der künstlichen Parthenogenese sind allgemein Zellstimulationserscheinungen und folglich haben sie als solche dieselbe atomär-energetische Grundlage wie diese letzteren und sind aus genau demselben Prinzip zu erklären und zu verstehen.

Alle Zellstimulationsmittel sind folglich eo ipso auch künstlich parthenogenetische Mittel und umgekehrt."

Diese Äußerung steht weder zu DARWINs Standpunkt (s. S. 150 dieses Buches) noch auch zu dem HABERLANDTs in wesentlichem Widerspruch.

REICHE wandte die Injektion und Infiltration (mit der Luftpumpe) der Interzellularräume und Luftgänge verschiedener Gewebe bei mehreren Pflanzen an, um Zellteilungen auszulösen. Sie zeigte, daß Gewebspreßsaft das Wachstum und die Teilung nicht nur der anliegenden, mit den eingeführten Stoffen in unmittelbarer Berührung stehenden, sondern auch der entfernteren Zellen stimuliert. Das erklärt sich daraus, daß (S. 275)

„die bei Verletzung pflanzlicher Organe entstehenden Wundreizstoffe außer durch Diffusion in lebenden Zellen auch interzellular oder im Lumen von Gefäßen und mechanischen Fasern durch Kapillaritätskräfte fortgeleitet werden"

können und auf solche Weise entferntere Stellen erreichen und die entsprechende Reaktion hervorrufen. Von vielen Resultaten erwähnen wir nur eins: Bei *Nymphaea Leydeckeri* lagerten sich Partikelchen der injizierten Suspension auf den in die Luftkanäle des Blattstieles hineinragenden Trichoblasten ab. Und gerade diese stellten jetzt Zentren dar, zu welchen die Zellen der benachbarten Gewebe hinwuchsen. Zum Schluß war der Trichoblast bis oben hin bewachsen. Das hauptsächlichste und prinzipiell neue Moment in der Arbeit von REICHE ist die Behauptung, daß trüber, unfiltrierter Gewebssaft, d. h. solcher, welcher noch kleinste mechanische Partikel enthielt, in der Regel viel stärker wirkt als filtrierter. In einer Reihe von Fällen wirkte der filtrierte Saft überhaupt nicht. Außerdem hat sich gezeigt, daß — wenn auch nicht mit der gleichen Regelmäßigkeit und in der gleichen Intensität — Zellteilung auch durch Injektion von Reis- oder Weizenstärkekörnern und besonders durch Injektion wäßriger Suspensionen präzipitierter Kreide hervorgerufen werden kann. Die letzte Tatsache erklärt REICHE mit Recht durch die mechanische Verletzung der Zellen (s. unsere S. 143)[1]. Jedenfalls war aber die Wirkung der Injektion beliebiger Fremdkörper nicht so charakteristisch wie die des trüben Preßsaftes. Daraus zog die Autorin den Schluß (auch ihre Experimente mit *Gratiola officinalis* sprechen dafür,)

„daß die Teilungen unter Gewebesaftresten, bei denen die winzigsten Partikelmengen unfehlbar die Reaktion auslösen, sicher nicht auf einen rein physikalischen Reiz zurückzuführen sind, sondern daß eine chemische Beeinflussung vorliegt, die von der mehr oder minder konzentrierten Lösung von Reizstoffen ausgeht, mit der die Gewebepartikel imbibiert sind" (S. 272).

Nur auf Grund dieser Annahme wird es auch verständlich, daß die neben der Schicht von Zellresten befindlichen Zellen auswachsen und sich über diese hinwegkrümmen und eng daran anlegen. Weiter zeigte REICHE (1924) die Thermostabilität der Wundreizstoffe, während HABERLANDT durch Kochen eine starke Abschwächung der Wirkung des Gewebebreies auf abgewaschene Kohlrabischeiben erzielte. Nach HABERLANDT nehmen bei der Bildung der Wundhormone die Enzyme, also thermolabile Stoffe, eine hervorragende Stellung ein, während nach REICHE das Vorhandensein autolytischer Prozesse für die Bildung eines wirksamen Prinzips nicht notwendig ist. WEHNELT (1927) neigt eher zu der Meinung HABERLANDTs und sagt (S. 811), daß besonders leicht ein klarer, gut wirksamer Extrakt aus autolysiertem Gewebe gewonnen werden kann, wenngleich auch frisches Gewebe brauchbar ist. In seiner Arbeit operiert er mit den Innenflächen junger Fruchtblätter von *Bohnen*, also Geweben, die keine Leitelemente aufweisen. Einen ausgesprochenen Effekt bekam er beim A u f l e g e n (nicht Injektion, wo die Verwundung das Experiment verdunkeln kann) von Preßsaft, sowie auch von alkoholischen (70% und 97%) und wäßrigen Extrakten aus jungen *Bohnen*-Blättern. Die Filtration dieser Flüssigkeit durch Ultrafilter verringert die wachstums- und teilungserregende Wirkung auf die der Injektionsstelle anliegenden Zellen wenig. Auch das Erwärmen der normal sauren Auszüge unter Druck beeinflußt die Stimulation nicht, während schwach alkalische Auszüge bei solchen Experimenten sich weiterhin als unwirksam erwiesen. Dieses Moment bestätigt einerseits die Angaben von

---

[1] [Überzeugender wären zweifellos noch Experimente mit Kaolinsuspensionen, da $CaCO_3$ immerhin verhältnismäßig löslich ist und die Reaktion der Flüssigkeit stark beeinflußt. M.]

Reiche, während in bezug auf die Filtration diese Ergebnisse im Gegensatz zu dieser Autorin stehen; sie sprechen vielmehr für die Theorie Haberlandts, denn die Annahme einer mechanischen Reizung durch kleinste, harte Partikelchen des unfiltrierten Auszuges muß danach abgelehnt werden. In bestimmten Grenzen ist die Intensität der Zellteilungen der Menge des aufgelegten Auszuges direkt proportional, während die Wachstumsreaktion der Zellen sich umgekehrt proportional zur Menge des verwendeten Auszuges verhält.

Der Autor enthält sich der endgültigen Anerkennung der hormonalen Eigenschaften der Wundreize, obwohl die Wärmestabilität, das Vermögen, Ultrafilter zu passieren, die Wirkung des Auszuges aus einer Pflanzenart auf die andere (z. B. Auszug aus *Bohnen*-Gewebe auf Blätter von *Escheveria secunda*) und die Empfindlichkeit gegen Laugen diese Stoffe eher den Hormonen zuweist. Die Tatsache, daß eine Reihe organischer und unorganischer Substanzen gleiche Wirkung auf die Zelle ausübt, läßt jedoch eine Anerkennung der Wundreize als Hormone nicht zu. In den Experimenten von Wehnelt haben sich Hühnereiweiß, Pferdeserum, Hämoglobin, Insulinpräparate und andere Stoffe als wirksam erwiesen. Wirkungslos waren Rohrzucker, Knoopsche Nährlösung und nach Reiche Sand, Gelatine u. a.

Aber wir müssen bemerken, daß das von Wehnelt gewählte Objekt nicht ganz günstig ist. Küster (1925, Path. An.) weist darauf hin, daß gerade die Innenseite des unreifen Perikarps von vielen Leguminosen die Fähigkeit besitzt, verschiedene haarartige Auswüchse, Intumeszenzen usw. zu bilden, wenn man die genannten Perikarpe einfach in feuchter Atmosphäre beläßt, oft sogar „ohne vorangegangene Eingriffe irgendwelcher Art".

Küster beschreibt auch die mächtigen Intumeszenzen innerhalb von jungen Hülsen, welche man erhalten kann, wenn man sie an ihrer Mutterpflanze durchsticht. Wehnelt hat allerdings die Resultate durch Anwendung einfachen Wassers kontrolliert. Leider gibt Küster nicht die genaue Lage der Intumeszenzenbildung in bezug auf den Ort der Durchstechung an. Diese Frage hat jetzt ein gewisses Interesse vom Standpunkt der Ausbreitung von Wundreizen.

Die letzten Arbeiten von Hermann und Umrath (1927) ergaben Tatsachen, welche zu neuen Ausblicken führen. Das alkoholische Extrakt aus zu Pulver zerriebenen *Mimosa*-Sprossen wurde zur Trockne eingedampft und nunmehr in Wasser gelöst. Wurden frische Zweige derselben *Mimosa* in die so erhaltene Lösung hineingesetzt, so nahmen die Blätter mit größerer Schnelligkeit als normalerweise ihre Reizstellung ein. Besonders bemerkenswert erscheint die Tatsache, daß diese Extrakte durch Kochen nicht inaktiviert werden. Erst beim Erwärmen auf 180—210° C verlieren sie ihre Aktivität (*Mimosa*-Extrakt hat sich für das Froschherz als unwirksam erwiesen.

Alkaloidreaktionen fielen negativ aus. Es hat sich gezeigt, daß die Reizstoffe Pergamentmembranen zu durchdringen vermögen.

Über die chemische Natur der „Zellteilungshormone" ist sehr wenig bekannt. HABERLANDT schreibt im Jahre 1930 sogar folgendes (S. 399 bis 400) (1930a):

„Da die chemische Natur aller dieser Hormone noch gänzlich unbekannt ist, läßt sich natürlich nicht sagen, wieweit sie untereinander verwandt, vielleicht sogar identisch sind. Auch muß vorläufig unentschieden bleiben, ob ein und dasselbe Hormon sowohl die Kern- wie die Zellteilung anregt, oder ob, was wahrscheinlicher ist, für diese beiden Teilungsprozesse verschiedene Hormone in Betracht kommen."

FITTING (1927) versuchte als erster die chemische Natur der Wundreize zu erforschen. Er fand einige Substanzen (aus der Gruppe der Aminosäuren: Asparaginsäure, Glutaminsäure u. a.), welche in ihren Eigenschaften (Löslichkeit in Wasser, Wärmestabilität, Zersetzbarkeit durch Bakterien) und in ihrer Wirkung (in sehr schwachen Konzentrationen wirken sie wie Reizstoffe) vollkommen den Pflanzenextrakten entsprachen. Auf Grund dieser Resultate kommt der Autor zu der Auffassung, daß es möglich sein müsse, das Problem vom chemischen Standpunkt aus zu lösen. Als Untersuchungsobjekt verwendete er *Vallisneria*-Blätter, die in besonders gereinigtes, destilliertes Wasser gelegt wurden. Die Protoplasmaströmung diente als Reagens auf das Vorhandensein der fraglichen Stoffe. FITTING spricht sich also nicht gegen die Existenz von Wundstoffen aus, versucht vielmehr ihre chemische Natur festzustellen[1]. Eine derartige Arbeitsrichtung bringt eventuell die Frage weit vorwärts, doch sind wir der Meinung, daß dieses Problem aus zwei Gründen ungelöst bleibt: 1. kann die gemeinsame Wirkung von destilliertem Wasser mit den genannten chemischen Stoffen von der Wirkung dieser Stoffe als solche verschieden sein und 2. beweist die Gleichheit der Resultate in einem Merkmal wie der Plasmabewegung noch nicht, daß die Erreger gleich sind, d. h. daß das Blattfiltrat und der Extrakt, beide, gerade die obengenannte Aminosäure erhielten.

An dieser Stelle ist es angebracht, an die Arbeiten von NABOKICH (1908) zu erinnern, in welchen wir viele Gedanken und Tatsachen den späteren Arbeiten vorweggenommen finden.

---

[1] [In einer neueren Arbeit (1932) hat FITTING über weitere Ergebnisse seiner Studien über Chemodinese berichtet. Hier sei nur darauf hingewiesen, daß sich unter den von ihm untersuchten Aminosäuren, daß l-Histidin als überragend chemodinetisch wirksam heraushob. Man wird also Veranlassung haben, diesen Körper und seine chemischen Verwandten auch in anderer Hinsicht auf ihre Wirkung zu prüfen. Im Anschluß an diese Arbeiten FITTINGs sei noch an die Untersuchungen von SCHWABE (1932) über die Wirkung von optisch-aktiven Aminosäuren auf die Atmung submerser Pflanzen hingewiesen. „Man hat die Aminosäuren als Bausteine der Eiweiße betrachtet, man wird künftig die Eiweiße als Lieferanten von physiologisch höchst wirksamen Substanzen, von Aminosäuren und ihren Derivaten betrachten müssen ..." (MOTHES, 1930, S. 25). M.]

Er zeigte die Wirkung verschiedener chemischer Reize auf das Wachstum der Pflanze (*Helianthus*-Keimlinge). Schwache Säuren und Ammoniumsalzlösungen, welche unter aeroben Bedingungen die Wachstumsenergie steigern, vermögen nach ihm die Erstarrung, in welche die Pflanze unter anaeroben Bedingungen verfällt, zu verhindern. Bei Anwesenheit dieser Stoffe kann die junge Pflanze ganz des Sauerstoffs beraubt werden, ohne daß das Wachstum, d. h. Zellteilung, bei ihr aufhört. Zwar tritt auch dann der Tod der Pflanze ein, doch sind das vorher noch zu beobachtende Wachstum sowie der Vorgang des Absterbens ihrem Ablauf nach nicht von den gleichen Erscheinungen unter aeroben Bedingungen zu unterscheiden. Der Autor meint, man werde danach annehmen müssen, daß die Wachstumsprozesse zu ihrem Zustandekommen der durch chemische Einflüsse (Hormone) bewirkten Reizzustände unbedingt bedürfen (S. 173 und 174, vgl. CHOLODNY, 1927, und andere Arbeiten).

Das Vorhandensein solcher Reizstoffe, die man mit NABOKICH als Stoffwechselprodukte ansprechen könnte, läßt sich nach diesem Autor im pflanzlichen Organismus direkt experimentell feststellen. Preßsaft aus einer Keimpflanze, der nur einige Milligramm Trockensubstanz enthält, ist imstande, die Wachstumsenergie von nicht weniger als zehn ebensolchen Keimlingen wesentlich zu steigern. In stärkeren Konzentrationen hemmt der Saft das normale Wachstum. Nach weiteren Untersuchungen enthalten die verschiedenen Pflanzenteile ungleiche Mengen an Reizstoffen. Ihre chemische Natur bleibt nach wie vor rätselhaft, doch steht außer Zweifel, daß viele gewöhnliche, salzartige Stoffe die Rolle von Wachstumsstoffen spielen können und nach NABOKICH „die normalen Reizstoffe wie auch den Sauerstoff — in seiner Eigenschaft als Wachstumsreiz — mit Erfolg zu ersetzen vermögen".

Es unterliegt keinem Zweifel, daß wir es hier mit den gleichen Stoffen zu tun haben, die HABERLANDT später als Hormone bezeichnet. Nur führte sie NABOKICH durch das Wurzelsystem in die Pflanze ein, sie verbreiteten sich von hier bis zur Sproßzone, wo sie durch Verstärkung der Wachstumsintensität zur Wirkung gelangten, ähnlich wie wir es in den HERMANNschen Experimenten an *Mimosa* (1927) und weniger ausgeprägt bei REICHE und auch in unseren Arbeiten (s. später) finden. Selbstverständlich ist es denkbar, daß die Reize weiter „den Strom unbekannter regulierender Wachstumsstoffe induzieren" (WEHNELT, 1927, S. 809, vgl. auch BÜNNING, unsere S. 179f.).

HABERLANDT hat in seiner Arbeit aus dem Jahre 1929b mit *Bryopsis mucosa* das Experiment von NABOKICH im Prinzip wiederholt und schreibt darüber folgendes (S. 11—12):

„Die verletzten Pflänzchen wurden in der gleichen Schale belassen, in der die Fiederstückchen weiter kultiviert wurden. Dann zerrieb man in einem kleinen

Porzellanmörser ein kräftiges Pflänzchen unter Zusatz von ganz wenig Seewasser zu einem dünnen Brei und goß diesen in die Petrischale zu den Versuchsobjekten. Nach erfolgtem Umrühren nahm das Wasser eine grüne Farbe an...
Nach 14 Tagen machte sich gegenüber den ohne Breizusatz kultivierten Versuchsobjekten bereits ein beträchtlicher Unterschied geltend. Die ausgewachsenen Seitenäste der Fiederstückchen waren länger, kräftiger, lebhafter grün und stellten sich, sofern sie Stämmchenanlagen waren sehr präzise negativ geotropisch ein. Dasselbe galt für die intakten Fiedern der horizontal gelagerten Pflänzchen. Noch größer war dieser Unterschied nach 3wöchiger Versuchsdauer."

(S. 12) „Der Einfluß des Breizusatzes, bzw. der darin enthaltenen Wundreizstoffe war demnach sehr auffallend. Daß die Wirkung des Breizusatzes auf Nahrungszufuhr beruhen könnte, ist wohl ausgeschlossen."

D. h., daß das Experiment und der daraus gezogene Schluß prinzipiell mit dem Experiment und dem Schluß NABOKICHs (1908) gleich sind. Weiter hat sich gezeigt, daß normalerweise zu den Wirkungen der Wundreize zellulären Ursprungs noch die Sauerstoffwirkung kommen muß, ohne die an einer Wundoberfläche keine Zellteilung stattfindet.

Endlich sind nicht alle Zellen befähigt, bei ihrer Zerstörung in der besprochenen Weise Reizstoffe abzugeben. Wir wissen noch nicht, ob sie nicht in einigen Zellarten fehlen oder nur in zu geringer Konzentration vorhanden sind (NABOKICH). Die Tatsache bleibt aber bestehen, daß nicht jede zerschnittene Zelle die für die Teilung erforderlichen Reize gibt. Wenn man eine dünne Kartoffelknollenscheibe herausschneidet, in welcher sich keine Leitbündel oder Teile von ihnen (nach HABERLANDT — insbesondere das Leptom) befinden, so kommt die Zellteilung auf der Schnittoberfläche nicht zustande. Aber wenn man auf solche leitbündellose Scheibe unter Zwischenschaltung von Agar-Agar eine andere Scheibe auflegt, welche Bündel enthält, so kommt es auch in der ersten zu Zellteilungen. HABERLANDT hat eine analoge Abhängigkeit bei den Stengelstückchen von *Sedum spectabile* und *Althaea rosea*, bei *Kohlrabi*-Knollen und Blattstücken von *Bryophyllum, Kalanchoe, Crassula* und *Peperomia* beobachtet. Die letzten Beobachtungen gehen auf einen Schüler von HABERLANDT — LAMPRECHT — zurück, dessen Arbeiten HABERLANDT spezielle Aufmerksamkeit schenkt (s. 1930a, S. 396).

Er zieht aus ihnen den Schluß, daß die Hormone der Zellteilungen sich in den lebenden Zellen der Leitbündel und speziell in den Geleitzellen des Phloems befinden (Leptohormone).

Auf diesen Zusammenhang hat schon KABUS (1912, S. 24 und 29) hingewiesen. Er sagte:

„Die Gefäßbündel bestimmen das Eintreten der Verwachsung ... ich habe keine beobachtet, wenn auch nur eine Schnittfläche kein Gefäßbündel enthielt. Damit ist aber noch nicht gesagt, daß die Ernährungsbedingungen die Ursache der Regeneration sind."

Diese Beobachtung bezieht sich auf dasselbe Objekt, mit welchem auch HABERLANDT experimentierte (*Kartoffel*-Knollen). Auch die gleichen

Schlüsse haben beide Autoren gezogen, nur mit dem Unterschied, daß KABUS noch nicht die spezielle Terminologie anwandte und die Sonderstellung des Phloems nicht erkannte. Im Kapitel über die Verwachsung werden wir unsere eigenen Beobachtungen auf diesem Gebiet mitteilen.

Weiter möchten wir darauf hinweisen, daß manchmal unter experimentellen Bedingungen und sehr häufig unter den Bedingungen der natürlichen Ontogenese, das Absterben von Zellen nicht zu einer Teilung der benachbarten Zelle führt. So fanden wir gelegentlich, daß bei *Mirabilis jalapa* sich die Zellen an der Schnittoberfläche nur verlängerten und auseinander wuchsen. Teilungen fehlen fast ganz, obgleich der Schnitt 12—15 Tage vor der Fixierung des Materials gemacht wurde. Ebenfalls ergeben sich keine Teilungen, oder jedenfalls nur sehr selten, um absterbende Parenchymbezirke im Stengel unseres *Hyacinthus* (s. Abb. 6 und 7 auf S. 37/38 und 40, die Zellen mit dunkler gefärbten Membranen in der Mitte der Stengel). Das Bild bleibt dasselbe beim völligen Absterben dieser Bezirke, was zur Bildung innerer Hohlräume führt. Diese Hohlräume sind in anderen höher gelegenen (aber nicht in den allerhöchsten) Querschnitten des vorliegenden Stengels sichtbar.

Wir finden sie in den mittleren Schnitten des vorliegenden Stengels (s. Abb. 6).

Ein ähnliches Bild haben wir gemeinsam mit M. J. DUBROWITZKAJA in den Stengeln einiger *Tradescantia*-Arten beobachtet. Ich habe damals Gelegenheit gehabt, eine völlige Obliteration des Xylemteils einiger Bündel zu beobachten und festzustellen (s. weiter unten: Verwachsungsprozeß bei *Monokotylen*). Trotzdem teilten sich die danebenliegenden Zellen nicht. Die Tatsache, daß in diesen Bündeln das Phloem erhalten blieb, kann als zusätzliches Material zur Bewertung des Leptoms als Reizquelle dienen. Aber wir werden nach den im Kapitel über den Verwachsungsprozeß mitzuteilenden Ergebnissen diese Eigenschaft nicht nur dem Leptom oder dem Meristem zuschreiben können.

Wir möchten noch die Aufmerksamkeit darauf lenken, daß bei der Analyse der Eigenschaften und Wirkungen der Wundreize noch ein Umstand berücksichtigt werden muß. F. G. GUSTAFSON (1924, s. SMALL, 1929, S. 124 und 125) fand, daß bei *Bryophyllum calycinum* die Wasserstoffionenkonzentration des Preßsaftes junger Blätter abhängig von der Zeit, zu welcher der Saft aus der Pflanze entnommen wurde, und abhängig von der Beleuchtungsstärke ist. Die Differenz ergibt sich aus folgenden Angaben: 10 Uhr morgens $p_H = 4{,}15$, 1 Uhr mittags $p_H = 5$, 4 Uhr nachmittags $p_H = 5{,}37$, 12 Uhr nachts $p_H = 4{,}28$[1].

Dabei zeigt sich, daß der Preßsaft hinsichtlich seiner Wasserstoffionenkonzentration sehr stabil gepuffert ist. Das p_H hat sich weder beim Kochen noch beim Stehen über mehrere Tage hin geändert.

---

[1] [Über das Wesen dieser Vorgänge vgl. WETZEL und RUHLAND (1932). M.]

158   Über die Reaktionen von Zellen und Geweben auf die Verwundung.

Ohne spezielle Experimente kann man nicht sagen, in welchem Zusammenhang diese Daten mit der Wirkung von ,,Nekrohormonen" zu bringen sind. Aber eine gewisse Abhängigkeit muß wohl nach unserer Meinung existieren. Nach den Angaben HERKLOTs (1924) kann das p_H des Milieus bestimmt auf die Zellteilungen wirken.

Deshalb ist es interessant, die Frage zu klären, ob diese Wirkung von Bedeutung ist für die Wirkung von Wundreizen und wenn ja, in welchem Maße die Wirkung der letzteren spezifisch und unabhängig vom p_H ist.

Dabei sprechen die Angaben von SMALL (1929, S. 90, s. unsere S. 144 und 197) über die Unabhängigkeit des p_H der Zellen vom p_H der benachbarten Zellen dafür, daß man bei Untersuchung der Wirkung von Wundreizen auf die Zellen, die unmittelbar von ihnen nicht berührt werden, die p_H-Veränderungen nicht berücksichtigen kann, welche sich in Zellen abspielen, die nicht unmittelbar der Wirkung der genannten Stoffe oder anderer unterworfen sind.

Der Übertragungsmechanismus der Wundreize für tiefer liegende Zellschichten muß also durch irgendwelche andere Prozesse erklärt werden.

So ist die Frage der Wundreize und ,,Nekrohormone" sehr kompliziert. Man muß noch z. B. das Experiment von BOCK (1926) hinzufügen, nach welchem die Regeneration der aus der Kolonie abgesonderten Zellen bei *Volvacaceen* energischer vor sich ging. Dieses geschah anscheinend infolge der Reizung, die von der Zerreißung von Plasmodesmen herrührte. Es wird klar, daß die Frage durch die Notwendigkeit, einzelne Zellteile zu berücksichtigen, noch komplizierter wird, denn in diesem Versuch wurde unmittelbar nur das Plasma verletzt. Außerdem ist es klar, daß hier kaum die Rede sein kann von einem Wundreizstoff, welcher dem bei der völligen Zerstörung der Zelle entstehenden gleich ist (s. S. 183).

HABERLANDT (1928) macht keinen Unterschied zwischen der Wirkung des zerstörten Zellinhaltes und der Wirkung derjenigen Stoffe, welche bei einer teilweisen oberflächlichen Zerstörung der Zellmembran von außen her entstehen.

Tatsächlich schreibt HABERLANDT (1928, S. 14—15) in der Beschreibung des Vorganges bei *Nerium oleander* folgendes:

,,Unter diesen halbzerstörten Wänden haben sich die Epidermiszellen 1—2mal geteilt, die obersten Tochterzellen besitzen bereits verkorkte Wände und sind abgestorben ... Wir haben hier also einen Fall vor uns, der klar erkennen läßt, daß den Teilungen von Epidermiszellen in verschiedenen Punkten einsetzende mechanische und chemische Zersetzungen ihrer Außenwände vorausgehen. Die Entstehung von Nekrohormonen in ihnen ist nicht zu bezweifeln."

Es steht außer Zweifel, daß die Frage dadurch sehr verwickelt wird. Von der chemischen Seite her ist es schwer, sich die Gleichheit der Zerstörungsprodukte des Zellinhaltes und der Zellmembran vorzustellen.

Auch wird das Problem der hormonalen Natur der Wundstoffe noch kompliziert, da man sich kaum wird vorstellen können, daß die Zellmembran hormonale Stoffe geben kann. Hier handelt es sich wohlgemerkt nur um den äußeren Teil der Membranen in Epidermiszellen. Aber die Frage der Natur der Zellmembranen ist anscheinend noch bei weitem nicht geklärt (s. E. KÜSTER, 1927, S. 3 und 1929, ferner USPENSKY, 1921, H. FREY-WISSLING, 1930)[1]. Weiter zeigt der Prozeß der Reizleitung z. B. bei *Mimosa,* wie schwer das Studium der Reize selbst ist. UMRATH (1925) unterscheidet bei *Mimosa (Mimosa pudica* und *Mimosa spegazzinii)* drei nach Fortpflanzungsgeschwindigkeit und Lokalisation unterschiedene Systeme der Reizleitung. Dabei reagieren sie auf einen und denselben Reiz verschieden und zeigten sich jeder am besten bei Einwirkungen, die sich graduell an Intensität unterscheiden. Auch elektrische Erscheinungen können die Reizvorgänge begleiten. Weiter unten werden wir noch auf die Reizung bei *Mimosa* ausführlicher zurückkommen (s. S. 553f.).

Wie unten gesagt ist, schließt der Terminus „Hormone" neben den anderen speziellen Merkmalen auch die Spezifität der Eigenschaften verschiedener Hormone ein. Es werden mehrfach in der botanischen Literatur verschiedene Hormone erwähnt, z. B. Wuchshormone (BÜNNING, CHOLODNY u. a.), Hormone der Tropismen (GRADMANN, STARK u. a.), Wundhormone usw. Doch bleibt die Frage der Existenz von Hormonen bei Pflanzen im allgemeinen offen. Nur das Vorhandensein von Wundreizstoffen scheint bewiesen zu sein. Ein Beispiel für die Spezifität dieser Reize wollen wir der Arbeit von DOPOSCHEG-UHLÁR (1911, S. 75—79) entnehmen: *Gesneria graciosa* aus der Familie der *Gesneriaceen* bildet im Herbst Knöllchen, im Frühling entwickeln sich diese nicht, sondern nur Sprosse. Ende November wurden die Knöllchen abgenommen und zerrieben. Das filtrierte Glyzerinextrakt des Breis wurde bis zum Frühling aufbewahrt. Anfang Juni wurde die Lösung mit Alkohol versetzt, der Niederschlag abfiltriert und nach Entfernung des Alkohols mit Wasser aufgenommen. Das wäßrige Extrakt kam klar zur Anwendung. Diese Lösung wurde in die Stengel abgeschnittener *Gesneria*-Blätter eingeführt. *Gesneria* kann durch Blattstecklinge vermehrt werden. Wurden nun gleichzeitig nebeneinander 1. mit dem beschriebenen Extrakt behandelte und 2. unbehandelte Blätter in Sand kultiviert, so entwickelten sich aus den Kontrollblättern einfache Blattsprosse wie im Frühling. Die injizierten Blätter dagegen ergaben in 88% aller Fälle (46 von 52) Knöllchen. Daraus hat man auf die Existenz eines speziellen Enzyms („Hormons") geschlossen, das die Bildung der Knöllchen bewirkt. Dieses „Hormon" wird bei *Gesneria* nur im Herbst gebildet, kann aber nach sorgfältiger Aufbewahrung auch im Frühling zur Wirkung

---

[1] [HANSTEEN-CRANNER (1919), sowie SÖDING (1933). Vortrag gehalten auf der Generalversammlung der Deutschen Botanischen Gesellschaft. M.]

kommen, wie das Experiment zeigt. Selbstverständlich müssen bei der Beurteilung der Wirkung solcher Reizstoffe (Hormone) alle übrigen äußeren Bedingungen sowie das Alter und der Zustand des Versuchsmaterials in Betracht gezogen werden, denn Licht, Ernährung, Temperatur usw. können das Verhalten der Versuchspflanzen entscheidend beeinflussen, müssen daher für Versuchs- und Kontrollmaterial möglichst in ihrer Wirkung gleichmäßig gestaltet werden. Man muß bemerken, daß nach unseren Beobachtungen die Wundreize sogar innerhalb der Grenzen eines und desselben Organes sich in seinen verschiedenen Altersstadien verschieden verhalten und verschieden sein können. Wir haben dies bei jungen saftigen Sprossen, wie sie auf der Kartoffelknolle austreiben, festgestellt. Wir haben noch weiße Sprosse von 0,5—5 cm Länge genommen.

Wenn man einen Brei nur aus den allerobersten wachsenden Teilen nimmt, so gehen die Oxydationsprozesse in diesem Brei viel intensiver vor sich als im Brei, welcher aus dem mittleren und unteren Teil gewonnen wurde (vgl. unsere S. 162—163 über die Rolle der Spitze des Koleoptils). Dieses kommt äußerlich zum Ausdruck 1. in schnellerem Dunkelwerden des Breies aus den Spitzen und 2. darin, daß die Endphase des Prozesses bei diesem Brei nach voller Austrocknung durch fast schwarze Farbe charakterisiert ist, während der Brei im mittleren und unteren Teil der Sprosse von einer mittleren braunen Schattierung bleibt. Wir möchten noch bemerken, daß dem letzten Brei von uns noch eine geringe Menge des Breies aus der Knolle derselben Kartoffel zugemischt wurde.

Diese Gewebsbreie untersuchen wir auf Stimulationswirkung bei der Kallusbildung in Schnitten von Kartoffelsprossen. Die Experimente sind noch nicht beendet, deshalb haben wir noch nichts über das etwaige Vorliegen eines Unterschiedes in der Wirkung verschiedener Wundbreie aussagen können. Wenn man jetzt die Frage nach der Berechtigung der Anwendung des Terminus „Hormon" auf die Wundreize wie auch auf die Stimulatoren der Zellteilungen im gesunden Pflanzenorganismus stellt, so muß man außer der oben angeführten Meinung HABERLANDTs (1921a, S. 3—4) noch berücksichtigen, was SHARPEY (1924) über tierische Hormone sagt (S. 7):

„Da als besonders charakteristisches Merkmal der Wirkung dieser Substanzen die Ähnlichkeit mit der Wirkung solcher Stoffe (drugs) vorliegt, wie z. B. mit den Pflanzenalkaloiden, so würde ich für diese spezifischen Stoffe den Allgemeinnamen ‚Autokoide‘ (self and a remedy) vorschlagen."

Ein Autokoid wäre also eine spezifische, organische Substanz, die in der Zelle eines Organs gebildet wird, dann in die zirkulierende Körperflüssigkeit bzw. den Saftstrom übergeht und in einem anderen Organ einen Effekt hervorruft, der dem irgendwelcher Alkaloide ähneln kann. Wenn die Autokoide Reizwirkung ausüben, so entsprechen sie den Hormonen im Sinne STARLINGs (1906), wirken sie aber hemmend, so würde man sie zweckmäßig als Halone (SHARPEY, 1924) bezeichnen.

Gewöhnlich wird ein Autokoid entweder Hormon oder Halon sein. Es kann aber auch auf ein Organ als Stimulans, auf ein anderes hemmend wirken. GLEY (1920) weist darauf hin, daß die Klassifikation der Sekrete nur nach ihrer physiologischen Wirkung möglich sei, da man die chemische Zusammensetzung nur bei wenigen kenne. Im übrigen geben die Zoologen nur allgemeine Eigenschaften der Autokoide an, die wir, wenn wir vom oben Gesagten absehen, wie folgt zusammenfassen können (SHARPEY, S. 50—54, GLEY, S. 5—8):

1. Die Autokoide wirken auch noch in sehr schwachen Konzentrationen.

2. Sie ändern die funktionelle Potenz der Zellen nicht, sondern induzieren und regulieren die physiologische Tätigkeit der Zellen im Rahmen dieser Potenz.

3. Spezifität der Wirkung, des Ursprungs und der Funktion.

4. Im allgemeinen: Wirkung innerhalb kurzer Frist, aber bei verschiedenen Autokoiden kann die Geschwindigkeit des Wirkungseintritts verschieden sein.

5. Die Autokoide rufen bei Einführung in den Körper einer anderen Tierart keine Antikörperbildung hervor (sind nicht antigen). Vielfach üben sie vielmehr dieselbe Wirkung aus wie in dem Organismus, der sie bildete.

6. Sie sind im Gegensatz zu den Enzymen kochbeständig.

7. Sie sind dialysierbar.

8. Wirkung allgemeiner oder lokaler Art.

9. Sie sind im allgemeinen empfindlicher gegen Alkalien als gegen Säuren.

Damit sind natürlich ihre Eigenschaften nicht erschöpft. Da aber auch bei den Endokrinologen keine Einigkeit über die Hauptmerkmale besteht, so können auch wir uns eine weitere Auseinandersetzung sparen. Vergleichen wir nun das soeben über die tierischen Hormone Gesagte mit dem, was bis jetzt über die fraglichen pflanzlichen Hormone oder Wundhormone bekannt ist, so ergeben sich auf den ersten Blick folgende drei Grundunterschiede:

1. Es fehlt ein spezielles Organ für die Produktion der pflanzlichen Hormone[1].

2. Die Spezifität ihrer Wirkung ist unbewiesen.

---

[1] [Der Einwand gegen die Hormonnatur der pflanzlichen Reizstoffe, welcher sich auf das Fehlen lokalisierter Bildungszentren stützt, erfährt durch die Arbeit M. FLIRYS (1932) eine Beeinträchtigung, da hier gefunden wurde, daß bei *Helianthus annuus* die Regeneration der sog. „physiologischen Spitze" nach stattgehabter Resektion nicht stattfindet. Bei Entfernung der Spitze des *Helianthus*-Keimlinges, ist also sein Hormonbildungszentrum endgültig entfernt. Eine Entfernung der Keimblätter hatte keinerlei vergleichbare Wirkung, s. S. 163, vgl. ferner S. STRUGGER, Vortrag auf der Generalversammlung der Deutschen Botanischen Gesellschaft 1933. M.]

3. Man kann dieselbe Wirkung auch durch nicht hormonale Substanzen erreichen[1].

KÜSTER (1926) bestreitet besonders entschieden die Existenz von pflanzlichen Hormonen (S. 8):

„Die Unabhängigkeit der einzelnen Teile voneinander, die dem Gärtner aus der Praxis der Stecklingsvermehrung bekannt ist, beweist bereits, daß dem Pflanzenkörper Organe fehlen, die durch hormonale oder andere Wirkungsweisen für die Normalentwicklung des Ganzen unentbehrlich wären. Zwar fehlen dem Pflanzenkörper hormonal bedingte Korrelationen keineswegs und bestimmte Organe wie Knospen, Blätter, Blüten wirken offenbar auf ihre Umgebung in vielen Fällen durch irgendwelche Stoffwechselprodukte, deren Erforschung freilich noch in den Anfängen steht. So charakteristische und bedeutungsvolle Hormonwirkungen, wie sie im tierischen Körper von der Schilddrüse der Nebenniere, den Keimdrüsen usw. ausgehen, sind aber für den Pflanzenkörper nicht zu erwarten."

Früher (s. 1916, S. 380) hat KÜSTER eine etwas andere Meinung vertreten:

„In der Tierphysiologie hat man die als Vermittler chemischer Korrelationen wirkenden Stoffe als Hormone bezeichnet. Hormone sind unzweifelhaft auch bei der normalen und pathologischen Ontogenese des Pflanzenkörpers von großer Bedeutung. Wir werden bei Beurteilung der chemischen Korrelationen nach quantitativen und qualitativen gestaltenden Wirkungen zu suchen haben. Bei einem Vergleich der im Tier- und Pflanzenkörper für die Hormone realisierten Wirkungsmöglichkeiten wird zu beachten sein, daß in jenem die Blutbahnen eine Verbreitung der Hormone im ganzen Organismus herbeiführen, während im Pflanzenkörper die Verbreitung erheblich langsamer vor sich geht; es darf demnach erwartet werden, daß im Pflanzenkörper die Hormone auch ortsbestimmende Wirkungen werden entwickeln können.

Um anzudeuten, daß in vielen der nachfolgend erörterten Fällen die chemischen Wirkungen allem Anschein nach in einer Beeinflussung der Ernährung bestehen, werde ich mir gestatten, von chemischen oder trophischen Korrelationen oder von Trophomorphosen zu sprechen."

Man kann aus der letzten Bemerkung schon einen Übergang zu dem späteren oben erwähnten Standpunkt KÜSTERs sehen.

Zum Punkt 1 ist zu sagen, daß man bei der verhältnismäßig einfachen Organisation der Pflanzen kaum morphologisch besonders unterschiedene, hormonbildende Organe erwarten kann. Es gibt aber genug Beispiele dafür, daß morphologisch nicht unterscheidbare Zellen verschiedenerlei physiologische Funktionen erfüllen. Es ist auch nicht ausgeschlossen, daß bei niederen Tieren die Funktion der Hormonbildung nicht durch speziell eingerichtete Organe ausgeübt wird. Im übrigen schlägt auch HABERLANDT (1921a) bestimmte Hormonbildungszentren vor, so für die „Zellteilungshormone" die primären und sekundären Meristeme. Die Benennung „Leptohormone" für solche Hormone, die sich in Geleitzellen bilden, schließt die Vorstellung eines bestimmten Bildungsortes ein. CHOLODNY nimmt ebenfalls für die „Wachstumshormone" ein örtlich bestimmtes Bildungsorgan an (1927, S. 622).

---
[1] [Doch bedarf diese Aussage zweifellos der Bekräftigung durch quantitativ gerichtete Experimente (s. oben FITTING, 1932, für „Chemodinese"). M.]

Mit anderen Worten: Wenn bei Pflanzen hormonbildende Zentren existieren, so sind diese Zentren für ein und dasselbe „Hormon" 1. auf verschiedene Orte des Pflanzenkörpers verteilt und 2. bilden sie sich von neuem im Verlaufe des Wachstums der Pflanze und im Verlaufe der Neubildung ihrer Organe. Was den zweiten Einwand anbelangt, so sei dazu bemerkt, daß unsere Unkenntnis experimenteller Beweise für die Spezifität der Wirkung verschiedener „Pflanzenhormone" noch nicht das Fehlen solcher Spezifität bedeutet. S. NAVASCHIN (1926, S. 6) nimmt z. B., wenn auch bedingt an, daß die beiden Spermakerne eines und desselben Pollenschlauches ihren Hormonen nach verschieden sind. Die Hormone des einen von ihnen seien denen ähnlich, die im Eikern entstehen und das zugehörige Protoplasma verflüssigen.

VÖCHTING (1882) (nach C. RITTER, 1908) hat die spezifische Wirkung der Gemmula oder auch nur eines Teils der Gemmula auf die Krümmungsbewegungen des Blütenstiels von *Papaver* nachgewiesen. IVANOVSKY (1917—1918, S. 507—508) bringt diese Wirkung mit einer Hormonsekretion in Zusammenhang.

FITTING (1909, 1909a) erklärt z. B. das Wachstum der Samenanlage nach der Bestäubung durch die Wirkung von Hormonen („Botenstoffe"), welche aus den Pollenkernen stammen[1]. CHOLODNY (1931b) und andere Autoren aber halten vom experimentell physiologischen Standpunkt die Koleoptilspitze für ein Bildungszentrum der Wachstumshormone des Koleoptils. BIRKHOLZ (1931, S. 318) schließt sich auf Grund ihrer experimentell-zytologischen Untersuchungen über den Einfluß des Wundreizes auf die Koleoptile von *Avena* diesen Anschauungen an. Die Reizung wurde durch das Abschneiden der Koleoptile in der Nähe ihrer Basis ausgeführt. Darüber sagt die Autorin folgendes:

„Nicht ganz an der Spitze, ein wenig darunter, hält die Kerntätigkeit am kontinuierlichsten in mehr, weniger hohem Grade in allen Versuchen an. Es sind die Kerne dieser Spitzenregion, welche starke Abspaltungstätigkeit zeigen. In der Zone aber, die dem Ende des Innenhohlraumes ansitzt, beobachten wir immer die geringsten Abspaltungen von Körnchen, jedoch ein Anschwellen der ganzen Kerne bei Beginn der Reizreaktion... Es ist somit zytologisch eine Bestätigung gebracht für die Beobachtungen, welche andere Forscher in der Koleoptilspitze ein speziell hormonal tätiges Organ sehen ließ."

Diese Behandlung der Frage folgt, wie sich schon oben erwiesen hat, aus der Anerkennung des Kernes als eines fermentbildenden Zentrums. Aber auch bei der Wirkung der Wundstoffe kann eine gewisse Spezifität festgestellt werden.

Wir verteidigen nicht etwa in entschiedener Form den Begriff der Pflanzenhormone, wollen aber auf die strittigen Fragen hinweisen. Hierher gehörte auch die oben angeführte Betrachtung KÜSTERs, wonach es sich in der Pflanze nicht um Hormone handele, sondern um noch

---

[1] [Vgl. hierzu die Arbeit von LAIBACH (1932), welcher die Identität der Botenstoffe mit dem Auxin anzunehmen gestatten. M.]

fast völlig unerforschte Stoffwechselprodukte. Auch die allgemein als solche anerkannten, tierischen Hormone stellen letzten Endes Stoffwechselprodukte dar, auch sie sind übrigens in der Mehrzahl der Fälle nicht hinreichend erforscht.

Endlich erfordert der Einwand bezüglich der Unspezifität der Hormonalwirkung, welche die Zellteilung hervorruft (weiter unten werden wir Beispiele für die Wirkung von Salzlösungen anführen), vor allem eine Beschäftigung mit dem Werte dieses Indikators. Die Tatsache, daß auch andere Stoffe Zellteilungen hervorrufen können, besagt nur, daß dieses Kriterium zu allgemein ist, um bei der Unterscheidung und Klassifizierung chemischer Reize eine wesentliche Rolle zu spielen. Es erscheint uns hier wesentlich, daß bei aller Spezifität der Wirkung tierischer Hormone, — auch andere Stoffe, Pflanzenalkaloide, (s. oben) auf ähnliche Weise wirken können.

Bezüglich der Wundhormone sei noch bemerkt, daß die Anzeichen einer einfachen Hyperhydration des Gewebes (s. KÜSTER, 1925a, S. 67) bei der Wirkung von Preßsaft fehlen können. Gelegentlich der Beschreibung der Verwachsung von Pfropfungen zeigen wir, daß hier in der Regel tatsächlich ein gleichmäßiger Primärkallus ohne Haarbildungen entsteht. Weiter hat die Konzentration des Preßsaftes, wie auch seine Vorgeschichte eine bestimmte Bedeutung. In den Experimenten WEHNELTS verursachen reines Wasser sowie Rohrzuckerlösungen nur eine Zellhypertrophie, nicht aber Zellteilung. Man kann also nicht etwa das Wasser allein für den wirksamen Faktor halten. Daß ihm eine große Bedeutung als Milieu zukommt, und daß es manchmal selbständig wirken kann, als aktiver Stoff, steht außer Zweifel. Wir werden weiter unten darauf zurückkommen.

Was die Theorie PRIESTLEYs, welche die Veränderung der Wasserstoffionenkonzentration als Faktor für die Meristembildung hervorhebt, angeht, so steht es außer allem Zweifel, daß diesem Moment durch die Änderungen im kolloidalen Zustand von Kern und Plasma sich teilender Zellen eine bestimmte Bedeutung zukommt (s. noch POPOFF, 1930, S. 319). Doch spricht die Annahme einer größeren Bedeutung von Änderungen des p_H, sowie der Umwandlung von Gel in Sol (LEBLOND, 1919) bei dem Übergang der Zellen aus dem ruhenden in den aktiven Zustand nicht gegen die Hormontheorie HABERLANDTs. Bei Besprechung des Verhältnisses der pflanzlichen zu den tierischen Hormonen weist HABERLANDT auf die Möglichkeit hin, daß die Wundhormone nicht unmittelbar wirken, sondern auf irgendeine Art und Weise hemmende Substanzen (vielleicht „Halone" N. K.) unwirksam machen.

Danach könnte man sich also vorstellen, daß alle Prozesse, die sich in den zur Teilung schreitenden oder in Teilung begriffenen Zellen vollziehen, sekundäre oder tertiäre Folgeerscheinungen des ursprünglichen Wundreizes sind. Diese Vorstellung läßt sich ohne weiteres auf die

Hormonbildung bei der Zellteilung in unverletzten Geweben übertragen (HABERLANDT, 1921, S. 41). Ohne auf die Einzelheiten der Arbeit von BRIEGER (1924) näher einzugehen, soll hier darauf hingewiesen werden, daß sie unseren Grundgedanken nicht widerspricht. Vielmehr scheint uns verschiedenes in dieser Arbeit, so die Ablehnung der Leptohormone auf Grund des Nachweises von Oxydasewirkung, die Erklärung der Reaktionsunfähigkeit gewisser Zellen bei der *Gummosis* durch „Überreizung", der Hinweis auf den engen Zusammenhang von Zellwachstum und Zellteilung gerechtfertigt. Wir brauchen uns auch kaum mit einer Reihe von Einwänden und Zweifeln (SCHILLING, 1923, S. 221 und 274, KORSCHELT, 1924, S. 262, MIEHE, 1926, S. 19 und 20) (hier eine nicht ganz genaue Darstellung des Wesentlichen aus der Arbeit von REICHE) näher zu befassen, denn sie alle erledigen sich durch die oben dargestellten Überlegungen, hindern uns also nicht an der Anerkennung der Theorie HABERLANDTs. Es mag nur erwähnt werden, daß eine ganze Reihe von Forschern außer REICHE und WEHNELT, so JOST (1924), WEBER (1924), NAKANO (1924, S. 11), BRIEGER (1924), CHOLODNY (1927) u. a. sich den Grundannahmen HABERLANDTs anschließen und sie weiter entwickeln. Nach diesem allen wird man kaum sagen können, daß die Frage des Vorhandenseins von Pflanzenhormonen im negativen Sinne entschieden ist. Auch später in diesem Werke noch mitzuteilende Beobachtungen sprechen nicht gegen das Vorhandensein von Pflanzenhormonen. Immerhin erscheint der völlig uneingeschränkte Gebrauch des Wortes „Hormone" noch vorzeitig. Ist doch bei dem heutigen Stande unserer Kenntnis selbst die Abgrenzung der chemischen Wundreize und der durch sie hervorgerufenen Reaktionen von den Folgen rein mechanischer Einflüsse noch gänzlich unmöglich. Erwägungen theoretischer Art spielen auf unserem Gebiet leider noch eine größere Rolle als das Experiment, was leicht erklärlich ist, wenn man bedenkt, daß auch die normale Physiologie der Zelle noch längst nicht genug erforscht ist. Auch die Kolloidchemie, aus welcher die Traumatologie sicherlich viel Anregung schöpfen kann, ist noch eine junge Wissenschaft. Eine weitere Komplikation ergibt sich daraus, daß eine Reihe von Forschern die Existenz mehrerer Wachstumshormone behauptet. Selbst HABERLANDT (1921a, S. 42) nimmt an, daß die Wundhormone nicht für sich allein, sondern gemeinsam mit anderen Zellteilungshormonen wirken. Dabei wird diese Wirkung wie bei den Zoologen nicht als direkte Beeinflussung, sondern als „Befreiung" potentieller Möglichkeiten der Zelle, durch Beseitigung und Neutralisation „hemmender Stoffe" betrachtet.

Andererseits läßt HABERLANDT eine gewisse Priorität der Wirkung irgendwelcher Zellteilungshormone zu. So äußert er sich, im Anschluß an die Beschreibung der Bildung parthenogenetischer oder adventiver Embryonen bei *Oenothera Lamarckiana* unter dem Einfluß von Nekrohormonen folgendermaßen (1930a, S. 399):

„Ist die Entwicklung der Eizelle zum Embryo durch Zellteilungsstoffe einmal in Gang gesetzt, so vermag das entstandene embryonale Gewebe die Teilungshormone, die von jetzt an die Zellteilungen auslösen, offenbar selbst zu erzeugen. Das gilt auch für alle primären embryonalen Gewebe, vor allem für das Urmeristem der Vegetationsspitzen der Stengel und Wurzeln."

Das macht jedoch noch nicht die Angaben von CHOLODNY (s. 1931b und dort angegebene frühere Arbeiten des Autors) überflüssig, daß „die Wurzelspitze einen wachstumsregulierenden Stoff ausscheidet, der in die Wachstumszone dieses Organs diffundiert und hier verbraucht wird" (S. 207).

Auch (S. 215) in eine unverletzte Wurzel von *Zea mays* diffundieren die Wuchsstoffe aus Koleoptilspitzen derselben Pflanze, welche man der Wurzelspitze angelegt hatte. CHOLODNY spricht die Wuchsstoffe als Wuchshormone an.

Auf diese Weise kann nicht nur die Rede sein von einer unabhängigen Neubildung verschiedener Hormone in Geweben, welche unter der Wirkung eines Ausgangshormons entstanden sind, sondern man muß auch eine Diffusion verschiedener Hormone in Gewebe in Betracht ziehen, die ihnen nicht eigentlich entsprechen. Hier soll nur darauf hingewiesen werden, daß im Kapitel über die Verwachsung der Pfropfungen einige Daten angeführt werden, die uns den Unterschied zwischen den Wundreizen bei verschiedenen Pflanzenarten und sogar in verschiedenen Geweben eines und desselben Individuums vor Augen führen. Man kann hier auch an die Experimente von KÖHLER (1930) über die Bildung vegetativer Anastomosen bei Pilzen erinnern. KÖHLER kam zu dem Schluß (S. 1520),

„daß die von den einzelnen Pilzen ausgehenden Wirkungen und Gegenwirkungen spezifisch sein müssen. Jede Art sendet ihre spezifischen Reize aus und reagiert nur auf diese mit normaler Intensität".

Dabei bemerkt der Autor mit Recht, daß die Reize auf jeden Fall chemische Stoffe, wahrscheinlich von fermentativer Natur sind. Das Gesagte spricht für die Notwendigkeit, die schwere aber wichtige Arbeit der Klärung des Charakters der gemeinsamen Wirkung verschiedener Reize in verschiedenen Kombinationen durchzuführen.

Doch sind wir von diesem Ziel noch weit entfernt. Z. B. wird man die Theorie von CHOLODNY (1927b, S. 622), nach welcher die Wundhormone auf die allgemeinen Wachstumshormone hemmend wirken, kaum als genügend bewiesen betrachten können. Die letzte Bemerkung haben wir schon in unserer früheren Arbeit (KRENKE, 1928b, S. 154) ausgesprochen. CHOLODNY äußert 1929 von neuem die Ansicht, daß die Wundstoffe das Wuchshormon inaktivieren. Im Jahre 1931 (a) verfocht er dieselbe Meinung, schränkt sie aber, ohne unseren entsprechenden Hinweis zu erwähnen, ein, indem er schreibt (Planta, Bd. 13, S. 682):

„Ich muß jedoch hervorheben, daß auch diese Annahme einer Wechselwirkung zwischen verschiedenen ‚Hormonen' bloß eine Arbeitshypothese ist, die zunächst weitere experimentelle Untersuchungen auf diesem so wenig erforschten Gebiet veranlassen soll."

Es ist interessant, daß CHOLODNY in dieser Arbeit den Terminus „Hormone" sehr ungern anwendet, ihn manchmal in Gänsefüße stellt oder durch die Termini „Wuchsstoffe" oder „Wundstoffe" ersetzt. Danach ist er wohl auch in diesem Punkt unserer Ansicht (KRENKE, 1928b, S. 154), daß in bezug auf die Pflanzen „ein freier Gebrauch des Begriffs ‚Hormone' vorläufig vorzeitig ist"[1].

[1] [Der gesamte Problemkreis der hormonalen Korrelationen innerhalb des Pflanzenkörpers hat durch neuere Arbeiten einen wesentlichen weiteren Ausbau erfahren. Es sei einmal erinnert an die Arbeit von FITTING (1932) über die chemodinetisch wirksamen Aminosäuren (vgl. S. 154). F. A. F. C. WENT (1930) berichtet über sog. „wurzelbildende" Substanzen, durch deren Entdeckung der von SACHS geprägte Ausdruck der „organbildenden" Substanzen einen konkreten Inhalt erhielt (vgl. KOSTYTSCHEW-WENT, 1931). Weitere Arbeiten über das Problem stammen von H. A. A. VAN DER LEK (1925), von F. W. WENT (1929), sowie von M. FLIRY (1932). In allen Fällen wurde die Bedeutung der Anwesenheit von Blättern für die Wurzelbildung von Stecklingen bewiesen und auf stoffliche Einflüsse, welche wir als hormonal bezeichnen können, zurückgeführt. FLIRY wies auf die besondere Bedeutung der Anwesenheit von Elektrolyten für die Wirksamkeit der organbildenden Substanzen hin.

Wesentliche Fortschritte machten ferner unsere Kenntnisse über den sog. Wuchsstoff, dessen Bedeutung für das Streckungswachstum, sowie für die tropistischen Krümmungen in Arbeiten von F. A. F. C. WENT (1931), A. N. J. HEYN (1931), sowie von SÖDING (1932) behandelt wird. N. NIELSEN (1930) fand in Kulturen von *Rhizopus suinus* einen ähnlich wirksamen Stoff. Seine Wirksamkeit beruht auf der Erhöhung der Plastizität (der plastischen, nicht der elastischen Dehnbarkeit) der Zellmembran. LAIBACH (1932) berichtet über Versuchsergebnisse, welche für die Identität des „Wuchsstoffes" mit den sog. „Botenstoffen" der Pollen gewisser Pflanzen sprechen. Über die chemische Natur des nunmehr als Auxin bezeichneten Stoffes berichteten S. KÖGL und HAAGEN-SMIT (1931). Danach handelt es sich beim Auxin anscheinend um das Lakton einer Trikarbonsäure. F. W. WENT (1932) wertete diese Ergebnisse unter Benutzung elektrophysiologischer Tatsachen zu einer botanischen Polaritätstheorie aus.

Weitere Arbeiten über dieses Gebiet: J. OOSTERHUIS (1931), H. G. DU BUY (1931), I. E. UYLDERT (1931).

Über blatteigene Wuchsstoffe und ihren Antagonismus gegenüber den Wuchsstoffen der Achse vgl. J. KISSER (1931).

Eine weitere Stoffklasse, die offenbar im Bereich der chemisch gesteuerten Korrelationen von Wichtigkeit ist, scheinen die Sulfhydrilkörper darzustellen. Über die Wirkung der Sulfhydrilkörper bei der Regeneration und beim Wachstum von Tieren unterrichtet uns die Arbeit von F. S. HAMMET und D. W. HAMMET (1932). Hier findet sich weitere Literatur über das Problem angegeben. Wir entnehmen der zitierten Arbeit, daß Sulfhydrilkörper Wachstum und Differenzierung sowie eine Art von Kallusbildung begünstigt und beschleunigt, während die oxydierte Stufe dieselben Vorgänge verlangsamt. Interessante Parallelen lassen sich vielleicht ziehen zwischen dieser Arbeit auf zoologischem Gebiete und den Arbeiten von MOTHES (1932) und TR. SCHULZE (1932) an botanischen Objekten. Nach diesen Autoren wirken in den Pflanzen Körper, welche dem Cystein mindestens sehr ähnlich sind, in reduzierter Form als Aktivatoren der Eiweißzersetzung, während die oxydierte Stufe ein Paralysator des Eiweißabbaus ist. Hinsichtlich des Vorkommens der beiden Oxydationsstufen des Körpers ergeben sich Unterschiede je nach dem ontogenetischen Stadium der Pflanze. W. SCHUMACHER (1931) weist vermutungsweise auf Zusammenhänge mit dem von ihm untersuchten

Das gleiche dürfte der Fall sein, angesichts der Behauptung NAKANOs (1924, S. 272), daß die „typische Kallusbildung" nur durch die korrelative Wirkung zweier Hormone bedingt wird, von welchen eines durch die prokambialen Zellen der Gefäßbündel geliefert werde, während das andere das typische „Wundhormon" sei. Ohne uns auf Einzelheiten einzulassen, möchten wir darauf hinweisen, daß diese Beobachtungen nicht verallgemeinert werden können. In anderen Arbeiten über Wundhormone wurden Zellteilung und sogar Kallusbildung unabhängig vom Leptom oder prokambialen Elementen beobachtet, vielmehr ist aus unseren Arbeiten zu ersehen, daß Teilungen sowohl in der Nähe des Bündels als auch weit von ihm und der Schnittfläche entfernt auftreten (s. Abb. 110, 111, 7, II).

Wir können in derselben Richtung die Beobachtungen unserer Schülerin N. I. DUBROWITZKAJA (s. unsere S. 312, Punkt 12) anführen. Es wurden in den untersuchten bewurzelten Blattstielen von *Begonia rex* mit oberen Seitensprossen im Durchschnitt in jedem Schnitt — 41,9% der vorhandenen Bündel von parenchymatischen Scheiden, die in den Kontrollstielen der Mutterpflanze fehlen, umgeben gefunden. D. h. die genannten Scheiden haben sich im Experiment durch Teilung von parenchymatischen Zellen, die dem Phloem, wie auch dem Xylem der Bündel anliegen, gebildet. Diese Scheiden fanden sich auf der ganzen Länge der Stiele: von der abgeschnittenen Basis bis zur Spitze.

Man kann nach den Bildern ihrer quantitativen Verteilung auf der Längserstreckung und des ganzen Stieles in keinem Fall diese Scheiden als Resultat der Wundreizung beim Schnitt unten am Stiel erklären. Sie sind auch durch den spezifischen Einfluß des Phloems nicht erklärbar. Diese Teilungen ließen sich nur durch den Einfluß der Leitbündel im ganzen erklären. Das Wachstum dieser Bündel wurde bewiesen. Nach Druck dieser Arbeit werden auch alle Einzelheiten zu ersehen sein.

Wenn wir auch unsere Beispiele anderen Pflanzen als NAKANO entnehmen, so ist dies doch kaum von Bedeutung. In der Tat kann man sich schwer vorstellen, daß die korrelative Zusammenarbeit dieser verschiedenen „Hormone" je nach der untersuchten Art so stark verschieden ist. Auf das Problem, in welchem Grade eine Beeinflussung z. B. der regenerativen Vorgänge durch die Nähe des Leitsystems statthat, wird später noch zurückzukommen sein[1].

Eiweißumsatz von Blütenblättern hin. J. HARIG (1932) hat jedoch bei seinen Regenerationsversuchen keine Wirkung von Glutathion feststellen können.

Über die Einwirkung tierischer Hormone auf Lebensvorgänge von Pflanzen berichteten SCHOELLER und GOEBEL (1931).

G. MADAUS und R. KUNZE (1933) wollen sogar einen Einfluß des Adrenalins auf den Blutungsdruck von Pflanzen festgestellt haben. Es wird zweifellos nötig sein, diese Angabe, die bei Bestätigung von hohem Interesse wäre, nachzuprüfen. M.]

[1] [Über einen interessanten Zusammenhang zwischen Leitsystem und der Ausbildung organisierter Regenerate berichtet auch CZAJA (1931). M.]

Bis jetzt haben wir nur nebenbei bemerkt, daß die Lehre HABERLANDTs von den Zellteilungshormonen eine allgemeine Theorie der Zellteilung darstellt. Es gibt noch eine Anzahl weiterer Arbeiten, die der Erklärung der Zellteilungen oder des Zellwachstums gewidmet sind. Diese Arbeiten bringen aber in bezug auf die Zellteilungen noch nichts hinreichend Allgemeingültiges; noch auch können sie als hinreichend ausgearbeitete Theorien angesehen werden. Das sehr reichhaltige Sammelreferat von PRÁT und MALKOVSKÝ (1927) stellt das Hauptsächlichste aus diesem Gebiete zusammen. Damit erübrigt sich für uns eine entsprechende Schilderung, wenngleich wir zu den Haupttheorien im folgenden noch Stellung nehmen wollen.

Parallel zur Theorie HABERLANDTs existieren noch zwei wichtigere, nämlich die Theorie der „mitogenetischen Induktion" von ALEX. GURWITSCH und die „Elektronenradiatorentheorie" von METHODI POPOFF. Wir haben im Jahre 1928 (KRENKE, 1928a, S. 154) auf die Notwendigkeit einer Gegenüberstellung der Theorie GURWITSCHs und der Hormonaltheorie des Wachstums unter Berücksichtigung der elektrischen Erscheinungen in den Pflanzen hingewiesen. Zu der Zeit existierte nur eine Äußerung von GURWITSCH selber (1926) über die Beziehungen der mitogenetischen Strahlen zu den Wundhormonen. Jetzt liegt auch die Antwort HABERLANDTs (1929a) und eine Replik der Schule GURWITSCHs (s. GURWITSCH, 1929, und SALKIND und FRANK, 1930) uns vor, ebenso die Betrachtung der Hormone und der mitogenetischen Strahlen von seiten POPOFFs (1930, S. 304 und 313).

Eine ausführliche Stellungnahme GURWITSCHs bezüglich der letzteren Theorie wie auch überhaupt der Beziehungen seiner Theorie zu den elektrischen Erscheinungen in den Pflanzen (speziell dem Ausströmen von Elektrizität aus Pflanzenorganen und den elektrischen Prozessen in der Zelle) ist uns nicht bekannt.

Wir haben keine Möglichkeit, hier irgendeine ausführliche Analyse des augenblicklichen Zustands dieser Frage zu geben, können aber auch nicht vermeiden, wenn auch nur in allerkürzester, allgemeiner Form, unsere Ansichten hierüber wiederzugeben. Die GURWITSCH nahestehenden Mitarbeiter SALKIND und FRANK (1930) haben eine kurz gefaßte kritische Zusammenfassung über die mitogenetischen Strahlen unter Anführung fast der gesamten Literatur über den Gegenstand gegeben. Will man sich mit der Frage näher beschäftigen, so muß man diese Arbeit zur Hand nehmen.

Bei unserer Behandlung der Frage wollen wir die Frage der technischen Sicherheit der Experimente der Schule GURWITSCHs im Gegensatz zu anderen Autoren, welche diese Frage auch bis jetzt noch scharf diskutieren (s. HABERLANDT, 1929a und 1930a, GURWITSCH, 1928, SALKIND und FRANK, 1930) außer acht lassen. Wir wollen von der Voraussetzung ausgehen, daß die technische Auswertung dieser Fragen richtig ist[1], wenngleich jetzt im Zusammenhang mit den Arbeiten von W. W. SIEBERT (1930) und von B. P. TOKIN (1930, 1932 im Druck), TOKIN u. BARANENKOWA (1930) diesbezüglich neue Fragen aufgetaucht sind. Wir denken an die Stimulationswirkung von ätherischen Ölen der Zwiebel und an die durch ihre geistreiche Einfachheit interessante Kritik von TOKIN an der Methode der Abzählung von knospenden Hefen. Diese letztere kann, wie uns scheint, bis zum gewissen Grade eine Beziehung zu der Bewertung von Mitosen in anderen Objekten von GURWITSCH haben.

Weiter haben TAYLOR und HARVEY (1931) bei der Zwiebelwurzel wie auch bei der Bierhefe einen mitogenetischen Effekt nicht erhalten. Abgesehen von dem Fehlen einer Reaktion darauf hin, daß (S. 290)

„in normal roots, unexposed to any supposed source of mitogenetic radiation, there may still be a variation in the number of dividing cells in two halves of a root as high as 50 per cent".

Wir möchten hierzu noch bemerken, daß im Jahre 1928 der kürzlich verstorbene Forscher S. G. NAVASCHIN, vor der Moskauer Naturforschergesellschaft in einem öffentlichen Vortrag gezeigt hat, daß durch eine genaue Zählung der Mitosen in Zwiebelwurzeln spiralige Verteilung der natürlichen Mitosen gefunden wird. Also kommt es auf einzelnen Längsbezirken der Zwiebelwurzel immer zu einer Erhöhung der Zahl sich teilender Zellen auf der einen Seite gegenüber der anderen. Daraus wird verständlich, daß im Längsschnitt der zu untersuchenden Wurzel rechts und links von der Längsachse des Schnittes eine ungleiche Zahl von Halbwellen natürlicher Teilungen sind. Damit ergibt sich die Möglichkeit von Beobachtungsfehlern, wenn eine zufällige natürliche Überragung der Teilungszahl auf der stimulierten Seite als ein Anzeichen für einen mitogenetischen Effekt betrachtet wird. Im Wesen kommen die entsprechenden Angaben von TAYLOR und HARVEY auf dasselbe heraus.

Aber wir haben uns vorgenommen, die Frage der Richtigkeit der technischen Bewertung der Experimente durch die GURWITSCH-Schule nicht zu besprechen und haben nur die oben genannten Angaben wegen ihrer relativen Neuheit angeführt.

Bekanntlich besteht das Wesen der Ansichten GURWITSCHs in folgendem (s. 1928b, S. 748 und 1928a, S. 275):

„Die Zellen reifen zur Mitose allmählich und stetig heran, indem sie einen energieliefernden Stoff anreichern. Die mitogenetische Induktion besteht in einer Zersetzung desselben und in einer dementsprechenden Energiebindung, die hauptsächlich die Arbeit der Zellteilung leistet". (S. 748.)

---

[1] [Diese Annahme dürfte allerdings kaum zurecht gemacht werden können, wie insbesondere die Arbeit von SEYFERT (1932) zeigt. SEYFERT prüfte das Vorhandensein einer Strahlung zwischen 0—3200 A nach, unter Verwendung des höchstempfindlichen Zählrohres von MÜLLER und GEIGER. Irgendein Effekt konnte nicht beobachtet werden. M.]

„Der unmittelbare Effekt der mitogenetischen Induktion ist die Aufspaltung eines in der Zelle aufgespeicherten energieliefernden Stoffes. Bei einer bestimmten Schwellenkonzentration desselben reicht die bei der Spaltung entbundene Energie zur Bestreitung der bei der Zellteilung aufzuwendenden Arbeit. Die Zelle reagiert durch die Mitose. Ist die Konzentration des betreffenden Stoffes in der Zelle unterschwellig, so kommt es nicht zur Mitose, die entbundene Energie wird ‚verstrahlt‘ (sog. Sekundärstrahlung). Da letzteres auf Grund des Vorangehenden wohl einwandfrei auf Glykolyse zurückgeführt werden kann, kommen wir schließlich zu der vorderhand hypothetischen Aufstellung, daß der in den Zellen sich anreichernde, durch seine Aufspaltung für die Zellteilung energieliefernde Stoff ein Kohlehydrat ist." (S. 275).

In physikalischer Hinsicht sind die mitogenetischen Strahlen nach der Auffassung der Schule GURWITSCHs (s. SALKIND u. FRANK, 1930, S. 84). „Ultraviolettstrahlen mit einer Wellenlänge von 2000—2500 Å von sehr geringer Intensität".

Aber diese ganze Bestimmung ist nicht endgültig, denn die Autoren bemerken dazu, daß sie die Möglichkeit irgendwelcher Überraschungen im weiteren nicht ausschließen können.

Wir betonen, daß die Grundtheorie von GURWITSCH nur den Anfang der Endphase der Zellvermehrung, nämlich den Beginn ihrer unmittelbaren Teilung umfaßt, während die ganze „vorbereitende" Periode für einen Ausgangszustand gehalten wird, und daß der ganze nachfolgende, der Prozeß der eigentlichen Zellteilung außerhalb des Bereiches der Anwendung der Theorie der mitogenetischen Induktion als solcher bleibt. Dabei erweisen sich, wie auch GURWITSCH selber betont, die Ausgangszustände der Zelle, „die Faktoren ihrer Bereitschaft" in keinem Falle als weniger wichtig für die Möglichkeit der Zellteilungen als die Wirkung „der Faktoren der Verwirklichung" der Teilung, d. h. die mitogenetischen Strahlen. Wir möchten dazu hinzufügen, daß für die faktische Verwirklichung der Zellteilung auch andere Faktoren, welche durch den weiteren Mechanismus der begonnenen Zellteilung gesteuert werden, nicht weniger wichtig sind. Diese Faktoren werden, wie gesagt, von der genannten Theorie nicht berührt.

Wenn man das Gesagte überblickt, so können wir rein formell die Theorie der mitogenetischen Induktion nicht als eine Theorie auffassen, die den ganzen Prozeß der Zellteilung erklärt. Es handelt sich nur um einen Versuch experimentell und theoretisch eine der notwendigen Phasen dieses Prozesses zu erklären.

Außerdem kann die Theorie GURWITSCHs noch von zwei Seiten betrachtet werden.

1. Vom Standpunkt der experimentellen Stimulation von Zellteilungen auf Entfernung durch spezifische Strahlen (welche früher sogar „vitale Strahlen" genannt wurden).

2. Vom Standpunkt der Übertragung experimenteller Daten auf die Erklärung der normalen Zellteilungen im Organismus. Bezüglich des experimentellen Teiles können Einwände technischen und Einwände

philosophischen Charakters erhoben werden. Verabredungsgemäß wollen wir die Einwände technischen Charakters nicht berühren. Die Einwände philosophischen Charakters sind jedoch bisher noch nicht gemacht worden; sie sind aber vonnöten, wenn die physikalische Natur der mitogenetischen Strahlen und der angenommene Wirkungsmechanismus nicht analysiert würde, wenn also dem Terminus „vitale Strahlen" tatsächlich eine Geltung im vitalistischen Sinne beigemessen würde.

Was die Ausnutzung der experimentellen Daten für die Erklärung der normalen Zellteilung im Organismus anbelangt, so ist von unserem Standpunkt aus die Theorie von GURWITSCH nicht einwandfrei. Man kann sogar, was nach unserer Meinung sehr wesentlich ist, daran zweifeln, ob die Theorie GURWITSCHs tatsächlich eine solche ist und nicht eine von mehreren möglichen Hypothesen.

In der Tat dreht es sich im wesentlichen darum, daß durch eine energetische Fernwirkung Zellteilungen hervorgerufen werden können. Aus diesem Grunde wird gerade diese Energieart als im Organismus in dieser Richtung spezifisch wirksam angenommen. Dabei ist allgemein bekannt, daß die Zellteilung auf Entfernung auch durch andere Energien, Wärme oder Elektrizität, hervorgerufen oder gehemmt werden kann. Das bedeutet aber nicht, daß man in einer dieser Energien das Monopol der spezifischen Wirksamkeit in bezug auf die Auslösung der Zellteilungen erkennen kann.

Selbstverständlich kann man hier den Einwand machen, daß als Quelle der mitogenetischen Strahlen unverletzte oder jeder Struktur beraubte Gewebe des Organismus selbst dienen. Es will einem dabei scheinen, daß dies an der Sachlage wenig ändert.

1. werden aus diesen Geweben auch andere Energiearten frei und 2. wenn man selbst die mitogenetische Wirkung anerkennt, so besteht eine willkürliche Anerkennung ihres spezifischen Wirkungsmonopols im Organismus, wenn wir wissen, daß andere Zellteilungen auch durch andere Stimulatoren hervorgerufen werden. Uns sind keine Experimente bekannt, welche die spezifische Wirkung gerade der mitogenetischen Strahlen in der natürlichen Entwicklung des Organismus zeigen. Und wir sehen keine Notwendigkeit einen neuen Faktor, welcher die Zellteilungen „verwirklicht", einzuschalten, wenn eine Stimulation von Zellteilungen z.B. durch Faktoren chemischer Natur, unter anderem auch durch die Hormone von HABERLANDT, die auch von der Schule GURWITSCHs anerkannt werden, möglich ist.

Wie schon oben erwähnt wurde, ergaben sich aus den Arbeiten von STEMPELL (1930 und 1931), SIEBERT (1930) und TOKIN (1930, 1930 und 1932) weitere neue Ansichten über das Wesen der Stimulatoren, wenigstens in den Experimenten mit der *Zwiebel*. Der erste Autor erkennt für die LIESEGANGschen Ringe wie auch für lebende Objekte die Mitwirkung von „gasförmigen Zellteilungshormonen" und von mitogenetischen

Strahlen an. SIEBERT und TOKIN schließen in ihren Experimenten die Wirkung mitogenetischer Strahlen aus und erkennen als Stimulatoren die einfachen gasartigen, chemischen Absonderungen, welchen man, wie wir meinen, nur äußerst schwer irgendwelche „hormonale" Eigenschaften wird zuschreiben können.

In bezug auf alle die oben angeführten Ansichten ist, soweit uns bekannt, die Reaktion der GURWITSCH-Schule noch nicht endgültig festgelegt.

Nach der Meinung der Schule GURWITSCHs (s. SALKIND und FRANK, 1930, S. 50) liegt die Aufgabe der HABERLANDTschen Hormone, denen die Autoren eine besondere Rolle zuschreiben, „entweder in der Produktion von Strahlen oder in einer gewissen vorherigen Umarbeitung, Vorbereitung der Zellen für die Einwirkung des ‚Verwirklichungsfaktors' ". Dabei bekommt auch die HABERLANDTsche Theorie eine etwas andere, begrenztere Deutung als jene, welche der Autor selbst ihr gibt. Aber HABERLANDT selbst (1929a, S. 226 und 1930a, S. 400) ist der Meinung, daß die Theorie GURWITSCHs nicht in prinzipiellem Widerspruch mit seiner eigenen Theorie steht, wenngleich er die mitogenetische Induktion nicht für bewiesen hält. Die Hormone stellen einen der notwendigsten Faktoren für die Mitosen dar, welche offensichtlich die Vorbereitung der Zelle zur Teilung begünstigen. Die Rolle „Ermöglicher" oder „Verwirklicher" der Teilungen schreibt die Schule GURWITSCHs nur den mitogenetischen Strahlen zu.

Wir verstehen nicht, was uns stören sollte, den chemischen Reizen die Möglichkeit zur Ausführung beider Rollen zuzuerkennen. Dies ist viel einfacher, wenn man von der weiter unten angeführten Erscheinung von POPOFF wie auch etwa von dem Kontrollexperiment HABERLANDTs, welches durch die Schule GURWITSCHs bestritten wird, ausgeht.

HABERLANDT (1929) hat, von der Annahme ausgehend, daß ein besonders überzeugender Detektor dasjenige Gewebe sein muß, welches normalerweise mitosenfrei ist, für das Experiment die Mesophyllfläche von alten Blättern, von *Sedum spectabile* und *Echeveria secunda*, welche ohne Zellzerreißung zertrennt wurden, gewählt. Es hat sich gezeigt, daß der Gewebebrei, wenn er auf die genannte Fläche aufgelegt wurde, immer Zellteilungen hervorrief, während er in einer Entfernung von 1—2 mm keine Zellteilungen hervorrufen konnte. SALKIND und FRANK (1930, S. 49) werfen HABERLANDT vor, daß er die Grundvoraussetzung der doppelten Konzeption von GURWITSCH, nämlich

„die Vorbereitungsfaktoren, welche die Fähigkeit der Zellen überhaupt auf eine Einwirkung von außen her zu reagieren, bewirken, so daß sie also in diesem Fall auf die Strahleneinwirkung"

anzusprechen vermögen, nicht berücksichtigt hat. Deshalb hätten die alten Zellen, welche, um auf den Verwirklichungsfaktor ansprechen zu können, noch einer vorherigen chemischen Vorbereitung bedurft hätten, in den HABERLANDTschen Experimenten auf die mitogenetischen Strahlen nicht reagiert.

Die genannten Autoren führen nun eine neue Untersuchung von GURWITSCH (1929) an, die den Charakter einer Antwort an HABERLANDT trägt.

GURWITSCH hat bei Einwirkung eines Breies derselben Blätter derselben *Sedum*-Spezies auf gewöhnliche Detektorhefe den normalen mitogenetischen Effekt dieses Breies nachgewiesen.

Hierbei zeigt sich gleichzeitig die schwache und die starke Seite der Theorie der mitogenetischen Induktion. Ihre starke Seite liegt darin, daß jedes negative Resultat auf die mangelnde Vorbereitung der Zelle für die Reaktion zurückgeführt werden kann. Ihre schwache Seite liegt darin, daß die gekennzeichnete Abwehr etwaiger Einwände bis jetzt sich auf keine anderen Beweise stützt als durch den Hinweis auf eben jene mitogenetischen Strahlen, deren Existenz durch diese Abwehr bewiesen werden soll. In der Tat ist die mangelnde Vorbereitung der Zelle für die mitogenetische Induktion objektiv nur durch die Tatsache charakterisiert, daß die Zelle auf mitogenetische Einwirkung nicht reagiert. Weiter unten werden wir eine ganz ähnliche Sachlage bei der Archiplasmatheorie von MIEHE antreffen (s. S. 297). Außerdem arbeitet die Theorie mit dem Hinweis auf die chemische Vorbereitung oder auf das chemische Nichtvorbereitetsein der Zelle zur Teilung mit Erscheinungen, welche ihrem Wesen nach von der Theorie keineswegs irgendwie ausführlich umfaßt werden, die darüber hinaus auch nicht experimentell erklärbar sind.

Kehren wir zum letzten Experiment von HABERLANDT mit *Sedum* und *Echeveria* zurück. Es macht den Eindruck, als ob dieses Experiment ein vollkommen abgeschlossenes Bild gäbe. Die chemischen Reize haben die alten Zellen zur Teilung **vorbereitet** und diese Teilung **verwirklicht**! Die mitogenetischen Strahlen hier hineinzubringen, scheint uns nicht nur nicht notwendig, sondern sogar künstlich zu sein. Wenn man von der Theorie der chemischen Faktoren der Zellteilungen eine Erklärung ihres Wirkungsmechanismus durch vollkommen direkte Faktoren dieser Teilung verlangt, so wird man das gleiche auch von der Theorie der mitogenetischen Induktion verlangen können, die diese Erklärung auch nicht gibt. Der Unterschied liegt darin, daß die Theorie der mitogenetischen Induktion nicht ohne Mitwirkung chemischer Faktoren in dem Gesamtprozeß der Zellvermehrung auskommt, während die Theorie der chemischen Faktoren beim Fehlen der Theorie der spezifischen mitogenetischen Induktion keinerlei Schwierigkeiten begegnet.

Besonders deutlich geht dieses aus der Auffassung, welche POPOFF (1930) vorgeschlagen hat, hervor. Dabei versucht die Theorie von POPOFF das Wesen der Wirkung beliebiger Stimulatoren der Zellteilung von einem gemeinsamen Standpunkt aus zu erklären. Wir möchten hier einige besonders charakteristische Zitate aus POPOFFs Arbeit (S. 304) anführen:

„Nach der hier entwickelten Auffassung über die energetischen Umänderungen in der Zelle und im gesamten vielzelligen Organismus, muß man annehmen, daß die vitalen Strahlen von GURWITSCH, die bei den chemischen Prozessen in der Zelle abgespaltenen Elektronenradiationen sind, die zu einem großen Teil aus dem energetischen Zerfall der schon beschriebenen energetischen Radiatoren, wie Zellkern, Fermente, Hormone, Nervensubstanz und anorganische Bestandteile stammen, welche, wie wir gesehen haben, den gesamten chemischen Metabolismus der lebenden Substanz aktivieren und heben. Und diese im Organismus vorhandene Elektronenradiation wird es sein, welche die vitalen Strahlen GURWITSCHS abgibt, deren kinetische Wirkung durch den Raum nach der hier vorgetragenen Auffassung über die energetisch-atomistische Grundlage der chemischen Prozesse verständlich wird.

Die vitalen Strahlen GURWITSCHS sind demnach keine dem lebenden Organismus allein zukommende energetische Erscheinungsweise und Eigentümlichkeit, sondern sie sind dieselben Elektronenabspaltungen, Elektronenradiationen, die bei jedem chemischen Prozeß erscheinen müssen. Infolge der hier hervorgehobenen Intensität der Lebensprozesse ist die Wirkung auch der ‚vitalen Strahlen' eine besonders deutliche. Dieselben entstehen aber nach dem hier Gesagten auch bei jedem chemischen Prozeß, sie sind die freie abgespaltene Elektronenradiation. Das Vorhandensein der vitalen Strahlen ist ein Beweis für das Zutreffen der hier entwickelten energetisch-atomistischen Auffassung der chemischen Umwandlungen in der unbelebten und belebten Natur."

Es steht außer Zweifel, daß eine derartige Deutung der mitogenetischen Strahlen entschieden anders ist als diejenige, welche GURWITSCH und seine Schule vertreten. Und dabei zeigt sich, daß die POPOFFsche Theorie, wenn sie auch stellenweise strittig sein mag, trotzdem stärker verallgemeinernd wirkt und besser aufgebaut ist. Allerdings gibt sie kein Bild des unmittelbaren Mechanismus für den Zusammenhang des Prozesses der Zellteilung mit den energetischen Faktoren. Gerade darauf konzentriert sich das ganze Interesse der für eine Erklärung der Zellteilung interessierten Biologen.

In dieser Richtung sind ferner außer den oben angeführten Betrachtungen von PRIESTLEY über die Bedeutung des p_H besonders interessant die Daten von E. BAUER (1924) über die Bedeutung der Oberflächenspannung als nächsten Faktors der Zellteilung. Bei Gegenüberstellung dieser Ansicht mit der Ansicht über die Wirkung der HABERLANDTschen Wundhormone schreibt BAUER (S. 550—551):

„Spielt also bei dieser zellteilungsfördernden Wirkung der Wundhormone ihre Oberflächenaktivität die wesentlichste Rolle, so müssen wir folgendes erwarten:
1. Die abgewaschenen Wundhormone müssen die Oberflächenspannung erniedrigen;
2. die Oberflächenspannung muß nach dem Aufkochen wieder ansteigen.

Diese Erwartungen wurden nun durch unsere Versuche vollauf bestätigt. Zu den Versuchen wurden *Kohlrabi* und *Kartoffel*-Knollen benutzt. Eine kleine Scheibe aus dem Innern derselben wurde 5 Minuten in 20 ccm Aqua destillata gewaschen, dann ebenso in weiteren 20 ccm destilliertem Wasser, um den eventuellen Einfluß gewisser Extraktivstoffe auszuschließen. In der ersten Portion Wasser müssen sich nun die betreffenden abgewaschenen Wundhormone befinden (d. h. nach HABERLANDT: aktiver Extrakt, N. K.), in der zweiten aber fehlen, oder mindestens in bedeutend geringerer Konzentration vorhanden sein (d. h. nach HABERLANDT: inaktiver Extrakt N. K.). Es muß also die erste Portion eine ausgesprochen geringere Oberflächenspannung zeigen als die zweite. Die Messungen bestätigen dies. Als Beispiel sollen hier einige Zahlenangaben angeführt werden.

Versuche an *Kohlrabi*-Knollen. Messungen bei 23^0 C mittels Abreißmethode. Die angeführten Zahlen geben die Oberflächenspannung in dyn pro Zentimeter an.

  1. Portion   66,5   68,5   66,3
  2. „   72,4   72,6   72,9

Nun wurde die erste Portion in zwei Teile geteilt, die eine Portion (A) wurde vor dem Aufkochen (aktiver Extrakt N. K.), die zweite Portion (B) nach dem Aufkochen (inaktiver Extrakt N. K.) gemessen. Die Ergebnisse waren folgende:

  A.   67,8   58,7   65,9
  B.   71,0   70,3   70,3

Die zellteilungsfördernde Wirkung der Wundhormone in ihrer Oberflächenaktivität gehen also tatsächlich parallel."

Also ist nachgewiesen, daß die Herabsetzung der Oberflächenspannung der Zelle schon ein Element des Wirkungsmechanismus der Stimulatoren der Zellteilung darstellt. Solche Angaben sind jetzt besonders wertvoll, da man nur für den Begriff des Wirkungsmechanismus der Stimulatoren selbst tatsächlich allgemeine Gesetze der Zellteilungen formulieren kann[1].

Die Angabe von REICHE (1924) und WEHNELT (1927) über die Thermostabilität der Wundreize kann man nicht als den Experimenten von BAUER entgegengesetzt ansehen, denn die genannten Autoren haben mit anderen Pflanzenarten gearbeitet und sind hier sogar von HABERLANDT abgewichen. Es steht außer Zweifel, daß für jedes Extrakt eine spezielle Analyse seiner Oberflächenspannung notwendig ist.

So lassen sich unsere Betrachtungen über die Faktoren der natürlichen Zellteilung im Organismus auf folgende Weise zusammenfassen:

1. Ein entscheidender Indikator für die Faktoren der Zellteilungen sind unmittelbare physiologische, chemische und physikochemische Bedingungen des Prozesses der Zellvermehrung, deren eines Stadium der Prozeß der eigentlichen Zellteilung ist, anzusehen.

2. Es ist unmöglich, den Prozeß der eigentlichen Zellteilung von dem Prozeß der Zellvermehrung in seiner Gesamtheit abzutrennen.

3. Die Grundtheorie der mitogenetischen Induktion ist nicht nur nicht die Theorie des Prozesses der Zellvermehrung, sondern sie stellt sogar nicht einmal eine Theorie des Zellteilungsvorgangs in seiner Gesamtheit dar. Diese Theorie bezieht sich nur auf die Anfangsphase des Kernteilungsprozesses. Diese Phase ist nicht notwendiger als alle anderen Phasen, die von der Theorie nicht umfaßt werden. Also umfaßt die Theorie den Prozeß der Zellvermehrung in seiner Ganzheit erst recht nicht.

---

[1] [Man wird allerdings mit derartigen Schlüssen sicher vorsichtig sein müssen. Es sei hier auf die Äußerung O. v. FÜRTHs (1928) über den Unterschied unserer Kenntnisse in bezug auf die augenfällige Wirkung der Katalase einerseits und ihre biologische Bedeutung andererseits hingewiesen. M.]

4. Die Theorie der mitogenetischen Induktion ist bis zu einem gewissen Grade nur für experimentell stimulierte Zellteilungen begründet. Die Übertragung dieser experimentellen Daten auf die natürlichen Zellteilungen in einem in Entwicklung begriffenen Organismus ist rein hypothetisch. Die Anwesenheit der mitogenetischen Induktion als eines Faktors für Zellteilungen in einem Organismus, der sich auf natürliche Weise entwickelt, ist experimentell nicht bestätigt.

5. Die Theorie der chemischen und physikochemischen Faktoren der Zellteilungen in ihrem weitesten Umfange (s. z. B. die Theorien von POPOFF von BAUER) erzielt bessere Resultate in der Aufklärung des gesamten Prozesses der Zellvermehrung und speziell der eigentlichen Zellteilung, als die Theorie der mitogenetischen Induktion, ohne dabei der Mitwirkung der spezifischen mitogenetischen Induktion zu bedürfen.

6. Umgekehrt ist die Theorie der spezifischen mitogenetischen Induktion ohne Zuhilfenahme der Theorie der chemischen Wirkungen nicht ausreichend. Speziell sind die negativen Resultate der Experimente der mitogenetischen Induktion von dieser Theorie nur durch das Fehlen der notwendigen chemischen Faktoren dieser Zellteilungen erklärt worden.

7. Die chemischen Faktoren der Zellteilung sind von den sie begleitenden und von ihnen abzuleitenden physikalisch-chemischen und physikalischen Faktoren dieser Teilungen nicht abzutrennen.

8. So ergibt sich für keine einzige Phase der Zellteilung ein spezifischer Faktor, sondern es erweist sich ein Faktorenkomplex als wirksam und die Spezifität kann nur in diesem Komplex, besser gesagt, in diesem System von Faktoren der Zellteilung gefunden werden. Das Wesen des Systems der genannten Faktoren selbst ist gleichzeitig durch die geschichtliche und ontogenetische Entwicklung dieses Systems begründet[1].

Schließlich kann man auch nicht an der Tatsache vorbeigehen, daß N. WAGNER (1930) bei Untersuchung der Verteilung der normalen Mitosen im Meristem der Wurzelspitze von *Allium cepa* zu dem Schluß kam, daß die von ihm festgestellten Gesetzmäßigkeiten (hauptsächlich die Periodizität des Auftretens der Mitosen) nur „durch die innere Veränderung der Zellbeschaffenheit (Teilungsreife)" erklärt werden können (S. 8) und nicht durch die Reizung jeder einzelnen Zelle von außen her. Deshalb lehnt er hier die Anwendbarkeit der Theorie von GURWITSCH wie auch der Theorie von HABERLANDT ab, denn nach Meinung des Autors setzen diese Theorien das Auftreten einer „Reizung" von außen her in bezug auf diese Zelle voraus. Es ist interessant, noch

---

[1] [Dieser Systemcharakter nicht nur einer biologischen Beobachtungssphäre (der Zellteilung), sondern des gesamten Lebens, wird mit besonderem Nachdruck von BERTALANFFY (1932b) betont. O. MORITZ (1932) hat bei Kritisierung des Begriffs der „lebenden Substanz" oder des „spezifischen Eiweißes" entsprechende Überlegungen angestellt. M.]

zu erwähnen, daß früher WAGNER die mitogenetische Induktion anerkannt hat und nachdem er das Experiment mit den Wurzeln von *Allium cepa* und dann *Vicia faba* durchgeführt hat, folgendes schrieb (1927, S. 678):
„Die Induktion der Mitosen einer Wurzel durch eine andere auf Entfernung scheint somit vollkommen bestätigt zu sein."

Am empfänglichsten für die Induktion erweisen sich Wurzeln mit einer kleineren Anzahl von Mitosen. Wurzeln mit starker Zellteilung werden von der Induktion nicht beeinflußt.

Was die letzte Arbeit von WAGNER anbelangt, so möchten wir trotz unserer Sympathien für sie doch ihr gegenüber eine gewisse Vorsicht walten lassen. Es scheint uns, daß die Theorie der mitogenetischen Strahlen sowohl wie die Hormontheorie der Zellteilungen eine intrazelluläre Wirkung intrazellulär gebildeter Teilungsreize und eine Periodizität dieser Wirkung zulassen. Deshalb haben wir vorher auch die Angabe von WAGNER nicht mit zur Stützung unserer Ansicht über die Unmöglichkeit einer vorbehaltlosen Übertragung von Daten des mit äußeren Bedingungen arbeitenden Experimentes der GURWITSCHschen Theorie auf die natürlichen Zellteilungen im normalen Entwicklungsgang eines Organismus herangezogen. Wenn man sich WAGNERs Betrachtungen anschließt, so illustrieren sie die Berechtigung unserer Anschauung ausgezeichnet. Nachdem WAGNER die mitogenetische Induktion bei Einwirkung auf die Wurzel von *Allium cepa* einerseits anerkannt hat, lehnt er andererseits ihre Bedeutung für die natürliche Entwicklung dieser Pflanze ab.

Eine etwaige Bestätigung der Ansichten WAGNERs würde in keiner Weise unsere übrigen Schlüsse bezüglich dieser Frage stören, vielmehr sie stützen. Wir möchten noch betonen, daß der Weg, den WAGNER bei seinen Untersuchungen einschlug, richtig war. Selbstverständlich ist es zunächst nötig, die natürliche Verteilung der Mitosen, d. h. die natürliche Entwicklung des Organs (des Organismus) mit allen Varianten dieser Entwicklung zu erforschen. Die dabei erhaltenen Bilder stellen nicht nur Kontrolldaten für das Experiment dar, sondern sie orientieren uns auch über die Bestimmung der Richtung, der Termine, der Geschwindigkeit und der Wirkungskraft der angenommenen Stimulatoren der Zellteilungen und charakterisieren sie damit entweder oder zeigen, daß die Annahme dieser Stimulatoren dem tatsächlichen Sachverhalt nicht entspricht. Diesen Weg der Untersuchung hat der leider verstorbene Akademiker S. G. NAVASCHIN im Jahre 1926 vorgeschlagen und zum Teil ausgeführt. Es ist möglich, daß seine vorläufigen Resultate später publiziert werden.

3. Über den Traumatotropismus und angrenzende Probleme.

TANGL hat schon im Jahre 1884 gezeigt, daß sich in der Epidermis der Schuppe von *Allium cepa* sowohl in den der Verwundungsstelle nahen, als auch in den entfernteren Zellen die Kerne und das Plasma der Wundstelle nähern. Er nannte diese Erscheinung „Traumatotaxis".

Weiter hat NESTLER (1898) an einigen Arten von *Tradescantia* und an einer Reihe anderer Pflanzen den Traumatotropismus des Zellinhaltes beobachtet. Eine Ausnahme bildeten die Schließzellen der Stomata. RITTER hat 1911 die Experimente von TANGL mit *Allium cepa* wiederholt und weiter entwickelt. Anfangs beobachtete er die Annäherung der Kerne an die Stich- oder Einschnittstelle und einige Zeit später das Zurückkehren der Kerne in den Ausgangszustand. Ebenso reagiert auch das Plasma. KÜSTER (1929, S. 79) ist der Meinung, daß die Kerne selbst überhaupt keine traumatotropische Eigenschaft besitzen, sondern von dem reagierenden Plasma mitgeschleppt werden. Das gleiche beziehe sich dann auch auf die Chromatophoren. SENN (1909) beschrieb Traumatotropismus für die Chloroplasten (vgl. noch SCHÜRHOFF, 1906).

Was den Mechanismus des beschriebenen Traumatotropismus des Zellinhaltes anbelangt, so ist hier die Frage nicht ganz klar. RITTER (1911) meint auf Grund seiner Beobachtungen über den Traumatotropismus in plasmolysierten *Zwiebel*-Zellen, daß es sich hier nicht nur um eine unmittelbare chemische Wirkung handelt, sondern er meint, daß auch die HECHTschen Fäden als Reizleiter teilnehmen.

Über analoge traumatotropische Verschiebungen des Plasmas schreiben NĚMEC (1910) und KÜSTER (1929).

Es sind auch Fälle negativen Traumatotropismus beschrieben worden. HANSTEIN (s. KÜSTER, 1929b, S. 80) hat beobachtet, daß bei *Vaucheria* in bestimmten Stadien der Wundheilung das Protoplasma gemeinsam mit den Chloroplasten von der Verwundungsstelle fortgeschoben wird. Allerdings kann es sich hier schon um eine sekundäre Verschiebung handeln, da diese Reaktion nicht gleich nach der Verwundung auftritt. Der negative Traumatotropismus ist von WEHNELT (1927) und von uns selbst (1928) im Kapitel über den Verwachsungsprozeß bei Pfropfungen beschrieben worden.

BIRKHOLZ (1931) hat andererseits in ihren Experimenten mit dem Blatt von *Rhoeo discolor* den Traumatotropismus des Zellinhaltes nicht unmittelbar feststellen können. Bei ihr ist die Literatur über den Traumatotropismus und einige andere Wundreaktionen behandelt. Sie schreibt (s. S. 299):

„Lageveränderungen von Chromatophoren oder Kernen, von Nukleolen oder Chromatinsubstanz innerhalb des Kernes in Beziehung zur Wunde wurden nicht beobachtet, desgleichen keine Kernvergrößerungen in Wundnähe."

Aber BIRKHOLZ hält diese Tatsachen nicht für direkt den früheren Angaben entgegengesetzt. Dies geht aus ihrer Äußerung hervor, daß sich (S. 312):

„ein pulsierendes Arbeiten der Kerne, das sich theoretisch sehr wohl mit einem pulsierenden Wandern zur Wunde hin und praktisch vielleicht mit unseren gefundenen Kernumlagerungen vereinigen läßt, findet."

180 Über die Reaktionen von Zellen und Geweben auf die Verwundung.

In unseren Arbeiten über den Verheilungsprozeß bei Wunden und den Verwachsungsprozeß sind wir zu dem Schluß gekommen, daß die Richtung und der Grad des Kerntraumatotropismus größtenteils von der Intensität der Wundreize und von der Empfindlichkeit der Kerne gegen diesen Reiz abhängt. Die erste Behauptung gründet sich vor allen Dingen auf das unterschiedliche Verhalten der Kerne in verschiedenen Entfernungen von der Wundoberfläche.

Der Unterschied in der Empfindlichkeit wird nicht selten in verschiedenartigen Kernreaktionen qualitativ verschiedener Gewebe eines Organs zum Ausdruck kommen.

Auch die verschiedenen Organe desselben Individuums verhalten sich nicht gleichartig. Auch verschiedene Pflanzenarten können sich bei im übrigen gleichen Bedingungen im Empfindlichkeitsgrad unterscheiden.

Es ist möglich, daß diese Momente auch die Ursache dafür waren, daß in den Experimenten von BIRKHOLZ mit der Haferkoleoptile (S. 318) „die Spitzenkerne während ihrer Tätigkeit aufs beste ein Zuwandern zur Wunde zeigen".

Wir finden hier also 1. ein anderes Bild als bei dem ursprünglichen Objekt der Autorin *(Rhoeo discolor)* und 2. ein verschiedenes Verhalten von Kernen verschiedener Bezirke desselben Koleoptils.

Ob unsere Beobachtungen im Zusammenhang stehen mit der von BIRKHOLZ festgestellten pulsierenden Reaktion der Kerne auf den Wundreiz hin, können wir bis jetzt nicht sagen. Es scheint, als ob ein solcher Zusammenhang für die Erklärung unserer Bildungen nicht nötig wäre. Selbstverständlich sind ausführlichere Untersuchungen über dieses Thema nötig.

Auch ganze Pflanzenorgane besitzen Traumatotropismus. Schon CH. DARWIN (mit einer Korrektion von WIESNER) und nach ihm SPALDING (1894) haben negativen Traumatotropismus von Wurzeln gefunden. Eine Reihe von Arbeiten ist dem Traumatotropismus von Koleoptilen der Gräser usw. gewidmet. Die Literatur über diese Frage kann man bei BÜNNING finden. Wir werden alsbald seine Arbeiten zu behandeln haben. Die Arbeiten CHOLODNYs (1931a) über die Korrelation der traumatotropischen Reaktionen mit den Reaktionen des Geotropismus, des Heliotropismus und den Wachstumsreaktionen überhaupt sind von bedeutendem Interesse. Wir verweisen hier den Leser auf eine Reihe von Arbeiten GRADMANNs (1925 und 1930) und von Diskussionen dieses Autors mit CHOLODNY auf diesem Gebiet. CHOLODNY hat in der genannten Arbeit mit etiolierten Hypokotylen von *Lupinus augustifolius* und *Lupinus albus* bestätigt, daß das Hypokotyl traumatotropisch positiv ist. Wenn man bei einseitig verletzten Hypokotyl weiterhin eine geo- oder heliotropische Reaktion hervorruft, so wird die gesamte tropische

Reaktion in ihrem quantitativen Ausdruck die algebraische Summe von überlagerten Reaktionen darstellen.

Diese Resultate wie auch einige andere, sucht der Autor auf Grund der Theorie der Wuchsstoffe und der Wundstelle in Zusammenhang mit der Elektropolarisation des Versuchsorgans (STERN, 1924) zu erklären. Darüber mag weiter unten (s. S. 192) noch die Rede sein.

Man kann vielleicht zu den Erscheinungen des Traumatotropismus auch die Erscheinung des Windens bestimmter Pflanzen oder bestimmter Pflanzenorgane stellen. Eigentlich handelt es sich hier nicht um einen Traumatotropismus, sondern um die Reaktion auf eine mechanische Reizung. Aber es handelt sich hier um Erscheinungen, die einander sicher nahestehen.

Endlich ist die Möglichkeit vorhanden, sogar die Erscheinung, welche zuerst von NĚMEC (1902) beschrieben wurde, als eine komplizierte Art des Traumatotropismus zu betrachten.

Bei einer Reihe von Pflanzen hat NĚMEC gezeigt, daß bei Amputation oder Eingipsung des Spitzenblattes eines unpaarig gefiederten Blattes sich die Blättchen des oberen Paares verschieben. D. h. sie neigen sich der Verletzungsstelle zu. Bei Fortnahme eines seitlichen Blattes des oberen Paares oder wenigstens eines Teiles von ihm findet eine Neigung des oberen nicht gepaarten Blattes nach der Seite der Verwundung zu statt usw. NĚMEC deutet diese Erscheinung vom Standpunkt der zweckmäßigen Symmetrie. Wir haben aber darauf hingewiesen (KRENKE, 1927a), daß in unseren Experimenten diese Erscheinung nicht immer beobachtet wird, und, was für uns die Hauptsache ist, wir haben gezeigt, daß im Bereich der gesetzmäßigen, natürlichen Variabilität unpaarig gefiederter Blätter immer auch paarig gefiederte Formen zeigen. Bei diesen Formen besteht das obere Paar aus dem normalerweise nicht gepaarten Spitzenblatt und einem unteren, normalerweise seitlichen Blatte. Das zweite Blatt des normalen oberen Paares erweist sich nur in gewissem Grade von dem oberen, normalerweise nicht gepaarten Blatt abgegliedert (getrennt), oder diese Abgliederung ist überhaupt nicht bemerkbar.

Einige Autoren, welchen die von uns festgestellte Gesetzmäßigkeit der Veränderlichkeit der Gliederung der Spreite gefiederter (auch lappiger) Blätter nicht bekannt ist, und welche keine Frühstadien der Entwicklung untersucht haben, halten das seitliche, nicht vollkommen abgegliederte Blatt für ein mit dem oberen unpaarigen Blatt verwachsenes seitliches Blatt. Manchmal findet sich in der Tat eine derartige Verwachsung. Aber in der Regel handelt es sich nicht um eine Verwachsung, sondern um eine im Frühstadium der Entwicklung nicht zu Ende gekommene Abgliederung des beschriebenen seitlichen Blattes (s. KRENKE, 1933a).

Also ist die paarige Fiederung ein Glied in der Variabilitätsreihe unpaarig gefiederter Blätter. Und dieser Zustand ähnelt weitgehend demjenigen, wo künstlich ein oberes seitliches Blatt fortgenommen wurde. Dabei ist in der Regel in den beschriebenen natürlichen Fällen das obere Blatt normalerweise nach oben orientiert und nicht seitlich, wo sich das nicht ausgebildete zweite seitliche Blatt befinden sollte. Hier kommt es also nicht zur Wiederherstellung der Symmetrie.

Gerade diese Überlegungen gaben uns Grund daran zu denken, daß in den Experimenten von NĚMEC, die im allgemeinen von uns bestätigt wurden, die genannten Krümmungen der Blätter eine komplizierte traumatotropische Reaktion darstellen[1].

Die Arbeiten der letzten Zeit, in denen auf die Existenz spezieller Wundreize, die verschiedene Wachstumsreaktion bedingen, hingewiesen wird, haben sich als großer Fortschritt in der Frage des Traumatotropismus erwiesen. Wir möchten hier insbesondere die letzte Arbeit von BÜNNING (1927) eingehender berücksichtigen. Wir finden in dieser Arbeit eine Wiedergabe aller hauptsächlichen Veröffentlichungen, die sich unmittelbar mit diesem Thema befassen. Später werden wir bei der Betrachtung der Polaritätserscheinungen auf die Resultate der BÜNNINGschen Arbeit (S. 256 und 262) zurückkommen, da BÜNNING hier die prinzipielle Gleichheit des Tropismus ober- und unterirdischer Pflanzenteile anerkennt ohne Rücksicht auf das mit Ausnahme spezieller Fälle direkt entgegengesetzte äußere Bild der Reaktionen (+ und —). Hier wollen wir insbesondere die physikochemischen Erscheinungen, die nach der Meinung BÜNNINGs die Reaktion auf die Verwundung bedingen, berücksichtigen. BÜNNING bestätigt die Tatsache der Bildung spezieller Wundstoffe, welche die Wachstumsveränderungen infolge der Verwundung hervorrufen. Sie stellen die Ursache für den negativen oder positiven Traumatotropismus dar. Aber die Erscheinungen der Erregung und des Erlöschens des Wachstums infolge der Verwundung stehen im gewissen Zusammenhang mit den Veränderungen im physikochemischen Zustand des Protoplasmas der Zellen, bis zu welchen die Reizwirkung gelangt. Bei der Untersuchung der Verbreitung des Wundreizes in der Längs- und Querrichtung der Koleoptile des Roggens *(Secale)* hat BÜNNING (S. 467) gezeigt, daß in der Längsrichtung die Ausbreitung des Wundreizes mit einer Geschwindigkeit erfolgt, die 3,1mal größer ist als in der Querrichtung. Diese Daten beziehen sich auf die Koleoptile, welche 5 mm unterhalb ihrer Spitze eingeschnitten ist. Beim Einschnitt in Entfernung von 15 mm von der Spitze beträgt dies Verhältnis 3,5 : 1.

Danach haben sich also hier die früheren Daten des Autors (BÜNNING, 1926) für die Epidermis der *Zwiebel*-Schuppe bestätigt, wo die Reizung ebenfalls in der Längsrichtung der Zellen schneller als in der Querrichtung sich ausbreitete.

An den gleichen Roggen-Keimlingen, d. h. an 5 und 15 mm unterhalb der Spitze eingeschnittenen Pflänzchen zeigte sich, daß die Ausbreitungs-

---

[1] [E. PRINGSHEIM (1932) deutet ähnliche Fälle als Gleichgewichtsreaktionen. M.]

geschwindigkeit einer schwachen Kernkoagulation in der Längsrichtung eine solche in der Querrichtung entsprechend um das 3- und das 3,4fache überragte. Da aber die Ausbreitung der Wundreizung in irgendwelchen Wachstumserscheinungen zum Ausdruck kommt, so finden wir ein fast vollkommenes Zusammenfallen der Äußerung des Wachstums mit den physikochemischen Veränderungen des Kernes (reversible Koagulation). Den gleichen Parallelismus findet man auch bei entsprechenden Veränderungen des Plasmas.

Dieser Umstand stellt für den Autor einen der Beweise dar, daß „die Veränderungen des Plasmas und des Wachstums nur durch eine Art von Wundreizen (Stoffen) bedingt werden". (S. 472.)

Sehr wichtig und interessant sind für uns die Gedanken des Autors über die Bildung, Verbreitung und Wirkung dieser Reize. Es wird zu allererst bemerkt, daß in vielen Experimenten die unmittelbar gereizten Zellen absterben. Dabei kann eine sehr starke Koagulation des Plasmas und der Kerne dieser Zellen stattfinden. Diese Koagulation bedingt die weitere Reaktion auf die Verwundung. Die Koagulation selbst kann durch mechanische Einwirkung (Einschnitt, Druck usw.), wie auch durch chemische Einwirkung der für die Operation angewandten Instrumente (meist Stahl) hervorgerufen werden (LEPESCHKIN, 1927a und b). Auf die der Wunde anliegenden, unversehrten Zellen wirken die Stoffe, welche aus den verletzten Zellen sich bilden und auch diejenigen, welche sich früher in den Vakuolen solcher Zellen befanden, welche nicht unmittelbar durchschnitten waren, sondern nur Störungen in ihrer plasmatischen Organisation erlitten hatten. Von all diesen Wundstoffen, die als Reize wirken können, bedingen Salzlösungen in erster Linie die Koagulation. Sie rufen das Ausfallen der Plasmakolloide hervor. [Wir möchten bemerken, daß in den Arbeiten von LEPESCHKIN (1927) die Salze von Schwermetallen ebenso wie Säuren und Basen und auch schwer in Wasser lösliche Narkotika, auch Jod unmittelbar auf den plasmatischen Grundstoff, d. h. auf das Dispersionsmilieu dieser Kolloide und nicht nur auf die disperse Phase, wirken können, was anscheinend BÜNNING annimmt, wenn er von Koagulation spricht. Aber bezüglich des uns interessierenden Momentes wird dadurch das Wesen der Frage nicht berührt.]

Die schnelle Wirkung koagulierender Stoffe ist leicht zu erklären, wenn man zuläßt, daß sich unter den Wundstoffen starke Gifte für das Protoplasma befinden. Unter der Wirkung der letzteren wird eventuell die Permeabilität des Plasmas für Salze, welche eine Koagulation hervorrufen, erhöht. Auch TRÖNDLE (1921) spricht von dem großen Einfluß der Wundreizung auf die Permeabilität des Plasmas. Bei der Koagulation aber geht die Erhöhung der Plasmapermeabilität noch weiter, denn auch die Viskosität des Plasmas wird erhöht. Dabei kommt es zu einer partiellen Zerreißung der Vakuolen, also einer Neubildung von

Reizstoffen in den Zellen, welche anfangs nicht unmittelbar gereizt waren. Hier aber ist die Verletzung schon geringfügiger und deshalb nimmt nach und nach mit der Entfernung von der Wunde die Reizmenge in den Zellen ab, wenngleich die Natur der Reize dieselbe bleibt. Aber über eine gewisse Grenze hinaus treten nach der Meinung BÜNNINGs (S. 471) außer quantitativen Veränderungen schwer zu berücksichtigende, qualitative Veränderungen in der Reihe der Reize auf. Im Zusammenhang mit all diesen Veränderungen im Plasma und Kern unter dem Einfluß der Wundreize steht die Hemmung und Verstärkung des Wachstums in bestimmten Zonen des verwundeten Organs. Selbstverständlich können die Wachstumserscheinungen nur in genügend lebensfähigen Zellen zustande kommen, d. h. in solchen, wo die physikalisch-chemischen Veränderungen nicht über eine gewisse Grenze hinausgehen, welche Wachstum und Zellteilung zuläßt. Außerdem beginnt die eigentliche Ausbreitung der Reize erst in einer Zone, welche etwas von der Wundstelle entfernt liegt, denn die Zellen, welche unmittelbar dem Einschnitt anliegen oder ihm sehr naheliegen, sind entweder durch das Messer verletzt oder stehen unter dem unmittelbaren Einfluß der Verbindungen plasmatischer Stoffe mit dem Instrumentstahl oder auch unter dem Einfluß der Reste der durch den Schnitt zerstörten Zellen. Man kann die Reaktion auf derartige Einwirkungen nicht als Reizaufnahme bezeichnen. Mit diesem Terminus sollen nur diejenigen Reaktionen bezeichnet werden, welche infolge des oben kurz beschriebenen Prozesses des Übertritts der Reize aus einer Zelle in die andere und auch infolge der nachfolgenden Neubildungen von Reizen in der Zelle selbst vor sich gehen.

Im Zusammenhang hiermit ist es interessant, an die früheren Angaben von NĚMEC (1910, S. 234) zu erinnern. NĚMEC hat den Übergang von Kernen von einer Zelle in die andere unter dem Einfluß mechanischer Einwirkungen beobachtet. Bei Untersuchung der Veränderungen, welche in einer Wurzel unter dem Einfluß der Druckverletzung auftreten, schreibt NĚMEC:

„Tatsächlich überzeugt man sich dann an Präparaten, daß solche Wurzeln in ihrem Gewebe Reste und Partien von abgestorbenen Zellen enthalten. Es können ganze Zellschichten destruiert werden, und zwar meist in der inneren Rinde und in den äußeren Pleromschichten, außerdem erscheinen auch hier und da einzeln liegende abgestorbene Zellen. Die so verwundeten Wurzeln stellen ihr Wachstum anfangs fast völlig ein, erst nach 48 Stunden stellt sich wieder ein stärkeres Wachstum ein. Unterdessen hat auch eine Wundheilung in der Wurzel begonnen, so daß es 48 Stunden nach der Verwundung schon zahlreiche Kern- und Zellteilungen gibt."

Also haben wir hier 1. eine schnell erfolgende, direkte, schädliche Wirkung der Verletzung, welche sich in dem Stillstand des Wachstums der Wurzel ausprägt. 2. finden wir hier eine verlangsamte Ausbreitung der Wundreize, welche die Abheilung der Wunden stimuliert haben und zum Teil wohl auch das nachfolgende Wachstum der Wurzel stimulierten. Aber hier findet sich noch ein 3. Faktor, nämlich die Genesungsperiode der Zellteile, nach welcher sie erst die Fähigkeit haben, sich natürlicherweise oder unter dem Einfluß der Wundreize zu teilen. Auch dieses Moment muß bei Untersuchung der Reizleitung nach Verletzungen berücksichtigt werden.

Es ist nachgewiesen worden, daß eine Verwundung die Plasmaviskosität in den Zellen des der Wunde benachbarten Gebietes erhöht. In letzter Zeit hat Kostoff (1930c) sich mit dieser Frage im Zusammenhang mit der Untersuchung des Verwachsungskallus bei Pfropfungen beschäftigt. Diese Veränderungen der Plasmaviskosität in den Kallusgeweben bewirken nach Kostoff karyologische Veränderungen in den Zellen des Kallus. Wie wir weiter unten sehen werden, ist es gelungen, aus dem Kallus Seitensprosse mit veränderter chromosomaler Zusammensetzung zu erhalten.

Wir möchten noch darauf hinweisen, daß die Priorität der Ausarbeitung dieser Methode Němec gehört. Kostoff aber hat in einer Reihe von Fällen sehr effektvolle Resultate erzielt.

Von seinen Arbeiten über den Einfluß der Verwundung auf die Veränderung biophysischer und biochemischer Eigenschaften des Plasmas der Zellen in Wundnähe sei hier noch auf die gemeinsam mit Kendall (1931) durchgeführte Arbeit hingewiesen. Die infolge der Durchstechung der Anthere erhaltenen Störungen in der Meiosis bei einer reinen Linie von *Nicotiana tabacum* erklären die Autoren eben durch die erwähnten Veränderungen der Plasmaeigenschaften. Für besonders bedeutsam halten sie die Erhöhung der Plasmaviskosität in den der Wunde anliegenden Geweben.

Die genannten Autoren erwähnen aber von irgendwelchen Chromosomenverschiebungen aus einer Zelle in die andere nichts. Derartiges hat aber Levitsky (1927, s. unsere S. 131) nach Eindrückung wie auch nach Zerschneidung der Antheren von *Plantago major* L. beobachtet. Umgekehrt erwähnt Levitsky nichts von Störungen der Meiosis einzelner Zellen unter dem Einfluß von Veränderungen in ihrem Plasma.

Es wäre interessant, weitere Angaben über diese Frage zu erhalten, denn in den beiden genannten Arbeiten waren die chirurgischen Experimentalbedingungen so, daß man einen gewissen Parallelismus in den Resultaten erwarten konnte.

Hier möge auf einen verallgemeinernden Ausspruch Němecs hingewiesen werden. Im Prinzip können einige der sehr originellen Arbeiten von Kostoff, auf welche wir noch mehrfach zurückkommen werden, als von den Arbeiten Němecs abgeleitete Untersuchungen betrachtet werden. Němec schrieb 1910 (S. 235):

„Die Verwundung selbst kann in meristematischen Geweben verschiedene zytologische Veränderungen verursachen. Es können Teilungen eingestellt, Chromosomen unregelmäßig verteilt, die Teilungsrichtungen beeinflußt (vgl. Haberlandt) werden usw."

Man muß dabei berücksichtigen, daß weder Němec noch Kostoff noch eine Reihe anderer Forscher mit Ausnahme von sehr wenigen wie (z. B. Maurice Hocquette, 1931) die monographischen Arbeiten von Blaringhem (1907) („Action des traumatismes sur la variation de l'hérédité (Mutation et traumatismes"), welche der Autor Hugo de Vries und seinen Lehrern gewidmet hat, berücksichtigen. Dabei wird man aber diese Arbeit nicht aus dem Blickfeld verlieren dürfen. Blaringhem schreibt (S. 220):

«Les traumatismes violents qui parfois detruisent l'individu, provoquent souvent le développement surabondant de rejets dont tous les organes, tiges, feuilles, fleurs et fruits montrent des déviations considérables du type spécifique et constituent de véritables monstruosités. Grace aux mutilations, on peut mettre la plupart des végétaux dans l'état d'«affolement» qui est, pour les particulteurs, la periode de la vie de l'espèce qui fournit les nouvelles variétés.»

«Parmi les plantes que des mutilations ont mises dans l'état d'«affolement», état qui correspond a un déséquilibre du type moyen, un certain nombre présentent des anomalies partiellement héréditaires. Dans leur descendance, celles-ci fournissent, en outre des anomalies graves, des plantes, normales ayant repris l'équilibre ancestral et de très rares individus présentant des anomalies légères. Ces dernières sont totalement héréditaires et constituent de variétés complètement nouvelles et stables.»

Der Schluß, welcher vom Autor auch weiter entwickelt wurde, ist so bedeutungsvoll, daß man an ihm nicht vorbeigehen darf. Die Arbeit von Blaringhem ist auf einer experimentellen, makromorphologischen, statistischen Analyse aufgebaut. Anatomische und noch mehr zytologische Analysen fehlen. Anscheinend hat es gerade dieser Umstand veranlaßt, daß man dieser Arbeit bei fast allen späteren Untersuchungen, die sich mit den wichtigen Fragen der mechanischen und zum Teil chirurgischen Einwirkungen auf die Pflanze beschäftigen, nicht mehr nachgegangen ist.

Wir haben in einigen unserer Arbeiten (z. B. über Aszidien, über doppelte Blätter) bereits ausgedrückt, daß eine Reihe von Punkten der Blaringhemschen Untersuchungen jetzt nachgeprüft werden müssen.

In einer Reihe von Fällen kann die Veränderlichkeit, die von Blaringhem als direkte Folge von „mutilation" angesehen wird, in Wirklichkeit nur indirekt mit der Wunde in Verbindung gebracht werden (Störung korrelativer Verhältnisse). Oder es stehen sogar diese Veränderungen gar nicht im Zusammenhang mit der Verletzung, sondern gehören ins Bereich der allgemeinen normalen Variationsbreite, welche das betreffende Merkmal bei dieser Pflanze aufweist. Auch wir sind der Meinung, daß bei Blaringhem die Frage des Wirkungsmechanismus der Verletzungen und hauptsächlich die der Erblichkeit seiner Erscheinungen, von welcher er überzeugt ist, nicht ausgearbeitet ist.

Aber alles, was uns bis jetzt vorliegt (Winkler, 1908, Němec, 1910, und eine Reihe von Arbeiten von Küster und Haberlandt, Levitsky, 1927, Jørgensen, 1928, Krenke, 1928, Kostoff, 1928 und 1929—1930, und eine Reihe anderer, sowie indirekt alle Arbeiten über Temperaturwirkungen und einige andere Einwirkungen auf das Soma und das generative System der Pflanzen) an Arbeiten über den Einfluß von Verwundungen auf anatomische wie auf zytologische Veränderungen, veranlaßt uns zu denken, daß die Arbeit von BLARINGHEM es verdient, die Aufmerksamkeit auf sie zu lenken.

Die Zytologie, Entwicklungsmechanik, Morphogenese, Physiologie, Genetik werden wahrscheinlich hier unhaltbare Schlüsse entdecken. Aber nach unserer Auffassung werden sich bei experimenteller Bearbeitung auch sehr wertvolle Materialien ergeben können, die viele von den BLARINGHEMschen Ansichten bestätigen werden. Wie denn nach unserer Auffassung alle gegenwärtigen Daten über den Wirkungsmechanismus der Verletzungen volle Aufmerksamkeit verdienen.

Als unmittelbare Ursache der oben erwähnten Erhöhung der Plasmaviskosität sind zunächst die Wundreize, welche von der Wundoberfläche ausgingen, auch die, welche in entfernteren Zellen ihren Ursprung nahmen, zu nennen. Aber eine veränderte Plasmaviskosität wird auch an Kallusgeweben beobachtet, die von der Wundfläche aus regeneriert wurden. Es steht außer Zweifel, daß hier der direkte Einfluß von Wundreizen fehlt und andere Faktoren, z. B. ein anders gearteter Stoffwechsel, ein anderer Wasserhaushalt in diesen Geweben usw. wirksam werden. Die Plasmaviskosität kann sich überhaupt aus den allerverschiedensten Ursachen ändern. Wir werden uns noch mit dieser Frage im Kapitel über die gegenseitigen Beziehungen der Pfropfsymbionten (s. S. 534) befassen.

Nach D. MÜLLER (1924) hängt die Zeitdauer des Wundeinflusses (auf Atmungsprozesse) von der Pflanzenart, wie auch von der Temperatur ab. Mit erhöhter Temperatur erhöht sich die Wirkungsdauer. Es ist von Interesse, diese Angaben mit denjenigen von BÜNNING (1926) über die Ausdehnung des Verbreitungsraumes und wahrscheinlich der Übertragungsgeschwindigkeit von Wundreizen bei der Epidermis der *Zwiebel*-Schuppe unter der Wirkung von Temperaturerhöhung zu vergleichen. Der Autor ist der Meinung, daß hier beide Faktoren gemeinsam wirken (thermische und traumatische Reizung).

BÜNNING hat weiter an demselben Material festgestellt, daß, wenn durch die Einschnittsform, den Ort der Verwundung, und andere Faktoren die Richtung der Reizübertragung begrenzt wird, sich der Reiz in der verbliebenen möglichen Ausbreitungsrichtung auf größere Entfernung hin ausbreitet. Es ist auch interessant, daß nach Abflauen des Reizes die Zellen eine Zeitlang eine erhöhte Empfindlichkeit gegenüber äußeren Einflüssen zeigen.

Man wird gut tun, diese Angabe mit der Beobachtung von BIRKHOLZ (1931) über den Zustand der Kerne unter dem Einfluß der Wundreizung zu vergleichen. Man kann feststellen, daß in der letzten Zeit die

188   Über die Reaktionen von Zellen und Geweben auf die Verwundung.

Bewertung des Kernes als eines wichtigen Faktors für Zellreaktionen und folglich auch Gewebsreaktionen zugenommen hat. Am besten ist das bei BIRKHOLZ (1931) zum Ausdruck gekommen. Sie schreibt (S. 282):

„Abgesehen von der Einwirkung auf das Plasma, welches zuerst von jeder Reizeinwirkung betroffen werden muß, muß sich, angenommen, daß die HABERLANDTsche Regel auf Richtigkeit beruht, zweifellos bei allen Reizreaktionen eine Veränderung im Kern nachweisen lassen, denn der Kern ist das motorische Zentrum der Zelle. Ein Reiz wird zunächst auf das Perzeptionsorgan der Zelle, auf das Protoplasma wirken, aber jede Ausbreitung einer Reizwirkung setzt die Tätigkeit des motorischen Zentrums voraus."

Der experimentelle Teil der BIRKHOLZschen Arbeit gründet sich auf die Hypothese von ZIEGENSPECK (s. KONOPKA und ZIEGENSPECK, 1929), die sagt, daß der Nucleolus die Stoffquelle für die Profermente, welche vom Kern gebildet werden, darstellt. Die Profermente gelangen aus dem Bereiche des Kernes hinaus und verleihen ihm die amöboide Gestalt. Oder sie rufen chromosomähnliche Bildungen — Prochromosomen — hervor. Die Abspaltung und Lösung von Körnchen aus dem Nucleolus und des Nucleolus selbst, d. h. Materialverlust durch die genannten Profermente kann in gewissem Maße auch zytomorphologisch beobachtet werden. Gerade diese Bilder dienten BIRKHOLZ als Indikatoren für Zellreaktionen des verwundeten Organs auf die Reizung, die durch die Verwundung ausgelöst wurde. BIRKHOLZ vergleicht mit Recht (S. 310) ihre Schlüsse mit den Beobachtungen und Betrachtungen von MIEHE (1901). Die Gemeinsamkeit ist hier so groß, daß diese Gegenüberstellung auch äußerlich eine bessere Stelle in der Arbeit von BIRKHOLZ einnehmen könnte. Diese Gemeinsamkeit stört die Originalität der Arbeit von BIRKHOLZ schon deshalb nicht, weil bei MIEHE die zu betrachtende Vorstellung eine Hilfsidee und bei BIRKHOLZ eine Hauptidee ist. Im allgemeinen gesagt, kann die Intensität der Reaktion in verschiedenen Geweben verschieden sein. Weiter hängt diese Intensität von der Entfernung der reagierenden Zellen von der Wundoberfläche und von der Zeit, die seit dem Verwundungsmoment verlaufen ist, ab. Was die verschiedenen Gewebe anbelangt, so stellt die anatomische Struktur eine der Ursachen für die Verschiedenartigkeit ihrer Reaktionen dar. Außerdem steht außer Zweifel, daß auch ihre physiologische Ungleichwertigkeit eine wesentliche Bedeutung haben kann. Hierauf weist BIRKHOLZ für die *Hafer*-Koleoptile hin, wo die stärkste Abspaltung von Körnchen in der Stärkescheide und in den Leitbündeln zum Ausdruck kam. Wir halten die Daten noch für vorläufig, obgleich Epidermis, Palisaden- und Schwammparenchym des Blattes von *Rhoeo discolor* in den Experimenten von BIRKHOLZ manchmal einen merklichen Unterschied in ihrem Verhalten zeigten. Tatsächlich ist nämlich das Bild der Unterschiede noch ziemlich bunt. Das relative gegenseitige Verhalten der genannten verschiedenen Gewebe ist nämlich für verschiedene Entfernungen vom Schnitt und für verschiedene Zeitabschnitte, vom Verwundungsmoment ab gerechnet, nicht gleichartig. Es scheint, als ob die Experimente mit einer zu geringen Anzahl von Wiederholungen oder sogar ganz ohne Wiederholungen ausgeführt worden seien. Biometrische Mittelwerte werden nicht angegeben. Deshalb kann man bis jetzt noch den Verdacht hegen, daß die erhaltenen Unterschiede hinsichtlich der Reaktion dieser Gewebe einfach durch die normale Variation der Reaktionen im Bereich eines und desselben Gewebes bedingt sind. Bis jetzt ist also noch das tatsächliche Vorhandensein eines Unterschiedes unbewiesen. Das gilt jedenfalls für die Verschiedenartigkeit der Reaktionen von Epidermis, Palisadenparenchym und Schwammparenchym. Dagegen erscheinen die Unterschiede der Reaktionen nach verschiedener Zeit vom Verwundungsmoment an und in verschiedenen Entfernungen von der Schnittstelle vollkommen sicher zu sein. Im allgemeinen findet man die stärkste Reaktion bei Untersuchung gleich nach Ausführung des Schnittes. Bei weiterer Untersuchung in Zwischenräumen bis zu zwei Stunden verlaufen die Reaktionen im allgemeinen wellenförmig, indem sie sich abwechselnd, vergrößern, verstärken und wieder schwächer werden. Die Erklärung hierfür sehen wir in der folgenden Äußerung der Autorin, die sich auf ein spezielles Experiment beziehen (S. 307):

„Ein Kern kann, die Richtigkeit der ZIEGENSPECKschen Arbeitshypothese angenommen, nicht ins unendliche Stoffe produzieren. Wenn der Nucleolus, das Depot für Fermente, erschöpft ist, so muß er sich wieder regenerieren, muß neue Kräfte sammeln. Dieses Zur-Ruhe-kommen wird für den Fortgang der Wundreizreaktionen nicht hemmend sein, denn die Fermente und Hormone haben, einmal abgegeben, längere Wirkungsdauer."

Aber in verschiedenen Entfernungen von dem Verwundungsorte sind weder der Grad der Gesamtreaktion, noch auch die Amplitude der Schwingungen gleich stark. Am gleichmäßigsten hält sich die stärkste Reaktion, nämlich etwa in einer Entfernung von der 1. bis zur 5. Zellschicht. Wir sind der Meinung, daß aus dieser Ungleichheit der Reaktion hervorgeht, daß die Regeneration des Nucleolus in verschiedenen Entfernungen verschieden sein kann. Also verläuft diese Regeneration besonders intensiv in den erwähnten, der Wunde am nächsten liegenden Zellschichten. Die schwächste Regeneration dagegen scheint sich in einer Entfernung von mehr als 30 Zellen (s. S. 308, Fig. 7 der Autorin) und in der Zeitperiode von 5 Minuten bis 4 Stunden der Verwundung zu finden. Im allgemeinen ist in dieser Periode die Reaktion in allen Entfernungen von der Wunde mit Ausnahme der nächstliegenden 5 Zellschichten abgeschwächt. Die stärkste Abschwächung finden wir im Bereich hinter der 30. Zellschicht.

Aber wie gesagt, verstärken sich 4—24 Stunden nach der Verwundung die Reaktionen in allen Schichten sehr kräftig und erreichen ihr annähernd gleichmäßiges Maximum, welches im allgemeinen sogar das erste gemeinsame Reaktionsmaximum gleich nach der Verwundung überragt.

Darin sehen wir schon die Folge einer unmittelbaren Verwundung. Und hier besteht unserer Meinung nach ein Zusammenhang mit dem Hinweis BÜNNINGs auf die erhöhte Empfindlichkeit der Zellen eine bedeutende Zeit nach dem Erlöschen der von ihm beobachteten Reizung (s. S. 182). Es ist möglich, daß diese sich tatsächlich durch die von BIRKHOLZ beschriebenen, lange nach der Verwundung ablaufenden Prozesse im Nucleolus und in den Kernen erklären läßt. Eine lang andauernde Tätigkeit der Kerne wurde von BIRKHOLZ auch für die der Spitze naheliegende Zone von der *Hafer*-Koleoptile beobachtet. Gerade hier geht der Abspaltungsprozeß fort, während er im übrigen Teil der Koleoptile ebenso wie in den allerobersten Spitzenzellen schon am Erlöschen ist. Darüber wird noch weiter unten die Rede sein. Wir haben die Arbeit von BIRKHOLZ erwähnt, weil sie unserer Auffassung nach neues, interessantes und wesentliches Material zu einer sehr wenig geklärten Frage beiträgt. Weitere ähnliche Arbeiten sind notwendig; aber unter der obligatorischen Bedingung, daß die biometrischen Mittelwerte der Reaktion und die Fehler dieser Mittelwerte angegeben werden. Erst damit gewinnen alle Betrachtungen Sicherheit. Allerdings kann so eine bedeutende Zahl wiederholter Untersuchungen von praktisch demselben Material unter denselben Bedingungen erforderlich werden, wobei die Anzahl der notwendigen Wiederholungen von dem Grad der Variabilität gleichartiger Angaben abhängen.

BÜNNING hat an der Epidermis der *Zwiebel*-Schuppe gezeigt, daß unter dem Einfluß der traumatischen Reizung der isotonische Koeffizient der Zelle sinkt. Für uns ist es zunächst belanglos, durch welche ungeklärten Ursachen diese Senkung bedingt ist. Einmal könnte es sein, daß eine Veränderung der Zellpermeabilität durch die plasmolysierende Lösung vorliegt, oder es könnte sich um eine tatsächliche Veränderung des eigentlichen osmotischen Wertes der Zelle handeln. Für uns ist nur die Tatsache wichtig, daß die Zellplasmolyse erleichtert wird. Damit ist auch die Möglichkeit von Schädigungen, welche nach LEPESCHKIN (1927) in der mechanischen Deformation des Plasmas (mit Zerstörung des Dispersionsmilieus) zum Ausdruck kommen, gegeben. Bei Untersuchung der Ausbreitung des Wundreizes hat dieser Umstand eine bestimmte Bedeutung, denn es steht außer Zweifel, daß die Zellen, welche sich in unmittelbarem Kontakt mit der Wundfläche befinden, unter plasmolysierende Bedingungen kommen können[1].

Diesem Umstand muß man außerdem bei Ausführung der Operation unter Ausschluß der Luft in irgendeinem Flüssigkeitsmedium Rechnung tragen.

---

[1] [FR. WEBER (1930) fand Plasmolyse der Zellen des Fruchtfleisches von *Polygonatum* im eigenen verdünnten Gewebesaft. Der Verfasser deutet selber an, daß es sich um „Reizplasmolyse" handeln könnte. M.]

Wir haben uns von der Hauptidee der BÜNNINGschen Arbeit (1927) entfernt, um einige Sonderangaben hinzuzufügen. Unsere Aufgabe ist hier, zu der Frage des Mechanismus traumatotropischer Reaktionen Stellung zu nehmen. Wie gesagt, können diese Reaktionen nicht erforscht werden, ohne daß man den Mechanismus der Reizleitung kennt. Es wurde schon bemerkt, daß BÜNNING (1927) bei oberirdischen und unterirdischen Pflanzenteilen die Wundreaktion verfolgt hat. Wesentlich ist dabei, daß man von alters her fest angenommen hat, die Wurzel sei negativ traumatotropisch, während die oberirdischen Pflanzenteile positiv traumatotropisch seien. Diese Erscheinungen haben einige Autoren mit Polaritätserscheinungen in Zusammenhang gebracht. So sagt z. B. R. STOPPEL (1926, S. 150):

„Es ist im höchsten Grade wahrscheinlich, daß der Unterschied im Verhalten der ober- und unterirdischen Organe im Zusammenhang mit dem Polaritätsproblem steht."

Weiter ist A. BEYER (1925), welcher gezeigt hat, daß man unter bestimmten äußeren Bedingungen positiven Traumatotropismus der Wurzel beobachten kann, der Meinung, daß die positiven und negativen Reaktionen ihrem Wesen nach vollkommen verschieden sind. BÜNNING aber behauptet (S. 472), negativer und positiver Traumatotropismus seien wesensgleich; denn die Wachstumsreaktionen verlaufen in der Wurzel prinzipiell ebenso wie in der Koleoptile. Das gegensätzliche Verhalten ist dadurch bedingt, daß bei Wurzeln (bei Verwundung an einer der Seitenflächen, N. K.) eine Beeinflussung des Wachstums der Gegenseiten nicht oder nur in geringem Maße erfolgt. Vielleicht ist das durch Ableitung der Reizstoffe in die inneren Teile der Wurzel zu erklären (infolge Saugkraftverteilung) (vgl. PORODKO, 1915 und 1925, und SEUBERT, 1925).

Ohne die Arbeit im ganzen zu referieren, möchten wir nur bemerken, daß positiv traumatotropische Reaktion durch eine relative Verstärkung des Wachstums auf der der Wunde entgegengesetzten Wurzelseite hervorgerufen wird. Was die Ableitung der Reizstoffe anbelangt, so sagt BÜNNING (S. 462), daß sie besonders gut in radialer Richtung geleitet werden; d. h. der größte Teil der Reizstoffe wird bald im zentralen Teil der Wurzel angelangt sein, und es bleibt ein relativ kleiner Teil zurück, der in die übrigen Zellen geleitet werden kann. Gerade diese Stoffe nun stellen unter den bestimmten Bedingungen die Wachstumserreger dar.

Ausgehend von dieser Auffassung des Traumatotropismus hält BÜNNING es für möglich, daß das entgegengesetzte Verhalten der Wurzel und der oberirdischen Teile der Pflanze bei anderen Reizen „vielleicht ebenso bedingt ist, wie beim Traumatotropismus".

Daraus ergibt sich die methodische Wichtigkeit der Arbeit BÜNNINGs, welcher (S. 449—459) der Meinung ist, daß die endgültige Form der

Reaktion, welche in einer + oder — Krümmung zum Ausdruck kommt, nur den Ausdruck eines komplizierten Zusammenwirkens verschiedener Erscheinungen darstellt. Der Autor hat deshalb mit der Untersuchung der Reaktionen einzelner Organteile begonnen. Dabei wurden auch verschiedene Reaktionsstadien verfolgt, und im Endresultat die komplizierte Erscheinung der Wachstumsveränderung auf einfache Veränderungen in den Organteilen zurückgeführt. Es hat sich danach die Vorstellung von einem spezifischen Charakter des positiven oder negativen Traumatotropismus der ober- und unterirdischen Organe verwischt. Da aber dieser spezifische Charakter früher stets mit der Polarität in Zusammenhang gebracht wurde, so sprechen Bünnings Resultate indirekt auch gegen die Bewertung der Polarität als spezifische Eigenschaft entsprechender Pflanzenorgane. Wahrscheinlich wird man Resultate, welche im Prinzip denen von Bünning ähneln, erhalten, wenn man darangeht, die Erscheinung der Polarität auf einfachere Faktoren zurückzuführen. In der Tat hätten wir Arbeiten, welche auf die Ernährung als Polaritätsfaktor hinweisen. So hat Nakano (1924, II) die Kotyledonen von *Vicia faba* in den verschiedensten Richtungen beschnitten und die Stärke der Kallusbildung beobachtet. Es hat sich dabei gezeigt, daß der Kallus vorzugsweise sich an denjenigen Flächen der Stücke bildet, die der Insertionsstelle der Kotyledonenspreite zugewendet sind. Wir haben es mit einer deutlichen radiär basipetalen Polarität zu tun. Eine Ausnahme machten die Schnittflächen, welche gerade in der Polaritätsrichtung geführt wurden. Dann entwickelte sich der Kallus auf beiden Flächen gleichmäßig. Der Autor kommt (S. 270) zu dem Schluß, daß die Richtung der Kallusbildung durch die Richtung der Nährstoffverschiebung im Zusammenhang mit dem radialen Durchtritt des Gefäßsystems bedingt ist. Die Beibehaltung der Richtung der Stoffwanderung im abgetrennten Stück erscheint uns nicht so unverständlich wie dem Autor. Jedenfalls stört diese Tatsache keinesfalls unseren hauptsächlichen Schluß, daß hier die Polarität eine sekundäre Erscheinung ist, die eine von Vöchting verschiedene Auffassung zuläßt (s. S. 301).

Cholodny (1931) kommt zu einer etwas anderen Erklärung des Traumatotropismus als Bünning.

Es gibt Angaben (s. K. Stern, 1924, und Brauner, 1927), nach denen sich bei der Verwundung an der gereizten Seite ein negativ und an der entgegengesetzten Seite ein positiv elektrischer Pol bildet. Es entsteht also eine Potentialdifferenz. Analoge Erscheinungen finden wir bei Reizungen durch Licht oder Schwerkraftwirkungen. Diese Angaben nützt Cholodny für seine Erklärung aus. Er sagt folgendes (1931, S. 682):

„Wenn wir uns daran erinnern, daß Wuchsstoff sich vorwiegend an der Schatten- bzw. Unterseite anhäuft, so sind wir zu dem Schluß berechtigt, daß die erwähnte Ablenkung des Wuchsstoffstromes immer nach der ‚elektropositiven' Seite hin

stattfindet. Und je größer die induzierte Potentialdifferenz ist, um so deutlicher muß auch die Ungleichmäßigkeit in der Verteilung des Wuchsstoffes zwischen gegenüberliegenden Seiten des Organs zum Vorschein kommen."
Und gerade durch die Verschiebung des Wuchsstoffes nach der der Krümmung entgegengesetzten Seite des Organs hin, erklärt CHOLODNY das stärkere Wachstum dieser Seite und damit die Richtung der traumatotropischen Krümmung. Dabei ist CHOLODNY geneigt, alle tropischen Reaktionen einschließlich des Traumatotropismus so zu erklären, also den hemmenden Einfluß des Wundstoffes auf das Wachstum abzulehnen.

Allerdings läßt CHOLODNY auch andere Mechanismen tropischer Reaktionen zu, speziell solche, welche im Zusammenhang stehen mit physikochemischen Veränderungen des Plasmas. In allen Fällen aber betrachtet er die Verteilung der Wuchsstoffe als den beherrschenden Faktor. Alle übrigen Faktoren wirken von seinem Standpunkt aus irgendwie auf die Wuchsstoffe (s. 1931, S. 681—682 und S. 689). Wenn man das, was über die Veränderungen in den Zellen und Geweben des verwundeten Organs gesagt wurde, dabei berücksichtigt und auch einige weiter unten angeführte Daten über dieses Thema in Betracht zieht, so wird die Frage nach dem Mechanismus der traumatotropischen Reaktionen sehr kompliziert, und sie ist kaum noch bloß durch die Annahme des Antagonismus der Wundstoffe und der Wuchsstoffe zu lösen, selbst wenn deren Antagonismus bewiesen wäre. Es laufen eben bei der Verwundung zu viele spezielle chemische und physikochemische Prozesse ab, als daß man einen davon außer acht lassen könnte, oder ihn im Verhältnis zu der Monopolstellung der Wuchsstoffe in eine untergeordnete Rolle bringen könnte.

Mit anderen Worten sind wir der Meinung, daß die vorliegenden Daten nicht genügen, um eine Erklärung der traumatotropischen Reaktionen durch Wundreize (Stoffe) auszuschließen. Das gleiche gilt auch für die verschiedenen Stoffwechselprodukte, die in einem verwundeten Organ unter dem Einfluß irgendwelcher Wundstoffe stehen, oder überhaupt eine Beziehung zu der Verwundung dieses Organs aufweisen. Weiter scheint uns, daß es schwieriger ist, die Auffassung CHOLODNYs von den alternativen tropischen Reaktionen auf andere Reize auszudehnen als die Auffassung BÜNNINGs. Wir meinen etwa Reaktionen der folgenden Art: PORODCO (1915 und 1925) hat gezeigt, daß unter der Einwirkung schwacher Konzentrationen einiger Stoffe die Wurzel eine positive Krümmung (positiven Chemotropismus) zeigt, der bei einer gewissen Verstärkung der Konzentration in negative Chemotropismen übergeht, um bei sehr starken Konzentrationen wieder positiv zu werden. Im ersten Fall kommt es zu einer Abtötung oder einer starken Verletzung derjenigen Zellen, die unmittelbar der Einwirkung unterworfen waren. Es kann also im ersten Fall bei der positiven Krümmung auf schwache Konzentrationen hin die Reaktion ihrem Wesen nach sehr verschieden sein von dem Vorgang der positiven Krümmung bei der letztgenannten Form des Experiments, die vielleicht nichts anderes als eine Wundreaktion darstellt. SEUBERT (1925) findet auch zwei Phasen: Positive Krümmung der Koleoptile bei Einwirkung schwacher Konzentration von Gewebspreßsaft oder Pepsin u. a. und negative Krümmung bei starken Konzentrationen. Während die erste Reaktion durch eine einseitige Wachstumshemmung bedingt ist, stellt die zweite die Folge eines einseitig verstärkten Wachstums dar.

Im Falle galvanischer Einwirkungen kommt es, wie ZEIDLER (1925) gezeigt hat, zu einer positiven Krümmung der Wurzeln unter dem Einfluß starker Reize, zu einer negativen Krümmung bei schwacher Reizung. Zytologische Untersuchungen haben dabei ergeben, daß die Zellkerne Veränderungen erleiden, welche den von BÜNNING bei schwacher Wundreizung (in größerer Entfernung von der Wunde) festgestellten ähneln. In beiden Fällen starben im Endresultat nach bestimmten Veränderungen die Kerne ab. Die Wurzeln reagieren auf die beiden Reize unter diesen Umständen gleich. Der Reizprozeß ist daher im allgemeinen (nicht aber in den Einzelheiten) derselbe. Wir sind der Meinung, daß es in der Tat unmöglich ist, ähnliche Erscheinungen zu erklären, ohne dabei eine ganze Reihe weiterer Faktoren zu berücksichtigen, außer der Verteilung von Wuchsstoffen, denen man eine Art Monopolstellung zugewiesen hat. Und wie uns scheint, hat BÜNNING vollkommen recht, wenn er auch von einem komplizierten Faktorenkomplex spricht, welcher die tropische Endreaktion eines verwundeten Organs bedingt. Allerdings läßt auch CHOLODNY, wie schon erwähnt wurde, das Wesen dieser Frage noch offen.

Bezüglich der Veränderungen des Atmungsprozesses mechanisch verletzter Zellen ist die Ansicht von OPARIN (1927) interessant. Er ist der Meinung, daß hier (s. oben), die Oxydationsprozesse das Übergewicht erhalten über die Reduktionsprozesse. Als Resultat hiervon ergebe sich eine Oxydationserhöhung, ein „Aufflackern", welches dann nach und nach schwächer werde und schließlich gänzlich erlösche. Gleichzeitig damit erscheine in der verletzten Pflanzenzelle ein dunkelbraunes Pigment. Diese Pigmentbildung sei eng mit den Erscheinungen des Aufhörens der aeroben Atmung verbunden. Zur Erklärung sei die folgende Auffassung des Atmungsprozesses der lebenden Zelle wiedergegeben: W. L. PALLADIN (1916, S. 17) hat gezeigt, daß in der Pflanze bei Oxydation der Nährstoffe durch den Luftsauerstoff sich dieser Sauerstoff nicht unmittelbar mit den Kohlehydraten und Eiweißstoffen verbindet, sondern mit „besonderen Körpern, welche in ihrem Molekül einen aromatischen Ring — sog. Atmungschromogen enthalten".

Diese Atmungschromogene sind wahrscheinlich mit der Chlorogensäure identisch. Bei der Oxydation der Atmungschromogene (der Chlorogensäure) wandeln sich diese in Atmungspigmente um.

„Das Atmungspigment kann sich nach zwei Richtungen verändern. Entweder wird es (auf Kosten des Wasserstoffes des Wassers) zurück zur Chlorogensäure reduziert, oder es nimmt von neuem an einem Oxydationsprozeß teil und oxydiert sich weiter, indem es in das braune Pigment übergeht. In diesem Falle ist seine Rolle im Oxydationsprozeß beendet" (OPARIN, S. 269).

Es steht außer Zweifel, daß die Atmung einer der aktivsten Faktoren in der Bewirkung der verschiedenen Zustände und des weiteren Verhaltens der Zellen der Wundoberfläche und der Zellen, welche sich in der Nähe der Wundoberfläche befinden, darstellt. Und von diesen Elementen hängt in erster Linie die Wundverheilung und der Verwachsungserfolg der Pfropfungen ab. Hört die Atmung beim Übergang der Chlorogensäure in braunes Pigment auf, so bedeutet das den Tod. Daraus geht hervor, daß zur Aufrechterhaltung der Lebensfähigkeit der genannten Zellen Maßnahmen notwendig sind, welche die Bildung des braunen Pigments hemmen. Solche Maßnahmen, die sich dafür eignen, werden die Umwandlung des Atmungspigmentes in Atmungschromogen begünstigen müssen und der weiteren Oxydation Widerstand leisten müssen. So sehen wir in den Experimenten von KABUS (1912) mit Pfropfungen von *Kartoffel*-Knollen, daß, wenn er den Schnitt unter Wasser ausführte, die Wundfläche nicht braun wurde, was der Autor durch geringen Zutritt von Luft in die Wunde erklärt[1].

SMALL (1929, S. 266—267 und S. 270 und S. 303) teilt eine Reihe von Originaluntersuchungen mit und referiert die Angaben anderer Autoren über Veränderungen des p_H von Geweben und auch des Zellinhaltes einzelner Zellen bei verschiedenen Verletzungen.

Ganz allgemein reagieren Zellen und Gewebe durch eine Ansäuerung. Aber bei verschiedenen Verletzungen und in verschiedenen Geweben kann die Säuerung verschieden sein, wobei sich der Charakter der Verletzung nicht nur in der ersten Reaktion des verletzten Gewebes ausprägt, sondern auch in einer folgenden Reaktion bei erneuter Verletzung

---

[1] [Es fragt sich aber sehr, ob derartige Verfärbungen überhaupt auf die Umwandlung eines Atmungspigmentes, ob sie nicht vielmehr auf die zweifellos mit dem Eiweißabbau in Verbindung stehende Melaninbildung (vgl. FR. BOAS und FR. MERKENSCHLAGER, 1925, sowie W. MUNKELT, 1927) zurückzuführen sind.

Interessantes Material zur Frage der Sauerstoffwirkung, das von den Autoren allerdings nicht in diesem Sinne ausgedeutet wird, bietet eine kleine Veröffentlichung von G. MADAUS und R. KUNZE (1933). Beim Versuch, gewisse Heilmittel, welche in der menschlichen Therapie Anwendung finden, in ihrer Wirkung auf die Wundheilung von Kartoffeln zu prüfen, wird festgestellt, daß unterhalb einer Salbenschicht sich viel weniger abgestorbene Zellen bilden als bei offener Wundfläche. Ohne auf die Deutung der Autoren, welche mir sehr anzweifelbar erscheint, einzugehen, möchte ich vielmehr annehmen, daß es hier der Luftabschluß war, der sich auswirkte. M.]

zeigen kann. So zeigt ein Schnitt aus dem mittleren Teil junger Sprosse, welcher sofort in Diäthylrot (D.E.R.) gelegt wurde, eine scharfe Säuerung. Man bekommt eine hochrot bis rosa Färbung. Diese Färbung verschwindet aber nach einer Minute und der Schnitt ist hauptsächlich gelb mit rosa Epidermis. D. h. die Epidermis zeigt eine stabilere saure Reaktion. Wenn man jetzt auf den Schnitt ein Deckglas legt, d. h. einen leichten Druck ausübt, so geht im Verlaufe von 5—10 Minuten eine geringe Säuerung an der ganzen Schnittfläche vor sich. Sie wird rosa. Bei Fortnahme des Glases verschwindet die Säuerung. Aber die Säuerung unter dem Glas braucht nicht durch die Verletzung der Zellen infolge des leichten Drucks hervorgerufen zu sein, sondern sie kann durch das Kohlendioxyd der normalen Zellatmung bedingt werden. Wenn man aber das Glas andrückt, so hängt die eintretende Säuerung deutlich von der Verletzung ab. Diese Säuerung kann man später nicht von neuem hervorrufen, wenn sie auch wieder verschwindet. In dem noch nicht durch starken Druck verletzten Schnitt kann man dagegen die ersterwähnte Säuerung wiederholt hervorrufen. Die Analyse der Wundfläche (und nicht des Schnittes) hat gezeigt (bei Verwendung von Bromkreosolpurpur [B C P] als Indikator), daß unmittelbar an der Oberfläche das p_H höher als 6,2 liegt, während in den Schichten, welche darunter liegen, p_H 5,9 ist, so daß also hier die Gewebe bedeutend saurer sind. Der nachfolgende vorsichtige Einschnitt in die obere Schicht dieser Fläche zeigt, daß der ausfließende Saft ein p_H von etwa 5,9 hat. Tieferes Einschneiden oder Zerdrücken ergibt ein p_H von 5,2. In beiden Fällen hat auch die Kohlensäure der Interzellulärräume einen Einfluß.

Small nimmt an, daß im allgemeinen ein Abschneiden folgendermaßen wirkt:

1. Durch eine flüchtige Wundreaktion, welche eine bedeutende Menge von Kohlensäure ergibt und

2. durch eine vorübergehende bedeutende Erhöhung der H-Ionenkonzentration, nach welcher das lebendige Gewebe zu seinem normalen p_H zurückkehrt. Wenn man dabei ein scharfes Rasiermesser gebraucht, so kann man eine Zerdrückung der Zellen vermeiden und die Rückkehr zur Norm geschieht im Verlaufe von 2—5 Minuten.

Wir halten es für möglich, aus einem Teil der Arbeit von Small, welche sich nicht unmittelbar auf die Wundreaktionen der Gewebe bezieht, einen sehr wesentlichen Schluß auch für die Wundreaktionen abzuleiten. Man kann sich überhaupt denken, daß die bei der Verwundung veränderte H-Ionenkonzentration der Gewebe auf das p_H der benachbarten Gewebe, welche unmittelbar auf die Verwundung als solche nicht reagiert haben, wirken kann. Aber anscheinend ist das nicht der Fall, da Small folgendes sagt (S. 90):

"The internal p_H of any particular cell depends upon the metabolism of that cell and not upon the p_H of adjacent cells."
Dies erklärt er aus den Puffereigenschaften der Zellmembranen. Dieser Umstand ist auch für die Bewertung der Wirkung von Wundreizen wichtig, worüber wir weiter unten zu sprechen haben werden, wie auch für die Bewertung der gegenseitigen Beziehungen einander berührender Gewebe in Pfropfungen, und zwar sowohl bei natürlichen als auch bei künstlichen Pfropfungen.

Aber dies bedeutet in keinem Fall, daß das p_H des Milieus überhaupt nicht auf den Zellzustand wirkt. Nach HERKLOTS (1924) hat sich tatsächlich gezeigt, daß die Alkalität des Puffermilieus besonders von $p_H = 7{,}5$ an die Verkorkung der Schnittoberfläche der *Kartoffel*-Knolle begünstigt, ihre meristematische Tätigkeit verlangsamt. Später bildet die verkorkte Schicht eine eigene Säure (von p_H 6,5—4,6) welche ihrerseits auf das Phellogen in derselben Richtung wirkt.

Traumatische Stimulation kann auf die Atmungsprozesse nicht nur an der Verwundungsstelle selbst, sondern im ganzen Organismus wirken. D. MÜLLER (1924) hat gezeigt, daß bei einer Reihe von Bäumen *(Fagus silvatica, Fraxinus excelsior* und *Picea abies)* nach dem Abschneiden der Zweige diese letzteren ihre Kohlensäureabsonderung und den Sauerstoffverbrauch sehr stark in die Höhe schnellen lassen. Das Verhältnis CO_2 zu O_2 ändert sich dabei nicht. Die Ausscheidung der Kohlensäure ist dabei abhängig von der Pflanzenart und der Temperatur (Jahreszeit) und vermindert sich bei Temperaturerniedrigung.

Besonders wird die Atmung von verwundeten massiven Organen (Zwiebeln, fleischige Wurzeln, Knollen usw.) beeinflußt. Auch hier wird erhöhte CO_2-Ausscheidung bei Erhöhung der Temperatur beobachtet (BÖHM, 1887, RICHARDS, 1896, STICH, 1891, u. a.).

Zum Schluß möchten wir noch das Experiment des leider verstorbenen Forschers KOSTYTSCHEW (1921) anführen, welcher den Einfluß der Verwundung auf das Blatt untersucht hat. Er hat das Blatt durch Stiche mit einer Glasnadel siebartig durchlöchert und in allen Fällen eine Herabsetzung des Kohlensäureverbrauches des verwundeten Blattes im Vergleich mit einem normalen erhalten. Dies kann aber, wie auch der Autor selbst bemerkt, durch einfachen Verlust an grüner Blattfläche erklärt werden, was nicht berücksichtigt wurde. W. N. LJUBIMENKO (1924, S. 166) behauptet auf Grund des Experimentes der Fortnahme eines Teils der Blattspreiten (1/4): „wenn man die Tätigkeit der Pflanze durch die Verwundung verstärken kann, so erhöht sich die Produktivität der photosynthetischen Arbeit des Blattes".

Neulich erschien eine Arbeit von ARENDS (1925), welcher gefunden hat, daß die Schließzellen von Spaltöffnungen verwundeter (abgeschnittener) Blätter bedeutend schneller Wasser und Salzlösungen in sich aufnehmen, als von Spaltöffnungen solcher Blätter, die nicht verwundet wurden. Daraus geht natürlicherweise hervor, daß auch ein Unterschied besteht in der Öffnung der Stomata (Turgor der Schließzellen). Wenn das der Fall ist, so halten wir auch eine Veränderung in der Intensität der Assimilation für unvermeidlich. Alles, was wir bisher gesagt haben, läßt erkennen, daß dieses Thema bei weitem nicht erschöpft ist (vgl. LJUBIMENKO, 1924, S. 120).

Im allgemeinen wurde die Frage der chemischen Veränderungen in verwundeten Organen mehrfach berührt. So haben W. ZALESSKY (1898), M. HETTLINGER (1901), KOVSCHOFF (1902 und 1903) die Vermehrung der Gesamtmenge an Eiweiß bei verwundeten Zwiebeln von *Allium cepa* ZALESSKY auch bei den Wurzeln von *Beta vulgaris, Daucus carota, Petroselinum sativum, Apium graveolens*, an den Knollen von *Solanum tuberosum, Dahlia variabilis* gezeigt. Speziell bei der Zwiebel findet eine Anreicherung an unverdaulichen Eiweißen statt. FRIEDRICH (1908) bringt eine weitere Vertiefung unserer Kenntnisse. Er sagt, daß (S. 347) eine bedeutende Vermehrung des Eiweißes nur in kohlehydratreichen Organen vor sich geht, während die Vermehrung fast unmerkbar ist bei solchen Organen, die an Kohlehydraten relativ arm sind. KOVSCHOFF hat oft beobachtet, daß in der ersten Zeit nach der Verwundung eine Ansammlung von Eiweißen langsam vor sich geht, daß sie später bedeutend schneller wird, aber unter der Bedingung, daß Sauerstoff vorhanden ist, ohne welchen überhaupt keine Vermehrung stattfindet. Wichtig ist auch, daß FRIEDRICH (1908) neben der Vermehrung des Eiweißes eine Verminderung von Kohlehydraten, Amiden oder Aminosäuren und Vermehrung der Säurewerte festgestellt hat. Für die *Kartoffel* wurde die Bildung von Zucker auf Kosten kleinerer Stärkekörner beobachtet.

Das Experiment von KABUS (1912), welcher gezeigt hat, daß sich an der Wundfläche der *Kartoffel*-Knolle Zucker bildet, der zum Teil abgeführt wird, zum Teil für die Bildung der Wundepidermis verwendet wird, stimmt damit überein. Die Ursache der Zuckerbildung aus der Stärke an der Wundfläche sieht KABUS in einer direkten Wirkung der Luft, welcher man Zugang zur Wunde verschafft hat. Diese Vorstellung hat sich in neuerer Zeit, nachdem die Notwendigkeit von Sauerstoff für alle Prozesse im Wundgebiet bestätigt wurde, dadurch erweitert, daß man eine Anreicherung an Oxydase in denjenigen Zellschichten beobachtet hat, welche der Wundfläche anliegen (s. BRIEGER, 1924). Nur bei vollkommener oder weitgehender „Gummosis" der Zellen hat man eine Oxydase nicht festgestellt. Wenn man aber berücksichtigt (W. BIEDERMANN und D. JERMAKOFF, 1924), daß die Oxydase auch diastasierende Wirkung hat, so wird die Umwandlung von Stärke zu Zucker verständlich. Also ist dieser Prozeß schon eine abgeleitete Wundreaktion. Die Umwandlung von Stärke in Zucker bei der Verwundung wurde mehrfach auch an anderen Objekten, z. B. in Zellen der Schnittfläche von Kotyledonen von *Vicia faba* beobachtet. In gleicher Weise verringert sich auf der Wundfläche des Endosperms von *Rhizinus communis* die Ölmenge in den Zellen stark. Wahrscheinlich wenigstens ist der Verlust der genannten Stoffe mit einer Verstärkung der Atmung an der Wundoberfläche verbunden (NAKANO, S. 263).

Selbstverständlich können neben den chemischen Veränderungen in den durch die Verwundung aus ihrer Ruhe aufgestörten Zellen auch physikalische Umbildungen des Kernplasmas und der Membran der Zellen vor sich gehen.

Abgesehen von dem Interesse, daß die angeführten chemischen Umwandlungen im Wundgebiet im Zusammenhang mit den Fragen der Synthese von Proteinen, über Bildung pflanzlicher Säuren usw., bieten, erklären sie etwas die Physiologie der Wundheilung und zum Teil die Physiologie der bei einer Verwundung entstandenen Neubildungen. Tatsächlich gehen ähnliche chemische Veränderungen in einem jungen Embryo bei seiner Entwicklung vor sich. Wir sehen also in den chemischen Reaktionen auf die Verwundung die ersten Faktoren für die Entstehung der sekundären, meristematischen Bildungen, welche verwundeten Organen eigen sind (s. noch S. 236). In einigen Fällen können aber verschiedene Reaktionen sowohl positiv wie negativ ausfallen. Wenn wir etwa das Experiment von KABUS nehmen, so ist das Resultat deutlich positiv, und wir haben in der Bildung des braunen Pigmentes infolge der Oxydation der Chlorogensäure eine zweifellos schädliche chemische Erscheinung bei der Wundverheilung gesehen. Für den Verwachsungsprozeß bei Pfropfungen soll das gleiche gelten.

Auf diese Weise ist man gezwungen für die Lösung spezieller wie auch allgemeiner Fragen über die Verwundung von Pflanzen in erster Linie sich mit der Reaktion von Zellen und Geweben und dann von ganzen Organen (Verbiegungen, Neubildungen usw.) zu beschäftigen.

Es bleibt noch eine Frage zu behandeln: Welche Form der Verwundung am ehesten einen Verheilungserfolg gestattet, Zerreißung oder Zerschneidung. Oben (s. S. 196) haben wir die Daten von SMALL (1929) angeführt, welche zeigen, daß die H-Ionenkonzentration der Gewebe in verschiedener Weise abhängig ist davon, ob die Zellen zerschnitten oder zerdrückt werden. Davon hängt der weitere Zustand der Wundfläche ab. Bei Zerdrückung verschlechtert sich der Zustand. Deshalb ist es notwendig, ein scharf schneidendes Instrument anzuwenden. Wir haben im Experiment der Längszerreißung der Blattspreite (s. S. 148) gesehen, daß in diesem Falle eine Zellteilung an der Zerreißungsfläche nicht beobachtet werden konnte. Dieses wurde durch Mangel an Verletzung von Zellmembranen und also Fehlen von Wundabsonderungen erklärt. In Versuchen mit *Caulerpa* (MIRANDE, 1913) beobachtete man bei vorhergehendem Ziehen und nachfolgender Zerreißung (oder Abschneiden) die Bildung einer isolierenden Plasmaschicht. Auch BURGEFF (1914—1915) riß die Sporangienträger in den Operationen zur

Erzielung von Mixochimären ab. In diesen Fällen scheint gerade die Zerreißung und nicht die Zerschneidung die Wunde im geschützteren Zustand zurückzulassen. BÜNNING (1927, S. 456) ist der Meinung, daß im Falle der Koleoptile von *Hafer* und *Roggen* der Schnitt eine stärkere Verletzung als die Zerreißung darstellt. Dadurch wird auch die Krümmung der Koleoptile (bei Fortnahme der Spitze) nach der eingeschnittenen und nicht nach der abgerissenen Seite hin erklärt.

Die Verletzung durch Schnitt erweist sich für die Ermöglichung der Wundverheilung fast allgemein als nützlicher. Dies ist am leichtesten dadurch zu erklären, daß die Verletzung dadurch, daß sie lokal begrenzt ist, eine geringere Menge überreizter Zellen (S. 350) und Schichten entstehen läßt, so daß sich die Zone, welche Teilungen geben kann (regenerieren kann), in unmittelbarer Nähe der Schnittfläche befindet.

Der Abreißung geht eine starke Spannung der Zellen über ein bedeutendes Gewebsgebiet voraus, so daß neben der Zerreißungsfläche auch ganze Zonen überreizt sein können. Die unter ihnen liegenden lebensfähigen Schichten reagieren nicht, weil ihre Reizung ungenügend war. Wundstoffe von der Zerreißungsstelle aus gelangen nicht in genügender Menge zu ihnen oder treten überhaupt nicht an sie heran. Es wurde tatsächlich mehrfach darauf hingewiesen, daß bei Operationen auf krautigen oder verholzten Stengeln eine glatte gleichmäßige Schicht, die natürlicherweise durch Zerreißung nicht zu erhalten ist, notwendig ist.

Bei Abbrechen oder Abreißen (durch Sturm, mit der Hand usw.) entsteht eine Rißwunde. Schließlich ergibt sich ein Faulen der Enden und bei Nadelhölzern sogar bei der Abtrennung des größeren Teiles des Baumes ein vollkommenes Eingehen desselben, da die Mehrzahl der Nadelhölzer keinen Stockausschlag bildet und auch nicht über „schlummernde" Augen verfügt.

Etwas ganz anderes liegt vor, wenn ein junges brüchiges Organ operiert wird. Hier kann das Resultat einer Zerschneidung oder Zerbrechung (aber nicht Zerreißung) das gleiche sein, da die Fläche fast gleichmäßig ist. Ein solches Beispiel führt CHR. REHWALD (1927) an. Er weist auf gleichmäßiges weiteres Verhalten bei einer Bruchfläche und einer Schnittfläche der Wurzeln von Mohrrüben und anderen Pflanzen hin.

Manchmal kann eine vorherige künstliche Vorbereitung des Objektes die Resultate einer Zerreißung und Zerschneidung einander angleichen. Wir haben schon über die Zerreißung bei *Caulerpa* nach vorheriger Spannung der Zerreißungsstelle durch Zug berichtet. Wenn man direkt einen Schnitt durchführt, so kann infolge der Breite der Wunde diese durch das koagulierte Plasma nicht verschlossen werden.

J. JANSE (1905) hat aber durch vorherige Vorbereitung für das Zerschneiden durch starke Komprimierung eine Bildung isolierender Membranen an beiden Seiten der Kompressionsstelle bewirkt und erst nachher an dieser Stelle einen Schnitt durchgeführt. Das Resultat war annähernd das gleiche wie bei der beschriebenen Zerreißung.

Es ist klar, daß ein eigentlicher Vergleich der beiden ersten Beispiele (*Caulerpa* und Sporangienträger) mit der Zerreißung von Stengeln und Stämmen nicht möglich ist. Im letzten Falle geht immer eine Zerreißung von Zellen vor sich auf einer bedeutend größeren und dabei ungleichmäßigeren Fläche. Dies begünstigt die Stauung von Wasser an dieser Stelle, Verschmutzung und Infektion. Im Falle einer vorsichtigen Zerreißung von zarten Geweben können wir manchmal eine besser isolierte Wundfläche erhalten aber ohne wiederherstellende Eigenschaften oder unter starker Verringerung dieser Eigenschaften infolge des Fehlens von Wundreizen (HABERLANDT).

III. Über die Wundheilung und den Ersatz abgetrennter Teile.

1. Allgemeine Bemerkungen.

Aus den im Vorwort schon genannten Gründen werden wir im folgenden bis hin zum Kapitel über die Transplantation bei Pflanzen uns verhältnismäßig kurz fassen. Es sollen nur im Sinne und im Verfolg unseres allgemeinen Schemas einige Beispiele, welche unseren Standpunkt in bezug auf die Hauptfragen verdeutlichen sollen, erwähnt werden. Das übrige Literaturmaterial, welches in der russischen Ausgabe dieses Buches ausführlich referiert ist, soll hier nur auszugsweise und unter Hinweis auf die Hauptarbeiten, wo weitere ausführliche Daten und weitere Literaturangaben sich finden, wiedergegeben werden.

Die Wundheilung selber gehört mit in das Gebiet der eigentlichen Wundreaktionen (s. S. 142).

Aber, wie schon gesagt, sind die Wundreaktionen im engeren Sinne gewöhnlich in irgendeiner Weise mit sekundären Wundreaktionen verbunden. Derartige mittelbare Wundreaktionen hängen am ehesten mit der Störung des normalen Wasserhaushaltes an irgendeiner Stelle des verwundeten Organs zusammen. Diese Funktionsstörungen zeigen auch Wirkungen auf Prozesse, welche unmittelbar im Gebiet der Wunde vor sich gehen. So erklärte SIMON (1908) auf diesem Wege die Entstehung von Gefäßverbindungen im Wundkallus zwischen den Gefäßen des oberen Teils eines abgeschnittenen Populusprosses.

Wir haben gezeigt, daß Wundreize auf die Atmung auch außerhalb des eigentlichen Verwundungsgebietes wirken können. Abgesehen aber von diesen allgemeineren Faktoren, welche sowohl im Wundgebiet wie in weiterer Entfernung von ihm von Bedeutung sind, ist die Wundheilung von mittelbaren Wundreaktionen begleitet, welche sich in weiteren Neubildungen ausdrücken. Deshalb halten wir es für richtig, die Wundheilung und den Ersatz abgetrennter Teile in einem gemeinsamen Kapitel zu betrachten. Es ist klar, daß innerhalb dieses Kapitels zwischen beiden Erscheinungen eine Trennung vorgenommen werden muß, schon deshalb, weil die sekundären Neubildungen immer in irgendeiner Weise in engem Zusammenhang mit allgemeinen korrelativen Beziehungen der Pflanzenteile untereinander stehen. Ja, vielfach hängt die Erkennung normaler korrelativer Beziehungen der Pflanzenteile von der Anwendung von Verwundungen und Amputationen irgendwelcher Organe oder Organteile ab (vgl. Dostàl, 1930, S. 240—241).

Man kann auf diese Weise in einer Reihe von Fällen eine zusammenhängende Kette von Geschehnissen aufstellen, beginnend bei den eigentlichen Wundreaktionen bis hin zu Reaktionen auf Grund korrelativer Beziehungen von Teilen nicht verwundeter Pflanzen.

Unserer Klassifikation der anatomischen Wachstumsreaktionen der Pflanze auf eine Verwundung legen wir die Einteilung zugrunde, welche von Němec (s. 1924, S. 801) vorgeschlagen wurde. Nämlich: Die Ersatzreaktionen können bei der Verwundung oder nach Amputation von Teilen entweder auf dem Wege der Reproduktion (Pfeffer, 1897) oder auf dem Wege der Restitution (Küster, 1903, S. 9) und nach Winkler (1912b) auf dem Wege der Reparation verlaufen.

Der Begriff der Ersatzreaktion als solcher ist ferner durch den Terminus Regeneration (Göbel, 1908, S. 137), welcher also die Erscheinungen der Reproduktion und Restitution umfaßt, ersetzt worden.

Bei genauer Betrachtung des Ausdrucks „Regeneration" nach seiner ursprünglichen Bedeutung zeigt sich allerdings, daß er nicht vollkommen alle nunmehr zu besprechenden Wundreaktionen umfaßt.

Němec (1924, S. 801) bemerkt durchaus mit Recht:

„Schließlich kann sich die Ersatzreaktion auf bloße Wundheilung beschränken."

Deshalb haben wir auch den Begriff der Wundheilung in den Begriff der Restitution mit eingeschlossen. In einer Reihe von Fällen sind die Anfangsstadien der Restitution abgetrennter Teile von der Wundheilung nicht zu unterscheiden oder sie stellen direkt eine Wundheilung dar.

Ferner gibt es Fälle, wo die Wundheilung einfach zu einer Verkorkung oberflächlicher Zellschichten, sogar ohne daß eine Teilung stattfände, führt oder fast ohne Teilung vor sich geht. In diesem Falle entspricht der Ausdruck „regeneratio" nicht dem Wesen der Erscheinung. Sogar in dem Falle der Bildung von Wundkork, wo anfangs die Erscheinung auf Teilung von Dauerzellen beruht, ist es äußerst schwer, diesen Prozeß als unter den Begriff der Regeneration im strengen Sinne des Wortes fallend aufzufassen. In Wirklichkeit kann keine Rede von einer „Wiedererzeugung" oder einem „Wiederaufleben" sein. Nur für die Dauerzellen, welche ihre Teilungsfähigkeit nach Art einer kurzfristigen, sehr oft vor dem Tode auftretenden Erneuerung der Lebensreaktionen wiederhergestellt haben, ist der Begriff bedingt anwendbar. Der Terminus "regeneratio" nimmt vielmehr hauptsächlich an, daß die regenerierten Elemente in bezug auf den ursprünglichen Zustand für einen verhältnismäßig langen Zeitabschnitt verjüngt werden.

Es zeigt sich nun, daß der Terminus "Ausgleichsreaktion" sehr passend ist, denn dieser umfaßt alle Fälle von anatomischen und von Wachstumsreaktionen, welche auf die Verwundung hin erfolgen können. Und wenn man diesen Ausdruck ins Lateinische übersetzen würde, so würde offenbar besonders gut das Wort "compensatio" passen (s. z. B. F. A. HEINIGHEN, 1895, S. 258). Der Ausdruck "Kompensation" nimmt nicht vorweg, in welcher Art ein Ausgleich stattfindet und ist insofern schon ziemlich umfassend. So stellt also die Regeneration nur den Haupttyp einer Wundkompensation dar, und wir werden unter Regeneration nur diejenigen Wundreaktionen verstehen, welche sich als Reproduktion oder Restitution auffassen lassen.

Die Reproduktion stellt dabei den Ersatz durch adventive oder preventive Neubildungen dar, welche nicht auf der Schnittfläche als solcher angelegt werden.

Die Restitution bezeichnet den Ersatz von der Schnittfläche aus (vgl. KÜSTER, 1916, S. 124):

"Obzwar sich zwischen Restitution und Reproduktion keine scharfe Grenze ziehen läßt" (NĚMEC, 1924, S. 801).

Die Regeneration (Restitution und Reproduktion) kann sich vom Stumpf der verletzten Pflanze wie auch vom abgetrennten Teil (dem Amputat) herleiten.

Aber außer durch Regeneration kann die Wundkompensation sich noch einfach in einer Umbildung der Wundoberfläche oder des Bezirkes um die Wunde herum kundgeben. Diesen Kompensationstyp wollen wir Immutation nennen. Endlich kann die Wundkompensation in der Veränderung des Wachstums oder überhaupt in der Entwicklung schon ausgebildeter Sprosse und Organe der Pflanze bestehen. Diese Art der Kompensation wollen wir als Inkrementation bezeichnen.

2. Regeneration bei Pflanze und Tier.

Die bei Pflanzen, besonders den höheren Pflanzen, übliche Form der Regeneration von Organen nach Verletzungen ist vorzugsweise die der Reproduktion. Restitutionen findet man viel seltener. Die Tiere, insbesondere die höheren, bieten das entgegengesetzte Bild. Wir nehmen an, daß dieser Unterschied zu tiefst in der Organisation und Entwicklung der höheren Tiere und Pflanzen bedingt ist.

Den Pflanzen als weniger differenzierten Organismen ist eine metamere ontogenetische Entwicklung eigen; d. h., daß sie die Fähigkeit besitzen, früher entwickelte Körperelemente in den nachfolgenden Entfwicklungsstadien des Individuums zu wiederholen. Bei den Tieren finden wir diese Eigenschaft viel weniger ausgeprägt. Aus diesem Grunde ist auch bei den Pflanzen die meristische Variabilität außerordentlich verbreitet, d. h. die Variabilität der Anzahl bestimmter Organe oder Organteile (z. B. Anzahl der Blätter, Fliederblättchen, Blütensprosse usw.). Bei den Tieren ist demgegenüber eine individuelle meristische Variabilität ganzer Organe eine Ausnahme. Dementsprechend ist die einfachste Methode ein verlorenes Organ oder Organteil wieder zu ersetzen für die Pflanze eine Neubildung dieses Organes oder Organteiles aus schon vorhandenen Anlagen. Bei den Tieren finden wir demgegenüber fast ausschließlich die Methode, das verlorene Organ genau an der Stelle, wo der Verlust stattfand, zu restituieren.

Das Fehlen oder das geringe Hervortreten metamerer Entwicklung bei den Tieren, speziell den höheren Tieren, bedingt für diese in der Regel das Fehlen normaler, unentwickelter Organanlagen, welche auf beliebigen Stufen der Ontogenese zur Entwicklung angeregt werden könnten. Auch Organanlagen an anderen Orten als denjenigen der schon vorhandenen entwickelten Organe kommen kaum vor. D. h., daß bei Tieren die Kompensationsprozesse nach dem Typus einer Restitution verlaufen. Bei Pflanzen dagegen finden wir den Regenerationstypus der Reproduktion, wobei der Anlagenvorrat ausgenutzt wird, den die Metamerie der Entwicklung bietet.

Die Restitution erfordert Neuanlage von Organen an für den Organismus in seiner Entwicklung ungewöhnlichem Orte (der Schnittstelle), während die Reproduktion schon vorhandene Anlagen sich entwickeln, oder Neuanlagen an für den Organismus normalen Stellen stattfinden läßt. Den ersten Fall demonstrieren Achselanlagen und Sprosse, einige Fälle von Sproßbildung auf Blattspreiten. Den zweiten Fall veranschaulichen Adventivwurzelanlagen aus der Mutterwurzel.

Wenn unsere Darlegungen richtig sind, so wäre zu erwarten, daß in dem Falle, wo Pflanzen oder Pflanzenorgane über metamere Entwicklungsmöglichkeiten nicht verfügen, die Regeneration an ihnen nach dem Typus der Restitution stattfinden müßte, d. h. genau wie bei den Tieren. Die Tatsachen bestätigen dies in weitem Maße. So fehlt bei Hutpilzen die metamere Entwicklung des Fruchtkörpers. Dementsprechend überwiegt die Restitution hier die Reproduktion. Das gleiche gilt für die meisten Spreiten einfacher Blätter, soweit sie überhaupt regenerationsfähig sind (vgl. S. 306f. und HAGEMANN, 1932 M.). Doch bleibt auch hier die schon erwähnte Eigenschaft der Pflanzen, Organe außerhalb ihrer evolutionär normalen Bildungsstätte anzulegen, in Kraft.

Wenn wir am bewurzelten Stiel eines isolierten Blattes von *Begonia rex* oder *Begonia phyllomanica* die Adventivsprosse der Blattspreite oder der Verbindungsstelle der Blattspreite mit dem Stiel entfernen, so können Sprosse auch aus dem Blattstiel gebildet werden. Die Anlage von Sprossen auf den Blattspreiten wie bei *Begonia* und einer Reihe anderer Pflanzen, die in der Regel auf den Blattspreiten keine Sprosse bilden, illustriert diese eben diskutierte Erscheinung. Bei den Hutpilzen kann der Fruchtkörper sich nach der Lage des Operationsortes und je nach dem Alter entweder von der Schnittfläche aus regenerieren (Restitution) oder aus dem übrigen, verbliebenen Teil des ursprünglichen Fruchtkörpers (Reproduktion) (vgl. hierzu die Versuche von NĚMEC, WEIR u. a. S. 218).

Somit ergibt sich aus den Tatsachen eine schöne Bestätigung unserer Annahme. Vom Standpunkte des Charakters der Regeneration stehen die oben erwähnten Hutpilze, welche leicht restituieren, aber schwer reproduzieren, dem *Axolotl* (Restitution des Beines) näher als den Blütenpflanzen. Aber auch bei Tieren kennen wir entsprechende Angaben. Würmer z. B., die eine gewisse Metamerie ihrer Entwicklung zeigen, können gleichzeitig nach dem Typus der Restitution oder der Reproduktion regenerieren. So lesen wir bei C. MÜLLER (zitiert nach E. KORSCHELT, 1927, S. 439—440), daß der Wurm *Tubifex rivulorum* nach wiederholter Entfernung des Schwanzes auf dem Wege einer Reproduktion zwei seitliche Schwänze aus dem der Wundfläche entfernteren Ring bildete. Diese Erscheinung steht im Zusammenhang mit der temporären Hemmung einer Restitution des Hauptschwanzes. Dieser ganze Vorgang erinnert sehr an die Reproduktion der Pflanzen. Zwar waren hier keine durch die Metamerie der Entwicklung bedingten preventiven Anlagen vorhanden. Aber analog der Bildung seitlicher Adventivwurzeln oder der Bildung von Sprossen aus dem Blattstiele von *Begonia* bildeten sich nicht neue Anlagen auf der Wundfläche, sondern an einer anderen Stelle, welche ursprünglich nicht für sie vorgesehen war. Aber auch diese Erscheinung können wir mit der Metamerie der Entwicklung in Verbindung bringen.

Es ist allgemein bekannt, daß man, um eine erfolgreiche Restitution eines Sprosses aus der Schnittfläche des ursprünglichen Sprosses erhalten will, alle Achselsprosse entfernen muß. Dies stellt unserer Meinung nach eine experimentelle Aufhebung der metameren Entwicklung der Pflanze dar. Daraus folgt, daß wir hier experimentell Bedingungen geschaffen haben, welche nicht mehr der Reproduktion, sondern der Restitution günstig sind, wenngleich die Möglichkeit der ersteren nicht vollkommen ausgeschlossen ist. Aus dieser Tatsache können wir eine zweite wichtigere Verallgemeinerung ableiten. Während im allgemeinen bei Tieren im Evolutionsprozeß eine Regenerationsfähigkeit derjenigen Organe selektioniert wurde, welche am ehesten verschiedenartigen Verletzungen im Laufe des individuellen Lebens des Tieres unterworfen sind, gilt für die Pflanzen etwas Ähnliches im allgemeinen nicht. Hier können durchweg alle verlorenen Organe gut wiederhergestellt werden. Diese Wiederherstellung wird ermöglicht durch die in der metameren Entwicklung der Pflanzen begründete große somatische Reproduktions-, nicht aber Restitutionsfähigkeit, d. h. dank der meristischen Variabilität.

Selbstverständlich handelt es sich nur um ein allgemeines Schema für die Pflanzen.

Für die verschiedenen systematischen Pflanzengruppen kommt sowohl die Restitutions- als auch die Reproduktionsregeneration in verschiedenem Grade zum Ausdruck, was sowohl von der Struktur und den Eigenschaften der Vertreter verschiedener Pflanzengruppen, also auch von den Bedingungen und Phasen der ontogenetischen Entwicklung des Individuums wie auch von dem Charakter der zu operierenden Organe abhängt.

Wir wollen uns dann unserem Klassifikationsschema zuwenden, einige Erklärungen hierzu bringen und endlich Beispiele zu diesem Schema behandeln. Doch sollen diese Beispiele nur als Illustrationen zu unserem Schema dienen. Ausführlicheres Tatsachen- und Literaturmaterial findet sich bei VÖCHTING (1908), GOEBEL (1908), SIMON (1908), NĚMEC (1924), SORAUER (1924), KÜSTER (1925a), KORSCHELT (1927) u. a.

3. Klassifikationsschema der Wundkompensationsformen bei Pflanzen.

Ein Schema der Wundkompensationstypen bei der Pflanze ist hierneben dargestellt. Wir wollen es dann im folgenden durch einige Beispiele erläutern. Diese Beispiele sollen, wie gesagt, nur als Illustrationen zu diesem Schema dienen.

Die außerordentliche Vielfältigkeit der möglichen Wundreaktionen bei den Pflanzen hat uns veranlaßt, für sie das beigefügte ausführliche Schema zu entwerfen. Die Aufstellung eines derartigen Schemas verfolgt über den rein theoretischen Zweck, die gegenseitigen Koordinationen und Subordinationen der verwendeten Begriffe und Termini zu veranschaulichen, hinaus den praktischen Zweck, eine möglichst präzise und kurze, formelmäßige Beschreibung von Wundreaktionen zu ermöglichen. Die erwähnte Vielfältigkeit der Reaktionen macht es nötig, hier für die angewendeten buchstabenmäßigen und zahlenmäßigen Bezeichnungen eine bestimmte Setzung einzuführen, durch welche sich ein ungefährer Überblick über die Ordnung einer Reaktion erzielen läßt[1].

Die Wundkompensation (s. oben) kann sich darstellen als
A. Immutation,
B. Inkrementation,
C. Regeneration.

Die dritte und wichtigste Erscheinungsform wird nun derart aufgeteilt, daß jeweils zwei koordinierte Begriffe durch den gleichen Buchstaben des kleinen lateinischen Alphabets bezeichnet werden, während die Besonderheit zweier koordinierter Begriffe durch arabische Indexzahlen

---

[1] [Die folgende Darstellung und technische (nur diese!) Anordnung des Schemas mußte vom Redigierenden gegenüber der vom Autor gewählten Form aus äußeren Gründen abgeändert werden. Sachliche Änderungen haben nicht stattgefunden! M.]

Schema.

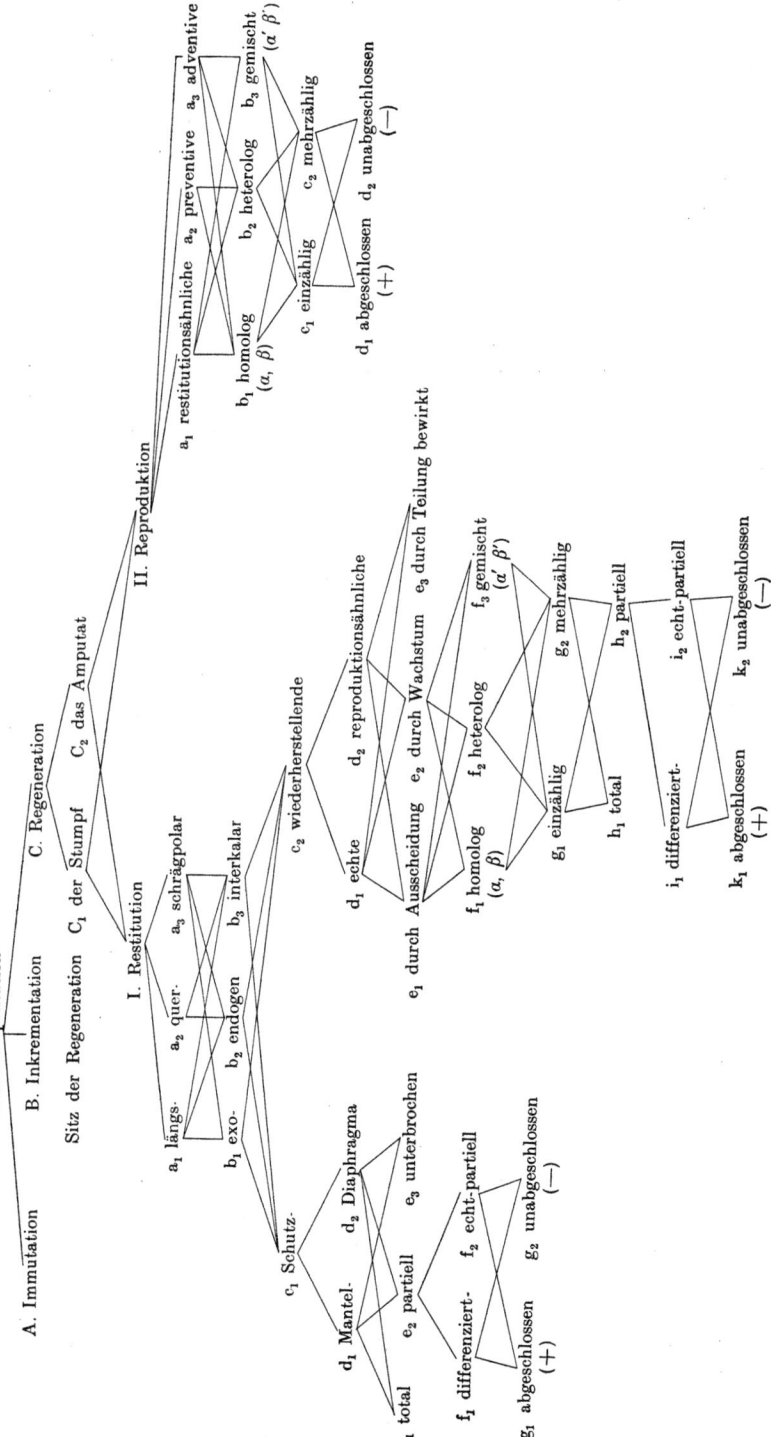

angegeben wird. Die Subordination zweier Begriffe ergibt sich aus der Tatsache, daß ihre Buchstabensymbole im Alphabet einander folgen, und zwar derart, daß b unter a, c unter b, d unter c usw. subordiniert ist. Da gewisse koordinierte Begriffe eine Unterteilung erfahren müssen, die nicht gleichartig ist, was aus dem sachlichen Inhalt der Begriffe folgt, kann notwendigerweise die volle Bedeutung eines Symbols sich lediglich aus seiner Anordnung in der Gesamtformel ergeben. Dieser Mangel hätte sich nur dadurch umgehen lassen können, daß an gewissen Stellen die weitere Unterordnung durch sprungartiges Übergehen gewisser Buchstabensymbole eingeführt würde, ein Verfahren, gegen das ebenfalls technische Bedenken bestehen. Im übrigen findet eine sehr weitgehende Aufteilung lediglich bei der dritten Form der Wundkompensation, der Regeneration (C) statt, und zwar wird man hier weiter unterteilen, je nachdem ob

C_1 der Stumpf der Amputation oder

C_2 das Amputat der Sitz des Regenerationsvorganges ist. In beiden Fällen wird der morphologische Erfolg des Regenerationsvorganges eine weitere Beurteilung gestatten:

I. Restitution, worunter Vorgänge verstanden sind, die sich unmittelbar an der Wundoberfläche oder in ihrer nächsten Nähe abspielen,

II. Reproduktion, worunter der Wundersatz hauptsächlich aus preventiven und adventiven Anlagen in irgendeiner Form verstanden ist.

Von den beiden Begriffen erfährt die Restitution (I.) die weitestgehende Gliederung:

a nach der polaren Orientierung:

a_1 längspolar,

a_2 querpolar,

a_3 schrägpolar;

b nach dem Ort der Anlage der Neubildung:

b_1 exogen,

b_2 endogen,

b_3 interkalar;

c nach der funktionellen Bedeutung der Neubildung:

c_1 Schutzrestitution,

c_2 wiederherstellende Restitution.

Von ihnen kann c_1 die Schutzrestitution folgendermaßen weiter gegliedert werden:

d nach der Art der Ausbreitung der Neubildung in

d_1 Mantelschutzrestitution, welche sich beschränkt auf diejenigen Teile, welche unmittelbar unter ihrer ursprünglichen Anlage sich befinden, und

d_2 die Diaphragmaschutzrestitution, welche sich von dem Ort ihrer Anlage aus diaphragmenähnlich auszubreiten vermag. Beide Formen der Schutzrestitution können nun e nach dem Grad ihrer Ausbreitung beurteilt werden und eingeteilt werden in

e_1 totale,

e_2 partielle,

e_3 unterbrochene Schutzrestitution [Mantel- (d_1) oder Diaphragma- (d_2)].

Einer näheren Erläuterung bedarf hier allenfalls der Ausdruck „unterbrochene Schutzrestitution" (e_3), der einen Zustand bezeichnet, wo die restitutionelle Bildung nur dort sich nicht anlegt, wo nach der Natur der Zellen eine Teilnahme an der Restitution überhaupt nicht möglich ist (z. B. wo der Querschnitt eines Gefäßes von Siebröhren, Milchröhren liegt). Die partielle Schutzrestitution (e_2) bedarf weiterer Aufteilung, je nachdem, wie die Gewebe, welche sich an der Restitution beteiligen, über die Schnittoberfläche verteilt sind. Hier unterscheiden wir:

f_1 eine differenziert partielle Schutzrestitution, welche nur von einer bestimmten Gewebsart ausgeht (Kambium, Markparenchym usw.),

f_2 ist die echte partielle Restitution, welche nur von einem Teil einer bestimmten Gewebsart ausgeht. Als

g_1 bezeichnen wir dann ferner den Fall der abgeschlossenen (auch durch + auszudrücken), als

g_2 den Fall der nicht abgeschlossenen Restitution (auch durch — auszudrücken).

Wir wenden uns dann der wiederherstellenden Restitution zu, die zur Bildung von Organen oder Organteilen von der Wundoberfläche aus führt:

c_2 wiederherstellende Restitution.

Gewisse Formen der wiederherstellenden Restitution werden Beziehungen zu den Reproduktionsvorgängen zeigen, wenn nämlich sich unmittelbar im Wundgebiete unterhalb der Wundoberfläche Organe anlegen und zu differenzieren beginnen, welche nachher nach Art der bei der Reproduktion tätigen Adventivbildungen durch die Wundoberfläche hindurchbrechen. Wir haben es also entweder mit

d_1 (c_2 I) der echten wiederherstellenden Restitution zu tun, oder mit

d_2 (c_2 I) der reproduktionsähnlichen wiederherstellenden Restitution.

Der Mechanismus jeder dieser Formen der wiederherstellenden Restitution kann sein:

e_1 Ausscheidung,

e_2 Wachstum,

e_3 Teilung.

Je nachdem nun, ob in diesem Falle das Regenerat dem eingebüßten Teil gleichwertig oder ungleichwertig ist, unterscheiden wir

f_1 homologe Restitution oder

f_2 heterologe Restitution und ferner bei Vorhandensein beider Arten nebeneinander

f_3 gemischte Restitution.

Da aber bei jeglicher Restitution der wiederhergestellte Teil mehr oder weniger normal sein kann (nach Bau und Funktion), werden wir hier eine entsprechende Unterteilung (α, β) vornehmen. Für die gemischte Restitution ergibt sich eine besondere Notwendigkeit der weiteren Gliederung, je nachdem, ob (α') neben solchen Elementen, welche dem Amputat vollkommen gleichwertig sind, auch vollkommen ungleichwertige Elemente restituiert wurden: wahre gemischte Restitution ($\alpha'\ f_3$), oder ob nach Entfernung eines Organteiles das ganze Organ von der Wundfläche her und mit dem Organ auch der Organteil restituiert wurde: übertreibende gemischte Restitution ($\beta'\ f_3$).

Wir haben (g) die Anzahl der restituierten Teile zu berücksichtigen:

g_1 einzählige (monomere) Restitution,

g_2 mehrzählige (polymere) Restitution.

Die zwei verschiedenen Fälle der normalen und anormalen polymeren Restitution werden wir später an einem konkreten Beispiel erklären (s. S. 219—220). Entsprechend der Unterteilung und den Definitionen bei der Schutzrestitution unterscheiden wir auch hier

h_1 totale und

h_2 partielle Restitution, dementsprechend

i_1 differenziert partielle,

i_2 echt partielle Restitution, sowie

k_1 abgeschlossene (+)

k_2 nicht abgeschlossene (—) Restitution.

Wir wenden uns dann

II der Reproduktion zu und unterscheiden hier

a_1 die restitutionelle Reproduktion, die von der reproduktionsähnlichen, wiederherstellenden Restitution schwer zu unterscheiden sein wird.

a_2 die preventive Reproduktion aus preventiven Bildungen und

a_3 die adventive aus adventiven Bildungen.

Es sind ferner entsprechend den Unterteilungen bei der wiederherstellenden Restitution zu unterscheiden:

b_1 homologe,

b_2 heterologe,

b_3 gemischte Reproduktion, sowie entsprechend deren Unterabteilungen und je nach der Anzahl der reproduzierten Elemente zwischen

c_1 monomerer und

c_2 polymerer Reproduktion, wie auch d zwischen

d_1 abgeschlossener (+) und

d_2 nicht abgeschlossener (—) Reproduktion zu unterscheiden ist.

Damit wären die nach unserer Einsicht möglichen Fälle der Wundkompensation erschöpft.

4. Beispiele zum Klassifikationsschema.
a) Immutation.

Die Formen der anatomischen Veränderungen, welche nach einer Verwundung eintreten, können außerordentlich verschieden sein. Bei vielen krautartigen Gewächsen und bei jungen Sprossen von Holzgewächsen bilden sich an Schnitten, welche das Gefäßsystem teilweise unterbrechen, manchmal ganze Systeme von Gefäßanastomosen, wodurch der Weg des Saftstromes wiederhergestellt wird.

R. BLOCH (1926) hat gezeigt, daß bei Wurzeln von *Vicia faba*, welche in normaler Weise Kork aus dem Perizykel bilden, sich Wundkork nur sehr schwach entwickelt. Bei manchen Monokotylen, wie z. B. *Iris germanica* mit normaler, oberflächlicher Korkbildung bildet sich der Wundkork dagegen leicht, während bei *Allium cepa* gar keine Wundkorkbildung eintritt, sondern nur eine Verkorkung der vorhandenen Zellen stattfindet, was man wohl unter den Begriff der Immutation fassen würde. Bei Luftwurzeln von Aroideen *(Anthurium, Porphyrospatha schottiana* und *Philodendron glaziovii)* bildet sich der Kork sehr leicht, während an den Luftwurzeln der Orchideen nur eine Reihe anderer anatomischer Veränderungen beobachtet wird, insbesondere ein Entholzungsprozeß der inneren Rindenschichten, Endodermschichten, Bast- und auch der Gefäßschicht, während eine Korkbildung nicht auftritt. Im Endeffekt einer derartigen Dedifferenzierung älterer Elemente, wie sie eben für die Aroideen beschrieben wurde, tritt dann eine Tangentialteilung des Perizykels ein. Es bildet sich eine voluminöse Geschwulst, aus welcher dann leicht Nebenwurzeln hervorgehen. Besonders leicht bildet sich diese Anschwellung an jungen Wurzeln. Auch die Tiefe der Verletzung hat eine bestimmte Bedeutung. Im Sinne unseres Schemas tritt hier nach vorangegangener Immutation abgeschlossene, differenziert-partielle, mehrzählige, übertreibend gemischte, durch Teilung bewirkte, reproduktionsähnliche, wiederherstellende, endogene, quere Restitution ein[1].

$(+ i_1 \; h_2 \; g_2 \; \beta' \; f_3 \; e_3 \; d_2 \; c_2 \; b_2 \; a_2 \; I \; C_1)$.

Reiner Immutation begegnet man selten. In den allermeisten Fällen sind auch gewisse Charakterzüge der Regeneration vorhanden. Man wird sich für die Zuteilung eines Vorganges zu dem einen oder dem andern Typus der Wundkompensation davon leiten lassen müssen, wie ausgeprägt der eine oder der andere der vorhandenen Prozesse ist.

So bringen wir die von HOLDEN (1930) beschriebene Wundreaktion der Stengel von *Psilotum triquetrum* bei dem Typus der Immutation unter.

Es gibt ferner verschiedene Fälle von Wundabschluß, welche man nicht zur Regeneration in unserem Sinne stellen kann. Als besonders

---

[1] Die Schwerfälligkeit der Beschreibung ist die Folge unseres unzureichenden Wissens. Vertiefung unserer Einsicht in die Kausalzusammenhänge wird einfachere Darstellungsformen bedingen (N. K.).

typisch hierfür sehen wir jene Fälle an, wo Gefäße oder Milchröhren (s. Abb. 47) durch irgendwelche Stoffe verschlossen werden. Oder wenn HABERLANDT (1929b, S. 13—14) für *Codium tomentosum* beschreibt, daß sich die Wundöffnung durch eine Einschnürung verschließt:

„Die Seitenwände des im unteren Drittel quer durchschnittenen Schlauches ziehen sich ganz zusammen, so daß ein ganz enges, nur 3—4 μ weites Loch entsteht, in dem ein abgestorbener Plasmapfropf sitzt (Abb. 5 E). Ob dann durch Bildung einer Querwand an der verengten Stelle ein vollständiger Verschluß hergestellt wird, konnte nicht ermittelt werden.

Bemerkenswert ist noch, daß die kontrahierte Membran, die an der Wundstelle einen kurzen, schnabelartigen Fortsatz bildet, dicker ist, als die übrige Schlauchwandung."

Wir haben es hier also mit einem etwas anderen Prozeß als mit dem Kollabieren und Verkleben der Membranen zu tun, Erscheinungen, welche BURGEFF (1915, S. 300—301) für die Enden abgeschnittener Sporangienträger von *Phycomyces nitens* beschrieben hat.

b) Inkrementation (insbesondere nach Ringelung).

Charakteristische Veränderungen im Wachstum und im anatomischen Bau finden wir bei *Tomaten*-Blättern, wenn wir größere Teile des Hauptsprosses amputieren, und auch die Achselsprosse entfernen. Die verbleibenden Blätter vergrößern sich und werden dicker. Infolge des ungleichmäßigen Wachstums ihrer Gewebe verdrehen sich die Spreiten teilweise (s. Abb. 57, das untere Blatt links). Die Färbung wird dunkelgrün, was verständlich ist, da die Assimilationsprodukte dieser Blätter fast ganz in ihnen verbleiben (vgl. SAPOSCHNIKOW, 1900, und LINDEMUTH, 1901).

Eigentlich haben wir es hier wie wohl auch in der Mehrzahl der anderen Fälle mit einer gleichzeitigen Immutation und Inkrementation zu tun.

Allgemein bekannt ist ja die Veränderung, welche die Wachstumsrichtung und die Wuchsform von Achsen unter dem Einfluß der Entfernung des Gipfeltriebes der Hauptachse durchmacht.

Als charakteristisches Beispiel für gemischte Wundkompensationen haben wir die Folgen der Ringelung anzusehen. Die Ringelung wird zum Zwecke der Verbesserung der Qualität und Quantität der Ernte bei vielen Obstbäumen besonders im Alter ausgeführt (s. MOLISCH, 1922).

Infolge dieser Operation wird bei denjenigen Teilen, welche oberhalb der Ringelungsstelle liegen, die Ernährung mit organischen Stoffen verstärkt. Unterhalb der Ringelungsstelle wird z. B. die Bildung einer neuen Holzschicht gehemmt oder hört ganz auf, während oberhalb der Ringelungsstelle die Anlage eines neuen Jahresringes vor sich geht (K. KOOPMANN, 1896). DANIEL (1901) hat gezeigt, daß bei Ringelung einjähriger Sprosse der Aufbau des Stengels unterhalb der Ringelung normal bleibt im Gegensatz zu der Reaktion auf die entsprechenden Einflüsse der Kopulation und Okulation. Die oberhalb der Ringelung sich entwickelnde Krone hat einen stärkeren Bedarf an Wasser und Nährsalzen. Die Lösungen aber bewegen sich besonders in dem Splint und hier wieder besonders im letzten Holzring, welcher im allgemeinen an dem Orte der Ringelung nicht völlig entwickelt ist. Außerdem ist zu beachten, daß nebenbei in der ersten Zeit von der Wundoberfläche her eine starke Verdunstung statthat (SORAUER, 1924). Es besteht also kein Zweifel, daß die Krone oberhalb des Ringelungsschnittes an Nährlösungen, wie sie normalerweise aus dem Boden in die Krone transportiert würden, Mangel leidet. Als Folge des Einflusses dieser beiden Faktoren — **Verstärkung der Ernährung mit organischen Stoffen und Abschwächung der Zufuhr von Mineralstoffen** — ist die **verstärkte Fruchtbarkeit** zu beobachten. Die Baumwurzeln erhalten unter diesen Umständen keine Nährstoffe von den Blättern, wie unter normalen Umständen, da ja der Transportweg für diese Stoffe durch die Rinde unterbrochen ist. Das Endergebnis kann dann sein, daß die Wurzel verhungert und der Baum infolgedessen eingeht. Auf dem gleichen Prinzip beruht ja die Bekämpfung vieler Unkräuter (z. B. *Rubus caeisus* u. a.) durch dauernde Entfernung der oberirdischen Teile (vgl. z. B. WEIR, 1911).

TOLMATSCHEW (1926, S. 169) hat nun gezeigt, daß abgesehen von der Ansammlung plastischer Stoffe in dem Pflanzenteil oberhalb des Ringelungsschnittes noch andere Prozesse vor sich gehen:

1. „Die Blätter von Fliederzweigen, welche durch Ringelung an plastischen Stoffen angereichert worden waren, erfuhren eine sehr weitgehende Herabsetzung der Transpiration, wenn sie im abgeschnittenen Zustande dem Transpirationsexperiment unterworfen wurden. Kontrollen mit Blättern nicht geringelter Zweige wurden selbstverständlich angestellt.

2. Zweige, welche 2 Wochen lang sich im Dunkeln befunden hatten, transpirierten etwas weniger als frisch abgeschnittene.

3. Das Verhältnis der Mengen verdampften Wassers von geringelten und ungeringelten Fliederzweigen ist 1 : 6 oder 1 : 7.

In den Fliederzweigen hört einen Monat nach Vornahme des Ringelungsexperimentes die CO_2-Assimilation auf. Die Blätter derartiger Zweige atmen nur noch, wobei in 2 Stunden 10 mg CO_2 je Quadratmeter ausgeschieden wurden. Normale Zweige zerlegten unter den gleichen Bedingungen 32 mg CO_2 je Quadratmeter in 2 Stunden. Nach Verbringen der geringelten Zweige in eine feuchte Kammer guttierten die Blätter geringelter Zweige 29mal geringer als die Blätter normaler, welche sehr leicht zur Guttation zu bringen sind. Die Ansammlung von plastischen Stoffen ruft also eine Depression der CO_2-Zersetzung und der Transpiration hervor."[1]

Es steht außerdem außer Zweifel, daß die künstliche Anreicherung eines Sprosses mit plastischen Stoffen sich für seine Bewurzelung oder Verwachsung mit einem Reis als günstig erweisen kann. So bewurzelten sich (STARRING, 1923) *Tomaten*-Reiser und *Tradescantia*-Reiser, welche mehr Kohlehydrate enthielten, leichter als normale Stecklinge (solche, welche an Nitrat reicher waren, bewurzelten sich schlechter). Hier wurde

---
[1] S. noch die Arbeit des gleichen Autors 1924.

also der Ernährungszustand der Pflanzen durch künstliche Zufuhr geregelt.

Ihrem Wesen nach ist aber die positive Bedeutung der Kohlehydratspeicherung für das Zustandekommen der Bewurzelung schon seit langem bekannt. So hat MARCELL MALPIGHI (1687, S. 35) darauf hingewiesen, daß Ringelung die Bewurzelung von Ablegern begünstigt.

SWINGLE und seine Mitarbeiter (1929) haben diesen Zustand in Kombination mit dem Pfropfexperiment für die Bewurzelung von normalerweise schlecht wurzeltreibenden Ablegern benutzt.

Das für diese Zwecke gut brauchbare Verfahren von HÖSTERMANN (1930) stellt nur eine Modifikation der Ringelung dar.

,,Zu diesem Zweck wurden den aus der stark zurückgeschnittenen Mutterpflanze herausgesproßten ein- oder mehrjährigen Jungtrieben Kupferdrahtringe umgelegt, welche bei weiterem sekundären Dickenwachstum der Triebe in diesen den Säftestrom innerhalb der Rinde abdrosseln."

Wenn wir dieses Experiment vom Standpunkt unseres Schemas aus betrachten, so fehlt hier an der Stelle, wo der Draht angelegt wurde, jegliche Restitution (welche bei einer Ringelung vorhanden ist). Wir finden nur eine Immutation und eine Inkrementation.

Durch Ringelung können ferner ruhende Knospen unterhalb der Operationsstelle zum Austreiben gebracht werden (F. GARDNER, 1925).

Die Ringelung wird (sehr oft gemeinsam mit Okulierung) zur Verhinderung des Abfalls von Blüten und jungen Früchten angewandt bei Sorten, welche für diese Erscheinungen prädisponiert sind. Beim Weinstock werden dabei die vorjährigen (zweijährigen Triebe) und manchmal (im Treibhaus) auch junge fruchttragende Zweige (RAVAZ, 1924) geringelt. Im Falle, daß die Ursache des Abfallens der Blüten eine zu schwache Ernährung der Blütenstände (RAVAZ, 1900, S. 409) ist, wird sich die günstige Wirkung der Ringelung erklären lassen aus der Behinderung des Spitzenwachstums und des Abtransportes der plastischen Stoffe der oberhalb des Ringelschnittes befindlichen Teile. Es wird so eine verstärkte Ernährung der Blütenstände erreicht. Ebenso wirkt auch die Entfernung der Vegetationspunkte (s. BARBERON, 1912, S. 374), wobei in diesem Falle die Mineralstoffernährung der Blütenstände verstärkt wird. Verschiedene Sorten der Weinrebe reagieren bezüglich des Abfallens und in anderen Merkmalen verschieden. So hat W. PADDOCK (1898) bei der Sorte ,,*Empire state*" durch Ringelung die Fruchtreife um 21 Tage vorverschieben können. Bei der Sorte ,,*Delaware*" wird dagegen nur die Fruchtqualität verschlechtert[1].

Gelegentlich hat man auch Erfolge gehabt mit der Ringelung, wenn es sich darum handelte, von krautigen Pflanzen, welche normalerweise keinen Samen ansetzten, solchen zu erhalten (BRZEZINSKY, 1909, bei

---

[1] [Bezüglich der Folgen der Ringelung bei Obstbäumen vgl. noch A. SCHELLENBERG (1931). M.]

Cochlearia armoracia; BROILI, 1921, bei einigen Kartoffelsorten usw.). E. M. USPENSKY (1928, S. 566) erzielte in seinen Experimenten mit Kartoffelsorten, die normalerweise nicht blühten, auch nach Anwendung der Ringelung keinen Erfolg. DANIEL (1900) hat mitgeteilt, daß auf dem Wege der Ringelung bei der *Tomate* und bei *Solanum melongena monstrosa* erheblich größere Früchte herangezogen werden konnten. Aber andere Autoren (HEDRICK, TAYLOR und WELLINGTON, 1906) erhielten negative Resultate. Bei den Experimenten wurden die geringelten *Tomaten*-Pflanzen schwächer und erkrankten.

RAJEWSKY (1928—1929) hat gezeigt, daß (S. 10) „die Ringelung eine bedeutende Ernteerhöhung bis auf 20—30% beim Bauerntabak hervorruft und auch eine Veränderung seiner chemischen Zusammensetzung nach der günstigen Seite hin bewirkt".

Bei Anwendung der Ringelung im Gartenbau und Weinbau wird ein Streifen der Rinde unter Schonung des Kambiums fortgenommen, weshalb bei mehrjährigen Zweigen die Wunde zuwächst und somit die Ernährung der Wurzel wieder sichergestellt wird. Bis zu dieser Zeit ernähren sich die Wurzeln auf Kosten derjenigen Produkte, welche ihnen die nicht geringelten Zweige liefern sowie auf Kosten ihrer eigenen Vorräte. Die Bildung einer Verheilungsrinde kann bei hinreichend feuchten Bedingungen von der Wundoberfläche her ohne Zusammenhang mit der gesunden Rinde vor sich gehen; es kommt dann erst später die Verbindung zustande. Bei der tiefer gehenden Ringelung aber, d. h. bei Fortnahme des Kambiums und besonders der im Frühling gebildeten Splintelemente des Holzes findet keine Wundverwachsung statt, sondern es bildet sich von oben nach unten her ein Kallus. Von oben her entwickelt er sich (jedenfalls) stärker. An der Kallusbildung nehmen das Kambium sowie auch die allerjüngsten Elemente der Rinde und des Holzes teil. Auf diese Weise erscheint der Kallus in Form eines „Kragens", welcher von oben und unten die Wunde zwischen dem äußeren Rindenteil und dem Holzteil umgibt. Bei Holzpflanzen nimmt der Kallus am sekundären Bau teil. Je früher im Jahre die Ringelung vorgenommen ist, um so länger bildet also die neugebildete Kambiumzone des Überwallungskallus sekundäres Wundholz, um so mehr nähern sich die später gebildeten Elemente nach ihrer Länge und Gestalt dem normalen Holze (SORAUER, S. 709; s. noch MÜNCH, 1930, S. 114—117, s. 164—165 und 230—232).

Bei vollkommener Ringelung des Hauptstammes können die Vorräte der Wurzeln für 3—4 und noch mehr Jahre reichen. Der Autor dieses Buches hat persönlich unweit der Stadt Batum am Schwarzen Meer ein großes Exemplar der *Magnolia grandiflora* gesehen, das rundherum am Fuße eingehackt war. Hier wurde nicht nur die Rinde, sondern auch etwa dem Querschnitte nach ein Drittel des Holzes vernichtet. 5 Jahre lang hat der Baum geblüht, ohne irgendwelche Anzeichen von

Krankheit zu zeigen. Es ist ferner die Beschreibung eines Falles vorhanden (R. HARTIG), wo einige 120 Jahre alte *Kiefern* im Laufe von 6 Jahren gänzlich gesund blieben, obgleich bei ihnen die ganze Rinde um den Stamm herum bis zu 2 m Höhe abgenommen wurde. Diese Angabe aber bezieht sich nur auf 15 derartig behandelte Bäume. Die übrigen Exemplare gingen schon nach einem Jahr ein. Ein so schnelles Eingehen erklärt der Autor mit dem Einfluß der Entrindung auf die Fähigkeit der Wurzeln, Bodenlösungen aufzunehmen. In bezug auf die Lebensdauer der geringelten Kiefern wird die Annahme ausgesprochen, daß ihre Wurzeln mit den Wurzeln benachbarter gesunder Bäume verwachsen waren, und auf Kosten der letzteren hätten die Wurzeln der verletzten Pflanze organische Substanzen erhalten. Eine Reihe weiterer Beispiele längeren Lebens von Bäumen mit entrindeten Stämmen gibt SORAUER (1924, S. 714 und S. 727—729) an. Am bemerkenswertesten erscheint das 45jährige Leben einer gepfropften *Rotbuche,* welche mit der Unterlage nur eine Holzverbindung, jedoch keine Rindenverbindung eingegangen war. Sie ging durch Windbruch ein. Dabei wird nicht erwähnt, daß die Unterlage eigene beblätterte Zweige gehabt hätte. Im letzten Falle wäre die Erscheinung erklärbar, da ja dann die Wurzeln mit Assimilaten versorgt worden wären. Beim Fehlen eines solchen Zustandes aber drängt sich eine andere Deutung auf, zu deren Begründung einige direkte Beobachtungen dienen können. KRIEG (1908) hat gezeigt, daß sich in seinem Experiment der Ringelung des Rebenzweiges eigenartige offene Gefäßbündel im Mark aus dem Parenchym heraus differenzierten. Dabei verband sich später Phloem mit Phloem und Xylem mit Xylem oberhalb und unterhalb der Wunde. Also ist auf diese Weise eine Transportbahn für organische Substanzen hergestellt worden. Es ist bekannt, daß unter natürlichen Bedingungen sich das Phloem z. B. bei *Nerium oleander L.* nicht nur in der Rinde, sondern auch im inneren Teil des Stengels, an der Grenze zwischen Mark und Holzfaser befindet, wodurch die Fähigkeit der *Nerium*-Sprosse auch nach unterhalb der Ringelungsstelle, also auch in die Wurzel organische Substanz zu transportieren, erklärt wird. (In diesem Zusammenhang mag auf die von uns auf S. 360 beschriebene andere Form der Neubildung nach Entfernung des Phloems bei *Mirabilis jalapa* hingewiesen werden. Die a priori angenommene Ausdehnung dieser Erscheinung auf die anderen Pflanzen ist nicht möglich. Man muß aber nach neuen Objekten suchen.)

Die Ringelung sollte schon deshalb weiter erforscht werden, weil verschiedene Pflanzen auf sie ganz verschieden reagieren. So vertragen (EDELSTEIN, 1926) die Mehrzahl der Kernobst- und der Steinobstsorten, besonders der *Pfirsiche,* die Ringelung sehr schlecht. Beim Pfirsich gehen die aus dem Boden aufgenommenen Lösungen vorzugsweise durch den äußeren Splint. Außerdem bedeckt sich die Wunde bei den Stein-

Obstsorten sehr leicht mit einem erhärtenden Gummi, welches die Abheilung stört. Wenn die Wunde in der allernächsten Zeit nicht verheilt, so kränkelt der Baum und stirbt später an Wurzelhunger ab. Durch das Ringelungsexperiment können also sehr vielfältig miteinander verflochtene und manchmal sehr komplizierte Wundreaktionen demonstriert werden. Die praktisch besonders wichtige Reaktion, nämlich die Ansammlung plastischer Stoffe oberhalb der Ringelung, stellt dabei schon keine eigentliche Wundreaktion mehr dar, sondern ist eine sehr abgeleitete Wundreaktion. Diese mittelbare Reaktion kann auch ohne Verwundung eintreten.

c) Regeneration.

Über Spezifität des Regenerationstypus. Es entsteht natürlicherweise die Frage, ob die Fähigkeit zur Regeneration für irgendwelche Pflanzenarten spezifisch ist. Die verschiedenen Pflanzenarten können nämlich eine sehr weitgehende Fähigkeit zur Regeneration besitzen und in vielen Fällen ist die Fähigkeit so stark ausgeprägt, daß man sie als Artmerkmal bezeichnen kann. Dabei aber unterscheiden sich verschiedene Pflanzenorgane in verschiedenen Altersstadien und unter verschiedenen Bedingungen durch eine wechselnde Fähigkeit zur Regeneration.

Ähnliches kann man auch bezüglich des Regenerations- bzw. des Kompensationstypus sagen. D. h., daß wir nicht selten Fälle finden, wo bestimmten Organen bestimmter Arten vorzugsweise oder ausschließlich ein bestimmter Regenerationstypus eigen ist. Dabei kann man sehr oft beobachten, daß eine bestimmte Art über sehr ausgedehnte kompensatorische Möglichkeiten verfügt. Und es gibt hier kein besseres Beispiel als die eleganten und lehrreichen Experimente von B. NĚMEC (1925a) mit *Collybia tuberosa*.

Wenn man hier den Stiel des Fruchtkörpers so abschneidet, daß sein unterer Teil an dem Sclerotium angeheftet bleibt, so wird von einem exzentrischen Bezirk der Schnittoberfläche her ein neuer Fruchtkörper restituiert. An den übrigen Teilen der Schnittfläche entwickeln sich zahlreiche Hyphen. NĚMEC beschreibt die Anlage der Primärhöcker der restituierten Fruchtkörper als solcher nicht ausführlich. Nehmen wir aber bedingt einmal diese Anlage als exogen an. Weiter werden wir uns bei Aufstellung des Regenerationstypus von dem Charakter des Amputats leiten lassen. Wir werden die Regenerate bewerten, je nachdem, wie weitgehend sie dem abgetrennten Teil ähneln. Und dasjenige Regenerat, welches, dem Amputat, am meisten gleicht, werden wir als Hauptregenerat bezeichnen. So wird nach unserem Schema dieser Fall in folgender Weise ausgedrückt werden: Wir hätten eine abgeschlossene, differenziert partielle (vielleicht echt partielle), monomere, wahre gemischte, durch Teilung bewirkte, echte wiederherstellende, exogene, längspolare Restitution vom Stumpf aus

$(+ i_1 \; h_2 \; g_1 \; a' \; f_3 \; e_3 \; d_1 \; c_2 \; b_1 \; a_1 \; I \; C_1)$.

Da wir zunächst nur die Restitution vom Stumpf aus behandeln werden, so werden wir im folgenden bei der Formulierung darauf nicht weiter mehr hinweisen.

„Wurde der Stiel ganz weggeschnitten, so erschienen Regenerate am vorderen Drittel des Sclerotium zunächst wieder als weiße, konische Zäpfchen und diesmal immer zu mehreren. An einem Sclerotium erschienen sogar neun solche Regenerate, bei welchen jedoch höchstens zwei Fruchtkörper zur völligen Entwicklung gelangten. Sie entstanden unter der braunen äußeren Hymenialschicht, also endogen und bildeten sehr früh Hüte aus" (S. 100).

Unserem Schema nach:

$$\pm i_2 \; h_2 \; g_2 \; a \; f_1 \; e_1 \; d_1 \; c_2 \; b_2 \; a_1 \; I \; C_1.$$

Wurde der Fruchtstiel auf 1—2 mm oberhalb seines Entstehungsortes am Sklerotium abgeschnitten, so entstand eine Regenerationsschicht, welche ganz der zuletzt beschriebenen ähnlich sah. Nur beendet in diesem Falle nur einer von den angelegten Fruchtkörpern seine Entwicklung. Außerdem geschehen die Anlagen exogen. Der erste Unterschied wird, wie gesagt, in unserem Schema durch das Zeichen — ausgedrückt. Der zweite Unterschied ruft in unserem Schema nur die Auswechslung des Buchstaben b_2 gegen b_1; also

$$\pm i_2 \; h_2 \; g_2 \; \alpha \; f_1 \; e_1 \; d_1 \; c_2 \; b_1 \; a_1 \; I \; C_1.$$

„Wenn zu den Versuchen Fruchtkörper genommen wurden, welche Hüte trugen, die keine Sporen mehr abgaben und durch ihre schwachbräunliche Färbung ihr Alter kundgaben, so entstanden an den Stielen nach Abschneiden der Hüte mehrere seitlich ansitzende Regenerate, welche, kaum angelegt, zur Hutbildung schritten" (S. 100).

Unserem Schema nach:

$$d_2 \; c_2 \; \alpha \; b_1 \; a_3 \; II \; C_1.$$

„Im feuchten Raum bilden die Sclerotien 4—6 cm lange dünne Stiele.

Schneidet man den Stielen die Spitze noch vor Anlage des Hutes ab oder führt den Schnitt dort, wo der Stiel eine ganz junge Hutanlage trägt, dicht unter derselben, so entsteht bald (schon nach 3 Tagen) an der ganzen Wundfläche ein Regenerat, daß die Form eines weißen Höckerchens hat und die ganze Wundfläche einnimmt. An Fruchtkörpern, welche eine, wenn auch kleine Hutanlage besaßen, wurde eine neue Hutanlage schon am 4. Tage nach der Operation angelegt" (S. 100).

Wir halten das für ein klares Beispiel einer abgeschlossenen, totalen, einzähligen, normal homologen, durch Ausscheidung bewirkten, echt wiederherstellenden, exogenen, längspolaren Restitution oder formelmäßig ausgedrückt:

$$+ h_1 \; g_1 \; \alpha \; f_1 \; e_1 \; d_1 \; c_2 \; b_1 \; a_1 \; I.$$

„Wurde der Schnitt in einer größeren Entfernung von der Spitze geführt, oder handelte es sich um einen Stiel, der einen schon weiter fortgeschrittenen, aber doch noch nicht reifen Hut trug, so nahm das Regenerat das Zentrum der Schnittfläche ein, bedeckte jedoch nicht die ganze Wundfläche" (S. 100).

Zellrestitutionen. 219

Unserem Schema nach:

$+ i_1 \ h_2 \ g_1 \ \alpha \ f_1 \ e_1 \ d_1 \ c_2 \ b_1 \ a_1 \ I.$

Zellrestitutionen. Wir wollen noch einige Beispiele für Zellregeneration anführen.

TITTMANN (1897) hat die Fähigkeit der Restitution des chirurgisch entfernten Wachsüberzugs und der Cuticula gezeigt. Die Restitution der Wachsschicht hat er bei *Ricinus communis, Rubus biflorus, Macleya cordata,* der Cuticula bei *Agave americana, Aloe ligulata, Aloe sulcata* beobachtet.

Nach unserem Schema werden diese Restitutionen wie folgt ausgedrückt:

$+ h_1 \ g_1 \ \alpha \ f_1 \ e_1 \ d_1 \ c_2 \ b_3 \ a_2 \ I.$

Wir müssen hier von einer interkalaren Restitution sprechen, da die Ablagerung von neuen Schichten der Cutikula von der Oberfläche der Zellmembranen der Epidermalzellen her vor sich geht.

„Bricht man an den Brennhaaren von *Urtica dioica* den oberen Teil ab — gleichviel ob nur das Köpfchen oder einen größeren Teil —, so bildet zuweilen das Plasma in wechselnder Entfernung von der Bruchfläche eine zarte Vernarbungsmembran aus. In einem Falle sah ich sogar an einem verstümmelten Haar eine neue, sehr zartwandige, nicht völlig regelmäßig ausgebildete Spitze entstehen... Vielleicht wird unter geeigneten Verhältnissen auch eine Regeneration des Köpfchens möglich, so daß der restituierte Teil dem eingebüßten kongruent würde. Und das nämliche Brennhaar mehr als einmal als Waffe wirksam werden könnte...

Die Vernarbungsmembran bei *Urtica* bleibt im Vergleich mit der normalen Brennhaarmembran sehr zart..." (E. KÜSTER, 1916, S. 128.)

Hier hätten wir ein Beispiel für eine unvollendete, differenziert[1] partielle, einzählige, nicht normal homologe, durch Wachstum bewirkte, echt wiederherstellende, endogene, längspolare Restitution. Formelmäßig ausgedrückt:

$- i_1 \ h_2 \ g_1 \ \beta \ f_1 \ e_2 \ d_1 \ c_2 \ b_2 \ a_1 \ I.$

Ein interessantes Beispiel, welches wir als eigenartige mehrzählige Restitution bezeichnen würden, hat HABERLANDT (1929b, S. 9 und 11) bei *Bryopsis mucosa* beschrieben. Auf der Schnittoberfläche zieht sich bisweilen das Protoplasma von der Narbenwand glatt zurück und „bildet eine neue Wand, die gleichfalls bogig ist, dieser Vorgang kann sich mehrmals wiederholen. So entstehen mehrere Kammern (bis zu 5) in deren letzter der Protoplast sich befindet, der abzusterben beginnt."

Ähnliches kommt auch bei isolierten Bezirken eines Protoplasten vor.

„Nicht selten wurde beobachtet, daß im umhäuteten Plasmaballen das Plasma sich ringsum von der Membran zurückzieht und sich dann neuerlich umhäutet. Da sich dieser Vorgang wiederholen kann, so werden mehrere ineinandergeschachtelte Zellhautkapseln gebildet, in deren innersten sich der absterbende Protoplast befindet. Es handelt sich also wie bei der oben für Fiederstückchen beschriebenen, analogen Erscheinung sicherlich um einen pathologischen Prozeß."

Hier möchten wir eine analoge Beobachtung von KRABBE (1887, S. 419) bei Bastfasern von *Linum usitatissimum* in Erinnerung bringen.

---
[1] Denn von der Bruchstelle der Hülle geht keine Restitution vor sich.

Diese mehrzählige Restitution ist selbstverständlich gänzlich verschieden von der normalen mehrzähligen Restitution, bei der von abgetrennten Zellen mit bloßgelegter Oberfläche aus längsparallele Neubildungen entstehen.

Der beschriebene Restitutionstypus bei *Bryopsis* und *Linum* kann auch als Mantelpolyrestitution bezeichnet werden.

Während wir bisher nur spezielle Literaturbeispiele aus dem Gebiet der Wundkompensation zum Nachweis der Anwendbarkeit unseres Schemas angeführt haben, möchten wir nunmehr zur Mitteilung einiger Originalbeobachtungen übergehen.

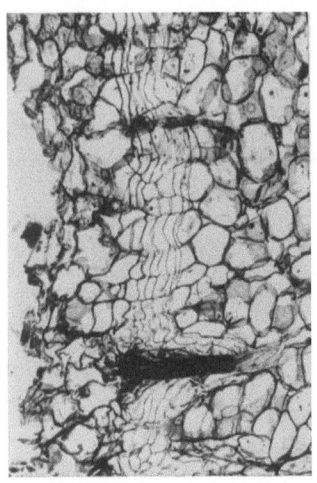

Abb. 47. Wundkork von *Euphorbia tirucalli*.

Auf Abb. 47 ist der Wundkork der unteren Schnittfläche eines Stengels von *Euphorbia tirucalli* L. gezeigt. Dieses Bild wurde nach 5 monatlicher Kultur des Stengels aufgenommen, nachdem drei Wurzeln gebildet worden waren nach dem Typus der abgeschlossenen, echt partiellen, mehrzähligen, heterologen, durch Ausscheidung bewirkten, reproduktionsähnlichen, wiederherstellenden, endogenen, längspolaren Restitution $(+, i_2 \ h_2 \ g_2 \ f_2 \ e_1 \ d_2 \ c_2 \ b_2 \ a_1 \ I)$, d. h. in der Tiefe der Schnittoberfläche haben sich einige Würzelchen angelegt, welche dann bei ihrer weiteren Entwicklung die Wundfläche durchbrochen haben und nach außen herausgetreten sind. Auf dem auf der Abbildung dargestellten Schnitt sind die Würzelchen nicht zu sehen. Hier haben wir unserem Schema nach folgenden Fall:

$$+ e_3 \ d_1 \ c_1 \ b_2 \ a_1 \ I.$$

Unterbrochen nennen wir diese Restitution deshalb, weil an den Austrittsstellen der Milchröhren die Bildung von Wundkork fehlt. Die Milchröhren selbst sind durch eingedickten Milchsaft verstopft (auf der Abb. 47, schwarze Streifen.

Hier bemerken wir, ähnlich den von MAHEU et COMBES (1907) für *Tragopogon pratensis* beschriebenen Verhältnissen, daß der abgestorbene Bezirk der Milchröhre die Teilung der anliegenden Parenchymzelle stimuliert hat. Man kann hier vielleicht sagen, daß als Stimulans der eingedickte Saft gedient hat. Auf der Abbildung ist tatsächlich zu sehen, daß die Zellteilung streng mit dem Ende des Thrombus abschließt.

Die Fortsetzung des Thrombus, welche den unverstopften Teil der Milchröhre darstellt, ist nicht mehr von den in Teilung begriffenen

Zellen begleitet. Selbstverständlich kann man auch annehmen, daß der abgestorbene Teil der Röhre gerade den Thrombus gebildet hat. Es ist aber schwer, dieses für unbedingt sicher zu halten.

Es ist interessant, daß die genannten Teilungen nicht überall an den Enden abgeschnittener Milchröhren gefunden werden, wenngleich diese Enden morphologisch ähnlich oder gleich aussehen.

Man muß bemerken, daß vom Standpunkt HABERLANDTs ähnliche Fälle von Stimulation in keiner Weise seine Theorie über die Wirkung der „Nekrohormone" stören können. Dies sehen wir daraus, daß HABERLANDT (1928, S. 14, Abb. 8 und 13) der Meinung ist, daß sogar oberflächliche (nicht durchgehende) Risse in der oberen Membran von Epidermiszellen bei *Nerium oleander* Quellen für Nekrohormone, welche die Teilung subepidermaler Zellen stimulieren, darstellen, d. h.: für die Bildung von „Nekrohormonen" wären Störungen im Protoplast nicht erforderlich.

Wir haben schon betont, daß diese Tatsache die Anwendung des Terminus „Hormon" wenigstens in diesen Fällen nicht eigentlich empfiehlt[1].

Organrestitutionen. Auf Abb. 48 (I) ist die Bildung von Wundkork bei einem Stengel von *Solanum lycopersicum* gezeigt. Das Experiment wurde wie folgt angestellt: Auf den Stengel von *Solanum lycopersicum* wurde ein Sämling von *Solanum nigrum* mit seiner Wurzel gepfropft. Die Pfropfung wurde durch Keil ausgeführt, d. h., daß der obere Teil des Stengels der Unterlage längsgespalten wurde. Die Pfropfstelle wurde in gewöhnlicher Weise mit Raffiabast verbunden. Zufälligerweise erfolgte die Verwachsung nur in den peripher gelegenen Teilen. Im Kapitel über die Verwachsung ist darauf noch zurückzukommen. In dem nicht verwachsenen Teil des Reises wie auch der Unterlage bildete sich Wundkork. Bei dieser Restitution ist folgendes interessant: An den Rändern (s. A → und teilweise bei B.) des gespaltenen Stengels der Unterlage bildet sich ein Kambium, welches wie ein normales sich zu teilen beginnt. Zur selben Zeit hat sich auf der inneren Wundfläche das Periderm schon gebildet. Aber trotzdem entsteht aus den äußeren Schichten dieses Wundkorkes eine Kambialschicht. Im Stengel von *Solanum lycopersicum* wie auch entsprechend in der Wurzel von *Solanum nigrum* sind die Grenzen dieses inneren Kambiums in der Richtung der Doppelpfeile zu sehen. Das genannte Kambium tritt auf der Abbildung in der Form eines dunklen schmalen Streifens hervor.

Wir sehen hier also den Übergang von einer Schutzrestitution zu einer wiederherstellenden Restitution.

---
[1] [Es muß aber bemerkt werden, daß selbstverständlich bei der Setzung der Membranwunde eine pathologische Beeinflussung der Protoplasten hat stattfinden können. Es sei noch hingewiesen auf HANSTEEN-CRANNER, welcher die Membran durchaus als in engen Beziehungen zum lebenden Protoplasten stehend betrachtet wissen will. Vgl. hierzu ferner H. SÖDING: Vortrag auf der Generalversammlung der Deutschen Botanischen Gesellschaft 1933. M.]

Bei *Nicotiana affinis* (s. Abb. 49), wie auch bei einer Reihe anderer Pflanzen, ist eine totale, querpolare Restitution des gespaltenen Stengels gezeigt worden.

Schon BEIJERINCK (1886, S. 11) hat bei seitlicher Aushöhlung des Kohlstengels die Bildung einer Kambialschicht im Markparenchym beobachtet. Dieses Kambium wirkte wie ein normales, indem es nach dem Zentrum zu das Xylem und nach der Peripherie zu das Phloem bildete. KLEBS (1911) erhielt eine querpolare Stengelrestitution beim Längsschnitt der Winterknospen von *Hydrocharis morsus ranae* L.

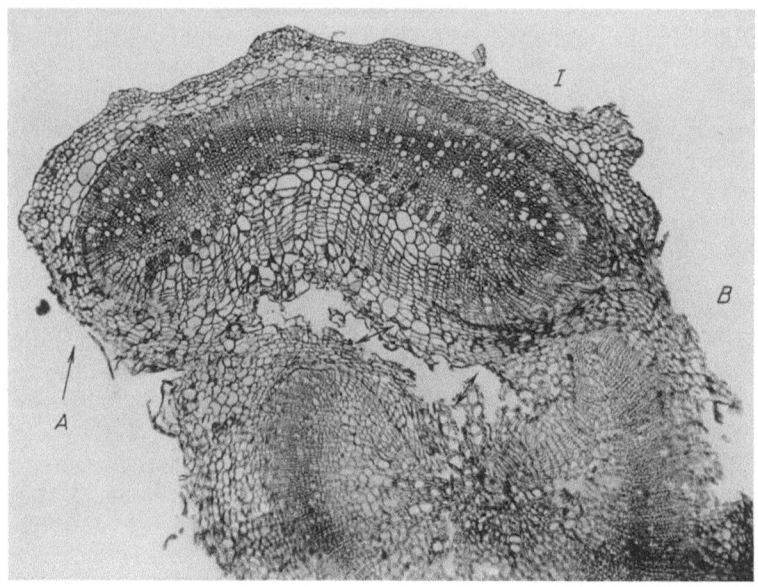

Abb. 48. *Solanum lycopersicum* (*I*) als Unterlage für *Solanum nigrum*. Schutzrestitution und wiederherstellende Restitution (s. Text).

Wie oben erwähnt wurde, haben LOPRIORE (1895), PETERS (1897) und KNY (1905) querpolare Stengelrestitution bei einer Reihe von Pflanzen bei Längsspaltung des Vegetationskegels beobachtet.

L. MIRSKAJA (1930) zeigte eine totale querpolare Restitution der Längshälften beim Stengel von *Mirabilis jalapa*.

Querpolare Restitution von Stengeln beobachteten KNY (1905), REUBER (1912), LINSBAUER (1915) u. a. Die Längs- wie auch die Querrestitution wurde mehrmals beschrieben (CIESIELSKY, 1872, PRANTL, 1874, LOPRIORE, 1896 und 1906, SIMON, 1904, NĚMEC, 1905a u. b u. a.). Aber in allen Arbeiten, wo von Querrestitution die Rede ist, hat die Längshälfte des Organs oder ein Teil, welcher annähernd einer Hälfte gleichkommt, restituiert. Wir haben (KRENKE, 1928b, S. 183—185) bei *Nicotiana affinis* eine vollkommene, querpolare Restitution eines schmalen Sektors

Organrestitutionen. 223

vom Stengel (und zwar von einem ziemlich reifen Stengel) beschrieben.
Auf jeden Fall war ein deutlicher Sekundärbau bei ihm schon vorhanden. Aus dem weiteren wird zu ersehen sein, daß für die Erforschung des Verwachsungsprozesses die Abwaschung des abgeschnittenen Reisteiles von *Nicotiana affinis* mit einem Wasserstrahl ausgeführt wurde. Einige dieser Teile hatte man, wie auf Abb. 49 gezeigt ist, längsgespalten.

Um bei der Abwaschung Arbeit zu sparen, wurden derartige Reiser nicht weggeworfen, sondern unter vorsichtigem Aneinanderschieben der auseinandergewichenen Enden gepfropft. Schließlich haben solche Pfropfungen an der Verwachsungsstelle im Herbst alle ein Aussehen gezeigt, wie es die Abbildung (II →) darstellt, d. h. sie erinnerten an das Aussehen einer „Sattel"-Pfropfung. Der Querschnitt durch die Pfropfung (III) hat Folgendes ergeben: Die anfangs auseinandergewichenen Enden (schmale Sektoren) des Reisteiles sind nicht zusammen verwachsen, jeder von ihnen hat sich zu einem ganzen Stengel mit all seinen Elementen einschließlich der Rinde restituiert. Aus diesem Grunde hat das untere

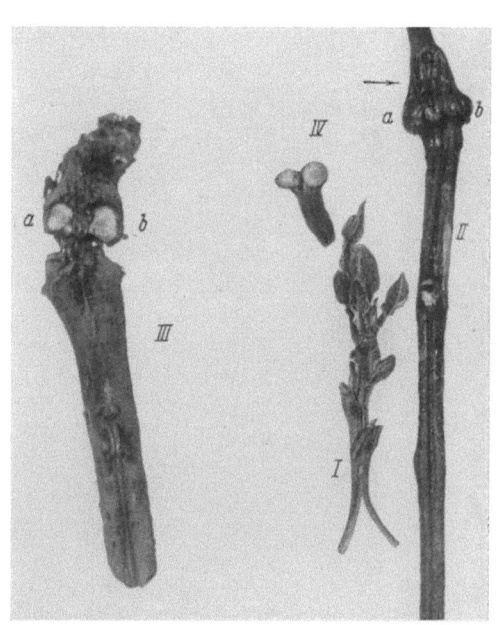

Abb. 49. *Nicotiana affinis*, Stengelrestitution.

Ende des Reises das Aussehen einer nach unten gehenden Gabel (s. II →), deren Spalt von den Lappen der Unterlage erfüllt war. Auf der Abb. 49, III ist die vordere Seite der Unterlage abgenommen, um eine bessere Übersicht zu gewähren, wobei die Pfropfung sich am hinteren Teil festhält. Aber die Hauptverwachsung des Reises ist in allen Fällen nicht an den seitlichen Flächen des Spaltes, sondern an seinem unteren Ende mit den unteren Enden der Gabelung des Reises zustande gekommen, was im Verwachsungskapitel näher zu behandeln sein wird. Die Entwicklung des Reises war sehr üppig. Mechanisch aber erwies sich die Pfropfung als sehr schwach. Für uns ist selbstverständlich hier die Hauptsache die Restitution des sehr schmalen Stengelsektors zu einem vollen Stengel.

Die abgeschlossene Restitutionsform ist im Querschnitt auf derselben Abbildung (IV) dargestellt. Die Untersuchung von Frühstadien dieser Bildung hat gezeigt, daß im inneren Teil des Keilsektors annähernd an der Grenze zwischen dessen Xylem und Markparenchym, etwas nach der Xylemseite zu, ein neues Kambium angelegt wird. Dieses geht mit Hilfe eines zweiten Kambiums (Wundkambium) eine Verbindung mit dem normalen Kambium des Sektors ein, sodaß ein Kambialring, welcher die ganze weitere Wiederherstellung des Stengelsektors zum vollkommenen Stengel bedingt, entsteht. Die beiden Sektoren dieser Gabel können den Prozeß je zu verschiedener Zeit durchlaufen.

Abb. 50.
Pseudorestitution an *Raphanus sativus*.

Es sei jedoch darauf hingewiesen, daß bei einem derartigen Keilsektor eines Reises sich die Kambien sehr oft nicht zu einem Ring zusammenschließen, wodurch es zu einer unvollkommenen Restitution kommt: Der restituierte Stengel besitzt dann eine tiefe Rinne. Manchmal aber kann man das nur bei sehr aufmerksamer Betrachtung feststellen. Ein solcher Fall ist auf der Abb. 49, Fig. III gezeigt, während in der Fig. IV eine vollkommene Restitution dargestellt ist. Einen analogen Fall von Stengelrestitution haben wir noch bei Keilpfropfung von *Solanum memphiticum* auf *Solanum lycopersicum* gefunden. Hier war die Oberfläche des restituierten Teiles durch Korkgewebe bedeckt, und deshalb die Farbe dieser Fläche von der Farbe der Oberfläche des ursprünglichen Stengels verschieden. Insbesondere zeigte der restituierte Teil keine Anthozyanfärbung. Es kommt aber nicht selten vor, daß sich ein Stengel- oder Wurzelsektor auf ganz anderem Wege in eine zylindrische Form umwandelt. Zu einer Restitution des Organs kommt es dann nicht[1].

Auf Abb. 50 ist die Wurzel von *Raphanus sativus minor* L. dargestellt (diese Wurzel verdanke ich F. N. BELSKAJA jr.).

Das Bild ist auf folgende Weise zu erklären: Noch im jungen Zustand hat sich aus irgendeiner Ursache die Wurzel in ihrer Mitte in 2 Sektoren gespalten. Ihr oberer und unterer Teil aber blieben ganz. Hier waren nur unvollkommene Spalten vorhanden, welche von der eigentlichen Spaltungsstelle ausgingen. Bei weiterer Verdickung der Wurzeln entfernten sich die abgespaltenen Sektoren voneinander. Auf dem Zeichnungsschema Abb. 51 ist im Zentrum durch einen punktierten Kreis der Ausgangspunkt dargestellt. Das Kambium ist durch einen gestrichelten Kreis bezeichnet. Diese junge Wurzel spaltet sich in 3 Sektoren (1, 2, 3), welche auf der Zeichnung durch 3 punktierte Radien

---

[1] [Vgl. hierzu noch RZIMANN, 1932. M.]

begrenzt sind. Weiter gingen bei der Verdickung der ungespalten gebliebenen, oberen und unteren Wurzelteile (s. Abb. 50, die auseinandergerissenen Sektoren) (1, 2, 3) auseinander (1', 2', 3'). In diesem Zustand sind sie in gleicher Weise wie im Ausgangszustand, welcher im Zentrum dargestellt ist, bezeichnet.

Zur Zeit der Untersuchung hatten diese ersten primären Sektoren runde Begrenzungslinien. Der Querschnitt der auseinandergeplatzten Wurzelteile näherte sich an der Stelle des weitesten Auseinanderspreizens also einem Kreise. Die der fettgezeichneten Linie nachfolgende stellt ein beobachtetes Kambium (K.-b.) dar, also ist der zweite Bogen, dem die beiden Buchstaben K und b aufgesetzt sind, eine sekundäre Rinde und das ganze Gewebe vom Kambium nach innen, welches durch fächerartig auseinandergehende Linien besetzt ist, stellt ein sekundäres Mark dar. Man kann also sagen, daß sich die ehemalige Achse (C) der Wurzel jetzt sozusagen aufgespalten hat in 3 Achsen C' C' C'. Schon die Lage der Punkte C' mit fächerartig auseinandergehenden Gefäßbündeln und Markstrahlen zeigt, daß die Hauptmasse

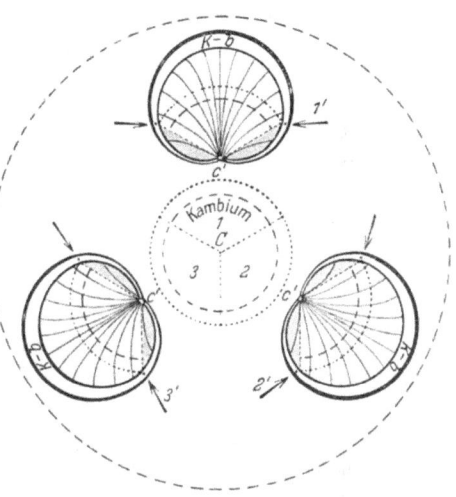

Abb. 51. Pseudorestitution an *Raphanus sativus* schematisch (s. Text.)

der „restituierten" Wurzeln keine eigentlichen Restitutionsprodukte sind. Wenn das der Fall wäre, so hätten sich die Punkte C' irgendwo neben dem geometrischen Zentrum des runden Querschnittes der „restituierten" Sektoren befinden müssen, und von diesen Punkten aus hätten in der Radialrichtung nach allen Seiten zu Leitbündel und Markstrahlen vorhanden sein und auseinandergehen müssen. In Wirklichkeit ist das, wie gesagt, nicht der Fall. Die Umwandlung der Ausgangszentren in die annähernd zylindrische Form erklären wir auf folgende Weise:

Während das Kambium der unversehrt gebliebenen oberen und unteren Teile der Wurzeln tätig ist, hat auch das Kambium der geteilten Sektoren gearbeitet. Hier aber war seine Tätigkeit ungleichmäßig. Sie lagerten an den Enden in der Nähe der freigelegten Oberfläche schmälere Schichten von Mark und Rinde ab und je nach der weiteren Entfernung von diesen Enden wurden die Schichten immer breiter. Daraus ergab sich eine Form, wie sie auf der Zeichnung (s. 1', 2', 3') durch die weiße Fläche, welche durch fächerartige Linien (Mark mit dem entsprechenden dazugehörigen Rindenbezirk) eingeschlossen wird, dargestellt ist. Selbstverständlich ist, daß jetzt das Ausgangskambium wie gewöhnlich die Lage, welche auf der Zeichnung (K-b) bemerkt ist, angenommen hat. Außerdem sind auf der Zeichnung neben den Punkten C' graue Segmente gezeichnet. Ihre Bildung wird so vor sich gegangen sein: Mit der Tätigkeit des Kambiums ging gleichzeitig eine Regenerationsaktivität des Wundgewebes auf den bloßgelegten Flächen der Sektoren einher (eine totale Schutzrestitution). In dem Augenblick nun, wo das Ausgangskambium begann, sich auf die Punkte zu richten, welche in der Rinde in der Pfeilrichtung dargestellt sind, hat sich im Wundgewebe ein eigenes Kambium angelegt. Dieses Kambium hat sich dann an seinen Enden mit denjenigen des Ausgangskambiums an den genannten Orten, d. h. in den Linien, deren Projektion die Punkte im Querschnitt sind, verbunden, so daß sich auf diese Weise ein Gesamtkambium aus den beiden Komponenten: Ausgangskambium + Wundkambium gebildet hat. Den Zusammenschluß dieses Kambiums in den Punkten C' festzustellen, ist uns leider nicht gelungen. Deshalb wird um diese Punkte oder neben diesen Punkten eine Rinne beobachtet, da hier keine Kambiumtätigkeit vorlag. Es ist möglich, daß, wenn die Wurzel weitergelebt hätte, ein völliger Zusammenschluß des Kambiums zustande gekommen wäre, wonach dann dieses Kambium durch seine Tätigkeit die Punkte C' ins Innere des Querschnittes verschoben hätte.

Es ist auch möglich, daß dieser Zusammenschluß überhaupt nie zustande gekommen wäre, da wir bei den Punkten C' das älteste Primärgewebe finden.

Also sind die grauen Segmente bei den Punkten C' von einer Seite her 1. aus dem restituierten Gewebe, welches die Wundflächen der ursprünglichen Sektoren geliefert haben, und 2. aus kleinen Mengen von Geweben, welche hier von neugebildeten Wundkambien abgelagert sind, zusammengesetzt.

Der punktierte Kreis, welcher die 3 sich „restituierenden" auseinandergerissenen Sektoren umfaßt, stellt annähernd die Grenze dar, bis zu welcher sich an der untersuchten Stelle die junge Ausgangswurzel (s. im Zentrum) entwickelt hätte, wenn nicht die erwähnte Zerreißung in 3 Sektoren eingetreten wäre und so das normale Wirken des Kambiums unterbrochen worden wäre. Die von diesem Kreis begrenzte Fläche überragt die Gesamtfläche der Querschnitte der 3 „restituierten" Sektoren annähernd um das 3,7fache.

In der Hauptsache geht die beschriebene „Wiederherstellung" der Sektoren bei der Wurzel von *Raphanus sativus minor L.* also nicht auf dem Wege der Restitution vor sich. Aber es gibt hier auch eigentlich gar keine „Wiederherstellung" im strengen Sinne des Wortes, sondern es ist nur eine Wachstumsdeformation der Sektoren zu verzeichnen. Wenn man sich noch vorstellt, daß die dunklen Segmente bei den

Punkten C' (s. Zeichnung 51) fehlen, bekommt man bei Abrundung der Wurzel einen annähernd runden Querschnitt. Ohne entsprechende Analyse würde man den Vorgang leicht für eine Restitution halten. Wir bezeichnen daher auch diese Fälle als Pseudorestitution oder was noch richtiger ist, als ,,pseudorestitutive Wachstumsdeformation". Unserem Schema zufolge könnten wir diesen Typus auch als Inkrementation (B) bezeichnen.

Bezüglich des hier beschriebenen Falles bleibt uns nur zu erwähnen, daß sich bei unseren ,,pseudorestitutiven" Sektoren Nebenwurzeln gebildet haben, und zwar in einer Linie, welche in horizontaler Projektion im Querschnitt durch die Punkte C' dargestellt sind. Wir sind nicht imstande, die Ursache hierfür zu klären. Aber es steht außer Zweifel, daß diese Tatsache ein allgemeineres Interesse verdient vom Standpunkt der korrelativen Beziehungen zwischen regenerierenden Sekundärorganen und bestimmten Geweben unter bestimmten Zuständen.

Wir wollen uns jetzt einem weiteren Typus der Wiederherstellung von Organteilen, zuwenden.

An einer Straße Moskaus gab es ein Bäumchen von *Tilia cordata* MILL., welches vom Fuß bis annähernd zur halben Stammhöhe einen verdoppelten Stamm hatte. Auf Abb. 52 ist dieses Bäumchen dargestellt. (Ansatz der Verdoppelung bei dem Buchstaben g und Ende beim Buchstaben A. Pfeilrichtung bezeichnet die weiteste Entfernung der Stämme voneinander. Vgl. ferner MÜNCH, 1930, S. 115, Fig. 18.)

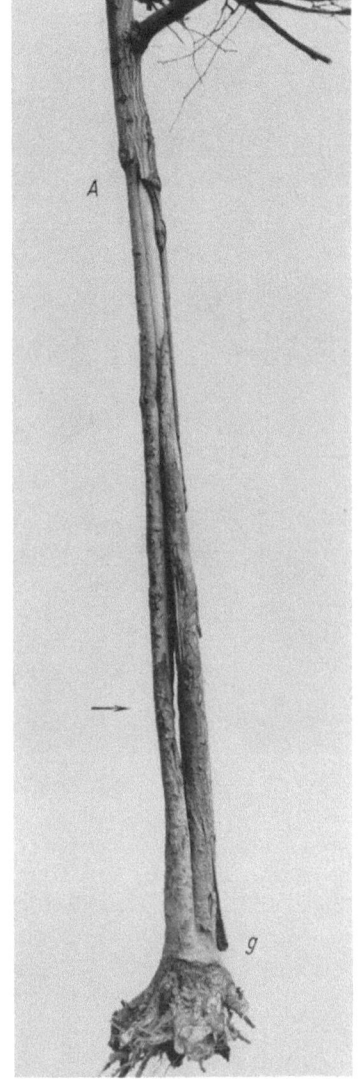

Abb. 52. Stammrestitution bei *Tilia cordata* MILL (s. Text).

Die Schnittserie, welche wir auf der Abb. 53 zur Darstellung bringen, erklärt diese Erscheinung vollkommen. In der Reihenfolge der Zahlen bezeichnen die Bilder vom Fuß des Stammes (1) bis dorthin, wo der Stamm Normalform (14) annimmt,

228 Über die Wundheilung und den Ersatz abgetrennter Teile.

die aufeinanderfolgenden anatomischen Befunde. Die Ziffern sind dem in der Abbildung links befindlichen, flachen, zusätzlichen Stamm eingeschrieben. Über diesen bezeichneten Schnitten liegen jeweils die entsprechenden des zweiten Stammes. Als Grundstamm wird der Stamm mit rundem Querschnitt bezeichnet.

Diese Bildung kann auf folgende Weise zustandekommen (vgl. TISCHLER, 1902, und KÜSTER, 1916, S. 146 und 147):

Infolge von Frost oder Sonnenbrand (s. SORAUER, 1924) oder infolge einer gelegentlichen traumatischen Einwirkung, die aber im gegebenen

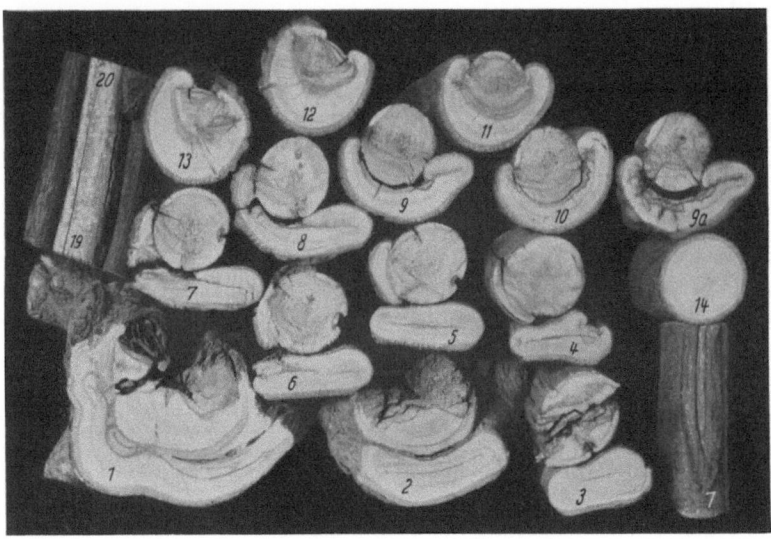

Abb. 53. Querschnitte zu Abb. 52 (s. Text).

Falle unwahrscheinlich ist, kann auf einer großen Oberflächenpartie die ganze Rinde der einen Stammseite zugrunde gegangen sein. Dabei gingen anfangs die oberflächlichen und später auch die tieferen Schichten des freigelegten Holzes zugrunde. An denjenigen Stellen aber, wo der Holzkörper durch die übriggebliebene Rinde bedeckt war, blieb er am Leben. Später begann sich an den Rändern der verbliebenen Rinde der übliche wallartige Kallus zu bilden. Auf Abb. 52 sind diese Verhältnisse etwas unterhalb des Buchstabens A recht gut zu erkennen. Auch auf den Schnitten 19 und 20 (links oben) der Abb. 53 erkennen wir diese Kalluswälle von außen recht gut. Im Querschnitt sind sie an den Schnitten 12 und 13 gezeigt. Durch die dunklere Färbung hebt sich hier der eingegangene Teil des Holzkörpers gut heraus.

Je weiter wir am Stamm nach unten gehen, wo der übrige noch etwas größere Teil der Rinde zugrunde gegangen ist, um so mehr krempelt sich der Wall um und verbreitert sich immer mehr. Dabei findet sich Wachstum an ihm vorzugsweise nur auf einer Seite (auf Abb. 53 rechts). Dieser Wall umfaßt nicht von außen her den toten Teil des Stammes, sondern setzt unterhalb von ihm ein und trennt so schiebend den toten Holzkörper vom lebendigen ab. Es ist klar, daß der tote Teil dieser Abtrennung keinen allzu großen Widerstand entgegensetzt, da an der Berührungsstelle des toten (im übrigen sich zersetzenden) Holzteiles und des lebendigen die Verbindung keineswegs fest ist.

Auf der Höhe des 9. Schnittes beginnt eine Abbeugung des sich neubildenden Stammes (s. Spalte links von Ziffer 9). Das ist aus rein mechanischen Ursachen vollkommen verständlich. Der gebogene, sich einkeilende rechte Wall wirkt wie ein Hebel erster Ordnung. Dabei muß man berücksichtigen, daß nach oben zu (s. Abb. 52 bei A) die Wälle in einen normalen Stamm übergehen, und deshalb befestigt sind, d. h. sie können sich einfach unter dem Druck des einkeilenden Teiles nicht entfalten. Auf Schnitt 8 sieht man eine vollkommene Längsspaltung des neugebildeten Stammes. Auf Schnitt 7 aber sieht man die Vernarbung dieser Bruchstelle des Hauptteiles, welche durch Ziffer 7 bezeichnet ist. Die Vernarbung geht auf gewöhnliche Weise ähnlich den Überwallungen aber ohne Einkeilung vor sich. Zu gleicher Zeit setzt der rechte Wall sein Wachstum fort und hat jetzt schon vollkommen das tote Holz vom Hauptstamm abgetrennt. Der Schnitt 6 zeigt einen fast vollkommenen Zusammenschluß des wachsenden Walles mit dem vorher abgebrochenen Ende von der zweiten Seite des abgetrennten Teiles. Auf dem Schnitt 5 ist eine volle Verwachsung an der genannten Stelle zu sehen, so daß auf diese Weise die Bildung eines zweiten abgeschlossenen Stammes erfolgt ist.

Der abgebrochene Bezirk, welcher links seitlich durch den abgestorbenen Holzteil des Hauptstammes befestigt ist, beginnt an seinen Rändern ebenfalls sich einkeilende Wälle zu bilden. Wenn das Wachstum dieser Wälle sich fortgesetzt hätte, so würde sich zweifellos aus dem betreffenden Bezirk ein dritter Stamm gebildet haben (vgl. MÜNCH, 1930, S. 115, Fig. 17). Dies ist aber deshalb nicht geschehen, weil die genannten Wälle abstarben. Ein ähnliches Bild finden wir bei MÜNCH (1930, S. 165, Fig. 26) für eine Eiche angegeben (nach künstlicher Abtrennung eines Rindenstreifens ohne Abtrennung an der oberen Anheftungsstelle).

Auf dem Schnitt 4 (Abb. 53) sieht man in dem neugebildeten Stamm eine sekundäre Verletzung, welche schon den Beginn der Ausfüllung durch ähnliche Kalluswälle zeigt. Auf Schnitt 7 (rechts unten weiße Ziffer) sieht man die Außenansicht einer ähnlichen Wunde. Die Schnitte 3 und 2 folgen dem Fuß des neugebildeten Stammes, welcher an dieser Stelle noch unabhängig ist, während der Schnitt 1 die Verbindung mit dem Hauptstamm zeigt.

Die ersten Schnitte (1, 2, 3) zeigen besonders deutlich die Zersetzung des bloßgelegten Holzteiles des Hauptstammes.

Im beschriebenen Falle liegt Regeneration nur in bezug auf den sich neubildenden Stamm vor. Nach unserem Schema (s. S. 207) hätten wir hier eine zum Teil beendete, zum Teil nicht beendete, vollkommene, einzählige, anormal homologe, durch Wachstum bewirkte, echt wiederherstellende, exogene, querpolare Restitution vor uns ($\pm\, h_1\, g_1\, \beta\, f_1\, e_2\, d_1\, c_2\, b_1\, a_2\, I$), vollkommen deshalb, weil der Kallus sich von der ganzen Fläche des übriggebliebenen lebendigen Gewebes her bildet. In bezug auf den neuen Stamm handelt es sich um eine abgeschlossene Restitution (+), aber wegen der nicht restlos zusammengeschlossenen Wälle haben wir es mit einer unvollendeten Restitution (—) zu tun.

Als anormal (β) haben wir die beschriebene Restitution deshalb bezeichnet, weil der wiederhergestellte Stamm in seiner Form wie auch im Aufbau sich merklich von dem normalen Ausgangsstamm unterscheidet. Es stellt der neue flache Stamm sozusagen ein zusammengedrücktes Rohr dar. Der eingebogene Wall ist durch eine innere Fläche mit dem unteren Teil verwachsen und die Grenze der Berührung beider ist auf den Schnitten 2, 3, 4, 5, 6 auf Abb. 53 gut zu sehen.

Über die physiologische Bedeutung der gegebenen Erscheinung kann man zum Teil bei MÜNCH (1930, S. 110—123) weiteres finden, wenngleich er vorzugsweise die Regenerationsfälle bei Abtrennung der Rinde allein behandelt (s. noch DUHAMEL DE MONCEAU, 1758, oder COTTA, 1806, HANSTEIN, 1860, u. a.).

Wenn die beschriebene Restitution von *Tilia* nicht zur Bildung eines neuen Stammes geführt, sondern sich nur auf die Verheilung der lokalen Wunde (s. Abb. 53, Abschnitte 4 und 7 rechts unten) beschränkt hätte, so hätten wir es hier hauptsächlich mit einer Schutzrestitution zu tun gehabt oder, wenn wir es ausführlich ausdrücken, mit einer abgeschlossenen oder nicht abgeschlossenen differenziert-partiellen, diaphragmatischen, Schutz-, endogenen, querpolaren Restitution ($\pm\, f_1\, e_2\, d_2\, c_1\, b_2\, a_2\, I$).

Diesen Restitutionstyp in reiner Form stellt Abb. 54 dar in Gestalt der Umwachsung abgestorbener Äste von *Parrotia persica* C. A. BEY. Im Kapitel über die natürlichen Verwachsungen haben wir auf die ausgesprochene Regenerationsfähigkeit der Gewebe dieser Pflanze hingewiesen.

Auf dem Stamm und den Zweigen dieses Baumes sieht man viele verschiedene Hügel (s. z. B. Fig. 1 und 2 auf Abb. 54). Beim Durchschneiden stellt man fest, daß es sich um lebendiges Gewebe handelt, welches abgestorbene Zweige überwallt (s. Fig. 6, 7). Auch gegabelte Zweige (s. Fig. 8, 9) waren umwachsen. In allen Schnitten werden zwei Schnittflächen gezeigt.

Der Schnitt zeigt das Aussehen eines abgeschnittenen Höckers an der Stelle seiner Anheftung an den Stamm. Hier wie auch in den vorherigen Schnitten sieht man das Abfaulen der toten Zweige.

Fig. 3 zeigt einen fast vollkommenen Abschluß des überwallenden Gewebes über den Stumpf des abgestorbenen kleinen Zweiges. Nur ein schmaler Spalt blieb unbedeckt.

Diese Bilder sind es, die uns als besonders typisch veranlaßt haben, diese Art von Schutzrestitution als diaphragmatisch zu bezeichnen.

Manchmal werden auch verhältnismäßig lange Zweige überwachsen. Das Anfangsstadium eines solchen Prozesses zeigt die Fig. 4. Wir selber haben bei *Parrotia* keine restlose Überwallung von Zweigen von mehr als 16 cm Länge beobachtet. Ich glaube, daß dies nicht so sehr durch den Mangel an Regenerationsfähigkeit als vielmehr durch den

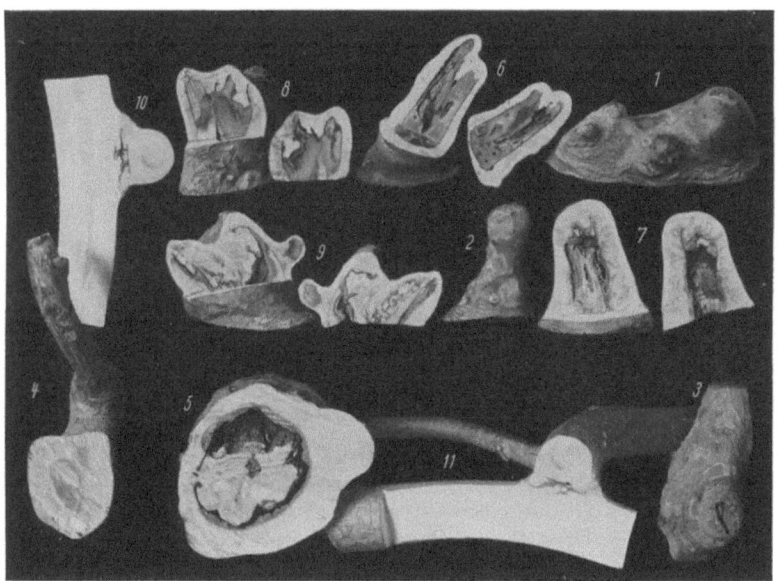

Abb. 54. *Parrotia persica*, Umwachsung abgestorbener Äste.

Mangel an entsprechenden Sonderfällen in unserem Beobachtungsmaterial bedingt ist.

Während der Überwallungsperiode faulen die abgestorbenen Zweige ab, brechen, so daß nur ganz kleine Stümpfe übrigbleiben. Wenn aber längere Stümpfe übrigbleiben, so mögen auch sie wahrscheinlich überwallt werden.

Hier ist es möglich, noch einen Fall von Schutzrestitution diaphragmatischer Form anzuführen. Dieser Fall ist deshalb bemerkenswert, weil in gewisser Hinsicht die hier vorliegende Restitution auch als wiederherstellende bezeichnet werden kann. Aber solange in diesem Falle der wiederherstellende Prozeß nicht charakteristisch ist, sondern gerade die Wundabschließung das auffälligste Merkmal des Prozesses darstellt, so werden wir diesen Fall zur Schutzrestitution stellen, d. h. wir berücksichtigen hier die bereits erwähnte Eigenart des Schemas, wonach die Hauptrichtungen der Wundkompensation ausschlaggebend sind.

Wir haben dabei die Experimente von NĚMEC (1925c) mit *Lenzites sepiaria* W. im Auge.

Bei diesem Saprophyten hängt der Charakter der Restitution des Fruchtkörpers wie gewöhnlich von dem Altersstadium des abgeschnittenen Gewebes ab. Wird der Schnitt in großer Entfernung vom Rande geführt, so trägt er deutlich einen Teil des Fruchtkörpers, der überhaupt nicht mehr zu regenerieren vermag. Es können jedoch die Ränder des beiderseits sich verbreiternden Regenerates sich berühren und verwachsen. Es kommt vor, daß zwischen der Wundfläche und den verwachsenen Rändern des Regenerates eine Lücke übrigbleibt. In anderen Fällen verwachsen die Regenerate nicht, und es ergänzen sich nur die beiden Seitenteile der Wundfläche, d. h. wir haben es formelmäßig ausgedrückt mit einer ($\pm f_1 e_2 d_2 c_1 b_1 a_3$) Restitution zu tun.

Wenn wir von Restitution in diaphragmatischer (d_2) Form sprechen, so haben wir nicht nur besonders ausgeprägte Fälle vor Augen, d. h. solche, bei denen die Verwachsung von der Peripherie der bloßgelegten Fläche nach dem Zentrum zu führt. Zu diesem Typ stellen wir vielmehr alle Fälle, wo sich ein bestimmter Bezirk der Wundoberfläche mit Gewebe, welches von irgendeinem Bezirk der Wundoberfläche her durch Wachstum gebildet ist, bedeckt.

Reproduktionsähnliche Restitution. Den Typus der reproduktionsähnlichen Restitution finden wir an *Mirabilis jalapa*. Wie schon bemerkt wurde, ist diese Pflanze mehrjährig mit an den Knoten abfallenden Stengeln. Das Abfallen geschieht bis zum letzten Bezirk am Wurzelhals; es können aber auch bei einigen Sprossen (selten) zwei Internodien sich erhalten. Die Wurzel wird im Winter in einem Raum in trockener Erde bei nicht zu hoher Temperatur aufbewahrt und erwacht im Frühling. Dabei treten sehr oft Sprosse in großer Anzahl auf der ganzen Trennfläche des vorjährigen Stengels auf (s. Abb. 12 und 37 in der russischen Ausgabe). D. h. die Knospen bilden sich nicht nur von der Seite her oder von den Rändern her, sondern tatsächlich auf der ganzen oberen Fläche.

Ihre Anlage geschieht in einer gewissen Tiefe unterhalb der Oberfläche. Schließlich bekommt man eventuell einen Busch mit vielen Sprossen, welche jeder für sich von einer gemeinsamen Unterlage ausgehen, abgesehen von den Adventivsprossen. Diese Art der Wiederherstellung kann man nicht einfach als Reproduktion (s. S. 208) bezeichnen, denn hier geht der Ersatz gerade von der Oberfläche aus, an welcher die Abtrennung des Pflanzenteiles geschah, vor sich. Es wäre besser, den genannten Wiederherstellungstypus als einen intermediären Typ zwischen Reproduktion und Restitution zu bezeichnen, indem man diesen Typus „reproduktionsähnliche Restitution" nennt. Wenn sich auf der Schnittfläche (d. h. einer Abwurfnarbe) viele Knospen angelegt haben, haben wir es mit einer „mehrzähligen reproduktionsähnlichen Restitution" zu tun.

Im Falle, daß die Anlage auf derselben Fläche, aber nur von einer Knospe herrührte, würden wir von einer „einzähligen Reproduktionsrestitution" zu sprechen haben.

Die Behandlung der Reproduktion wollen wir mit der

restitutionsähnlichen Reproduktion

beginnen. Wie oben gesagt wurde, verstehen wir darunter diejenigen Fälle von Reproduktion, welche aus Geweben hervorgehen, die sich auf dem Restitutionswege entwickelt haben. Diese Gewebe stellen irgendeinen Typus des Wundkallus dar.

Das Verhältnis der restitutionsähnlichen Reproduktion zu der Restitution ergibt sich daraus, daß sich im ersten Fall auf der bloßgelegten Fläche ein Kallus entwickelt, welcher später die Neubildungen ergibt. Im zweiten Falle aber bilden sich diese von der bloßgelegten Fläche her ohne Mithilfe eines Kallus.

Vom Standpunkt der Variabilität betrachtet, stellt die restitutionsähnliche Reproduktion einen der interessantesten Fälle der Regeneration dar. Zunächst haben wir uns hier ausführlicher mit der Untersuchung des Kallus zu beschäftigen.

Der Kallus. E. KÜSTER (s. 1916, S. 56—57) gibt folgende Definition für einen Kallus:

„Wenn die Wachstumsvorgänge, die sich an der Wundfläche abspielen, zur Bildung einer lockeren parenchymatischen Gewebeschicht führen, so nennen wir das abnorme Gewebe einen Kallus, gleichviel ob er wenige oder zahlreiche Zellenanlagen mächtig ist, und unabhängig davon, ob sich die von dem Wundreiz getroffene Zelle nur vergrößern oder auch mehr oder minder oft geteilt haben."

Wir begegnen hier einigen Schwierigkeiten beim Versuch, diese Definition anzuwenden; z. B. erhielt WEHNELT (1927) in den oben erwähnten Experimenten Kallusbildungen an einer nicht verwundeten Fläche durch Auftragen eines Preßsaftes aus Geweben. Dieser Fall läßt sich nicht bei Anwendung der KÜSTERschen Definition als Kallus bezeichnen, weil der Prozeß sich nicht auf einer Wundfläche abspielte. Wenn man in diesem Falle der Meinung ist, daß man nicht so strenge vorzugehen brauche und dieses Moment also außer acht lassen könne, so muß man nach KÜSTER in den Experimenten WEHNELTs als Kallus auch die Geschwülste ansprechen, welche sich aus ohne Teilung wachsenden Zellen bei Einwirkung von reinem Wasser bilden. Diese Geschwülste aber sind Bildungen von prinzipiell anderer Art als wir sie beim Kallus im ersten Sinne vorfinden. Diese Bildungen nähern sich den Intumeszenzen oder ähnlichen Auswüchsen, welche KÜSTER nicht mit zu den Kallusgeweben stellt.

Die Mitautoren SORAUERs (1924, S. 706) schreiben:
„Zwei verschiedene Zustände werden mit dem Namen ‚Kallus' bezeichnet. Alles jugendliche Vernarbungsgewebe mit Spitzenwachstum seiner Zellreihen, gleichviel, ob es an einer Schnittfläche oder in der Ader entsteht, ist als Kallus zu bezeichnen. Der berindete, verholzende oder innere Meristemkerne fortsetzende Kallus wird von uns als Überwallungsrand angesprochen."

Zweitens verstehen die Autoren nach dem Gebrauch der Praxis aber unter Kallus auch das Gebilde, welches sich aus dem Kallus im ersten Sinne durch Ausbildung einer Korkzone, Anlage innerer Meristemherde und Ausbildung differenzierter Organe gebildet hat.

Von diesen Zuständen sind aber die durch Spitzenwachstum ausgezeichneten Jugendzustände zu trennen und SORAUER schlägt die Bezeichnung „Kallus" nur für diese Erstlingsbildungen vor, während die späteren Zustände als „Vernarbungsgewebe" aufgeführt werden.

Aus dem Angeführten ist zu ersehen, daß für verschiedene Altersstadien desselben Gebildes verschiedene Benennungen gebraucht werden, wobei diese Benennungen dem wichtigen Umstand, daß es sich nur um verschiedene Entwicklungsstadien einer unter mehreren gleichartigen Bildungen oder sogar einer und derselben Bildung handelt, nicht Rechnung tragen.

In den nunmehr von uns zu gebenden Definitionen haben wir versucht, die oben erwähnten Unklarheiten in der Umgrenzung des Kallusbegriffs zu vermeiden.

1. **Kallus ist jede durch Wundreizung hervorgerufene „interorgane"[1] Bildung, die durch Wachstum und Zellteilungen entstanden ist!**

2. Die genannte Bildung nennt man bis zum Beginn der Tätigkeit eines in ihr angelegten Kambiums **Primärkallus**. Nach der Bildung der vom Kambium abgeleiteten Gewebe nennt man den Kallus **sekundär**.

3. Im Falle, daß sich im Kallus kein Kambium bildet, daß aber die Anlage von unregelmäßigen, sich weiterhin umbildenden meristematischen Elementen stattfindet, bezeichnen wir einen Kallus als **primär differenziert**!

4. Bei Vorhandensein einer Kambialtätigkeit neben unregelmäßigen meristematischen Bildungen wollen wir einen Kallus als **kombiniert sekundär** bezeichnen.

5. Möchten wir noch bemerken, daß die Definition des **Primärkallus** eine unmittelbare Zellumbildung, wie Verkorkung, Verholzung, Zellinkrustation usw. zuläßt. Wenn eine derartige Umbildung stattfindet, so nennen wir einen solchen Kallus einen **veränderten Primärkallus**.

Wir haben in unserer Definition auf das Gipfelwachstum der Zellreihen des **Primärkallus** nicht hingewiesen. Wenngleich gewöhnlich

---
[1] D. h. eine Bildung, welche nach ihrem Bau und Funktionen nicht einem bestimmten Organ zugeordnet werden kann.

dieses Wachstum vorherrscht, so kann doch außer ihm und gleichzeitig mit ihm interkalare und stellenweise auch basipetale Zellbildung vorkommen. Die abgeschlossene Form der **primären** und **primär differenzierten Kallusgewebe** sind besonders bei krautigen Pflanzen und bei krautigen Organen von verholzenden Pflanzen zu finden. Den erwachsenen Stengeln und Wurzeln ist im allgemeinen **sekundärer Kallus** eigen. Bei beiden Gruppen aber findet man viele Abweichungen.

Kallus kann sich auf der Wundfläche beliebiger Organe bilden. Aber verschiedene Organe reagieren abhängig von der systematischen Stellung der gegebenen Art und dem Alter des Individuums im ganzen und dem Alter des verwundeten Organs jeweils verschieden. Weiter ist es nötig, die Schnittrichtung und die Tiefe des Schnittes zu berücksichtigen. Denn durch diese Verhältnisse sind verschiedene Grade der Druckstörung der Gewebsschichten gegeben. So erweist sich beim Längseinschnitt der Stammrinde der Druck als am geringsten an den seitlichen Partien der Einschnitte. Von hier aus beginnt auch eine besonders energische Kallusbildung. Abgesehen vom Typus des Einschnittes ist der Eingriff als solcher noch mit Bloßlegung verschiedener Gewebe verbunden, deren Reaktion auf die Verwundung dementsprechend verschieden sein kann. Auch von den äußeren Bedingungen, unter welchen die Kallusbildung verläuft, wird diese beeinflußt.

Hinsichtlich der histologischen Prozesse der Kallusbildung sind unsere Kenntnisse ziemlich weit fortgeschritten. Was aber die zytologischen Vorgänge anbelangt, so sind hier nur wenig Tatsachen bekannt. Deshalb sind die theoretischen Betrachtungen über diese Verhältnisse nicht einwandfrei.

Es wäre z. B. sehr wichtig, die Angabe von KOSTOFF (1928, S. 570 bis 571), wonach die „hochdifferenzierten Zellen anscheinend Geschwulstbildungen produzieren, während die nicht differenzierten den Anfang von Wurzeln und Sprossen geben," nachzuprüfen. Aber der Autor gibt keine näheren Beschreibungen der Tatsachen. Nach unseren Beobachtungen kann diese Formulierung nicht als allgemein gültig angenommen werden; besonders, wenn man berücksichtigt, daß die Geschwulstbildungen, d. h. in diesem Falle Kallusgewebe ihrerseits meristematische Herde ausbilden, die später Sprosse oder andere Neubildungen geben können. Dabei stellen die Ausgangszellen dieser Herde, morphologisch bewertet, nicht differenzierte Zellen dar.

Abb. 55 zeigt einen primär differenzierten Kallus des jungen Sprosses von *Solanum lycopersicum*. Es sind hauptsächlich in der Nähe der Kallusfläche, aber stellenweise auch in der Tiefe Meristemherde zu sehen. Aus einem Teil dieser Herde bilden sich später Vegetationspunkte, welche dann nach außen durchbrechen und (a, a') eine Weiterentwicklung von solchen (in der Nähe der Kallusfläche!) angelegten Vegetationskegeln darstellen. Auf a, a' wie auch auf der Anlage links von a seitlich, kann man die Durchbruchgrenzen sehen. Aber bei weitem nicht alle durchgebrochenen „Vegetationspunkte" geben wirklich geformte Organe.

Anfangs entwickeln sich manchmal nicht geformte Bildungen, welche Sprossen nur entfernt ähnlich sehen, woraus sich später aber oft oder meistens wahre Sprosse bilden. Manchmal aber geht eine solche Bildung auch ungeformt zugrunde. Es kommt auch vor, daß sich aus den Meristemherden eines Primärkallus keine Sproßbildungen herleiten, sondern daß sich aus dem Kallus ein neuer Kallus entwickelt. Es können in diesem wohl als mittelbar zu bezeichnenden Kallus Vegetationskegel für Sprosse angelegt werden. Einmal aber haben wir auch einen

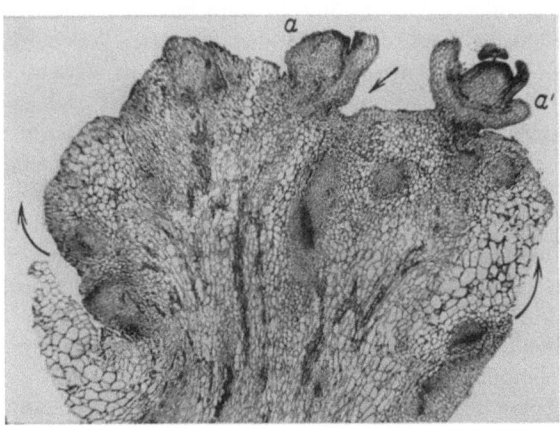

Abb. 55. Primär differenzierter Kallus von *Solanum lycopersicum* (s. Text).

zweifach mittelbaren Kallus beobachtet, d. h. aus dem zuerst hervorgebrochenen mittelbaren Kallus bricht kein Sproß hervor, sondern von neuem ein Kallus, und in diesem letzteren werden nun Sprosse angelegt. Wir werden über derartige mittelbare Neubildungen weiter unten sprechen. Hier sei nur bemerkt, daß der ganze Kallus der Abb. 55 (durch Pfeile bezeichnet) endogener Herkunft war. Die Grenzen seines Durchbruchs befinden sich in der Richtung der Pfeilbasis. Hier ist auch Meristem an den Durchbruchsgrenzen zu sehen.

Interessant ist auch die Anlage der inneren Meristemherde des Kallus. In der Mehrzahl der von uns beobachteten Fälle heben sich im Kallusparenchym einzelne Zellen oder einzelne Zellgruppen heraus, um welche herum die Meristemzellbildung beginnt[1]. Wir können sie als stimulierende Zentren auffassen. Anfangs sind diese Zellen morpho-

---

[1] [Hochinteressante zellphysiologische Angaben über besondere protoplasmatische Eigenschaften sog. „amphinekrotischer Zellen" macht A. MODER (1932) für *Helodea canadensis*. Die Übertragung der hier angewandten Methode der „protoplasmatischen Anatomie" auf die Meristemherde des Kallus verspricht wichtige Aufschlüsse über die Besonderheiten dieser Zellgebiete. M.]

logisch nicht von den umgebenden zu unterscheiden. Nach und nach hypertrophieren sie, die Zellhülle wird dicker und scheinbar mürber, läßt sich stärker anfärben, manchmal wird sie bräunlicher und langsam verfällt die Zelle oder sehr oft auch eine ganze Gruppe von Zellen, indem sie eine stark sich anfärbende, bräunliche Masse bilden.

Schon bei Beginn der Veränderungen und weiterhin der Zersetzung der genannten Zellen bildet sich rundherum ein Meristem. Dabei erlischt die Intensität der Neubildung langsam, je nach der Entfernung von dem stimulierenden Zentrum. Öfter wird auch beobachtet, daß als

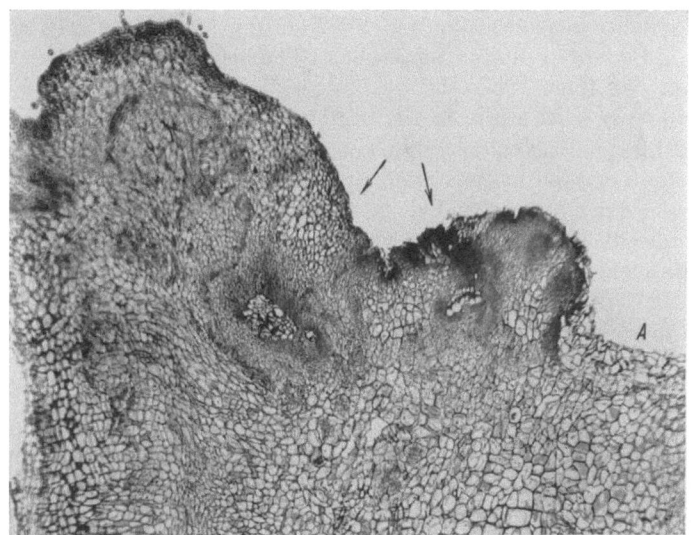

Abb. 56. Beginnende Meristembildung im Kallus bei *Solanum memphiticum*.

stimulierendes Zentrum ganze Gruppen degenerierender Zellen fungieren (s. Abb. 56, in der Pfeilrichtung). Manchmal gelingt es festzustellen, daß die Krankheit nicht alle Zellen einer bestimmten Gruppe gleichzeitig befällt, sondern daß zuerst eine Zelle erkrankt und dann nach und nach von ihr aus sich die Krankheit systematisch auf die anderen benachbarten Zellen überträgt. Eben durch diesen Prozeß erklären wir Bilder, wie sie auf Abb. 55 gezeigt wurden.

Auf Abb. 56 sehen wir, daß in keinem der drei meristematischen Herde das Meristem sich in einen vollen Ring um die stimulierenden Zellen herumschließt. Zu den letzteren bleibt ein Durchgang, welcher durch eine parenchymatische Zelle besetzt ist. Im ersten Bildungsstadium des beschriebenen Meristems sind die später degenerierenden Zellen, welche neben der ersten erkrankten Zelle liegen, morphologisch nicht von den gesunden zu unterscheiden. Wenn das Meristem aber die ersten erkrankten Zellen so weit umschlossen hat, daß ein Durchgang, welcher durch 1 oder 2 parenchymatische Zellen gebildet wird, übrigbleibt, so zeigen gewöhnlich diese Zellen relativ vergrößerte Kerne und lassen sich intensiver färben. Wir sind der Meinung, daß diese Zellen sich schon in den ersten Krankheitsstadien befinden.

Wenn man von diesem Standpunkt aus Abb. 55 betrachtet, so kann man sich denken, daß die beiden im Zentrum befindlichen Meristemherde sich in Zukunft mit ihren Rändern verbinden werden und eine Schleife oder einen Ring bilden werden, innerhalb dessen sich die Gruppe degenerierender Zellen befindet. D. h. es entsteht ein Bild, welches dem linken Herd auf Abb. 56 analog ist.

Als genau ebensolche Zentren für Nebenmeristeme erweisen sich im Kallus gebildete isolierte Gefäßzellen, Tracheiden oder noch häufiger Gruppen von ihnen [1, 2].

Soweit bis jetzt erforscht ist, werden diese Gruppen, indem sie von dem nachfolgenden organisierten Leitsystem des Kallus isoliert bleiben, zum Schluß endlich in ganz ähnlicher Weise wie die oben beschriebenen Zellen zersetzt. Auf jeden Fall bildet sich das Meristem um sie herum früher als die Zersetzung morphologisch festgestellt wird. Hier ist noch die nicht seltene Bildung von gewissermaßen „überreizten" Zellen (s. KRENKE, 1928 b, S. 333 und 357), welche die genannten Gruppen von dem anliegenden Meristem (s. KRENKE, 1930, Photo 6) abtrennen, beobachtet worden. Die Unfähigkeit zur Teilung ist bei den hier genannten überreizten Zellen aus dieser Benennung selbst direkt verständlich. Ebenfalls wird, wenn wir sie als überreizt ansprechen, verständlich, daß die weiteren Zellen, wenn der Reiz an sie herantritt, eine optimale Teilung zeigen, welche nach und nach mit Verringerung der Reizwirkung in der Entfernung erlischt. Es möge noch daran erinnert werden (s. KRENKE, 1928 b, S. 335—336), daß ähnliche Schichten überreizter Zellen sich sehr oft auf den Wundflächen bilden und dabei im Falle eines offenen Schnittes die Bildung eines gewöhnlichen Kallus unterhalb von ihnen beginnt und im Falle der Pfropfung hier die Bildung des Wundmeristems einsetzt. Dabei ist es interessant, daß (s. z. B. KRENKE, 1930, Abb. 3) sich auf der Pfropfgrenze eine überreizte Schicht mit anschließendem Meristem oft nur bei einer Pfropfkomponente zeigt. Dies zeigt nochmals (s. KRENKE, 1928 b, S. 383), daß die Wundreizung in ihrer Wirkung auf verschiedene Pflanzenarten sowie in verschiedenen Geweben desselben Individuums sich verschieden äußern kann. Ich glaube darauf hinweisen zu können, daß die beschriebenen Bilder im Kallus unsere Sympathie für die HABERLANDTsche Theorie zu verstärken in der Lage sind.

---

[1] Interessant ist die Bemerkung von KÜSTER (1923, S. 310—311), daß in der normalen Gewebsontogenie die Gefäßelemente, die frühzeitig absterben, ihr Wachstum sistieren... Dabei hält er die Möglichkeit nicht für ausgeschlossen, daß sie einen Einfluß auf die anliegenden Gewebe ausüben.

[2] [Vgl. hierzu die Bemerkungen CZAJAS betr. *Taraxacum* (s. S. 168). M.]

So bilden sich die Meristeme des Kallus, welche später die Vegetationspunkte für Seitensprosse geben, in unseren Experimenten auf zweierlei Weise: 1. Unmittelbar unterhalb der Schnittfläche anscheinend unter dem Einfluß der Wundreize vom Schnitt aus; 2. rund um die oben beschriebenen Zentren herum. Den ersten Zustand haben wir öfters angetroffen, den zweiten Zustand haben wir isoliert für sich überhaupt nicht getroffen, sondern immer neben dem ersten, was auch verständlich ist, denn die Wundreize sind immer vorhanden.

Wir sind mit vielen anderen Forschern der Meinung, daß an der Kallusbildung aktive Gewebe in der Nähe der Schnittfläche teilnehmen können. Besonders energisch aktiv ist das Kambium. Weiter beteiligen sich an der Kallusbildung nach Beobachtung einer ganzen Reihe von Autoren (s. SORAUER, 1924, NAKANO, 1924, KÜSTER, 1925a, u. a.), mit welchen wir konform gehen, jene lebenden Gewebe, welche in unmittelbarer Nachbarschaft des Leitsystems liegen, besonders rege. Gewöhnlich reagieren schwächer oder gar nicht das Blattmesophyll, das Mark und das Rindenparenchym. Ausnahmen sind nicht selten. B. KABUS (1912) weist z. B. darauf hin, daß bei der Pfropfung von *Pelargonium zonale* ein primärer Kallus von der Seite des Reises aus zuerst nur aus dem Mark sich bildet. Über Pfropfungen werden wir weiter unten noch sprechen.

Wenn wir von der Möglichkeit einer Beteiligung aller lebenden Gewebe an der Kallusbildung sprechen, so denken wir dabei nicht an bestimmte Pflanzenarten. In jedem Spezialfall könnte die Reaktion verschiedener Gewebe sehr verschieden sein. Sogar gleichartige Gewebe können unter sich verschieden reagieren, hauptsächlich in Abhängigkeit von ihrem Alter. Aber manchmal ist eine experimentelle Anregung inaktiver Gewebe zur Kallusbildung möglich. Z. B. bildet sich beim Absägen alter Stämme von *Populus* der Kallus nur im Bereiche des Kambialringes etwas unterhalb der Sägefläche. Auf diese Weise nimmt von der Rinne, welche sich infolge des Absterbens der oberen Schichten gebildet hat, zwischen der Rinde und dem Holz ein gewöhnlich grüner Kalluswall seinen Ausgang. Dabei (S. SIMON, 1908) kann man an dünnen Zweigen derselben *Populus* die inneren Schichten der Rinde und das Markparenchym durch eine gründliche, wiederholte Zerstörung des Kallus, welcher sich im Kambialring bildet, zur Kallusbildung veranlassen. Der Kallus des Markes kann auch Sproßknospen bilden.

Ableger, welche der Pflanze von verschiedenen Orten entnommen wurden, können sich in bezug auf die Kallusbildung sehr verschieden verhalten. MAGNUS z. B. (1918) weist darauf hin, daß auf Scheiben von *Mohrrüben*-Wurzeln, welche aus der Nähe des Wurzelhalses genommen sind, sich in der Regel in der Zone des Kambialringes Kallus in Form isolierter Höckerchen bildet, während der Kallus auf Scheiben, die näher zur Wurzelspitze herausgeschnitten sind, eine Bildung darstellt, die manchmal strahlenförmig vom Zentrum der Scheibe ausgeht. Es ist wohl keinem Zweifel unterworfen, daß die Ursache hierfür in den verschiedenen Altersstadien der Gewebe liegt, von denen die Form der produktiven Fähigkeit abhängt.

Eine ausführliche anatomische Beschreibung verschiedener Kallusgewebe wollen wir hier nicht geben. Wir verweisen vielmehr auf SORAUER (1924), KÜSTER (1925a) u. a.

Wir möchten nur auf die physikalischen Eigenschaften, welche KOSTOFF (1928, 1930) berücksichtigt und welche in einer Erhöhung der Plasmaviskosität in den Kalluszellen bestehen soll, hier hinweisen. Allerdings hat KOSTOFF hauptsächlich die Plasmaviskosität in den Kallusbildungen der Pfropfstelle untersucht. Doch besteht wohl kein Zweifel, daß wir dieselbe Erscheinung auch an offenen Kallusbildungen an der Schnittfläche vorfinden werden.

Ferner zweifeln wir nicht daran, daß die Veränderung der Plasmaviskosität in verschiedenen Kallusgeweben ungleichmäßig vor sich geht. Näheres ist bis jetzt darüber nicht bekannt. Ein großes Interesse gebührt der Frage, ob die neuen meristematischen Anlagen des Kallus auch eine erhöhte Viskosität besitzen. In Übereinstimmung mit KOSTOFF nehmen auch wir an, daß eine der wichtigsten Ursachen, welche die vorkommenden Veränderungen in der Chromosomenzahl mancher Kalluszellen bedingen, unregelmäßige Zellteilungen darstellen. Diese aber sind vor allem durch die Veränderungen der Plasmaviskosität dieser Zellen bedingt. Gerade in den kallusbürtigen Sprossen zeigen sich nämlich karyologische Abweichungen. Davon soll weiter unten die Rede sein.

Verschiedene äußere Bedingungen können auch die Kallusentwicklung verschieden beeinflussen. Wir werden einige Beispiele aus diesem Gebiet bei der Behandlung des Einflusses der äußeren Bedingungen auf den Wundheilungsprozeß besprechen, denn wie oben gezeigt wurde, kann man keine scharfe Grenze zwischen der Bildung des Wundperiderms und der Kallusbildung ziehen. Dies gilt besonders bezüglich der ersten Phasen der Entwicklung.

Für die erfolgreiche Teilung gilt als allgemeine Bedingung eine gewisse feuchte warme Atmosphäre von einem bestimmten Gehalt an Sauerstoff[1].

Selbstverständlich ist es möglich, daß auch die Verstärkung des Nährstoffzuflusses zu der Wundstelle nützlich ist. Um den Kallus auf der Schnittstelle eines Sprosses besonders erstarken zu lassen, entfernt

---

[1] [Doch kann unter Umständen gerade durch die Produkte anaerober Atmung die Zellteilung, welche zur Regeneration führt, ausgelöst werden (K. KAKESITA, 1928 und 1930). Man wird sich fragen müssen, ob die hier zur Verwendung gelangte sauerstofffreie Atmosphäre vielleicht über Veränderungen des Sulfhydrilsystems gewirkt hat (vgl. Anmerkung auf S. 167). M.]

man alle Achselknospen und alle Achselsprosse. Diese Operation richtet den ganzen Nährstoffstrom geradezu nach der Schnittstelle und den übriggebliebenen Blättern hin. Dabei kann man nicht irgendein allgemeines Schema für alle Faktoren geben. Ein und derselbe Faktor begünstigt bei einigen Pflanzen die Wundheilung, während er sie bei anderen hemmt. Z. B. stellt man in der Praxis sehr oft die zu pfropfenden Stengel in Wasser und verbindet sie naß mit der Unterlage. Bei der Bewurzelung wird ebenfalls Benetzung angewendet.

Es hat sich herausgestellt (WÄCHTER, 1905), daß bei *Hippuris vulgaris* L., trotzdem sie in Sümpfen, Bächen und Seen wächst, das Wasser auf die Wundheilung hemmend wirkt. Am besten geht bei dieser Pflanze die Wundheilung in feuchter Luft vor sich.

Die Wundheilung bei Blättern wurde von BUSCALIONI und MUSCATELLO (nach NĚMEC, 1924, S. 811) erforscht. Ein Teil eines Zweiges mit verwundeten Blättern wurde ins Wasser gesenkt und ein Teil auch in Nährlösung von KNOP. Ein Teil der verwundeten Blätter blieb über Wasser. Der Zweig wurde von der Pflanze nicht getrennt. Bei einigen Pflanzen nun hemmt das Wasser die Verheilung, während sie bei anderen beschleunigend wirkt (s. E. KÜSTER, 1904 a u. b).

Die Experimente von KABUS, welcher mit *Kartoffel*-Knollen unter Wasser operierte, haben gezeigt, daß die Bildung von Periderm und Kork, d. h. also der Wundverschluß, in Luft erfolgreicher vor sich geht. Dagegen erreicht man Neubildungen, welche für die Verwachsung zweier Hälften der Knolle notwendig sind, besser bei Vornahme der Operation unter Wasser. Im ersten Fall wirkt der Luftsauerstoff zu stark oxydierend auf die Wundflächen, so daß sie braun werden. Im zweiten Fall, wo im Wasser nur eine geringe Sauerstoffmenge gelöst ist, findet diese übermäßige Oxydation nicht statt und die Flächen bleiben verwachsungsfähig. Damit stimmen im allgemeinen auch die gegenwärtigen Anschauungen über die oxydativen Prozesse bei Gewebsverletzungen überein. Aber in den Experimenten von KABUS mit *Bryophyllum*, *Pelargonium* und *Begonia* bildeten die Reiser, die unter Wasser abgeschnitten und dann gepfropft wurden, keinen „Wundkallus", was bei der Operation in feuchter Atmosphäre erfolgreich vor sich ging. Der Autor sagt, es scheine, daß ein solches Verfahren (unter Wasser) diesen Pflanzen nicht gemäß sei, da sie schon nach 4 Tagen anfingen zu welken und schließlich eingingen. Doch bewertet der Autor dieses Experiment als unsicher.

Die Ursache der beschriebenen Erscheinungen liegt in der Regel in der sog. sekundären Wirkung des Wassers (s. NABOKICH, 1908). Das beste Wachstum junger Pflanzen und Gewebe geht bei sonst gleichen Bedingungen in einem Milieu mit gegen die Norm herabgesetzten Sauerstoffgehalt vor sich.

„Geringe Sauerstoffkonzentrationen erhöhen anscheinend die Arbeitsfähigkeit des Protoplasten und begünstigen dadurch das Zustandekommen von Wachstum, während höhere Konzentrationen die jungen Zellen unterdrücken, hemmen und das Wachstum aufhalten, wie es die anderen Gase auch tun." (S. S. 172, NABOKICH, 1908.)

Aber auch Sauerstoffmangel setzt die Lebenstätigkeit und das Wachstum von Pflanzengeweben herab, denn ,,Sauerstoff bewirkt die Lebensfähigkeit des Inhaltes des Protoplasten" (NABOKICH, 1908, S. 171).

Daraus ,,ist es nicht schwer zu schließen, daß das Wasser, welches die Pflanzen befeuchtet, infolge der geringen Löslichkeit des Sauerstoffes die Rolle eines Regulators für die Wachstumsprozesse spielen wird. Je nach den Bedingungen der Diffusionsgeschwindigkeit des Sauerstoffs, der Dicke des isolierenden Wasserbelags und nach dem Bedarf des Objektes an Sauerstoff, kann man unter der Einwirkung der Befeuchtung entweder Hemmung oder Verstärkung der Wachstumsenergie erwarten". (S. 1.)

Dies letzte muß in Verbindung mit der Erscheinung, welche E. BÜNNING (1926 b) in der Epidermis der Zwiebelschale entdeckt hat, stehen. Es hat sich gezeigt, daß das Wasser und die Salzlösungen die Fortpflanzung des Reizes, der durch den Schnitt bewirkt wird, hemmen. Es wird auch die Dauer der Reizwirkung abgekürzt. Es scheint, als ob dieser Fall den angegebenen Beispielen für eine erfolgreichere Wundheilung unter Wasser widerspräche, denn das Wachstum wird gerade durch den Reiz bedingt. Aber erstens ist der Grad des für den Wachstumserfolg in verschiedenen Fällen notwendigen Reizes uns unbekannt und zweitens kann die Ursache bei verschiedenen Pflanzen auch verschieden sein und die Hauptsache ist, daß das Wachstum durch einen Faktorenkomplex, dessen Zusammensetzung uns noch unbekannt ist, bedingt wird.

Experimente über die Regulation der Wundheilung unter der Einwirkung verschiedener Lösungen haben Aussicht auf Erfolg. So hat KUBES (1925) gezeigt, daß die Geschwindigkeit der Vernarbung an abgetrennten Kotyledonen von *Pisum* durch 2—4%ige Milchzuckerlösung, destilliertes Wasser u. a. verstärkt wird. Salzlösungen, auch 0,2—0,05%ige KNOPsche Lösung u. a., ebenfalls Leitungswasser verlangsamen den Prozeß der Verwachsung. Es ist interessant, daß Lösungen von Kalium- und Magnesiumsalzen und Nitraten, welche gewöhnlicherweise für Plasma sehr giftig sind, die Heilung nicht so stark verlangsamen wie andere Salze, die gewöhnlich weniger giftig sind. Das gleiche gilt auch für Zinksulfat, welches in schwachen Konzentrationen sehr oft das Wachstum und die Zellteilung sogar stimuliert. Es begünstigt anscheinend die Bildung des Wundkorks (SILBERBERG, 1909). M. POPOFF (1924, S. 991) besteht darauf, daß ,,Stimulationswundbehandlung zu beschleunigter Regeneration des Wundgewebes führte".

POPOFF und GLEISBERG (1924) haben eine gewisse Verstärkung in der Kallusentwicklung auf der Oberfläche von *Möhren*-Scheiben unter der Einwirkung von $MgCl_2 + MgSO_4$ beobachtet. NIETHAMMER (1927) weist auf eine Verstärkung von Zellteilungen und Kallusbildung auf kleinen Scheiben aus der *Kartoffel*-Knolle und auf dem Rindenparenchym der Wurzel von *Vicia faba* unter dem Einfluß von Thyreoidea und Zinksulfat hin.

Andererseits kommt CHR. REHWALD (1927) bei der Untersuchung von Kallusbildungen auf der Schnittfläche der Wurzel von *Daucus carota* und anderen Pflanzen und auch bei einigen anderen Organen zu dem Schluß, daß die Einwirkung einer Reihe chemischer Stoffe auf die Wunde keinerlei Reaktionen hervorbrachte, die vom Gang der Kallusbildung bei diesen Organen nach einfacher Verwundung verschieden sind. Ähnliche Resultate sprechen nur dafür, daß bei verschiedenen Pflanzenarten und verschiedenen Alterszuständen man die allerverschiedensten Reize ausprobieren muß. Erst dann wird man eine endgültige Antwort auf die gestellte Frage nach der Wirkung chemischer Reizung auf den Heilungsprozeß erhalten (vgl. S. 271, 340/341).

KNY (1889) hat den Wundheilungsprozeß an der Schnittfläche von Knollen verschiedener Pflanzen (*Kartoffel, Ficaria ranunculoides, Tradescantia crassiflora, Gloxinia hybrida, Begonia discolor* u. a.) untersucht. Nebenbei hat er gezeigt, daß auf den Wundflächen der Knollen, welche vor der Verwundung bei einer Temperatur von 7^0 C gehalten wurden, eine Abschwächung der Zellteilungen im Vergleich zu Knollen, welche zu gleicher Zeit bei einer Temperatur von $18—21^0$ C gehalten wurden, beobachtet wird. Weiter bemerkt KNY, daß der freie Sauerstoff nicht nur für die Zellteilungen auf der Wundfläche, sondern auch für den Verkorkungsprozeß in Gewebshohlräumen der Wundepidermis notwendig ist. Damit befindet er sich in Übereinstimmung mit einer Reihe von anderen Forschern (VÖCHTING, 1892, O. APPEL, 1906, KABUS, 1912 u. a.).

KNY (1889a) hat auch gezeigt, daß sehr geringe Mengen gasförmigen Wasserstoffsuperoxyds die Bildung von Wundperiderm etwas beschleunigen, während eine sehr schwache Einwirkung von Jodoformgasen ein beschleunigtes Absterben der oberflächlichen Zellschichten der Wundfläche hervorruft. Dies letztere aber erschwert die Bildung von Periderm im Resultat fast gar nicht, weil die tieferen Schichten die Produktion von Neubildungen fortsetzen. Als unschädlich hat sich auch die Einwirkung von Quecksilberdämpfen, wie sie Quecksilber bei gewöhnlicher Zimmertemperatur abgibt, auf die Wundfläche erwiesen. Die starken Konzentrationen sind tödlich. Die Resultate der Beobachtungen von KNY können ziemlich einfach erklärt werden.

ELFVING (1886), JOHANNSEN (1896) und MORKOVIN (1901) haben festgestellt, daß unter einer schwachen Narkose die Zellatmung nicht nur nicht herabgesetzt wird, sondern daß sie längere Zeit hindurch sogar verstärkt wird. Dabei hat JACOBI (1899, S. 289) gezeigt, daß starke Dosen von Narkoticis eine Herabsetzung der Atmung hervorbringen, aber auch hier tritt vor der Herabsetzung ein „Aufflackern" des Prozesses auf. Die Atmung ist eine erste und notwendige Bedingung für das Zustandekommen von Zellneubildungen, d. h. für Bildung von Geweben, welche die Wundheilungen bedingen.

In gewissen Grenzen kann man die Atmungsprozesse auch auf anderem Wege, auf dem Wege einer Bremsung der Umsetzung der Atmungspigmente in ein inaktives, braunes Pigment beeinflussen (s. S. 195).

Manchmal hemmt das Licht die Kallusbildung, während es als Desinfektor sehr günstig wirkt. In einigen Fällen begünstigt auch das Licht die Verheilung unmittelbar. In den Experimenten von BÜNNING hat das Licht positiv auf die Ausbreitung von Wundeinflüssen gewirkt.

REHWALD (1927) aber hat keinerlei Einfluß der Beleuchtung auf die Kallusentwicklung feststellen können. Die Stücke von Wurzeln und Blättern verschiedener Pflanzen entwickelten Kallus in Dunkelheit wie auch im Licht ganz gleichartig. Die Lichtreize können auch im Zusammenhang mit Wundreizen stehen (s. BÜNNING, 1927, S. 467), doch muß man anerkennen, daß die Vorgänge ihrer Auswirkung nach untereinander verschieden sind. Das Gleiche bezieht sich wahrscheinlich auch auf geotropische Reizungen, wenn auch diese Frage in diesem wie in einem anderen Falle strittig bleibt (so z. B. C. ZOLLIKOFER, 1926, wo die Autorin die Bildung von speziellen Stoffen, Reizerregern anerkennt). Der Referent dieser Arbeit, STARK, und auch CHOLODNY (1927) verhalten sich solchen Erklärungen gegenüber ablehnend, denn sie lehnen auch die Bildung spezifischer Stoffe bei der Reizleitung des Phototropismus ab. Auch nach DOLK (1926) bilden sich bei phototropischer Reizung keine spezifischen Reizstoffe, noch auch ist das Licht bei der Bildung von Wachstumsstoffen unmittelbar beteiligt.

Die Wundheilung geht im allgemeinen in der Ruheperiode der Pflanzen schlechter vor sich. Die ganze Lebenstätigkeit und der Stoffwechsel der Pflanze sind dabei herabgesetzt. Aber KLEBS (1911) hat gezeigt, daß die Ruheperiode bei der Mehrzahl der Pflanzen durch verschiedene äußere Einwirkungen, entweder ganz ausgeschlossen oder jedenfalls weitgehend verkürzt werden kann. Unter diesen Einwirkungen sind auch chirurgische zu nennen. Es gelang z. B. bei einigen Pflanzen (*Brownea coccinea, Plumeria acutifolia, Diospyros malabaricum* u. a.), die ruhenden Knospen nach dem Abreißen der Blätter zum Wachstum zu bringen. Dabei wurde dies Experiment wiederholt bis zu 3- oder 4mal in einer Ruheperiode ausgeführt, d. h. die zum Wachstum gebrachte Knospe gab einen mit Blättern ausgestatteten Zweig, welcher von neuem in eine Ruheperiode überging. Dann wurden von neuem die Blätter abgerissen und dadurch noch die Knospe zweiter Ordnung zum Wachstum angeregt usw. Es gelang übrigens nicht, ein wiederholtes Austreiben bei allen Pflanzen hervorzurufen. Es sind auch solche beobachtet worden (z. B. *Amherstia nobilis*), bei welchem sich gar kein Wachstum künstlich hervorrufen ließ.

SWARBRIK (1926) und andere Forscher bringen den Verheilungserfolg mit der Zeit der Verwundung in Verbindung. Es gibt aber Hinweise von HARTIG (1900), daß das Auftreten von Wundkork nicht mit der Jahreszeit in Verbindung steht. Sehr oft bildet sich Wundkork gleich nach der Verwundung, nach HARTIG sogar im Winter.

Im allgemeinen aber kann man den ersten Satz als Regel bezeichnen. Es gibt aber zweifellos auch Ausnahmen.

Nach den Experimenten von RIVERA (1926) wurde eine Wundverheilung bei *Ricinus* unter schwacher Einwirkung von Röntgenstrahlen verlangsamt.

Wie schon oben bemerkt wurde, kann das Alter der Pflanze im ganzen und das Alter ihrer Organe ebenfalls auf den Heilungsprozeß wirken (s. z. B. KUBES, 1925). Die Jugend begünstigt gewöhnlich die Verheilung und die Kallusbildung.

Bakterien können zweifellos auf die Kallusbildung wirken. Wir haben Stengelschnitte verschiedener *Vicia*-Arten und anderen Pflanzen, welche normalerweise keinen Kallus bilden, mit *Bacterium tumefaciens* infiziert. In der Regel bildete sich Kallus ohne daß sich allerdings Nebensprosse bildeten.

NĚMEC (1928b, S. 175—176) schreibt über die Einwirkung von Bakterien:

„Den Einfluß der *Tumefaciens*-Bakterien auf die Zellen muß man sich so vorstellen, daß sie dieselben zunächst zur reichen Teilung reizen. Das geschieht offenbar durch gewisse Produkte ihres Stoffwechsels. Daß wirklich die Stoffwechselprodukte der Bakterien die Zellen zu üppiger Teilung und zum Wachstum reizen können, beweisen noch folgende Versuche: W. MAGNUS (1925) hat gezeigt, daß sich der Wundkallus z. B. an der *Zuckerrübe* bedeutend stärker an jenen Stellen entwickelt, welche mit einer *Tumefaciens*-Kultur überstrichen wurden. Seine Methode ist sehr gut geeignet, wenn man sich schnell über die Wirkung der Bakterien auf die Pflanzenzelle überzeugen will. In meinen Versuchen hat sich gezeigt, daß zahlreiche Bakterien *(coli, proteus, mesenthericum, megathericum, radicicola)* — auch nicht pathogene —, wenn sie auf die Wundfläche gebracht werden, eine üppige Kallusbildung hervorzurufen imstande sind. Dieselbe bleibt auf die mit den Bakterien überstrichenen Stellen beschränkt. Natürlich wirkt auch *Bacterium tumefaciens* beschleunigend auf die Kallusbildung. Ich habe diese Kallusbildung zytologisch untersucht, konnte jedoch in keinem Fall das Eindringen der Bakterien in das Innere der Zellen feststellen.

Abgetötete Bakteriensuspensionen oder Agar selbst auf die Wundfläche gebracht, bewirkten keine beschleunigte Kallusbildung. Wenn man einige Tage nach Bestreichen der Wundfläche von der ganzen Wundfläche eine etwa $1^1/_2$—2 mm dicke Lamelle abschneidet, so wächst dennoch an dem unter den ursprünglich mit Bakterien bestrichenen Flächen sich befindenden Teil der Wundfläche der Kallus bedeutend stärker als an der übrigen Wundfläche. Es ist somit anzunehmen, daß die Bakterien an der Oberfläche der Zellen Substanzen erzeugen, welche in die Zellen diffundieren und sie noch zu einer Zeit, wo die Bakterien schon entfernt wurden, zur Teilung anregen können. Die Fernwirkung der Bakterien erstreckte sich in meinen Versuchen, welche mit den Knollen von *Kohlrabi* ausgeführt wurden, höchstens 3,5 mm weit. Diese Versuche stehen in guter Übereinstimmung mit den Ergebnissen von BECHHOLD und L. SMITH (1927), wonach *Bacterium tumefaciens* ein tumorenbildendes Agens ausscheidet, welches zu den fein dispersen Kolloiden gehört und keinen belebten subvisiblen Erreger enthält. In meinen Versuchen starb der Kallus nach einer nicht langen Zeit ab. Er wies also eine Analogie zur beschränkten Lebensdauer der *Tumefaciens*-Tumoren auf.

Auch Bakterien, welche Pflanzenzellen abzutöten vermögen, brauchen nicht in das Innere der Zelle einzudringen. Ich untersuchte z. B. *Bacillus pyocyaneus*, welches, auf die Wundfläche von *Möhren*-Wurzeln gebracht, dieselben tötet. Er drang nie in lebende Zellen ein, aber auch nicht in abgestorbene. Es ist jetzt wohl zu begreifen, daß die interzellulär lebenden *Tumefaciens*-Bakterien eine Tumorbildung veranlassen können."

Gewöhnlich äußert sich bei der Kallusbildung die Polarität. Die Kallusbildung tritt nämlich leichter und reichlicher auf dem natürlichen unteren Ende eines auf beiden Seiten abgeschnittenen Sproßstückes auf. Es ist interessant, daß die Kallusbildung auf der natürlichen unteren Schnittfläche sogar in dem Falle beobachtet wird, wo die Abschnitte längere Zeit in inverser Lage gehalten wurden, was z. B. bei KNY (1889b) in seinen Experimenten mit *Hedera ampelopsis* der Fall war. Es gibt aber Angaben (z. B. RECHINGER, 1893), wonach bei einigen Pflanzen sich der Kallus natürlicherweise hauptsächlich am oberen Pol bildet. Im Zusammenhang damit sind die Experimente von MAGNUS (1918) interessant. Es wurde schon darauf hingewiesen, daß *Bacterium tumefaciens* bei den Pflanzen kallusähnliche Geschwülste hervorruft. MAGNUS arbeitete mit 5—6 cm langen *Mohrrüben*-Scheiben (Rasse „*Halblange Nantaiser*"), die etwa $3/4$ cm im Querschnitt maßen. Kontrollexperimente mit nicht infiziertem Material haben gezeigt, daß sich der Kallus auf der natürlichen unteren Schnittfläche bildet, während er auf der oberen nicht beobachtet wird. Bei der Infektion mit *Bacterium tumefaciens* bildet sich aber der Kallus mit gleichem Erfolg auf der natürlichen oberen wie auch auf der natürlichen unteren Fläche. Wenn aber auch auf dieser Scheibe der Kallus durch Infektion auf nur einer der beiden Seiten hervorgerufen wird, so bildet sich auf der anderen Seite der Scheibe kein Kallus, oder er bildet sich sehr schwach, selbst dann, wenn diese Seite die natürliche untere Fläche darstellt, wo für gewöhnlich, bei nicht infiziertem Material also, Kallusbildung ausschließlich auftreten würde.

Ein ähnliches Bild wird auch beobachtet, wenn man bei uninfiziertem Material die Kallusbildung auf der dazu vorbestimmten Fläche mechanisch verhindert. Dann bildet sich der Kallus auf der anderen Seite aus.

Bei der Peridermbildung auf der Schnittfläche von Knollen fehlt jegliche Polarität. KNY (1889) sagt, die Bildungsgeschwindigkeit des Periderms sei unabhängig davon, ob die Wundfläche nach oben oder nach unten gekehrt sei. Auch die horizontale oder vertikale Lage der Wundfläche habe keine Bedeutung. Daß der Autor das Vorhandensein von Gefäßelementen in den Gallen zeigen konnte, während sie im Kallus gewöhnlich fehlen, ist kein hinreichendes Unterscheidungsmerkmal. Denn nach unseren Beobachtungen begegnet man im Kallus von *Tomaten*

stets Gefäßelementen. Im allgemeinen aber ist es, wie RIKER (1927, S. 35) sagt,
„nicht unmöglich, daß die Grundstimulatoren in beiden Fällen in irgendeiner Weise ähnlich sein können".

Tatsächlich begegnet man manchmal Geschwülsten, bezüglich deren man im Zweifel sein kann. So ist T. LIESKE (1927) der Meinung, daß gewisse Chimären wie *Cytisus Adami* und *Crataegomespilus* nicht sich aus einem gewöhnlichen Kallus an der Pfropfstelle bildeten, sondern aus einem Geschwulst, das seine Bildung einer Infektion mit *Bacterium tumefaciens* verdankte. Auf der gesunden Stelle der Pfropfung bilden sich keine Sprosse. CHR. REHWALD (1927) ist der Meinung, daß ein qualitativer Unterschied zwischen dem Kallus und den genannten Geschwülsten überhaupt nicht festgestellt wurde. Auch SMITH (1920) nimmt an, daß physiologische und chemische Agenzien Geschwülste hervorrufen können, welche denen des *Bacterium tumefaciens* gleichen. NOBÉCOURT hat gezeigt (1928, S. 116), daß eine *Mohrrübe*, welche durch Tumoren erschöpft ist, durch den Pilz *Orcheomyces psychodis* infiziert werden kann, während sie im gesunden Zustande widerstandsfähig ist. Dieser Zustand scheint den Unterschied zwischen bakteriellen Geschwülsten und Wundkallusbildungen aufzuzeigen. Wir kennen tatsächlich keine Fälle, wo ein Wundkallus als solcher die Pflanze erschöpft. Allerdings kann dies einfach aus der relativ geringen Masse dieser Bildungen erklärt werden. Aber auch dieser Umstand stellt eine verschieden auftretende Eigenschaft dar. Die bakteriellen Geschwülste sind gewöhnlich von großen Ausmaßen und vermehren sich auch entsprechend der für die Ausbreitung der Bakterien im Pflanzenkörper gegebenen Möglichkeit automatisch an Zahl.

WINGE (1927) hat die Geschwülste von *Bakterium tumefaciens* als Folge der Tetraploidie ausgelegt. Wir haben in unseren Arbeiten bis jetzt nicht speziell nach den genannten Bakterien gesucht, aber bei den üblichen Methoden der Fixierung und der Färbung (Chrom-Aceto-Formol und Heidenhain und Delafield) wurden in den Kallusbildungen der *Tomate* Bakterienansammlungen in den Durchbruchspalten festgestellt. Innerhalb der Zellen oder in den Interzellularen haben wir die Bakterien nicht nachweisen können, während in den Zellen andere, von den ersten und anscheinend auch von *Bacterium tumefaciens* unterschiedene, beobachtet werden konnten.

KOSTOFF (1928, S. 570—571) weist darauf hin, daß in seinen Pfropfungen Bakterien in erwachsenen Kallusbildungen fehlten, aber manchmal in jüngeren beobachtet wurden.

In Geschwülsten, welche ohne unsere Absicht sich auf einem Sproß von *Nicotiana affinis* (russische Ausgabe S. 582) bildeten, wurden stellenweise große Mengen von Bakterien von besonderem Typus (s. russische Ausgabe 1928, S. 580) festgestellt. Diese Bakterien ordneten sich vorzugsweise an den Zellwänden und dann auch um die Kerne herum an, seltener wurden Ansammlungen in der Zellvakuole beobachtet. Dieselben Bakterien fanden sich sowohl am Grunde als auch am Blatteil des Ascidiums, welches aus der genannten Geschwulst hervorgewachsen war (s. Photo 64 und S. 580 der russischen Ausgabe). Außerdem wurden viele Bakterien von bedeutend geringeren Ausmaßen beobachtet. Ob diese Bakterien die Erreger der Geschwülste sind, ist von uns nicht untersucht worden, daß aber diese Geschwülste nicht nur durch *Bacterium tumefaciens* hervorgerufen werden, haben schon BLUMENTHAL und HIRSCHFELD (Literatur s. bei MAGNUS, 1918) und auch NĚMEC (1928 b) ausgesprochen. Es ist interessant, zu bemerken, daß das kranke Exemplar des Gartentabaks bei uns 3 Jahre lang lebte, während welcher Zeit die Geschwülste an der einen Stelle abstarben, während sie an einer anderen wieder auftreten. Ob diese Art der Übertragung ähnlich derjenigen von Krebsgeschwülsten bei Tieren ist, wogegen CHR. REHWALD (1927) Einwendungen erhebt, oder ob die Bakterien selbst sich verbreiten oder diejenigen Stoffe, welche von ihnen abgesondert werden, haben wir noch nicht festgestellt. Infolge völligen Mangels an Mitosen konnten wir hier Tetraploidie nicht feststellen. Neues Material aber ist von uns noch nicht untersucht worden.

Es ist bisher noch nicht festgestellt worden, daß *Bacterium tumefaciens* für irgendeinen bestimmten Wirt spezifisch sei. So hat MAGROU (1928) *Pelargonium* mit Bakterien erfolgreich infiziert, welche von einer *Tomaten*-Geschwulst stammten. Ähnliche Beispiele gibt es viele.

Im Anschluß an das, was wir oben über *Bacterium tumefaciens* gesagt haben, wollen wir noch eine kurze Gegenüberstellung dieses letzteren mit den Kallusbildungen bringen. *Bacterium tumefaciens* stellt ein Stäbchen von 0,6—3,6 Länge und 0,3—1 μ Breite (nach H. ROSEN, 1926) dar. Es gelangt in die Pflanzen auf dem Wege einer Verwundung. Es vermehrt sich durch Teilung und Knospung (ROSEN). Dies letztere wird aber von anderer Seite in Frage gestellt (A. RIKER, 1927). Als Resultat der Lebenstätigkeit der Bakterien entstehen Geschwülste, welche unter anderem auch ,,Crown-Gall" genannt werden. Die Bakterien sind nur schwer festzustellen, und zwar am leichtesten in den peripheren Schichten einer jungen Galle. Aber nach RIKERs Experimenten mit *Tomaten* reagieren alle lebendigen nicht verholzten Gewebe auf die stimulierende Wirkung der Bakterien, die Zellen der Rinde aber besonders stark. In der ersten Zeit nach der Infektion zeigen die Zellen der sich entwickelnden Geschwülste eine weitgehende Verkleinerung, wobei ein Minimum am 33. Tage auftritt. Danach fangen sie an, größer zu werden. Diesem Moment liegt ein Unterschied zwischen der bakteriellen Geschwulst der *Tomate* und ihrem normalen Kallus zugrunde, denn bei diesem bilden sich, während der Prozeß zu Anfang der gleiche ist, die kleinsten Zellen schon am 12. Tag. Nach den Experimenten von RIVERA (1926) kann man durch schwache Einwirkung von Röntgenstrahlen das Wachstum bakterieller Geschwülste bei *Ricinus* stimulieren. Dabei folgt dann auf die Verstärkung des Wachstums eine Wachstumshemmung und eine Regression, während bei den Kontrollgallen das Wachstum im gleichen Tempo weitergeht.

Nach RIKER (1927) sind die bakteriellen *Tomaten*-Geschwülste dem gewöhnlichen Kallus sehr ähnlich, aber abgesehen von dem oben genannten Unterschied hypertrophieren (hyperplasieren) ihre Zellen in höherem Grade. Weiter erweist sich bei der Verwundung die Stimulation als lokalisiert und auch in ihrer Wirkung auf 5—10 Tage beschränkt, während die Bakterien ununterbrochen weiter wirken.

Nach dieser Besprechung des Kallus sollen nunmehr konkrete Beispiele für restitutionsähnliche Reproduktion folgen:

Über die Variabilität der kallusbürtigen Neubildungen (insbesondere Blattascidien und Fäden). Wir haben schon bemerkt, daß dieser Regenerationstypus vom Standpunkt der Variabilität sehr interessant ist.

Wir haben es hier vor allem mit Sekundäranlagen zu tun, welche sich aus ganz desorganisiertem Gewebe, nämlich aus einem Kallus von Primärbau (s. S. 234) bilden. Für diese außerorganische Bildung, d. h. den Kallus, sind keinerlei Anzeichen evolutionärer Strukturen überhaupt vorhanden. Die von uns beschriebene Desorganisation kommt anscheinend nicht nur in der Störung der polaren Orientierung (die auch KOSTOFF, 1928, S. 569, bemerkt), zum Ausdruck, sondern offenbar besteht diese Desorganisation auch in einer Störung der normalen korrelativen Gewebsbeziehungen (vgl. KÜSTER, 1923). Diese Störungen sind anscheinend mit den Störungen korrelativer und anderer Beziehungen auch im Bereiche der Einzelzelle verbunden. In diesen ordnungslosen Geweben, die anscheinend aus etwas desorganisierten Zellen bestehen, werden nun organisierte Bildungen — Sprosse — angelegt.

Es entsteht also die Frage, ob die Kalluszellen, welche in die Bildung von Anlagen eingetreten sind, gleich ihre potenzielle, historisch bedingte, strukturelle Orientierung wiederherstellen[1].

Wir haben schon erwähnt, daß es Fälle gibt, wo sich im Kallus gebildete Meristeme nicht von Anfang an in einen Sproß umformen, sondern wo zunächst von neuem eine Art von Kallus gebildet wird, der durch die Oberfläche des alten Kallus hindurchbricht. In diesem mittelbaren Kallus werden dann strukturierte Bildungen angelegt. Wir haben aber auch gesagt, daß es ebenfalls zur Anlage von dreifach mittelbarem Kallus kommen kann. Wir sehen hier also, daß die Zellen des

---

[1] [Man ist durchaus versucht, diese Entwicklung organisierter Normalstrukturen aus dem desorganisierten Kallus der Entwicklung des organmäßig aufgebauten Individuums der höheren Pflanzen und Tiere aus der ungegliederten Eizelle oder Achselsprosse aus der Achselknospe an die Seite zu stellen (vgl. S. 251). M.]

250   Über die Wundheilung und den Ersatz abgetrennter Teile.

Primärkallus ihre ursprüngliche strukturelle Orientierung in einer Art von bestimmter Folge wiederherstellen.

Am interessantesten scheint uns die Tatsache zu sein, daß in der Regel auch die im Kallus gebildeten organisierten Anlagen in ihrer weiteren Entwicklung nicht gleich von Anfang an normale Organe

Abb. 57. *Solanum lycopersicum*, restitutive Reproduktion, desgleichen bei *Solanum memphiticum*.

bilden. Dies haben wir bei *Solanum lycopersicum*, *Solanum memphiticum* und noch bei einigen anderen Arten beobachtet.

Das ist besonders deutlich an den ersten Blättern der Sprosse zu sehen. Diese Blätter unterscheiden sich manchmal sehr scharf von entsprechenden normalen Altersformen des Sämlings ebenso von entsprechenden Altersformen der Nebensprosse, die aus adventiven oder preventiven Knospen, welche in organisiertem Gewebe angelegt werden, hervorbrechen. D. h. es ist ein deutlicher Unterschied zwischen normalen Bildungen und den Bildungen aus dem Kallus festzustellen. Wir haben es aber, wie aus dem oben Gesagten hervorgeht, bei den aus dem Kallus entstehenden Seitenorganen in keinem Falle mit einer gewöhnlichen Altersvariabilität zu tun[1].

Diese Aussage läßt sich dadurch illustrieren, daß in den später angelegten Nodien dieser Sprosse sich wieder die normalen Altersformen der Blätter zu entwickeln beginnen. Man kann hier nur annehmen, daß

Abb. 58. Restitutive Reproduktion bei *Solanum lycopersicum*. Fäden und Ascidien.

die Zellen ihre innere historisch gegebene und gestört gewesene Strukturorientierung vollkommen wiederhergestellt haben. Soweit diese Orientierung als mit dem inneren Zustand der Zellen selbst verbunden aufgefaßt werden kann, muß man annehmen, daß nur hier und da unter einer sehr zahlreichen Nachkommenschaft die normale innere Organisation, welche bei den Ahnenzellen des Kallus gestört wurde, wiederhergestellt wurde.

Auf Abb. 57 sehen wir zwei aus dem Kallus hervorgegangene Seitensprosse, d. h. durch restitutive Reproduktion entstandene Sprosse von *Solanum lycopersicum* L. Die Schnittstelle am Hauptsproß befindet sich auf dem linken großen Blatt, gerade unter der Basis der genannten Seitensprosse. Unter den verschiedenen Blattdeformationen, welche wir

---

[1] [Man kann versucht sein, die im folgenden beschriebene Variabilität durchaus der Altersvariabilität zu vergleichen, wobei sich die Unterschiede in der Struktur der Neubildungen aus den Unterschieden des Ausgangsmaterials ergeben. M.]

hier sehen — der Allgemeinhabitus nähert sich allerdings dem gewöhnlichen Typ —, finden sich 8 Ascidialblätter, welche die unteren Blätter des Sprosses darstellen und so angelegt sind, als ob sie direkt aus dem Kallus hervorgingen. Rechts unten auf der Unterlage ist ein isolierter analoger Sproß, welcher vom Kallus des *Solanum memphiticum* ausgeht, zur Darstellung gebracht.

Auf Abb. 58 sind zwei weitere *Tomaten*-Sämlinge mit aus der Schnittstelle hervorgegangener Kallusseitensprosse gezeigt. Auf der linken Illustration sind die Nebensprosse fast bis zur Basis abgeschnitten worden, um besser die an dieser Stelle befindlichen Ascidien zur Anschauung zu bringen. Außerdem haben wir hier Bildungen von Fadenform[1]. Diese sind verbunden mit den übriggebliebenen Stümpfen der abgetrennten Sprosse. Wir finden einen ununterbrochenen Übergang von verhältnismäßig großen, tiefen Ascidien bis zu Ascidien mit kleinem Kelch und weiter bis hin zur Fadenform. Die anatomische Untersuchung der Fadenform hat gezeigt, daß die Basis dieser Formen einen metamorphosierten Blattstiel darstellt und die Spitze eines ganz reduzierten „Ascidiums" ist, das sogar die seitlichen Kelchteile nicht bilden konnte. Ein Analogon hat auch Stomps (1917) bei *Spinacia oleracea* beobachtet. Er schreibt, „daß *Spinacia*-Becher oft so klein sind, daß man nicht mehr von Bechern reden kann, sondern nur noch von Fädchen".

Auf der rechten Abbildung ist zu sehen, daß das Ende des einen Blattes (rechts) sich auch in einen Faden umgewandelt hat. Wir haben bei *Nerium oleander* einen Wirtel beobachtet und photographiert, wo ein Blatt ganz in einen derartigen Faden umgewandelt war.

Alle diese Tatsachen sprechen gegen Stomps (1917, 1922), welcher auf Grund der Untersuchungen ähnlicher Bildungen bei *Spinacia oleracea* sich folgendermaßen ausläßt (1917, S. 88):

„Wenn man in der Literatur für eine bestimmte Pflanzenart außer Ascidien auch noch von Fädchen gesprochen findet, darf man ruhig annehmen, daß die Ascidien nicht echte Blattsymphysen waren, sondern in die Gruppe der *Spinacia*-Becher (d. h. nach Stomps „Sproßbecher", welche von ihm in eine besondere Hauptgruppe gestellt werden, Krenke) gehörten, wobei vielleicht nur für die Endblättchen der gefiederten Blätter der *Leguminosen* und Verwandte eine Ausnahme gemacht werden muß."

Auf dieser Annahme von Sproßbechern ist die ganze Arbeit von Stomps aufgebaut. Unsere Fäden aber sind von echter Blattabstammung ebenso wie alle beschriebenen Übergangsformen der Ascidien. Hieran kann kein Zweifel sein. Unsere Aussage wird durch objektive, ja oft sogar makroskopisch feststellbare Daten bestätigt. Z. B. sehen wir auf Abb. 58, daß der Faden beim rechten Sämling sogar einen Teil des Blattes darstellt, an dem auch zwei zusammengewachsene Spreiten-

---

[1] [Schiemann (1932) berichtete über eine erblich konstant fädige blätterbildende Tomatenrasse. (Vgl. hierzu das Krenkesche Variabilitätsgesetz auf S. 498. M.]

lappen übriggeblieben sind. Weiter sprechen gegen die Annahme der Sproßascidien, die von uns weiter unten angeführten proliferierten „Terminalascidien" an der Geschwulst von *Nicotiana affinis*. Nach der Meinung von STOMPS (1917, S. 83) sind die letzteren so entstanden zu denken, daß ihre Bildung

„... nicht nur mit dem Aufhören des Wachstums eines Blütensprosses zusammenging, sondern daß es für das unbewaffnete Auge auch das gänzliche Verschwinden des Vegetationspunktes mit sich brachte".

In unserem Falle ist der Vegetationspunkt dagegen vorhanden, und er kann sich weiter bis zu einer bestimmten Grenze entwickeln.

Die Arbeit von STOMPS (1922) ändert an unserer Überlegung nichts. Er erklärt hier nur, daß er früher unter dem Sproßbecher Bildungen, in welchen trotzdem auch Blattelemente in ihrer gegenwärtigen Form teilnehmen, verstanden hat. Wir sagen aber, daß unsere Ascidien und Fäden reine Blattbildungen sind, daß an ihrem Aufbau der Stengel nicht direkt beteiligt ist, wenn man nicht allgemein Blätter als Bildungen des Stengels bezeichnet.

Außerdem konnten wir die oben wiedergegebene Erklärung von STOMPS nicht vollkommen mit seinen Betrachtungen in der ersten Arbeit (1917) speziell mit den Betrachtungen über die POTONIÉsche Theorie in Einklang bringen. Manchmal entwickeln sich aus dem Kallus auf der Schnittfläche zugleich deformierte Blätter, welche sich als Ascidien oder Fäden erweisen können. Gewöhnlich kann man dabei trotzdem feststellen, daß diese Blätter einem nicht durchgebrochenen und später innerhalb des Kallus eingegangenen Sproß angehören. Wir halten es aber nicht für ausgeschlossen, daß die Blätter im Kallus in der Tat direkt ohne Sprosse angelegt werden. Dies kann man sich aus der von uns schon erwähnten weitgehenden Desorganisation der Kalluszellen erklären. Dank dieser Desorganisation werden ungewöhnliche Anlagen möglich.

Auf Grund des über das Kallusgewebe Gesagten kann man erwarten, daß auch in anderen Kallusbildungen oder kallusähnlichen Bildungen die beschriebenen Ascidialformen auftreten können. Wir möchten zwei von vielen Beispielen anführen. Diese Beispiele bestätigen unsere Annahme.

In der russischen Ausgabe dieses Buches ist auf S. 282 eine bakterielle Geschwulst von *Nicotiana affinis* abgebildet. Aus dieser Geschwulst sind auch verschiedene ascidiale Blattbildungen hervorgegangen, welche abgetrennt wurden und in 6facher Vergrößerung auf S. 583 der russischen Ausgabe gezeigt sind. Das Ascidium I, bei welchem vom Boden aus der Sproß durchkommt, lenkt unsere besondere Aufmerksamkeit auf sich. Auf dem Photo ist nur ein Blatt zu sehen, das Wachstum des Sprosses geht anscheinend zu Ende. Dieses Ascidium ist in der Hauptsache den Ascidien der *Helianthus*-Sämlinge (s. Abb. 3—5) ähnlich.

Also ist es, da sein Becherteil blattartig ist, von den seitlichen Ascidien verschieden.

Früher (KRENKE, 1928a, S. 84—85) haben wir folgende allgemeine Klassifikation der Ascidien vorgeschlagen: ,,Es gibt Blatt- und Stengelascidien. Die ,,Sproß''-Ascidien im Sinne von STOMPS (1917, 1922) bedürfen noch weiterer Bestätigungen. Die Blattascidien teilen wir in zwei Hauptgruppen ein: zentrale und seitliche. Als wahre Ascidien bezeichnen wir diejenigen, welche durch gemeinsame Weiterentwicklung des Bezirks der meristematischen Ringzone sich bilden. Als Pseudoascidien wollen wir diejenigen bezeichnen, welche auf dem Wege der Verwachsung ontogenetisch unabhängiger Anlagen sich bilden.''

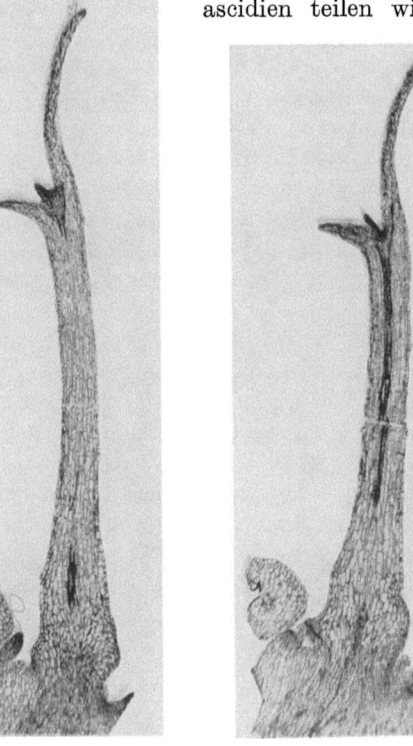

Abb. 59a. Ascidium einer Geschwulst bei *Nicotiana affinis*.

Abb. 59b. Ascidium einer Geschwulst bei *Nicotiana affinis*.

Abb. 59a und 59b stellt ein dem oben beschriebenen ähnliches Ascidium von der *Nicotiana*-Geschwulst dar. Hier sehen wir ein Frühstadium der Proliferation. Die Serienschnitte zeigen (s. russische Ausgabe S. 586, 1—4), daß bei der Entwicklung das erste Blatt des hervorgebrochenen Sprosses prävaliert, während der Vegetationskegel dieses letzteren nur schwach wächst und wahrscheinlich endgültig eingegangen sein würde. Auf jeden Fall wurde eine Weiterentwicklung bei ihm auch später (s. S. 583 der russischen Ausgabe) nicht beobachtet. Auf Abb. 60 sind das dritte Ascidium derselben Geschwulst und die sich entwickelnden Fäden (1 und 2) gezeigt. Die letzteren bleiben entweder als solche im erwachsenen Zustand erhalten oder geben auch Aszidien. Auf S. 580 der russischen Ausgabe sind die Einzelheiten der Fäden abgebildet. Das Ascidium der Abb. 60 zeigt nur in diesem Schnitt keine Proliferation, während in den Achselschnitten (s. russische Ausgabe Photo 21, 5 und 6 auf S. 586) das Meristem deutlich am Grunde (oberhalb der Verzweigung der Leitbündel) zu sehen ist. Die meristematische Gruppe greift dabei in die Tiefe der 4. Zellschicht hinüber, von der Unterseite der Epidermis beginnend. Hier sieht man (6), daß der zukünftige Vegetationskegel von Anfang an beengt sein wird, während es für die seitliche Blattanlage leicht sein wird, längs der linken Wand hindurchzubrechen.

Alle Ascidien der Tabaksgeschwulst sind oberflächlicher Herkunft, was man an verschiedenen Entwicklungsstadien der ,,Fäden" verfolgen kann. Außerdem ist die oberfläche Meristemanlage auf Abb. 60 deutlich zu sehen. Die Beengung der Anlagen ist für die genannten Bildungen keine notwendige Vorbedingung. Dies wird selbstverständlich auch durch die gewöhnlichen, nicht kallusbürtigen Ascidien und Fäden bestätigt (z. B. bei den von uns beobachteten Fällen bei *Ulmus campestris* L., *Gleditschia triacanthos*, *Robinia pseudacacia*, *Fragaria vesca*, *Tilia*, *Rosa*, *Gingko biloba* (!) u. a.). Bei den Ascidien von

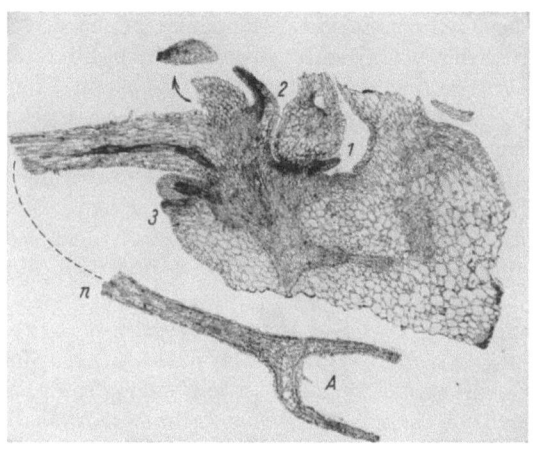

Abb. 60. Bakterielle Geschwulst von *Nicotiana affinis*.

Nicotiana ist eine anfängliche Proliferation festzustellen, was bei der *Tomate* nicht der Fall war. Das liegt daran, daß bei *Nicotiana* die Ascidien zentral gebaut sind (vgl. STOMPS, 1917), d. h. sie umringen den, wenn auch eingegangenen, Vegetationspunkt des Sprosses, wie dieses auch bei den Sämlingen der *Sonnenblume* der Fall war (s. Abb. 3—5 und in der russischen Ausgabe S. 36, 37, 38, 588 und a.). Bei der *Tomate* aber waren seitliche Ascidien vorhanden, wo in der Regel der Vegetationskegel des Sprosses fehlt, wo es also fast unmöglich ist, eine Proliferation zu erwarten (Ausnahme: ein Nebensproß auf dem Blatt). Endlich hat sich im Falle *Helianthus* wie auch beim *Nicotiana*-Falle gezeigt, daß die Bildung eines zentralen Ascidiums mit der Unterdrückung des Vegetationskegels des Sprosses verbunden ist. Diese Unterdrückung kann in verschiedenem Grade ausgeprägt sein, aber immer war man eigentlich imstande, einen, wenn auch eingegangenen, Vegetationskegel festzustellen. Die Fig. 2, I auf Photo 18, S. 583 der russischen Ausgabe zeigt die Krugform eines Blattes, welches den Blättern von *Nepenthes*, *Sarracenia*, *Utricularia* und anderen sehr ähnelt.

In einem gewissen Zusammenhang mit dem, was wir hier über die Blattdeformation bei kallusbürtigen Seitensprossen gesagt haben, steht die Blattvariabilität auf irgendwie beengten Sprossen, z. B. von *Helianthus annuus*.

Wir sagten schon, daß hier nicht selten der meristematische Ring, indem er sich intensiver als der Vegetationspunkt des Stengels entwickelt, schließlich eine Kotyledonenscheide oder sogar ein Ascidium bildet, welches den Vegetationspunkt des Stengels zum Erliegen bringt. In anderen Fällen dringt der Stengel gar nicht nach außen durch, so daß der Sämling eingeht. Manchmal bricht der Stengel entweder von der Seite her durch die Kotyledonenscheide hindurch oder mit einer ziemlichen Verzögerung auch in gerader Richtung. Im Falle der Bildung eines Ascidiums, bei dem der Vegetationskegel des Sprosses sich unter besonders beengten Bedingungen befindet, geht der Durchbruch dieses Sprosses oft unten seitlich an den Ascidien vorbei und viel seltener direkt durch den Boden derselben hindurch vor sich. Manchmal bricht der Sproß überhaupt nicht durch. Es kommt nicht selten beim Durchbruch zu einer Zerreißung des Ascidiums, und dann ähnelt die Erscheinung dem „monokotylen" Sämlingstypus (s. KRENKE, 1924). **Der unter Überwindung von Schwierigkeiten hervorgebrochene Sproß trägt immer in irgendeiner Weise deformierte Blätter.** Dabei sind die unteren Blätter (das untere Paar) des Sprosses wieder einem Höchstmaß von Deformation unterworfen, was durch die mechanischen Störungen im Frühstadium ihrer Entwicklung bedingt ist (s. Abb. 3). Im Falle „monokotyler" Sämlinge, d. h. dort, wo von der Seite her ein doppelter (3facher oder 4facher) Kotyledo einen besonders starken Druck auf den Vegetationskegel des Sprosses ausgeübt hat, beobachtet man manchmal, daß an dieser Stelle sich ein oder zwei Blätter der unteren Paare nicht voll entwickelt haben oder sogar vollkommen fehlen. Das zweite Blatt, d. h. dasjenige, welche sich auf der dem entsprechenden Kotyledon entgegengesetzten Seite befindet, ist in seiner Entwicklung einem etwas geringeren Widerstand von seiten der Kotyledonenscheide ausgesetzt gewesen, aber trotzdem noch immer stark deformiert. Die von uns mehrfach erwähnte Blattdeformation an Stengeln der *Sonnenblume,* welche mit Mühe durchbrechen, kann z. B. in der Verschmälerung und Verlängerung der Blattspreite und dann auch in verschiedenen Eindellungen, Spannungen, Verdrehungen, Aushöhlungen, asymmetrisch ungleichmäßiger Entwicklung der beiden Spreitenhälften usw. zum Ausdruck kommen. Auch folgender Fall ist möglich: daß der Vegetationskegel des Stengels sehr stark auf längere Zeit in der Entwicklung gehemmt ist, und dann eins der Blätter des unteren Paares (vollkommen) unterdrückt wird. Im Falle der monokotylen Sämlinge befindet sich dieses Blatt, worauf schon hingewiesen wurde, auf der Seite des Keimblattes. Das zweite Blatt des unteren Paares, welches einen geringeren

Widerstand erlitten hat, setzt seine Entwicklung fort, wenn es auch etwas deformiert ist. Auf diese Weise entsteht das Bild, daß aus der Tiefe der Kotyledonenröhre nur ein Blatt, das natürlicherweise als Endblatt, nicht als Seitenbildung erscheint, hervorwächst. Ein derartiges Bild zeigt die Abb. 23 auf S. 588 der russischen Ausgabe 1928.

Wenn auch noch später (eventuell mit Verspätung um einen ganzen Monat) der Sproß durchbricht, so ist doch ganz klar, daß das für ein Endblatt gehaltene Seitenblatt das zweite Blatt eines Paares darstellt, deren eines sich gar nicht oder nicht voll entwickelt hat. Die Fig. 3 und 5 S. 588 der russischen Ausgabe 1928 illustrieren diesen Zustand. Die Fig. 5 stellt ein zerrissenes Ascidium dar, worüber schon auf S. 9—10 gesprochen wurde.

Hier sind wir an unserem Hauptziel angelangt: Es hat sich in drei Fällen von einigen Tausenden (bis zu 10000) von Sämlingen erwiesen, daß das oben beschriebene scheinbare Endblatt ein Ascidium darstellt. Aber dieses „Endascidium" ist nur ein Seitenblatt des unteren Paares, bei welchem sich das zweite Blatt nicht entwickelt hat. Dies kann man auch bei einfacher Beobachtung eines im Wachstum gehemmten Sprosses, der jedoch seine Entwicklung fortsetzt, sehen. Abb. 24, Fig. 1, 2 und 3 auf S. 589 der russischen Ausgabe illustrieren das Gesagte. Fig. 4 Blatt a stellt die Form eines glatten Blattes dar, aber die Form, welche diesem vorangeht, wäre ein flaches Ascidium (d. h. ein Ascidium mit niedrigem Rand an einer Seite).

Endlich zeigt die Fig. 2 auf S. 588 der russischen Ausgabe Blätter eines unteren Blattpaares am Sproß, die fadenförmig sind. Dies sollte man auch entsprechend unserer ganzen Auffassung (s. noch Abb. 75 auf S. 640 der russischen Ausgabe) theoretisch erwarten.

Alle beschriebenen Blattdeformationen bei der Sonnenblume, mit Ausnahme der Ascidien, erweisen sich als bedeutend geringer als bei den Blättern der kallusbürtigen Sprosse. Die oben erwähnten Ascidien der *Sonnenblume* wurden bis zu ungefähr 10000—15000mal seltener gefunden als Ascidien bei kallusbürtigen Sprossen. Wir erklären die Blattdeformation der *Sonnenblumen* auch durch irgendwelche Desorganisation der Zellprotoplasten in den Anlagen dieser Blätter, und zwar in Frühstadien ihrer Entwicklung und unter dem Einfluß mechanischen Druckes. Diese Deformationen aber sind erstens viel schwächer und zweitens berühren sie die Gewebestrukturen fast gar nicht. Deshalb erweisen sich auch die Blattdeformationen als bedeutend weniger ausgesprochen. Die starken Deformationen (z. B. Ascidien) werden unvergleichlich seltener gefunden.

Die Veränderung der Blattform auf kallusbürtigen Seitensprossen kann auch ohne deutlich ersichtliche Störungen in den Anlagen zustande kommen.

So führt manchmal ein einfacher Einschnitt zu einer Erhöhung der individuellen Variabilität. HATTON mit seinen Mitarbeitern (1925) gibt dieses bezüglich der Ertragsfähigkeit von *schwarzen Johannisbeeren* an. Die Variabilität bleibt jedoch nur für eine Vegetationsperiode erhalten. Diese Erscheinung wird sich wohl durch eine Änderung der Ernährungsverhältnisse erklären lassen. Wir haben ebenfalls eine Verstärkung der Blattvariabilität bei starkem Zurückschneiden von *Syringa vulgaris* und *Sambucus racemosa* und anderen beobachtet. Bei *Sambucus racemosa* wird sogar bei einem jungen Sämling, dessen Vegetationspunkt auf Sprosse gepfropft wurde, welche aus den Achseln von Kotyledonen hervorgingen eine Erhöhung der Blattvariabilität in einer ganzen Reihe von Merkmalen beobachtet (s. KRENKE, 1927 a, S. 142—143).

Die hohe Blattvariabilität bei natürlichem Waldanwuchs ist allgemein bekannt.

Am Schlusse der Betrachtungen über die Ascidien möchten wir noch darauf hinweisen, daß uns bis jetzt nur ein Fall von experimenteller Erzeugung von Ascidien bekannt ist. Wir denken dabei an ein Experiment von FIGDOR (1925) mit *Bryophyllum calycinum*. Hier haben junge Blätter nach Abschneiden ihrer Spitzen diese manchmal vollkommen restituiert. Außerdem entwickelten sich nach dem Schnitt von der mittleren Ader her Ascidien.

„Es handelt sich hier in all diesen Fällen um nichts anderes als um eine Restitution der Lamina, die von einem Teil des Mediannerven ihren Ursprung nimmt und letzten Endes zu der Bildung von tütenförmigen Blättern führt."

Diese Restitution wird nach unserem Schema folgendermaßen ausgedrückt:

$$\pm\ h_1\ g_2\ \alpha'\ f_3\ e_3\ d_2\ c_2\ b_1\ a_1\ I.$$

Wir bezeichnen diese Restitution als „poly-normal" weil, wenngleich das Ascidium jetzt hier keine normale Bildung darstellt, doch Ascidien als normale Formen existieren. Durch Benennung als echte gemischte Restitution kann man zum Ausdruck bringen, daß es sich, wenn auch um normale, so doch um verschiedene Bildungen handelt. Daraus geht auch hervor, daß eine von diesen Bildungen für den bestimmten Teil, um den es sich handelt, nicht normal war.

Wenn keine gemischte Restitution vorläge, so dürfte man das Ascidium nicht als Normalbildung bezeichnen, sofern es von einem Organ einer anderen Art restituiert wurde.

Eine ganz ähnliche Bildung haben wir einmal bei einem ganz jungen Blatt einer *Citrus*-Pflanze beobachtet und photographiert. Hier war sehr deutlich die Spitze des Blattes in einem jüngeren Entwicklungsstadium verletzt worden, was anscheinend die Bildung eines kleinen Ascidiums hervorrief. Wir haben wiederholt dabei auch ohne jegliche Verletzung gleiche Bilder beobachtet und auch photographiert, und zwar bei *Ulmus campestris* und *Gleditschia triacanthos*. Wir haben die FIGDORschen Experimente ohne Erfolg wiederholt. Bei uns hat sich immer nur ein an der Spitze verdoppeltes Blatt gebildet, was im Gefolge solcher Operationen ein gewöhnliches Bild ist.

Über die Ursachen der Organreproduktion. Im Zusammenhang mit der von uns angenommenen Deutung der Variabilität der kallusbürtigen Sprosse gewinnen diese Restitutionsreproduktionen bei der Analyse der Regenerationsursachen, besonders der Restitutionsorgane, ein besonderes Interesse. Wir kennen keine einzige allgemein angenommene und befriedigende Theorie. Wir möchten hier nur auf einen kürzlich formulierten Satz von HABERLANDT (1929 b, S. 15) eingehen. Er schreibt:

„Wird nun ein Organ oder ein Organstück isoliert, so empfindet es den Ausfall seiner früheren Beziehung zum Gesamtorganismus und ist nun bestrebt diese Beziehungen wiederherzustellen. Das ist nur dadurch möglich, daß es sich zu einer neuen Pflanze regeneriert."

Eine solche Auffassung könnte zu der Annahme führen, daß der übriggebliebene Pflanzenteil als in einem inneren Zusammenhang mit dem abgetrennten Blatt stehend, aus diesem Zusammenhang heraus aktiv den abgetrennten Teil wiederherzustellen versucht. Dabei ist tatsächlich ein derartiger Zusammenhang des restituierenden Teils mit dem abgetrennten nicht vorhanden, und die Vorstellung der Möglichkeit eines solchen Zusammenhanges paßt, wie uns scheint, nur in die vitalistische Auffassung des Organismus hinein. Wir denken in dieser Beziehung anders. Aber auch vom rein technischen Standpunkt begegnet die genannte Auffassung sehr ernsten Einwänden. Z. B. stellen die oben beschriebenen Kallusbildungen gänzlich desorganisierte Bildungen dar. Diese kann man in keiner Weise für einen wiederhergestellten, abgetrennten Stengelteil halten. Als solcher könnte nur ein Nebensproß aus dem Kallus gelten. Wenn man sogar annimmt, daß der Sproß nur in der Einzahl gebildet wird, so erweist sich trotzdem anfangs, daß er rein topographisch von dem nicht abgeschnittenen Teil des Stengels getrennt ist. Deshalb kann man kaum annehmen, daß der genannte Nebensproß die früheren korrelativen Verbindungen des übriggebliebenen Stengelbezirkes wiederherstellt[1]. Gewöhnlich bildet der Kallus aber mehrere Seitensprosse. Dann werden ihre korrelativen Verbindungen mit dem übriggebliebenen Stengel von neuem mit Hilfe des sich differenzierenden Kallus hergestellt. Diese Beziehungen werden sich bei Vorliegen einer mehrzähligen Restitution oder Reproduktion weitgehend von denjenigen unterscheiden, welche zwischen den Teilen des ursprünglichen Sprosses vor Vornahme der Operation bestanden. Auf diese Weise können die

---

[1] [F. C. MEHRLICH (1931) hat übrigens für *Bryophyllum calycinum* nachweisen können, daß die Korrelationsstörung, welche zur Reproduktion an den Blättern führt, nicht unbedingt in einer traumatischen Verletzung zu bestehen braucht. Es gelang vielmehr, durch Umschnürung von Internodien mit einem Seidenfaden die Meristeme zum Austreiben zu bewegen. Weitere Untersuchungen über *Bryophyllum* s. noch bei A. HARIG (1932). M.]

Seitensprosse nicht das „Bestreben" des übriggebliebenen Teiles zur Wiederherstellung ihm eigener korrelativer Beziehungen zu dem abgetrennten befriedigen. Das gleiche gilt auch für Seitensprosse, welche sich aus adventiven oder preventiven Knospen entwickeln, die sich auf dem übriggebliebenen Pflanzenteil außerhalb des Wundkallus befinden.

Als zweiter Einwand gegen die oben erwähnte Auffassung über das Wesen der Regeneration dienen uns Restitutionen, welche von uns als Heterorestitution (Heteromorphosen KORSCHELTs, 1927) oder auch als echt gemischte Restitutionen bezeichnet werden. Wenn hier die von der Schnittoberfläche ausgehenden Bildungen manchmal weitgehend ungleich sind im Verhältnis zu dem übriggebliebenen Teil, wie auch zum abgetrennten Teil, wie es z. B. im Experiment FIGDORs (1925, s. oben) der Fall ist, wo die Blattspreite wie auch das ganze Ascidium mit seinem Stiel restituiert wird. So ist es unmöglich anzunehmen, daß dieses Ascidium das „Bestreben" des verbliebenen Spreitenteiles zur Wiederherstellung seiner früheren korrelativen Beziehungen zu dem abgetrennten Teil befriedigt. Zweifellos ist, daß bei dem gebildeten Ascidium zwischen ihm und dem verbliebenen Spreitenteil neue und andere korrelative Beziehungen hergestellt werden.

Aus analogen Gründen ergeben sich auch aus der Existenz der Heteroreproduktionen und der gemischten Reproduktionstypen Einwände gegen die HABERLANDTsche Auffassung. Hier kann nur der Unterschied zwischen dem Regenerat und dem Mutterteil noch ausgesprochener sein. Bei einigen Sorten von *Solanum lycopersicum* (z. B. „König Humbert" u. a.) entwickelten sich etwa nach Abnahme aller oder nur eines Teiles der Enden der wachsenden Sprosse von der Spreite der Blätter aus von der Mittelader her Nebensprosse (vgl. DUCHARTRE usw. 1853). Wir sehen keine Möglichkeit, diese Sprosse als einen Ersatz anzusehen, welcher das „Bestreben" des restituierenden Teiles zur Wiederherstellung früherer korrelativer Beziehungen befriedigen könnte. Hier kommt sogar manchmal direkt eine grobe mechanische Störung durch die neuen korrelativen Verhältnisse zustande. Bei stärkerem Heranwachsen der von der Blattspreite herrührenden Seitensprosse fallen diese nämlich ab; denn sie werden durch ihr eigenes Gewicht heruntergebrochen. Wenn man diesen Vorgang als jenem „Bestreben" entsprechend annimmt, so hieße das, daß der Stumpfteil des Individuums sich nach der Resektion „versehen hat", indem er nicht das regenerierte, was eigentlich regeneriert werden sollte.

Man kann noch viele Einwände mit analogen Angaben und Erwägungen anführen. Die partiellen, wiederherstellenden Restitutionen nach unserem Begriff dieses Terminus liefern derartiges Material (s. S. 209). Wir werden uns vorläufig auf die angeführten Beispiele beschränken und mit wenigen Worten unsere Auffassung des Wesens der Regeneration darlegen. Die Entwicklung der preventiven und adventiven Sprosse außerhalb des Wundkallus läßt sich auch ganz und gar auf die Veränderung der Mineralstoffernährung dieser Anlagen zurückführen, da diese Ernährungsbedingungen nach Entfernung eines Teiles der Hauptsprosse sich völlig ändern müssen. Schwierig zu behandeln ist die Restitution und die Restitutionsreproduktion. Wir halten es hier für möglich, anzunehmen, daß in den Zellen, welche den Anfang einer organisierten Bildung geben, die evolutionären, strukturellen, chemischen und physikochemischen Faktoren gegeben sind, welche eine weitere korrelativ gebundene Zellvermehrung bestimmen. Im Resultat dieser Wirkungen entsteht ein organisiertes Glied des Pflanzenkörpers. Aber die oben angeführten Faktoren zeigen, daß in diesen Fällen auch nicht eigentliche streng spezialisierte Faktoren vorhanden sein können. D. h. ihre strukturelle Organisation kann manchmal in der Bildung sehr verschiedener Organe zum Ausdruck kommen. Daraus wird verständlich, daß, noch dazu, wenn die Ausgangsgewebe oder Ausgangszellen desorganisiert sind, wie das für den Kallus angenommen wurde, die Regenerate noch verschiedenartiger werden können, was wir auch beobachten. Trotzdem ergeben sich neue korrelative Beziehungen der Regenerate zu dem Stumpf, doch können diese von den früher vorhanden gewesenen korrelativen Beziehungen zwischen dem jetzt abgetrennten Teil und dem jetzigen Stumpf sehr verschieden sein. Wir werden weiter unten (s. S. 296) noch auf die Frage zurückkommen.

Während die ausführliche Behandlung der Restitutionsreproduktion aus ihrer allgemein biologischen Bedeutung heraus gerechtfertigt erscheint, stellen die preventive und adventive Reproduktion praktisch wichtige Vorgänge dar.

Chromosomenverhältnisse in traumatisch bedingten Neubildungen. Bei der Beschreibung des Kallus haben wir die Frage der kallusbürtigen adventiven Neubildungen berührt und betont, daß sie ein besonderes Interesse verdienen.

Ein anderer Typus von Neubildungen sind die Adventivsprosse, welche sich außerhalb des Kallus entwickeln und diejenigen, welche aus preventiven Knospen hervorgehen.

Außer dem Interesse, das ihnen aus den für die kallusbürtigen Adventivsprosse angeführten Gründen gebührt, sind sie noch von manchem anderen Standpunkt aus interessant, z. B. hinsichtlich ihrer chromosomalen Verhältnisse.

Wir haben schon die Arbeit von BLARINGHEM (1907) besprochen. Der genannte Forscher hat sehr klar auf die weitgehende Veränderlichkeit, die durch Verwundung des Individuums hervorgerufen werden kann, hingewiesen. Aber der Mechanismus dieser Variabilität und auch die Beweise, daß alle von ihm beschriebenen Fälle tatsächlich direkte Folgen traumatischer Verletzungen des Individuums sind, sind bei BLARINGHEM nicht hinreichend ausgearbeitet.

NĚMEC (1910) hat eine durchaus richtige Fragestellung gewählt, als er die Behandlung der Frage des Wundeinflusses auf das Zustandekommen von Neubildungen mit der Erforschung der Zellteilungen im Gebiet der Wunde begonnen hat.

NĚMEC schreibt (S. 223):

„Die Verwundungen können jedoch Teilungen in verschiedener Weise beeinflussen, woraus dann verschiedene Abnormitäten resultieren können, die man noch längere Zeit nach der Verwundung feststellen kann. Aber es muß auch hervorgehoben werden, daß es keine Beeinflussung der Kern- und Zellteilung gibt, die für die Verwundung spezifisch wäre. Alle die Abnormitäten, die man nach der Verwundung treffen kann, können auch durch verschiedene andere äußere Faktoren, welche schädlich auf das meristematische Gewebe einwirken, hervorgerufen werden."

„Die Verwundung selbst kann in meristematischen Geweben verschiedene zytologische Veränderungen verursachen. Es können Teilungen eingestellt, die Chromosomen unregelmäßig verteilt, die Teilungsrichtungen beeinflußt werden, usw." (S. 235.)

Weiter erwähnt NĚMEC auch Fälle von syndiploiden Kernen und stellt sogar ein Experiment an zum Zweck der Erzeugung syndiploider Sprosse aus dem Kallus (S. 239—241). Unter dem Einfluß früherer Ideen von WINKLER strebte NĚMEC die Erzeugung einer Chimäre oder eines Pfropfbastardes an, aber keine einfache Syndiploidsprosse aus entsprechenden Kalluszellen. Gerade dies letztere hatte WINKLER (1916, S. 423) sich zum Ziel gesetzt. Dabei hat WINKLER angenommen, daß (S. 424)

„um Zellen mit heteroploiden Chromosomenzahlen zu erhalten, es zwei Möglichkeiten gibt: Einmal die Anwendung gewisser äußerer Faktoren, zweitens die Herbeiführung einer Zellverschmelzung oder wenigstens einer Kernverschmelzung".

WINKLER hat die Möglichkeit der Bildung heteroploider Zellen durch unregelmäßige Verteilung von Chromosomen in den Schwesterzellen unter dem Einfluß der Verwundung nicht vorausgesehen. Er lehnt auch die Bildungsmöglichkeit von polyploiden Zellen unter dem Einfluß der Verwundung durch Kernteilung ohne Zellteilung ab (S. 468—471). Dies ist aber nur ein technisches Moment. Für unsere Frage ist jener Satz von WINKLER prinzipiell wichtig, wo er schreibt (S. 467):

„Darüber kann kein Zweifel herrschen, daß in dem Kallus, der sich an der Verwachsungsstelle der Pfropfungen nach der Entgipfelung bildet, mindestens eine Zelle mit tetraploidem Kern aufgetreten sein muß, deren Teilungsprodukte sich am Aufbau der Adventivsproßvegetationspunkte beteiligen."

Nach Anführung von Literaturdaten über die Veränderung der Chromosomenzahl unter dem Einfluß verschiedener nicht chirurgischer äußerer Einwirkungen sagt WINKLER (S. 425—426) folgendes:

„Damit aber eröffnet sich eine Möglichkeit, denjenigen Zellen, die man zum Ausgangspunkt der Adventivsprosse machen will, eine veränderte Chromosomenzahl zu geben. Es ist dazu nur erforderlich, daß man die regenerierenden Gewebe im Stadium der beginnenden Regeneration dem äußeren Faktor also etwa einer geeigneten Chloralhydratlösung genügend lange Zeit hindurch aussetzt. Wenn Intensität und Einwirkungsdauer des Außenfaktors richtig bemessen sind, werden sich in dem Kallus, aus dem dann die Adventivsprosse sich bilden, neben normalen Zellen solche mit geändertem Chromatinbestand befinden, und es muß bei genügend großem Umfang der Versuche gelingen, solche Zellen zu veranlassen, sich am Aufbau eines Vegetationspunktes von Adventivsprossen mit zu beteiligen. Ist aber erst einmal ein Sproß vorhanden, in dem, sei es als sektorialer Streifen, sei es als periklinale Schicht, das gewünschte Gewebe vorhanden ist, so gelingt es uns unschwer, aus ihm einen Trieb herauszulocken, der ausschließlich aus dem gewünschten Gewebe besteht."

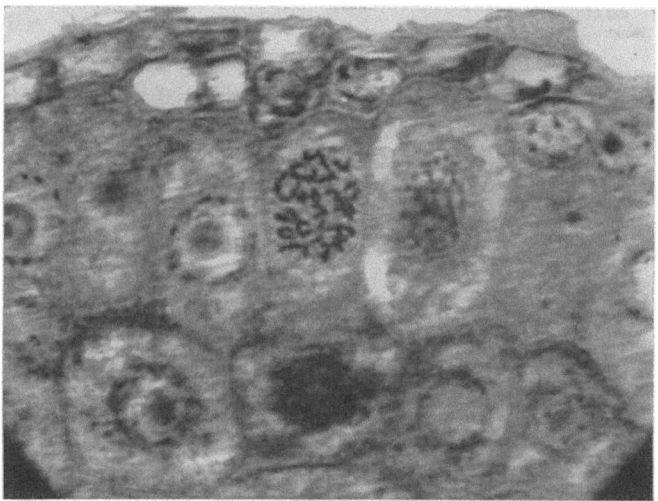

Abb. 61. Oktoploidie im Tomatenkallus.

Also hat WINKLER sich vollkommen eindeutig ausgesprochen und sogar teilweise auf experimentellem Wege die Bildung von kallusbürtigen Seitensprossen mit veränderter Chromosomenzahl gezeigt. Dabei hat er diese Aussage auf die weitere Vervielfachung von Chromosomen in den Kallussprossen der Pflanzen mit vergrößerter Chromosomenzahl ausgedehnt, und auf die Aussichten entsprechender Kreuzungen hingewiesen.

„Da die tetraploiden Formen den diploiden darin gleichen, daß sie sich nicht nur aus lauter Zellen mit der für sie typischen somatischen Chromosomenzahl aufbauen, so können aus ihnen Adventivsprosse mit hypertetraploiden, oktoploiden usw. Zellen herausgezogen werden. Ferner sollen die tetraploiden und die diploiden Formen gegenseitig aufeinander gepfropft werden, wodurch die Bedingungen für die Entstehung einer hexaploiden Form gegeben sind. Triploide Formen sind durch Kreuzbestäubung der diploiden und tetraploiden zu erhalten: Wie erwähnt setzen die tetraploiden *Solanum*-Formen nach Bestäubung mit den Pollen der diploiden Stammart Früchte an". (S. 521.)

Kürzlich erhielt JØRGENSEN (1928) mit der von WINKLER angegebenen Methode bis zu 10% tetraploider Kallussprosse. Weiter hat er die von

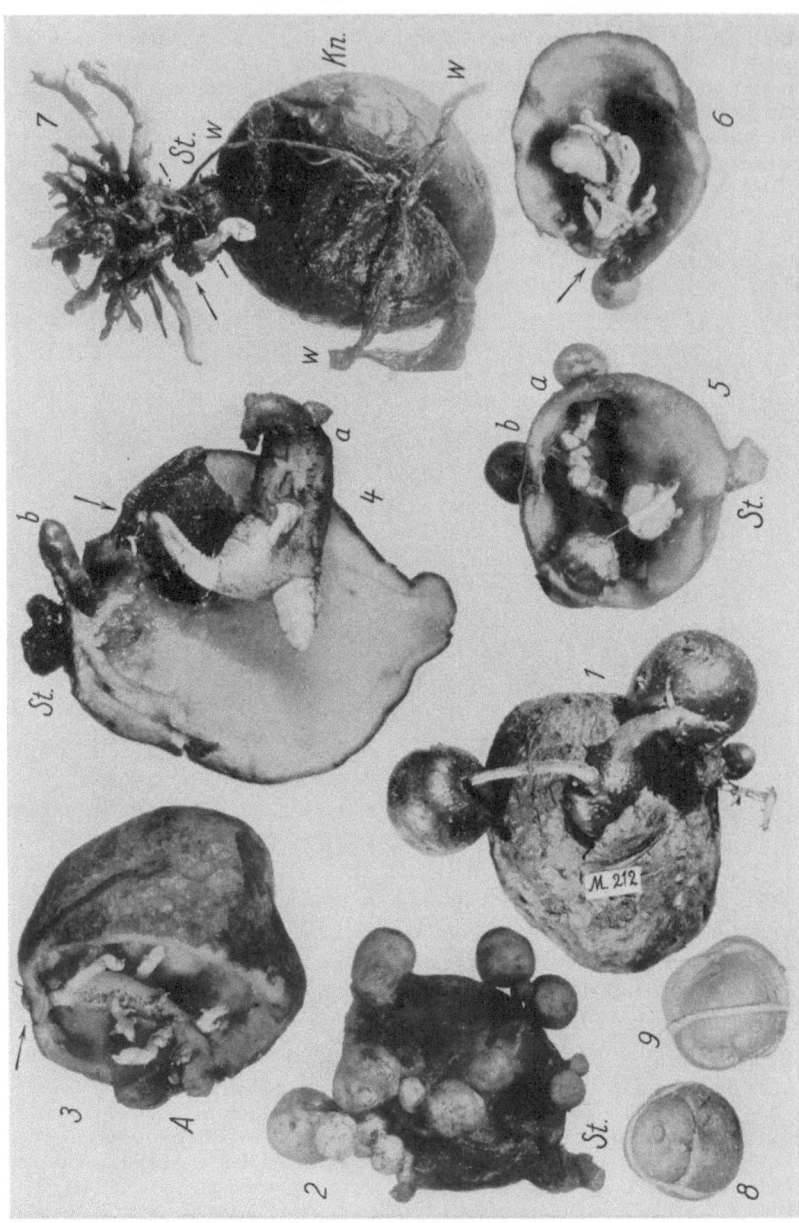

WINKLER auch vorausgesehenen, erfolgreichen Kreuzungen von experimentellen heteroploiden Formen ausgeführt.

Nach all diesem sind wir der Meinung, daß die Methode zur Erziehung heteroploider Sprosse aus dem Wundkallus als Methode von

NĚMEC-WINKLER-JØRGENSEN bezeichnet werden muß.

Die Frage nach dem Bildungsmechanismus heteroploider Zellen im Kallus kann nicht als endgültig gelöst betrachtet werden. Wir persönlich neigen der allgemeinen Auffassung zu, welche besonders KOSTOFF (1928 bis 1930) für die Erklärung von Störungen im Verlaufe der Zellteilungen unter dem Einfluß verschiedener Einwirkungen vertreten hat. Gerade die normalen Teilungen werden infolge chemischer, physikalischer oder physikochemischer Plasmaveränderungen hauptsächlich durch Erhöhung der Viskosität des Plasmas gestört.

D. h. von den drei von WINKLER (1916) angegebenen Möglichkeiten für die Herkunft tetraploider Zellen im regenerierten Kallus wird man die erste Möglichkeit, welche von WINKLER abgelehnt wird, als herrschend annehmen. Nämlich, daß die Veränderung der Chromosomenzahl

„unter dem Einfluß der in dem Kallusgewebe herrschenden Verhältnisse in einer normalen diploiden Zelle .." (S. 468)

vor sich geht. Dafür sprechen unsere eigenen Untersuchungen am Kallus von *Tomaten*. Hier entdeckten wir mehrfach in noch nicht definitiv geformten Anlagen tetraploide Zellen und einmal auch eine oktoploide Zelle (s. Abb. 61). Dabei sprachen alle Daten gegen die Verschmelzung von Kernen zweier Zellen und gegen die Abstammung polyploider Kalluszellen aus zufällig polyploiden Zellen des unberührten Stengels.

Bei Untersuchung von Serienschnitten wurden in allen Zellen, welche eine polyploide Zelle umringten, tatsächlich stets Kerne festgestellt, d. h., daß hier kein Übertritt von Kernen stattgefunden haben kann. In den Fällen aber, wo neben der polyploiden Zelle oder der 2—3 **benachbarten** polyploiden Zellen in Teilung befindliche Zellen gefunden wurden, erwiesen sie sich ausnahmslos als diploid. Dies spricht gegen die Herkunft polyploider Kalluszellen aus möglicherweise im unberührten Sproß vorhandenen polyploiden. Die meristematischen polyploiden Zellen waren manchmal von größeren Ausmaßen als die benachbarten oder andere meristematische diploide Zellen. Es wurden keine Anzeichen für die Verschmelzung zweier Zellen durch Auflösung der trennenden Zwischenwand festgestellt.

Abb. 62. Adventivsproßbildung bei *Solanum tuberosum*. *1* Endogen entstandener Sproß mit kleinen Knollen; *2* drei endogene Sprosse mit Knöllchen nach künstlicher Beseitigung der die Beobachtung hindernden Teile der Mutterknolle; *3* endogener Sproß nach Beseitigung des umgebenden Parenchyms der Mutterknolle; *4* siehe Punkt 3. a) Sproß, der beim Pfeil aus einem Auge hervorgeht. Schwärzung seiner Ursprungsstelle (abgestorbene Zellschicht); b) zweiter endogener Sproß. Ursprungsstelle unter dem Stumpf (*St.*) der Mutterknolle; *5—6* zwei Hälften einer Mutterknolle mit drei endogener Sprossen *a b* nach außen dringende Knöllchen; unteres Knöllchen der Abb. 5 gehört dem Sproß der Abb. 6 an; *7* Adventivsprosse auf *Bacterium tumefaciens*-Geschwulsten, ——: — Oberfläche der ursprünglichen Schnittstelle des normalen Sprosses (*St.*), nach unten hin eine Wurzel. In der Pfeilrichtung: Ein Teil der Geschwulst, darunter ein zweiter Adventivsproß aus der Geschwulst. Darüber starke Verzweigung eines zweiten Sprosses aus der Geschwulst; *8—9* zusammengesetzte Knollen, erhalten durch Pfropfung der Hälften ganz junger Knöllchen (unter Verbleib an den Stolonen) zweier Mutterpflanzen verschiedener Sorten. Bei der Pfropfung verwandte Gummiringe durch Wachstum gedehnt, noch zu sehen (Experiment von N. P. KRENKE). Für alle Nummern: *St.* Stumpf von Resektion des normalen Sprosses. Pfeil Ursprung der äußeren Sprosse. *1, 2, 3, 5, 6* die Sorte „*Mindalnij*"; *4* und *7* „*Jubel*".

266 Über die Wundheilung und den Ersatz abgetrennter Teile.

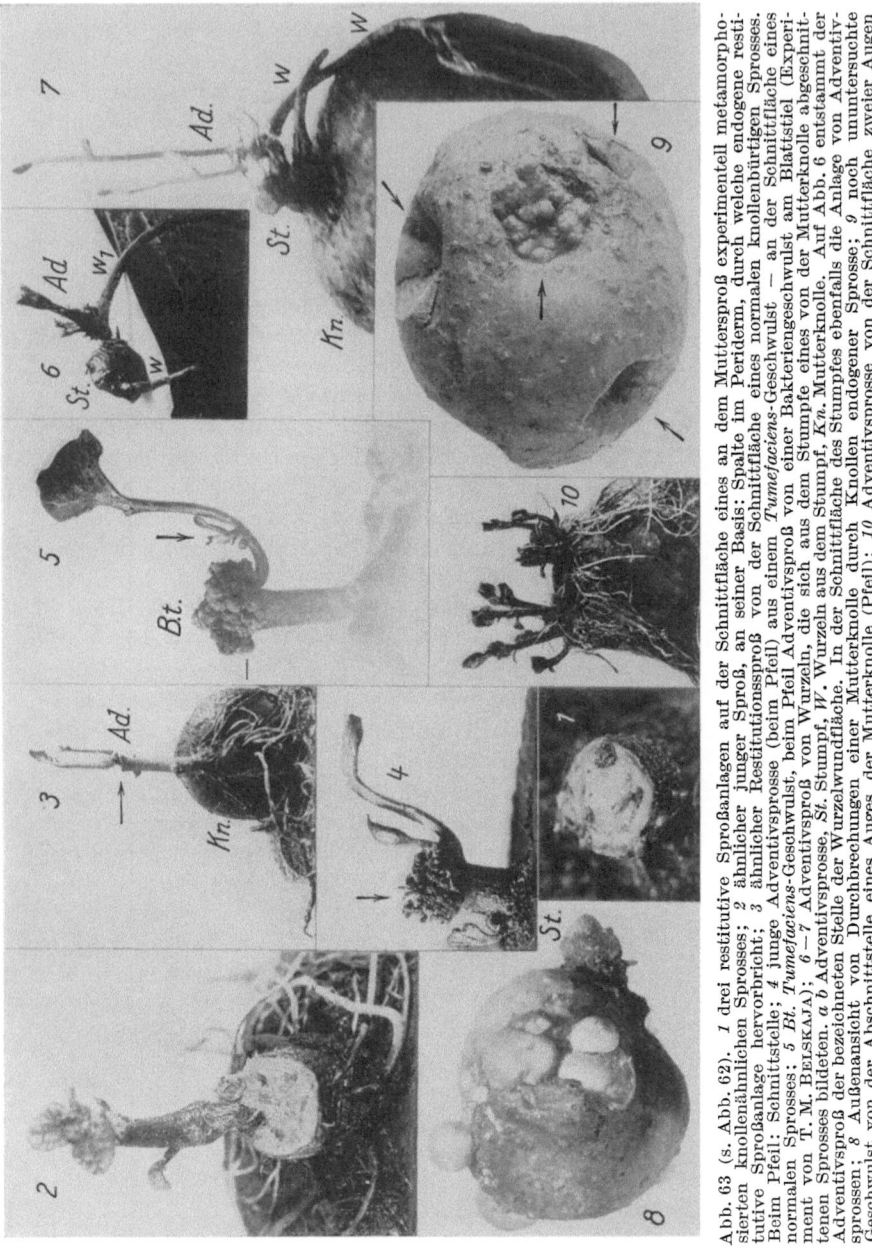

Abb. 63 (s. Abb. 62). *1* drei restitutive Sproßanlagen auf der Schnittfläche eines an dem Muttersproß experimentell metamorphosierten knollenähnlichen Sprosses; *2* ähnlicher junger Sproß, an seiner Basis: Spalte im Periderm, durch welche endogene restitutive Sproßanlage hervorbricht; *3* ähnlicher Restitutionssproß von der Schnittfläche eines normalen knollenbürtigen Sprosses. Beim Pfeil: Schnittstelle; *4* junge Adventivsprosse (beim Pfeil) aus einem *Tumefaciens*-Geschwulst — an der Schnittfläche eines normalen Sprosses; *5 Bt. Tumefaciens*-Geschwulst, beim Pfeil Adventivsproß von einer Bakteriengeschwulst am Blattstiel (Experiment von T. M. BELSKAJA); *6—7* Adventivsproß von Wurzeln, die sich aus dem Stumpfe eines von der Mutterknolle abgeschnittenen Sprosses bildeten. *a b* Adventivsprosse, *St.* Mutterknolle endogene Sprosses; *9* noch unuersucht der bezeichneten Stelle der Wurzelwundfläche. In der Schnittfläche des Stumpfes ebenfalls die Anlage von Adventivsprossen; *8* Außenansicht von Durchbrechungen einer Mutterknolle durch Knollen endogene Sprosse; *9* noch unuersuchte Geschwulst von der Abschnittstelle eines Auges der Mutterknolle (Pfeil); *10* Adventivsprosse von der Schnittfläche zweier Augen der Mutterknolle. *1, 6, 7* „*Silesia*"; *2, 3, 4, 5, 10* „*Marovnaja*"; *8, 9* „*Mindadmij*".

Bei Durchführung der NĚMEC-WINKLER-JØRGENSENschen Methode haben wir ihr eine etwas andere Form gegeben. Es gelang uns leicht, gemeinsam mit Frau M. J. GUREWITSCH gerade bei *Solanum lyco-*

persicum, völlig tetraploide oder chimär tetraploide Wurzeln aus dem unteren Kallus von Stengeln zu erhalten. Diese Stengel wurden in gewöhnlichem Wasser gezogen. GUREWITSCH hat nebenbei festgestellt, daß die Wurzeln, welche sich im Wasser entwickelt haben, bedeutende Interzellularen besitzen.

Es ist ganz offensichtlich, daß im Falle der Entstehung einer polyploiden Wurzel bei Pflanzen, welche Adventivwurzelsprosse entstehen lassen, auch die Sprosse sich als völlig polyploid erweisen. Wenn man aber polyploide Chimärenwurzeln erhält, so können die betreffenden Sprosse ganz polyploid wie auch polyploidchimär sein. Gewöhnlich zweigen sich von den Polyploidchimären rein diploide wie auch rein polyploide Seitensprosse ab. Dies letztere gilt für polychlamyde Chimären.

Die Erzielung karyologisch abweichender Sprosse oder Wurzeln aus Kallus ist heutzutage schon nicht mehr schwer. Verhältnismäßig schwer ist es aber, bei einigen Pflanzen überhaupt aus dem Kallus Sprosse zu erhalten. Als Beispiel mag die *Kartoffel* genannt werden, bei der die Erzielung polyploider Formen zum Zwecke der Ertragssteigerung von hohem praktischen Interesse wäre. Diese Aufgabe ist durch meine Mitarbeiter T. N. BELSKAJA und N. I. DUBROWITZKAJA vor kurzem gelöst worden, 1933. Damit sind alle jene Schwierigkeiten, auf welche z. B. JØRGENSEN (1927) gelegentlich seiner Versuche zur Erzeugung von Pfropfchimären bei *Kartoffeln* hinweist, überwunden. Die folgenden Arbeiten über dies Gebiet werden in dem Sammelbericht meines Laboratoriums veröffentlicht werden. Hier sollen nur die Resultate mitgeteilt werden.

Bei Pflanzen, welche Kallus mit Adventivsprossen schlecht bilden, schlug ich schon 1928 vor, einen Versuch mit Geschwülsten, wie sie *Bacterium tumefaciens* erzeugt, zu machen. Die von mir und I. N. SVESHNIKOVA 1927 angestellten Versuche mit verschiedenen *Vicia*-Arten haben keine Resultate ergeben. Geschwülste bildeten sich leicht, gaben aber keine Adventivsprosse. Im Frühjahr 1932 erzielten wir mit *Kartoffeln* die ersten günstigen Ergebnisse. Die Abb. 62 und 63 illustrieren unsere Experimente (s. die Abbildungstexte). In der Tabelle 3a sind die quantitativen Ergebnisse verzeichnet. Entscheidend sind die unterstrichenen Ziffern, welche die Prozentsätze mit ihrem mittleren Fehler angeben[1].

Unsere Illustration und die Tabelle 3b bringen die Ergebnisse einer zweiten Methode zur Erzielung von Adventivsprossen, welche wir angewandt haben. Hier handelt es sich um die Erzielung endogener Sprosse. Wenn man *Kartoffel*-Knollen unter fortgesetzter Beseitigung aller äußeren Sprosse kultiviert, so werden endogene Sprosse im Bezirk der Augen der Knollen angelegt. Diese wachsen nachher innerhalb des absolut gesunden Fleisches der Mutterknolle weiter. Endlich wachsen diese Sprosse nach außen durch, wobei sie zum Teil fertig ausgebildete Knöllchen tragen. Hierfür scheinen photoperiodische Reaktionen von

---

[1] Vgl. gegenteilige Resultate f. *Cichorium intybus* bei NĚMEC (1929 u. 1930).

Tabelle 3a. Zusammenfassung des Ergebnisses der Adventivsproß-

a	b	c	d	e	f	g	
Sorten	Infektionsdatum	Lebensbedingungen	Anzahl der im Experiment benutzten Knollen	Anzahl der infizierten Triebe	Absolute Zahl der Geschwülste, die Adventivsprosse gaben	Prozentsatz der die Adventiv-	
						relativ zur Zahl der infizierten Triebe	
Jubel I	26.4.	Mittlere, Mangel an Pflege	11	11	4	36,364 ± 14,482	
Jubel III	29.7.	Schlechte, Mangel an Wärme	64	75	17	22,667 ± 4,835	
Narodnij I	26.6.	Mittlere, Mangel an Pflege	2	2	2	100	
Narodnij II	3.7.	Gute, ein Teil davon ging aber zugrunde nach Verpflanzung in Töpfe	35	43	16	37,209 ± 7,371	
Mindalnij		Normale Bedingungen	12	12	11	91,67 ± 7,985	
Silesia		Infolge der späten Ansteckung haben sich die Geschwülste in ungünstigen Herbstbedingungen und bei ungenügender Pflege entwickelt	22	22	1	4,55 ± 4,443	

Tabelle 3b. Endogene Sprosse

a	b	c	d	e	f		g	h	
Sorten	Zahl der Knollen beim Erscheinen des 1. endogenen Sprosses am 1.9.	Vom 1.9.32–1.1.33 eingegangene Knollen, die keine Adventivsprosse gaben	Zahl der am 1.1.33 vorhandenen Knollen	Absolute Zahl der Knollen, die endogene Sprosse ergeben haben	Prozentsatz der Knollen mit endogenen Sprossen		Absolute Zahl der endogenen Adventivsprosse	Prozentsatz an endogenen Sprossen	
					$\frac{100 \cdot e}{b}$	$\frac{100 \cdot e}{d}$		$\frac{100 \cdot g}{b}$	$\frac{100 \cdot g}{d}$
Jubel	98	31	67	20	20,408±4,07	29,850±5,59	25	25,51±4,403	37,313±5,909
Mindalnij	160	15	145	24	18,125±3,046	20,00±3,322	38	23,75±3,364	26,21 ±3,652
Silesia	34	12	22	2	5,88 ±4,035	9,09 ±6,129	2	5,88±4,035	9,09 ±6,129

Bedeutung zu sein. Allerdings ist diese sog. ,,Prolifikatio interna" (O. PENZIG, 1922, Bd. 3, S. 74 und 75) schon lange bekannt. Aber hier handelt es sich um unwillkürliche teratologische Erscheinungen oder um das Resultat der Einwirkung von Chemikalien (vgl. BUKASSOW, 1926). Bei uns aber handelt es sich offensichtlich um einen chirurgischen Eingriff in die ontogenetische Entwicklung, der bei allen von uns untersuchten Sorten gelingt. Offensichtlich besteht auch bei uns ein Zusammenhang bildung aus Tumefaciensgeschwülsten der Kartoffel.

g	h	i	k		l
Geschwülste, sprosse gaben unter Vernachlässigung der Geschwülste, die im Laufe des ersten Monats an gerechnet, zugrunde gehen	Absolute Zahl der Adventivsprosse, die von den Geschwülsten erhalten wurden	Prozentsatz der Adventivsprosse der im Experiment behandelten Knollen $\frac{100 \cdot h}{d}$	Prozentsatz der Adventivsprosse		Durchschnittszahl der Adventivsprosse pro Geschwulst $\frac{h}{f}$
			relativ zur Zahl der infizierten Sprosse $\frac{100 \cdot h}{e}$	unter Vernachlässigung der Sprosse, die im Laufe des 1. Monats von der Infektion an, eingingen	
80 ± 17,889	5	45,45 ± 15,011	45,45 ± 15,011	100	1,25 ± 0,249
37,779 ± 7,226	23	35,94 ± 6,754	30,67 ± 5,325	51,11 ± 7,451	1,353 ± 0,146
100	2	100	100	100	1
80 ± 17,898	45	128,57	102,32	225	2,813 ± 0,540
91,67 ± 7,985	16	133,33	133,33	133,33	1,45 ± 0,285
4,55 ± 4,443	4	18,18 ± 8,712	18,18 ± 8,712	18,18 ± 8,712	4

aus Kartoffelknollen. Gepflanzt: 28. 3.—5. 4. 32. Operiert: 29. 4.—19. 5. 32.

i	k	l	m	n		o
Durchschnittszahl der endogenen Adventivsprosse pro Knolle $\frac{g}{e}$	Absolute Zahl der endogenen Sprosse, die Knöllchen gegeben haben	Prozentsatz der endogenen Sprosse, die Knöllchen gegeben haben $\frac{100 \cdot 1}{g}$	Absolute Zahl der Knöllchen, die von den Adventivsprossen erhalten wurden	Prozentsatz der Knöllchen, die von endogenen Sprossen erhalten wurden		Durchschnittszahl der Knöllchen pro endogenen Sproß
				$\frac{100 \cdot m}{b}$	$\frac{100 \cdot m}{d}$	
1,25 ± 0,099	12	48,00 ± 9,992	39	39,795 ± 4,944	58,209 ± 6,026	3,25 ± 0,628
1,583 ± 0,169	33	86,84 ± 5,485	83	51,875 ± 3,950	57,24 ± 4,108	2,515 ± 0,497
1	0	0	0	0	0	0

zwischen dem Ort der chirurgischen Operation und demjenigen der Restitutionsanlage. Das erhöht unserer Meinung nach die Wahrscheinlichkeit, auf diesem Wege cytologische Abweichungen der endogenen Sprosse zu erhalten (veränderte Plasmaviskosität usw.).

Ferner stellen unsere Abb. 62 und 63, sowie die Tabelle 3c Adventivsprosse dar, welche einfach aus der Schnittfläche eines oder zweier Hauptsprosse der Mutterknolle entstanden sind. Wir haben aber dabei

270   Über die Wundheilung und den Ersatz abgetrennter Teile.

feststellen können, daß Adventivsprosse meist von denjenigen Haupttrieben ausgehen, welche wir vorher experimentell zu knollenähnlichen Formen umgewandelt hatten. Ferner entwickeln sich dann die zu beschreibenden Adventivsprosse entweder endogen direkt unterhalb der Oberfläche, so daß sie also das Periderm der Schnittnarbe durchbrechen

Tabelle 3c. Zahlenmäßige Übersicht über von Schnittflächen knollenförmiger und nicht knollenförmiger Sprosse erhaltene restitutive Adventivsprosse [1].

a	b	c	d	e	f	g	h
		Von knollenförmigen Sprossen		Von nicht knollenförmigen Sprossen			
Sorten	Zahl der amputierten Sprosse	Zahl der erhaltenen Adventivsprosse	Zahl der Adventivsprosse in Prozent der amputierten Sprosse $\frac{100 \cdot c}{b}$	siehe unter b	siehe unter c	siehe unter d $\frac{100 \cdot f}{e}$	Glaubwürdigkeit des Unterschiedes der Zahlen von knollenförmigen und nicht knollenförmigen Sprossen erhaltener Adventivsprosse
Narodnij I	32	3	$9{,}375 \pm 5{,}153$	87	0	0	$0{,}354$[2]
Narodnij II	23	2	$8{,}696 \pm 5{,}876$	63	4	$6{,}349 \pm 3{,}072$	—
Jubel I + II	38	5	$13{,}158 \pm 3{,}307$	124	1	$\overline{0{,}806 \pm 0{,}803}$	$\overline{3{,}630}$
Jubel III	142	26	$18{,}310 \pm 3{,}246$	—	—	—	—
Silesia	60	3	$5 \pm 2{,}814$	33	0	0	—

müssen, oder aus einem vorher gebildeten kleinen Kallus. Einen irgendwie größeren Kallus haben wir niemals beobachten können. Die Anzahl der so erhaltenen Adventivsprosse ist bedeutend geringer als bei unseren ersten beiden Methoden. Durch sie ist es uns gelungen, an Stelle von bisher 0—1% Adventivsprossen in 100% und mehr aller Fälle Adventivsprosse experimentell zu erzielen (vgl. die Tabellen).

Die Benutzung irgendwelcher Stimulationsmittel oder die Einwirkung von Wasser auf die ganze Knolle oder auf die Schnittfläche wie auch die Anwendung der Ringelung oder von Ligaturen bei Haupttrieben hat keine glaubwürdige Erhöhung der Anzahl oder eine Verbesserung des Wachstums von Kallusbildungen oder Adventivsprossen ergeben. Wir haben die folgenden Stimulationsmittel benutzt:

1. Preßsaft aus verschiedenen Teilen der *Kartoffel*-Sprosse und *Kartoffel*-Knollen.

---

[1] Berücksichtigt wurden nur die mit unbedingter Sicherheit als adventive Bildungen von der Schnittfläche aus entstehenden Sprosse.

[2] Die geringe Glaubwürdigkeit ist durch Eingehen von Adventivsprossen auf den knollenförmigen Sprossen bedingt.

2. $ZnSO_4$ 1%ig 14 Stunden, 3. $ZnSO_4$ 0,5%ig 14 Stunden, 4. $ZnSO_4$ 0,01%ig 14 Stunden, 5. $ZnSO_4$ 0,001%ig 14 Stunden, 6. Thyreoidin 0,04% 14 Stunden, 7. $Mg Cl_2$ 7% + $Mg SO_4$ 14% 40 Minuten, 8. $Mg Cl_2$ 7% + $Mg SO_4$ 14% 10 Minuten, 9. $Mg Cl_2$ 0,5% + $Mg SO_4$ 7% 20 Minuten 10. $Mg Cl_2$ 8% + $Mn SO_4$ 12% 20 Minuten, 11. $Mg Cl_2$ 8% + $Mn SO_4$ 12% 10 Minuten, 12. $Mg Cl_2$ 4% + $Mn SO_4$ 6% 10 Minuten (vgl. POPOFF und GLEISBERG, 1924, und NIETHAMMER, 1927).

Endlich haben N. I. DUBROWITZKAJA und T. N. BELSKAJA Adventivsprosse aus der Wurzel bzw. aus Blattstiel erhalten. Soweit uns bekannt, stellen beide Fälle für die *Kartoffel* eine neue Erscheinung dar, die jedenfalls von PENZIG nicht erwähnt wird.

Bei rechtzeitiger und richtiger Kultur entwickeln sich die durch eine der erwähnten Methoden erzielten Adventivsprosse sehr leicht für sich und bilden im Herbst desselben Jahres eigene gesunde Knollen. Gegenwärtig werden zytologische Untersuchungen ausgeführt, welche schon verschiedene chromosomal abweichende Formen in den Wurzeln verschiedener Adventivsprosse ergeben. Das gilt sowohl für *Bacterium tumefaciens*-Geschwülste als auch von uninfizierten Schnittflächen. Die endogenen Sprosse sind noch nicht untersucht worden, uns scheint es aber, als ob hier nicht weniger (nein sogar mehr) Aussichten für günstige Ergebnisse vorliegen. Sie sind sehr geeignet infolge ihrer reichlichen Besetzung mit Knöllchen, welche bequem aufbewahrt und kultiviert werden können. Ein wichtiger Umstand, welcher die Erzielung endogener Sprosse begünstigt, ist meiner Meinung nach die Ausbildung einer harten Rinde an der Oberfläche der Knolle. Um den Versuch möglichst zu beschleunigen, wollen wir daher in Zukunft schon im Frühling oder gar im Winter die Oberfläche der Knolle mit Säure anätzen (vgl. PRILLIEUX und CARRIÈRE nach BUKASSOW, 1926).

Im Januar 1933 hat mir Dr. DONTCHO KOSTOFF unerwartet eine kurze Notiz zugesandt (Science 12. August 1932 Nr. 1963, S. 144), nach welcher er mit J. KENDALL aus einer *Bacterium tumefaciens*-Geschwulst an *Solanum lycopersicum* einen Tetraploidsproß erhalten hat. Er wertet diese Angabe in allgemein methodischer Richtung aus. Es sei uns gestattet aus den folgenden Gründen unsere Priorität für diese Methode anzumelden: 1. Wurde sie von uns schon 1928 vorgeschlagen und daraufhin von der landwirtschaftlichen Timiriaseff-Akademie Moskau verwendet (vgl. N. I. SWESCHNIKOWA). 2. Im Januar des Jahres 1932 haben wir über diese Methode dem KORENEFF-Kartoffel-Institut (unweit Moskau) berichtet. Im Frühling des Jahres 1932 haben wir im Institut „of applied Botany, Genetics and Plant Breeding" zu Leningrad einen öffentlichen Vortrag über diese Dinge gehalten. 3. Habe ich im Sommer des Jahres 1932 Herrn Dr. KOSTOFF persönlich Mitteilung von dieser Methode gemacht.

Selbstverständlich besteht aber für uns kein Zweifel daran, daß Herr Dr. KOSTOFF unabhängig von uns seinen Versuch gemacht hat.

Die soeben beschriebene Arbeit wurde nach den von mir angegebenen Methoden und unter meiner Leitung von T. N. BELSKAJA und N. I. DUBROWITZKAJA experimentell durchgeführt.

Für das Problem der Chimärenbildung wird sich unser Experiment folgendermaßen auswerten lassen.

Nach Herstellung einer Pfropfung und Resektion an der Pfropfstelle muß diese Wundfläche mit *Bacterium tumefaciens* infiziert werden. Aus der dann entstehenden Bakteriengeschwulst, die wahrscheinlich schon Chimärenbau aufweisen wird, können sich eventuell chimär gebaute Sprosse entwickeln. Aus ihnen wird man im allgemeinen Periklinalchimären erhalten können, wenn diese nicht sich sofort aus dem Kallus bildeten. Bei unseren Arbeiten dienten uns folgende Literaturangaben als Grundlage:

1. Vorhandensein tetraploider Zellen in *Tumefaciens*-Geschwülsten (WINGE, 1927).

2. Die Angabe von LIESKE (1927), daß sich Chimären nicht aus einem gewöhnlichen Kallus, sondern nur aus einer durch *Bacterium tumefaciens* hervorgerufenen Geschwulst bilden. Aus dieser Angabe folgt, daß *Tumefaciens*-Geschwülste gesunde Adventivsprosse bilden können.

3. Unsere Beobachtungen über Geschwülste bei *Nicotiana affinis*, wobei sich aus den Geschwülsten viele Adventivsprosse gebildet haben, die jedoch meistens morphologisch abweichend gebaut waren.

Im übrigen haben wir schon 1928 (Chirurgie der Pflanzen, S. 199—201, 208—210, 580, 582, 583) auf diese Verhältnisse hingewiesen und speziell (S. 208 oben) bemerkt, daß sich aus Kallus oder kallusähnlichen Bildungen morphologisch scharf abweichende Formen bilden können.

Preventive, reproduktive Nebensprosse. (Korrelative Beziehungen der Blätter zu ihren Achselsprossen bei Mirabilis jalapa.) Die preventiv entstandenen, reproduktiven Nebensprosse verdienen großes Interesse bei der Erforschung der korrelativen Beziehungen innerhalb des ganzen Individuums, wie auch innerhalb einzelner Teile eines Organismus.

Alle möglichen Operationen im Gartenbau, in der Winzerei, in der Obstkultur, in der Teekultur usw. gründen sich auf diese Erscheinung. Das Ziel ist die Herstellung verschiedenster Formen eines Individuums zum Zweck der Beeinflussung der Ernte, wobei es besonders interessant ist, daß es gelingt, Blattknospen in Blütenknospen zu überführen. Man kann ruhig sagen, daß die Praxis die rein wissenschaftlich botanischen Experimente auf diesem Gebiete überholt hat. Trotzdem bleibt aber ein weites Tätigkeitsfeld für wissenschaftliche Untersuchungen und für die Nachprüfung der Verallgemeinerungsfähigkeit der Resultate der Praxis übrig. Dies wird wiederum selbstverständlich auf die Praxis zurückwirken und ihre Möglichkeiten weiterentwickeln. Hier sei an die Entfernung von Achseltrieben in verschiedenen Feldkulturen (z. B. *Sonnenblume* usw.) erinnert.

In der botanischen Literatur haben KLEBS (1903, 1904, 1911) u. a. diesem Gebiet besondere Aufmerksamkeit geschenkt. Außerdem sollen DOSTÁL (1908, 1909, 1911, 1918, 1926, 1930), der weitere Literatur angibt, KOŘINEK (1922), VÁCLAVIK (1924), KLEIN (1926), KOMÁREK (1930), SCHUBERT (1913), LOEB (1915, 1916, 1918, 1919), GÖBEL und seine Schule (z. B. GÖBEL, 1902, 1908, 1916, 1923, 1928), OSSENBEK (1927), HARTSEMA (1928), MOLISCH (1922), ZIMMERMANN und HITCHCOCK (1928 a—c) und WETTSTEIN (1906) erwähnt werden.

Es ist uns leider nicht möglich eine Übersicht über den Inhalt dieser wichtigen Arbeiten zu geben. Uns scheint besonders wichtig folgendes zu sein:

1. Findet DOSTÁL (1926 b, S. 207) auf experimentellem Wege und manchmal durch quantitative Feststellung die qualitative morphogenetische Ungleichheit „der einzelnen Regionen eines Sproßsystems" und auch verschiedener Bezirke einzelner Organe.

2. Ist die experimentelle Feststellung der Variabilität der korrelativen Beziehungen in Abhängigkeit von den Phasen der ontogenetischen Entwicklung der einzelnen Organe und des einzelnen Individuums im ganzen wichtig.

3. Wurde festgestellt, daß die korrelativen Beziehungen derselben Organe oder derselben Organteile, die von gleichen Altersstadien sind, bei verschiedenen Pflanzenarten sich unterscheiden können.

Weiter unten werden wir noch einige Beispiele zu dem unter 1 genannten Problem geben, hier aber soll zunächst das zweite betrachtet werden.

Wir haben mit Sämlingen von *Mirabilis jalapa* und auch mit ausgewachsenen Sprossen der gleichen Art gearbeitet. Diese Arbeit wurde noch vor der Publikation der KOMÁREKschen Forschungen (1930), wo ebenfalls diese Pflanze erwähnt wird, begonnen. Aber weder der genannte Autor noch KOŘINEK (1922, S. 10 und 18) geben irgendwelche ausführliche Angaben über ihre Experimente mit *Mirabilis jalapa*. Wir haben keine besonderen, prinzipiellen Unterschiede unserer Resultate gegenüber den Resultaten von DOSTÁL und seinen Schülern und anderen Objekten feststellen können. Da aber unser Tatsachenmaterial über *Mirabilis jalapa* neu ist, und da wir es außerdem für nötig gehalten haben, unsere Experimente variationsstatistisch auszuwerten, glauben wir sie hier mitteilen zu sollen. Besonders deshalb, weil bei der von uns erwähnten Untersuchungsmethode einige Erscheinungen festgestellt werden konnten, welche von früheren Autoren nicht beobachtet wurden.

Wir haben durchgehend den mittleren (nicht den „wahrscheinlichen") Fehler (m, n) nach der Formel $m = \dfrac{\sigma}{\sqrt{n}}$ berechnet, ohne also mit 0,6745 zu multiplizieren. Deshalb ist die Glaubwürdigkeit des Unterschiedes entsprechender Mittelwerte hinreichend, wenn er mehr als 3 beträgt (D/m Diff. $\geqq$ 3).

Also ist in den ersten 3 Fällen in der Tabelle 4 der Unterschied der angegebenen mittleren Ausmaße des größeren und kleinen Kotyledons vollkommen sicher. Nur bezüglich des Lufttrockengewichtes (Zeile 4) ist der Unterschied nicht genügend sicher. Wir können nur mit einer Wahrscheinlichkeit von 0,976 oder mit 40,74 gegen 1 behaupten, daß dieser Unterschied bei wiederholter Untersuchung und unter denselben Bedingungen sich als derselbe erweist. Wir haben zuerst das Kotyledonengewicht nur bei 50 Paaren ausgerechnet (D/m Diff. = 2,14). Da wir angenommen haben, daß diese Unsicherheit des Unterschiedes in ihrem Gewicht durch zu geringe Mengen des Materials bedingt ist, so haben wir unsere Untersuchungen bis auf 81 Paare ausgedehnt und das Gewicht von neuem berechnet. Dabei haben wir gefunden D/m Diff. = 2,3; bei der Ausdehnung bis auf 100 Paare erhielten wir D/m Diff. = 2,26, d. h.: dieser Unterschied bleibt erhalten. Aber bei der Wahrscheinlichkeit der Wiederkehr des Geschehnisses (0,976) war schwer zu erwarten, daß wir bei 3 Wiederholungen 1 Fall gefunden hätten, wo das Mittelgewicht der großen Kotyledonen sich als kleiner erwiesen hätte. Solcher Fall konnte in unserem Material annähernd einmal bei 40 Wägungen von 100 Kotyledonenpaaren gefunden werden.

Das zeigt, daß, während der Unterschied in den mittleren Ausmaßen der Kotyledonen sich als völlig stabil erweist, die Differenz der mittleren Gewichte weniger stabil ist, daß also das Lufttrockengewicht der Kotyledonen ein etwas variableres Merkmal darstellt. Zwischen Kotyledonenabmessungen und Kotyledonengewicht besteht also keine vollständige Korrelation. Trotzdem ist aber die Korrelation beträchtlich (s. letzte Zeile in der Tabelle 4).

Wir haben je für sich die Länge der Kotyledonen und der Kotyledonenstengel berechnet, um zu erfahren, ob die Vergrößerung der Gesamtlänge der kleinen Kotyledonen auf Rechnung der Verlängerung in den Abmessungen der Spreite oder in den Abmessungen des Stengels vor sich geht. Wie aus den Tabellen ersichtlich ist, traf das letztere zu. Der Unterschied der gemeinsamen Länge ist 10,146 — 9,494 = 0,652 und der Längenunterschied in der Länge der Kotyledonenstengel ist 0,594, d. h. er ist innerhalb der Fehlergrenzen derselbe. Hier ist es auch kaum nötig, die Glaubwürdigkeit des Unterschiedes (d. h. 0,652 — 0,594 = 0,058) auszurechnen, da aus den Fehlern der Zahlen 9,494, 10,146 direkt zu ersehen ist, daß dieser Unterschied gänzlich unsicher ist und nicht berücksichtigt zu werden braucht. So ist also die Summe der Längen der Mittelnerven, eigentlich der Spreiten beider Kotyledonen, gleich, und die Vergrößerung der Spreitenfläche der einen geht auf Kosten der Vergrößerung der anderen Spreitenfläche vor sich.

Tabelle 4. 1. Charakteristik der Kotyledonen.

Untersuchungsobjekt	Größeres Kotyledon ($M \pm m$)	Kleineres Kotyledon ($M_1 \pm m_1$)	Die Glaubwürdigkeit des Unterschiedes D/m Diff.	Zahl der durchgesehenen Kotyledonen
Mittlerer Flächeninhalt der Kotyledonen mit Stielen qcm	$16{,}146 \pm 0{,}249$	$14{,}585 \pm 0{,}229$	4,6	82
Mittlere Gesamtlänge der Kotyledonen mit Stielen in cm	$9{,}494 \pm 0{,}098$	$10{,}146 \pm 0{,}110$	4,45	82
Mittlere Länge der Kotyledonenstiele allein in cm	$6{,}550 \pm 0{,}054$	$7{,}144 \pm 0{,}066$	6,99	158
Mittleres Gewicht lufttrockenen Kotyledonen in g	$0{,}0509 \pm 0{,}0014$	$0{,}0466 \pm 0{,}0013$	2,26	100
Mittleres Gewicht eines qcm der Kotyledonen	0,032	0,032	—	—
Korrelationskoeffizient zwischen den Kotyledonenflächen und deren Lufttrockengewicht ($r \pm mr$)	$0{,}665 \pm 0{,}069$	$0{,}606 \pm 0{,}078$	nicht sicher	65

Sehr wichtig ist die Tatsache, daß die Korrelation zwischen der Kotyledofläche und dem Lufttrockengewicht ihrer Spreiten nicht vollkommen ist (s. die letzte Zeile in Tabelle 4). Über die Bedeutung dieser Tatsache wird man am besten sein Urteil erst am Ende unserer Betrachtungen der korrelativen Beziehungen abgeben. Dann werden auch die anderen Tatsachen derselben Ordnung zu Gebote stehen. Die Feststellung des Unterschiedes in der Länge der Stengel von Anisokotyledonen bei *Mirabilis jalapa* kann noch folgende Bedeutung haben. In unserem Material im Jahre 1930 befanden sich unter 106 untersuchten Sämlingen 23 (21,7%), bei welchen die beiden Kotyledonen sich nach voller Entfaltung und Ergrünung hinsichtlich der Größe ihrer Spreiten nicht unterschieden. Wir werden in solchem Falle von isolaminaten anisophyllen Blättern sprechen, denn sie unterschieden sich der Länge und der Dicke der Stengel nach deutlich. Wir haben an den übrigen Sämlingen solche Kotyledonen, beginnend von den ersten Stadien der Keimung an, wo das größere Keimblatt immer das kleinere umgibt, untersucht. Auch hinsichtlich dieses Merkmals hat sich ohne Ausnahme die Tatsache bestätigt, daß das äußere, d. h. gewöhnlich das größere Keimblatt bei seiner weiteren Entwicklung einen kürzeren Kotyledonenstengel entwickelt, während das innere, das im allgemeinen kleinere, einen längeren Kotyledonenstengel zeigt. Also kann man ruhig die Kotyledonen mit gleichem Spreitenumfang je nach der Länge ihrer Stiele als potenziell größere oder kleinere unterscheiden. Wie wir unten sehen werden, hat sich dieses auch in bezug auf ihre Achselknospen bestätigt.

Im Endresultat unserer Untersuchungen haben wir diese Kotyledonen ganz entsprechend denen berücksichtigt, welche sich ihrer Spreitengröße nach unterscheiden. Wir haben dies aber erst von dem Augenblick an getan, als alle Berechnungen unabhängig für beide genannten Gruppen von Sämlingen ausgeführt worden waren, wobei wir uns überzeugt hatten, daß beide sich gleich verhielten.

Die Resultate unserer Experimente können wir in folgender Weise zusammenfassen.

Tabelle 5. Charakteristik der Achseltriebe der Kotyledonen nach Entfernung des Hauptsprosses.

Untersuchungsobjekt	Aus der Achsel der größeren Kotyledonen ($M \pm m$)	Aus der Achsel der kleineren Kotyledonen ($M_1 \pm m_1$)	Die Glaubwürdigkeit des Unterschiedes D/m Diff.	Zahl der untersuchten Sämlinge (n)
Mittleres Lufttrockengewicht der Achseltriebe in g	$0{,}0146 \pm 0{,}0010$	$0{,}0196 \pm 0{,}0011$	3,33	83
Mittlere Länge dieser Sprosse in cm	$2{,}476 \pm 0{,}169$	$3{,}235 \pm 0{,}163$	3,23	83
Mittleres Gewicht pro qcm des Triebes	0,059	0,061	nicht sicher	—
Experimentalbedingungen	1. Alter der Sämlinge seit der Saat — 45 Tage (Aussaat 24. 4. 29). 2. Entfernung des Hauptsprosses 19 Tage nach der Saat, als das erste Laubblattpaar sich noch nicht entfaltet hatte. 3. Die Ablesung fand 19 Tage nach der Operation statt.			

So ist also zu sehen, daß unter den genannten Bedingungen aus der Achsel der kleineren Kotyledonen durchschnittlich längere Sprosse mit höherem Lufttrockengewicht regeneriert werden.

Weiter unten werden wir die korrelativen Beziehungen zwischen dem Rohgewicht der Sprosse, ihrem Trockengewicht und ihrer Länge zeigen. Diese Abhängigkeit haben wir zugleich für das gesamte untersuchte Material berechnet.

Außer dem Material, welches in der Tabelle 5 berücksichtigt ist, haben wir noch Material bearbeitet, das aber zu etwas anderen Terminen operiert und untersucht wurde. Wir führen die Ergebnisse der Bearbeitung dieser Objekte in Tabelle 6 und 7 an.

D. h. auch hier ist aus der Achsel der kleineren Kotyledonen mit Sicherheit der größere Seitensproß regeneriert worden. Der Unterschied erhielt sich bis zum hier gezeigten Alter der Sämlinge aufrecht.

Die Sicherheit im Unterschiede der mittleren Länge der Sprosse ist nicht genügend groß (die Wahrscheinlichkeit beträgt 0,994, d. h. mit 164,3 gegen 1 würde bei wiederholter Untersuchung unter dieser Bedingung sich derselbe Unterschied zeigen).

Also ist die Berechnung des Unterschiedes der Sprosse nach dem Trockengewicht sicherer.

Tabelle 6 s. Tabelle 5 aber Sämlinge anderen Alters und anderer Operations- und Ablesungstermine.

Untersuchungsobjekt	Aus der Achsel der größeren Kotyledonen ($M \pm m$)	Aus der Achsel der kleineren Kotyledonen ($M_1 \pm m_1$)	Die Glaubwürdigkeit des Unterschiedes D/m Diff.	Zahl der untersuchten Sämlinge (n)
Mittleres Lufttrockengewicht der Achseltriebe in g	$0{,}0694 \pm 0{,}0060$	$0{,}1043 \pm 0{,}0057$	4,2	29
Mittlere Länge dieser Sprosse in cm	$10{,}138 \pm 0{,}572$	$11{,}983 \pm 0{,}350$	2,75	29
Mittleres Gewicht eines cm vom Trieb in g	0,068	0,087	nicht sicher	—
Experimentalbedingungen	\multicolumn{4}{l}{1. Alter der Sämlinge seit der Saat — 60 Tage (Aussaat 20. 3. 29). 2. Entfernung des Hauptsprosses 10 Tage nach der Saat, als das erste Laubblattpaar sich entfaltet hatte. 3. Ablesung 20 Tage nach der Operation.}			

Wenn wir die Tabellen 5 und 6 vergleichen, so ergibt sich folgendes: Auf Tabelle 5 ist der Unterschied im Gewicht der Sprosse gleich:

$$(0{,}0196 \pm 0{,}0011) - (0{,}0146 \pm 0{,}0010) = 0{,}0050 \pm 0{,}0015 \text{ g}^1$$

Der entsprechende Unterschied in Tabelle 6 ist:

$$(0{,}1043 \pm 0{,}0057) - (0{,}0694 \pm 0{,}0060) = 0{,}0349 \pm 0{,}0083 \text{ g}$$

d. h. der Unterschied zwischen den Unterschieden ist vollkommen sicher:

$$(0{,}0349 \pm 0{,}0083) - (0{,}0050 \pm 0{,}0015) = 0{,}0299 \pm 0{,}0084$$

$$\text{D/m Diff.} = \frac{0{,}0299}{0{,}0084} = 3{,}56.$$

Wenn man vorläufig unsere Sämlinge aus der Tabelle 5 und 6 bedingungsweise nur dem Alter nach als verschieden annimmt, so könnte man auf Grund unserer Berechnungen sagen, daß im gegebenen höheren Alter der Achseltriebe (Tabelle 6) das absolute mittlere Lufttrockengewicht des Sprosses aus der Achsel des kleineren Keimblattes dem entsprechenden Gewicht des opponierten Sprosses in höherem Maße überlegen ist, als dies im jüngeren Alter der Sprosse der Fall ist.

---

[1] Die Fehler der Unterschiede der Summe und der Resultate der Teilungen sind nach den gewöhnlichen biometrischen Formeln berechnet.

Aber es ist richtiger, nicht den absoluten Unterschied des Gewichtes und des Wachstums der Sprosse zu berechnen, sondern den relativen. Wir schlagen vor, den relativen Unterschied folgendermaßen zu berechnen: Man berechnet das Verhältnis des absoluten mittleren Unterschiedes zu der Summe der absoluten, mittleren Gewichte beider Achseltriebe. So erhalten wir einen mittleren Gewichtsunterschied dieser Sprosse pro Gramm ihres Gesamtgewichts, d. h. auf 1 g der regenerierten Masse. Diese Berechnungsmethode des Gewichtsunterschiedes halten wir für richtiger. Man kann tatsächlich sonst nicht sagen, ob z. B. der Unterschied von 0,02 g auf die Triebe kleineren Gewichtes oder auf die Triebe größeren Gewichtes zurückzuführen ist. Im ersten Fall ist dieser Unterschied viel wesentlicher. Weiter, wenn wir den Unterschied auf die Summe der Sprosse beziehen, so berücksichtigen wir beide Sprosse, denn von dem Gewicht beider hängt auch der Unterschied ihrer Gewichte ab.

Dieses Verhältnis nennen wir den **Koeffizienten des Gewichtsüberschusses der regenerierten Sprosse** und bezeichnen diesen Koeffizienten mit dem Buchstaben P (= Pondus).

Für die Sprosse auf der Tabelle 5 ist der Koeffizient der gegenseitigen Gewichtsüberragung gleich:

$P_5 = (0{,}0050 \pm 0{,}0015) : [(0{,}0146 \pm 0{,}0010) + (0{,}0196 \pm 0{,}001)] = 0{,}1462 \pm 0{,}0439.$

Und für die Sprosse auf der Tabelle 6

$P_6 = (0{,}0349 \pm 0{,}0083) : [(0{,}0694 \pm 0{,}0060) + (0{,}1043 \pm 0{,}0057)] = 0{,}2002 \pm 0{,}0485.$

Der Unterschied zwischen P_6 und P_5 ist ganz unglaubwürdig (nicht sicher), denn

$P_6 - P_5 = (0{,}2002 \pm 0{,}0485) - (0{,}1462 \pm 0{,}0439) = 0{,}540 \pm 0{,}0654$

$$\frac{D}{m_{\text{Diff.}}} = \frac{0{,}054}{0{,}0654} = 0{,}826.$$

D. h. die Wahrscheinlichkeit der Wiederholung des genannten Unterschiedes unter den gleichen Experimentalbedingungen beträgt nur 0,5775 oder 1,37 gegen 1. Wie auf S. 276, 277 gezeigt ist, ist der Unterschied des absoluten mittleren Gewichts sicher. Selbstverständlich kann man den Schluß nur auf den Unterschied der relativen Gewichte gründen.

Also hat sogar ein ziemlich beträchtlicher Unterschied im Alter keine Veränderung der korrelativen Beziehungen zwischen den Achseltrieben, die den beiden Kotyledonen entsprechen, zur Folge gehabt.

Allerdings können wir in diesem Falle nicht eine volle Vergleichbarkeit unserer Sämlinge auf Tabelle 5 und 6 nur dem Alter nach behaupten. Diese Sämlinge unterschieden sich nämlich außer durch ihr Alter auch noch nach den Saatterminen, und dies Moment kann zweifellos einen Einfluß auf den Entwicklungscharakter der Pflanzen ausüben. Allgemein gesprochen ist dies wohl bekannt. In einer vorläufigen Mitteilung (KRENKE, 1931) haben wir derartiges bei *Gossypium* gezeigt.

In der nächsten Zukunft hoffen wir eine ausführliche quantitative Analyse dieser Probleme zu publizieren. Es zeigt sich, daß bei den Rassen, welche im allgemeinen ihre Vegetationsperiode unter den vorliegenden Bedingungen zu Ende führen, ein später Saattermin sozusagen einen Ausfall gewisser ontogenetischer Phasen der Entwicklung hervorbringt[1]. Wir haben diese Erscheinung am Merkmal der Gliederung der Blattspreite verfolgt.

Dieses Merkmal wird für die Analyse nur dann brauchbar sein, wenn vorher eine hinreichend sichere Korrelation zwischen der Tiefe der Gliederung und der Insertionsknoten eines Blattes am Sproß nachgewiesen wurde. Die von uns untersuchten Arten und Rassen haben als höchsten Korrelationskoeffizienten (r $\pm$ m/r) den Wert von 0,837 $\pm$ 0,012 gezeigt. Dies war der Fall bei der Rasse Nr. 508 von *Gossypium hirsutum*.

Es hat sich gezeigt, daß bei Individuen, welche später ausgesät wurden, sich stark zergliederte Blätter auf niedrigeren Knoten als bei Sämlingen von früheren Saatterminen entwickelten. Soweit bisher gezeigt wurde, daß die Gliederung der Blätter von dem Alter der Pflanzen abhängt, so weit hat sich auch gezeigt, daß bei Sämlingen späterer Saattermine Altersmerkmale früher in Erscheinung treten. Also kann man sagen, daß bei späterer Saat die physiologische Reife der Pflanzen früher eintrat. Das gleiche hat sich vollkommen bezüglich der früheren Blütezeit der Pflanzen bewahrheitet.

So ist es nicht ausgeschlossen, daß der Saattermin, wie auch andere Bedingungen des Wachstums einen Einfluß auf verschiedene korrelative Beziehungen im Pflanzenkörper ausüben, indem sie das Tempo des physiologischen Reifungsprozesses in der Pflanze veränderten[2].

Es ist deshalb möglich, daß die 45 Tage alten Sämlinge der Tabelle 5, wenn sie auch dem Kalender nach berechnet jünger waren als die 60 Tage alten Sämlinge der Tabelle 6, doch physiologisch annähernd gleich „alt" waren, da die ersten am 24. April und die zweiten am 20. März ausgesät wurden. Dies könnte auch der Grund dafür sein, daß die auf S. 278 angegebenen Koeffizienten des Gewichtsüberschusses (P_5 und P_6) annähernd gleich waren.

Endlich haben wir 10 Sämlinge unter einer dritten Form von Experimentalbedingungen beobachtet. Die Tabelle 7 zeigt die erhaltenen Resultate.

D. h., daß hier weder dem Gewicht noch der Länge nach der Unterschied sicher ist. Wir können nur mit einer Wahrscheinlichkeit von

---

[1] [Ähnliches tritt nach eigenen Beobachtungen bei Getreidepflanzen ein, wenn sie, zunächst ungedüngt gehalten, in späteren Lebensaltern erst eine gewisse Nährstoffgabe erhalten. M.]

[2] [Hier wird man an die Untersuchungen von TRAUGOTT SCHULZE (1932) bezüglich der chemisch-physiologischen Altersvorgänge zu erinnern haben. M.]

Tabelle 7.

Untersuchungsobjekt	Aus der Achsel der größeren Kotyledonen ($M \pm m$)	Aus der Achsel der kleineren Kotyledonen ($M_1 \pm m_1$)	Die Glaubwürdigkeit des Unterschiedes D/m Diff.	Zahl der untersuchten Sämlinge (n)
Mittleres Lufttrockengewicht der Achselsprosse in g	$0,0840 \pm 0,0118$	$0,0695 \pm 0,0085$	1	10
Mittlere Länge dieser Sprosse in cm	$9,475 \pm 0,873$	$8,435 \pm 0,670$	0,945	10
Mittleres Gewicht eines cm des Sprosses in g	0,089	0,082	nicht sicher	—
Experimentalbedingungen	\multicolumn{4}{l}{1. Alter der Sprosse seit der Aussaat — 55 Tage (Aussaat 5. 4. 29). 2. Entfernung des Hauptsprosses 30 Tage nach der Aussaat, als das erste Laubblattpaar sich entfaltet hatte. 3. Ablesung 25 Tage nach der Operation.}			

0,683 oder 2,15 gegen 1 sagen, daß die in der Tabelle gezeigte Überlegenheit des Gewichtes der Sprosse aus der Achsel der größeren Kotyledonen sich bei der Wiederholung der gleichen Analyse auch wiederholen würde. Aber diese Unsicherheit des Unterschiedes kann hier einfach durch die kleine Zahl der untersuchten Sämlinge bedingt sein. Deshalb würde es verfrüht sein, hier eine biologische Deutung der Daten vorzunehmen.

Tabelle 8. Analyse von Achselsprossen bei Abnahme der größeren Kotyledonen.
Im ganzen sind 252 Sämlinge in mehreren Gruppen berücksichtigt.

Untersuchungsobjekt	Sprosse aus der Achsel der größeren (abgetrennten) Kotyledonen. ($M \pm m$)	Sprosse aus der Achsel der kleineren (zurückgelassen) Kotyledonen ($M_1 \pm m_1$)	Die Glaubwürdigkeit des Unterschiedes D/m Diff.	Zahl der untersuchten Sämlinge (n)
Mittleres Lufttrockengewicht der Achselsprosse in g	$0,050 \pm 0,006$	$0,148 \pm 0,017$	5,40	104
Mittlere Länge dieser Sprosse in cm	$2,423 \pm 0,260$	$5,524 \pm 0,301$	7,79	104
Mittleres Gewicht eines cm des Sprosses in g	0,021	0,027	nicht sicher	—
Experimentalbedingungen	\multicolumn{4}{l}{1. Alter der Sämlinge seit der Aussaat — 52 Tage (Aussaat 30. 4. 29). 2. Entfernung eines vollkommen entfalteten Kotyledons 18 Tage und des Hauptsprosses 24 Tage nach der Aussaat. 3. Ablesung 34 Tage nach der Entfernung des Kotyledons.}			

Das ist schon deshalb berechtigt, weil die Analogie mit den Tabellen 5 und 6 die Erwartung auf die Wiederholung der tatsächlichen Resultate, welche die Tabelle 7 zeigt, erhöht.

Nachdem wir das Verhalten der Achseltriebe der unberührten Kotyledonen festgestellt haben, haben wir die Experimente durchgeführt unter Wegnahme des größeren, wie auch des kleineren Keimblattes. Es hat sich dabei folgendes gezeigt (s. Tabelle 8).

Danach hätte sich also der Achseltrieb aus der Achsel des fortgenommenen großen Kotyledons als besonders klein gegenüber dem Achseltrieb des übriggebliebenen kleinen Kotyledons erwiesen. Der Koeffizient des Gewichtsüberschusses ist gleich $P_8 = 0{,}495 \pm 0{,}101$.

Tabelle 9 (s. Tab. 8).

Untersuchungsobjekt	Sprosse aus der Achsel der größeren (abgetrennten) Kotyledonen ($M \pm m$)	Sprosse aus der Achsel der kleineren (zurückgelassenen) Kotyledonen ($M_1 \pm m_1$)	Glaubwürdigkeit des Unterschiedes D/m Diff.	Zahl der untersuchten Sämlinge (n)
Mittleres Lufttrockengewicht der Achselsprosse in g	$0{,}081 \pm 0{,}011$	$0{,}232 \pm 0{,}014$	8,4	48
Mittlere Länge dieser Sprosse in cm	$6{,}604 \pm 0{,}745$	$13{,}230 \pm 0{,}413$	8,86	48
Mittleres Gewicht eines cm des Sprosses in g	0,012	0,018	nicht sicher	—
Experimentalbedingungen	1. Alter der Sämlinge seit der Aussaat — 46 Tage (Aussaat am 25. 6. 29). 2. Entfernung der Kotyledonen zu Anfang ihrer Entfaltung 11 Tage, und des Hauptsprosses 15 Tage nach der Aussaat. 3. Ablesung 35 Tage nach der Entfernung der Kotyledonen. 4. Bei der Entfernung des Hauptsprosses wurde seine blattlose Basis (Stämmchen) zurückgelassen.			

Das Bild, welches wir aus der Tabelle 9 entnehmen können, ist prinzipiell das gleiche, wie das, welches die Tabelle 8 zeigte. Der Koeffizient der Gewichtsüberragung beträgt $P_9 = 0{,}482 \pm 0{,}0638$, d. h. wir haben den gleichen Koeffizienten wie in der Tabelle 8.

Die Unterschiede in den Experimentalbedingungen, welche auf das Material der beiden Tabellen unterschiedlich eingewirkt haben, haben also insgesamt auf den betreffenden Koeffizienten keinen Einfluß gehabt.

Es ist aber möglich, daß, nach dem, was wir auf S. 277 gesagt haben, die Wirkung des höheren Alters der Kotyledonen (s. Tabellen 8 und 9) sich durch den gegenseitigen Einfluß des früheren Saattermins dieser Sämlinge (s. Tabelle 8) kompensiert hat.

Die Tabelle 10 bietet dasselbe Bild wie Tabelle 9.

Tabelle 10 (s. Tab. 8).

Untersuchungsobjekt	Die Sprosse aus der Achsel der größeren (abgetrennten) Kotyledonen $(M \pm m)$	Die Sprosse aus der Achsel der kleineren (zurückgelassenen) Kotyledonen $(M_1 \pm m_1)$	Die Glaubwürdigkeit des Unterschiedes D/m Diff.	Zahl der untersuchten Sämlinge (n)
Mittleres Lufttrockengewicht der Achselsprosse in g	$0{,}111 \pm 0{,}017$	$0{,}256 \pm 0{,}023$	5,0	33
Mittlere Länge dieser Sprosse in cm	$7{,}576 \pm 0{,}873$	$14{,}000 \pm 0{,}568$	6,17	33
Mittleres Gewicht eines cm des Sprosses in g . . .	0,014	0,018	nicht sicher	—
Experimentalbedingungen	\multicolumn{4}{l	}{1. Alter der Sämlinge — 44 Tage. (Aussaat am 25. 6. 29.) 2. Entfernung der Kotyledonen zu Anfang ihrer Entwicklung 11 Tage und des Hauptsprosses 15 Tage nach der Aussaat. 3. Ablesung — 33 Tage nach der Entfernung der Kotyledonen. 4. Der Hauptsproß wurde ganz entfernt.}

Der Koeffizient des Gewichtsüberschusses beträgt $P_{10} = 0{,}395 \pm 0{,}0847$.

Die Experimentalbedingungen, unter welchen das Material der Tabelle 10 entnommen wurde, waren die gleichen wie bei Tabelle 9 nur mit dem Unterschied, daß der Hauptsproß nach einer anderen Methode abgenommen wurde. Bei Tabelle 9 haben wir, um eine Verwundung in der Nähe der Anlagen der Achselknospen zu vermeiden, den Trieb abgekniffen unter Belassung des unteren Teils seines Stengels. Im Experiment, welches durch Tabelle 10 veranschaulicht wird, haben wir den Hauptsproß an der Basis abgebrochen, was leicht durch einfache Neigung des Sprosses gelingt.

Der Unterschied zwischen dem Koeffizienten des Gewichtsüberschusses in Tabelle 9 und 10, d. h. zwischen P_9 und P_{10} ist nicht ganz sicher (D/m Diff. $= \frac{0{,}087}{0{,}106} = 0{,}821$). Die Wahrscheinlichkeit der Wiederholung des Ereignisses beträgt also nur 0,5773 oder 1,37 gegen 1.

Deshalb können wir aus unserem Experiment keine hinreichend sicheren Schlüsse ziehen, ob die Verwundung bei der restlosen Abtrennung des Hauptstengels oder ob das übriggebliebene untere Stengelstückchen des anderen Experimentes einen wirklichen Einfluß auf den relativen Unterschied in der Entwicklung der Achseltriebe ausgeübt hat. Außerdem aber zeigt der Vergleich der entsprechenden Werte von Tabelle 9 und 10, daß die Veränderung der Experimentalbedingungen in der Tabelle 10 keinen Einfluß auf das absolute Gewicht und die Länge der Achseltriebe gezeigt hat. Weder dem Gewicht noch der Länge nach ist der Unterschied in den entsprechenden Sprossen der Tabellen 9 und 10 gänzlich sicher. Dies ist auch ohne Berechnung direkt aus entsprechenden Größen der mittleren Fehler zu ersehen.

Der Vergleich der Tabellen 9 und 10 mit der Tabelle 8 zeigt, daß, wenn auch das absolute Gewicht und die Sproßlänge der Tabelle 8 sicher kleiner sind als die der Tabelle 10 (und in fast allen Fällen der Tabelle 9), so doch der Koeffizient des Gewichtsüberschusses ($P_8 = 0{,}495 \pm 0{,}101$) sicher nicht nur von der Tabelle 9 ($P_9 = 0{,}482 \pm 0{,}0638$), sondern auch von der Tabelle 10 ($P_{10} = 0{,}395 \pm 0{,}0847$) nicht verschieden ist. Dies ist auch ohne besondere Berechnung nach der oben ausgeführten Kontrolle des Unterschiedes zwischen P_9 und P_{10} zu ersehen.

Die Verkleinerung des absoluten Maßes und des Sproßgewichtes auf der Tabelle 8 sagt gar nichts über den Unterschied der Einflüsse der größeren und kleineren Kotyledonen. Diese Verkleinerung kann dem länger andauernden Einfluß bei höherem Alter der Kotyledonen, als wir es bei Tabellen 9 und 10 hatten, zugeschrieben werden. Dieser hemmende Einfluß der Kotyledonen auf Tabelle 8 war entsprechend proportional dem gleichen Einfluß in den Tabellen 9 und 10.

Es ist andererseits möglich, daß die Verkleinerung der Sprosse in dem Experiment der Tabelle 8 durch zufällige ungünstige allgemeine Entwicklungsbedingungen dieser Sämlinge hervorgerufen wurde. Dabei hätte eventuell der frühere Saattermin kaum negativ wirken können.

In der Tabelle 11 ist Zeile I vollkommen mit der 1. Zeile der Tabelle 10 vergleichbar in bezug auf die Bedeutung des Altersunterschiedes der Kotyledonen. Abgesehen vom Jahr des Experimentes und vom Alter der Sämlinge sind alle Bedingungen gleich. In Tabelle 10 beträgt das Alter der Sämlinge 44 Tage und in Tabelle 11 beträgt es 35 Tage, d. h. es wurde im ersten Fall der Einfluß eines um 9 Tage älteren Keimblattes untersucht als im zweiten Fall.

Es zeigte sich, daß in beiden Fällen der größte Sproß aus der Achsel des kleineren, verbliebenen Kotyledons hervorgeht.

Der Koeffizient des Gewichtsüberschusses beträgt in der ersten Zeile der Tabelle 11 $P_{11} = 0{,}603 \pm 0{,}0858$.

Wenn wir P_{11} und P_{10} vergleichen, so sehen wir:
$$P_{11} - P_{10} = (0{,}603 \pm 0{,}0858) - (0{,}395 \pm 0{,}0847) = 0{,}208 \pm \sqrt{0{,}858^2 \pm 0{,}0847^2} =$$
$$0{,}208 \pm 0{,}120 \text{ D/m Diff.} = \frac{0{,}208}{0{,}120} = 1{,}73,$$

d. h. also, daß der Unterschied nicht genügend sicher ist. Die Wahrscheinlichkeit einer Wiederholung des Ereignisses unter den gleichen Experimentalbedingungen beträgt 0,911 oder nur 10,3 gegen 1. Es gibt aber gewisse Daten, welche uns annehmen lassen, daß in unserem Experiment bei fortschreitendem Alter der größeren Kotyledonen ihre hemmende Wirkung auf die Entwicklung der Achselsprosse geringer wird (vgl. KOMÁREK, 1930, S. 314, Schluß Nr. V). Wenn dies der Fall ist, so ist dabei auch der Koeffizient des Gewichtsüberschusses kleiner.

Tabelle 11.

Nr. der Zeile	Untersuchungsobjekt	Sprosse aus der Achsel der größeren (abgetrennten) Kotyledonen ($M \pm m$)	Sprosse aus der Achsel der kleineren (zurückgelassenen) Kotyledonen ($M_1 \pm m_1$)	Die Glaubwürdigkeit des Unterschiedes D/m Diff.	Zahl der untersuchten Sämlinge (n)
I.	Mittleres Trockengewicht der Achselsprosse in g. Ein Teil der Kotyledonen wurde nach der Größe der Spreite und ein Teil nach der Länge und Dicke des Stieles bestimmt	$0{,}516 \pm 0{,}0055$	$0{,}208 \pm 0{,}0212$	7,146	55
II.	Dasselbe, alle Kotyledonen aber wurden nur nach der Größe ihrer Spreiten bestimmt (Anisolamellie)	$0{,}0538 \pm 0{,}0072$	$0{,}2005 \pm 0{,}0110$	nicht sicher	39
III.	Dasselbe, alle Kotyledonen aber sind nur nach der Länge und Dicke ihrer Stiele bei gleichen Spreiten bestimmt (Anisopetiolie)	$0{,}0470 \pm 0{,}0095$	$0{,}2248 \pm 0{,}0176$	nicht sicher	13
IV.	Anscheinend eine besondere, größere Rasse	$0{,}1021 \pm 0{,}0223$	$0\,2827 \pm 0{,}0153$	6,946	12
V.	Experimentalbedingungen	1. Alter der Sämlinge — 35 Tage. (Aussaat 23. 6. 31.) 2. Entfernung eines jungen aber schon vollkommen entwickelten Kotyledons und des Hauptsprosses 11 Tage nach der Aussaat. 3. Ablesung 24 Tage nach der Operation. 4. Der Hauptsproß wurde ganz entfernt.			

Dieser Koeffizient muß sich deshalb verkleinern, weil er den relativen Gewichtsunterschied zwischen den Sprossen zeigt. Dieser Unterschied verkleinert sich mit dem Ausgleich des Wachstums beider Sprosse, d. h. mit der Verringerung des hemmenden Einflusses auf die Entwicklung des schwächeren. Dies zeigen auch die oben angeführten Daten, wo bei jüngeren Sämlingen (Tabelle 11) der genannte Koeffizient größer ist als bei den erwachseneren Sämlingen (Tabelle 10, $P_{10} = 0{,}395 \pm 0{,}0847$). Wir wiederholen aber, daß wir bei unserem Experiment nur von einer bestimmten Wahrscheinlichkeit dieser Verhältnisse sprechen können. Wir können sie nicht als vollkommen bewiesen annehmen. Deshalb können wir vorläufig auch nicht mit KOMÁREK (1930) über diese Angelegenheit diskutieren.

Die Zeilen II und III der Tabelle 11 demonstrieren, daß in isolaminaten, anisokotyledonen Sämlingen die Kotyledonen, welche nach dem Merkmal des kürzeren Stieles als größere angenommen wurden (s. S. 275), auf ihre Achseltriebe denselben Einfluß ausüben, wie Kotyledonen mit gleichem Stiel, die aber auch eine größere Kotyledonenspreite haben. Tatsächlich ist der Unterschied der entsprechenden mittleren Zeilen 2 und 3 gänzlich unsicher, was auch ohne Berechnung D/m Diff. deutlich war.

Zu ähnlichen Verhältnissen werden wir auf der nächstfolgenden Tabelle 12 (Zeile II und III) gelangen, bei welchen das entsprechende Experiment bei Abnahme der kleineren der beiden Kotyledonen demonstriert wird. Wir können deshalb mit Recht Kotyledonen mit tatsächlich wie auch mit potentiell größerer Spreite (d. h. wenn die Stiele deutlich kürzer und dicker sind), als bei ihrem gegenüberliegenden Kotyledonen, berücksichtigen. Die Gleichheit der Wirkung isolaminater Kotyledonen mit kürzerem und dickerem Stiel, auf welche wir hingewiesen haben, scheint uns sehr wesentlich zu sein.

Es zeigt sich tatsächlich, daß nicht die Größe der Spreite der unberührten Kotyledonen, sondern die Größe ihres Stieles den Einfluß auf die Entwicklung des Achseltriebes ausübt.

Dabei wirkten Verkürzung und Verdickungen hemmend. Es ist schwer, sich vorzustellen, daß gerade die Verkürzung des Stieles den Einfluß ausübte. Es kommt uns wahrscheinlicher vor, anzunehmen, daß der Einfluß von der Verdickung des Stieles ausging. Außer Zweifel steht aber, daß die Verdickung nicht als solche wirkt, sondern daß irgendwelche Elemente, welche die Verdickung bewirken, hier wirksam sind. Es ist möglich, daß es sich hier um die stärkere Entwicklung der Leitbahnen (z. B. des Phloems) handelt, welche größere Mengen irgendwelcher Stoffe absondern, die wieder hemmend auf die Entwicklung des Achseltriebes wirken. Man könnte von einem Einfluß der Spreite isolameller Kotyledonen mit verkürztem und verdicktem Stiel nur dann sprechen, wenn diese Spreite dicker wäre als die Spreite des gegenüberliegenden (kleineren) Kotyledons. Wir sehen aber weiter unten, daß dieser Fall nicht vorlag. Wir haben wir jetzt noch nichts über die 3 Zeilen der Tabellen 4—10 der Analyse der korrelativen Beziehungen bei *Mirabilis jalapa* gesagt. Aus Tabelle 4 sehen wir, daß das mittlere Lufttrockengewicht des ersten Quadratzentimeter der Kotyledonen genau ebenso groß ist wie bei den kleineren Kotyledonen (0,032 g). Es liegen uns keine Daten vor, welche zu der Annahme berechtigen, daß das spezifische Gewicht dieser Kotyledonen ungleich wäre. Also muß man annehmen, daß die mittlere Dicke beider Kotyledonen gleich ist. Die Vermehrung des Lufttrockengewichts der größeren Kotyledonen geht nur auf Kosten der Vergrößerung der Fläche der Spreite vor sich. Der kurze aber dickere Stiel der größeren Kotyledonen ist nicht schwerer als der längere und dünnere der gegenüberliegenden kleineren Kotyledonen.

Auf Tabelle 5 und 10 beträgt in allen Fällen das Sproßgewicht pro Zentimeter bei dem größeren Sproß im Durchschnitt mehr als der entsprechende Wert des kleineren Sprosses. Wir erklären dies mit dem größeren mittleren Querschnitt des ersten Sprosses und nicht durch sein höheres spezifisches Gewicht. Wir werden noch auf diesen Punkt zurückkommen.

Endlich möchten wir zu Tabelle 11 bemerken, daß sich unter 67 Sämlingen 12 Stück fanden (17,91%), welche merklich stärker waren. Sie sind in Tabelle 11, Zeile IV gezeigt. Das Gewicht sowohl wie die Länge ist bei diesen sicher größer als bei den Sämlingen der anderen Zeile. Wir halten sie für Sämlinge einer anderen Rasse, denn die Entwicklungsbedingungen waren für sie die gleichen wie für die anderen.

Der Koeffizient des Gewichtsüberschusses beträgt hier
$$P_{11\,IV} = 0{,}469 \pm 0{,}0775.$$

Der Unterschied zwischen $P_{11\,I}$ und $P_{11\,IV}$ beträgt:
$$(P_{11\,I} - P_{11\,IV}) = (0{,}603 \pm 0{,}0858) - (0{,}469 \pm 0{,}0775) = 0{,}134 \pm 0{,}1150.$$
$$D/m \text{ Diff.} = 1{,}159.$$

Wenn also auch eine gewisse Wahrscheinlichkeit (0,753 oder 3,05 gegen 1) für die Wiederholung des Unterschiedes besteht, ist die Sicherheit der Wiederholung noch gänzlich unbewiesen.

Analyse der Achseltriebe bei der Abnahme des kleineren Kotyledons.

Das Experiment der Abnahme des kleineren Kotyledons haben wir nur mit Material des Jahres 1931 ausgeführt. Im übrigen entspricht alles dem Experiment der Abnahme des größeren Kotyledons bei den anderen Sämlingen. Deshalb ist die Tabelle 12, welche das Resultat der Resektion der kleineren Kotyledonen zeigt, vollkommen mit der Tabelle 11 vergleichbar. Der Unterschied in den Resultaten, welcher sich zeigen läßt, ist durch den Unterschied der Kotyledonen erklärbar.

Der Koeffizient des Gewichtsüberschusses in dem Experiment der Zeile I beträgt $P_{12\,I} = 0{,}273 \pm 0{,}0399$.

Die Zeilen II und III zeigen wie in der Tabelle 11, daß der korrelative Einfluß der Kotyledonen auf ihre Achseltriebe nicht von der Spreitengröße, sondern von der Stielgröße abhängt. D. h. nicht die Anisolamellie, sondern die Anisopetiolie ist von Bedeutung. In Zeile IV ebenso wie auf Zeile IV der Tabelle 11 sind stärkere Sämlinge angeführt. In diesem Experiment kamen sie 14mal unter 106 Exemplaren, d. h. zu 13,21% vor. Wenn man das gesamte Material berechnet, so wird sich die Zahl der Sämlinge, die wir als zu einer anderen Rasse gehörend annehmen, mit 26 von 173, d. h. 15,03% errechnen lassen. $P_{12\,IV} = 0{,}364 \pm 0{,}0899$, $(P_{12\,IV} - P_{12\,I}) = 0{,}091 \pm 0{,}984$. D/m Diff. = 0,925.

D. h. die Wahrscheinlichkeit der Wiederholung dieses Unterschiedes beträgt nur 0,698 oder 2,31 gegen 1, d. h. sie ist gänzlich ungenügend. Also ist die relative Entwicklung der Sprosse, welche bei der von uns angenommenen Rasse vorkommen, wahrscheinlich dieselbe wie bei der

Preventive, reproduktive Nebensprosse bei *Mirabilis jalapa*. 287

Tabelle 12.

Nr. der Zeile	Untersuchungsobjekt	Sprosse aus der Achsel der größeren (zurückgelassenen) Kotyledonen ($M \pm m$)	Sprosse aus der Achsel der kleineren (abgetrennten) Kotyledonen ($M_1 \pm m_1$)	Glaubwürdigkeit des Unterschiedes D/m Diff.	Anzahl der untersuchten Sämlinge (n)
I.	Mittleres Lufttrockengewicht der Achseltriebe in g. Ein Teil der Kotyledonen wurde nach der Spreitengröße und ein Teil nach der Größe und Dicke des Stieles bestimmt	$0{,}1338 \pm 0{,}0063$	$0{,}0764 \pm 0{,}0051$	7,086	90
II.	Dasselbe, alle Kotyledonen aber wurden nur nach der Spreitengröße bestimmt (Anisolamellie)	$0{,}1266 \pm 0{,}0084$	$0{,}0693 \pm 0{,}007$	nicht sicher	39
III.	Dasselbe, aber alle Kotyledonen wurden nur nach der Länge und Dicke ihrer Stiele bei gleichen Spreiten bestimmt (Anisopetiolie)	$0{,}1218 \pm 0{,}0169$	$0{,}0643 \pm 0{,}0111$	nicht sicher	14
IV.	Wahrscheinlich Sämlinge von einer besonderen Rasse	$0{,}2589 \pm 0{,}2495$	$0{,}1208 \pm 0{,}203$	4,455	14
V.	Experimentalbedingungen	Siehe Tabelle 11. Es wurde jedoch nicht das größere, sondern das kleinere Kotyledon abgenommen.			

Grundrasse. Wir wollen jetzt das Verhalten der Achseltriebe bei der Abnahme verschiedener Kotyledonen vergleichen, d. h. wir wollen die Ergebnisse der Zeile I der Tabelle 11 und Tabelle 12 miteinander vergleichen. Wir sehen, daß ebenso wie bei KORINEK (1922, S. 10 und 18) und KOMÁREK (1930, S. 301) der größere Trieb aus der Achsel des verbliebenen Kotyledons hervorgeht, unabhängig davon, ob die Kotyledonen ursprünglich größer oder kleiner waren. Wenn keine Daten über Experimente vorliegen, bei welchen nur die Hauptsprosse abgenommen wurden, so ist es möglich, daraus einen Schluß zu ziehen, wonach die Kotyledonen der verschiedenen Größen hinsichtlich des Merkmals ihrer korrelativen Beziehung zu den Achseltrieben nicht unterscheidbar wären (s. KOMÁREK, 1930, S. 307—308). Aber ein solcher Schluß ist nicht berechtigt. Diese Feststellung war nur dank der von uns verwendeten genauen Berechnungsmethode möglich.

Tatsächlich ist der Koeffizient der Gewichtsüberragung beim Experiment der Tabelle 11 $P_{11} = 0{,}603 \pm 0{,}858$ und derselbe Koeffizient der Tabelle 12, $P_{12} = 0{,}273 \pm 0{,}0399$.

Es zeigt sich, daß diese Koeffizienten sicher verschieden sind:

$(P_{11\,I} - P_{12\,I}) = 0{,}330 \pm 0{,}0946.$ D/m Diff. $= \dfrac{0{,}330}{0{,}946} = 3{,}488.$

Die Wahrscheinlichkeit der Wiederholung des Ereignisses beträgt also 0,99949 oder 1959,8 gegen 1. Das ist bei Berücksichtigung der Verteilung der Varianten in der Binomialkurve vollkommen genügend.

Wir kommen danach zu folgendem Schluß: **Bei der Abnahme eines der beiden in der Entwicklung begriffenen Kotyledons entwickelt sich bei Mirabilis jalapa aus der Achse des verbliebenen Kotyledons der größere Sproß. Aber im Falle der Abnahme des kleineren Kotyledons entwickelt sich dessen Achseltrieb relativ stärker als der Trieb aus der Achsel des abgenommenen größeren Kotyledons. Deshalb ist der Koeffizient des Gewichtsüberschusses des Achseltriebes des verbliebenen größeren Kotyledons kleiner als im umgekehrten Experiment.**

Wenn man nun die Entwicklung der Achseltriebe aus den unberührten Kotyledonen (s. Tabellen 5, 6, 7) vergleicht, so sehen wir, daß bei der Abnahme der Kotyledonen prinzipiell derselbe Unterschied in der Entwicklung der Triebe aus der Achsel der verschiedenen Kotyledonen beibehalten wird. **D. h. wenngleich also die Resektion eines der beiden in der Entwicklung begriffenen Kotyledonen die Entwicklung des entsprechenden Achseltriebes hemmt, so ist diese Hemmung doch geringer, wenn wir die kleineren, als wenn wir die größeren Kotyledonen resezieren. So haben wir also hier die korrelative Bedeutung der Anisophyllie, speziell der Anisopetiolie, nachgewiesen.**

Dieser Schluß, welchen wir bei anderen Autoren nicht gefunden haben, stellt eine gute Illustration für die Wichtigkeit einer genauen quantitativen Berechnung der Versuchsresultate dar und zeigt, daß die große Mühe, welche für die genaue quantitative Berechnung aufgewandt wurde, sich lohnt.

Er ist uns aus folgendem Grunde besonders wichtig:

Wenn wir mit unseren Betrachtungen über die Sprosse von *Mirabilis jalapa* (s. S. 111) recht haben, so müssen wir erwarten, daß aus der Achsel der kleineren Kotyledonen sich ein stärkerer Sproß als der Hauptsproß entwickeln muß, während aus der Achsel der größeren Kotyledonen der erste Achseltrieb zur Bildung eines Pseudohauptsprosses (sympodiale Verzweigung) verwendet wurde, und sich deshalb der zweite Achseltrieb schwächer erweist.

Die Experimente der Hervorrufung von Achseltrieben aus den Achseln beider unberührten Kotyledonen haben diese These (s. Tabellen 5, 6, 7) bestätigt.

Die Experimente der Resektion der kleineren Kotyledonen (s. Tab. 12) haben aber gezeigt, daß diese Gesetzmäßigkeit experimentell verschleiert sein kann, ohne daß sie deshalb nicht doch zu beobachten wäre. Die Verschleierung läßt sich so erklären, daß der Unterschied in der Entwicklung der Achseltriebe nicht nur durch die von uns angenommenen quantitativen Unterschiede, sondern auch durch die Einwirkung von seiten der entsprechenden Kotyledonen bedingt ist.

Also lehnen wir in keinem Falle diese Wirkung ab. Vielmehr haben wir wiederum dank unserer Methode der Behandlung gezeigt, daß sehr wahrscheinlich die nächste und wichtigste Quelle dieser Einwirkung nicht die Kotyledonenspreite, sondern der Stiel ist. Nicht die Anisolamellie, sondern die Anisopetiolie ist hier also von Bedeutung.

Wir betonen noch, daß hier nur die Rede ist von den allernächstliegenden und wichtigsten Ursachen des Einflusses, die erfaßt werden können. Aber soweit die Entwicklung und Funktion des Stieles mit der Entwicklung und Funktion der Spreite verbunden ist, so weit wirkt der letzte auf den ersten und umgekehrt. Dieser Einfluß ist nicht der ursprüngliche und vielleicht nicht einmal der dominierende. Aber wenn die Spreite hier als beeinflussender Faktor in Frage kommt, so ist es verständlich, daß irgendwelche Operationen an der Spreite sich über den Stiel auch auf die Entwicklung der Sprosse auswirken können. So konnte DOSTÁL (1926b), indem er die obere und untere Hälfte der Spreite der Laubblätter von *Scrophularia nodosa* abnahm (s. S. 48, Fig. 3, III), zu dem Schluß gelangen (S. 135), „daß die Hemmungswirkungen, die von der basalen und der apikalen Hälfte des Blattes von Scrophularia ausgehen, bedeutend voneinander abweichen müssen"[1].

Wir wenden uns dann

den korrelativen Beziehungen der Laubblätter von Mirabilis jalapa zu ihren Achselknospen zu.

Wir haben schon gesagt (s. S. 103), daß bei der natürlichen Entwicklung die ersten Achseltriebe des kleineren Blattpaares die Triebe aus der Achsel des größeren Blattes dermaßen überragen, daß für die Feststellung dieser Tatsache keine besonderen Messungen und Wägungen nötig sind. Für die Feststellungen der quantitativen Verhältnisse ist eine Analyse ähnlich der oben angeführten notwendig. Wir haben sie vorläufig noch nicht ausgeführt. Auch was die Experimente anbelangt, so haben wir nur zwei bisher angestellt.

1. Die Resektion der Sproßspitze und

---

[1] [J. KISSER (1931) konnte Hemmungswirkungen, welche vom belichteten Blatt auf die Achsen ausgeübt werden, auf stoffliche Grundlagen zurückführen. Nach ihm handelt es sich offenbar um Körper, welche im Blatt als Wuchsstoffe, in der Achse als Hemmungsstoffe wirken, und welche in einem gewissen Antagonismus zu den achsenbürtigen Wuchsstoffen stehen. M.]

290 Über die Wundheilung und den Ersatz abgetrennter Teile.

2. die Abnahme des größeren Blattes aus einem Paar im allerfrühesten Knospenstadium. Hier ist der Unterschied der Blattgröße schon vollkommen deutlich wahrzunehmen. In beiden Fällen wurde genau wie ohne experimentelle Beeinflussung beobachtet, daß der Sproß aus der Achsel des kleineren Blattes in einem operierten Paar den anderen überragte.

Wir haben vor, in Zukunft eine ausführliche Analyse dieser korrelativen Beziehungen durchzuführen. Jetzt geben wir nur eine Charakteristik der Laubblätter von *Mirabilis jalapa,* die der von uns für die Kotyledonen derselben Pflanze gegebenen analog ist (s. S. 275, Tabelle 4).

Tabelle 13. Charakteristik der Laubblätter von Mirabilis jalapa.

Untersuchungsobjekt	Große Blätter gegenständiger Paare ($M \pm m$)	Kleine Blätter gegenständiger Paare ($M_1 \pm m_1$)	Glaubwürdigkeit des Unterschiedes D/m Diff.	Zahl der untersuchten Blätter (n)
Mittlere Blattfläche mit dem Stiel in qcm	$24{,}460 \pm 0{,}561$	$20{,}345 \pm 0{,}0464$	5,65	538
Mittleres Lufttrockengewicht der Spreiten in g	$0{,}0768 \pm 0{,}0045$	$0{,}0591 \pm 0{,}0034$	3,16	100
Mittlere Länge des Blattstieles in cm	$2{,}1320 \pm 0{,}0646$	$1{,}7010 \pm 0{,}0499$	5,28	225
Mittleres Gewicht eines qcm des Blattes	0,00314	0,00290	nicht sicher	—
Korrelationskoeffizient zwischen Blattfläche und deren Lufttrockengewicht	$0{,}827 \pm 0{,}032$	$0{,}819 \pm 0{,}033$	nicht sicher	99

Die Tabelle 13 zeigt, daß, abgesehen von den letzten zwei Zeilen, die Unterschiede zwischen den entsprechenden Maßen glaubwürdig sind.

Wir haben auch den Korrelationskoeffizienten für die oben angegebenen Sprosse aus der Achsel der Kotyledonen berechnet. Aus der Tabelle 14 sind die Resultate zu ersehen.

Die Angaben, welche auf den Tabellen 4, 13, 14 dargestellt sind, müssen vorliegen, ehe man an die Analyse der korrelativen Beziehungen zwischen den Blättern und ihren Achseltrieben herantritt.

Verschiedene Forscher haben verschiedene Merkmale für die Charakteristik der Regenerate gewählt. Deshalb ist es notwendig, die Verhältnisse dieser Merkmale zueinander abzugrenzen. Dies ist nicht nur wichtig, um die Möglichkeit eines Vergleiches der Resultate verschiedener Autoren zu sichern, sondern manchmal auch, um die Kontrolle der Berechtigung irgendwelcher Schlüsse durchführen zu können. Z. B. können bei Bewertung von Sprossen nur nach dem Merkmal ihrer Länge ihre Gewichtsverhältnisse dem Lufttrockengewicht nach ungenau charak-

Tabelle 14. Korrelationskoeffizienten zwischen der Länge, Lufttrocken- und Frischgewicht der Sprosse aus der Achsel der Kotyledonen ($r \pm m_r$).

Merkmale	Lufttrockengewicht der Achselsprosse der kleineren Kotyledonen	Lufttrockengewicht der Achselsprosse der größeren Kotyledonen	Frischgewicht der Achselsprosse der kleineren Kotyledonen	Frischgewicht der Achselsprosse der größeren Kotyledonen
Länge der Achselsprosse des kleineren Kotyledons	$0{,}728 \pm 0{,}026$	—	$0{,}833 \pm 0{,}047$	—
Länge der Sprosse des größeren Kotyledons	—	$0{,}780 \pm 0{,}022$	—	$0{,}924 \pm 0{,}049$
Lufttrockengewicht der Achselsprosse des kleineren Kotyledons	—	—	$0{,}992 \pm 0{,}005$	—
Lufttrockengewicht der Achselsprosse des grösseren Kotyledons	—	—	—	$0{,}989 \pm 0{,}007$

terisiert bleiben. Dies ist aus der Tabelle 14, wo die entsprechenden Koeffizienten (0,728 und 0,780), wenn sie auch bedeutend größer sind, so doch bei weitem nicht 1 erreichen, zu ersehen. Also sind z. B. in unserem Material von 100 Fällen 20—30 Fälle möglich, wo sich ein längerer Trieb von kleinerem Lufttrockengewicht zeigt. Da aber dies letztere die Entwicklung des Regenerates am besten charakterisiert, so können die an Hand von Längendaten gemachten Schlüsse besonders bei kleinerem Material sogar fehlerhaft sein. Einen groben Fehler kann man ferner machen, wenn man die Ausmaße der Kotyledonen nach ihrer Fläche beurteilt. Tatsächlich (s. die letzte Zeile der Tabelle 4 auf S. 275) ist hier die Korrelation zwischen der Fläche und dem Lufttrockengewicht der Kotyledonen nur etwa 0,60. Es ist interessant (s. Tabelle 13, untere Zeile), daß bei den Laubblättern die Korrelation zwischen der Fläche und dem Lufttrockengewicht geringer war als die Korrelation zwischen Länge und Gewicht der Achseltriebe. Die genannten Korrelationen sind aber bei Laubblättern deutlich größer als bei den Kotyledonen. Dies spricht dafür, daß bei den Kotyledonen die Variation der Spreitendicke größer ist als bei den Laubblättern, und gerade bei Kotyledonen wird in einer Reihe von Varianten ihr Gewicht auf Kosten der Vergrößerung der Spreitendicke ohne Vergrößerung der Fläche und umgekehrt größer.

Die Tabelle 14 zeigt, daß das Frischgewicht von Sprossen schon besser mit der Länge korreliert, wenngleich die Korrelation noch keineswegs vollkommen ist. Lufttrocken- und Frischgewicht dagegen sind praktisch vollkommen miteinander korreliert. Deshalb könnten wir, theoretisch gesagt, die mühevolle und zeitraubende Methode der Abwägung des Trockenmaterials umgehen. Aber rein technisch erweist sich das als vollkommen unmöglich. Man kann tatsächlich nicht alle Frischsprosse gleichzeitig abwägen. Bei der Abwägung der Sprosse nach und nach aber werden die später gewogenen Sprosse welk, so daß ihr Frischgewicht sich ungleichmäßig verändern wird. Das Verbleiben der noch nicht in Arbeit befindlichen Sprosse auf dem Busch, um sie dann einzeln abzuschneiden und abzuwägen, ist eine noch umständlichere Operation als die Abwägung des lufttrockenen Materials. Wenn wir danach die Besonderheit unserer Methodik gegenüber der von anderen Forschern auf diesem Gebiet verwandten charakterisieren wollen, so ist es die Anwendung einer genauen statistischen Methode. Dies hat uns gestattet, einen speziellen Indikator des Unterschiedes der Regenerate (Koeffizient des Gewichtsüberschusses) und die korrelative Bedeutung der Anisophyllie zu zeigen. Wir haben dabei absichtlich aus Raumersparnisgründen auf die Anführung weiterer statistischen Materials für andere Charakteristika zunächst verzichtet und uns vorläufig nur auf dasjenige beschränkt, welches uns in erster Linie notwendig erschien.

Es kann die Frage aufgeworfen werden, ob man berechtigt ist, mit einem Mittelwert zu arbeiten, ohne die einzelnen Varianten der gegebenen Verteilungskurve aufzuzeigen. Wir nehmen an, daß es manchmal auch nützlich sein wird, diese Varianten zu erfassen; allerdings nur unter der Bedingung, daß die mittleren Größen mit ihren Fehlern angegeben werden. Wenn wir die Hauptrichtung einer Erscheinung charakterisieren wollen, so können wir ohne Mittelwerte tatsächlich nicht auskommen. Ist dieses der Fall, so ist es richtiger, sie nach den gewöhnlichen statistischen Methoden zu berechnen. Es ist dann wohl nützlich, die einzelnen Varianten anzuführen, wenn sie über die Grenzen der gegebenen Verteilungskurve, welche durch den statistischen Exponenten charakterisiert ist, herausgehen. Im gegenteiligen Falle wird diese Auswahl ganz derjenigen analog, welche man in der Genetik erhält, wenn man an Stelle der Berechnung und des Vergleiches der mittleren Größen nur jede einzelne Fluktuation der gegebenen Verteilungskurve beschrieben und verglichen hätte. Diese Gegenüberstellung ist noch deshalb berechtigt, weil viele korrelative Beziehungen der Pflanzenteile bei ihrem Vergleich unter gleichen Bedingungen tatsächlich genetisch quantitativ und manchmal qualitativ verschiedene Merkmale darstellen. Mit dieser Betrachtung wollen wir noch nicht sagen, daß die Angabe einzelner Varianten, und besonders der mittleren, auch ohne Fehlerangabe, die Erscheinung gar nicht zu charakterisieren vermöchte. Die Arbeiten von DOSTÁL, KOMÁREK u. a. geben im allgemeinen übersichtliche Bilder, sehr oft aber werden große Schwierigkeiten auftreten, wenn man wünscht, genaue quantitative Vergleiche anzustellen. In den Grenzen der vorliegenden Arbeit wie auch bei dem Vergleich verschiedener Forscher erleichtert der biometrische Index diese Arbeit bei Kenntnis der Experimentalbedingungen weitgehend.

Wir möchten schließlich nochmals daran erinnern, daß die Hervorbringung von Achseltrieben bei *Mirabilis jalapa* zugleich eine Illustration preventiver Reproduktion nach Störung der korrelativen Beziehungen der Pflanzenteile darstellt. Unserem Schema zufolge (s. S. 207) würde die beschriebene Reproduktion als abgeschlossene, einzählige, normal homologe, preventive, reproduktive Regeneration anzusehen sein (d_1 c_1 α b_1 a_2 II C).

Aus den oben angeführten Experimenten von NĚMEC (1925a) mit *Collybia tuberosa*, sowie aus dem HABERLANDTs (1929b) mit *Codium tomentosum* (vgl. W. und H. SCHWARZ, 1930) und den Arbeiten vieler anderer Forscher ist zu ersehen, daß bei niederen Pflanzen ebenfalls derartige Nebenbildungen beobachtet werden. WEIR (1911) beschreibt die Entwicklung von Nebenfruchtkörpern auf der „Wurzel" des Pilzes *Coprinus fimetarius var. macrorrhiza*. Dabei stellte sich heraus, daß zur Regeneration nur bestimmte, protoplasmareiche, kleine Hyphenzellen fähig sind, welche in der Zentralzone der „Wurzel" zugleich mit großen Hyphen vorkommen, die ihrerseits nicht regenerationsfähig sind und als nährstoffspeichernde Zellen funktionieren. Bei der mehrfach wiederholten Entfernung der jüngeren Regenerate wird die „Wurzel" nach und nach immer kleiner, so daß sie schließlich Runzeln bekommt. Ihre Hyphen werden welk und verlieren das Plasma und die Stoffvorräte. In diesem Beispiel sieht man deutlich eine besondere Lokalisation von Zellen, welche Neubildungen mit Hilfe in der Nähe liegender Nährzellen zu geben vermögen.

Bei *Bryophyllum crenatum*[1] findet man Unterschiede in der Knospenentwicklung aus Blättern und aus Achselknospen derselben Pflanze. Wenn man die Knospen der Achseltriebe mit denjenigen vergleicht, welche auf den Blättern vorkommen, so findet man, daß die letztgenannten einen rundlicheren Vegetationskegel haben. Dieser Vegetationskegel ist stärker durch die Blätter dieser Knospen beengt als der Vegetationskegel der Achseltriebe (s. Abb. 76 u. 77 KRENKE 1928b, S. 672).

Das Leitsystem wird hier von phloroglykotannidhaltigen Zellen begleitet, deren Inhalt wahrscheinlich in irgendeinem Zusammenhang mit dem Atmungsprozeß steht (KOSTYTSCHEW, 1924, S. 355 und 455).

Wir weisen darauf hin, um zu zeigen, wie kompliziert die Dinge würden, sobald man bei der Klärung der Entwicklungsbedingungen von Neubildungen nicht nur morphologische, sondern auch physiologische Verhältnisse berücksichtigen wollte.

IV. Über den Zustand abgetrennter Pflanzenteile.
1. Grundprobleme der Amputatregeneration.

Wir wollen die Tatsachen, welche zu dem Thema, welches die Überschrift dieses Kapitels angibt, gehören, nicht in vollem Ausmaß berück-

---

[1] [Betreffs neuerer anatomischer Daten über die Reproduktionsverhältnisse bei *Bryophyllum* vgl. J. NAYLOR, 1932. M.]

sichtigen. Wir verweisen vielmehr auf Němec (1924), Küster (1925a), Miehe (1926), Korschelt (1927), Vöchting (1892), Schubert (1913), Sorauer (1924), Lamprecht (1925), Prát und Malkovsky (1927) und Molisch (1929). Die isolierten Pflanzenteile, die Amputate, sind vom Standpunkt der Regenerationsfähigkeit (Restitution und Reproduktion) besonders interessant. In diesen Grenzen läßt sich der Problemkreis in unserem Schema der Wundkompensationserscheinungen unterbringen. Wir werden uns im folgenden mit der restitutionsähnlichen Regeneration der Amputate und der reproduktionsähnlichen Regeneration der Amputate beschäftigen.

Die Regeneration durch Amputate ist von der Regeneration durch den Stumpf nur dort klar zu unterscheiden, wo die mineralische Nahrung (bei Parasiten auch die organische) mit Hilfe spezieller Organe, die sich an das Nährsubstrat anheften oder die in dieses Substrat eingetaucht sind, aufgenommen wird. Sobald es sich aber um Pflanzen (wie z. B. viele Algen und Pilze) handelt, die solche polare Differenzierung nicht besitzen, so würde es kaum motivierbar sein, den einen Teil als Stumpf, den andern als Amputat zu bezeichnen. Gewöhnlich wird man hier dann als Kriterium die Größe des amputierten Teiles annehmen, wobei natürlich dieses Kriterium bedingt anwendbar ist.

Wenn man den gegenwärtigen Stand der Frage nach der Regeneration der isolierten Teile kurz umschreibt, so halten wir die folgenden Probleme für die hauptsächlichsten:

1. Die allgemeinen, unmittelbaren Regenerationsursachen.
2. Der Regenerationsmechanismus, wobei auch die Frage der Polarität zu berücksichtigen sein wird.
3. Die Regenerationsfähigkeit verschiedener Teile (Organe, Gewebe, Zellen) der Pflanze.
4. Die minimale Größe von Pflanzenteilen, welche im isolierten Zustand zur Regeneration fähig sind, wobei sich das Problem der Individualität der Pflanzenteile aufwerfen läßt.
5. Die Bedeutung des ontogenetischen Stadiums der Mutterpflanze im ganzen wie auch des ontogenetischen Stadiums der Amputate.
6. Lebensdauer der Regenerate.
7. Die Regenerationsfähigkeit als genetisches Merkmal.
8. Die Veränderlichkeit der Regenerate.
9. Die künstliche Stimulation der Regeneration.

In dieser Reihenfolge wollen wir nun die weiteren Tatsachen, welche, wie gesagt, kurz zusammengefaßt werden sollen, aufführen.

2. Allgemeine und unmittelbare Regenerationsursachen.

Was die allgemeinen Ursachen anbelangt, so liegt fast kein Tatsachenmaterial vor. Es gibt nur bis zu einem gewissen Grade überzeugende Betrachtungen und Hypothesen.

Diese Tatsache läßt sich daraus erklären, daß es sich hier um eine Frage der phylogenetischen Entwicklung handelt, wo viele unvermeidliche Lücken, sogar in den allerwichtigsten morphologischen Pflanzenmerkmalen, bestehen. Die Regeneration stellt vor allem ein physiologisches Problem dar. Die phylogenetische Physiologie ist von den Forschern selbst bezüglich der Grundprozesse des Lebens noch kaum berührt worden (s. M. GOLENKIN, 1927, und F. KRASCHENINNIKOW, 1925). Wenn man aber berücksichtigt, daß die Regenerationserscheinungen für die organische Welt im ganzen keinen notwendigen Existenzfaktor darstellen, und weiter berücksichtigt, daß bis jetzt auch die gegenwärtigen unmittelbaren Ursachen zweifellos unklar sind, so wird der hypothetische Charakter aller Konstruktionen zur Erklärung der allgemeinen Regenerationsursachen verständlich. Eins steht für uns außer Zweifel, daß es ein Problem geschichtlicher, phylogenetischer Natur ist. In diesem Moment stimmen wir vollkommen mit KORSCHELT (1927, S. 710—732) überein. Wir sehen aber keine Möglichkeit, von der geschichtlichen Bewertung der Regeneration ausgehend, die Regeneration bei irgendwelchen gegenwärtigen Formen als eine atavistische Erscheinung (vgl. KORSCHELT) zu betrachten. Der Begriff „Atavismus" findet überhaupt bei uns keinen Anklang. Alle Merkmale, welche der Organismus in einem gegebenen Moment besitzt, sind Merkmale, welche er im Evolutionsprozeß erworben hat. Diejenigen Fälle, die man als Atavismen auffaßt, sind neben den übrigen zur vollkommenen Charakterisierung einer gegenwärtig existierenden Art notwendig, selbst wenn sie von der Norm abweichen. Wenn diese Abweichungen irgendeine geschichtlich vergangene Form wiederholen oder an sie erinnern (und nur dann) (s. S. 32, 33, 122), so bedeutet dies nur, daß einige Elemente der ehemaligen Form nicht verschwunden sind, sondern die gegenwärtige Form mit als sie selbst charakterisieren. Also auch hier ist von einem „Rückschritt" (einer Rückkehr) im direkten Sinne des Wortes nicht die Rede. Als Rückschritte können wir nur solche Fälle auffassen, bei denen eine formal-genetische Abspaltung elterlicher oder urelterlicher Formen aus Hybriden stattfindet. Hier aber wird man komplizierenden Umständen begegnen können (s. S. 32).

Auch über die eigentlichen Regenerationsursachen können keine eindeutig klaren Angaben gemacht werden. Dies ist verständlich, da diese Ursachen letztlich in der geschichtlichen Vergangenheit wurzeln. Etwas konkreter kann man sich nur über die Auslöser der Regeneration äußern.

Wir haben oben (s. S. 259) die Betrachtungen HABERLANDTs über die allgemeine Ursache der Stumpfregeneration gebracht. Sie bleiben auch bezüglich der Amputatregeneration wirksam. KORSCHELT (1927, S. 713) schreibt:

„Es scheint, daß die indifferenten Zellen die Fähigkeit bewahren, nach erneuten Teilungen zu denjenigen Differenzierungen überzugehen, die für den Ersatz der verlorengegangenen Zelle notwendig sind. Dazu muß genügend indifferentes Zellenmaterial gegeben sein, sei es, daß tatsächlich indifferent gebliebene, noch von der Embryonalentwicklung herrührende Zellen vorhanden sind und eintretenden Falles zur Teilung übergehen, sei es, daß eine Rückkehr bereits differenzierter Zellen in einen indifferenten Zustand möglich ist. In beiden Fällen verfügt der Organismus über Material zum Ersatz der an ihm eingetretenen Verluste. In den dieses Material zusammensetzenden Zellen liegt die Fähigkeit nicht nur zur Lieferung, sondern auch zur Ausgestaltung der neu zu bildenden Körperteile in der Form und Struktur, die sie früher besaßen. Die Potenz hierfür muß offenbar in den Zellen vorhanden sein. Inwieweit sie begrenzt ist oder eine Totipotenz der Zellen besteht, bleibt dahingestellt. Dies dürfte sich in den einzelnen Fällen verschieden verhalten und könnte erst durch genauere Prüfung zu entscheiden sein. Anzunehmen ist überdies, daß außer der Potenz zur Wiederbildung verlorener Teile ein leitender und richtender Einfluß der angrenzenden Körperpartien vermutlich auch des Gesamtorganismus besteht."

Aber die angeführten Betrachtungen umfassen die ,,Heteromorphosen", d. h. einen Teil unserer Heteroregenerationen (s. S. 209, 260) nicht. Und gerade in ihnen sehen wir den Beweis dafür, daß die Zellen nicht unbedingt die Fähigkeit, gerade den abgetrennten Teil wiederherzustellen, besitzen. Dies hat eine prinzipielle Bedeutung, worüber wir uns oben geäußert (s. S. 209) haben.

Was die geschichtliche Potenz der Zellen zur Regeneration überhaupt und den korrelativen Zusammenhang regenerierender Zellen und Gewebe anbelangt, so steht diese Potenz unserer Auffassung nach außer Zweifel. Wir lassen auch zu, daß verschiedene, besonders verschiedenen Gewebsarten angehörige Zellen, eine quantitativ differenzierte Potenz besitzen.

Dadurch aber schließen wir uns nicht etwa den Ansichten MIEHES (1926) an, welcher die Anwesenheit besonderer Zellen und Gewebe, die ein besonderes ,,Archiplasma" besitzen und deshalb regenerationsfähig sind, annimmt. Dabei ist MIEHE der Meinung (S. 74), daß bei Anwesenheit genügender Nahrung sich das Archiplasma ununterbrochen weiter vermehrt und dieses ununterbrochene Wachstum ein Unterscheidungsmerkmal natürlicherweise langlebiger Pflanzen ist. Man bekommt den Eindruck der Ewigkeit archiplasmatischer Aktivität. Diese Eigenschaft des Archiplasmas erklärt der Autor (S. 30) durch die Anwesenheit eines hypothetischen, archiplastischen Faktors in ihm, ,,dessen Anwesenheit den embryonalen Charakter der Zelle bedingt".

Diesen Faktor kann man nach dem Autor auch ,,als Vitalfaktor bezeichnen, solange seine Anwesenheit die unbegrenzte Lebensdauer verbürgt". (S. 30.)

Wenn man die Tatsachen nicht vitalistisch betrachtet, sondern sozusagen sich der technischen Seite der Frage zuwendet, so erweist sich, daß die Archiplasmatheorie nicht die Erscheinungen erklärt, sondern lediglich Resultate fixiert. Wenn wir z. B. die Regeneration von Sprossen aus dem Wundkallus anderer Sprosse oder auf Kotyledonenspreiten zu erklären wünschen (vgl. VAN TIEGHEM, 1873, VÖCHTING,

1878, ZABEL, 1882, KÜSTER, 1903, 1923, KALASCHNIKOW, 1924, KOWALEWSKA, 1927; dort Beispiele, die MIEHE nicht anführt), wo eine vorherige Existenz von Anlagen, die in Wirklichkeit nicht festgestellt wurden, schwer zu erwarten ist, so wird die Archiplasmatheorie antworten: Wenn die Sprosse sich entwickelt haben, so heißt es, daß hier wenigstens Kryptarchonten (latente archiplastische Zellen) vorhanden waren. Ohne Kenntnis des tatsächlich eintretenden Regenerationsprozesses gibt es keine Möglichkeit, solche Kryptarchonten anzunehmen, noch auch sie zu beweisen! So haben wir uns früher (KRENKE, 1928b, S. 261—262) ausgedrückt. Auch BEHRE (1929) hat in seinen Arbeiten über die Regeneration bei *Drosera* die MIEHEsche Archiplasmatheorie nicht anzuwenden vermocht. Die Vorstellung des Autors über den Mechanismus der Verteilung und der Ansammlung des Archiplasmas ist interessant, aber man muß sich vor Augen halten, daß man es bei seinen Konstruktionen mit hypothetischen Verteilungsprozessen einer hypothetischen Substanz zu tun hat, und wenn die Tatsachen mit der Theorie nicht übereinstimmen, so muß diese ihre Zuflucht zu hypothetischen Kryptarchonten nehmen. Aber jeder Versuch zur Klärung des Wesens der regenerativen Prozesse ist für weitere Arbeiten auf diesem Gebiete nützlich. So faßt auch der Autor selber seine Arbeiten auf.

Wir schließen uns in unseren Ansichten KLEBS (1903) an, welcher sagt, daß die Regenerationserscheinungen in keiner Weise irgendwelche geheimnisvollen, nur teleologisch erklärbaren Fähigkeiten der Pflanze, die bedrohte Baueinheit wiederherzustellen, offenbaren. Diese Erscheinungen stellen nach KLEBS vielmehr nur Sonderfälle des Hervortretens einer allgemeinen Eigenschaft der Organismen dar, unverzüglich eine in ihrer eigenen inneren Struktur gegebene Entwicklungsmöglichkeit unter bestimmten Bedingungen zu verwirklichen.

Diese innere Struktur ist durch die Evolution des gegebenen Organismus bedingt.

LINSBAUER (1925), welcher mit seiner Hypothese, auf welche wir weiter unten noch eingehen werden, dieser Auffassung nahesteht, schreibt (S. 366):

„Die Ganzform erscheint ... nicht als der Plan, dem die Entwicklung zustrebt, vielmehr als die jeweilige und notwendige Folge der sich gesetzmäßig vervielfachenden und komplizierter werdenden Abhängigkeiten des sich vermehrenden spezifischen Zellenmaterials."

Wir möchten diesem noch hinzufügen, daß KLEBS (1904, S. 290) sagt:

„Die organische Natur in ihren potenziellen Möglichkeiten ist viel reicher als sie unter normalen oder typischen Bedingungen sich zeigt. Die typische und gewöhnliche Entwicklung bringt nur einen kleinen abgegrenzten Ausschnitt aus der Mehrzahl der möglichen Zustände zutage."

Daraus folgt, daß man die von LINSBAUER erwähnten Gesetzmäßigkeiten in der ganzen Amplitude ihrer Veränderlichkeit verstehen muß.

So entstehen auch die Heteromorphosen (s. KORSCHELT, 1927, S. 2) bei den Regenerationen, oder die Erscheinungen der ,,Heteroregeneration", wie wir sie nennen.

Was die unmittelbaren Regenerationsursachen anbelangt, so sind wir der Meinung, daß alle Faktoren, welche die Zellteilungen stimulieren können, auch als Regenerationsursache auftreten können, ohne daß wir hier ihren speziellen Charakter zu betrachten haben. Der Wirkungsmechanismus dieser Faktoren ist bei weitem nicht geklärt. Für den Entfaltungsmodus der Regeneration können spezielle Substanzen eine Rolle spielen (vgl. WENT, 1929). Es steht aber außer Zweifel, daß das Wesen der Sache in der Veränderung des physiologischen Zustandes der unmittelbar reagierenden Zellen und Gewebe begründet liegt. Diese Veränderung ist unvermeidlich mit physiologischen Veränderungen verbunden, welche unter dem Einfluß dieser Einwirkungen in benachbarten Geweben, Organen oder sogar im ganzen Individuum zustande kommen.

3. Mechanismus der Regeneration der Amputate.

Die Frage nach dem Mechanismus der Amputatregeneration ist in zwei Unterfragen aufzuteilen, nämlich:

A. Einesteils handelt es sich um Prozesse, welche innerhalb oder auf der Wundoberfläche und an verwundeten oder unverwundeten Zellen vor einer Teilung vor sich gehen.

B. Andererseits aber wird gerade die Zellteilung mit folgender Bildung irgendwelcher Gewebe zu besprechen sein. Zwei verschiedene Fälle sind hier möglich.

a) Die neugebildeten Gewebe stellen unorganisierte Auswüchse, Geschwülste, Membranen usw. dar (s. CHAMBERS, 1923, usw.) oder

b) die neugebildeten Gewebe können irgendwelche organisierte Form annehmen, dem ganzen Individuum ähnlich werden, oder wenigstens einen Teil von ihm darstellen.

A. Wir haben es zunächst mit Wundheilung bei einer Zelle oder bei sog. unzelligen Organismen wie den *Siphoneen* zu tun, auf welchem Gebiet einige vorzugsweise morphologische Beobachtungen vorliegen (s. z. B. KÜSTER, 1929b, HABERLANDT, 1929b)[1]. Aber wenn wir die inneren Prozesse in der Zelle berühren, so müssen wir bekennen, daß unsere Kenntnisse darüber fast gleich Null sind. Uns ist in diesem Gebiete nur eine Arbeit bekannt, für welche die uns interessierende Frage das Hauptthema darstellt. Wir haben hier die Untersuchung von HEITZ (1925) vor Augen. Der Autor hat drei Moosarten ausführlich untersucht, doch sind die Schlüsse auch auf drei Arten von Blütenpflanzen, welche der Autor nur schematisch untersucht hat, ausgedehnt

---

[1] [Angaben über *Phycomyces* s. T. KIRCHHEIMER, 1933. M.]

worden. In unserer früheren Arbeit (KRENKE, 1928b, S. 176—178) haben wir darauf hingewiesen, daß das vom Autor beschriebene Verhalten des Kernes, des Plasmas und der Plastiden, welches wir bei unseren Objekten an *Solanum* und *Mirabilis jalapa* untersucht haben, nicht häufig gefunden wird. Diese Fälle können innerhalb der Grenzen einer normalen Variation der Volumina und der Orientierung der genannten Elemente in der Zelle liegend betrachtet werden. Dabei haben wir die Einwände von HEITZ (S. 83) gegenüber WINKLER und HABERLANDT berücksichtigt, haben also nicht die neugebildeten Gewebe, sondern lediglich die Zellen, welche sich zur ersten Regenerationsteilung vorbereiten, untersucht.

B. a) Bezüglich der Regeneration der Amputate in Form von unorganisierten Geweben beschränken sich unsere Kenntnisse auf Kallusbildungen. Hier bleibt noch sehr viel Arbeit zu tun übrig, um in allen Einzelheiten die Ordnung und den Charakter der Zellteilungen und auch die Herkunft von Zellen des entwickelten Kallus von bestimmten Zellen der Ausgangsgewebe zu verfolgen. Außerdem spielt hier die Frage der Polarität der Kallusbildung hinein (s. z. B. KNY, 1889b, RECHINGER, 1893, MAGNUS, 1918, TIMMEL, 1927, u. a.).

Ferner muß man sich bei der Amputatregeneration sehr oft mit der Bildung von Nebenwurzeln unmittelbar aus dem Stengel oder aus dem Kallus beschäftigen. Im ersten Falle beschränken sich unsere Kenntnisse auf Feststellung der Tatsache, wenn nämlich die Wurzeln sich endogen anlegen. Allerdings weist BEIJERINCK (1883) darauf hin, daß die Entwicklung der Regenerate aus der Blattspreite von Dikotylen so organisiert ist, daß die Entwicklung von Knospen mit dem Xylemteil der Bündel und die Entwicklung von Wurzeln mit dem Phloemteil der Bündel verbunden ist (s. noch SIMON, 1920, und HABERLANDT, 1929b, S.15).

Anscheinend ist der Satz von BEIJERINCK auch auf die Wurzeln und Stengel von *Mirabilis* und auf die Knospen und Blätter von *Bryophyllum* anwendbar. Dies bezieht sich selbstverständlich nur auf die ersten Entwicklungsphasen (s. S. 610, 641, KRENKE, 1928b).

Der Prozeß der Anlage selbst ist noch nicht ausführlich untersucht. Die Anlage der Nebenwurzeln in dem Wundkallus ist ebenfalls nicht ausführlich erforscht worden (s. unsere Beobachtung auf S. 713).

Mit der Besprechung der Wurzeln sind wir schon zu dem nächstfolgenden Punkt des Mechanismus der Amputatreproduktion, nämlich zu den organisierten Regeneraten übergegangen. Wie schon bei Besprechung der Stumpfregeneration (s. S. 249) gesagt wurde, begegnet man den allergrößten Schwierigkeiten gerade bei der Erklärung der organisierten Neubildungen (Sprosse, Wurzeln), die aus desorganisierten Kallusgeweben hervorgehen. In bezug auf die Sprosse haben wir darauf hingewiesen, daß sehr oft eine allmähliche Bildung der Normalform beobachtet wird. Dies ist bei den Wurzeln infolge ihrer relativen morphologischen Gleichartigkeit schwer zu beobachten. Die Anatomie ist von diesem Standpunkt aus bisher noch nicht berücksichtigt worden. Man kann sich denken, daß auch hier sich keine scharf ausgeprägten Unterschiedsgrenzen zeigen werden. Dieses würde im allgemeinen mit unseren Betrachtungen über die Sprosse übereinstimmen. Die morphologischen Merkmale des Blattes sind immer systematisch verwertbare Merkmale, während die Wurzel in dieser Beziehung viel weniger ausdrucksfähig ist. Deshalb ist es möglich, daß die Wiederherstellung morphologisch-systematischer Merkmale aus desorganisierten Geweben größere vorbereitende Umgruppierungen in den Zellprotoplasten und in den Kalluszellen selbst erfordert, als dieses für die Bildung zwar ebenfalls organisierter Formen (Wurzeln), deren Morphologie aber keine hinreichend ausgeprägten Artmerkmale umfaßt, nötig ist.

Die Frage des Mechanismus der Regeneration umfaßt ein sehr wichtiges Problem, ob nämlich aus Geweben einer anatomischen und physiologischen Gewebsgruppe eine ebensolche Gewebsgruppe hervorgeht. Die Betrachtung dieses Themas wird dadurch etwas erleichtert, daß wir ähnliche Erscheinungen auch in der natürlichen Ontogenese außerhalb der gewöhnlichen Differenzierung finden (s. z. B. die Arbeit von TIMMEL, 1927). Auch hier sehen wir eine Möglichkeit der plötzlichen Entstehung von Schwesterzellen, die sich qualitativ ausgeprägt voneinander unterscheiden, obgleich sie aus der gleichen Mutterzelle hervorgehen.

Diese Erscheinungen sind, wie bekannt, neben anderen ihnen bei der Regeneration entsprechenden Vorgängen das Objekt ernster Einwände gewesen. Wir sind gegen die WEISMANNsche Determinantentheorie. Aber wie es uns scheint, sind die Gründe WEISMANNs (1902, Vorträge Nr. 17, 18, 19) für die Aufrechterhaltung seiner Grundthese hinreichend wirksam. Wir halten das Prinzip der Kombination der **erblich ungleichen Zellteilungen** in der Ontogenese mit **erblich gleichen Zellteilungen** für grundlegend. Wir lehnen dieses Prinzip nicht ab, die Theorie der Keimbahnen und Determinanten im Sinne WEISMANNs läßt aber eine Reihe ernster Einwände zu. Es ist dies sozusagen die Frage der Anwendung des Hauptprinzips und der Technik der erblich ungleichen Teilungen.

Wir persönlich stellen uns vor, daß die verschiedenen Gewebstypen gänzlich analog der Vererbung anderer nicht mendelnder Merkmale vererbt werden. Daraus erklärt sich auch die Meristemdifferenzierung. Die Herkunft erblicher Ungleichheit der Schwesterzellen kann entweder durch den allgemein von WEISMANN dargestellten Mechanismus oder einen analogen oder durch somatische Mutationen, deren Gesetzmäßigkeit durch die korrelativen Verhältnisse der Gewebe bedingt ist, erklärt werden. Möglich ist es auch, daß beide Prozesse nebeneinander herlaufen.

Am häufigsten aber sind Fälle von Regeneration, wo die regenerierten Gewebe sich von dem ursprünglichen unterscheiden (s. z. B. KUPFER, 1907, u. a.), auch durch somatische Mutationsprozesse erklärbar. Dabei können diese Prozesse in irgendwelchen Umgruppierungen von Faktoren bestehen, welche die einzelnen Gewebe bestimmen, wie auch durch Auftreten eines vorher latenten Zustandes in manifester Form zum Ausdruck kommen.

Darüber werden wir noch weiter unten bei Behandlung der haplochlamyden Pfropfchimären sowie einiger natürlichen Chimären zu sprechen haben.

Wir haben ferner bemerkt, daß das Problem der Polarität ebenfalls ins Gebiet des Regenerationsmechanismus gehört. Nach unserer Vorstellung läßt sich das Wesen der Frage der Polarität in folgendem zusammenfassen: Man muß entscheiden, ob die Polarität eine spezifische strukturelle Eigenschaft ist, als deren Folge Polarität der Organbildung auftritt, oder ob die Polarität eine Folge korrelativer Beziehungen innerhalb der Zellgrenzen wie auch zwischen den Zellen und Geweben darstellt. Als Urheber und dauernder Verfechter des ersten Standpunktes ist bekanntlich VÖCHTING (1878) zu nennen. Wir lesen in der nach seinem Tode erschienenen Ausgabe der Arbeit 1918, S. 279—280 [1]:

„Aus unseren älteren Untersuchungen hatten wir die Überzeugung gewonnen, daß die Polarität eine Grundeigenschaft der pflanzlichen Zelle ist, daß sie tief in das ganze Wachstum des Körpers eingreift. Die in dieser Arbeit niedergelegten neuen Untersuchungen über die verkehrte Pflanze werden, so hoffen wir, bei jedem vorurteilslosen Betrachter alle etwa vorhandenen Zweifel an der Richtigkeit unserer Ansicht beseitigen. ...

Wir betrachten also die Pflanze mit ihren sämtlichen, durch Plasmaverbindungen eine große Einheit bildenden lebendigen Zellen als aus gleichsinnig polarisierten Elementen aufgebaut. Das Wesen der Polarität sehen wir in der inneren Struktur des Protoplasmas. Will man sich die Sache unter einem Bilde versinnlichen, so stelle man sich die Idioplasmamizelle, deren Reihen nach NÄGELIs Vorstellung den wesentlichen gestaltbildenden Teil des Plasmas ausmachen, als polarisiert vor."

Wir sind verpflichtet, auf den bis jetzt noch bestehenden Streit über die Theorie NÄGELIs (s. z. B. USPENSKY, 1921, weiter FREY-WYSSLING, 1930) hier hinzuweisen.

Den Standpunkt VÖCHTINGs hat scheinbar KLEBS (1903) in besonders ausgeprägter Form abgelehnt. Er sagt (S. 101—102):

„Es gibt keinen Grund, diese Eigenschaft (der Polarität, KRENKE) der spezifischen Organismenstruktur zuzuschreiben. Da hier die Sache bestimmte physiologische Prozesse anbelangt, ... so ist es im höchsten Grade wahrscheinlich, daß jede Polarität umkehrbar ist".

(Zitiert nach der russischen Übersetzung 1905) [2].

---

[1] VÖCHTING, H.: Untersuchungen zur experimentellen Anatomie und Pathologie des Pflanzenkörpers, Bd. 2, S. 279 und 280. 1918.

[2] [Bei einer Diskussion des Polaritätsbegriffes und der VÖCHTINGschen Vorstellung von der Polarität kann man heute nicht an der von F. W. WENT (1932) entwickelten Polaritätstheorie vorbeigehen. Danach beruht zum mindesten ein

Das tatsächliche Auftreten der Polarität kann man nicht ableugnen. Man kann aber auch nicht die Möglichkeit der Störung der Polarität bestreiten. Der ganze Kernpunkt der Frage ist also die Deutung der Erscheinung.

In einer vorangegangenen Arbeit (KRENKE, 1928, S. 245—264) haben wir einige Beispiele für experimentelle Bestätigungen der Polarität (z. B. VÖCHTING, 1878, KNY, 1889b, LUNDEGÅRDH, 1913, NAKANO, 1924, NĚMEC, 1925a, bei *Collybia tuberosa*, STOPPEL, 1926, S. 150, indirekt auch BEYER, 1925, u. a.) beigebracht, haben aber auch Beispiele für die Ablehnung der Polarität und für die Möglichkeit ihrer Umkehrung erwähnt (PRINGSHEIM, 1876, bezüglich der Bildung von Protonema an beiden Polen des Ausschnittes des Sporangiumträgers von Moosen; NOLL, 1888, RECHINGER, 1893, WINKLER, 1900, KLEBS, 1903, KÜSTER, 1904, NĚMEC, 1908, 1924, S. 831, WULFF, 1910, DOPOSCHEG-ULÁR, 1911, S. 80, MAGNUS, 1918, LOEB, 1919, NĚMEC, 1925 [bei *Telephora*], GERTZ, 1926, KRENKE, 1928b [*Tomaten*-Sprosse], S. 252—253, u. a.). Man kann der letztgenannten Reihe von Autoren noch KOSTOFFs (1928, S. 569), unsere und auch viele andere Arbeiten über die Störung der Polarität der Zellen in bestimmten Kallusbildungen hinzufügen. TIMMEL (1927, S. 231—232) weist auf die Störung der Polarität von anormalen Tracheiden bei *Taraxacum* hin. Wir sehen im Experiment MACDANIELs und CURTs (1928, S. 629) eine organisierte Veränderung der Polarität von regenerierendem Gewebe an der Stelle des Spiralausschnittes aus der Sproßrinde („spiralringing").

HABERLANDT (1929b) weist von neuem auf Störungen der Polarität bei den *Siphonales,* nämlich bei *Bryopsis muscosa* hin. BEHRE (1929) hat bei verschiedenen Arten von *Drosera* beobachtet, daß die Regenerate „im allgemeinen ganz unpolar entstehen".

großer Teil, wenn nicht die Gesamtheit der Polaritätserscheinungen auf der Ausbildung von Potentialdifferenzen elektrischer Natur innerhalb der Pflanzenzelle. Meines Erachtens erscheint danach die VÖCHTINGsche Polaritätsvorstellung in einem durchaus günstigen Lichte. Erfährt doch dadurch selbst der VÖCHTINGsche Vergleich der Polarität der Organismen mit der magnetischen Polarisation eine mehr als nur in verbaler Analogie begründete Stütze (vgl. hierzu noch die Arbeiten von SSAWOSTIN, 1931). Die Tatsachen der Polaritätsbeeinflussung dürften sich danach vielleicht als Änderung elektrischer Polarisierung deuten lassen. Den VÖCHTINGschen Polaritätsbegriff auf Grund der Möglichkeit von Polaritätsbeeinflussungen und -änderungen ablehnen zu wollen, dürfte so wenig möglich sein, wie etwa eine Ablehnung der Semi-Permeabilität oder des Stoffwechsels als spezifischer Organismeneigenschaften dadurch möglich wird, daß es uns gelungen ist, von diesen biologischen Prinzipien präzisere Vorstellungen zu gewinnen und sie zu beeinflussen, ja sie zu imitieren. Zum Polaritätsproblem wäre ferner noch auf die Arbeit CZAJA (1931) hinzuweisen. Endlich muß noch auf die polarverschiedenen Unterschiede der Leitfähigkeit von Einzelzellen hingewiesen werden, welche METZNER (1930) festgestellt hat. WINKLER (1933) schließt sich der VÖCHTINGschen Auffassung an. M.]

Es kann aber manchmal die sich schwach zeigende Polarität durch die Einwirkung von Feuchtigkeit auf den Entstehungsort von Sprossen aus isolierten Organen verdeckt werden. Es gibt viele gutgelungene Experimente über die Umkehrung der Polarität von Sprossen im Gartenbau. KAMENOGRADSKI (1902) hat einige von ihnen auf Grund der Arbeiten von VALLEMONT (1715), DE LEERWENBACK und VAN DEN HEEDE gesammelt. Im Gartenbau ist sogar eine spezielle praktische Methode zur Bewurzelung von Sprossen an ihrer Spitze ausgearbeitet worden.

Sowohl für wie gegen das Polaritätsprinzip VÖCHTINGs kann man viele Beispiele anführen. Schon diese Tatsache allein spricht nach unserer Meinung gegen das VÖCHTINGsche Prinzip. In der Tat, wenn man annimmt, daß die Polarität durch die spezifischen Zellstrukturen bedingt sei, so ist es schwer, sich vorzustellen, daß in so einfachen Experimenten, wie sie zur Störung der Polarität angestellt wurden, oder sogar eigentlich ohne spezielle antipolare Experimente diese so grundlegende Zellstruktur gestört werden könnte (z. B. PRINGSHEIM, 1876, NĚMEC, 1908, u. a.). Umgekehrt, wenn man sich vorstellt, daß diese Polaritätserscheinung nur durch korrelative Verhältnisse der Körperelemente der Pflanze und durch die äußeren allgemeinen Entwicklungsbedingungen hervorgerufen ist, so wird die Störung der Polarität vollkommen verständlich. Dabei muß man sich aber vor Augen halten, daß die korrelativen Verhältnisse neben anderen auch durch die Ernährungsverhältnisse (einschließlich der Richtung der Nährstoffströme) bedingt werden.

Dabei ist es verständlich, daß, wie wir schon früher bemerkt haben (KRENKE, 1928b, S. 254), **bei verschiedenen Pflanzenarten, bei verschiedenen Pflanzenteilen in verschiedenen Zuständen und unter verschiedenen äußeren Bedingungen die Polarität sich in verschiedenem Grade ausprägen kann. Davon hängt der mögliche Grad ihrer experimentellen Störung ab.** Deshalb werden wir neben einer Reihe von Experimenten, welche das Vorhandensein der Polarität bestätigen, auch abweichenden Verhältnissen begegnen (s. z. B. MIEHE, 1905, NAKANO, 1924, II, u. a.).

Ja, wir können sogar soweit gehen, eine vollkommne Unmöglichkeit der restlosen künstlichen Überwindung der Polarität beim Organismus zuzulassen, ohne deshalb die Polarität als Eigenschaft des Organismus an und für sich ohne Rücksicht auf die äußeren Bedingungen betrachten zu müssen (LUNDEGÅRDH, 1913).

Wir möchten einen paradoxen Vergleich anführen: Es wird sich kaum jemand damit einverstanden erklären, die spezifische „Eigenschaft" der Polarität einem Bau zuzuschreiben, dessen spitzes Dach immer oben, dessen schweres Fundament sich immer unten befindet und der nie anders aufgeführt werden kann. Das Vorhandensein von „Polarität" tritt hier deutlich hervor. Ihr Grund liegt aber in der Anziehungskraft der Erde, also außerhalb des Baues selber. Deshalb ist auch die „Polarität" keine spezifische Eigenschaft eines Häufchens von trockenem Sand und einzelner Sandkörner, wenn hier auch immer die Basis des Kegels nach unten und die Spitze nach oben gerichtet ist. Ich bin überzeugt, daß man dies nicht so verstehen wird, als ob dieses Beispiel zu irgendeinem direkten Vergleich mit der Polarität der Pflanzen geeignet sei, wo außer äußeren Faktoren auch innere korrelative Beziehungen und Verhältnisse wirken. Der prinzipielle Standpunkt aber wird vielleicht durch dieses Beispiel illustriert. Auch kann unser Beispiel nicht als eine mechanistische Gegenüberstellung betrachtet werden. In der Tat ist doch der Begriff Polarität eigentlich ein sehr allgemeiner Begriff, der nicht nur lebendigen Organismen eigen ist. Das bedeutet selbstverständlich nicht, daß überall von qualitativ gleicher Polarität die Rede ist. Aber auch in der Anwendung auf einen Organismus erscheint die Polarität in einer Anzahl qualitativ verschiedener Formen. Wir kennen keine Arbeiten, die allgemein spezifische Merkmale der ganzen Verschiedenartigkeit polarer Beziehungen der Organismen charakterisierten. Es steht außer Zweifel, daß man solche Merkmale finden kann, daß sie aber die allgemeine Tatsache, daß das Prinzip der Polarität auf den Stoff überhaupt anwendbar ist, nicht verändern werden. Genau so versteht der dialektische Materialismus die Polarität (s. ENGELS, 1925, S. 60—61). Wir finden hier die am stärksten verallgemeinerte Auffassung dieses Begriffs. Jeder ausschließliche Gegensatz ist auch eine Polarität. Nach Auffassung der genannten philosophischen Richtung geht jeder Gegensatz im Endresultat irgendwie ins Gegenteil oder in eine höhere Form über. D. h. jede Polarität ist irgendwie umkehrbar oder überhaupt nicht konstant.

Wir erklären also wie KLEBS (1903) und der ihn unterstützende TIMIRIASEFF (s. russische Übersetzung der KLEBSschen Arbeit) zusammen mit einer Reihe anderer Forscher die Polaritätserscheinung auf keinen Fall durch spezifische Zellstrukturen, sondern durch innere korrelative Verhältnisse des Individuums und durch äußere Entwicklungsbedingungen eben dieses Individuums. Dabei sind diese Polaritätsfaktoren in irgendeinem Maße der natürlichen (s. z. B. NĚMEC, 1928a, S. 40) wie auch der experimentellen Veränderlichkeit unterworfen.

Daher ist es uns leicht verständlich, daß, wie die korrelativen Beziehungen experimentell leicht zu stören sind, so auch die Polarität, da sie mit ihnen zusammenhängt, leicht gestört werden kann. So wurde bei NĚMEC (1908, 1924, S. 831) die Polarität der Anlage von Nebenknospen bei der *Taraxacum*-Wurzel gestört, wenn die aus ihr hergestellten Scheiben nur 0,5—2 mm dick waren, so daß also diese Gewebsteile fast vollkommen oder vollkommen aus den längsgerichteten korrelativen Lagebeziehungen des Organs herausgelöst waren. Aber bei dieser Wurzel kann man die korrelativen Längsbeziehungen auch auf anderem Wege auf längere Abschnitte hin stören. NĚMEC schreibt (1928a, S. 47):

„The loss of polarity after the treatment with chloralhydrate does not depend upon the size and length of rootcuttings, excepted when pieces are shorter than 1 cm."

Wenn wir sogar annehmen, daß strukturelle Zelleigentümlichkeiten, welche als Indikatoren oder als Faktoren ihrer spezifischen Polarität angenommen werden, auch gefunden worden wären, so würden wir dennoch auf die korrelativen Beziehungen dieser Zellen zu den benachbarten hinweisen. KÜSTER (1923) nimmt tatsächlich an, daß die Gewebsdifferenzierung grundsätzlich von den gegenseitigen korrelativen Beziehungen abhängt. LINSBAUER (1925, S. 365—366) sagt, wenn auch in anderer Veranlassung, aber in allgemeiner Form folgendes:

„Dort, wo die Zygote sich nicht isoliert, sondern ihre Entwicklung im Zusammenhange mit den Geweben der Mutterpflanze beginnt, wird sich vielleicht überhaupt kein Zeitpunkt finden lassen, in dem sie völlig frei von Nachbarschaftswirkung wäre, die ihre Struktur (von mir gesperrt, KRENKE) von vornherein influenzieren könnte. Tatsächlich kennen wir auch z. B. bei den höheren Pflanzen keinen Zustand, in dem nicht schon die Polarität festgelegt wäre, die ja wohl nicht als unmittelbar erblich gegeben, sondern durch die gesetzmäßige Art der Entwicklung der Zygote im Zusammenhang mit der Mutterpflanze bedingt ist. Die Bildungsbedingungen sind es vielleicht auch, die es bewirken, daß aus relativ indifferenten Reproduktionszellen bei demselben Individuum morphologisch verschiedene Zustände hervorgehen[1]."

4. Die regenerative Fähigkeit verschiedener Pflanzenteile.

Soweit uns bekannt ist, existieren planmäßige Forschungen über die Frage der regenerativen Fähigkeit verschiedener Pflanzenteile nicht. Spezielle Arbeiten, welche diese Frage nebenbei berücksichtigen und manchmal eine spezielle Erklärung dieser Frage abgeben, gibt es aber viele. Als Hauptresultat dieser Arbeiten ist nach unserer Meinung der Satz anzusehen, daß homologe (gleichnamige) Elemente verschiedener Arten und sogar verschiedener Individuen der gleichen Art unter gleichen Bedingungen verschiedene regenerative Fähigkeit besitzen. Auch die inneren Bedingungen wirken sich hier aus. Wir sind ganz mit MIEHE (1926, S. 7) einverstanden, welcher sagt, daß nur bei einer „idealen" theoretischen Pflanze, welche aus speziell gewählten Organen verschiedener Pflanzenarten zusammengesetzt ist, man von der Fähigkeit aller isolierten Organe und Gewebe zur Regeneration sprechen kann. Daraus erklären sich scheinbare Unstimmigkeiten in den Angaben verschiedener Autoren. So schreibt z. B. EDELSTEIN (1926, S. 68), daß

---

[1] [KNAPP (1931) zeigte, daß bei *Cystosira barbata* bei Ausschaltung der die Polarität beeinflussenden Außenfaktoren die Keimung des befruchteten Eies stets nach der Richtung erfolgt, aus der das Spermatozoid in die Eizelle eingedrungen ist. Man könnte versucht sein, hier von einer „traumatisch induzierten" Polarisation zu sprechen. M.]

„die Vermehrung des Apfelbaumes durch Stecklinge für unmöglich gehalten wird". SWINGLE (1925) aber teilt eine erfolgreiche Vermehrung von Äpfeln durch Stecklinge für eine bestimmte Sortengruppe mit. Auch EDELSTEIN selbst hat einige Erfolge in dieser Beziehung erzielt. Die Blätter verschiedener Pflanzen regenerieren verschieden (s. historische Seite der Frage bei VÖCHTING, 1878, S. 92, und auch seine anderen Arbeiten, ferner BEIJERINCK, 1883, KNY, 1904, LINDEMUTH, 1904, WINKLER, 1903, 1905 und 1908a, MATHUSE, 1906, SIMON, 1920 und 1929, JANSE, 1921, JAKOWLEW, 1929). Wir haben auf S. 281—282 (1928 b) uns bekannte Experimente über die Bewurzelung von Kotyledonen angeführt (vgl. KOWALEWSKA 1927/1928) [1].

Im Jahre 1928 (S. 387—388) haben wir erwähnt, daß im Zusammenhang mit einigen Diskrepanzen gegenüber den Ergebnissen KNYs (1904) unsere Schülerin N. I. DUBROWITZKAJA (Usova) unter unserer Leitung die Experimente wiederholt hat. Über dasselbe Thema erschien im Jahre 1929 eine Arbeit von SIMON. Die Resultate von N. I. DUBROWITZKAJA haben jedoch dadurch nicht an Interesse eingebüßt. Wir werden deshalb in Form eines Zitates ein kurzes Autoreferat von ihr anführen [2].

Außer einigen speziellen Momenten halten wir deshalb die Lösung der Frage über die Veränderungen im bewurzelten Steckling für wichtig, weil einige der oben genannten Autoren die Umwandlung eines Blattstieles in einen Sproß annehmen. D. h. sie nahmen tatsächlich eine ausgesprochen leicht erfolgende experimentelle Umwandlung einer auf dem Wege der Evolution entstandenen Struktur eines Organs in eine andere, die ja nicht homolog ist, oder jedenfalls nur hypothetisch homolog ist (POTONIÉ, 1912), an. Wir sind der Meinung, daß diese Umwandlung bei strenger Kritik nicht gefunden wird. Eine andere Frage ist es, ob in einem derartigen Steckling in höherem oder geringerem Maße bestimmte Elemente auftreten, welche als Sproßmerkmale zu bewerten sind. Deshalb halten wir die Formulierung von DUBROWITZKAJA, welche in Punkt 17 zum Ausdruck kommt (DUBROWITZKAJA, 1931) für sehr passend. Sie schreibt folgendes:

Das zu untersuchende Material und die Untersuchungsziele.
I. Nicht bewurzelte Blattstiele.
II. Bewurzelte Blattstiele nach verschiedenen Kulturterminen.
1. Mit terminalen Sproßneubildungen.
2. Mit seitlichen Sproßneubildungen.
3. Sproßlose.

---

[1] [Eine sehr ausführliche Arbeit über die Regenerationsfähigkeit abgetrennter Blätter verdanken wir HAGEMANN (1931). Weitere interessante Angaben über die Regeneration aus Blattstecklingen finden wir bei ISBELL (1931a und b). Besonders interessant sind die Ergebnisse an *Ipomoea batatas,* einem Objekt mit offenbar erheblicher Regenerationsfähigkeit. M.]

[2] Vgl. zum *Begonia*-Problem ferner: SCHWARZ (1933).

III. Rhizome.
IV. Blütentragende Stengel.

I. Wir haben den nicht bewurzelten Stielen große Aufmerksamkeit geschenkt, um nicht die Äußerungen einer gewöhnlichen Variabilität als Neubildungen im eingewurzelten Stengel aufzufassen. Wir haben bei anderen Autoren keine irgendwie ausreichenden Kontrollanalysen der Variabilität nicht bewurzelter Blattstiele im Vergleich mit eingewurzelten gefunden.

II. Die bewurzelten Stiele wurden nach kürzerer (1—2 Monate) wie auch nach längerer Kultur (nach 6 Monaten 20 Tagen, 8 Monaten

Abb. 64. Bewurzelte Blattstiele von *Begonia rex*. Rechte Pflanze 2 Jahre, 6 Monate, 27 Tage in Kultur; beide andere Pflanzen 1 Jahr, 5 Monate in Kultur.

10 Tagen, 10 Monaten 20 Tagen, 1 Jahr 8 Monaten 8 Tagen, 1 Jahr 8 Monaten 18 Tagen und 2 Jahren $7^{1}/_{2}$ Monaten) untersucht. So überragte also der älteste unserer eingewurzelten Stiele seinem Alter nach das maximale Alter, das ausländische Autoren ($7^{1}/_{2}$ Monate mehr als SIMON) bei ihren Stecklingen erreicht hatten. Die meisten anderen Autoren arbeiteten mit Blattstielen von geringerem Alter als 2 Jahren. Die Lebensdauer bewurzelter Blattstiele von *Begonia rex* in der Kultur ist bis jetzt noch nicht bekannt. Bei uns leben bis jetzt noch einige bewurzelte Blattstiele, welche schon 4 Jahre und 6 Monate kultiviert werden (Frühjahr 1933).

1. Bewurzelte Blattstiele mit oberen Nebensprossen (s. Abb. 64) wurden zur Aufklärung der Frage bearbeitet, ob die Neubildungen auf der ganzen Länge des bewurzelten Stieles auftreten, und welcher Art diese Neubildungen sind. Die früheren Autoren haben verschiedene Meinungen diesbezüglich geäußert. So schrieb WINKLER (1908a, S. 43), daß die Neubildungen im ganzen dem dem Sproßsystem angeschlossenen bewurzelten Stiel gleichen. SIMON hat aber bemerkt (1929, S. 383):

„Bei solchen Objekten war oft ein Jahr nach erfolgter Sproßbildung an der Basis der Blattstiele noch kein Holzzuwachsbündel zu erkennen, während zweijährige Stecklinge sie ausnahmslos zeigen."

2. Bewurzelte Stiele mit seitlichen Sproßneubildungen wurden untersucht, um die Frage zu klären, ob eine Abhängigkeit der Neubildungen in den Stielen von den neugebildeten Sprossen vorhanden ist. Ähnliche Blattstiele wurden auch von SIMON (1929) untersucht.

3. Bewurzelte, ihrer Sprosse beraubte Blattstiele, welche von früheren Autoren, wenn auch an anderen Objekten (MATHUSE, 1906, WINKLER, 1908a) und von SIMON (1929) auch bei *Begonia rex* untersucht wurden, haben auch wir in Betracht gezogen, um uns zu überzeugen, ob bei ihnen Neubildungen zustande kommen. Es hat uns außerdem die Frage interessiert, ob die Nebenbildungen, Basalsprosse, welche von uns schon beim Erscheinen über der Erde entfernt wurden, und die Wurzeln dieser Bildungen auf die mit ihnen verbundenen Leitbündel keinen Einfluß ausüben.

III. Es wurden Sproßstengel untersucht, welche von einer gewöhnlichen Pflanze genommen wurden, wie auch solche Sproßstengel, welche von der Blattspreite des bewurzelten Blattstieles ihren Ausgang nahmen. Also war im letzten Falle genau das „Eigenalter" (KRENKE, 1928b, S. 202—203) bekannt.

Die Sproßstengel wurden zum Zwecke des Vergleichs mit nicht bewurzelten wie auch mit bewurzelten Stielen untersucht, und zwar in jüngerem wie auch im reiferen Alter ($1^1/_2$—2 Jahre).

IV. Blütenstengel wurden zum Vergleich mit Rhizomen und außerdem mit nicht bewurzelten und mit bewurzelten Stielen erforscht. Die anderen Autoren haben, wie uns scheint, der Ähnlichkeit und dem Unterschied des nicht bewurzelten Stieles gegenüber dem Stengel und dem Rhizom nicht genügende Aufmerksamkeit geschenkt und gar nicht den Blütenstengel analysiert.

Auf Grund der Analyse des oben angeführten, von uns untersuchten Materials sind wir zu folgenden Schlüssen in unserer Arbeit gekommen:

1. Bei der Bearbeitung der nicht bewurzelten Stiele haben wir festgestellt, daß sie in allen morphologischen wie auch anatomischen Merkmalen variieren.

In einzelnen Fällen haben wir die quantitative Charakteristik dieser Veränderlichkeit mit Hilfe der Methoden der Variationsstatistik geben können.

2. Nachdem wir nach denselben Merkmalen die bewurzelten Stiele analysiert haben und auch hier die quantitative Untersuchung derselben Merkmale ausgeführt haben, haben wir festgestellt, daß in den bewurzelten Stielen die Grundzüge des nicht bewurzelten Stieles (z. B. dorsiventraler Bau) erhalten bleiben.

3. Außer nicht bewurzelten Kontrollstielen, welche in verschiedenen Querschnitten untersucht wurden, dienten Schnitte ihres unteren Teils, welche vor Anfang des Experimentes fixiert wurden, für die bewurzelten Stiele als Kontrolle. Bei früheren Autoren war dieser Vergleich nicht gemacht worden. Als Kontrolle dienten Blätter derselben Pflanze, deren Variabilität, wie gesagt, den Forschern nicht bekannt war. Die genauen quantitativen Gegenüberstellungen waren für uns nur deshalb möglich, weil wir als Kontrollschnitte diejenigen Schnitte des Stieles nahmen, welche dann nach ihrer Bewurzelung erforscht wurden. Für die genaue individuelle Gegenüberstellung darf man nicht andere Stiele als Kontrollstiele nehmen, denn wir haben Variation bei verschiedenen Stielen desselben Individuums bei ihrem anatomischen Vergleich beobachtet.

4. In den bewurzelten Stielen von *Begonia rex* war selbst nach einer Kulturdauer von 2 Jahren und $7^1/_2$ Monaten, also $7^1/_2$ Monate längerer Kultur als bei den Untersuchungen SIMONs (1929) kein geschlossener Leitbündelring gebildet worden. Damit bestätigen sich die Resultate von SIMON (1929).

5. Die Vergrößerung der Leitfläche, welche von früheren Autoren (KNY, MATHUSE, WINKLER, SIMON) bemerkt wurde, ist in unserer Arbeit genauer betrachtet worden. Wir haben in jedem Querschnitt die Fläche jedes Leitbündels mit Hilfe des Okularmikrometers gemessen und dann durch Summierung der Flächen der einzelnen Bündel die Gesamtfläche des Leitsystems des vorliegenden Querschnittes bestimmt.

In den bewurzelten Stielen geht eine allgemeine Vergrößerung der Leitfläche vor sich, wobei sich die Fläche im unteren Teil des Stieles am stärksten vergrößert, wenn eine längere Kulturdauer angewandt wird. **Die Vergrößerung der Querschnittfläche des Leitbündelsystems in dem unteren Teil der Stiele steht nach unserer Meinung mit der dauernd sich verstärkenden Bewurzelung der Stecklinge im Zusammenhang.**

Wir haben bei bewurzelten Stecklingen zwei örtliche Entwicklungsmaxima des Leitsystems vor uns. Nämlich: ein stärkeres — unten, und ein weniger ausgeprägtes — oben in den Stielen. Die Versorgung mit Leitbündeln bei nicht bewurzelten Stielen vergrößert sich nach oben hin. Gefäßneubildung des unteren Teils bewurzelter Stecklinge hängt von der Entwicklung des Wurzelsystems und im oberen Teil von der Entwicklung der Nebensprosse ab. Und zwar bedingt die Entwicklung des Wurzelsystems eine verhältnismäßig stärkere Vergrößerung des Leitsystems als die Entwicklung von Nebensprossen im oberen Teil der Stecklinge.

Dieser Satz erweist sich im Zusammenhang mit der Analyse der korrelativen Verhältnisse in der Entwicklung der Teile einer Pflanze als wichtig.

Die in bewurzelten Stielen, welche frei von Sprossen sind, vorkommende Vergrößerung der Leitfläche, die von WINKLER und SIMON erwähnt, jedoch nicht näher erklärt wurde, bringen wir mit der verstärkten Bewurzelung und möglicherweise auch mit der erhöhten Transpirationsfähigkeit isolierter, wenn auch sproßloser Blätter in Zusammenhang. Dies letztere wurde allerdings nicht von uns selber nachgewiesen (vgl. WINKLER, 1908, und indirekt auch GORDJAGIN, 1925).

6. Die bewurzelten Stiele verdicken sich ihrer ganzen Länge nach.

7. Für die Charakteristik der Versorgung bewurzelter Stiele mit Leitsystem haben wir nach dem Vorschlag von N. KRENKE einen Spezialkoeffizienten eingeführt, welcher das Verhältnis der Fläche des Leitsystems zur entsprechenden Fläche des Stielquerschnittes darstellt. Es hat sich ergeben, daß dieser „Versorgungskoeffizient" sich in den bewurzelten Stielen auf der ganzen Länge (s. Tabelle 15) nicht ändert. Während bei nicht bewurzelten Stielen sich dieser Koeffizient nach dem oberen Teil der Stiele zu vergrößert (s. Tabelle 16 und 17, Stiele im einzelnen und Tabelle 17, welche den Mittelwert für drei nicht bewurzelte Stiele zeigt), liegen die Verhältnisse, wie man sieht, bei bewurzelten anders.

Tabelle 15. Versorgungskoeffizient in verschiedenen Querschnitten von drei bewurzelten Stielen.

Stiel Nr. 1		Stiel Nr. 2		Stiel Nr. 3	
Querschnitte	Koeffizienten	Querschnitte	Koeffizienten	Querschnitte	Koeffizienten
Kontrollschnitt des Stieles vor der Bewurzelung	0,011	Kontrollschnitt des Stieles vor der Bewurzelung	0,009	—	—
—	—	Kontrollschnitt ein Monat nach Beginn der Kultur des Stieles	0,014	Kontrollschnitt zwei Jahre nach Beginn der Kultur	0,015
—	—	Kontrollschnitt ein Jahr und 1 Monat nach Beginn der Kultur des Stieles	0,015	5 H	0,016
4 H	0,029	4 H	0,015	5 B	0,014
4 B	0,025	4 B	0,014	4	0,015
3	0,025	3	0,016	3	0,012
2	0,028	2	0,018	2	0,012
1	0,028	1	0,017	1	0,012

Bemerkung: 5 H und 4 H — Schnitte aus dem unteren Teil des Stieles. 5 B und 4 B — Schnitte aus dem oberen Teil des unteren Abschnittes. 1 — oberer Schnitt des Stieles. 2 und 3 — dazwischenliegende Schnitte.

Der „Versorgungskoeffizient" in den oberen Querschnitten bewurzelter Stiele variiert innerhalb derselben Grenzen, wie bei den Stielen, wenn man ihn mit solchen aus den unteren Querschnitten nicht bewurzelter Stiele vergleicht (vgl. in Tabellen 15—17 den unteren Querschnitt mit dem Kontrollschnitt desselben Stieles vor der Einwurzelung). Dies wird in folgender Weise erklärt:

Im unteren Teil der bewurzelten Stecklinge geht im Vergleich zur Gesamtvergrößerung der Stieldicke eine verhältnismäßig stärkere Vergrößerung des Umfangs des Leitsystems vor sich, während in den oberen Schnitten die Vergrößerung der gesamten Leitfläche und der Fläche der Querschnitte proportional miteinander erfolgt. Dadurch wird auch der Ausgleich dieses Koeffizienten über die ganze Länge des bewurzelten Stieles hin erklärt, was wir in Tabelle 15 sehen.

Wir betonen, daß dieser Schluß sich nur auf Grund der Einführung des KRENKEschen „Versorgungskoeffizienten" hat ziehen lassen.

Tabelle 16. Der Versorgungskoeffizient in verschiedenen Querschnitten von drei nicht bewurzelten Stielen.

Variante d. Stiele Schnitte	a	b	c
4 H	0,006	0,007	0,012
4 B	0,009	0,007	0,014
3	0,012	0,009	0,016
2	0,017	0,012	0,025
1	0,036	0,014	0,028

Tabelle 17. Mittlerer Versorgungskoeffizient für drei nicht bewurzelte Stiele.

Schnitte	Koeffizienten — M ± m
4 H	0,0083 ± 0,00197
4 B	0,0100 ± 0,00197
3	0,0123 ± 0,0021
2	0,0180 ± 0,0038
1	0,0260 ± 0,0064

8. In den Leitbündeln bewurzelter Stiele von *Begonia rex* entwickelt sich Libriform, was schon SIMON (1929) erwähnt hat. Es ist uns gelungen, festzustellen, daß in den Leitbündeln bewurzelter Stiele, welche apikale Nebensprosse zeigten (es wurden 3 Stiele gründlich untersucht), sich Libriform in den zentralen wie auch in den peripheren Bündeln entwickelte. In bewurzelten Stielen mit seitlichen Nebensprossen dagegen entwickelte sich Libriform nur in den peripheren Bündeln (es wurden zwei Stiele gründlich untersucht).

Wenn dieses sich an einem großen Material bestätigen läßt, so dürfte die Wichtigkeit dieses Befundes außer Zweifel stehen. In bewurzelten Stielen, welche von Sprossen ganz befreit sind, wurde Libriform nur in einem Falle, nämlich nur in einem Leitbündel des unteren Querschnittes des Stieles (es wurden 2 Stiele gründlich untersucht) festgestellt. Neben diesem Leitbündel lag die Wurzelanlage.

9. Die Bildung von Libriform in den Leitbündeln bewurzelter Stiele erklären wir nicht nur aus der von SIMON (1929, S. 395) angegebenen Ursache, nämlich der Einwirkung von Reizen, welche aus dem Leitbündel der Nebensprosse ihren Ausgang nehmen, sondern auch aus der

Einwirkung von Reizen seitens anderer Organe, in unserem Falle der Wurzel. In einem der von uns untersuchten Stiele mit apikalen Nebensprossen wurde Libriform nur in den zwei unteren Querschnitten und nur in dem oberen Querschnitt des Stieles festgestellt. In den dazwischenliegenden Querschnitten der Leitbündel war kein Libriform vorhanden. Die Entwicklung von Libriform in den Leitbündeln der Wurzel schreiben wir der Wirkung der Nebensprosse und die Entwicklung des Libriforms unten im Stiel der Einwirkung der Wurzel zu. In zwei anderen untersuchten Stielen, welche auch apikale Nebensprosse trugen, begegnete man dem Libriform an der ganzen Länge der Stiele, so daß es schwierig war, die Wirkung der Sprosse von der Wirkung der Wurzel auf die Libriformbildung in den Leitbündeln abzusondern.

10. Wir meinen, daß die Bildung von Libriform im Leitbündel nicht ausreicht, um den Schluß zu rechtfertigen, daß der Blattstiel zu einer Sproßachse wird, da im allgemeinen Libriform sich auch in gewöhnlichen, nicht bewurzelten Stielen entwickeln kann. MATHUSE (1906, S. 174) stellt z. B. Libriform für den normalen Stiel von *Vitis vinifera* fest.

11. Es sind sehr häufig Nekrosen in den Bündeln und auch im Grundparenchym der bewurzelten Stiele mit Nebensprossen festgestellt worden. Diese Nekrosen sind hauptsächlich durch den Einfluß von Stoffen, die aus den genannten Sprossen in den Grundstiel eintreten, zu erklären.

12. Die beobachteten parenchymatischen Scheiden um einige Gefäßbündel herum erklären sich hauptsächlich aus dem Wachstum dieser Bündel und dem dabei entstehenden Druck auf die Parenchymzellen, welche die Gefäßbündel umgeben. In unserem Material können wir in bezug auf dies Moment den Wundreizen keine irgendwie ernste Bedeutung zuschreiben.

13. **Wie unsere Experimente gezeigt haben, wirkt nicht nur die Dauer der Kultur, sondern hauptsächlich die verschiedene qualitative Beschaffenheit der zur Untersuchung gekommenen Objekte sich in Richtung auf eine größere Variabilität eines bewurzelten Stieles aus.** Diejenigen Merkmale, bezüglich deren eine Annäherung des Bildes bewurzelter Stiele an dasjenige von Stengeln stattfindet, werden aus der qualitativen Eigenart der bewurzelten Stiele erklärt.

14. **Der bewurzelte Stiel, welcher makro- und mikromorphologisch und auch physiologisch wie ein Stengel funktioniert, stellt eine rein experimentelle Form dar.** Wenn er seiner Entwicklung überlassen bleibt, so wird er bald aus dem Experiment ausgeschaltet, da die sich aus der Stielbasis entwickelnden Sprosse ihn ersticken.

15. Das Rhizom von *Begonia rex* hat viele gemeinsame Merkmale mit dem nicht bewurzelten Stiel besonders im jugendlichen Alter. Im erwachsenen Zustand hat das Rhizom mehr Gemeinsames mit dem bewurzelten Stiel.

16. Die Analyse des Blütenstengels von *Begonia rex* hat gezeigt, daß er dem Bau nach nicht dem Rhizom ähnlich ist, sondern, was die Anordnung der Leitbündel in einem Ring und was die Anordnung der Bastfasern anbetrifft, der Grundachse einer anderen *Begonia*-Art, nämlich *Begonia teuscheri* LINDL. im Jugendstadium ähnelt. Diese Art hat weder Rhizome noch besondere blütentragende Stengel. Der Stengel von *Begonia teuscheri* hat einen Bau, welcher den Stengeln der Mehrzahl „dikotyler" Pflanzen eigen ist, während das Rhizom der von uns untersuchten *Begonia rex* einzelne zerstreute Bündel hat.

17. Wenn auch die bewurzelten Blattstiele der *Begonia rex* sich dem Bau nach dem Rhizom mehr nähern als nicht bewurzelte, so erhalten sich doch der dorsiventrale Bau und einige andere Merkmale des gewöhnlichen Stieles. Deshalb haben wir kein Recht, von einer völligen Umwandlung des Blattstieles der *Begonia rex* in einen Stengel zu sprechen und können ihn allenfalls ein eigenartiges intermediäres Organ nennen, welches zwar die Leitfunktion des Stengels hat, doch zur längeren Existenz nur unter künstlichen Bedingungen befähigt ist. Die Funktionsänderung des Blattstieles im bewurzelten Zustand führt Veränderung des morphologischen und anatomischen Baues mit sich.

18. Wahrscheinlich läßt sich unser letzter Schluß auch auf bewurzelte Blätter anderer Pflanzen ausdehnen. Deshalb muß man in der landwirtschaftlichen und gärtnerischen Praxis bei der Vermehrung von Pflanzen durch Blattstengel nur Sprosse berücksichtigen, welche von der Basis des bewurzelten Blattstieles (oder von der Wurzel) (s. JANSE, 1921, S. 401—404) ausgehen, und nicht die oberen Sprosse des Blattes, wenn solche sich irgendwo zeigen sollten.

Zu allen Experimenten über die Umwandlung des Blattstecklings zum Sproßstengel müssen wir noch bemerken, daß die Frage der Umwandlung selbst dann noch nicht im positiven Sinne gelöst sein wird, wenn der Steckling vollkommen die Stengelstruktur annimmt. Als Stengelmerkmale von dikotylen Pflanzen sind nicht nur anatomische Strukturen, sondern auch die Fähigkeit, Spitzenwachstum zu zeigen und Seitensprosse auf ganz bestimmte Art abzuzweigen, wichtig. Nur bei der Feststellung derartiger Fähigkeiten bei dem im Experiment befindlichen Steckling kann man von einer Umwandlung in einen vollwertigen Sproßstengel sprechen.

Man kann bis jetzt für das Spitzenwachstum des bewurzelten Stecklings seine oberen Nebensprosse und für die Abzweigung seine Seitensprosse nur bei sehr schematischer Betrachtungsweise dieser Prozesse ins Feld führen. Auf jeden Fall sind hier weitere Angaben, welche unsere Kenntnisse vervollkommnen, notwendig.

Leider ist es uns nicht gelungen, die Arbeit von HARTSEMA (1926) (s. Literatur bei HARTSEMA, 1928), die anscheinend eine Beziehung zu dieser Frage hat, zu erhalten und also zu berücksichtigen.

Bezüglich der Regeneration anderer isolierter Organe und Gewebe und Zellen möge man sich orientieren bei VIRGILIUS (GEORGICA 37—30 vor Christi Geburt), bei VÖCHTING (1878), GÖBEL (1902, 1908), HABERLANDT (1902), KÜSTER (1904, 1921, 1925a, pathologische Pflanzenanatomie), NAGAI (1919), NĚMEC (1924), SORAUER (1924, S. 787—802), MIEHE (1926), LUYTEN (1926), TIMMEL (1927), KORSCHELT (1927), MOLISCH (1929), REVIEW (1924) u. a. Wir haben vor allen Dingen auf solche Arbeiten hingewiesen, die reich an Literaturangaben sind. Als letzte der uns bekannten bedeutenden Arbeiten auf diesem Gebiet sei die Arbeit von SCHEITTERER (1931) angegeben, wo sich einige Verallgemeinerungen finden und eine kurze Gegenüberstellung mit den Erfolgen in der Zoologie bezüglich desselben Themas gegeben wird. Bezüglich der Kultur isolierter Embryonen möge man sich bei PFEFFER (1897, S. 23, die Annahme der Entwicklungsmöglichkeit einer isolierten Zygote), HANNIG (1904 und 1907a), STINGLE (1907), DIETERICH (1924), ESENBECK und SUESSENGUTH (1925), LAIBACH (1929) orientieren.

Hier möchten wir nur eine Bemerkung bezüglich der Regeneration isolierter Zellen machen. Wir sind der Meinung, daß bisher keine Isolation von Zellen, welche der Lage und dem Zustande an der mütterlichen Pflanze nach irgendwelche Hoffnungen auf Regeneration hätten geben können, ohne Verletzung der Zellen selbst erreicht worden ist[1]. Das gilt vor allen Dingen für die Isolation mit Hilfe der plasmolytischen Methode. Dies letztere geht ganz deutlich aus den Angaben von KÜSTER (1929, S. 9—10 und 33) hervor. Also bleibt jegliche Stellungnahme zur Frage der Charakteristik der Zellindividualität und der Fähigkeit der Zellen zur Regeneration bedingt gültig, solange diese Stellungnahme vom Standpunkt der erwähnten Experimente erfolgt. Denn die Experimente wurden nicht mit gesunden Zellen ausgeführt.

Das Gleiche gilt auch für die Gewebe. Man kann nur dann von einem Minimalbezirk, welcher zur Regeneration fähig ist, sprechen, wenn die Bedingung, daß dieser Bezirk vollkommen gesund ist, erfüllt ist. Und wenn VÖCHTING (1885) bei *Lunularia* und TIMMEL (1927) bei *Taraxacum* normale Regenerate aus kleinsten Abschnitten bekamen, bedeutet dies, daß diese Abschnitte gesund waren.

Damit sind wir schon bei unserem nächsten Punkt angelangt, nämlich der Frage der

5. Minimalgröße regenerierender Pflanzenteile.

In den oben erwähnten Arbeiten, besonders bei NĚMEC (1924, S. 802 bis 806) und etwas auch bei MOLISCH (1929, S. 96) ist die Literatur

---

[1] [Vgl. aber die vorläufige Mitteilung von SCHMUCKER über Wachstum isolierter Zellen von *Bocconia*. Allerdings sind dieser Arbeit (1929) keine weiteren Mitteilungen gefolgt. TH. R. WHITE (1931) dürfte die neueste Zusammenfassung über das Problem der pflanzlichen Gewebezüchtung geliefert haben. M.]

über die Frage der Zellregeneration angeführt. Aber die Zelle stellt nicht die allerkleinste Struktureinheit, welche zu irgendeiner Regeneration fähig ist, dar[1]. Aus den letzten Arbeiten über diese Frage möchten wir auf die Untersuchung von HABERLANDT (1929b) mit *Bryopsis muscosa* hinweisen. HABERLANDT (S. 9—10) schreibt darüber folgendes:

„Zum Schluß ist noch das Verhalten der nach dem Zerschneiden der Fiederästchen ausgestoßenen, größeren und kleineren, meist sehr chlorophyllreichen Plasmaballen zu schildern, die meist zur Kugel abgerundet sich mit einer Zellhaut umgeben. Gewöhnlich wachsen auch sie zu Fäden aus ..."

Im Zusammenhang hiermit scheint uns die Frage nach der Individualität der Pflanzenteile zu stehen. Wir bezeichnen als Individualität die Fähigkeit irgendeines Teils eines Individuums (einzelner Organe) zu physischem Leben in von dem ursprünglichen Ganzen isoliertem Zustand, unabhängig von der Dauer dieses Lebens und von seiner Vollwertigkeit.

Daraus geht hervor, daß wir verschiedene Grade und verschiedenartige Qualitäten der Individualität anerkennen. Jedes isolierte Gewebe ist, solange es lebt, ein Individuum. Dabei ist es gleichgültig, ob das Leben unter natürlichen oder künstlichen Bedingungen aufrechterhalten bleibt. Also stellt der oben beschriebene isolierte Protoplastenbezirk von *Bryopsis* eine quantitativ und qualitativ vollkommene Individualität dar.

Wenn man unter Individualität die Fähigkeit des Pflanzenelementes zu normaler Entwicklung und sogar zur vollen Wiederherstellung des ursprünglichen Organismus versteht, wie MIEHE (1926, S. 16, 17, 23) tut, so geht daraus logisch hervor, daß wir die Individualität eines ganzen Individuums, welches aus irgendwelchen Ursachen nicht voll entwickelt ist oder das zur Wiederherstellung unfähig ist, ablehnen müssen. Von unserem Standpunkt aus charakterisiert MIEHE nur den vollständigsten Grad der Individualität (vgl. CHILD, 1915).

Dabei kann man den Teil eines Ganzen, welcher zwar volle Individualität im isolierten Zustand besitzt, nicht als Individuum bezeichnen, solange er sich im Zusammenhang des ganzen Organismus befindet. Infolge der gegenseitigen physiologischen Einwirkung und Wechselwirkung mit dem Ganzen kann man hier nur von einem Manifestwerden von Elementen der Individualität sprechen. Dabei können für den bestimmten Pflanzenteil diese Manifestationen qualitativ und quantitativ spezifisch sein.

6. Die Bedeutung der ontogenetischen Stadien für die Regeneration.

Bei Behandlung der Bedeutung des ontogenetischen Stadiums für unsere Fragen stoßen wir auf ein sehr wichtiges Problem, nämlich das der qualitativen Ungleichwertigkeit der Teile eines ontogenetischen Systems

---

[1] [S. STRUGGER (1929) spricht sogar von „überlebenden" isolierten Kernen. M.]

(s. KLEBS, 1903, 1904, GÖBEL, 1908, 1928, DOSTÁL, 1926b, LINSBAUER, 1925, und die Mehrzahl der Arbeiten über Regeneration speziell bei *Bryophyllum*).

Wir werden schon früher mitgeteilte Beispiele (KRENKE, 1928b, S. 264—275) für natürliche Indikatoren eines hinreichend tiefen qualitativen Unterschieds verschiedener Sprosse nicht nochmals anführen (vgl. z. B. *Euphorbia cyparissias* L., *Convolvulus arvensis* L. s. IRMISCH, 1857; *Hydrocharis morsus ranae* L. s. HEGI, 1906, bezüglich anderer monözischer Pflanzen, z. B. *Testudinaria elephantipes*, vgl. VON MOHL, 1845, usw.). Auch soll hier nicht das wiederholt werden, was über Unterschiede gesagt wurde, welche im Verlauf des Experiments zutage treten (z. B. SACHS, 1892, bei *Begonia rex*, GÖBEL, 1908, bei *Achimenes haageana*, DOPOSCHEG-UHLÁR, 1911, bei *Gesneria graciosa*, LINDEMUTH, 1901, bei *Kartoffeln*, NĚMEC, 1911, bei *Streptocarpus Wendlandii*, 1925, bei *Collybia tuberosa*, MAGNUS, 1918, für die Kallusbildung bei *Daucus* usw.). KOROTKEWITSCH (1930, S. 67—70) hat gezeigt, daß in Abhängigkeit von dem Ort der Amputation eines Auges vom Kopf der *roten Rübe* dieses Auge, wenn es auf andere Wurzeln transplantiert wird, eine vegetative Bildung (Rosette) oder einen blütentragenden Sproß gibt.

Tabelle 18.

Entwicklungscharakter der Augen \ Entnahmeort der Augen	Obere Etage des Wurzelkopfes	Mittlere Etage des Wurzelkopfes	Untere Etage des Wurzelkopfes
Blühender Sproß	46	75	18
Rosette	0	10	55

In der nebenstehenden Tabelle sind die Häufigkeiten des beschriebenen Verhaltens der Augen aus verschiedenen Höhen zusammengestellt. Nach der Tabelle 2 der zitierten Arbeit.

Das Bild ist klar. Selbstverständlich konnte man eine scharfe Grenze bezüglich des Unterschiedes im Verhalten der genannten Augen nicht erwarten.

Man kann diesen Beispielen noch viele Analoga hinzufügen. Im Gartenbau, im Obstbau und in der Winzerei (s. z. B. KIPEN, 1906) sind durch das Experiment Regeln für die Entnahme bestimmter Stecklinge für die Vermehrung ausgearbeitet worden. Die Beschleunigung und Verstärkung der Blüte von solchen Stecklingen, welche von blütentragenden Sprossen abgenommen wurden, ist allgemein bekannt[1] (s. z. B. MOLISCH, 1922, S. 261).

Wenn man Stecklinge von einem blütentragenden Sproß der *roten Beete* nimmt, so lassen sie sich vorzüglich bewurzeln, und es entsteht

---

[1] [Bezüglich der Ursache dieser Regelmäßigkeiten läßt die Arbeit von TRAUGOTT SCHULZE (1932) Schlüsse zu. Vgl. ferner das Experiment von HAGEMANN (1931) mit *Lanularia*. M.]

eine große Wurzel von gewöhnlichem Typ, die nur verzweigt ist, und schon im ersten Jahr und darauf jedes Jahr wieder blüht. Dies haben wir im Laufe von 4 Jahren bei Haltung der Pflanzen im Treibhaus beobachtet. Die von diesen Pflanzen entnommenen Stecklinge verhalten sich ganz ähnlich. Wir haben früher (KRENKE, 1927b) unser Experiment mit gewöhnlichem Tafelkohl beschrieben. Wenn wir die Pflanzen im Boden beließen (Tiflis, Transkaukasus), so haben wir im dritten Jahr die Bildung von kleinen Kohlköpfen auf den früheren Blütensprossen beobachtet. Auf dem ursprünglichen Busch gaben diese Kohlköpfe keine Blütensprosse, aber als wir sie dann später als Stecklinge behandelten, ließen sie sich bewurzeln und blühten schon im ersten Jahre. Diese unsere Beobachtungen können für die Selektion beim winterlichen Aufenthalt im Treibhaus oder im Süden im offenen Boden nützlich sein.

Bemerkenswert ist die von MOLISCH (1922, S. 261) festgestellte Erscheinung, daß sich Stecklinge, welche von Pflanzen stammen, die sich aus Wurzelschößlingen entwickelten, leichter bewurzeln lassen als solche, welche von Sämlingen derselben Spezies entnommen wurden.

Wir wollen uns auch nicht bei den bekannten Fällen lang dauernder Modifikationen von Stecklingen, die bestimmten Sprossen entstammen (z. B. *Hedera helix*, eine Reihe *Coniferen* usw.) hier aufhalten. MOLISCH (1922, S. 261) bezeichnet derartige Erscheinungen mit dem Terminus „Topophysis"[1]. Einige Fälle von diesen Erscheinungen erinnern sehr an das Freiwerden einer von zwei genetisch verschiedenen Komponenten bei natürlichen Chimären (s. weiter unten und CHITTENDEN, 1927).

So sehen wir also, daß die verschiedenen Elemente eines und desselben ontogenetischen Systems sich qualitativ weitgehend unterscheiden. Es läßt sich eine Reihe aufstellen, welche mit allgemein bekannten, gewöhnlichen und gut untersuchten physiologischen, anatomischen und chemischen Unterschieden beginnt (z. B. SALENSKY, 1904, HERČIK, 1926, KOKETSU, 1926, SMALL, 1929, u. a.), dann über die unerklärbaren Unterschiede vom Typus der Topophysis endlich zu bewiesenen genotypischen Unterschieden führt.

Den beiden zuletzt genannten Typen begegnet man häufiger, als man gewöhnlich erwartet.

In irgendeiner Weise äußern sich diese Verhältnisse in den Eigenschaften isolierter Teile eines Individuums, die ihm von verschiedenen Orten entnommen wurden. Manchmal erweist sich die Nachwirkung als wenig bemerkbar und kurzfristig, in anderen Fällen als stark und lang dauernd.

Wir möchten auch die Aufmerksamkeit lenken auf die uns leider nur im Referat (KRIŽENECKY und DUBSKA, 1927, S. 20) bekannte Arbeit

---

[1] [Von anderer Seite (R. SEELIGER, 1924) ist unter Betonung der zeitlichen Bedingtheit dieser Erscheinung die Bezeichnung „Cyclophysis" vorgeschlagen worden. M.]

von HERČIK (1922). Diese Arbeit ergibt neues Material für die Analyse der Intensität der Regeneration, abhängig von der Oberflächenspannung in verschiedenen Gebieten verschiedener Organe und bei verschiedenen Zuständen eben dieser Organe. Es interessiert uns ebenfalls sehr die Betrachtung von LINSBAUER (1925) über progressive und regressive Meristeme (und Evolution und Involution), deren Anerkennung der Auffassung verschiedener Regenerationserscheinungen förderlich ist. Weiter unten werden wir darauf zurückkommen[1].

Lebensdauer der Regenerate.

Wir haben in einer früheren Arbeit (KRENKE, 1928 b, S. 297—327), wenn auch konzentriert, diese Frage und die dazugehörigen, geschichtlichen Daten behandelt und unsere Ansicht darüber niedergelegt.

Heute wird unsere Arbeit durch das Erscheinen der Monographie von MOLISCH (1929) über die „Lebensdauer der Pflanze" erleichtert. Wir können deshalb auf eine Behandlung der historischen Seite dieser Frage und eine Behandlung des Tatsachenmaterials der Autoren verzichten. Diejenigen Ergänzungen, welche hier gemacht werden könnten, würden in der überwiegenden Mehrzahl der Fälle nichts prinzipiell Neues hinzubringen. Wenn wir die von MOLISCH erwähnten Beobachtungen noch um zwei oder drei ergänzen, so geschieht das lediglich um der Vollständigkeit halber. Bei der Bewertung des Gesamtproblems wollen wir einige Stellen aus dem oben erwähnten Kapitel unserer früheren Arbeit wiederholen und einen kleinen bestätigenden Zusatz hinzufügen.

Wir haben uns nicht auf den Standpunkt des Begründers der Anschauung von der theoretischen Unsterblichkeit der Pflanzen (DE CANDOLLE, 1833, S. 959) oder auf den entsprechenden Standpunkt von MÖBIUS (1897, Kap. 2), MEZ (1926 b), FINKELSTEIN (1929) u. a. stellen können. Vielmehr haben wir uns der Meinung von JESSEN (1855), SORAUER (1924, S. 48—49), SCHELLENBERG (s. HOLLRUNG, 1910) angeschlossen, welche in der Hauptsache der von MOLISCH (1929, S. 158) entspricht.

Wir sind der Meinung, daß der Standpunkt DE CANDOLLEs von MIEHE (1926, S. 30 und 74) bis zu seinem logischen Ende durchgeführt wurde, indem er den „archiplastischen Faktor", welcher von ihm auch „Vitalfaktor" genannt wird, und der unbegrenztes Fortpflanzungsvermögen des Archiplasmas gewährleistet, einführte. Auf diese Weise stellen die Vitalfaktoren unsterbliche Anlagen im sterblichen Pflanzen-

---

[1] [Die schon erwähnte Arbeit von TRAUGOTT SCHULZE (1932), in welcher auf die Bedeutung des Sulfydrilsystems für die Charakterisierung der verschiedenen vegetativen Stadien der Pflanze hingewiesen wird, einerseits, und andererseits die Arbeiten von HAMMETT und Mitarbeitern über die Bedeutung desselben biochemischen Systems für die Regeneration fordern zu einer kombinierten Fragestellung heraus, die in den Problemkreis dieses Abschnittes gehört. M.]

körper dar. Es ist interessant, daß MIEHE doch ,,die Verkleinerung der phyletischen Potenz" für Stecklinge (s. S. 73—74) anerkennt.

Wir unterscheiden das ,,Gesamtalter" der Pflanze und das ,,Eigenalter" ihrer Elemente[1]. Das Gesamtalter eines Individuums ist der Zeitabschnitt, welcher seit dem Befruchtungsmoment, der zur Bildung dieses Individuums führte, verstrichen ist; das Eigenalter eines Pflanzenteiles ist der Zeitabschnitt, welcher seit dem Moment der Anlage gerade dieses Teiles verflossen ist. Also gibt es im Bereich eines vielgliedrigen Individuums eine Vielzahl von Elementen verschiedenen Eigenalters.

Wir bezeichnen als Potential der Lebensfähigkeit den Grad der Fähigkeit des Individuums oder seiner Teile, diejenigen Erscheinungen zu manifestieren, deren Gesamtheit durch den Lebensbegriff umschrieben wird. Als besonders charakteristischen Indikator für die Größe des Potentials der Lebensfähigkeit in einem betrachteten Augenblick betrachten wir die Lebensdauer des Organs oder des Individuums als Ganzes von dem gegebenen Moment an gerechnet.

Die Größe des Potentials der Lebensfähigkeit eines betrachteten Elementes hängt von seinem Eigenalter und vom Alter des Individuums ab.

Eine große Anzahl von Tatsachen zeigt, daß das Alter jedes Pflanzenteils zum Ausdruck kommt in der Herabsetzung des Vitalitätspotentials aller Bildungen, welche sich von ihm ableiten. Wir vergleichen dieses Potential mit dem Vitalitätspotential der Bildung, welche aus Samen hervorging und dem Alter nach mit dem Eigenalter der betrachteten Organbildung vegetativer Herkunft übereinstimmt. Sehr oft drückt sich die genannte Abhängigkeit der vegetativ abgeleiteten Organbildung von dem mütterlichen Teil auch morphologisch aus. Z. B. (s. KRENKE, 1928b, S. 308b): ,,Bei der größten Mehrzahl der Pflanzen mit zerteilten Blättern (und auch bei solchen mit gegliederten einfachen Blättern) ist der Grad der Gliederung des Blattes eines Achselsprosses abhängig von dem Grad der Gliederung derjenigen Blätter, aus deren Achsel diese Sprosse entstammen. Dabei kann man beobachten, daß, je stärker das Tragblatt zergliedert ist, um so mehr auch die ersten Blätter des entsprechenden Achselsprosses sich gegliedert erweisen und umgekehrt.

Ferner entspricht die Gliederung der ersten Blätter von Achselsprossen meist der von Blättern etwas unterhalb des Ursprungsknotens der Achselsprosse. Wenn man also berücksichtigt, daß der Grad der Blattgliederung eines gegebenen Individuums von den Altersstadien dieses Individuums ab-

---

[1] [E. KRANZ (1931) stimmt hiermit sachlich überein, wenn er sagt, bestimmend für die Blattform des Efeus ist lediglich das Alter 1. der betreffenden Pflanze, und 2. der Anlagestelle. Den Grund für die Veränderung der Blattform ,,... hat man letzten Endes in inneren Umständen der Pflanze zu suchen". M.]

hängt, so sehen wir, daß das Merkmal des betreffenden Altersstadiums auch der neuen jungen Bildung, welche aus dem Tragsproß entstand, mitgeteilt wird. Eine gewisse Verjüngung der neuen Anlage wird trotzdem beobachtet. In unserem Falle kommt sie durch eine etwas geringere Gliederung der Anfangsblätter des Achselsprosses im Vergleich mit dem entsprechenden Tragblatt am Hauptsproß zum Ausdruck. Man kann eine ähnliche Abhängigkeit auch in einer Reihe anderer Merkmale des Blattes, überhaupt jeder Achselbildung von verschiedenaltrigen Teilen der Mutterpflanze beobachten. Den Grad der Korrelation zwischen Blattgliederung und Blattlage am Sproß bringt ein Korrelationskoeffizient zum Ausdruck. Dieser beträgt z. B. bei *Sambucus racemosa* (s. KRENKE, 1927a, S. 78) $r \pm mr = 0{,}916 \pm 0{,}005$. Bei einer Rasse von *Gossypium hirsutum* betrug er $r \pm mr = 0{,}837 \pm 0{,}012$ usw.

Bei *Sambucus racemosa* L. und bei der Mehrzahl anderer Pflanzen haben die Achselsprosse der Blätter der oberen Sproßregionen einen kürzeren Entwicklungszyklus als die Achselsprosse der unteren Sproßregionen. Deshalb tritt im ersten Falle die Blüte und Fruchtreife verhältnismäßig früher ein als im zweiten Falle.

Es steht außer Zweifel, daß hier ein Einwand gemacht werden kann gegen den Zusammenhang der Variabilität der Blattform mit dem Prozeß des Alterns. BAUR (1930, S. 57) äußert sich z. B. bezüglich des Zusammenhangs der Blattform hoch inserierter Sprosse von *Hedera helix* mit dem Alter wie folgt:

„Die Umwandlung der ‚Jugendform' in die ‚Altersform' erfolgt keineswegs etwa, wie man nach diesen Benennungen glauben könnte in einem bestimmten Alter, als vielmehr ausschließlich durch die eigenartigen Ernährungsverhältnisse der Endzweige eines alten *Efeu*-Stockes, welche diese Umstimmung, die Modifizierung des ganzen Wuchses hervorrufen [1]."

Es stimmt, daß hier (wenn auch die Erscheinung bei *Hedera helix* zu Spezialfällen gehört, deren Bearbeitung hier nicht am Platze ist) wie auch in den Experimenten von LUNDEGÅRDH (1913) und in ähnlichen Versuchen die Ernährung einen der hauptsächlichsten, wenn auch nicht den Hauptfaktor der Entwicklung überhaupt darstellt. Daraus geht natürlicherweise hervor, daß durch die Regulierung der Ernährung wesentliche Veränderungen erreicht werden können. Dieser Reiz spricht für eine genügend tiefe Einwirkung der Ernährung auf die Gewebe und die Zellen einer Pflanze. Wenn dies der Fall ist, so halten wir es für unvermeidlich, daß ein sehr lange dauernder Nahrungsmangel der oberen Pflanzenteile einen entsprechenden negativen Einfluß auf die Lebensfähigkeit der lebendigen Elemente dieser Teile ausüben wird. Wenn die Ernährung einen tiefreichenden Einfluß auf den Organismus ausübt, so muß sie unvermeidlich diesen Einfluß auch auf diejenigen Eigenschaften

---

[1] [Vgl. hierzu die Arbeit von KRANZ (1931), der die betreffende Erscheinung klar als Alterserscheinung bezeichnet. M.]

ausüben, durch welche die Jugend oder das Alter eines Organismus bestimmt wird. Wenn man einen jugendlichen Organismus oder ein jugendliches Organ unter schlechten Ernährungsbedingungen und einen alten (selbstverständlich innerhalb gewisser Grenzen) Organismus in bessere Ernährungsbedingungen stellt, so erhalten wir eine geringere Lebensfähigkeit des jungen als des alten Teils.

Auf Grund eines solchen Resultates kann man noch nicht schließen, daß der alte Organismus kein alter wäre und der junge kein junger wäre, und darauf basierend weiter schließen, daß sie unter diesen umgekehrten Bedingungen die umgekehrten Eigenschaften und Merkmale gezeigt haben als normalerweise. Gerade auf solchen Schlüssen aber ruhen fast alle Einwände gegen die Anerkennung des natürlichen Alters bei Pflanzen und das aus dem Altern hervorgehende verschiedene Verhalten bezüglich morphologischer und physiologischer Merkmale.

Im allgemeinen wird der Ausdruck „Ernährung" als ein klarer Begriff mit durchsichtigen Eigenschaften und bestimmtem Einfluß aufgefaßt. In Wirklichkeit aber haben wir es hier mit einem sehr viel umfassenden und deshalb unklaren Begriff zu tun, welcher nur geeignet ist, die Unvollkommenheit unserer Kenntnisse auf dem gegebenen physiologischen Gebiete zu verdecken, besonders wenn man berücksichtigt, daß unter der Ernährung nicht nur Einverleibung, sondern auch Umwandlung von Nährstoffen verstanden wird, und also im Verlauf des gesamten Ernährungsprozesses viele und gänzlich unbekannte organische Verbindungen auftreten. Das Resultat des Ernährungsprozesses sind auch die Organe mit ihren ganzen komplizierten Funktionen. Die „Ernährung" ist also ein Gebiet, welches eine größere Reihe anderer Bezirke des Lebensprozesses bestimmt. Deshalb können wir durch diejenigen Einwände, welche sich des Ausdrucks „Ernährung" zur Widerlegung von Erscheinungen bedienen, welche selbst in bedeutendem Grade eben die Ernährungsvorgänge bedingen, nicht eigentlich voll befriedigt werden.

Für die uns interessierende Frage muß man noch berücksichtigen, daß der Unterschied aufeinanderfolgender Altersgrade der Ontogenese besonders bei mehrjährigen Pflanzen relativ klein ist. Deshalb ist es vollkommen verständlich, daß durch die Entwicklungsbedingungen leichter bei alten Pflanzenteilen jugendliche Erscheinungen als bei jungen Pflanzenteilen Alterserscheinungen hervorgerufen werden können.

Zusammengefaßt würde das heißen: Die Ernährung ist einer der wichtigsten Faktoren für alle Veränderungen, welche mit den Organen während der Ontogenese vor sich gehen. Die Ernährung bedingt auch als einer der wichtigsten Faktoren diejenigen Merkmale und Eigenschaften des Organismus, deren Gesamtheit in dem zum Ausdruck kommt, was wir

Jugend und Alter nennen. Man kann nicht die Ernährung vom Lebensprozeß überhaupt und also auch nicht vom Prozeß des alternden Organismus abtrennen. Wir haben es vielmehr mit einer *umkehrbaren* Funktion mit zwei Unbekannten zu tun, die je auf einer Seite der Gleichung vorhanden sind. Auf einer Seite die *Ernährung,* auf der anderen das *Altern.* Diese Gleichung kann nicht gelöst werden, wenn man an Stelle einer von diesen beiden Unbekannten eine andere ebenso unerforschte Größe einsetzt.

Bezüglich der Frage, ob die Achselsprosse vom Hauptsproß verschieden sind, lassen sich interessante Daten anführen, welche wir bei *Helianthus annuus* bei Untersuchung der Anzahl der Blütenblätter in Blütenkörben von Hauptsprossen einerseits, von Achselsprossen andererseits erhalten haben.

Es wurden zwei Rassen untersucht: 1. Die oben beschriebene „65tägige" (s. S. 111) und 2. die große hohe Sonnenblume. Bei der ersten Rasse haben wir außerdem Blüten von „monokotylen", „trikotylen" und „ascidialen" Exemplaren berücksichtigt (s. S. 8). Obgleich diese Einteilung und das Versuchsmaterial von einem gewissen Interesse sind, haben wir hier nicht die Möglichkeit, auf sie näher einzugehen. Uns ist die Hauptsache, daß in allen Fällen die mittlere Anzahl der Blütenblätter in den Körben der Hauptsprosse größer ist als die entsprechende mittlere Anzahl bei Achselsprossen (s. Tabelle 19).

Die Schwierigkeit der Verteidigung unserer Aussagen liegt darin, daß wir versuchen wollen, zu beweisen, daß unsere Zweifel an der Gleichwertigkeit der Eigenschaften meristematischer Elemente in verschiedenen Altersstadien der Pflanze zu Recht bestehen. Es ist kaum zu bezweifeln, daß Zellen höheren Eigenalters älter sind als solche geringeren Eigenalters.

Schon PRINGSHEIM (1877, S. 44) hat bei Untersuchung der Entwicklung des Protonemas aus dem Stiel des Sporangiumträgers von Moosen gezeigt, daß die Zellen der mittleren Schicht des Stieles bildungsfähig sind. Die peripheren Schichten dagegen verbleiben passiv, es liegt dies „offenbar nur daran, daß sie histologisch sozusagen früher alt werden als die mittleren Zellen, d. h. ihren bildungsfähigen Inhalt schon früher verlieren".

Ähnliche Tatsachen über Abschwächung und Verlust der meristematischen Fähigkeiten der alten Zellen kann man für höhere, wie auch für niedere Pflanzen in ziemlich unbegrenzter Zahl anführen (s. z. B. NĚMEC, 1925a, 1925b, BURNS und HEDDEN, 1906).

Wir können natürlich bezüglich der Ursachen des Verlustes oder der Abschwächung der regenerativen Fähigkeit alter Zellen nichts Genaues sagen. Wir vermuten aber, daß es sich hier um eine Art physiko-

Tabelle 19.

Mittlere Anzahl von Blütenblättern in den Blüten der Körbe auf Haupt- ($M \pm m$) und Achsel- ($M_1 \pm m_1$) Sprossen bei verschiedenen „Rassen" von *Helianthus annuus* L. und die Glaubwürdigkeit des Unterschiedes dieser Mittelwerte.

$$(M \pm m) - (M_1 \pm m_1) = M - M_1 \pm \sqrt{m^2 + m_1^2} = D \pm m \text{ Diff.}$$

Lage der Körbe	Hauptkörbe		Achselkörbe		Glaubwürdigkeit des Unterschiedes
Ablesungsjahr 1927					
Mittelzahlen mit ihren Fehlern ($M \pm m$) und ($M_1 \pm m_1$)	M	m	M_1	m_1	D/m Diff.
Dikotyle Exemplare . .	4,9738	0,00548	4,8649	0,00656	**12,737**
Trikotyle Exemplare . .	5,0401	0,00874	4,9403	0,00616	**9,336**
Monokotyle Exemplare .	5,0065	0,00470	4,9619	0,00450	**6,851**
Aszidiale Exemplare . .	4,85681	0,00938	4,7361	0,00750	**10,051**
Ablesungsjahr 1926					
Dikotyle Exemplare . .	5,72607	0,024734	5,34297	0,012602	**13,801**
Trikotyle Exemplare . .	4,9891	0,007291	4,90236	0,00569	**9,980**

Bemerkung:
1. Die dikotyle Rasse vom Jahre 1926 ist eine große *Sonnenblume*.
2. Das übrige Material bezieht sich auf Saratowsche „65tägige".
3. Die Glaubwürdigkeit des Unterschiedes wird als genügend betrachtet, wenn die Verhältnisse D/m Diff. ≥ 5 ist.
4. Die absoluten Zahlen der gezählten Blüten sind nicht angegeben, da nur die Fehler der Mittelwerte wichtig sind. Diese Zahlen aber waren groß. Im ganzen sind 62 338 Blüten gezählt worden.

chemischer Erschöpfung und nicht um die primäre Abwesenheit des „Archiplasmas" handelt, wie sie Miehe (1926, S. 75) annimmt.

Küster (1929a, S. 142) ist der Meinung, daß die Zellulosedegeneration und verwandte Erscheinungen ein Zeichen physiologischen Älterwerdens der Zellen sind.

Ursprung und Blum (1914, nach Münch, 1930, S. 49) haben bedeutend größere Dehnbarkeit der Zellwände in den Zellen des Vegetationspunktes gefunden, obgleich hier der osmotische Druck niedriger war als bei älteren Geweben.

In bezug auf das Plasma schreibt Küster folgendes (1929, S. 111):
„Ob auch im Alter das Protoplasma unter allen Umständen flüssig — und ob auch in pathologischen Zuständen der Agregatzustand des Normalen erhalten bleibt, bedarf näherer Prüfung, von der sich voraussagen läßt, daß sie mit vielen Beispielen für Erstarren des festen Protoplasmas der alternden, kranken oder absterbenden Zellen bekannt machen wird."

Popoff und Seisow (1925, S. 98) sind der Meinung, daß „die frischen, wasserreichen Zellen der jungen Pflanzen mit der Zeit mit dem Herannahen des physiologischen Lebensendes der Pflanzen wasserärmer werden.

Das Plasma, die lebende Substanz, verliert mit dem Alter die Fähigkeit, die ursprüngliche Wassermenge zu binden und zu behalten und ist nicht mehr imstande die durch Entquellung verlorengegangene Wassermenge auch unter den günstigsten Bedingungen wieder auszugleichen."

Es wären Untersuchungen über die Altersveränderungen der Oberflächenspannung, deren Größe einen der wichtigsten Faktoren für die Zellteilungen (s. die Literatur bei KRIŽENECKY und DUBSKA, 1927, SPEK, 1918, PRÁT und MALKOWSKY, 1927 und unsere S. 415) und die darauffolgende regenerative Fähigkeit von größerer Bedeutung ist.

Es ist bekannt (OSBORNE), daß bei *Cannabis sativa* L. aus frischen jungen Samen das Eiweiß in Mikrokristallen von Oktaederform erhalten wird, während aus alten Samen sich Sphaerokristalle oder eine Art von amorpher Masse gewinnen läßt. Dabei schwindet bei *Cannabis* wie auch bei der Mehrzahl anderer Samen im Alter die Keimfähigkeit nach und nach und schließlich ganz, was gleichbedeutend ist damit, daß das „Potential der Lebensfähigkeit" fällt. Es sei noch, ohne daß wir auf die bekannten Tatsachen (THIERFELDER, 1924) über die Verschiedenheit des Ovalbumins in frischen und alten, aber nicht verdorbenen Hühnereiern mehr eingehen, auf folgende allgemeine Bemerkung von COHNHEIM (1904, S. 284—285) bezüglich der Plasmaeiweißstoffe hingewiesen:

„Endlich möchten wir eine wesentliche Unterschiedseigenschaft von Albuminoiden erwähnen, welche ihre Beschreibung erschwert, nämlich ihre Eigenschaft alt zu werden. Die Zellen erneuern sich mit Hilfe des Stoffwechsels dauernd und werden nicht alt. Aber mit dem Alter ändert sich die dazwischenliegende Substanz (Eiweißstoffe) ganz bedeutend. Sie wird quantitativ größer, wird dichter und härter. Dies sieht man besonders im eigentlichen Bindegewebe. Während die jungen Bindegewebe vorzugsweise aus Zellen mit geringer weicher Grundsubstanz bestehen, bildet die letztere im Alter eine grobe, zähe, dichte Masse, welche kaum weiter mit der Grundsubstanz junger Gewebe eine Ähnlichkeit hat. Dieser Altersunterschied spielt auch bei anderen Albuminoiden eine Rolle. Wieweit dabei der betrachtete Körper, aus welchem das Gewebe besteht, sich chemisch verändert, ist in der Mehrzahl der Fälle unbekannt."

Hier handelte es sich zwar um tierische Gewebe, was aber für uns prinzipiell ohne besondere Bedeutung ist. Das Bestehen der Möglichkeit einer stofflichen Veränderung lebender Zellen mit dem Altern des Organismus ist an sich wichtig[1].

CORRENS (1924) weist darauf hin, daß älterer Pollenstaub eine abgeschwächte Nachkommenschaft im Vergleich zu der jungen frischen Pollenstaubes gibt. Bei sehr altem Pollenstaub entstehen trotz reichlichster Bestäubung nur noch einige absterbende Embryonen.

D. T. MACELUGUE und L. FRANDES (1927) (nach E. FINKELSTEIN, 1929, S. 72—73) haben gezeigt, daß in den Fleischzellen und im Deck-

---

[1] [Der serologische Nachweis der Verschiedenheit von Eiweißen verschiedener Entwicklungsstadien einer Pflanze wurde von MORITZ (1932b) und vOM BERG (1932) erbracht. M.]

gewebe des 100jährigen *Feracactus Wislizenii* im Vergleich zu jungen Individuen weniger Kohlehydrate und mehr unlösliche Stoffwechselprodukte vorhanden sind. Außerdem hat sich in den Fleischzellen die Menge der Trockensubstanz vergrößert, in den Zellen des Deckgewebes aber verringert. KIESEL (1927) hat den Inhalt von *Plasmodium lycogala epidendron* in seinen drei Altersstadien erforscht. Die von ihm erhaltenen Resultate zeigen, (S. 283—284):

„daß die Gewinnung von Plastin des Eiweißes mit dem Älterwerden des Organismus immer schwieriger wird. Ob dieses im Zusammenhang mit dem Älterwerden der für die Tiere charakteristischen Albuminoide steht, oder von dem Übergang der Eiweiße des jüngeren Organismus zum Plastin über irgendwelche Umgruppierungen oder andere tiefer gehende Veränderungen des Moleküls abhängt, bleibt bis jetzt noch ungeklärt. Deutlich tritt nur die Verringerung der Löslichkeit der Eiweiße mit dem Alter hervor. Auf Grund früher ausgesprochener Betrachtungen ist die erste Erklärung die wahrscheinlichste. Wenn diese Erklärung sich im weiteren als richtig erweist, so kann man die Erscheinung des Alterns von Eiweiß in alternden Organismen — wir können selbstverständlich mit Bestimmtheit nur von Skeletteiweißen sprechen — als normalen Prozeß der Entwicklung betrachten, und diese Erscheinung kann eine der Hauptursachen des normalen Absterbens der Organismen oder des natürlichen Todes sein. Es ist klar, daß unter diesen Bedingungen das Altern der Eiweiße mit verschiedener Geschwindigkeit abhängig von der normalen Lebensdauer irgendeiner Form des lebendigen Organismus vor sich gehen müßte. Beim Myxomyzeten, welcher in einer kurzen Zeitperiode, welche Tage und Stunden zählt, seinen Weg vom lebensfähigen Plasmaklümpchen bis zur reifen Frucht, in welcher das Leben nur in der Nachkommenschaft, in den Sporen aufrechterhalten bleibt, zurücklegt, können die Prozesse des natürlichen Alters mit demselben Recht und nach denselben Gesetzen und auf Grund der gleichen Ursachen vor sich gehen wie bei den tausendjährigen Bäumen oder wie bei Jahrhunderte alten Tieren. Die experimentelle Feststellung des Älterwerdens des Skeletteiweißes, Plastins, bei den Myxomyzeten, für dessen Beweis selbstverständlich das Mitgeteilte ungenügend ist, zusammen mit der experimentell festgestellten Tatsache über das Älterwerden des Skeletteiweißes bei Tieren könnte ein neuer Beweis für den gemeinsamen Ursprung des Lebens sein."

Die positive Bedeutung des Angeführten für unsere Betrachtungen über das „Altern" ist ohne weiteres klar.

Für uns ist hier nur die Tatsache wichtig, daß die Möglichkeit einer chemischen Veränderung der Zellbestandteile abhängig vom Altersstadium der Pflanze, in welcher die Bildung dieser Stoffe vor sich geht, besteht (daß das Plasmodium keine Zellstruktur besitzt, stört das Wesen der Sache nicht, da für uns nur die Neubildung als solche wichtig ist).

So können also chemische Veränderungen in den Neubildungen auftreten, welche in verschiedenen ontogenetischen Stadien des Individuums in Erscheinung treten. Wenn dies der Fall ist, so ist man berechtigt, anzunehmen, daß auch Neubildungen (z. B. Achseltriebe), welche aus Geweben verschiedenen Alters bestehen, d. h. also solche Neubildungen, in deren Zellen wenigstens einige Eiweißstoffe verschiedenen Alters vorhanden sind, auch entsprechende physiologische Merkmale besitzen, welche mit dem Vorhandensein dieser Stoffe verbunden sind. Das wären dann also in irgendeiner Hinsicht die Merkmale des „Alterns". Diese setzen wir gleich mit den Merkmalen einer Herabsetzung des Vitalitätspotentials. Eines der wichtigsten dieser Merkmale wird dasjenige des Endtermins des Lebens sein. Die Mechanik des Auftretens dieses Merkmals ist wahrscheinlich sehr verschiedenartig. Der Mechanismus kann im Stoffwechselgeschehen zum Ausdruck kommen, was wiederum von anatomischen Veränderungen begleitet sein kann. Damit ist der Anschluß an die Organbildungsphysiologie gegeben. Auch die Ansammlung von giftigen Stoffen ist möglich usw.[1].

DANIEL (1917) hat gezeigt, daß bei der Pfropfung eines alten *Epiphyllum* auf *Opuntia* eine viel stärkere Bildung von oxalsaurem Kalk stattfindet als im Falle der Pfropfung von jungem *Epiphyllum* auf die gleiche Unterlage und unter völlig gleichen Bedingungen. Es unterliegt keinem Zweifel, daß hier der chemische Alterszustand der Pflanze von Bedeutung ist.

Die Angaben von MEZ (1926a), daß alle Organe eines Individuums bei der Pflanze in allen ihren ontogenetischen Stadien gleiche serodiagnostische Reaktion geben, können nicht gegen das oben Angeführte sprechen. Einmal stellen die Pflanzenauszüge, welche für die Injektion angewandt wurden, eine so komplizierte und gestörte Stoffmischung dar, daß nach meiner Meinung keine Rede sein kann von einer Feststellung einer Reaktion. Außerdem ist die hier angewandte Reaktion für die Ziele, welche wir verfolgen, wohl zu grob[2].

Endlich müßten wir noch eine Betrachtung anführen, welche zugunsten unserer Konstruktion spricht: Nehmen wir einmal an, daß wir ein Blatt oder überhaupt einen Pflanzenbezirk, welcher ruhende Zellen in den aktiven Zustand überführt, als Steckling benutzen. Es

---

[1] [In diesem Zusammenhang ist die Arbeit von R. BEYERLE (1932) interessant. Ich entnehme seiner Zusammenfassung: „Bei allen ... untersuchten Farnen erlischt mit Ausnahme von *Hemionitis palmata* die Regenerationsfähigkeit allmählich noch im Jugendstadium.

Auch von Folgeblättern von *Ceratopteris thalictroides* und *Hemionitis palmata* kann man, wenn man die Adventivknospen austreiben läßt, die Blättchen der Adventivpflänzchen abtrennt, und deren Adventivknospen dadurch zum Austreiben bringt, und dies einige ‚vegetative Generationen' hindurch fortsetzt, wieder sehr einfach gebaute Primärblätter bekommen, welche wie normale Primärblätter regenerieren." Man wäre versucht, hier von einer Art experimenteller ‚Verjüngung' zu sprechen. M.]

[2] [Anders liegt die Sache, wenn an Stelle der von MEZ angewandten Präzipitation oder gar der von WILKOEWITZ und ZIEGENSPECK verwendeten Kunstserumreaktionen die Anaphylaxie tritt. Hier ist es durchaus möglich, serologisch nachzuweisen, daß sich bezüglich der Eiweißgarnitur (des Protenoms) das Material der Kotyledonen von dem der beblätterten vegetativen Sprosse weitgehend unterscheidet. Auf die Folgerungen, welche sich aus dieser Tatsache für die Frage der Antikörperbildung und damit der Organdifferenzierung ergeben, wird an anderer Stelle dieses Buches kurz hingewiesen werden. M.]

müssen also ruhende Zellen in einen meristematischen Zustand übergeführt werden. Darüber schreibt E. HEITZ (1925, S. 81) folgendes:
„Es muß festgestellt werden, daß die erwachsene Zelle bei der Regeneration wieder die morphologischen Eigenschaften der Embryonalzelle annimmt." Und auf S. 82:
„Sicher ist nur, daß (bei der Regeneration) der Kern und das Plasma sich vergrößern (an Volumen), und dadurch gleicht sich die erwachsene Zelle der vergrößerten Embryonalzelle an. Das Verhältnis des Kernes zu der Zellhöhe (nicht zu dem Plasmavolumen) ist nicht so groß wie bei den letzteren Zellen (Embryonalzellen")."

Daraus schließen wir, daß erstens nur die Rede sein kann von einer morphologischen Gleichheit der regenerierenden Zelle mit einer tatsächlich primär meristematischen Zelle und zweitens, daß sie auch dieser morphologisch nicht gleich ist. Wenn dies der Fall ist, so haben wir schon in dem Ausgangszustand, aus dem die Neubildung aus ruhenden Zellen hervorgeht, und demjenigen, aus welchem bei der Entwicklung des Samenembryos das Meristem entsteht, einen Unterschied. Im Falle des Stecklings, wo der Vegetationskegel scheinbar dem Vegetationskegel des embryonalen Stengels gleicht (was nach unserer Meinung nicht der Fall ist), bilden sich die Wurzeln dieses Stecklings aus Zellen, welche nur sekundär ihre Tätigkeit wiederhergestellt haben. Im allgemeinen liegt also ein verschiedener Ausgangszustand vor, woraus sich die Möglichkeit ergibt, daß auch das Resultat verschieden sein kann.

Wir stimmen in dieser Hinsicht formell im allgemeinen mit MIEHE (1926) überein, ohne daß wir diese Übereinstimmung auf seine Theorie ausdehnen möchten.

Auf Grund des Gesagten halten wir es für möglich folgende These aufzustellen: Beim Wachstum eines jeden Sprosses ist man völlig berechtigt anzunehmen, daß jedes Zuwachselement des Längenwachstums eine jüngere Bildung ist, welche aus einer älteren entstand. Es gelten also für diesen Zuwachs in jedem Augenblick in jeder Hinsicht alle unsere Betrachtungen über die Abhängigkeit der jüngeren Bildung von der älteren, aus welcher sie (die jüngere) entstand. Es fragt sich nun, welches der Zustand desjenigen Sproßendes sein soll, welcher, wie gewöhnlich, sein Wachstum mit dem Auftreten einer Blüte beendet.

Die Prolifikationserscheinung (das Durchwachsen eines Sprosses durch die Blüte) spricht nicht gegen diese Auffassung, sondern zeigt nur, daß in speziellen, manchmal sogar pathologischen Fällen (s. die Prolifikation bei einigen Rosen unter der Einwirkung von Pilzkrankheiten) das Wachstum des Sprosses mit der Blütenbildung nicht aufhört. Der prolifizierte Sproß erweist sich immer als von der normalen Sproßspitze des vegetativen Hauptsprosses verschieden, und ebenfalls unterscheidet er sich von der Spitze der Achselsprosse. Sein Entwicklungszyklus ist gewöhnlich kürzer. Außerdem kann der Zeitpunkt der

Umwandlung der Sproßspitze in eine Blüte künstlich verändert werden. So zeigt also die Prolifikation die Möglichkeit der Wiederherstellung der weiteren Wachstumsfähigkeit eines Sprosses, welche durch äußere Entwicklungsbedingungen der Pflanze abgedrosselt worden war (vgl. mit Experimenten von SCHAFFNER, 1926).

Auf Grund unserer Betrachtungen hat dieser Endteil des Sprosses im Verlaufe des Wachstums des ganzen Sprosses ein Maximum an physiologischen Altersmerkmalen in sich gespeichert, so daß also die Lebensdauer dieses spät gebildeten Teiles die geringste sein muß. Dieser ganze Prozeß des Längenwachstums der Sprosse und die damit verbundene differentiale Zunahme des Alterns kann unter Berücksichtigung des gleichzeitig fortschreitenden Alterns aller unterhalb gelegenen nachfolgenden Stengelabschnitte auch wohl durch ein mathematisches Schema ausgedrückt werden. Alle uns bekannten Tatsachen bestätigen die soeben angeführte Auffassung[1]. Wir weisen hier nur auf die schon erwähnte Tatsache der Abkürzung der Lebensdauer von Achselsprossen aus den oberen Teilen des Hauptsprosses hin, also auch hier übernimmt der Achselsproß die Merkmale des oberen Teiles des Hauptsprosses. Die Tatsachen, daß gewisse Pflanzen sich normalerweise durch natürliche Ableger vom Sproßende fortpflanzen (*Chlorophytum, Frugaria,* „lebendig gebärende Pflanzen") stören unsere Konstruktion nicht, sondern weisen nur darauf hin, daß in diesen Fällen als Art- oder Gattungsmerkmal eine ausgesprochene relative Verjüngung beobachtet wird. Eine gewisse relative Verjüngung zeigen hier auch, wie wir schon erwähnt haben, die verschiedenen morphologischen Merkmale in den unteren Teilen eines Achselsprosses. Die Existenz der normalen vegetativen Fortpflanzung spricht nur dafür, daß die Physiologie der Neubildungserscheinungen außerordentlich vielfältig ist. Hier ist eben das Älterwerden außerordentlich stark verzögert. Auch im Blütenmerkmal macht sich übrigens die relative Verjüngung beim Achseltrieb bemerkbar, indem die Blüte eines oberen Achseltriebes etwas später ihre Entwicklung vollendet, als dieses die Endblüte des Hauptsprosses tut.

Setzt man diesen Gedankengang fort, so wird unsere Konstruktion bestätigt durch das, was über die Lebensdauer des Blütenstieles (Pedunculus) und der vegetativen Blütenelemente bekannt ist. Und umgekehrt vermag unsere Konzeption dies letztere zu erklären. Wir berücksichtigen dabei auch, daß bestimmte vegetative Elemente der Blüte nach einer gewissen Umbildung manchmal längere Zeit noch am Leben bleiben können als Teile der reifen Frucht, selbst wenn diese von der Pflanze abgenommen wurde. Diese Elemente besitzen hier aber erstens

---

[1] [Es wäre in diesem Zusammenhang interessant, das Vitalitätspotential (im Sinne des Autors) von „schlummernden" Knospen mit demjenigen von aktiven Seitensprossen beliebiger Ordnung aber gleichen Eigenalters zu vergleichen. M.]

ein ganz „passives Leben" und zweitens sind sie zum Tode „verurteilt". Nur in Ausnahmefällen gelingt es, Bewurzelung einer Frucht mit nachfolgender Sproßbildung hervorzurufen. Es mag hier an die Experimente von HILDEBRANDT (1888) an *Cactus*-Früchten erinnert werden. Diese Früchte hatten aber schon auf dem Mutterbusch Proliferationserscheinungen gezeigt. Man kann also sagen, daß hier ein überschüssiges Vitalitätspotential vorhanden war. Im allgemeinen aber gelingt es nicht, Blütenelemente oder auch Fruchtelemente (mit Ausnahme des Embryos) zur Bewurzelung zu bringen. Dies erklären wir durch ontogenetisches „Altern". Die spezielle physiologische Rolle der Gewebe der zu betrachtenden Elemente stört uns hier nicht, und zwar deshalb, weil nicht nur Zellen des alten Parenchyms, sondern sogar Speicherzellen (s. NAKANO, 1924) in den aktiven Zustand zurückkehren können, weil weiter die Anlage neuer Knospen bei der Kartoffelknolle nach der Entfernung der normal angelegten von jungen Leitelementen, Bastkollenchym, Bastfasern usw. ausgehen kann (s. ASSEEVA, 1927 usw., TRÉCUL, 1853, TAYLOR, 1919, BLOCH, 1926, u. a.).

Es scheint, daß wir zur Stütze unserer Auffassung von den Früchten die Angabe von NOBÉCOURT (1928, S. 150) verwenden könnten, wonach fleischige Früchte durch Pilze angegriffen werden, welche auf den entsprechenden vegetativen Organen nicht zu parasitieren vermögen. Der Autor erklärt dies durch die herabgesetzte Lebensfähigkeit der Zellen, welche das Fruchtgewebe zusammensetzen. Wir erinnern hier aber an die Arbeit von NEGER (1915), welcher beobachtet hat, daß *Microsphaera alni var. quercina* nur solche Pflanzenteile befällt, die stark in der Entwicklung begriffen sind, während alternde Teile widerstandsfähig bleiben.

Im großen und ganzen scheinen aber jüngere Gewebe gegen die Parasiten widerstandsfähiger zu sein (s. z. B. TISCHLER, 1911, über die Widerstandsfähigkeit des Vegetationskegels gegen *Uromyces pisi*)[1].

Mit der Bildung des Embryos, d. h. vom Moment der Befruchtung an, beginnt der neue Entwicklungszyklus. Unsere Betrachtungen sind auf den Embryo schon nicht mehr anwendbar, denn es bildet sich dieser unter der Einwirkung ganz neuer Faktoren, welche im Geschlechtsprozeß gegeben sind. Man kann hier den Einwand erwarten, daß sich die oberen oder überhaupt die später gebildeten Pflanzenteile unter anderen äußeren Bedingungen der vorliegenden Vegetationsperiode ausbilden, was ein Altern vortäuschen könnte. Darauf kann man antworten, daß der gleiche Zustand der genannten Pflanzenteile sich auch herausbildet, wenn sie sich unter ganz gleichmäßigen (z. B. im Treibhaus) Bedingungen befinden oder wenn man verschiedene Individuen ein und derselben Art zu verschiedener Zeit aussät.

---

[1] [Hier ist ferner hinzuweisen auf die besonderen Verhältnisse bei den Orchideenpilzen, wo ebenfalls der Vegetationskegel im allgemeinen pilzfrei bleibt (vgl. S. 812f.). M.]

Übrigens besteht kein Zweifel, daß die äußeren Bedingungen sehr stark auf die Struktur wie auch auf den Chemismus der Neubildungen einwirken. Auf die Lebensdauer einzelner Organe können auch bestimmte, systematische, strukturelle Merkmale des genannten Organs wirken. So sagt GOEBEL (1910, S. 737):

„Die kürzere Lebensdauer der männlichen Blüten gegenüber den weiblichen spricht sich in manchen Fällen *(Urticaceen, Euphorbiaceen)* von vornherein schon darin aus, daß der Blütenstiel mit einer Abbruchstelle ausgestattet ist."

Aber derartige Erscheinungen sollen hier nicht besprochen werden.

So hat also nach unserer Auffassung die Betrachtung der Neubildungen aus der Achsel verschieden inserierter Sproßblätter wie auch an der Sproßspitze nicht nur mit morphologischen, anatomischen und äußerlich physiologischen, sondern auch mit biochemischen Daten zu rechnen. Dasselbe bezieht sich auch auf die Wurzel.

Wir kommen also dazu, festzustellen, daß sich auf durch Stecklingskultur erzogene Pflanzen das Alter des ursprünglichen Organismus auswirkt[2]. So gibt es also auch Gründe, eine „Entartung" der Rasse unter dem Einfluß ununterbrochener, lange andauernder Vermehrung durch Stecklinge oder Ableger zu erwarten.

Das gleiche läßt sich selbstverständlich auch auf Pfropfungen ausdehnen.

Ebenso wie für MOLISCH (1929, S. 158) ist es auch für uns schwierig, Beweise für das Altern bei länger dauernder, natürlicher, vegetativer Vermehrung bei höheren und niederen Pflanzen beizubringen. Wir sind aber trotzdem theoretisch bereit, unsere Betrachtungen auf diesem Prozeß auszudehnen, indem wir hier einen unvergleichbar geringeren Grad des Alterns und einen höheren Grad der Verjüngung und der vegetativen Nachkommenschaft zulassen. Wieviel „Generationen" der Nachkommenschaft man untersuchen muß, um schließlich das Auftreten einer Entartung durch Altern feststellen zu können, wissen wir nicht. Auf jeden Fall braucht man außergewöhnlich viel dazu und zweifellos mehr als bisher in Experimenten bei niederen Organismen untersucht wurden (Literatur und Grundtatsachen s. bei MOLISCH, 1929, S. 2—19).

Auf jeden Fall können wir diese Frage nicht als endgültig im negativen Sinne gelöst betrachten. Es ist sehr gut möglich, daß bei niederen Organismen Endomixis - Erscheinungen (s. ERDMANN und WOODRUFF, 1914, und ERDMANN, 1921) viel häufiger vorkommen als sie beobachtet wurden. Wenn dies der Fall ist, so können wir hier nicht von einer gewöhnlichen unregelmäßigen, vegetativen Vermehrung sprechen. Dieser

---

[2] [Angaben über die verschiedene Bewurzelungsfähigkeit und über die verschiedene Lebensdauer von Stecklingen verschieden alter einjähriger Pflanzen finden wir bei L. SCHNEE (1933). Durchweg bewurzelten sich Stecklinge älterer Pflanzen schlechter als solche jüngerer und hatten Stecklinge von älteren Pflanzen eine geringere Lebensdauer als solche jüngerer. M.]

eigenartige Prozeß führt tatsächlich zu einer starken der Geschlechtsvermehrung ähnlichen Verjüngung der Nachkommenschaft. Dies letztere bemerkt auch LINSBAUER (1925, S. 354).

In bezug auf die höheren Pflanzen wollen wir darauf hinweisen, daß bei einigen Arten, die sich gewöhnlich vegetativ vermehren, ab und zu, wenn auch selten, eine Vermehrung auf dem Wege der geschlechtlichen Fortpflanzung vorkommt (z. B. *Crocus sativus*, s. HIMMELBAUR, 1926). Wir wissen nicht, welche Nachkommenschaft die lebensfähigere ist.

Das gleiche bezieht sich auch (s. A. ERNST, 1918, S. 155—156) erstens auf Fälle parthenogenetischer Vermehrung (vorzugsweise aus nicht befruchteten Eizellen) der Arten, welche die Fähigkeit zu normaler geschlechtlicher Betätigung nicht überhaupt verloren haben und zweitens auf Fälle von Pseudoparthenogenese, d. h. auf die Entwicklung von Embryonen aus vegetativen Zellen des Gametophyten, und zwar bei Arten, welche die Möglichkeit des Geschlechtsprozesses noch bewahrt haben.

Andererseits läßt sich geschlechtslose Vermehrung *(Apomixis)* bei Pflanzen, welche tatsächlich endgültig die Geschlechtsbetätigung eingebüßt haben, und welche entweder den Embryo aus einer nicht befruchteten Eizelle (ovogene Apogamie) oder aus einer oder einigen somatischen Zellen des Gametophyten (somatische Apogamie) bilden, feststellen. ERNST ist der Meinung, daß die apogame Entwicklung eine von den Erscheinungen der vielen Störungen der Geschlechtssphäre bei Artbastarden ist. Wenn man sich in die Ursachen der Apogamie nicht weiter vertieft, sondern nur die Unmöglichkeit des weiteren Entwicklungsfortschrittes, welcher mit der geschlechtlichen Fortpflanzung verbunden ist, feststellt, so kann man schon darin eine gewisse Regression im Zusammenhang mit einer ununterbrochenen, geschlechtslosen Vermehrung sehen.

Hier möchten wir auf die Notwendigkeit hinweisen, den Verlust geschlechtlicher Reproduktion von dem primären Fehlen geschlechtlicher Differenzierung, wie es bekanntlich bei vielen niederen Organismen vorliegt, zu unterscheiden. Für uns handelt es sich nicht um diesen primären Zustand und deshalb können unsere Schlüsse nicht direkt auf ihn ausgedehnt werden. Wenn man aber dabei annimmt, daß „das Geschlecht ein Evolutionsfaktor ist" (S. NAVASCHIN, 1928), so muß man die negative Bedeutung der Geschlechtsabwesenheit auch für die gegenwärtig einfachsten Organismen entsprechend annehmen. Man muß nur bemerken, daß, wenn das Geschlecht sich als Primärursache der Anpassung der Pflanze an das Landleben erwies, trotzdem dies letztere keineswegs eine unbedingte Folge des Hervortretens des Geschlechtsprozesses ist, da dieser und der Generationswechsel auch bei der augenblicklich vorhandenen primären Wasserflora verbreitet sind.

Auf jeden Fall geht die Entartung, wenn sie von dem „vegetativen Alter" abhängt, sehr langsam vor sich, denn einige der gegenwärtig bekannten, sogar künstlich vermehrten Sorten sind schon lange genug bekannt, ohne daß eine Entartung beobachtet worden wäre. Nach mündlicher Mitteilung von R. M. WERMISCHOWA sind auf der Steingirlande, welche auf dem alten Tempel „Swartnoz" bei der Stadt Aetschmiadsina (Armenien) eingemeißelt ist, Reben verschiedener Traubensorten dargestellt, die einigen augenblicklich bekannten armenischen Sorten (CHARDJI, ALACHKI) ähneln. Dieser Tempel existiert seit dem 4. Jahrhundert.

Allerdings kann dieses $1^{1}/_{2}$tausendjährige Alter der Sorten nicht in bezug auf alle Merkmale bewiesen werden (andere Beispiele für und gegen Entartung s. MOLISCH, 1929).

Wenn man jetzt wünschen würde, eine allgemeine theoretische Basis für unsere Ansicht über das ontogenetische Altern zu geben und daraus auch auf das Altern bei lang dauernder vegetativer Vermehrung zu schließen, so würden wir hierfür die Betrachtungen von LINSBAUER (1925) gewählt haben. Dabei müssen wir darauf hinweisen, daß der Autor selbst seinen Standpunkt für die von uns gestellten Ziele formell nicht ausnutzt. MOLISCH (1929) erwähnt die genannte Arbeit nicht. Auch KORSCHELT (1927, S. 390) führt diese Arbeit aus einem ganz anderen Grunde an.

LINSBAUER (1916) teilt die Meristeme ein in progressive und regressive, welche (1925, S. 347) dahingehend charakterisiert werden, „daß jene auf dem Wege der Teilung zu zunehmender Differenzierung unter gleichzeitig abnehmender Determinierung Anlaß geben, während bei diesen die Teilungen gerade umgekehrt zu einem Zellenmaterial von geringerem Differenzierungsgrad und zunehmender Entwicklungspotenz führen. Die Entwicklung kann somit entgegengesetzte Wege einschlagen, sie führt zum Tod als dem letzten Stadium progressiver Evolution oder zurück zu einem Stadium geringerer Differenzierung oder, — wenn man den Ausdruck gebrauchen will — zu einer ,Verjüngung'. In diesem Sinne wollen wir auch von einer Evolution und einer Involution oder Rückbildung sprechen. Diese Verhältnisse gewinnen dadurch an Mannigfaltigkeit, daß die auf progressivem Wege sich vollziehende Ausbildung eines Organs mit einer teilweisen Entdifferenzierung der dasselbe aufbauenden Zellen verknüpft sein kann und umgekehrt, so daß es von vornherein zweckmäßig erscheint, wenigstens dort, wo ein Zweifel möglich wäre, ausdrücklich zwischen histogener und zellulärer Evolution (Differenzierung) bzw. Involution (Entdifferenzierung) zu sprechen. Für die Einzelligen fallen naturgemäß beide Formen der Entwicklung zusammen." Dabei wird nach SACHS vorausgesetzt, „daß sich der embryonale Charakter nicht durch eine Aufzählung gewisser histologischer Charaktere, also nicht strukturell, sondern nur funktionell erfassen läßt".

Damit ist selbstverständlich nicht der Meinung, daß das Plasma zu irgendwelchem Moment eine vollkommen indifferente Masse darstellt, Ausdruck gegeben. Es handelt sich nur darum, daß die nicht immer zu beobachtende Zellstruktur den Grad ihrer embryonalen Möglichkeit und des embryonalen Zustandes charakterisieren,

„... wie die befruchtete Eizelle oder Reproduktionszelle überhaupt über einen gewissen Grad von biologischer Elastizität verfügt, d. h. nach Aufhören einer differenzierenden Einwirkung von bestimmter Größe und Dauer in einen indifferenten Zustand zurückzukehren befähigt ist" (LINSBAUER, l. c.).

Es genügt jetzt, sich vorzustellen, daß bei der normalen Ontogenese alle in der Entwicklung aufeinanderfolgenden Zellen zu demjenigen indifferenten Zustand, welchen ihre mütterlichen Zellen besaßen, nicht voll zurückkehren, um ein natürliches Älterwerden in der Ontogenese zu erklären. Wenn dieser Prozeß auch in isolierten Pflanzenteilen weiter fortschreitet, so ist der Prozeß des natürlichen Alterns bei vegetativer Vermehrung im ganzen verständlich. Durch die Hypothese von LINSBAUER kann man die verschiedene Kraft der vegetativen Entwicklung von Stecklingen, welche an verschiedenen Orten dem ontogenetischen Systems entnommen sind, erklären.

7. Die Regenerationsfähigkeit als genetisches Merkmal [1].

Die Frage der Regenerationsfähigkeit als genetisches Merkmal hat eine sehr große, sowohl prinzipielle als auch praktische Bedeutung. Wenn die Regeneration im gleichen Grade ein Merkmal jeder Art darstellt, so bezieht sich die Frage nur auf die äußeren Bedingungen einer Verwirklichung der Regenerationsfähigkeit. Umgekehrt, wenn man die Regeneration als genetisches, systematisches Merkmal annimmt, so kann nur davon die Rede sein, daß äußere Bedingungen oder Einwirkungen gewöhnlich den Grad und den Charakter des Offenbarwerdens dieses Merkmales beeinflussen, ohne daß sie es hervorrufen könnten, wenn es fehlen sollte. Theoretisch gesprochen, könnten nur experimentelle Mutationen als Ausnahme gelten. Solche sind uns aber für dieses Merkmal unbekannt. Weiter oben ist genügend dargetan worden, daß wir die Regenerationsfähigkeit für ein genetisches Merkmal halten, daß aber dieses Merkmal im Grunde so breiten systematischen Gruppen eignet, daß man es praktisch für eine allgemeine, phylogenetisch verursachte, biologische Eigenschaft der Organismen halten könnte; aber sobald von der Intensität der regenerativen Fähigkeit die Rede ist und von den qualitativ verschiedenen Merkmalen der Fähigkeit, so erweist sich hier eine ausführlichere, systematische Differenzierung als notwendig und möglich. Es wurde schon bei einigen der oben angeführten Beispiele über die verschiedene Regenerationsintensität bei verschiedenen systematischen Einheiten gesprochen. Ein besonders deutlicher Indikator dafür ist z. B. die verschiedene Fähigkeit der Arten zur Stecklingsbewurzelung. Dabei handelt es sich sowohl um die Anzahl als auch um den Entwicklungsgrad einzelner Anlagen (s. z. B. ZEHENDNER, 1924).

---

[1] [Vgl. hier HAGEMANN (1931), sowie über die verschiedene Regenerationsfähigkeit von Farnarten R. BEYERLE (1932). M.]

Ein gutes Beispiel für qualitative Unterschiede in der Bildung von Wurzeln an Stecklingen verschiedener Pflanzenarten geben ZIMMERMANN und HITCHCOCK (1928, S. 626). Bei diesen Stecklingen bildeten sich die Wurzeln abhängig von der Pflanzenart vorzugsweise an verschiedenen Stellen der Stecklinge. Solche Beobachtungen sind allerdings nicht neu (s. z. B. KRENKE, 1928b, S. 279). Auch in bezug auf die Wundheilung, Bildung von Kallusgewebe und Nebensprossen verhalten sich verschiedene Arten ganz abweichend. Das gilt sogar für die Arten ein und derselben Gattung; z. B. bilden *Kartoffel*-Stengel auf der oberen Schnittfläche nur sehr schwer Kallus (s. JØRGENSEN, 1927), während die *Tomate* ausgezeichnet Kallus bildet. (Über Stecklingsbewurzelung bei Apfelsorten s. LEBEDEW und KOTSCHEREJENKO, 1932).

ILYINSKY (1926, S. 364) hat beobachtet, daß bei isolierten Blättern von *Cardamine pratensis* sich Knospen bedeutend weniger energisch bilden als bei *Cardamine dentata*.

Aber es fehlen für die quantitative sowohl wie für die qualitative Seite der Regenerationsfähigkeit ähnlich genaue vergleichende Untersuchungen für sehr nahestehende, systematische Einheiten, wie z. B. einander nahestehende Arten einer Gattung oder Rassen einer Art. Dabei wären diese Daten unter einem allgemeinen Gesichtswinkel wie auch vom Standpunkt der Kreuzung in bezug auf dies Merkmal sehr interessant.

Wenn bei Hybriden ein Merkmal aus dem Gebiet der Regenerationsfähigkeit, das nur bei einem von beiden Eltern aufgetreten wäre, wie z. B. die Fähigkeit zur Bewurzelung oder irgendeine andere Regenerationsform, aufträte (s. Schema S. 207), so könnte dies einen wichtigen praktischen Wert haben. Wenn man die vegetative Vermehrung bei wirtschaftlich wichtigen Pflanzen berücksichtigt, so bestände nicht einmal die Notwendigkeit konstante Hybriden zu schaffen. Eine F_1 würde schon ein fertiges Resultat darstellen.

Die bekannten Tatsachen, daß die F_1 vieler Hybriden sich vegetativ stärker entwickelt als die Eltern (Heterosis), gibt die Hoffnung, daß auch bei den Stecklingen entsprechender Hybriden die regenerative Fähigkeit sich als im Vergleich zu den Elternformen noch verstärkt erweisen wird.

8. Veränderlichkeit der Regenerate.

Im Zusammenhang mit der Arbeit von BLARINGHEM (1907) wie auch bei anderen speziellen Punkten (wie z. B. der Beschreibung der kallusbürtigen Sproßneubildungen, s. S. 249) haben wir über die Variabilität der Regenerate schon gesprochen. Auch hier sind weitere genaue Untersuchungen noch notwendig[1].

---

[1] [R. BEYERLE (1932) gibt für die Neubildungen von isolierten Farnprimärblättern an, daß sie, ,,abgesehen von den Sproßknospen, sehr labile Gebilde, welche ineinander übergehen können, darstellen. Sie haben durchweg die Tendenz,

Wir möchten hier nur auf die interessanten Experimente hinweisen, welche ihre Quellen in den Arbeiten von PRINGSHEIM (1876, 1877) haben. Gedacht ist hier an die Stecklingsbildung aus den Sporangien von Moosen, bei der es den späteren Autoren gelungen ist, polyploide Pflanzen zu erhalten[1] (s. Brüder MARSHAL, 1911 und frühere Arbeiten und WETTSTEIN, 1924 und 1928, wo weitere Literatur angegeben ist). Abgesehen von ihrer Bedeutung für das Regenerationsproblem (z. B. Degeneration nach Übersättigung mit Chromosomen) stellen diese Experimente ein sehr wichtiges Material für das Problem der plasmatischen Vererbung dar. Sie führten zu Aufstellung der Plasmontheorie durch F. v. WETTSTEIN.

9. Künstliche Stimulation der Regeneration.

Voraussetzung für die Behandlung des Problems der künstlichen Stimulation der Regeneration ist die Variabilität der Pflanzen in dieser Hinsicht bei Haltung unter verschiedenen äußeren Bedingungen, einerlei ob es sich um verschiedene edaphische oder klimatische Bedingungen handelt.

KASAKEWITSCH (1921, S. 83), welcher den Charakter und die Verbreitung der vegetativen Vermehrung von Gliedern zonaler Formationen von Südost-Rußland erforscht hat, kommt zu dem Schluß, daß in einer Reihe der genannten Formationen ,,mit der Steigerung der Temperatur und Verminderung der Feuchtigkeit eine starke Herabsetzung der Fähigkeit zur vegetativen Vermehrung beobachtet wird." Das gleiche beobachten wir auch bei künstlichen Operationen, wo zu hohe Temperatur und Trockenheit der Regeneration entgegenwirken.

Allerdings ist für einige Pflanzen, wie z. B. für *Euphorbia tirucalli* L. und für viele Xerophyten besonders in der ersten Zeit eine sehr starke Trockenheit notwendig.

ILYINSKY (1926, S. 365) hat unter bestimmten, natürlichen Bedingungen (Beschattung und Feuchtigkeit) die Bildung selbständig sich bewurzelnder Stengelbeiknospen bei *Barbaraea vulgaris* beobachtet.

LEHMANN (1926, S. 129—130) teilt für die *Kartoffel* mit, daß die Knollen bei ein und derselben Sorte, an verschiedenen Standorten zur Entwicklung gelangt, gleichfalls in ihrer Zellgröße gesicherte Differenzen zeigten.

,,Wurden Knollen derselben Sorte, aber verschiedener Herkunft am gleichen Standort angebaut, so waren auch noch bei der Ernte Unterschiede in der Zellgröße vorhanden. Die Ernährungsbedingungen vermögen also in der inneren Konstitution der Pflanze vegetative Veränderungen hervorzurufen, die auch noch bei den Nachkommen nachklingen können."

---

nach mehr oder weniger langer Zeit Sproßknospen zu bilden." Dies scheint mir eine interessante Parallele für den Kallus bei der Stumpfregeneration angegebenen Tatsachen zu sein. M.]

[1] [Bezüglich der Farne vgl. HEILBRONN (1927) und LAWTON (1932). M.]

Die oben beschriebenen oder ähnliche Variationserscheinungen können auch an der Regeneration nicht spurlos vorübergehen. Bezüglich der chemischen, natürlichen Veränderlichkeit der Pflanzen findet man schon bei VIRGILIUS (s. S. 44, 45 und 46 der russischen Übersetzung der Georgica) Angaben. Auch DARWIN schenkt ihr Aufmerksamkeit. In der letzten Zeit haben S. L. IWANOFF (1926) den Gesetzmäßigkeiten der geographischen, chemischen Veränderlichkeit von landwirtschaftlichen Pflanzen viel Aufmerksamkeit gewidmet.

S. L. IWANOFF (1926) hat sogar ein ,,biochemisches Grundgesetz der Evolution des Stoffes im Organismus" vorgeschlagen, in dem die Evolutionslehre konkreterweise auf chemische Pflanzenstoffe ausgedehnt wird.

OTTO (1900, S. 307) hat an einigen *Birnen*-Sorten, sowie bei einigen *Apfel*- und *Kirsch*-Rassen gefunden, daß die Holzfasern einjähriger Sprosse in ihrer quantitativen, chemischen Zusammensetzung in Abhängigkeit von der Orientierung der Sprosse eines und desselben Baumes bezüglich der Himmelsrichtungen nicht nur in dem Wassergehalt, in der Trockensubstanz, im Aschengehalt und dem Stickstoffgehalt, sondern auch in der Zusammensetzung der Asche selbst variieren. Wasser und Stickstoff finden sich mehr an der Nordseite, während für die Trockensubstanz an der Ostseite besonders hohe Werte gefunden werden. Verschiedene Arten und Sorten zeigen in vieler Hinsicht verschiedene Verhältnisse. Der ontogenetischen, chemischen Veränderlichkeit sind auch einige Arbeiten gewidmet, von welchen wir zuerst die Arbeit von NYLOV und seinen Mitarbeitern (1929) und KOROTKEWITSCH (1930) erwähnen möchten. Die letzte hat eine quantitative Variabilität des Atropins in den Blättern der *Atropa belladonna* in Abhängigkeit vom Alter der Blätter und von der Sammelzeit festgestellt. Es wurde in den Adern der jüngeren Blätter ein maximales Quantum der Alkaloide festgestellt. Die Menge erhöhte sich in der Dunkelheit bei künstlicher Ernährung der Pflanze mit stickstoffhaltigen Materialien.

Derartige Daten stellen selbstverständlich ein brauchbares Material für Experimente über die Auswirkung verschiedener Verhältnisse auf die Regeneration der untersuchten Pflanzen und Pflanzenteile dar. So ergibt sich die Möglichkeit, unter den natürlichen Varianten für die nachfolgenden Operationen eine gewisse Auswahl zu treffen. Es ist möglich, daß gerade durch die natürliche chemische Variabilität praktische Beobachtungen, wie z. B. über verschieden gutes Bewurzelungsvermögen von Stecklingen derselben Art unter verschiedenen bodenklimatischen Bedingungen sich erklären werden. So lesen wir im Kew Bulletin (1906, S. 24) über *Eucommia ulmoides* OLIV., daß: ,,it can be propagated easily by means of cuttings..."

In den Bezirken der Städte Suchum und Batum an der Küste des Schwarzen Meeres war eine gewöhnliche Stecklingsbildung nicht so leicht. Allerdings hat man in letzter Zeit schon Erfolge erzielt.

Von direkten experimentellen Einwirkungen seien hier nur einige der Methoden in Erinnerung gebracht, die im Kapitel über die Abhängigkeit der Wundheilung von äußeren Bedingungen (s. S. 242) erwähnt wurden, wie auch viele andere, die hier in Frage kommen (s. z. B. GOEBEL, 1902, KNIGHT, 1806, BENECKE, 1903, PORTHEIM, 1903, NAGAI, 1919, POPOFF, 1924, GERTZ, 1926, GERIGHELLI, 1926, STARRING, 1923, LEK, 1933). Möglich ist, daß experimentelle Veränderungen des anatomischen Aufbaues, die leicht durch künstlich variierte Ernährung (s. z. B. VOLK und TIEMANN, 1927, und LEHMANN, 1926, u. a.) erreicht werden können, auch Veränderungen in der Regenerationsfähigkeit nach sich ziehen. In den genannten Arbeiten über chemische Stimulation ist der Wirkungsmechanismus der Stimulatoren fast vollkommen unerforscht, auch wenn man hier die Stimulation durch Wundreize (s. unsere S. 155, Experimente von NABOKICH, 1908, und HABERLANDT, 1929b) mit einschließt. Wir haben im Kapitel über die Wundreize (s. S. 175) eine allgemeine Theorie dieser Erscheinungen, welche M. POPOFF entwickelt hat, mitgeteilt. Früher haben POPOFF und SEISOFF (1925) sowie POPOFF (1926) beschrieben (1925, S. 107), daß

„bei der Stimulationseinwirkung auf die lebenden Zellen, welche, wie POPOFF gezeigt hat, zu einer starken Hebung der integralen Lebensvorgänge führt, ... auch die kolloidalen Veränderungen der lebenden Substanz eine nicht unbeträchtliche Rolle spielen, denn dadurch werden die stimulierten Zellen, pflanzliche oder tierische, was Wasseraufnahmefähigkeit anbelangt, in den Zustand einer eben befruchteten Eizelle oder den einer ganz jungen Embryonalzelle zurückversetzt. Der Lösungsgrad des lebenden Kolloids aber steht im engsten Zusammenhang mit der Intensität der Lebensvorgänge."

Die Ansicht POPOFFs über die Bedeutung der Quellung steht in vielem der Auffassung von PORODKO (1915, S. 141, 150 u. a.) nahe, welche dieser Autor über das Wesen der Anregung des chemotropischen Reizes entwickelt hat. Nach PORODKO (S. 187) besteht sein Wesen „in der Veränderung des Hydrationspotentiales der dispersen Phase des plasmatischen, lipoproteiden Emulsoids", d. h. des plasmatischen Biokolloids der Zelle. Jedenfalls stellt irgendwie der Zustand des Wasserhaushaltes des Plasmas einen anscheinend sehr wichtigen Faktor dar. Aber es ist zweifellos nicht die Wirkung eines einzelnen Faktors, sondern vielmehr die eines oder mehrerer aneinandergekoppelter Faktorenkomplexe. Es ist kaum möglich in der nächsten Zeit eine vollkommene Erklärung der Wirkung chemischer Reize auf das Wachstum und die Zellteilungen zu erwarten.

Infolge des Mangels einer Ausarbeitung des genauen Wirkungsmechanismus des chemischen wie auch der anderen Reize erhält man im allgemeinen ziemlich verschiedene Resultate. Deshalb kann man hier sehr schwer allgemeine Gesetzmäßigkeiten zusammenfassend geben, und es ist eine fast empirische Anpassung an spezielle Fälle notwendig (vgl. KOBEL, 1926).

Die korrelativen Beziehungen zwischen Organen oder Elementen des Individuums überhaupt und eines isolierten Teils des Individuums insbesondere stellen regulierende Faktoren eines Regenerationsprozesses dar. In bezug auf die Wurzelbildung und Sproßbildung möge man vergleichen bei GOEBEL (1902, 1908, 1916), VÖCHTING (1918), DOSTÁL (1926a, b, 1930), HARTSEMA (1928), ZIMMERMANN und HITCHCOCK (1928), NOLL (1900) und SLEDGE (1930), TRESPE (1931) und die übrige Literatur, die hier angegeben ist. Bezüglich der Einwirkung auf Verwachsungsprozesse finden sich Angaben bei KABUS (1912) und KRENKE (1928b, S. 373).

Wir wollen uns hier nicht bei den verschiedenen Operationen, welche im Gartenbau angewandt werden (verschiedene Verdrehungen, Einlegungen, Einschnitte, verschiedene Methoden der Stecklingsentnahme und Kultur usw.) aufhalten. Über die Bedeutung der Ringelung für die Bewurzelung wurde schon weiter oben gesprochen (s. S. 214—215). Weiter unten werden wir noch einen Kunstgriff für die Anwendung der Transplantation zur Erzielung von Bewurzelung bei Stecklingen mitteilen. Endlich sind die Temperatur und andere energetische Einwirkungen, welche Abweichungen in der vegetativen Entwicklung hervorbringen können (s. z. B. GASSNER, 1925, MOLISCH, 1909, JOHNSON, 1926, KOERNICKE, 1927, und andere ähnliche Arbeiten), als Regenerationsreize möglich.

In allen Fällen einer Stimulation der Regeneration muß man die beiden folgenden Möglichkeiten streng unterscheiden:

1. Verstärkung der Entwicklung schon existierender Anlagen oder sich entwickelnder Organe.

2. Die Hervorrufung neuer Anlagen.

Die überwiegende Mehrzahl der Arbeiten sind dem zuerst genannten Teil gewidmet, welcher selbstverständlich eine bedeutend einfachere Frage behandelt. Dabei ist theoretisch und praktisch der zweite Fall keineswegs von geringerem, sondern eher erhöhtem Interesse. Selbstverständlich ist die Lösung dieser Frage von allen Seiten mit großen Schwierigkeiten verknüpft. Die Hauptsache ist hier, daß wir sehr oft sehr konservativen und manchmal auch genotypisch strukturellen Merkmalen begegnen. Die Experimente zur Verstärkung der Entwicklung von überhaupt sich gut entwickelnden Organen und Geweben scheinen uns nebensächlich.

In bezug auf die Hervorrufung neuer Strukturanlagen, d. h. von Organen, neigen wir sogar zur Annahme, daß hierbei diejenigen Operationen die Hauptrolle spielen, welche die Gesamtheit der Korrelationsbeziehungen im Individuum oder seiner Teile in Betracht ziehen, und nicht diejenigen, welche sich auf eng lokale Einwirkungen beschränken. Daher ist es z. B. bei Pflanzen, welche schwer sich bewurzelnde Stecklinge geben (*Apfel*-Baum u. a.), oder welche aus dem Kallus schwer Adventivsprosse bilden (*Kartoffel, Gossypium* u. a.), wesentlicher, eine bestimmte

Phase der ontogenetischen Entwicklung, die regenerationsfähiger ist, zu finden, als eine lokale Einwirkung mit diesem oder jenem chemischen Stimulator, z. B. auf die Wundfläche oder auf einen kleinen Teil des Sprosses vorzunehmen.

Hiermit stehen auch die Tatsachen im Einklang: Beim *Apfel*-Baum und bei mehreren anderen Pflanzen bewurzeln sich die unteren Teile der Sämlinge oder die experimentell hervorgerufenen jungen unteren Adventivsprosse der erwachsenen Pflanzen völlig befriedigend. Bei der *Kartoffel* bilden sich nach den in unserem Laboratorium gegenwärtig laufenden Versuchen Adventivsprosse von der Wundfläche der experimentell erzeugten knollenähnlichen Sprosse etwas besser, als von den gewöhnlichen, dünneren Sprossen.

Prinzipiell analoge Beispiele lassen sich ziemlich reichlich finden.

Bei der Mitteilung der Möglichkeiten einer gewissen Beeinflussung der Regenerationsprozesse haben wir nach unserem Schema (s. S. 207) vor allen Dingen die isolierten Teile eines Individuums, d. h. hauptsächlich die Amputatregeneration vor Augen. Doch bezieht sich vieles hiervon auch auf die Stumpfregeneration unseres Schemas.

Eine Reihe der von uns erwähnten Regenerationsstimulationen kann sowohl an den schon isolierten Teilen als auch noch an der mütterlichen Pflanze, bevor also die Teile abgetrennt wurden, ausgeführt werden.

Die überwiegende Mehrzahl der Arbeiten sind nur isolierten Teilen gewidmet. Dabei liegt hier (KRENKE, 1928b, S. 287—297) ein Sonderproblem vor, das der „**Vorbereitung der Pflanze im ganzen und der Vorbereitung ihrer einzelnen Teile zu weiteren chirurgischen Operationen**" speziell zu der schon untersuchten Operation der Stecklingsbildung.

Fast alles, was wir über die weitere Kultur von Stecklingen auf **eigenen Wurzeln** gesagt haben, gilt auch für ihre **Pfropfung** auf verschiedene Unterlagen. Das Kriterium wird im letzten Fall eine vollkommene Verwachsung sein. Von den diesem Problem gewidmeten Arbeiten, welche es jedoch als solches nicht aufgestellt haben, möchten wir die Experimente von SWINGLE, ROBINSON und MAY (1929) und auch von HÖSTERMANN (1930) erwähnen[1].

In der Praxis haben sich auch gewisse Regeln, z. B. für die Auswahl der Stecklinge, herausgebildet. Aber über die Vorbereitung der mütterlichen Pflanze zu dieser Operation wird sehr wenig gesagt (Ringelung, Einschnitt usw.).

Damit beenden wir eine flüchtige Übersicht über die regenerative Wundkompensation (C_2) des Amputats, welche von uns auf neun Grundfragen zurückgeführt wurde (s. S. 294). Hier ist es nicht möglich, in bezug

---

[1] [Ferner sei auf die schon an anderer Stelle zitierten Arbeiten von A. HARIG (1932), N. KAKESITA (1930), sowie die gesamte Literatur über das „Frühtreiben" hingewiesen (vgl. bei A. HARIG). M.]

auf jeden einzelnen Fall allgemeine Schlüsse zu ziehen. Wir möchten uns auf die praktisch wichtige Frage der Entwicklung von Stecklingen beschränken. Aber die allgemeinen Schlüsse, welche sich hier ziehen lassen, sind in der Mehrzahl auch auf andere Regenerationsarten, speziell auf die Kallusbildung, anwendbar.

10. Zusammenfassung über Stecklingsbildung.

Die Resultate der Stecklingsbildung hängen von zwei hauptsächlichen Faktoren ab: 1. von den genotypischen Eigenschaften des Stecklings; 2. von den allgemeinen Eigenschaften und Zuständen des Stecklings.

Geht man bei diesen beiden hauptsächlichsten Faktorengruppen ins einzelne, so wird folgendes zu berücksichtigen sein:

Das Resultat der Stecklingsbildung hängt ab:

1. von den genotypischen Eigenschaften der mütterlichen Pflanze;
2. von den genotypischen Eigenschaften des abgetrennten Stecklings, was besagen will, daß nicht nur verschiedene Arten und Rassen ein verschiedenes Resultat geben können, sondern, daß auch einzelne Körperteile eines einzelnen Individuums, welche genotypisch verschieden sein können, verschiedene Resultate liefern werden;
3. von der organographischen Natur des Amputats bei genotypisch gleichartigen Gesamtindividuen (Wurzel, Stengel oder Blatt usw.);
4. von dem untersuchten Organteil;
5. von dem Alter des Amputats (dem Eigenalter);
6. von dem Alter der Mutterpflanze;
7. von der Lage des Amputats an der Gesamtpflanze und an ihrem Einzelteil;
8. von dem anatomischen Aufbau, dem quantitativen und qualitativen Ernährungszustand und von der Gesundheit des Explantates;
9. von der Operationsmethode und den äußeren Bedingungen der Operation;
10. von der Operationszeit (Tageszeit und Jahreszeit);
11. von den klimatischen Bedingungen;
12. von der vorherigen künstlichen Vorbereitung des zu operierenden Teiles zur Operation;
13. von der Aufbewahrung des Amputats zur weiteren Anwendung.
14. von den Bedingungen der weiteren Kultur des Organes oder isolierten Organteiles. (Einwurzelung, Transplantation auf eine andere Pflanze oder Replantation nach verschiedenen Methoden, verschiedene Umstände dabei, verschiedene Pflege, verschiedene Einwirkungen, endlich Kultur in verschiedenen künstlichen Nährböden usw.)

Es muß gesagt werden, daß bis jetzt mit keiner Pflanze eine vergleichende Analyse der Resultate der Stecklingsbildung in Abhängigkeit von allen hier angeführten Faktoren durchgeführt wurde. Es gibt eine

Reihe von Einzeluntersuchungen über verschiedene Arten, welche zeigen, daß jedes der erwähnten Momente eine bestimmte Bedeutung haben kann. Es sind also Arbeiten notwendig, welche einer Klärung der Bedeutung der einzelnen Faktoren für die einzelnen Arten zustreben. In Punkt 14 ist darauf hingewiesen, daß eine der Formen der Aufbewahrung des isolierten Stecklings eine Transplantation ist (Pfropfung). Diese Operation und die mit ihr verbundenen Probleme nehmen in der Praxis und in der Theorie eine so wichtige Stellung ein, daß wir den Transplantationsfragen im folgenden besondere Aufmerksamkeit widmen wollen.

V. Transplantation (Umpflanzung, Pfropfungen).

1. Allgemeine Begriffe.

Wir haben schon mehrfach die chirurgische Methode der Transplantation erwähnt. Die Pfropfungen haben aber eine so weite Verbreitung in der Praxis wie auch bei der Lösung wissenschaftlicher Fragen gefunden, daß wir ihnen einen besonders breiten Raum in unserer Arbeit widmen.

A. THOUIN hat im Jahre 1810 (S. 209) schon folgendes geschrieben:

„Die Erfindung der Pfropfkunst liegt im grauen Altertum. Der Erfinder ist unbekannt. Phönizier übergaben diese Kunst an die Karthagener und Griechen, von denen sie weiterhin die Römer übernommen haben. Sie haben diese Pfropfkunst über ganz Europa verbreitet, wo sie weiter entwickelt und durch verschiedene Methoden modifiziert wurde. Aber trotz dieser großen Verbreitung, welche die Pfropfungen erfahren haben, ist es zweifelhaft, ob diese Kunst in der Theorie und in der Praxis sich vervollkommnet hat."

THEOPHRAST, ARISTOTELES, XENOPHON bei den Griechen, MAGON bei den Karthagern, VARRO, PLINIUS, VERGIL, COLUMELLA, Kaiser KONSTANTIN bei den Römern, KUFFNER, AGRICOLA und SIKLER in Deutschland; BRADLEY und FORFID in England, OLIVIE (DE FERRES) LACANTENY, DU HAMEL, ROSIE und CABANIS in Frankreich sind diejenigen Autoren, die bis jetzt mehr oder weniger ausführlich über die Pfropfkunst berichtet haben.

Da wir nicht vorhaben, eine Geschichte der Transplantation bei Pflanzen hier zu schreiben, was auch eigentlich VÖCHTING (1892) schon getan hat, möchten wir nur bemerken, daß im Jahre 36 vor Christi Geburt MARCUS TERENTIUS VARRO REATINUS in seinem Werk „De re rustica" die Pfropfungen erwähnt hat und z. B. darauf hinweist, daß man die *Süßkirsche* dann pfropfen solle, „wenn der Tag am kürzesten ist". In dieser Arbeit geht VARRO schon auf Arbeiten von 50 Vorgängern zurück. Auch VERGIL (70—90 vor Chr.) schreibt in seinem zweiten Buch der Georgica über Pfropfungen, über das Beschneiden der Pflanzen usw.

Andererseits muß man anerkennen, daß die eigentliche wissenschaftliche Bearbeitung der Frage der pflanzlichen Pfropfung erst in der zweiten Hälfte des 18. Jahrhunderts beginnt. Es sei hier die Arbeit von DUHAMEL DU MONCEAU (1758) erwähnt.

Wir möchten uns zunächst mit der Terminologie beschäftigen. Abgesehen von den beiden Ausdrücken ,,Unterlage und Reis" benutzt man manchmal noch (s. z. B. DANIEL und FUNK) die Termini ,,Hypobiont und Hyperbiont", mit denen auf die Beziehung der Pfropfung zu den Erscheinungen der Symbiose hingewiesen wird. Wir wollen diese Termini vorläufig nicht benutzen (s. S. 21, 23), sondern werden uns der gewöhnlichen Terminologie bedienen oder allgemein unsere Bezeichnung ,,Transplantosymbiont" anwenden, die uns bequem und richtig erscheint.

Man kann unter Transplantation die Umpflanzung eines Pflanzenteiles auf eine andere Stelle derselben Pflanze oder eines anderen Individuums verstehen. Die Transplantation als solche aber leistet noch nicht Gewähr dafür, daß auch eine Verwachsung des verpflanzten Teiles mit der Unterlage zustande kommen wird. Im Falle einer Verwachsung des Reises nach Abtrennung von seiner Mutterpflanze würde man von einer Verwachsung oder Pfropfung nach Umpflanzung zu sprechen haben.

Im übrigen ist die Klassifikation des Begriffes ,,Transplantation" in der Zoologie genügend ausführlich bearbeitet worden (s. z. B. ISAEFF, 1927, S. 18—28). In der Botanik hat man diese Arbeit bis jetzt noch nicht durchgeführt, aber durch die vorliegenden Angaben aus der Zoologie wird diese Arbeit wesentlich erleichtert, wenn auch einige Veränderungen notwendig sind.

In dem in diesem Buch schon angeführten Schema haben wir die allgemein möglichen Fälle einer Transplantation unter der Abteilung C_3 (,,Verwachsung von Pflanzenteilen") angeführt. Hier soll nun unter Beibehaltung des im vorgeschlagenen Schema befolgten Einteilungsprinzipes eine entwickelte Klassifikation gegeben werden.

Wir können folgende Transplantationstypen unterscheiden:

A. Autoplastische Transplantation: Verpflanzung irgendwelcher Pflanzenteile innerhalb der Grenzen eines Individuums[1]. Ein spezieller Fall der autoplastischen Transplantation ist die Replantation, d. h. das Anwachsenlassen des abgetrennten Teiles an der früheren Stelle.

B. Homoplastische Transplantation: Verpflanzung irgendwelcher Teile eines Individuums auf ein anderes Individuum derselben Art. Eine Heterotransplantation kann ausgeführt werden:

C. Heteroplastische Transplantation.

Zwischen entfernter verwandten Individuen (d. h. innerhalb der Grenzen des Genus einer Familie oder noch weiterer systematischer Gruppen.

Die folgenden Einteilungen gelten gleichmäßig für A bis C.

---

[1] [Vgl. Anmerkung auf S. 24. M.]

Allgemeine Begriffe.

1. Verwachsung homologer Organe von gleicher physiologischer Funktion.
2. Verwachsung homologer Organe verschiedener physiologischer Funktion.
3. Verwachsung nicht homologer Organe mit gleicher physiologischer Funktion.
4. Verwachsung nicht homologer Organe von verschiedenen physiologischen Funktionen.
5. Verwachsung von Pflanzenteilen, die zur Regeneration unfähig sind.
6. Verwachsung von Pflanzenteilen, die regenerationsfähig sind.
7. Verwachsung von Teilen, welche regenerationsfähig sind mit regenerationsunfähigen und umgekehrt, d. h.
8. Verwachsung von Teilen, welche regenerationsunfähig sind mit Teilen, welche regenerationsfähig sind.

Die Gesamtheit dieser 8 Möglichkeiten können nun auf folgende verschiedene Art und Weise durchgeführt werden:

a) Gleichzeitige Verwachsung nur zweier Teile.

b) Gleichzeitige Verwachsung mehrerer Teile.

c) Verwachsung von Teilen ohne Abtrennung vom ursprünglichen Organismus.

d) Verwachsung von Teilen bei vollkommener Abtrennung von der mütterlichen Pflanze.

e) Verwachsung von Teilen bei unvollkommener Abtrennung von der Mutterpflanze.

f) Verwachsung von vollkommenen Teilen, welche abgetrennt wurden.

g) Verwachsung unvollkommen abgetrennter Teile mit solchen, welche nicht abgetrennt sind.

h) Verwachsung unvollkommen abgetrennter Teile mit vollkommen abgetrennten.

i) Verwachsung von Teilen unter Aufrechterhaltung von deren natürlicher topographischer Orientierung.

k) Verwachsung von Teilen unter Störung der natürlichen topographischen Orientierung.

Wir verstehen unter der polaren Orientierung die vertikale, quere und radiäre Orientierung. Unter der topographischen Orientierung verstehen wir irgendeine relative Lage des betreffenden Teiles zu der gesamten Mutterpflanze.

l) Primäre Verwachsung von Teilen. D. h. Verwachsung von Teilen, welche unmittelbar auf der Mutterpflanze sich befinden oder unmittelbar von ihr abgenommen sind.

m) Einseitige sekundäre Verwachsung, d. h. Verwachsung von Teilen, von welchen einer eine primäre Verwachsung durchmacht und der andere Teil schon verwachsen ist.

n) Doppelseitige sekundäre Verwachsung, d. h. Verwachsung von Teilen, welche sich schon im verwachsenen Zustande befinden und nochmals miteinander verwachsen.

o) Einseitige sekundäre Rückverwachsung, d. h. dasselbe wie in Punkt m, aber derart, daß der Teil, welcher die primäre Verwachsung durchgemacht hat, für die sekundäre Verwachsung von der mit ihm verbundenen Komponente abgetrennt wird.

p) Doppelseitige sekundäre Rückverwachsung, d. h. dasselbe wie in Punkt n, aber unter der Bedingung, daß alle miteinander verwachsenen Teile, welche schon eine primäre Verwachsung durchgemacht haben, für die sekundäre Verwachsung von den bisher mit ihnen verwachsenen Komponenten abgetrennt werden.

q) Selbstverständlich können außerdem tertiäre, quarternäre usw. Verwachsungen stattfinden.

r) Verwachsung von Teilen gleichen Gesamt- und Eigenalters (s. S. 319).

s) Verwachsung von Teilen verschiedenen Gesamt- und Eigenalters. Diese Möglichkeit umfaßt eine Gruppe von Verwachsungen, die theoretisch und praktisch sehr wichtig ist, nämlich die Verwachsung von Teilen verschiedener ontogenetischer Entwicklungsphasen eines und desselben Individuums miteinander.

t) Verwachsung von Teilen biologisch verschiedenalteriger Pflanzen (z. B. einjähriger mit zwei- oder mehrjährigen).

Während wir bis jetzt im wesentlichen äußere Verwachsungen betrachtet hatten, d. h. solche, wo die miteinander verwachsenen Teile in irgendwelchem Grade miteinander verwachsen, gibt es in einer Reihe von Fällen auch innere Transplantationen, d. h. solche, wo ein Pflanzenteil in die Gewebe der zweiten Komponente eingewachsen ist. Dabei braucht es sich nicht nur um Transplantate und Implantate kleiner Gewebsbezirke oder Organbezirke zu handeln, sondern kann unter anderem auch für ganze Organe gelten. Die innere Transplantation ihrerseits wird man einteilen in

1. direkte innere Transplantation, d. h. eine Verpflanzung des einen Teils in die Tiefe des anderen, wobei das Implantat bei der Operation als Ganzes in einen Einschnitt des Gewebes der aufnehmenden Komponente versenkt wird; später wächst der Einschnitt über dem Implantat, welches seinerseits mit den Geweben der aufnehmenden Komponente verwächst, zu.

2. indirekte innere Transplantation. Wir würden hierher jene Fälle bringen, wo erst später durch stärkeres Wachstum der äußeren (aufnehmenden) Komponente (Unterlage) das Implantat gänzlich umwachsen wird.

D. Allotransplantation (Alloplastik — MARCHAND, 1909, ISAEFF, 1927, S. 20). Hier handelt es sich um Fälle, wo zur Ausbesserung von

Allgemeine Begriffe. 345

Defekten eines Individuums ein unbelebter Stoff eingeführt wird. Bei Pflanzen wird dieser Fall am häufigsten verwirklicht durch das Einsetzen irgendwelcher Plomben in gereinigte Wunden, hohle Baumstämme oder Zweige. Dieser Fall steht an der Grenze zu jenen Operationen, die wir in dem Sonderkapitel über die Einführung von Fremdstoffen in die Pflanze behandeln wollen.

Aus dem Angeführten ergibt sich, daß unsere Klassifikation sich etwas von der in der Zoologie angenommenen unterscheidet, was zum Teil sich aus der Besonderheit der Pflanzen, hauptsächlich aber aus unserer individuellen Bewertung der Fälle ergibt. Denn unsere Klassifikation wird nach allen ihren Punkten auch auf irgendwelche tierische Objekte anwendbar sein. Selbstverständlich werden die Operationstechnik, sowie die Resultate der Operation bei pflanzlichen und tierischen Objekten beliebig verschieden sein können. Es erklärt sich einmal aus der im allgemeinen größeren Beweglichkeit des tierischen Objekts und dann aus der im allgemeinen geringeren biologischen Teilbarkeit des tierischen Körpers (Fähigkeit eines Teils als Ganzes zu funktionieren oder das Ganze zu regenerieren) sowie endlich aus dem gänzlich verschiedenen Aufbau und den zum Teil verschiedenen Funktionen.

Bemerkt sei noch, daß für die Benennung der Transplantationen als äußere oder innere nicht die Herkunft und der Ausgangszustand der zu pfropfenden Teile aus der Mutterpflanze maßgebend war, sondern vielmehr die Transplantation, der Transplantationsmodus selbst.

ISAEFF (1927, S. 21) und auch T. BERT (1866) haben eine Einteilung der Transplantationen bei Tieren in innere und äußere Transplantation nach dem Ort der Herkunft sowie der Anbringung des Implantats vorgenommen. Der Unterschied der verschiedenen Transplantationen nach der Herkunftsstelle der Transplantate ist von uns in den Punkten i—k zusammengefaßt worden, und dort sieht man, daß dieser Unterschied allerdings sehr wesentlich sein kann, denn hier handelt es sich um polare Beziehungen innerhalb der Pflanze, wie überhaupt um korrelative Beziehungen. Wir sind mit ISAEFF einverstanden, daß man nach diesen Eigenschaften keine Grundeinteilung der Transplantationen unternehmen kann. Aber wir sind nicht mit ihm einverstanden, wenn er diese Eigenschaft überhaupt nicht für die Klassifikation verwenden will und wenn er sagt, daß die Einteilung von BERT rein künstlich sei und von ihr kein Gebrauch zu machen sei, da ein äußeres Organ unter die Haut verpflanzt werden könne und man dann die Operation der Pfropfung ganzer Tiere nur willkürlich als äußere bezeichnen könne. Es steht für uns außer Zweifel, daß ein großer und biologisch wesentlicher Unterschied vorliegt, je nachdem, ob ein Teil so verpflanzt wird, daß er dieselbe relative Lage behält, wie auf seiner Mutterpflanze oder ob diese Lage bei der Verwachsung gestört wird. Wir haben uns hier nicht das Ziel gesetzt, irgendwelche lateinische oder griechische Termini zur

Bezeichnung aller genannten Arten von Transplantationsfällen einzuführen, da damit das Wesen der Sache nicht getroffen wird. Man wird das bei Bedarf in Zukunft machen können.

Es sei noch bemerkt, daß wir mit unserer Einteilung 1296 mögliche Fälle einer Verwachsung fassen können.

Wir müssen noch zum Schluß darauf hinweisen, daß die Termini Unterlage und Reis solange unbedingt anwendbar sind, als es sich auf der einen Seite um eine Pflanze oder Pflanzenteile handelt, welche wäßrige Lösungen entweder mit Hilfe von Wurzeln oder unmittelbar durch den Stengel oder sogar die Blätter aufnehmen können und auf der anderen Seite um einen Pflanzenteil oder sogar eine ganze Pflanze, welche bei der Verwachsung mit der ersten ihre Mineralstoffnahrung nur mit Hilfe dieser Pflanze erhält. Wenn wir es aber mit ganzen Pflanzen oder mit Pflanzenteilen zu tun haben, welche im verwachsenen Zustande Mineralstofflösungen unabhängig voneinander aufnehmen, und das ist ziemlich häufig der Fall, so hat man hier keinen genügenden Grund die eine Komponente als Unterlage und die andere als Reis zu bezeichnen. Dann zeigt sich besonders die Anwendbarkeit und der Vorzug unseres allgemeinen Ausdrucks ,,Transplantosymbiont", welcher alle möglichen relativen Lagen der gepfropften Komponenten zueinander umfaßt.

Es ließen sich hier verhältnismäßig einfache, aber interessante Experimente anstellen. Man könnte z. B. den folgenden Versuch ausführen: Die zum Versuch verwendeten Individuen müssen durch Ablaktation miteinander verwachsen sein und entweder auf eigener Wurzel stehen oder mit ihren abgeschnittenen unteren Enden in einzelne Gefäße mit künstlichen Nährlösungen hineinragen. Später wären qualitativ oder quantitativ der Austrieb beider Transplantosymbionten sowie auch die Nährlösungen zu analysieren. Die Resultate würden auf die gestellte Frage antworten können. Dabei ist die Möglichkeit nicht ausgeschlossen, daß einige Elemente von dem einen oder dem anderen Transplantosymbionten unabhängig von dem Partner, andere bei Anwesenheit des Partners vorzugsweise gebraucht werden.

Es ist klar, daß diese Experimente mit Wiederholungen angestellt werden müssen, daß dabei verschiedene Kombinationen von Transplantosymbionten wie auch verschiedene Kombinationen von Lösungen anzustellen sein werden. Einmal werden für jede Komponente einer Pfropfung vollkommen gleiche, ein andermal verschiedene Lösungen anzuwenden sein. Das wird sich eventuell als sehr wesentlich erweisen können. Es könnte nämlich der Fall eintreten, daß in bezug auf irgendeinen Nährstoff die eine Komponente der Pfropfung als Reis erscheint und in bezug auf ein anderes Element als Unterlage, d. h. es wird das eine Element bevorzugt über die zweite, während die andere Komponente ein anderes Element vorzugsweise über die erste aufnehmen wird. Es könnte also jeder der beiden Transplantosymbionten zu gleicher Zeit wahre Unterlage und wahres Reis sein.

Zwar wird die Ausführung dieses Planes eine interessante Aufgabe darstellen und auch zur Vertiefung unserer Kenntnisse beitragen können, vorläufig aber haben wir uns mit den Grundlagen der Pflanzentransplantation auseinanderzusetzen.

2. Über den Verwachsungsprozeß bei Pfropfungen.
a) Bildung des intermediären Gewebes.

Auf S. 141 haben wir die Frage der Wundreaktion der Zellen erörtert. Dabei ergab sich der Begriff der „Hormone", wie wir jene Erreger des Wachstums und der Zellteilung bezeichneten. Diesen Begriff nehmen wir bei der weiteren Schilderung bedingt auf, da wir seiner für die Erforschung des Verwachsungsprozesses bedürfen.

Etwa gleichzeitig mit dem Erscheinen unserer Arbeit im Sommer 1928b erschien unabhängig davon die sehr originelle Arbeit von KOSTOFF (1928).

Und etwa ein Jahr nach dem Erscheinen der russischen Ausgabe dieses Buches kam die ausführliche Arbeit von FUNK (1929) heraus, der dann wiederum ein Jahr später die sehr wichtige Arbeit von SIMON (1930) folgte. Besonders in der FUNKschen Arbeit finden wir eine Reihe wichtiger Bilder, die auf das Verwachsungsproblem Bezug haben, und Betrachtungen, welche den unseren sehr ähnlich sind.

Doch bestehen auch einige Unterschiede, manchmal sogar sehr wichtige. Deshalb erfährt das vorliegende Kapitel gegenüber der russischen Ausgabe (1928b) eine Anzahl von Erweiterungen, welche den neueren Arbeiten des Autors entnommen sind. Die Berücksichtigung dieser neuen Ergebnisse ermöglicht es uns einerseits, bei manchen Anschauungen mehr ins Detail zu gehen, andererseits auch manche Verallgemeinerungen, Vergleiche und kritische Betrachtungen anzustellen.

Theoretisch müßte man bei der Analyse des Verwachsungsprozesses im einzelnen die Verwachsung von Individuen verschiedener systematischer Gruppen behandeln. Man müßte weiter den Verwachsungsprozeß bei der Pfropfung analoger und homologer Organe untersuchen. Schließlich wäre es notwendig, den Unterschied im Verwachsungsprozeß in Abhängigkeit vom Alter der gepfropften Teile sowohl als auch der Komponenten im ganzen und endlich den Einfluß der Pfropfstelle auf die zu pfropfenden Teile zu untersuchen.

In allen Fällen müßte man die Verwachsung bei gleicher und verschiedener Orientierung unter Berücksichtigung einer vertikalen und radialen Polarität und verschiedener Pfropfmethoden und schließlich unter dem Einfluß der verschiedensten äußeren Bedingungen demonstrieren.

Bedenkt man aber (vgl. S. 468), welche außerordentlich umfangreiche Arbeit erforderlich wäre, um einem derartigen Forschungsplan Genüge zu tun, so wird verständlich, daß die Literatur wenig Angaben enthält, die gestatten, streng allgemeingültige Schlüsse zu ziehen. FUNK weist mit Recht darauf hin, daß er als erster die planmäßige Erforschung des Verwachsungsprozesses in Abhängigkeit von der systematischen Verwandtschaft im Bereiche der niederen systematischen Einheiten begonnen hat. Er hat dabei auch andere Seiten des Problems berücksichtigen müssen (s. seine Pfropfungen von *Schizanthus retursus, Petunia nyctaginiflora, Atropa belladonna* auf *Solanum lycopersicum*).

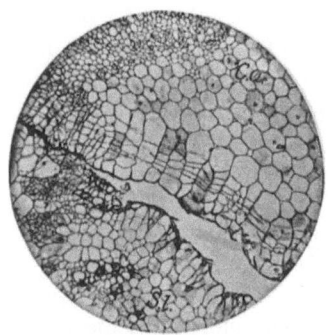

Abb. 65. Frühstadium der Verwachsung vom *Capsicum* Sproß mit dem Blatt von *Solanum lycopersicum*. Sichtbar: beiderseitige Isolierschicht, Flachzellen im *Capsicum*-Parenchym, gestreckte Zellen an der Schnittgrenze im *Lycopersicum*-Gewebe, Gewebsneubildungen im Leitbündelbezirk von *Capsicum annuum*.

Aber auch dieser Autor hat sich an den oben gegebenen Plan keineswegs gebunden gefühlt, sondern im großen und ganzen haben seine Resultate nur Bezug auf den einen Faktor der systematischen Verwandtschaft der Pfropfsymbionten, dessen Auswirkung durch weitere Umstände noch weitgehend variiert werden kann. Das gilt auch für das Material des Autors. Es wäre daher wohl verfrüht, auf Grund seiner Daten endgültige Schlüsse hinsichtlich feinerer Unterschiede zu ziehen.

Immerhin werden sich einige allgemeine Züge im Verwachsungsprozeß andeuten lassen, wenn sie auch noch nicht genügend ausgearbeitet sind. Deshalb werden wir die weitere Schilderung dieser Frage in der Hauptsache ohne Aufteilung des Materials in die oben angeführten Gruppen vornehmen. Wir wollen die allgemeinen Grundzüge darstellen und an entsprechenden Stellen auf die verschiedenen Variationen und Besonderheiten hinweisen.

Wir wollen die Betrachtung des Verwachsungsprozesses beginnen mit der Behandlung des Falles, daß die Pfropfkomponenten nicht ganz dicht aufeinanderliegen, sondern kleine Spalten zwischen sich frei lassen.

Auf der Abb. 65 ist das erste Stadium der Verwachsung eines *Capsicum*-Sprosses mit einem *Tomaten*-Blatt bei Keilpfropfung gezeigt. Die zwischen den beiden Pfropfkomponenten sich befindende Spalte ist eine normale Erscheinung, da ein völlig glattes Anliegen der ganzen Schnittfläche gewöhnlich nicht erreicht wird. Ihre Existenz hängt nicht nur von der Ungleichmäßigkeit des Schnittes ab, sondern sie erscheint begreiflich, wenn man bedenkt, daß die verschiedenen Gewebe nach der Bloßlegung infolge ihrer verschiedenartigen Spannungen teils kollabieren, teils sich ausdehnen. Würden die so entstandenen Unebenmäßigkeiten und

Unebenheiten durch starken Druck auf die Pfropffläche beim Verbinden ausgeglichen, so würde man das völlig andere Bild der Verwachsung ungleichmäßiger Verletzungen verschiedener Schnittbezirke erhalten. Dies würde sich selbstverständlich von dem Fall, daß die Transplantosymbionten wie bei dem absolut glatten Schnitt aneinanderliegen, unterscheiden.

FIGDOR (1891) nahm sogar für das Zustandekommen einer Verwachsung von *Kartoffel*-Knollen als notwendige Bedingung an, daß zwischen den unverletzten Geweben ein kleiner Raum sich befände, in welchem sich die neubildenden Zellen mit Erfolg ohne Beengung von Seiten des Normalgewebes entwickeln können.

In bezug auf unsere Objekte hat sich dies nicht als notwendig erwiesen, denn auch in den Bezirken, wo sich die Flächen von Anfang an berührten, haben wir mehrmals eine weitere echte Verwachsung beobachtet. Es steht außer Zweifel, daß manchmal, besonders wenn die Verwachsung nur schwierig erfolgt, sie befördert werden kann, wenn stellenweise (aber nur stellenweise) zwischen den beiden Komponenten mikroskopische Zwischenräume verbleiben.

Diese Frage läßt sich auch noch vom Standpunkt der Notwendigkeit des Luftzutritts für die erfolgreiche Verwachsung betrachten.

Es ist bekannt, daß, wenn man die Schnittflächen von zwei *Kartoffel*-Knollenhälften zusammenlegt, die Zellteilung (Korkbildung) an den Schnitten nur stellenweise vor sich geht, und zwar gerade da, wo zufällig die Luft zurückgeblieben oder hineingelangt ist. Bei den Pfropfungen von grünen Pflanzenteilen verbleiben, wie gesagt, anfangs immer Spalten. Ihre Anwesenheit scheint aber nicht unbedingt notwendig, da genügend Luft durch die Interzellularräume der Gewebe von Reis und Unterlage, die auf gewöhnliche Weise atmen, an die Pfropfstelle gelangt.

Eine gute Durchlüftung der Pfropfungsstelle von außen ist selbstverständlich sehr notwendig; allerdings unter der Voraussetzung, daß sie keine Austrocknung verursacht, da eine feuchte Atmosphäre erforderlich ist. Die im Gartenbaubetrieb übliche Verkittung von Gehölzpfropfungen mit Baumwachs trägt dieser Forderung Rechnung, schwächt aber dann natürlich den Luftzutritt von außen her oder hebt ihn ganz auf. Dagegen wird allerdings auch die Infektions- und Austrocknungsgefahr herabgemindert, was ebenso wichtig erscheint. Es kommen aber Fälle vor, z. B. bei den Pfropfungen auf nicht bewurzelte Unterlagen, wo nicht nur die Abdichtung, sondern sogar der Verband mit einem luftundurchlässigen oder schwach durchlässigen Material zum Faulen der Pfropfung führt. In diesen Fällen muß man versuchen, die äußere Aeration zu erhalten und dabei Sorge tragen, daß die Pfropfung nicht eintrocknet, damit der Verwachsungsprozeß in einem Raume mit hinreichender Luftfeuchtigkeit und Temperatur vor sich geht (s. S. 241 bis 242).

Kehren wir nun wieder zu der Abb. 65 zurück. Bei *Capsicum* bemerken wir flache Zellen in geringer Entfernung von der Schnittfläche. Sie stellen die Ausgangspunkte energischer Teilungen von Zellen dar, die sich vorher gestreckt haben. Durch diese wird ein Gewebe gebildet, das den Spalt ausfüllt. Bei der *Tomate* vermissen wir diese Zellschicht; die Randzellen der Schnittfläche haben sich gestreckt und hier und da hat sich auch eine Querwand gebildet. Die Streckung ist insbesondere bei älteren Zellen die erste Reaktion auf den Schnitt.

Die Befreiung der dem Schnitt anliegenden Zellen von dem im ungestörten Gewebsverband auf ihnen lastenden Druck dürfte dabei eine Rolle spielen.

Nicht weniger wichtig ist die Tatsache, daß die sich streckenden Zellen Wasser einsaugen und nicht nur eine einfache Streckung, sondern auch Wachstum von Zellmembranen statthat. Es wird das Vakuolenvolumen größer aber anscheinend die Konzentration des Zellsaftes nicht geringer, was wahrscheinlich durch eine Verzuckerung der Stärke und Bildung von organischen Säuren erreicht wird. Wachstum kann in den Randzellen, die das Messer nicht verletzte, wie auch in den nachfolgenden Zellen einige Schichten weit festgestellt werden. Das ist aber nicht immer der Fall, z. B. bei unserem *Capsicum* (Abb. 65) streckte sich nur eine Zellschicht. Manchmal zeigen die Randzellen der Schnittfläche weder Wachstum noch Teilung oder nur sehr schwaches Wachstum. Solche Zellen nennt man „überreizte" (nach HABERLANDT, 1921, 1924) oder „überschlagene" (nach OLUFSEN, 1903). Ob diese Überreizung bei der Gummosis vorliegt, kann wohl noch nicht entschieden werden, ebensowenig ob sie mit dem Fehlen von Oxydase, die angeblich die Zellteilung stimulieren soll, oder durch andere chemische oder strukturelle Veränderungen (s. BÜNNING, 1926a und b, 1927, und OPARIN, 1927) erklärt werden kann. Diese spezielle Frage verdient eine besondere Bearbeitung. Als überreizt können sich nicht nur eine, sondern mehrere äußere Schichten erweisen (so z. B. Abb. 67 und 68). Wir haben das bei *Mirabilis* beobachtet; doch kann man prinzipiell Ähnliches z. B. den Angaben TRÉCULS (1853, S. 618 und pl. 7, fig. 11) über die Stammwunde von *Ulmus rubra* entnehmen, wo 4—5 äußere Schichten, nachdem sie sich zur Teilung angeschickt, sie aber nicht zu Ende geführt haben, durch das Gewebe, welches sich aus den tieferen Schichten bildete, weit vom Rande weggeschoben wurden.

KRENKE (1930, Abb. 3) hat gezeigt, daß nach Herstellung einer Pfropfverbindung zwischen *Solanum lycopersicum* und *Solanum guineense* LAM. (leider in jener Arbeit irrtümlich unrichtig bezeichnet) das Markparenchym beider Arten stellenweise die Reizung verschieden beantwortet. Bei *Solanum lycopersicum* finden sich große Bezirke überreizter Zellen, während sie bei *Solanum guineense* LAM. an den entsprechenden Stellen fehlen. Während die *Tomate* gleich unter dieser Schicht in der

Tiefe eine sehr starke meristematische Tätigkeit entfaltet, beginnen bei *Solanum guineense* die Zellteilungen unmittelbar unter der Isolierschicht, sind aber von wesentlich schwächerer Intensität.

Auf die umschriebene Lokalisation dieser Bilder sei hier nochmals hingewiesen. Der Fall jedoch, daß bei *Solanum guineense* ähnliche Komplexe überreizter Zellen auftreten wie bei *Solanum lycopersicum*, wurde nicht beobachtet. Das weist von neuem darauf hin, daß erstens die verschiedenen Zonen des Markparenchyms ungleich reagieren und daß zweitens verschiedene Arten auf dieselben Reize hin spezifisch verschiedene Reaktionen zeigen.

Das Quantum der auf der Wundfläche verbliebenen Wundreste dürfte in allen untersuchten Gebieten ziemlich gleich gewesen sein.

Da die Zellteilung an der Schnittoberfläche mit relativ hoher Geschwindigkeit vor sich geht, haben wir Karyokinesen nur selten beobachten können. Es ist deshalb für uns kaum möglich, zu der von NĚMEC angeschnittenen Frage der Bildungswege tetraploider oder wenigstens zwei- oder mehrkerniger Zellen (ohne Kernverschmelzung) Stellung zu nehmen. NĚMEC (1910, S. 235—237) weist bei der Besprechung der Verhältnisse bei der Wurzel von *Pisum sativum* und anderen und ferner bei der Pfropfung von *Sinningia* auf *Centrosolenia* auf diese Möglichkeit hin. Das Vorkommen einzelner zweikerniger Zellen auf der Schnittfläche können auch wir bestätigen.

Die Frage nach dem Verhalten dieser Zellen ist für das gesamte Problem des Verwachsungsprozesses interessant. Endgültig kann man sie nur entscheiden auf dem Wege einer Massenfixierung des Materials, von dem Augenblick an, in dem der Schnitt geführt wird, und dann in kleinen Zwischenräumen durchgeführt, so wie das E. GERASSIMOVA gelegentlich der Erforschung des Befruchtungsprozesses bei *Crepis* (im Druck) mit glänzenden Resultaten ausgeführt hat.

KOSTOFF (1929/30) erklärt die Bildung zwei- und mehrkerniger Zellen und auch anderer zytologischer Abweichungen an der Schnittoberfläche und des Schnittes allgemein durch eine Veränderung in der Plasmaviskosität der Zellen dieses Gebietes. Die Änderung in der Zähigkeit des Protoplasmas schreibt KOSTOFF der Wirkung spezifischer Stoffe zu, welche aus dem fremden Partner bei der Pfropfung übertreten. Doch fehlen hierfür noch die Beweise, besonders deshalb, weil ähnliche zytologische Erscheinungen (s. NĚMEC, 1910) auch auf den Schnitten nicht gepfropfter Sprosse vor sich gehen, was auch JØRGENSEN (1928) für den Kallus der *Tomaten* annimmt. Wir haben ebenfalls in diesem Kallus tetra- und oktoploide Zellen unmittelbar entdeckt. Tatsächlich befinden sich diese Zellen bei der Restitution von der Schnittfläche aus unter ungewöhnlichen Bedingungen der Oberflächenspannung, der Ernährung und des Wasserhaushaltes, von den primären Einwirkungen der Wundstoffe ganz zu schweigen. Im allgemeinen scheint uns die Erklärung der Polyploidie — jedenfalls für die Mehrzahl der Fälle — durch Veränderung der Protoplasmaviskosität glaubwürdiger als die Annahme einer Kernemigration aus den Nachbarzellen.

Die allgemein-biologisch wichtige Frage nach der genauen Ordnung in der Aufeinanderfolge der Zellteilungen kann hier nur in allgemeinen Zügen behandelt werden. Es bestehen hier eine Anzahl von Varianten, welche weiterer Untersuchungen und Beschreibungen bedürfen. Immerhin dürften die Arbeiten von HABERLANDT, REICHE, BRIEGER und WEHNELT, wie auch unsere eigenen Befunde, einen neuen wichtigen Weg zur Aufklärung der Ursachen des Aufbaus verschiedener Meristemarten weisen. Wenn wir sehen, daß die Richtung der sich neu bildenden Zwischenwand durch die Richtung der Diffusion des aufgelegten, stimulierenden Wundbreis bedingt ist, und wenn man weiter annimmt (HABERLANDT, 1921a, S. 41), daß die in den Meristemzellen gebildeten ,,Teilungshormone" aus diesen in die Nachbarzellen übergehen können, so kann man gelegentlich den Versuch wagen, aus der Richtung, in welcher die Zellwandbildungen aufeinanderfolgen, auf die Richtung der Reizleitung zu schließen.

Die Richtung, in welcher die Wandbildung der langgestreckten Zellen erfolgt, ist nach unserer Meinung zunächst abhängig vom Traumatropismus des Kerns und des Plasmas. Wir gehen dabei konform mit WEHNELT und KÜSTER (s. unsere S. 179) bezüglich des Vorhandenseins von negativem Tropismus unter der Wirkung des Wundreizes. Möglicherweise haben die verschiedene Konzentration, die Reichweite der Wundreizursache bestimmenden Einfluß auf die Alternative des positiven oder negativen Tropismus. Auch der Zustand der dem Reiz unterworfenen Zelle selbst ist zweifellos zu berücksichtigen. Deshalb und auch nach direkter Beobachtung erklären wir das Auftreten platter Zellen bei der *Capsicum*-Pfropfung (Abb. 65) sowie auch die weiteren Bilder (Abb. 66, 69, 83) folgendermaßen:

1. Anfangs kam es zur Verlagerung der Zellen des Markparenchyms senkrecht zur Schnittfläche. Die polyedrische Gestalt ist aus den Bildern gut zu entnehmen. Allerdings erreicht das Wachstum auf der Abb. 66 nicht ganz das Niveau der darüberliegenden Wundfläche. 2. In irgendeiner Entfernung vom oberen Pol der langgestreckten Zellen bilden sich parallel zur Schnittfläche und abhängig vom Kern- und Plasmatropismus Scheidewände (d. h. senkrecht zur Fortpflanzungsrichtung des Wundreizes). 3. Die Kerne der Tochterzellen bleiben zunächst in der Nähe der Scheidewand, woraus auf negativen Traumatropismus des äußeren Zellkerns und positiven des Kerns der inneren Zelle geschlossen werden kann. 4. In nächster Nähe dieser Kerne vollzieht sich nun die nächste Teilung, weshalb die Enkelzellen besonders flach erscheinen. Gewöhnlich folgt keine weitere Teilung mehr, durch welche das Volumen der Einzelzellen verringert würde. Die

entstandenen Flachzellen sowie die tiefer gelegene der beiden voluminöseren Zellen können sich noch weiter teilen, wodurch mehrere Reihen von platten Zellen entstehen. Es muß aber betont werden, daß die Verfolgung der Zellgenesis sehr oft auf gewisse Schwierigkeiten stößt, und zwar schon deshalb, weil oft klare Kernteilungsbilder fehlen. Daraus dürfte sich der Irrtum von MASSART (1898) erklären, der annahm, daß die Zellteilungen bei der Wundheilung Amitosen sind. NATHANSON (1900) beobachtete bei dem primären Wundgewebe von *Vicia faba* und bei *Sambucus nigra* Mitosen, bei *Populus nigra* aber hat man neben Mitosen auch Amitosen gesehen. Wir haben an unseren Objekten solche bisher nicht feststellen können. Auch NĚMEC (1910, S. 233) ist der Meinung, daß NATHANSON entweder in der Verschmelzung begriffene oder mechanisch aneinandergepreßte Kerne gesehen hat, worauf wir schon oben hingewiesen haben.

Daß es sich hier um ein recht schwieriges Problem handelt, geht schon daraus hervor, daß die nun schon 54 Jahre alte Frage nach der Zellteilungsordnung im normalen Kambium auch heute noch offen ist, obgleich hier doch die Dinge einfacher liegen dürften (s. A. KLEINMANN, 1923 [Kambiummutterzellen]). Neben den oben beschriebenen Erscheinungen beobachtet man auch, daß Zellen des Dauergewebes mit Ausnahme der alleräußersten (s. unter Punkt 7) wieder zu wachsen beginnen. 5. So entstehen also auf dem Wege interkalaren Wachstums neue Zellschichten, die nun akropetal oder basipetal von der Wachstumszone aus abgegeben werden. Die akropetale Aufeinanderfolge ist beim Wundgewebe am häufigsten. 6. Stellenweise (s. Abb. 65 rechts vom Zentrum) kann die eine Tochterzelle (vgl. oben Punkt 2) sich in der Streckungsrichtung der Mutterzelle teilen. Dann gehen aus der ursprünglichen statt einer zwei Reihen neugebildeter Zellen hervor (s. Abb. 69, 70, 83). Das gleiche kann vielleicht infolge der Ansammlung von Wundhormonen mit jeder anderen Zelle einer solchen Reihe der Fall sein, wodurch nun besondere Reihen entstehen können, eine Erscheinung, die nicht selten beobachtet wird. Außerdem können die soeben beschriebenen Teilungen durch die Produkte lokaler Nekrose von Nachbarzellen hervorgerufen werden. Lokale Nekrose hat KÜSTER (1929b, S. 93) bei der Plasmolyse allgemein festgestellt. Weitere Teilungen können dann zweifellos auf der gegenseitigen Beeinflussung der Zellen beruhen. 7. Die äußere Tochterzelle der ersten vom Schnitt unberührten Zellschicht (s. oben) setzt ihr Wachstum gewöhnlich nicht fort, wird vielmehr nur passiv durch die unterhalb liegenden Zellteilungen vorgeschoben (vgl. Punkt 4). Daher kommt es, daß in Abb. 66 die äußerste Zellschicht des *Capsicum*-Partners nach Ausfüllung des Spaltes aus breiteren Zellen besteht als die folgenden Schichten. Dies Verhalten kann vielleicht durch partielle und vorübergehende Überreizung oder irgendwelche Schädigung erklärt werden. 8. Wie gesagt, können die oberflächlichen Zellen des Schnittes ganz überreizt sein. Dann findet man das eben beschriebene Teilungsbild in der nächstfolgenden Zellschicht. Den Grundunterschied haben wir darin zu sehen, ob Wachstum und Teilung der oberen Zelle jeder Reihe stattfindet oder nicht. Auch die unter der nicht völlig überreizten (s. Punkt 8) Zelle gelegene kann gelegentlich Ursprungsort der weiteren Teilungen sein (s. Abb. 74 bei a, wo das Einwachsen einer Zelle der zweiten Reihe durch die hintere Zellwand der äußeren hindurch zu sehen ist). Ähnliches zeigt auch Abb. 137. Im Reis liegt eine abgestorbene Zelle zwischen zwei flachen dicht an den Resten der Isolierschicht an. Hinter ihr liegt eine Zelle, deren Rückwand durch die nachfolgende Zelle eingedrückt ist. Weiter ist ihrerseits die nächste Zelle in die Hinterzelle eingedrückt. Wir erklären dieses Bild folgendermaßen: Nur die hintere der oben erwähnten Zellen hat sich als lebensfähig erwiesen, während die beiden darüberliegenden Zellen sich noch nicht von der durch den Schnitt verursachten Erkrankung erholt haben, noch nicht vollkommen genesen sind (s. S. 18, 374), eine Anschauung, welche durch die Betrachtung des morphologischen Bildes dieser Zellen gestützt wird. 9. Die oben beschriebenen verschiedenen Formen der Zellteilungsordnung können, so wie auch TRÉCUL es beschrieben hat, im gleichen Objekt nebeneinander vorkommen. Das trifft besonders für das Verhalten ungleichartiger Gewebe zu.

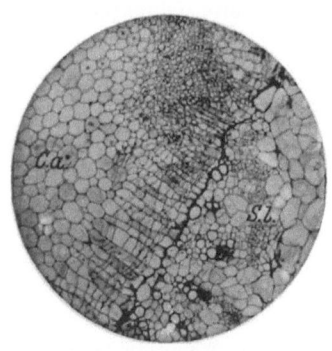

Abb. 66. Verwachsung von *Capsicum annuum* mit *Solanum lycopersicum*-Blatt (s. Abb. 64, späteres Stadium). Isolierschicht, entdifferenzierte Elemente, im Leitsystem von *Capsicum*, Tomatengewebe (*S. l.*) nicht aktiv.

Abb. 66 zeigt, daß bei *Capsicum* die Gewebsneubildung durch Zellteilungen in der Umgebung der Leitbündel (links) intensiver fortschreitet als in rein parenchymatischen Geweben. Im Gebiet des Markparenchyms teilt sich die parenchymatöse Zone, welche dem Leitbündelsystem anliegt, energischer, was einen experimentellen Beweis für die qualitative Besonderheit dieser Parenchymzone darstellt (s. noch S. 368). Diese Sonderstellung wurde auch in der Literatur schon mehrfach besprochen. FUNK (1929) schenkt ihr zwar keine spezielle Aufmerksamkeit, doch geht aus seiner Arbeit hervor, daß in einer Reihe von Fällen die Verwachsung in der Markzone, wo die Leitbündel lagen, erfolgreicher vor sich ging, was auch SIMON (1930) bemerkt. Das gleiche sieht man auch auf Abb. 66; außerdem sind hier (s. Abb. 65) die erwähnten Reihen flacher Zellen bedeutend weniger ausgeprägt. Das ist auch zu verstehen, da bei Durchschneidung des Leitbündelsystems die verschiedensten Elemente vom Rindenparenchym bis zu dem die ausgebildeten Gefäße umgebenden Parenchym in die Reaktion eintreten. Deshalb kann auch hier selbstverständlich die Reaktion nicht gleichmäßig sein. Besonders wichtig ist hier die Tatsache, daß die Entdifferenzierung von Xylem- und Phloemelementen, ähnlich wie sie SCHILLING (1923) bei geknickten *Hanf-* und *Lein-*Stengeln (Entholzung der Zellen des primären und sekundären Xylems und Mark) gezeigt hat, vorkommen. Entsprechendes ergibt sich aus REICHES (1924) Injektionsexperimenten an *Gratiola officinalis,* sowie BLOCHS (1926) Arbeit über Endodermis, Rinde und Zentralzylinder verwundeter Orchideenwurzeln. SORAUER (1924, S. 724 und Fig. 212) beobachtete im Überwallungsholz der *Kirsche,* nach Entfernung der Rinde ein kleines Gefäß, das mit Tüllen gefüllt war. Diese Tüllen teilten sich und wandelten sich in Holzparenchym um. Ferner zeigt die Zeichnung, daß dabei die Gefäßwandung auf der unteren Seite resorbiert wird. Ähnliches wird dann auf S. 796—797 bei der Wiedergabe von Beobachtungen CRÜGERS (1860) an *Portulaca oleracea* berichtet. In der Nähe der Schnittoberfläche zeigt sich sogar bei dickwandigen Elementen Zellteilung mit Hilfe von Tüllenbildung in den Gefäßen und Querwänden im Kollenchym. Man beobachtete dabei, daß die verdickten Zellmembranen des Kollenchyms und der Gefäße in unmittelbarer Nähe der Tüllen quellen, mürbe werden und resorbiert werden.

Gelegentlich der Behandlung der Regeneration verschiedener Gewebe sagt TRÉCUL (1853, p. 164—165), daß Holzfasern, Markstrahlen und sogar englumige Gefäße der Umdifferenzierung in teilungsfähiges Parenchym verfielen. Auch JÄGER (1928) führt eine Reihe von Beispielen an, die zeigen, wie durch progressive Entholzung die Teilungsfähigkeit von Dauergewebszellen wiederhergestellt werden kann. Der erste jedoch, der diesen Gedanken ausgesprochen hat, ist SORAUER (1875). Gelegentlich der kritischen Besprechung des von GOEPPERT (1874) behaupteten Satzes, daß das Verwachsungsgewebe der Holzgewächse ausschließlich aus den Markstrahlen hervorgehe, sagt SORAUER, daß sowohl das Kambium als auch Holzzellen und Gefäße sich an der Bildung des intermediären Gewebes beteiligen. Allerdings hat er keine konkreten Unterlagen für diese an sich richtige Bemerkung abgebildet. ALEXANDROWS und seiner Mitarbeiter Angaben (1927 und 1929a), daß bei Entholzung die Membranen dünner werden, bestätigen wir. In einigen unserer Photographien von Regenerationsorten im Xylem ist das deutlich sichtbar. Derartige Beispiele sind häufig und gehören in ein wichtiges Kapitel der Regenerationsfrage. Sie stimmen jedoch schlecht zu der MIEHESCHEN Theorie (s. S. 296—318 dieses Buches).

Es ist von Interesse, daß auch ohne Verwundung Zellen, sogar solche, die sich schon in vorgeschrittenen Stadien der Metamorphose befinden, aus der Dauergewebsform in teilungsfähiges Gewebe übergehen können. Es soll hier nicht weiter auf Fälle aus der normalen Ontogenese eingegangen werden, sondern vielmehr nur darauf hingewiesen werden, daß wir (KRENKE, 1930, S. 21, Photo 2) noch eine Längsteilung beobachteten bei einer Zelle, die schon fast in ein Gefäßglied umgewandelt war (beim *Tomaten*-Teil eines Chimärenblattes).

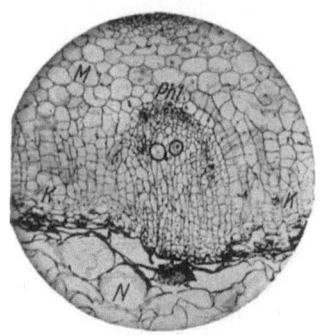

Abb. 67. Pfropfung von *Mirabilis jalapa* (*M.*) auf *Nicotiana affinis* (*N.*). *K—K* junge Zellen des Intermediärgewebes. Stärkste Aktivität beim zerschnittenen Leitbündel (Phloem weggeschnitten). *Phl.* invers orientiertes neugebildetes Phloem. In den größeren Gefäßen Tüllen.

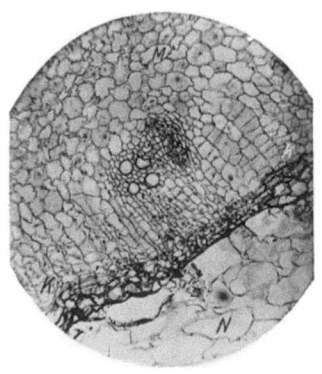

Abb. 68 (s. Abb. 67). Seitliche Lagerung des Phloems zur Schnittfläche. Verbiegungen der Isolierschicht von *Mirabilis*, verkorkte und kollabierte Zellen. Stimulation der Neubildungen vom Phloem und vom Xylem aus.

In unseren Präparaten (Abb. 66, 71, 85 u. a.) ist auch ohne spezielle Reaktionen, die jedoch trotzdem angestellt wurden, deutlich zu sehen, daß in der Mehrzahl der Fälle die der Wunde anliegenden Elemente des Phloems und Xylems an der Neubildung teilnehmen.

Die Flachzellen im Regenerationsgewebe betrachten wir also nicht als infolge eines Druckes entstanden, wie FUNK (1929) mehrfach angibt, sondern infolge der durch die Lagerung der Kerne bedingten Aufeinanderfolge der Zellteilungen. Diese Anschauung findet ihre Stütze in der Tatsache, daß sich die Flachzellen auch auf der offenen Wundoberfläche vor der Berührung mit dem Pfropfpartner bilden. Der Einfluß des Druckes wird später behandelt werden.

Das neugebildete Gewebe, welches den Spalt zwischen den Wundflächen beider Pfropfkomponenten ausfüllt, wollen wir in Übereinstimmung mit GOEPPERT (1874) als „intermediäres Gewebe" im Sinne von Übergangs- oder Zwischengewebe bezeichnen, nicht als „Kallus" oder gar als „Kittschicht" (SORAUER, 1924, S. 802 u. a. Literatur), da dies den Sinn der Sache kaum richtig umschreibt. Will man den Terminus „Kallus" schon anwenden, dann nur mit dem Beiwort „primärer" (s. S. 234 dieses Buches). Auch das wäre aber keineswegs ganz genau, da sich Regenerationsgewebe, welches unter der Bedingung einer Pfropfung entstand, von solchen einer offenen Wunde unterscheidet. Von einer „Kittschicht" kann, da diese Bezeichnung geradezu irreführend ist, keineswegs oder allenfalls bedingt, die Rede sein. Der Terminus „Zwischengewebe" dagegen weist sowohl auf den Bildungsort wie auf die morphologische und physiologische Bedeutung hin. Es handelt sich um ein wirkliches Zwischenstadium; denn später differenziert es sich.

An dem Intermediärgewebe — und nur von diesem war bisher die Rede — werden wir deshalb, genau so wie seinerzeit für den Kallus, nach denselben Eigenschaften verschiedene Formen unterscheiden (s. S. 234 und KRENKE, S. 1928b, S. 187—188). Das gesamte Intermediärgewebe teilen wir ein in inneres, äußeres und gemischtes. Als inneren Teil bezeichnen wir das umgewandelte Gewebe beider Pfropfsymbionten im Schnittbezirk. Äußeres Intermediärgewebe nennen wir die von der Schnittoberfläche ausgegangenen Gewebsneubildungen. Als gemischtes Intermediärgewebe bezeichnen wir einen Zustand, wo inneres und äußeres Intermediärgewebe schwer unterscheidbar werden. Das äußere Intermediärgewebe zerfällt in primäres und sekundäres (vgl. S. 234).

Daraus geht hervor, daß uns die allgemein übliche Bezeichnungsweise des Verwachsungsgewebes als „Kallus" nicht befriedigt. Weiter unten werden wir sehen, daß er manchmal absolut nicht paßt (z. B. bei der *Tradescantia*-Pfropfung). Die deutliche Scheidung der beiden Termini ist notwendig, wie sich aus dem Beispiel auf S. 702 ergibt, wo infolge der nicht exakten, nicht differenzierten Anwendung des Terminus „Verwachsungskallus" sich Schwierigkeiten ergeben. Es ist außerdem bekannt, daß die Verwachsung der Pfropfung nicht nur durch das beschriebene Intermediärgewebe zustande kommen kann, sondern auch durch einen echten Kallus, der an der Peripherie der Pfropfwunden auftritt. Manchmal kann dieser Kallus, den man als äußeren Verwachsungskallus bezeichnen müßte, bedeutende Größe erreichen und bei schlechter Verwachsung eine mechanische Stütze für die Pfropfpartner bilden.

GORSCHKOV (1929, S. 130—132) beschrieb schematisch, aber immerhin mit Illustrationen, einen merkwürdigen Fall der Ausdehnung des äußeren Kallus bei der Ablaktation von *Rudbeckia* und *Helianthus tuberosus* auf *Helianthus annuus*. Hier hatte der Kallus die Stengel von Unterlage und Reis umwachsen und sich so weit ausgedehnt, daß er die Erde erreichte. Nach dem Autor war die Pfropfstelle von der Erde 27 cm entfernt. Dann ging der Stengel der Unterlage ein und das Reis stand nur noch auf der genannten Geschwulst. Die weitere Entwicklung des Reises war normal. Wir glauben, daß ein derartiges Auseinanderwachsen auch durch irgendwelche Infektionen verursacht werden könnte. Ein weiteres Beispiel für die Notwendigkeit klarer Begriffsscheidungen werden wir ferner bei der Besprechung der Chimären erwähnen, wenn von der Verbindung anthozyanfreier und anthozyanhaltiger Gewebe die Rede ist (vgl. NĚMEC, 1910).

Wenn nach der Ausfüllung des Spaltes keine weitere Vereinigung der Gewebe der Pfropfkomponenten stattfindet, wenn vielmehr die Bildung intermediären Gewebes fortgesetzt wird, so werden die jungen Zellen kollabiert erscheinen. Ihre Seitenwände werden eingeknickt. Kurz ihre Entwicklung wird gehemmt (vgl. Abb. 67, 68, wo hinter den

Schichten überreizter Zellen von *Mirabilis* eine mehrreihige Schicht derartiger Zellen vorhanden ist). Sie bewahren ihren meristematischen Zustand auf lange Zeit hinaus und werden schließlich kutinisiert.

Wenn der Spalt zwischen den beiden Pfropfkomponenten zu groß ist, um ganz ausgefüllt zu werden, so erinnert das äußere Intermediärgewebe schon mehr an den Kallus offener Wunden. Es tritt dann Verkorkung der peripheren Schichten ein und in der Tiefe bildet sich ein Kalluskambium, welches die Schutzrinde bildet (s. S. 233; Restitution eines Keilsektors von Tabak. Vgl. auch FUNK, 1929, S. 412, 413). Es braucht nicht betont zu werden, daß der Pfropfungserfolg durch diese Verhältnisse gefährdet wird, denn es ist, wenn erst einmal die Schutzrinde oder die Verkorkung die ganze Schnittoberfläche bedeckt, eine Verwachsung ausgeschlossen (vgl. PROEBSTING, 1926).

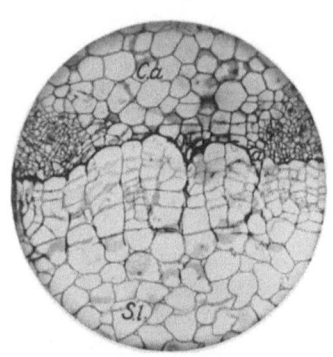

Abb. 69. *Capsicum annuum*-Sproß auf *Solanum lycopersicum*-Sproß (*C. a., S. l.*). Verstärkte Aktivität des Tomatenparenchyms gegenüber dem *Capsicum*-Leitgewebe (*a*—*b*). Isolierschicht vorhanden.

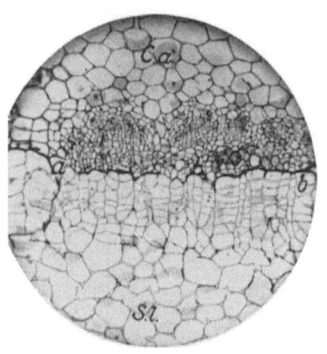

Abb. 70 (s. Abb. 69). Fortsetzung von Abb. 69 nach links hin (*a* = *a*). Interkalare Teilungszone bei *Solanum lycopersicum*.

Wenden wir uns der nächsten Pfropfung zu: *Capsicum annuum* auf *Solanum lycopersicum*. Sie ist als Keilpfropfung ausgeführt und gelingt tatsächlich, doch entwickelt das Reis sich nur schwach und scheint zu kränkeln. Die reziproke Pfropfung zeigt ähnliche Verhältnisse. Soweit das Pfropfungsresultat nach dem Schnitt (Abb. 69) beurteilt werden kann, ergibt sich folgendes:

a) Wo bei dem *Capsicum*-Reis Phloem und Kambium, sowie zum Teil Xylem einseitig weggeschnitten sind (a—b), ist keine Teilungstätigkeit bei den dem Schnitt anliegenden Xylemzellen zu bemerken. Bei der *Solanum*-Unterlage jedoch ist gerade an dieser Stelle eine verstärkte Teilungsaktivität vorhanden. Man könnte meinen, daß die „Hormone", welche infolge des Schnittes durch das Xylem von *Capsicum* entstehen, nicht auf den zurückbleibenden Teil des Xylems wirken, obwohl auch dort viele lebende Zellen vorhanden sind. Wohl aber wirken sie auf die Teilung der anliegenden Zellen der Unterlage (s. S. 148, HABERLANDTS Hinweis auf die Empfindlichkeit der Epidermiszellen für die „Hormone" der Schließzellen). Das erscheint auch dadurch bestätigt, daß dort, wo das Leitbündelsystem von *Capsicum* fehlt, sich die anliegenden Zellen der Unterlage schwächer teilen als daneben, wo das Xylem vom *Capsicum* verblieb (Abb. 69/70). Diese Tatsache spricht dafür, daß intensive Zellteilung unter dem Einfluß der *Capsicum*- nicht der *Solanum* - ,,Hormone" vor sich geht. Anderenfalls müßte ja die Teilung der *Tomaten*-Zellen unter dem Einfluß der *Tomaten*-Wundhormone unabhängig von der Anwesenheit des angeschnittenen *Capsicum*-Xylems gleichmäßig vor sich gehen. Denn man wird in dem in Frage kommenden Bezirk das Zellalter des Markparenchyms im *Tomaten*-Stengel als ziemlich gleichmäßig annehmen dürfen, so daß hieraus ein Unterschied in der Intensität der Zellteilungen nicht gefolgert werden kann.

Nimmt man an, daß die oben erwähnte Intensität der Zellteilung im Markparenchym der *Tomate* hervorgerufen wird durch Reizstoffe, welche aus dem Schnitt des *Capsicum*-Xylems ausgeschieden wurden, so folgt aus der Lokalisation der Zellteilungen, daß die Verbreitung dieser Stoffe (,,Hormone") begrenzt ist. Pfropfte man *Capsicum* auf *Tomaten*-Blatt, so verhielt sich das Blattgewebe passiv (s. Abb. 66). Spricht diese Tatsache auch nicht für den oben geäußerten Gedanken, so widerlegt sie ihn doch auch nicht, denn wir haben in beiden Fällen ziemlich verschiedene Gewebe als Reizempfänger vor uns, und wir haben immerhin mit der Möglichkeit einer Organspezifität oder Gewebsspezifität der ,,Hormone" zu rechnen.

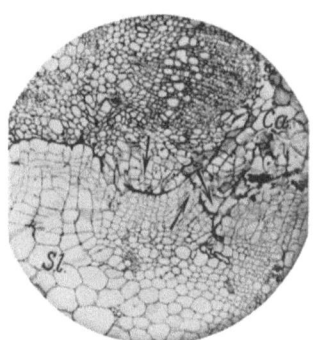

Abb. 71 (s. Abb. 69 u. 70). Bei den Pfeilen ein Durchbruch der Isolierschicht. Vor dem Leitgewebe von *Capsicum annuum* ein Bezirk primären Intermediärgewebes, das die Isolierschicht bogenförmig vor sich herdrückt.

b) In Abb. 71 bemerken wir im linken oberen Viertel des Bildes einen Bezirk, wo das Leitbündelsystem zum Teil angeschnitten ist, und im rechten oberen Viertel unberührte Teile des Leitbündelsystems von *Capsicum*. In den entsprechenden Bezirken des *Solanum*-Partners (rechtes unteres Viertel) ist das Leitbündelsystem zerschnitten. Es zeigt sich klar, daß, je näher die Zellen den zerschnittenen Leitbündelelementen liegen, um so intensiver ihre Teilung erfolgt und umgekehrt. Dasselbe entnehmen wir der Abb. 85, welche die gleiche Pfropfung, aber an einer anderen Stelle der Verwachsungsfläche darstellt. Hier wurde bei *Capsicum* nur die Rinde mit dem Phloem abgeschnitten. Auch Abb. 54 der russischen Ausgabe bestätigt dasselbe. Wir beobachten also an diesem Beispiel die Abhängigkeit der Intensität der Gewebsneubildung von der Nähe des Leitbündelsystems (s. S. 147 und 156).

Hiermit mögen die Experimente von KABUS, HABERLANDT und anderen (s. S. 156) über die Bedeutung des Leitgewebes für die Neubildungen bei der Kartoffelknolle verglichen werden.

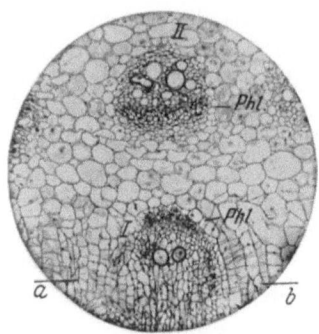

Abb. 72. *Mirabilis jalapa*. Vgl. 67. Leitbündel *1* entspricht dem Bündel von Abb. 67. Phloem: Regeneration mit inverser Orientierung. Bündel *2* unverletztes Bündel mit normaler Orientierung des Phloems (*a b* Schnittlinie).

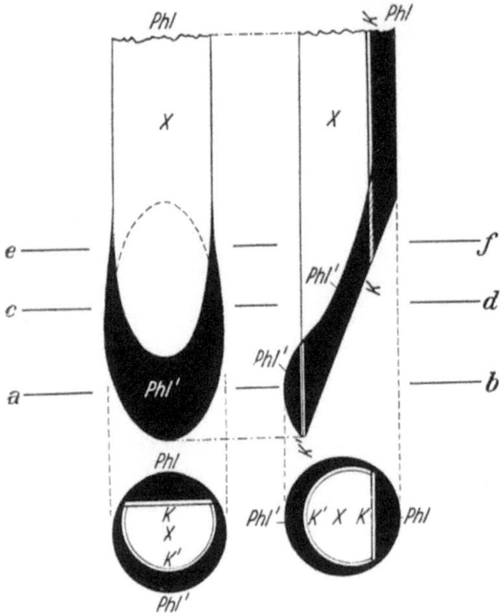

Im folgenden mag nun als noch zu diesem Thema gehörig eine weitere Pfropfung betrachtet werden (Abb. 1a). Als Reis diente ein Sproß von *Mirabilis jalapa* (M) und als Unterlage *Nicotiana affinis* (T). Wir haben also eine Pfropfsymbiose herzustellen versucht zwischen einer *Nyctaginacee* und einer *Solanacee*. Zur Zeit sind außer dem Erfolg SIMONs (1930), schon manche beständige Pfropfsymbiosen zwischen Angehörigen verschiedener Familien erhalten worden[1]. SIMON konnte bei seiner Pfropfung von *Solanum melongena* und *Iresine lindeni* schon das Zustandekommen einer Gefäßverbindung beobachten, allerdings nur in schwachem Maße. Wir haben eine Gefäßverbindung in unserem Falle nicht erhalten, obgleich die Pfropfung länger als $1^1/_2$ Monate sich gehalten hat (s. Abb. 1a, und S. 5). *Mirabilis* wurde deshalb gewählt, weil in ihrem Stengel zerstreute Leitbündel, ähnlich wie bei den „Monokotylen", sich befinden. Es ist bemerkenswert, daß diese zerstreuten Leitbündel, die *Mirabilis* neben peripheren besitzt, offen sind. Doch ist ihr Kambium wenig wirksam, da es aus nur einer eigentlich teilungsaktiven Zellschicht besteht. Die Mehrschichtigkeit des Kambiums wird vorgetäuscht dadurch, daß die Tochterzellen den kambialen Typus beibehalten. Für die Frage der Herkunft geschlossener Bündel sind diese Verhältnisse von Interesse. Zerstreute Bündel haben bekanntlich noch einige *Berberidaceen (Podophyllum peltatum)*, Ranun-

Abb. 73. Schema der Phloemregenerationen. Je ein Schema der Vorderansicht und der Seitenansicht eines *Mirabilis*-Bündels. *Phl* Phloem; *Phl'* regeneriertes Phloem; *K* Kambium; *K'* regeneriertes Kambium; *X* Xylem. Waagerechte Linien deuten mögliche Schnittführung an.

[1] Vgl. S. 585.

culaceen, Nymphaeaceen u. a. So konnte man also erwarten, daß sich in der Mitte des Stengels einige durchschnittene Bündel finden würden und daß dementsprechend in ihrer Nähe sich unter der Wirkung etwaiger Wundreizstoffe („Hormone") eine Neubildungsaktivität des Gewebes in der Mitte des Stengels herausbilden würde, was dem Pfropfungserfolg zugute kommen mußte. Außerdem bietet die isolierte Lage der Bündel den Vorteil, daß der Zustand einzelner von ihnen oder der Zustand ihrer Teile sich klarer und übersichtlicher unter der Einwirkung der verschiedenen möglichen methodischen Maßnahmen (Schräg-, Längsschnitt usw.) im Pfropfungserfolg ausprägen würde (s. auch FUNK, 1929, S. 440, und unsere späteren Erörterungen über die Tüllenbildung). Bezüglich unserer Pfropfung sei nun auf folgendes aufmerksam gemacht:

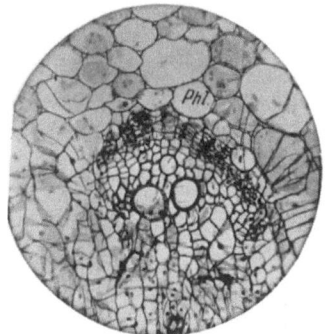 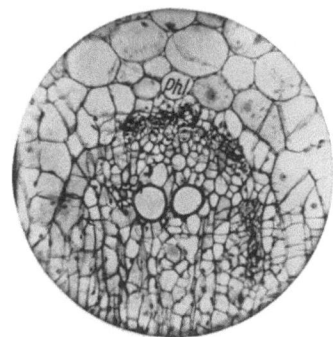

Abb. 74. Einzelheiten des Phloems der Abb. 72. Erkennbar das neue Kambium, Tüllen in den größeren Gefäßen, unten primäres Intermediärgewebe.

Abb. 75. Anderer Querschnitt des gleichen Bündels wie Abb. 74. Inverses Phloem, Kambium, aktives Intermediärgewebe.

1. Einerlei, welcher Teil des Leitbündels von *Mirabilis* durch den schrägen Schnitt abgetrennt wird, immer zeigt sich eine starke Regenerationsfähigkeit auf der Schnittfläche, d. h. also für die Verhältnisse einer Pfropfung: in Richtung auf die andere Komponente hin (direktes intermediäres Gewebe). Die vollständige Abtrennung des Phloemteils ändert an diesen Verhältnissen nichts (s. Abb. 67 und 68 und im russischen Original (1928) Abb. 36, linkes Bündel).

2. Eine solche Teilungsanregung geht auch von Bündeln aus, welche der Pfropfschnitt selber nicht berührt hat, die sich aber in seiner Nähe befinden. Das gleiche gilt auch für benachbarte unverletzte Teile des abgeschnittenen Bündels selbst (s. Abb. 68), während diejenigen Bündelbezirke, die weit von der Wundoberfläche entfernt liegen, keine Zellteilungsaktivität zeigen (Bündel 1 in Abb. 72 vom Schnitt getroffen, Bündel 2 nicht getroffen).

3. Unabhängig von dieser Bildung des intermediären Gewebes beobachtet man in einigen an den Schnitt angrenzenden Leitbündeln

die Bildung eines sekundären Interfaszikularkambiums (Abb. 36 der russischen Ausgabe 1928). Stellenweise drängt sich einem die Vermutung auf, daß dieses Interfaszikularkambium mit dem Intrafaszikularkambium in Verbindung steht und es fortsetzt. Eine Entscheidung hierüber kann jedoch noch nicht gefällt werden (schwache Ausbildung des Kambiums, ein oder zwei Teilungen parenchymatöser Zellen, Unterbrechung zwischen den Bündeln, Feststellbarkeit nur in einzelnen Fällen) (vgl. WINKLER, 1908a).

4. In 4 Fällen, wo Phloem und Kabium eines Bündels durch den Schnitt entfernt waren, konnte die Bildung von neuem

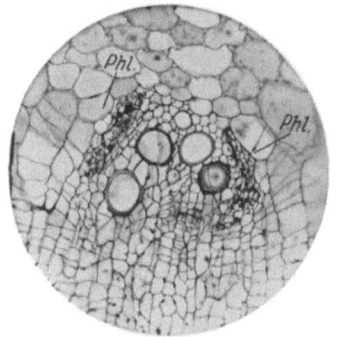
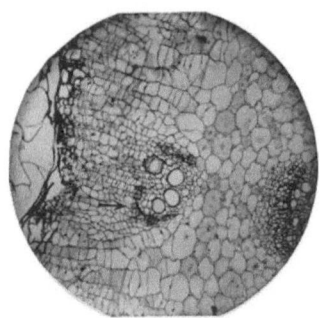

Abb. 76. Doppelseitig-laterale Phloemregeneration bei *Mirabilis jalapa*, Intermediärgewebe, Tüllen in den Gefäßen.

Abb. 77. Phloemregeneration bei *Mirabilis jalapa*. Beim Pfeil Vereinigung des regenerierten seitlichen Phloems mit einem verbliebenen Teil des ursprünglichen Phloems.

Kambium und Phloem auf der anderen Seite des Bündels beobachtet werden. Die gegenseitige Orientierung von Phloem und Xylem in dem so wiederhergestellten Bündel war dann entgegengesetzt zu derjenigen der Nachbarbündel. Unter natürlichen Verhältnissen wurde eine derartige Erscheinung nie beobachtet. Es sei hier an die Arbeit CHAMBERLAINs (1921) mit *Aloe* erinnert, der darauf hinweist, daß eine Besonderheit von Bündeln mit auf natürlichem Wege sich zerstörendem Phloem in der starken meristematischen Aktivität der Zellen liegt.

„Diese Zellen verhalten sich wie Kambium und dadurch werden Reihen in Breite von 8 Zellen gebildet (um das Xylem herum und folglich um das Bündel herum N. K.). Hätte Differenzierung (dieser Zellen N. K.) stattgefunden, so könnten wir vielleicht auch Phloem erwarten, welches die primären Bündel umgibt."

Die Entwicklung bleibt nach dem Stadium, das auf Abb. 3 der russischen Ausgabe (1928) gezeigt ist, stehen, bevor irgendwelche Verholzung entdeckt werden kann. In unserem Experiment, wo das abgetrennte Phloem auf der entgegengesetzten Seite und seitlich vom Bündel neu gebildet wird (s. Abb. 67 und 72 [Phl.] und Details auf den Abb. 74—76), bildet sich ein Kambium. Dieses Kambium setzt seine Tätigkeit fort und bildet ein neues Phloem (Phl.). Aber diese Neubildung ist verschieden, je nachdem, wieviel vom Bündel entfernt wurde: Wurde es zum größeren Teil entfernt (s. Abb. 73, Schnitt a—b), so findet sich das neue Phloem vollkommen auf der entgegengesetzten Seite (Abb. 74, 75), während dort, wo nur ein kleiner Teil abgetrennt wurde, das neue Phloem sich in zwei verschiedenen Bezirken findet: zu Seiten des verbliebenen Xylems (Abb. 73, Schnitt c—d, Abb. 76). Im Schnitt e—f endlich, wo ein Teil des normalen Phloems zurückblieb (Abb. 77), besteht eine Verbindung dieses mit dem neugebildeten seitlichen Phloem (s. noch Abb. 74, wo auch Übergangsstadien abgebildet sind). Rekonstruieren wir uns aus diesen Schnittbildern die Lage des regenerierten Phloems, so finden wir, daß es auf der Peripherie der elliptischen Querschnittfläche des betreffenden Bündels angeordnet ist (s. Abb. 73). Folglich haben wir hier ein hadrozentrisches Bündel vor uns, das durch den Schnitt c—d (Abb. 73 und 76) in ein bikollaterales, und endlich im Schnitt a—b (Abb. 73, 74) in ein normales kollaterales Bündel übergeht, das aber an dieser Stelle umgekehrt zur normalen Bündellage orientiert ist.

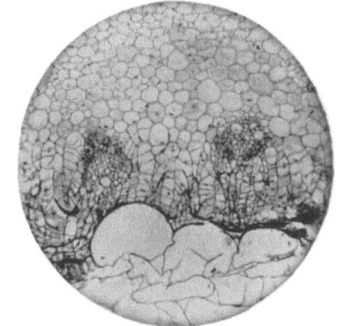

Abb. 78. Phloemregeneration bei *Mirabilis jalapa*. Links invers, rechts normal orientiert. Außerdem Anlage eines Interfaszikular-Kambiums angedeutet.

Prinzipiell Ähnliches zeigt die Schnittserie des Bündels der Abb. 36 und 43 der russischen Ausgabe 1928 und 78 dieses Buches links, das rechte Bündel dagegen zeigt normale Orientierung, da es von dem Schnitt nicht getroffen wurde. Die Tatsache, daß wir diese soeben beschriebenen Anomalien nur im Bereich einer geringen Längserstreckung verfolgen konnten, vermag nichts daran zu ändern, daß wir hier die Anordnung der verschiedenen Leitbündelbezirke experimentell geändert haben, wobei alle Zwischenstadien erhalten werden. Das scheint uns besonders im Hinblick auf das Vorhandensein echten bikollateralen Baues, der in letzter Zeit so häufig in Abrede gestellt wurde, von erheblichem allgemeinen Interesse zu sein. Verneinend äußern sich diesbezüglich BARANETZKY (1899) und HABERLANDT. Im positiven Sinne sprachen sich HERAIL (1885), FABER (1904) und MANTEUFFEL (1926) aus (vgl. ferner KRIEG, 1908). Während in unserem Fall der inversen Lagerung des Phloems jegliche Verschiebung des Normalbündels fehlt, wird eine solche beobachtet bei den Geschwülsten, die von *Bacterium tumefaciens* hervorgerufen werden (MAGROU, 1928). Da hier der kambiale Ring sich unverhältnismäßig vergrößert, also nicht mehr der Formel $2\pi r$ entspricht, bildet er Falten, so daß sich invers orientierte Gefäßbündel entwickeln. Auch in der Blütenachse von *Ricinus* findet sich normalerweise Ähnliches.

Alle diese Erscheinungen jedoch tragen bei äußerer Ähnlichkeit einen ganz anderen Charakter als die von uns bei *Mirabilis* beobachteten. Auch hier beobachten wir durchweg, daß die Intensität der Zellteilung von der Nähe der Leitbündel abhängt, wovon schon früher die Rede war. Die Gewebe des Tabaks jedoch verhalten sich in diesem Falle gegenüber den Wundreizstoffen des Partners ganz untätig, was die Annahme einer Spezifität der Reizerreger („Wundhormone") nahelegt (vgl. S. 163). Interessant ist in diesem Zusammenhange die Tatsache, daß dort, wo sich aus dem *Mirabilis*-Reis eine Wurzel entwickelt, eine offensichtliche Beziehung zur Nähe eines Gefäßbündels vorhanden ist. Stets wird in solchen Fällen beobachtet, daß das Kambium des betreffenden Bündels sich in Richtung auf die neu angelegte Wurzel zu ausdehnt.

Etwas Ähnliches hat früher schon F. REGEL (1876) bei *Begonia phyllomaniaca* für die Beziehungen zwischen blattbürtigen Sprossen und dem Kambium in der Nähe liegender Gefäßbündel beobachtet. Doch trifft das, was wir oben über *Mirabilis* gesagt haben, nicht immer zu. So haben wir z. B. bei einer Keilpfropfung von *Solanum nigrum* in den Spalt eines *Mirabilis*-Stengels keinerlei intensive Zellteilung gefunden. Allerdings waren auch die Bedingungen der Pfropfung etwas anders: 1. Bei Verwendung von *Mirabilis* als Reis wurden dessen Leitbündel schräg durchschnitten, hier dagegen ist *Mirabilis* die Unterlage und es wurde ein axialer Schnitt geführt. 2. Haben wir einen anderen Partner vor uns. 3. War es ein anderer Stengelteil des Partners, der sich mit dem *Mirabilis*-Schnitt berührte. 4. War auch ein geringer Altersunterschied des *Mirabilis*-Materials zu verzeichnen, allerdings nur von etwa einer Woche. Irgendwelche markanten Unterschiede im physiologischen Zustand der Versuchspflanze wurden außerdem nicht festgestellt. Doch bedürfen schon die genannten Faktoren einer exakten Erforschung, um so mehr als LJUBA MIRSKAJA (1930), der unsere Arbeiten offenbar unbekannt waren, vollkommene Restitution der Längshälften des Stengels bei *Mirabilis jalapa* gefunden hat.

Hier soll auf diese Analyse der genannten Einzelfaktoren nicht weiter eingegangen werden, vielmehr mögen zum Schluß unserer Behandlung der *Mirabilis*-Pfropfungen noch einige Betrachtungen über Tüllenbildung Platz finden.

Bezüglich dieser Erscheinung bestehen heute nebeneinander zwei verschiedene Anschauungen (vgl. KLEIN, 1923), die sich teils auf Experimente, teils auf Beobachtungen über natürliche Tüllen gründen. Einmal bringt man sie in Verbindung mit Änderungen in der Wasserversorgung des Gefäßsystems. Die andere Anschauung sieht in der Wundtüllenbildung eine Folge derjenigen Reize, welche aus der Zellzerstörung bei der Verwundung resultieren. Wir haben bezüglich der Tüllenbildung bei unseren *Mirabilis*-Pfropfungen folgendes beobachtet: Sie tritt ein in unmittelbarer Nähe der schrägen Wundfläche (nie weiter als 25—30 μ

entfernt). Also werden in den Querschnittpräparaten Tüllen nur in denjenigen Bündeln beobachtet, welche an den Pfropfschnitt angrenzen. Dagegen wird man in Bündeln, welche im gegebenen Querschnitt von der Grenzlinie entfernter liegen (s. Abb. 72 Grenzlinie a—b), die also vom Pfropfschnitt nicht getroffen wurden, Tüllen nicht ausgebildet. Es ist klar, daß auch diese Bündel irgendwo schräg angeschnitten wurden, nur nicht gerade in dem Schnitte, den wir betrachten. Man muß hier noch bemerken, daß bei Vorliegen einer vertikalen (nicht schrägen) Spaltung, wie sie vorgenommen wird, wenn *Mirabilis* als Unterlage dient, in derselben Keilpfropfung Tüllen in diesen Bündeln nicht beobachtet wurden. Die Pfropfungen wurden im Juni ausgeführt und unter Glas gehalten. Die Pflege war wie gewöhnlich. Selbstverständlich kann man die beschriebenen Verhältnisse auch auf die Veränderungen in der Wasserversorgung zurückführen. Es gibt aber genügend Hinweise darauf, daß im vorliegenden Falle die Tüllen durch den Wundreiz hervorgerufen wurden. Denn in allen Bündeln mußten die Wasserverhältnisse gestört sein, da alle zerschnitten wurden. Die Tüllen aber haben sich ausschließlich in demjenigen Bezirk gebildet, welcher der Schnittfläche am nächsten liegt, nicht aber in entfernteren. Außerdem muß man noch berücksichtigen, daß wir gerade in dem schmalen Bezirk der Schnittfläche eines Bündels und nur in diesem Bezirk, stets eine starke Zellteilung im Bündel beobachten. Manchmal finden wir hier auch Teilung bei denjenigen Zellen, die unmittelbar dem Bündel anliegen. Teilung und Wachstum dieser letztgenannten Zellen rufen häufig eine starke Kompression der Gefäßwände hervor, auf die sie also offenbar deutlich einen starken Druck ausüben. In solchen Fällen, wo die Zellen die Tüpfel der Gefäßwände durchbrechen und in sie einwachsen, haben wir Tüllenbildung vor uns. Wenn der Durchbruch mißlingt, was, wie man sich leicht vorstellen kann, durch bestimmte Lagen der Zellen bezüglich der Poren bedingt sein kann, so kommt es zu einer Eindrückung des Gefäßes. Wir haben tatsächlich in keinem Falle Tüllen in zerdrückten Gefäßen beobachtet (s. z. B. das linke Bündel auf Abb. 72, vgl. ferner ALEXANDROV und ALEXANCHOVA, 1929a und b).

Daraus kann man natürlich den Schluß ziehen, daß in unserem Beispiel die Tüllen eine direkte Folge der Verwundung sind. Diese rief Teilung und Wachstum in dem den Gefäßen des Bündels benachbarten Gewebe der Wundregion hervor. Hier mag bemerkt werden, daß sich *Mirabilis* ausgezeichnet nach jeder beliebigen Methode auf sich selbst pfropfen läßt, was wir auf die oben erwähnte Verteilungsart der Leitbündel im Stengel zurückführen. Abgesehen von den erwähnten Formen des Gefäßverschlusses nahe der Wunde kommt eine Neubildung oder Veränderung von Querwänden vor (vgl. auch KÜSTER, 1929b, S. 142). (So ist auf Abb. 90 und 129 und Nr. 42 der russischen Ausgabe eine Querwand mit Poren und auf Abb. 79 eine Netzquerwand dargestellt.)

In unserem allerdings kleinen Kontrollmaterial haben wir derartiges nicht beobachtet.

Sonach ergibt sich aus unseren Darlegungen folgendes:

1. **Unter dem Einfluß einer Verwundung ist jede lebendige unversehrte Zelle einer angiospermen Pflanze befähigt, Wachstum und Teilung erneut aufzunehmen.**

2. **Die Intensität dieser Reaktion ist abhängig von der Natur des verletzten Gewebes, des der Verletzung benachbarten Gewebes und von der Natur des Pfropfpartners. Eine Sonderfrage ist das Problem der Intensität dieses Einflusses.**

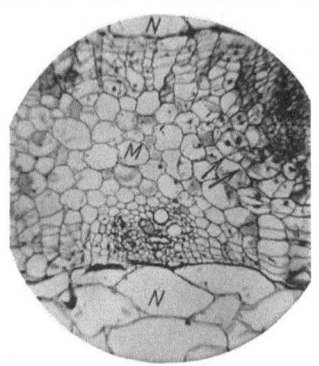

Abb. 79. Keilpfropfung von *Mirabilis jalapa* auf *Nicotiana affinis*. Im *Mirabilis*-Gewebe unten ein zusammengequetschtes Gefäß, darüber ein netzwandiges gefächertes Gefäß. Rechts oben intensive Neubildungen im schmalen Ende des Reiskeiles. Pfeile deuten auf zwei ehemalige durch Querwände gefächerte Parenchymzellen.

BENEDIKT, HABERLANDT, VÖCHTING weisen darauf hin, daß die Fähigkeit zur Teilung bei alten Zellen herabgesetzt ist. Unsere Beobachtungen stimmen damit überein. Als Symptom einer derartigen Herabsetzung der Teilungsfähigkeit ist das verlangsamte Tempo der Mitosen anzusehen. Literatur s. bei KÜSTER (1921).

Vermutlich sind im einzelnen maßgebend: 1. Der Einfluß der Wunde auf die Atmung sowohl der verwundeten als auch der in der Wundnähe befindlichen Zelle; 2. irgendeine erregende Enzymwirkung. Ferner kann noch eine einfache Wirkung der Ernährung in Frage kommen, wenn man berücksichtigt, daß von der Oberfläche des abgeschnittenen Bündels Salzlösungen und Assimilate ausgeschieden werden können. Wir wollen hierauf nicht weiter eingehen. Für uns ist es nur wichtig, daß das verwundete Leitsystem irgendwelche Stimulatoren des Wachstums abgibt. Der Beweis der Existenz besonderer „Hormone" soll uns hier nicht interessieren. Jedenfalls sprechen die von uns bisher angeführten Tatsachen eher für eine Beeinflussung durch spezifische Reize als für eine Beeinflussung durch die Nahrungsstoffe. Jedenfalls verlangt diese Frage besondere Untersuchungen.

Bezüglich der Atmung wurde beobachtet (RICHARDS, 1896, u. a.), daß die Ausscheidung von Kohlensäure von seiten der Wundfläche langsam ansteigt, dann ein gewisses Maximum erreicht und schließlich wieder bis auf die Norm fällt, welche für dieses Gewebe im unverletzten Zustande maßgebend ist. Außerdem sehen wir, daß öfters bei altem Gewebe in den dem Schnitt benachbarten Zellen eine gewisse Zeit nach der Operation eine oder zwei Teilungen ablaufen, die dann abgeschlossen werden. Manchmal wachsen sogar die neugebildeten Zellen nicht. Mit anderen Worten haben wir hier eine Parallelität zwischen dem Prozeß der Atmung und der Zellteilung beobachtet, was auch vollkommen verständlich ist. Bei Verwundung junger Gewebe dauert die Teilungsaktivität gewöhnlich sehr lange an. Damit ergibt sich die Notwendigkeit, die Atmungsprozesse bei jungen und alten Geweben nach ihrer Verwundung miteinander zu vergleichen. Es ist schon lange bekannt, daß bei höheren Pflanzen jüngere plasmareichere Organe intensiver atmen als ältere. Das gilt für in Entwicklung begriffene Knospensprosse usw.

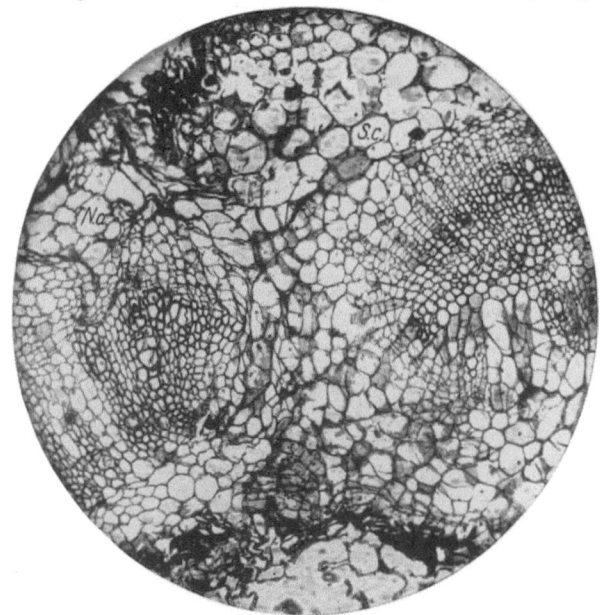

Abb. 80. Pfropfung von *Nicotiana affinis* auf *Solanum capsicastrum*. Herbeiführung der Verwachsung durch parenchymatisches Intermediärgewebe im Bezirk der Leitgewebe und der primären Rinde.

Schwächer atmen erwachsene Blätter und am schwächsten Stengel und Wurzel mit zunehmendem Alter. So würde man entsprechende Verhältnisse auch bei der Verwundung anderer verschiedenaltriger Gewebe erwarten können (vgl. BRIEGER, 1924).

Es wäre jedoch irrig, nun anzunehmen, wie das oft geschieht, daß eine direkte Berührung der Kambien von Reis und Unterlage bei den Pfropfungen unbedingt nötig sei. Das wäre biologisch unexakt. Zwar verbürgen die mit hoher Teilungsintensität begabten Kambiumzellen eine ziemlich hohe Verwachsungswahrscheinlichkeit, da ja nicht nur das Kambium selbst, sondern auch die in seiner Nähe und unter seinem Einfluß stehenden Gewebspartien auf die Verwundung besonders stark reagieren. Zweifellos stellt also das Kambium eine Art von Avantgarde und Reserve zugleich für den gesamten Verwachsungsprozeß dar,

368　Transplantation (Umpflanzung, Pfropfungen).

besonders dann, wenn, wie das bei älteren Geweben öfters der Fall ist, die durch die Verwundung hervorgerufene Zellteilung bald wieder eingestellt wird (S. 366). Doch kommt es auch nicht selten vor, daß ein erwachsenes Parenchym (s. Abb. 66, 68, 69 und 66b der russischen Ausgabe) zur Quelle der Neubildung wird. In Abb. 80—82 (und Abb. 66 b der russischen Ausgabe) sehen wir sogar einen Fall, wo das Rindenparenchym

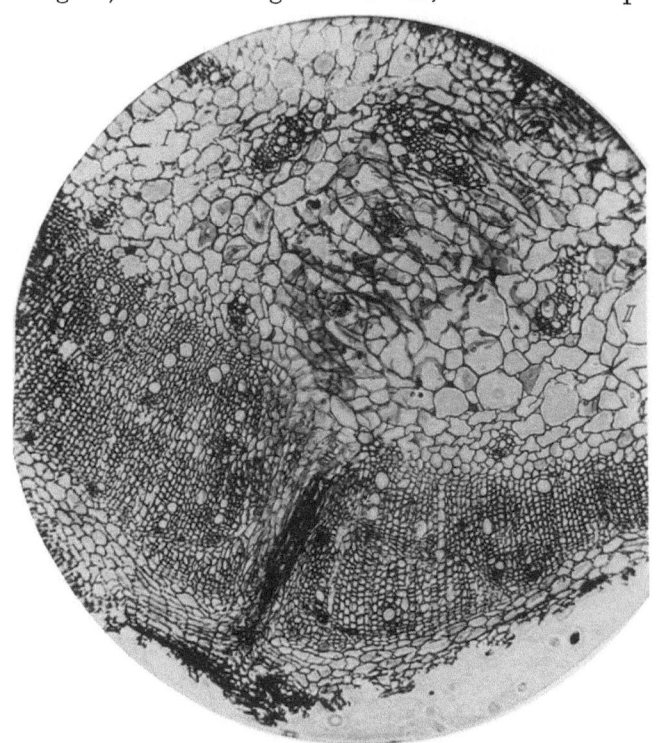

Abb. 81. *Mirabilis jalapa*, autoplastische Keilpfropfung. *I* Reis, *II* Unterlage. Unten ein Rest der Isolierschicht, Ausdehnung des Leitsystems, Richtung der Peripherie durch Tätigkeit wiederholt angelegter Kambien, im Verwachsungsgebiet des Grundparenchyms gemischtes Intermediärgewebe.

auf die Verwundung besonders aktiv reagiert (vgl. auch KABUS, 1912, der bei *Pelargonium zonale* var. ,,Meteor" als Unterlage die stärkste Neubildungsaktivität im Markparenchym beobachtet hat, vgl. ferner FUNK, 1929).

Besonders bei der Pfropfung krautiger Pflanzen scheint die unmittelbare Berührung der Kambien beider Pfropfpartner keine besondere Rolle zu spielen, denn in den jungen Stengeln reagieren auch die anderen Gewebe fast ebenso prompt auf die Verwundung.

Die ausgezeichneten Erfolge von Pfropfungen krautiger Blätter auf krautige Stengel und umgekehrt beweisen in dem schon angedeuteten

Sinne, daß eine absolute biologische Notwendigkeit für die unmittelbare Berührung der Kambien von Reis und Unterlage nicht besteht, da die Leitbündel der Blätter meist kambiumfrei sind. Auch bei Gehölzen mit verschiedener Rindendicke von Reis und Unterlage werden die Kambien nicht aufeinander liegen, wenn die Außenflächen aneinander angeglichen sind, was in der Praxis gewöhnlich geschieht.

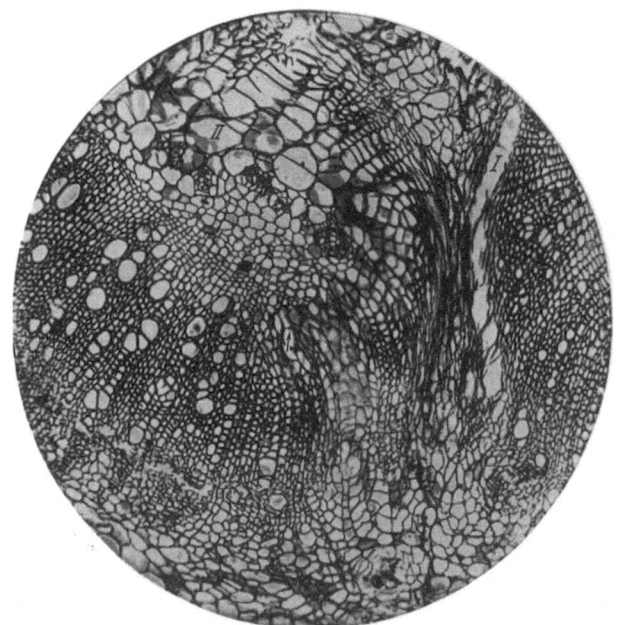

Abb. 82. *Solanum nigrum*-Wurzel (*S. n.*) auf *Solanum lycopersicum*-Sproß (*S. l.*) (Keilpfropfung). Vordringendes Rindenparenchym der Wurzel hat das sekundäre äußere Intermediärgewebe des Tomatenleitsystems durchbrochen. In der Pfeilrichtung eine schwarze Schicht von Resten beim Durchbruch zerstörter Zellen. Der Parenchymzug bei Ziffer *1* ist primäres äußeres Intermediärgewebe der Rinde und des Leitsystems der Wurzel.

Dem schon erwähnten Fall der Pfropfung von *Nachtschatten* auf *Tomate* können wir auch Fälle aus dem Gebiet der Gehölzpfropfungen an die Seite stellen, wo nicht das Kambium am energischsten auf den Wundreiz reagiert und also nicht bei der Bewirkung der Verwachsung am aktivsten ist (z. B. Pfropfungen auf die Wurzel beim Apfelbaum, wo sehr oft eine Verwachsung auch ohne Anpassung der Kambien der beiden Komponenten zustande kommt). Ferner hat das Kambium beim Okulieren von Holzgewächsen gewöhnlich nur sekundäre Bedeutung. Wenn man den dafür erforderlichen T-Schnitt macht und dann die Rinde der Unterlage abhebt, so bleibt sehr oft an den abgehobenen Teilen nicht nur das ganze Kambium kleben, sondern mit ihm zusammen die jüngsten Elemente des Splints. Dann kommt es von der Oberfläche des an Ort und Stelle verbliebenen Splintgewebes zu einer Bildung von intermediärem Gewebe. Allerdings bleiben einzelne Bezirke verletzter und überreizter Zellen untätig und werden braun. Sie werden von dem Gewebe, daß sich aus den benachbarten Bezirken gebildet hat, bedeckt. Gleichzeitig wirken auch die Kambialbezirke, welche auf dem Splint zurückblieben, wie auch diejenigen, welche an der Rinde verblieben sind. Die Art der Verteilung des Kambiums hängt von der Okulationszeit und von dem Operationsort am Sproß ab. Als Folge der Tätigkeit der neu angelegten sekundären meristematischen Elemente wird das intermediäre Gewebe zu einer bestimmten Zeit umgebildet. Die aus den sekundären Meristemen entstandenen Gewebe können einen Teil der ursprünglichen Gewebe zerdrücken und ihre Entwicklung aufhalten. Dann übernehmen die Sekundärgewebe die Funktion der weiteren Verwachsung. Das Schildchen, das in den Einschnitt hineingesteckt wurde, verhält sich verschieden, je nachdem ob an ihm Splint vorhanden ist oder nicht. Wenn das zentrale Leitbündel des Knospenkissens erhalten blieb, so erzielt man die Verwachsung leichter bei einem Schildchen, daß keinen Splint enthält. Denn die ganze Wundfläche des Schildchens erweist sich als energisch wirksam. Wenngleich auch hier das Kambium sich etwas intensiver teilt, so kann es allein doch nicht die Verwachsung sichern. Bei einer gelungenen Okulation wird dann eine Verbindung des Kambiums der Unterlage mit dem des Reises hergestellt. Diese Verbindung wird gewöhnlich bewirkt durch ein Sekundärkambium, das sich in den Winkeln der Innenseite der auseinandergeschobenen Rindenflügel der Unterlage bildet. Eine Reihe von Bedingungen vermag nun den beschriebenen Verwachsungsprozeß zu verändern. Man kann aber nicht annehmen, daß das ursprüngliche Kambium irgendwelche entscheidende Bedeutung hatte. Eine ganz andere Frage ist es, ob im späteren Verlauf die Herstellung einer Verbindung der Kambien beider Komponenten notwendig ist. Dies kann, wie gesagt, durch sekundäre Kambialbildungen bewirkt werden. Es ist wichtig, daß sich diese letzteren sowohl im intermediären Gewebe als auch im Kallus weiter differenzieren, welche beide sich ohne Beteiligung des Ausgangskambiums des Sprosses entwickelt haben.

b) Die Isolierschicht, ihre Bildung, Bedeutung und weiteren Schicksale.

Wir haben uns bisher bei unserem Studium der Pfropfungen lediglich mit der Erscheinung der Reaktivierung ruhender Zellen infolge der Verwundung beschäftigt und gesehen, daß infolge dieser Aktivierung ein besonderes Gewebe entsteht, das Intermediärgewebe, welches schließlich den Spalt zwischen den beiden Komponenten restlos ausfüllt (s. u. a. Abb. 66 und 69). Betrachten wir nun gefärbte Schnittpräparate solcher Pfropfungen (Hämatoxylin Delafield und Heidenhain), so sehen wir in jedem Fall eine dunkle, scharf umschriebene Zone, welche das Gewebe der Unterlage vom Gewebe des Reises trennt. Es fehlt also in der Tat ein eigentlicher Kontakt zwischen den Geweben von Reis und Unterlage, von einer Gefäßverbindung ganz abgesehen. Es besteht zwischen den Geweben beider Pfropfkomponenten eine Isolierschicht, deren Entstehung und Vorhandensein sich folgendermaßen erklären läßt: Wird ein Gewebe quer durchschnitten, wie es bei einer Pfropfung geschieht, so haben wir jederseits des Schnittes eine Lage zerstörter Zellen, welche die Schnittwunde bedecken. Es ist klar, daß die Membranen sich verlagern, und daß der Inhalt dieser Zellen austritt und nunmehr auf der Oberfläche des Schnittes eine Art autolytischer Mischung bildet (s. S. 145). Auch der Einfluß der Luft kann sich geltend machen und sogar das Metall des schneidenden Werkzeuges kann eine bestimmte Wirkung ausüben. Schließlich wird dieser Wundbrei gerinnen und eintrocknen und dann eine besondere Schicht auf der Schnittfläche bilden. **Die Bildung einer solchen Schicht ist ganz unabhängig von der Geschwindigkeit mit welcher die Pfropfoperationen ausgeführt werden** (s. noch Abb. 65).

M. I. SCHLEIDEN hat schon im Jahre 1846 und SACHS 1860 diese bräunliche Verfärbung der Schnittoberfläche als Zeichen des Zelltodes angesprochen. Die Deutung, welche diese Erscheinung weiterhin erfuhr, war jedoch sehr verschieden. LINDEMUTH (1878) führt die Verfärbung ebenso wie wir auf „abgestorbene Zellelemente" zurück. KABUS schließt sich dieser Ansicht an, ist jedoch nicht einverstanden mit der Erklärung FIGDORs (1891), welcher diese besondere Schicht (nach FIGDOR: „Verbindungslinie") als abgestorbenes „Verwachsungsgewebe" deutet. FIGDOR sieht die Bedingung der Entstehung unserer Isolierschicht in dem Drucke, welchen die Zellteilungen von seiten der Wundflächen beider Pfropfpartner auf einen gewissen Teil des „Verwachsungsgewebes" ausüben. Unter dem Einfluß dieses Druckes stirbt dann ein Teil des Gewebes ab, so daß also mit anderen Worten die gelbe Verfärbung eine Folge der Verwachsung ist. VÖCHTING (1892) mißt der ganzen Erscheinung eine sehr geringe Bedeutung zu.

Den Ausdruck „Isolierschicht" wenden wir zuerst an. Wir sind der Meinung, daß er das Wesen der betreffenden Erscheinung aufs beste bezeichnet, indem er auf die Bedeutung unmittelbar hinweist, und also einen Gewinn an Klarheit gegenüber den älteren Autoren darstellt (s. u.). Bezüglich des Ursprungs der isolierenden Schicht sind wir im großen und ganzen einer Meinung mit LINDEMUTH und KABUS, doch messen wir auch den Anschauungen FIGDORs eine gewisse Bedeutung zu. Wie die Abb. 77, 78 und 86 unterhalb des Durchbruchs, 90 oben, 104, 124, 138 und andere zeigen, kommt tatsächlich manchmal eine Kompression zustande, welche ein Absterben von Grenzschichten des intermediären Gewebes herbeiführt. Besonders dort, wo die

Verwachsung der beiden Partner gehemmt ist, oder in allen den Fällen, wo überhaupt keine Verwachsung stattfindet, sind die Bedingungen einer derartigen Erscheinung gegeben.

Die gelbbraune Farbe der Isolierschicht, sowie der benachbarten Zellreihen scheint dafür zu sprechen, daß hier die Chlorogensäure (s. S. 195) ganz oder zum größten Teil in die Form des inaktiven, braunen Pigmentes übergeführt worden ist. Hier sind also die inneren Voraussetzungen weder für die aerobe, die besonders in Mitleidenschaft gezogen wird, noch auch für die anaerobe Atmung vorhanden (s. oben bei der Besprechung der Wundreaktionen).

Die Bildung des braunen Pigments in den nicht unmittelbar vom Schnitt berührten Zellen erklärt sich durch die bekannte Störung der inneren Struktur infolge Eintritts neuer Existenzbedingungen. Daß es sich bei der Bräunung der Zellschichten nicht um eine Verkorkung handelt, haben schon DE MOHL (1845) und später eine Reihe anderer Autoren nachgewiesen. Auch die Bedeutung der Luft für das Zustandekommen der Erscheinung wurde schon früher bemerkt (s. KABUS, 1912, S. 51). Wir geben, indem wir uns auf die gegenwärtigen chemischen Arbeiten stützen, eine etwas präzisere Erklärung.

Den Hauptbestandteil dieser Schicht, welcher sich bei jeder Verwundung bildet, stellen direkt vom Schnitt getroffene Zellen dar. Es handelt sich dabei um den Zellinhalt und die Membranen, sowie um die Oxydationsprodukte ,,schädlicher Verbindungen, die zur Zeit der stärksten Lebenstätigkeit des Protoplasten auftreten" (NABOKICH, 1908, S. 171). Und eine solche besonders intensive Lebenstätigkeit können wir wohl für den Augenblick der Verwundung der Zelle ohne weiteres annehmen. Viele Experimente haben gezeigt, daß der Protoplast nach Verwundung, Kompression (durch Plasmolyse), die Membran oder Teile von ihr regenerieren kann (TOWSEND, 1897, SCHMIDT, 1879, MIRANDE, 1913, NĚMEC, 1915a, KÜSTER, 1929). Bleibt diese Membranregeneration aus, so stirbt der Protoplast. Es scheint uns in Übereinstimmung mit NABOKICH plausibel, daß es unter diesen Umständen zu einer höchsten Anspannung des Protoplasmas kommt und also zur Bildung besonderer Produkte der Lebenstätigkeit. Färberisch ist die Isolierschicht gut darstellbar, und zwar nach den verschiedensten Methoden (Fixierung nach NAVASCHIN und Färbung mit Hämatoxylin nach HEIDENHAIN und DELAFIELD, eventuell Nachfärbung mit Eosin, oder Fixierung mit Alkohol usw. und Färbung mit Orange, Chlorzinkjod usw.). Die so erhaltenen Präparate stellen außer Zweifel, daß diese Schicht keine Verdickung der Zellmembranen und keine Veränderung der Zellen darstellt.

Vielmehr haben wir es in der Isolierschicht mit einem Material zu tun, daß dem Inhalt lebender Zellen fremd ist. Ebenso färben sich auch deutlich die Reste des Inhalts der Gefäße oder der Inhalt zerstörter

Zellen, woraus natürlich noch keine Gleichheit dieser Substanzen erschlossen werden kann. Endlich bestätigt direkte morphologische Untersuchung gefärbter und frischer Präparate alles über die Zwischenschicht Gesagte.

Es sei auf die Abbildungen verwiesen, wo Reste von Zellmembranen und Zellinhalt deutlich erkennbar sind, ebenso zerdrückte, platte, wohl abgestorbene Zellen. Diese letzteren dürften solche Zellen sein, welche dem Schnitt unmittelbar anlagen, ohne von ihm direkt getroffen zu werden. Ihre Veränderung ist wohl die Folge einer Art von ,,Überreizung" durch die Oxydation der Atmungschromogene zum braunen Pigment (s. o.). Es erscheint uns an unseren Präparaten bemerkenswert, daß, während die unmittelbar verletzten Zellen der Schnittoberfläche stets in ihrer Gesamtheit die auch von uns auf die Oxydation der Chlorogensäure zurückgeführte Verfärbung zeigten, die eben erwähnten anliegenden Zellen sich nicht mit gleicher Regelmäßigkeit bräunten.

Auch mehr oder weniger zerdrückte Gefäße kann man hier und da in der Zwischenschicht finden (s. z. B. Abb. 84). In allen Fällen sind die Membranen heller gefärbt und deutlich von der übrigen Masse der Zwischenschicht zu unterscheiden. Jedenfalls ist aber ihre Bedeutung im Hinblick auf die Ausdehnung der übrigen Zwischenschicht nur verhältnismäßig gering für den isolierenden Effekt.

Es braucht kaum darauf hingewiesen zu werden, daß die typische Isolierschicht einer Pfropfung eigentlich doppelt zusammengesetzt ist, nämlich aus je einer Isolierschicht (s. Abb. 66—70 u. a.) jeder Komponente. Einfache Isolierschichten sind dünner und enthalten keine plattgedrückten Gefäße und Zellen, was auch selbstverständlich ist (s. Abb. 65).

Da ferner von dem Zellinhalt, welcher die Schnittoberfläche bedeckt, ein gewisser Teil in die Interzellularräume eindringen kann, welche die unverletzten Zellen bei ihrem Wachstum zwischen sich lassen, ist es klar, daß eine Isolierschicht auch Ausläufer in der Richtung der aufeinandergepfropften Achsen haben kann.

Es ist möglich, daß diese Masse, da sie elastisch ist, sich den herausgetretenen Zellen seitlich anschließt. Auf diese Weise füllt sie den Spalt zwischen solchen Zellen aus. Uns scheint die erste Annahme den Präparaten nach wahrscheinlicher zu sein.

Wenn also nun der Zusammenschluß der Gewebe der Pfropfkomponenten erfolgt, so wird unter diesen Umständen die Isolierschicht Ausläufer haben, die zwischen den Randzellen des intermediären Gewebes, welche der Zwischenschicht am nächsten liegen, sich einkeilen. Diese Erscheinung beobachtet man tatsächlich in allen Fällen. Diese Ausläufer lassen sich mit allen Reagenzien ebenso wie die Hauptmasse der Zwischenschicht färben und stellen hier ein Ganzes dar, daß sich deutlich von den übrigen Geweben unterscheidet (Abb. 66, 70 u. a.).

In einigen Fällen sammelte sich in den Interzellularen eine große Menge solcher Reste an, welche dann eine Abweichung in der Neubildung von Zwischenwänden bei benachbarten Zellen hervorrief. Die Richtung dieser Zellteilungen könnte man etwa als die Resultate aus den Einflüssen der im Interzellularraum enthaltenen Reizstoffe einerseits und der an der Schnittoberfläche vorhandenen andererseits auffassen (s. auch andere Autoren: HABERLANDT, 1921a, KRENKE, 1924, BRIEGER, 1924).

Der Isolierschicht kommt im Verlaufe des weiteren Verwachsungsprozesses eine negative Bedeutung zu, denn es ist klar, daß nur dort, wo die Isolierschicht verschwindet, eine eigentliche Berührung und also Verwachsung zwischen beiden Partnern statthaben kann. Erst so ist die Bedingung für einen Stoffaustausch zwischen beiden Partnern wie auch für die Herstellung einer ununterbrochenen Gefäßverbindung gegeben. Es ist uns zwar unbekannt, aber für dünne Bezirke möglich, daß der Stoffaustausch durch die beschriebene Isolierschicht hindurch ohne Störung osmotisch vor sich gehen kann. Aber selbst, wenn das der Fall wäre, so will uns scheinen, daß der Pfropfungserfolg durch einen derartigen doch wohl nur minimalen Stoffaustausch nicht gewährleistet ist. Wir glauben vielmehr behaupten zu können, daß, je besser eine Pfropfung verwachsen ist, um so weniger von der isolierenden Schicht zwischen den beiden Pfropfpartnern erhalten bleibt. Ebenso können wir das Gegenteil behaupten, daß nämlich, wenn über eine ganze Berührungsfläche zweier Pfropfpartner hinweg die Isolierschicht unangetastet liegt, die Pfropfung nicht gelang. Die Bildung einiger Durchlaßstellen begünstigt die Widerstandsfähigkeit der Pfropfung.

Zwei Möglichkeiten sind nun vorhanden, wie ein Verschwinden der Isolierschicht bewerkstelligt werden kann: 1. Mechanischer Durchbruch an einigen Stellen infolge Durchwachsens von Gewebsbezirken von seiten des einen oder anderen Pfropfpartners in das Gewebe des anderen hinein; 2. die Resorption der Isolierschicht (es muß dabei unerörtert bleiben, welcher Art die chemischen Prozesse sind, die zum resorptiven Verschwinden der Isolierschicht führen).

Es mag erlaubt sein, vor der Besprechung der eben erwähnten Prozesse, das Verhalten solcher Zellen zu betrachten, welche wir auf S. 350 als infolge der Verwundung „überreizt" bezeichnet haben. Diese „Überreizung" äußerte sich in der Unfähigkeit, mit Teilung oder Wachstum auf die Verwundung zu reagieren. Stirbt die Zelle an den Folgen der „Überreizung", so wird sie natürlich zu einem Bestandteil der Isolierschicht und muß durchstoßen oder resorbiert werden. In einigen Fällen kann jedoch eine „Genesung" von der „Überreizung" eintreten (vgl. auch NĚMEC, 1910, S. 241). Sie nimmt dann teil am Durchbrechen und Aufsaugen der Isolierschicht und zeigt nunmehr Wachstum und Teilung (s. Abb. 71, 85—87, 91, 92 u. a.). Gehören solche Zellen dem passiven Pfropfpartner an (s. Abb. 83 und 84), so kommen sie, nachdem das Gewebe des anderen Partners durchbrochen ist, mit diesem in Berührung und weisen nunmehr Teilung oder jedenfalls Wachstum auf. Besonders deutlich zeigt das die *Tomaten*-Zelle links vom Durchbruch auf Abb. 84 (s. noch KRENKE, 1928b, S. 618—619).

Es mag von Interesse sein, in diesem Zusammenhang die Angaben anderer Autoren über die Genesung von Zellen zu erwähnen. So zeigte ALBACH (1928, S. 426), daß sich nach vorhergegangener Reizung durch Druck oder Biegung bei der Epidermis der Schuppen von *Allium cepa* die verletzten Zellen intra vitam mit Eosin schneller färben als die Kontrollzellen, welche nicht gereizt worden waren. 3—8 Tage später beginnen sich die gereizten Zellen wieder wie normale zu färben. Wir haben hier also eine Genesung von Zellen vor uns. KÜSTER (1929b, S. 128) erwähnt eine Kontraktion des Inhaltes von Epidermiszellen bei traumatischer Reizung. Wenn diese Kontraktion stattfindet, so geht sie mit einer Auspressung irgendwelcher Zellflüssigkeiten einher. Endlich kann auch eine bloße zeitliche Verzögerung des Zelltodes vorkommen. So wird (KÜSTER, 1929, S. 96) bei den Epidermiszellen der Zwiebelschuppe nach Abtragung eines geringen Bezirkes ihrer Membran eine Abschließung der Vakuole, die sich aus der Wunde hervorwölbte, durch Plasma beobachtet. Dabei kann diese plasmatische Abtrennung eine gewisse Zeitlang sogar Wasser osmotisch aufnehmen. Es besteht überhaupt die Möglichkeit, daß das Leben einer verwundeten Zelle infolge Bildung einer

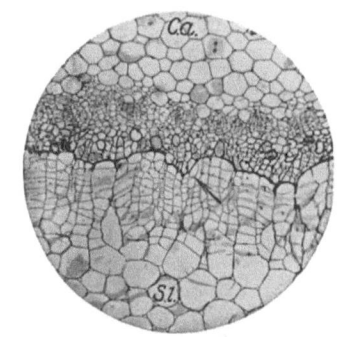

Abb. 83. *Capsicum annuum* (*C. a.*) gepfropft auf *Solanum lycopersicum* (*S. l.*). Beim Pfeil beginnender Durchbruch durch die Isolierschicht von seiten *C. a.*

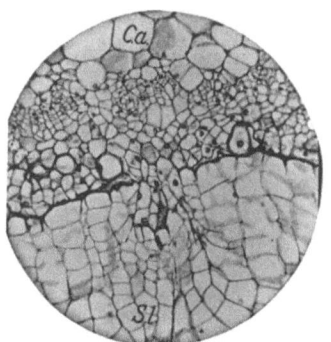

Abb. 84. *Capsicum annuum* auf *Solanum lycopersicum* (s. Abb. 83). Späteres Stadium der Fensterbildung. Am Rande des Durchbruchs auf seiten des Partners *C. a.* ein zerdrücktes Gefäß. Links vom Durchbruch reichlich Teilungen im Tomatengewebe, das vorher inaktiv war („Überreizung"). In zwei Gefäßen Tüllen.

plasmatischen Koagulationshülle und später durch Wiederherstellung der Membran im Bereich eines gewissen Wundbezirks erhalten bleibt.

Es gibt endlich eine unbegrenzte Anzahl von Beispielen einer Genesung ganzer aus irgendwelchen Ursachen erkrankter Organe oder Pflanzenteile. So weist CARBONE (1928) auf Fälle von Erkrankung und späterer Genesung von Pflanzen bei ihrer Vaccination hin.

Soweit die morphologische Betrachtung der Präparate es gestattet, sind wir der Meinung, daß alle beschriebenen Fälle von Verletzung und Genesung ebenso wie eine Reihe anderer analoger Erscheinungen bei einigen Zellen an der Schnittoberfläche der Pfropfungen stattfindet. Eine genaue Betrachtung dieser Verhältnisse würde hier zuviel Raum beanspruchen.

Wenden wir uns nunmehr dem Studium der Durchbrechung der Isolierschicht zu. Die Abb. 83 und 84 zeigen einige aufeinanderfolgende Stadien der Durchbrechung bei einer Keilpfropfung von *Capsicum annuum* auf *Solanum lycopersicum*. Abb. 83 zeigt, wie vom *Capsicum*-Xylem her sich ein neugebildeter Gewebsbezirk nach dem *Solanum*-Partner zu vorwölbt und dabei eine Durchbiegung der Isolierschicht zustande bringt. Wie die auf Abb. 84 wahrnehmbaren zerdrückten Gefäßteile zeigen, kommt bei diesem Prozeß ein nicht unerheblicher Druck von seiten des wachsenden Gewebes auf die Isolierschicht zustande, die ihrerseits auch einen offenbar nicht geringen Widerstand entgegensetzt. Derartige Quetschungen kann man bei anderen Pfropfungen nicht selten beobachten. In unserem Falle wird also die Zwischenschicht durchbrochen und ein gewisser Rest von ihr in das Parenchym der *Tomate* hineingeschoben.

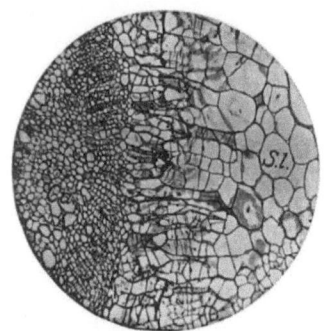

Abb. 85. *Capsicum annuum* auf *Solanum lycopersicum* (s. Abb. 83) andere Verwachsungsfläche, beiderseitige Fensterbildung. Zusammenhang der Fensterbildung mit dem Leitsystem.

Wie Abb. 71 (beim Doppelpfeil) zeigt, verhält sich auch der andere Partner entsprechend. Wir sehen hier, daß die beiderseitige Durchbrechung eine Verwachsung bewirkt. Eine ähnliche Erscheinung zeigt Abb. 85, die dieselbe Pfropfung, aber in einer anderen Verwachsungsfläche, darstellt. Abb. 85 zeigt, daß der Durchbruch von seiten der *Tomate* nur unten stattfindet, wo ein Leitbündel in der Nähe ist. Im übrigen kommt in unserem Falle die Durchbruchsinitiative dem *Capsicum*-Partner zu. Ganz allgemein kann man sagen, daß doppelseitige Durchbrechungen der Isolierschicht am ehesten dort vorkommen, wo von seiten beider Pfropfpartner sich Leitbündelbezirke einander nähern (vgl. ferner Abb. 98, 117, 126, 136 oder für Verwachsungen im Rinden- und Markparenchym Abb. 81, 96). Die beobachtete Tatsache, daß die Durchbruchsinitiative im allgemeinen demjenigen Gewebe zukommt, das von einem Leitbündelkomplex her seinen Ausgang nimmt, wenn Leitbündelbezirke des einen Partners den Parenchymbezirken des anderen Partners anliegen (Abb. 83—85, 98), stimmt gut mit den früher diesbezüglich angeführten Tatsachen überein (s. S. 359), wo gezeigt wurde, daß auch das intermediäre Gewebe in der Gegend von Leitbündelstücken sich stärker entwickelt. Diese Neubildungen überwinden den Druck des Parenchyms des gegenüberliegenden intermediären Gewebes und durchbrechen die Isolierschicht. Wir bemerken hierzu, daß wir unter dem Ausdruck Leitbündelsystem sowohl Hadrom wie Leptom verstehen. Im allgemeinen wird man annehmen können, daß der Druck, der von den neugebildeten Geweben beider Komponenten ausgeübt wird, annähernd gleich groß ist, so daß also das Zustandekommen beiderseitiger Durchbrüche im Gebiet des Leitgewebsanschlusses zwischen Unterlage und Reis begreiflich ist. Die tatsächlichen Verhältnisse werden jedoch modifiziert werden können durch verschiedene lokale Umstände, wie etwa die Dicke und Härte der Zellmembranen, welche an der zu durchbrechenden Stelle liegen, ungleicher Widerstand der Isolierschicht, die verschieden mächtig und fest sein kann, oder von verschiedenen Exkreten der lebenden Zellen verändert sein mag. Wenn aus irgendwelchen Ursachen an einer Stelle das Reis durchgebrochen ist, so bestehen ebenso viele Aussichten, daß an einer anderen, etwa benachbarten Stelle die Unterlage durchbricht.

Selbstverständlich kommt die Durchbruchsinitiative demjenigen Partner zu, der die höhere Regenerationsfähigkeit besitzt.

Weitere instruktive Belege für das Zustandekommen eines Durchbruchs der Isolierschicht finden wir in den Abb. 53 und 54 der russischen Ausgabe dieses Buches. Die Durchbruchsinitiative ergreift hier bei einer Pfropfung von *Capsicum* auf *Tomaten*-Blatt dasjenige Gewebe, welches aus dem der Intermediärschicht benachbarten Leitbündelsystem der *Tomate* (←) hervorgeht.

Es sei noch bemerkt, daß man in manchen Fällen bei der Diagnose der Tatsache, der Zeit und der Aufeinanderfolge derartiger Durchbrechungen von Gewebsbezirken infolge sekundärer Veränderungen der Wundgewebe oder einfach wegen komplizierter Kombinationen leicht Fehler begeht, selbst bei verhältnismäßig großer Übung in räumlicher Vorstellung. Dann muß man Plastilinrekonstruktion der Schnitte anwenden. Die Ausdeutung der Abb. 82 hat eine derartige Verfahrungsweise nötig gemacht. Man hat zunächst den Eindruck, daß der Gewebsstrom, der sich vom Rindenparenchym nach dem Durchbruch der Isolierschicht in das Phloem und Xylem des *Tomaten*-Sprosses hinein ergießt, einen Teil der Isolierschicht vor sich her in das Gewebe von *Solanum lycopersicum* getragen hat. Doch wäre es recht gewagt, eine derartige Behauptung aufzustellen. Wir haben vielmehr feststellen können, daß wir es mit einer sekundären Durchdrückung des von der *Tomate* neugebildeten Wundgewebes (primäres äußeres Intermediärgewebe) zu tun haben, und daß es sich bei den schwarzen Zellresten, die auf der Abbildung etwas unterhalb der Mitte zu sehen sind, nicht um Reste des Isoliergewebes, sondern lediglich um Reste von Zellen des erwähnten

Intermediärgewebes handelt, die, als das Rindenparenchym nach Art eines gewaltigen Stroms durchbrach, verletzt wurden (vgl. S. 709). Das links scheinbar getrennt liegende Bündel ist ein Sekundärgebilde des Intermediärgewebes. Für die Diagnose ist hier wichtig, daß das Phloem dieses Bündels unterhalb des Ausgangsphloems des *Tomaten*-Partners liegt.

Wir haben bis jetzt nur nebenbei Schnitte ein und derselben Durchbruchsstelle in verschiedener Höhenlage des Schnittes betrachtet. Aber schon Abb. 86 und 87, welche den Querschnitt einer Pfropfung eines Blattes von *Solanum lycopersicum* auf den Sproß von *Solanum melongena*

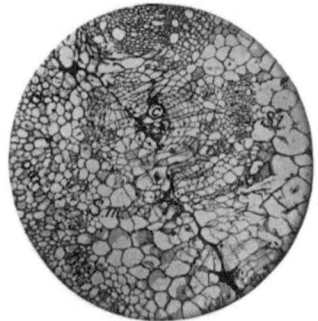
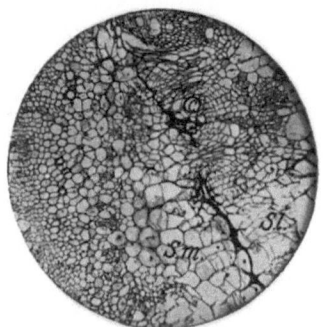

Abb. 86. Blatt von *Solanum lycopersicum* auf Sproß *Solanum melongena*. Fensterbildung im Zentrum, gestreckte Zellen im Fenster.

Abb. 87 (s. Abb. 85 späteres Stadium). Dünnerwerden der Isolierschicht in der Nähe des Leitsystems. In bezug auf Gefäß „c" s. Abb. 89.

darstellen, zeigen, daß die Durchbruchsbreite in verschiedenen Querschnittshöhen verschieden ist. In unmittelbarer Nähe des *Tomaten*-Leitbündels liegt ein kleiner Bezirk, in dem die Isolierschicht fehlt und die Zellen beider Komponenten in direkte Berührung miteinander getreten sind. Besondere Wachstumsaktivität zeigen hier die Zellen von *Solanum melongena*, welche durch eine kleine Öffnung der Isolierschicht in das *Tomaten*-Gewebe eingedrungen sind (Abb. 86). Auch hier wieder zeigt sich die Sonderstellung derjenigen Gewebe, welche im Kontaktgebiet des Leitbündelsystems der beiden Pfropfpartner liegen. Wahrscheinlich ist der Durchbruch von *Solanum melongena* hauptsächlich unter dem Einfluß des intraxylären Phloembündels von *Solanum lycopersicum*, das stärker entwickelt ist und der Durchbruchsstelle näher liegt als die von *Solanum melongena*, erfolgt (SIMON, 1930, S. 141).

Man muß außerdem noch bemerken, daß die Dicke der Isolierschicht selbst ungleich ist. Unterhalb des Durchbruchs, d. h. an der Stelle, wo sich die nichtleitenden parenchymatösen Gewebe berühren, ist sie dicker. Oberhalb des Durchbruchs, d. h. im Bezirk der Berührung der Leitelemente, ist sie im großen und ganzen dünner. Betrachten wir nun denselben Durchbruch im Schnitt, der 16 μ tiefer liegt, so zeigt sich, daß er hier breiter ist (Abb. 87). Wenn man auf diese Weise eine ganze Schnittserie untersucht, die den genannten Durchbruch umfaßt, so wird uns klar, daß seine Höhenausdehnung $20 \times 8\ \mu$ beträgt, denn die Schnitte wurden in einer Dicke von $8\ \mu$ angelegt und 20 Schnitte erfaßten den ganzen Durchbruch. In ganz gleicher Weise kann man sehr leicht einen Durchbruch, der auf Abb. 53 und 54 u. a. der russischen Ausgabe (1928b) mit einem Pfeil bezeichnet ist, rekonstruieren. Daraus folgt, daß die Durchbrüche sich auf der ganzen Berührungsfläche von Unterlage und Reis als einzelne Löcher finden, als einzelne Bezirke, die wir vorschlagen als Durchbruchsfenster zu bezeichnen. Die Form

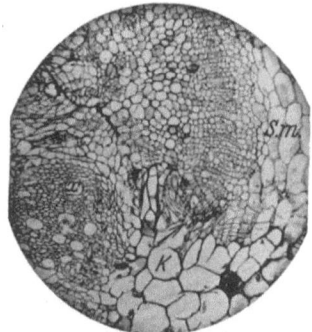 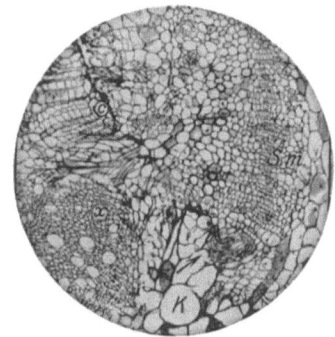

Abb. 88. Blatt von *Solanum lycopersicum* (x und K) auf Sproß von *Solanum melongena* (*S. m.*). Fenster in der Zwischenschicht, beim Pfeil Richtungsänderung des Kambiums von *Solanum melongena* unter dem Einfluß des Xylems (x) von *Solanum lycopersicum*. K Parenchym von *S. l.*

Abb. 89 (s. Abb. 88). Oberhalb des Fensters gegenüber x und unterhalb des Gefäßes c bildet sich ein neues Fenster. Gefäß c der Abb. 90, Orientierung jedoch umgekehrt.

der Fenster kann verschieden sein, aber großenteils nähert sie sich einer unregelmäßigen Ellipse.

Kehren wir dann wieder zu den Abb. 86 und 87 zurück. Hier beobachten wir in den schmalen Fensterenden Längenwachstum der anliegenden Zellen. Erst später setzt dann langsam auch an den breiteren Stellen der Fenster die Zellteilung ein und nähert sich dann der gewöhnlichen Form. Außerdem ist auf Abb. 87 noch schärfer der Unterschied der Dicke der Isolierschicht an den oben genannten Stellen zum Ausdruck gekommen. Die Tatsache, daß die Zwischenschicht im Bezirk der Annäherung der Leitbündel der beiden Komponenten dünner ist, ist noch deshalb von so großer Wichtigkeit und von Interesse, weil gerade an dieser Stelle in den anderen Schnitten eine intensive Fensterbildung und echte Verwachsung zu beobachten ist. Das kann gleich auf Abb. 83 bis 90 (s. Anmerkung über das Gefäß C in der Beschreibung zur Abb. 89) demonstriert werden. Die Abb. 88—90 stellen dieselbe Pfropfung, aber einen anderen Querschnitt als den oben genannten dar. Er liegt etwas höher, in Wirklichkeit näher zur Peripherie gerade im Gebiet der

Leitbündelsysteme des *Tomaten*-Blattes („kc") wie auch des *Solanum melongena*-Sprosses. Hier sieht man ganz deutlich ein vollkommenes Verschwinden der Isolierschicht im Verlaufe des Fensters. Äußerlich

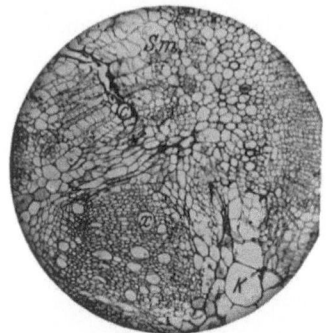
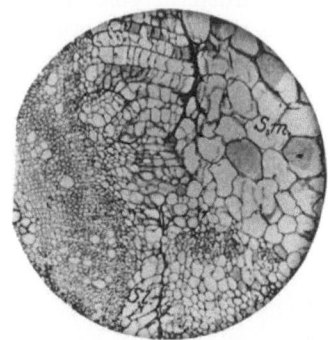

Abb. 90 (s. Abb. 88 u. 89). Ort der maximalen Ausdehnung des gleichen Fensters (fast durchgehend von $c-K$). Beziehung zum Leitsystem der Komponenten.

Abb. 91. *Solanum melongena* auf *Solanum lycopersicum*. Verwachsungsfenster in der Isolierschicht (s. auch Abb. 92).

ist es schwer zu unterscheiden, welchem der beiden Partner diese oder jene Zellen angehören. In den Fällen aber, wo es gelingt an solchen Zellen deutliche Metaphasen einer Kernteilung zu beobachten, kann man die Komponenten nach den Chromosomen unterscheiden.

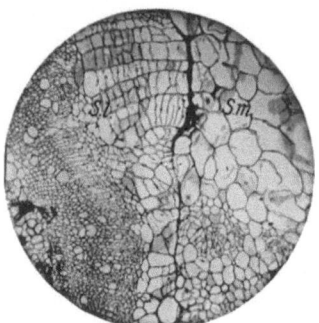
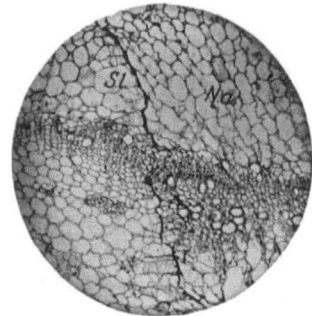

Abb. 92. *Solanum melongena* auf *Solanum lycopersicum*. Dünnerwerden der Isolierschicht im Bezirk der Leitsysteme der Komponenten.

Abb. 93. *Nicotiana affinis* auf *Solanum lycopersicum*. Verwachsungsfenster in der Berührungszone der Leitsysteme.

Schon auf Abb. 86 und 87 wurde der Unterschied dieses Durchbruches von dem Durchbruch auf Abb. 84 beobachtet. Es ist nämlich beim ersten unmöglich, den herausgerissenen Bezirk der Zwischenschicht zu finden. Das vollkommene Fehlen seiner Spuren stellt man auch auf Abb. 88—90 und 91 fest. Die letzte Abbildung stellt die vorherige Pfropfung des *Tomaten*-Blattes auf den Sproß von *Solanum melongena* dar. Es ist aber ein Bezirk der zweiten Berührungsfläche des Reisteiles mit der Unterlage abgebildet. Zum Vergleich zeigen wir nochmals die Fenster, welche etwas unterhalb liegen (s. Abb. 92). Hier sieht man vollkommen deutlich, daß die Isolierschicht an dieser Stelle bedeutend dünner ist, wo in ihrer Nähe das Leitbündelsystem der *Tomate* liegt (auch in der Mitte und nach unten zu). Umgekehrt blieb die Zwischenschicht bedeutend dicker, wo die Leitbündelsysteme entfernter liegen, also an der Berührungsstelle parenchymatöser Gewebe beider Komponenten (vgl. den Hinweis auf S. 376). Abb. 93 zeigt auch das Verschwinden der Zwischenschicht an der Berührungsstelle der Leitbündel von *Nicotiana affinis*, welche auf *Solanum lycopersicum* gepfropft wurde (Frühstadium). Das gleiche sieht man auf Abb. 80, 81, 99, 115, 117 und 139 (s. die Beschreibung dazu).

Wir gehen damit zu dem zweiten Modus des Verschwindens der Zwischenschicht über, d. h. „zur Resorption" der Zwischenschicht (s. S. 374).

Die Frage nach der Resorption der Reste, welche sich auf der Verwachsungsfläche befinden, wurde schon mehrfach gestellt. FIGDOR (1891) hielt es für möglich, daß bei Kartoffelknollen nicht nur die Reste vollkommen zerstörter Zellen, sondern sogar ganze Zellen, welche infolge partieller Verletzung abgestorben waren, resorbiert würden. Die von der lebendigen Zelle resorbierten Zerfallsprodukte der genannten Elemente regen diese Zellen dann zu Teilungen an (Papillenbildung), die für die Verwachsung notwendig sind (vgl. mit den Nekrohormonen von HABERLANDT) (s. unsere S. 150 und 155).

MÄULE (1895, S. 29) beschreibt die Auflösung verkorkter Zellen auf der Berührungsstelle zweier Kallusbildungen.

NĚMEC (1910, S. 236) lehnt die Resorption der Kerne abgestorbener Zellen nicht ab, weist nur darauf hin, daß sie ziemlich lange der Auflösung widerstehen. Die Resorption der Kerne bespricht sehr ausführlich TISCHLER (1922, S. 683—693). KÜSTER (1925a, S. 391) nimmt sogar die Resorption ganzer dünner Schichten abgestorbener Zellen an.

TIMMEL (1927) beobachtete die Resorption verholzter Elemente bei verwundeten Wurzeln von *Taraxacum*.

KOSTOFF (1929, S. 569) erkennt im wesentlichen auch die Resorption der Isolierschicht an, wenn er sagt, daß die Kalluslinie zuerst im Gebiet des Kambiums der Gefäße und dann im Gebiet des Markes verschwindet.

ALEXANDROW und ALEXANDROWA (1929a und b) zeigten bei Untersuchung der Tüllenbildung und der Obliteration der Gefäße die vollkommene Auflösung von Stücken zerstörter Spiralverdickungen und der Wände dieser Gefäße. Ähnliches wies ALEXANDROW im Jahre 1927 nach.

CRÜGER (1860) hat auch schon Aufquellung, Vermürbung und eine partielle Aufsaugung verdickter Membranen des Parenchyms und der

Gefäße, die sich in der unmittelbaren Nähe von Tüllen befinden, beobachtet.

M. VERWORN (1891) und JENSEN (1895) halten ebenfalls die Resorption von Protoplasma, das durch eine Operation zerstört wurde, bei den Protozoen für möglich.

Auch SCHUBERT (1913) redet von der Resorption der Isolierschicht bei Monokotylen = Pfropfungen.

Ähnliche Angaben machen auch eine Reihe anderer Forscher. Endlich nimmt auch FUNK (1929) ausnahmslos Resorption der Reste zerstörter Zellen aus der Verwachsungsfläche an. Andererseits lehnen VÖCHTING (1892, S. 120), OHMANN (1908, S. 234) und KABUS (1912, S. 27) für ihre Objekte die Resorption ab. SIMON (1930, S. 159) findet in seiner Pfropfung zwischen Gliedern zweier Familien ebenfalls keine Resorption von Zellresten, erkennt aber eine solche bei Pfropfungen zwischen nahen Verwandten an. Aber auf Grund unserer Erwägungen über die verwandtschaftlichen Beziehungen der Pfropfpartner (s. S. 581f.), welchen auch die Betrachtungen von SIMON nahestehen, kann man die Möglichkeit einer Resorption auch für Pfropfungen zwischen Gliedern verschiedener Familien annehmen.

Bei Zusammenfassung aller von uns hier angeführten Tatsachen (Fehlen sogar von Resten der Zwischenschicht im Bezirk einiger Berührungsfenster oder auf der ganzen Verwachsungsfläche (s. Abb. 99), das Dünnerwerden der Zwischenschicht an den Berührungsstellen, an den Orten, wo die Leitbündel anliegen und endlich die nach dem Dünnerwerden eintretende Fensterbildung (Abb. 86—92) mit vollem Verschwinden der Zwischenschicht an der Stelle des Fensters) können wir an Hand dieser und ähnlicher Präparate folgendes aussagen: Unabhängig von der Durchstoßung der Zwischenschicht vollzieht sich stellenweise auch eine Resorption dieser Schicht. Dieses Dünnerwerden der Zwischenschicht (nicht jedes) ist das Anfangsstadium der Resorption. Das Dünnerwerden kann auch ein rein zufälliges sein, wenn sich in dem betreffenden Bezirk ursprünglich eine dünne Schicht aus durch den Schnitt zerstörten Zellen zeigte. Endlich kann ein Dünnerwerden auch als Resultat der Befestigung der beiden Komponenten aneinander beim Verbinden der Pfropfung eintreten. Tatsächlich kann, wenn feste Bezirke mechanischen Gewebes aufeinandergedrückt werden, ein Herausdrücken der elastischen Zwischenschicht an dieser Stelle eintreten. Das besagt aber in keinem Falle, daß bei Kontakt der Leitsysteme, die ja festere Bezirke darstellen, immer ein Herausdrücken der Zwischenschicht zustande kommt, daß etwa nur dadurch ihr Dünnerwerden an diesen Stellen bedingt ist. Es gibt viele Beispiele dafür, daß das Dünnerwerden der Zwischenschicht und des Fensters dort beobachtet wird, wo Leitbündelsystem auf der einen und Parenchym auf der anderen Seite miteinander in Berührung kommen. Bei Vorliegen einer derartigen Anordnung braucht es natürlich durchaus nicht zu dem oben erwähnten Herausdrücken der Zwischenschicht zu kommen. Es bleiben also unsere Betrachtungen über die Resorption in Verbindung mit dem Leitbündelsystem auch bei Anerkennung der erwähnten Ausnahmefälle in Kraft.

Im unteren Teil der vorletzten Abbildung (92) liegt die Zwischenschicht sowohl in der Nähe des Leitbündelsystems der *Tomate* als auch des *Solanum melongena*-Partners. Hier muß man noch auf den Charakter des intermediären Gewebes auf Seiten der Tomate aufmerksam machen (vgl. S. 376). Dort, wo das Leitbündelsystem von der isolierenden Zwischenschicht relativ weit entfernt liegt, sind die Zellen des intermediären Gewebes säulenförmig angeordnet und haben flache Form. Weiter unten sind sie von gewöhnlicher Anordnung und Form. Das kann man sich daraus erklären, daß im ersten Falle der Spalt zwischen den Komponenten bis zur Bildung des intermediären Gewebes vorhanden war. Er hat sich mit diesem Gewebe gefüllt, wie auf S. 352 beschrieben wurde. Daher rührt die säulenartige Anordnung und die Zellform dieses Gewebes. Wo die Ausgangsgewebe der Partner einander berühren, fehlt der Spalt oder ist sehr klein, so daß eine Neubildung von Geweben fast nicht stattfand. Außerdem geht daraus hervor, daß in diesem Bezirk die Resorption der Zwischenschicht früher beginnen muß, so daß die Frage berechtigt ist, ob nicht der Grad der Resorption nur von der Zeitdauer, während welcher der Prozeß verläuft, nicht aber von dem Charakter der anliegenden Gewebe abhängig ist. Zweifellos ist die Zeit ein sehr wichtiger Faktor der Resorption. Das kann man leicht bei Untersuchung von Pfropfungen in verschiedenen Altersstadien beobachten. Wir behaupten, daß bei im übrigen gleichen Bedingungen (speziell gleicher Breite des Ausgangsspaltes) die Resorption der isolierenden Zwischenschicht immer intensiver ist in dem Bezirk, welcher dem Leitbündelsystem anliegt. Dabei ist es notwendig, noch eine Feststellung zu unterstreichen. Innerhalb eines kleinen Zeitabschnittes beeinflußt die Zeitdauer des Resorptionsprozesses das Resultat der Resorption weniger als irgendeine gegenseitige Anordnung der verschiedenen einander anliegenden Gewebe der beiden Komponenten. Im weiteren Verlaufe schwindet dieser Unterschied gewöhnlich. Es kommt aber vor, daß bei den Pfropfungen mit vollkommen abgeschlossener Verwachsung die Isolierschicht nur stellenweise resorbiert ist, so daß also Resorptionsfenster vorliegen ähnlich den Durchbruchsfenstern. Auf Grund des über den Verwachsungsprozeß Gesagten können wir uns nicht mit der Ansicht von D. J. IVANOVSKI (1917—1919, S. 519) einverstanden erklären. Er sagt, daß es gleich sei, auf welche Art die Transplantation vor sich gehe, die Verwachsung geschehe stets nur zwischen gleichnamigen Geweben. Unsere Resultate zeigen durchaus die Möglichkeit der Herstellung einer Verbindung auch zwischen ungleichnamigen Geweben (s. Abb. 84, 85, 94, 98, 125, 130). Dabei kann die Verbindung entweder unmittelbar (Abb. 184) oder mit Hilfe von intermediärem Gewebe stattfinden.

Hinsichtlich der Beziehungen zwischen dem Verschwinden der Isolierschicht und der Nachbarschaft des Leitbündelsystems ist es von Nutzen, unsere Beobachtungen dem Standpunkt, den LINDEMUTH (1878) einnahm, gegenüberzustellen. LINDEMUTH sagt bezüglich der Pfropfung von *Kartoffelknollen,* daß an einigen Stellen, hauptsächlich in der Kambialzone, die braune Verfärbung unterbrochen wird. Die verkorkten Hüllen verschwinden, und das lebendige Zellgewebe beider Hälften ist dann eng verbunden. Dann kommt durch solche Verbindungen eine Gefäßverbindung der beiden Partner miteinander zustande. Nach unserer Meinung stellt die „braune Verfärbung" die Isolierschicht dar und ihr Verschwinden im Gebiet des Kambiums stimmt mit unseren Resultaten überein. Der Faktor ist aber hier nicht das Kambium, sondern das ihm benachbarte Leitbündelsystem. Das geht aus der Tatsache hervor, daß trotz Fehlens der Berührung der Kambien bei einer Reihe unserer Pfropfungen ein Verschwinden der Isolierschicht, und zwar gerade an den Stellen, wo das Leitbündelsystem in der Nähe lag, beobachtet wurde. In den Hinweisen von KABUS (unsere S. 156) auf die Notwendigkeit des Leitbündelsystems für das Zustandekommen eines Verwachsungserfolges bei *Kartoffel*-Knollen sehen wir auch eine Stütze unserer Ansichten, wenngleich KABUS diese Tatsache nicht zu der „Fensterbildung" in Beziehung setzt. KOSTOFF (1928, S. 571) erwähnt kurz Durchbrüche im Gebiet des Kambiums. Er sagt aber, daß das Kambium und die von ihm abgeleiteten Gewebe die „Kalluslinie" durchbrechen. Es ist hier also erstens nur von Durchbrechungen die Rede, zweitens werden Durchbrüche im Gebiet anderer Gewebe nur nebenbei angedeutet und jedenfalls wird das Leitbündelsystem bzw. das Phloem, welches unter bestimmten Bedingungen die Durchbrüche von seiten des fremden Partners in der Pfropfung stimuliert, nicht erwähnt.

Endlich müssen wir bemerken, daß die Durchbrechung der isolierenden Schichten an der Schnittoberfläche der Pfropfpartner nach Beendigung der Ausfüllung der Zwischenräume durch die Intermediärgewebe möglich ist. Ein derartiges Bild haben wir an unseren Objekten nur zweimal beobachtet. Es wurde durch eine bedeutende lokale Verstärkung des Wachstums und der Teilungen einzelner Zellgruppen hervorgerufen. Wenn solche vorweg durchgebrochenen Auswüchse auf gleicher Höhe bei beiden Komponenten zusammentreffen, so treten sie in unmittelbare Berührung ohne das Vorhandensein einer Zwischenschicht.

Die von uns bis jetzt geschilderten Verwachsungstypen bedingen eine geringe mechanische Festigkeit der Pfropfung und wirken manchmal auf die Entwicklungsfähigkeit des Reises ein. Die Fenster sind am größten an den dem Leitbündelsystem benachbarten Zellen.

Die bisherigen Feststellungen sind an Pfropfungen krautiger Pflanzen gemacht worden. Hier ist es technisch leicht, und manchmal auch nur hier möglich, derartige Beobachtungen zu machen. Man muß aber bedenken, daß bei den Pfropfungen holziger Pflanzen sich keine wesentlichen Unterschiede zeigen können. Speziell wird auch hier sich oft eine „Demarkationslinie" nach GÖPPERT (1874) an der Verwachsungsfläche von Unterlage und Reis beobachten lassen. Sehr gut ist sie z. B. bei der Pfropfung von *Sorbus aria* auf *Sorbus aucuparia* zu sehen, wo die letztere stärkeres Wachstum zeigt.

Wahrscheinlich ist das auf S. 16 erwähnte Beispiel einer Pfropfung von *Aprikose* auf *Mandel* auf leichtem trockenen Boden, bei der manchmal zur Zeit der Fruchtbarkeit der *Aprikose* eine Trennung des Reises von der Unterlage eintritt, als Folge einer Verwachsung mit Hilfe von Fenstern zu betrachten. Die gesamte Fensterfläche reichte auf den Verwachsungsflächen für den Durchgang des notwendigen Quantums an Nahrungsstoffen bis zur Blüte und Fruchtzeit aus. Dann aber war sie ungenügend.

Wahrscheinlich stellt ungenügendes Ausmaß der Fenster die Hauptursache der sog. „Schwierigkeit" eines Übertritts der Nährstoffe ins Reis dar. Deshalb beginnt das Reis sehr oft früher Früchte zu tragen im gepfropften Zustand, als wenn es auf eigenen Wurzeln wächst. Es ist möglich, daß die verschiedenen Reaktionen in bezug auf die Fruchtbarkeit (sowohl was Termin des Eintretens als auch was Quantität der Fruchtbarkeit anbelangt) sowohl bei der Pfropfung verschiedener Reiser als auch nach verschiedenen technischen Methoden unmittelbar durch die verschieden großen Flächen der Verbindungsfenster an der Verwachsungsstelle bedingt sind. Auf S. 544f. wird das Experiment einer Pfropfung mit *Aucuba* geschildert. Im ersten Jahr nach der Pfropfung begann das Reis vorzeitig zu blühen. Die nächste Blüte trat dann erst nach zwei Jahren ein. Auch diesen Fall kann man aus dem Zustande der „Fenster" erklären. Im ersten Jahr war die Zahl der vorhandenen Fenster, also die Fensterfläche, klein. Das Reis erhielt nur eine geringe Menge des aufsteigenden Saftstromes bei Vorhandensein eines Überschusses an Assimilaten. Bei der Vergrößerung der Fenster wurde die Norm wiederhergestellt und das Blühen hörte auf. Bei späterem vegetativem Zuwachs des Reises aber und Aufhören der Fensterentwicklung unterliegt das Reis von neuem den vorher geschilderten Bedingungen, so daß es wieder blüht.

Was geschieht nun mit den verbliebenen Bezirken der isolierenden Zwischenschicht, nachdem die Fensterbildung aufgehört hat? Nach unseren Beobachtungen verkorken die diesen Bezirken anliegenden Zellen und isolieren auf diese Weise die Bezirke der Zwischenschicht. Danach ist ihre Resorption oder Durchbrechung gewöhnlich sehr schwierig. Aber nach den Angaben von MÄULE (1895, S. 29) ist die Möglichkeit einer Resorption der verkorkten Kapsel und dann auch der konservierten Zwischenschichtreste nicht ausgeschlossen.

Die Abb. 68, 98 und 105 zeigen verkorkte *Mirabilis*-Zellen, die unmittelbar der Zwischenschicht anliegen. Hinter ihnen liegt das oben beschriebene Intermediärgewebe mit flachgedrückten Zellen in den peripheren Schichten.

Abb. 98 zeigt durch verkorktes Gewebe abgekapselte Zwischenschichtbezirke einer 6 Monate alten autoplastischen Pfropfung von *Mirabilis*. Dabei war an der anderen Seite derselben Pfropfung (Abb. 105) die Abkapselung nicht abgeschlossen, und es geht eine Resorption vor sich. Also verläuft dieser Prozeß an verschiedenen Stellen der Oberfläche mit verschiedener Geschwindigkeit und Intensität. In Anbetracht der histologischen und traumatischen Verhältnisse bei diesem Prozeß ist das verständlich.

Eine ähnliche Isolation der Zwischenschichtbezirke haben VÖCHTING (1892, S. 115) wie auch andere Autoren beobachtet.

Neuerdings (PRÖBSTING, S. 213) wurde die Bildung von Korkgewebe auch bei nicht völlig miteinander verwachsenen Pfropfungen zwischen verschiedenen Arten von *Äpfeln, Birnen* und *Quitten* nachgewiesen.

Natürlich mangelt es an den Stellen der Verkorkung der Pfropfung auch an mechanischer Widerstandsfähigkeit. Dem Wesen nach nähern sich derartige Isolierungen schon dem gewöhnlichen Typus der Verwachsung offener Wunden ohne Vorliegen einer Pfropfung (s. S. 220 u. a.).

Die beiden Prozesse der Fensterbildung (Durchbrechung oder Resorption) finden am häufigsten (vielleicht auch immer) nebeneinander statt, d. h. einer begleitet oder vervollständigt den andern. Deshalb kann man auf Abb. 87, 89 und 91 nicht behaupten, daß hier nur Resorption stattgefunden habe. Es ist wahrscheinlicher, daß hier im Frühstadium auch Spuren einer Durchbrechung vorhanden waren. Das gleiche sieht man auch auf Abb. 90, 91 und anderen. Einen derartigen kombinierten Zustand findet man auch auf den Abb. 85, 130, 131, 136 und anderen. Man findet oft (s. z. B. Abb. 83), daß bei der Durchbrechung anfangs eine Streckung und also auch ein Dünnerwerden der isolierenden Zwischenschicht infolge des Hineinwachsens des Bezirks von Verbindungsgewebe stattfindet. In späteren Stadien (s. z. B. auf Abb. 84) verschwindet an der Seite hier auch diese dünner gewordene Isolierung. Es ist schwer, sich hier etwas anderes als Resorption vorzustellen. Auch hier haben wir also ein Beispiel für kombinierte Wirkung der Durchbrechung und der Resorption bei der Bildung der Verwachsungsfenster. Noch übersichtlicher werden diese Zustände durch Abb. 94 dargestellt. Diese Abbildung stellt einen noch tiefer liegenden Schnitt (näher dem Zentrum des Fensters) der Pfropfung von *Capsicum* auf *Solanum lycopersicum* dar, deren oberer Schnitt auf Abb. 71 gezeigt wurde. Folglich kann man die Abb. 94 als ein späteres Stadium der Abb. 71 ansehen. Dann geht mit Eindeutigkeit nach der Durchbrechung eine Resorption der Isolierschicht vor sich. Der Bogen der Vorwölbung des *Capsicum*-Xylems, der deutlich auf Abb. 71 zu sehen ist, fehlt auf Abb. 94. Nur einzelne Bezirke davon sind zurückgeblieben. Der Zusammenhang zwischen Durchbruch und Resorption kommt noch dadurch zum Ausdruck, daß einzelne abgerissene Stücke leichter resorbiert werden und umgekehrt auch durch Resorption angefressene Stellen leichter durchbrochen werden können.

Hier ist die Frage berechtigt, ob irgendwelche chemische Faktoren für eine Resorption, wie wir sie uns denken, bekannt sind.

Auf S. 17 haben wir den Hinweis GOEBELs auf die Resorption der *Cuticula* bei der Zellverklebung erwähnt und ferner einen Hinweis auf Resorptionen von Zellmembranen bei der Gefäßbildung angeführt (nach BARANOV, 1926, s. unsere S. 132). Es ergibt sich die Möglichkeit einer Resorption von Zellmembranen auch ohne Gefäßbildung. Außerdem hat VAN TIEGHEM schon im Jahre 1888b die Meinung ausgesprochen, daß der äußere Teil der Wurzelhaube bei einer Seitenwurzel ein besonderes Ferment produziert, welches ihren Austritt aus der Hauptwurzel erleichtert. Gegen diese Ansichten VAN TIEGHEMS wurden Einwendungen durch LACHMANN (1908) und POND (1908) vorgebracht, die aber erneuter Revision bedürfen.

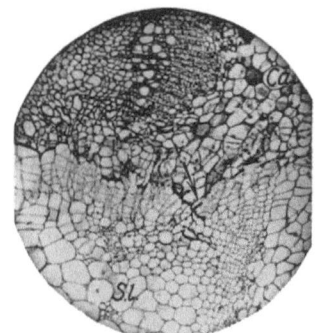

Abb. 94. *Capsicum annuum*-Sproß auf *Solanum lycopersicum*-Sproß. Späteres Stadium als Abb. 69. Vergrößerung des beim Pfeil sichtbaren Fensters nach rechts hin. Verwachsung zwischen ungleichnamigen Geweben.

Wir bestehen nicht unbedingt darauf, daß in unser Zwischenschicht sogar die Reste der Zellmembranen oder ganze plattgedrückte und abgestorbene Zellen resorbiert werden. Wir halten aber eine derartige Resorption nicht für unmöglich, wenn wir uns auf die oben dargestellten Verhältnisse stützen. Die Möglichkeit einer Resorption der übrigen Masse der Zwischenschicht wird von niemandem bestritten. Die Umwandlung der kolloidalen Elemente der Isolierschicht in Kristalloide ist sehr wahrscheinlich; denn da die Zwischenschicht ein in Autolyse befindliches Gemenge darstellt, ist ein derartiger Abbau wohl denkbar. Kristalloide Körper können dann in die anliegenden, lebenden Zellen aufgenommen werden (vgl. noch bezüglich der Autolyse S. 145). Außerdem ist es sehr wahrscheinlich, daß auch irgendwelche enzymatische Zellsekrete an der chemischen Veränderung der Zwischenschicht sich beteiligen.

Alle diese Fragen sind übrigens fast nicht untersucht. Das gilt sogar für die gegenseitige Beeinflussung zweier autolytischer Systeme bei ihrer Vermischung. Gerade diese Verhältnisse aber treffen wir bei den

Pfropfungen zweier verschiedener Pflanzenarten oder verschiedener Organe aufeinander. Und auch insofern ist die Frage ungelöst, als es sich um den Einfluß der Vermischung der beiden autolysierenden Breie (verschiedener Arten) auf die anliegenden lebendigen Zellschichten in den Schnitten der Pfropfkomponenten usw. handelt. Die Angaben von FUNK (1929, S. 453 und 454) über die chemische Zusammensetzung der Zwischenschicht sind selbstverständlich nützlich, sie geben aber doch ziemlich wenig.

Vor Beendigung dieses Kapitels wollen wir noch den Verwachsungsprozeß durch zwei weitere Illustrationen erläutern.

Auf Abb. 88 und 89 sieht man, abgesehen von den Verwachsungsfenstern, noch beim Pfeil die Umkrempelung eines Gewebsbezirkes, der eine Fortentwicklung des Kambiums der Eierfrucht darstellt. Man sieht, daß diese Umkrempelung aus irgendwelchen Gründen nicht mit der großzelligen parenchymatösen Rinde des *Tomaten*-Blattes (K) eine Mischung eingeht, sondern durch das Fenster auf die Verbindung mit anderen Geweben, und zwar gerade mit denjenigen des Leitsystems der *Tomate* zu durchbricht. Es muß bemerkt werden, daß nach unseren Beobachtungen in den Bündeln des *Tomaten*-Blattes Fälle der Existenz von schwach aktivem Kambium vorkommen. Häufiger fehlt es zweifellos, was auch bei den angegebenen Pfropfungen der Fall war. Hier kann man zweifellos nicht von einer Neigung des Kambiums beider Komponenten zu gegenseitiger Verbindung sprechen. Wohl aber sieht man, daß sich der Prozeß der eigentlichen Verwachsung auf den dem Leitsystem anliegenden Bezirk konzentriert. Abb. 90 stellt einen anderen Schnitt desselben Bezirkes dar. Hier finden wir überhaupt keine Umkrempelung des Kambiums. Sie stellt also eine Art von Strom dar, der sich auf das Resorptionsfenster zu richtet und wirklich zeigen die ganzen Serien, daß außerhalb des Fensters eine Umkrempelung des Kambiums nicht stattfindet. Wir haben nun noch über die wirklich vorhandene Berührungsfläche der Gewebe innerhalb der Verwachsungsfenster zu sprechen. Es unterliegt keinem Zweifel, daß die Gewebe beider Komponenten sich nicht nur entlang der Querschnittsfläche des Verwachsungsfensters berühren, sondern daß sie, nachdem sie durch das Fenster eingewachsen sind, sich entlang verschiedenartig gekrümmter Flächen aneinanderlegen. So übertrifft die wirkliche Berührungsfläche diejenige des Querschnittes der Fensteröffnung vielfach.

Es gibt Fälle, wo die Gewebe eines der beiden Transplantosymbionten so energisch in die Gewebe des anderen eindringen, daß sie in den nächstgelegenen Schichten irgendwelche Verletzungen hervorrufen. In speziellen Fällen besteht sogar die Möglichkeit einer Zerreißung von Zellmembranen. Einen derartigen Fall stellt Abb. 95 dar. Hier wurde eine doppelte Pfropfung „durch Keile über Kreuz" ausgeführt. Es ist dies eine Methode, die wir vorschlagen, um Pfropftrichimären zu erhalten. Darüber aber später im Kapitel über die Chimären. Auf der angeführten Photographie sehen wir im Zentrum eine wachsende Zelle von *Solanum spinosum* (S. sp.), die so stark in eine Zelle des Markparenchyms von *Solanum lycopersicum* (S. l.) eingedrungen ist, daß sie sogar deren Membran durchbohrt hat. Aber schon vor dieser Durchbohrung hat die „befallene" Zelle durch Teilung eine Schutzquerwand, die senkrecht zur Richtung der eindringenden Zelle liegt, gebildet. So wurde der Durchbruch im vorderen Teil der befallenen Zelle lokalisiert. Hier sei an die Arbeiten

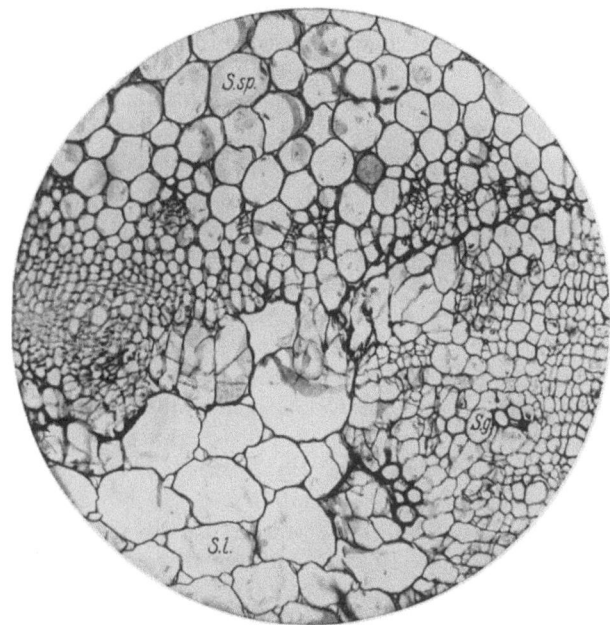

Abb. 95. Keilpfropfung über Kreuz von *Solanum spinosum* (*S. sp.*), *Solanum lycopersicum* (*S. l.*), *Solanum guineense* (*S. g.*). Berührungsstelle dreier Transplantosymbionten. Durchbohrung einer Zelle von *S. l.* durch eine Zelle von *S. sp.*, Querwandbildung in der „befallenen Zelle".

erinnert, welche sich mit der Bildung von Schutzgewebe bei Eindringen von Hyphen parasitischer Pilze befassen. So beobachtete WARDLOW (1930), daß unter bestimmten Bedingungen die Hyphen von *Fusarium cubense* in die Gewebe des *Bananen*-Stengels eindringen. Es bildet sich dann in diesen Geweben senkrecht zu der Richtung der Toxinabsonderung des Pilzes eine kambiumähnliche mehrreihige Zellschicht mit später verkorkenden Membranen. In ähnlichen Fällen sehen wir eine hinreichend weitgehende Analogie mit den Erscheinungen, welche wir bei Pfropfungen beschrieben haben. Der Unterschied liegt hauptsächlich in der Qualität der Reizung. Eine derartige Betrachtung der Frage ist noch deshalb interessant, weil bei der Besprechung von Gegenwirkungen der Gewebe innerhalb einer Verwachsungsstelle nicht nur die Rede sein kann von Wundreizen und spezifischen Reizen, sondern auch von Exkreten, die aus den sich wirklich miteinander in Kontakt befindlichen gesunden Zellen der verschiedenen Komponenten absondern. Darüber ebenfalls später. Es ist dabei klar, daß derartige Absonderungen bei dem Partner die Bildung von Schutzgeweben oder von chemischen Schutzreaktionen hervorrufen werden. So kann also diese Erscheinung das Zustandekommen einer befriedigenden Verwachsung hindern. In anderen Fällen können auch diese Absonderungen günstig wirken, indem sie eine progressive meristematische Tätigkeit, welche dann zur Herstellung einer Leitbündelverbindung der Pfropfung führt (s. S. 415 Punkt c und S. 458 h der Schlußfolgerung), bewirken.

Weiter ist klar, daß derartige Gewebe verschiedener Bezirke morphologisch gleichartiger Gewebe (s. S. 354—355 über die bei einer Verwachsung festzustellenden Zonen) in ihren verschiedenen Alters- und sonstigen Zuständen qualitativ und quantitativ verschiedene Stoffe absondern können. Umgekehrt können die Gewebe des anderen Partners entsprechend auf verschiedene Weise auf diese Absonderungen reagieren. Dabei handelt es sich sowohl um eine passive Reaktion als auch um eine Reaktion auf dem Wege entsprechender Gegensekretionen.

Für alle diese Betrachtungen liegt eine ernstzunehmende Tatsachenbasis vor. Einerseits ist aber dies Gebiet noch vollkommen unbearbeitet, andererseits dürfte es von beträchtlichem Interesse sein. Einmal beziehen sich hierauf die Tatsachen betreffend die natürliche erworbene Immunität der Pflanzen (s. das Kapitel über Einführung von Fremdstoffen in die Pflanze und auch Wardlow, 1930, u. a.). In diesem Zusammenhang legen wir Wert auf einen Hinweis auf die Existenz experimenteller Beweise für die Ausscheidungen von Pilzzellen, welche nicht nur das Wachstum fremder Hyphen (Magrou, Nobécourt) hemmen, sondern auch umgekehrt das Wachstum stimulieren können. Dies letztere hat Köhler (1930) in vortrefflicher Weise gezeigt. In seinen Experimenten resultierten aus der Stimulation anastomotische Bildungen. Köhler (S. 520) sagt:

„Somit ergibt sich klar und deutlich, daß die von den einzelnen Pilzen ausgehenden Wirkungen spezifisch sein müssen. Jede Art sendet ihre spezifischen Reize aus und reagiert nur auf diese mit normaler Intensität. Auf entsprechende Reize anderer Arten antwortet sie nur schwach oder überhaupt nicht und wir müssen annehmen, daß es ebenso viele spezifische Reize wie Arten gibt. Es dürfte nicht zweifelhaft sein, daß diese Reize stofflicher Natur sind."

Was den zweiten Teil der Tatsachengrundlagen angeht, so beziehen sie sich auf die Verschiedenheit der Bilder im Verwachsungsprozeß verschiedener Kombinationen von Pfropfpartnern bei verschiedenen Methoden und verschiedenen Pfropfbedingungen und zum Teil auf die Angaben von Kostoff (1930 c, d) über die Veränderung der Plasmaviskosität in den Zellen des Verwachsungskallus. Hier ergibt sich, abgesehen von direkten Fragen in bezug auf die Transplantation, eine elegante Methode für die Feststellung der physiologischen Differenzierung der Gewebe. Tatsächlich kann manchmal, wie wir gezeigt haben (s. S. 457 bis 460 den Schluß über die Verwachsung), das Verhalten von Wundgeweben zunächst einfach beim Abschneiden des Organs und später bei Beobachtung seines Verhaltens in der Pfropfung, die Gewebe nach ihrer Wirkung auf die Indikatorgewebe differenzieren.

Vieles spricht dafür, daß nach dem Verschwinden der Isolierschicht zwischen benachbarten Zellen zweier Pfropfpartner eine Verbindung durch Plasmodesmen durch neugebildete Poren hindurch stattfindet. In einigen Fällen kann man die Plasmodesmen verhältnismäßig leicht nachweisen. Die gleiche Meinung vertritt auch VÖCHTING (1892, S. 119).

STRASBURGER (1901, S. 384) verteidigt einen derartigen Zusammenschluß. Er hat ihn in der Rinde der Pfropfung von *Abies nobilis* auf *Abies pectinata* beobachtet. NĚMEC (1910, S. 241) führt diese Angaben ohne Einwände an. MEYER und SCHMIDT (1910) und dann MEYER (1914) halten die Frage für noch ungelöst und lassen (MEYER) den plasmatischen Zusammenhang nur für Chimären zu. KÜSTER (1916, S. 291) sagt in Form einer allgemeinen Schlußfolgerung:

„Bei der Verwachsung bleiben die Membranen der beiden miteinander sich verbindenden Zellen erhalten und die Protoplasten kommen höchstens durch Plasmodesmen in unmittelbare Berührung miteinander."

Tatsachen sind allerdings dafür nicht angeführt worden. FUNK (1929, S. 454) behauptet, daß er bei der Pfropfung von *Petunia* auf *Datura* Plasmodesmen in den verdickten Markzellen beider Komponenten beobachtet hat. Dabei seien die Plasmodesmen ohne Anwendung einer besonderen Färbemethode zu sehen gewesen.

Wir können uns nur schwer entschließen, anzunehmen, daß bei dieser Beobachtung jegliche Fehlerquelle ausgeschlossen war. Wir können es bei unseren Pfropfungen nicht wagen zu behaupten, daß man ohne genügende Vorbereitung des Präparates wirklich die Plasmodesmen finden könne, sei es an einer Stelle echter Berührung der beiden Komponenten oder an einer beliebigen anderen Stelle, wo es sonst leicht wäre, lebendige Gewebe mit verdickten Membranen zu finden. Es ist aber Tatsache, daß man ab und zu, wenn man den starken Wunsch hegt, Plasmodesmen zu sehen, Stellen findet, wo scheinbar Plasmodesmen sichtbar sind. Aber die Seltenheit derartiger Bilder zwingt uns, vorsichtig zu sein, denn die Unregelmäßigkeit des Schnittes oder ein Faden herausgezogenen Plasmas, welcher auf der Schnittoberfläche liegt und eine Reihe anderer Bedingungen können hier irreführend wirken.

Wie wir später sehen werden (s. Abb. 189), ist es uns scheinbar doch gelungen, in den Pfropfchimären bei entsprechender Vorbereitung des Präparates Plasmodesmenverbindung zwischen den Chimärenkomponenten festzustellen. In den Pfropfungen vom *Mirabilis jalapa* auf sich selbst sehen wir Poren zweifellos nur in den einander anliegenden Zellen des Grundparenchyms der Pfropfkomponenten.

Die Existenz von Plasmodesmenverbindung zwischen den Pfropfpartnern kann man als bestätigt ansehen, wenn man sich auf den Standpunkt MÜNCHs (1930, s. z. B. S. 59) bezüglich des Mechanismus des Stofftransportes von Zelle zu Zelle stellt. MÜNCH weist auf die unüberwindlichen Schwierigkeiten hin, die sich für die Annahme eines Übertritts plastischer Stoffe von einer Zelle in die andere Zelle ergeben, wenn man die Oberflächenschicht des Zellprotoplasmas (die Protoplasmahaut) als semipermeabel annimmt. Er meint aber, alle diese Schwierigkeiten entfielen vollständig mit der Annahme,

„daß die Stoffbewegung von Zelle zu Zelle überhaupt nicht durch die Plasmahaut und die Substanz der Zellwand erfolge, sondern durch die Plasmodesmen, die Stränge von Protoplasma, die alle lebenden Zellen untereinander verbinden, die äußere Plasmahaut durchbrechen und somit Gänge darstellen, durch welche die Stoffe von Zelle zu Zelle gelangen können, ohne die undurchlässige Plasmahaut passieren zu müssen".

Wenn das der Fall ist, so wird die Plasmodesmenverbindung in den Pfropfungen und bei den Chimären fast selbsttätig bewiesen, da ja zweifellos ein Stoffaustausch bei den Pfropfungen nicht nur innerhalb des Leitsystems, sondern direkt von Zelle zu Zelle vorhanden ist. Beweise dafür gibt es in hinreichender Menge. Wir brauchen nur auf das lange Leben von Monokotylenpfropfungen (SCHUBERT, 1913), bei denen keine Leitbündelverbindung festgestellt wurde, zu erinnern. Endlich weisen wir auf unsere autoplastischen *Mirabilis*-Pfropfungen hin (s. u.), wo die Gefäßverbindung nicht ganz einwandfrei festgestellt wurde und die Leptomverbindung äußerst schwach war.

Wenn man endlich annimmt, daß bei *Mimosa* die Reizung mit Hilfe von Plasmodesmen geleitet wird, so hätten die Experimente von LIESKE (1921) mit Pfropfungen von *Mimosen* aufeinander ebenfalls deutlich eine Plasmodesmenverbindung bei Pfropfungen bewiesen, denn der Reiz wird auch durch die Verwachsungsstelle hindurch weitergeleitet (s. S. 553f.). Aber es gibt auch sehr wichtige Ansichten (HABERLANDT, 1924), welche eine Beteiligung der Plasmodesmen an der Reizleitung ablehnen (s. noch RICCA, 1906, und SEIDEL, 1923). Wir werden weiter unten auf die Plasmodesmen eingehen. Hier möchten wir nur nochmals darauf hinweisen, daß jetzt sogar die Existenz von Plasmodesmen als Plasmabildungen (JUNGERS, 1930) in Frage gestellt wird. Deshalb müssen alle Beobachtungen im Zusammenhang mit Plasmodesmen in den Pfropfungen nochmals aufmerksam revidiert werden. Wir persönlich sind trotzdem der Meinung, daß die Plasmodesmen als Plasmastränge existieren.

Im Zusammenhang mit der Arbeit von VÖCHTING (1892) bleibt noch die Frage zu besprechen, ob bei der Pfropfung eine primäre Berührung der Gewebsbezirke beider Partner ohne Isolierschicht stattfinden kann. VÖCHTING (1892, S. 120) schreibt:

„Wenn die Zellen jung sind und die Flächen einander sehr nahe liegen, so kommt es zur Berührung und Verbindung der aufeinander zuwachsenden Zellen. An den gemeinsamen Wänden finden sich zum größten Teil keine unregelmäßigen Verdickungen und von den durch den Schnitt zerstörten Zellen sind gar keine Spuren zu sehen. Es ist noch zweifelhaft (oder ungeklärt), ob hier nicht eine Aufsaugung von Resten, sei es des Plasmas oder der Wände, vor sich geht."
S. 114: „In der Zone des zuletzt gebildeten Kambialringes (Wurzel der *roten Bete*) und in der zunächstliegenden Zone ist die Verwachsung am engsten und gewöhnlich eine vollkommene, so daß die Grenze entweder gar nicht zu sehen oder nur schwach zu sehen ist. Es ist selbstverständlich, daß hier keine Unterbrechungen oder charakteristische Zellverdickungen, wie sie eben erwähnt wurden, vorhanden sind."

Aus dem Gesagten wird der Grundunterschied zwischen VÖCHTINGs Anschauung und der unsrigen klar, er erkennt zwar den Resorptionsprozeß bedingt an, erwähnt aber nirgends die nach unserer Meinung unumgängliche, durchgehende, primäre Isolierschicht. Ferner geht aus einer ganzen Reihe von Betrachtungen im Kapitel „über histologische Untersuchungen" hervor, daß er es für möglich hält, daß einzelne Zellen und ganze Gewebsbezirke bei Ausführung des Pfropfschnittes unverletzt bleiben.

Bei Untersuchung des oben erwähnten Prozesses der Ausfüllung eines Ausschnittes aus der Wurzel, schreibt VÖCHTING z. B. folgendes (S. 118):

„Nicht entwickelte Elemente sind hier mit den Resten verletzter Zellen bedeckt, im Gegenteil bilden sich entwickelnde Elemente solche Zellreihen, wie es oben beschrieben wurde."

Es wird auch die Zeichnung Tafel 10, Fig. 6 angeführt, aus der hervorgeht, daß an den Stellen des Wachstums Unversehrtheit der Zellen angenommen wird. Deshalb fehlen auch die erwähnten Reste auf ihnen, welche bei Elementen, die sich „nicht entwickeln", vorhanden sind, Dabei sieht man, aus dem zuletzt angeführten Zitat, wie aus einer Reihe anderer (z. B. der Satz über die Zweifelhaftigkeit der Resorption), daß der Autor scheinbar auf eine Erklärung, wie das primäre Fehlen von Resten in ganzen Bezirken (Gruppen zerschnittener Zellen) zustande kam, verzichtet. Wenn aber solche Reste vorhanden waren, so ist zu fragen, wo sie geblieben sind, wenn man die Möglichkeit einer späteren Resorption nicht anerkennen will.

Auf ähnliche Weise nimmt FUNK in einer Reihe von Fällen an, daß der Verwachsungsprozeß durch direkte Verklebung von Zellmembranen auf relativ großen Flächen vom Schnitt unverletzter Zellen ohne Überwindung einer Isolierschicht, da diese fehlt, vor sich geht. Als einzige Begründung dafür könnte man anführen, daß sich in den Präparaten diese Zwischenschicht nicht färbte. Aber der Autor (S. 411) sagt selbst, daß in einer Reihe von Fällen sich die Reste nicht bräunten. Eben darauf hat auch VÖCHTING (1892) hingewiesen. Wir sprechen außerdem von einer Zwischenschicht, die nicht nur aus Resten geformter Elemente der Zellen besteht, sondern auch von Teilen einer Zwischenschicht, die aus einer dünnen Schicht abgestorbenen und geronnenen Plasmas besteht.

Wenn man das notwendige Vorhandensein einer solchen Zwischenschicht ablehnen will, so ist dazu notwendig:

1. Entweder anzunehmen, daß das Rasiermesser über große Flächen hin genau die Interzellularlamellen traf, was absolut unmöglich ist, oder
2. eine leicht zu erzielende mechanische Mazeration der Zellen anzunehmen, die aber sichtlich nicht vorhanden ist, oder endlich
3. ein einfaches Abgleiten des Protoplasmas der zerstörten Zellen mit daraus resultierender vollkommener Reinigung der durchschnittenen Zellen von diesem Plasma anzunehmen.

Es ist aber bekannt (s. KÜSTER, 1929b, S. 113), daß die Wandschicht des Protoplasmas so fest mit der Zellmembran verbunden ist, daß sie sich sogar bei der Plasmolyse nicht vollkommen von ihr ablöst. Und wenn auch das Protoplasma abgeglitten wäre, was hier ja aber nicht der Fall ist, so bliebe an der betreffenden Stelle die Membran der zerstörten Zelle zurück.

Deshalb bestehen wir darauf, daß die ganze Schnittoberfläche bei den untersuchten Objekten, wie wohl auch bei der Mehrzahl anderer Pflanzen, immer mit irgendwelchen, vielleicht verschiedenen Mengen von Resten der durch den Schnitt zerstörten Zellen bedeckt ist. Einzelne Zellen können gelegentlich nackt werden, wenn das Rasiermesser genau durch die Interzellularen oder die Primärlamelle hindurchging. Wenn man aber die entsprechende Dicke der Klinge berücksichtigt, so werden diese Fälle sehr selten sein. Aber auch unter diesen Umständen werden diese nackt gewordenen Zellen stärker geschädigt sein, als die den zerstörten Zellen benachbart liegenden und als diejenigen Zellen, welche in tieferen Schichten liegen. Und diese geschädigten Zellen werden eine bestimmte Zeitlang ein Hemmnis für die weitere Verwachsung an diesen Punkten darstellen (vgl. S. 18, 254 und Abb. 137).

Wir wollen hier nur darauf hinweisen, daß wir über den gesamten Gang der Untersuchung dieser Dinge anders denken als VÖCHTING, ohne uns mit Einzelheiten seiner Arbeit, die uns fraglich erscheinen, hier aufzuhalten: z. B. sind VÖCHTING im Parenchym Zellteilungsanomalien begegnet, die darin bestanden, daß aus dem Zellraum einzelne Bezirke, welche durch gekrümmte Flächen begrenzt wurden, herausgeschnitten wurden:

„Alte parenchymatöse Zellen zerfallen nicht in gewöhnlicher Weise in die Tochterelemente durch aufeinanderfolgende gerade Zwischenwände, sondern so, daß die jungen Wände mehr oder weniger halbkugelige oder überhaupt nicht normale Ausschnitte im Mutterorganismus bilden und ein in Verwunderung versetzendes Bild liefern."

Die dazu angeführte Illustration (Fig. 8 der Tafel 10) erinnert an Zellen, die zum Teil durch hineingewachsene Tüllen ausgefüllt sind. Vielleicht liegt hierin das Wesen der Sache begründet. Wir haben etwas Ähnliches nicht beobachten können (s. alle unsere Abbildungen). Es gibt zwar Fälle von Zerfall der Parenchymzellen durch Bildung mehrerer innerer Zwischenwände, aber diese Zwischenwände sind gerade oder fast gerade.

Im großen und ganzen haben wir auch die von VÖCHTING scharf betonten unterbrochenen Schichten verdickter Zellmembranen (manchmal ziemlich lange Reihen) nicht gefunden. Selbst verhältnismäßig kleine Bezirke davon sind unmöglich zu übersehen, wenn sie so ins Auge fallen, wie VÖCHTING behauptet. Uns bleibt auch unverständlich, warum diese Reihen oder Schichten nicht eine unterbrochene Richtung darstellen, wenn das im Objekt VÖCHTINGs wirklich der Fall ist.

Wenn man die Zeichnung von VÖCHTING oberflächlich betrachtet, (Tafel 8, Fig. 20, 24), so möchte es scheinen, daß diese Reihen oder Schichten unseren Zwischenschichten gleich sind. Sie erweisen sich aber tatsächlich als verdickte Zellmembranen. Deshalb haben wir auf S. 370 Beweise angeführt, daß unsere Zwischenschicht ein anderes Gebilde ist, über welches aber auch VÖCHTING stellenweise spricht, wenngleich in ganz anderer allgemeiner Betrachtungsweise. Eine geringe Verdickung der Membranen der dem Schnitt benachbart liegenden, lebenden Zellen wurde stellenweise auch bei uns beobachtet. Sie hat aber bislang jedenfalls keinerlei andere Bedeutung für den Verwachsungserfolg in unseren Pfropfungen gehabt. KABUS (1912, S. 27) bezweifelt in einer Hinsicht die Behauptung VÖCHTINGs betreffend die Verdickung der Zellen, erstens hat VÖCHTING von krautigen Pflanzen nur die Histologie der Pfropfung der *roten Beete*-Wurzel beschrieben, während der Gang der Verwachsung bei holzigen Pflanzen schon in etwas anderem Sinne von ihm verfolgt wurde (hauptsächlich verschiedene Veränderung des Gewebes oder Gewebselemente und nicht der Prozeß der Verwachsung selbst). Der zweite und wichtigste Punkt ist, daß nur spätere Stadien der Pfropfung untersucht wurden. Der Verwachsungsprozeß selbst und sein Gang ist nur indirekt aus der Analyse der oben beschriebenen Ausfüllung eines Ausschnitts bei der *roten Beete*-Wurzel erschlossen worden. Das ist nach unserer Meinung völlig ungenügend und zum Vergleich nicht brauchbar.

Endlich hat VÖCHTING eine Rekonstruktion von Querschnitten nicht angegeben und deshalb nicht gezeigt, wie er sich den Verwachsungsprozeß und endgültig die räumlichen Verhältnisse vorstellt. Das ist für das Verständnis einer natürlichen Erscheinung aber notwendig. Unsere Bemerkung haben wir nur angeführt, um unsere eigenen Untersuchungen zu sichern. Wir haben auch mit dem Objekt VÖCHTINGs selber gearbeitet. Unsere ehemalige Mitarbeiterin NEUMANN (1932) wiederholte und entwickelte die VÖCHTINGschen Pfropfungen an der Betawurzel. Es hat sich dabei gezeigt, daß keine prinzipiellen Unterschiede gegenüber dem Verwachsungsprozeß, wie wir ihn beschrieben haben, bestehen. Die Arbeit ist druckfertig und wird bei erster Gelegenheit publiziert werden.

Bei unseren eigenen Pfropfungen mit der *Futterrübe* haben wir außerdem eine Form der Verwachsung beobachtet, die wir als „Brückenverwachsung" bezeichnet haben (s. die Unterschrift unter Abb. 60 auf S. 371 der russischen Ausgabe 1928b).

In diesem Falle werden über der durch äußeres Intermediärgewebe nicht ausgefüllten engen Spalte an der Stelle der Berührung der Transplantosymbionten eine oder mehrere Anastomosen brückenartig angelegt, welche die Verwachsung bewirken. Die Anfangsstadien dieser Brückenbildung verlaufen im ganzen so, wie VÖCHTING (1892, S. 117—118) bei der Untersuchung der Ausfüllung eines Spaltes bei der Rübenwurzel beschrieben hat. Dann aber wandeln sich diese Brücken in besondere geformte Bildungen um, die sogar ein eigenes Deckgewebe aus verkorkten Zellen besitzen. Die beschriebenen Pfropfungen haben wir durch Transplantation dem Wurzelkopf entnommener, kubischer Stücke mit Augen ausgeführt. Sie wurden dann an einer entsprechenden Stelle oder auch an der Mittelpartie einer anderen Wurzel eingepflanzt. Außerdem transplantierten wir Stücke, die aus dem Mittelteil einer Wurzel ohne Augen herausgeschnitten worden waren.

Dabei beobachten wir in einigen Fällen eine gleichmäßige, allerdings schlechte Verwachsung von seiten aller 5 Berührungsflächen der Pfropfpartner (vgl. VÖCHTING, 1892).

Außerdem beobachteten wir, daß die Richtung der Verwachsung selten den Polaritätsbeziehungen unterworfen ist und daß die radiäre Polarität sich unter den bei der Verwachsung gegebenen Bedingungen gar nicht äußert (s. alle unsere Illustrationen über das Intermediärgewebe und das Wundgewebe). Wir werden darüber weiter unten noch einiges zu bemerken haben.

Zum Schluß wollen wir noch bemerken, daß wir es für möglich halten, daß in ganz speziellen Fällen die Zwischenschicht an ganz begrenzten Bezirken von vornherein fehlt. Theoretisch kann man sich vorstellen, daß der infolge des Schnittes herausgeflossene Zellinhalt ausgelaufen oder abgeglitten ist, oder daß er bei Anlegen des Verbandes ganz herausgedrückt wurde, worüber wir oben schon sprachen. Regelmäßig haben wir aber solche Bilder nicht gesehen (s. noch S. 394). Bei natürlichen Verwachsungen im Verlaufe der Ontogenese fehlt in der Regel die Isolierschicht zwischen den Verwachsungspartnern. GOEBEL weist (s. unsere S. 27) darauf hin, daß die Cuticula oder irgendwelche anderen Exkrete oder Bildungen auf der Zelloberfläche als derartige Schicht wirken können. Aber bei den Selbstpfropfungen im Verlaufe des Wachstums jüngerer Organe (nicht aber bei gelegentlichen traumatischen

Schädigungen), die einem und demselben Pflanzenindividuum angehören, fehlt manchmal normalerweise eine Zerstörung von Zellen der beiden Pfropfpartner. Daraus ergibt sich das Fehlen der erwähnten Isolierschicht. Deshalb ist es verständlich, daß z. B. bei der Selbstpfropfung der Fliederblätter (s. Abb. 11), und besonders bei der Verwachsung der Stengelanlage von *Hyacinthus* (s. Abb. 6—8) wir keinerlei Isolierschicht an der Pfropfgrenze sehen. Umgekehrt beobachten wir bei späteren gelegentlichen Verwachsungen der aus dem Kallus hervorbrechenden Anlagen (s. S. 70) anfangs eine Isolierschicht, die dann später verschwindet, da es sich hier um eine Gewebsverletzung handelt, die etwas Ähnliches wie die Pfropfungswunden bei den künstlichen Pfropfungen darstellt. Die Isolierschicht bei der Verwachsung erwachsener Stämme und Zweige von Holzpflanzen trägt einen ganz anderen Charakter. Hier gehen in die Zusammensetzung der Zwischenschicht sogar die Korkelemente der Rinde mit ein. Trotzdem werden sie in einer Reihe von Fällen resorbiert (s. Abb. 43, 46, 48 und 49). Anders können wir ihr Verschwinden nicht erklären.

Auf die Arbeit von KABUS haben wir schon mehrfach hingewiesen. Er hat zugleich mit der Bearbeitung der Bedingungen und des Vorganges bei der Wundheilung auch Pfropfungen mit untersucht. Sein Hauptziel war die Erforschung der Verwachsung ober- und unterirdischer Organe (Knollen). Dabei wurden Beobachtungen von den jüngsten Stadien an gemacht. In einigen Punkten nähern sich seine Schlüsse den unserigen. So zeigt er an der Pfropfung von *Cereus hystrix* auf *Opuntia imbricata* den Durchbruch von Neubildungen vom Reis her, durch die die Schnittoberfläche bedeckende Schicht hindurch (s. Zeichnung 15 bei KABUS). Der Autor nennt aber diese Schicht lediglich ,,braune Schicht auf der Schnittoberfläche", ohne genügend auf Einzelheiten ihres Wesens einzugehen. Deshalb fehlen auch bei KABUS alle jene Betrachtungen, welche wir über die Isolierschicht anstellten. Weiter sagt KABUS im Text und im Schlußwort (S. 52), daß der erste Anstoß der Vereinigung beider Pfropfkomponenten bei den oberirdischen Organen vom Reis ausgeht. Diesen Satz kann man nicht ganz verallgemeinern. So zeigt sich z. B. bei unseren Pfropfungen vom *Capsicum*-Sproß auf *Tomaten*-Sproß (Abb. 69, 70 und 83), daß anfangs ganz bestimmt die Unterlage *(Tomate)* aktiver ist. Eine schwächere Neubildungsaktivität zeigt sich bei ihr nur dort, wo das Leitbündelsystem des Reises ihr nicht anliegt (s. Abb. 70). Allerdings geht die Durchbrechung der Zwischenschicht (Abb. 83 und 84) vom Reis aus, was wir aber nicht mit einer besonderen Aktivität des Reises als solchem erklärt haben, sondern durch eine Beziehung der Durchbrechung zum Leitbündelsystem.

Tatsächlich finden wir bei doppelseitigen Durchbrechungen (z. B. Abb. 71, 81, 85, 96, 98, 126, 132) auch solche von der Seite der Unterlage her. So sehen wir z. B. bei der Pfropfung von *Capsicum*-Sproß auf

Tomaten-Blatt (Abb. 53, 54 der russischen Ausgabe), daß der Durchbruch nur vom *Tomaten*-Blatt ausgeht.

In den Pfropfungen, die wir mit *Tradescantia* ausführten (s. Abb. 128, 129, 130, 136 und 137), entfaltete die Unterlage eine ganz deutliche, bedeutend stärkere Aktivität in fast allen Verwachsungsstellen. Sie kann, wie weiter unten erklärt wird (S. 448—453), mit der Obliteration der Gefäße in den Bündeln des Reises in Zusammenhang gebracht werden.

Mit gleicher Intensität von beiden Seiten ging der Verwachsungsprozeß sowohl bei Wurzelpfropfungen mit *Solanum nigrum* als Reis auf *Solanum lycopersicum* (s. Abb. 82 und 96), als auch in den autoplastischen *Mirabilis*-Pfropfungen (s. Abb. 81, 98, 99), die nach zwei verschiedenen Methoden ausgeführt worden waren, vor sich.

In den Pfropfungen KOSTOFFS (1928) bildete ferner gewöhnlich die Unterlage intensiver Intermediärgewebe (z. B. in den Kombinationen *Nicotiana tabacum* var., *macrophylla* auf *Solanum lycopersicum* und *Nicotiana rustica* auf *Nicotiana glauca*) als das Reis. Auch bemerkt FUNK in allgemeiner Form (1929, S. 452—453), daß „die Kallusbildung häufig, aber bei weitem nicht immer in stärkerem Maße auf Seiten des Epibionten, also in dem basal gerichteten Teil der Transplantation, erfolgte."

In unserer Pfropfung des Sprosses von *Nicotiana affinis* auf den Sproß von *Solanum capsicastrum* verwuchs das Rindenparenchym mit gleicher Intensität von seiten beider Transplantosymbionten (s. Abb. 80). Die Xylem-Verbindung ging deutlich vom Reis aus (s. Abb. 109).

FUNK macht Angaben für Kakteen, welche denen von KABUS (dessen Arbeit FUNK zufälligerweise nicht zitiert), genau entgegengesetzt sind. Hier wird in einem Falle (S. 443) erwähnt, daß die Kallusbildung von Reis und Unterlage mit gleicher Intensität ausgeht, während sie in einem anderen Falle (S. 443) von seiten der Unterlage her sogar intensiver war, was der Autor durch bessere Wasser- und Nährstoffversorgung erklärt. Unser Standpunkt bezüglich der Hauptfaktoren der Durchbruchsinitiative von Reis oder Unterlage bei der Verwachsung ist folgender:

Eine große Rolle spielt die regenerative Fähigkeit der vorliegenden Art im allgemeinen und des zum Experiment verwendeten Materials im besonderen. Der Gesundheitszustand und das Alter können hier wichtig sein. Weiter ist die Reaktion des betreffenden Transplantosymbionten auf die Wirkung der Wund- und sonstigen Reize, mögen sie von ihm selbst oder von seinem Partner ausgehen, wesentlich. Dies hängt wieder ab von der genetischen Natur des Materials, wie auch von seinem Zustand und von den äußeren Bedingungen der Pfropfung. Deshalb erhielten verschiedene Autoren verschiedene Resultate. Polaritätsverhältnisse haben hier keine merkbare Bedeutung. Wir lehnen auch eine bestimmte Beeinflussung der Verwachsung durch verschiedene Bedingungen der Entwicklung der Unterlage und des Reises nicht ab, sehen darin aber nicht die Hauptsache.

Nicht ganz annehmbar ist für uns ferner auch die von vielen Autoren benutzte Benennung der ersten Neubildungen auf den Wundflächen einer Pfropfung mit dem einfachen Ausdruck Kallus. Das geht wohl aus allem, was wir bis jetzt über wirkliche Kallusbildungen gesagt haben, hervor. Ferner sagt KABUS bei der Beschreibung einer Pfropfung von *Pelargonium zonale* in bezug auf diesen für uns wichtigen Punkt auf S. 47: ,,Kallus von Reis und Unterlage verwachsen miteinander." Wir halten das nicht für ausreichend.

KABUS hat gezeigt, daß für die Verwachsung der Knollen von *Kartoffel, Dahlia, Sauromatum guttatum* und *Boussingaultia basselloides* nicht die Anwesenheit von Sproßknospen auf den Pfropfkomponenten notwendig ist. Man muß aber zugeben, daß die Möglichkeit einer Verwachsung des transplantierten knospenlosen Stückes der *Beta*-Wurzel besteht (s. S. 395). Im Falle der *Kartoffel* und der *roten Beete* begünstigt trotzdem die Anwesenheit von Knospen den Verwachsungsprozeß wesentlich. Für die Verwachsung oberirdischer Organe ist das Vorhandensein von Knospen notwendig. Wir sind der Meinung, daß das zuletzt Gesagte für Propfungen wirklicher Organe zutrifft, nicht aber für deren einzelne Gewebe, wo, wie bekannt, die Verwachsung auch ohne Anwesenheit von Knospen vor sich geht. Das gleiche gilt auch für unterirdische Organe (s. Abb. 60 der russischen Ausgabe, Pfropfung mit einer *Beta*-Wurzel). Wahrscheinlich besteht also ein prinzipieller Unterschied zwischen oberirdischen und unterirdischen Pflanzenteilen in dieser Beziehung nicht.

Auch in bezug auf die Organe gibt es viele Ausnahmen. Z. B. gelingt die Pfropfung von *Kürbis*-Früchten, die keinerlei wachsende Knospen als Reis besitzen. Man kann also sagen, daß für die Pfropfung zweier Komponenten nur die Möglichkeit von Neubildungen wesentlich ist. Diese Möglichkeit steht mit dem ganzen Komplex äußerer und in vielen Fällen auch innerer unbekannter Bedingungen bis hin zum Genotypus in Verbindung. Selbstverständlich handelt es sich hierbei nur um Komponenten, welche überhaupt miteinander zu verwachsen vermögen.

c) Verbindung der Leitsysteme.

Gefäßverbindung. Wir haben den Verwachsungsprozeß bis zum Zustandekommen der Berührung der Gewebe von Reis und Unterlage miteinander verfolgt. Aber auf diesem Stadium bleibt der Prozeß nur in den seltensten Fällen, bei schwachen künstlichen Pfropfungen, stehen. Es kommt weiterhin zu einer Verbindung der Leitbündelsysteme beider Komponenten miteinander. Von dem Grade, bis zu welchem diese Verbindung zustande kommt, hängt ferner der Grad der Dauerhaftigkeit einer Pfopfung ab. Es gibt viele Beispiele, wo sich das Reis physiologisch ausgezeichnet entwickelt, während die Pfropfung mechanisch nicht fest ist. In allen diesen Fällen beobachten wir verhältnismäßig schwache Verbindungen zwischen den Leitbündelsystemen von Unterlage und

Reis. Dabei steht es außer Zweifel, daß das Xylem als Faktor der mechanischen Festigung eine größere Bedeutung hat als das Phloem. Gute physiologische Entwicklung des Reises zeigt nur, daß die Mengen an Nährlösungen, welche durch die Verbindung der Leitsysteme herangeführt werden, ausreichen.

Gelegentlich findet die Verwachsung der Leitsysteme miteinander in folgender Weise statt: Anfangs bildet sich, wie erwähnt wurde, zwischen den Gefäßen von Unterlage und Reis junges Verbindungsgewebe. Nur in solchem Gewebe können sich neue Gefäße, die die beiden Partner zu verbinden haben, herausdifferenzieren. Dann beginnt ein Teil dieses Gewebes sich zu strecken und sich in Richtung auf die alten Gefäße zu zu krümmen (s. russische Ausgabe Abb. 67, Pfropfung eines *Nachtschatten*-Sprosses auf *Tomaten*-Blatt, Keilpfropfung Längsschnitt senkrecht zur Verwachsungsfläche). Wahrscheinlich hängt die Richtung des Zellwachstums (Krümmung auf die Gefäße zu) von den Nährstoffen ab, welche von den Gefäßen ausgeschieden werden. Auch Reize anderer Art können von dieser Seite her wirken. Ebenso wäre eine kombinierte Wirkung verschiedener Reize denkbar. Langsam verbinden sich die gekrümmten Zellen miteinander, wie auch mit den Zellen der anderen Seite, die Querwände öffnen sich (zum Teil nur stellenweise) und wandeln sich in Gefäßtracheiden und manchmal zu Gefäßen um (ferner ist Gefäßverbindung nach dem Typus „C", s. KRENKE 1928b, S. 632 möglich). Bei der Zellstreckung beobachtet man oft auch eine Streckung der Kerne in derselben Richtung (s. Abb. 114). Sobald aber die Streckung der Zellen abgeschlossen ist und diese beginnen, ihre Membranen nach dem Typus der Gefäßverdickungen zu verstärken, nimmt der Kern wieder runde Form an. Später stirbt er ab. Hauptsächlich kommen aber für die Vereinigung der Leitsysteme von Unterlage und Reis folgende zwei Wege in Frage:

Wenn sich durch die Tätigkeit eines Kambiums im intermediären Gewebe Stränge von Leitbündeln bilden, die sich dann ihrer Längserstreckung nach den Leitbündeln von Unterlage und Reis anlegen, so reden wir von „intermediärer Kambialverwachsung".

Wenn sich quere oder schräge Anastomosen zwischen den Leitbündeln von Unterlage und Reis ausbilden, so reden wir von „anastomotischer Verwachsung".

Beide Verwachsungswege können nebeneinander im gleichen Objekt vorkommen.

Wir wenden uns zunächst der intermediären Kambialverwachsung zu.

Der weitere Vorgang der Verwachsung des Leitbündelsystems verläuft dann etwa auf folgende Weise: Im Intermediärgewebe differenzieren sich von seiten eines oder beider Pfropfsymbionten Kambialzellen, welche anfangs gewöhnlich einreihig oder zweireihig gelagert sind.

Verbindung der Leitsysteme. Gefäßverbindung.

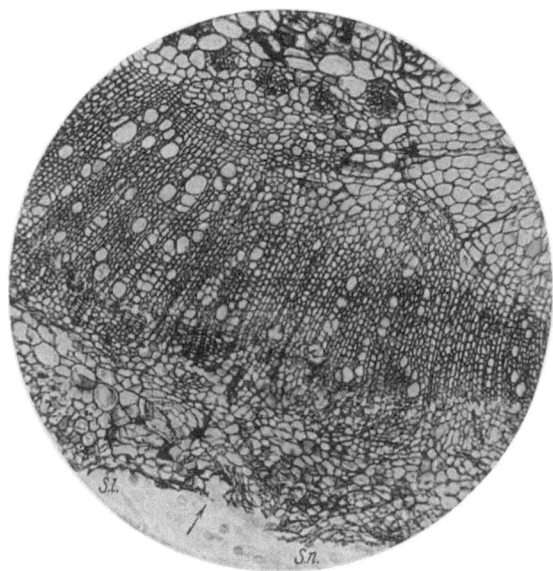

Abb. 96 (s. Abb. 80). Anderer Querschnitt der gleichen Pfropfung. (*S. l.*) *Solanum lycopersicum*-Sproß (*S. n.*) *Solanum nigrum*-Wurzel, Verwachsungslinie in der Pfeilrichtung. Lokale Verbreiterung des Xylems unter Zerdrückung angrenzender Zellen. Bei *Solanum lycopersicum* keine Zellbeschädigung.

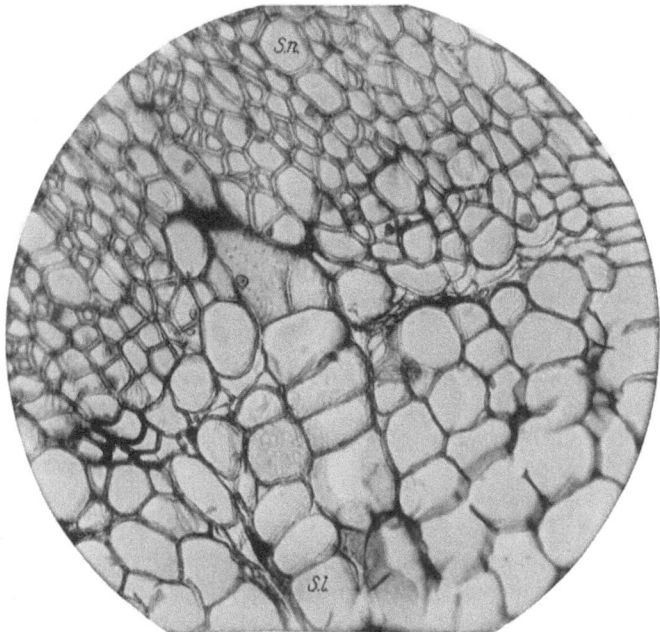

Abb. 97 (s. Abb. 96). Einzelheiten der zerdrückten Zellen.

402 Transplantation (Umpflanzung, Pfropfungen).

Besonders deutlich ist die Ursprungsstätte dieser Kambialregion in der Gegend der Leitbündel bei den autoplastischen *Mirabilis jalapa*-Pfropfungen zu sehen.

Dieses Kambium bildet dann in der üblichen Weise Xylem- und Phloemelemente. Ist es in seiner ganzen Erstreckung auf diese Weise

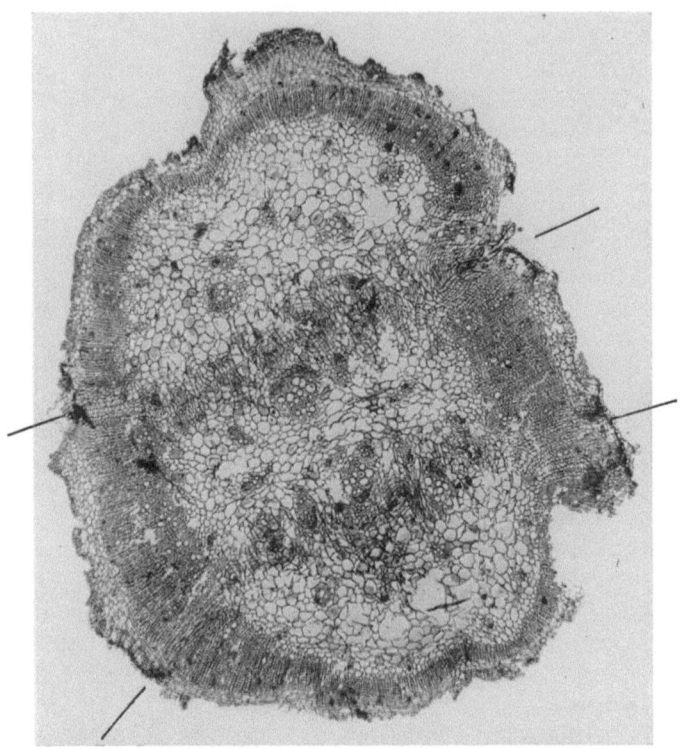

Abb. 98. Autoplastische Keilpfropfung bei *Mirabilis jalapa*. Quer. Verwachsungsgrenzen durch Striche gekennzeichnet. Verbreiterung des Leitsystems im Bezirk der Verwachsung, stellenweise Isolierschicht, gemischtes Intermediärgewebe an den Verwachsungsgrenzen.

wirksam, so füllt es schließlich den Zwischenraum zwischen den Leitbündelsystemen beider Pfropfpartner aus durch neugebildetes Leitgewebe, während das primäre äußere Intermediärgewebe von ihm in die Tiefe gedrängt wird. Das neugebildete Leitgewebe ist dann meist schon nicht mehr von demjenigen der Komponenten zu unterscheiden. Es scheint, als ob sich im Endresultat dabei folgendes Bild zeigen müßte: Im Gebiet der Berührung des ursprünglichen Xylems der Pfropfpartner mit dem Markparenchym müßte zwischen den Xylemen sich das primäre äußere Intermediärgewebe befinden und nur oberhalb des ehemaligen Zwischenraums zwischen den beiden Komponenten sollte eine Ausfüllung durch neugebildetes Xylem stattfinden. Wenn man dabei von der Wirkung des Verbindungskambiums ausgeht, so ist das verständlich. Aber besonders auf Querschnitten wird dieses Bild sich infolge von Umbildungen des genannten Bezirks des primären äußeren Intermediärgewebes leicht verwischen. Seine Zellen verholzen, und infolge dieser Veränderung sind sie von dem Holzparenchym der Pfropfpartner wie auch von dem neugebildeten Xylem kaum mehr zu unterscheiden.

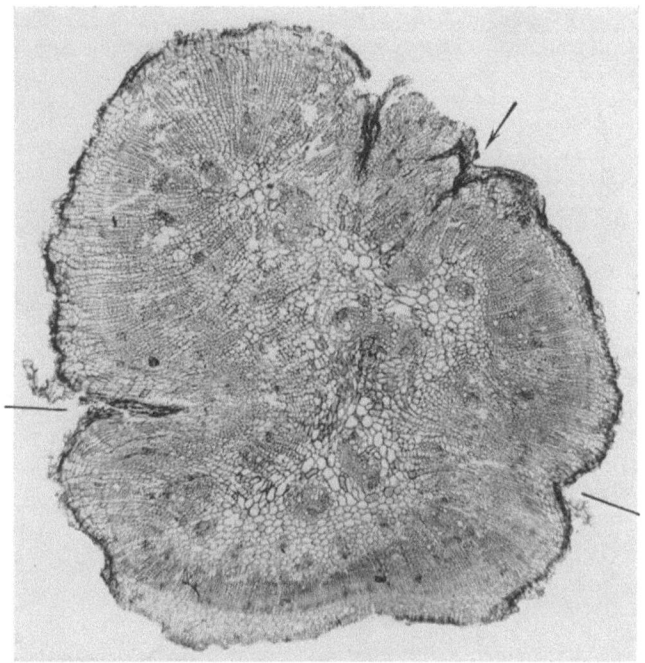

Abb. 99. Pfropfung von drei *Mirabilis jalapa*-Stengeln aneinander. Verwachsungsgrenzen in der Pfeil- und Strichrichtung, Isolierschicht vollkommen resorbiert, Intermediärgewebe meist nicht zu unterscheiden. In der Pfeilrichtung zwei seitlich verwachsene Bündel. |Im Zentrum zwei mit ihren Xylemen verwachsene Bündel. Verbreiterung der Leitsysteme im Verwachsungsbezirk.

Nur das Fehlen von Markstrahlen kennzeichnet das primäre äußere Intermediärgewebe zuweilen noch als solches. Vielleicht gibt es auch sonst noch feinere strukturelle Unterschiede, die durch eine spezielle Analyse entdeckt werden könnten. Bis jetzt gibt es aber keinen Anhaltspunkt dafür. Weiter wird die Unterscheidung noch erschwert, wenn das Xylem der gepfropften Komponenten von Anfang an differenzierte Wundprodukte liefert, so daß die Grenze zwischen Intermediärgewebe und Xylem noch früher verwischt wird.

Im Verwachsungsbezirk ist das Xylem im allgemeinen stark verbreitert, und zwar auf Kosten der an die Wunde angrenzenden Kambiumbezirke. Doch haben wir bei der Pfropfung der Wurzel von *Solanum nigrum* auf den Sproß von *Solanum lycopersicum* auch eine Verbreiterung des Xylems in Richtung des Markes festgestellt (s. Abb. 96, 97). Damit kann bei der Wurzel eine Zerdrückung der angrenzenden Markzellen einhergehen. Die schwarzen Zwischenschichten in Abb. 97, welche Einzelheiten aus Abb. 96 darstellen, rühren von der Zerdrückung von Markzellen her. Der Mechanismus dieser Ausbreitung des Xylems besteht, soweit festgestellt werden konnte, in einer direkten Teilung von Elementen des Ursprungsxylems in der Nachbarschaft des Markes. Eine Entholzung leitet den Prozeß ein. Die Membranen der kollabierten Zellen werden

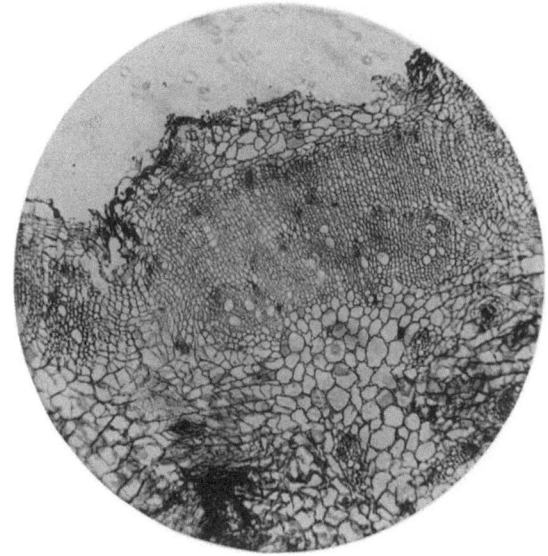

Abb. 100. Einzelheiten der Abb. 98. In einem anderen Querschnitt bei anderer Differenzierung der Färbung. In den Produkten der peripheren kambiumähnlichen Schicht einzelne Bündel.

ebenfalls dünner und färben sich mit Hämatoxylin (HEIDENHAIN und DELAFIELD) heller, so daß die dunkler gefärbte Primärlamelle deutlicher hervortritt, worin man wohl den Beginn des Membranverfalls zu sehen hat.

Auch bei unseren autoplastischen Pfropfungen von *Mirabilis jalapa* finden wir eine interessante Ausdehung des Xylems im Bezirk der Pfropfwunde (Abb. 98—100 und 81). Es verbreitert sich der ganze Xylembezirk zwischen den Pfropfschnitten (s. Abb. 81, 98, 99). In diesem Fall scheiden die regelmäßig sich ausbildenden kambiumähnlichen Zellschichten nach innen hin ein Gewebe ab, in welchem sich Leitbündel mit Phloem und Xylem differenzieren (s. Abb. 81 und 101, besonders bei dem letzteren heben sich die Bündelphloeme sowie Ausgangs- und sekundäres Kambium durch die Differentialfärbung sehr gut heraus).

Die Erscheinung erinnert sehr an die Art des sekundären Dickenwachstums bei „Monokotylen" (vgl. CHAMBERLAIN, 1921). Doch bestehen auch Unterschiede: so können sich bei *Mirabilis jalapa* offene Bündel bilden. Allerdings ist das Kambium in diesen Bündeln inaktiv oder fast inaktiv. Außerdem gibt es auch geschlossene Bündel und alle Übergänge von mehrreihigem zu einreihigem Kambium. Bei letzterer Form kommen Übergänge von streng flach geformten Zellen, welche sich von den anliegenden Phoem- und Xylemelementen unterscheiden, bis zu wenig

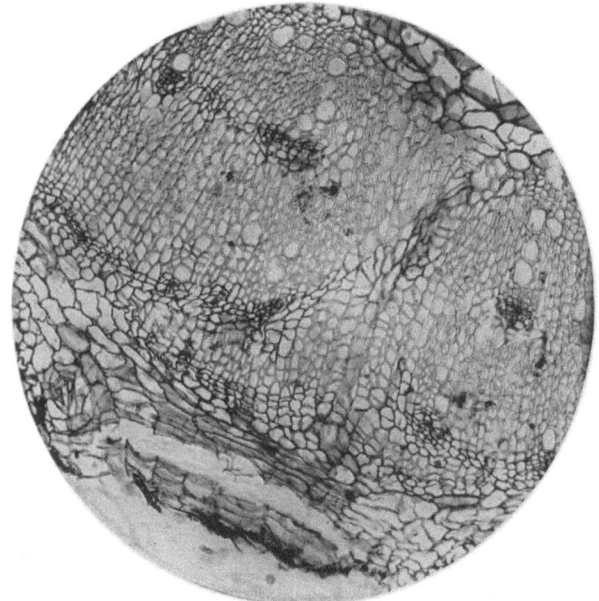

Abb. 101 (s. Abb. 100). Phloeme dunkel gefärbt, ferner gut sichtbar Kambien.

typisch geformten Kambiumzellen vor, so daß manchmal das Bündel wie ein geschlossenes aussieht. Außerdem kann ein derartiges untätiges Kambium beginnen, sich plötzlich sehr energisch zu betätigen (s. Abb. 111). Das Kambium, das vorher unmittelbar an die Gefäße angrenzte, ist nunmehr von ihnen durch das inzwischen von ihm gebildete Gewebe getrennt.

Obgleich vom Standpunkt des Problems des Dickenwachstums bei „Monokotylen" und der Herkunft offener und geschlossener Bündel diese Tatsachen von bedeutendem Allgemeininteresse sind, können wir wegen Raummangels nicht darauf eingehen.

Ferner vollzieht sich bei *Mirabilis* im Gebiet des Verwachsungsgewebes eine wiederholte Anlage neuer Kambien nach der Rindenseite zu, was an die Verhältnisse bei *Beta* erinnert (s. Abb. 81, 101). Diese neuen Schichten wirken ihrerseits wie eben erst angelegtes Kambium. Dem normalen *Mirabilis*-Stengel, der meist nur eine Initialschicht hat, sind diese Vorgänge fremd (vgl. DE BARY, 1877, S. 607 u. 616, und SOLEREDER, 1899, S. 729).

Interessant ist ferner, daß das Phloem derartiger neu angelegter Bündel direkt durch Umwandlung der Zellen der Kambialschicht entstehen kann (s. Abb. 102). Andererseits kann man manchmal beobachten, daß zwischen Phloem und Kambialschicht eine lang dauernde Verbindung besteht. Das macht dann den Eindruck, als ob das Phloem die Kambialschicht „mit sich zöge" (s. Abb. 102). Es ist schon erwähnt worden, daß die Pfropfwunde ein normalerweise ruhendes Kambium einzelner

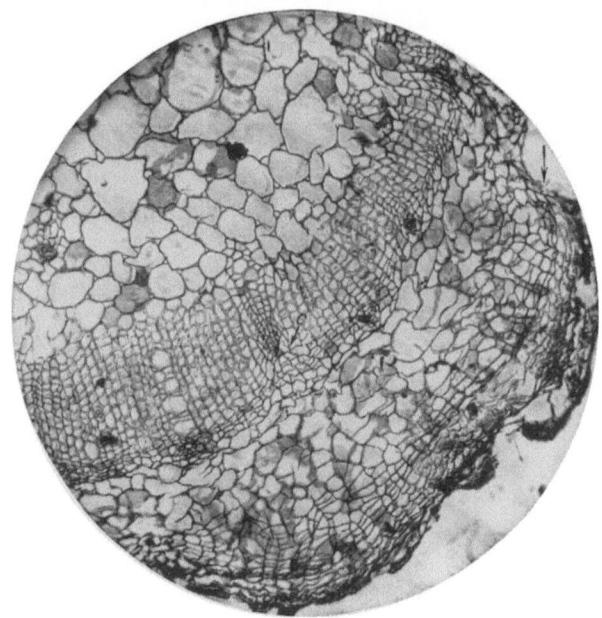

Abb. 102 (s. vorhergehende Abbildungen). Direkte Differenzierung der Kambialzellen zu Phloemelementen. In der Pfeilrichtung das Phellogen durch dessen Wirkung ein Auswuchs entstand. C kambiale Verbindung eines nach dem Zentrum zu differenzierten Phloems.

Bündel in doppelter Richtung in Aktivität versetzen kann. Die Ausbildung der Ploemelemente geht dann intensiver vor sich als die der Xylemelemente, so daß genau das entgegengesetzte Bild wie bei normaler Tätigkeit des Kambiums entsteht. Die unmittelbare Nähe der Wunde ist dabei nicht einmal vonnöten, vielmehr haben wir in zwei Fällen sogar in größerer Entfernung vom Schnitt die Anlage einer kambiumähnlichen Zellschicht beobachtet, die jedoch bald erlosch (s. S. 360). Infolge Fehlens oder langsamen Verlaufs des normalen Dickenwachstums begegnen bei dem beschriebenen Sekundärwachstum einzelner Bündel die alten Phoemschichten bei ihrer zentripetalen Verschiebung dem Widerstand des Parenchyms. Unter dem so bewirkten Druck wird oft eine einreihige, seltener eine zweireihige Schicht von Parenchymzellen platt gedrückt. Infolge der stärkeren Färbbarkeit dieser kollabierten Zellen entsteht in entsprechenden Präparaten eine dunkle Zwischenschicht dort, wo der Druck genügend stark wirkte, also in der Gegend der äußeren Phloemgrenze (s. Abb. 99, 103). Die Herkunft dieser Schicht im einzelnen läßt sich durch besondere Untersuchung stets feststellen.

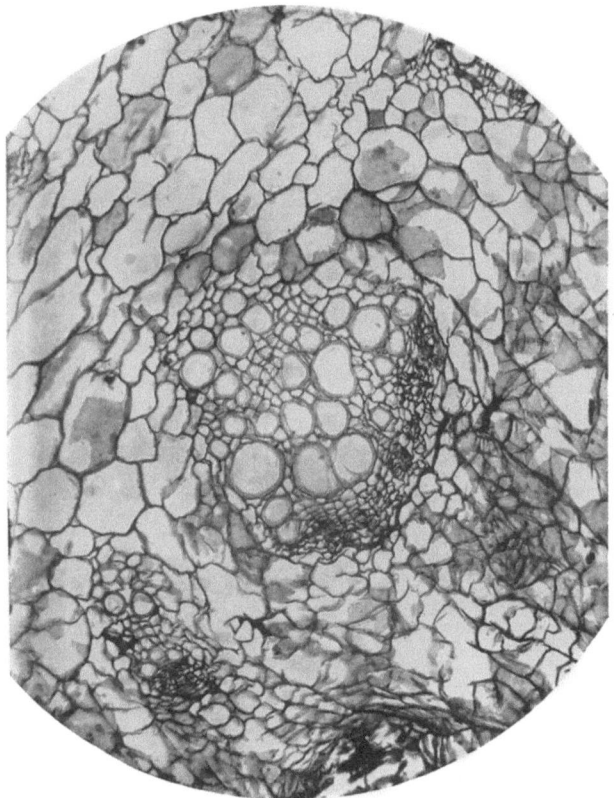

Abb. 103. Schicht kollabierter Zellen außerhalb des Phloems. Im Bündel eine Art von „Jahresring"-Bildung. *Mirabilis jalapa.*

In späteren Stadien beständiger Pfropfsymbiosen wird diese Zwischenschicht oft restlos resorbiert. Unser Objekt erweist sich also als äußerst plastisch und daher brauchbar für anatomische Untersuchungen unter dem Gesichtswinkel des Formbildungsproblems (s. KRENKE, 1931).

Wir haben bisher den Fall besprochen, daß das Verbindungskambium in seiner ganzen Ausdehnung Leitgewebe liefert. Es gibt aber Fälle, wo diejenigen Bezirke des Verbindungskambiums, welche dem Grundkambium anliegen, stellenweise nur parenchymatische Zellen ablagern, welche sich meistens später skleresieren (vgl. DE BARY, 1877, und SOLE-REDER, 1899). Nur die Tätigkeit der mittleren Bezirke des Verbindungskambiums liefert Leitgewebe. Dann liegen die Bündel des Intermediärgewebes isoliert von den ursprünglichen der Pfropfpartner. Abb. 104 zeigt die Verhältnisse für *Mirabilis jalapa* und Abb. 82 für die Pfropfung *Solanum nigrum* auf *Solanum lycopersicum*. Den äußerlich ähnlichen Bildern liegen in Wirklichkeit ganz verschiedene Verhältnisse zugrunde (s. später). Der Anschluß an das Leitgewebe der Propfpartner erfolgt durch Anastomosen entweder mit den benachbarten Bündeln der

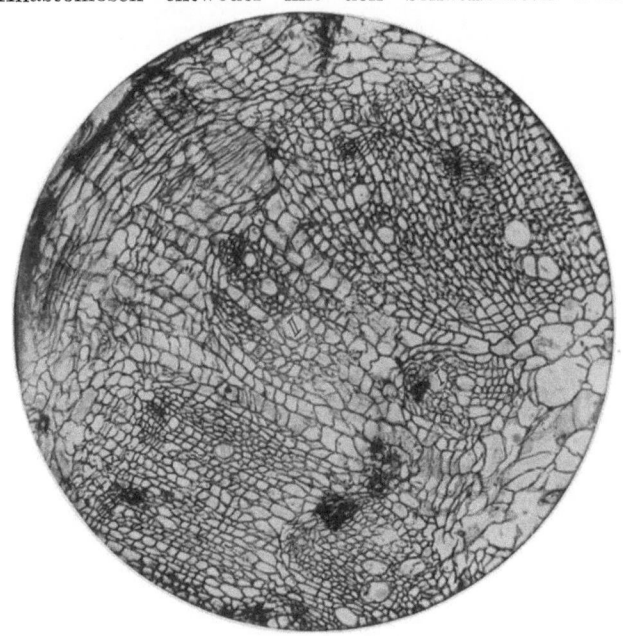

Abb. 104. Neubildung zweier Leitbündel (*I, II*) vom peripheren Gebiet der Verwachsungszone bei *Mirabilis jalapa* (s. vorige Abb.).

Pfropfpartner, oder bezirksweise dadurch, daß die Umdifferenzierung der Kambialprodukte nicht überall gleichmäßig geschieht.

Wenn derartige isolierte Bündel vorliegen, oder wenn die Kambien der beiden Komponenten der Pfropfung einander im Längsschnitt nicht gegenüberliegen, ist es nicht schwer, die Verwachsungsstelle am Leitbündelsystem zu erkennen. Liegen aber die Kambien der beiden Partner und das Verbindungskambium in gleicher Höhe einander gegenüber (so daß sie einen fortlaufenden Hohlzylinder bilden), so bedarf es bestimmter Hilfsmerkmale, um die Verwachsungsstelle zu erkennen. Wenn die Parenchymzellen der beiden Pfropfsymbionten sich morphologisch stark unterscheiden und die Verwachsung keine weitgehende Veränderung ihrer morphologischen Eigenschaften nach sich zieht, ist die Verwachsungsgrenze leicht zu erkennen (Abb. 140). Die Abb. 98 und 99 lassen uns die Verwachsungsgrenze bei *Mirabilis* an Xylemverbreiterungen und nicht ausgefüllten Spalten diagnostizieren. Bei der Pfropfung der Wurzel von *Solanum nigrum* (Abb. 96) liefert die Verschiedenheit von Rinde und Epidermis und auch die Verbreiterung des Sekundärxylems wünschenswerte Hinweise. Manchmal kann auch bei der Verwachsung parenchymatöser Zellen, selbst bei völliger Auflösung der

Abb. 105. Autoplastische Keilpfropfung von *Mirabilis jalapa* längsgeschnitten. Verwachsungsgrenze durch Striche bezeichnet. Reste unvollständig abgekapselter Isolierschicht. Beginn einer Queranastomosenbildung von der Unterlage her auf ein Verwachsungsfenster zu (im Zentrum).

Isolierschicht, die Verwachsungsgrenze erkannt werden. Wo nämlich Verwachsung zunächst erschwert erschien, dann aber doch gut gelang, stellen kleinere Zellen ein Merkmal der Verwachsungsgrenze dar (s. a. KOSTOFF, 1928, S. 569).

Ferner kann die Suche nach der Verwachsungsstelle, die für fast alle Forscher ein Problem darstellt, erleichtert werden, wenn man eine Membranfärbung vornimmt und die Schnittdicke so wählt, daß die Zellen des grobzelligen Parenchyms der beiden Pfropfpartner beiderseits weggeschnitten werden, ohne daß die Schichten des primären äußeren Intermediärgewebes durch den Schnitt zerstört würden. Diese treten dann deutlich hervor, wie die Abb. 81, 98 und 100 zeigen. Doch ist dabei

410   Transplantation (Umpflanzung, Pfropfungen).

zu berücksichtigen, daß die Zellgröße selbst bei ein und demselben Objekt von der Leichtigkeit, mit der die Verwachsung erfolgte, und diese von der Pfropfmethode abhängt. Bei besserer Verwachsung sind die Zellen meist größer, bei weniger gut gelungener kleiner (deshalb ist bei gleicher Schnittdicke in Abb. 99 das parenchymatöse Intermediärgewebe fast ununterscheidbar, auf Abb. 98 dagegen klar zu erkennen).

Aus dem oben über das Intermediärgewebe Gesagten geht hervor, daß man bei der Beurteilung einer Verwachsung, die angeblich auf dem

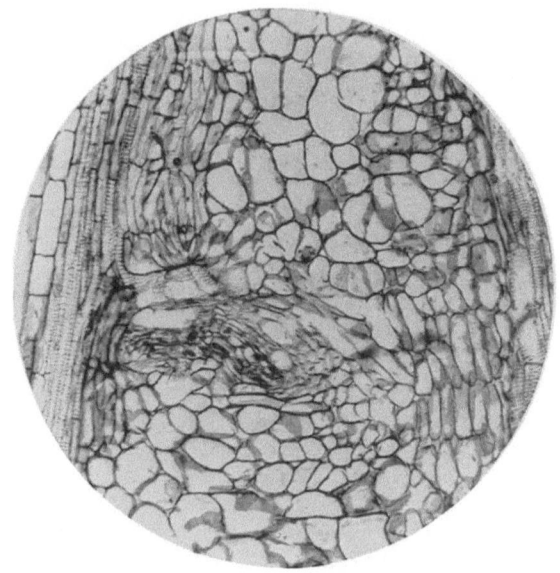

Abb. 106. Autoplastische Pfropfung von *Mirabilis jalapa*. Längsschnitt. Isolierschicht gänzlich aufgelöst. Von der Unterlage her Beginn einer Anastomosenbildung. Bei den Gefäßen meristematische Aktivität (s. S. 423).

Wege einer direkten Berührung der ursprünglichen Gewebe zustande gekommen war, sehr vorsichtig sein muß. Besonders gilt das für die Verwachsung von Leitbündelsystemen, wo der scheinbar gleichmäßige und ununterbrochene Verlauf durch die beschriebene Tätigkeit des Verbindungskambiums bedingt sein kann. So stellen z. B. die Abb. 82, 97 Schnitte aus verschiedenen Höhen einer Verwachsungsstelle dar, und wir sehen hier, daß wie auf Abb. 97 die Verwachsungsgrenze des Xylems gar nicht zu unterscheiden ist, während in der anderen Abbildung ein parenchymatöses, nicht einmal verholztes Intermediärgewebe vorhanden ist. Wir können selbst nicht unterscheiden zwischen zwei Möglichkeiten: entweder war hier tatsächlich infolge von Unregelmäßigkeiten des Schnittes ein unmittelbarer Gewebskontakt vom Ausgangszustand der Pfropfung an vorhanden oder wir haben ein sekundäres äußeres Intermediärgewebe vor uns (s. S. 357 und 348—349).

Verbindung der Leitsysteme. Gefäßverbindung. 411

Es gibt in bezug auf das Parenchym Fälle, wo das primäre äußere Intermediärgewebe, besonders bei gut verwachsenen Pfropfungen, morphologisch von dem ursprünglichen Parenchym der Transplantosymbionten nicht zu unterscheiden ist. Am ehesten findet man dieses Verhältnis in späteren Stadien der Verwachsung, nur manchmal auch schon in früheren (s. z. B. Abb. 80). Die sogar den gewöhnlichen Zellen des

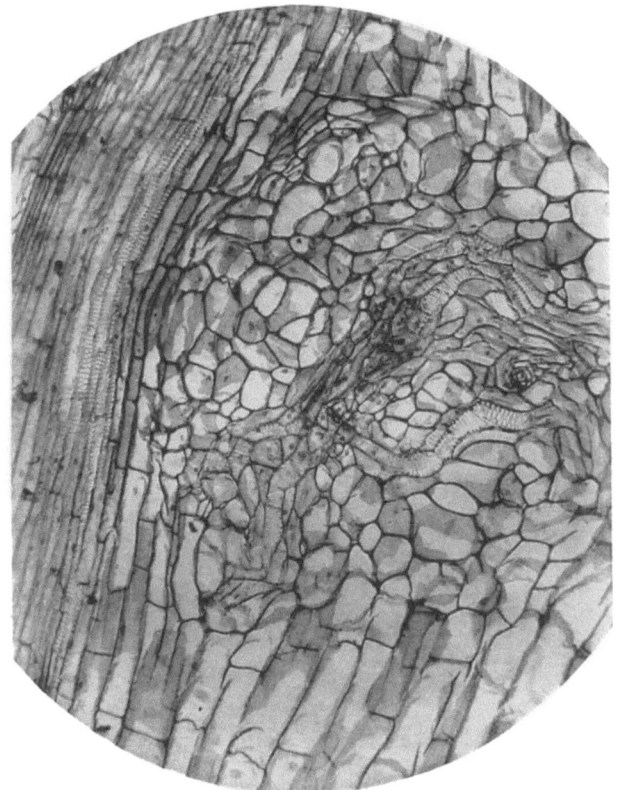

Abb. 107. Anderer Schnitt des gleichen Objekts wie Abb. 106. Gefäßdifferenzierung.

äußeren und inneren Intermediärgewebes eigene Polaritätsänderung hinsichtlich des Wachstums und der Teilung kann mit der Zeit ihr morphologisches Bild ändern. Konstanter erweist sich die verringerte Größe dieser Zellen, wo eine Verkleinerung wirklich stattfand (s. z. B. Abb. 98, 90).

Die zweite hauptsächliche Art der Vereinigung der Leitbündel von Reis und Unterlage (Bildung schräger oder querer Anastomosen) geht im allgemeinen so vor sich, daß sich zwischen den Leitsystemen zunächst ein Strang von sekundärem, meristematischem Gewebe ausbildet. Der Umfang dieses Gewebezuges kann sowohl der Fläche nach als auch der Querschnittsform nach an verschiedenen Stellen innerhalb der Grenzen

412   Transplantation (Umpflanzung, Pfropfungen).

einer vorliegenden Pfropfung und gar erst recht verschiedener Pfropfungen durchaus unterschiedlich sein.

1. Kann die Bildung dieses Gewebezuges eine bestimmte Richtung haben, indem sie nicht gleichzeitig im ganzen Zwischenraum zwischen den Leitbündelsystemen der Pfropfpartner entsteht, sondern sich von der Seite des einen Partners auf den andern zu verschiebt (s. Abb. 105 und 106).

2. In speziellen Fällen kommt es vor, daß die Bildung des Meristemzuges gleichzeitig von den Leitbündelsystemen beider Komponenten ausgeht.

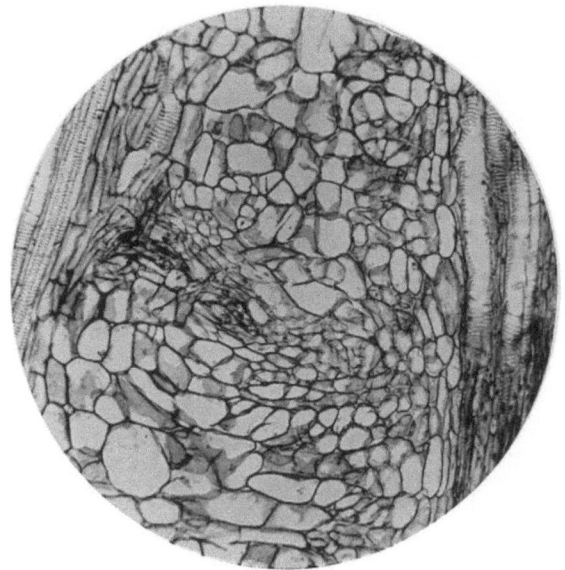

Abb. 108 (s. Abb. 107 u. 109). Die Anastomose verläuft hier nicht in gerader Richtung von einem Gefäßsystem zum anderen.

3. Der oben genannte Meristemzug kann einfach von dem Leitsystem einer der beiden Komponenten in Richtung auf die Verwachsungsstelle zu sich entwickeln, unabhängig davon, ob das Leitsystem des zweiten Partners gegenüberliegt oder nicht. Eine derartige Erscheinung wird durch die Abb. 105 und 107 demonstriert. Die letztgenannten Photographien stellen eine Einzelheit des schon erwähnten Meristemzuges, jedoch in einem anderen Querschnitt, dar.

4. Weiter braucht der Zug nicht den kürzesten Weg zwischen den beiden Pfropfpartnern (s. z. B. Abb. 108) zu nehmen.

5. Ferner hängt die Richtung des Zuges nicht davon ab, ob der Anlage gegenüber oder gegenüber seiner Spitze Wundreste sich an der Verwachsungsfläche befinden.

6. Es zeigt sich sogar in der Regel, daß der Zug auf ein Verwachsungsfenster zu gerichtet ist (Abb. 88, 89, 109, 130, 131).

7. Die Anlage eines Meristemzuges oder eines Meristems überhaupt kann sowohl vom Xylem als auch vom Phloem des Bündels ausgehen (Abb. 106, 108, 110, 111, 127, 129, 136).

8. Die Entwicklung eines auf der einen Seite der Verwachsungsfläche angelegten Zuges nimmt im allgemeinen ihren Fortgang in der gleichen Richtung weiter, auch nach dem Durchtritt durch die Verwachsungsfläche. Manchmal allerdings ändert sich die Richtung des

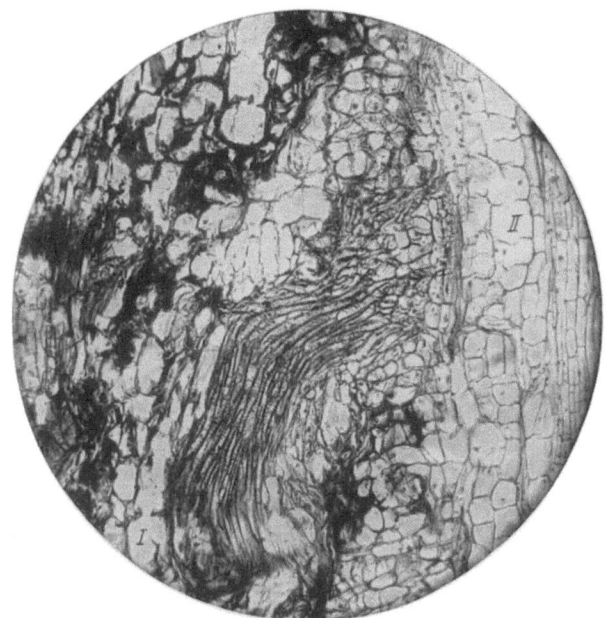

Abb. 109. *Solanum lycopersicum* (I) auf *Solanum capsicastrum* (II). Durchtritt der Anastomose durch ein Verwachsungsfenster, bei I scharfe Drehung der Anastomose in die Tiefe, Verlauf der Verwachsungsfläche vertikal. Längsschnitt.

Zuges von dem Orte des Durchtritts durch die Verwachsungsfläche. Derartiges haben wir in den Fällen beobachtet, wo die Leitsysteme der Pfropfpartner offensichtlich nicht parallel zueinander lagen. Dann zeigte sich, daß in unseren Fällen (s. Abb. 108) innerhalb der Grenzen jeder Komponente der Zug senkrecht zur Richtung seines Leitsystems für einen bestimmten Bezirk angelegt wird.

9. Die Differenzierung der Leitelemente braucht nicht von Anfang an auf der ganzen Erstreckung des ausgebildeten Zuges und nicht unbedingt nach Beendigung seiner Ausbildung zu beginnen. Sie beginnt gewöhnlich an dem einen Ursprungsende des Zuges und kann noch bis zur Herstellung des Kontaktes mit dem Leitsystem mit dem zweiten Transplantosymbionten vor sich gehen. Dies sieht man ausgezeichnet

auf Abb. 106, welche einen Längsschnitt senkrecht zur Verwachsungsstelle der autoplastischen Pfropfung von *Mirabilis jalapa* darstellt.

10. Manchmal aber differenzieren sich einzelne Zellen und sogar Zellgruppen des Zuges sozusagen „außer der Reihe". D. h. Zellen, welche früher angelegt wurden, bleiben noch undifferenziert, während Zellen jüngeren Anlagedatums schon in Leitelemente sich umwandelten (s. z. B. Abb. 107).

11. Es zeigt sich endlich, daß sowohl der Termin der Anlage und Entwicklung des Meristemzuges als auch der in ihm stattfindenden

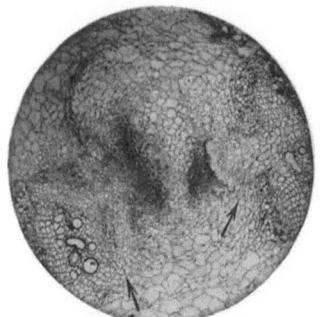 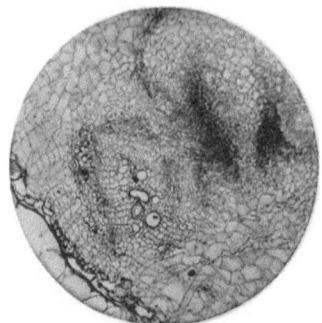

Abb. 110. Neubildungen des Schmalendes des Reiskeiles von *Mirabilis jalapa*. In Richtung der Pfeile Bildung querliegender Gefäße. Zerdrückte Gefäße in den quer geschnittenen Bündeln.

Abb. 111 (s. Abb. 110). Klarer Zusammenhang der Neubildungen mit dem Xylem des Bündels.

Differenzierung von Leitelementen durch einen sehr bedeutenden Zeitraum von der Pfropfung getrennt sein kann. So sind z. B. die dargestellten Pfropfungen von *Mirabilis* 6 Monate alt. Sie wurden im Oktober fixiert.

Diese Bilder veranlassen uns, folgende Schlüsse zu ziehen, deren Begründung wir durch Hinweis auf die Nummern der soeben aufgezählten Tatsachengruppen vornehmen werden. Wie wir weiter unten sehen werden, bestätigen auch die Ergebnisse der Pfropfungen mit *Tradescantia* diese Schlüsse.

a) Die Anlage eines Meristemzuges, welcher dann die Leitsysteme der Pfropfpartner verbindet, hängt im allgemeinen mit der Pfropfoperation als solcher zusammen. Doch braucht dieser Zusammenhang bei weitem nicht immer ein direkter zu sein.

Der Schluß kann in folgender Weise gedeutet werden:

1. Die Faktoren, welche infolge der Verwundung innerhalb der Elemente des Leitsystems eine stimulierende Teilung hervorgerufen haben, bleiben eine lange Zeit im inaktiven Zustand.

2. Die erwähnten Stimulatoren, die letzten Endes durch die Verwundung hervorgerufen sind, benötigen eine gewisse Zeit zu ihrer Entwicklung, sozusagen für ihre Reifung, bis sie in den aktiven Zustand treten.

3. Die spätere Anlage des erwähnten Meristemzuges muß ferner nicht in direkter Verbindung mit der Verwundung zu stehen, sondern kann auch aus allgemeinen Gründen der Bildung anastomotischer Verbindungen im unberührten Objekt hergeleitet werden. Hier würde also die Pfropfung nur den Einfluß ausüben, daß in ihrem Gefolge ein neues ganzes System entsteht, in welchem die gegenseitige Anordnung der Leitbündel sich von derjenigen der unberührten Stengel jedes der beiden Komponenten unterscheidet. Dadurch erfahren die normalen Funktionen dieser anormal angeordneten Leitsysteme eine gewisse Störung, die dann zu einer Rekonstruktion des gesamten Systems der Leitwege durch Bildung von Anastomosen führt.

Wir sind geneigt, anzunehmen, daß alle drei Möglichkeiten, die wir erwähnten, unabhängig voneinander oder in beliebiger Kombination bei den Pfropfungen vorkommen. Allerdings erhebt sich bezüglich der dritten Möglichkeit, welche wir als sehr real betrachten, die Frage, weshalb diese sozusagen natürlichen Anastomosen gerade durch die Verwachsungsfenster hindurch treten. Auf diese Frage ist zu antworten, daß bei guten Verwachsungen sich im Verlaufe eines längeren Zeitabschnittes die ganze oder fast die ganze Verwachsungsfläche in ein einziges durchgehendes Verwachsungsfenster umwandelt, so daß also dieser Einwand wegfallen würde. Für den Fall, daß die einzelnen Fenster erhalten bleiben, haben wir schon darauf hingewiesen, daß diese nicht die Anlage des Zuges bedingen, sondern nur seine weitere Entwicklung beeinflussen (s. 4. und 5., sowie hauptsächlich 6.). Bezüglich dieses Momentes fallen also die Schwierigkeiten fort.

b) Die Anlage der genannten Meristemzüge ist bedingt durch eine Reizung, welche von den Leitsystemen der beiden Pfropfpartner bedingt ist (1, 3).

c) Die weitere Entwicklungsrichtung des Zuges ist hauptsächlich durch Reize bedingt, welche aus den Zonen der echten Verwachsung der beiden Komponenten (Fenster) herrühren (5, 6). Dies bleibt sogar wirksam in Pfropfungen von Gliedern einer Art aufeinander oder sogar von Teilen eines Individuums aufeinander.

Man muß also anerkennen, daß Reizstoffe oder Spannungen oder Stoffe, welche infolge irgendwelcher Spannungen entstehen, hier wirksam sind. Dabei bilden sich diese Reizstoffe nicht eigentlich infolge der Wechselwirkung zwischen genetisch voneinander unterschiedenen Zellen verschiedener Arten, sondern infolge der Wechselwirkung tatsächlich miteinander in Berührung kommender benachbarter Zellen innerhalb einer Pfropfung, wobei physikochemische Beziehungen dieser aufeinander wirkenden Zellen von Bedeutung sein werden.

Leider können wir aus den Experimenten von KOSTOFF (1930b, c) wegen der zu allgemeinen Fassung des Ausdrucks „Verwachsungskallus" nicht genau feststellen, ob die Protoplasmaviskosität der Zellen im Bezirk der Verwachsungsfenster sich ändert. Aber es ist dies sehr wohl möglich und kann als Anregung zu weiterer Untersuchung der „Fenster" (nach unserer Benennung) hinsichtlich ihrer Physiologie und Bedeutung dienen.

d) Nach dem Durchtritt eines verbindenden meristematischen Zuges durch die Zone des eigentlichen Widerstandes, d. h., wenn die Zellen dieser Zonen teilweise oder ganz in den Meristemzug eingegangen sind, kann die weitere Richtung durch folgende Faktoren bedingt sein: 1. Entweder durch die Aufeinanderfolge der Zellteilungen im Vorderende des schon angelegten Teiles des Meristemzuges oder 2. durch die Einflüsse von seiten des Leitsystems der anderen Komponente oder 3. der beiden Komponenten zusammen.

Wir möchten annehmen, daß gerade die dritte Möglichkeit am häufigsten verwirklicht wird. Dabei variiert der Grad des von jedem Faktor ausgeübten Einflusses innerhalb bestimmter Grenzen. Selbstverständlich wird sich in einigen Fällen der Einfluß des Leitsystems stärker erweisen und dementsprechend der Zug seine Richtung verändern können. Besonders wahrscheinlich ist es dann, wenn die Herausbildung des Meristemzuges durch ungeordnete Zellteilungen erfolgt, wie es auf Abb. 105 und 106 (8, 9) der Fall ist.

e) Die Anlage des verbindenden Meristemzuges gerade an dieser Stelle einer Komponente der Pfropfung hängt von der regenerativen Fähigkeit des einen oder anderen der beiden Pfropfpartner, wie auch davon ab, in welchem Grade die Bedingungen, welche allgemein die Bildung des Zuges stimulieren, bei jedem der beiden Pfropfpartner entwickelt sind.

Bei Gleichheit aller Faktoren bei beiden Komponenten an der vorliegenden Verwachsungsstelle kann der meristematische Zug gleichzeitig von seiten des Leitsystems beider Transplantosymbionten sich bilden (11).

f) Die Differenzierung der Zellen, in Elemente des Leitsystems innerhalb der Grenzen des meristematischen Zuges geht aus von den physiologisch älteren Zellen dieses Stranges. Gewöhnlich sind als solche diejenigen Zellen anzusehen, welche sich entsprechend früher gebildet haben. Es kommt jedoch vor, daß jüngere Zellen in bezug auf die vorliegende Erscheinung älter sind (vgl. S. 413—414).

Dies wären unsere allgemeinen Schlüsse in bezug auf die Herstellung der Verbindung der Leitsysteme der Pfropfpartner. Weitere wichtige Punkte, die sich hierauf beziehen, finden sich bei den allgemeinen Schlüssen in bezug auf den Verwachsungsprozeß. Es steht für uns außer Zweifel, daß diese Daten auch für die Analyse der Leitsysteme, die sich in dem Kallus offener Wunden bilden, sowie für die Untersuchung anastomotischer Verbindungen innerhalb der Organe eine gewisse Wichtigkeit haben.

Außerdem glauben wir — wie uns scheint in Übereinstimmung mit KÜSTER (1923) —, daß die gegenseitigen Einwirkungen der Gewebe aufeinander an der Verwachsungsstelle ein wertvolles Material für die Beurteilung der korrelativen Gewebsbeziehung im Verlauf der normalen Ontogenie darstellen. Der Umfang der Arbeit gestattet uns jedoch nicht, uns weiter in diese wichtigen Fragen zu vertiefen.

Bei der Umwandlung der Zellen, die sich zu Tracheiden verlängern, verbinden sich diese miteinander durch Anlegung ihrer Enden längs den Seitenwänden (nicht mit den Querwänden). An der Berührungsstelle bilden sich Poren und auf solche Weise wird eine allgemeine Verbindung zwischen den Tracheiden hergestellt. Wir sind nicht imstande, uns bei den sehr interessanten Einzelheiten der anatomischen Bilder hier aufzuhalten. Vieles kann man bei VÖCHTING (1892, 1918) finden. Wir bemerken aber, daß die Bildung von Gefäßelementen sich nicht nur in unmittelbarer Nähe der Gefäßbündel, sondern ganz allgemein in jedem meristematischen Gewebe vollziehen kann. So finden wir Gefäßbildung in einer uns bekannten Pfropfung (Abb. 107 und 110) in einem Meristem, welches sich aus dem Grundparenchym zwischen den Bündeln entwickelte. Dann bilden diese Gefäße Anastomosen, welche die Gefäße beider Pfropfpartner miteinander verbinden. Es ist klar, daß die Tracheidalverbindung (und stellenweise auch manchmal Gefäßverbindung) nur durch die Fenster, welche sich in der Verwachsungsfläche gebildet haben, hergestellt werden kann. Dabei werden in der Mehrzahl der Fälle solche Fenster zur Herstellung der Verbindung benutzt (Durchbruchsfenster und Resorptionsfenster), welche im Bezirk der Berührung der Leitsysteme der beiden Pfropfpartner sich befinden (s. Abb. 93, 109, 126, 130, 132, 139).

Bezüglich des Membranverdickungstypus der verbindenden Systeme können die verschiedensten Verhältnisse herrschen. Entweder wir finden bei dem verbindenden Gefäß denselben Membranverdickungstypus wie bei dem Ausgangsgefäß. Das war der Fall bei unseren *Tradescantia*-Pfropfungen (s. später), oder die verbindenden Gefäße zeigen einen anderen und „höheren" Typus (vgl. ALEXANDROW und ALEXANDROWA, 1929b, S. 393) als die ursprünglichen Gefäße. Derartige Verhältnisse haben wir bei unseren *Mirabilis*-Pfropfungen (s. Abb. 106 und 107) beobachtet. Hier sind die Verbindungsstränge geringelt, spiralig, aber auch treppenförmig und netzförmig verdickt, während die in der Nähe liegenden ursprünglichen Gefäße der beiden Propfpartner geringelt, spiralig und geringelt-spiralig sind. Auch der andere Fall, daß die Gefäße des Verbindungsgewebes einen „niederen" Typus zeigten als die der Ausgangsgewebe, konnte beobachtet werden (s. die Pfropfungen *Solanum nigrum* auf *Solanum lycopersicum*-Blatt, Abb. 113 dieser und 71 der russischen Ausgabe). Von den treppen- und netzförmig verdickten Gefäßen des Leitgewebes im Stengel des Reises gehen hier Spiralgefäße und Spiralringgefäße als Anastomosen zu dem anderen Pfropfpartner über. In allen angeführten Fällen jedoch waren auch

Gefäße vom selben Verdickungstypus wie diejenigen der Anastomosen vorhanden.

Jedenfalls kann man eine gewisse Autonomie der Struktur der verbindenden Gefäße feststellen, ohne daß dafür jedoch eine genügende Erklärung bisher gegeben werden könnte. Wohl aber dürften die mitgeteilten Tatsachen als solche einige Perspektiven eröffnen bezüglich der Normalentwicklung von Gefäßen verschiedener Verdickungstypen.

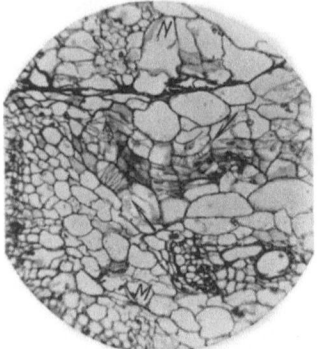

Abb. 112. *Mirabilis jalapa* auf *Nicotiana affinis*. Zwischen den Pfeilen ehemaliges Meristem. In der Richtung des unteren Pfeiles einzelne Zelle mit gefäßähnlicher Wandverdickung. In Richtung des oberen Pfeiles Neubildung von Gefäßen aus dem Meristem.

Bis jetzt haben wir darauf hingewiesen, daß die neugebildeten Gefäßelemente sich an die Seitenwände alter durchschnittener Gefäße anlegten und auf diese Weise die Verbindung herstellten. In einzelnen Fällen ist wohl auch eine Verbindung derart möglich, daß die beiden Enden sich aneinander anschließen. So berichtet KABUS (1912, S. 32), daß bei den Knollen von *Dahlia variabilis* die Tracheiden auf der Wundoberfläche der Knollen in einem Parenchym, das sich dort gebildet hatte, erschienen, und daß diese Tracheiden sich stellenweise direkt an die zerschnittenen Gefäßenden anlegten (s. seine Zeichnung 6). (Ähnliches sieht man auch auf Abb. 67c bei KRENKE 1928b.) Gewöhnlich geschieht die Umwandlung der Zellen des alten Parenchyms in Gefäßelemente vor der Verbindung dieser Elemente miteinander und schon gar bevor diese sich mit den alten Gefäßen verbinden. Nicht selten kommt es vor, daß sich in einem fertigen Gefäßelement eine einzelne Zelle hinsichtlich der Membran-

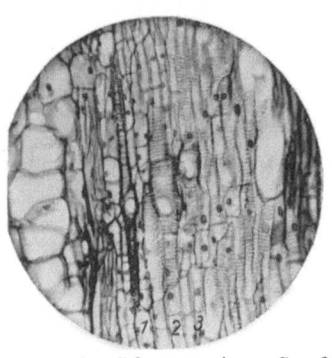

Abb. 113. *Solanum nigrum*-Sproß auf *Solanum lycopersicum*-Blatt. In den mittleren Gefäßen Ansatzstellen von Anastomosen.

verdickung, welche den Gefäßen eigen ist, selbständig umwandelt. Auf Abb. 112 finden wir ferner zwei Zellen des Wundkambiums, welche in Gefäßelemente umgewandelt sind. Ähnliche Bilder beobachtete MANTEUFEL (1926) bei der normalen Bildung bestimmter Wurzeln der *Kürbis*-Pflanze. Sie schreibt, daß (S. 164) eine Verbindung der in der jungen Wurzel gebildeten Gefäße mit denen des Stengels sehr oft mit Hilfe der Umwandlung parenchymatöser Zellen dadurch zustande kommt, daß gewisse Züge parenchymatischer Zellen ihre Wände netz-

und spiralförmig verdicken und die Querwände in diesen Zellzügen dann aufgelöst werden. Ähnliche Beispiele geben auch andere Autoren an (s. z. B. TIMMEL, 1927, S. 215).

Ein ganz ähnlicher Mechanismus der Verbindung der Gefäße miteinander findet sich auch bei uns unabhängig voneinander sowohl im Reis und in der Unterlage selbst als auch zwischen beiden infolge der Verwundung des Stengels oder des Blattes bei der Pfropfung, worüber schon ausführlich berichtet wurde. Im letzten Falle ist es selbstverständlich, daß irgendwelche Parenchymzellen, die zu den Fenstern wahrer Berührung der beiden Pfropfpartner gehören, sich in Gefäßelemente umwandeln. Manchmal findet eine einfache Streckung der Zelle und ihre nachfolgende Umwandlung in ein Gefäßelement statt.

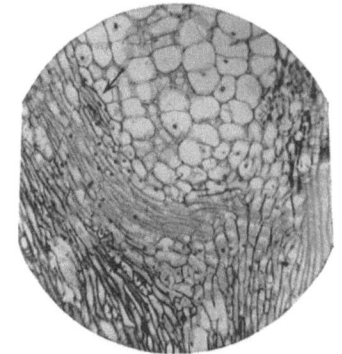

Abb. 114. *Solanum nigrum*-Sproß auf *Solanum lycopersicum*-Blatt. Tangentialer Längsschnitt. Querzug von Gefäßtracheiden als Verbindungsbrücke der Gefäßsysteme des Schmalendes im Reiskeil. In Richtung des Pfeiles Reihen gestreckter Zellen, die sich zu Tracheiden oder Tracheen umbilden werden.

An der Stelle, wo das Ende des jungen Gefäßes sich dem alten anlegt, öffnet sich bei dem letzteren ein Bezirk seiner Wandung, der genau dem Querschnitt des jungen sich anlegenden Gefäßes entspricht. Das sieht man gut auf Abb. 113. In der Mitte des Bildes sieht man an den längsdurchschnittenen Gefäßen, daß ihre hinteren Wandungen (die vorderen sind weggeschnitten) sich rundliche, durch Ringwülste begrenzte Öffnungen befinden. Diese Ringe (im ersten Gefäß eine Spiralwindung) gehören schon den jungen Gefäßen an, die sich senkrecht an die alten Gefäße angelegt haben. Also sehen wir im Längsschnitt der alten Gefäße die jungen von ihrem Vorderende her im Querschnittsbild. Sie haben etwa die Richtung eines Bleistifts, der direkt in diese Öffnung hineingesetzt wurde (von der Rückseite der Photographie her).

In derselben Pfropfung (Abb. 114) findet sich noch ein interessantes Bild. Der untere Teil des Reises hat sich sehr verändert. Hier teilt sich das Markparenchym sehr energisch, die jungen Zellen strecken sich, und es bilden sich quer gelagerte Tracheiden und Gefäße, welche die Gefäße der rechten und linken Seite des Reises miteinander verbinden. Es bildet sich eine Art von Gefäßbrücke, oberhalb deren das Mark unverändert blieb. Aus einem anderen Querschnitt war zu ersehen, daß die horizontalen Gefäße nicht den ganzen Querschnitt dieses Abschnittes des Reises einnehmen, sondern nur einen Streifen davon, so daß sie also lediglich eine Anastomose bilden.

Wir haben im allgemeinen beobachtet, daß in einer Reihe von Pfropfungen besonders energische Neubildungen von denjenigen Geweben ausgehen, welche das untere schmale Ende des Reiskeiles ausmachen. So zeigen z. B. die Abb. 110 und 111, daß die stärkste Neubildung des meristematischen Gewebes im Parenchym zwischen den Leitbündeln des schmalen Keilendes des Reises von *Mirabilis jalapa* auf *Nicotiana affinis* vor sich geht. Außerdem sieht man deutlich die Verbindung dieser Neubildung mit den Hauptgefäßbündeln. Auf Abb. 110 haben sich auf dem Niveau des Phloems zwischen den unteren Bündeln schon Gefäße gebildet. Das gleiche sieht man auch auf Abb. 111 unmittelbar unterhalb des Xylems (von der linken Seite). Diese Gefäße wie auch andere, dem Bündel anliegende (aber in dieser Aufnahme schlecht sichtbare), können sich nur infolge der Wiederaufnahme der Teilungstätigkeit durch das dem Bündel anliegende Parenchym gebildet haben. So vollzieht sich also anfangs die Neubildung gerade in der Nähe des Bündels oder, genauer gesagt, unmittelbar neben ihm und in ihm selbst. Von dort aus verbreitet sich dann diese Neubildungsaktivität weiter. Daß dies in unmittelbarer Nähe der Gefäße der Fall sein muß, wird daraus klar, daß sich in den Aufnahmen eingedellte Gefäße zeigen, die offenbar einem Druck von seiten der Neubildungen innerhalb des Bündels unterworfen waren. Ähnliches findet man auch bei anderen Objekten. Wir haben schon öfter darauf hingewiesen, daß Abb. 111 das Ergebnis der Tätigkeit eines durch die Verwundung stimulierten Kambiums zeigt. Das Gesagte, sowie die Tatsache, daß die Neubildungen sowohl vom Phloem (Abb. 110) als auch vom Xylem (Abb. 111) abstammen, stimmt mit den bisherigen Angaben über die Rolle der Leitbündel überein (s. noch Abb. 79). Es spricht sehr viel dafür, daß im Verlauf der weiteren Entwicklung die oben genannten Gefäße zwischen entsprechenden Bündeln des Reises *(Solanum nigrum)* Anastomosen gebildet hatten. [Analog den oben beschriebenen Anastomosen des Reises („Gefäßbrücke") bei *Solanum nigrum*.]

In den anderen Querschnitten oberhalb, d. h. im breiten Teil des Keiles, gibt es etwas Ähnliches nicht. Die Neubildungen werden nur in der schmalen Grenzzone, welche der Schnittfläche anliegt, angetroffen. Das Parenchym und die Bündel, welche sich im Innern des Keiles befinden, bleiben in vollkommener Ruhe. Man kann sehr oft bei Pfropfungen von krautigen Pflanzen (z. B. Pfropfung des Garten-*Tabaks* auf *Tomate* oder von *Tomate* auf *Nachtschatten*) beobachten, daß die Spaltseiten der Unterlage gänzlich absterben. Das kommt vor allen Dingen vor, wenn der Verband der Pfropfung zu stramm anliegt und zu lange belassen wird, oder wenn der Sproß der Unterlage zu alt ist, wie auch aus anderen Ursachen. Es kann also von einer Verwachsung der Seitenflächen des Reiskeiles mit der Unterlage in den oberen Partien keine Rede sein. Dabei läßt sich das Reis ausgezeichnet pfropfen. Der untere Keilteil restituiert sich fast zu einem vollkommenen Stengel, ähnlich wie wir das früher (S. 223) beschrieben haben. Man erhält so den Eindruck, als ob das Reis so auf die Unterlagen gepfropft worden sei, daß Reis und Unterlage einfach quer abgeschnitten und dann aneinander angelegt worden seien, ähnlich, wie man es bei Pfropfungen einiger Kakteen, wie z. B. *Echinocactus denudatus* auf *Cereus* (s. S. 139) macht (grünstämmige Arten). Und wirklich ist die Verwachsung eine vollständige und ganz feste. Hierauf werden wir noch einmal bei der Besprechung der Chimären zurückkommen. Einen derartigen Zustand der Keilenden des Reises wird man sich auf folgende Weise erklären müssen: 1. durch die Fortpflanzung des durch den Schnitt ausgelösten Reizes durch die ganze Masse des Gewebes hindurch bis zum Keilende, da hier der Keil dünner als in seinem oberen Teil ist; 2. besteht hier ein Überschuß an plastischen Stoffen, welche vom Reis produziert werden. Bei der Pfropfung nach englischer Art beobachtet man verstärkte Neubildung in den dünnen Enden des Reises. Infolgedessen bildet sich sehr oft ein Kallus. Etwas ganz Entsprechendes sieht man bei Einschnitten in den Stengel oder bei „Brückenpfropfungen" (s. S. 396). Von dort werden diese Stoffe weiter nach unten nicht mehr geleitet; wie ja auch bei Pfropfungen ein Übertritt nicht mehr stattfindet. Deshalb sammelt sich der Überschuß am unteren Schnittende des Reises. Daraus muß man den Schluß ziehen, daß diese Enden, besonders das dünne Keilende des Reises zu schonen sind, was schon deshalb anzuraten ist, weil es leicht abbricht oder gespalten wird (jedenfalls bei Kräutern).

Hier stimmen also die Angaben von KOSTOFF (1928, S. 569 und 571) mit den unseren überein, während die von FUNK (1929, s. z. B. S. 415) etwas dagegen sprechen würden. Wir sind der Meinung, daß das umgekehrte Bild der Intensität der Regeneration im oberen und unteren Teil des Reiskeiles, welches FUNK bei seinen Pfropfungen erhielt, bis zu einem gewissen Grade durch die spezielle Art der Verletzung oder durch zu straffen Verband des oberen Keilendes oder durch übermäßige Spaltung der Unterlage hervorgerufen ist. Aber auch andere Ursachen können nicht ausgeschlossen werden.

Mit diesem Beispiel sind wir zu der Frage der Bedeutung der Schnittrichtung übergegangen. Aus den Tatsachen hinsichtlich der Bildung der Verbindung zwischen den Verwachsungsfenstern und dem Leitbündelsystem geht hervor, daß die Schnittrichtung nicht ganz gleichgültig für den weiteren Gang der Verwachsung sein kann. Denn durch verschieden gelegte Schnitte erzielt man ganz andere Verhältnisse in den verschiedenen, einander berührenden Geweben. Hier ist die Bedeutung des Winkels, unter dem das Abschneiden erfolgt, als Faktor für die Schicksale der verwundeten Bezirke zu ersehen. Dies hat schon DANIEL (1899) bemerkt. Er sagt über die Pfropfung von *Vanilla* auf *Philodendron,* wie übrigens allgemein über Monokotylenpfropfungen, daß der Verwachsungserfolg „von der Länge der Kontaktflächen, von den

Pfropfungsmethoden und von der Natur der zu verbindenden Pflanzen abhängt". M. OHMANN (1908) behauptet auch, daß der Pfropfungserfolg geringer wird, je kleiner der Winkel ist, den die Schnittfläche mit der Horizontalen bildet, je stumpfer also der Keil ist. Wenn auch KABUS (1912, S. 36 und 42) meint, daß das Operationsresultat (Pfropfung von *Opuntia amylea* auf *Opuntia robusta* und andere Kakteenpfropfungen) nicht von dem Winkel der Schnittfläche mit der Horizontalen abhängen, so weist er doch weiter darauf hin, daß bei kleinem Winkel die Verwachsung etwas langsamer vor sich geht. Daraus geht aber hervor, daß der Winkel trotz alledem eine Bedeutung hat, besonders deshalb, weil die Verwachsungsgeschwindigkeit manchmal eine entscheidende Rolle spielen kann. Weiter wurde früher gezeigt (s. S. 182 und 199), welchen Einfluß die Schnittrichtung auf die Geschwindigkeit der Fortpflanzung der Reize und (S. 234, 361, 365, 420) auf die Regeneration hat. Das ist nach unserer Meinung auch auf die Anregung zur Zellteilung bei Pfropfungen anwendbar. Unsere Erfahrungen sprechen ebenfalls zugunsten langer Schnitte (großer Winkel der Schnittfläche mit der Horizontalen) unter der Voraussetzung einer guten Pflege des Materials. Damit stimmt die Tatsache überein, daß Längswunden leichter heilen, also auf ihrer Oberfläche leichter Neubildungen geben, als Querwunden. Selbstverständlich kann nicht abgestritten werden, daß für spezielle Fälle auch das Umgekehrte richtig sein kann.

Wir haben gesehen, daß junge Zellen des Wundgewebes auf der Schnittfläche parallel zur Schnittfläche gestreckt sind. Wir haben bei *Mirabilis* beobachtet, daß die Zellen gerade solcher Herkunft sich in Gefäßelemente umwandeln (s. Abb. 112). Ihre Richtung ist also in diesem Falle durch die ursprüngliche Lage der Zelle bedingt. Außerdem ist bekannt, daß man durch Druck oder auch durch Einschnitte künstlich eine bestimmte Veränderung in der Richtung der Anlage derartiger Gewebe hervorrufen kann. Daraus folgt, daß man theoretisch wenigstens die Gefäßbildung künstlich in eine bestimmte von uns gewünschte Richtung lenken kann.

Über die Verwachsung des Phloems. Wir haben uns bisher nur mit der Hadromverbindung befaßt, ohne auf die Verwachsung des Leptoms der Pfropfpartner einzugehen. KÜSTER (1916, S. 287, und in neueren Auflagen) bemerkt mit Recht, daß wir, was die Phloemelemente betrifft, über die entsprechenden Vorgänge nur sehr unvollkommen unterrichtet sind. Da sich nach unserem Wissen dieser Stand der Dinge bislang nicht geändert hat, so dürften die folgenden Beobachtungen über die Verwachsung des Phloems einen gewissen Wert haben.

Wir haben auf S. 340—341 der russischen Ausgabe dieses Buches schon im Jahre 1928 darauf hingewiesen, daß Arbeiten mit dikotylen Pflanzen, welche zerstreute Leitbündel in ihrem Stengel besitzen, uns aussichtsreich erscheinen. Und tatsächlich ist es gerade bei dieser zerstreuten Lage der Bündel gelungen, einige Einzelheiten der Phloemverbindung zwischen den Transplantosymbionten festzustellen.

Man kann bis jetzt nur mitteilen, daß in den Pfropfungen von *Mirabilis jalapa* auf sich selbst und dann in den *Tradescantia*-Pfropfungen (s. S. 435 u. f.), die sich bildenden Anastomosen gewöhnlich sowohl aus Hadrom als auch aus Leptomelementen bestehen. Dabei bildet sich das Phloem aus dem sekundären Meristem, welches von dem dem Phloem anliegenden Rindenparenchym oder vom eigentlichen Phloem der ursprünglichen Bündel ausgeht. So sieht man auf Abb. 106 links Phloem, welches sich differenziert, und zwar im Anfang der Anastomose über dem sich bildenden Netzgefäß. Sein Ursprung ist dabei hinter den sich ausbildenden Gefäßen und dem neugebildeten Zwischengewebe verborgen. Es liegt dem an dieser Stelle befindlichen Phloem des Ursprungsbündels an. Analoge Bilder fanden sich bei der natürlichen Ver-

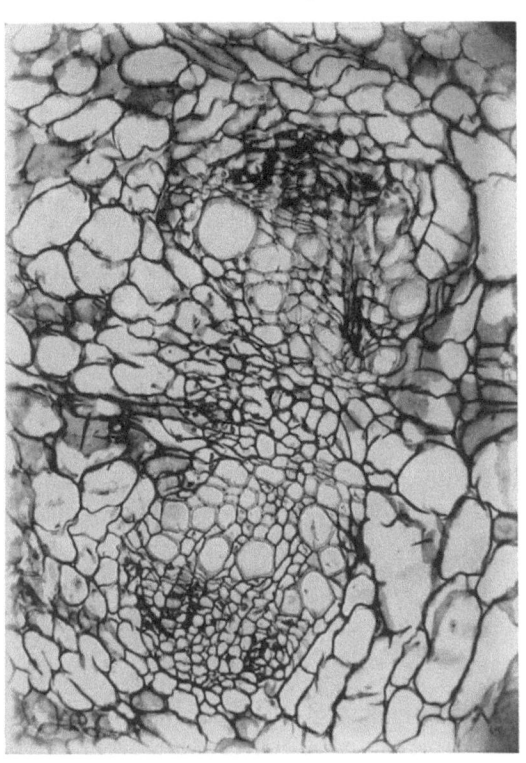

Abb. 115. *Mirabilis jalapa*, Verwachsung von Leitbündeln im Stengel. (Vgl. Abb. 99, zweite Bündelgruppe in der Pfeilrichtung.) Leptomanastomose vom oberen Bündel zum unteren. Phloeme an den Gegenpolen der Gruppe. Xyleme durch äußeres Intermediärgewebe verwachsen.

wachsung von *Hyacinthus* (s. S. 38) und werden später für *Tradescantia* dargestellt werden. Es ist gelungen, in den Pfropfungen mit *Mirabilis jalapa* auch einen anderen Typus der Phloemverbindung zwischen den Pfropfpartnern festzustellen. Bei der Verbindung der Schnittflächen kommt es vor, daß einzelne Bündel einander mit ihren Xylemen sehr naheliegen. Nun können solche Bündel so orientiert sein, daß sich die Phloeme an entgegengesetzten Seiten der Bündel (s. Abb. 99, 115) befinden, ohne daß sie im Winkel gegeneinander angeordnet sind. Das ist natürlich durch die besondere Lage des gesamten Leitbündels an dieser Stelle bedingt. Endlich kommt es vor, daß die

Bündel direkt seitlich einander anliegen. Bei einer kleinen Anzahl von Fällen derartiger Lagerung ist der Verwachsungsprozeß des Phloems von besonderer Art. In allen früheren Fällen kam es zur Verwachsung der Xyleme und dann auch der Phloeme der benachbarten Bündel. Das war aber durch die topographische Lage der Bündel bedingt. Im Gebiet des Xylems ist das Bild der Verwachsung im allgemeinen immer das gleiche. Anfangs findet eine Verstärkung der Tätigkeit der Parenchymzellen statt, was zusammen mit der späteren Resorption der Isolierschicht

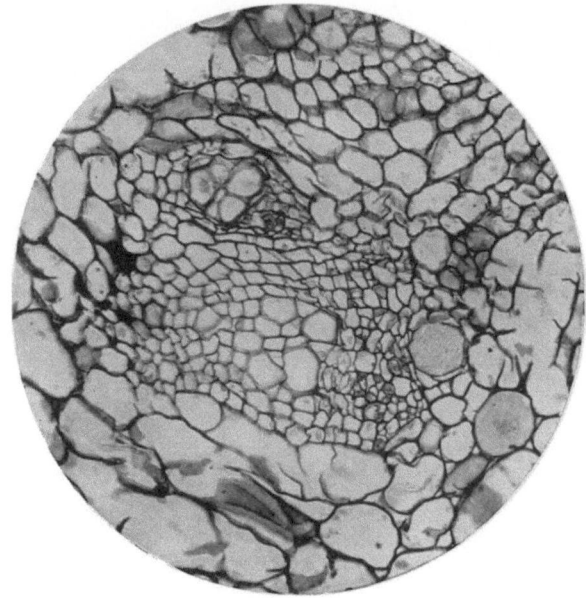

Abb. 116. *Mirabilis jalapa.* Verwachsung von Bündeln in seitlicher Aneinanderlagerung (s. Abb. 99 erstes Bündelpaar in der Pfeilrichtung).

eine ununterbrochene Verbindung des äußeren Intermediärgewebes ergibt. In unseren Fällen war das Intermediärgewebe im allgemeinen nicht sehr mächtig, da es nur bei weiterer Entfernung der Bündel voneinander nicht gelungen ist, Verwachsung zwischen ihnen festzustellen. Im primären äußeren Intermediärgewebe gehen dann Veränderungen und Neubildungen vor sich (s. S. 356 und 357 über die Klassifikation des intermediären Gewebes). Es kommt zweifellos zu einer Verholzung der Membranen der Abkömmlinge des Holzparenchyms und zu einer Neubildung der Gefäße in der Richtung parallel zum Verlauf der Bündel. In solchem Falle haben wir keine Queranastomosen zwischen den Gefäßen festgestellt.

Wie wir oben sagten, haben wir bisher nur nach Beendigung der Verwachsung des Xylems den Anfang einer Verbindung der Phloeme beobachtet. In Abhängigkeit von der Lage des Bündels geht sie nach einem der zwei möglichen Haupttypen vor sich. Wenn die Bündel einander seitlich anliegen bei gleicher Orientierung der Phloeme, so wird ein verbindender Kambialzug von dem Kambium eines der beiden Partner oder von seiten beider zu gleicher Zeit angelegt. Es ist dabei interessant, daß ein einmal angelegter Bezirk des Verbindungskambiums, derjenige also, welcher dem Kambium des ursprünglichen Bündels

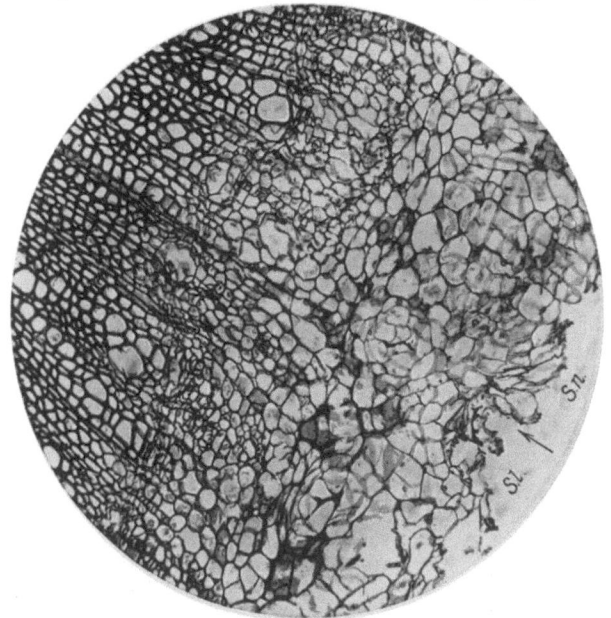

Abb. 117. *Solanum nigrum*-Wurzel (*S. n.*) auf *Solanum lycopersicum*- (*S. l.*) Sproß (vgl. Abb. 82). Verwachsungsgrenze in der Pfeilrichtung, Phloemverwachsung weniger fortgeschritten als Parenchym- und Xylemverwachsung.

anliegt, sofort mit seiner Tätigkeit beginnt. Dabei differenzieren sich in seinen Produkten die Phloemelemente viel schneller als die Xylemelemente. Also liegt teilweise schon neugebildetes Phloem vor, während an Stelle des Xylems noch unverholztes Parenchym vorhanden ist (s. Abb. 116). Das Bild der in dieser Hinsicht auf S. 39 nicht näher beschriebenen natürlichen *Hyacinthus*verwachsung verhielt sich genau entgegengesetzt, ebenso wie das der Pfropfung der Wurzel von *Solanum nigrum* auf *Tomaten*-Stengel, wo die Neubildung des Phloems ebenfalls etwas verzögert war (s. Abb. 117). Zum Schluß füllt sich der Raum zwischen den Phloemen der Ausgangsbündel mit neugebildetem Phloem, dessen Elemente ebenso orientiert sind wie die Elemente der Ursprungsphloeme.

Es liegen dann die Elemente des neugebildeten Phloems unmittelbar dem Phloem der Ausgangsbündel an, und wir haben keinen Grund anzunehmen, daß sich die Verbindung zwischen den Elementen dieses alten Phloems und den Elementen des ausfüllenden Phloems in irgend etwas von den Verhältnissen in einem normalen Phloem unterscheiden.

Bevor wir noch einen gemischten Typus der Phloemverwachsung beschreiben, soll vorher ein reiner Typus echter Phloemverbindung zwischen verschiedenen Transplantosymbionten beschrieben werden.

(An dieser Stelle sei darauf hingewiesen, daß wir in diesem Falle nicht imstande waren, festzustellen, ob die beiden Bündel der Unterlage oder dem Reis angehörten, oder ob sie eine Verbindung von Bündeln im Bereich eines der beiden Komponenten an der Grenze eines schwer analysierbaren Ortes vollkommener Verwachsung darstellen. Die Beobachtung dürfte jedoch in beiden Fällen von Interesse sein).

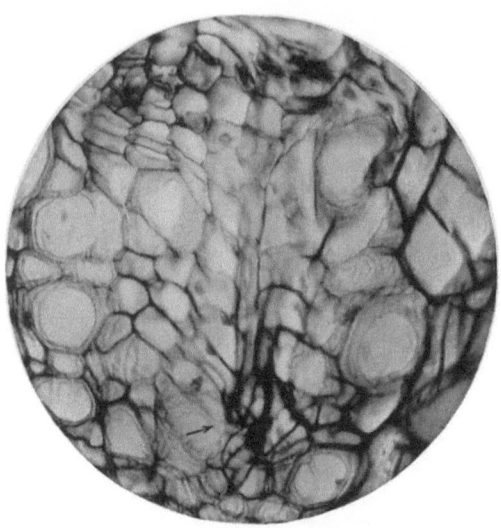

Abb. 118. Vgl. Abb. 115. Stärkste Vergrößerung. In der Pfeilrichtung das abgerundete Ende der einwachsenden anastomotischen Siebröhren.

Wenn Bündel einander derart genähert sind, daß sie direkt nur mit ihren Xylemen verwachsen können, während die Phloeme an entgegengesetzten Seiten liegen, so bilden sich zwischen diesen Phloemen Queranastomosen (s. Abb. 99, 115 u. 118).

Unsere Präparate gestatteten uns im zweiten Falle nicht, festzustellen, ob sich die Anlage dieser Anastomose von einem der Bündel allein oder von beiden zugleich herleitete. Wir werden sehen, daß gewisse Anzeichen für die zweite Annahme sprechen. Auf jeden Fall beginnt die Anlage genau beim Phloem des Bündels, nicht irgendwo zwischen den Bündeln. Im ersten, besonders wichtigen Falle ist es ganz klar, daß sich die Anlage nur von einem der beiden Bündel herleitet. Der Prozeß verläuft in folgender Weise: Eine Geleitzelle in einem Phloem beginnt sich in die Länge zu strecken und auf das Phloem des zweiten Bündels zuzuwachsen. In einem bestimmten Stadium dieses Vorganges beginnt die Zellteilung, es folgt wieder ein Streckungswachstum der Hauptzellen, wieder eine Teilung usw.

Dabei ist jede nachfolgende Zelle länger als die vorhergehende (s. Abb. 115, senkrechter Zug von oben nach unten rechts seitlich vom Phloem des oberen Bündels und Abb. 118, Detailaufnahme von diesem Zug). Entweder erfährt also jede nachfolgende Zelle eine länger dauernde

Streckungsperiode oder dieser Prozeß verläuft schneller. Dabei wurde im ersten Falle gerade im früheren Stadium der Bildung der Leptomanastomose ein deutliches Schmälerwerden jeder der beschriebenen nachfolgenden Zellen (s. Abb. 118) beobachtet. Im zweiten Falle war in der schon zustande gekommenen Leptomanastomose die Verschmälerung nicht so deutlich. Aber auf Grund des ersten vollkommen zuverlässigen Falles ist doch Grund vorhanden, anzunehmen, daß diese Anastomose sich ursprünglich vom Phloem nur eines der beiden Ausgangsbündel herleitete, und daß die Anastomose in Richtung auf das Phloem des zweiten Bündels zu wuchs. Es handelt sich tatsächlich im eigentlichen Wortsinne um ein Wachsen der erwähnten Anastomosen; wir übernehmen durchaus die ganze Verantwortung für diese Behauptung. Die Siebröhren unserer Anastomosen leiten sich nicht über irgendeine Metamorphose von Parenchymzellen ab, welche zwischen den Phloemen der Bündel liegen, sondern sie wachsen unter Verschiebung nach vorne zu und hierin liegt der Unterschied der Anastomosen des Phloems, die wir hier beschreiben, von denjenigen, welche wir für die Pfropfungen von Monokotylen beobachtet haben. Wir nehmen an, daß im weiteren Verlauf auch einzelne Parenchymzellen in die Anastomose mit eingehen können. Wir haben bisher keine Gelegenheit gehabt, dies zu beobachten. Besonders klar ist das Wachsen der Anastomose im ersten Falle festzustellen (s. Abb. 115 und 118). Hier sind aber gewisse Erklärungen zunächst nötig. Es scheint nämlich auf den ersten Blick, daß diese Anastomose im Innern des Bündels quer durchbricht und dabei Xylem und Kambium durchschneidet.

Das ist aber nicht ganz genau, wenngleich es der Wahrheit sehr nahekommt. Vielmehr besteht das Bündel, in welchem der beschriebene Prozeß abläuft, in Wirklichkeit in dem angegebenen und in weiteren naheliegenden Schnitten aus zwei einzelnen Bündeln (einem größeren links auf der Abb. 115 und einem kleineren rechts). Zwischen ihnen wächst von oben nach unten die sich entwickelnde Anastomose hindurch. Das rechte kleinere Bündel stellt eine der gewöhnlichen Verbindungen zwischen den Bündeln eines der Komponenten der Pfropfung dar. Trotzdem hat hier eine Verbindung mit dem größeren Bündel stattgefunden. Diese Verbindung ging von einer Seite aus, genau so wie es oben für Bündel, welche seitlich einander genähert sind, beschrieben wurde. Außerdem sind aber diese beiden Phloemteile noch durch eine quere Phloemanastomose (s. Abb. 119) miteinander verbunden, welche nur aus einer Siebröhre besteht. Diese liegt fast an der oberen Grenze des Phloems des größeren Bündels. Wenn man sich nach dem Gang ihrer Verschmälerung richtet, so könnte man denken, daß die Basis bei der Siebröhre des Phloems des kleineren Bündels (rechts) liegt. Allerdings finden wir an der Stelle des oben genannten Anschlusses eine unter dem Mikroskop deutlich sichtbare, starke Eindrückung in der

Seitenwand der Ausgangssiebröhre. Dies wäre leicht zu erklären durch einen Druck, welchen die anastomosierende Siebröhre ausübte, als sie auf diese bündeleigne Siebröhre zuwuchs. Ebensogut aber kann man diese Eindrückung auch erklären aus der Gegenwirkung gegen den Wachstumsdruck der jungen anastomosierenden Siebröhre. Nehmen wir an, daß die Anastomose vom kleinen Bündel zum größeren gewandt sei, so zeigt sich eine neue Besonderheit. Die Röhre schließt sich nämlich nicht an die nächste Siebröhre des größeren Bündels an, sondern hat dessen Phloem ganz oben quer durchwachsen. Dabei ist es schwer festzustellen,

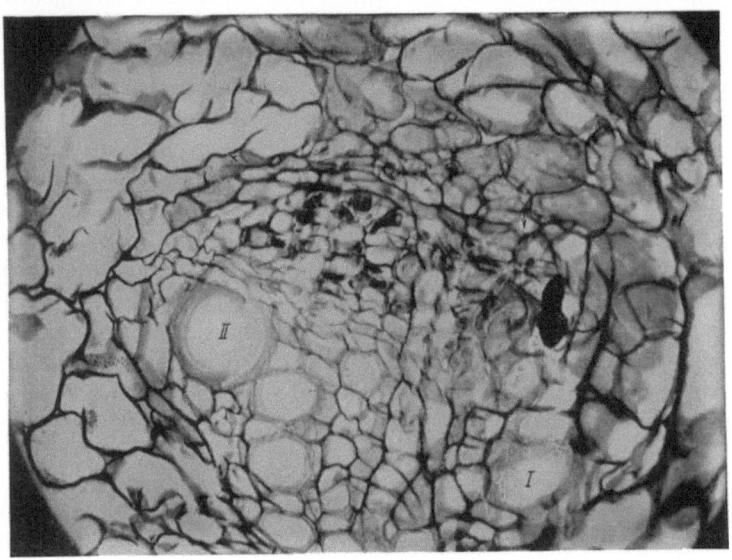

Abb. 119. Vgl. Abb. 115 stärker vergrößert. Das obere Bündel von Abb. 115 besteht aus zwei kleineren (*I, II*). Leptomanastomose (Siebröhre) durchquert das Phloem von Bündel *II*. Beginn am Pfeilende, Beendigung beim Kreuz.

ob sie sich überhaupt mit ihrem Ende an eine Siebröhre anlegt, wenn auch vielleicht auf der anderen Seite des Phloems des großen Bündels (auf der Abb. 119 links), oder ob sie einfach sich an eine Parenchymzelle des Phloems oder gar eine Parenchymzelle außerhalb des Phloems (links auf der Abb. 119) anschließt.

Wenn man die umgekehrte Richtung des Wachstums der beschriebenen Siebröhre annimmt, so würde sich ergeben, daß sie anfangs ihr eigenes Phloem quer durchwächst und dann sich an die Siebröhre des kleinen Bündels anschließt. Wir sind aber nicht geneigt, dies als den Tatsachen entsprechend anzunehmen und bleiben bei unserer ersten Deutung. Dafür spricht auch das morphologische Bild. Einige scheinbare Querwände in der beschriebenen Röhre sind Membranbezirke der unterhalb und oberhalb der betreffenden Siebröhre gelegenen Zellen. In der Röhre selbst befinden sich zwei zweifellos ihr angehörende Querwände.

Wir kehren nun zu dem Wachstumsverlauf der Siebröhren der Leptomanastomose zurück (s. Abb. 115 und 118). Es ergibt sich, daß sie nicht direkt vom Phloem des großen Bündels ausgeht, sondern ihren Anfang nimmt von einer Siebröhre desjenigen Phloems, welches von dem Verbindungskambium zwischen dem großen und kleinen Phloem gebildet wurde. Selbstverständlich ist dies ein spezieller Fall. Auf Abb. 120 sieht man scheinbar eine gewöhnliche Leptomanastomose, die direkt einer Siebröhre des Phloems der Ausgangsbündel anliegt.

Wenn wir uns wieder Abb. 115 und 118 zuwenden, so ist es jetzt schon nicht schwer zu bemerken, daß die anastomosierende Siebröhre durch

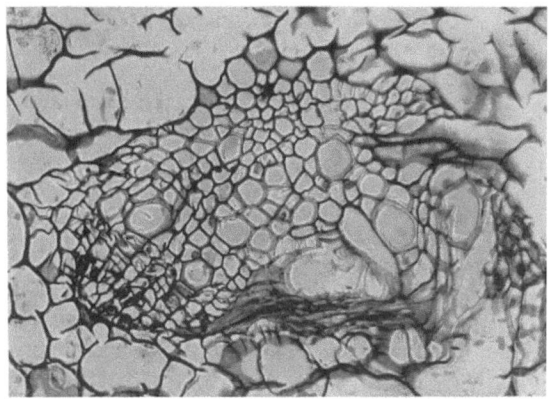

Abb. 120. *Mirabilis jalapa.* Phloemanastomose zweier Bündel, deren Xyleme verwachsen sind.

das die Bündel verbindende Kambium und ferner durch das Parenchym hindurch gewachsen ist. Wir möchten noch daran erinnern (s. S. 425), daß dieses Parenchym sich noch im ursprünglichen Zustand befindet zu einer Zeit, wo die Differenzierung des Verbindungsphloems schon stattgefunden hat. Also stellt jetzt dieses Parenchym einen relativ geringeren Widerstand dar. Daß aber tatsächlich ein Widerstand besteht, zeigt die Verschiebung der auf der linken Seite dem Ende der Röhre anliegenden Stellen (auf der Abb. 118 unterer Teil). Für einen wichtigen Beweis des von uns angenommenen Ganges der Bildung dieser Anastomose halten wir das deutlich abgerundete und von den parenchymatösen Nachbarzellen unabhängige Ende der wachsenden Siebröhre. Wir haben zu dem Zweck eine Mikroaufnahme bei veränderter Beobachtungstiefe gemacht. Auf dieser Abb. 121 ist das Ende etwas nach links abgebogen. Der Querschnitt (von links nach unten rechts) ist ein Membranbezirk einer unterhalb gelegenen Zelle.

Auf den ersten Blick erscheint es sehr verführerisch, für den Beweis des Wachstums und des Druckes, den die Siebröhre ausübt, noch anzuführen, daß das Verbindungskambium zwischen dem großen und kleinen Bündel in entsprechender Richtung durchgebogen ist. Das ist aber nicht richtig. Denn in Wirklichkeit liegt das Kambium des kleineren (rechts auf dem Photo) Bündels nicht auf dem gleichen Niveau wie das Kambium des großen Bündels. Es entsteht so der Eindruck, daß das verbindende Kambium eine Durchbiegung erfahren hat.

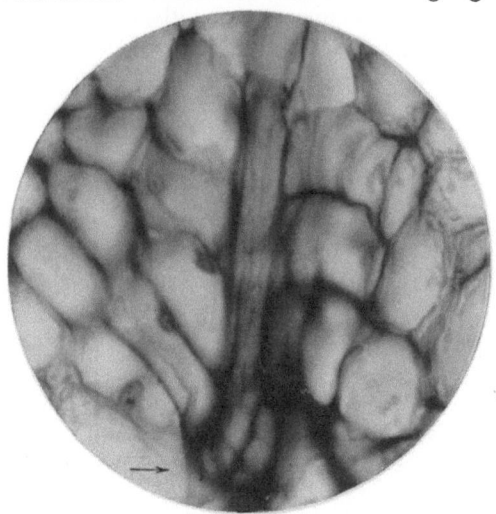

Abb. 121. Vgl. Abb. 115 u. 118. In der Pfeil-Richtung das abgerundete Siebröhrenende.

Nach unseren Beobachtungen drückt die wachsende Siebröhre die ihr auf ihrem Wege begegnenden Zellen einfach auseinander, ohne sie zu resorbieren. Wir haben den Mechanismus des Anschlusses des Röhrenendes auf einem zweiten Präparat verfolgt (s. Abb. 120). Wir sind dabei zu der Überzeugung gekommen, daß der Anschluß in folgender Weise zustande kommt: Die wachsende Siebröhre der Anastomose legt sich an ein seitliches Sieb einer der Siebröhren des Bündels an. Dann öffnet sich die vordere Wand der anastomosierenden Röhre und die Seitenwände (d. h. Membran der Röhre selbst) verschmelzen mit der Zellwand der erreichten Siebröhre an der Grenze des Seitensiebes oder der neugebildeten Öffnung in der Seitenwand der Röhre. Manchmal scheint es aber, daß der Anschluß der anastomotischen Röhre nicht direkt von ihrem Vorderende, ihrem Kopfende, ausgeht, sondern, daß dieses Ende selbst eingebogen wird und seitlich anliegt. Einem ähnlichen Bild begegnen wir noch für Gefäße bei den Pfropfungen von Monokotylen (s. S. 448).

Eine Leptomanastomose kann verschieden stark sein: So sehen wir im ersten Falle zwei Anastomosen: die eine nur aus einer Siebröhre bestehend, während die zweite aus zweien besteht. Bei dieser zweiten Anastomose (s. Abb. 118, wo das zweite Rohr nicht zu sehen ist), blieb das zweite Rohr entweder im Wachstum oder schon bei der Anlage hinter dem ersten zurück, so daß sich deshalb nur eine der Siebröhren weiter vorgeschoben hat.

Im zweiten Falle (s. Abb. 120) besteht die Leptomanastomose aus 7—8 Röhren. Wir haben jetzt nur noch über die Geleitzellen der Siebröhren in den Leptomanastomosen und über die Quersiebe in diesen Einiges mitzuteilen:

In beiden Fällen liegt die Geleitzelle eines primären Gliedes der anastomosierenden Siebröhre der Geleitzelle derjenigen Siebröhre des Ausgangsbündels an, von welchem die Anastomose ausgeht (s. Abb. 122). Die rechte der zwei nebeneinanderliegenden dunklen Geleitzellen war mit ihrer Basis nach oben zu umgebogen und ist deshalb abgeschnitten. Ihr dreieckiger (schräger) Querschnitt ist beim oberen Rand des großen Gefäßes des kleinen rechten Bündels zu sehen. Im zweiten Falle verbindet sich die Geleitzelle des letzten Gliedes der Anastomosenröhre

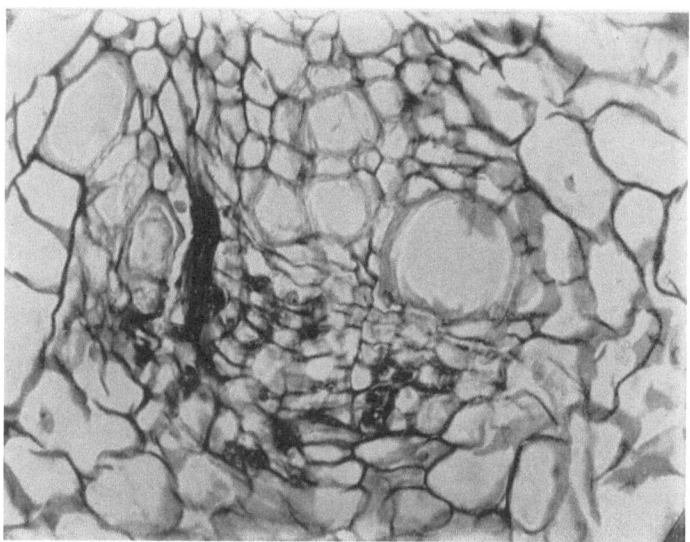

Abb. 122. Vgl. Abb. 118. Anderer Querschnitt. Rechts an der Basis der im Wachstum begriffenen Leptomanastomosen Geleitzellen (dunkle vertikale Streifen).

mit der Geleitzelle, welche der Siebröhre des Grundphloems angehört, mit welchem das anastomosierende Rohr sich verbindet. Wir können nicht sagen, daß man nicht bei der Untersuchung der Präparate in dieser Beziehung auch eine anders geartete Erklärung geben könnte. Uns scheint aber die hier angeführte als die glaubwürdigste.

Die Anlage von Geleitzellen beginnt mit der Bildung eines neuen Rohrgliedes, und zwar zuerst beim ältesten. Aber die Anlage geschieht nicht gleich bei Bildung eines neuen Gliedes. So ersieht man aus dem Vergleich der Abb. 118, 119, 121 und 122, daß die letzten beiden Glieder der anastomosierenden Siebröhre noch keine Geleitzellen haben. In dieser Zeit haben sich aber schon quergerichtete Siebwände gebildet. Es sind nämlich auf dem Präparat der Abb. 118 ganz deutlich zwei Siebplatten zu sehen. Sie sind warzenartig mit Auswölbungen gegen die Wachstumsrichtung der Röhre versehen. Auf dem Querschnitt sieht man drei Warzen im Sieb. Im ganzen wird man also etwa 10 Öffnungen finden. Abb. 123 stellt Einzelheiten an der Basis dieser Röhre dar. Hier kann man ein Sieb erkennen (die erste Querwand nach unten zu).

Damit wollen wir die Darstellung unserer Untersuchungen über die Phloemverbindung der Bündel verschiedener Transplantosymbionten beenden. Wir haben hier nicht die Möglichkeit, auf die Bedeutung unserer Ergebnisse für strittige Fragen über Siebröhren in der normalen Anatomie einzugehen (s. z. B. KOMAROV, 1923, S. 86), und bemerken nur, daß in dem Falle, welcher auf Abb. 118, 121 und 123 dargestellt wird, wir zweifellos sehen, daß Protoplasma in dem Gebiet eines kürzlich abgegliederten Siebröhrenabschnittes vorhanden ist. Einen Kern aber haben wir hier nicht festgestellt.

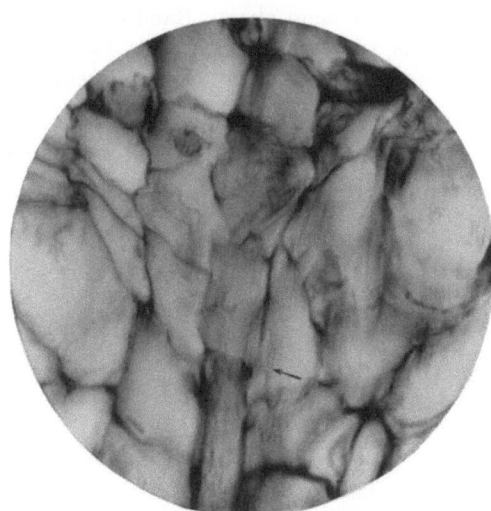

Abb. 123. Vgl. Abb. 118. Basis der wachsenden Siebröhren, stärker vergrößert. In der Pfeilrichtung eine Siebplatte.

Zum Schluß bemerken wir, daß die von uns angeführten Beobachtungen über die Verwachsung der Phloemteile dadurch erschwert sind, daß wir keinerlei ausführliche Literaturangaben diesbezüglich besitzen. Deshalb sind in bezug auf die Leptomanastomosen keinerlei Gegenüberstellungen oder Verallgemeinerungen möglich. Und das wäre deshalb so wichtig, weil wir nur zwei Fälle untersucht haben. Den Prozeß der Verbindung der Phloeme der beiden Pfropfpartner mit Hilfe eines Phloems, welches sich aus dem Verbindungskambium gebildet hat, halten wir für allgemeiner verbreitet. Wir besitzen bedeutend mehr Material in unseren Pfropfungen, welches für dieses Thema ausgewertet werden könnte.

Damit verlassen wir die Behandlung des dritten Stadiums des Verwachsungsprozesses mit dem Hinweis, daß hier im Stadium der Verbindung der Leitsysteme von Unterlage und Reis die Verbindung in verschiedener Weise zustande kommt. Unsere Untersuchungen stellen nur einzelne Momente dieser Prozesse, die wir für die wesentlichsten halten, dar. Wir betonen, daß die hier dargestellten Verwachsungsbilder nicht unbedingt vollkommen auf andere Fälle angewandt werden können. Es ist nötig, noch mehr Material zu sammeln.

Es wäre interessant, noch die Möglichkeit einer Verwachsung von Milchröhren in entsprechenden Pfropfungen zu verfolgen. FUNK (1929, S. 448—451), welcher sich mit dieser Frage beschäftigt hat, hat eine derartige Verwachsung nicht festgestellt, hält sie aber in speziellen Fällen für möglich.

d) Verwachsungsprozeß bei Monokotylenpfropfungen.

Die Abtrennung dieses Kapitels von der übrigen Behandlung des Verwachsungsproblems rechtfertigt sich aus der Sonderstellung, die nach den Literaturangaben die Monokotylen bislang bezüglich ihrer Verwachsungsfähigkeit einnahmen. SCHUBERT (1913) kam zu folgendem Ergebnis (S. 437):

„Trotzdem die Pfropfreiser neuen Zuwachs aufwiesen und trotz reicher Kallusbildung an der Verwachsungszone und innigem Aneinandergreifen von Parenchymzellen, sind in diesem Kallusparenchym an der Verwachsungszone beider Symbionten niemals Gefäßbündel ausdifferenziert worden... Solange nicht eine vollständige Kommunikation der Leitbahnen von Unterlage und Pfropfreis hergestellt ist, welche allein einen normalen Entwicklungsgang der gepfropften Pflanze gewährleistet, kann von dem Gelingen einer Monokotylenpfropfung nicht die Rede sein."

KÜSTER sagt (1925a, S. 357):

„Von großem Interesse ist der von SCHUBERT erbrachte Nachweis, daß bei Monokotylenpfropfungen ... keine Leitbündelverbindungen entstehen."

MOLISCH (1922, S. 242) schreibt,

„während Pfropfungen bei Dikotylen und Koniferen so leicht gelingen, ist dies bei Monokotylen nicht der Fall, es kommen zwar hier Verwachsungen vor, aber da es im günstigsten Falle nur zur Ausbildung eines parenchymatösen Kallus und nicht zur Entwicklung von wasserleitenden Holzgefäßen mit Holzzellen, überhaupt von Leitbahnen kommt, so gehen die Reiser frühzeitig zugrunde... Es hängt dies wohl in erster Linie damit zusammen, daß die Monokotylen eines echten Kambiums und damit eines sekundären Dickenwachstums, entbehren, wenn man von gewissen, mit sekundärem Stammeristem versehenen baumartigen *Liliifloren (Dracaena, Cordyline, Aloe)* absieht".

NĚMEC (1924, S. 833) nimmt auch an, daß bei Pfropfungen an Monokotylen zwar zuweilen beide Bestandteile verwachsen könnten, ohne daß aber Leitbündelverbindungen entstünden.

FUNK (1929) erwähnt auf S. 413 und 457 die Arbeit von SCHUBERT, ohne sich aber näher über sie auszusprechen. KRENKE hat in der russischen Ausgabe dieses Buches (1928b, S. 400—402) und in der vorliegenden Ausgabe (S. 474), wo die entsprechende Stelle absichtlich völlig unverändert wiedergegeben ist, sich dahingehend geäußert, daß er überzeugt sei von der Möglichkeit des Erfolges, da (S. 38—39) vorläufig kein Beweis für die Existenz irgendwelcher besonderer unüberwindbarer biologischer Hindernisse zur Erreichung des gesuchten Erfolges vorhanden ist. Es wurde auch auf die Notwendigkeit, die Untersuchungen fortzusetzen, hingewiesen und schon damals auf Grund indirekter Hinweise eine Lösung der Frage im positiven Sinne für wahrscheinlich gehalten.

Vor SCHUBERT schon haben DANIEL und KABUS Ergebnisse über Pfropfungen an Monokotylen veröffentlicht. Da sie aber weder anatomische Bilder noch eine genügende Beschreibung des experimentellen Vorganges geben, verneint SCHUBERT entschieden, daß sie Verbindung von Leitbündelsystemen erhalten hätten. Damit haben wir den Stand der Angelegenheit in der Literatur dargestellt.

Abb. 124. *Tradescantia fluminense vell.* I gepfropft auf *Tradescantia zebrina hort.* II Alter der Pfropfung 14$^1/_2$ Monate, Ort der Keilpfropfung durch Striche bezeichnet.

Ich habe im Jahre 1930/31 zusammen mit meiner Mitarbeiterin N. I. DUBROWITZKAJA eindeutig das Zustandekommen von Gefäßverbindungen zwischen *Tradescanita fluminensis* VELL. *(Tradescantia viridis)* als Reis auf *Tradescantia zebrina* HORT. festgestellt. Dann ist mir parallel mit der Feststellung von Leptomverbindungen bei den *Mirabilis*-Pfropfungen (s. S. 422f.) die Feststellung einer entsprechenden Verbindung bei *Tradescantia* gelungen. Gerade *Tradescantia*-Pfropfungen sind SCHUBERT nie gelungen. Die erwähnten Untersuchungen sollen hier nur gekürzt dargestellt werden, jedoch in hinreichendem Umfang, um die Tatsachen als bewiesen gelten zu lassen. Wir hoffen, die Arbeit in Zukunft ausführlich veröffentlichen zu können. Die Pfropfungen wurden von N. I. DURBOWITZKAJA zu verschiedenen Zeiten und nach verschiedenen Methoden ausgeführt. Die längste Zeit, welche eine Pfropfung lebte, war 1 Jahr, 2 Monate und 16 Tage. Bei dieser Pfropfung wurde nebenbei bemerkt keine Leitbündelverbindung festgestellt. Doch war die Ursache des Eingehens der Pfropfsymbiose nicht unmittelbar das Fehlen einer Gefäßverbindung, sondern sie war offenbar in anderen Bedingungen zu suchen (s. u.).

Diejenige Pfropfung, die uns das Hauptmaterial für die Beobachtung von Verwachsung der Leitbündel lieferte, war zur Zeit der Fixierung vollkommen normal. Die allerstärkste Reisentwicklung fand jedoch bei der erwähnten Pfropfung statt, welche 14,5 Monate gelebt hat (s. Abb. 124,

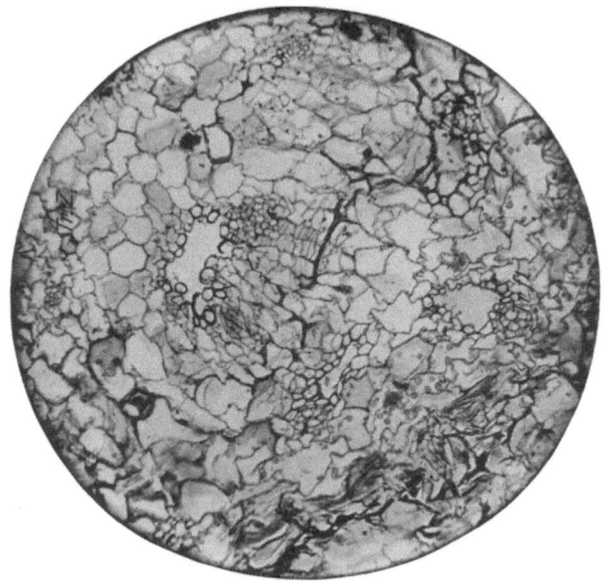

Abb. 125 (s. Abb. 124). Alter 5 Monate, 3 Tage. Vom Bündel der Unterlage geht ein Zug von Zellteilungen aus. Vom Phloem her Reihen regelmäßiger Zellen. Im Reise fast völlige Obliteration der Gefäße, in der Unterlage Obliteration aller großen Gefäße, im Reis Stärkekörner. Im Zentrum Durchbruchsfenster von seiten des Reises, rechts Durchbruch von seiten der Unterlage.

S. 434). Man sieht, daß das Reis nur kleine und wenige Blätter hat, aber die Verzweigung des Reises ist reich und unterscheidet sich wenig vom normalen Typus. Im Alter von 10 Monaten waren noch vollkommen normale Blätter vorhanden. Die Blätter begannen zu welken, im Zusammenhang mit einer Krankheit der Unterlage, welche zu dieser Zeit (d. h. also im Alter von etwa 10 Monaten der Pfropfung) ihre eigenen Blätter verlor. In den unteren Partien gingen die Blätter der Seitenzweige auf normale Weise ein. Als nun im Alter von 14,5 Monaten ein Bezirk des Hauptstengels der Unterlage etwas unterhalb der Verwachsungsstelle blasser wurde und sich zu kräuseln begann, veranlaßte uns dies, das Experiment zu unterbrechen und die Fixierung vorzunehmen.

Wir möchten noch bemerken, daß in 3 Pfropfungen von N. I. DUBROWITZKAJA *Tradescantia laekenensis* HORT. auf *Tradescantia zebrina*, die am 24.—26. April 1931 gepfropft waren, die Reiser im August 1931 (also 4 Monate später) zu blühen begannen und bis jetzt blühen (Oktober 1931). Die Kontrollpflanzen des Reises, die zu derselben Zeit als Stecklinge angesetzt wurden, blühen ebenso reich.

In Zukunft werden wir ähnlich wie KOSTOFF die Präzipitationsreaktion zur Erklärung der Beziehungen zwischen den Pfropfsymbionten

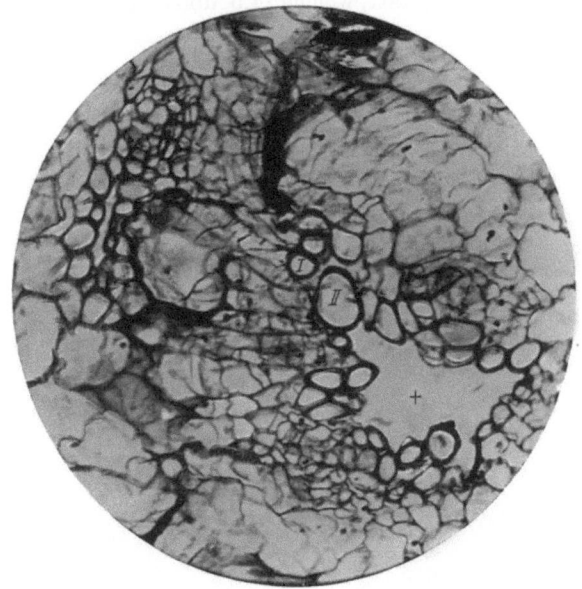

Abb. 126. Anderer Querschnitt derselben Verwachsungsfläche wie Abb. 125. Völlige Obliteration großer Gefäße (+), im Reis unvollständige Obliteration. Tüllen im Gefäß. *I* und *II* Gefäße der Unterlage, an welche sich junge Gefäße des Reises anschließen. Phloeme der Bündel entgegengesetzt orientiert. Keine Phloemverbindung.

heranziehen, um so auch die Antigen- und Antikörperverhältnisse zu erfassen. Es kann jedoch schon gesagt werden, daß in der Mehrzahl der Fälle unsere *Tradescantia*-Pfropfungen infolge des Eintrocknens des oben erwähnten Bezirks der Unterlage eingingen.

Diejenige Pfropfung, welche die stärkste Leitbündelverbindung gezeigt hat, wurde im gesunden Zustand 5 Monate und 3 Tage nach Vornahme der Pfropfung abgeschnitten (gepfropft 23. Juni 1928, fixiert 26. November 1928). Wie bei den Pfropfungen der „Dikotylen" haben wir auch hier obligatorisch eine Isolierschicht, mit sich später entwickelnden Durchbruchs- und Resorptionsfenstern. Das primäre Intermediärgewebe hat sich bei dieser wie bei allen anderen *Tradescantia*-Pfropfungen sehr schwach entwickelt. Viel energischer findet eine Wiederbelebung der Zelltätigkeit in dem Parenchym statt, welches in der Nachbarschaft von Bündeln liegt, die der Wunde der Unterlage benachbart sind. Dadurch bilden sich „Züge von Zellteilungen" (s. Abb. 125 und 126), welche annähernd mit gleicher Intensität vom Phloem und Xylem ausgehen, ähnlich, wie wir es bei *Mirabilis* gesehen haben. Die Zellform des Gewebes ist unterschiedlich für das phloembürtige und xylembürtige Gewebe (s. S. 361, § 2 und Abb. 68). Aber nicht nur in unmittelbarer Nähe der Wunde, sondern auch in einiger Entfernung von ihr wird eine Wiederbelebung der Gewebstätigkeit bemerkt. Wir haben das besonders stark ausgeprägt bei

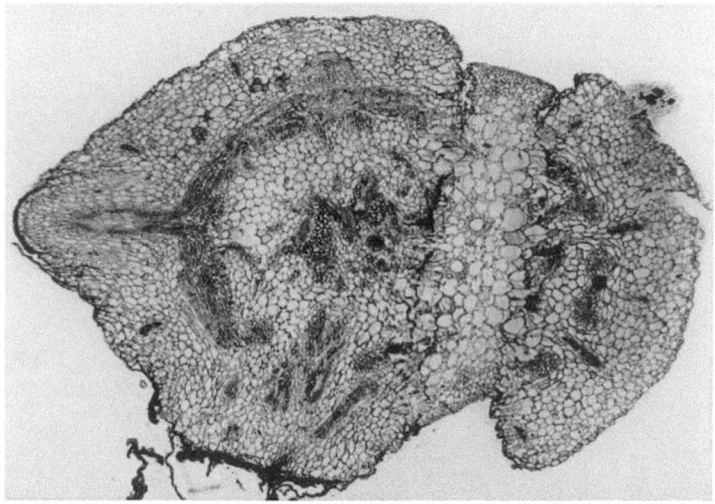

Abb. 127. *Tradescantia fluminensis* auf *Tradescantia zebrina* quer, Gesamtansicht. In der Unterlage viele Anastomosen (s. Text). Verhältnismäßig schlechte Verwachsung (vgl. die folgenden Abbildungen).

der Unterlage gefunden, im Gegensatz zu den Verhältnissen bei der Pfropfung von *Mirabilis* auf *Nicotiana,* wo die unteren Teile des Reiskeiles besonders stark in Tätigkeit waren (s. Abb. 110, 111). Dabei werden die Neubildungen erstens rings um die peripheren Bündel und zweitens im Gebiet zentral gelegener Bündel angelegt (s. Abb. 127). Parallel damit oder später wird die anastomotische Verbindung zwischen diesen zwei Gebieten der Neubildung hergestellt, wobei die Anastomosen sowohl aus Xylem wie aus Phloem bestehen. Im Xylem herrschen die Gefäße vor, wenngleich sie kurzgliedrig und unregelmäßig gegliedert sind. Ihr Typus ist derselbe wie bei den Gefäßen des Ausgangsbündels. Tracheiden findet man viel seltener. Wir finden in der Regel ringförmig, ring- und spiralförmig und selten rein spiralförmig verdickte Gefäße. Dabei finden sich im allgemeinen einige Längsversteifungen, welche die Ring- und Spiralverdickungen verbinden. Wenn die Zahl dieser Längsversteifungen wächst, so haben wir alle Übergänge zu Treppengefäßen vor uns, die manchmal natürlich sehr unregelmäßig sein können. Ferner findet man in den Präparaten eine ganze Kollektion verschiedener Anschlußtypen der Gefäße aneinander in allen möglichen Richtungen der Begegnung und Überkreuzung. Am häufigsten ist jener Anschlußtypus, wo die Eintrittsöffnung des seitlichen Gefäßzweiges von einer ringförmigen Verdickung umwallt ist (s. S. 419). Dieser Ring kann nun sowohl unmittelbar auf der Seitenfläche des Gefäßes liegen als auch herausgewölbt sehr verschiedene Konstruktionsformen des siebartigen Systems zeigen.

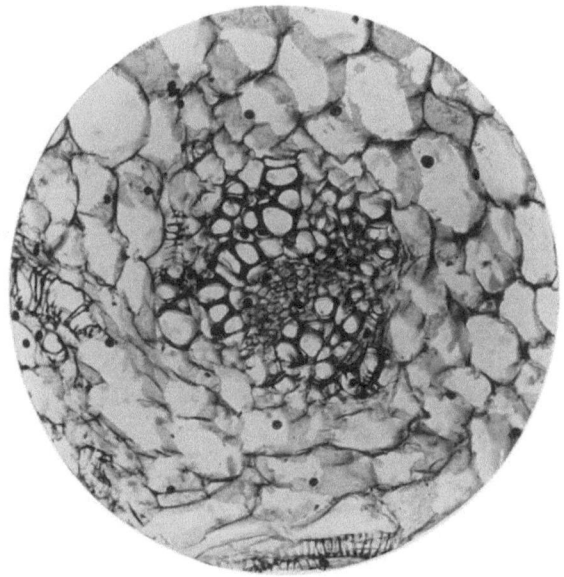

Abb. 128. *Tradescantia fluminensis* auf *Tradescantia zebrina*. Pseudoleptozentrisches Bündel in der Unterlage. Bei dem einen Xylem Beginn der Anastomosenbildung.

In der angekündigten Spezialabhandlung werden wir entsprechend ausführliche Illustrationen und Beschreibungen geben.

Zu allererst wird der aktive Zustand von jenen Zellen erreicht, die in unmittelbarer Nähe der peripheren Bündel diesen von außen anliegen. Wir wollen diese Schicht bei Monokotylen als latent meristematisch bezeichnen. Sie stellen im normalen Ausgangszustande ebenso wie bei *Hyacinthus* (s. Abb. 6, 8) gewöhnlich eine einreihige Schicht parenchymatischer, isodiametrischer Zellen verringerter Größe dar, wodurch sie sich von den Nachbarzellen im Grundparenchym unterscheiden. Wir wollen diese Schicht aus dem Grunde nicht als prokambial bezeichnen, weil aus ihr oft kein Prokambium entsteht, nicht einmal vom Typus des Kambiums der Monokotylen mit sekundärer Stengelverdickung (S. CHAMBERLAIN, 1921, und I. P. BORODIN, 1910, S. 174—176). Will man aber, wie es oft geschieht, jedes Meristem, das sich später in geformte Elemente differenziert, als Prokambium bezeichnen, so könnte man dann auch den von uns beschriebenen latent meristematischen Ring so nennen, aber erst dann, nachdem er seine Tätigkeit aufgenommen hat. Die Zellen dieses latent meristematischen Ringes strecken sich, teilen sich tangential und bilden einen Kambialzug von mehreren Zellreihen. Fernerhin differenzieren sich die Zellen dieses Gewebszuges unmittelbar in Gefäßelemente, die sich auf gewöhnliche Weise miteinander verbinden und lange, oft unregelmäßig geformte Gefäße bilden. Diese Gefäße anastomosieren mit den Gefäßen der peripheren Bündel und Zentralbündel. Manchmal zweigen tangentiale Queranastomosen auch noch Radiäranastomosen zu den zentralen Bündeln hin ab. In den genannten Anastomosen differenziert sich auch ein Leptom heraus. Doch verspätet sich seine Entwicklung oft und kommt gar nicht zu Ende, so daß tatsächlich einige Anastomosen nur aus Hadrom bestehen. Sehr interessant ist ferner auch die Bildung von Prokambialzügen, welche radiär von der Mitte nach der „Rinde" zu gerichtet sind und blinde Anastomosen liefern, welche durch besonderen Verschluß enden. (In Abb. 127 sind Stücke solcher Abzweigungen zu sehen.) Im Prokambialzustande erinnern diese Gewebszüge etwas an die Markstrahlen der „Dikotylen". Man bekommt den Eindruck, daß sich bei *Tradescantia* und möglicherweise auch bei anderen „Monokotylen" die Zellen des Grundparenchyms in der Erstreckung dieser Richtung qualitativ unterscheiden.

Wie gesagt, kommt es gleichzeitig mit den Neubildungen in der peripheren Zone auch zu solchen im Zentralbezirk. Neubildungsherde sind dabei diejenigen Zellen, welche unmittelbar die Leitbündel umgeben und ursprünglich das Aussehen einer parenchymatischen Scheide haben. Diese Scheide ist auf der Seite des Phloems manchmal nur schwach ausgebildet, zuweilen fehlt sie hier ganz. Damit steht es im Zusammenhang, daß die Neubildungen in der Nähe der Bündel ausschließlich oder jedenfalls energischer vom Xylemteil als vom Phloembezirk der Leitbündelumgebung ausgehen. Aber wie gesagt, auch von seiten des Phloems kann es zu einer Neubildung kommen, wenn eine parenchymatische Scheide vorhanden ist. Dabei kann es zu einer starken Verholzung und einer Verdickung (vgl. ALEXANDROW) der äußeren und inneren Membranen kommen. Die radialen und zentrifugalen Membranen verdicken sich gewöhnlich weniger. Meistens bilden sich die Prokambialzellen der Phloemseite in Gefäßelemente um. So entsteht ein konzentrisches, und zwar leptozentrisches Bündel (s. Abb. 128). Weiterhin tritt auch dieses Bündel durch Anastomosen mit anderen Bündeln oder mit anastomotischen Leitgewebszügen in Verbindung. Es kann sich aber auch das Phloem einer Anastomose vom Phloem des Ursprungsbündels abzweigen (s. Abb. 129 und 130). Auf Abb. 130 befindet sich der Ausgangsort der Anastomose seitlich am Rande der Photographie in der Pfeilrichtung. Sie besteht aus Hadrom wie aus Leptom und zieht sich nach der Verwachsungsstelle hin, wo ihr gegenüber der Durchbruch eines Phloems von seiten des Reises ganz ausgezeichnet zu sehen ist. Das Phloem, von welchem die genannte äußere Anastomose sich abzweigt, liegt näher dem Pfeil und das Xylem am anderen Ende. Man kann dabei wahrnehmen, daß der Gefäßteil der Anastomose in der Abbildung von der oberen Seite des Xylems herkommt, während auf

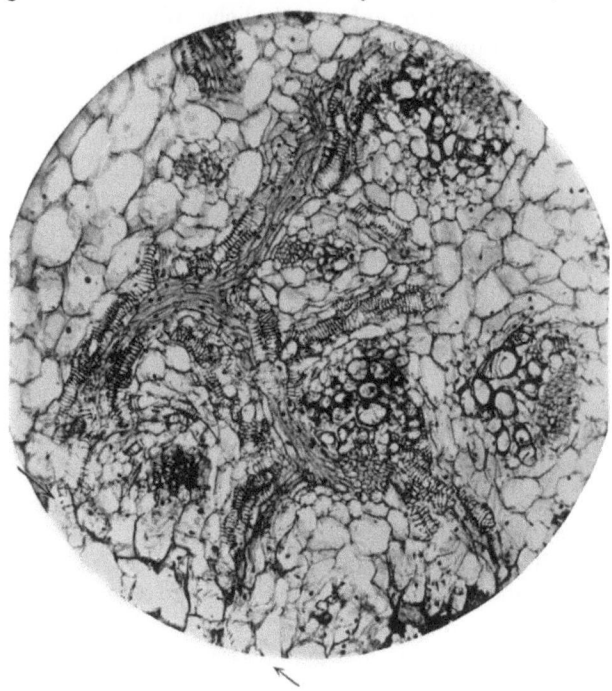

Abb. 129. *Tradescantia fluminensis* auf *Tradescantia zebrina*. Pfeile bezeichnen die Verwachsung, oberhalb der Verwachsungsgrenze Gewebe der Unterlage. Anastomosen zwischen den Bündeln der Unterlage. Von dem einen Bündel gehen zwei Anastomosen nach der Verwachsungsfläche ab.

der unteren Seite etwas oberhalb vom Zentrum des Bildes sich eine zweite reine Gefäßanastomose abzweigt. Diese nun verschmilzt mit einer Gefäßanastomose vom zweiten Bündel, welches gegenüber dem ersten liegt. Bei diesem zweiten Bündel kann man deutlich die Abzweigungsstelle (zur Peripherie des Stengels) einer weiteren Anastomose nach oben auf der Phloemseite sehen. Der Gefäßteil dieser Anastomose stammt aus Parenchymzellen, die dem Phloem außen anliegen. Diese Gefäße sind in Verbindung getreten mit dem Gefäßteil des betreffenden Bündels auf seiner unteren Seite. Auf Seiten des Reises sind entlang der Schräglinie, welche parallel der Schnittlinie beider Wundflächen links unten verläuft, verschiedene Durchbrüche an den Resorptionsorten der Isolierschichten zu sehen. Abb. 129 zeigt deutlich, wie vom Phloem des mittleren Bündels (der 3 unteren) eine Anastomose sich nach unten zur Verwachsungsstelle hinzieht. Dabei stammt der Leptomteil der Anastomose vom Leptom des genannten Bündels ab, und ihr Gefäßteil ist schon mit den Gefäßen des anderen Bündels verbunden. Aber auch das Leptom dieser Anastomose tritt über das Phloem des entsprechenden Leitbündels in das allgemeine System der Anastomosen ein. Interessant ist auf dieser Abbildung ein kleines Bündel, welches in der Nähe des Vertikaldurchmessers oberhalb vom Zentrum liegt. Es wurde zu einer Art Insel,

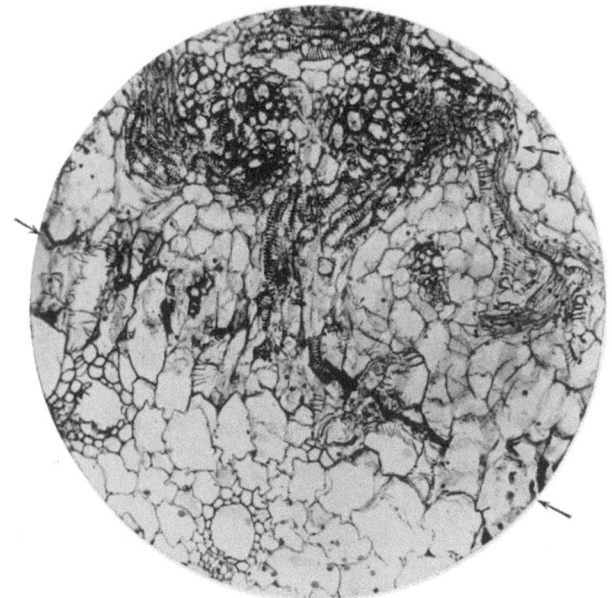

Abb. 130. *Tradescantia fluminensis* auf *Tradescantia zebrina*. Verwachsungsfläche durch die Striche am Rand bezeichnet. In der Pfeilrichtung der Beginn einer Anastomose von der Unterlage zur Verwachsungsfläche hin. Ihr begegnet eine unfertige Siebröhre vom Phloem des Reises her. In der Unterlage Gefäßobliteration. Anastomosen vom einen Bündel der Unterlage zum Reis.

welche in die Schleife der anastomotischen Verbindungen eingeschlossen liegt, ist aber mit diesem Bündel im genannten Schnitt nicht verbunden. Endlich zeigt dieser Schnitt noch ein Bündel, welches sich ganz außerhalb des Anastomosensystems befindet. Wie verschiedentlich aus den Abb. 129 und 130 hervorgeht, können die Anastomosen von konzentrischem Bau sein, und zwar vom leptozentrischen Typ. Davon wird in der angekündigten Arbeit im einzelnen zu berichten sein. Wir wenden uns jetzt unserem Hauptproblem zu, nämlich der Feststellung der wirklichen Verbindung der Leitsysteme beider Pfropfpartner.

SCHUBERT (1913, S. 419) kommt an einer Stelle seiner Arbeit zu folgender Feststellung, welche die Möglichkeit der Bildung einer Gefäßverbindung immerhin schon nahelegt:

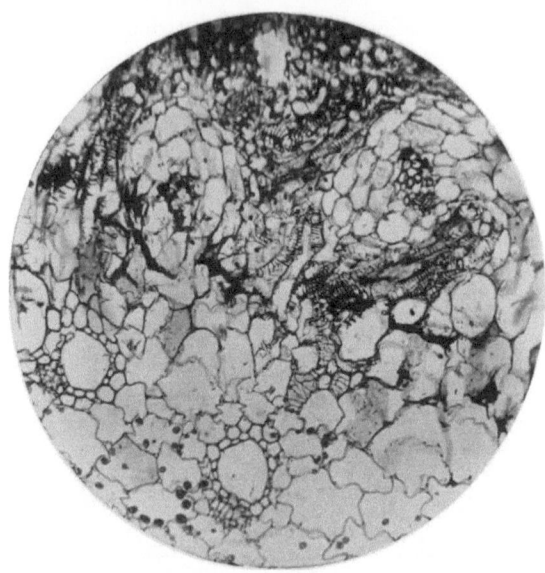

Abb. 131. *Tradescantia fluminensis* auf *Tradescantia zebrina*. Unten das Reis, oben die Unterlage. Ausbildung von Gefäßzellen als Fortsetzung einer Anastomose im Durchbruchsfenster der Isolierschicht. Ans linke Bündel des Reises tritt eine Tracheide von der Unterlage her durch Verwachsungsfenster durch. Stärkekörner im Reis.

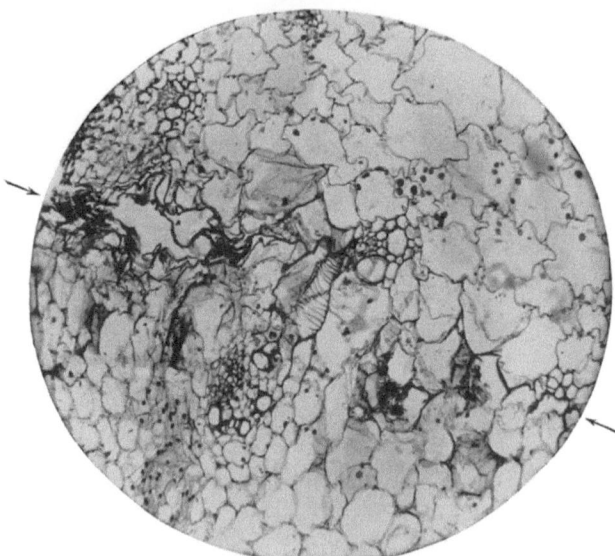

Abb. 132. *Tradescantia fluminensis* auf *Tradescantia zebrina*. Verwachsungsfläche schräg diagonal. Oben Reis, Unterlage unten. Tracheidalanastomose zwischen peripheren Bündeln der Komponenten.

„Die innige Verschmelzung beider Gewebe geschah vielmehr in der Weise, daß an einer Lücke von beiden Seiten Zellen hyphenähnlich sich entgegenwuchsen, sich ineinander schoben oder sich bei der Berührung abplatteten. Gebräunte, abgestorbene Zellreste waren an diesen Stellen nicht zu sehen. Ob sie resorbiert worden waren, vermag ich nicht zu sagen. An einer Stelle hatten sich Zellen schlauchförmig gestreckt, vielleicht werden aus ihnen Prokambiumstränge, da auf dem nächstfolgenden Schnitten (über x) bereits eine Anzahl lebender, kurzer Gefäßtracheiden zu finden war, anscheinend neugebildet, die sich dann an die gebräunte Trennungszone anschlossen. Aber abgesehen von diesem einen Fall, der sich auch noch nicht mal einwandfrei als Regeneration erweisen ließ, fand ich sonst niemals Gefäßbündel in größerer Anzahl an der Schnittfläche in dem Kallusgewebe regeneriert..."

Weiter sagt der Autor, trotz der Anwesenheit begünstigender Reize an der Verwachsungsstelle „scheinen die Parenchymzellen des monokotylen Kallusgewebes an der Verwachsungszone einer Pfropfung nicht fähig gewesen zu sein, Leitungsbahnen zu differenzieren, zum mindesten nicht in ausreichender Weise".

Hier ist also gar nicht die Rede vom Ausbleiben der Gefäßverbindung zwischen den Pfropfpartnern, sondern nur von der Unfähigkeit zur Bildung von Gefäßelementen im Gebiet des inneren Intermediärgewebes, das der Autor als „Kallus" bezeichnet, sowie überhaupt in dem gesamten Gewebe, welches an die gebräunte Trennungszone — nach unserer Benennung Isolierschicht — angrenzt. Auf unseren Abb. 129 und 130, 131, die wir noch um eine ganze Reihe anderer vermehren könnten, ist deutlich eine reiche Neubildung von Gefäßelementen zu sehen, sowie von Gefäßen, welche von den Bündeln der Unterlage her die Isolierschicht erreichen. Ja, an einigen Stellen treten die Gefäße oder die Gefäßtracheiden deutlich durch die Verwachsungsfenster hindurch und treten in Verbindung mit den Gefäßen der Unterlage (s. besonders Abb. 132, Querschnitt durch den Keil der Pfropfung *Tradescantia fluminensis* VELL. auf *Tradescantia zebrina*). Im oberen Teil der Abbildung sieht man im Gewebe des Reises die Ansammlung von Stärkekörnern. Es ist infolge eines Durchbruchs durch die Isolierschicht zu einer Verbindung zwischen den Bündeln der Unterlage und denen des Reises gekommen. Der eigentliche Anschluß wird durch zwei große Gefäßtracheiden hergestellt. Durch Analyse der Serienschnitte ist deutlich eine unmittelbare Verbindung dieser Anastomose mit den Gefäßen von Unterlage und Reis zu erweisen. Abb. 132 könnte einen zu dem fehlerhaften Schluß verleiten, daß die Gefäßanastomose im Reis sich an das Phloem anlegt. Aber schon genauere Betrachtung nur dieses einen Schnittes lehrt, daß die Anastomose neben dem Phloem anfangs tiefer geht und dann mit einer Umdrehung nach oben sich dem Xylem zuwendet (vgl. Abb. 133, dasselbe im Detail). Auf Abb. 134 ist außerdem trotz dem Defekt des Präparates die Verbindung des Leptoms des interessierenden Bündels zu erkennen. Den Anschluß stellt hier die Siebröhre her, welche durch stark eingedrückte Wände auffällt. Der Defekt des Schnittes allein dürfte die Eindrückung jedoch nicht erklären. Klar ist nur, daß die Siebröhre den Phloemteil

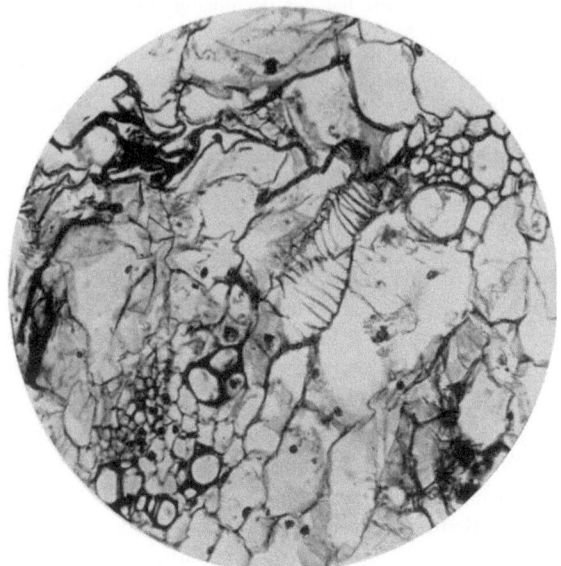

Abb. 133. Vgl. Abb. 132, stärker vergrößert.

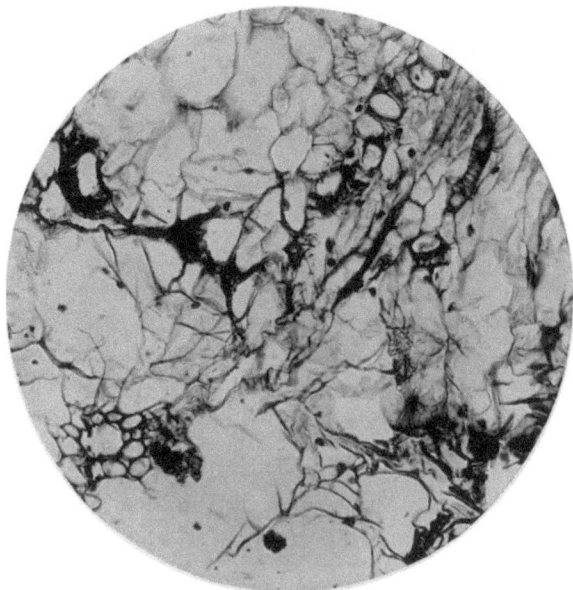

Abb. 134. Anderer Querschnitt im Verwachsungsfenster von Abb. 132. Phloemverwachsung. Eine Siebröhre (mit geschlängelten Wänden) tritt durchs Verwachsungsfenster hindurch. Das Gewebe neben dem Bündel der Unterlage (unten) beim Schnitt zerrissen. Außerdem (oben) ein Bezirk der Gefäßanastomose.

eines Bündels der Unterlage mit einem Phloem des Reises verbindet. Den Anschlußmechanismus im einzelnen kann man aus diesem Präparat nicht feststellen. Auf Abb. 130 sowie Abb. 135, welche dasselbe im detail darstellt, sieht man den Durchbruch einer breiten Siebröhre durch die Isolierschicht von der Seite des Reises her. Diese Siebröhre wächst nun auf die Anastomose in der Unterlage zu, deren Phloem auf Abb. 130 die Kontaktstelle zeigt (bei dem Pfeil). Die weiteren Schnitte zeigen, wie die erwähnte Siebröhre von der Unterlage her sich dem Leptom dieser Anastomose angegliedert hat. Das Xylem des betrachteten Leitbündels

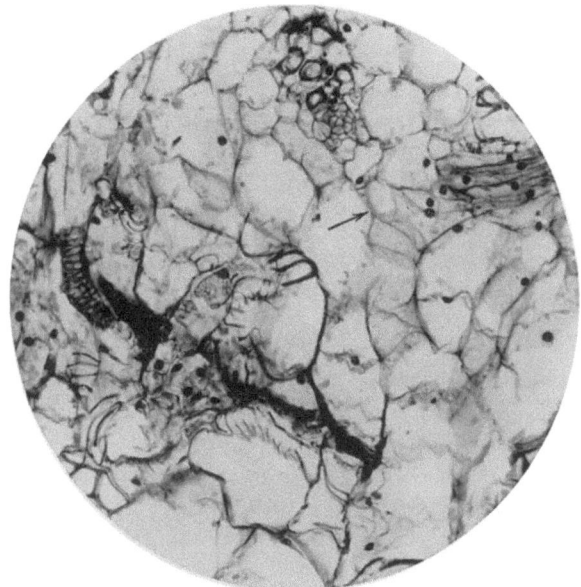

Abb. 135. Vgl. Abb. 134, stärker vergrößert. In der Pfeilrichtung verläuft eine unfertige Siebröhre vom Reis (unten) durch die Isolierschicht in die Unterlage. In der Pfeilrichtung Anastomosen von seiten der Unterlage. Links davon eine Gefäßanastomose, deren Verbindung mit den Leitsystemen der Transplantosymbionten andere Querschnitte zeigen.

im Reis zeigt Zerfall und Obliteration der größten Gefäße. Aber unabhängig hiervon treten die Gefäße von der Unterlage her durch das Verwachsungsfenster hindurch und an die Isolierschicht heran (s. dasselbe im Detail: Abb. 135 im Verwachsungsfenster ein Gefäßabschnitt. Hier sieht man ferner noch einen Gefäßabschnitt, dessen Anschluß in anderen Schnitten zu erkennen ist). Es ist angesichts des geschilderten Zustandes unseres Problems selbstverständlich eine verantwortungsvolle Aufgabe, die tatsächliche Verwachsung zu diagnostizieren. Ihre Lösung ist aber letzten Endes nur eine technische Frage.

Eine scheinbare Besonderheit bietet bei unseren Monokotylenpfropfungen noch die Gefäßobliteration, die wir weiter unten besprechen wollen. Doch handelt es sich hier um ein Hindernis ganz anderer Art

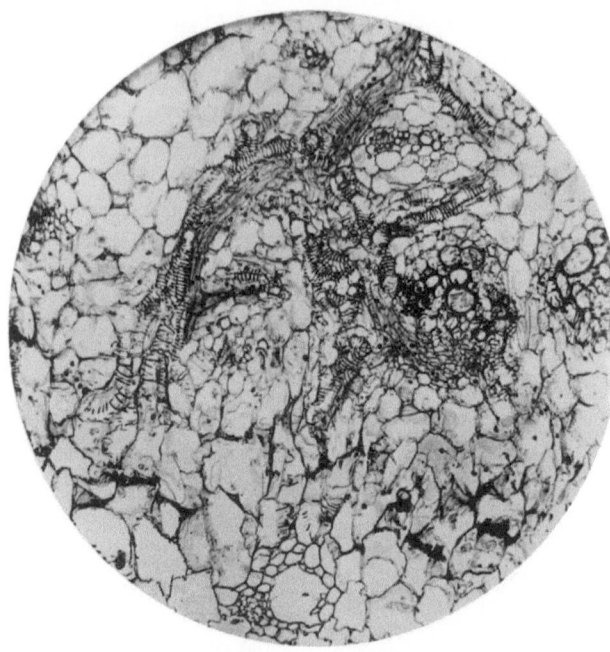

Abb. 136. *Tradescantia fluminensis* auf *Tradescantia zebrina*. Vertikalschnitt. Oben Unterlage, unten Reis. Gefäßanastomosen und Phloemverbindung. Bündelgefäße des Reises obliteriert. Ferner Durchtritt einer zweiten Unterlage durch ein Verwachsungsfenster.

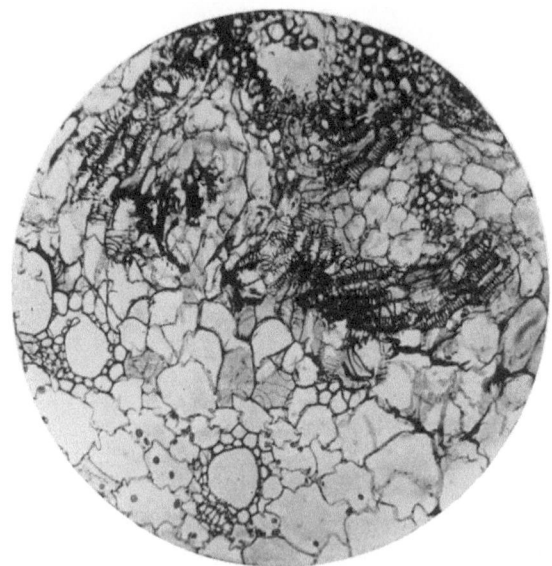

Abb. 137. Vgl. Abb. 136. Anderer Schnitt derselben Pfropfung.

für die Verwachsung als die von SCHUBERT u. a. beschriebenen. Wir glauben aber auf Grund unserer Präparate auf die Verwachsung schließen zu können und verweisen diesbezüglich noch besonders auf Abb. 130, wo gegenüber der beschriebenen Anastomose eine große Gefäßtracheide mit zerbrochener Spirale die Isolierschicht durchstößt und sich klar an das Xylem des Reises anschließt. Wohl sind die Inkrustationsfiguren dieser Tracheiden durch den Schnitt verletzt, doch genügen die verbliebenen Reste vollkommen, um den erwähnten Schluß zu rechtfertigen.

Wenden wir uns nun, um den gewonnenen Eindruck noch zu befestigen, der Abb. 136 zu. Sie folgt in der Schnittserie auf Abb. 129 und zeigt eine Gefäßanastomose, wenn auch nur von verletzten Gefäßelementen (der Siebteil ist auf Abb. 129 dargestellt). Diese Gefäßelemente ziehen sich nach unten zu entlang dem Vertikaldurchmesser der Photographie durch die Isolierschicht hindurch zum Xylem des Reises hin. Ziehen wir noch Abb. 131 hinzu, so ist der Bildungsvorgang dieser Anastomose der folgende: Zuerst differenzieren sich in einem Verwachsungsfenster miteinander verbundene Leitelemente heraus, die dann fortgesetzt werden durch Leitelemente, in welche sich die Parenchymzellen des Reises in Richtung auf Xylem und Phloem des nächstgelegenen Bündels zu umwandeln. Auch Abb. 131 und 137 zeigen die Gefäßanastomose zwischen dem äußeren Seitenbündel des Reises und dem Anastomosensystem der Unterlage recht gut. Eine andere Pfropfung (*Tradescantia fluminensis* auf *Tradescantia zebrina* — gepfropft 23. Juni 1928, fixiert am 31. Dezember 1928; Keilpfropfung, Abb. 126) zeigt uns, wie an zwei Punkten Reis und Unterlage sich so genähert haben, daß zwei Phloeme in entgegengesetzter Richtung liegen. Unter diesen Umständen ist zwar der Meristemzug von dem Phloem des Reises zur Isolierschicht und vom Phloem der Unterlage zum Verwachsungsfenster recht gut zu sehen (Unterlage oben im Schnitt), ebenso wie die Verbindung der Xyleme deutlich herauskommt, aber eine Leptomverbindung kann man schon nach der Lage der Bündel schwer erwarten. Die Xylemverbindung ist dagegen sehr eng und über dem breiten unteren Bezirk der Isolierschicht, wenn auch schwach, so doch zweifellos festzustellen. Sie kommt zustande über die Abzweigung eines Gefäßes, das an der Berührungsstelle von Phloem und Xylem im Reis seinen Ausgang nimmt. Andere analoge Verbindungsgefäße sind noch schwach verdickt und liegen weiter oben. Eines von ihnen tritt mit einer Biegung an das Gefäß 2 des Reises von der Seite her heran. Deshalb ist gegenüber der Ziffer 2 ein Querschnitt durch das Ende dieses Gefäßes zu sehen, welches sich in Gefäß 2 etwas eingedrückt hat. Es ist schwer zu sagen, ob die endgültige Verbindung durch die Seitenwand des verbindenden Gefäßes hindurch zustande kommt. Gewöhnlich aber findet der Anschluß in den Anastomosen der Unterlage nicht durch die Seitenwände hindurch, sondern mittels der Gefäßenden statt. Dabei machen die anastomosierenden

Gefäßelemente oft eine scharfe Wendung auf das Gefäß zu. Es gibt aber scheinbar auch Fälle der Bildung einer wahren Gefäßverbindung durch die Seitenwände hindurch. Auch dann wird die gebildete Öffnung von einem Verdickungsring umrandet. In dem Gefäß des Reises in der vorliegenden Photographie kann man den Beginn einer Obliteration wahrnehmen, welche hier offenbar mit Tüllenbildung verbunden ist (vgl. ALEXANDROW und ALEXANDROWA, 1929b).

Schon auf Abb. 131 und 137 war feststellbar, daß die von der Unterlage kommenden Gefäßanastomosen durch Zellen mit völlig unregelmäßiger Verdickung fortgesetzt werden können. Soweit wir bisher feststellen konnten, können diese Verdickungen nicht nur den gewöhnlichen Gefäßinkrustationen analog sein, sondern können auch Verbindungsbrücken, welche den Zellraum durchdringen, darstellen (vgl. KÜSTER, 1929b, S. 142 und Abb. 79 bei uns). Auf der Abb. 138 (*Tradescantia flumensis* auf *Tradescantia zebrina* gepfropft 14. Mai 1928, fixiert 4. Februar 1929) liegen etwas rechts unterhalb vom Zentrum zwei unregelmäßige inkrustierte Zellen nebeneinander. Hier haben die Verdickungen nur allmählich stattgefunden, wie bei Durchsicht der Serienschnitte dieser Zellen unter Berücksichtigung der Schnittlage der Verdickungen leicht festzustellen war. Abb. 139 zeigt die Verbindung zwischen dem Gefäß des Xylems vom Bündel der Unterlage mit einem solchen des Reises. Der eigentliche Anschluß wird durch eine gestreckte und unregelmäßig verdickte Gefäßzelle zustande gebracht. Mit etwas kleinerer Vergrößerung stellt Abb. 140 diese Stelle dar. Sie dient hauptsächlich der Feststellung der verschiedenen Zellformen des Grundparenchyms in der Verwachsungszone. Wir finden gewundene kleine Formen bei der Unterlage (*Tradescantia zebrina*), größere, mehr oder weniger gleichmäßige beim Reis (*Tradescantia fluminensis*). Die Isolierschicht ist vollkommen resorbiert. Wir glauben, daß das hier vorgelegte Material genügt, um die Verbindungen der Leitsysteme von Unterlage und Reis bei diesen Monokotylenpfropfungen unbedingt anzunehmen. Es wird deshalb auf weitere Illustrationen verzichtet, obgleich wir noch mehr beweisende Bilder besitzen.

Es ist aber absichtlich hier die Rekonstruktion aus den vorliegenden Schnittserien vermieden worden, vielmehr wurde Wert darauf gelegt, Schnitte zu zeigen, die auch ohne Rekonstruktion dem Beweise dienen könnten. Wir befinden uns in dieser Beziehung in einer besseren Lage als SIMON (1930) bei der Beweisführung für die Gefäßverbindung bei interfamiliären Pfropfungen. Selbstverständlich aber hat auch eine solche Rekonstruktion als beweisend zu gelten, was wir anführen, um dadurch die Sicherheit des von uns an Hand einzelner Schnitte geführten Nachweises hervorzuheben.

Es bleibt noch übrig, die Lücken im Xylem des Bündels zu besprechen, welche auf unseren Schnitten sichtbar sind. Sie sind das Resultat eines

Verwachsungsprozeß bei Monokotylenpfropfungen.

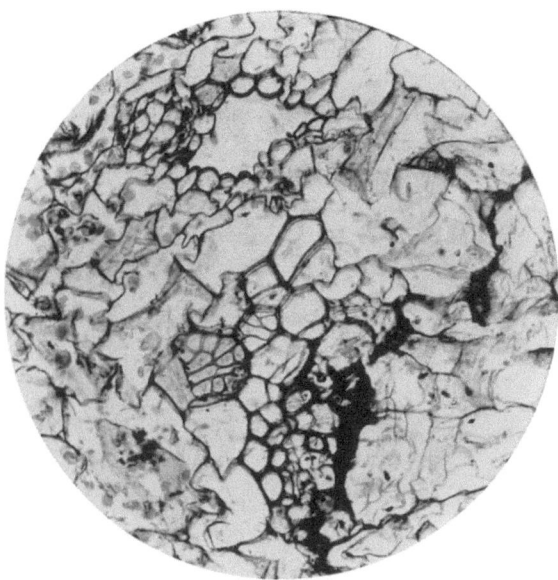

Abb. 138. *Tradescantia fluminensis* auf *Tradescantia zebrina*. Pfropfung 8 Monate, 18 Tage alt. Unterhalb des Zentrums inkrustierte Zellen im Reise. Viele Stärkekörner. Rechts der Zwischenschicht Unterlage.

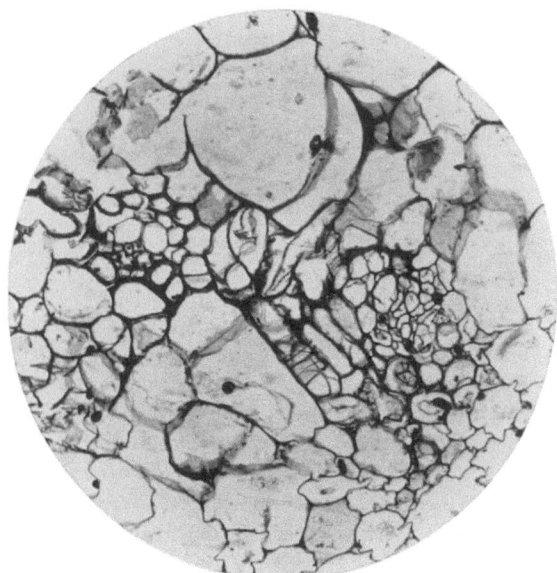

Abb. 139. Vgl. Abb. 138. Rechts Unterlage, links Reis. Isolierschicht fast völlig resorbiert. Verbindung des Xylems durch eine unregelmäßig inkrustierte Zelle.

Zerfalls, den wir als Obliteration bezeichnen können (vgl. ALEXANDROW, 1929), und dem früher oder später ein Teil oder alle Kleingefäße zum

450   Transplantation (Umpflanzung, Pfropfungen).

Opfer fallen. Wir haben das bei unseren Pfropfungen hauptsächlich im zentral gelegenen Leitbündel und vorzugsweise im Reis beobachtet. Die Obliteration griff gelegentlich auf Gewebe außerhalb der Verwachsungsstelle über, also oberhalb und unterhalb der Pfropfung. In den peripheren Bündeln dagegen war die Obliteration in viel schwächerem Maße ausgeprägt oder fehlte gänzlich. Zuweilen zerfallen in den zentralen Bündeln alle Xylemgefäße wie überhaupt das ganze Xylem abgesehen von der parenchymatösen Scheide, einerlei ob diese verholzt war oder nicht (s. Abb. 125, 126, 127, 129, 131, 137). Wir halten es für ganz

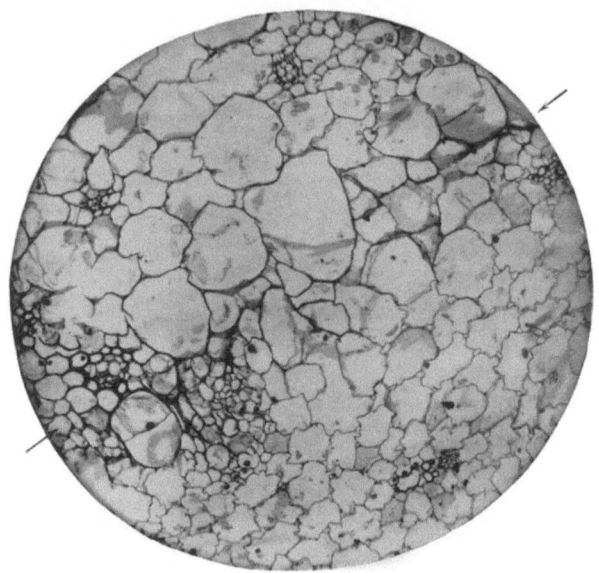

Abb. 140. Vgl. Abb. 139. Dieselbe Verwachsungsfläche bei schwächerer Vergrößerung in anderem Querschnitt. Zwischenschicht fast völlig resorbiert (Verlauf zwischen den Pfeilen am Rande). Die Transplantosymbionten nach der Zellform unterscheidbar [großkörnige Stärke im Reis (oben), Unterlage unten].

wahrscheinlich, daß die äußerst geringe Intensität, mit welcher das Reis am Verwachsungsprozeß bei *Tradescantia* teilnimmt, hauptsächlich durch diesen Gefäßzerfall bedingt ist. Denn in den peripheren Gebieten oder in den zentralen, wo die Obliteration fehlte, war der Anteil des Reises an dem Verwachsungsprozeß so groß wie der der Unterlage (s. Abb. 125 und 126). Es ist auffällig, daß weder die Nachbarschaft des nahen Phloems, noch die Anwesenheit reichlicher Zerfallsprodukte des Xylems hier eine stimulierende Wirkung auf die anliegenden Parenchymzellen auszuüben vermag. Einerseits fehlt es nämlich an Gründen für die Annahme, daß die HABERLANDTschen Phloemhormone ohne Mitwirkung des Xylems nicht wirksam würden, andererseits ist es auch schwer zu entscheiden, ob eine spezifische Unempfindlichkeit der nächstgelegenen Parenchymzellen oder die besondere Natur der Zerfallsprodukte des

Gefäßobliteration bei Monokotylenpfropfungen. 451

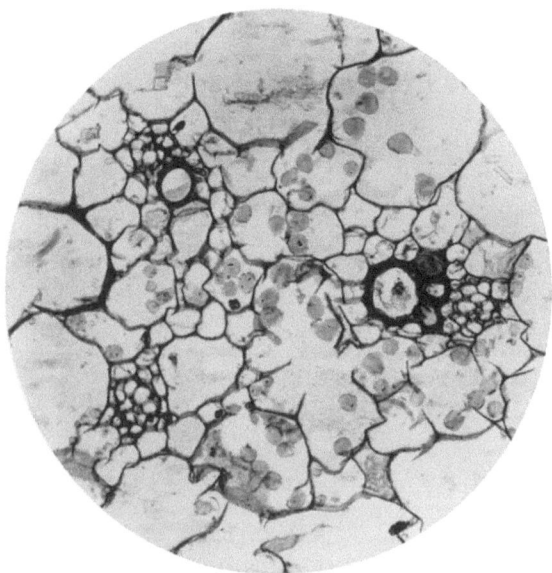

Abb. 141. *Tradescantia fluminensis* auf *Tradescantia zebrina*. Gefäßobliteration in den Bündeln des Reises. Im oberen Bündel ein Gefäß völlig intakt. Rechts Frühstadium einer Gefäßobliteration: Aufquellung der Gefäßwandung, Tüllen im Gefäß.

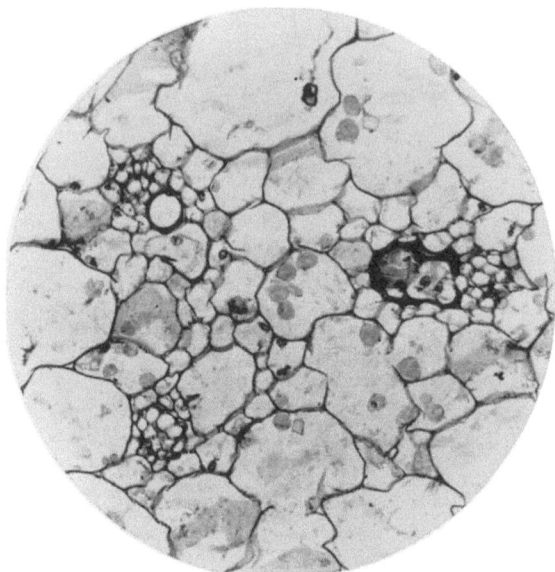

Abb. 142. Vgl. Abb. 141. Ein anderer Querschnitt. Links oben völlig intaktes Gefäß, rechts ein Stadium mittlerer Obliteration. Vgl. die entsprechende Stelle auf Abb. 139. Obliteration der inneren Gefäßwand weiter fortgeschritten. Dünnerwerden der im Frühstadium gequollenen Gefäßwandung.

Xylems dieses Ausbleiben der sonst stattfindenden Stimulation zu erklären vermag.

Abb. 141 stellt ein frühes Stadium der Obliteration dar, welches charakterisiert ist durch die Aufquellung der Membranen, die sich jetzt stark anfärben. In dem Stadium, welches Abb. 142 darstellt, sind die Gefäßwände schon fast vollkommen zerfallen, und es beginnt die Auffüllung des Lumens mit Tüllen. Kollabierung der Gefäße wird beobachtet. Später verschwinden auch die Tüllen und in den Endstadien der Obliteration werden sie niemals angetroffen, was eine interessante Tatsache ist im Hinblick auf die Beziehung der Tüllen zur Obliteration (s. H. CRÜGER, 1860, und ALEXANDROW und ALEXANDROWA, 1929b). Wir nehmen an, daß die Tüllen entweder unter dem Einfluß der ersten Zerfallsprodukte der Gefäße oder des verringerten Widerstandes seitens der Gefäßwände ihr Wachstum aufnehmen. Sie begünstigen dann rein mechanisch den Zerfall der Gefäße. Diesem Zerfall müssen dann endlich auch die Tüllen anheimfallen, denn es ist schwer, sich vorzustellen, daß sie in ihren Ausgangszustand zurückkehrten. Für die sekundäre Rolle, welche wir den Tüllen zuweisen, spricht auch die Tatsache, daß die Obliteration hinreichend kleiner Gefäße ohne Tüllenbildung vor sich geht. Eine Folge hiervon ist, daß die kleinen Gefäße im Verhältnis zu den großen sehr langsam zerfallen.

Die Tatsache des beschriebenen Gefäßzerfalls dürfte für die gesamte Frage der Verwachsung bei Monokotylen ziemlich wichtig sein: In der Tat haben wir gesehen, daß die anastomotischen Gefäßverbindungen an die Bündel mit schon obliterierten Gefäßen herantreten. Wenn auf diese Weise nämlich eine Gefäßverbindung nicht zustande kommt, so braucht das nicht in dem Fehlen der Anastomosenbildung, sondern kann am Fehlen von Gefäßen, an welche der Anschluß stattfinden könnte, bei dem einen Partner liegen. Bei Obliteration der Gefäße beider Partner käme natürlich überhaupt keine Anastomosenbildung zustande. Das stimmt gut überein mit dem, was weiter oben über die Lokalisation der Bildungsherde der Anastomosen im Xylemteil gesagt wurde. Da nun bei peripheren Bündeln die Obliteration selten beobachtet wird, kommt an diesen Stellen tatsächlich eine Leitbündelverbindung zwischen den Pfropfsymbionten zustande. Blieben im zentralen Gebiet die Gefäße erhalten, so kam es auch hier zu einer Leitbündelverbindung (vgl. Abb. 126). Ob die Obliteration mit einer Störung oder dem Aufhören der Leitfunktionen des Gefäßes im Zusammenhang steht, vermögen wir mit Sicherheit nicht zu sagen; doch würde ein Anschluß des Gefäßes an das übrige Leitsystem vermittels Anastomosen in diesem Fall der Obliteration vorbeugen.

Endlich spricht auch hier die Abhängigkeit der Verwachsungsaktivität des Reises von der Gefäßobliteration für die Bedeutung der stimulierenden Wirkung des Xylems.

Es ist klar, daß man bei der Ausführung derartiger Pfropfungen also dafür zu sorgen hat, daß die peripheren Teile von Reis und Unterlage sich gut berühren. Dies ist leicht durch Ablaktation zu erreichen, denn da die Obliteration in den peripheren Bündeln fehlt oder schwach ausgeprägt ist, bestehen um so mehr Aussichten für eine zufriedenstellende Verwachsung.

Unsere Ergebnisse bezüglich der *Tradescantia*-Pfropfungen fassen wir wie folgt zusammen:

1. Auch bei ,,Monokotylen"pfropfungen gibt es echte Verbindungen der Leitsysteme beider Pfropfpartner.

2. Der Mechanismus einer solchen Verwachsung unterscheidet sich von der Verwachsung bei ,,dikotylen" Pflanzen prinzipiell nicht. Besonders verwandte Züge zeigen sich zu der Verwachsung von ,,Dikotylen" mit zerstreuten Bündeln, ohne daß natürlich völlige Analogie vorhanden wäre.

3. Zum Gelingen der Verwachsung bedarf es keiner starken Entwicklung weder des äußeren noch des inneren Intermediärgewebes) des sog. ,,Verwachsungskallus").

4. Hadrom- und Leptomanastomosen können von dem Grundparenchym der Pfropfsymbionten wie auch von beliebigen Stellen des Intermediärgewebes ihren Ausgang nehmen. Der periphere latentmeristematische Ring und das Parenchym in der Nachbarschaft der Leitbündel stellen die Neubildungsherde dar.

5. Die Anastomosen nehmen in der Mehrzahl der Fälle ihren Weg durch die Lücken des Intermediärgewebes, selbst dann, wenn dies nicht der kürzeste Weg sein sollte.

6. Gefäßobliteration wurde in zentral gelegenen Leitbündeln, besonders im Reis, beobachtet, und kann sich über den Bezirk der nächsten Nachbarschaft der Verwachsungsstelle hinaus ausdehnen. Sie kann die Ursache des Mißlingens einer Gefäßverbindung sein. Die Verbindung von Leptomteilen dieser Bündel kann auch in diesem Falle auftreten, d. h. ohne Gefäßverbindung, — umgekehrt in anderen Fällen ohne Phloem — doch Gefäßverbindung.

7. Es wurden weitere Bestätigungen für die stimulierende Wirkung des Xylems auf die Teilung der anliegenden Zellen gefunden. Eine Notwendigkeit, daß diese Wirkung hormonalen Charakter trage, können wir jedoch nicht sehen, da wohl jeder Stoff, der den physikalischen Zustand der Zelle zu ändern vermag, als Stimulator wirksam sein kann.

8. Das Lebensalter der Pfropfung steht in keiner direkten Abhängigkeit vom Zustandekommen der Gefäßverbindung, d. h. bei Pfropfungen jüngeren Alters kann sie zustande kommen, bei Pfropfungen doppelt so hohen Alters fehlen.

9. Sogar das Fehlen einer Leitbündelverbindung braucht nicht die unmittelbare Ursache für das Eingehen der Pfropfung zu sein.

10. Es wurde Material zum Problem des Zusammenhanges von Gefäßobliteration und Tüllenbildung mitgeteilt.

e) Über die Richtung weiterer Arbeiten über den Verwachsungsprozeß.

Bei der weiteren Bearbeitung des Verwachsungsprozesses wird man, abgesehen von den zweifellos notwendigen weiteren anatomischen Untersuchungen des Prozesses, in allen seinen möglichen Variationen auch noch spezielle Methoden anwenden müssen. Die Einbeziehung experimenteller Methoden wird sich insbesondere bei der Untersuchung der Fragen der Vorbereitung der Reiser (S. 182 f.) oder bei der Untersuchung der Bedingungen, welche auf das Zustandekommen von Neubildungen bei Verwundungen wirken (S. 239 f. und 340) als nützlich erweisen.

Speziell ist eine Sonderbearbeitung der Wirkung chemischer und energetischer Stimulatoren (s. M. POPOFF, 1930) notwendig. KOSTOFF (1929) schreibt über die chemischen Faktoren (S. 442) folgendes:

„Die beste und schnellste Verbindung zwischen der Unterlage und Reis wurde dann erhalten, wenn die Komponenten mit 1%iger wäßriger Magnesiumsulfatlösung angefeuchtet wurden. Dieses hat die Prozentzahl erfolgreicher Verbindungen erhöht."

KOROTKEWITSCH (1930, S. 65—66) teilt, allerdings nicht genügend ausführlich, mit, daß in seinen Pfropfungen mit *roter Beete* das Wasser einen besseren Stimulator darstelle als irgendwelche Lösungen. Aus den POPOFFschen Arbeiten (s. z. B. 1930, S. 307—309 und 314—319) ist im allgemeinen zu ersehen, daß die Stimulationsresultate sehr stark variieren, je nachdem unter welchen Bedingungen sie erhalten werden. Also ist gerade die Erforschung dieser Bedingungen wichtig und nicht die einfache Feststellung des zufälligen Zusammentreffens von Stimulatoren. Arbeiten von POPOFF über Pfropfungen kennen wir nicht, mit Ausnahme einer Bemerkung aus dem Jahre 1924, die keinen resultativen Charakter trägt. Es ist möglich, daß sich in seiner Arbeit aus dem Jahre 1931 etwas findet. Diese Arbeit war uns aber nicht zugänglich. Endlich ist, worauf wir schon hingewiesen haben, eine ernsthafte Bearbeitung des Problems der serologischen (antigenen) Beziehungen der Transplantosymbionten, die von KOSTOFF (1929) begonnen wurde, notwendig.

Im folgenden sollen noch einige allgemeinere Erwägungen über die oben beschriebene Isolierschicht angestellt werden. Wenn sie, damit der Verwachsungserfolg zustande kommt, der Resorption oder der Durchbrechung unterliegt, so werden dabei einerseits die chemische Zusammensetzung der Isolierschicht und andererseits die Natur der auflösenden Stoffe, welche durch die lebenden Zellen produziert werden, von Bedeutung sein. Es ist möglich, daß durch experimentelle chemische

Beeinflussung eine Isolierschicht, die noch nicht durchbrochen oder resorbiert wurde, zur Bildung von echten Berührungsfenstern gezwungen und so der Erfolg einer Pfropfung sicher erreicht werden könnte. So würde sich das mögliche Anwendungsgebiet der Pfropfungen erweitern, was natürlich für die Wissenschaft wie für die Praxis von Wichtigkeit wäre. Es wird kaum möglich sein, die chemischen Stoffe, die von den lebendigen Zellen ausgeschieden werden, zu verändern. Wohl erscheint dagegen eine Änderung der chemischen Zusammensetzung der Isolierschicht theoretisch möglich. Wir stellen uns folgende Wege dafür als möglich vor:

1. Einwirkung irgendwelcher Reagenzien, welche die lebenden Zellen nicht abtöten, auf die frische Schnittfläche des Reises oder der Unterlage.

2. Durch Ausführung der Pfropfoperationen in einer Kohlensäureatmosphäre oder in abgekochtem Wasser oder irgendwie anderen derartigen Bedingungen statt an der freien Luft, wo die Oxydation der bei der Verwundung ausgeschiedenen Stoffe statthat. Die Möglichkeit, so das gewünschte Resultat zu erzielen, ergibt sich aus der Möglichkeit, die Autolyse unter verschiedenen Bedingungen stattfinden zu lassen (s. z. B. A. I. OPARIN, 1927, S. 137 und 372). Man kann noch nicht genau sagen, was für Prozesse in unserer Isolierschicht vor sich gehen. Das ändert nichts an der Richtigkeit der Tatsache, daß es möglich ist, die chemischen Prozesse in der Isolierschicht, die wir (s. oben) wenigstens für die erste Zeit unmittelbar nach der Verwundung als autolytische Mischung auffassen, zu verändern. Besonders erscheint dabei die künstliche Herabsetzung oder Hemmung der Oxydation der Atmungspigmente zu der inaktiven braunen Form (s. S. 194) wichtig. So würde der normale Atmungsprozeß sowohl in den verletzten Zellen (natürlich nicht in den abgetöteten) als auch in den der Wundoberfläche anliegenden Zellen aufrechterhalten. Denn auch in diesen Fällen wird nach unseren Beobachtungen manchmal die Bildung von braunen Pigmenten festgestellt. Die Wege, die man zum Zweck einer derartigen Beeinflussung zu gehen hätte, wurden angedeutet. Tatsächlich würden wir, indem wir die Ausführung der Schnitte und der Pfropfung selbst in eine Kohlensäureatmosphäre verlegen, den Übergang der Atmungspigmente in die Chlorogensäure (Atmungschromogen) begünstigen. Die Experimente von KABUS (1912) über die Verwachsung von Hälften der *Kartoffel*-Knolle haben gezeigt (s. unsere S. 241), daß auf diesem Wege eine günstige Beeinflussung der Operation möglich ist, was aus der verringerten oxydativen Wirkung der Luft (da hier in der Regel die Wundoberfläche nicht braun wird) erklärt wird.

Theoretisch sind ferner Versuche denkbar, welche die Beziehungen zwischen den oxydativen und den reduktiven Prozessen im Sinne einer Gleichgewichtsverschiebung zugunsten der reduktiven Phase erzwingen durch Einwirkung irgendwelcher Reduktionsmittel auf die Wundflächen.

Einen gewissen Hinweis auf die Möglichkeit des Erfolges solcher Experimente kann man z. B. darin sehen, daß es A. I. OPARIN (1927, S. 272) gelang, mit Hilfe von Milchperhydrase zwar nicht die Oxydation der Atmungspigmente zum Stillstand zu bringen, aber sie doch zu hemmen. Es gelang nämlich, den Prozeß der Reduktion zur Chlorogensäure (dem Atmungschromogen) zu begünstigen. Trotzdem dominierte der gegenteilige Prozeß, also die Oxydation dieser Pigmente. Es sei hier aber bemerkt, daß OPARIN nicht mit lebenden Objekten arbeitete, sondern mit einem künstlichen chemischen System. Wir können seine Resultate dennoch hier anwenden, weil nach den Worten des Autors (1927, S. 273) sein System „den unbestrittenen Vorzug hat, daß es aus den isolierten Bestandteilen der Zelle aufgebaut ist." Außerdem überträgt der Autor selbst seine Resultate auf die Prozesse in der lebenden Zelle.

Man darf aber bei dem soeben über die Begünstigung der Reduktionsprozesse Gesagten nicht außer acht lassen, daß nach NABOKICH (1908, S. 171) „der Sauerstoff im Leben der Pflanze nicht nur die Rolle des Energiespenders spielt, sondern ein Agens ist, welches die Lebensfähigkeit des Protoplasten gewährleistet". Es ist notwendig, diese Lebensfähigkeit in sämtlichen Zellen der Schnittoberfläche (auch in ihrem Inneren) aufrechtzuerhalten. Das folgt sowohl aus dem gesamten eigentlichen Verwachsungsprozeß als auch aus der hier gestellten Aufgabe, die Isolierschicht zu vernichten, ohne durch Abtötung derjenigen Zellen, welche unterhalb der ersten Schicht noch am Leben sind, eine neue zu bilden. Deshalb ist auch als ein Milieu abgekochtes Wasser neben völlig sauerstofffreien Medien angegeben worden. Wir wollen hier nicht noch auf den Prozeß der intramolekularen Atmung eingehen, den man zweifellos bei weiteren Arbeiten in dieser Richtung berücksichtigen muß. Unsere Aufgabe ist es nur, eine mögliche Gedankenrichtung anzugeben, welche zu weiterer Vertiefung der Transplantationsforschung führen kann. Wir wollen nicht etwa ausgearbeitete Vorschläge für die praktische Ausführung irgendwelcher Maßnahmen auf dem Gebiete der chemischen und überhaupt energetischen Beeinflussung vorlegen.

Zum Schluß möchten wir über einige negativ ausgefallene Versuche, welche aber gemacht werden mußten, berichten. Wir haben versucht, einfach mechanisch unter dem Wasserstrahl die Membran, welche sich auf der Schnittoberfläche bildet, abzuwaschen. Weder Waschungen des Reises noch der Unterlage von einer Zeitdauer von $1/4$—$1\,1/2$ Stunden haben zu positiven Resultaten geführt. In allen Fällen haben die Präparate eine Isolierschicht gebildet, die in ihrer Mächtigkeit nicht von den Kontrollpräparaten, die nicht gewaschen wurden, zu unterscheiden waren. Ein positives Resultat war auch von dieser Operation kaum zu erwarten. Immerhin mußte mit ihr als der einfachsten Operation angefangen werden. Es kann sein, daß irgendwelche Varianten dieses Handgriffes in Verbindung mit irgendwelchen der vorher angegebenen

Manipulationen das gewünschte Resultat ergeben werden. Nebenbei wollen wir bemerken, daß die Verwachsungen der gewaschenen Pfropfungen sich in allen Fällen von den Kontrollpfropfungen nicht unterschieden. Wenn wir also die Existenz von „Hormonen" im Sinne HABERLANDTs annehmen, so muß man sich vorstellen, daß sie nicht abgewaschen wurden, oder richtiger gesagt, an die Verwachsungsstelle durch das Leitsystem herangetragen wurden. Es ist klar, daß man aus dem Leitbündelsystem die Hormone nicht auswaschen kann.

Es wäre aber denkbar, daß vorherige Abspülung mit Wasser oder irgendwelchen Lösungen den Verwachsungserfolg günstig beeinflußt, indem schädigende Stoffe ausgewaschen werden. Selbstverständlich kann eine vorherige Auswaschung nicht helfen, wenn die betreffenden Stoffe durch die Zellen an der Berührungsstelle der Transplantosymbionten später ausgeschieden werden. KÖHLER (1930) hat für Pilze gezeigt, daß eine Waschung der Konidien von Erfolg sein kann. Tatsächlich wirkten die Keimhyphen von *Sclerotinia fructigena* und *Neurospora tetrasperma* ohne Auswaschung aufeinander negativ, riefen sogar gewisse Störungen hervor, besonders von seiten der *Sclerotinia fructigena*. Nach vorheriger Waschung der Konidien dieses letzten Pilzes mit sterilisiertem Wasser aber sind
„schwache aber deutliche telemorphotische und zygotrope Reaktionen zwischen beiden Arten festzustellen.... Die oben erwähnten Störungen wurden nicht beobachtet; durch das Spülen der *Fructigena*-Konidien waren offenbar die schädlichen Stoffe größtenteils entfernt worden".

Allgemeine Schlußfolgerungen bezüglich des Verwachsungsprozesses.

a) Es gibt im Verwachsungsprozeß gewisse allgemeine Gesetzmäßigkeiten, welche sich auf die Pfropfungen verschiedener organographischer und systematischer Kombinationen der Transplantosymbionten anwenden lassen.

b) Beim Prozeß der Verwachsung der Pfropfungen haben wir folgende Hauptmomente gefunden: 1. Die Bildung der Isolierschicht auf dem Schnitt oder der Einschnittfläche. 2. Bildung des inneren, äußeren oder gemischten Intermediärgewebes. 3. Durchbrechung und Resorption der isolierenden Schicht. 4. Verbindung zwischen den Leitbündelsystemen der Unterlage und des Reises.

c) Wir halten es für vollkommen sicher festgestellt, daß es nicht gleichgültig ist, welche Gewebe der Unterlage und des Reises miteinander in Berührung gelangen. Nicht gleichgültig ist ferner auch die Größe der Berührungsflächen dieser Gewebe. Verschiedene Methoden des Anschneidens der Enden von Unterlage und Reis entblößen Bezirke, welche sich der Größe nach unterscheiden. Beim Verbinden der Komponenten erhält man je nach ihrem anatomischen Bau und der gewählten

Art des Schnittes verschiedene Kombinationen der Gewebsberührung der entblößten Schnitte. Da aber diese den Verwachsungsgang beeinflussen, so ist es verständlich, daß die Pfropfmethode den Erfolg der Pfropfung beeinflussen kann.

d) Es wird bestätigt, daß chemische Erreger für Zellteilung oder Zellwachstum bestehen, deren Reizwirkung sich bei Verwundung der lebenden Gewebe entfaltet. Aber es steht außer Zweifel, daß in verschiedenen Geweben die Entfaltung der Wirkung dieser Reizerreger verschieden ist. Es gibt bestimmte Hinweise auf eine Spezifität dieser Wirkung. Dabei können als Indikatoren sowohl Gewebsveränderungen, welche durch die Eigenreize des vorliegenden Transplantosymbionten hervorgerufen werden, als auch Veränderungen, welche unter der Wirkung der anliegenden Gewebe des fremden Transplantosymbionten hervorgerufen sind, dienen. Bezüglich der allgemeinen gegenseitigen Beziehungen der Transplantosymbionten muß man zunächst der Wirksamkeit von Antigen-Antikörperreaktionen Beachtung schenken. Die Arbeiten von DONTCHO KOSTOFF haben diese Frage aufgerollt.

e) Der Wirkung nach können die Wundreize bei verschiedenen Pflanzenarten, wie bei verschiedenen Geweben eines und desselben Individuums verschieden sein. Man kann den Grad des Einflusses beurteilen aus dem Grad und Charakter der Ausbildung von Geweben und Neubildungen in den Wundgeweben der Pfropfungen. Es gibt auch Hinweise auf eine Verschiedenheit der Wirkung der Wundreizstoffe in Zellen verschiedenen Alters oder verschiedenen physiologischen Zustandes.

f) Das Bestehen einer besonderen Beziehung zwischen den Wundreizen und dem Leitbündelsystem wird bestätigt. Man kann aber für die Pfropfungen nicht behaupten, daß nur das Leptom (s. HABERLANDT) ein wirksamer Faktor in dieser Beziehung ist (s. Abb. 68, S. 356). Die Bedeutung des Xylems steht vielmehr außer Zweifel. Man kann nicht behaupten, daß die Wirkung der Wundreizstoffe bei der Verwundung des Parenchyms fehlt (außerhalb des Leitbündels also). Auf jeden Fall tritt aber dann die Wirkung der Wundreizstoffe schwächer in Erscheinung.

g) Der verschiedenartige Gang der Resorption der isolierenden Schicht weist auf verschiedene chemische und physikalische Prozesse hin, je nach der verschiedenen Kombination der einander berührenden Gewebe.

h) Nach Bildung der Fenster echter Berührung der lebendigen Gewebe der Transplantosymbionten kann von diesen Fenstern eine gewisse stimulierende Wirkung ausgehen, welche die Entwicklung prokambialer Gewebszüge in Richtung auf die Fenster zu bewirkt. Die primäre Anlage der genannten Elemente kann auch unabhängig von dem Einfluß der Berührungsfenster vor sich gehen. Das Gesagte bezieht sich nur auf die Anastomosen, welche die gepfropften Komponenten verbinden. Dagegen wird innerhalb der Grenzen eines jeden von ihnen die Richtung der inneren Anastomosen durch das eigene Leitsystem bedingt. Aber in der Nähe des Fensters kann auch dessen Wirkung vorherrschen und die Anastomosen können in Richtung der Fenster abgelenkt werden. Die Wirkung der Berührungsfenster erstreckt sich also auf eine gewisse Entfernung vom Fenster fort in die Tiefen des Gewebes des anderen Partners und nicht nur auf die Zellschicht, welche unmittelbar an die Fenster anschließt. Die Wirkung der Stimulatoren verbreitet sich ebensowenig geradlinig, da auch die Gewebe, welche abseits vom Fenster liegen, auf diese Wirkung reagieren. Diese Stimulation steht nicht in unmittelbarer Verbindung mit der Wirkung der Wundreize. Sie entspricht auch nicht den Bedingungen für die Wirkung der mitogenetischen Strahlen (GURWITSCH, 1928, u. a.). Das Wahrscheinlichste ist, daß die beschriebenen Reize chemischer Natur sind, ohne hormonalen Charakter zu tragen. Es bleiben weiter noch Nährstoffe des allgemeinen Stoffwechsels und die infolge der mechanischen Spannungen, z. B. der Oberflächenspannung der Zellen sich bildenden Stoffe übrig. Sofern die Fensterbildung im allgemeinen mit größtem Erfolg im Bezirk der Leitbündel vor sich geht, scheint es, daß man hier den hauptsächlichsten Herd für die Bildung der beschriebenen Stimulatoren suchen müßte. Da aber diese Fenster beliebig auch außerhalb des Leitsystems sich bilden können und die Anastomosen sich auch auf diese Fenster richten können, so kann man dem Leitsystem nicht ein Monopol für die Herstellung der besprochenen Stimulatoren zuerkennen.

Dadurch wird der Einfluß der chemischen Stimulatoren, welche sich im Zusammenhang mit dem Leitsystem bilden, nicht ausgeschlossen. Am wahrscheinlichsten ist, daß diese Stimulatoren sich nicht direkt auf die Entwicklung der Anastomosen auswirken, sondern auf dem Umweg einer Beeinflussung der Oberflächenspannungen an der Stelle der tatsächlichen Berührung der Zellen der Transplantosymbionten. Der angeführte Standpunkt erklärt auch die Tatsache, daß die Bildung der Anastomosen in Richtung auf die Fenster der Verwachsung auch nach der eigentlichen Verwachsungsperiode noch vor sich gehen kann, wenn die Zellen im Bereich des Fensters sich schon im Ruhezustand befinden. Hier liegen tatsächlich Veränderungen der Oberflächenspannungen vor, welche direkt etwa aus den Unterschieden der Zellgröße und auch aus den Veränderungen der polaren Orientierung der Zellen abgelesen werden können. Es braucht nicht eine Zellteilung im Bereich des Fensters stattzufinden, da auch die Herabsetzung von Oberflächenspannungen als stimulierender Faktor für das Zustandekommen der Anastomosen gelten kann.

Der Grad der von den Fenstern ausgehenden Stimulationswirkung kann beliebig verschieden für jeden der beiden Transplantosymbionten sein oder kann sogar ganz fehlen. Das hängt von den Eigenschaften der Transplantosymbionten als Quelle der genannten Einflüsse oder als Rezeptoren für diesen Einfluß ab. Zweitens hängt es von dem Ort der Bildung der Fenster in bezug auf verschiedene Gewebe der beiden oder mehrerer Transplantosymbionten im Verwachsungsbezirk ab. Drittens hängt der Grad und die Existenz des Einflusses, den die Fenster ausüben, von dem allgemeinen physiologischen Zustand der Transplantosymbionten, speziell vom allgemeinen und vom Eigenalter dieser letzteren ab (S. 308, 319, 340).

Es geht aus dem Gesagten hervor, daß die nicht resorbierten Bezirke der Isolierschicht, besonders diejenigen, welche durch verkorktes Gewebe abgekapselt sind, für die von den Fenstern ausgehenden Stimulatoren undurchdringlich sind. Es ist aber natürlich, daß in speziellen Fällen unter der Bedingung einer gewissen Abschwächung der Widerstände der Isolierschicht diese doch durchdrungen werden kann. Diese Wirkung bleibt aber immer schwächer als die durch die Fenster echter Berührung der Transplantosymbionten.

i) Es wurden einige wichtige Einzelheiten bezüglich der Leitsysteme der Transplantosymbionten, speziell bezüglich der Verbindung von Leptomelementen festgestellt. Als besonders interessant und bedeutungsvoll hat sich dabei die Beobachtung über die Bildung verbindender Siebröhren auf dem Wege des gleitenden Wachstums und weiterer Teilung einer und derselben Ausgangszelle, d. h. auf dem Wege einer Durchdringung der dazwischenliegenden Gewebe durch ein durchgehendes Verbindungsrohr, nicht auf dem Wege direkter sukzessiver Differenzierung von Zellen des verbindenden Parenchyms, erwiesen.

k) Zum erstenmal ist deutlich die Verbindung von Leitsystemen bei Pfropfungen „monokotyler" Pflanzen festgestellt worden. Es wurde gezeigt, daß der Verwachsungsprozeß bei diesen im Grunde genau so wie bei den „Dikotylen" verlaufen kann. Als wichtige Besonderheit im untersuchten Material hat sich die Gefäßobliteration in den mittleren Bündeln des Stengels besonders beim Reis erwiesen. Dieser Zustand oder diese Tatsache störte den vollkommenen Erfolg dieser Verwachsung (s. S. 40 über das mittlere Gebiet des Stengels der Hyazinthen).

l) Es gibt eine Reihe von Daten, welche auf die Möglichkeit günstiger Wirkung einer vorherigen Vorbereitung der Objekte zu Pfropfungsoperationen hinweisen (für die Kopulation gilt dasselbe).

m) Bis jetzt sind wir nicht imstande, eine vollkommene Analyse der Bedeutung der verschiedenen von uns aufgezeigten Punkte für jeden speziellen Pfropfungsfall zu geben. Nur das direkte Experiment ist heute für die Lösung der gestellten Fragen brauchbar. Die von uns angeführten Tatsachen und Gedanken werden sich hoffentlich bei weiteren Untersuchungen auf diesem noch nicht bearbeiteten Gebiet nützlich erweisen.

3. Über Ziele und Bedeutung der Pfropfexperimente.

a) Morphologische Fragen.

Mit den Pfropfexperimenten können ganz verschiedene Ziele verfolgt werden. Sowohl morphologische als auch physiologische und systematische Fragen können auf diesem Wege der Lösung nähergebracht werden (s. WINKLER, 1924). Hier soll zunächst von morphologischen Problemen die Rede sein. Auf dem Wege des Pfropfexperimentes kann entschieden

Abb. 143 (s. Text).

werden, ob irgendeine normale Anordnung der Organe für eine Pflanze unbedingt lebensnotwendig ist. So sehen wir auf Abb. 143 den Sproß eines *Nachtschattens* (S.), der auf die Blattader (b) der *Tomate* (S. l.) gepfropft ist. Das Nachtschattenreis gedeiht ausgezeichnet, blüht und bringt Früchte. Abb. 58 der russischen Ausgabe stellt eine Art von Umkehrung dieses Experimentes dar: Ein *Tomaten*-Blatt ist auf den Sproß der Eierfrucht *(Solanum melongena)* gepfropft. Die Pfropfstelle ist durch einen Pfeil bezeichnet. Die Blattspitze wurde bei Ausführung der Pfropfung weggeschnitten, um unnötigen Wasserverbrauch durch das Blatt während der Verwachsungsperiode zu verhindern. Dieses so behandelte Blatt hat zwei Monate länger gelebt als die Schwesterblätter, welche auf der Mutterpflanze verblieben. Auch Organstücke können einem anderen Organ implantiert werden. So wurde (s. Abb. 144) ein *Nachtschatten*-Sproß (Spr$_1$) auf das Blatt (Bl) einer *Tomate* gepfropft. Nach dem Eintreten der Verwachsung wurde diesem Sproß von neuem der Blattstiel einer *Tomate* (Bl$_1$) aufgepfropft. So ersetzte der Sproß (Spr$_1$) einen Teil des Blattmittelnervs. Dabei haben sämtliche Teile

Abb. 144 (s. Text).

dieser Pfropfung nie irgendwelche Anzeichen von Krankheit gezeigt. Der *Nachtschatten*-Partner blühte und gab Beeren mit reifen Samen. Auf der *Tomate* entwickelte sich in der Achsel des Blattes (a) ein Seitensproß (S). Dieser Seitensproß nun wurde abgeschnitten und ein Blatt (Bl$_2$) derselben *Tomate* ihm aufgepfropft. Auf dieses Blatt wurde ein weiterer Sproß einer *Nachtschatten*-Pflanze (Spr$_2$) transplantiert. Hier hat also ein Blattstück in seiner Hauptader Sproßfunktion zu erfüllen. Auch so wurde eine ganz feste Pfropfung erzielt. Es konnte nun folgende interessante Beobachtung gemacht werden: Im ersten Falle nämlich vergilbten die Blatteile drei Wochen später als im zweiten. (Die verwendeten Blätter wurden bei gleichem Alter an der gleichen Stelle und von der gleichen Mutterpflanze entnommen. Der Unterschied bezüglich der Pfropftermine betrug eine Woche. Dieser Unterschied in der Pfropfungszeit ließ sich bei der angegebenen Anordnung nicht vermeiden.) Die Vergilbung als solche ist natürlich eine normale, durch die Jahreszeit bedingte Erscheinung. Das Eintreten der Vergilbung zu verschiedenen Zeiten zeigt jedoch, daß hier die Lage des Blattes von Bedeutung gewesen ist für seine Lebensdauer. Während nämlich schließlich die erste Pfropfung zusammen mit dem Grundblatt (Bl.) der Unterlage abfiel, blieb die zweite Pfropfung weiter am Leben und auf dem Sproß (Spr_2) wurden die Beeren reif, obgleich das Blatt (Bl_2) gänzlich vergilbte und seine Spreiten anfingen zu vertrocknen. Der Mittelnerv jedoch blieb weiterhin saftführend und also funktionsfähig. Es ist klar, daß, solange die Blattspreite lebte und assimilierte, dieser Mittelnerv nicht nur die normale Bodenlösung in seinem Holzteil zum *Nachtschatten* (Spr_2) durchließ, sondern daß außerdem er selbst sie ausnutzte. Ferner muß selbstverständlich ein Austausch von Assimilationsprodukten zwischen den *Nachtschatten*-Blättern und dem Gewebe des *Tomaten*-Blattes bestanden haben. Nachdem nunmehr das *Tomaten*-Blatt seine Funktionen eingestellt hatte, diente der Mittelnerv nur mehr den Zwecken des *Nachtschatten*-Sprosses. Er ließ gewissermaßen gratis und zollfrei die wäßrigen Lösungen ausschließlich zugunsten des Verbrauchers durch.

Durch Transplantation kann auch die polare Orientierung der Pflanzenteile zueinander geändert werden, ohne daß sie dabei zugrunde zu gehen brauchten. Auf den *Tomaten*-Zweig der Abb. 63 der russischen Ausgabe haben wir ein Reis des *Gartentabaks* invers aufgepfropft. Nach der Verwachsung entwickelte sich eine Knospe aus der Achsel des Blattes zum Seitensproß. Dieser Seitensproß entwickelte Blütenknospen und später auch Blüten. Man sieht auf der Abbildung, daß dieser Sproß aus der Blattachsel herauskommt und sich unter der Lichtwirkung nach oben gedreht hat. Es ist ohne weiteres einzusehen, daß von der Pfropfstelle bis zur Ansatzstelle dieses Zweiges die Säfte in den Gefäßen in einer Richtung fließen müssen, die zur normalen Richtung invers ist. Trotzdem entwickelt sich das Reis, wenn auch schwächer, so doch völlig normal.

Die ersten Nachrichten über eine antipolare Bewegung der Gefäßsäfte im Hadrom einer Pflanze sind wenigstens schon seit dem Jahre 1727 (ST. HALES, 1727) bekannt. Derartige Experimente kann man in großer Anzahl mit den allerverschiedensten Pflanzenteilen in den verschiedensten Anordnungen durchführen. Es ist gelungen, einzelne Blüten auf den Stengel (NOISETTE, 1825 und 1826a, b), das Blatt auf die Frucht zu pfropfen, oder junge Früchte miteinander verwachsen zu lassen. Z. B. hat GAILLARD (s. CARRIERE, 1875, S. 14) im Jahre 1874 in Paris eine originelle Pfropfung hergestellt: In die junge Frucht einer

Coloquinte der Sorte „*à fruits jaunes*" wurde der Fruchtstiel derselben Art, aber von der Sorte „*poire verte*" eingeführt. Nachdem die beiden Partner verwachsen waren, wurde die Fruchtspitze des Reises *(poire verte)* abgeschnitten und durch die Fruchtspitze einer dritten Sorte „*à fruits blancs*" ersetzt. Die Verwachsung war gut. Irgendeine Beeinflussung der drei Pfropfkomponenten untereinander derart, daß eine bezüglich der Farbe oder Form ihre Normalbeschaffenheit geändert hatte, ist nicht eingetreten.

Bei vielen Pflanzen gelingt es, das Blatt direkt auf die Wurzel zu pfropfen oder die Wurzel auf den Stengel- oder Blattstiel (VÖCHTING) und umgekehrt. Durch Pfropfung direkt auf die Wurzel kann man solche Sprosse, die von sich aus keine Wurzeln bilden, künstlich bewurzeln. Bei einigen Pflanzen läßt sich bei geeigneter Pflege die Wurzel auf die Sproßspitze pfropfen. Wenn nun diese Wurzel die Eigenschaft hat, adventive Sprosse zu bilden, so entwickeln sich auf dieser Pfropfung solche Adventivknospen. Auf diese Weise kann eine sehr seltsame Organfolge hergestellt werden. Auf Abb. 64 der russischen Ausgabe dieses Buches sind Pfropfungen von *Solanum nigrum*-Sämlingen auf *Solanum tuberosum* dargestellt, bei denen die Verbindung über die Wurzel der Sämlinge vor sich geht. In ähnlicher Weise gelingen Pfropfungen von Sämlingen der roten Beete *(Beta vulgaris)* auf Blütenstiele derselben Art. In Untersuchungen, welche in diesem Laboratorium angestellt wurden, zeigte sich, daß die durch Keil aufgepfropfte Wurzel in diesem Falle im Verlauf der Entwicklung in der gewöhnlichen Weise in die Dicke wuchs, und, wenn auch keine normale, so doch recht beträchtliche Größe erreichte. Später sah es aus, als ob einfach die Pflanze in den Spalt der Unterlage im erwachsenen Zustand hineingesteckt worden wäre. Im ersten Jahre entwickelte sich über der Wurzel nur eine gewöhnliche Blattrosette. VÖCHTING (1892, S. 78) hat *rote Beeten*-Sprosse auf den Blattstiel autoplastisch gepfropft. Eine Verwachsung fand statt, niemals aber nach VÖCHTING ein eigentlich gedeihliches Wachstum. Vielmehr blieben die entstehenden Sprosse schwächlich und entwickelten sehr viele Blüten. Die größte Länge eines solchen Triebes gibt VÖCHTING mit nahezu 30 cm an. Alle übrigen Triebe blieben kürzer. Das Bild, das VÖCHTING hier gibt, ähnelt sehr unserer Pfropfung vom *Solanum nigrum*-Sproß auf das Blatt von *Solanum lycopersicum*. Nur sind wir der Meinung, daß die Abkürzung der Entwicklungsphasen, wie sie sich ohne weiteres einstellen muß, mit der Verringerung des Allgemeinwachstums keineswegs immer ein Anzeichen für den schlechten Zustand des Reises ist, wenn dieses nur normalerweise und ausreichend Früchte trägt. In der Praxis des Gartenbaues werden ja gerade deshalb Pfropfungen ausgeführt. Auch biologisch kann man es für recht strittig halten, ob besonders starkes vegetatives Wachstum oder reichliche Fruchtbildung als Kriterium für optimale normale Entwicklung angesehen werden soll.

Wahrscheinlich müßte man einen ausgeglichenen Zustand für besonders günstig halten. Manchmal gelingt sogar die Transplantation des isolierten Kallus und sogar einzelner Bezirke des Kallus sehr leicht (bei *Populus* u. a.). Nach unseren Experimenten eignet sich dazu besonders gut der Pfropfkallus der *Tomate*. Hierbei kann man auch die Keilpfropfung auf den Mittelnerven eines Blattes vornehmen. Wie bei *Populus,* so können sich auch aus dem ungepfropften Kallus der *Tomate* Extrasprosse entwickeln. Auch Geschwülste kann man transplantieren (WINGE, 1927).

Es mag hier bemerkt werden, daß die Idee, alle möglichen Organzwischenpfropfungen vorzunehmen, keineswegs neu ist. Schon im Jahre 1810 sagt THOUIN (S. 217—221), daß er die Pfropfungen auf folgende Weise einteile: 1. Pfropfungen durch Annäherung (Ablactation). 2. Pfropfungen mit Sprossen (Kopulation). 3. Pfropfungen mit Augen (Okulation) oder Knospen.

Zum ersten Typus gehören die Pfropfungen mit bewurzelten Partnern. Zu dem zweiten und dritten Typus gehören alle jene Experimente, wo abgeschnittene Teile eines Individuums auf ein anderes übertragen werden. Die Pfropfung durch Annäherung (durch Ablaktation) wird weiter eingeteilt 1. in Stengelpfropfungen, 2. Zweigpfropfungen, 3. Wurzelpfropfungen, 4. Früchtepfropfungen, 5. Pfropfungen von Blätter und Blüten. THOUIN führt dann eine Unmenge von einzelnen Pfropfungstypen an und gibt Hinweise in bezug auf die Technik und Ausführung im einzelnen sowie auch Literaturangaben.

Pfropfungen von Sprossen direkt auf die Wurzelwunde haben sich in der breiten Praxis durchgesetzt. So pfropft man in vielen Gegenden Amerikas Apfelreiser auf die Wurzel des Wildlings. Diese Pfropfmethode wendet man an bei der Verbindung frostwiderstandsfähiger Reiser mit wenig frostfesten Unterlagen. Durchweg scheint es so zu sein, daß, wenn die Wurzel unabhängig vom zugehörigen Sproß gepfropft wird, nur dann eine längere Lebensdauer erhalten werden kann, wenn sich aus der Wurzel Adventivsprosse bilden. Ein umfangreiches Verzeichnis solcher Pflanzen gibt IRMISCH (1857). Derartige Angaben von Einzelfällen könnte man hier ins Ungemessene vermehren.

Es gibt Anzeichen dafür (LINDEMUTH, 1901, S. 525), daß der *Kartoffel*-Sproß — und zwar wurde mit der Sorte „Seed" experimentiert — durch Assimilate eines Reises von *Datura stramonium* zur verstärkten Knollenbildung angeregt wird, während umgekehrt, wenn *Tomaten*-Sprosse als Reiser dienen, die Knollenbildung gehemmt wird. Man muß aber diese Angaben vorläufig noch mit einiger Reserve betrachten, da die Kontrollexperimente wie auch die Vergleichsmethode keineswegs über jeden Einwand erhaben waren. Die Möglichkeit einer Beeinflussung von Unterlage und Reis gegenseitig mit Hilfe der Übertragung plastischer Stoffe, welche z. B. in den Reisblättern produziert wurden, kann man wohl ablehnen. Allgemein bekannt sind ja *Kartoffel*-Pfropfungen auf verschiedenen Unterlagen, wo sich an der Pfropfstelle oder oberhalb der Pfropfstelle Luftknollen an dem *Kartoffel*-Partner bildeten (s. Abb. 145 und 65—68 der russischen Ausgabe). Auch Zwischenbildungen kommen vor. Die Arbeiten von DOSTÁL (1926) mit *Scrophularia nodosa* zeigen die Möglichkeit einer experimentellen Beeinflussung der Knollenbildung. Sowohl die Veränderung der korrelativen Beziehungen der Teile eines Individuums zueinander als auch direkte äußere Einwirkungen (Licht, Feuchtigkeit usw.) können hier verwendet werden. Bis zur endgültigen Lösung der Frage, welche Ursachen für die Entwicklung von Stolonen mit Knöllchen in unserem Falle, von Luftknollen usw. in anderen Fällen maßgebend waren, dürfte es jedoch noch ziemlich weit sein. Jedenfalls wird es unbedingt notwendig sein, bei diesem Problem hinreichende Kontrollpfropfungen derselben *Kartoffel*-Sorte auf eigenen Wurzeln herzustellen. Nur so kann eine befriedigende Kontrolle erreicht werden. Man wird weiterhin variieren müssen nach der Anbringung der Pfropfwunden in verschiedener Höhe, ferner nach Anwendung verschiedener Pfropftermine innerhalb einer Vegetationsperiode (s. LINDEMUTH, 1901), doch wird man außerdem noch eine ganze Reihe weiterer experimentell beeinflußbarer Bedingungen berücksichtigen müssen (s. DOSTÁL, 1926, 1930, u. a.). Für Experimente zur Erreichung künstlicher Knollenbildung ist *Boussingaultia basselliodes* außerordentlich brauchbar. Jede Sproßknospe dieser Pflanze kann in Knöllchen umgewandelt werden. Auch die Umwandlung von Internodien in Knollen ist möglich.

Abb. 145.
Solanum tuberosum auf *Solanum memphiticum*. Bildung von Luftknollen an rhizomähnlichen Ausläufern. An den gestutzten Achselsprossen erste Stadien der Umwandlung zu Achselknollen. Verwachsungsstelle in der Pfeilrichtung.

DOSTÁL konnte bei *Scrophularia nodosa* sehr leicht die „Metamorphose junger Blütenstandsanlagen zu einer mit schuppenförmig veränderten Hochblättern und verkümmerten Blütenknospen versehenen Knolle" herbeiführen.

Es ist also durch verschiedene Kombinationen von Pfropfexperimenten sehr leicht, die gegenseitige Anordnung der Hauptorgane einer Pflanze zu verändern. So sehen wir in Abb. 69 der russischen Ausgabe bewurzelte *Tomaten*-Blätter und auf ihnen Sprosse vom *Tabak* und *Nachtschatten*. Wir haben hier also nicht die Aufeinanderfolge Wurzel-Stengel-Blatt, sondern Wurzel-Blatt-Stengel vor uns.

Man kann ferner auf dem Wege einer Pfropfung eine vergleichende Beobachtung der Entwicklung zweier verschiedener Reiser unter ganz gleichen Bedingungen ausführen (s. Abb. 58, II und 70 der russischen Ausgabe). Zwei Sprosse, und zwar vom *Tabak* und der *Tomate*, wurden je für eine Keilpfropfung vorbereitet. Die beiden Teile wurden eng aneinandergelegt und zusammen auf *Solanum melongena* als Unterlage gepfropft. Die Bilder zeigen, daß in der ersten Zeit nach der Verwachsung *Nicotiana affinis* im Wachstum hinter der *Tomate* zurückbleibt, sie aber nach einem Monat überholt und schon blüht, als sich auf der *Tomate* die Knospen noch nicht bildeten.

Aber nicht nur Organe oder Organteile, sondern auch Gewebestücke lassen sich transplantieren, indem man sie in einen entsprechenden Einschnitt an einer anderen Stelle desselben oder eines anderen Organs bringt (VÖCHTING, 1892, LAMPRECHT, 1918 und 1925). Besonders gut wachsen Teile einer Blattspreite an verschiedenen anderen Stellen desselben Blattes an. Auch auf andere Blätter kann eine Übertragung stattfinden. Jedoch ist dabei auf die Einhaltung der normalen Orientierung des gepfropften Gewebsbezirkes zu achten. Wir haben also hier ein Analogon der Gewebstransplantation bei Tieren vor uns (s. KORSCHELT). Ja, man hat es fertig gebracht, einzelne abgetrennte Zellen (KLERKER, 1892, und KÜSTER, 1910) wieder anwachsen zu lassen.

Auf S. 130—132 haben wir von der Translokation von Elementen einer Zelle in eine ihr benachbarte gesprochen. Wenn man sich auf einen rein formalen und, sagen wir: philologischen Standpunkt stellt, so wird man auch diese Fälle ins Gebiet der Transplantation bringen können. Wir ziehen es jedoch vor, diese beiden Vorgänge scharf voneinander zu unterscheiden.

Es soll jedoch hier nicht der Eindruck erweckt werden, als wenn nun auf dem Wege des Pfropfexperimentes jede beliebige Kombination gelingen müßte. Vielmehr hat man bei der Ausführung von Pfropfungen mit einer ziemlich großen Anzahl von Fehlschlägen zu rechnen, und es gibt viele Kombinationen, die zu erlangen bisher nicht möglich war. Manchmal gelingt die Pfropfung als solche, jedoch die Pflanze oder das Organ oder der Organteil leidet sehr. Einen derartigen Fall haben wir bei der Pfropfung mit invers orientiertem Sproß als Reis vor uns. Wachstum und Lebensdauer werden dabei gewöhnlich abgeschwächt. Jede andere Polaritätsstörung wirkt sich in ähnlicher Weise aus. Aber auch gegenteilige Berichte liegen vor. So behauptet KABUS (1912, S. 40), daß bei autoplastischen Zwischenpfropfungen von *Bryophyllum calycinum* und von *Pelargonium zonale var. meteor* die Orientierung des Implantats keinerlei Bedeutung hat. Das Mittelstück wuchs ein, wenn das Reisoberstück eine Knospe hatte und ging ein, wenn das Reis ohne Knospe war. Ob dabei der Mittelteil der Pfropfung in seiner natürlichen Orientierung oder in umgekehrter Lage angeschlossen war, blieb für die Verwachsung ganz gleichgültig. Die Frage der Verwachsung hing nach KABUS einzig vom Vorhandensein der Knospe ab. Es dürfte schwer sein, hierzu Stellung zu nehmen, ehe nicht derartige Experimente wiederholt worden sind. Vergleichende Angaben bezüglich der Lebensdauer seiner Pfropfungen hat KABUS nicht gemacht.

Besonders intensiv hat sich VÖCHTING (1892, 1918) mit dem Problem der Verwachsung anormal orientierter Teile beschäftigt. Auf Grund seiner Untersuchungen über Pfropfungen mit *Beta*-Wurzeln behauptet er, daß die Gefäßverbindungen zwischen Reis und Unterlage gänzlich abhängig ist von der Orientierung der Pfropfkomponenten untereinander, daß fast allgemein die Regel besteht, daß die Richtung der verbindenden Faser der Forderung des polaren Organbaus entspricht. Unterstrichen wird von VÖCHTING insbesondere die bedeutende Abschwächung der Gefäßverbindung zwischen solchen Teilen, welche anormal gegeneinander orientiert sind. Das gilt sowohl für vertikal als auch horizontal anormale Orientierung[1].

In diesem Zusammenhang würden auch genaue Beobachtungen über den Verwachsungsgang von Pfropfungen mit Reisern in verschiedener Lage hinsichtlich der Drehung um ihre vertikale Achse von Interesse sein. Besonders leicht lassen sich derartige Beobachtungen selbstverständlich anstellen, wenn der Querschnitt des Stengels nicht rund ist. Aber auch wenn ein gleichförmiger Querschnitt vorhanden ist, läßt sich als orientierendes Merkmal die Blattanordnung verwenden. Gewöhnlich wird diese Frage so gut wie gar nicht bei der Ausführung von Pfropfexperimenten berücksichtigt. Überhaupt bedarf die Frage der gegenseitigen Orientierung der Pfropfpartner dringend weiterer und sehr ausgedehnter Untersuchungen.

Wie umfangreich eine gründliche Durchforschung dieses Problemkreises sein würde, mag aus folgenden Überlegungen hervorgehen: Nehmen wir als Grundlage an: Untersucht würden erstens drei Pflanzenarten, 5 Organe von jeder (Wurzel, Stengel, Blatt, Blüte, Frucht), 5 Typen der verschiedenen Orientierungsabweichungen dieser Organe, so würde uns das schon die Berücksichtigung und die Durchführung von 75 einzelnen Versuchen auferlegen. Stellen wir dann noch die Forderung, daß zwei Kombinationen gewählt werden, daß jede Pfropfung wenigstens nach drei

---

[1] [Vergl. hierzu RZIMANN 1932. M.].

verschiedenen Methoden ausgeführt wird, sowie daß mindestens 5 Wiederholungen jeder einzelnen Pfropfung stattfinden, daß ferner immerhin 3 verschiedene Umweltbedingungen gewählt werden, so würde man eine Anzahl von 253125 Einzelpfropfungen auszuführen haben. Ohne diese Berechnungen nun im einzelnen weiter auszuführen, mag noch gesagt werden, daß bei normaler Arbeitszeit und unter Ansetzung von 10 Minuten für jede einzelne Pfropfung für einen Untersucher eine Zeit von etwa 14,5 Jahren nötig wäre, um diese Experimente durchzuführen, was ihn ermüden dürfte. Die Pflege der Pfropfungen, Herstellung von Präparaten und deren Auswertung usw., das alles ist noch nicht mit berücksichtigt und wäre wohl auch bei normaler Lebensdauer eines Menschen nicht durchführbar. Beiläufig mag ebenfalls gesagt sein, daß die Durchführung der Experimente eine Fläche von 2 ha unter Glas erfordern würden. Es ist also für eine ausreichende und allseitige Erforschung auch nur eines derartigen Fragenkreises das Zusammenwirken vieler Forscher mit sehr großen Mitteln vonnöten.

Man kann sich wohl der Einsicht nicht verschließen, daß die Schwierigkeiten bei der Verwachsung und weiteren Entwicklung unnatürlich verbundener Pflanzenteile durchaus einleuchtend und letzten Endes erwartet sind. Wenngleich wir auf dem Standpunkt stehen, daß die Form und die gegenseitigen Beziehungen der Pflanzenteile eines Individuums zueinander keineswegs unbedingt vorherbestimmt sind, so muß doch ohne weiteres zugegeben werden, daß sie im Evolutionsprozeß zustande gekommen sind und offenbar günstige Existenzbedingungen für die betreffende Pflanzenart darstellen. Ohne weiteres ist es daher verständlich, daß künstliche Störungen dieser gegenseitigen und erprobten Beziehungen schädlich oder verderblich sein können, wenn in der Reaktionsbreite des betreffenden Individuums oder der betreffenden Art nicht solche Reaktionen mit enthalten sind, welche den neu entstandenen Bedingungen entsprechen, und welche unter diesen Umständen die Existenzbedürfnisse zu befriedigen vermögen. Dabei ist es gleich, ob die erforderlichen Reaktionen überhaupt nicht oder ob sie nicht rechtzeitig auftreten.

Es zeigt sich nun, daß das Gelingen der Organverpflanzung in allen beliebigen, unnatürlichen Kombinationen und Orientierungen nicht so sehr an der unzureichenden Durchführung des Verwachsungsprozesses selbst scheitert als vielmehr daran, daß die gegenseitigen korrelativen Verhältnisse der Pflanzenteile in späteren Stadien irgendwelche Störungen der weiteren Entwicklung verursachen. Dies veranschaulicht gut die Schwierigkeit, in welche eine Pflanze versetzt wird, wenn sie vor die Notwendigkeit gestellt ist, neue korrelative Verhältnisse zu schaffen bei weitgehender Entstellung der normalen gegenseitigen Beziehungen. Aber auch hier gibt es Ausnahmefälle. So entwickelt sich ein auf die Wurzel gepfropftes Blatt oder ein Sproß, der auf ein Blatt gepfropft wird, fast stets ausgezeichnet. Es muß also hier entweder auf dem Wege der Evolution eine besondere Plastizität zustande gekommen sein, oder es fehlen in den entsprechenden Fällen irgendwelche feste korrelative Verbindungen überhaupt oder, wenn sie vorhanden sind, so sind sie äußerst schwach ausgeprägt. Es sei noch betont, daß hierbei nur die Rede ist von dem Problem der gegenseitigen räumlichen Anordnung. Denn das unterliegt ja keinem Zweifel, daß alle Teile des Ganzen sich unbedingt in irgendwelchen bestimmten Beziehungen zueinander befinden.

So erweist sich also die Methode der morphologischen Umkombinierung auf dem Wege der Transplantation als ein wesentliches Hilfsmittel bei der Erforschung der korrelativen Beziehungen innerhalb der individuellen Entwicklung, die ja ihrerseits wieder in einer bestimmten Abhängigkeit vom Vorgang der Evolution steht.

Weiter ist es nötig, darauf hinzuweisen, daß nur von den Pfropfungen bei Angiospermen die Rede gewesen ist und auch hauptsächlich die Rede sein soll. Im folgenden sollen jedoch einige sehr kurze Hinweise auf Pfropfungen bei niederen Gewächsen sowie bei den Koniferen Platz finden.

Zunächst seien einige Experimente von WEIR (1911) mit Pilzen angeführt. Ohne die Fruchtkörper der von ihm untersuchten Pilze von ihrem Substrat zu entfernen, näherte er ihre Schnittflächen einander bis zur vollen Berührung. Es trat dann Verwachsung ein. Wird nunmehr der Fuß des einen Pilzfruchtkörpers abgeschnitten, so bleibt der angepfropfte Hut am Leben. WEIR bemerkt über seine Experimente folgendes (S. 312):

„Obgleich ich in vielen Fällen bei Anwendung von nahe verwandten Arten Erfolg hatte, schien die Verbindung doch stets nur ein Parasitismus zu sein und nicht eine absolute Vereinigung... Es war merkwürdig, daß nur Arten von *Trametes, Fomes* und *Polyporus* verwuchsen, welche einander ähnlich waren in Farbe, Wachstum, Zähigkeit usw. *Trametes suaveolus* wuchs nicht auf *Trametes Pini* und *Trametes Pini* wiederum nicht auf *Fomes applanatus* usw."

Pilzpfropfungen gelangen auch nach verschiedenen Pfropfungsmethoden, wenn man die Stiele oder Füße der Fruchtkörper aufeinandersetzte. Dabei war es offenbar von Wichtigkeit, einen gleich großen Querschnitt sowie das Zusammenfallen der Zentren zu erzielen. Denn gerade die Zentralzonen der Hutstiele restituieren am leichtesten und ferner haben diese offenbar für die Durchleitung der Nährstoffe eine besondere Bedeutung. Selbstverständlich ist es, daß man einen vollkommen frischen Schnitt haben muß und feuchte Atmosphäre. NĚMEC ließ auf ähnliche Art und Weise die durchschnittenen Sklerotien des Pilzes *Collybia tuberosa* miteinander verwachsen. Leicht sind auch die *Telephora*-Arten miteinander zu vereinigen. Im Chimärenkapitel (s. S. 672) erwähnen wir die eleganten „Pfropfungen" von *Mucorineen*, welche BURGEFF (1914—1915) ausgeführt hat. Und zwar handelt es sich da nicht eigentlich um eine Pfropfung im strengen Sinne des Wortes als vielmehr um eine Art von Übergießung eines Plasmas mit einer anderen Plasmaart. Die Experimente KÖHLERs (1930) mit Myzelien verschiedener Pilze kommen schon echten Pfropfungen näher. Aber auch hier handelt es sich mehr, wenn man so sagen darf, um automatische Pfropfungen, da die Verwachsung über Anastomosen (Fusionsbrücken) geschah, welche infolge der Wechselwirkungen zwischen den Keimhyphen auf dem Nährboden entstanden. Innerhalb der Grenzen einer Art geht die Verwachsung gewöhnlich glatt vor sich (*Botrytis allii* und Arten der Gattungen *Neurospora, Fusarium, Sclerotinia*). Die Zusammensetzung des Substrates, auf welchem die Pilzkonidien keimen, ist von merkbarer Wirkung auf den Verwachsungserfolg. Die Verwachsung von Mycelien verschiedener Arten gehört, wenn sie überhaupt vorkommt, doch zu den Seltenheiten. Jedenfalls konnte der Beweis einer Verwachsung der Protoplasten, wie er bei der Verwachsung innerhalb einer und derselben Art ohne weiteres geführt werden kann, hier nicht erbracht werden.

Auch mit Algen wurden Pfropfexperimente angestellt. NOLL (1897) arbeitete mit *Siphoneen*. PROWAZEK (1901) benutzte verschiedene Arten der Gattungen *Bryopsis, Udotea, Derbesia* u. a. Wird die Pfropfoperation so schnell ausgeführt, daß sich nicht erst die isolierende Niederschlagsmembran auf der Wunde bilden kann, so gelingen die Pfropfungen im allgemeinen gut (s. S. 212, 219).

NICOLA ARNAUDOW (1925) hat auf sehr elegante Art Pfropfungen bei Moosen angeführt. Es ist interessant, daß hier Pfropfungen zwischen verschiedenen Familien, die verhältnismäßig weit voneinander entfernt sind, gelingen. Er pfropfte nämlich *Dicranum* (Familie *Dicranaceae*) auf *Catharinea undulata* (Familie *Polytrichaceae*). Jedenfalls hat sich bei dieser Zusammenstellung die größte Zahl wohlgelungener Pfropfungen erzielen lassen. Die angewandte Pfropfungsmethode ist einfach, aber sehr originell. Sie erinnert sehr an eine Methode, welche für die Pfropfung von Gräsern ausprobiert worden ist. Aus der Vaginula der Unterlage wurde der wachsende Embryo, also das heranwachsende Sporogonium herausgenommen und an seiner Stelle ein in gleicher Weise herauspräparierter Embryo der fremden Art angebracht. Der Autor hat sich mit der Betrachtung des Verwachsungsprozesses nicht befaßt. Er schreibt nur, daß der Fuß des Embryos mit der Vaginula bald verklebte, und das Wachstum des Embryos fortgesetzt wurde.

Selbstverständlich kann dieser Hinweis nicht befriedigen. Aber es besteht wohl kein Zweifel, daß zwischen der Unterlage und dem Reis eine Verbindung zustande gekommen ist, welche dem Reis eine Entwicklung gestattete, die nicht wesentlich hinter derjenigen einer Kontrollpflanze zurückblieb. Auch zur Sporenbildung ist es gekommen. Die Tatsache, daß bei einem gepfropften Sporogonium annähernd die Hälfte der Sporen degeneriert war, und daß die von dem Degenerationsprozeß verschont gebliebenen Sporen sehr oft schon innerhalb der Kapsel zu Protonemafäden auswuchsen, braucht nach unserer Meinung nicht unbedingt auf die veränderte Ernährung zurückgeführt zu werden, wie der

Autor es möchte, vielmehr erscheint es möglich, hier serologische Beziehungen zu vermuten, soweit es sich um Sporendegeneration handelt, sowie soweit das vorzeitige Auswachsen der Sporen in Rede steht, an eine Beeinflussung dieser gesunden Sporen durch die Zerfallsstoffe zu denken, welche sich aus den degenerierten Sporen gebildet haben. Das würde also heißen, daß wir uns im ersten Falle die Vorstellungen KOSTOFFs, im zweiten Fall diejenigen von HABERLANDT (Nekrohormone) zu eigen machen würden.

Gelungene Pfropfungen bei Farnen sind uns nicht bekanntgeworden. Wir erklären dieses damit, daß man sich mit ihnen fast gar nicht beschäftigt hat. Die Möglichkeit eines Erfolges steht für uns außer Zweifel.

Wir wenden uns nunmehr den Pfropfungen bei Nadelhölzern zu. Sie sind oft mit Erfolg durchgeführt worden. So gelingt es, *Lärchen* mit zweinadeligen Kurztrieben auf andere zweinadelige Formen zu pfropfen, wie auch entsprechend fünfnadelige auf andere fünfnadelige. Eine feste Pfropfverbindung zwischen diesen beiden Gruppen gelang jedoch nicht. Die Arten der Gattung *Cedrus* lassen sich auf *Pinus silvestris* und *Larix europaea* pfropfen, sowie die Arten der Gattung *Tsuga* auf *Abies pectinata, Cephalotaxus* und *Podocarpus, Torreya* können auf *Taxus baccata* gepfropft werden (s. MOLISCH, 1922). Selbstverständlich sind auch noch viele andere Pfropfungen innerhalb der Gruppe der Nadelhölzer möglich. Die Pfropfung wird bei den Nadelhölzern sowie auch bei einigen Laubbäumen (z. B. *Juglans regia* L.) im allgemeinen in die längs gespaltene Endknospe ausgeführt, und nicht wie sonst in einen gespaltenen abgeschnittenen Sproß.

Im allgemeinen hat man angenommen, daß von den Angiospermen sich die sog. Monokotylen schlecht oder gar nicht pfropfen ließen, besonders solche wie *Dracaena, Aloe,* d. h. alle diejenigen, welche ein sekundäres Dickenwachstum des Stengels haben. Es dürfte aber doch wohl richtig sein, anzunehmen, daß es bei Durchführung einer größeren Anzahl von Pfropfungen, als bis jetzt vorgenommen wurden, gelingen müßte, gute Verwachsungen zu erhalten. Niemand hat bisher bewiesen, daß die Monokotylen irgendwelche besonderen Widerstände gegen die Verwachsung aufweisen, abgesehen von dem speziellen Bau ihrer Sprosse. Die hieraus resultierenden Hindernisse kann man jedoch durch entsprechende Anpassung der Komponenten, ganz besonders in frühen Entwicklungsstadien, umgehen. Diese Arbeit mag schwer, aber, theoretisch betrachtet, muß sie durchführbar sein. Die Hauptsache bleibt nach unserer Meinung die Frage, ob wirklich die Anatomie des Stengels (s. S. 38, 403 und 474) als ein Hindernis angesehen werden kann. Schon im Jahre 1899 schrieb DANIEL folgendes:

„Der Erfolg von Pfropfungen (auf englische Art ausgeführt) bei *Vanilla* und *Philodendron* spricht selbst dafür, daß die Pfropfung von Monokotylen, sogar, wenn die produktiven Anlagen (couches génératrices) entfernt wurden, nicht als unmöglich angesehen werden dürfen. Dieser Erfolg ... hängt von der Methode der Pfropfung, von der Kontaktfläche, von der Natur der zu verbindenden Pflanzen ab."

Neben vielen anderen hatte sich KABUS (1912) mit Pfropfungen bei Monokotylen befaßt. Er hat beobachtet, daß bei vielen von ihnen eine Gewebsregeneration überhaupt sehr schwierig ist (Neubildungen auf der Schnittoberfläche). Daher sei anzunehmen, daß die Verwachsung von Monokotylen (S. 52) insoweit möglich ist, wie das Grundgewebe sekundäre Zellteilungen zu geben vermag, und unter der Bedingung, daß auf dem Reis ein Vegetationspunkt vorhanden ist. Übrigens bezieht sich das letztere auch auf die oberirdischen Teile von Dikotylen. Leider hat man in neuerer Zeit, wie auch SCHUBERT (1913) mit Recht bemerkt, vollkommen, vielleicht absichtlich die alten Experimente von ISIDORO CALDERINI (1846) in Vergessenheit geraten lassen. CALDERINI arbeitete mit Gramineenpfropfungen. Auch ARNAUDOW hat sie nicht erwähnt, wenn auch seine Pfropfmethode dem Wesen nach außerordentlich an die von CALDERINI erinnert. CALDERINI verwendete zu seinen Pfropfungen den oberen Teil eines Gramineensämlings. Er zog ihn aus der Blattscheide heraus, so daß die Zerreißung im Gebiete des interkalaren meristematischen Gewebes stattfand. Dann wurde dieses Reis in die Blattscheide der in gleicher Weise von ihrem oberen Teil befreiten Unterlage hineingepfropft. Es erscheint natürlich, daß in der genannten Zone des interkalaren Wachstums auch eine Verwachsung vor sich ging. Besonders interessant sind auch die Reispfropfungen *(Oryza sativa)* auf *Panicum crus galli*. Wenn die Pfropfung gelang, so entwickelte sich das Reis *(Oryza sativa)* mächtiger als auf der eigenen Wurzel und trug reichlich Früchte. Wie wir später sehen werden, verdient auch der Hinweis CALDERINIs darauf, daß die F_1 des Reises sich etwas anders verhielt als die einer Kontrollpflanze auf eigenen Wurzeln, Beachtung.

Es ist beabsichtigt, im Timiriaseff-Institut in nächster Zukunft diese Experimente zu wiederholen und weiter auszudehnen auf die Pfropfung von Kulturgräsern.

SCHUBERT (1913, S. 409, 429), welcher die Pfropfungen von Monokotylen näher erforscht hat, behauptet ganz entschieden, daß der Pfropfungserfolg nur vorübergehend sein kann, da in keiner der Pfropfungen jemals ein Zusammenschluß der Leitbündelsysteme von Unterlage und Reis festgestellt werden konnte. Es ist interessant, daß dieser Zusammenschluß auch dann fehlte, wenn die Pfropfung verhältnismäßig lange am Leben blieb. So lebte eine autoplastische Pfropfung von *Campelia zanonia* in dem einen Experiment 6 und im anderen 13 Monate lang. Das Reis wuchs und entwickelte neue Blätter. Bei der 13 Monate alten Pfropfung hatte sich ein starkes, parenchymatöses, intermediäres Gewebe (Kallus) gebildet, und nach dem Bericht des Autors (s. S. 426) war die Verwachsung „fast ideal" (vgl. unsere S. 19, N. K.). Aber auch hier im Wundgewebe wurden die Leitbündel nicht regeneriert. Diese Tatsache ist schon deshalb so auffallend, weil es in der Berührungszone der Wundgewebe schwer war, zu unterscheiden, welche Zellen dem Reis und welche der Unterlage angehörten. Also muß die Ernährung auf osmotischem Wege durch die Verwachsungsfenster vor sich gegangen sein. Den Eintritt des Todes der Unterlage erklärt der Autor entweder durch den mangelhaften Zustrom von plastischen Stoffen (die Unterlage hatte keine eigenen Blätter) oder durch überschüssige Ansammlung von Mineralstoffen, die nicht zum Reis abtransportiert werden konnten.

Von denjenigen SCHUBERTschen Pfropfungen, welche längere Zeit gelebt haben, möchten wir hier noch die autoplastischen Pfropfungen von *Aloe plicatilis* (mehr als 1,5 Jahre) und *Aglaonema simplex* (6 Monate) erwähnen. Einige autoplastisch und heteroplastisch gepfropfte Arten von *Dracaena* und *Cordyline* überlebten nicht mehr als zwei Monate. Das Reis ging ein. Die Wiederholung des Experimentes von DANIEL mit *Vanilla planifolia* ergab ebenfalls ein negatives Resultat. Deshalb ist SCHUBERT der Meinung, daß alle Berichte über Erfolge bei monokotylen Pfropfungen wegen der zu kurzen Kontrollzeit auf einem Irrtum beruhen. Tatsächlich hält z. B. KABUS (1912) die Pfropfung von *Philodendron erubescens* auf sich selbst für gelungen, obgleich er sie nur 20 Tage lang beobachtet hat. Wir wiederholen jedoch unsere Überzeugung, daß ein Erfolg bei monokotylen Pfropfungen möglich sein muß. Dafür spricht auch die Tatsache, daß die Bewurzelung von Stecklingen leicht gelingt. Hier verbindet sich das Leitbündelsystem der Wurzel mit einem solchen des Sprosses. Neugebildetes Gewebe erweist sich hier also als fähig, in leitende Elemente umgewandelt zu werden. Wir werden weiter unten zeigen (S. 606), daß die Pfropfung von Zwiebelhälften blauer und roter *Hyazinthen* aufeinander mit nachfolgender Bildung eines gemeinsamen Blütensprosses gelingt. Diese Pfropfung wurde zuerst im Jahre 1768 in Amsterdam von MASTERS ausgeführt. Es ist wahrscheinlich, daß auch hier eine Verbindung von Leitbündelsystemen zustande kam. Jedenfalls werden weitere Untersuchungen notwendig sein.

Dies war unsere Meinung im Jahre 1928. Wir gaben sie hier fast unverändert wieder. Wie wir aber schon im Kapitel über den Verwachsungsprozeß gesehen haben, hat sich unsere theoretische Annahme von damals bewahrheitet, und es ist uns mit N. J. DUBROWITZKAJA gelungen, mit vollkommener Sicherheit die Verbindung von Leitbündelsystemen bei *Tradescantia*-Pfropfungen nachzuweisen, sowie auch die Pfropfungen so lange am Leben zu erhalten, daß sich eine normale Blüte auf dem Reis entwickeln konnte. Wir bezweifeln nicht, daß Ähnliches in vielen anderen Pfropfungen von Monokotylen festgestellt werden kann (s. S. 472).

Es sei betont, daß der Erfolg dabei von der Art der Pfropfung und von dem Zustand der Pfropfpartner abhängen kann. Man muß die anatomische Analyse nur auf den ganzen Verlauf der Verwachsungsstelle und nicht nur auf wenige zufällige Querschnitte erstrecken, wie es leider sehr oft geschieht.

b) Grundsätzliches zum Problem der Beziehungen zwischen Unterlage und Reis.

Ehe wir uns den physiologischen Wechselbeziehungen der Pfropfpartner und der Ausführung von Pfropfungen zu praktischen Zwecken zuwenden, wollen wir uns allgemein mit der Frage der gegenseitigen Beeinflussung von Reis und Unterlage befassen. Zuerst soll hier festgestellt werden, daß bis jetzt keine einzige genau festgestellte, wissenschaftlich kontrollierte Angabe existiert, nach welcher die Unterlage irgendeine somatische und genotypische Eigenschaft des Reises verändert hat. Mit anderen Worten: es ist gleichgültig, welche Veränderung im Soma des Reises unter der unmittelbaren Einwirkung der Unterlage entstanden ist, nie kann diese Veränderung weder bei Vermehrung des Reises durch Samen noch auch bei vegetativer Vermehrung auf eigenen Wurzeln vererbt oder auch vegetativ weiter erhalten werden. Trotzdem fehlt es in der Literatur nicht an sehr häufigen Hinweisen darauf, daß die Formen von Blättern und Früchten, oder daß irgendwelche andere Merkmale des Reises unter dem spezifischen Einfluß der Unterlage eine spezifische Veränderung erfahren habe.

Um so bedauerlicher ist es, daß man auch in der neuesten wissenschaftlichen Literatur keine hinreichend klare Stellungnahme zu dieser Frage findet. So sagt F. MEYER (1929, S. 311):

„Jedoch ist die Frage, ob nicht auch durch Vereinigung zweier vegetativer Zellen Bastarde entstehen können, und ob nicht auch etwa auf dem Wege der Pfropfung Merkmale einer Art auf die andere Art übertragbar sind, auch heute nicht völlig entschieden."

Weiter unten bei Behandlung der vegetativen Hybriden (Burdonen) wollen wir diese Frage weiter erörtern. Hier soll nur folgendes bemerkt werden:

Über die Variabilität, insbesondere die Parallelvariabilität der Transplantosymbionten. Letzten Endes neigt jede Pflanze in verschiedenem für sie charakteristischen Grade dazu, unter dem Einfluß äußerer Ursachen jede ihrer Eigenschaften zu ändern. Zweifellos stellt ja auch jede Pfropfung das Reis unter neue Bedingungen, so daß also auch auf diesem Wege Modifikationen erhalten werden können. Das bedeutet aber nicht, daß gerade diese Unterlage die ausschließliche Eigenschaft besitzt, diese bestimmten Veränderungen im Reis hervorzurufen. Vielmehr ist durchaus zu erwarten, daß dieselben Veränderungen am Reis auch hätten erhalten werden können, wenn man es auf seiner eigenen Wurzel aber auf anderem Boden oder unter irgendwelchen besonderen Bedingungen der Ernährung, der Beleuchtung usw. gepfropft hätte. Endlich hat selbstverständlich auch die Rückpfropfung auf den eigenen Sproß als Unterlage eine bestimmte Bedeutung. In dieser Hinsicht sagt WINKLER 1912 a, S. 44—45) folgendes:

„Die Zusammensetzung des Bodens beeinflußt die Pflanzen in ihrem spezifischen Stoffwechselmechanismus insofern nicht unerheblich, als sie jeder Bodenart die Aschenbestandteile in relativ anderen Verhältnissen entnehmen. Ihre spezifischen morphologischen Charaktere werden indessen dadurch nicht in nachweisbarer Art beeinflußt, es müßte denn sein, daß bei jahrtausendelangem ausschließlichem Vorkommen auf derselben Bodenart bestimmte Eigenschaften aufträten und erblich würden. Gesicherte Anhaltspunkte dafür, daß dem so sei, fehlen aber durchaus. Wenn also auch hinsichtlich des anorganischen Stoffwechselchemismus das Pfropfen auf andersartige Unterlage für eine Pflanze gleichbedeutend ist mit dem Versetzen auf einen andersartigen Boden, so werden wir auf Grund dessen keine spezifischen Änderungen bei dem Reis erwarten können, selbst nicht bei Pflanzen, die, wie etwa manche Birnensorten, durch lange Zeiträume hindurch konstant auf andersartigem Grundstamm, also etwa auf der Quitte, kultiviert werden." (Und auf S. 127) „daß an den Pfropflingen nur solche Modifikationen der Blattform beobachtet werden, wie sie auch sonst an freiwurzelnden Stöcken durch verschiedene Bodenverhältnisse hervorgerufen werden können".

Bei der Besprechung der Ursachen der Veränderlichkeit, speziell der Bedeutung der Ernährung in dieser Beziehung, hat DARWIN (1875, Bd. 2, S. 245) auch schon die Veränderlichkeit der Fruchtbäume, wie sie sich bei Kultur auf verschiedenen Böden zeigt, derjenigen auf verschiedenen Unterlagen gegenübergestellt. Es dürfte interessant sein, zu bemerken, daß Gleichstellung der Unterlage mit dem Boden und die Behauptung, daß das Reis und die Unterlage ihre Grundeigenschaften unter dem gegenseitigen Einfluß nicht verändern können, schon bei THEOPHRAST (De Causis Plantarum) gefunden wird. THEOPHRAST seinerseits beruft sich in dieser Frage schon auf ältere Autoren, sodaß also die hier vertretene Anschauung ein Alter von mehr als 2200 Jahren hat.

Selbstverständlich ist für die Praxis nur die Tatsache wichtig, daß die gegebene Veränderung gerade auf dieser Unterlage erhalten wird. Biologisch aber ist es keineswegs gleichgültig, ob die Unterlage die spezifische Eigenschaft besitzt, das Reis zu verändern, oder ob das Reis die Eigenschaft besitzt, unter verschiedenen Bedingungen zu variieren. Eine dieser Bedingungen ist sein Wachstum auf dieser oder jener Unterlage. Die wissenschaftlichen Daten sprechen für diese Anschauung, jedoch ist vieles noch nicht nachgeprüft. Eine grundsätzliche Nachprüfung aller derartigen Angaben wäre aber keineswegs von geringem Wert, denn wenn tatsächlich die Veränderung der Arteigenschaften des Reises nach der Unterlage zu sich als möglich erweisen ließe, so wäre damit das große Problem der Vererbung erworbener Eigenschaften gelöst. Selbst wenn nun die neu erworbenen Eigenschaften des Reises nicht vererbbar wären, wenn sie jedoch nur ausschließlich unter der Einwirkung der

Unterlage zu erhalten wären, und durch keine, wie auch immer beschaffene andere Form der Beeinflussung, so wäre diese Tatsache von ganz besonderer Bedeutung; denn dann müßte die Annahme möglich sein, daß in der Pflanze solche Eigenschaftsfaktoren existieren, welche nur auf die Wirkung lebendiger Organismen ansprechen. Ein derartiger Schluß untergräbt aber die entscheidende Bedeutung des direkten Experiments. Hier entsteht ein natürlicher Widerspruch: Man könnte sich nämlich denken, daß ein bestimmter hochkomplizierter Komplex chemischer Verbindungen sich als wirksam erwiese, der eben außerhalb der Unterlage sich künstlich nicht herstellen ließe. Tatsachengrundlagen für eine derartige Annahme sind jedoch bisher noch nicht gegeben. Theoretisch ist ein derartiger Zustand denkbar[1]. Schon lange vor DARWIN schrieb THOUIN (1810, S. 212): „Die Unterlage verändert die Grundeigenschaften des Reises nicht. Das Reis wird durch die Unterlage öfters modifiziert"... Bei gepfropften Individuen werden speziell folgende Veränderungen beobachtet (vgl. THOUIN, 1810 sowie 1824, S. 5f.).

1. In der Größe. So erreichten z. B. Apfelbäume bei autoplastischer Pfropfung eine Höhe von 7—8 m. Wenn sie auf eine Paradiesunterlage gepfropft sind, kaum eine Höhe von 2 m. (Bemerkung von THOUIN: Diese Maßangaben sind Mittelwerte aus einer großen Individuenzahl, welche in verschiedenen Gegenden von Paris und seiner Umgebung erhalten wurden. Das gleiche bezieht sich auf alle folgenden Maßangaben.) Sämlinge von *Sorbus ("des Chasseurs")* erreichen, wenn wir sie in unseren Gärten aufziehen, nur Buschhöhe, dagegen auf *Crataegus* gepfropft bilden sie einen Baum von 8 m Höhe. *Acer eriosperma Desf.* auf wilde *Sycomore* gepfropft, wird zu einem verzweigten Baum von 16 m Höhe, während er, aus Samen gezogen, nur die Höhe von 10 m erreicht.

2. Veränderungen im Habitus. So stellt *Prunus pumila* aus eigenem Samen hochgezogen einen kriechenden Busch dar und erhebt sich selten zu größerer Höhe als 6 dcm. Wird aber dieselbe Pflanze auf die *Pflaume* gepfropft, so bildet sie zu Bündeln vereinigte Stengel von 1 m Höhe. *Cytisus sessilifolius* L. aus Samen gezogen stellt einen schwachen Busch dar, wenn er aber auf *Cytisus alpinus* gepfropft wird, so bildet er einen verzweigten, kugelartigen Busch von 15 dcm Höhe. *Robinia pygmaea* hat Zweige, welche sich der Erde anschmiegen und erst in ihrem Endverlaufe sich von der Erde erheben. Nach Pfropfung auf

---

[1] [Ein derartiger Zustand ist sogar nicht nur theoretisch denkbar, sondern er ist letzten Endes zur Zeit in allen Fällen gegeben, wenn wir die von KOSTOFF angenommene Mitwirkung von Antigen-Antikörperreaktionen gutheißen wollen. Denn damit würden die spezifisch struktuierten Eiweißkörper der verschiedenen Pflanzen in die Reaktion eintreten. Es ist allerdings zum Teil unmöglich, den in ihnen gegebenen Faktorenkomplex irgendwie künstlich nachzuahmen. Es muß jedoch hier auf die an anderer Stelle (s. S. 871f.) in diesem Buch gegebene Kritik der KOSTOFFschen Ansicht verwiesen werden. M.]

den Sproß von *Robinia Caragana* bildet sie eine kompakte, abgerundete, herunterhängende Krone.

3. In der Widerstandsfähigkeit. So verträgt die Mispel *Mespilus japonicus* auf den *Weißdorn* gepfropft („*l'épine blanche*") eingewickelt 4 Winter lang Fröste, welche in denselben Jahren viele Exemplare, welche auf eigenen Wurzeln standen und in gleicher Art bedeckt waren, vernichtet haben. Eine echte *Pistacie* auf „*Thérébinthe*" gepfropft ist gegen Frost weniger empfindlich als aus Sämlingen gezogene Individuen, welche aus aus Kleinasien stammenden Samen erzogen wurden. Die ersteren vermögen Fröste von 10^0 zu ertragen, während die anderen bei 6^0 Kälte unter im übrigen gleichen Bedingungen eingehen. Ein Individuum von *Quercus phellos* L. gepfropft auf *Steineiche* vertrug ohne Schutz 16—17^0 Kälte 5 Tage lang, dagegen gingen aus Samen gezogene Pflanzen bei $7,5^0$ Kälte ein.

4. Bezüglich der Fruchtbarkeit. *Robinia hispida, Robinia Chamlagh, R. viscosa* tragen, wenn sie auf andere Arten derselben Gattung gepfropft werden, selten Früchte, und wenn überhaupt, nur wenige an der Zahl. Dagegen wird sie auf eigenen Wurzeln stehend sehr fruchtbar. Umgekehrt tragen Pflanzen von der Eberesche („*Sorbier des oiseleurs*", „*de Laponil*") und verschiedene Gartenäpfel nach Pfropfung mehr Früchte, als wenn sie auf eigenen Wurzeln stehen usw.

5. Bezüglich der Fruchtgröße. In der Gruppe der Kernobstbäume finden wir, daß das Volumen des Fruchtfleisches gepfropfter Individuen oft um ein Fünftel ja bis ein Drittel des Durchschnittsvolumens mehr beträgt als bei Früchten von Sämlingen. Dabei ist es gleichgültig, ob die Pfropfung eventuell auf dieselbe Varietät stattfindet, welcher das Reis angehört. *Birnen* und *Apfel*-Bäume sowie *Diospyren* liefern uns Beispiele hierfür.

6. Die Vergrößerung des Fruchtvolumens beeinflußt selten die Entwicklung der Samen in der gleichen Richtung. Umgekehrt läßt sich vielmehr sagen, daß die Sämlinge im allgemeinen reichlichere und in jeder Weise stärkere Entwicklung keimfähiger Samen gewährleisten, als wir sie bei gepfropften Individuen finden. Dieser Unterschied ist um so ausgeprägter, je länger eine Rasse als Kulturrasse schon benutzt wird, und je weiter sie also von ihrem wilden Urzustand sich entfernt hat (es sei hier auf S. 332 und 354 hingewiesen). Die verschiedensten Fruchtbäume, auch hier wieder *Äpfel* und *Birnen,* können als Beispiele dienen.

7. Im Geschmack der Früchte. Wie Boden, Klima, Jahreszeit auf die Qualität von Obst und Gemüse wirken, worüber ja kein Zweifel besteht, so wirkt auch eine Unterlage auf das ihr aufgepfropfte Reis ein. Dabei wäre es aber verkehrt, anzunehmen, daß die Unterlage den Geschmack der Früchte des ihr aufgepfropften Reises so beeinflusse, daß sie nunmehr ihrem eigenen Fruchtgeschmack irgendwie gleichen. Die

Geschmacksveränderungen bestehen nur in einer Abänderung der Nuancen, die aber bei hinreichend scharfer Wahrnehmung gut zu unterscheiden sind. Wenn wir *Reineclauden* in gleicher Art und Weise in verschiedenen Varietäten auf Wildlinge ihrer eigenen Art pfropfen, so können wir auf einigen von ihnen völlig geschmacklose Früchte, auf anderen dagegen ausgezeichnete süße und aromatische Früchte erhalten. Ebenso ist der Geschmack der *Kirschen*-Früchte verschieden, je nachdem, ob sie von einem Reise stammen, welches wir auf *Lorbeerkirsche*, die wilde *Waldkirsche* oder gar auf die *Mahalebkirsche* gepfropft haben.

8. Endlich beeinflußt die Unterlage die Lebensdauer des Reises. Insbesondere am Kernobst lassen sich hier wertvolle Beobachtungen sammeln. Ein Sämling vom *Apfel*-Baum lebt, auf *Paradiesapfel* gepfropft, 15—25 Jahre maximal, während er auf sich selbst gepfropft ein Alter von etwa 120 Jahren, und ohne Pfropfung ein Alter von etwa 200 Jahren erreichen kann. Doch tritt nicht in allen Fällen eine Verkürzung der Lebensdauer ein. Besonders einige importierte Bäume stellen eine Ausnahme von dieser Regel dar. Werden sie auf hiesige widerstandsfähige Arten gepfropft, so leben sie länger als Individuen derselben Art, welche auf eigenen Wurzeln stehen. So sind *Aesculus Pavia* bei Pfropfung auf *Aesculus hippocastanum* und *Sorbus aucuparia* und *Sorbus laponia* auf *Weißdorn* gepfropft, Beispiele für eine derartige Wirkung des Pfropfexperimentes.

Dies etwa stellt die Kenntnisse dar, welche man im Jahre 1810 von diesen Dingen hatte. Scheinbar war die Frage bezüglich der Wirkung von Unterlage und Reis aufeinander klar. Da aber, wie wir oben gezeigt haben, diese Lösung keineswegs von allen anerkannt wird, dürfte es nötig sein, noch an einer Reihe von konkreten Beispielen einige weitere Belege anzuführen. Dabei wollen wir WINKLER (1912a, S. 126—127) als Gewährsmann anführen. Es handelt sich dabei um die Veränderlichkeit 1. des Blattes, 2. der Frucht, 3. des Samenansatzes beim Reis. Dadurch werden viele strittige Punkte mit berührt.

Wenn wir uns der Veränderlichkeit der Blattform zuwenden, so wird man den Einwänden, die WINKLER (1912, S. 126—127) macht, voll und ganz beipflichten können. Die Anzahl der von WINKLER angeführten Fälle, wo eine spezifische Veränderung der Blattform des Reises unter dem Einfluß der Unterlage angenommen worden ist, ohne daß für eine derartige Annahme genügend kontrollierte Gründe vorgelegen hätten, kann man beliebig weiter vermehren. Es ist ja gerade die Blattform ein außerordentlich plastisches Merkmal. Man braucht nur auf die Veränderlichkeit der Blattform bei *Morus* und *Eucalyptus* hinzuweisen, sowie auf viele andere Fälle, wo im Laufe der Ontogenese eine Änderung der Blattform eintritt.

Auch Knospenmutationen mit Änderungen der Blattform als Mutationserfolg sind verhältnismäßig viele bekannt. So fand im Jahre 1915

DETJEN (1920) eine wilde natürliche Hybride zwischen *Brombeere* und *Himbeere*, bei der zwei Sprosse vorhanden waren, einer mit normalen und der andere mit fein eingeschnittenen Blättern. Der Sproß der letztgenannten Form wurde durch Senkerbildung bewurzelt, und es zeigte sich, daß bei der weiteren selbständigen Entwicklung die eingeschnittene Blattform erhalten blieb. Im Jahre 1919 jedoch wurden an den Seitenzweigen dieser Pflanze zwei Blätter aufgefunden, welche sich ihrer Form nach den Normalblättern näherten. Es hat also auch hier, selbst wenn sich eine genotypisch veränderte Form ergeben hätte, die Unterlage keine Bedeutung gehabt oder keine andere als irgendwelche Außenfaktoren. In jedem Falle kann also nur dann das Urteil gefällt werden, daß eine spezifische Beeinflussung des Reises von seiten der Unterlage vorliegt, wenn die Variationsbreite der betreffenden als Reis verwendeten Art oder Varietät vollkommen bekannt ist, und wenn die gefundene Abweichung außerhalb des Bereiches dieser Variationsbreite fällt. Dabei wird man das Verhalten der betreffenden Pflanze bei autoplastischer Pfropfung mit zu berücksichtigen haben. Ein Beispiel hierfür liefern die Arbeiten HABERLANDTs (1926, 1927, 1930b) mit den *Crataegomespili*. Im Kapitel über die Chimären soll hierüber ausführlicher berichtet werden (s. S. 660f).

Anfangs war HABERLANDT (1926, 1927) völlig überzeugt davon, daß die Merkmale der Epidermis der inneren Komponente der Chimäre sich bei der Epidermis der äußeren Komponente nachweisen ließe, so daß er entschieden die Periklinalchimärennatur dieser Pflanze ablehnte, und sie als Burdo anzuerkennen geneigt war. In der nächsten Arbeit (1930b) gibt HABERLANDT jedoch diesen Standpunkt auf, nachdem er die natürliche Variation der Epidermis im Verlaufe des Alters festgestellt hatte. Bei der Bewertung von Änderungen des Reises unter den Pfropfbedingungen muß man deshalb so vorsichtlich sein, weil somatische Modifikationen und sogar Mutationen häufig Formen hervorbringen, welche denen verwandter Arten oder Rassen ähneln.

Auf Abb.146 sehen wir Blätter einer gewöhnlichen *Waldhimbeere (Rubus idaeus)*, welche ich gefunden habe (vgl. PENZIG 1921, Bd. II, S. 300, 301 und 306). Wir finden hier Formen, welche verschiedene Übergänge von gefiederten Blättern, wie sie für *Rubus idaeus* normal sind, zu gefingerten Blättern, wie sie bei anderen Arten des Genus *Rubus* bekannt sind, darstellen. Wenn wir uns vorstellen, daß ohne Kenntnis derartiger Blattvariation eine Pfropfung von *Rubus idaeus* z. B. auf *Rubus spec.* gemacht worden wäre, und daß auf dem Reis plötzlich solche Blätter, wie wir sie abgebildet haben, aufgetreten wären, so hätte mindestens der Versuch, diese Erscheinung durch einen spezifischen morphogenetischen Einfluß der Unterlage auf das Reis zu erklären, sehr nahegelegen. Ja, es hätte schon eine gewisse Starrheit der Ansichten dazu gehört, um diesen Erklärungsversuch nicht zu machen. Wesen und Bedeutung

Über Variabilität, insbesondere die Parallelvariabilität usw. 481

der erwähnten Blattveränderung bei der *Himbeere* wird von uns in einer der oben erwähnten Arbeiten auseinandergesetzt (s. S. 497).

Ebenfalls die Gliederung der Blattspreite von *Fragaria moschata* DUCH. ist sehr variabel (s. Abb. 147). Wir finden hier nicht nur neben normal dreizählich gefingerten Blättern fünfzählig gefingerte, sondern sogar auf ein und derselben Pflanze zwei fünfzählig gefiederte Blätter. Hier tritt also eine Merkmalsvariation auf, die über die Grenzen der Gattung hinausführt, sich aber innerhalb der Grenzen der Familie hält

Abb. 146. *Rubus idaeus*. Variabilität der Blätter eines Individuums.

(s. weiter unten). In ferneren Arbeiten wird dies Material behandelt werden.

Abgesehen davon, daß also eine genotypische Eigenschaftsänderung bezüglich der Blattform des Reises unter der Wirkung der Unterlage völlig unbewiesen ist, gibt es auch solche Fälle, wo sogar typische Modifikationsmerkmale unter der Wirkung der Pfropfung sich nicht ändern. TAUBERT (1926) pfropfte eine Reihe von Tannenarten *(Abies alba, Abies nordmannia, Abies concolor, Abies grandis)* derart, daß Zweige alter, reifer Bäume mit typischen Lichtnadeln auf junge Pflänzchen derselben Art gepfropft wurden. Die Nadeln beider Formen, der Jugendform und der Altersform, sind anatomisch und morphologisch gut voneinander zu unterscheiden. Weder der Pfropfvorgang als solcher noch die Unterlage hat nun in den Fällen, von denen TAUBERT berichtet, die Eigenschaft der Nadeln irgendwie geändert. Im allgemeinen ist aber natürlich die Möglichkeit einer Veränderung der Modifikationseigenschaften unter dem Einfluß der Pfropfung ohne weiteres zuzugeben, da ja sowohl die Bedingungen der organischen wie der mineralischen Ernährung völlig verändert sein können.

Abb. 147. *Fragaria moschata*. Blattvariabilität. *1* normales dreizähliges Blatt; *2* fünffach gefingertes Blatt; *3* und *4* fünffach gefiedertes Blatt; *5* fünffach gefingertes Blatt mit reduziertem Spitzenblatt (*h*); *6* siehe *5*; aber völlige Reduktion des Spitzenblattes; *7* siehe *6*, aber dreizählig; *8* Blatt mit einem ascidialen Seitenblättchen (*6* und *7* könnten auch auf anderem Wege entstanden sein).

Wenden wir uns nunmehr der Veränderung der Fruchtform zu. WINKLER (1912a, S. 127—129) führt hier vor allen Dingen die Arbeiten von DANIEL (1910) mit *Tomaten* an. Er bemerkt mit Recht, daß auch hier eine hinreichende kritische Analyse der Nachkommenschaft bei ungepfropften und auto- und heteroplastisch gepfropften Exemplaren fehlt. Auf die Art und Weise können die Angaben DANIELs in keinerlei Weise ausgewertet werden. Dasselbe gelte von den vielen Hinweisen, welche sich in der gärtnerischen Literatur über Veränderungen der Fruchtform finden. Keiner von all diesen Fällen sei je kritisch hinreichend erforscht worden und verdiene also irgendwelche Beachtung bei der Behandlung unseres Problems. Wäre zu der Zeit, als die WINKLERsche Arbeit erschien, schon die letzte Arbeit von BATESON über die vegetative Spaltung vorhanden gewesen, so hätte man noch mehr Einwände machen können. Es kann ergänzend noch bemerkt werden, daß bei DANIEL ferner alle biometrischen Angaben fehlen. Subjektive Begriffe wie „mehr" oder „weniger" besagen bei einer derartigen Untersuchung gar nichts.

Es mag an dieser Stelle ferner noch auf die Arbeit von G. A. LEVITSKY (1925) hingewiesen werden. Auf S. 97 sagt der Autor:

„Die Ursache für die unvollständige Entwicklung bei den Blüten von *Veratrum* liegt einfach in der ungenügenden Ernährung. Dafür spricht auch die Tatsache, daß die männlichen Blüten durchweg kleiner sind, wie auch, daß schwächere Exemplare ausschließlich männliche Blüten besitzen."

Mit Hilfe eines tiefen Einschnittes in den Stengel oberhalb des eben austreibenden untersten Zweiges schuf der Autor Bedingungen, bei welchen der unterste Zweig am besten versorgt wurde. Die Zweige oberhalb dieser Stelle wurden einem Hungerzustand unterworfen, da sie mit Wasser und Salzen nur schlecht beliefert wurden. Das Resultat dieses Experimentes war folgendes: Während normalerweise sich an einem *Veratrum*zweige überwiegend männliche Blüten entwickeln, und der Prozentsatz der männlichen Blüten nur selten auf 30% fällt, wurde dieser Prozentsatz durch das Experiment bei dem beschriebenen besonders gut versorgten Zweige bis auf 8,3% heruntergedrückt. Alle übrigen Blüten hatten voll entwickelte Griffel und Fruchtknoten, die sich in den unteren Lagen zu Früchten entwickelten. Umgekehrt wurde durch Herabminderung der Ernährung, wie sie für die oberen Zweige eingetreten war, unvollständige Entwicklung der Blüten begünstigt (S. 104—107). Diese nachträgliche Publikation von G. A. LEWITSKY (die Arbeit wurde bereits 1909—1910 ausgeführt) deckt sich vollkommen mit den Daten der ausführlichen Arbeit von GOEBEL (1910). In dieser Arbeit über einhäusige Pflanzen sagt GOEBEL folgendes:

„Eine ausgiebigere Ernährung der weiblichen Blüten wird nicht nur durch die postflorale Weiterentwicklung der tragenden Achsen, sondern in manchen Fällen auch durch die geringere Anzahl der weiblichen Blüten ermöglicht (z. B. *Mercurialis perennis*)" (S. 736).

Dieser Gedanke, daß die Ernährung einen Einfluß auf das Geschlecht der sich entwickelnden Blüten sowie auch auf allgemeine Merkmale der zweihäusigen Pflanzen hat, stellt den Hauptinhalt der GOEBELschen Arbeit dar. Speziell bezüglich des Hanfes *(Cannabis sativa)* sagt GOEBEL, daß die männlichen Pflanzen ihr Wachstum infolge der Blütenbildung früher als die weiblichen Pflanzen beenden. Sie entwickeln sich deshalb weniger. Die Blätter sind durchschnittlich schmäler und weniger gegliedert als diejenigen der weiblichen Pflanzen. Auch HEYER (s. GOEBEL, l. c.) findet, daß die männlichen Pflanzen schwächlicher sind als die weiblichen, daß sie längere Internodien haben, ihre Blätter zu Beginn der Blütezeit dunkler sind als die der weiblichen, während am Ende der Blühperiode sich die Verhältnisse umkehren usw. GOEBEL findet, daß gut ernährte männliche Pflanzen oft im Gegensatz zu normalen eine bedeutende Höhe erreichen können (bis 2 m) und vermutet, daß man auf solchen Pflanzen auch weibliche Blüten wird finden können. Tatsächlich hat sich durch weitere spezielle Untersuchungen gezeigt, daß auf derartig gut ernährten, männlichen Pflanzen weibliche Blüten zur Ausbildung kamen (aus privaten Mitteilungen). Es bestehen selbstverständlich hier Beziehungen zum Problem der Geschlechtschromosomen bei Pflanzen usw. Doch soll das, als hier fernliegend, nicht näher berührt werden.

Es ist nun klar, daß unter dem Gesichtswinkel der verminderten Ernährung, unter welchem GOEBEL die Entwicklung männlicher und weiblicher Blüten auf einhäusigen und zweihäusigen Pflanzen betrachtet, auch die unvollständige Entwicklung unserer *Tabak*-Blüten verstanden werden kann (s. unten S. 487). Denn in jedem Fall stellt ja die Pfropfung zunächst einen Zustand dar, bei welchem eine verringerte Ernährung nicht zu vermeiden ist. Da insbesondere in unserem Fall das Reis keine eigenen Blätter hatte und der Verwachsungsprozeß verhältnismäßig langsam vor sich ging, sich auch später als unvollkommen erwies, so besteht kein Grund, hier nicht eine Ernährungsstörung als Ursache für die Anormalität anzunehmen. Von irgendeiner spezifischen Beeinflussung des Reises durch die Unterlage kann also keine Rede sein.

Im Zusammenhang mit der von uns beschriebenen Veränderlichkeit der Fortpflanzungsorgane des Reises mag es hier gestattet sein, auf die Experimente von YAMPOLSKY (1930) hinzuweisen. Dieser Forscher hat sich mit der Frage des Einflusses der Pfropfung eines Reises des einen Geschlechts einer dikotylen Pflanze auf eine Unterlage des anderen Geschlechts beschäftigt. Er pfropfte Stengel männlicher Individuen von *Mercurialis annua* auf weibliche Individuen und umgekehrt. Für weitere Betrachtungen wollen wir diese Art der Pfropfung bezeichnen als $\frac{\text{männlich}}{\text{weiblich}}$ und $\frac{\text{weiblich}}{\text{männlich}}$. Es zeigte sich, daß die Pfropfpartner einander hinsichtlich ihres Geschlechts in keiner Weise beeinflußten.

Ferner führte YAMPOLSKI Kreuzungen aus zwischen Blüten, welche sich auf den Zweigen der Unterlage und des Reises entwickelten, und verglich den Befruchtungserfolg mit solchen Individuen, welche auf eigener Wurzel wuchsen. Diese Experimente seien ihren Ergebnissen nach durch das folgende Schema[1] zum Ausdruck gebracht:

---

[1] Die punktierten Linien in unserem Schema zeigen andere mögliche Kreuzungsvarianten an, welche jedoch nicht alle bei den hier verwandten dikotylen Pflanzen

Vorgeschlagene Kreuzungen	Ausgeführte Pfropfungen und Kreuzungen
♂ ⟵―×―⟶ ♀ ♀ ⟵―×―⟶ ♂	↑ Die Nachkommenschaft ist normal (d. h. × × 50% männlichen und 50% weiblichen) kein ↓ Überwiegen der männlichen.
♀ ⟵―×―⟶ ♂ ♂ ⟵―×―⟶ ♀	↑ Die Nachkommenschaft ist normal (d. h. × × 50% männliche und 50% weibliche) kein ↓ Überwiegen der weiblichen.

Wie sich zeigt, hat die Pfropfung keinen Einfluß auf das Geschlecht der gepfropften Komponenten oder ihrer Nachkommenschaft gehabt (vgl. BURGEFF, 1914—1915). Diese Experimente YAMPOLSKIs sind im Zusammenhang mit den bekannten MANOILOFFschen Behauptungen von Interesse (1924). Nach MANOILOFF kommen den beiden Geschlechtern verschiedene Reaktionen zu. YAMPOLSKI hat die Angaben MANOILOFFs für *Mercurialis annua* nicht bestätigen können, er gibt aber an, daß er sich seiner Technik nicht vollkommen sicher sei. Jedenfalls beweisen die Pfropfungen YAMPOLSKIs, daß, wenn spezifische Geschlechtsstoffe existieren, diese nicht von einem Pfropfpartner in den anderen übergehen oder, wenn sie es tun, jedenfalls in ihnen nicht zur Wirkung kommen.

Auch das Experiment HARDERs (1927)[1] können wir in diesem Zusammenhange anführen und auswerten. HARDER entfernte bei Paarkernmyzelien der beiden Basidiomyzeten *Pholiota* und *Schizophyllum* im Augenblicke der Schnallenbildung den in der Schnalle enthaltenen Kern. So erhielt er in der unteren der beiden durch die letzte Zellteilung entstandenen Zellen eine haploide Zelle mit hybridem Plasma und eingeschlechtigem (+ oder —) Kern. HARDER verwendete dieses Experiment, um den Einfluß des hybriden (+ und —) Plasmas auf die Vererbung und Ausbildung der Geschlechtseigenschaften zu studieren. Im folgenden soll nun dieses Experiment für unser Problem ausgewertet werden, was HARDER nicht tut, worauf ausdrücklich hingewiesen sei. Zwar haben wir hier keine Pfropfung vor uns, wohl aber ein Nebeneinander verschieden-geschlechtiger Zellen. Gerade das Experiment HARDERs, welches zeigte, daß die Geschlechtseigenschaften lediglich kerngebunden sind, berechtigt uns unter den Versuchsumständen zu dieser Behauptung. Wenn nämlich, wie HARDER das tat, das Entfernungsexperiment an der Schnalle bei der Zellteilung ausgeführt wird,

---

verwirklicht werden können. Entsprechende Schemata seien hiermit überhaupt zur Veranschaulichung von Kreuzungen zwischen Pfropfunterlagen und Pfropfreisern in Vorschlag gebracht, z. B. für Arbeiten wie die KOSTOFFs. Linke Geschlechtszeichen bedeuten Pflanzen auf eigener Wurzel. Die wagerechten fetten Linien symbolisieren das Propfverhältnis (oberhalb Reis, unterhalb der Linie Unterlage).

[1] [Die folgende Darstellung der Experimente HARDERs glaube ich für die deutsche Ausgabe stark kürzen zu können. M.]

welche unmittelbar auf die Vereinigung des + und — Myzels folgt, so liegen nebeneinander eine neutrale Zelle, die Endzelle (+, —) und zwei geschlechtlich differente Zellen, von denen die eine dem ursprünglichen Haploidmyzel angehört, während die andere durch die Operation anormalerweise haploid geblieben ist. Den Angaben des Autors können wir nun entnehmen, daß das geschlechtliche Verhalten der durch die

Abb. 148. *Nicotiana affinis* auf *Solanum lycopersicum* gepfropft. Abweichungen in der Blütenbildung.

Operation haploid gebliebenen großen, zweiten Zellen sich unter dem Einfluß der benachbarten Zellen, einerseits einer geschlechtlich neutralen Zelle, andererseits einer Zelle entgegengesetzten Geschlechts, nicht verändert hat. Die Experimente HARDERs mit *Pholiota* geben kein hinreichend klares Bild, um in dieser Richtung ausgewertet zu werden. Denn eine allzu große Anzahl der operierten Myzelien ging unter dem Experiment ein. Jedenfalls besteht wohl kein genügend begründeter Hinweis darauf, daß ein gegenteiliges Verhalten sich hier finden sollte. Es mag

Tabelle 20.

			Blüten am			
1. Zweig	2. Zweig	3. Zweig	4. Zweig	5. Zweig	6. Zweig	7. Zweig
1. normal	1. normal	1. normal	1. normal	1. normal	1. normal	1. normal
2. K 6[1] C 6 A 6 zweiköpfige Narbe	2. K 7 C 7 A 7 vierköpfige Narbe	2. K 6 C 6 A 6 zweiköpfige Narbe	2. K 6 C 6 A 6 zweiköpfige Narbe	2. K 6 C 6 A 6 dreiköpfige Narbe	2. normal aber 1 A fasziiert Auf ihm 2 Staubbeutel	2. normal aber vierköpfige Narbe
3. s. 2, aber vierköpfige Narbe	3. K 6 C 6 A 6 dreiköpfige Narbe	3. normal	3. s. 2, aber C 5	3. s. 2	3. normal aber vierköpfige Narbe	3. normal
4. s. 2	4. K 6 C 6 eins sehr klein A 5 zweiköpfige Narbe	4. K 6 C 6 A 5 zweiköpfige Narbe	4.	4. K 7 C 7 A 7 vierköpfige Narbe	4. s. 3	4. K 6 C 6 A 6 normale Narbe
5. s. 2						
weitere Blüten vorhanden	weitere Blüten vorhanden	weitere Blüten vorhanden	weitere Blüten vorhanden	weitere Blüten vorhanden	weitere Blüten vorhanden	weitere Blüten vorhanden

noch bemerkt werden, daß selbstverständlich weitere Experimente mit der gleichen Technik sich in derselben Weise für unser Problem auswerten lassen, wie es hier versuchsweise von uns mit den HARDERschen Experimenten getan wurde (s. noch BURGEFF, 1914—1915).

Als Beispiel für morphologische Abweichungen im Reis einer Pfropfung kann die folgende Beobachtung an *Nicotiana affinis* dienen. Von 30 Pfropfungen, welche mit *Nicotiana affinis* auf *Solanum lycopersicum* (Rasse „*Sparks Earliana*") vorgenommen worden waren, zeigten etwa Mitte August zwei Pflanzen abweichende Blüten in den Blütenständen. Einen Monat lang vorher waren auf denselben Pflanzen nur normale Blüten zu finden. Auch die übrigen 28 Pflanzen entwickelten in der Folgezeit nur normale Blüten. Selbst bei den 2 genannten Pflanzen nun waren nicht alle Blüten anormal. Es soll in Tabelle 20 das Protokoll der gefundenen Abweichungen gegeben werden. Es handelt sich um das Protokoll für eine Pflanze. Bei der zweiten ergab sich ein ganz ähnliches Bild. Abb. 148 stellt eines dieser *Nicotiana affinis*-Reiser dar. Es sei bemerkt, daß die Rasse sich nicht mit absoluter Sicherheit bestimmen

---
[1] K Kelchblätter, C Blumenblätter, A Staubblätter.

ließ, da ja der Garten-*Tabak* ein Gemisch außerordentlich vieler heterozygoter Rassen darstellt. Die Blütenfarbe auf einem der beiden Büsche war weiß und rosa auf dem anderen. Es sei nochmals betont, daß weder bei einer der übrigen 28 Pfropfungen, noch bei einer der 50 *Tabak*-Pflanzen, die auf eigener Wurzel wuchsen, eine Blüte mit der Abweichung in der Zahl der *Petalae* oder der *Stamina* gefunden wurde (2200 durchgesehen). Andere Abweichungen wurden, wenn auch selten, beobachtet. Es ist wohl klar, daß all diese Abweichungen sich auf ungepfropften Pflanzen, wenn auch relativ selten, finden. Auf den genannten 2 Pflanzen nun hatte jeder Zweig mindestens je eine derartige Abweichung. Eine siebenblättrige Blüte wurde rechtzeitig auf eine *Tomaten*-Unterlage gepfropft (s. Abb. 73 der russischen Ausgabe). Die entwickelte Blütenknospe ergab eine neue Abweichung: Der Stempel war aufs Doppelte verkürzt, während die Staubblätter normal geblieben waren. Die Maße der Blütenhülle waren gegen die Norm verkleinert. Leider konnte aus äußeren Gründen das weitere Schicksal nicht verfolgt werden. Insbesondere gelang es leider nicht, Samen von den anormalen Blüten zu gewinnen.

Wie erklärt sich nun die beschriebene Vermehrung der Anzahl der Blütenblätter und Staubblätter usw. in der Pfropfung von *Nicotiana affinis* auf *Solanum lycopersicum*?

1. Wie schon gezeigt wurde, treten diese Abweichungen nur in zwei Pfropfungen auf. Die Verwundung als solche kann also nicht der wirksame Faktor gewesen sein. Weiter wurde gezeigt, daß, wenn auch selten und nur in einzelnen Blüten, dieselbe Erscheinung auch bei nicht gepfropften Pflanzen auf eigenen Wurzeln gefunden wird. Daraus geht hervor, daß die vorliegenden morphologischen Veränderungen in der Blüte eine der möglichen Variationen darstellt, die sich unter verschiedenen Bedingungen zeigt. Gewisse Bedingungen begünstigen das Hervortreten dieser Variation in höherem, andere in geringerem Maße. Deshalb muß man damit rechnen, daß die zufällige Kombination jener Bedingungen, welche in den beiden Pfropfungen zusammentrafen (Rasse, Charakter der Verwachsung und daher auch der Ernährungsmodus), gerade sich für das Hervortreten der möglichen Variation des Reises als geeignet erwies. Wenn man voreingenommen an das Experiment herantritt, kann man in unserem Beispiel sagen, daß die bei der Unterlage vorhandene Eigenschaft, die Anzahl der Blütenelemente zu vergrößern, auf das Reis übertragen worden sei. Aber folgende Überlegung zwingt uns, diese Annahme abzulehnen.

Jede Pflanzenform als solche stellt ein materielles System dar (s. RASDORSKY, 1923—1924), das bestimmt wird von dem Ausgangsmaterial, den korrelativen Beziehungen und den allgemeinen mechanischen Möglichkeiten, welche die Voraussetzung für diese Konstruktion darstellen. Die theoretische Zahl und der Charakter der im betrachteten Moment der Evolution möglichen Formvariationen ist durch diese Voraussetzungen bedingt. Wenn also an verschiedenen Stellen aus ein und denselben Ausgangsmaterialien eine Reihe von Formen hergestellt wird, so ist es sehr wahrscheinlich, daß entweder im ganzen oder in gewissen Einzelheiten diese Formen sich als gleich erweisen (KRENKE, 1927 b). Im Organismus sind außer rein baulichen Voraussetzungen auch noch gewisse andere, chemischer und physiologischer Natur, sowie die Reaktion auf äußere Bedingungen als Voraussetzung zu berücksichtigen. Bei nahe verwandten Pflanzen haben sich im Laufe des Evolutionsprozesses annähernd gleiche Voraussetzungen für die Formbildung herausgebildet. Deshalb erscheinen uns die Pflanzen als verwandt (wenn wir von dem Konvergenzfall absehen).

Der Parallelismus der Formen ergibt sich aus den allgemeineren Voraussetzungen der Form überhaupt (Mechanik und Physiologie der Organentwicklung). Man kann das Problem in paradoxer Form weit fassen: Bei völlig getrennten Gruppen sind Wurzeln, Blätter usw. vorhanden, und das ist Parallelismus. Wir wissen aus der Baukunde, daß für die Mehrzahl der Bauten ein Fundament nötig ist. Das Grundprinzip des Fundamentes ist bei allen Bauten gleich. Die auf den Fundamenten ruhenden Baulichkeiten können weit entfernte Formen darstellen, wie z. B. eine Mühle, eine Brücke, ein Theater oder eine Sendestation. Wenn man also wünscht, den Begriff des Parallelismus bei der Lösung spezieller Fragen zu verwenden, so muß man diesen Begriff ganz scharf abgrenzen und differenzieren. Dann sind der Parallelismus bei den systematisch nahe verwandten Einheiten und den entfernt verwandten ganz verschiedene Erscheinungen.

Während die eine Pflanze den Ausdruck einer bestimmten Form von mehreren möglichen darstellt, kann eine andere einen zweiten möglichen Fall der denkbaren Variationsreihe verwirklichen. Dabei können unter Umständen die Anlagen Elemente der Formbildung und der Formvariation zugleich sein[1].

Es erscheint nun nicht nur plausibel, sondern ist sogar zu fordern, daß die „normale" morphologische Konstruktion einer Pflanze unter dem Einfluß der Umwelt geändert werden kann, wobei selbstverständlich das Grundkapital, die Formanlagen, unverändert bleiben. Dabei kann auch der Fall eintreten, daß eine Formvariante auftritt, die eine verwandte Pflanze „normaler"weise verwirklicht. Damit dürfte klarer werden, was hier unter Parallelismus verstanden wird.

Da wir die Frage des Parallelismus für die Analyse der Veränderlichkeit der Transplantsymbionten für wichtig halten, und da diese Frage auch vom genetischen Standpunkt aus wichtig ist, möchten wir hier noch zunächst einige Fälle von Parallelismus bei Knospenvariationen erwähnen. CHARLES DARWIN (1875, Bd. 1 S. 361—62) schreibt darüber folgendes:

---

[1] [Vgl. GOLDSCHMIDT (1927): Physiologische Theorie der Vererbung. M.]

"At Radford in Devonshire a clingstone peach, purchased as 'the Chancellor', was planted in 1815 and in 1824, after having previously produced peaches alone, bore on one branch twelve nectarines, in 1825 the same branch yielded twenty-six nectarines and in 1826 thirty-six nectarines, together with eighteen peaches. One of the peaches was almost as smooth on one side as a nectarine. The nectarines were as dark as but smaller than the Elruge . . . . . such nectarines reproducing nectarines by seed." PENZIG, 1921, Bd. II, S. 287 erklärt diesen Fall als Pfropfchimäre. Direkte Beweise fehlen. Vgl. ferner KRENKE 1933a und S. 498 hier.

"The grosse Mignonne peach at Montreuil produced from a sporting branch 'the grosse Mignonne tardive' 'a most exellent variety' which ripens its fruit a fortnight later than the parent tree and is equally good. This same peach has likewise produced by bud-variation the early grosse Mignonne. *Hunt's large tawny nectarine* originated from *Hunt's small tawny nectarine* but not through seminal reproduction" (S. 399).

"*'Banana' (Musa sapientium)*. Sir R. SCHOMBURGER states that he saw in St. Domingo a raceme (on the Fig.) of *Banana* which bore towards the base 125 fruits of the proper kind, and these were succeded, as is usual, higher up the raceme, by widely different appearance and ripening earlier than the proper fruit. The abnormal fruit closely resembled, exept in being smaller, that of the *Musa chinensis* or *Cavendishii*, which has generally been ranked as a distinct species" (S. 401).

"The following cases are highly remarkable. Mr. RIVERS, as I am informed by him, possessed a new *French rose,* with delicate pale flesh-coloured flowers striped with dark red, and on branches thus characterised rose called the BARONNE PREVOST with its stout thorny shoots, and immense, uniformly and richly coloured double flowers, so that in this case the shoots, leaves and flowers, all at once changed their character by bud-variation" (S. 406).

"During two consecutive years all the early flowers in a bed of *Tigrida conchiflora* resembled those of the old *Tigrida paronia,* but the later flowers assumed their proper colour of fine yellow, sported with crimson. An apparently authentic account has been published of two forms of *Hemerocallis,* which have been universally considered as distinct species, changing into each other, for the roots of the large flowered tawny *H. fulva,* being divided and planted in a different soil and place produced the small-flowered *H. flava,* as well as some intermediate forms" (S. 412).

"Bud-variation ... shows us that variability may be quite independent of seminal reproduction and likewise of reversion to long-last ancestral characters. No one will maintain that the sudden appearance of a moss-rose on an *Provence-Rose* is a return to a former state, for mossiness of the calyx has been observed in no natural species, the same argument is applicable to variegated and laciniated leaves, nor can the appearance of nectarines on peach-trees be accounted for on the principle of reversion". DARWIN, "Animals and plants under domestication". (S. 242) (vergl. TANAKA 1925)[1].

Im Chimärenkapitel behandeln wir die Erscheinung, daß bei *Apfel*-Früchten sich ein Sektor nachweisen läßt, welcher an eine andere Sorte sehr stark erinnert, und in einem anderen Fall kann man bei Weizenähren sogar an eine andere Art denken (*Triticum vulgare — Triticum spelta,* s. S. 729 f.). Bei der *Kartoffel* sind Knospenmutationen relativ häufig (s. weiter unten im Kapitel über die natürlichen Chimären und bei

---

[1] Wir besitzen eine *Dianthus barbata* = Rasse, deren vegetative Mutanten, welche einer nahestehenden Rasse in der Blütenfarbe gleichen, wenn nicht mit ihr identisch sind. (N. K.)

OBERSTEIN, 1919, usw.). Es kommt dabei sehr oft vor, daß die Mutation in gewissem Grad an irgendwelche schon existierenden Sorten erinnert. Das gleiche gilt auch von der weiter unten von uns beschriebenen mutativen Buntblättrigkeit bei *Verbena*.

Die angeführten Beispiele zeigen, daß bei den Pflanzen Zweige oder irgendwelche andere Bildungen auftreten können, die der vorliegenden Art oder Rasse nicht eigen sind, aber trotzdem irgendwelchen anderen Arten oder Rassen, die schon existieren, ähneln. Selbstverständlich ist dies aber bei weitem nicht immer der Fall. Häufig tritt eine bis jetzt noch nicht bekannte Variation auf. So trat z. B. in einem Garten zu Luxemburg auf einer Rose, welche gewöhnliche Blattanordnung hatte, ein Zweig mit gegenständigen Blättern auf. Man hat diesen Zweig durch Stecklinge vermehrt und eine neue Rosensorte mit gegenständigen Blättern *(Rosa cannabifolia)* erhalten. Eine solche Rose war bis dahin nicht bekannt (s. DARWIN, 1875, S. 406).

Bezüglich der Veränderlichkeit der Zelle des Speicherparenchyms der *Kartoffel*-Knolle schreibt LEHMANN (1926, S. 129):

„Die Zellgröße bei gleichartigen Vergleichsobjekten kann von Sorte zu Sorte verschieden sein. Zum Teil beruhen diese Unterschiede auf inneren Faktoren, zum anderen können sie aber auch durch Ernährungs- bzw. Standortsbedingungen hervorgerufen sein."

Wenn man einen *Kartoffel*-Zweig auf *Nicotiana affinis* oder *Solanum melongena* pfropft, so bilden sich in seinen Blattachseln Luftknöllchen. Sie haben meist lila Farbe, wenn auch der gepfropfte Zweig von einer *Kartoffel*-Rasse mit weißen Knollen genommen wurde. Es ist nun in diesem Zusammenhange interessant, daß es *Kartoffel*-Rassen gibt, die eine derartige Anthozyanfärbung der Knollen zeigen. Am gegebenen Orte haben wir darauf hingewiesen, daß neue Formen oft einer schon bekannten Sorte weitgehend ähneln.

Aber wie in dem Falle der morphologischen Variabilität wollen wir hier die Frage der Ursachen der Veränderlichkeit beiseite lassen und nur betrachten, welche Veränderungen einer Pflanze man überhaupt erwarten kann. Hauptsächlich wollen wir versuchen, das Wesen der Erscheinung, daß eine Art oder eine Rasse, die als erbliche Form schon bekannt ist, durch Individuen einer verwandten erblichen Rasse modifikativ wiederholt wird, zu ergründen.

Die Pflanzen haben viele Eigenschaften miteinander gemeinsam, sowohl was die Form angeht, die Anordnung und den Bau ihrer Teile (Blüten, Blattstengel usw.) als was ihre chemische Zusammensetzung und ihre physiologischen Prozesse betrifft. Die Gesamtheit der Eigenschaften einer Pflanze ist hauptsächlich durch die im befruchteten Ei gegebenen materiellen Daten bedingt. Die Wissenschaft ist noch weit entfernt vom Verständnis der gesamten Mechanik des Zusammenhanges der sichtbaren Pflanzeneigenschaft mit den materiellen Erbträgern für diese Eigenschaft. Aber es ist gleichgültig, welche Prozesse diese Abhängigkeit ausmachen, jedenfalls ist klar, daß das beobachtete Merkmal einer Pflanze in seiner Variabilität begrenzt ist durch die tatsächlichen materiellen Daten, welche gerade diese Pflanze, diese Gattung, diese Art oder Rasse charakterisieren, z. B. kann in der Pflanze, ja überhaupt im Organismus eine chemische Verbindung nicht entstehen, die irgendein in der Pflanze fehlendes Element enthalten würde, welches zur Herstellung dieser Verbindung notwendig ist. Umgekehrt können aus den vorhandenen Elementen und deren schon vorhandenen Verbindungen zwar verschiedenartige, aber nur die theoretisch möglichen und eine begrenzte Anzahl von Verbindungen gebildet werden.

Die Art und der Charakter der Verbindungen sind nicht nur durch die Tatsache des Vorhandenseins der notwendigen Elemente selbst, sondern auch durch ihren Zustand und die Möglichkeit in Reaktion zu treten, sowie durch die Anwesenheit und Beteiligung anderer Elemente bedingt. Ebenfalls wirken sich die quantitativen Verhältnisse der Elemente, Temperatur des Milieus und andere physikalische Bedingungen aus. Wenn wir fähig wären, alle Faktoren genau zu berücksichtigen, so könnten wir durch rein theoretische Betrachtungen jedes beliebige Resultat der Vorgänge in der Pflanze und alle möglichen Variationen als Resultat voraussehen. Wenn z. B. von dem Zustandekommen chemischer Verbindungen aus uns bekannten Bausteinen die Färbung der Blütenblätter oder des Perikarps abhängt, so würden wir imstande sein, alle möglichen Variationen dieser Färbung vorauszusehen. Nehmen wir an, daß die dunkle Farbe des *Pfirsichs* (Sorte: *Elruge*) durch im großen und ganzen gleiche Faktoren bedingt ist wie die Färbung einer anderen *Pfirsich*-Rasse *(Chancelior)*, daß der Unterschied aber nur in der Kombination dieser Faktoren besteht, dann kann das Erscheinen der Fruchtfarbe der einen Sorte auf einem Individuum der anderen durch eine lokale (wenn auch äußerlich unbekannte) Ursache bedingt sein, welche die Umkombinierung der ja schon vorhandenen Faktoren hervorruft. Und gerade diese Kombination bestimmt die erhaltene dunkle Farbe. Dann liegt der Kern der Sache darin, daß beide *Pfirsich*-Rassen infolge ihrer nahen Verwandtschaft tatsächlich die gleichen materiellen Möglichkeiten für diese oder die andere Farbe haben. Diese Möglichkeiten wurden im Verlaufe eines Evolutionsprozesses erworben, der in seinen wesentlichen Zügen für beide gleich war.

Bei der Sorte *Elruge* wird dauernd eine der an sich möglichen Farbtönungen verwirklicht. Bei der Sorte *Chancelior* befestigte sich eine andere der für beide Sorten gleichermaßen möglichen Eigenschaften. Da aber sowohl für *Chancelior* als auch für *Elruge* die andere Kombination dieser Faktoren durchaus möglich ist, so kann eine „zufällige" Ursache eine von diesen Möglichkeiten, die parallel zustande gekommen sind, gerade bei der Sorte *Elruge* stabilisiert haben. Man wird vermutlich bei den *Pfirsichen* eine kornblumenblaue Farbvariation deshalb nicht erwarten können, weil entweder die dafür notwendigen chemischen Elemente bei diesem systematischen Formenkreise nicht vorhanden sind, oder weil unter den physiologischen Bedingungen innerhalb der *Pfirsich*-Pflanzen eine derartige Verbindung nicht beständig ist. Bei *Centaurea* dagegen sind alle Bedingungen vorhanden, woher es rührt, daß sie eine Art mit blauen Blüten besitzt.

Ähnliche Betrachtungen liegen der Erklärung der Parallelvariabilität bei der geschlechtlichen Vermehrung zugrunde. Sie gilt im allgemeinen für Rasseneigenschaften einer Art oder für die Arten eines Genus. Andererseits ist es schwer, eine homologe Parallelvariabilität bei Pflanzen von sehr entfernter Verwandtschaft mit Eigenschaften, die weit voneinander liegen, zu erwarten. Bei diesen Gruppen sind verschiedene Voraussetzungen für die möglichen Variationen und folglich auch verschiedene Variationen vorhanden. Aber bezüglich der Eigenschaften, welche große systematische Einheiten verbinden, ist Parallelvariabilität möglich und vorhanden. Die ganze Systematik beruht eigentlich hierauf.

Wenn wir zur Knospenvariation zurückkehren, so kann man sich die Entstehung eines Zweiges einer Pflanze, welcher die Eigenschaft selbst eines anderen Genus derselben Familie zeigt, vorstellen, wenn die allgemeinen Grundvoraussetzungen für diesen Parallelismus vorliegen.

Aus dem Gesagten geht hervor, daß eines der wichtigsten Argumente von BATESON zugunsten der vegetativen Abspaltung für uns nicht hinreichend überzeugend ist. Die Erscheinung einer Besonderheit (eines Zweiges, Blüte, Sprosse usw.), welche eine schon bekannte verwandte Art oder Rasse wiederholt, auf einer Pflanze, welche dieser Rasse nicht angehört, stellt für BATESON schon den Beweis der Heterozygotie dieses Individuums dar. An dem Aufbau des Erbcharakters dieses Individuums wäre also nach BATESON jene wiederholte oder nachgeahmte Art oder Rasse beteiligt. Für uns ist aber, wie wir schon oben gesagt haben, ein solcher Zusammenhang nicht notwendig. 1928 (s. KRENKE, 1928 b) schrieben wir folgendes: „Wenn wir das Wesen der Knospenvariationen näher betrachten, so stellen wir uns die Sache derart vor, daß jede lebendige, besonders jede junge Pflanzenzelle irgendeinen Grad von Individualität besitzt. Also ist jeder Zelle notwendigerweise eine individuelle Variabilität eigen. Die Variabilität kann alle Zellelemente bis hin zu jenen, welche die Vererbung der Eigenschaften bedingen, berühren. Die Zellvariabilität kann sowohl als Modifikations- als auch als Mutationsvariabilität auftreten. Es genügt, sich einen Fall von genotypischer Variation in einer somatischen Zelle vorzustellen, um die Knospenmutationen zu erklären, ohne dabei an eine vegetative Abspaltung von Eigenschaften denken zu müssen (vgl. SCHWARZ, 1930, S. 108). Ausgehend von dem oben erklärten Parallelismus zwischen den Modifikations- und den Mutationsvariationen muß sich diese Erscheinung zeigen, und wie wir wirklich beobachtet haben, zeigt sie sich in den Knospenvariationen."

Die angeführte Betrachtung steht nicht im Gegensatz zur Mehrzahl der Fälle, wo eine ganz neue Variation erscheint. Das bedeutet nur, daß bei der vorliegenden Art oder dem vorliegenden Genus bis jetzt diejenigen Bedingungen, unter denen die Variation sich zeigen konnte und speziell in vererbbarer Form sich zeigen konnte, noch nicht zustande gekommen sind.

Natürlich ist es notwendig, unsere Anschauungen und Betrachtungen über die Variabilität von Unterlage und Reis (s. S. 481) und vom Wesen der Sportation den Ansichten DARWINs über die erbliche Variabilität im allgemeinen und über die Knospenvariation in speziellen Fällen gegenüberzustellen.

Im Kapitel 22—23 (s. 1875, Bd. 2) schreibt DARWIN:

"It would be esteemed a prodigy if a dogrose growing in a hedge produced by budvariation a moss-rose or a wild bullace or wild cherry-tree yielded a branch bearing fruit of a different shape and colour from the ordinary fruit. The prodigy would be enhanced if these variing branches were found capable of propagation not only by grafts but somtimes by seed, yet analogous cases have occured with many of our highly cultivated trees and herbs" (S. 292.)

"We should also bear in mind that distinct varieties and even distinct species as in the case of peaches nectarines and apricots — of certain roses and camellias — although separated by a vast number of generations from any progenitor in common and although cultivated under diversified conditions, have yielded by bud-variation closely analogous varieties. When we reflect on these facts, we, become deeply impressed with the conviction that in such cases the nature of the variation depends but little on the conditions to which the plant has been exposed and not in any especial manner on its individual character but much more on the inherited nature or constitution of the whole group of allied beings to which the plant in question belongs" (S. 382.)

"...various agencies, such as an abundant supply of food, exposure to a different climate, increased use of disuse or parts etc., prolonged during several generations, certainly modify either the whole organisation or certain organs, and it is clear at least in the case of bud-variation that the action cannot have been through the reproductive system..." (S. 255.)

"These several considerations alone render it probable that variability of every kind is directly or indirectly caused by changed conditions of life. Or, to put the case under another point of view, if it were possible to expose all the individuals of a species during many generations to absolutely uniform conditions of life, there would be not variability". (S. 242.)

In den allgemeinen Schlußfolgerungen wird von neuem unterstrichen, daß "the organisation or constitution of the being which is acted on, is generally a much more important element than the nature of the changed conditions, in determining the nature of the variation!" (S. 281). Aber wir wollen uns nicht gerne auf das hier Angeführte beschränken bei der Behandlung der parallelen Veränderlichkeit, denn in diesem Gebiete verbergen sich allzu viele Mißverständnisse und allzu viele Möglichkeiten zu Mißverständnissen, welche unser Problem, die Veränderlichkeit der Pfropfpartner, unmittelbar berühren.

Wie bekannt, hat vor nicht sehr langer Zeit N. J. VAVILOV sein Buch "The law of homologous series in variation" (1922) veröffentlicht. VAVILOV erinnert an DARWIN und schreibt (S. 52—53):

"DARWIN who was in general rather the adherer of fortuitous variations in all directions in his origin and variation paid attention to regular variation, which as he states, 'occasionally' happens in plants and animals."

Wir möchten diese Verhältnisse in etwas anderer Beleuchtung darstellen. Erstens weist DARWIN (s. 1875, Bd. 2, S. 344) schon auf B. D. WALSH (Proc, Entomol. Soc. of Philadelphia, Okt. 1863, S. 213) hin, als den ersten Autor, welcher die Erscheinung der parallelen Veränderlichkeit erwähnt. Er schreibt von einem "more general law namely that Mr. B. D. WALSH has called 'the law of equable variability' or as he explains it 'if any given Character is very variable in one species of a group, it will tend to be variable in allied species, and if any given character is perfectly constant in one species of a group, it will tend to be constant in allied species'."

Den Standpunkt, welchen DARWIN selbst einnimmt bezüglich der parallelen Variabilität, kann man dem betreffenden Kapitel über "Laws of variation" entnehmen. Er hat an dieser Stelle in Kursivdruck einen Untertitel mit folgender Erklärung abgetrennt:

"Analogous or parallel variation. By this term I mean that similar characters occasionally make their appearance in the several varieties or races descended from the same species, and more rarely in the offspring of widely distinct species. We are here concerned not as hitherto with the causes of variation, but with the results, but this discussion could not have been more conveniently introduced elsewhere. The cases of analogous variation, as far as their origin is concerned, may be grouped, disregarding minor subdivisions under two main heads, firstly those due to unknown, causes acting on similarly constituted organisms, and which consequently have varied in an similar manner, and secondly, those, due to the reappearance of characters which were possessed by a more or less remote progenitor. But these two main divisions can often be separated only conjecturally, and graduate, as we shall represently see, into each other." (DARWIN, Animals and plants under domestication, 1875, V. 6, S. 340.)

Vordem schreibt er in Form eines Gesetzes:

"Distinct species present analogous variations, so that a variety of one species often assumes a character proper to an allied species, or reverts to some of the characters of an early progenitor"...

"I presume that no one will doubt that all analogous variations are due to the several races of the pigeon having inherited from a common parent the same constitution and tendency to variation, when acted on by similar unknown influences." (DARWIN, "Origin of species", S. 116—117.)

N. J. VAVILOW (1922, S. 75) formuliert diese Gesetzmäßigkeiten so:

"1. Linneons and genera more or less nearly related to each other are characterised by similar series of variation with such a regularity that, knowing a succession of varieties in one genus and linneon one can forecast the existence of similar genotypical differences in other genera and linneons. The similarity is the more complete as the linneons and genera are more nearly allied.

2. Whole botanical families in general are characterised by a definite cycle (Series) of variability which goes similarly through all genera of the family."

Wie stellt sich nun DARWIN zur evolutionären Bedeutung der parallelen Veränderlichkeit? Wir lesen zuerst:

"Species inheriting nearly the same constitution from a common parent, and exposed to similar influences, naturally tend to present analogous variations, or these same species may occasionally revert to some of the characters of their ancient progenitors. Although new and important modifications may not arise from reversion and analogous variation such modifications will add to the beautiful and harmonious diversity of nature." (DARWIN, "Origin of species", 1899, S. 123—124.)

Gerade auf den letzten unvorsichtigen Satz DARWINs kommen die Gegner der Bewertung der parallelen Veränderlichkeit, ebenso wie der übrigen Veränderlichkeit, welche eine formbildende Bedeutung haben kann, zurück (s. z. B. L. DELAUNAY, 1926, S. 19).

Wahrscheinlich hat gerade dieser Satz VAVILOW veranlaßt, der DARWINschen Formulierung des Gesetzes der parallelen Veränderlichkeit keine Aufmerksamkeit zu schenken.

Wir sind aber der Meinung, daß folgende Worte von DARWIN, die er einige Seiten später schreibt, Veranlassung geben müssen, die Frage nochmals nachzuprüfen.

"The foregoing remarks lead me to say a few words on the protest lately made by some naturaists, against the utilitarian doctrine that every detail of structure has been produced for the good of its possessor. They believe that many structures have been created for the sake of beauty, to delight man or the creator (but this letter point is beyond the scope of scientific discussion) or for the sake of mere variety a view already discussed. Such doctrines, if true would be absolutely fatal to my theory." (DARWIN, "Origin of Species", 1899, S. 149.)

In diesen beiden Zitaten ist von uns der scharfe prinzipielle Widerspruch bei DARWIN betont. Selbstverständlich entscheidet die letzte Bemerkung DARWINs die Frage. Das ist auch aus den beiden ersten angeführten Zitaten DARWINs über die parallele Veränderlichkeit, welche durch die Gleichheit der Herkunft bedingt ist, verständlich. Zweifellos kann die formbildende Bedeutung der parallelen Variationen durch verschiedene korrelative Verbindungen mit anderen auslesenden Merkmalen bedingt sein. Daraus geht hervor, daß faktisch in der Natur eine Vielheit von durch Evolution bedingten, potentiell möglichen, parallelen Formen nicht verwirklicht sein kann. Das Gesagte wird ausgezeichnet durch DARWINs Worte über die Frage illustriert. Er sagt (1899, S. 107):

"The several parts of the body which are homologous and which at an early embryonic period, are identical in structure, and which are necessarily exposed to similar conditions, seem eminently liable to vary in a like manner... These tendencies I do not doubt, may be mastered more or less completely be natural selection...".

DARWIN illustriert diesen Zustand durch den Parallelismus der Organveränderlichkeit innerhalb der Grenzen eines Individuums. Indem wir uns im übrigen voll und ganz den Ansichten DARWINs anschließen, dehnen wir aber diese seine Meinung noch aus auf den Prozeß der Formbildung überhaupt (s. KRENKE, 1927b und 1931). Der Hinweis DARWINs auf die Bedeutung der natürlichen Auslese macht die Möglichkeit der morphologischen Behandlung der Parallelvariabilität als den Ausdruck einer Vorherbestimmung der Formen unmöglich. Vielmehr wird die Behandlung verwiesen in das Gebiet der Evolution, da es sich um Strukturen handelt, die im weiteren Sinne evolutionär gebildet worden sind. Gerade sie bestimmen dauernd den Parallelismus in der Veränderlichkeit. Diese parallelen Merkmale können in verschiedenen Arten nach Belieben korrelativ mit den in diesem Augenblick der Auslese unterworfenen Merkmalen verbunden sein. Und die Auslese begrenzt die Verwirklichung der potentiell möglichen parallelen Form. Wir machen besonders aufmerksam auf die Tatsache, daß in jedem Moment jede Kombination der evolutionären, historischen Faktoren welche teilweise parallele Formen gegeben hatten, in verschiedenen korrelativen Kombinationen mit anderen parallelen Merkmalen, mit anderen Phänotypen, schon qualitativ verschiedene Formen darstellen. Selbstverständlich ist hier nicht die Rede von der Mendelspaltung, durch welche Hybriden auf die elterlichen Formen zurückschlagen. Deshalb bedeutet im Evolutionsprozeß in seiner Gesamtheit die Parallelvariabilität keine streng gerichtete Veränderlichkeit. Tatsächlich sind in verschiedenen Genotypen sog. parallele Formen niemals parallel in allen Merkmalen. Es handelt sich vielmehr um eine sehr begrenzte Parallelität einiger Merkmale bei im übrigen auseinanderweichenden. Daraus ist es auch verständlich, daß die parallelen Merkmale, indem sie in korrelativen Verbindungen mit verschiedenen anderen Merkmalen sich befinden, im ganzen qualitativ neue Formen aufbauen. Sie können weiter wie neue Formen nach Belieben einen verschiedenen Einfluß der natürlichen Zuchtwahl erleiden. Hier ist keinerlei Sackgasse für die Evolution vorhanden. Wir betonen, daß diese letzte Betrachtung von DARWIN gerade ins Kapitel "laws of variation" und gerade in die Abteilung "correlated variation" verlegt wird, d. h. genau in das Gebiet, auf das sich unsere Betrachtungen beziehen.

Indem wir uns jetzt der beiden oben angeführten (aus vielen uns bekannten) Beispielen einer parallelen Modifikationsvariabilität der Merkmale (S. 482) (*Fragaria* und *Rubus*. Vgl. Algen s. HARTMANN, 1929 und USPENSKAJA, 1930) erinnern, können wir folgenden Satz formulieren, den wir als das „Gesetz der verwandten Abweichungen" bezeichnen[1] (KRENKE, 1928b, S. 421, 1932, S. 106. 1933a):

---
[1] [E. SCHIEMANN (1932) beschreibt die genetische Natur einer fadenförmigen Mutante der *Tomate (Solanum lycopersicum filiforme)*. Sie weist bei dieser

Allgemein kann (nicht „muß") jedes Individuum einer natürlichen systematischen Einheit in seiner individuellen, modifikativen und mutativen Variabilität ein oder mehrere Merkmale aufweisen, welche die gegebene Einheit nicht charakterisieren, zugleich aber für andere verwandte systematische Einheiten derselben oder sogar einer höheren systematischen Ordnung spezifisch sind. Diese Erscheinung beruht auf der gemeinschaftlichen Abstammung der untersuchten Einheiten. Ein höherer Verwandtschaftsgrad zweier verschiedener Einheiten trägt zu der erwähnten Transgression ihrer Merkmale bei.

Dies gilt:
1. Für Rassen einer Art;
2. für Arten einer Gattung;
3. für Gattungen einer Familie;
4. für Familien einer Reihe.

Auf den Unterschied des Begriffes der „verwandten Abweichungen" von dem der „konvergenten Abweichungen" möchte ich besonders hinweisen.

Ebenfalls unterscheidet sich unser Gesetz von DARWINs "law of analogous or parallel variation" oder von VAVILOWs "law of homologous series in variation". Und zwar ist der Unterschied durch folgendes gegeben:

1. In unserem Satz handelt es sich nicht um ständige systematische Merkmale, sondern um sog. „zufällige" Abweichungen im Verlauf der individuellen Entwicklung. Gegen die einfache Einordnung dieser Erscheinungen ins Gebiet der Teratologie haben wir schon früher protestiert (vgl. KRENKE, 1928b, S. 84—85, sowie das vorliegende Werk S. 81). Unser Gesetz umfaßt sowohl Modifikationen als auch Mutationen.

2. Unser Gesetz betrifft nicht nur die Parallelvariabilität innerhalb der Grenzen einer systematischen Ebene (eine Art oder Gattung oder Familie), sondern läßt Übergreifungen in andere Ebenen zu (vgl. *Fragaria moschata,* wo die vorliegende Rasse einer bestimmten Art das Merkmal einer anderen Gattung derselben Familie entwickelt).

Selbstverständlich aber stellt unser Satz, mag er auch, soweit uns bekannt ist, seinem Inhalt und seiner Formulierung nach eine gewisse

Gelegenheit auf das Vorkommen von *Filiforme*-Mutanten bei anderen Pflanzen hin und macht ferner auf morphologisch parallele Modifikationen unter dem Einfluß von Krankheiten aufmerksam. Die von ihr erwähnten Fälle „bieten somit einerseits ein Beispiel für das, was DARWIN als Parallelvariation bezeichnet, andererseits für morphologische Konvergenz genetisch verschiedenartiger Erscheinungen. Die Parallelität von Mutation und Modifikationen, auf die in letzter Zeit besonders JOLLOS und TIMOFEEFF erneut hingewiesen haben, wird hier durch die besprochenen Erscheinungen um ein weiteres Beispiel vermehrt." Die Mutation „Filiforme" ist also ein Beispiel „a) für morphologische Konvergenz in verschiedenen Familien, b) für wiederholtes Auftreten der gleichen Mutation, c) für Parallelität von Modifikationen und Mutationen". M.]

Priorität beanspruchen dürfen, nur eine Weiterentwicklung der DARWINschen Gesetzmäßigkeit dar. Wir haben schon früher mehrfach auf den Parallelismus zwischen DARWINs "law of analogous or parallel variation" und dem "law of homologous series in variation" hingewiesen (KRENKE, 1927a, S. 119, 1927b, S. 154, 1927c, S. 163, 1928b, S. 431—432). Im Verfolg einer Aussprache mit uns hat DELAUNAY (1926) ebenfalls darauf aufmerksam gemacht. Wir sind aber nicht damit einverstanden, wie er die Bedeutung des Parallelismus wertet (KRENKE, 1928b, S. 431—432).

Ein paar Zeilen weiter unten werden wir in einem theoretischen Satz sogar auf den Weg hinweisen, den man gehen kann, um die Wahrscheinlichkeit der Erscheinung homologer paralleler Merkmale oder Variationen bei verwandten systematischen Einheiten bestimmen zu können.

Damit mag vorläufig unsere Betrachtung über das Problem der parallelen Veränderlichkeit abgeschlossen werden. Aber dieses Problem verdient zweifellos ganz allgemein unsere höchste Aufmerksamkeit. In letzter Zeit beginnt eine gewisse Literatur sich über diese Frage zu entwickeln, eine weitere Vertiefung in dieses Thema würde uns jedoch allzu weit von unserem Hauptthema abführen. Wir wollen das Gesagte vielmehr nunmehr anwenden: 1. auf die Frage der Veränderlichkeit des Reises und 2. auf die Bedeutung der Modifikationen, dabei wollen wir entschieden das Hauptsächlichste dieser Frage nicht vergessen, nämlich die Bedeutung, welche DARWIN (s. o.) der natürlichen Zuchtwahl hinsichtlich der Möglichkeit des Erscheinens paralleler Variabilität zuschreibt.

Je geringer die Anzahl der in der Pflanze vorhandenen inneren (historischen) Faktoren ist, welche an der Formbildung teilhaben, um so größer ist die Wahrscheinlichkeit, daß im Falle des Auftretens einer Variation diese, wenn auch nur teilweise, eine Parallelvariation sein wird zu irgendeiner schon existierenden verwandten Erbform. Wenn man also die bei dem Reis einer Pfropfung auftretenden Variationen beobachtet, und solche findet, welche den Eigenschaften der Unterlage ähneln, so besteht zunächst keinerlei Grund zu behaupten, daß die Unterlage dem Reis diese Eigenschaft verliehen hat. Vielmehr wird man annehmen und behaupten müssen, daß die gleiche Eigenschaft beim Reis auch unter dem Einfluß äußerer Faktoren unabhängig von der Unterlage sich zeigen würde. Eine andere Frage ist es, inwieweit bei bestimmten Pfropfkombinationen das Erscheinen dieses oder jenes Merkmales möglich ist, während es in anderen sich als unmöglich darstellen würde. Das hängt nur von dem zufälligen Zusammentreffen gerade derjenigen Bedingungen ab, bei welchen die latente Möglichkeit einer bestimmten Variation in einer wirklichen Form zum Ausdruck kommt. Daraus geht mit Notwendigkeit die Möglichkeit hervor, auf dem Wege chirurgischer und anderer Beeinflussungen (s. KRENKE, 1927b, S. 61

und 82, 194 u. 487 dieser Arbeit) schlummernde Variationen, mögen sie nun vererbbar oder nicht vererbbar sein, zur Erscheinung zu bringen. Derartige Modifikationen würden gerade den Charakter und den Plastizitätsgrad eines Organismus erweisen. Form und Umfang dieser Plastizität sind bei dem Organismus durch materielle Voraussetzungen, welche während des Evolutionsprozesses sich herausgebildet haben, bestimmt und durch den Umfang dieser materiellen Voraussetzungen in ihrem eigenen Umfang begrenzt.

Auf Grund des über die Gesamtheit des natürlichen Parallelismus bei Modifikationen und Mutationen Gesagten (solcher Parallelismus ist in der Natur sehr verbreitet) können wir also bis zu einem gewissen Grade aus der Erforschung der Modifikationsmöglichkeiten auf die genotypischen Möglichkeiten, seien sie auch bisher unbekannt geblieben, schließen.

Es ist also nicht zu verwundern, wenn unter bestimmten äußeren Bedingungen eine bestimmte, nicht vererbbare Variation (Modifikation) auftritt, welche dem vererbbaren Formcharakter einer anderen verwandten Pflanze ähnlich ist. Umgekehrt läßt sich selbstverständlich auch aus einem derartigen parallelen Auftreten von Formen auf Verwandtschaft schließen. Es ist wahrscheinlich, daß eine und dieselbe äußere Einwirkung bei ihnen eine und dieselbe von den möglichen Kombinationsformen ausgelöst hat. Eine ganz andere Frage ist es, warum in dem einen Falle die Form vererbbar ist und im anderen nicht. Auf diese Frage kann man keine bestimmte Antwort geben. Es ist möglich, daß die größte Rolle dabei die Dauer der Einwirkung spielt, worauf schon DARWIN mehrmals hingewiesen hat. Es kann aber auch der Fall folgendermaßen liegen (vereinfacht schematisch dargestellt): Unter bestimmten Bedingungen tritt eine vorhandene Bauform oder ein System in einen stabilen Gleichgewichtszustand und erhält dadurch seine Form aufrecht. Eine kleine Störung aber, die äußerlich die Konstruktionsformen nicht beeinflußt, genügt, um sie in ein labiles Gleichgewicht zu versetzen.

Wird diese Störung vererbt oder tritt eine andere vielleicht sehr geringfügige Störung hinzu, so ist die Bauform nicht mehr existenzfähig, selbst dann, wenn diese hinzugekommene Störung so geringfügig gewesen ist, daß sie, wäre sie allein zustande gekommen, genotypisch nicht bemerkbar gewesen wäre. Architektur, Mechanik und Chemie können das Gesagte durch beliebig viele Beispiele demonstrieren. Und es dürfte gestattet sein, von diesen Bauformen der Architektur, der Mechanik und der Chemie auf die Bauformen des Organismus zu schließen. Bei der geringsten Variation in der Kombination der Elemente, welche wir als materielle Merkmalsbestimmer ansprechen, kann in dem einen Falle ein stabiles, in dem anderen Falle ein labiles Produkt erzeugt werden. Stellt man sich vor, daß die Zahl der Kombinationen unendlich groß ist (was wahrscheinlich auch der Fall ist), und nur einige der Varianten davon einem stabilen System angehören würden, so wird verständlich, weshalb wir bei Betrachtung der Variationen häufiger Modifikationen begegnen als Mutationen. Wir werden daher konstante Erbmerkmale als dem System des stabilen Gleichgewichts angehörig betrachten. Dauermodifikationen und Modifikationen gehören dem labilen Gleichgewicht an, wobei sich die gewöhnliche Modifikation mehr denjenigen Fällen nähert, welche nicht existenzfähig sind. Die Unbeständigkeit dürfte daher rühren, daß die Zusammensetzung der Schemata nicht der sehr seltenen Kombination entspricht, welche allein stabil ist. Doch sind diese labilen Formen manchmal auch durch einen stabilen Bedingungskomplex zu verwirklichen. Es ist eine Frage, wie wahrscheinlich diejenige Kombination ist, bei welcher die äußere Eigenschaft durch ein stabiles System bedingt ist. Es ist klar, daß in dem von uns vorgeschlagenen Schema die Zeit nur ein indirekter Faktor für das Erscheinen eines stabilen Gleichgewichtssystems sein kann. Während eines langen Zeitabschnittes besteht die größte Wahrscheinlichkeit für das In-Erscheinung-Treten der notwendigen Varianten. Theoretisch aber kann derselbe Effekt erreicht werden, wenn die gleiche Anzahl von Individuen innerhalb eines kürzeren Zeitabschnittes nebeneinander bestehen und die Möglichkeit für die Ausbildung der konstanten Merkmalskombination darstellen.

Schlußfolgerungen.

Danach kann unsere Stellung zu dem Problem der gegenseitigen Beeinflussung von Reis und Unterlage wohl als geklärt gelten: Die Übertragung genotypischer Eigenschaften von der Unterlage auf das Reis und umgekehrt, sowie auch irgendwelche spezifische gegenseitige Beeinflussung zwischen ihnen ist weder bewiesen noch wahrscheinlich. Wenn einige latente Eigenschaften des Reises gerade auf der bestimmten Unterlage hervortreten, so ist das in gutem Einklang mit unserer Vorstellung von der Variabilität der Pflanzen und damit auch des Reises einer Pfropfung. Wenn auch tatsächlich bisher eine bestimmte Variation an einem Reis nur auf einer bestimmten Unterlage erhalten werden kann, so ist es theoretisch als möglich anzusehen, daß derselbe Bedingungskomplex auch unabhängig von der Unterlage synthetisch hergestellt werden kann. („Pseudospezifischer" Einfluß der Unterlage). Theoretisch könnte sich bei unserem Fall *(Tabak*-Reis auf *Tomate)* die vermehrte Anzahl der Blütenelemente als erblich konstant erweisen (Mutation). Dann wäre also in der Unterlage eine glückliche Bedingungskombination verwirklicht gewesen, unter welcher diese Mutation zustande kommen konnte. Die Eigenschaft als solche jedoch ist auch unabhängig von der Unterlage im Reis vorhanden und findet sich noch bei vielen anderen *Solanaceen (Solanum lycopersicum, Capsicum annuum L.)*.

So ist es verständlich, daß sie auch bei *Nicotiana* sich findet, wenn auch durchaus in potentieller, latenter Form. Eine bestimmte, ihrem Wesen nach jedoch nicht klare Kombination von Bedingungen ruft die Auslösung der möglichen Variationen hervor.

c) **Physiologische Beeinflussung von Unterlage und Reis wechselseitig.**

Die von uns soeben erläuterten Anschauungen über die Bedeutung der Knospenmutationen sowie des Parallelismus für das Problem der morphologischen Beeinflussung von Unterlage und Reis gegenseitig können natürlich in gleichem Maße auch Anwendung finden auf das gesamte Problem der gegenseitigen physiologischen Beeinflussung der Transplantosymbionten. Das heißt jedoch nicht, daß physiologische Beeinflussung unmöglich sei, denn wir sahen, daß Veränderungen eintraten und auf die veränderten Ernährungsbedingungen, also auf veränderte physiologische Bedingungen, unter welchen sich das Reis befand, zurückgeführt werden konnten. Es ist ohne weiteres klar, daß das Reis durch seine eigene Wurzel Stoffe in ganz anderem Verhältnis aus dem Boden aufnehmen kann, als wenn es gezwungen ist, sie auf dem Umwege einer anderen Art oder einer anderen Varietät, nämlich der Unterlage, zu beziehen. Umgekehrt gilt für die Unterlage, daß in ihren eigenen Blättern andere Stoffe produziert worden wären als diejenigen, welche die Blätter des Reises produzieren und die nunmehr vom Reis zur Unterlage transportiert werden. Dementsprechend ändert sich in beiden Partnern das Quantum und das gegenseitige Verhältnis von Kohlehydraten, Säuren, Salzen und Wasser usw., gegenüber der Norm. Selbstverständlich sind alle diese Unterschiede erstens nicht konstant vererbbar, und zweitens trägt keine dieser Veränderungen den Charakter einer spezifischen morphologischen oder physiologischen Wirkung eines der Pfropfpartner auf den anderen.

Aber diese veränderten, allgemeinen, physiologischen Verhältnisse in den Pfropfsymbionten können doch, wenn auch nicht zu genotypischen, so doch zu sehr weitgehenden Veränderungen führen. So können die Unterschiede in den Phasen der vegetativen Entwicklung, in der Blütezeit, im Wasserbedürfnis usw. die Kurzlebigkeit des pfropfsymbiontischen Verhältnisses nach sich ziehen. DUHAMEL (1758, S. 89) weist darauf hin, daß, nachdem zu Anfang die Verwachsung zwischen *Mandel* als Reis und *Pflaume* als Unterlage gut gelungen war, diese Pfropfung später ebenso zugrunde ging, wie die umgekehrte. Im ersten Falle ist wahrscheinlich der Tod herbeigeführt worden durch Wassermangel, unter welchem die *Mandel* zu leiden hatte, welche sich ja früher und üppiger entwickelt als die *Pflaume*. Im zweiten Falle ist die *Pflaume* wahrscheinlich nicht imstande, die überreichliche Stoffmenge, welche die *Mandel* ihr als Reis liefert, aufzunehmen. Der Überfluß muß also in der

Unterlage verbleiben und ruft entweder eine reichliche Bildung von Wasserreisern (Extrasprossen) oder eine Anschwellung des *Mandel*-Stammes hervor. Derartige Anschwellungen sind bei der *Mandel* nicht selten. Es entstehen dann im Holzparenchym Nester von Gummosis (SORAUER, 1924). Gummosis der Pfropfstelle führt dann zum Tode der Pfropfung. Dabei ist es möglich, diese soeben geschilderten gegenseitigen Beziehungen nach der Seite des Gelingens der Pfropfung abzuwandeln, wenn man verschiedene Rassen der beiden Arten wählt. Auch die Änderung von Boden- und Klimabedingungen (s. S. 385) kann sich in dieser Weise auswirken. Das schwache Wurzelsystem der Unterlage wirkt sich besonders dann aus, wenn eine Pfropfung von *Birne* auf *Quitte* oder des *Apfels* auf *Paradiesapfel* in besonders trockenem Boden steht. Dann leiden die Pflanzen speziell bei trockenem Wetter. Wird aber in diesem Falle die Lebensdauer herabgesetzt, so führt das geschilderte Mißverhältnis doch andererseits zur Verstärkung und zur Beschleunigung des Fruchtansatzes (s. LECLERQ DU SABLON, 1903, S. 623). Die hierfür maßgebenden Ursachen sind ähnlich denjenigen, welche sich bei der Ringelung auswirken (s. S. 212). Der *Apfel* beginnt auf *Malus paradisiaca* schon im zweiten Jahre nach der Pfropfung bei sehr gehemmtem vegetativen Wachstum des Reises Früchte zu tragen. Schon früh (nach EHRENFELS 1795) wurde darauf hingewiesen, daß späte Kernobstbäume bei entsprechender Pfropfung auf Frühsorten die Fruchtreife beschleunigen, während entsprechende Pfropfungen von *Walnuß* auf *Kastanie* (nach CABANIS aus TREVIRANUS, 1838) nicht zu empfehlen seien. Selbstverständlich kommen auch hier Abweichungen von der Regel im Zusammenhang mit Rassenverschiedenheiten usw. vor. So kann man also keine allgemeingültige Regel erwarten.

Verschiebung der Phasen der vegetativen Entwicklung. Wie wir schon erwähnt haben, kann das Nicht-Zusammenfallen der Phasen der vegetativen Entwicklung von Unterlage und Reis schädlich auf das Leben der Pfropfung wirken. Umgekehrt aber können durch die Pfropfung die vegetativen Entwicklungsstadien des Reises leicht verschoben werden. Gewöhnlich hat man hierbei die Verschiebung der Blühtermine im Auge gehabt. Darüber soll weiter unten gesprochen werden. Hier sei nur bemerkt, daß, wenn mit einer bestimmten vegetativen Entwicklungsphase bestimmte morphologische Merkmale verbunden sind, wir im Falle einer Phasenverschiebung unter Umständen also auch bestimmte morphologische Veränderungen beobachten können. Eigentlich ist jeder Phase der vegetativen Entwicklung ein verschiedener besonderer morphologischer Aspekt zu eigen. Sehr oft allerdings kann man diesen Unterschied für gewisse Zwischenphasen nur bei peinlich genauer Beobachtung feststellen. In anderen Fällen wieder können sie sich sehr scharf ausprägen, z. B. bei verschieden frühreifen Arten und Rassen von *Gossypium*, wo sich auf den verschiedenen Etagen des Hauptstengels sympodiale

Seitensprosse zu entwickeln beginnen. Bei besonders frühreifen Rassen können die Sympodialsprosse ihren Ausgang von den alleruntersten Etagen nehmen und die seitlichen monopodialen Sprosse ganz fehlen. Umgekehrt zeigen sich bei besonders spätreifen Rassen die Sympodialsprosse zweiter Ordnung sehr hoch auf dem Busch, so daß sie unter bestimmten, ungünstigen, klimatischen Bedingungen sich oft nicht erst anlegen. Dann baut sich der ganze Busch also monopodial auf.

An der Selektionsstation bei Taschkent (UdSSR.) führte MAUER Experimente mit Pfropfungen folgender Arten von *Gossypium* aus: *Gossypium barbadense, Gossypium brasiliense* MAEF, *Gossypium peruvianum* CAV., *Gossypium hirsutum* L., *Gossypium herbaceum* L., *Gossypium arboreum* u. a. Außerdem wurden auch andere Vertreter der Malvaceen benutzt, wie z. B. *Thurberia, Hibiscus, Abutilon* u. a. Wir möchten diese Experimente, die uns gut bekannt sind, mit Erlaubnis des Autors mitteilen, indem wir einen redigierten Auszug eines Briefes geben, den er in der Angelegenheit an uns richtete. Die Ergebnisse sind anderweitig noch nicht publiziert.

„1. Bei der Pfropfung der monopodialen Form auf die sympodiale zeigt das Reis oft merkwürdigerweise große Verschiebungen in der Entwicklungsphase. Die ganze Architektur der Pflanze ändert sich: Aus monopodialen Formen, welche gewöhnlich unter den Bedingungen von Taschkent bis zum Herbst nicht blühen, wandeln sie sich um in sympodiale, welche schnell blühen und Früchte tragen.

2. Bei der Rückpfropfung der sympodialen Form auf die monopodiale bleibt der sympodiale Charakter der Verzweigung erhalten. Es wird nur eine stärkere Entwicklung und ferner werden einige partielle Veränderungen im Aufbau des Busches beobachtet.

3. Bei Pfropfungen monopodialer Formen auf monopodiale sind die oben erwähnten Erscheinungen der Beschleunigung der Entwicklung, sowie die Architekturveränderungen nicht beobachtet worden. Aber wegen der geringen Anzahl, in welcher diese letztgenannten Experimente angestellt wurden, wird man gut tun, noch keine endgültigen Schlüsse zu ziehen, allein schon deshalb, weil einige monopodiale Formen auf sympodialer Unterlage die erwähnten Verschiebungen der Entwicklungsphasen nicht gezeigt haben.

4. Bei der Pfropfung sympodialer Formen auf sympodiale ist es schwer, Verschiebungen im Eintritt der Entwicklungsphasen festzustellen. Wenn sie auch vorhanden sind, so haben sie jedenfalls nur ein sehr geringes Ausmaß. Bestimmt und deutlich zeigt sich nur der Einfluß einer stärkeren Unterlage auf die Verstärkung der Entwicklung des Reises und umgekehrt.

5. Diejenigen Formen, welche überhaupt zu stärkeren Verschiebungen der Entwicklungsphasen unter dem Einfluß von Ernährungs- oder Beleuchtungsfaktoren neigen, reagieren auch auf die Pfropfungen stärker."

Wir sehen also hier (1) einen Fall starker Verschiebung der Entwicklungsphasen, begleitet von entsprechenden morphologischen Veränderungen. MAUER hat recht, wenn er von der weiteren Behandlung dieses Falles im Sinne der Übertragung eines Sympodialmerkmales von der Unterlage auf das Reis Abstand nimmt. Aber es ist ersichtlich, daß gerade eine sympodiale Unterlage diejenigen Bedingungen für die Entwicklung eines Reises herstellt, welche seine Entwicklung beschleunigen, was wieder mit einem früheren Auftreten sympodialer Seitensprosse einhergeht. Aber eine derartige beschleunigte Entwicklung mit gleichem Erfolg kann auch durch beliebige andere Einwirkung hervorgerufen werden, was nicht nur für die Baumwolle, sondern auch für viele andere Pflanzen gilt. Es kann hier unter anderem auf das Kapitel über die Einführung der Fremdstoffe in die Pflanze verwiesen werden, wo zum Schluß einige hierher gehörige Beispiele angeführt werden. Eine große Anzahl anderer Einwirkungen (Temperatur, Einwirkung auf den Samen, Regulationen der Beleuchtungsdauer, energetische Einwirkungen usw.) können in entsprechender Weise angewandt werden.

Wahrscheinlich steht auch die von KABUS (1912) mitgeteilte Beobachtung, wonach bei autoplastischer Zwischenpfropfung bei *Bryophyllum calycinum* und *Pelargonium zonale var. meteor* der Mittelteil nicht mit der Unterlage verwächst, wenn das obere Reis keine Knospen trägt, immer in irgendeiner Beziehung zu Ernährungsverhältnissen. Wiederholungen sind hier aber nötig, wie wir schon oben betont haben. Ist eine Knospe vorhanden, so verwachsen alle drei Teile miteinander. Sollte sich dieses Experiment von KABUS bestätigen, so hätten wir hierin die Wirkung des Reises auf Wachstumserscheinungen seiner Unterlage feststellen können. Es gibt noch schwieriger zu erklärende Beispiele. So zeigte LIESKE (1920), daß sich bei Pfropfung von *Melone* auf *Kürbis* das Reis anfangs ausgezeichnet entwickelt, aber einige Wochen danach krankhaft aussieht und abstirbt. Dabei geht zuerst die Wurzel der Unterlage ein. Manchmal jedoch kommt es nicht zum Absterben der Wurzel, sondern das Reis setzt Früchte an. Wenn hier keine Erkrankung vorgelegen hat, so bleibt nur übrig, anzunehmen, daß die Assimilationsprodukte des Reises irgendwie schädlich gewirkt hatten, weshalb diese Wirkung sich nicht konstant zeigte, bleibt unverständlich.

Über den Übertritt organischer Stoffe. Bezüglich der organischen Stoffe wurde schon darauf hingewiesen, daß die Assimilate des Reises zweifellos in die Unterlage übertreten können. Dabei wirken verschiedene Arten als Reis verschieden (wahrscheinlich ist diese Einwirkung nur quantitativer Natur). Diesen Fall haben wir z. B. gesehen bei der Pfropfung der *Tomate* auf *Kartoffel* oder von *Datura stramonium* auf dieselbe Unterlage (S. 465).

Wo man eine quantitative Einwirkung des Reises auf die Unterlage unbedingt hätte erwarten müssen, erweist sie sich nicht immer obligatorisch. In dieser Beziehung sind besonders die Zuckeranalysen bei Rübenpfropfungen interessant, welche von A. OKANENKO (1930, S. 141 bis 143) ausgeführt wurden.

OKANENKO hat folgende Pfropfungen untersucht: 1. *Futterrübe* auf *Zuckerrübe;* 2. *Zuckerrübe* auf *Futterrübe;* 3. *Futterrübe* auf die *Wildform.* Die Pfropfungen wurden in sehr frühen Entwicklungsstadien der Unterlage ausgeführt, so daß deren Wurzeln ihre Baustoffe fast nur von den Blättern des rassefremden Reises erhielten. Im ersten Falle enthielt die Unterlage, obgleich die Blätter der Futtersorte angehörten, doppelt soviel Zucker wie das Reis.

Der Zuckergehalt war jedoch etwas geringer als bei der daneben wachsenden Kontrollpflanze (117 gegen 138,1). Man kann das als Folge einer gewissen Hemmung des Wachstums durch die Verwundung sowie auch wohl durch andere Ursachen erklären. Leider fehlten Kontrollpflanzen, welche autoplastisch gepfropft waren. Bei der Pfropfung der *Zuckerrübe* auf *Futterrübe (Eckendorfer)* war der Zuckergehalt in der Wurzel dieser letzteren, obgleich die Blätter der *Zuckerrübe* ihren Zuckervorrat herstellten, dem einer normalen *Eckendorfer Futterrübe* gleich, allenfalls nur wenig erhöht. Die Pfropfung der *Futterrübe* auf die *Wildform* lieferte ein prinzipiell gleiches Ergebnis. Trotz der logisch zu erwartenden Verschiebung im Zuckergehalt (eventuell auch im relativen Gehalt von Monosacchariden und Saccharose) lieferte das Experiment also ein negatives Ergebnis. Danach hängt also das Quantum der Zuckerspeicherung in der Wurzel nicht allein von den Blättern ab, sondern es ist offenbar weitgehend eine spezifische Funktion des Wurzelgewebes.

Es muß darauf hingewiesen werden, daß die Frage der Veränderung der wäßrigen Lösung plastischer Stoffe und anderer Zellinhaltsbestandteile, welche aus einem Pfropfsymbionten in den anderen übergehen, fast noch gar nicht bearbeitet worden ist. Es fehlen auch Arbeiten, welche bewiesen hätten, daß die Stoffe, welche aus der einen Pfropfkomponente in den anderen Partner übertreten, durch eine Art von Auslesefähigkeit ausgewählt würden. Wohl haben aber einige Autoren schon Meinungen in bezug auf dieses Problem geäußert. Vorläufig müssen aber diese Angaben lediglich als Annahmen gewertet werden. So sagt KOSTOFF (1930), daß

„die Despezifikation der Stoffe, welche von dem Reis in die Unterlage übertreten, allmählich von der Übertrittsstelle her, nämlich dem Kallusbezirk (Verwachsungsgewebe, KRENKE) bis zu den Zweigspitzen der Unterlage fortschreitet. Außer von der Geschwindigkeit des Saftstromes hängt die Geschwindigkeit dieses Vorganges von der Summe der despezifizierenden Agenzien im Reise ab."

YAMPOLSKI (1930, S. 65) ist der Meinung, daß bei Chimären sowohl wie bei anderen Pfropfsymbiosen die eine Komponente durch eine Art von Auslesefähigkeit von der anderen nur diejenigen Stoffe aufnehmen kann, welche ihr selber eignen. Dies soll sich wenigstens auf die Salznahrung beziehen.

Es steht außer Zweifel, daß die hier aufgerollten Fragen sehr wichtig sind, denn von ihrer Lösung hängt das Verständnis vieler gegenseitiger Beziehungen von Pfropfpartnern und Chimärenpartnern ab, und auch die Behandlung verschiedener strittiger Fragen kann von dem endgültigen Ausfall ihrer Lösung berührt werden. Ohne eine definitive Antwort auf diese Frage ist es eigentlich müßig, viele Probleme überhaupt irgendwie im Ernst zu besprechen.

Sogar in den oben erwähnten ausgezeichneten Experimenten von OKANENKO kann die Frage aufgeworfen werden, ob die Zucker des Reises beim Übergang in die Wurzel der Unterlage eine Umwandlung erfahren. Daß heißt, ob die Wurzel nicht nur speichernde, sondern auch umwandelnde Funktionen erfüllt, wie der Autor sich ausdrückt.

Eine Erhöhung der Kohlehydratmenge im Reis ist eine allgemein verbreitete Erscheinung. Man wird sie am leichtesten durch die Verhinderung des Abflusses der im Reis gebildeten Stoffe erklären können. Wir sind nun der Meinung, daß die Hauptursache für eine derartige Behinderung die unvollkommene Verwachsung des Phloems der beiden Pfropfsymbionten sei. KOSTOFF (1929, S. 71) führt jedoch andere Ansichten ins Feld. Es muß diesbezüglich auf die Grundvoraussetzungen, mit welchen KOSTOFF arbeitet, hingewiesen werden, welche wir eingehend in dem ausführlich gehaltenen Kapitel über die Einführung von Fremdstoffen in die Pflanze wiedergegeben. KOSTOFF (1929, S. 40) schreibt: "in a graft union the constituents of sap exchanged mutually between scion and stock, act as do injected antigens in rabbits." Danach könnte also das Reis Antikörper, und zwar hauptsächlich Präzipitine gegen die Antigene der Unterlage produzieren (vgl. auch 1930). Man könnte dann also annehmen, daß spezifische Stoffe von der Unterlage her in das Reis hineindringen und dort in verschiedener Höhe, in verschiedener Entfernung von der Verwachsungsstelle präzipitiert werden. Da aber die Geschwindigkeit dieses Vorgangs, den wir wohl irgendwie mit dem Vorgang der Despezifikation in Verbindung bringen können, weitgehend von der Geschwindigkeit des Saftstieges und auch von anderen etwa vorhandenen, zerstörenden Agenzien abhängt, so werden doch Stoffe, welche dem Reis fremd sind, in ihm auf seine Zellen zur Wirkung gelangen können. Zwar bei Annahme eines schnellen Saftstieges muß es möglich sein, daß spezifische Stoffe der Unterlage, ohne von den Antikörpern des Reises angegriffen zu sein, dessen Knospen erreichen und so Störungen in mitotischen Prozessen herbeiführen können. Wenn diese Störungen der Mitosen im Bezirk der Blütenregion vor sich gehen, so werden sie sich auf die Nachkommenschaft auswirken können. Wir wollen hierüber weiter unten berichten, doch mag bemerkt sein, daß KOSTOFF tatsächlich experimentell derartige Vorkommnisse beweisen konnte. Seine Einführung des Begriffs der Antigen-Antikörperreaktionen in unser Gebiet stellt zweifellos eine neue Etappe in der Lehre über die gegenseitigen Beziehungen von Transplantosymbionten dar. Diese Feststellung wird nicht davon berührt, daß eventuell der eine oder der andere Teil der KOSTOFFschen Angaben nicht als hinreichend experimentell begründet angesehen werden kann, denn die Idee selbst muß in diesem Zusammenhange sehr begrüßt werden. Sie ist zweifellos originell, bietet weitere Aussichten und weitere Anregungen für die Forschung[1]. Es ist möglich, daß die KOSTOFFsche Idee erst nach langer Zeit sich wird durchsetzen können.

Wenn wir also an dem außerordentlichen Wert der Ideen keinen Augenblick zweifeln, so wird man doch gegen einige seiner Angaben gewisse Einwände nicht verschweigen können. Es sei als Beispiel hier die Behandlung angeführt, welche KOSTOFF der Stärkespeicherung im Reise in der Nähe der Verwachsungsstelle angedeihen läßt. KOSTOFF schreibt (1929, S. 71):

"The behaviour of the starch in the graft unions is of particular interest. A very striking phenomenon was observed in the union *Solanum tuberosum* grafted on *Nicotiana rustica*. In this union, the scion of *Solanum tuberosum* formed aerial tubers (fig. 10) near to the callus. The starch components produced in the scion were accumulated and dehydrated in the aerial tubers in form of starch grains. Although the branches of tobacco stock required further nutrition such as was accumulated in aerial tubers (the stock had branches with capsules in which very weak and small seeds were formed) they did not utilize the materials formed in the potato. When the top of the scion was cut just above the aerial tubers the nutrients accumulated in the scion were not utilized by tobacco, instead new shoots arose at the top of the tubers (fig. 11). There are two possible explanations for the accumulation of starch above the callus. Either (1.) the enzymes (the mobilizators of the starch) are inactivated by antibodies produced in the stock against the spezific substances of the scion, so that the dehydration process is accelerated or (2) the starch components have a specific antigenic stereochemical nature and are attacked directly by the antibodies coming from the stock, thus causing the dehydration. It is not impossible that both processes are involved."

Abgesehen davon, daß der Autor nicht darauf hinweist, daß die Bildung von Luftknollen schon lange bekannt ist (vgl. DANIEL, 1920, sowie KRENKE, 1928b, S. 392—394 und 1927b, S. 103 und 107, wo entsprechende Abbildungen angeführt wurden) und nicht einmal immer eines chirurgischen Eingriffes bedarf (s. VÖCHTING, 1887, KNIGHT, 1806, VÖCHTING, 1902), schränkt KOSTOFF selber später seine Behauptung noch weitgehend ein.

Was zunächst den letzten Punkt angeht, so hat KNIGHT (1806) bei der *Kartoffel* Luftknollen erzeugt, indem er die Bildung unterirdischer Knollen verhinderte. VÖCHTING (1887) hat die KNIGHTschen Experimente bestätigt und weiter entwickelt. Pfropfungen wurden dabei nicht aus-

---

[1] [Sowohl der Wert der Idee KOSTOFFs als Anregung wie die gänzlich unzureichende experimentelle Begründung sei hiermit auch vom serologischen Standpunkt aus unterstrichen. Vgl. das Anhangskapitel. M.]

geführt. 1887 und 1902 hat VÖCHTING dann gezeigt, daß einige *Kartoffel*-Sorten (und dies ist sehr wichtig) Luftknöllchen an den Gipfeln etiolierter Sprosse ausbilden. Dabei ist die Temperatur von Bedeutung, denn bei der Sorte *Marjolin* bildeten sich bei 25—27⁰ C ausschließlich blattlose Sprosse, bei 6—7⁰ C aber Sprosse, welche Luftknöllchen trugen. Besondere Aufmerksamkeit hat den Arbeiten der genannten Verfasser KLEBS (1903) gewidmet. Ebenso weist BUKASSOW (1926, S. 75) darauf hin, daß Bildung von Luftknollen bei der *Kartoffel* durch eine Störung der normalen Entwicklung unterirdischer Knollen und speziell durch die *Rhizoctonia*-Krankheit begünstigt wird. Einige Sorten seien besonders zur Knollenbildung geneigt. Auch BOSC (nach BUKENOW, 1925) beobachtete mehrfach die Bildung von Knollen an den Blütenständen der Sorte „*corne de bufle*". Er gibt an, auf einem Blütenstand allein mehr als 100 Knöllchen gefunden zu haben, von welchen einige die Länge von 1 Zoll erreichten. Luftknöllchen können also bei der *Kartoffel* (s. S. 273 über die Experimente von DOSTÁL an *Scrophularia nodosa*) unter dem Einfluß verschiedener Ursachen und an sämtlichen Stellen des Sprosses gebildet werden. Wir halten danach die erwähnte Erklärung KOSTOFFs für das Auftreten von Luftknollen beim Reis auf jeden Fall für unzureichend begründet.

Was dann das Auftreten der Stärke betrifft, so mag darauf hingewiesen sein, daß KOSTOFF in seiner Zusammenfassung (S. 74) schreibt, daß "starch accumulated above the callus fails to pass down in to the stock."

Dies ist zweifellos als ein allgemein gültiger Satz ohne irgendwelche Einschränkungen zu verstehen. In derselben Arbeit aber über "Acquired immunity in plants" berichtet der Autor über eine Reihe von Pfropfungen, bei denen die Unterlage die Blätter verloren hat und das Reis noch 3—4 Monate ohne sichtlich zu leiden, gelebt hat. Darüber schreibt KOSTOFF (S. 72), daß "these observations show, that a part of the nutrients produced in the scions can be utilised by the stocks, apparently after a change, when in passing the callus". Mit dieser Angabe wollen wir uns einverstanden erklären. Allerdings erscheint sie überflüssig, da ja die ganze Pfropfpraxis des Gartenbaus auf dieser Grundlage aufgebaut ist. Sonst wäre es kaum möglich, eine blattfreie Unterlage mit einem beliebigen Reis zu kombinieren und dann eine jahrzehntelang lebensfähige Pfropfsymbiose zu erhalten. Es ist vielmehr ohne weiteres klar, daß zunächst die Wurzeln und der Stamm der Unterlage auf Kosten der plastischen Stoffe des Reises sich ernähren und auf ihre Kosten auch Dickenwachstum stattfindet. Würde man aber den Wunsch haben, die Möglichkeit des Übergangs der Stärke vom Reis in die Unterlage direkt nachzuprüfen, so sei diesbezüglich auf die angeführten Experimente von LINDEMUTH hingewiesen (1901), welche das vollkommen beweisen.

Wenn aber KOSTOFF mit seinem Satz gemeint hat, daß nur ein Teil derjenigen Stärke in die Unterlage hinübertritt, welche unmittelbar sich an der Verwachsungsstelle angesammelt hat, so handelt es sich wohl kaum mehr um eine irgendwie prinzipiell bedeutsame Frage. Denn dann handelt es sich nur um einen verhältnismäßig kleinen und vielleicht überflüssigen Teil plastischer Stoffe. Man muß sich dabei vor Augen führen, daß bei allen Pflanzen keineswegs die Baustoffe sich ganz bis etwa in die Wurzel begeben, sondern daß sie sich in den verschiedensten Pflanzenteilen ablagern. Es ist möglich, daß die Verwachsungsstelle einen für die Speicherung günstigen Ort darstellt, wo also Stärke aufgehäuft wird, welche in den augenblicklich verbrauchenden Teilen des Reises oder auch der Unterlage nicht zur Verwendung kommt. Es wäre selbstverständlich auch interessant gewesen, das Verhalten dieser Stärke im Frühling zu prüfen, wenn man dabei einen Zuwachs des Reises nicht zuläßt und die Unterlage an der Assimilation hindert. Es ist durchaus möglich und scheint uns zu erwarten, daß dann diese Stärke von der Unterlage ausgenutzt werden würde, was die Bildung von Nebensprossen auf ihr begünstigen würde.

In einem Sonderkapitel (s. S. 571) werden wir sogar sehen, daß eine aufgepfropfte Krone sehr stark, sogar stärker als die eigene Krone, auf das Wurzelsystem der Unterlage wirken kann.

Selbstverständlich ist theoretisch auch der Übergang von Assimilaten der Unterlage ins Reis möglich. Es wurden aber bisher gewöhnlich nur solche Pfropfreiser der Untersuchung unterworfen, welche auf einer Unterlage standen, die schon nicht mehr assimilierte. Durchweg kann man sagen, daß sich unter dem Einfluß der Pfropfung die Menge der Kohlehydrate in dem Reise erhöht. Durch die Hemmung des Abflusses der Assimilate an der Verwachsungsstelle kann dieser Zustand hinreichend erklärt werden. Eine Einwirkung der Pfropfung auf die qualitative Seite der Assimilation ist bisher noch nicht bewiesen.

Während wir bisher mit solchen Stoffen zu tun hatten, die jedenfalls ohne weiteres nicht als artspezifisch angesehen werden, wollen wir uns nunmehr der Frage zuwenden, in welchem Maße in einer Pfropfsymbiose arteigene Stoffe, solche Stoffe also, welche genotypisch nur der einen Komponente eigen sind, von einem Partner in den anderen übergehen können. Es ist in diesem Zusammenhange das Experiment DANIELs (1922) interessant, welcher auf eine Unterlage von *Helianthus tuberosus* einen Sproß der *Sonnenblume* pfropfte. Auf dieses Reis hat er, nachdem es angewachsen war, von neuem einen Sproß von *Helianthus tuberosus* aufgepfropft, so wurde also der Sproß der *Sonnenblume* („mésobiote") in den Verlauf eines *Topinambur*-Sprosses hineingesetzt. Während nun *Helianthus tuberosus* das Polysaccharid Inulin enthält, ist die *Sonnenblume* frei von Inulin. Es zeigte sich, daß Inulin bei dieser Pfropfung nicht in den *Sonnenblumen*-Teil der Pfropfung überging, obgleich diese dafür denkbar günstig angebracht war. Das Experiment DANIELs stellt letzten Endes nur eine Vervollkommnung des alten Experimentes von

VÖCHTING (1894) dar, insofern, als VÖCHTING nur eine gewöhnliche, keine Zwischenpropfung, vornahm. DANIEL zeigte auch, daß bei der Pfropfung verschiedener anderer Kompositen (*Lactuca, Cichorium* u. a.), welche Inulin enthalten, auf die Wurzel von *Taraxacum,* in welcher normalerweise kein Inulin enthalten ist, ein Übertritt von Inulin in die *Taraxacum*[1]-Wurzel nicht stattfand.

GUIGNARD (1907) zeigte, daß bei *Rosaceen* und *Papilionaceen-*Pfropfungen *(Photinia* und *Cotoneaster)* ein Austausch von Zyanoglukosiden nicht stattfand. Entsprechendes wurde auch für *Atropa* und *Datura* bei der Pfropfung auf *Solanum nigrum* und *Solanum lycopersicum* gezeigt. GUIGNARD sagt über diese Angelegenheit, daß trotz der näheren Verwandtschaft der Arten *Phaseolus vulgare* und *Phaseolus multiflorus* mit *Phaseolus lunatus* die Resultate immer vollkommen negativ gewesen seien. Und nur, wenn die miteinander gepfropften Arten eines und desselben Genus ein und dasselbe Glukosid bilden, wie bei *Cotoneaster frigida* und *Cotoneaster microphylla,* kann man den Übergang des Stoffes von einem Pfropfpartner zum anderen konstatieren (S. 304—306). LINSBAUER und GRAFE (1906) zeigten etwas Entsprechendes bei *Tabak.* Das Nikotin geht nämlich bei nahe verwandten *Tabak*-Sorten ohne weiteres von der Unterlage auf das Reis über. Weitere Untersuchungen über Alkaloide haben MEYER und SCHMIDT (1907) gemacht. Sie behaupten auf Grund ihrer Untersuchungen, daß die Möglichkeit eines Übertritts von Alkaloiden vom Reis in die Unterlage besteht. Allerdings soll sich nach ihnen die Zone, in welcher die Alkaloide nachweisbar sind, auf einen kleinen Bezirk in der Nähe der Verwachsungsstelle beschränken. Im übrigen sei der Übertritt der Alkaloide nicht regelmäßig zu beobachten. So sei bei der Pfropfung von *Atropa belladonna* auf die *Tomate* Atropin zweifellos in der Unterlage festgestellt worden. Aber bei der Pfropfung von *Belladonna* und *Datura stramonium* auf die *Kartoffel* ist ein Übergang des Atropins vom Reis in die Unterlage nicht nachweisbar. Auch der Übertritt des Hyoszyamins aus *Datura stramonium* in *Solanum tuberosum* konnte nicht nachgewiesen werden. MEYER und SCHMIDT (1907, s. S. 136) hatten aber vor, diese Beobachtungen zu wiederholen, denn sie stimmen mit den Angaben von KLINGER und LEWIN, welche unter der Leitung von STRASBURGER (1885 und 1906) arbeiteten, nicht überein. Weitere Arbeiten über diese Frage sind uns unbekannt geblieben. DANIEL und POTEL (1925) haben *Solanum nigrum* auf die Wurzel von *Belladonna* gepfropft. Sie sollen dabei in der Unterlage eine geringe Menge des Alkaloids Solanin festgestellt und umgekehrt auch im Reis in der Nähe der Pfropfstelle Atropin gefunden haben. Auch hier also hätte es sich um einen lokalen Übergang von Alkaloiden gehandelt.

---

[1] [Der Inulinnachweis in *Taraxacum*-Wurzeln fällt aber, mindestens im Herbst, stets positiv aus. M.]

Lieske (1920) hat bei seinen Pfropfungen von *Melone* auf *Bryonia alba* und *Bryonia dioica* einen Übergang der Giftstoffe von der Unterlage ins Reis festgestellt.

Nach alle diesem sehen wir die Frage als keineswegs endgültig geklärt an. Wir stehen damit im Gegensatz zu Kostoff (1930), der diesen Übertritt der Alkaloide von einem Pfropfpartner in den anderen ohne weiteres zuläßt, ohne aber besondere Beweise dafür zu bringen.

Was den Übertritt aromabedingender Stoffe von einem Pfropfsymbionten in den anderen anlangt, so sind wenige Arbeiten darüber bekannt. Man muß jedoch annehmen, daß ein unmittelbarer Übergang nicht existiert. Wenn z. B. Daniel (1925b) beobachtet hat, daß *Alliaria officinalis* Andrz. auf *Kohl* gepfropft eine Abschwächung seines Knoblauchgeruchs erfahren habe, während andererseits die Unterlage ebenfalls ihren „pikanten" Geschmack verloren habe, so glauben wir nicht, daß es sich hier um irgend einen Austausch artspezifischer Stoffe handelt, sondern, daß wir hier wohl die Wirkung allgemeiner Ernährungsbedingungen vor uns haben.

Lebedeva, die ähnliche *Cucurbitaceen*-Pfropfungen ausführte wie Lieske, sagt (S. 930, S. 527), daß *Melonen* ihre Geschmackseigenschaften wesentlich verbessern, wenn sie auf irgendwelche *Cucurbita*-Arten als Unterlage gepfropft werden. Auch die Früchte an den der Unterlage verbliebenen Ranken hätten ihre Eigenschaften gleichsinnig geändert, so daß „ein deutlicher Einfluß des Reises auf die Unterlage vorliege".

Daß hier eine Beeinflussung durch spezifische Stoffe, die von einem Partner in den anderen übergetreten sind, vorliege, ist wohl gänzlich unwahrscheinlich. Ja, die Tatsache, daß auf beliebigen *Cucurbita*-Arten die Erscheinung in gleicher Weise beobachtet wurde, spricht stark gegen einen spezifischen Stoffübergang. Eher ist an allgemeine Faktoren, wie Kohlehydraternährung, Wasserhaushalt usw. zu denken.

Außerdem vermissen wir bei Lebedeva die autoplastische *Melonen*-Pfropfung als Kontrollexperiment.

Vöchting (1892) weist darauf hin, daß außer den anatomischen Eigenschaften der gepfropften Pflanzen auch gegenseitige oder einseitige Vergiftung den Mißerfolg einer Pfropfung verursachen kann. Als Beispiel dafür wird die Pfropfung von *Rhipsalis paradoxa* auf *Opuntia laboretiana* angeführt. Die Pfropfungen gelingen anfangs gut, gehen dann aber später ein, weshalb Vöchting sie „disharmonisch" nennt. Er nimmt an, daß sich in solchen Pfropfungen an der Basis des Reises von krautigen Pflanzen Luftwurzeln bilden. Schubert (1913) hat dasselbe bei seinen Monokotylenpfropfungen beobachtet, so bei *Aloe arborescens*, *Vanilla planifolia* u. a. Im Gegensatz zu Daniel (1899) meint Schubert hier, daß die Wurzelbildung am Reis ein Anzeichen für die mißlungene Verwachsung sei. Unsere Pfropfung von *Mirabilis* (s. S. 4, 360) bestätigt diese Annahme. Wir behaupten aber, daß Wurzeln am Reis auch in einer vollkommen harmonischen Pfropfung leicht hervorgerufen werden können. So z. B., wenn man an der Verwachsungsstelle eines *Nachtschatten*-Sprosses mit einem *Tomaten*-Blatt (s. S. 461) oder mit dem Blatt von *Solanum melongena* von Anfang an einen feuchten Wattebausch anbringt, so werden fast stets Luftwurzeln am Reis gebildet. Es ist von Interesse, daß VÖCHTING bei *Cacteen* die Erscheinung beobachtet hat, daß Adventivwurzeln des Reises in die Unterlage hineinwachsen. Diese Pfropfungen zeigen eine interessante Analogie zu den parasitischen Verwachsungen (s. S. 23) und zu den Verhältnissen bei MACDOUGALS "induced parasitism" (1914).

Nach KOSTOFF kann die Frage der gegenseitigen Vergiftung der Pfropfpartner auch vom Standpunkt der serologischen Beziehungen betrachtet werden. KOSTOFF (1929, S. 66—67) schreibt:

"The grafts of *Nicotiana glauca* on *Capsicum pyramidale* grew relatively well 4—5 weeks after grafting and sometimes gave shoots 25 cm long, of which few produced even flowers. After 4—5 weeks the growth of the scion shoots stopped and they began to die. On *Capsicum pyramidale* stock on which 5 scions of *Nicotiana glauca* had died further attempts were made to graft new scions of the same species as before, but none of these scions grew. Since the inhibition of growth of the scion shoots approximately 4—5 weeks after the first grafting, coincides with the period of greatest antibody production, the failure of subsequent grafts on that stock which had already killed their scions is undoubtedly due to the antibodies induced in the stock by the first series of graftings."

Hier würde also eine Vergiftung des Reises durch die in der Unterlage vorhandenen, unter dem Einfluß desselben Reises gebildeten Antikörper hervorgerufen werden. Weiter schreibt KOSTOFF (S. 70—71):

"In some graft unions, the mutual reactivity of scion and stock is indicated by an agglutination of the plastids on both sides of the callus" ... "in some cases, the agglutinationprocess results in death of the tissues."

Allerdings möchten wir dazu bemerken, daß in dieser Hinsicht folgende bestätigende Experimente erforderlich wären:
1. Ein Nachweis, daß die Agglutination bei der Pfropfung einer Art auf sich selbst nicht gelingt; 2. daß gerade die Agglutination das Absterben des Gewebes hervorgerufen hat und nicht umgekehrt. Dies ist besonders deshalb wichtig, weil das Absterben innerer Gewebsbezirke in den Sprossen und anderen Organen auch ohne jegliche Pfropfung beobachtet wird. DUBROWITZKAJA (1931) beobachtete dieses z. B. an bewurzelten Stecklingen von *Begonia rex* und wir selbst an dem Stengel von *Hyacinthus orientalis*, wenn er auf seinen eigenen Wurzeln wuchs. Derartige Beobachtungen liegen ziemlich viele vor. Noch schwieriger ist folgende Erklärung KOSTOFFs hinzunehmen, welche er auch zur Illustration des Eintrittes von Antigen-Antikörperreaktionen bei Pfropfungen anführt. KOSTOFF schreibt (S. 66):

"In almost all intergeneric graft unions it was necessary for a satisfactory growth of the scion to maintain an approximate equality between the amount of green mass (leaves and stems) of the scion and the stock in the unions. As soon as the scion predominates, it either kills the stock or injures it so that no more growth is manifested. This occurred most frequently when the stock predominated. This phenomenon was not observed very frequently, however, in the graft unions between species."

Diesen Schluß wird man zweifellos nicht als allgemein anerkennen können. Tatsächlich haben wir es im Gartenbau mit gänzlich blattlosen Unterlagen bei reich entwickelter Krone des Reises zu tun, und zwar fast ausschließlich. Dabei kommen viele Intergenuspfropfungen vor, welche jahrzehntelang leben. Aber auch bei vielen krautigen Pflanzen haben wir in unseren Pfropfungen zwischen verschiedenen Genus und GLADKOW (s. unsere S. 585) für seine Pfropfungen zwischen verschiedenen Familien (ich habe sie persönlich gesehen N. K.) normale Entwicklung des Reises beobachtet. Allerdings gibt es Fälle, wo eine derartige Unterlage eingeht. Man kann aber diese Fälle auf Grund von früher angeführten Daten leichter erklären (insbesondere aus Mangel an Assimilation) als durch die KOSTOFFschen Annahmen.

Im Kapitel über den Prozeß der Verwachsung bei Monokotylen wird darauf hingewiesen, daß bei Pfropfungen zwischen den Arten der Gattung *Tradescantia* das Zugrundegehen der Pfropfungen immer auf einem Eingehen desjenigen Zweiges der Unterlage beruhte, auf welchen das Reis gepfropft war, während die übrige große, grüne Masse der Unterlage, welche mehrfach die grüne Masse des Reises übertraf (s. Abb. 124), ganz und gar gesund blieb. Bei dem Reis gingen nur die unteren Blätter bei fortgesetztem Wachstum der Krone ein. Es sei jedoch auch an dieser Stelle wiederholt, daß selbstverständlich die KOSTOFFschen Anregungen und Erwägungen bezüglich der Antigen-Antikörperreaktion als Ursache für eine Vergiftung der Pfropfpartner berücksichtigt werden müssen, jedoch unter Anwendung aller notwendigen experimentellen Kritik.

Wenn wir nun zu der Frage des Überganges von Stoffen der einen Pfropfkomponente in die andere wieder zurückkehren, muß zunächst bemerkt werden, daß selbstverständlich aus der Unterlage ins Reis und umgekehrt irgendwelche fertigen Farbstoffe nicht übergehen. Die Farbstoffe der Pflanzen sind entweder im Protoplasma (in den Plastiden) oder aber im Zellsaft eingeschlossen. Ohne Zellverletzung (Abtötung oder Zerreißung) kommen diese Stoffe nicht einmal in die Nachbarzelle, also gar nicht in entfernte Zellen der Pfropfpartner. JENSEN (1918) und WINGE (1927, S. 400 und 402—404) pfropften Gallen, welche durch *Bacterium tumefaciens* hervorgerufen worden waren, von verschiedenen *Mohrrüben*-Sorten auf andere Formen. Das Reis änderte dabei in keinem Falle seine Farbe, auch dann nicht, wenn das Reis einer weißen Form und die Unterlage einer roten Form angehörte. Auch der Wuchscharakter des Reises blieb erhalten, wenngleich die Wachstumsintensität auf verschiedenen Unterlagen wechselte. NĚMEC (1910,

S. 239—240) betont besonders, daß in seinen Pfropfungen grüner Blätter von *Centrosolenia bullata* auf Anthozyan- gerötete Blätter von *Sinningia purpurea* kein Übergang von Anthozyan stattfand, weshalb an frischem Material die Verwachsungsgrenze leicht festzustellen war.

Selbst dann aber, wenn in der Farbe des Reises eine Änderung eintritt, braucht eine direkte Beeinflussung von seiten der Unterlage nicht vorzuliegen. So schreibt BAUR (1910, S. 507—508) bezüglich des Anthozyans, daß seine Bildung in Abhängigkeit von äußeren Umständen außerordentlich variiert. Im großen und ganzen kann man es als Regel ansehen, daß der Mangel an Wasser im Zusammenhang mit intensiver Beleuchtung den Gehalt an Anthozyan vermehrt. Das Reis hat besonders in der ersten Zeit nach der Verwachsung verhältnismäßig schlechte Wasserversorgung und wird deshalb intensiver gefärbt sein als bei normalem Wachstum auf eigenen Wurzeln. Aber diese intensivere Färbung fällt aus gleichen Gründen und im gleichen Grade genau so wie bei der Pfropfung auf die hellere Rasse auch bei einer Pfropfung auf eine dunkle auf. Ebenso bei der Pfropfung einer hellen Rasse auf eine helle.

Wenn also bei der Pfropfung einer hellen Rasse auf eine dunkle derartige Veränderungen in der Färbung des Reises beobachtet werden, so liegt dieses nur an einer Veränderung in den Ernährungsbedingungen des Reises, keinesfalls aber an einem Übertritt der färbenden Eigenschaften auf vegetativem Wege von einer Pflanze zur anderen. WINKLER (1912a) führt diese Betrachtungen nicht an, weist aber mit Recht darauf hin, daß überhaupt ein Austritt des Zellsaftes aus der Vakuole des lebendigen Plasmas nicht möglich sei. Auch die Hinweise BAURs sind selbstverständlich wertvoll, denn durch sie wird ein weiterer Beweis für das Fehlen eines Übertritts bestimmter Stoffe von der Unterlage in das Reis erbracht. Entsprechend werden die Verhältnisse in vielen Fällen liegen, wo man einen gegenseitigen Einfluß der Unterlage und des Reises aufeinander angenommen hat.

Die Frage jedoch, ob Vorstufen der Farbstoffe aus der Unterlage ins Reis und umgekehrt übergehen können, können wir nicht als gänzlich negativ entschieden annehmen. Tatsächlich werden wir im Kapitel über die Pfropfchimären darauf hinweisen können, daß in den Früchten unserer Chimären wir mit voller Augenscheinlichkeit Anthozyanbildung im Gewebe der *Tomate* im Zusammenhang mit der Anwesenheit von Anthozyan im Gewebe der zweiten Chimärenkomponente feststellen konnten. Es ist auch zu sehen (s. Abb. 187 und 188), daß die Verbreitung des Anthozyans im fremden Gewebe begrenzt ist. In einer Sektorialchimärenfrucht war das Anthozyan auf denjenigen *Tomaten*-Sektor begrenzt, welcher dem normalerweise mit Anthozyan ausgestatteten Sektor der zweiten Komponente benachbart ist.

Immerhin haben wir bis jetzt keinerlei Daten auffinden können, daß ein anthozyanhaltiger Pfropfpartner die spezifische Ursache für

Anthozyanbildung im Reis jedenfalls in irgendwelcher weiteren Entfernung von der Verwachsungsstelle sein könnte. Selbstverständlich wird man diese Frage weiter verfolgen müssen.

Wir möchten hier die Mitteilung des weit bekannten russischen praktischen Züchters (des russischen „Burbank") I. W. MITSCHURIN berücksichtigen, welcher die besondere Empfindlichkeit junger hybrider Pflanzen gegen viele Einflüsse unterstreicht. MITSCHURIN (1929a, S. 40) schreibt in dieser Beziehung folgendes:

„Die zur Zeit hinsichtlich der Fruchtgröße an erster Stelle stehende hybride *Kirschen*-Sorte ‚*Fürstin Severa*' ist von mir im Jahre 1888 als Kreuzung der *Kirsche* ‚*Wladimirskaja ranniarosia*' mit der *Süßkirsche* ‚*weiße Winkler*' erhalten worden. Ein Bäumchen dieser Hybriden habe ich im vierten Jahre seines Wachstums, wo es sehr große Früchte mit weißer Farbe von großer Frühreife gab, auf Sämlinge der einfachen roten *Kirsche* gepfropft. Und die Okulanten haben vom dritten Jahr des Bestehens der Pfropfung an Früchte derselben Größe, derselben Form und desselben Geschmacks gegeben, doch ihre Färbung war nunmehr rosa, auch wurden sie etwas später reif. Hier sehen wir erstens das Hervortreten einer Einwirkung der Unterlage auf das Reis, welche im Auftreten eines Farbstoffes in den Früchten bestand, und zweitens eine Empfindlichkeit der jungen hybriden Sorte gegen die Übertragung der Farbe der Unterlage, welche sich nicht geäußert haben würde, wenn nicht der Fehler gemacht worden wäre, es zu früh zur Fruktifikation kommen zu lassen, wie durch die Beispiele älterer Pfropfungen mit weißen *Süßkirschen* bewiesen wird."

Wahrscheinlich und hoffentlich werden später zu dieser interessanten Mitteilung Angaben über die notwendigen Kontrollexperimente gemacht werden. Denn selbstverständlich sind auch hier Experimente einer Pfropfung der betreffenden hybriden Sorte auf sich selbst und irgendwelche entsprechende weißfrüchtige Unterlage, sowie auch die Beobachtungen der Früchte der genannten hybriden Sorte auf eigenen Wurzeln und zu verschiedenen Entwicklungsaltern notwendig. Bisher fehlen sie.

Höchstinteressante Resultate hat LIESKE (1920) erhalten bei der Pfropfung von *Bohnen,* von *Alnus* und *Elaeagnus.* Wie bekannt, nehmen *Bohnen* Luftstickstoff mit Hilfe von Bakterien auf, während *Alnus* und *Elaeagnus* den entsprechenden Assimilationsvorgang mit Hilfe von Strahlenpilzen durchführen. Es ließ sich nun nachweisen, daß in der Mehrzahl der Fälle der Stickstoff, welcher durch die Bakterien der einen Art (als Unterlage verwendet) geliefert wurde, auch von dem Reis ausgenutzt wurde, welches auf eigenen Wurzeln andere Bakterien besitzen würde. Dabei wird folgender Parallelismus beobachtet: Wenn die Pfropfungen zweier Arten gelingen, z. B. *Vicia faba* und *Pisum arvense,* so gelingt auch die Infektion der einen Art mit Bakterien der anderen Art. Wenn die Pfropfungen nicht gelingen oder schlecht gelingen (z. B. *Vicia faba* auf *Lupinus* oder auf *Phaseolus*), so gelingt auch die Infektion mit den Bakterien nicht[1].

---

[1] [Hierzu muß bemerkt werden, daß serologisch *Vicia faba* und *Pisum* miteinander nahe verwandt sind, beide gehören dem Genus der *Vicieae* an und beide können miteinander serologisch zur Reaktion gebracht werden (s. MORITZ und

In den Experimenten LIESKEs finden wir, daß die Pfropfungen von *Soja hispida* auf *Vicia faba* sozusagen einen Grenzfall darstellen. Hier gelingt auch die Injektion mit der Reinkultur von Pferdebohnenbakterien in die Wurzel von *Soja*. Während nämlich Sprosse der *Sojabohne*, welche auf stickstofffreiem Sand hochgezogen wurden, nur schlecht wuchsen, wuchsen solche, die mit *Vicia faba*-Bakterien infiziert worden waren, recht gut. Die Kotyledonen wurden den Pflanzen zur Verringerung des Vorrats an eigenem Stickstoff weggenommen.

In ähnlicher Weise entwickelten sich auf *Alnus glutinosa* andere auf sie gepfropfte Alnussorten (*Alnus barbata, Alnus japonica, Alnus incana* usw.) ausgezeichnet. Auch sie nahmen also den Stickstoff auf, der durch die Symbionten der Wurzel der Unterlage aufgenommen worden war. Das war auch der Fall, wenn die betreffende Unterlage in eine stickstofffreie Nährlösung hineingestellt wurde, und nunmehr verschiedene Reiser auf verschiedene Zweige aufgepfropft wurden.

Daraus geht ohne weiteres hervor, daß diejenigen Stoffe, welche Assimilationsprodukte der Stickstoffsymbionten darstellen, in irgendeiner Form von der Unterlage in das Reis übergehen[1].

Nach alledem glauben wir aber behaupten zu können, daß es keinerlei Fälle gibt, wo schlüssig bewiesen wäre, daß das Reis aus der Unterlage andere Stoffe aufnehmen könnte, als es seiner eigenen Wurzel entzieht oder als die eigene Wurzel dem Boden entzieht.

ROACH und THORNTON (ROACH, 1930) haben den Einfluß eines fremden Reises auf die Bildung von Knöllchen bei der Unterlage erforscht. Die Mitteilung der Resultate dieser Experimente ist uns bisher nicht bekanntgeworden.

Wir haben bis jetzt noch nicht die Möglichkeit eines Übertritts solcher Stoffe hinreichend berücksichtigt, welche chemisch zwar noch nicht eingehend erforscht sind, die jedoch ihrer Wirkung nach bekannt sind. Da aber einige Autoren ihre Erwägungen auf den Übertritt derartiger

---

VOM BERG, 1931). Eine serologische Reaktion zwischen *Vicia faba* und *Lupinus* oder *Phaseolus* kann dagegen selbst mit der hochempfindlichen Methode der Anaphylaxie nicht so leicht herbeigeführt werden (nach eigenen, noch unveröffentlichten Befunden). Diese Tatsachen dürften einen interessanten Parallelismus zu den mitgeteilten Tatsachen über die Pfropfverwandtschaft darstellen. M.]

[1] [Selbstverständlich ist es denkbar, daß infolge der Verschiedenheit der Bakterien verschiedene Stoffe als Produkte der Stickstoffassimilation auftreten und wandern. Allerdings muß hierzu bemerkt werden, daß der Stickstoff der Symbionten mutmaßlich in jedem Falle in der gleichen und in relativ einfacher Form von der höheren Pflanze aufgenommen wird, nämlich als Ammoniaksalz, als Nitrat, sowie als Aminosäure. Auf jeden Fall wird ja auch, wenn selbst die verschiedenen Bakterienformen verschiedene Formen von Stickstoffverbindungen an die höhere Pflanze abgeben sollten, eine Umformung dieser verschiedenen Stickstoffverbindungen in ausnutzbare Formen schon in den Wurzelknöllchen oder ihrer nächsten Umgebung stattfinden, so daß eine Beeinflussung des aufgepfropften Reises durch die fremde Stickstoffgewinnung wohl von vornherein nicht zu erwarten war. Vgl. hierzu *Virtanen*, HAUSEN u. KARSTRÖM (1933). M.]

Stoffe gründen, so sei hier darauf kurz eingegangen. So sagt GORSCHKOV (1929, S. 136):

„Wenn man auch bei der Pfropfung von Pflanzen aufeinander die Wirkung bestimmter Hormone berücksichtigen würde, so könnte man sicher irgendwelche erwünschten Veränderungen bei der gepfropften Pflanze erzielen[1]."

Es will scheinen, daß die Hormonfrage im Gebiete der Botanik erst anfängt, diskutiert zu werden. Dabei glauben wir nicht, daß es fruchtbar ist, schon jetzt in einer so allgemeinen Form die Möglichkeit irgendwelcher bestimmter Einflüsse der Hormone auf die Pfropfung zu postulieren. Zumal erscheint es uns unangebracht, wie GORSCHKOV es tut, von einer Veränderung von Pflanzeneigenschaften unter dem Einfluß der Hormone zu sprechen, denn wenn wir selbst bei der Pflanze das Vorhandensein von Hormonen analog demjenigen der Tiere annehmen wollen, so wird man entsprechend den Hormonen der Tierwelt ihnen zunächst doch die Spezifität absprechen müssen. Es ist ja bekannt, daß die Hormone der Tierwelt ihre Wirkung auch in den Tieren entfalten, in welchen sie nicht entstanden sind. Die Hormone der Tierwelt sind also nicht artspezifisch, so daß wir bis auf weiteres auch keinen Grund haben, artspezifische bei Pflanzen anzunehmen, geschweige denn einen Einfluß der Hormone auf morphologische oder sonstige Eigenschaften der Pflanzen,

Übertritt von Mineralstoffen. Wenden wir uns nunmehr der Frage des Übergangs von Mineralstoffen von der Unterlage auf das Reis zu. Der Übertritt der Mineralstoffe von einem Pfropfpartner in den anderen, insbesondere von der Unterlage ins Reis, bedingt das schwächere oder stärkere Wachstum des Reises ganz weitgehend mit. Es ist auch gezeigt worden (LAURENT, 1908, nach VAVILOV, 1916), daß im Reis nicht nur die Quantität der Mineralsalze, sondern auch ihr gegenseitiges quantitatives Verhältnis sich weitgehend unter dem Einfluß der Unterlage ändern kann. So variieren die prozentischen Gehalte des *Kohls* an K, Fe und P je nach der Unterlage bei der Pfropfung auf andere *Kohl*-Arten oder auf *Sinapis arvensis*. Entsprechend finden wir bei einem Parasiten *(Viscum album L.)*, daß in der Natur sein Gehalt an K, Na, Ca, P usw. abhängig ist vom Wirt, auf welchem er parasitiert. Als verschiedene Wirte wurden untersucht *Acacia, Abies, Populus* u. a. (nach VAVILOV, 1916). Dem entspricht auch die Tatsache, daß verschiedene Arten (bezüglich der Beispiele s. u.) auf verschiedenen Böden anders reagieren, wenn sie auf eigenen Wurzeln stehen oder auf bestimmte Unterlagen gepfropft sind. Die verschieden geartete Speicherung und Aufnahme der Mineralverbindungen durch die Unterlage, deren Eigenschaften hier als begrenzende Faktoren auftreten können, erklärt dies Verhalten zur Genüge. Kürzlich entdeckte DANIEL (1917), daß bei der Pfropfung von *Epiphyllum*

---

[1] [Für den Wuchsstoff „Auxin" genügen ja bekanntlich wesentlich einfachere Manipulationen, um seine Wirkung auf andere Pflanzen zu demonstrieren (s. KOSTYTSCHEW-WENT, 1931). M.]

Übertritt von Mineralstoffen.

auf *Opuntia* und *Peireskia* sich im Reis Kalziumoxalat und Schleim in größerem Maße bildeten als bei den Kontrollpflanzen, welche auf eigenen Wurzeln standen. Dieses Verhältnis trat besonders stark hervor, wenn alte *Epiphyllum*-Pflanzen auf *Opuntia* gepfropft wurden. Auch der Verwachsungsgrad hat eine gewisse Bedeutung für diese Verhältnisse: Je vollkommener die Verwachsung ist, in um so höherem Maße findet sich Kalziumoxalatansammlung.

HAAS und HALMA (1929) haben in bezug auf bestimmte *Citrus*-Arten gezeigt, daß
"the scion species or variety influences the amount of soluble magnesium in the bark of the stock. So, for where the sweet orange served as a scion, its soluble magnesium content was considerably higher than when it served as a stock for the lemon scion."

Aus einigen analogen Experimenten der genannten Autoren hat sich ergeben, daß die Unterlage nicht den erwähnten Einfluß auf das Reis hat. Auf jeden Fall ist dieser Einfluß merklich geringer. Diese Angaben sind sehr interessant und theoretisch vollkommen annehmbar. Der Mechanismus der Veränderung im Stoffwechsel, welcher zur Veränderung der Menge des löslichen Magnesiums führt, bleibt jedoch noch ungeklärt.

DANIEL und POTEL (1925) haben bei der Pfropfung des *schwarzen Nachtschattens* auf die Wurzel von *Atropa belladonna* eine Verschiebung des Verhältnisses von Asche zu Zellulose und Atropin zugunsten der Aschenstoffe feststellen können. Infolge Erhöhung des Wasserquantums hatte sich die Trockensubstanz auf fast die Hälfte verringert. Während diese Verhältnisse bei der Unterlage vorgefunden wurden, tritt umgekehrt bei dem Reis *(Solanum nigrum)* der relative Gehalt an Asche und Wasser zurück, während sich die Zellulosemenge vermehrte und auch die Verholzung stärker war. Außerdem konnte ein Übergang von Atropin aus der Unterlage ins Reis in der Nähe der Pfropfstelle festgestellt werden. Diese Experimente bestätigen also die Möglichkeit einer gegenseitigen Beeinflussung der Pfropfpartner in bezug auf die mineralische Ernährung.

Aus der Tatsache, daß gewisse Pflanzen durch einen Einschnitt in den Stengel oder auch durch den abgeschnittenen Stengel gewisse Stoffe aufnehmen können, welche ihnen normalerweise durch die Wurzel nicht zugeführt werden können, könnte geschlossen werden, daß auch das Reis aus der Unterlage Stoffe aufnehmen kann, welche das Reis auf eigener Wurzel normalerweise nicht aufnehmen kann, welche aber die Wurzel der Unterlage aufzunehmen in der Lage ist (s. VAVILOV, 1916, sowie unser Kapitel über die Einführung der Fremdstoffe). Es muß aber dazu bemerkt werden, daß es sich hier nur um den Eintritt von Fremdstoffen ins Leitsystem, nicht aber um die Aufnahme dieser Stoffe in die Zellen handelt. Darüber werden wir noch weiter unten weiteres hören.

Bei Betrachtung der Pfropfung des *Nachtschattens* auf *Atropa belladonna* sind wir schon der Veränderung des Wassergehalts begegnet.

Gewöhnlich steht eine derartige Veränderung im Zusammenhang mit der Transpiration. Daß eine solche Beeinflussung durch die Pfropfung statthatte, war schon früher allgemein bekannt, ist aber vor DANIEL nicht genauer erforscht worden. So verdunstet z. B. die Rebe *(Vitis vinifera)* beim Wachstum auf eigenen Wurzeln weniger Wasser, als wenn sie auf *Vitis riparia,* die amerikanische Rebe, gepfropft wird (SCHMITT-HENNER). Bei DANIELS *Bohnen*-Pfropfungen hat sich ein umgekehrtes Verhalten des Reises bezüglich dieser Eigenschaft nachweisen lassen.

Es ist wohl ohne weiteres anzunehmen, daß die qualitativen und quantitativen Veränderungen in der mineralischen und organischen Nahrung, wie sie das Pfropfverhältnis für beide Pfropfpartner mit sich bringt, als eine der Grundursachen für die Veränderungen ihrer Entwicklungsphasen anzusehen ist. In dieser Hinsicht kann als Kontrolle nicht nur das Verhalten von Pflanzen auf eigenen Wurzeln dienen, sondern man muß auch Experimente anstellen mit einer Ernährung von Pflanzen ohne Wurzeln [s. im Kapitel über die Einführung der Fremdstoffe in die Pflanze (S. 869), wo eine frühere Entfaltung der Knospen durch Injektion von Salzlösungen und von destilliertem Wasser erreicht werden kann].

Es ist aber kein Zweifel, daß diese Fragen der Veränderung der Entwicklungsphasen von Unterlage und Reis unter ihrer gegenseitigen Einwirkung nicht nur durch die Begriffe der quantitativ und qualitativ verschiedenen Ernährung erklärt werden können. Vielmehr spielt zweifellos die eigentliche Dynamik des Stoffwechsels und der physikochemische Zustand der Gewebe der beiden Pfropfpartner eine ausschlaggebende Rolle. Dafür sprechen unter anderem die Tatsachen, welche sich bei dem Versuch ergeben haben, nicht durch unmittelbare Änderung der Nährstoffe eine Verschiebung herbeizuführen, sondern durch andere Faktoren, wie Temperatureinwirkung, Beleuchtungsänderung, Ionisation, Röntgenisation, Einwirkung von Dämpfen verschiedener Stoffe usw. Alle diese Einflüsse wirken zweifellos in erster Linie auf den Stoffwechsel, und auf den physikochemischen Zustand der Gewebe. Mit der Verschiebung der Entwicklungsphasen können selbstverständlich auch strukturelle Veränderungen der Pfropfsymbionten einhergehen. Dabei können wir von denjenigen strukturellen Veränderungen, welche sich auf anatomische Veränderungen beziehen, hier absehen. Es sei nur darauf hingewiesen, daß (s. z. B. VOLK und TIEMANN, 1927) durch Überfluß irgendwelcher Nährstoffe eine Veränderung in der Ausbildung verschiedener Pflanzengewebe hervorgerufen werden kann. Die Praxis nutzt ja diese Verhältnisse aus. So beschleunigt Phosphorsäure bei *Citrus*-Arten die Fruchtreife, Kalium verstärkt die Bildung von Zucker und Stärke. Außerdem soll die Fruchtschale dünner werden und bei der Ernte nicht so leicht brechen wie bei Kalimangel. Auch Kalk wirkt in der gleichen Richtung. Kalium und Kalk begünstigen gemeinsam die Festigkeit der Rindengewebe, was wiederum auf die Frostfestigkeit der Pflanze nicht ohne Einfluß bleibt. Umgekehrt hemmt ein Überfluß an Stickstoff die Fruchtbarkeit, ebenfalls wirkt er auf die Verdickung der Fruchthaut ein. Da sich unter dem Einfluß des Pfropfexperimentes die soeben erwähnten Nahrungsfaktoren von Unterlage oder Reis ändern können, so ist ohne weiteres klar, daß man Beeinflussungen, wie sie soeben geschildert wurden, auch durch ein Pfropfexperiment wird hervorrufen können. Es sei diesbezüglich auf eine Angabe von MITSCHURIN (1929a, S. 38) hingewiesen:

„Unter einer Anzahl von fruchttragenden ausgewachsenen Pfropfungen einer *Birnen*-Sorte fand sich ein Baum, dessen Früchte, wenngleich sie mit denen der übrigen gleich waren, infolge der Härte ihres Fruchtfleisches sich als ungenießbar erwiesen. Da dieser Baum zunächst für eine zufällige sportive Abweichung derjenigen Knospe, aus welcher er okuliert worden war, angesehen wurde, wurde zur Kontrolle eine Pfropfung von Reisern dieses Baumes auf einen anderen vorgenommen. Von diesen Reisern nun wurden Früchte sehr guter Qualität bezüglich des Fleisches erhalten, was wohl zur Genüge beweist, daß hier eine ausschließliche Wirkung der Unterlage vorlag."

DANIEL (1925b) behauptet sogar, daß bei einer interfamiliären Pfropfung von *Tomate* und *Kohl*, welche durch Ablaktation ausgeführt worden war, der *Kohl*-Partner in seinem Mark Kristallsandzellen gebildet habe, daß außerdem sich im *Kohl* eine Innenrinde gebildet habe, wie sie der *Tomate* eigen sei. Die Wiederholung dieser Beobachtung halten wir für notwendig.

Die Beeinflussung der Frostwiderstandsfähigkeit eines Reises hängt nicht nur von der oben erwähnten Beschaffenheit der Rinde, dem sog. Ausreifen der Rinde ab, sondern kann auch in anderer Weise als Folge der veränderten Ernährung angesehen werden. Der Tod durch Erfrieren kann bei einer Pflanze einmal infolge des Wasserentzuges beim Prozeß des lang dauernden Gefrierens des Zellinhaltes stattfinden, zweitens kann er beim Prozeß des Auftauens eintreten. Je langsamer das Auftauen vor sich geht, um so mehr Aussichten sind dafür vorhanden, die Zelle am Leben zu erhalten. Selbst wenn die Zelle ganz hart und spröde gefroren war, besteht die Möglichkeit eines Auftauens ohne Schädigung. Wie bekannt, hängt die Temperaturerniedrigung durch irgendwelche gelösten Stoffe von deren Konzentration in der Lösung ab.

Genau so wie die Erhöhung der Konzentration von Kristalloiden im Zellsaft wirkt auch die Gegenwart hydrophiler Kolloide. Gerade sie wird von MAXIMOW (1913 und 1929) als ein Grundfaktor der Frostfestigkeit angesehen.

Wir wissen nun, daß derartige Veränderungen in den Zellen des Reises im Zusammenhang mit der veränderten Ernährung auf einer bestimmten Unterlage vor sich gehen kann. Insofern kann also die Unterlage einen Einfluß auf die Frostbeständigkeit eines Reises ausüben. Eine weitere Möglichkeit der Erhöhung der Frostresistenz einer Pflanze durch Pfropfung auf eine andere kann dadurch erzielt werden, daß die Wurzeln der Unterlage gegen den Frost widerstandsfähiger sind als die eigenen Wurzeln des Reises. Z. B. stirbt *Citrus nobilis* LONR., die sog. Edelmandarine, und einige andere *Citrus*-Arten sehr leicht infolge Erfrierens der Wurzel ab. Pfropft man *Citrus nobilis* nun auf *Citrus trifoliata* L., so treibt die *Mandarine* sogar bei starker Schädigung ihrer Krone durch den Frost neue Sprosse, da die widerstandsfähigere Wurzel der *Pomeranze* am Leben blieb (SARETZKI, 1930, S. 46—47, und STEIN, 1929, S. 61). Nach JAKOVLEV (1929, S. 277) ertrug ein Teil einer südlichen *Birnen*-Wintersorte den strengen Winter nur auf *Pirus ussuriensis* als Unterlage.

Daß die Frostempfindlichkeit von Wurzel und Sproß verschieden sein kann, zeigt ein Kunstgriff, welcher bei der *Melonen*-Kultur angewandt wird. Man hält dabei die Wurzelpartie der jungen Pflanzen unter einer Glasglocke, während man die Ranken ins Freie wachsen läßt. So halten die Kulturen den Frost aus. Selbstverständlich ist die umständliche und teure Kultur unter Glasglocken unnötig, wenn der Ersatz der frostempfindlichen Wurzel durch eine frostfeste erfolgt. So erreichte LIESKE (1920) durch Pfropfung der *Melone* auf *Sycios angulata,* daß die Früchte der *Melone* im Freien unter den Klimabedingungen Mitteldeutschlands reiften. Qualität und Quantität der Früchte sollen nicht geringer gewesen sein als bei Kultur unter Glas. Das Gedeihen der Sorten unter diesen Umständen war allerdings verschieden (s. LIESKE, 1920). Auf eigenen Wurzeln reifte keine der Sorten ihre Früchte aus. Es muß bemerkt werden, daß nicht allein die Frostwiderstandsfähigkeit der Unterlagenwurzel, sondern sicher auch die Beschleunigung der Blüte auf der entsprechenden Unterlage das Ergebnis hervorgebracht hat.

Später hat GORSCHKOW (1929, S. 128) ebenfalls Pfropfungen mit *Cucurbitaceen* ausgeführt. Nach ihm wurde durch eine Pfropfung (vorgenommen am 15. März 1925 im Treibhaus) der *Kürbis*-Sorte „*Wermischelnaja*" und der *Melonen*-Sorte „*Kommunarca*" auf die *Gurken*-Sorte „*Nerossimyi*" das Wachstum der Unterlage um 45 Tage gegenüber den Kontrollpflanzen verlängert. Die beiden Reiser gediehen gut, zeigten starke Berankung und gaben je eine gut ausgebildete Frucht. Die übrigen Blütenanlagen wurden schon früh ausgemerzt. Zweifellos liegt hier also eine Beeinflussung der Unterlage durch das Reis vor. Aber auch die von der *Melone* erhaltene Frucht veränderte ihre Normalform und ihre Farbe (grün statt gelb). Ob die Frucht reif wurde, ist jedoch nicht erwähnt. Frucht und Samen der *Kürbis*-Ranken erwiesen sich als kleiner als bei den Kontrollpflanzen. Es ist also auf diese Art und Weise eine Verlängerung der Vegetationsperiode der Unterlage eingetreten. Wenn diese Unterlage einem Nachfrost ausgesetzt gewesen wäre, so hätte sie also durch diesen leiden müssen. Man könnte das gewissermaßen als eine Erniedrigung der Frostfestigkeit auffassen.

Nach SARETZKY (1930, S. 47) ist *Citrus bigaradia* RISSO unter den Bedingungen des feuchten Gebietes des Transkaukasus als Unterlage für z. B. *Citrus nobilis* und andere *Citrus*-Arten wenig geeignet, denn auf ihr entwickelt sich das Reis besonders üppig, was seine Frostfestigkeit herabsetzt. DANIEL (1920) führt ein ähnliches Beispiel an. Er behauptet, daß die Unterlage *Solanum melongena* den Luftknöllchen der aufgepfropften *Kartoffel* eine Verlängerung der Vegetationsperiode aufzwingt, ähnlich wie wir sie bei der Pfropfung von *Vitis rupestris* auf *Vitis vinifera* finden. Es braucht kaum hinzugefügt zu werden, daß diese Verlängerung der Vegetationsperiode des Reises selbstverständlich sich nicht als konstant erweisen würde.

Endlich kann auf bestimmten Unterlagen, wie schon einmal erwähnt wurde, die Reifung der Rinde schneller eintreten als auf eigenen Wurzeln. Das würde ebenfalls eine Erhöhung der Frostfestigkeit bedeuten. So wird die Rinde von *Prunus cerasus* bei Pfropfung auf *Prunus mahaleb* eher reif. Tatsächlich erhöht sich auch ihre Frostfestigkeit durch diese Pfropfung (U. P. HENDRICK). *Prunus pumila* als Unterlage wirkt entsprechend. Endlich mag noch darauf hingewiesen werden, daß Unterlagen mit sehr tiefgreifendem Wurzelsystem unter Umständen ebenfalls auf die Frostwiderstandsfähigkeit günstig einwirken können dadurch, daß die höhere Temperatur der tieferen Bodenschichten auf die oberirdischen Organe durch Leitung übertragen wird (s. HARTIG, 1900, Längszerreißung durch Frostwirkung).

Die verschiedene Temperaturabhängigkeit von Reis und Unterlage kann eine ganze Reihe von Veränderungen im Entwicklungsgang des Reises, welche modifikativer Natur sind, morphologischer sowie auch physiologischer, nach sich ziehen.

Es ist ferner bekannt (s. z. B. HUSS, 1929, S. 59), daß schwache, kranke, z. B. durch Parasiten infizierte Bäume im allgemeinen gegen Frost empfindlicher sind als gesunde. Da die Gesundung von der Krankheit eventuell durch Pfropfung auf eine bestimmte Unterlage, welche die vegetative Entwicklung des Reises verstärkt, erfolgen kann, so ist es klar, daß auch so indirekt eine Erhöhung der Frostfestigkeit von Bäumen erzielt werden kann (s. S. 505 und 525).

Der Einfluß der Unterlage auf die Immunität des Reises und umgekehrt. Die Frage des Einflusses der Unterlage auf die Immunitätsverhältnisse des Reises steht in einem gewissen logischen Zusammenhang mit der eben behandelten Abhängigkeit der Frostfestigkeit einer Pflanze von ihrer gesunden somatischen Entwicklung. Die Frage der Immunität von Pflanzen gegen parasitische Schädlinge kann im allgemeinen von 3 Standpunkten aus betrachtet werden:

1. Können die Pflanzen unempfindlich oder widerstandsfähig sein in bezug auf diesen oder jenen bestimmten Parasiten. Die Immunität ist also in irgendeiner Form spezifisch.

2. Trotz absoluter Empfindlichkeit gegen einen bestimmten Parasiten kann eine Pflanze infolge ihrer hohen Regenerationsfähigkeit dennoch durch die Infektion mit dem bestimmten Parasiten wenig leiden.
3. Ist die Abstimmung der Entwicklungsphasen von Parasit und Wirtspflanze für den Verlauf der Erkrankung von Wichtigkeit[1].

In dem Buche von VAVILOV (1919) findet sich eine hinreichende Anzahl kritisch dargestellter Theorien und Beispiele, welche der angeführten Klassifikation entsprechen (dort auch reichlich Literatur). VAVILOV teilt die Immunität der Pflanzen ein in physiologische oder aktive Immunität und mechanische oder passive Immunität. Eine morphologische oder passive Immunität kann durch die Besonderheit der morphologischen und anatomischen Einrichtungen der Pflanzenorgane bedingt sein. VAVILOV faßt als Äußerung der mechanischen Immunität auch die Fähigkeit der Pflanze zu schneller Vernarbung von Wunden auf, sowie die Befähigung der Gewebe der Wirtspflanze die Hyphen eines pilzlichen Parasiten durch Wachstumsvorgänge zu isolieren. Überhaupt faßt er unter diesem Begriff alles das zusammen, was beruht „auf eigenartigen Fähigkeiten im Bau und Wachstum der Pflanzenorgane, welche das Wachstum und Durchdringen der Gewebe durch Pilze und Bakterien hindert" (S. 41).

Eine physiologische Immunität im Sinne VAVILOVs (S. 50) wird durch aktive Reaktionen von Zellen der Wirtspflanze auf das Eindringen der Parasiten charakterisiert. Nachdem VAVILOV alle Fälle und Varianten der physiologischen Erklärung der Immunität besprochen hat, weist er mit Recht darauf hin, daß kein einziger dieser einzelnen Fälle und keine der Varianten — selbst alle zusammengenommen — in der Lage sind, alle Erscheinungen der physiologischen Immunität zu erklären.

„Die Aufstellung einer allgemeinen Theorie der physiologischen Immunität ist die Aufgabe einer nicht sehr nahen Zukunft."

Wir sind der Meinung, daß eine derartige allgemeine Theorie sich überhaupt nicht ergeben wird, da in den verschiedenen Fällen die pflanzliche Immunität durch qualitativ und quantitativ verschiedene Eigenschaften und Prozesse nicht nur ontogenetischen, sondern auch phylogenetischen Charakters bedingt wird. Außerdem stellen wir uns vor, daß die Einteilung selber — d. h. in mechanische und physiologische Immunität — künstlich ist. Es gibt tatsächlich keinen prinzipiellen Unterschied zwischen der Widerstandsfähigkeit einer Pflanze infolge der mechanischen Unmöglichkeit des Pilzes das Pflanzengewebe zu durchdringen und der Unfähigkeit des Pilzes zur Entwicklung infolge

---

[1] [Bezüglich der speziellen Behandlung der Immunitätsfragen sei einmal verwiesen auf das Buch von VAVILOV (1919), sowie ferner auf die ausgezeichnete Darstellung dieser Verhältnisse bei FISCHER und GÄUMANN (1929), sowie endlich auf das Anhangskapitel dieses Buches. Die Klassifikation von FISCHER und GÄUMANN stimmt weitgehend mit der des Autors dieses Buches überein. M.]

natürlicher, für den Pilz ungünstiger chemischer Eigenschaften der Pflanze. Etwas anderes ist es, wenn man die Immunitätserscheinungen einteilt in passive und aktive, welche Ausdrücke bei VAVILOV der mechanischen und physiologischen Immunität entsprechen. Allerdings weist VAVILOV auch darauf hin, daß die Passivität eine charakteristische Eigenschaft der mechanischen Immunität sei. Wir aber wollen diese Parallelstellung vermeiden, und hätten so eine natürliche Klassifikation der Immunitätseigenschaft mit den beiden Unterabteilungen der passiven und aktiven Immunität.

Wir verstehen unter der passiven Immunität eine solche Widerstandsfähigkeit oder Unempfindlichkeit der Pflanze, welche durch irgendwelche Eigenschaften und Zustände der Pflanze bedingt ist, welche sie unabhängig von dem sie befallenden Parasiten oder der im Entstehen begriffenen Erkrankung besitzt.

Unter aktiver Immunität verstehen wir die Widerstandsfähigkeit einer Pflanze, welche diese infolge irgendwelcher Reaktionen auf die Infektion hin besitzt.

D. h., daß für uns die passive Immunität nicht nur passiv die anatomischen oder überhaupt strukturellen Schutzeigenschaften der Pflanze, sondern auch passive physiologische und chemische Eigenschaften umfaßt. Umgekehrt fassen wir als aktive Immunität nicht nur aktive physiologische und chemische Reaktionen der Pflanze auf, sondern auch solche Fälle, wo die Reaktionen in irgendwelchen strukturellen Umbildungen zum Zwecke des Schutzes bestehen (s. z. B. WARDLOW, 1930, und unsere S. 389).

Endlich kann nicht jede Widerstandsfähigkeit der Pflanze gegen einen Parasiten als Immunität bezeichnet werden. Dies hat VAVILOV betont. Speziell kann die Unempfindlichkeit oder Widerstandsfähigkeit, welche auf mangelnder Übereinstimmung der Entwicklungsphasen der Wirtspflanze und des Parasiten, oder jene Widerstandsfähigkeit, welche im weiten Sinne auf Regenerationsfähigkeit der Pflanze begründet ist, nicht als Immunität bezeichnet werden. Wir hätten diese Form allgemein als Wachstumsresistenz bezeichnet. Wir verstehen also unter Wachstumsresistenz eine solche Widerstandsfähigkeit, welche durch Wachstumsprozesse der Pflanze, die nicht im spezifischen Zusammenhang mit dem sie befallenden Parasiten stehen, bedingt wird.

Diese letzte Form hat MORITZ (1930, S. 258) vor Augen, wenn er mit Bezug auf Obstsorten sagt:

„daß solche Sorten, welche leicht regenerieren, auch krebsresistenter sein werden als schwer regenerierende, solche Maßnahmen die Regeneration und normales Wachstum gewährleisten, auch relativ hohe Krebsfestigkeit bedingen... Eine absolute Resistenz aber gibt es nicht."

Deshalb schlägt MORITZ (S. 260) vor: „als pathogenes Prinzip ein allgemein zellschädigendes Agens anzunehmen, und als Prinzip der

Resistenz hohe Regenerationsgeschwindigkeit". Diese gleiche Ansicht wurde im Prinzip schon früher durch andere Autoren (s. z. B. APPEL, 1915, SCHUSTER, 1912, VAVILOV, 1919, u. a.) vertreten. Man muß sich dabei darüber klar sein, daß, wenn man den Terminus „Regeneration" im weitesten Sinne auffaßt, d. h. nicht nur als Zuheilen von Verletzungen, sondern auch als Bildung von Seitensprossen usw., diese These der Übereinstimmung der pflanzlichen Resistenz mit der regenerativen Fähigkeit nicht mehr als allgemein gültig zu betrachten ist. Tatsächlich weist z. B. VAVILOV darauf hin (S. 111—112), daß

„stickstoffhaltige Düngemittel eine intensive Entwicklung von Organen, eine erhöhte Buschigkeit der Gräser hervorrufen und unter den Bedingungen des gemäßigten Klimas die Vegetationsperiode verlängern. Pflanzen, welche mit Stickstoff gedüngt sind, sind dadurch eine längere Zeit der Infektion unterworfen. Auch die Vergrößerung der Oberfläche der vegetativen Organe begünstigt eine Infektion, wenn sie eine größere Berührungsfläche des Parasiten mit der Pflanze bedingen. Manchmal leiden deshalb bei Mitwirkung gewisser meteorologischer Bedingungen (aber bei weitem nicht immer, wie unsere eigenen Beispiele und Beobachtungen sowie die von GASSNER und anderen zeigen) stark mit Stickstoff gedüngte Pflanzen äußerlich tatsächlich mehr unter *Puccinia glumarum* und *Erysiphe graminis* als danebenwachsende und nicht mit Stickstoff versorgte."

Ferner haben VAVILOV (1919) und andere von ihm angegebene Forscher (s. noch A. MÜLLER, 1926) gezeigt, daß die Empfindlichkeit und Resistenz von Pflanzen gegen Infektionskrankheiten in vielen Fällen zweifellos von der Ernährung der Pflanzen durch irgendwelche Mineralstoffe abhängt[1]. Weiter gibt es Arbeiten (VAVILOV, 1919, S. 62—87, sowie K. MÜLLER, 1922, Weinrebe), welche zeigen, daß manchmal die Resistenz vom osmotischen Wert also von der Konzentration des Zellsaftes und vom Wasserdampfgehalt der Interzellularen, sowie von vielen anderen physikalischen und chemischen Zelleigenschaften abhängt. Einige dieser Angaben bleiben strittig. Es bleibt aber die Tatsache bestehen, daß die Widerstandsfähigkeit der Pflanzen durch Erkrankungen von einer Reihe solcher Faktoren, welche mit der Ernährung der Pflanze zusammenhängen, abhängen kann. Dies hat auch eine große Anzahl von Forschern auf diesem Gebiete erkannt (s. z. B. VAVILOV, 1919, S. 109, K. MÜLLER, 1922, A. MÜLLER, 1926, S. 66—67, u. a.). Vieles von dem, was wir oben sagten, bezieht sich zugleich auf die Resistenz gegen Infektionskrankheiten und gegen Erkrankungen nicht infektiösen Charakters.

Wir sind damit am Ziel unserer Einführung über die Immunität der Pflanzen angelangt. Diese Einführung war aber notwendig, da sonst Unklarheiten bezüglich unserer Darstellung der gegenseitigen Beeinflussung der Transplantosymbionten hinsichtlich ihrer Widerstandsfähigkeit oder Unempfindlichkeit gegen Erkrankungen überhaupt und gegen die Infektionskrankheiten insbesondere, hätten entstehen können.

---

[1] [S. noch SCHAFFNIT und MEYER-HERRMANN (1930), sowie SCHAFFNIT, E. u. VOLK, A. (1928). M.]

Jetzt ist es aber klar, daß ein derartiger Einfluß tatsächlich bestehen kann, wenn es sich nämlich um eine Erkrankung handelt, welche von derartigen Merkmalen abhängt, die der Variation gerade bei gepfropften Pflanzen unterworfen sind. Hier kommt auch die Wachstumsresistenz zur Geltung und jene Resistenzformen, welche mit einer Änderung der Ernährung usw. verbunden sind. Aus ähnlichen Gründen schreibt A. MÜLLER (1926, S. 67) ganz mit Recht folgendes:

„Die Mitteilung, daß auf verschiedene Unterlagen gepfropfte Reben in bezug auf die *Peronospora*-Empfänglichkeit ungleich sein sollen, je nachdem sie auf einer stark wüchsigen Unterlage stehen und darum selbst sehr mastig werden oder auf einer schwachwüchsigen, würde hierdurch ihre Erklärung finden."

Wenn man diesem Schluß auf Grund des von uns oben Gesagten eine größere Elastizität verleiht, wenn man dies auf alle Pfropfungen und entsprechende Erkrankungen überhaupt ausdehnt, so können wir sagen, daß die Transplantosymbionten die Widerstandsfähigkeit des fremden Partners gegen Erkrankungen, welche von solchen Eigenschaften der gepfropften Pflanze abhängt, die unter dem Einfluß der Pfropfung einer normalen Variabilität unterliegen, verändert werden kann. Diese Merkmale sind früher schon erwähnt worden und werden noch weiter erläutert werden, wenn wir uns der praktischen Anwendung von Pfropfungen zuwenden. Hier mögen nur die folgenden Beispiele angeführt werden.

DANIEL (1920) berichtet über Veränderungen der Empfänglichkeit der Luftknollen von *Kartoffeln,* welche auf *Eierfrucht* gepfropft sind. Nach DANIEL sollen sich Büsche, welche aus den Luftknollen solcher *Kartoffel*-Reiser hervorgegangen sind, weniger leicht mit *Phytophtora* infizieren lassen. Wenn die experimentellen Tatsachen als solche zutreffen, so wird es sich hier um mechanische Immunität handeln. DANIEL gibt an, daß nach seiner Meinung die Ursache der beschriebenen Widerstandsfähigkeit die Schutzepidermis auf den Luftknöllchen war. Es ist sehr wahrscheinlich, daß auch auf anderen Unterlagen eine derartige mechanische Immunität sich wird finden lassen, wie auch, daß in vielen Fällen Luftknöllchen der *Kartoffel,* wenn sie auf eigenen Wurzeln erzeugt werden, eine derartige Immunität zeigen.

COUDERS[1] (1894) (und SORAUER, 1924, S. 819) gibt an, daß die Amerikanerunterlage für Reben ihre Immunität gegen den Angriff der Reblaus sowohl wie der Gelbsucht unter dem Einfluß des europäischen Reises verringert. Soweit bekannt ist, beruht die Widerstandsfähigkeit gegen die Reblausinfektion auf dem anatomischen Bau der Wurzel und vorausgesetzt, daß die Angaben von COUDERS richtig sind, so wird man annehmen können, daß die Entwicklung der Schutzgewebe der Unterlage unter der Einwirkung des Reises sich abschwächen kann. Veränderte Ernährungsbedingungen mögen die eigentlichen Ursachen dafür sein.

---

[1] COUDERS: Ref. Z. Pflanz.krkh. 1895, 118.

Letzten Endes haben wir es also hier in den angeführten Beispielen mit der Veränderlichkeit anatomischer Strukturen der beiden Pfropfpartner zu tun (vgl. S. 337). Es sei bemerkt, daß derartige Variationen selbstverständlich auch auf anderem Wege als durch Pfropfung erzielt werden können. Selbstverständlich hat diese Veränderlichkeit der Immunitätseigenschaften des Reises unter dem Einfluß der Unterlage auch ihre Grenzen. Je strenger spezifisch und in je engerem Sinne genotypisch begründet die Immunitätseigenschaften sind, um so weniger werden sie unter dem Einfluß der Unterlage oder überhaupt des Pfropfpartners modifizierbar sein.

Direkte Experimente in dieser Richtung bestätigen die hier geäußerte Meinung. So infizierte FISCHER (1912) *Sorbus aria,* die auf *Sorbus aucuparia* (blattlos) gepfropft wurde, durch *Gymnosporangium tremelloides.* Das Reis ist als solches genotypisch unempfindlich gegen die Infektion mit dem Pilz. Diese Eigenschaft wurde auch durch die Pfropfung nicht geändert. *Sorbus aucuparia,* die normalerweise infizierbar ist, wurde auch hier unter dem Einfluß des unanfälligen Reises infiziert. Entsprechende Ergebnisse hat SAHLI (1916) erhalten, als sie *Bollvilleria malifolia* und *Bollvilleria auricularis* auf *Pirus communis* und *Sorbus aria* pfropfte. Auch nach der Pfropfung blieben die empfänglichen Reiser für *Gymnosporangium sabinae* empfänglich. SAHLI schloß daraus, daß (S. 298) ,,Reis und Unterlage keinen gegenseitigen Einfluß auf die Empfindlichkeit gegen die Infektion ausüben''. Entsprechende Ergebnisse erhielt SAHLI in Experimenten mit *Mespilus germanica* auf *Crataegus oxyacantha.* Während hier das Reis gänzlich immun ist gegen *Gymnosporangium confusum* ist die Unterlage sehr empfänglich für die Infektion. Unter dem Einfluß der Pfropfung wurden die Immunitäts- oder Anfälligkeitseigenschaften nicht geändert. Zu ähnlichen Schlüssen kommt auch ROACH (1927) in bezug auf Krebserkrankungen der *Kartoffel.* Bei Pfropfungen von Wurzeln, oberirdischen Sprossen und Knollen in vielfachen Kombinationen hat die immune Sorte ihre Immunitätseigenschaften nie auf die andere Komponente übertragen, einerlei, ob sie als Unterlage oder als Reis fungierte. Daraus geht hervor, daß die erwähnte Immunität genotypisch bedingt ist und wahrscheinlich eine spezifische, wenig modifizierbare Eigenschaft des Zellplasmas darstellt. Wie wir weiter unten sehen werden, bleibt sogar in Chimären die genotypische Immunität der Chimärosymbionten im Grunde unverändert.

Wir sind der Meinung, daß man gut tun wird ,,Widerstandsfähigkeit'' gegen Erkrankung und ,,Unempfindlichkeit'' auseinanderzuhalten. Das gleiche würde von den umgekehrten Begriffen ,,Widerstandslosigkeit'' und ,,Empfindlichkeit'' gelten. Wir haben uns im vorhergehenden bemüht, diese Verwechslung zu vermeiden. Unter Widerstandsfähigkeit wird diejenige Immunitätseigenschaft verstanden, welche sich äußerst, nachdem eine Infektion vollzogen wurde, oder zu

Anfang der Erkrankung. Unempfindlichkeit ist dagegen eine völlige Unfähigkeit der Pflanze, den Akt der Infektion und mithin den Anfang der Krankheit überhaupt zu erleiden. Die Unempfindlichkeit in diesem Sinne würde eine genotypische Eigenschaft sein, während die Widerstandsfähigkeit genotypischer wie phänotypischer Natur sein kann. Es kann also allgemein gesagt werden, daß die gegenseitige Einwirkung der Transplantosymbionten, deren modifikative Widerstandsfähigkeit und Widerstandslosigkeit verändern kann, während sie die genotypisch bedingte Empfindlichkeit oder Unempfindlichkeit nicht zu verändern imstande sein wird. Allerdings wird es nicht möglich sein, diesen Schluß bis auf die Pfropfchimären auszudehnen. Denn wie wir weiter unten sehen werden, ist tatsächlich von uns nachgewiesen worden, daß in den Früchten unserer Chimären sich das Anthozyan, welches normalerweise nur einer Chimärenkomponente eigen ist, in der Nachbarschaft dieser Komponente auch in den Geweben des normalerweise anthozyanfreien Partners vorkommt. Da nun COMES (1909, 1916) gerade das Anthozyan mit der Immunität in Verbindung bringt, so wäre hier also eventuell die Möglichkeit der direkten Übertragung eines Immunitätsfaktors gegeben.

Nicht selten werden sich auch Fälle finden lassen, wo die Folgen der Pfropfung bezüglich der Erkrankung in keine direkte Beziehung, sei es zur Immunität, sei es zu einer direkten Beeinflussung des Reises durch die Unterlage und umgekehrt gebracht werden können. So ist z. B. bei der Weinrebe die Erkrankung „*Court-Noué*" verbreitet, welche RAVAZ (1899—1900) zu den physiologischen Erkrankungen stellt. BARBERON (1912, S. 394—395) weist darauf hin, daß die Neigung zur Kurzknotigkeit nicht auf ein gesundes Reis von der Unterlage übertragen wird, denn die Büsche amerikanischer Sorten, welche an *Court-Noué* leiden, ergeben, nachdem als Reis gesunde Europäer auf sie gepfropft worden sind, ganz normale Büsche; das liegt daran, daß die Krankheit ausschließlich lokalisiert ist auf die oberirdischen Teile der Pflanze. Nur sie sind also anfällig. Ersetzt man daher die oberirdischen Teile einer kranken Pflanze durch die entsprechenden einer „immunen" Rasse, so bedeutet das eine völlige Hintanhaltung der Krankheitserscheinungen.

Die Beeinflussung der p_H-Verhältnisse innerhalb der Pfropfpartner.
KOSTOFF ist nach unserem Wissen der einzige Forscher, welcher bisher die Frage der Beeinflussung der H·-Konzentration innerhalb einer Pfropfsymbiose berührt hat. Er kam zu dem Schluß (1929, S. 64), daß "the hydrogen ion concentration in the scion is usually altered to a condition nearly intermediate between that of scion plant and stock plant".

Auf Grund der Tabelle, welche der Autor anführt (Nr. 27 auf S. 65), kommen wir aber zu dem Schluß, daß diese Behauptung nur für 10 von 17 Untersuchungen gilt. Der Autor betont diese Abweichungen nicht. Derartige Abweichungen von dem von KOSTOFF angegebenen Durchschnitt sehen wir beim Reis *Solanum melongena* auf *Solanum nigrum*. Tatsächlich zeigt dieses Reis $p_H = 5,8$, während *Solanum melongena* auf eigenen Wurzeln $p_H = 5,6 — 5,8$ hat und *Solanum nigrum* $p_H = 6,4$. Das heißt, daß hier das Reis sein p_H nicht geändert hat. Das gleiche gilt auch für *Datura ferox* auf *Solanum nigrum*. *Datura ferox* hat auf eigenen Wurzeln $p_H = 5,2$ und in der Pfropfung 5,2—5,4, *Solanum nigrum* dagegen 6,4. Für die Pfropfung *Solanum melongena* auf *Datura Wrightii* gilt, daß *Solanum melongena* auf eigenen Wurzeln $p_H = 5,6—5,8$ in der Pfropfung 5,6 und *Datura Wrightii* $p_H = 5,0$ hat. *Nicotiana glauca* auf *Capsicum pyramidale* hatte in der Pfropfung 5,6 und auf eigenen Wurzeln 5,6, *Capsicum pyramidale* $p_H = 5,8$, *Nicotiana tabacum* auf eigenen Wurzeln 5,6, auf *Solanum nigrum* gepfropft 5,6—5,8, *Solanum nigrum* auf eigenen Wurzeln 6,4.

Interessant sind aber die beiden Abweichungen. Bei der Pfropfung von *Solanum nigrum* auf *Nicotiana tabacum* zeigte nämlich das Reis $p_H = 5,6—5,8$ gegen $p_H = 6,4$ auf eigenen Wurzeln. Hier also entspricht das p_H des Reises der H-Konzentration, welche der Unterlage auf eigenen Wurzeln eigen ist ($p_H = 5,6$). Bei der reziproken Pfropfung *(Nicotiana tabacum* auf *Solanum nigrum)* behielt dagegen das Reis sein normales p_H (5,6—5,8). In der Pfropfung *Lycium barbarum* auf *Nicotiana tabacum* hat das Reis $p_H = 5,8$, auf eigenen Wurzeln dagegen 7,2, während *Nicotiana tabacum* 5,6 hat. In beiden angeführten Fällen zeigte also das Reis ein p_H, welches dem der Unterlage glich, abweichend von der normalen H-Konzentration, welche beim Wachstum auf eigenen Wurzeln festgestellt wurde.

So tragen wir Bedenken, den KOSTOFFschen Schluß in seiner Allgemeinheit anzuerkennen. Außerdem können auch Zweifel anderer Art entstehen. SMALL (1929) hat gezeigt, daß das p_H einer Pflanze sich je nach ihrem Alter und nach den verschiedenen Teilen, die man untersucht, ja in verschiedenen Geweben ändert. Daher möchte man bei den p_H-Untersuchungen an Pfropfungen besondere Vorsicht anwenden, um nur wirklich vergleichbare Organe und Gewebe, sowie Alterszustände usw. miteinander zu vergleichen. Außerdem ist uns die Methode KOSTOFFs zur Gewinnung der Untersuchungsflüssigkeiten unbekannt. Sollte er den gesamten Preßsaft genommen haben, so wird man kaum von den erhaltenen Resultaten eine genügend genaue Antwort erwarten können. Im allgemeinen weicht das p_H des Preßsaftes sehr merklich von dem tatsächlichen p_H der Pflanze ab, und diese Abweichung kann bei verschiedenen Arten ganz verschieden sein. Einzig die vitale Bestimmung der H-Konzentration in den zu vergleichenden Geweben der Pfropfpartner kann eine einigermaßen genaue Auskunft geben.

So müssen wir also unter Zweifel stellen, ob das Reis wirklich einen Mittelwert zwischen seinem eigenen ihm auf eigenen Wurzeln zukommenden p_H-Wert und demjenigen der Unterlage zeigt.

Andererseits erscheint uns jedoch die Ansicht, daß Reis und Unterlage unter dem Einfluß der Pfropfung die ihnen eigene H-Konzentration verändern können, außerordentlich plausibel. Keineswegs aber ist es nötig, dabei eine spezifische gegenseitige Wirkung der Pfropfsymbionten anzunehmen. Es sei noch bemerkt, daß auch KOSTOFF dieses nicht tut, daß sich also unsere Bemerkung nur gegen die Möglichkeit einer derartigen Stellungnahme von vornherein und vorbeugend richtet[1].

Über den Einfluß der Unterlage auf die Nachkommenschaft des Reises (s. auch S. 479 über 3 Fälle bei WINKLER).

Da die Frage einer Beeinflussung der Nachkommenschaft der Unterlage durch die Gegenwart des Reises bisher nicht bearbeitet worden ist, können wir uns auf das in der Überschrift gegebene Thema beschränken. Es stellt zweifellos einen interessanten Problemkreis dar. Besonders DANIEL behauptete, daß die Nachkommenschaft des Reises unter dem Einfluß der Unterlage verändert werde. Diese Behauptung hat ihrerseits den Widerspruch von WINKLER hervorgerufen (WINKLER, 1912a, S. 139—140)[2].

Wir haben auf die Ausführungen WINKLERs nicht so sehr deshalb hingewiesen, weil mit ihnen etwa die Frage des Einflusses der Unterlage auf die Eigenschaften der Nachkommenschaft des Reises erschöpft wären, sondern vielmehr als Beispiel für die Darlegung von Ungenauigkeiten, die bei derartigen Arbeiten besonders bei Praktikern gemacht werden. Als Folge davon werden oft wichtige und verfrühte positive Schlüsse gezogen, die nicht zu Recht bestehen können. Es mag noch von uns aus zu der Arbeit von DANIEL gesagt werden, daß die Tatsache, daß die *Kohl*-Kontrollsorten, welche außerdem im Experiment waren, erfroren, keineswegs den Vorwurf entkräften kann, daß eine Kreuzung stattgefunden habe und für die erhöhte Frostfestigkeit verantwortlich zu machen sei. Denn es zeigt sich oft, daß eine Kreuzung eine größere Frostfestigkeit besitzen kann als beide Eltern zusammengenommen. Vielmehr gibt es viele Beispiele, daß bei der Kreuzung eine elterliche Eigenschaft sich in stärkerem Maße zeigt als in einem der beiden Eltern. Ja, selbst Kontrollkreuzungen hätten die Behauptung DANIELs nicht hinreichend sichern können. Man hätte nämlich vielmehr noch den Fall

---

[1] [Es muß im Anschluß an diese Kritik der KOSTOFFschen Angaben darauf hingewiesen werden, daß selbstverständlich das p_H einer Pflanze, eines pflanzlichen Organs keineswegs irgendwie eine einheitliche Größe ist. Wie schon oben bemerkt wurde, kann eine Gesamtbestimmung nie Auskunft geben. Vielmehr sind sogar das p_H des Plasmas, des Kerns, sowie des Zellsaftes je für sich getrennte Größen, die wahrscheinlich auch getrennt voneinander beeinflußt werden können. Vgl. YAMAHA, G. und TOMOYUH, J. (1932). M.]

[2] [Bezüglich der von DANIEL angeführten Behauptungen und der Kritik WINKLERs, die sich auf fehlende Kontrollpfropfungen, Fehlen der Isolation gegen Fremdbestäubung, Fehlen der Prüfung der Nachkommenschaft nicht gepfropfter Pflanzen gründet, verweise ich auf WINKLER (1912), dessen Arbeit wohl allgemein zugänglich ist, so daß ein ausführliches Zitat sich erübrigt. M.]

einer Knospenmutation (Variation) in Richtung auf höhere Frostfestigkeit ausschließen müssen. Dies alles soll zeigen, wie vorsichtig man bei der Ausführung und Beurteilung eines derartigen Experimentes vorzugehen hat.

Es sei noch weiter bemerkt, daß es bisher keinen einzigen bewiesenen Fall gibt, wo wiederholte Pfropfungen von irgendwelchen Reisern auf bestimmte Unterlagen irgendwann schon einmal eine Erwerbung der Eigenschaften der Unterlage durch das Reis im Sinne einer Übertragung bestimmter Eigenschaften bezeigt hätte (s. WINKLER, 1912a, S. 139—141, über die Arbeiten von GAUTIÉ, 1901, CASTELL, 1907, DANIEL, 1910).

DANIEL hat aber bis zur letzten Zeit seine Behauptung über die Veränderlichkeit der Nachkommenschaft des Reises unter dem Einfluß der Unterlage aufrechterhalten. So (1927b u. c) behauptet er, daß die Nachkommenschaften von *Helianthus tuberosus*, welche auf andere Arten dieser Familie gepfropft werden, variieren (vgl. GORSCHKOW, 1929, S. 132—136). DANIEL ist der Meinung, daß diese Variation durch die spezifische Wirkung der Unterlage bedingt ist. Es wurde aber der homozygote Zustand des Reises nicht festgestellt, weshalb die Experimente unbewiesen blieben.

Wie auf S. 473 erwähnt wurde, hat ISIDORO CALDERINI im Jahre 1848 schon die Veränderlichkeit der Nachkommenschaft des gepfropften Reises *(Oryza sativa)* festgestellt. Es sei hier die Stellungnahme DARWINs (1875, Bd. 2, S. 246—247) zu dieser Frage ins Gedächtnis zurückgerufen. DARWIN schrieb:

"Some facts on the effects of grafting in regard to the variability of trees deserve attention. CABANIS asserts that when certain pears are grafted on the quince, their seeds yield a greater number of varieties than do the seeds of the same variety of pear when grafted on the wild pear (Quoted by SAGERET, Pom. Phys. 1830, p. 43. This statement, how ever is not believed by DECALSNE). But as the pear and quince are distinct species, though so closely related that the one can be readily grafted and succeeds admirably on the other the fact of variability being thus caused is not surprising as we are here enabled to see the cause, namely, the very different nature of the stock and graft. Several North American varieties of the plum and peach are well known to reproduce themselves truly by seed, but DOWNING asserts ....: ,,'That when a graft is taken from one of these trees and placed upon another stock, this grafted tree is found to lose its singular property of producing the same variety by seed, and becomes like all other worked trees'; that is, its seedlings become highly variable. Another case is worth giving: the Lalande variety of the wallnut-tree leafs between April 20th and May 15th, and its seedlings invariably inherit the same habit, whilst several other varieties of the walnut leaf in June. Now, if seedlings are raised from the May-leafing Lalande variety, grafted on another May-leafing variety though both stock and graft have the same early habit of leafing, yet the seedlings leaf at various times even as late as the 5th of June ..... Such facts as these are well fitted to show on what obscure and slight causes variability depends."

Dieses Zitat von DARWIN mag hier angeführt sein als weiteres Beispiel einer ungenauen Bewertung von Tatsachen, welche sich aber aus dem damaligen Stande der Wissenschaft erklärt. Heute haben wir tatsächlich keinerlei Berechtigung mehr, die Veränderlichkeit der geschlechtlichen Nachkommenschaft unter dem Einfluß der Unterlage ohne absolute Garantien für einwandfreie Versuchsanstellung noch weiter zu behaupten. Als solche Garantien müssen wir vor allen Dingen die Bedingung ansprechen, daß das Reis in dem betrachteten Merkmal homozygot ist, daß die Nachkommenschaft in reiner Linienzucht erhalten wird, was alles wohl nicht hinreichend berücksichtigt worden ist. Doch sei darauf hingewiesen, daß DARWIN mit keinem Wort die Übertragung von Eigenschaften der Unterlage auf das Reis behauptet. Er bezeichnet die Ursache der beobachteten Veränderlichkeit als „obscure".

Auch MITSCHURIN (s. GORSCHKOW, 1925, S. 20 und 1929, S. 132—136) behauptet die Veränderlichkeit des Reises unter dem Einfluß der Unterlage. Deshalb schlägt er vor, bei Samenvermehrung von Frucht- und Beerensträuchern und -bäumen lediglich solche Individuen zu wählen, welche auf eigenen Wurzeln wachsen. Die gleiche Behauptung stellen SWINGLE und Mitarbeiter (1929) und einige andere Autoren aus der gärtnerischen Praxis auf.

In der Regel hat die Wissenschaft bisher gegenüber diesen Behauptungen Skepsis bewahrt. Sie fand ihre Begründung darin, daß einmal die Kontrollexperimente mangelhaft waren (s. o.) und zweitens durch das Fehlen irgendwelcher Daten, welche das Verständnis für den Mechanismus einer derartigen Beeinflussung der Unterlage auf die Nachkommenschaft des Reises angebahnt hätte. Insbesondere die Übertragung genetischer Merkmale von der Unterlage auf das Reis, wie sie verschiedene Praktiker und auch DANIEL behaupten, mußte für die Wissenschaft völlig unannehmbar sein. DARWIN hat sie (s. o.) nicht behauptet.

Aber auch heute muß die Frage von neuem durchgearbeitet werden. Es ist das Verdienst KOSTOFFs, eine derartige Neubearbeitung des Problems in Angriff genommen zu haben, und ganz zweifellos müssen wir auch den Experimenten der Praktiker nunmehr einen gewissen Wert zuerkennen, da sie letzten Endes wissenschaftliche Experimente angeregt haben. Wir (KRENKE, 1928b, S. 533) haben deshalb seinerzeit aufgefordert, die Angaben von Praktikern nicht ohne Nachprüfung abzulehnen, indem wir darauf hinwiesen, daß die gesamten Fragen, welche ins Gebiet der botanischen Chirurgie gehören, noch nicht so ausgearbeitet sind, um ohne hinreichende Nachprüfung irgendwelche Angaben, welche mit den vorhandenen wissenschaftlichen Theorien und Tatsachen nicht übereinstimmen, zu verwerfen. Dies bezog sich speziell auf gewisse Angaben von MITSCHURIN, worüber wir weiter unten näher hören werden.

In dem Jahre, in welchem wir (1928) auf die durchaus noch mangelhafte Durcharbeitung des Transplantationsgebietes hingewiesen haben, hat KOSTOFF (1928) eine sehr wichtige neue Beobachtung gemacht. Er fand nämlich, daß unter dem Einfluß der Stoffe der Unterlage, welche die Blütenknospen des Reises erreicht haben, sich hier die Plasmaviskosität ändern kann. Dadurch können die allerverschiedensten Störungen in der Reduktionsteilung auftreten. Es tritt dann ein ungleichmäßiger Pollenstaub auf, dessen einzelne Individuen chromosomale und anderweitige zytologische Störungen aufweisen. Teilweise führt das zu Aborterscheinungen. Hier lehnt nun KOSTOFF ganz entschieden einen spezifischen Einfluß der Unterlage durch den Übertritt irgendwelcher formativer Stoffe ab, denkt vielmehr an Antikörper als wirksame Substanzen.

Er selbst hat den Beweis dafür an *Nicotiana rustica* als Reis geliefert. Das geht besonders klar aus der bulgarischen Arbeit KOSTOFFs (1929—1930b) hervor, woraus wir das folgende Zitat in Übersetzung anführen (S. 319) (vgl. S. 478, § 6).

„Es ist schon lange bekannt, daß spontane große Temperaturschwankungen eine anormale Zellteilung mit Chromosomenaberrationen hervorrufen können. Ich erwähne die Arbeiten von SAKAMURA (1920), BLAKESLEE und BELLING (1924), SAKAMURA und STOW (1926), wo ausführliche Literatur zu finden ist. In der letzten Zeit habe ich eine unregelmäßige Reduktionsteilung, welche durch starke Temperaturveränderungen bei *Tabak, Datura,* bei einigen *Süßkirschen, Mirabellen* und bei *Äpfeln* auftritt, beobachtet.

Was die Ernährungsfaktoren anbelangt, so gibt es Fälle, wo die äußeren Bedingungen auch unregelmäßige Reduktionsteilung, als deren Folge Aberrationen entstehen können, hervorrufen. So ist es der Fall bei *Nicotiana rustica,* wenn ihr eine sehr große Portion Chilesalpeter gegeben wird unter verhältnismäßig trockenen Bedingungen. Infolge einer unregelmäßigen Reduktionsteilung enthalten Pflanzen dieser Art unter den oben erwähnten Bedingungen 50—75% abortive Pollen.

Auch wenn man halb etiolierte Pflanzen von *Nicotiana rustica* mit Blütenknospen in starkes Licht, ohne daß ein Temperaturwechsel stattfindet, stellt, so wird dadurch eine unregelmäßige Reduktionsteilung in diesen Pflanzen verursacht.

Um einen allgemeineren Schluß bezüglich der Ursachen der unregelmäßigen Zellteilung und ihrer Folgen ziehen zu können, werde ich hier noch die Forschungen von GOODSPEED (1929) über die mit Hilfe der durch Einwirkung von Radium- und Röntgenstrahlen erhaltenen Aberranten am *Tabak* anführen. Eine ausführliche Literatur über die Einwirkung von Radium- und Röntgenstrahlen auf die Zellteilung kann man in der zusammenfassenden Arbeit von P. HERTWIG (1928) finden.

Aus den oben angeführten Fällen ist zu sehen, daß die unregelmäßige Zellteilung nicht nur als Resultat einer Kreuzung auftritt, sondern auch mit Hilfe einer Reihe äußerer Faktoren verursacht werden kann. Der Grad der unregelmäßigen Zellteilung hängt von der Art der Pflanze, zum Teil vom Individuum und hauptsächlich von der Intensität, Plötzlichkeit des Auftretens und von der Länge der Einwirkung der äußeren Faktoren ab. Da die allerempfindlichsten Zellen im Pflanzenorganismus nun diejenigen sind, welche mit Hilfe der Reduktionsteilung generative Zellen ergeben, so erscheinen die Unregelmäßigkeiten in der Teilung am häufigsten bei der Reduktion der Chromosomenzahl, was Aberration und Mutation mit sich führt."

KOSTOFF (1928) hat die Störungen der Meiosis im Reis außer bei *Nicotiana rustica* auch bei *Nicotiana Langsdorffii* auf *Solanum nigrum* und bei *Nicotiana tabacum* auf *Datura Wrightii* festgestellt. In der letzten

Pfropfung wurde durch Störung von Zellteilungen im somatischen Gewebe noch folgendes beobachtet (KOSTOFF, 1929, S. 67):

"The flowers could not develop normal corollas and the top of the calyx leaves was usually more or less destroyed... In periods of intense sunshine and unsatisfactory water supply, all corollas as well as the greater part of the calyx leaves are shrunken and destroyed. In cloudly weather, when there was an adequate water supply for 10 or 12 days, the scions developed almost normal but not completely normal flowers. The highest degree of disturbance in corolla and calyx is accompanied by a disturbance in the cell division of the pollen mother cells."

KOSTOFF (1930, S. 187) stellt sich die Störung der Reduktionsteilung im Reise so vor: Spezifische Antisubstanzen der Pfropfkomponenten bedingen eine Erhöhung der Plasmaviskosität in den beiden Komponenten. Unter solchen Bedingungen verzögert sich das Auseinanderweichen der Chromosomen zur Zeit der Anaphase, denn sie müssen in einem zäheren Milieu als bei normalen Bedingungen sich bewegen, während die Telophase, Chromatolysis, und die Bildung der Kernhülle unabhängig vom Auseinanderweichen der Chromosomen im Gebiete der erhöhten Viskosität nach der Prophase im gleichen Zeitabschnitt wie bei normalen Bedingungen verlaufen. Auf diese Weise schließen die sich bildenden Kerne die Chromosomen in dem Zustand ein, in welchem sie sich gerade in dem Moment befanden. Dadurch kommt es zu einer Reihe karyologischer Abweichungen. Im Jahre 1929, S. 66, schreibt KOSTOFF, daß "about the nature of the antigens and antibodies in the plant one can say very little."

Uns will scheinen, daß wenigstens in bezug auf die Stoffe, welche aus der Unterlage kommen, es keineswegs notwendig ist, irgendwelche besondere Spezifität in ihnen zu suchen. KOSTOFF nennt sie aber spezifisch. Wenn KOSTOFF (s. o. die Zitate aus den Arbeiten 1929—1930b) tatsächlich aber selbst gezeigt hat, daß die im Reise vorkommenden Störungen in gleicher Art hervorzurufen gelingt, wenn man es auf eigenen Wurzeln wachsen läßt, z. B. bei verstärkter Ernährung mit Chilesalpeter, oder daß die Störungen mit Verstärkung der Transpiration größer werden, so kann also die Rolle des „Antigens" von der allergewöhnlichsten Störung der Konzentration von Salzlösungen übernommen werden. Es mag hier auf eine bemerkenswerte Intuition von DARWIN hingewiesen sein. Aus dem oben angeführten Zitat (S. 532) ist zu sehen, daß er die Ursachen, welche die Veränderlichkeit der Nachkommenschaft des Reises bedingen, wie „slight causes" bewertet hat, dies mit Rücksicht darauf, daß er der Meinung war (s. 1875, Bd. 1, S. 417 und 424)

"that the elements that go to the production of a new being are not necessary formed by the cellular tissue in such a state that they can unite without the aid of the sexual organs and thus give rise to a new bud partaking of the caracters of the two parent forms."

Im Chimärenkapitel werden wir erneut auf dieses Zitat, und zwar in erweiterter Form zurückkommen. Hier ist es uns wichtig zu bemerken, daß trotz dieser äußeren formalen Aussicht, welche sich hier in erster Linie für die Erklärung der Veränderungen der Nachkommenschaft eröffnete, DARWIN nicht davon Gebrauch gemacht hat, sondern er hat diese Ursachen der Veränderlichkeit als ,,slight causes" bezeichnet. Tatsächlich sind ja nun Ursachen, welche eine Veränderung der Plasmaviskosität mit nachfolgender Störung der Reduktionsteilung, worauf wir jetzt die Variabilität der Nachkommenschaft zurückführen, als ,,slight causes" zu bezeichnen.

Es dürfte nicht uninteressant sein, zu bemerken, daß die äußere Veränderung des Pollenschlauches des Reises auch in der Schule von MITSCHURIN noch vor den Arbeiten KOSTOFFs beobachtet wurde. So schreibt GORSCHKOW (1925, S. 20), daß

,,bei der Betrachtung des Pollenschlauches eines *Apfel*-Baumes, welcher auf der *Birne* wächst, man sehen kann, daß er eine ganz andere Form hat als derjenige Schlauch, welcher vom *Apfel*-Baum erhalten wird auf eigener Wurzel".

Wir werden weiter unten auf ähnliche Angaben noch zurückkommen. GORSCHKOW hat diese Beobachtung nur als Illustration für die Möglichkeit angeführt, daß in Pfropfungen, welche die Erfolge einer Kreuzung begünstigen sollen, bei einem der Pfropfpartner unter dem Einfluß des zweiten keine tiefere Veränderung in der Organismenstruktur vor sich geht, sondern nur ein mechanisches Hindernis der Befruchtung beseitigt wird. Das ist etwas anderes als das, was KOSTOFF meint. Hier handelt es sich um Pfropfungen bei sog. ,,vegetativer Annäherung", dank welcher man nach der Behauptung von MITSCHURIN einen Kreuzungserfolg erzielen kann bei normalerweise nicht miteinander kreuzbaren Arten und Genus. Wie wir weiter unten sehen werden, handelt es sich nicht um eine direkte Kreuzung der beiden im Experiment befindlichen Arten, sondern um die Kreuzung einer von ihnen mit dem Bastard zwischen der zweiten und einer dritten Art. In der Beschreibung von GORSCHKOW, einem Schüler MITSCHURINs, finden wir folgendes über die **Methode der vegetativen Annäherung** (1925, S. 126—127):

,,Zuerst wird ein Hybrid eines der beiden Ausgangsindividuen, welche zur Kreuzung bestimmt sind, hergestellt. Dabei sagt MITSCHURIN, daß jeder Hybrid sich so verhält, als ob er hinsichtlich des normalen Aufbaues seines Organismus erschüttert sei oder ausgestoßen aus seiner Art, so daß er sich mehr oder weniger leicht diesem oder jenem Einfluß unterwerfen läßt. Nimmt man dabei eine Pflanze in jüngerem Alter, welche noch nicht der Einwirkung vieler äußerer und innerer Einwirkungen ausgesetzt gewesen ist, so ist es leichter, ihren Bau zu ändern. So ein junger Sämling der Hybride wird auf einen Zweig der Krone des zweiten Individuums, das die eigentliche Kreuzung geben soll, gepfropft. Unter dem Einfluß des Wurzelsystems und des Sproßsystems und der Blätter der Unterlage, auf welche der Sämling gepfropft ist, weicht er von seinem Bau ab, und bekommt neue Eigenschaften. Der Pollenstaub ändert seine Form im Vergleich zu dem der Kontrollpflanze. Weiter gibt es Tatsachen, daß unter natürlichen Bedingungen Pflanzen auf die Kreuzung verschieden reagieren. So gelingt unter gewissen günstigen Bedingungen (die im Boden, Wetter oder anderen Faktoren liegen können) die Kreuzung, während unter anderen Bedingungen die Kreuzung nicht möglich ist.

Über den Einfluß der Unterlage auf die Nachkommenschaft des Reises. 537

So üben also die äußeren Faktoren, einerlei, ob sie natürlich sind oder künstlich erzeugt werden, einen Einfluß auf die Kreuzung aus. Um eine stärkere Einwirkung der Unterlage auf das Reis zu erzielen, läßt man bei der Unterlage nach Möglichkeit mehr Zweige mit Blättern zurück als beim Reis. Durch diesen Einfluß gelingt die Kreuzung zwischen Unterlage und Reis leichter (ich werde im folgenden Unterlage und Reis ‚Vegetaten' nennen)."

„Mit Hilfe der Methode der vegetativen Annäherung erhielt I. W. MITSCHURIN eine Hybride zwischen *Sorbus aria* und *Pirus communis*. Im Laufe der letzten 5 Jahre führt MITSCHURIN eine Arbeit über die Kreuzung der Vegetaten *Pirus malus* × *Pirus communis* aus. Die erste Kreuzung gab beim Blühen im zweiten Jahre nach der Pfropfung keinen einzigen Fruchtansatz. Im nachfolgenden Jahre ergab sie einen geringen Prozentsatz entwickelter Früchte, ohne daß Samen in ihnen gefunden worden wären, im dritten Jahre vergrößerte sich die Prozentzahl der ausgewachsenen Früchte im Vergleich zum Jahre vorher und die Früchte hatten schwach entwickelte Samen, welche nicht eingingen. Im Jahre 1927, im vierten Jahre der Kreuzung, wurden nach Bestäubung 50% normal entwickelter Früchte erhalten, und einige von ihnen gaben dem Aussehen nach gute Samen, welche im Frühling ausgesetzt wurden. Wenn im Frühling 1928 keine der hybriden Samen aufgehen werden, so wird MITSCHURIN die Hoffnung, einen Hybriden zwischen *Apfel* und *Birne* zu erhalten, nicht aufgeben. Den bisherigen Mißerfolg bei der Erzielung der Hybride zwischen *Apfel* und *Birne* erklärt MITSCHURIN dadurch, daß noch keine genügende Veränderung der gepfropften Vegetaten vor sich ging. Daß aber diese Veränderung sich vollzieht, ist schon daraus zu sehen, daß mit jedem Jahre die Prozentzahl der angelegten Früchte und der entwickelten Samen sich erhöht. Weiter wird bei den Vegetaten die Veränderung der Blütezeit, besonders bei denjenigen Pflanzen, welche zu verschiedenen Zeiten blühen, beobachtet. Bei vegetativer Annäherung nähern sich die Blütezeiten mit jedem Jahr mehr und mehr einander und fallen schließlich zusammen. Außerdem vollzieht sich eine Veränderung auch im Habitus des gepfropften Sämlings. Solche vegetative Annäherung gibt mehr Möglichkeit, viele Pflanzen zu kreuzen, welche sich bis jetzt nicht kreuzen ließen."

Im angeführten Zitate interessierte zunächst die Gleichartigkeit der Bewertung der Veränderung des Pollenstaubes beim Reis wie auch der anderen äußeren Bedingungen (mit der KOSTOFFschen Auffassung) (KOSTOFF, 1928, S. 319, s. die Zitate oben). Einen Teil der Erfolge des Verfahrens wird man auf Neukombination bei der Gametenbildung der Hybriden zurückführen können. (N. K.) Ferner ist es auch verständlich, daß der Kreuzungserfolg bei gepfropften Individuen und in nicht gepfropften verschieden sein kann. Nach den Arbeiten von KOSTOFF, welche zytologische Bilder von der Veränderlichkeit des Pollenstaubes beim Reis gezeigt und experimentell den Mechanismus dieser Variabilität erklärt haben, sind wir der Meinung, daß die Methode der vegetativen Annäherung tatsächlich ins Bereich wissenschaftlicher Aufmerksamkeit hineingehört. Und auch hier soll darauf aufmerksam gemacht werden und soll betont werden, daß aus den Pfropfungen keinerlei Beweisdaten für eine direkte Übertragung morphogenetischer und spezifischer, physiologischer Eigenschaften des einen Pfropfpartners auf den anderen zu sehen ist. Dies betont übrigens auch KOSTOFF.

Es werden also hier unter anderem auch solche Varianten innerhalb der Veränderlichkeitsmöglichkeit des Reises (oder der Unterlage) geschaffen, welche die notwendigen Bedingungen des Kreuzungserfolges erfüllen. Deshalb kann man nicht erwarten, daß die Methode der vegetativen Annäherung in allen Fällen zu erfolgreichen Resultaten führen wird. Damit stimmt vollkommen MITSCHURINs (1929a, S. 38) eigene Bewertung seiner anderen Methode, welche von ihm die Methode „Mentor" genannt wird, überein. Nach der Angabe von MITSCHURIN (1929, S. 38—40) hat diese Methode das Ziel, durch die Pfropfung eine weitgehende Veränderlichkeit in der vegetativen Entwicklung der jungen Hybride hervorzurufen. Dabei bezeichnet er als Mentor entweder die Unterlage, auf welche der Hybrid gepfropft ist oder umgekehrt die Reiser einer anderen Sorte, welche in die Krone der Kreuzungspflanze eingepfropft sind. Außerdem ist MITSCHURIN der Meinung (1929, S. 40), daß in einigen Fällen das Reifwerden der Früchte bei jungen Hybriden durch die Befruchtung mit dem Staub der anderen Sorte beschleunigt wird. „Auch hier", schreibt MITSCHURIN, „hat der Staub der anderen Sorte eine Mentorrolle gespielt". Wir haben hier nicht die Möglichkeit, uns weiter damit zu beschäftigen.

In der zitierten Arbeit, welche speziell der Erklärung der Wirksamkeit des „Mentors" gewidmet ist, spricht MITSCHURIN nirgends davon, daß der Mentor seine spezifischen Eigenschaften dem Hybriden verleiht, oder daß der letztere unbedingt die Abweichungen nach der Seite der Eigenschaften des „Mentors" ergibt. Es ist vielmehr nur die Rede von der Veränderlichkeit der jungen Hybriden (vorzugsweise der Sämlinge). Aus den erhaltenen Varianten werden die für das weitere Experiment notwendigen ausgewählt.

GORSCHKOW (1925, S. 21—22) stellt aber die Mentormethode schon in etwas anderem Lichte dar. Er schreibt:

„Mit Hilfe dieser Methode, welche auf dem Einfluß der Unterlage auf das Reis und umgekehrt beruht, kann man die Pflanze nach dieser oder jener Seite hin ablenken. Z. B. wurde in die Krone einer jungen Hybride der *Bergamotte ‚Novik'*, welche geringe Fruchtbarkeit und frühreifende Früchte haben sollte, die Sorte *‚Moldavka Krasnaja'*[1] gepfropft, welche die Eigenschaften besitzt, die der *Bergamotte* fehlen. Dadurch änderten sich die Früchte der *Bergamotte ‚Novik'* nach der Seite derjenigen von *‚Moldavka Krasnaja'* und bekamen größere Tragfähigkeit und späteres Reifwerden."

Bezüglich derselben Pfropfung schreibt GORSCHKOW (1929, S. 126):

„Im Resultat dieser Pfropfung änderten sich Blätter und Früchte der Sorte *‚Novik'* nach der Seite des Mentors *‚Moldavka Krasnaja'* hin."

Für uns ist die Auffassung des Begriffes Mentor, welche in der oben genannten Abhandlung MITSCHURIN selbst gibt, annehmbar. Mit unserer Auffassung stimmt auch der Hinweis von MITSCHURIN selbst (S. 37) überein, daß die erfolgreichen Resultate mit dem „Mentor" bei weitem nicht immer erhalten werden können. „Dies letztere hängt von den individuellen Eigenschaften, dem Bau, den Formen

---

[1] Rote Moldauer.

pflanzlicher Organismen in jeder Kombination der verbundenen Pflanzenpaare ab." (Von uns hervorgehoben, N. K.)

Bei den Pfropfungen, welche man mit der „Mentormethode" und mit der Methode der „vegetativen Annäherung" ausführt, sind die erhaltenen Änderungen nicht als spezifische, sondern als Variabilität allgemeinen Charakters aufzufassen. Unter den Varianten dieser Variationsreihe können sich auch solche finden, welche den gestellten Anforderungen entsprechen. Es müssen sich aber unbedingt auch unbefriedigende Varianten ergeben, worauf MITSCHURIN selbst hinweist.

Bezüglich der „vegetativen Annäherung" haben wir darauf hingewiesen, daß in manchen Fällen eine befriedigende Variante hervorgerufen werden kann durch die Veränderlichkeit der Geschlechtszellen. Noch öfter scheint es nach den entsprechenden Zitaten so zu sein, daß der Kreuzungserfolg durch die Veränderung der Blütezeit des Reises gesichert wird. Demgegenüber ist bei mangelnder Übereinstimmung der Entwicklungsphasen der Kreuzungspartner, wenn diese auf eigenen Wurzeln und unabhängig voneinander wachsen, die Kreuzung unmöglich.

Auch die Dauerhaftigkeit des Pfropfverhältnisses kann also eine ernste Bedeutung haben. Nach unserer Meinung geben die Arbeiten KOSTOFFs über die Veränderlichkeit der Plasmaviskosität und des p_H bei Pfropfungen eine theoretische Basis für die Angaben von MITSCHURIN ab, welche sich auf die Empfindlichkeit junger Hybriden gegen äußere Einflüsse und ihre besondere Neigung zur Variabilität beziehen. Es erscheint uns durchaus denkbar, daß bei Hybriden und zumal bei solchen, wo nicht nur der väterliche Kern, sondern auch väterliches Plasma übergeht, sich das Plasma durchaus in labilem, vom normalen Gleichgewichtszustand abweichenden Zustand befindet. Das dürfte ohne weiteres die Empfindlichkeit gegen äußere Einwirkungen erhöhen.

Ebenso wird der Hinweis von MITSCHURIN verständlich, daß mit dem Altern der Hybriden sich das Intrazellularsystem im besseren Gleichgewicht befindet infolge der länger dauernden Gemeinsamkeit der Entwicklungsbedingungen des gesamten Individuums. Auf Grund ähnlicher Prozesse bekommt man das Bild, welches MITSCHURIN beschrieben hat (1929a, S. 38), daß nämlich

„die Veränderung von Eigenschaften älterer, schon lange existierender Sorten sich als schwierig erwiesen hat. Sie werden erst labil durch die Einwirkung einer besonderen Unterlage. Bei der Umpfropfung der Sorte von dieser bestimmten Unterlage auf die normale verschwinden die Variationen spurlos.

Ein ganz anderes Bild bekommt man von dem Einfluß der Unterlage auf den auf sie gepfropften jungen Hybriden. Es ist klar, daß der junge Sämling, welcher gerade daran geht, seine Form von unten auf zu bilden, die Einwirkung der Unterlage in allergrößtem Maße zuläßt und daß im Verlaufe der längeren Einwirkung (wobei nicht gezeigt ist, welcher Art sie ist, KRENKE) dann die verschiedenen angenommenen Veränderungen beobachtet werden. Im Verlaufe der weiteren Entwicklung des Wachstums eines Sämlings in den folgenden Jahren bis zu den ersten Jahren des Fruchttragens wird dann die Empfindlichkeit gegen andere Formen der Veränderung seiner Eigenschaften langsam schwächer und zur Zeit der vollen Reife des Baumes hat die Hybride einen maximalen Grad der Stabilität seiner Form, welche den alten schon lange existierenden Sorten gleichen."

Im Zusammenhang damit sind vertiefte Forschungen über die Veränderlichkeit auch homozygoter Individuen in verschiedenen Altersstadien sehr interessant. Im Jahre 1928 (KRENKE, 1928 b, S. 305) haben wir gezeigt, daß bei *Sambucus racemosa* L. das Maximum der natürlichen Veränderlichkeit bezüglich der Gliederung der Blattspreiten auf die jungen Stadien der ontogenetischen Entwicklung fällt. Es ist aber interessant, daß die ersten drei Blattpaare einschließlich der Kotyledonen in dieser Eigenschaft keine Veränderlichkeit zeigen (Variationskoeffizient — $c = 0$), während das vierte Paar sofort einen sehr großen Variationskoeffizienten ($c = 41{,}433 \pm 0{,}580$) zeigte, und dies war selbstverständlich, denn die genannten ersten drei Blattpaare, auf jeden Fall zwei, sind bei der Anlage der Embryonalelemente schon vorhanden, d. h. sie sind noch auf der Mutterpflanze, welche als alte Pflanze schon widerstandsfähig gegen äußere Einwirkungen war, angelegt. Das vierte Paar hat sich während der Zeit selbständiger Entwicklung des Sämlings gebildet. Es sind daher alle Aussichten dafür vorhanden, daß die Veränderlichkeit in der Hauptsache in den Frühstadien der Entwicklung der Organe oder überhaupt der Pflanzenelemente bestimmt wird.

Dies alles dürfte sehr große praktische wie auch theoretische Bedeutung haben. Erstens kann man auf diesem Wege wahrscheinlich ontogenetische Phasen, welche gegen experimentelle Einwirkungen empfindlich sind, feststellen. A priori läßt sich denken, daß in verschiedenen Pflanzenarten für verschiedene Merkmale und für verschiedene Einwirkungen diese Phase sich ebenfalls verschieden erweist. Auch dieses Moment muß bei den Forschungen in dieser Richtung berücksichtigt werden.

Wir haben öfters die Arbeiten von KOSTOFF erwähnt, haben seine volle Priorität in bezug auf die Anwendung pflanzlicher Pfropfungen in der Lehre der Antigene und Antikörper betont. Was die Störung von Zellteilung und speziell Störungen in der Verteilung der Chromosomen in Schwesterzellen unter dem Einfluß äußerer Einwirkungen anbelangt, so haben wir, wie wir im Kapitel über die natürlichen Chimären sehen werden, schon von früher her mehrfache Angaben. Außer den von KOSTOFF erwähnten möchten wir noch die Experimente von GERASSIMOW, NĚMEC, WISSELINGH und anderen weiter oben genannter Autoren hier anführen. G. TISCHLER (1922) hat allgemein ausgesprochen, daß die Reduktionsteilung nicht nur infolge Nichthomologität der Chromosomen, sondern auch infolge anderer innerer, physikochemischer Zustände der

Zellen selbst gestört werden kann. Dasselbe zeigten Vater und Sohn SAPĚHIN (s. L. A. SAPĚHIN, 1930)[1].

Über die Buntblättrigkeit. Gewisse Formen der Buntblättrigkeit werden nicht nur durch Pfropfung übertragen, sondern erhalten sich auch bei Stecklingsvermehrung der infizierten Pflanze. Derartiges ist z. B. von *Fraxinus, Jasminum, Ptelea, Ligustrum, Humulus, Nicotiana, Abutilon* bekannt. In einigen Fällen, so bei *Nicotiana* oder bei *Humulus*, stellt die Buntblättrigkeit eine sehr aktive physiologische Erscheinung (Mosaikkrankheit) dar. In anderen Fällen leidet die Pflanze nicht wesentlich (*Castanea, Jasminum* usw.). Die Ursachen und Merkmale der Buntblättrigkeit sind bei den verschiedenen Typen verschieden. Die wegen ihrer übertragbaren Buntblättrigkeit besonders bekannte *Abutilon*-Art, *Abutilon striatum* DICKS., ist im Jahre 1868 aus Westindien nach England gebracht worden und seit der Zeit durch Ableger und Pfropfreiser vermehrt worden. Jetzt kennt man diese buntblättrige Form unter dem Namen *Abutilon Thompsoni*. Eine Reihe von Forschern (LEMOINE, 1869, MORREN, 1868, LINDEMUTH, 1872, DARWIN, 1875, I, S. 418) haben festgestellt, daß früher oder später nach stattgefundener Pfropfung die Buntblättrigkeit dieser *Abutilon*-Varietät auf die jungen sich entwickelnden Blätter der anderen Komponente der Pfropfung übertragen wird. Dabei zeigt sich, daß die Sämlinge von buntblättrigen *Abutilon*-Pflanzen immer rein grün bleiben. BAUR (1922, S. 63) glaubt, daß diese Erscheinung durch das Fehlen eines unmittelbaren, plasmatischen Zusammenhanges zwischen der Mutterpflanze und dem Samenembryo bedingt ist. Dabei bleiben diese Stoffe nur in der lebenden Zelle aktiv, denn die Buntblättrigkeit wird nicht durch Preßsäfte aus den Blättern auf dem Wege einer Infektion in eine grüne gesunde Pflanze übertragen [2]. Es genügt aber ein kleiner Entwicklungsherd für das Virus, z. B. ein aufgepfropftes Blattstück, im Verbande eines ursprünglich gesunden Individuums, um die Buntblättrigkeit von Zelle zu Zelle zusammen mit den Assimilaten über die ganze Pflanze sich verbreiten zu lassen. So z. B. werden bei der Pfropfung eines Reises von *Abutilon indicum* oder *Kitaibelia vitifolia* diese rein grünen Unterlagen buntblättrig. Ähnliche Beispiele gibt es viele (HERTZSCH, 1928 und 1930, SORAUER, 1924, S. 896 und 904—913)[3].

Wenn buntblättrige *Abutilon*-Pflanzen dunkel gehalten werden, so verschwindet die Buntblättrigkeit fast ganz. Wenn man die gelben Flecke der Blätter verdunkelt oder herausschneidet, so zeigen die sich

---

[1] Als spezieller Fall einer Beeinflussung der Nachkommenschaft kann die ausnahmsweise Übertragung infectiöser Chlorose bei *Capsicum* (IKENO 1930) gelten (s. weiter unten). Es ist klar, daß hier nicht von genotypischem Einfluß die Rede sein kann. (N. K.).

[2] [Wohl berichtet aber IKENO (1930) für *Capsicum annuum*, daß in einem Falle die infektiöse Chlorose sich auf die Nachkommenschaft übertragen habe. M.]

[3] [Vgl. ferner KLEBAHN (1931). M.]

neu entwickelnden Sprosse keine Anzeichen der Krankheit. Durch Stecken derartiger Sprosse erhält man wieder rein grünes *Abutilon striatum*. Um die Buntblättrigkeit von einer Pflanze auf die andere zu übertragen ist unbedingt das Vornehmen einer Pfropfung nötig[1].

Wir betonen, daß die Übertragung der beschriebenen Buntblättrigkeit auf dem Wege der Pfropfung nicht mit irgendeiner direkten genotypischen Beeinflussung der beiden im Experiment befindlichen Spezies verbunden ist, sondern daß eine eigenartige ,,Ansteckung" hier vorliegt. Deshalb nennt man eine derartige Buntblättrigkeit eine ,,infektiöse Chlorose". Es sind bis jetzt keine Mikroorganismen oder irgendwelche andere Krankheitsträger gefunden worden. Die Experimente mit Pfropfungen ober- und unterhalb einer Ringelungsstelle zeigen, daß die Phloemelemente die Infektion leiten. Dieser Schluß kann jedoch vorläufig noch nicht als endgültig angenommen werden[2]. Wie gesagt, werden erwachsene Blätter nicht infiziert. Junge Stadien von Organismen, am häufigsten Blätter, sind von Anfang an empfindlich. Daß, wie BAUR und HERTZSCH beschrieben haben, infizierte *Althaea officinalis* nach einer Winterruhe im Frühling gesunde Sprosse entwickelt, kann mit der Existenz empfindlicher Stadien zusammenhängen. Schwerer ist das Auftreten immuner, grüner Sprosse auf bunten Pflanzen zu erklären (HERTZSCH, 1928, S. 77).

Eine sehr wichtige Beobachtung ist die Infektion des Reises, welches nicht unmittelbar auf buntblättriges *Abutilon* gepfropft war, sondern unter Vornahme einer Zwischenpfropfung von immunen *Abutilon arboreum* (BAUR, 1906). Dieses Experiment verlangt schon deshalb eine Bestätigung, weil eine Reihe anderer immuner Arten (s. HERTZSCH, 1928, S. 77) diese Leitfähigkeit nicht gezeigt haben. Ähnlich wie in dem Fall von BAUR verhalten sich die Pfropfungen des mosaikkranken *Humulus lupulus*. Es ist gezeigt worden (T. THRUPP, 1927), daß alle nicht immunen Sorten bei Pfropfung auf mosaikkranke Unterlage erkranken. Eine interessante Ausnahme bildet die Sorte ,,Carrier", welche unter keinen Bedingungen selbst äußerlich die Krankheit zeigt, dagegen auf sie selbst gepfropfte nicht immune Sorten ansteckt. Diese Tatsache ist noch nicht erklärt und spricht nur für die außerordentliche Kompliziertheit der Erscheinung der infektiösen Chlorose. Aus diesem Experiment geht speziell hervor, daß das ,,Virus"[3] nicht gleichmäßig in verschiedenen Rassen, wenn es auch in ihnen vorhanden ist, manifest wird. Derartige Daten gibt es viele. Hierher gehören unter anderem die Hinweise von HERTZSCH (1928) auf die Existenz zweier scharf unter-

---

[1] [Jedenfalls haben auch die neueren Untersuchungen von KLEBAHN (1931) keine Anhaltspunkte für die Möglichkeit einer andersartigen Übertragung der Buntblättrigkeit bei *Abutilon* ergeben. M.]

[2] [KLEBAHN (l. c.) ist die Übertragung nach rein parenchymatöser Pfropfverbindung gelungen. M.]

[3] [Ähnliche Verhältnisse kennt man bei den Viruskrankheiten der *Kartoffel*. M.]

schiedener, vom Autor beschriebener Chlorosetypen bei der *Malvaceen*-Chlorose (A-Chlorose von *Abutilon striatum vari. Thompsoni*, B-Chlorose bei *Abutilon darwinii tesselatum*)[1].

RISCHKOW (1927a, S. 83, zum Teil gleichzeitig mit HERTZSCH) hat jetzt die Beobachtungen von BAUR weiter entwickelt und vervollkommnet. BAUR (1908) operierte mit *Evonymus japonicus fol. aureomarginatis*, welcher Blätter mit grüner Mitte und gelbem Saum hat. Bei der Pfropfung dieser Art auf eine rein grüne *Evonymus*-Rasse traten bei der Unterlage entlang den Äderchen die Erscheinungen einer geaderten Panaschierung auf. Also hat zwar eine Infektion stattgefunden, aber mit dem Ergebnis, daß sich eine andere Form von Buntblättrigkeit auf der Unterlage entwickelte, als beim Reis vorhanden war. Daraus zieht BAUR den Schluß, daß das Reis zwei Typen von Buntblättrigkeit besaß: eine nichtinfektiöse (gelber Saum, der ein Rassenmerkmal darstellt) und eine infektiöse Buntblättrigkeit, welche von der ersten maskiert wurde. RISCHKOW hat festgestellt, daß die infektiöse Buntblättrigkeit bei einer Reihe von *Evonymus*-Formen vorkommt (*Evonymus japonicus fol. aureomaculatis, Evonymus japonicus fol. chlorino marginatis* u. a.). Er hat dabei bestätigt, daß es eine doppelte Buntblättrigkeit gibt und daß die infektiöse Chlorose bei direkter Pfropfung wie auch bei Rückpfropfung übertragen wird. Bei *Evonymus japonicus fol. marmoratis* existiert nur die infektiöse Chlorose. Sehr interessant ist die Beobachtung RISCHKOWs, daß die infektiöse Chlorose der *Evonymus*-Blätter mit einer bestimmten Entwicklung kleiner Geschwülste (Zellhypertrophie infolge Bildung hyperhydrischen Gewebes) einhergeht. Die Anzahl dieser Intumeszenzen (s. S. 170, KRENKE, 1928b) ist auf dem gesunden Blatt gering, während sie auf einem infizierten die Anzahl von einigen 100 erreichen kann. Wahrscheinlich ist diese Erscheinung die Folge der Chlorosekrankheit. Weiter hat sich gezeigt, daß bei den untersuchten Objekten in den Zellen der infizierten Blätter sog. „X-Körper" wie sie für die Mosaikkrankheit charakteristisch sein sollen, fehlen. Uns scheint es, daß, bevor die Rolle der genannten Körperchen geklärt ist, die Tatsache, daß im Falle der Mosaikkrankheit es genügt, die allerkleinste Saftmenge aus der kranken Pflanze in die Wunde (der gesunden Pflanze) zu bringen, um die Ansteckung hervorzurufen, sehr wichtig ist. Diese Übertragung

---

[1] [Zu der Frage des „Leitens" muß bemerkt werden, daß die Möglichkeit des „Leitens" oder „Nichtleitens" nur unter Berücksichtigung quantitativer Verhältnisse behandelt werden darf. Ein hier im Experiment befindlicher Busch der Sorte „Golden Fleece" ist sehr wenig anfällig. Wenn man ein etwa 20 cm langes Stück „Golden Fleece" zwischen hochanfälliges infiziertes *Abutilon selloanum* und hochanfälliges aber gesundes *Abutilon indicum* schaltet (letzteres als Reis), so findet keine „Leitung" statt (Dauer des Experiments 8 Monate), ein 5 cm langes Stück „Golden Fleece" „leitet" aber. Interpretation: wahrscheinlich Verarbeitung, Zerstörung des *Virus* in dem Zwischenstück (nach eigenen unveröffentlichten Experimenten. Die notwendige anatomische Untersuchung steht noch aus). M.]

geschieht durch Insektenstiche wie auch durch Menschenhände bei der Pflege der Kulturen. Bei der „infektiösen Chlorose" gelingt dagegen die Übertragung nur durch stabile Pfropfungen[1].

Der Hinweis von RISCHKOW (S. 775) auf die Bildung von Stärke in gelben Blattbezirken, wenn man dieselben in Zuckerlösungen taucht, bestätigt alte Experimente von SAPOSCHNIKOW (1900, S. 38), welcher sagt:

„Buntblättrige Pflanzen haben sehr interessante Beziehungen zum Zucker gezeigt, sie speicherten Stärke in grünen und farblosen Blattbezirken in gleicher Menge... Solche Beziehungen sind schon deshalb interessant, weil bei der Bildung aus der Luftkohlensäure sich die Stärke nur in grünen Zellen speichert."

Unter den von ihm untersuchten Pflanzen befand sich auch *Evonymus japonicus*.

Am Beispiel von *Evonymus* kann auch die „nicht infektiöse" Buntblättrigkeit demonstriert werden, welche gewöhnlich durch mehr oder weniger regelmäßige Zeichnung zeigt, daß sie in irgendeiner Weise mit der Entwicklungsmechanik der Blätter zusammenhängt. Wir sind der Meinung, daß wir es in vielen Fällen hier mit natürlichen Chimären zu tun haben. Manchmal aber erweist sich auch die ordnungslose Buntblättrigkeit als nicht infektiös. Einen solchen Fall haben wir bei der Pfropfung rein grüner *Aucuba japonica* L. auf die bunte Form festgestellt.

Die Pfropfung wurde im Jahre 1925 im Frühling nach englischer Methode ausgeführt. Im Verlaufe des Wachstums der Blätter der Unterlage, welche am nächsten zur Pfropfstelle hin sich befanden, verstärkte sich ihre Buntheit (die Menge der bunten Flecke), während die unteren Blätter sich nicht änderten. Das Reis entwickelte sich langsam, wenn auch die Pfropfung gut verwachsen war. Bis zum Frühling 1926 entfalteten sich keine neuen Blätter, aber im Winter 1925—1926 begann das Reis zu blühen, während die Mutterpflanze und ein anderes älteres Exemplar von *Aucuba* bis jetzt nicht blühen. Im Winter traten auch auf einigen unteren Blättern des Reises kaum merkbare Fleckchen auf, welche man kaum für eine Infektion halten wird. Im Frühling 1926 trieb das Reis mit neuen starken Zweigen aus, auf deren Blättern keine Flecke zu sehen waren. Auch die buntblättrige Unterlage hat Seitenzweige gegeben. Diese Seitensprosse kamen aus der Achsel der allerobersten Unterlageblätter, welche verstärkte Buntheit gezeigt hatten, hervor. Aber diese Achselsprosse waren in ihrer Buntheit unvergleichlich schwächer als ihre Tragblätter. Dies Bild kann folgendermaßen gedeutet werden: Die Ernährung der oberen Blätter hat sich im Verlaufe der Pfropfung verstärkt, was fast bei allen Pflanzen nach Beschneidung der Krone und bei Fehlen der Achselsprosse der Fall ist. Es wurde bei uns nicht nur ein Abschneiden der Krone vorgenommen, sondern außerdem eine Pfropfung. Wie gesagt, entwickelte sich das Reis im ersten Jahre sehr schwach, so daß es also zu einer Stauung der Nährlösung an der Pfropfstelle kam, was eine gewisse Analogie zu dem Zustand nach einfachem Abschneiden der oberen Teile eines Sprosses darstellt. Sobald nun der Überfluß an Stoffen in den Blättern der neuen Achselsprosse der Unterlage (Frühling 1926)

---

[1] [KLEBAHN (1931) hat jedoch in letzter Zeit auch bei nur oberflächlich verwachsenen Pfropfungen schon eine Infektion feststellen können. Bezüglich der Frage der X-Körper kann ebenfalls auf KLEBAHN und ferner z. B. auf v. BREHMER und BÄRNER (1930) und KÖHLER (1932) verwiesen werden. M.]

verbraucht wurde, entstanden auch die Blätter der Sprosse unter normalen Ernährungsbedingungen, weshalb auch ihre Buntheit normales Ausmaß aufwies.

Im Winter 1926—1927 konnten auf der Pflanze folgende Veränderungen wahrgenommen werden: Alle Sprosse setzten ihr Wachstum fort, wobei die Buntheit auf den ausgebildeten Blättern der Unterlage normal blieb. Die neuen Blätter des Reises sind rein grün, während auf den Blättern, welche im vorigen Winter 1925—1926 eine kaum merkbare Buntheit gezeigt hatten, diese Flecke vollkommen bemerkbar wurden und sich an Zahl bedeutend vermehrten. Die allseitige Beobachtung hat gezeigt, daß sich die Buntblättrigkeit vermehrt hat, ohne aber bei weitem die Buntblättrigkeit der Unterlage zu erreichen. Bevor dieses Experiment aber nicht wiederholt ist, kann man diesem Moment keine besondere Bedeutung beimessen. Denn es besteht der Verdacht, daß Sproßinfektionen vorgekommen sind.

Es wurde auch eine Rückpfropfung buntblättriger *Aucuba* auf nicht buntblättrige untersucht. Die Pfropfung wurde durch tiefen Keil ausgeführt, wobei sich besondere Seitenzweige der Unterlage, welche dem Reis am nächsten lagen, oberhalb des unteren Teiles des Reises befanden. Eigentlich war zur Zeit der Pfropfung nur ein Zweiglein und ein ihm gegenüberliegendes im Knospenstadium vorhanden. Es sind seitdem zwei Jahre vergangen und die alten und jungen Blätter der Unterlage auf den Zweigen der oben genannten Knospe bleiben ohne jedes gelbe Fleckchen.

Diese Angaben sprechen dafür, daß bei *Aucuba* die Buntblättrigkeit nicht mit irgendeiner bakteriellen Infektion einhergeht, bzw. durch sie bedingt wird, sondern daß sie als konstitutionelle krankhafte Buntblättrigkeit aufzufassen ist, welche mit der Ansammlung irgendwelcher Stoffwechselprodukte im Zusammenhang steht. Außerdem muß man damit rechnen, daß die Ansteckung des Reises im allgemeinen nicht stattfindet. Es bleibt unter Zweifel nur der allerunterste Bezirk des Reises zu betrachten, wo möglicherweise sich die betreffenden die Buntblättrigkeit hervorrufenden Stoffe verbreitet haben. Bei der umgekehrten Pfropfung ist auch nicht das geringste Anzeichen einer Übertragung vom Reis auf die Unterlage vorhanden gewesen[1].

Das ganze Experiment wurde angestellt und läuft auch in einem gewöhnlichen Raum mit mäßiger Temperatur (10—15⁰ im Winter) und geringer Luftfeuchtigkeit. Die Begießung ist normal.

---

[1] [Hier würde also im Gegensatz zu der *Malvaceen*-Chlorose eine „autokatalytische" Wirksamkeit des Virus nicht vorliegen.

Bezüglich der Natur dieser „autokatalytischen Wirksamkeit" sei noch auf v. EULER und STEFFENBURG (1929) hingewiesen (übrigens ferner noch auf die Arbeit von v. EULER, 1932), die dem Virus vermutungsweise die Rolle eines „Enzymoides", eines Körpers „zwischen Ferment und Bakterien" zuschreiben.

Es mag gestattet sein, hier eine Arbeitshypothese zu schildern, der Arbeiten zugrunde gelegt ist, welche im Kieler Botanischen Institut über die *Malvaceen*-Chlorose laufen. Dabei hat man auszugehen von den Tatsachen der Lichtabhängigkeit der Pfropfübertragung, der Chlorophyllzerstörung und der morphologischen Schäden am chlorotischen Blatt. Die Vorstellung vom Wesen der Chlorose lautet dann: Die infektiöse Chlorose der *Malvaceen* stellt eine Sensibilisationskrankheit dar, ähnlich der Porphyrie der Tiere und des Menschen. Nur daß eben infolge dieser Sensibilisation aus dem Chlorophyll oder anderen geeigneten Stoffen wieder der photodynamische Sensibilisator entsteht, womit der „autokatalytische" Charakter gegeben ist.

Gestützt wird sie durch die inzwischen erschienenen Untersuchungen von BEWLEY und BOLAZ (1930), nach denen Chlorophyllauszüge aus mosaikkranken *Tomaten* eher im Licht ausbleichen als solche aus gesunden. M.]

Wenn wir nun übergehen zu den Pfropfungen mit *Albino*-Pflanzen, so möchten wir bemerken, daß wir unter den Sämlingen von *Vicia faba* einige Albinos ganz chlorophyllos gefunden haben. Eine derartige Erscheinung ist selbstverständlich schon bekannt. Dieser Albino erreichte eine Höhe von 15 cm und wurde dann auf normale grüne Sämlinge derselben *Bohnen*-Sorte gepfropft. Ebenfalls wurde ein grünes Reis auf den Sproß des Albinos gepfropft. In beiden Fällen gingen die Pfropfungen ein, unabhängig davon, ob der Albino als Unterlage oder als Reis fungierte. Annähernd am 10. Pfropftag begann der Albino schwarz zu werden, um 4 Tage später einzugehen.

In einem anderen Falle ist uns die Pfropfung von fast chlorophylloser *Crepis virens* aus dem Material von M. S. NAWASCHIN auf die grüne Unterlage derselben Art gelungen. Das Reis war ein Abschnitt der blütentragenden Achse dritter Ordnung (mit nicht sehr jungem Mark). Dieser Abschnitt trug eine Blütenknospe in der Achsel eines kleinen Blattes. Trotz der Ungunst dieses Materials gelang der Pfropfversuch, so daß das Material, das sonst eingegangen wäre, gerettet wurde und sich zu einem kurzen Sproß, der in einem Blütenkorb endigte, entwickelte. Es wurde dabei eine leichte allgemeine Ergrünung des Reises beobachtet, die äußerst interessant ist und zweifellos damit im Zusammenhang steht, daß auch das Ausgangsmaterial immerhin einen grünlichen Schimmer hat, wobei es zwar fraglich ist, ob er vom Chlorophyll herrührte.

Ähnliche Pfropfungen sind auch BAUR (1910, S. 499) bei *Pelargonium* gelungen. Das Gesagte ist interessant in Anbetracht der Unmöglichkeit, derartige chlorophyllfreie Sprosse zu bewurzeln (s. SORAUER, 1924, S. 802, KRENKE, 1928b, S. 284 u. vgl. STARRING, 1923) und in bezug auf die Möglichkeit einer Ernährung derartiger Sprosse mit Zucker. Es ist möglich, daß sich in der Pfropfung des weißen Reises das Verwachsungsgewebe auf Kosten von osmotisch hindurchdringendem Zucker bildet[1].

Hier muß man sich vor Augen halten, daß der Unterschied in der Färbung der Blätter eine von der oben beschriebenen Buntblättrigkeit verschiedene Erscheinung darstellt. Darüber wird weiter unten bei der Beschreibung der Chimären noch die Rede sein. Hier bemerken wir, daß unter den heutigen Umständen keine Rede von einem Übertritt irgendwelcher Plastiden oder Stoffe, welche Chlorophyll bilden, von der Unterlage ins Reis oder umgekehrt sein kann[2]. In diesem Sinne sprechen auch die Experimente von DOROFÉJEW (1904). Er war in der

---

[1] [Über Möglichkeiten, albinotische Pflanzen am Leben zu erhalten, vgl. RISCHKOW, V. und M. BULANOWA (1931). M.]

[2] [In Anbetracht der Arbeiten von v. EULER und Mitarbeitern, z. B. v. EULER und MORITZ (1930), v. EULER und RUNEHJELM (1929)... erscheint eine derartige Annahme doch nicht als völlig unbegründet. Nehmen wir an, daß derjenige Faktor, der zur Chlorophyllbildung fehlte, das Tryptophan war, so hätten wir einen diffusiblen Stoff, der vielleicht bei bestimmten Panaschüre-Formen substitutiv von außen her eine „Genesung" bewirken kann. M.]

Lage, nach Pfropfung etiolierter Sprosse von *Bohnen* auf eine normale Unterlage, wobei die Unterlage im Licht verblieb, während das Reis in eine besondere Dunkelkammer eingeschlossen war, die etiolierten Sprosse zu erhalten. Der Autor ist der Meinung, daß dieses Reis von der Unterlage nicht nur Mineralstoffe, sondern auch Assimilationsprodukte erhielt. Dabei blieb das etiolierte Reis als solches chlorophyllos, erreichte das Blütestadium und trug später auch Früchte. Bei diesen Experimenten scheint die Bedeutung der Unterlage besonders groß zu sein und deshalb ging auch die Entwicklung des etiolierten Reises auf der starken, an Vorratsstoffen reichen Unterlage mit besonders gutem Erfolge vor sich.

Aber man muß dabei auch jene Arbeiten berücksichtigen (J. PRIESTLEY, 1926), welche gezeigt haben, daß neben einer Reihe anatomischer und physiologischer Unterschiede gegenüber grünen Sprossen etiolierte Sämlinge von *Vicia faba* besonders reich an Stärke im Vegetationspunkt sind. Die Wurzeln haben eine stärkeführende Scheide, welche bei normalen Individuen fehlt. Weiter ließen sich die Rindenzellen der etiolierten Pflanzen in 17%iger Zuckerlösung und starkem Glyzerin nicht plasmolysieren. Dies zeigt, daß wir es mit hohen Stoffkonzentrationen in ihrem Zellsaftraum zu tun haben. Die Stärke im Vegetationspunkt und die Widerstandsfähigkeit gegen die Plasmolyse verschwanden nach kurzer Beleuchtung blasser Pflanzen. Auf diese Weise sind also die etiolierten Pflanzen in der Lage, ein gewisses Quantum organischer Stoffe zu speichern, was auch verständlich ist, da sich die Pflanzen in der Entwicklung befinden. Die Ansammlung von Stoffen in ihnen ist wahrscheinlich nichts anderes, als eine Unterbindung des Stoffabtransportes, welcher bei zeitweiliger Belichtung, wie auch unter den Bedingungen des Wachstums, energischer vor sich geht.

Über die Blütezeit. In dem *Aucuba*-Beispiel haben wir gefunden, daß der Eintritt der Blüte des Reises unter dem Einfluß der Pfropfung beschleunigt wurde. Derartige Fälle gibt es bekanntlich in der Praxis viele, z. B. beginnt die *Birne* auf der *Quitte* früher Früchte zu tragen als auf dem Wildling der *Birne*. *Prunus pseudocerasus*-,,*Daisacura*" (dai — Unterlage, sacura — Kirsche) beschleunigt das Fruchten der auf sie gepfropften *Kirschen*. Die *Melone* reift auf eigenen Wurzeln später als auf *Sycios angulata* (s. S. 575 und 576). LEBEDEVA (1930) hat gleich LIESKE ein schnelleres Reifwerden von gepfropften *Melonen* und *Wassermelonen* sogar bei mächtigerer und länger dauernder vegetativer Entwicklung gefunden. Leider sind die Experimente nicht ausführlich beschrieben. Es sind auch nicht genau die Sorten von Reis und Unterlage angegeben. Weiter ist nicht bemerkt, ob es sich um ein beschleunigtes Reifwerden nur der ersten Früchte der Reiser oder auch der nachfolgenden handelt. Dies ist wichtig, denn gewöhnlich ist mächtigeres vegetatives Wachstum mit der Hemmung in der Fruchtbildung verbunden. Die Verfasserin weist aber darauf hin, daß (S. 527) „die gepfropften Pflanzen 12—14 Tage nach der Operation kränkeln. Trotzdem holen sie die durch die Erkrankung verlorene Zeit im Vergleich mit den Kontrollpflanzen nach, ja sie überholen sogar die letzteren im Wachstum und Reifwerden."

Deshalb ist unsere Frage verständlich; denn man könnte denken, daß die primäre Hemmung in der Entwicklung der Reiser einen früheren Blüte- und Reifungsbeginn der ersten Früchte begünstigte und daß dann die Wirkung der Hemmung aufhörte. *Luffa* auf *Kürbis* und *Gurke* gepfropft, ergab reife Samen, während die Kontrollpflanze nicht reif wurde (GORSCHKOW, 1929, S. 128). *Lagenaria vulgaris* SER., die auf *Cucurbita maxima* DUCH. gepfropft war, hat in einer Pfropfung drei reife Früchte und auf sieben Kontrollpflanzen auf eigenen Wurzeln unter denselben Bedingungen nur eine nicht ausgereifte Frucht ergeben (LEBEDEVA, 1930, S. 528). Aber auch hier kann man nach der Beschreibung der Autorin annehmen, daß die Ursache in früherer Anlage der Blüten des Reises, welches bald nach der Pfropfung eine anormal stark herabgesetzte Temperatur (bis $+ 2^0$ R) erlitten hat, lag.

Das frühere Fruchten als solches nach stattgefundener Pfropfung hängt nicht immer ausschließlich von der Natur der Unterlage ab. Irgendeine vorübergehende Hemmung des gepfropften Reises kann wirksam sein. Wenn bei weiterer Entwicklung des Reises die Hemmung verschwindet, kann auch die weitere Beschleunigung des Fruchtens aufhören. Außerdem kann die Pfropfoperation an sich Einfluß haben. So finden wir, daß *Diospyros kaki* L. auf eigenen Wurzeln Früchte im 8.—10. Lebensjahr gibt. Wenn sie auf *Diospyros lotus* L. gepfropft wird, so trägt sie schon im 2. oder 3. Jahr Früchte, aber die Beschleunigung dieses Fruchtens kommt auch schon dann zustande, wenn man *Diospyros kaki* L. autoplastisch pfropft. Hier hat also die Pfropfung als solche eine Bedeutung. Das ist auch aus der Wirkung der Ringelung verständlich, bei welcher das Fruchttragen derjenigen Pflanzenteile, die sich oberhalb der Ringelung befanden, beschleunigt wurde. Es genügt, sich vorzustellen, daß bei der Pfropfung eine gewisse Behinderung der Abgabe plastischer Stoffe und ein gewisses Abstoppen in der Zufuhr der Salznahrung statthat, um ein derartiges Resultat der Ringelung zu erklären. Die Behinderung kann zweifellos in der Verwachsungsstelle von Unterlage und Reis stattfinden[1]. Erstens kann hier in der Pfropfung der allgemein benutzbare Querschnitt des leitenden Systems nicht im alten Umfange wiederhergestellt werden; zweitens können sich die gebildeten Anastomosen als von einem anderen anatomischen Bau als das

---

[1] [Es muß aber über den Behinderungseffekt der Ringelung in bezug auf die Mineralnahrung gesagt werden, daß eine solche wohl jedenfalls bei fehlender Verletzung des Wasser- und Salzlösung führenden Splintes schlecht vorstellbar ist. M.]

ursprüngliche Leitsystem erweisen (z. B. Tracheiden statt Tracheen und unregelmäßige, gebogene Formen). So kann das Reis einen Wassermangel bei Überfluß von organischer Nahrung erleiden (s. S. 213).

Die Tatsache, daß nicht bei jeder Pfropfung das Fruchttragen beschleunigt wird, kann von verschiedenem Verwachsungsgrad der Unterlage und des Reises und ihren verschiedenen Kombinationen abhängen. D. h. es wird in manchen Fällen die Fläche der „Verwachsungsfenster" größer, das verbindende Leitsystem stärker entwickelt sein als in anderen.

Die Pfropfung verschiedenaltriger Pflanzen. Außerdem muß man, wie schon im Kapitel über die Stecklinge gesagt wurde, für die Auswahl des Sprosses, einerlei, ob er für die Pfropfung oder für die Bewurzelung verwendet werden soll, die ontogenetische Entwicklungsphase der Mutterpflanze im ganzen und der speziellen Muttersprosse berücksichtigen[1]. Folgendes ist schon lange bekannt (s. z. B. MOLISCH, 1922, S. 261):

„Ein Steckling der Blütenregion hat eine stärkere Neigung zur Blütenbildung, ein Kopfsteckling liefert eine habituell andere Pflanze wie als Steckling von einer Seitenachse höherer Ordnung. Ein Wurzelschoß liefert Pflanzen, die die Tendenz zu Wurzelbildung in höherem Maße aufweisen als entsprechende Sämlinge..."

Darauf ist es hauptsächlich zurückzuführen (MITSCHURIN, 1929a, S. 40), daß es fehlerhaft ist, zum Zwecke einer Beschleunigung des Eintritts des Fruchttragens junge hybride Sämlinge in die Krone erwachsener wilder Bäume oder auch von erwachsenen Bäumen irgendwelcher Kultursorten zu pfropfen. Im allgemeinen zeigt sich nach MITSCHURIN unter dem Einfluß der Unterlagen und ihres Wurzelsystems eine starke Veränderung der Eigenschaften der gepfropften Hybride, was jeder leicht aus dem Vergleich aller Teile des äußeren Habitus von Hybriden des Sämlings mit ebensolchen Teilen eines Reises, welches in die Krone einer Unterlage gepfropft ist, feststellen könne. Außerdem käme keine Beschleunigung des Eintritts der Fruchtbarkeit zustande, wie es bei einer ebensolchen Pfropfung mit einer alten Sorte der Fall sei. Es sei naiv, dieselben Resultate zu erwarten von einer Pfropfung einer alten, schon lange existierenden Sorte in die Krone eines erwachsenen Baumes wie von einer Pfropfung eines jungen Hybridensämlings. Im letzten Falle würde man keine Beschleunigung erhalten, sondern umgekehrt eine Verlangsamung, eine Verzögerung des Beginns der Fruchtbarkeit (alles nach MITSCHURIN).

Also: Wenn hier die Unterlage eine Bedeutung hat, so ist in jedem Fall diese Bedeutung doch nicht dominierend. Bei Krautpflanzen haben wir beobachtet, daß die Pfropfung von Sämlingen homozygoter Pflanzen auch im allgemeinen ihre Blütezeit nicht beschleunigt. Die Beschleunigung wurde oft beobachtet, wenn keine hinreichend gute Verwachsung stattfand, d. h., wenn das Reis etwas Mangel litt.

---

[1] [Vgl. hierzu das schöne Experiment HAGEMANNs (1931) an *Lunaria biennis*. S. S. 121. M.]

Trotzdem hat LOUTER BURBANK (1929) sehr ausgiebig Pfropfungen und speziell Okulationen benutzt, um den Eintritt der Fruchtbarkeit von Sämlingen zur Gewinnung eines Bildes von neuen Sorten zu beschleunigen.

Am eindrucksvollsten ist in diesem Gebiet das erfolgreiche Experiment von RYERSON (1924), der einen isolierten Keim von „Avocado-Pear" *(Persea gratissima)* auf einen erwachsenen Sproß okulierte. Sein Verfahren war dabei der gewöhnlichen Methode sehr ähnlich. Der Keim war sehr groß, was die Operationstechnik bedeutend erleichterte. Der Autor ist der Meinung, daß in diesem Fall das Reis bedeutend früher zu blühen anfing, als die normal aus dem Samen herangewachsene Pflanze. Leider sind keine exakten Fristen angegeben worden.

Man kann sich also denken, daß das genetische und physiologische Verhalten verschiedener Sämlinge unter den variablen Bedingungen der Pfropfungen selbst variabel ist.

Alles, was wir über die Bedeutung der ontogenetischen Entwicklungsphasen der Mutterpflanze, von welcher ein Reis genommen wird, gesagt haben, stimmt mit unseren Erwägungen (KRENKE, 1928b, S. 297—328, und in dieser Arbeit S. 318f.) über die Bedeutung des Gesamtalters der Pflanze oder über die Bedeutung des Eigenalters der Organe und Organteile, wie auch mit unseren Betrachtungen über das Altwerden bei längerer, vegetativer Vermehrung überein.

Die Verringerung der Ernährung des Reises mit Mineralstoffen und Wasser kann auch von den Eigenschaften der Unterlage selbst abhängen. Verschiedene Arten oder Rassen können durch ihre Wurzel verschiedene Mengen an Bodenlösung aufnehmen. Wenn wir eine andere Art oder Rasse mit entgegengesetzten Eigenschaften aufpfropfen, so ist es verständlich, daß das Reis einen Mangel an Mineralstoffernährung erleiden wird, was manchmal den Eintritt der Fruchtbarkeit des Reises beschleunigen kann.

Man hat Versuche gemacht, auf dem Wege der Pfropfung nicht blühende *Kartoffel*-Sorten zum Blühen zu bringen. Das war für Selektionsarbeiten von Wichtigkeit. Aber (E. M. USPENSKY, 1929, S. 567) „Pfropfungen auf *Solanum lycopersicum, Solanum nigrum, Solanum dulcamara* und auf blühende *Kartoffel*-Sorten, welche im Laufe von 3 Jahren ausgeführt wurden, ergaben keine positiven Resultate."

Ein interessantes Gebiet stellen auch die Pfropfungsversuche einjähriger Pflanzen auf mehrjährige Pflanzen und umgekehrt dar. So pflanzte VÖCHTING *Solanum dulcamara* und *Solanum pseudocapsicum* (mehrjährig, das zweite immergrün) auf das einjährige *Solanum lycopersicum*. Die Verwachsung gelang, aber die Pflanzen gingen im Winter ein[1].

---

[1] [Das Eingehen dieser Pfropfung scheint nicht zwangsläufig bedingt zu sein, jedenfalls wurden im Kieler Institut überlebende Pfropfungen festgestellt. M.]

LINDEMUTH erzwang bei der Pfropfung des mehrjährigen *Abutilon Thompsoni* auf die einjährige *Modiola caroliniana* eine Lebensdauer von 3 Jahren und 5 Monaten. Dabei entwickelte sich das Reis sehr stark. DANIEL hielt die Pfropfung von einjährigen *Leucanthemum lacustrum* auf mehrjährige *Anthemis frutescens* 3 Jahre am Leben.

In unserem Laboratorium wurde mit Erfolg die Pfropfung von *Nicotiana affinis* auf immergrünes *Solanum capsicastrum* LINK. (aus Brasilien) ausgeführt. Zum Zwecke der Ausführung wurde *Solanum capsicastrum* vor der Pfropfung stark zurückgeschnitten. Infolgedessen haben sich junge Sprosse gebildet, auf welche die Pfropfungen ausgeführt wurden. Für wichtig halten wir die Tatsache, daß der genannte *Tabak* tatsächlich keine einjährige Pflanze, sondern eine zwei- und dreijährige war. Er hat sich bisher unter den Bedingungen der Zimmerkultur, ohne im Winter abzusterben, erhalten und scheint weiter leben zu bleiben. Ebenso erfolgreich ist auch die umgekehrte Verwachsung des immergrünen *Nachtschattens* (junger Sproß) auf dieselbe *Tabak*-Art gelungen.

Die Einführung der Pfropfung einjähriger Pflanzen, welche vorher experimentell in den mehrjährigen Zustand überführt wurden, würde, soweit mir bekannt, ein neues Moment bei ähnlichen Experimenten darstellen, und gestattet, wie mir scheint, auf günstige Endresultate zu hoffen. Wir halten auch die Verjüngung von *Solanum capsicastrum* und die Benutzung junger Sämlinge für wichtig. Es ist außerdem gelungen *Solanum lycopersicum* auf dasselbe *Solanum capsicastrum* zu pfropfen. In beiden Fällen lebte das Reis eine Vegetationsperiode lang, entwickelte sich aber sehr langsam.

Aus dem oben Gesagten geht hervor, daß die Tatsache einer vollständigen Verwachsung einjähriger Pflanzen mit mehrjährigen keineswegs genügt, um die Behauptung eines Erfolges der Pfropfung hinreichend sicherzustellen. Deswegen haben Mitteilungen ohne Bericht über die weitere Lebensdauer solcher Pfropfungen ein nur unvollkommenes Interesse. Solche unvollkommenen Angaben macht LIESKE (1921), nach dem *Robinia pseudacacia* und *Cytisus laburnum* bei der Pfropfung auf *Vicia faba* (Pferdebohnen) „ausgezeichnet" wachsen (S. 348). Früher aber (1920) schrieb derselbe Autor über diese Pfropfung: Das Reis dieser Holzpflanzen wüchse anfangs stark und gebe in einigen Wochen einen Zuwachs von 20—30 cm. Dann trete in der Regel in der Entwicklung eine Ruheperiode ein, was durch die begrenzte Dauer des Wachstums der Unterlage bedingt sei. Es sei natürlich, daß bei dem normalen Aufhören des Wachstums der Unterlage auch das Reis sich nicht entwickelt. Es ist klar, daß es sich hier nur um die Tatsache einer gelungenen Pfropfung handelt. Die Verlängerung der Lebensdauer von *Vicia faba* liegt zweifellos nicht vor. Diese stirbt zur normalen Zeit ab, womit das Reis seine Existenz ebenfalls beenden wird.

Man muß sich derartigen Experimenten gegenüber vorsichtig verhalten. Viele Pflanzen, die man für einjährig hält (*Antirrhinum majus* und *Nicotiana affinis* sowie *Mirabilis jalapa* u. a.), werden mehrere Jahre hindurch am Leben erhalten, wenn man sie unter Treibhausbedingungen oder gute Zimmerbedingungen stellt. *Antirrhinum majus* und *Mirabilis jalapa* bleiben im Süden (Tiflis) einige Jahre im Freien am Leben. Wenn man also solche Pflanzen auf entsprechende mehrjährige Unterlagen pfropft, und dann einen Winter lang die Pfropfung in die Wärme bringt, was gewöhnlich gemacht wird, so kann man nicht damit rechnen, daß die mehrjährige Unterlage das Leben des Reises verlängert hat. Die Unterlage gab die Nahrung, die das Reis auch mit eigenen Wurzeln erhalten könnte. Die Verlängerung seines Lebens hängt einfach von der individuellen Eigenschaft des Reises, unter den angegebenen Temperaturbedingungen mehrere Jahre leben zu können, ab. Mit anderen Worten war, biologisch gesprochen, die als Reis verwendete Pflanze an und für sich keine einjährige.

Entsprechende Beziehungen findet man auch da, wo eine mehrjährige Pflanze auf eine nur scheinbar einjährige gepfropft wird. LIESKE (1920) behauptet z. B., daß *Solanum arboreum* (mehrjähriger Halbstrauch) bei der Pfropfung auf *Solanum lycopersicum* bei der letzteren eine längere Lebensdauer hervorrief. Dies habe sich darin gezeigt, daß die Pfropfung gleichmäßig schon 21 Monate lang weiterwuchs, ohne abzusterben. In unseren Experimenten haben wir schon dreijährige *Tomaten* auf eigenen Wurzeln und ohne irgendwelche Pfropfung beobachtet. Der Fall LIESKEs beweist auf keinen Fall die Erwerbung einer höheren Lebensdauer durch die Unterlage unter dem Einfluß des Reises.

Streng gesagt gilt das gleiche auch für das oben angegebene Experiment mit *Modiola*; denn der Autor selbst schreibt (S. 527): Er habe nicht gepfropfte *Modiola* nicht weiter kultiviert. Hier kommt noch ein weiteres komplizierendes Moment hinein. Aus der Pfropfung des folgenden Jahres entwickelte sich bei *Modiola* als Unterlage ein einziger Sproß (von *Abutilon*), welcher sich als buntblättrig erwies. Bald aber starb dieser Sproß ab, und von der Zeit an blieb die Unterlage blattlos. Also konnte man nur von einem Leben eines unbeblätterten Stengels sprechen. LINDEMUTH aber sagt unter Berufung auf die eigene Praxis: Man könne feststellen, daß das Reis monatelang auf der abgestorbenen Unterlage lebendig bleibe. Dabei bleiben beim Reis frische grüne Blätter erhalten. Im beschriebenen Experiment wird das Eintreten des Todes der Unterlage nicht festgestellt. Das gleiche bezieht sich auch auf die zweite Pfropfung desselben Autors, wo *Abutilon* auf die einjährige *Althaea narbonensis* gepfropft wurde. Zur Zeit der Beschreibung hatte sie 1 Jahr und 2 Monate gelebt.

Im allgemeinen kann das ontogenetische Alter der gepfropften Komponenten einen starken Einfluß haben. Die Experimente VÖCHTINGs mit Pfropfung alter und junger *Beta*-Wurzeln aufeinander (S. 1892), sowie unsere Pfropfexperimente an *Nicotiana affinis* (KRENKE, 1928a, S. 270, und eine Reihe anderer der oben erwähnten Beispiele illustrieren das Gesagte (s. S. 317 u. noch die Experimente von GOLINSKY, 1924).

Noch ein Sonderproblem stellen die Pfropfungen immergrüner, mehrjähriger Gewächse auf mehrjährige mit abfallenden Blättern dar. SORAUER (1924, S. 817) sieht hierin keine Schwierigkeit (z. B. *Prunus laurocerasus* auf *Prunus padus*, *Cedrus libani* auf *Larix europaea* usw. *Quercus ilex* und *Quercus suber* auf *Quercus sessiliflora*). Dagegen ist THOUIN (1824, S. 114 der Übersetzung) der entgegengesetzten Meinung. I. J. SAKTRÄGER (s. NIKOLAEV, 1929, S. 188, und I. J. SAKTRÄGER, 1930, S. 105—107) pfropfte immergrüne *Quercus suber* auf gewöhnliche, nur sommergrüne Eiche *(Quercus iberica, Quercus sessiliflora)*. Im Verlaufe einer Vegetationsperiode gab das Reis einen Zuwachs von 25—30 cm. Im Dezember war das Reis gesund. Über den weiteren Verlauf wird der Autor mitteilen. Weiter erwähnt KERN (1930, S. 23), daß in der Krim 20% der Pfropfungen „unter die Rinde" mit Reisern derselben *Eiche* auf *Quercus pubescens* WILLD. gelungen sind. Der Mißerfolg der übrigen Pfropfungen wird durch rein technische Ursachen erklärt. NICOLAEV (1929, S. 188) weist darauf hin, daß Prof. P. D. WINOGRADOV-NIKITIN (1924) dieselbe *Quercus suber* auf *Quercus castaneaefolia* C. A. MEY. und auf *Quercus macrantherus* F. et MEY. mit Erfolg pfropfte. Einige von diesen Pfropfungen habe ich persönlich unweit von Baku gesehen. Sie sahen ausgezeichnet aus, sind aber noch zu jung für eine endgültige Beurteilung.

Die Pfropfungen durch Kopulation und Okulation von *Quercus suber* wurden auch früher schon gemacht (s. MICHOTTE, 1923, nach KERN, 1930, S. 23).

Noch nicht festgestellt ist der Erfolg einer Pfropfung in der umgekehrten Pfropfungsfolge, d. h. von Pflanzen, welche ihre Blätter abwerfen, auf immergrüne. In beiden Fällen liegt die Hauptschwierigkeit in der Ruheperiode der blattabwerfenden Pflanzen. Es ist aber bekannt (KLEBS, 1911), daß diese Periode manchmal geändert werden kann, z. B. genügt die Übertragung der Pflanzen in tropische Bedingungen, oder die Einwirkung irgendwelcher anderen äußeren Faktoren. In anderen Fällen bleibt die Periode vollkommen stabil. Unten bei der Besprechung der interfamiliären Pfropfungen werden wir die Experimente der Pfropfung von *Zitrone* auf *Birne* und umgekehrt betrachten.

Über die Reizleitung in Pfropfungen. Zum Schluß des Kapitels über die gegenseitigen physiologischen Beziehungen von Unterlage und Reis zueinander möchten wir auf neue Experimente von LIESKE (1921) hinweisen. Es interessierte ihn die Frage des Durchtritts der Reize durch die Pfropfstelle der Pflanze. Als experimentelles Material benutzte er verschiedene *Mimosa*-Arten, bei welchen, wie bekannt, bei jeder leichten Berührung sich die Blätter zusammenlegen.

Es zeigte sich, daß die Pfropfung die Fortpflanzung des Reizes sogar dann nicht stört, wenn zwei verschiedene *Mimosa*-Arten aufeinandergepfropft wurden.

Bei verschiedenen *Mimosa*-Spezies ist die Geschwindigkeit der Reizfortpflanzung verschieden. So reagiert *Mimosa elliptica* auf eine Brennwunde ungefähr mit der Geschwindigkeit von 2—3 cm in der Sekunde, während *Mimosa spegazzini* dagegen mit der Geschwindigkeit von 5—8 cm in der Sekunde reagiert. Bei der Pfropfung von *Mimosa spegazzini* auf *Mimosa elliptica* zeigt sich, daß die Geschwindigkeit der Reizfortpflanzung in beiden Komponenten die gleiche bleibt, wie vordem, d. h., daß beim Durchtritt des Reizes durch die Verwachsungsstelle die Geschwindigkeit größer wird, wenn die Reizung von der Unterlage ausgeht, und kleiner wird, wenn die Reizung vom Reis den Ausgang nahm. Wenn man annimmt, was SEIDEL (1923) meint und was HABERLANDT (1924, S. 607) nicht widerlegt, daß an der Übertragung des Reizes die Plasmodesmen, wenn auch nur teilweise, teilnehmen, so kann man die LIESKEschen Experimente (was der Autor selbst nicht bemerkt hat), als Bestätigung des Bestehens einer plasmatischen Verbindung der Chimäro- (und Transplanto-) Symbionten annehmen. Aber nach wie vor ist die Frage der Natur der Reizleitung noch gänzlich strittig.

RICCA (1906) hat bei *Mimosa* noch gezeigt, daß die Reizung, welche durch das Anbrennen unten ausgeführt wird, sogar durch ein Glasrohr geleitet wird, das zwischen zwei Stengelabschnitte geschaltet ist. Aus diesem Grunde ist RICCA der Meinung, daß die Reizung durch den normalen Strom wäßriger Lösungen, welcher sich innerhalb eines Sprosses bewegt, geleitet wird. Aber bei den Experimenten von RICCA ist die Möglichkeit nicht ausgeschlossen, daß infolge der Verbrennung am unteren Ende des Stengelabschnittes die Wassertemperatur im Röhrchen sich geändert hat, und nun auf diese Weise nicht die untere Reizung geleitet wurde, sondern, daß diese Reizung durch das erwärmte Wasser bedingt wurde. Außerdem hat SEIDEL (1923) gezeigt (s. im Kapitel über die Einführung der Fremdstoffe S. 853), daß die Geschwindigkeit des Aufsteigens wäßriger Lösungen kleiner ist, als die Geschwindigkeit der Reizleitung und weiter, daß die Reizung sowohl von oben nach unten als auch von unten nach oben geleitet wird. PFEFFER und HABERLANDT haben schon früher ein prinzipiell ähnliches Experiment wie RICCA ausgeführt. Sie haben nämlich gezeigt, daß der Reiz in anästhesierten oder durch kochendes Wasser abgetöteten Bezirken eines lebenden Sprosses geleitet wird.

SEIDEL ist der Meinung, daß die Reizung auf zwei Wegen vor sich geht: Erstens durch ein besonderes Gefäßsystem, dessen interne Druckverhältnisse sich dabei ändern; zweitens durch die Plasmodesmen, welche durch

Schlußwort über die gegenseitigen physiologischen Beziehungen usw. 555

infolge des Reizes entstandene chemische Stoffe angeregt werden. HABER-LANDT aber weist darauf hin (1924, S. 606), daß die Reizung sogar bei geringster Verletzung des Leptoms, wo keine Rede von einer Druckveränderung im Wasserleitungssystem ist, normal fortgeleitet wird. Wie im Kapitel über die Wundreize gesagt ist (s. S. 159), hat UMRATH (1925) eine neue Theorie der Reizleitung bei den *Mimosen* vorgeschlagen. Endlich hat vor ganz kurzer Zeit (1930) JUNGERS mit Hilfe verschiedener Färbungsmethoden die Plasmodesmen in verschiedenen Endospermen, im Kallus von Siebröhren und im Parenchym mit verdickten Membranen ausführlich untersucht. Er sagt, daß seine Beobachtungen ,,erlaubt hätten, den Wert der Argumente zu diskutieren, durch die man demonstrieren zu können geglaubt hat, daß die Plasmodesmen interzelluläre Bindeglieder von plasmatischer Natur seien", und daß er glaubt in der Lage zu sein, ,,zu zeigen, daß diese Annahme keineswegs sicher begründet sei". Seine Untersuchungen hätten ihn sogar gezwungen, ,,diese Deutung zurückzuweisen und dazu geführt, die Plasmodesmen selbst als konstitutive Elemente der Membranstruktur anzusehen, ohne daß wir allerdings bisher in der Lage seien, eine sichere Deutung dieser Verhältnisse zu geben". Auf diese Weise wird die sehr wichtige Frage der Plasmodesmen weiter kompliziert, was alle Annahmen (z. B. die Theorie von MÜNCH, 1930), welche sich auf die Anerkennung der Plasmodesmen als protoplasmatische Bindeglieder stützen, in Mitleidenschaft zieht. Das gleiche bezieht sich damit auch auf die entsprechende Frage bezüglich des Verwachsungsprozesses bei den Pfropfungen. Wenn man bedingt annimmt,

1. daß die Plasmodesmen plasmatischer Natur seien;
2. daß sie notwendig an der Reizleitung bei der *Mimose* teilnähmen,

so würden die Experimente von LIESKE, indem sie das Vorhandensein der plasmatischen Verbindung innerhalb der Pfropfung bestätigen, zeigen, daß man die Wahrscheinlichkeit der gegenseitigen Übertragung von Eigenschaften der Pfropfkomponenten in den Chimären nicht durch eine derartige Verbindung begründen kann (s. S. 702). Und gerade darauf weist A. MEYER (1914) hin. Also ist der Kontakt zweier verschiedener Plasmen mit vitalen Beziehungen innerhalb von ihnen möglich, ohne daß dabei irgendeine spezifische Beeinflussung der Komponenten nötig wäre (s. BURGEFF, 1914—1915). Dabei ist hier zweifellos eine durchaus vitale Beziehung zwischen beiden Plasmen vorhanden, nämlich die Reizleitung von einem Plasma zum anderen.

Schlußwort über die gegenseitigen physiologischen Beziehungen der Transplantosymbionten. Wenn wir nunmehr das Ergebnis unserer Betrachtungen über die gegenseitigen physiologischen Beziehungen der Transplantosymbionten zusammenfassen, so kann man sagen, daß diese Beziehungen sehr oft äußerst deutlich ausgeprägt sind, und daß ein reiches Material für theoretische Schlüsse und für die praktische Anwendung der Kenntnisse dieser Beziehungen vorliegt. Auch die Möglichkeit eines unmittelbaren, osmotischen, gegenseitigen Übertritts gewisser spezifischer Stoffe ist nicht ausgeschlossen. Aber die Verbreitung dieser Stoffe auf irgendeine weitere Entfernung von der Verwachsungsstelle hin ist nie nachgewiesen worden. Der Übertritt von solchen Stoffen, welche besondere Leitbahnen zu passieren pflegen, aus der Unterlage ins Reis und umgekehrt, steht außer Zweifel, trotzdem diese Stoffe bei den Transplantosymbionten in quantitativer wie auch in qualitativer Beziehung verschieden sind. In vielen Fällen kann die Wirkung dieser Stoffe nicht als artspezifische Beeinflussung des fremden Transplantosymbionten gewertet werden, da diese Wirkung auch außerhalb der Pfropfung durch andere Kulturbedingungen hervorgerufen werden kann. Manchmal schien auch eine spezifische Wirkung der übergetretenen Stoffe vorzuliegen, so als ob Stoffe, welche ein Artmerkmal bedingen, das durch den Evolutionsprozeß ausgearbeitet ist und nicht experimentell hervorgerufen werden kann, übergetreten wären. Das Wesen dieser Frage aber kann erst behandelt werden, wenn die Frage nach der Umbildung von Stoffen des einen Transplantosymbionten beim Übergang in den anderen, in das fremde Milieu des anderen Partners, experimentell behandelt sein wird, was noch nicht der Fall ist. Ferner ist noch fast gar nicht die Frage der selektiven Ausnahmefähigkeit der Zellen des einen Transplantosymbionten oder Chimärosymbionten für die Stoffe des anderen Partners bearbeitet worden.

Von der Antwort auf diese Grundfragen hängt die Antwort auf die andere Frage ab: ob spezifische Stoffe eines der Transplantosymbionten in den Geweben des anderen eben als spezifische Stoffe wirken werden, oder ob ihre Wirkung in höherem oder geringerem Grade despezifiziert werden wird. Theoretisch sind vorläufig noch beide Möglichkeiten gegeben[1].

Zweifellos ist bis jetzt der direkte Übergang irgendwelcher spezifischer physiologischer Eigenschaften des einen Pfropfpartners in den anderen nicht bewiesen.

Auch in bezug auf die morphologischen Eigenschaften ist eine pseudospezifische (s. S. 477, 501) physiologische Veränderlichkeit eines der Transplantosymbionten unter der Wirkung des anderen möglich.

Ebenso können auch karyologische Merkmale sowohl im somatischen wie im generativen Zellgeschehen des einen Pfropfpartners (bis jetzt nur für das Reis gezeigt) unter der Einwirkung von Stoffen des anderen Partners beeinflußt werden. Diese Veränderlichkeit kann aber auch außerhalb des Pfropfverhältnisses hervorgerufen werden, so daß sie nicht als spezifischer Einfluß der anderen Pfropfkomponente betrachtet werden.

Im Falle einer Veränderung von Reis oder Unterlage in bezug auf die genetischen Eigenschaften der Gameten besitzt die Nachkommenschaft bei Selbstbestäubung des Reises (bzw. der Unterlage) nicht die genetischen

---

[1] [Vgl. das Anhangskapitel. M.]

Eigenschaften der Unterlage (bzw. des Reises) in dem Sinne, daß diese Eigenschaften von dem anderen Pfropfpartner übertragen worden seien. Wenn aber das Auftreten von gemeinsamen Merkmalen beobachtet worden ist, so ist dies durch die Gemeinsamkeit der entwicklungsgeschichtlichen Herkunft der dem Experiment unterworfenen Arten und Rassen und dem daraus resultierenden Parallelismus der Variabilität zuzuschreiben.

d) Praktische Anwendung der Pfropfungen.

Nachdem wir einige allgemeine Betrachtungen über die Pfropfungen angestellt haben, seien im folgenden noch Beispiele der praktischen Anwendung des Pfropfexperimentes gegeben.

Die Ziele, welche in praktischer Hinsicht dem Pfropfexperiment gesetzt werden, sind folgende (vgl. auch THONIN, 1810):

1. Die Wurzel einer Art oder Rasse durch die Wurzel einer beliebigen anderen Art oder Rasse zu ersetzen, so daß das Reis auf diese Art Bedingungen überstehen kann, welche es auf eigenen Wurzeln nicht überstehen können würde.

2. Zum Zwecke der Beeinflussung des Wurzelsystems der Unterlage.

3. Zum Zwecke einer Bewurzelung von Sprossen, welche sich normalerweise schlecht bewurzeln.

4. Zum Zwecke der Fortpflanzung aufspaltender hybrider Rassen ohne weitere Mendelspaltung.

5. Zur Vermehrung solcher Sorten, welche durch Knospenmutation entstanden sind.

6. Veränderung der Nachkommenschaft des Reises.

7. Beschleunigung oder Verzögerung des Anfangs des Blühens und des Fruchtens.

8. Veränderung der Lebensdauer beim Reis.

9. Veränderung des vegetativen Charakters des Reises.

10. Um einen Kreuzungserfolg in speziellen Fällen sicherzustellen.

11. Zwecks Veränderung anatomischer Strukturen von Reis und Unterlage.

12. Erhöhung der Widerstandsfähigkeit gegen parasitäre und nichtparasitäre Krankheiten.

13. Verbesserung bestimmter Eigenschaften der Früchte des Reises.

14. Erhöhung der Frostwiderstandsfähigkeit des Reises.

15. Umwandlung von Dioicae in Monoicae.

16. Restauration der Krone des Reises.

17. Schaffung einer dekorativen Krone.

18. Verstärkung der Ernährung einzelner Früchte.

19. Rettung schwacher Sämlinge oder einzelner Zweige.

20. Gewinnung von Chimären.

Ersatz der Wurzel. Das beste Beispiel für den Ersatz der Wurzel durch das Pfropfexperiment stellt die Pfropfung der europäischen

Sorte der Weinrebe auf die amerikanische dar. Die europäischen Sorten liefern Früchte, die sowohl für den Tischgebrauch wie für die Weinherstellung gut brauchbar sind. Die Weine der amerikanischen Sorten sind geringerer Qualität. Während aber die amerikanischen Sorten nicht unter der Reblaus *(Phylloxera)* leiden, werden in Europa ganze Weinbezirke, in welchen die europäischen Reben auf eigenen Wurzeln wachsen, von der Krankheit vernichtet. Bei der Pfropfung europäischer Reben auf die amerikanischen werden Individuen erhalten, die gegen *Phylloxera* widerstandsfähig sind und eine Ernte bringen, die zur Herstellung guter Weine geeignet ist. Aus demselben Grunde werden alle *Apfel*-Sorten in Afrika auf eine bestimmte Unterlage *(Northern-Spy)* gepfropft, welche gegen die Blutlaus widerstandsfähig ist, die allerdings nicht nur die Wurzel, sondern auch Stamm und Zweige beschädigt. In Australien zwingt das Gesetz, diese Pfropfung so auszuführen, daß nicht nur die Wurzel, sondern auch Stamm und Hauptzweige aus einer Unterlage bestehen, welche gegen die Blutlaus widerstandsfähig ist (Sorte *Maejenti*). In der Krim und an der Küste des Schwarzen Meeres der kaukasischen Gegend leidet die *Apfel*-Sorte *Candil sinap* nicht an der Blutlaus. Im Kutaisgouvernement gilt das gleiche für die *graue Renette* und für die *Parker-Renette* usw.

Man steht häufig vor der Aufgabe, für Reiser, welche auf eigenen Wurzeln den gegebenen Boden nicht vertragen können, eine andere Wurzel zu finden. So gedeihen viele Weintraubensorten auf Kalkboden nicht. Man pfropft sie auf Sorten, welche diesen Boden vertragen. In Nordamerika pfropft man die *Pflaume* auf *Pfirsich,* wenn Sandboden vorliegt. Für *Pflaumen* ist dieser Boden ungeeignet, während *Pfirsich* ihn gut verträgt. Auf stark kalkhaltigen trockenen Böden im Kaukasus pfropft man *Prunus domestica* auf *Amygdalus communis* und *Prunus armeniaca* auf *Amygdalus*. Im letzten Falle ist die Verwachsung jedoch im allgemeinen recht schwierig. *Castanea vulgaris* liebt ebenfalls stark kalkhaltigen Boden nicht, doch kann sie auf *Quercus* gepfropft unter diesen Verhältnissen ausgezeichnet gedeihen. Umgekehrt aber ist die *Birne* auf eigenen Wurzeln wenig empfindlich gegen Kalk, während sie auf *Quitte* gepfropft sehr empfindlich ist.

Auf schweren tonhaltigen Böden ist *Prunus divaricata* LED. eine sehr gute Unterlage für die *Aprikose* usw. Endlich kann der Wurzelwechsel, wie oben gezeigt wurde, dem Reis eine größere Frostwiderstandsfähigkeit verleihen.

Veränderung des Wurzelsystems der Unterlage. Die Frage der Beeinflussung des Wurzelsystems der Unterlage durch das Reis ist noch wenig geklärt. Sie ist vielerorts wichtig, da zur Zeit neben Waldbäumen auch Frucht- und Beerenobstanlagen zur Befestigung von Schluchten, Sandgebieten usw. Verwendung finden (s. Bull. Narkosem RSFSR. Landwirtschaft RSFSR. Nr. 19, 20, 1931, S. 27—28 und S. 17—18).

Weil in solchem Falle ein stark entwickeltes Wurzelsystem von besonderer Wichtigkeit ist, muß ein bestimmtes Reis für eine entsprechende Unterlage ausgewählt werden. Bis jetzt war im Gartenbau in der Regel die Aufgabe eine umgekehrte: Man wählte zu einem gegebenen Reis eine Unterlage.

Selbstverständlich muß man für die Zwecke, die wir hier im Auge haben, eine Kombination finden, wo das Reis bei genügender Fruchternte das Wurzelsystem der Unterlage nicht nur nicht schwächt, sondern sogar verstärkt. Aber wir wiederholen, daß in einer Reihe von Fällen die Qualität und die Ernte leiden muß, wenn das Hauptaugenmerk auf die Verstärkung des Wurzelsystems der Unterlage gerichtet werden soll. Endlich können für diese Zwecke auch Pfropfungen nicht nur von Frucht- oder Beerenbäumen, sondern auch von wilden oder dekorativen Gewächsen Verwendung finden.

Es zeigt sich dabei, daß die Frage der Korrelationen zwischen der Baumkrone und dem Wurzelsystem außerordentlich mangelhaft, nicht nur für gepfropfte, sondern auch für auf eigenen Wurzeln stehende Pflanzen untersucht sind.

Aus einer besonders ausführlich geschriebenen mir bekannten Arbeit kann folgendes wiedergegeben werden (s. T. K. KVARAZKHELA, 1927, S. 70, 90, 100, 102).

„Die Sorte übt keinen Einfluß auf den Habitus des Wurzelsystems aus. Bei Pyramiden-*Apfel*-Bäumen *Candil* und *Sary-Sinapa*, bei der *Birne Williams-Christ* und ähnlichen Sorten, breiteten sich die Wurzeln genau so aus, wie bei den Sorten mit breiter Krone. Physikochemische Eigenschaften des Bodens wirkten unabhängig von dem Habitus, welcher die Krone des Reises hatte, auf den Habitus des Wurzelsystems ein. Auf diese Weise hat sich bei unseren Beobachtungen die Behauptung des Prof. M. E. SOFRONOF, daß der Habitus der Krone auf den Habitus des Wurzelsystems wirkte, nicht bestätigt. In keinem der Fälle meiner zahlreichen Beobachtungen habe ich ein bestimmtes Verhältnis zwischen dem Kronenhabitus und dem Wurzelsystem gefunden oder eine Einwirkung der Sorte auf dies letztere. Wenn Prof. SOFRONOF beobachtet hat, daß der Habitus des Wurzelsystems dem Habitus der Krone dieser Sorte entspricht, so konnte dieses von anderen Bedingungen herrühren: Boden, Feuchtigkeit, Ernährung, Temperatur usw. Das kann man auch durch zufälliges Zusammentreffen erklären." (S. 70).

„Trotz der oben angeführten Allgemeinbedingungen für die Entwicklung des Wurzelsystems von Fruchtbäumen, kann man nicht abstreiten, daß jede Art oder Sorte eines Obstbaumes eigene individuelle Besonderheiten hat, welche sich auch in der Entwicklung des Wurzelsystems dieser Art oder Sorte ausprägen. Die physikalisch-chemischen Bedingungen des Milieus sind so stark, daß diese individuellen Besonderheiten sich ihnen unterwerfen, und wir bemerken deshalb mehr Gemeinsames in der Entwicklung des Wurzelsystems bei allen Obstbäumen als Unterschiede. Der Einfluß des Bodens ist so groß, daß individuelle Unterschiede vertuscht werden, und das weist uns darauf hin, daß die Erforschung der Wurzel ohne Berücksichtigung der bodenklimatischen Bedingungen nicht statthaft ist". (S. 90).

In bezug auf den allgemeinen Habitus sagt derselbe Autor (S. 102):

„Die Sorte wirkt nicht auf den Habitus des Wurzelsystems. Der Habitus der Baumkrone entwickelt sich frei in der Luft. Er nimmt die Formen an, welche ihm das Vererbungsgesetz vorschreibt. Der Habitus des Wurzelsystems formt sich unter dem großen Einfluß des umgebenen Milieus (Bodendichte, Äration, Feuchtigkeit, Nährstoffgehalt und andere physikalische und chemische Eigenschaften)."

Diese Thesen KVARAZKHELIAs stimmen in ihrer kategorischen Fassung nicht mit den Angaben der weiter unten angeführten englischen Autoren überein. Wenn auch die letzten den Einfluß äußerer Entwicklungsbedingungen auf das Wurzelsystem feststellen, so betonen sie doch die Wirkung spezifischer Eigenschaften für die verschiedenen Varietäten. Diese qualitativen Unterschiede werden auch durch die Einwirkung des Reises nicht aufgehoben (AMOS, HATTON, HOBLYN and KNIGHT, 1930, und VIVYAN, 1930).

Dabei schreibt GORSCHKOW (1929, S. 124—125):

„Es wurde der Einfluß des Reises sogar auf Form und Färbung der Unterlagenwurzel bei einer großen Anzahl von Bäumen, welche mit einer und derselben Sorte auf verschiedenen Arten unter gleichen Wachstumsbedingungen im Laufe von 4 Jahren untersucht wurden, beobachtet. So bildet *Safran pipping* auf *Waldapfel* gepfropft ein Wurzelsystem von kugelartiger Form, heller Färbung der Wurzelrinde mit großer Verzweigung der Seitenwurzel, während die *Bergamot-Renette*, auf dieselbe Unterlage gepfropft, Wurzeln von verlängerter Form erzeugt, welche in die Tiefe gehen und welche braune Rindenfärbung aufweisen. Der rotblättrige *Apfel*-Baum (hybride *Pirus niedzwezkiana*) bildet auf derselben Unterlage *(Waldapfelbaum)* auch ein kugelförmiges Wurzelsystem aus mit reichlichen Verzweigungen von Würzelchen, welche dunkelbraune Farbe haben. Es ist, als wenn hier eine direkte Abhängigkeit zwischen den oberirdischen und den unterirdischen Teilen eines Individuums beobachtet würde. So hat der *Safran pipping* eine kugelförmig verzweigte Krone mit Blättern, welche einen hellen Flaumüberzug haben. Er unterscheidet sich durch seine helle Farbe von den anderen Sorten sehr scharf. Die *Bergamot-Renette* hat eine Pyramidalkrone mit dunkelgrünen Blättern. Der rotblättrige Apfel hat dieselbe Form, wie der *Safran pipping*, die aber mehr zusammengepreßt ist, während Blätter und Rinde rötlich sind."

Irgendwelche ausführliche Angaben über diese Pfropfungen ebenso wie Literaturvergleiche werden vom Autor nicht gemacht. Allerdings gibt es, wie oben erwähnt wurde, Literaturangaben über diese gar nicht. Besondere Aufmerksamkeit verdienen die Arbeiten von SWARBRICK and ROBERTS (1927); HATTON, CRUBB and AMOS (1923), weiter eine Übersicht (aber ohne Kritik) von SWARBRICK (1930) und endlich die Arbeiten von AMOS, HATTON, HOBLYN und KNIGHT (1930) und VYVYAN (1930). In den genannten Arbeiten ist eine Reihe von älteren Arbeiten auf diesem Gebiet angeführt.

Als besonders wichtig erscheint in diesen Arbeiten die Diskussion über den spezifischen Einfluß des Reises auf die Morphologie des Wurzelsystems der Unterlage und über die vorherrschende Bedeutung des Unterlagestammes.

SWARBRICK and ROBERTS (1927) und weiter SWARBRICK (1930) bestehen darauf, daß (1927, S. 23) "scion varieties determine root character when grafts are placed upon seedling roots", aber "do not much affect the root character when placed upon vegetatively propagated rootstocks." Die letzte Behauptung dehnen die Autoren auch auf hoch okulierte Stecklingsunterlagen aus. D. h. hier behält die Unterlage im Grunde ihr spezifisches Wurzelsystem.

Dieses erklären die Autoren durch die spezifischen Eigenschaften des Unterlagenstammes, welcher der Hauptfaktor der gegenseitigen Beziehungen der gepfropften Komponenten sei. Als Hauptgrund für eine solche Bewertung des Stengels geben die Autoren ihre Beobachtungen an, daß "double worked trees have the root character of the intermediate variety."

Deshalb schreiben SWARBRICK and ROBERTS: "It is believed at present that the influence of vegetative root stocks is due to a stem effect."

Die Autoren geben auch anatomische Bilder des Wurzelbaus der Unterlage, welche die oben angeführten Thesen illustrieren. Die Behauptung bezüglich der Sämlingswurzel (seedlings) verschiedener Varietäten, „the striking and consistent differences between root structure" in ungepfropftem Zustand scheinen besonders bemerkenswert zu sein. Die Autoren behaupten, daß "the new xylem produced in these seedling roots after grafting is uniform and typical of the scion variety."

Wir wiederholen die Behauptung der genannten Forscher, daß solch ein Einfluß auch von dem Reisstück ausgeübt wird, das als intermediäres Stück in einer Zwischenpfropfung fungiert, d. h. ein Stück, welches keinen eigenen Assimilationsapparat hat, während der obere Teil einer solchen Pfropfung, d. h. der Teil, der eine eigene Krone besitzt, schon nicht spezifisch auf die Unterlagewurzel wirkt.

Wir meinen, daß für eine Feststellung von solcher Tragweite das von den Autoren angeführte Tatsachenmaterial nicht reicht. Es ist z. B. nicht gezeigt worden, an welchen Stellen der Wurzel die Schnitte gemacht wurden, es ist auch die Variabilität ihres Baues unabhängig von der Pfropfung nicht berücksichtigt worden, auch die Variation bei veränderten Ernährungsbedingungen wird nicht besprochen. Es fehlt eine genaue statistische Beurteilung. Wir haben hier keine Möglichkeit, uns in die Betrachtung dieses Themas zu vertiefen. Die vielen oben (s. S. 475f.) von uns angegebenen Betrachtungen über die Veränderlichkeit umfassen auch vollkommen diese Frage. Die Hauptsache ist, daß neuere Arbeiten von AMOS, HATTON, HOBLYN and KNIGHT (1930) und VIVYAN (1930), die, wenn sie auch auf mit anderen Obstbaumsorten durchgeführten Untersuchungen beruhen, die Grundthesen von SWARBRICK and ROBERTS nicht bestätigen konnten.

Aber wenn diese Resultate sich als gültig erwiesen hätten, so hätten wir zunächst das Auftreten von Strukturen des Reises in der Unterlagewurzel nicht durch spezifische, direkte Einwirkung des letzteren, sondern durch eine indirekte zu erklären versucht. Wir haben oben für *Baumwolle* (s. S. 505) ein Beispiel für einen solchen Einfluß angeführt. In bezug auf die Wurzel finden wir eine analoge Behandlung bei den oben genannten vier Autoren und auch bei VIVYAN. In der Tat schreiben diese vier Autoren folgendes:

"Other factors being equal, a large root system has a lower percentage of fibrous roots than a small one. Consequently the use of different scions may indirectly affect the percentage of fibre on the root by altering the size of the whole system."

Nehmen wir an, das Wurzelsystem der Varietät des Reises sei an Wurzelfasern arm, für die Unterlage treffe das umgekehrte zu. Wenn wir uns weiter vorstellen, daß das erwähnte Reis die Entwicklung des Wurzelsystems der Unterlage verstärkt — diese Möglichkeit wird selbstverständlich von niemandem abgelehnt —, dann kann bei der Unterlage der Anteil der Wurzelfasern sinken, also ein Merkmal hervortreten, welches dem Reis eigen ist. Es ist aber verständlich, daß dieses in keinem Fall mit der Übertragung eines seiner spezifischen Merkmale an die Unterlage gleichzustellen ist. Dies bleibt auch in dem Falle in Kraft, wenn in den Unterlagewurzeln, dem Reis eigene anatomischen Merkmale auftreten würden, besonders bei rein quantitativem Charakter dieser Merkmale, wie er bei SWARBRICK und ROBERTS vorliegt. Im übrigen steht es außer Zweifel, daß ihre Arbeit sehr interessant ist und weitere Ausführung verdient.

Nebenbei sei hier bemerkt, daß die Untersuchungen des Wurzelsystems von Pflanzen, welche schon lange gepfropft sind, eine gewisse Schwierigkeit bietet bezüglich der Bestimmung der Art, von welcher die Unterlage stammt, wenn eigene Blätter fehlen. Gerade dieses haben HALM and HAAS (1929) zum Anlaß genommen, chemische Bestimmungsmethoden nicht nur des Genus, sondern bei *Citrus limonum* OSL. sogar der Art, welche an der Pfropfung teilhat, auszuarbeiten. Die Autoren weisen darauf hin, daß die erhaltenen Preßsaftfärbungen unabhängig sowohl vom Alter des Baumes wie von der Jahreszeit und von der Lage der Transplantosymbionten in der Pfropfung konstant bleiben (Unterlage oder Reis).

Wir möchten nur bemerken, daß diese Reaktionen sich nicht auf die serologische Methode beziehen. Sie gründen sich auf Färbung irgendwelcher spezifischer Stoffe, die verschiedenen *Citrus*-Arten eigen sind.

Manchmal wird die Unterlage nach dem Charakter ihrer Verwachsung mit dem Pfropfpartner bestimmt. Das ist interessant; denn es zeigt eine gewisse Spezifität sogar des äußeren Bildes der Verwachsung an. Diese Spezifität findet aber nicht immer statt, denn z. B. *Apfelsinen* und *bittere Pomeranzen* als Unterlagen sind in diesem Merkmal in der Regel nicht unterschieden.

Wenn wir jetzt zu den Arbeiten KVARAZKHELIAs zurückkehren, so finden wir in gewissem Sinne ein Rohmaterial, welches von dem Autor nicht weiter ausgenutzt worden ist. Deshalb hielten wir es für nötig, soweit möglich, dieses Material zu bearbeiten, und einige eigene Schlüsse aus ihm zu ziehen. Daß der Autor dieses Material nicht voll ausnutzte, ist daraus zu erklären, daß er sich hauptsächlich für zwei Erscheinungen interessiert: nämlich erstens den Einfluß der Bodenbedingungen auf die Wurzelentwicklung und zweitens die Erscheinung, daß nach seiner Behauptung (wobei UPEUCKs (1916) gleichsinnige Ergebnisse nicht ausgenutzt werden)

„der Querschnitt des Wurzelsystems in allen Fällen und bei allen Klimaten und Bodenverhältnissen bei weitem den Querschnitt der Krone überwiegt, wenn die Möglichkeit für die Entwicklung des Wurzelsystems nicht durch unüberwindliche mechanische Widerstände begrenzt ist..."

Aber KVARAZKHELIA berücksichtigt bei seiner Analyse des Querschnittes des Wurzelsystems nicht den Umstand, ob die Bäume auf eigenen Wurzeln stehen, oder ob sie im gepfropften Zustande vorliegen. Deshalb bleibt es unbekannt, ob der Querschnitt des Wurzelsystems mit Verringerung des Kronenquerschnittes sich verkleinert, und wenn er sich verkleinert, dann in welchem Maße und umgekehrt. Es bleibt auch unbekannt, ob die gepfropfte Krone denselben Einfluß auf die Mächtigkeit des Wurzelsystems ausübt wie eigene Kronen, oder ob diese Einflüsse auf irgendeine Weise verschieden sind.

Die Lösung dieser Fragen auf Grund des nicht bearbeiteten Materials von KVARAZKHELIA haben wir uns zur Aufgabe gemacht. Der Autor gibt sehr viele Daten, welche außerordentlich schwer zu gewinnen sind, über die Maße des Wurzelsystems einer Unterlage in Kombination mit verschiedenen Reisern, stellenweise auch entsprechende Daten für das Wurzelsystem einer gegebenen Art, welche frei, d. h. im ungepfropften Zustande wächst. Aber er wertet diese Feststellungen nicht aus und interessiert sich nur für die Abhängigkeit des Wurzelsystems von verschiedenen Bodenbedingungen in verschiedenen Klimaregionen und die Tatsache, daß überhaupt der Querschnitt des Wurzelsystems den Querschnitt der Krone überwiegt. Wenn man übrigens aus den Tabellen des Autors die entsprechenden Angaben entnimmt, unter Wahrung der Vergleichsmöglichkeit, so erhält man folgende Tabellen. Wir setzen dabei keine Daten bezüglich der Tiefe des Wurzelsystems mit in die Tabelle hinein, da in bezug auf dieses Merkmal in dem zu vergleichenden Material keine deutlichen Unterschiede vorhanden waren.

Tabelle 21.

Material	Querschnitt der Krone in cm	Querschnitt des Wurzelsystems
Pyramidenform „*Bon Cretien Williams*" gepfropft auf die wilde Waldbirne.	142	889
	154	923
	213	996
	223	991

M_D Krone = 183 ± 26,435 cm
M_D Wurzelsystem = 949,75 ± 30,425

Wenn man die von uns ausgerechneten Mittelwerte betrachtet, so sehen wir, daß hier tatsächlich trotz der schwachen Entwicklung der Reiskrone sich das

Transplantation (Umpflanzung, Pfropfungen).

Tabelle 22.

Material	Querschnitt der Krone in cm	Querschnitt des Wurzelsystems
Wilde einheimische *Birne* auf eigenen Wurzeln.	427	996
	488	1214
	356	853
M_D Krone = 401 ± 37,89	355	911
M_D Wurzelsystem = 993 ± 79,16		

Wurzelsystem der Unterlage nicht verkleinert hat (D/m Diff. = 0,52). Dies kann man entweder mit der größeren Intensität der Assimilation bei *Williams Christ* oder dadurch, daß die Wurzel des *Birnwildlings* (Unterlage) die Assimilationsprodukte von *Williams Christ* besser auszunutzen vermag, als solche der eigenen Krone, erklären. Interessant ist in diesem Zusammenhange die Angabe von LECLERQ DU SABLON (1903, S. 623), daß *Birnen* auf *Birnen* gepfropft in ihrem Reise weniger Vorratsstoffe speichern als bei der Pfropfung dieser *Birnen* auf *Quitten*-Unterlage, deren Wurzeln ärmer an Vorratsstoffen sind.

Es ist möglich, daß gerade hier die Unterlage reicher an Assimilaten ist und so die Ablagerung der Stoffe im Reise zurückgeht. Aber innerhalb der Grenzen der Variabilität der gepfropften und ungepfropften Individuen wird eine Vergrößerung des Querschnittes des Wurzelsystems mit der Vergrößerung des Kronenquerschnittes beobachtet. Hier also wirkt die Vergrößerung der Krone sich aus.

Tabelle 23.

Material	Querschnitt der Krone in cm	Querschnitt des Wurzelsystems
Birne „*Bon Cretien Williams*" gepfropft auf „*Mme. Curé*".	569	1209
	578	1217
	498	1138
M_D Krone = 515,5 ± 38,73	417	1006
M_D Wurzelsystem = 11425 ± 48,91		

D. h. also, daß auf der Unterlage *Williams Christ* sich die Krone stärker und auch das Wurzelsystem wesentlich stärker entwickelt. Dies letzte könnte entweder von der stärker entwickelten Krone des Reises bedingt sein, oder auch es könnten diese Verhältnisse die spezifischen Eigenschaften der Sorte *Madame Curé* zum Ausdruck bringen.

Leider liegen keine Daten für die Sorte *Madame Curé* in ungepfropftem Zustand vor, so daß also die Frage, wodurch das mächtigere Wurzelsystem bedingt ist, nicht restlos erklärt werden kann.

Tabelle 24.

Material	Querschnitt der Krone in cm	Querschnitt des Wurzelsystems
Apfel-Baum gepfropft auf den *Wildapfel*	148	781
Kanadische Renette gepfropft auf den *Wildapfel*	427	1351
	489	1879
Hiesiger *Wildapfel*-Baum	640	1707
	659	1904

In allen Fällen vergrößert sich also mit dem Kronenquerschnitt, einerlei, ob sie die eigene oder die Krone eines fremden Reises ist, auch der Querschnitt des Wurzelsystems. Eine Verkleinerung der Krone des Reises rief in 3 von 4 Fällen auch eine Verkleinerung des Wurzelsystems der Unterlage hervor.

Tabelle 25.

Material	Querschnitt der Krone in cm	Querschnitt des Wurzelsystems
Pfirsich gepfropft auf *Pfirsich*	284	640
Ungepfropfter *Pfirsich*	270	625
Süßkirsche gepfropft auf *wilde Kirsche*	347	1107
Ungepfropfte wilde *Süßkirsche*	356	1209
Kirsche gepfropft auf *Kirsche*	253	710
Ungepfropfte *Kirsche* (Nebenschößling)	249	711

Hier sehen wir an entsprechenden Paaren, daß, wenn der Querschnitt der Krone erhalten bleibt, auch der Querschnitt des Wurzelsystems erhalten bleibt. Bei den ersten zwei Paaren folgt die Vergrößerung des Wurzelsystems einer Vergrößerung der Krone. Da aber der Unterschied gering ist, können wir diese nicht berücksichtigen, wenngleich sie unseren Standpunkt nur gestützt hätte.

Die angeführten Daten beziehen sich auf im allgemeinen gleiche Böden, die in einem sehr engen Bezirk vorhanden sind. Deshalb hält der Autor selbst die Bedingungen innerhalb dieses Bereiches für ausgeglichen. Das gleiche bezieht sich auch auf andere Böden, welche in weiteren Tabellen behandelt werden und die wir deshalb nicht mehr besprechen.

Tabelle 26.

Material	Querschnitt der Krone in cm	Querschnitt des Wurzelsystems
Birne (Pyramide) gepfropft auf die *Waldbirne*	213	1191
	229	1207
Breitkronige *Birne* gepfropft auf die *Waldbirne*	427	1565
	446	1672
Ungepfropfte hiesige *Waldbirne*	498	1280
	478	1378

Aus Tabelle 2 (S. 21) des Autors. Dies Material ist sehr interessant. Hier haben wir die kleinere Krone eines pyramidal aufgebauten Reises, welche deutlich mit einer Verkleinerung des Wurzelsystems im Vergleich zu der ungepfropften Unterlage, verbunden ist. Dabei besitzt die Birnensorte mit ausgebreiteter Krone, welche einen etwas kleineren Kronenquerschnitt hat als die ungepfropfte Wald-*Birne*, den größten Wurzelquerschnitt. Also kann man annehmen, daß in diesem Fall die stärkere Entwicklung der Unterlagewurzel auch irgendwie qualitativ bedingt ist und nicht nur durch die proportionale Vergrößerung der grünen Assimilationsfläche, wie man sie bei der vergrößerten Krone annehmen könnte. Z. B. kann man annehmen, daß bei der Birnensorte mit ausgebreiteter Krone die Assimilation intensiver ist, oder daß die Wurzeln des *Birnen*-Wildlings die Assimilationsprodukte gerade der *Birnen*-Sorte mit ausgebreiteter Krone besser verwerten können.

Dabei geht daraus hervor, daß bei Vorliegen einer positiven Korrelation der Kronengröße und der Größe des Wurzelsystems dieses keineswegs für eine Übertragung eines spezifischen Merkmales der Unterlage spricht, sondern vielmehr, daß hier eine verstärkte Ernährungsbedingung sich ausgewirkt hat.

Tabelle 27.

Material	Querschnitt der Krone in cm	Querschnitt des Wurzelsystems
Apfel-Baumpyramide gepfropft auf einen *Waldapfel*	249	961
	267	993
Apfel-Baum mit breiter Krone gepfropft auf einen *Waldapfel*	569	1778
	560	1846
Ungepfropfter hiesiger *Waldapfelbaum*	640	2276
	630	2292

Diese Tabelle bietet ebenfalls ein deutliches Material. Wir haben eine klare Korrelation zwischen dem Kronenquerschnitt und dem Querschnitt des Wurzelsystems, wenn wir einen Vergleich dieser drei Gruppen untereinander anstellen. Dabei besitzt das Reis pyramidenförmigen Aufbau, und da es eine kleinere Krone hat, auch ein geringeres Wurzelsystem (der Unterlage) als das Reis mit ausgebreiteter Kronenform. Die Wirkung des Reises auf die Stärke des Wurzelsystems der Unterlage ist hier ganz augenfällig. Selbstverständlich möchte man wünschen, daß eine größere Zahl bestätigender Beobachtungen vorläge.

Tabelle 28.

Material	Querschnitt der Krone in cm	Querschnitt des Wurzelsystems
Pflaume gepfropft auf *Prunus divaricata*	486	2060
Italienische *Zwetsche* gepfropft auf *Prunus divaricata*	356	1494
	426	1583
Ungepfropfte *Prunus divaricata*	349	1504

Auch hier haben wir dasselbe Bild vor uns; vergrößerte Reiskrone bedingt auch verstärkte Entwicklung des Wurzelsystems der Unterlage.

Tabelle 29. (Aus Tabelle 3, S. 24).

Material	Querschnitt der Krone in cm	Querschnitt des Wurzelsystems
Garten*apfel*-Baum „*Sary-Sinap*" gepfropft auf einen *Waldapfel*-Baum	213	1067
Ungepfropfter hiesiger *Waldapfel*	569	2205
„Italienische *Zwetsche*" gepfropft auf *Prunus divaricata*	463	1938
	190	154
Ungepfropfter *Prunus divaricata*	320	1458
Gartensüßkirsche gepfropft auf *Waldsüßkirsche*	249	1351
Gartenkirsche gepfropft auf *Waldsüßkirsche*	266	1209
Ungepfropfte (Wald-) *Wildkirsche*	392	1707
Citrus nobilis gepfropft auf *Citrus trifoliata*	142	818
Ungepfropfter *Citrus trifoliata*	178	925

Veränderung des Wurzelsystems der Unterlage.

In allen angeführten Gruppen sehen wir auch hier die Gesetzmäßigkeit: Verkleinerter Krone des Reises entspricht eine gegenüber der ungepfropften Kontrollpfropfung geringere Entwicklung des Wurzelsystems der Unterlage und umgekehrt.

Tabelle 30.

Material	Querschnitt der Krone in cm	Querschnitt des Wurzelsystems
Gartenbirne „Williams Christ" gepfropft auf eine *Waldbirne*	249	427
Birne „Sämling Kaifer" auf derselben Unterlage	284	356
Unbekannte *Birne* auf derselben Unterlage	473	1206
Ungepfropfte hiesige *Waldbirne*	569	996

Hier tritt für die unbekannte *Birnen*-Sorte, wie auch in einem Falle in der Tabelle 2 eine Erhöhung des Querschnittes vom Wurzelsystem der Unterlage ein unter dem Einfluß einer Reiskrone, welche gegenüber der Kontrollpflanze kleiner ist. Die Erklärung hierfür ist wohl die gleiche, wie wir sie seinerzeit bei Tabelle 22 angewandt haben. Im übrigen haben wir im allgemeinen die gleiche Gesetzmäßigkeit wie früher.

Tabelle 31.

Material	Querschnitt der Krone in cm	Querschnitt des Wurzelsystems
Gartenapfel-Baum „*Sary-Sinap*" gepfropft auf einen *Waldapfel*-Baum	142	337
Unbekannter *Apfel*-Baum auf derselben Unterlage	503	1713
Ungepfropfter hiesiger *Waldapfel*-Baum	711	1351

Die gleichen Schlußfolgerungen wie die vorherigen (unbekannter *Apfel*-Baum sondert sich ab).

Tabelle 32.

Material	Querschnitt der Krone in cm	Querschnitt des Wurzelsystems
„*Italienische Zwetsche*", gepfropft auf *Prunus divaricata*	569	1280
Ungepfropfte *Prunus divaricata*	427	925
	373	1399

Hier entspricht das Verhalten der gepfropften Pflanze in bezug auf die erste ungepfropfte vollkommen der von uns gefundenen Hauptgesetzmäßigkeit. Aber die zweite ungepfropfte Pflanze scheint diese Gesetzmäßigkeit zu stören, wenn wir sie mit der ersten ungepfropften und mit der Pfropfung vergleichen: Beim kleinsten Kronenquerschnitt haben wir den größten Querschnitt des Wurzelsystems. Wir können nicht annehmen, daß das Reis die Entwicklung der Unterlagenwurzel aufgehalten hat, denn die entsprechende Variation sehen wir auch an ungepfropften Kontrollpflanzen. Diese Variation ist nur die erste, welche der These von der Unabhängigkeit der Entwicklung von Krone und Wurzel entspricht.

Transplantation (Umpflanzung, Pfropfungen).

Tabelle 33.

Material	Querschnitt der Krone in cm	Querschnitt des Wurzelsystems
Citrus nobilis gepfropft auf *Citrus trifoliata*	178	498
Ungepfropfter *Citrus trifoliata*	213	569

Hier wird durch die Übersicht gelehrt, daß das Material sich vollkommen gesetzmäßig verhalten hat.

Tabelle 34.

Material	Querschnitt der Krone in cm	Querschnitt des Wurzelsystems
Gartenbirne gepfropft auf *Waldbirne*	Wegen des Ausfalles im Druck nicht zu vergleichen	
Ungepfropfte wilde *Waldbirne*		
Gartenapfel-Baum gepfropft auf den *Waldapfel*-Baum	267	993
Ungepfropfter *Waldapfel*-Baum	560	1846
	630	2272
Olea europaea gepfropft auf *Olea europaea*	454	1214
Ungepfropfte Olive	338	989

Es ist eine deutliche Verkleinerung des Wurzelsystems, einhergehend mit der Verkleinerung der Krone, zu sehen. Bei kleinerer Krone des Reises hat sich das Wurzelsystem der Unterlage als kleiner erwiesen und umgekehrt *(Olea europaea)*.

Tabelle 35.

Material	Querschnitt der Krone in cm	Querschnitt des Wurzelsystems
Pfirsich gepfropft auf *Pfirsich*	319	923
Ungepfropfter *Pfirsich*	335	794

D. h. bei diesem Paar wird die Abhängigkeit des Querschnitts von Wurzelsystem und Krone nicht beobachtet. Wegen der geringen Anzahl der Fälle kann die Bedeutung des Reises hier nicht erklärt werden.

Tabelle 36.

Material	Querschnitt der Krone in cm	Querschnitt des Wurzelsystems
Birne „Bon Cretien Williams" gepfropft auf die *Waldbirne*	158	319
Ungepfropfte *Waldbirne*	113	263

D. h. gleiche Gesetzmäßigkeit (aus Tabelle 7, S. 34).

Veränderung des Wurzelsystems der Unterlage.

Tabelle 37. (Aus Tabelle 8, S. 53.)

Material	Querschnitt der Krone in cm	Querschnitt des Wurzelsystems
Apfel-Baum „*Kandil-Sinap*" gepfropft auf *Waldapfel*-Baum	150	720
Apfel-Baum „*Renet Champagne*" auf dieselbe Unterlage gepfropft	200	1100
Apfel-Baum „*Weißer Rosmarin*" auf dieselbe Unterlage gepfropft	400	1300
Birne „*Bon Cretien Williams*" gepfropft auf die *Waldbirne*	150	880
Birne „*Curé*" auf dieselbe Unterlage gepfropft	213	836
Süßkirsche „*Napoleon*" gepfropft auf die *Kirsche*	100	350
Süßkirsche „*Gelbe Dupussin*" auf dieselbe Unterlage gepfropft	110	370
Kirsche „*Schwarze Tatar*" auf dieselbe Unterlage gepfropft	150	570
Süßkirsche „*Gelbe Drogan*" auf dieselbe Unterlage gepfropft	200	620

Diese Tabellen ergeben in den drei angeführten Gruppen keine Daten, welche sich in bezug auf die Korrelation von Krone und Wurzelsystem der ungepfropften Unterlagearten verwenden ließen. Deshalb kann man nichts über die Veränderung dieser Korrelation bei den Pfropfungen sagen. Aber mit Ausnahme der *Birnen*-Pfropfung entspricht in den übrigen 7 Fällen die Vergrößerung des Querschnittes der Krone des Reises einer Vergrößerung des Querschnittes des Wurzelsystems der Unterlage, unabhängig von der Art des Reises.

Wenn man jetzt biometrisch die gegenseitige Abhängigkeit der beiden von uns betrachteten Größen voneinander ausdrückt, so erhält man folgenden Korrelationskoeffizienten:

$$r \pm m_r = 0{,}755 \pm 0{,}0602 \; (r \pm m_r = \frac{\Sigma a_x a_y}{n \, \sigma_x \sigma_y} \pm \frac{1-r^2}{\sqrt{n}}; \; n = 51).$$

Die Regressionskoeffizienten werden folgende:

$$R_{\frac{x}{y}} \pm m\,R_{\frac{x}{y}} = 0{,}238 \pm 0{,}019 \text{ und } R_{\frac{y}{x}} \pm m\,R_{\frac{y}{x}} = 2{,}393 \pm 0{,}191.$$

Wenn wir x als die Koordinate der Krone und y als die Koordinate des Wurzelsystems bezeichnen, so vergrößert sich also der Querschnitt des Wurzelsystems bei Vergrößerung des Kronenquerschnittes um 1 cm um $2{,}393 \pm 0{,}191$ cm.

Andererseits vergrößert sich der Kronenquerschnitt bei Vergrößerung des Wurzelquerschnittes um 1 cm um $0{,}238 \pm 0{,}019$ cm.

Die von uns berechnete Korrelation drückt selbstverständlich nur schematisch die allgemeine Erscheinung für das insgesamt durchanalysierte Material unserer Pfropfungen aus. Es unterliegt keinem Zweifel, daß bei verschiedenen Arten und unter verschiedenen Bedingungen die Korrelationsgröße sich etwas verschieben wird und in Sonderfällen sich der Null nähern kann, aber wohl positiv bleibt.

Das von uns Gesagte ist auch aus den angeführten Tabellen zu ersehen. Als Ausnahme kann wahrscheinlich bei bestimmten Kombinationen von Transplantosymbionten auch eine negative Korrelation gefunden werden, was aber das gesetzmäßige Allgemeinbild der Erscheinung kaum wird ändern können.

Zu Beginn dieses Kapitels haben wir mitgeteilt, daß aus den Tabellen von KVARAZKHELIA zu ersehen ist, daß die Korrelation zwischen dem Kronenquerschnitt und dem Querschnitt des Wurzelsystems im allgemeinen fehlt. Nur in speziellen Fällen (z. B. Tabelle 8 auf S. 53 die Pfropfung des *Kulturapfels* auf den *Wildapfel*) ist eine solche Korrelation vorhanden. Auf diese Fälle muß Gewicht gelegt werden, denn sie können bei einem bestimmten Boden sich als Regel für die Pfropfungen bestimmter genetischer Arten und Rassen aufeinander erweisen.

Das kann für Meliorationszwecke und auch bei Bezirken, welche unter Dürre zu leiden haben, und also ein erniedrigtes Grundwasserniveau haben, sich, vorausgesetzt, daß ein durchlässiger Boden und Untergrund vorliegt, welche ein tieferes Eindringen der Wurzeln gestatten, als sehr nützlich erweisen.

In der Regel findet man auch keine Korrelation zwischen dem Querschnitt des Stammes des Reises und der Tiefe des Wurzelsystems. Dies geht wohl schon im allgemeinen logisch aus dem Fehlen einer Korrelation zwischen dem Kronenquerschnitt und dem anderen Merkmal hervor. Außerdem aber ist dieses auch aus den Daten von KVARAZKHELIA (s. Tabelle 11, 11b, 12, 13, auf S. 66—68) zu ersehen. Man kann logischerweise zu dem oben gezogenen Schluß kommen, wenn man für gewöhnlich das Vorhandensein einer Korrelation zwischen dem Querschnitt des Stammes und dem Querschnitt der Krone bei Obstbäumen annimmt.

Es bleibt uns noch zu bemerken, daß unsere ganze Analyse an einem Mangel leidet, nämlich, da wir uns auf fremdes Material stützen mußten, so sind wir gezwungen, nicht mit den Gesamtmaßen der Krone und des Wurzelsystems zu arbeiten, sondern nur mit den Durchschnittsmaßen. Deshalb können unsere Schlüsse auf die Gesamtheit von Krone und Wurzelsystem nicht ausgedehnt werden, wie es durch Betrachtung des Querschnittes annähernd entsprechender Teile möglich wäre. Die Tatsache, daß wir die Tiefe des Wurzelsystems nicht berücksichtigt haben, spielt in diesem Falle keine Rolle, denn wie gesagt, variiert diese Größe im allgemeinen wenig. Im übrigen stört, was auch KVARAZKHELIA (S. 58—59) selber bemerkt, die Beurteilung der Tiefenerstreckung des Wurzelsystems nach der Länge der Wurzel die Regelmäßigkeit der Maße unter Umständen beträchtlich.

Wir haben in unserer Analyse nur gepfropftes und zugehöriges Kontrollmaterial miteinander verglichen, ohne das andere von KVARAZKHELIA aufgeführte Material zu berühren, denn es gehört nicht unmittelbar zu unserem Thema. Für die allgemeine Charakteristik haben wir auch für ungepfropftes Material den allgemeinen Korrelationskoeffizienten berechnet. Zwischen dem Querschnitt der Krone und dem des Wurzelsystems bestehen danach folgende Beziehungen:

$$r \pm m_r = 0{,}765 \pm 0{,}035; \left(r = \frac{\Sigma\, p\, a_x\, a_y - n\, b_x\, b_y}{n\, \sigma_x\, \sigma_y} \right); n = 141.$$

Bei ungepfropften Bäumen haben wir folgende Regressionskoeffizienten:

$$R_{\frac{x}{y}} \pm m\, R_{\frac{x}{y}} = 0{,}493 \pm 0{,}023$$

$$R_{\frac{y}{x}} \pm m\, R_{\frac{y}{x}} = 1{,}187 \pm 0{,}054$$

Auch hier ergeben sich also die gleichen Korrelationen wie bei gepfropften Bäumen. Bei Vergrößerung des Kronenquerschnittes um 1 cm vergrößert sich demnach der Querschnitt des Wurzelsystems um $1{,}187 \pm 0{,}054$ cm, mit Vergrößerung des Querschnittes des Wurzelsystems um 1 cm vergrößert sich der Kronenquerschnitt um $0{,}493 \pm 0{,}023$ cm.

Bei Vergleich der Regressionskoeffizienten gepfropften und ungepfropften Materials sehen wir, daß bei gleichem Korrelationskoeffizienten der qualitative Ausdruck dieses Zusammenhangs bei den verglichenen Materialien verschieden ist. Bei gepfropften Bäumen vergrößert sich nämlich mit Vergrößerung des Kronenquerschnittes um die Maßeinheit der Querschnitt des Wurzelsystems etwas stärker als bei den ungepfropften. Das umgekehrte gilt in gleicher Weise. Die entsprechenden Unterschiede der Mittelwerte sind biometrisch ausgedrückt:

$(2{,}393 \pm 0{,}191) - (1{,}187 \pm 0{,}054) = 1{,}206 \pm 0{,}198$, $D/m_{\text{Diff.}} = 6{,}09$

$(0{,}493 \pm 0{,}023) - (0{,}238 \pm 0{,}019) = 0{,}255 \pm 0{,}030$, $D/m_{\text{Diff.}} = 8{,}50$

Die biometrisch ausgedrückten korrelativen Zusammenhänge sagen nichts in bezug auf den biologischen Charakter der Abhängigkeit der zu vergleichenden

Merkmale. Deshalb wird jede Behandlung der angeführten Daten ohne spezielle biologische Untersuchung und Kontrolle mehr oder weniger willkürlich sein. Wenn man in der vorläufigen Form eine derartige Willkür zulassen will, so könnte man auf Grund des gezeigten Regressionskoeffizienten annehmen, daß bei gepfropften Bäumen der Einfluß der Assimilation des Reises auf das Wurzelsystem der Unterlage größer ist als die entsprechende Wirkung bei den ungepfropften Bäumen. Umgekehrt ist bei gepfropften Bäumen der Einfluß der Mineralnährung, welche die Unterlage beschafft, auf die Entwicklung des Querschnittes der Reiskrone etwas geringer als sie es bei auf eigenen Wurzeln stehenden Individuen ist.

Aber wir wiederholen, daß dieser Schluß noch ein völlig vorläufiger ist. Besonders deshalb, weil man mit genetisch verschiedenem Material, welches unter verschiedenen Bedingungen gewachsen ist, operiert hat. Anders hätten wir es auch nicht machen können, da wir kein anderes Material zur Verfügung hatten. Hierin liegt andererseits ein gewisser Vorzug, insofern dargetan wird, daß die festgestellten Zusammenhänge eine offenbar sehr weitgehende Bedeutung haben, ohne an eine spezielle Art und an einen speziellen Ort gebunden zu sein.

Ein Mangel liegt darin, daß für spezielle Arten und spezielle Entwicklungsbedingungen auch Abweichungen vorkommen können. Dies ist auch aus dem Korrelationskoeffizienten zu sehen. Seine Größe ist aber so bedeutend, daß es nicht möglich ist, sie nicht in Rechnung zu stellen.

Selbstverständlich sind entsprechende Untersuchungen spezieller Kombinationen von aufeinandergepfropften Arten unter speziellen Entwicklungsbedingungen jetzt notwendig. Diese Aufgabe zu lösen ist zweifellos nur in staatlichen Instituten und Kollektivwirtschaften möglich.

Schlüsse.

1. Der Grad des korrelativen Zusammenhangs zwischen der Entwicklung des Querschnitts der Krone und des Wurzelsystems aufeinandergepfropfter Bäume erweist sich als der gleiche wie der Grad des Korrelativzusammenhangs und der Querschnittentwicklung der Krone und des Wurzelsystems von auf eigenen Wurzeln stehenden Bäumen. Der Charakter des gesamten Zusammenhangs ist aber bei gepfropften und ungepfropften Bäumen etwas verschieden. Bei den gepfropften vergrößert sich mit der Erhöhung des Kronenquerschnittes auch der Wurzelquerschnitt etwas stärker als bei ungepfropften. Ebenso gilt das umgekehrte.

2. Die Entwicklung des Wurzelsystems der Unterlage hängt in ebenso starkem Maße von den Bodenbedingungen wie auch von dem Entwicklungszustand der Krone des Reises ab.

Das weitere bezieht sich auf annähernd gleiche äußere Entwicklungsbedingungen der Pflanzen.

3. Mit der Vergrößerung des Kronenquerschnittes vom Reis vergrößert sich in der Regel der Querschnitt des Wurzelsystems der Unterlage und umgekehrt. Mit Verkleinerung des Kronenquerschnittes verkleinert sich auch der Querschnitt des Wurzelsystems der Unterlage in bezug auf die Größe des Wurzelsystems im ungepfropften Zustand wie auch im Zustand der gleichnamigen Pfropfung.

4. Es wird eine ähnliche Korrelation der horizontalen Entwicklung von Reis-, Krone- und Unterlagewurzel bei der Berücksichtigung von Pfropfungen mit genetisch verschiedenen Reisern auf der gleichen und auf verschiedenen Unterlagen beobachtet.

5. Diese wird wahrscheinlich durch die Vermehrung der Assimilation des Reises mit Vergrößerung seiner Krone zu erklären sein. Es verstärkt sich die Ernährung der Wurzel, was deren Wachstum intensiviert. Die Verstärkung der Entwicklung des Wurzelsystems verstärkt die mineralische Ernährung der Pflanze, was wiederum zu einer Vergrößerung der Krone führt. Auf diese Weise entsteht eine gegenseitige Wirkung der Teile, welche ein Ganzes darstellen.

6. Aber in speziellen Fällen kann die genannte Korrelation zwischen dem Querschnitt der Krone und dem Querschnitt des Wurzelsystems positiv bleiben, aber verschwindend klein werden. Und in einigen Ausnahmefällen kann man wahrscheinlich eine kleine negative Korrelation finden.

7. Diese kann auf folgende Weise erklärt werden.

a) Beim Vergleich von Pfropfungen, genetisch untereinander gleicher Reiser, welche auf genetisch untereinander gleiche Unterlagen gepfropft sind, findet eine Störung der genannten Korrelation äußerst selten statt und hängt entweder von ontogenetischer Ungleichwertigkeit der Unterlagen oder des Reises oder von irgendeiner Erkrankung der einen oder anderen Komponente oder schließlich von irgendwelchen äußeren Bedingungen ab.

b) Beim Vergleich genetisch und ontogenetisch gleicher Pfropfungen mit als Kontrollen dienenden Individuen der Unterlage, welche sich in ungepfropftem Zustande befinden, kann die Störung der Korrelation entweder durch eine intensivere Assimilation der Krone des Reises gegenüber der Assimilation der Krone der Unterlage oder durch eine bessere Ausnutzung der Assimilate des Pfropfreises als derjenigen der eigenen Krone durch das Wurzelsystem bedingt sein. Bei ontogenetisch ungleichen Pfropfungen wird dieses Moment sich als störend auf die Korrelation auswirken müssen. Dies beruht auf der qualitativen Ungleichheit der Phasen der ontogenetischen Entwicklung. Im Resultat wird die ontogenetische Ungleichheit wieder Veränderungen der Ernährungsbedingungen von Unterlage und Reis herbeiführen.

c) Beim Vergleich von genetisch verschiedenen, aber ontogenetisch gleichen Pfropfungen kann die Störung der Korrelation der Entwicklung von Krone und Wurzelsystem durch genetisch verschiedene Entwicklungsfaktoren der Transplantosymbionten bedingt sein. Wenn aber genetische Ungleichartigkeit nicht mit ontogenetischer Ungleichartigkeit gepaart ist, so wirken diese beiden Faktoren in irgendeiner Weise miteinander oder gegeneinander. Auf diese Weise muß für die Praxis der Pfropfung für den betrachteten Zweck in der Regel nur solches Material verwendet werden, welches bei der Wirkung aufeinander eine Krone von möglichst großem Querschnitt entwickelt, wenngleich mit der Möglichkeit zu rechnen ist, daß sich auch solche Varietäten finden, die bei verhältnismäßig kleiner Krone nicht nur die Horizontalausdehnung des Wurzelsystems nicht schwächen, sondern diese Entwicklung im Gegenteil verstärken.

9. Unter bestimmten Bodenverhältnissen besteht Grund dazu solche Reiser zu wählen, welche die Entwicklung der Wurzel spezifisch verstärken.

10. Die spezifische Abhängigkeit des Habitus, d. h. der Form der Reiskrone von der genetischen Natur der Unterlage, ist nicht bewiesen und fehlt wahrscheinlich. Das Zusammentreffen ist aber möglich, besonders durch Konkurrenz bestimmter äußerer Entwicklungsbedingungen der Wurzel der Unterlage.

11. Hier sei darauf hingewiesen, daß die von uns hier an fremdem Material durchgeführte Analyse doch als solche Originalwert hat, da der Autor sein Material in der von uns verfolgten Richtung nicht verwendet hat, sondern es sogar zum Teil so dargestellt hat, daß es zu einer falschen Bewertung der Erscheinung Veranlassung geben könnte.

12. Unsere Analysen sind eine wesentliche Ergänzung zu der Schlußfolgerung des Autors selbst (s. KVARAZKHELIA, 1927, S. 100, § 2), nämlich insofern als wir bei Betrachtung der Gesamtheit der Erscheinungen finden, daß die Entwicklung der Masse des Wurzelsystems nicht nur von den äußeren Bedingungen der Wurzelentwicklung, sondern auch von den gegenseitigen Einwirkungen des Wurzelsystems und der Krone aufeinander abhängt.

13. Die angeschnittene Frage kann in bestimmten Fällen bei der Vornahme von Meliorationen eine wesentliche praktische Bedeutung haben. Es ist auch nicht ausgeschlossen, daß unsere Schlüsse neben den von KVARAZKHELIA gezogenen berücksichtigt werden müssen, wenn man die Pflanzweite der zu verwendenden Bäume berechnet.

Für das unter 9 Gesagte haben wir bislang keine Beispiele angeführt. Als solches kann der folgende von KVARAZKHELIA (1927, S. 43) beschriebene Fall dienen. Bei gepfropften Weinreben, welche in eine Plantage gepflanzt waren, starben die unteren Wurzeln ab, dagegen bildeten sich sekundär andere Wurzeln nahe der Bodenoberfläche und gleich unterhalb der Verwachsungsstelle mit der Unterlage. Bei ungepfropften Reben dagegen bildeten sich die Wurzeln nicht weit von der Bodenoberfläche. Der übrige Teil des Sprosses starb ab. Also haben sich die Unterlagewurzeln so geordnet, wie die eigene Wurzel des genetisch anderen Reises sich angeordnet haben würde. Dies kann nur durch die speziellen Entwicklungsbedingungen der Wurzel der Unterlage unter dem Einfluß des Reises erklärt werden.

Die Bewurzelung von Stecklingen mit geringem Wurzelbildungsvermögen. Über die uns hier interessierende Frage finden wir Material bei SWINGLE (1925) und SWINGLE, ROBINSON und MAY (1929). Die Autoren modifizierten frühere bekannte Experimente, welche in bezug auf dieses Thema angestellt worden waren (CHANDLER, 1905, NURSE-PLANT-method von OLIVER, 1911, BAILEY, 1911, AUCHTER, 1925, u. a.).

Das Wesen der Methode von SWINGLE bestand darin, daß ein entsprechender Sämling in die Gabel (Υ) der Pflanze, welche gesteckt werden soll, gepfropft wird. Zwei Wochen nach der Pfropfung wird diese Pflanze geringelt, was später die Bewurzelung begünstigt (s. S. 214). Weitere zwei Wochen später wird der ganze Zweig mit dem auf ihn gepfropften Sämling abgeschnitten und in die Erde gesteckt, mit dem unteren Schnittende sowie auch mit den unberührten Wurzeln des Reises (Sämling). Nun wird die Krone des eigentlichen Reises unterhalb der Pfropfstelle abgeschnitten, und bald darauf auch derjenige Zweig, an welchem der Sämling eingepfropft wurde. So wird aus dem ehemaligen Reis, dem Sämling, jetzt eine Unterlage und der andere Zweig, welcher früher Unterlage war, wird nunmehr zum Reis. Zu dieser Zeit wird der in der Erde verbliebene Teil des verzweigten Sprosses bewurzelt, wenn er auch ohne die beschriebene Hilfe der ernährenden Pflanze sich nicht bewurzeln würde. Falls kein passender fremder Sämling für die beschriebene Pfropfung vorhanden ist, kann man sie auch im Bereiche der Krone eines Individuums ausführen, was nach den Angaben des Autors positive Resultate gibt. Es ist klar, daß im Grunde die beschriebene Methode eine Ablaktation, wie sie schon PLINIUS (THOUIN, 1810, S. 222, und BUSSATO, 1599) bekannt war, darstellt. Diese Pfropfungsmethode wird in verschiedenen Varianten zur Pfropfung schwer miteinander verwachsender Arten angewandt (s. z. B. DANIEL). Durch die ,,Y-cutting method" von SWINGLE und seinen Mitautoren ist es leicht, schwer sich bewurzelnde Stecklinge von *Balsamocitrus Dawei* mit *Aeglopsis chevalieri* SWING. zu bewurzeln. Durch Pfropfung im Bereiche der eigenen Krone, d. h. ohne Mithilfe einer fremden Nährpflanze, wurden Stecklinge von *Punica protopunica* BALF. bewurzelt.

Der beschriebene Handgriff ist beachtenswert. Man muß ihn z. B. für die Bewurzelung von Stecklingen von *Eucommia ulmoides* (s. S. 336) ausprobieren.

Die Punkte 4 und 5

Vermehrung von nicht konstanten Hybriden und von somatischen Mutationen sind schon beschrieben worden. Es hat sich hier das Pfropfexperiment besonders wichtig für die vegetative Selektion von Knospenmutationen bei *Citrus*-Arten (s. SHAMEL, 1930) erwiesen.

Bezüglich der Frage **der genetischen Veränderung der Nachkommenschaft des Reises** haben wir schon genügendes Material angeführt. Das Problem muß zweifellos die Aufmerksamkeit der Genetiker und Zytogenetiker auf sich lenken.

Ferner haben wir über **die Erhöhung der Ernte vom Reis**, welche sich unter den neuen Ernährungsbedingungen in Abhängigkeit von der Unterlage erzielen läßt, zu sprechen.

So verleiht die kaukasische *Apfel*-Sorte *Abelauri von Achal.* einer Reihe von *Apfel*-Sorten, wie *Sari sinap, Kitra waschli* u. a. Tragfähigkeit und Langlebigkeit sowie Widerstandsfähigkeit gegen klimatische Einflüsse (ROLLOW, 1924, S. 175). Die Unterlage *Pasch-Alma* ist gegen die Blutlaus immun. Umgekehrt ist die Unterlage *Paradiesapfel (Pirus malus paradisiaca)* für Reiser wie *Orleansrenette* oder *Wintergoldparmäne* nicht brauchbar, denn diese *Apfel*-Sorten stoßen auf der beschriebenen Unterlage die Früchte während der Reifungsperiode ab.

Es gibt eine Kirschenart *(Prunus besseyi)*, welche in Nordamerika als Unterlage für die *Pflaume* angewandt wird, und welche nicht nur eine Zwergunterlage ist, sondern die auch die auf sie gepfropften Bäume zu einer reichen Ernte veranlaßt.

Sehr interessante Resultate erhielt LIESKE (1920) mit der Pfropfung von *Gurken* speziell mit der Pfropfung der Sorte „*Erfurter Mittellange*" auf *Sicyos angulata*. Das Reis gibt starke Sprosse mit dunkelgrünen Blättern und bedeutend größeren Dimensionen als auf ungepfropften Pflanzen. Die ausgezeichnet entwickelten Früchte haben dunkelbläulichgrüne Farbe, die ungepfropften aber eine blasse oder gelbgrüne Farbe. Das Gewicht der Früchte von gepfropften Pflanzen ist wenigstens doppelt so groß. Die Oberfläche ist glänzend, die Früchte sind saftiger. *Gurken,* welche auf *Kürbis* gepfropft sind, entwickeln sich gut. Die Größe der Früchte und die Ernte ist annähernd halb so groß wie bei ungepfropften Kontrollpflanzen. Zweifellos spielt hier die Unterlage eine bestimmte Rolle. Aber nicht jedes Reis hat denselben Effekt. Es entwickeln sich z. B. kleine russische *Traubengurken* auf *Sicyos angulata* wenig gut.

Die Ursachen für die Erhöhung der Ernte des an sich wenig guten Reises liegen in den neuen Ernährungsbedingungen. Aber genau ist diese Frage noch nicht untersucht, weshalb man für dieses Ziel nicht die Unterlage auf Grund irgendwelcher theoretischer Überlegungen auswählen kann.

Über die Beschleunigung des Eintritts der Erntezeit ist schon genügend gesprochen worden. Hier können wir vielleicht hinzufügen, daß in Pfropfkulturen im Zimmer bei Obstbäumen immer die Pfropfung mit einer Fruchtknospe oder einem Fruchtzweig empfohlen wird. Die Erntereife der Pfropfung tritt aber gewöhnlich schon im nächsten Jahre ein.

Wir möchten noch daran erinnern, daß auf die Entwicklung der Fruchtknospe zu einem wirklich früchtetragenden Organ nicht die Unterlage wirkt, sondern der Knospenzustand selber, welcher aus der Mutterpflanze entstanden ist. Das gleiche bezieht sich auch auf frühreife Sorten als Reiser verwandt. Sie tragen deshalb früh, weil es eine genetisch bedingte Eigenschaft ist, auf welche die Unterlage nur in verhältnismäßig geringem Grade einen Einfluß ausübt.

Auf S. 547 wurde über die Beschleunigung des Fruchttragens bei der *Melone* gesprochen, welche auf *Sicyos angulata* gepfropft wurde. Das gleiche gilt für die Pfropfung von *Melonen* auf *Cucumis sativus* oder *Bryonia alba, Bryonia dioica, Cyclanthera pedata, Echinocystis lobata.* Doch erhält man auf diesen Unterlagen eine niedrigere Ernte als bei Kontrollkulturen unter Glas. Auf S. 504 ist ferner über die Beschleunigung des Ernteeintritts bei gepfropfter Baumwolle gesprochen worden. Solche Beispiele stellen schon eine direkte Beeinflussung der Pfropfung durch bestimmte Unterlagen dar.

Änderung der Lebensdauer des Reises. Die Physiologie dieser Erscheinung ist auch nur in allgemeinen Zügen erforscht. Hier wirkt wieder die Nahrung und die Speicherung der Nahrung und irgendwelcher Stoffwechselprodukte, was wohl auch mit der Frage der Verjüngung zusammenhängt. Zwischen den südlichen *Apfel*-Sorten ist die Sorte ,,*Gelbe Bel fleur*" zu nennen. Als beste Unterlage für sie ist *Abelauri* aus *Achal* zu nennen, auf welcher *Bel fleur* 30—35 Jahre lang Früchte trägt, während er auf *Apfelwildling* gepfropft, sehr bald alt wird und kaum die Hälfte des oben angegebenen Alters erreicht (ROLLOW, 1924, S. 175). *Pistacia vera* lebt als Sämling nicht länger als 150 Jahre. Wenn sie aber auf andere *Pistacia*-Arten *(Pistacia terebinthus)* gepfropft wird, so lebt sie bis 200 Jahre lang. Endlich lebt *Pistacia vera* nur 40 Jahre auf *Pistacia lentiscus* als Unterlage.

LINDEMUTH (1878) weist darauf hin, daß die Mehrzahl der *Apfel*-Sorten, die auf *Johannisapfel* gepfropft werden, 15—20 Jahre lang leben, während bei der Pfropfung auf Sämlinge der Edelsorten der Gattung *Malus* ein Alter von 150—200 Jahren erreicht werden kann. Kurzlebig sind *Birnen,* die auf den *Apfel*-Baum gepfropft werden. Hier ist es am Platze, an die Verlängerung des Lebens der Organe mit Hilfe der Pfropfung zu erinnern, wie das seinerzeit für ein *Tomaten*-Blatt gezeigt wurde (s. Abb. 58, 1 der russischen Ausgabe). Gerade dieser Fall, welcher nicht mit der Natur der Unterlage zusammenhängt, — denn das bewurzelte Blatt lebt auch länger als ein gewöhnliches — gehört hierher. Die Pfropfung ist hauptsächlich für Blätter von Bedeutung, welche sich selbst nicht bewurzeln oder die sich schwer bewurzeln (z. B. *Solanum melongena, Sambucus* usw.).

Änderung des Wuchscharakters des Reises erreicht man leicht durch die Wahl entsprechender Unterlagen. Z. B. kann *Prunus spinosa* L. als Unterlage für die Erzeugung niedrig wachsender Zwergformen von *Pflaumen* und *Pfirsich* angewandt werden. Große *Birn*-Bäume entwickeln sich nie auf der *Quitte.* Auf *Prunus chamaecerasus* erhält man Zwergformen (Kopfformen) sowohl von *Kirschen* wie von *Süßkirschen.*

Apfelzwerg-Bäume kann man durch Pfropfung auf *Johannisapfel* oder auf *Doucin* erhalten.

Umgekehrt gibt z. B. *Prunus munsoniana* als Unterlage eine breite ornamentale Krone des Reises. *Sorbus*, gepfropft auf *Crataegus oxyacantha*, erreicht bedeutend größere Dimensionen als im nicht gepfropften Zustand. Aus der Knospe von *Cytisus hirsutus*, welche auf einem Zweig von *Laburnum vulgare* okuliert wird, entwickelt sich ein Zweig von viel größeren Maßen als bei der Okulation genau ebensolcher Knospe auf die Mutterpflanze. Der zweijährige Zweig hat etwa $1/4$ cm im Querschnitt etwa $1/4$ m in der Länge, während die Okulation von *Cytisus* auf *Laburnum* in gleicher Zeit Zweige von 1—$1^{1}/_{2}$ cm im Querschnitt und annähernd 1 m Länge mit sehr reichlichen Verzweigungen gibt.

Auf Amerikanerunterlagen entwickelt sich die *französische Rebe* viel intensiver als auf eigener Wurzel usw. (s. RAVAZ, 1895).

LIESKE (1920) weist darauf hin, daß *Solanum arboreum*, welches auf *Solanum lycopersicum* gepfropft wurde, im 21. Monat nach der Pfropfung einen zweimal größeren Zuwachs als das gleichaltrige Kontrollexemplar zeigte, welches nicht gepfropft wurde (s. S. 552). Dieses Beispiel ist deshalb interessant, weil die Unterlage, wenn sie auch von Natur aus eine mehrjährige Pflanze ist, eine Krautpflanze darstellt, während das Reis eine Holzpflanze ist.

Oben (S. 503) wurde über das Dickenwachstum der Unterlage gesprochen. Dies stand im Zusammenhang mit der Pfropfung. Äußerlich aber können ähnliche Bilder infolge der unabhängigen Verdickung der Stämme gepfropfter Pflanzen, welche natürlich einen verschieden starken Zuwachs der Jahresringe haben, erhalten werden. So hat *Tilia tomentosa* gleich von der Pfropfstelle an einen $1^{1}/_{2}$mal größeren Querschnitt als die Unterlage *Tilia vulgaris (Tilia intermedia)*. Umgekehrt ist der Querschnitt der Unterlage *Aesculus hippocastanum* größer als der des Reises *Aesculus rubicunda* usw. Von den Krautpflanzen ist die normale Verdickung der Rübenwurzel zu nennen, welche in jüngerem Alter auf einen blütentragenden Sproß gepfropft wurde.

Über die Erhöhung des Kreuzungserfolges ist auf S. 356f. das Nötige gesagt.

Ferner wurde schon auf S. 520 und 521 über die **Änderung der anatomischen Strukturen der Transplantosymbionten** gesprochen. Hier möchten wir bemerken, daß im Transkaukasus (UdSSR.) schon jetzt die erwähnten Experimente über Pfropfungen von *Quercus suber* und andere Arten für die Erforschung der ,,Einwirkung der Unterlage auf die Korkproduktion in qualitativer und quantitativer Beziehung ausgewertet werden". (KERN, 1930, S. 23.)

Die Erhöhung der Widerstandsfähigkeit des Reises haben wir ebenfalls an anderen Orte (s. S. 525) behandelt. In der Praxis wurde diese spezielle Aufgabe nur im Zusammenhang mit der Erkrankung des

Reises auf eigenen Wurzeln auf stark kalkhaltigem Boden erprobt, wenn dieser für die Unterlage verträglich ist. Außerdem hat man nur die allgemeine normale Entwicklung des Reises, welche seine Gesundheit begünstigte, erreichen wollen.

Prof. P. S. WINOGRADOV-NIKITIN (1924) teilt über das Gelingen von Pfropfungen von *Quercus suber* auf *Quercus macranthera* und *Quercus castaneifolia* mit (s. NIKOLAEV, 1929, S. 188). Dabei hatte ,,die Pfropfung in 64% aller Fälle Erfolg und die gepfropften Exemplare ergaben einen größeren Zuwachs (in 2—3 Monaten bis 35 cm) und litten nicht wie die Sämlinge an Chlorosen''.

Aber wie gesagt ist die Bearbeitung spezieller Aufgaben in diesem Gebiete keineswegs irgendwie abgeschlossen.

Die Verbesserung der Geschmackseigenschaften der Früchte des Reises kommt nur in bezug auf einige Geschmackseigenschaften in Frage, wie z. B. bezüglich der Süßigkeit, die unmittelbar mit der Ernährung zusammenhängt. Die Früchte eines *Birn*-Baumes, welcher auf *Quitte* gepfropft ist, sind merklich süßer, als bei Pfropfungen auf *wilde Birne* [nach Experimenten von RIVIÈRE und BAILHACHE (1897) mit den Sorten *Triomphe de Jodoigne* und *Doyenne d'Hiver*].

Außerdem haben die Experimente von LECLERQ DU SABLON (1903) gezeigt, daß nicht nur die Früchte, sondern überhaupt die vegetativen Teile der Birne reicher an Kohlehydraten sind, als die Wurzel der *Quitten*-Unterlage, die an Kohlehydraten verhältnismäßig arm ist. Überhaupt wird der Grad der Süßigkeit bei Behinderung des Abflusses organischer Stoffe, welche die Blätter des Reises hergestellt haben, größer. Man begegnet aber auch entgegengesetzten Angaben. So weist HOTTER (s. bei SORAUER, 1924, S. 818) auf eine bestimmte Erhöhung des Säuregrades bei einer ganzen Reihe von Weintrauben hin, die auf *Vitis riparia* gepfropft waren, im Vergleich zu denselben Reben, die aus bewurzelten Stecklingen herangezogen worden waren. Andererseits behauptet CURTEL (1904), daß die Süßigkeit des Saftes der Früchte auf einer Vermehrung des Gehaltes an Gerbstoffen, Aschenstoffen und besonders an Phosphat beruhe. BETZ (1923) teilt aber mit, daß die auf *Sorbus aucuparia* gepfropften *Birnen* infolge des hohen sich bei ihnen findenden Gerbsäuregehaltes nicht zu Tafelobst taugen. Möglich sind auch einige andere Veränderungen in den Früchten des Reises, so z. B. Dickerwerden oder Dünnerwerden der Fruchthaut, deren Entwicklung sehr stark vom Mineralstoffwechsel abhängt, weshalb eine Veränderung unter dem Einfluß der Pfropfung verständlich ist. So ist bekannt, daß das Exokarp der *Mandarinen*-Früchte (und anderer *Citrus*-Arten) bei Düngung mit Kalium und Kalziumsalzen dünner und elastischer wird. Also kann hier die Unterlage ebenfalls eine bestimmte Rolle spielen, wenn sie dem Boden mehr Kali entnimmt als das Reis mit seinen eigenen Wurzeln zu tun pflegt. Das Dünnerwerden des Perikarps parallel mit einer

Vermehrung des Fruchtfleisches dank einer Verringerung der Anzahl der Samen (aber Vermehrung der Masse der einzelnen Samen) wurde auch bei einigen *Weintrauben*-Sorten unter dem Einfluß der Pfropfung beobachtet (s. CURTEL, 1904).

In bezug auf **Erhöhung der Frostfestigkeit** haben wir dem Gesagten noch hinzuzufügen, daß das Reis auf bestimmten Unterlagen im Frühling auf diese Weise von den Nachtfrösten verschont bleibt. Eine solche Bedeutung hat *Citrus trifoliata* als Unterlage für *Citrus nobilis*. Hier fehlt eine physiologische Veränderung des Reises im eigentlichen Sinne, wohl aber findet unter dem Einfluß der neuen Ernährungsverhältnisse eine Bremsung des Wachstums statt. MITSCHURIN (1929b, S. 43) weist darauf hin, daß er eine Unterart von *Prunus insititia* abgetrennt hat, auf welcher viele frostempfindliche *Pflaumen*-Sorten den russischen Winter überstehen. Ähnliches findet man auch für krautige Pflanzen (DANIEL).

Zur **Begünstigung der Kreuzbestäubung** wird die Pfropfung entsprechender Zweige von dem männlichen Exemplar auf ein weibliches ausgeführt. Dies geschieht mit Erfolg bei *Aucuba, Pistacia, Gingko, Ceratonia siliqua* und wahrscheinlich bei *Eucommia ulmoides* usw. Etwas Entsprechendes ist auch bei Kräutern, wie z. B. *Cannabis sativa, Humulus lupulus* usw. möglich.

Bei verschiedenen **Kronen von Formobstbäumen usw.**, welche im Gartenbau angewandt werden, spielt jeder Zweig, sogar mitunter jeder einzelne Teil eines Zweiges eine wichtige — oft unersetzliche — Rolle. Das Zugrundegehen oder die Verletzung eines solchen Zweiges wirkt sich sehr entschieden entweder auf die Ernte oder auf die Form der Pflanze aus. Der Ersatz des fehlenden Teils durch Pfropfung von einem anderen Exemplar rettet in solchen Fällen die Situation.

Manchmal ist eine Restauration der Krone auch bei wissenschaftlichen Untersuchungen notwendig. Im Sommer 1925 sind die Spitzen unserer *Sonnenblumen* in Moskau, bei welchen wir eine sehr interessante Nachkommenschaft erwarteten, abgebrochen. Die abgebrochenen Spitzen wurden sofort auf verschiedene andere Formen gepfropft.

Durch „Brückenpfropfung" werden Obstbäume, bei welchen das Wild im Winter die Rinde rundherum um den Stamm abgenagt hat, gerettet. Die Brückenpfropfung stellt eine Verbindung der oberhalb und unterhalb der Fraßstelle befindlichen Rinde her.

Zur Wiederherstellung der Krone kann man auch den Ersatz irgendeiner Reissorte durch eine andere rechnen.

Manchmal wird man in die Krone verschiedene Sorten pfropfen, um nach einer Anzahl von Jahren zu sehen, welche von ihnen sich als besonders widerstandsfähig und rentabel unter diesen Verhältnissen und bei der gegebenen Unterlage zeigt.

Die Pfropfung von *Hedera* auf kahle *Aralia*-Stämme, bei welchen die Krone abgeschnitten wurde, gibt sehr hübsche Exemplare von *Hedera* mit hängenden Ästen, ähnlich wie wir sie bei Trauerbäumen finden. Auf ähnliche Weise pfropft man breite Kakteen, z. B. *Epiphyllum*, auf säulenförmige Sorten (z. B. *Cereus*). An Stelle der ausgestreckten Formen kann man auch kopfförmige (z. B. *Echinocactus denudatus* u. a.) nehmen und auf Säulenkakteen aufpfropfen. Bei der Pfropfung der *Kartoffel* auf verschiedene Arten der *Nachtschatten*-Familie kann man auf dem Reis Luftknollen manchmal nur in den Blattachseln, manchmal aber auch an anderen Stellen erzielen. Hier möchten wir nebenbei bemerken, daß HOFFMANN (1902), welcher sich auch mit ähnlichen Pfropfungen beschäftigt hat, das Fehlen einer Beeinflussung von Unterlage und Reis gegenseitig im Sinne einer Bildung irgendwelcher Pfropfmischlinge festgestellt hat. Das wird speziell für die Pfropfung der *Kartoffel* auf die *Tomate,* welche ausgezeichnet gelingt, bewiesen. Unsere Erfahrungen stimmen vollkommen mit denen von HOFFMANN überein.

Im Gartenbau wird die Pfropfung der Bildung bestimmt geformter Kronen sowohl bei dekorativen Pflanzen (z. B. *Rose*), sowie bei Obstbäumen vielfach ausgeführt.

Wenn man die Kronenzweige, ohne sie abzuschneiden, aneinanderpfropft, so ist es leicht, die allerverschiedensten Formen zu erhalten (z. B. bei *Abutilon* und bei anderen Pflanzen). Man kann selbstverständlich in verschiedene Zweige der Krone einer Pflanze die verschiedensten biologisch möglichen Reiser pfropfen. Auf diese Weise erhält man im Gartenbau auf demselben Baum mehrere verschiedene Fruchtsorten. Bei krautartigen Pflanzen kann ebenfalls das gleiche leicht ausgeführt werden.

Heranzucht von Ausstellungsfrüchten. Um sehr große Früchte zu erzielen, kann man einen nicht zu dicken Zweig aus der Nähe absägen, und sein abgeschnittenes Ende in den Zweig einpfropfen, an welchem die Frucht hängt, etwas unterhalb der Ansatzstelle des Fruchtstieles. Manchmal gelingt es sogar, was noch besser ist, in den Fruchtstiel selber zu pfropfen. Durch diesen Kunstgriff wird die Ernährung der Frucht verstärkt. Im wesentlichen das gleiche macht man auch bei der gärtnerischen Herstellung von *Riesenkürbissen*. Man spritzt in den Fruchtstiel Zuckerlösungen ein, oder läßt durch einen Docht eine derartige Lösung, je nachdem, wie die Frucht die Lösung aufzusaugen vermag, in die Frucht gelangen.

Rettung schwacher Sämlinge usw. Manchmal leiden Sämlingspflanzen an Chlorose und entwickeln sich auf eigenen Wurzeln schlecht. Die Pfropfung dieser Sämlinge auf gesunde Pflanzen liefert sehr oft gute Resultate. Das ist da von Wichtigkeit, wo der Sämling einen bestimmten Wert hat (interessanter Hybrid, Mutation, schwache Rasse usw.) (s. z. B. SWINGLE und Mitarbeiter, 1929, S. 90, Anmerkung unten).

4. Über die verwandtschaftlichen Beziehungen der Pfropfpartner zueinander.

Bis in die allerjüngste Zeit war kein einziger völlig bewiesener Fall einer festen interfamiliären Pfropfung unter Herstellung der Leitsystemverbindung bekannt geworden. Allerdings haben die oben beschriebenen (s. S. 471) interfamiliären Pfropfungen von Moosen (ARNAUDOW, 1925) derartige Endresultate ergeben. Wenngleich hier der Verwachsungsprozeß selber nicht untersucht wurde, so muß man doch die Pfropfungen für hinreichend dauerhaft halten. DANIEL hat mehrfach über interfamiliäre Pfropfungen berichtet und dabei darauf hingewiesen, daß als beste Methode dabei die Ablaktation (rapprochement avec entaille) anzusehen ist. So teilt er (1900) Pfropfungserfolge mit für die Paare: *Eiche* mit *Nußbaum*, *Eiche* und *Weinstock* mit *Rose*, sowie *Tanne* mit *Linde*, was also eine erfolgreiche Pfropfverbindung zwischen Angiospermen und Gymnospermen bedeuten würde. Im Jahre 1910 beschreibt er anatomische Veränderungen bei der Pfropfung von *Kohl* auf *Tomate*. Aber alle Beschreibungen leiden an der Unvollkommenheit der mitgeteilten Daten, und speziell bleibt der Zusammenhang der Leitsysteme unbewiesen, wie auch über die Lebensdauer der Pfropfungen nichts Näheres bekannt wird. (Über natürliche interfamiliäre Verwachsung siehe bei PENZIG 1921, Bd. II, S. 275, 1922, Bd. III, S. 41 und 210).

Schon im frühen Altertum wurde von interfamiliären Pfropfungen berichtet (s. VÖCHTING, 1892). Hier sei an ein Gedicht von VERGIL erinnert, wo neben Pfropfungen zwischen verschiedenen Genus auch interfamiliäre Pfropfungen erwähnt und wo sowohl Kopulationen als auch Okulationen beschrieben werden (s. *Virgilii Maronis* opera *Bucolica, Georgica* et *Aeneis*. Tomus primus liber II, S. 63, 64 und 65).

„Et saepe alterius, ramos impune videmus
Vertere in alterius, mutamque insita mala
Ferre pirum, et prunis lapidos rubescere corna.

Sed truncis oleae melius, propagine vites,
Respondent, solido paphiae de robore myrtus:
Plantis et durae coryli nascuntur, et ingens
Fraxinus, Herculeaeque arbos umbrosa coronae,
Choaniique patris glandes, etiam ardua palma
Nascitur, et casus abies visura marinos.
Inseritur vero et fetu nucis arbutus horrida,
Et steriles platani malos gessera valentes,
Castaneae fagus, ornusque incanuit albo
Flore piri, glandemque sues fregere sub ulmis.

Nec modus inserere, atque oculos imponere, simplex:
Nam qua se medio trundunt de cortice gemmae,
Et tenues rumpunt tunicas, angustus in ipso
Fit nodo sinus, huc aliena ax arbore germen
Includunt, udoque docent inolescero libro:
Aut rersum enodes trunci resecantur, et alte
Finditur in solidum cuneis via; deinde feraces

> Plantae immituntur: nec longum tempus, et ingens
> Exiitad coelum ramis felicibus arbos,
> Miraturque novas frondes et non sua poma."

Man muß noch bemerken, daß VERGIL (70—19 vor Chr.) seine *Georgica* unter Zuhilfenahme technischer Hinweise des römischen Philosophen und Agronomen VARRON abfaßte (116—27 vor Chr.), so daß man also die von VERGIL erwähnten interfamiliären Pfropfungen nicht für eine Frucht reiner poetischer Phantasie halten kann.

Abgesehen von einer weitverstreuten Literatur in den Schriften über Gartenbau finden sich Behauptungen über die Existenz interfamiliärer Pfropfungen auch bei verschiedenen Botanikern außer DANIEL. So war STRASBURGER (1885) überzeugt, daß er eine feste Pfropfung von *Schizanthus grahami* aus der Familie der *Scrophulariaceae* auf *Solanum tuberosum (Solanaceae)* erhalten habe. LINDEMUTH (1906) widerspricht STRASBURGER und hält es erstens für möglich, daß *Schizanthus* in Wirklichkeit auch der Familie der *Solanaceen* angehört, was auch noch bis heute ein ungelöstes Problem ist, über das in der Literatur z. B. bei KARSCH und ENGLER nachzulesen wäre. Zweitens bemerkt LINDEMUTH, daß bei STRASBURGER Hinweise auf die Lebensdauer und Lebensbedingungen dieser Pfropfung fehlen, so daß seine Angaben unsicher werden. Er selber führt eigene Beobachtungen an, welche ich als Zitat anführen möchte. Er schreibt (S. 434—435):

„Ich habe vielfach beobachtet, daß ohne tatsächliche Verwachsung das Reis längere Zeit lebendig blieb und frisch und sogar aus seinen Vorratsstoffen neue Stoffe bildete."

Weiter wird beobachtet, daß

„beim Absterben der Unterlage aus irgendwelchen Ursachen das mit ihr fest verwachsene Reis längere Zeit frisch und grün bleibt. Zu meinem Erstaunen bin ich auch solchen Fällen begegnet, wo das Reis, welches genügend mit Wasser durch den toten Stengel der Unterlage versorgt ist, noch viele Monate vegetierte". (S. unsere S. 403.)

Wir müssen noch bemerken, daß solche Fälle in der Tat beobachtet werden. So blieb in der Pfropfung *Mirabilis* auf *Solanum* (s. S. 360) bei zweifelloser Abwesenheit jeglicher tatsächlicher Verwachsung das Reis unter feuchten Bedingungen einige Monate leben. Das Reis *(Tomate)* lebte eine Zeitlang auf den abgestorbenen (gelb gewordenen und blattlosen) Stengeln von *Nicotiana affinis*. Übrigens halten wir es auf Grund unserer Untersuchungen des Verwachsungsprozesses bei Pfropfungen für möglich, daß in einigen Fällen interfamiliärer Pfropfungen, überhaupt von Pfropfungen, deren Reis bald eingeht, trotzdem kleine Bezirke echter Berührung der beiden Komponenten möglich sind. Aber diese Verwachsungsfenster haben zu geringen Durchmesser und zu geringe Oberfläche, als daß die Ernährung des Reises mit Wasser gesichert schiene, so daß also das Reis zugrunde geht. Außerdem kommt hier wahrscheinlich gar keine oder nur sehr schwache Gefäßverbindung durch die vorhandenen Fenster hindurch zustande. Eine derartige Annahme, die unsere gesamten Verwachsungsbilder, welche wir von Komponenten, die sich schwer aufeinanderpfropfen lassen, erhalten haben, erleichtert uns das Verständnis derjenigen Sonderfälle, wo das Reis eine Zeit auf der Unterlage ohne Verwachsung unter gewöhnlichen Bedingungen lebt. Ähnliche Bilder wurden in der Pfropfung zwischen der Gattung *Iresine* auf *Alternanthera* (Familie *Amarantaceae*) und dann bei Pfropfungen von *Monokotylen* aufeinander (SCHUBERT, 1913) beobachtet.

An dem Beispiel der Zwischenpfropfungen (s. S. 463 und Abb. 144) haben wir gesehen, daß auf einem fast abgestorbenen Zwischenbezirk (*Tomaten*-Blatt) der Sproß von *Solanum nigrum* seine Entwicklung fortsetzte. Der Hauptunterschied dieser Tatsache gegenüber dem Hinweis von LINDEMUTH auf die Lebensfähigkeit des Reises bei abgestorbener Unterlage (s. S. 582) liegt darin, daß in unserem Falle nur das Zwischenstück nicht lebensfähig ist, während die eigentliche Unterlage normal blieb.

Kehren wir dann zu den interfamiliären Pfropfungen zurück. Es ist interessant, hier zu erwähnen, daß LINDEMUTH (1906, S. 135) auf feste Verwachsung zwischen *Abutilon Thompsoni* gepfropft auf *Brachychiton populneum (Malvaceae* auf *Sterculiaceae)* hinweist. Aber nach der Bemerkung des Autors selbst konnte er wegen Mangels an Pflanzen von *Brachychiton* das Experiment nicht wiederholen. Er hat auch kein anatomisches Bild der Pfropfung gegeben, wie auch Lebensdauer und Lebensbedingungen der Vereinigung nicht angegeben sind, was unverständlich ist, da einige Zeilen vordem der Autor diesen Mangel an der Mitteilung von STRASBURGER feststellt. JAKOWLEW (1929, S. 271 bis 272) beschreibt eine interfamiliäre Pfropfung zwischen *Pirus communis* L. und *Citrus limonum* RISSO.

„In einem Falle wurde als Unterlage *Birne* (Sämling N. K.) im anderen Fall *Zitrone* genommen. Im ersten Experiment kommt der *Zitronen*-Sämling, welcher durch Ablaktation (unter Belassung der Krone der Unterlage N. K.) mit dem *Birnen*-Sämling verwachsen war, während der 19 Monate des gemeinsamen Lebens gut fort. Während der Symbioseperiode hat die *Zitrone* außer den vor der Pfropfung vorhandenen noch ein kleines Blatt entwickelt."

Für diese Pfropfung nimmt der Autor eine spezifische Wirkung des Reises an:

„Die *Zitrone* hat anscheinend ihre die Langlebigkeit bedingenden Sekrete an die *Birne,* an welcher schon mehr als $1^1/_2$ Jahre kein Blattfall eingetreten ist, übertragen. Diese Blätter unterscheiden sich bei der Birne von den normalen durch Dicke der Blattspreiten, dunkelgrüne fast schwarze Färbung der Chloroplasten um die Haupt- und Nebenblattadern. Bei genauer Betrachtung der *Birnen*-Blätter erscheinen die letzteren wie mit glänzenden Fettstoffen stark bedeckt. Aus unbekannter Ursache verdrehen sich die Blätter nach allen Richtungen, ohne ihr frisches Aussehen zu verlieren."

„In einem anderen Experiment wurde die *Zitrone* als Unterlage genommen. Die *Birne* befindet sich schon 13 Monate in Symbiose mit der *Zitrone* und im letzten

Monat begann sie zu wachsen. Die Blätter dieser *Birne* unterscheiden sich sehr scharf von den Blättern der Kontrollpflanze, welche auf eigenen Wurzeln steht, und zwar durch dunkle Verfärbung der jungen Blätter, die aus der Achsel der Spitzenknospe der *Birne* herausgetreten sind, dabei hat sich das erste Blatt der *Birne* sehr gut entfaltet, die nächstfolgenden aber verdrehen sich in ihrem oberen Teil. Die Mehrzahl derartiger Blätter beginnt einzutrocknen, ohne die Kraft der Entfaltung zu besitzen. Auf diese Weise sind 7—8 junge Blätter eingetrocknet. Trotzdem entwickelt die *Birne* ununterbrochen weiter solche verdrehten Blätter und die in der letzten Zeit entwickelten halten sich gut."

MITSCHURIN, dessen Schüler JAKOWLEW ist, schreibt über die zuerst angeführte Pfropfung (1929a, S. 41), daß in ihr eine volle Verwachsung zustande gekommen ist, und weist außerdem darauf hin, daß

„ein ebensolches Resultat auch durch Ablaktation eines zweijährigen *Zitronen*-Sämlings auf einen einjährigen *Quitten*-Sämling (Sorte Sewernaja) erhalten wurde. Hier hat die Arbeit der Blätter des „Mentors" (der immergrünen subtropischen Pflanze) die gewöhnlichen Arbeitsfunktionen des Blattsystems des Hybriden zwischen *Birne* und *Quitte* in jugendlichem Alter verändert."

Es ist für uns jetzt schwer, über diese Pfropfungen ein Urteil abzugeben, da uns weitere Mitteilungen nicht bekannt sind. Die angeführten Daten geben kein genügendes Material, um urteilen zu können, da die anatomischen Bilder der Verwachsung nicht vorliegen, und die Blattveränderung, soweit man sich nach der Beschreibung von JAKOWLEW ein Urteil bilden kann, sogar eine infektiöse oder irgendeine andere, nicht im spezifischen Zusammenhang mit der Pfropfung stehende Erkrankung vermuten lassen. Dabei wäre eine Veröffentlichung des anatomischen Verwachsungsbildes hier besonders wichtig. Wenn hier „eine vollkommene Verwachsung zustande gekommen ist", wie MITSCHURIN schreibt (s. oben), so würde trotzdem fast vollkommen die Entwicklung des Reises fehlen. Die Bestätigung der Angaben durch anatomische Bilder wäre von bedeutendem theoretischen und praktischen Interesse gewesen. In unseren Pfropfungen haben wir niemals beobachtet, daß bei tatsächlich vollkommenen Verwachsungen, d. h. bei Fehlen der isolierenden Schicht und bei guter Verbindung des Leitsystems der Transplantosymbionten das Reis sich so schlecht entwickelt hätte.

Stellenweise ist uns in der Beschreibung von JAKOWLEW auch das makromorphologische Bild nicht vollkommen deutlich. Z. B. verstehen wir nicht, was unter dem „Austritt von Blättern des *Birnen*-Reises aus der Achsel der Spitzenknospe" verstanden wird. Besonders riskant ist hier natürlich die Äußerung, daß die *Zitrone* ihre spezifische Eigenschaft des Immergrünbleibens (nach dem Autor „die Sekretion der Langlebigkeit") der *Birne* übertragen habe. Hoffentlich wird der Autor in Zukunft das weitere Verhalten dieser Pfropfung wie auch analoger neuer mit ausführlicher Beschreibung der Pfropfungen und der Kontrollpflanzen geben.

Wie schon im Kapitel über den Verwachsungsprozeß der Pfropfungen gesagt wurde, hat zuerst W. SIMON (1930) eine allerdings schwache, aber

Über die verwandtschaftlichen Beziehungen der Pfropfpartner. 585

trotzdem über jeden Zweifel erhabene tracheidale Verbindung in der Pfropfung von *Solanum melongena (Solanaceae)* auf *Iresine lindeni (Amaranthaceae)* erhalten.

1931 teilte mir Gladkoff, welcher damals in Verbindung mit unserem Laboratorium stand und jetzt Mitarbeiter desselben ist, über

Abb. 149. *Chrysanthemum annuum* auf *Solanum lycopersicum* (W. S. Gladkoff). Alter 3 Monate. Bis zum Ende der normalen Vegetationsperiode (Oktober) im Freien, dann noch 2 Monate im Treibhaus lebensfähig, dann beim Umpflanzen eingegangen. Pfropfdatum 12. Juni.

interfamiliäre Pfropfungen mit, die er mit Hilfe von N. G. Phillopova erhalten hat. Es sei hier sein Protokoll angeführt:

„Alle beschriebenen Pfropfungen sind im Sommer 1931 ausgeführt worden, ein Teil als Wiederholungen von Pfropfungen aus dem Jahre 1929 und 1930.

1. Die Pfropfung *Chrysanthemum annuum* (Familie *Compositae*) auf *Lycopersicum esculentum* (Familie *Solanaceae*). Die Pfropfung ist am 12. Juni mit einem Reis von *Chrysanthemum annuum* von 6 cm auf *Lycopersicum esculentum* 10 cm hoch, gemacht worden. Nach 11—12 Tagen fing das Reis an zu wachsen. Nach 3 Wochen entwickelten sich Blütenknospen, im August wurden Samen aus 18 Pedunculi gesammelt. Das Reis ist 25 cm gewachsen, im September bleibt es noch am Blühen (diese Pfropfung ist zum erstenmal 1930 gelungen, s. Abb. 149).

2. Die Pfropfung von *Portulaca grandiflora* Hook. *(Portulacaceae)* auf *Peireskia aculeata (Cactaceae)*. Die Pfropfung wurde am 18. Juli mit einem Reis von *Portulaca grandiflora* von 4 cm Länge auf *Peireskia aculeata* (4 cm hoch, bewurzelter Steckling) gemacht. Zum 15. August ist das Reis auf 6 cm Länge herangewachsen. Aus den Achselknospen gab es zwei Sprosse, wovon einer am 17. September die ersten Blüten gegeben hat. Die Samen sind gesammelt worden.

3. Pfropfungen von *Artemisia absinthium* L. *(Compositeae)* auf *Lycopersicum esculentum (Solanaceae)* (2 Exemplare). Die Pfropfung ist am 23. Juni ausgeführt worden. Ein Zweig von 6 cm Länge wurde auf *Lycopersicum esculentum* von 12 cm Höhe gepfropft. Alle Seitensprosse der *Tomate* wurden vernichtet und beim zweiten Exemplar wurde ein Seitensproß zurückgelassen. Nach 7 Tagen begannen beide Exemplare des Reises ihr Wachstum. Nach 12 Tagen fingen sie an, aus Seitenknospen Seitenzweige zu bilden. Im August bedeckte sich das Reis mit zahlreichen Blüten. Die Samen werden gesammelt.

4. Pfropfungen von *Nicotiana affinis (Solanaceae)* auf *Helichrysum monstrosum (Compositae)* (6 Exemplare).

Die Pfropfung wurde am 18. Juni ausgeführt. Es wurden die Stiele von *Nicotiana affinis* in 7—8 cm Länge genommen. Bis zum September wuchsen die Pfropfungen auf 15—25 cm heran. Vier von ihnen blühen. Die Blüten unterscheiden sich in keiner Weise von normal wachsenden. Alle haben ein gesundes Aussehen (die Pfropfung gelang zum erstenmal im Jahre 1929).

5. Pfropfung von *Tropaeolum majus* (Familie *Tropaeolaceae*) auf *Chrysanthemum annuum (Compositae)*. Die Pfropfung wurde am 12. Juni ausgeführt. Das Reis von *Tropaeolum* hatte 6 cm Länge und wurde auf einen jungen Sproß von *Chrysanthemum annuum* mit einer Höhe von 5 cm gepfropft. Alle Blätter des Reises gingen bald ein und 15 Tage später begannen die neuen sich zu entwickeln. Die Blätter waren sehr klein von 0,5—2 cm im Querschnitt, während die normalen einen Querschnitt von 10—15 cm haben. Außerdem waren die Blätter sehr nahe eins dem anderen angeordnet (kurze Internodien). Nach und nach entstanden seitliche Sprosse, die auch mit kleinen Blättchen bedeckt waren und Anfang September traten vier äußerlich normale Blüten mit normaler Länge der Pedunculi auf. Die reifen Samen der Pfropfung wurden gesammelt.

6. Pfropfung von *Anethum graveolens* L. *(Umbelliferae)* auf *Helichrysum monstrosum (Compositae)*. Die Pfropfung wurde am 14. August mit 5 cm langem Reis auf die Unterlage in der Höhe von 10 cm gemacht. Nach 10 Tagen begann das Reis zu wachsen. Neue Blätter und Blütenknospen fingen an, sich zu entwickeln. Es waren keine Anzeichen für das Vorhandensein von Blütenknospen beim Reis vor der Pfropfung zu vermerken. Das Wachstum verstärkte sich im Laufe der Zeit, wurde jedoch durch eingetretenes kaltes Wetter aufgehalten. Die Pfropfung ist bis auf 12 cm Länge herangewachsen.

7. Pfropfung von *Portulaca grandiflora (Portulacaceae)* auf *Helichrysum monstrosum*. Die Pfropfung wurde am 2. Juli ausgeführt. Ein Reisstengel von 3 cm Länge wurde auf einen erwachsenen Sproß der Unterlage in der Höhe von 10 cm Länge aufgepfropft. Nach 14 Tagen begann das Reis zu wachsen und kam in kurzer Zeit bis zur Bildung von Blütenknospen. Im September wurden Samen gesammelt. Das Reis ist bis auf 8 cm herangewachsen.

Außer diesen Pfropfungen sind noch folgende, welche auch wie die oben beschriebenen die Hoffnung geben, die Anwesenheit von Gefäßverbindung[1] festzustellen, gemacht worden:

---

[1] *Anm. bei der Korrektur:* Inzwischen ist es gelungen, bei Pfropfung Nr. 3 einwandfreie Gefäßverbindung durch neugebildete Anastomosen festzustellen. In einer im Druck befindlichen Arbeit werden die näheren Daten mit Illustrationen im Sammelbericht meines Laboratoriums (Verlag des Timiriaseff-Instituts) zu finden sein.

8. *Portulaca grandiflora* auf *Cinnia elegans*.
9. *Cinnia elegans* auf *Nicotiana tabacum* (Samen reif geworden).
10. *Cinnia elegans* auf *Nicotiana tabacum* (Samen reif geworden).
11. *Vicia faba* auf *Chrysanthemum annuum* (Samen reif geworden).
12. *Lycopersicum esculentum* auf *Cinnia elegans*.
13. *Cannabis sativa* auf *Helichrysum monstrosum*.
14. *Nicotiana affinis* auf *Lappa major*.
15. *Nicotiana affinis* auf *Brassica oleracea* (Futterkohl)."

Es ist interessant zu bemerken, daß alle Pfropfungen im Freiland und ohne jegliche Vorsichtsmaßnahmen gegen Austrocknung ausgeführt wurden, daß die Pfropfungen weder künstlich begossen, noch besprizt wurden. Es sei bemerkt, daß die Prozentzahl der gelungenen Pfropfungen sich erhöht, wenn eine der beiden Komponenten der Familie der *Compositen* angehört.

Die Pfropfungen wurden in der Mehrzahl der Fälle nach englischer Methode, wenngleich die Methode in einigen Fällen nicht die beste ist, ausgeführt.

Einige von diesen Pfropfungen habe ich persönlich gesehen, und es besteht deshalb für mich kein Zweifel an einer ziemlich ausgedehnten Möglichkeit interfamiliärer Pfropfungen. Viele von ihnen sahen vollkommen gesund aus. Und wenn sich das Reis gewöhnlich etwas schwächer entwickelt, so geht dies nicht über die Grenze dessen hinaus, was bei unseren Interspezies- und Intergenuspfropfungen, welche wir bedingungslos als gelungen anerkennen, die Norm ist. Auf einigen Pfropfungen waren die Verwachsung des äußeren Kallus der Transplantosymbionten oder jedenfalls deutliche Brücken, ähnlich wie wir sie bei den Pfropfungen der *rote Beete*-Wurzeln (s. S. 396) beschrieben haben, zu sehen. Wir bezweifeln nicht, daß in einer Reihe von Fällen die denkbar beste Verbindung der gepfropften Komponenten durch ihr Leitsystem bewiesen werden wird. Die mikroskopische Analyse wird in allernächster Zeit unter unserer Leitung von GLADKOFF durchgeführt werden.

Nach diesen Pfropfungen schenken wir den früheren Hinweisen auf gelungene interfamiliäre Pfropfungen mehr Aufmerksamkeit und halten es für möglich, daß ein gewisser Verwachsungserfolg zwischen den allerentferntesten Gruppen der höheren Pflanzen erzielt wird.

Es zeigt sich dabei, daß DARWIN (1899, S. 230) mehr Grund gehabt hat, zu sagen: "The facts by no means seem to indicate that the greater or lesser difficulty of grafting ... various species has been a special endowment."

Aber wir wiederholen (s. unsere Bemerkung auf S. 591), daß wir doch nicht darauf verzichten können, anzunehmen, daß die Faktoren, welche die Verwachsungsmöglichkeit bedingen, irgendwie mit genetischen Merkmalen im weiteren Sinne zusammenhängen, wenngleich dieser Zusammenhang kein unmittelbarer zu sein braucht. Darauf werden wir weiter unten noch zurückkommen. Die Pfropfungen von Spezies verschiedener

Genus gelingen sehr oft ausgezeichnet. Manchmal wächst ein Reis auf dem Individuum einer anderen Gattung sogar besser. Z. B. entwickelt sich die *Kartoffel* nicht selten viel besser auf *Datura* oder *Physalis* als auf anderen Arten des Genus *Solanum*.

ROACH (1930) teilt mit, daß *Solanum dulcamara*, welches sich auf *Solanum tuberosum* entwickelt hat, doppelt so viel wiegt, wie auf einer Kontrollpflanze (im Durchschnitt in drei Experimenten 14 g gegenüber 6 g). Bei der umgekehrten Pfropfung wurde sogar, um die Möglichkeit der Knollenbildung zu geben, die Basis des Reises durch trockenen Sand umgeben (Verdunkelung N. K.). Das Reis entwickelte sich aber schlecht.

GORSCHKOW (1929, S. 128) weist darauf hin, daß *Solanum dulcamara* besonders auf *Kartoffel* und *Tomate* sich entwickelt, da sie einen Zuwachs von 72 cm mehr als die Kontrollpflanze gab. Dabei ist nicht bemerkt, ob die Kontrollpflanze auf sich selbst gepfropft war, oder ob sie ohne Pfropfung auf eigenen Wurzeln stand. Das zweite ist uns wahrscheinlicher. FUNK (1929) sagt, daß *Petunia nyctaginiflora* auf *Nicotiana tabacum* und umgekehrt sich schlecht pfropfen lasse, daß jedoch die Pfropfungen zu 20% gelingen. In 50% aller Fälle entwickelte sich *Atropa belladonna* auf *Nicotiana tabacum* gut.

Solanum lycopersicum auf *Datura stramonium* und *Schizanthus retusus* auf *Solanum lycopersicum* lassen sich pfropfen. *Petunia* läßt sich leichter auf *Datura* pfropfen als umgekehrt. Gut lassen sich pfropfen *Nicotiana* und *Solanum* auf *Datura*.

Im allgemeinen zeigt sich, daß die systematisch weiter voneinander entfernten Gattungen *Datura* und *Nicotiana* besser miteinander verwachsen, als die nahestehenden *Nicotiana* und *Petunia*. FUNK ist aber der Meinung, daß im letzten Falle der Grund dafür nicht in der Verwandtschaft als solcher liegt (vgl. SIMON, 1930, S. 153), sondern in dem Fehlen der Neigung zur Verwachsung überhaupt bei *Petunia*, worauf ihre schlechte Verwachsungsfähigkeit auch bei homoplastischen Pfropfungen hinweist. GORSCHKOW aber (1929, S. 128) weist darauf hin, daß *Tomate, Solanum melongena, Capsicum, Kartoffel, Nicotiana, Petunia, Physalis, Solanum nigrum* miteinander gut verwuchsen und starkes Wachstum zeigten. Leider sind nicht überall die Arten angegeben und nicht darauf hingewiesen, welche Pflanzen als Unterlagen und welche als Reis verwendet wurden. Deshalb sind weder mit den Daten von FUNK noch mit unseren Vergleiche anzustellen.

Bei uns entwickelte sich *Nicotiana affinis* auf *Kartoffel* bestimmt schlecht (s. Abb. 48, S. 272 der russischen Ausgabe und Abb. 71 daselbst). Die Gesamtmasse des Reises war 10—50mal geringer als bei der Pfropfung auf *Solanum lycopersicum*. Die Mehrzahl der *Birnen*-Sorten entwickelt sich besser auf *Cydonia* als auf dem ihr nahestehenden *Apfel*-Baum

(s. STOLL, 1876, und SORAUER, 1924, S. 817). Einige *Birnen*-Sorten lassen sich nicht aufeinanderpfropfen, z. B. taugt *Pirus serotina culta* nicht als Unterlage, da die anderen Arten und Rassen der *Birne* mit ihr nicht oder sehr schwach verwachsen. Ein erfahrener Gartenbauer wies mich darauf hin, daß die Pfropfung der kanadischen *Renette* auf den roten *Calvill* nicht gelingt. Wir werden die Beispiele von S. 139—141 und S. 477 hier nicht wiederholen. Ähnliches ist auch für die *Monocotylen* bekannt. So verlangt die Verwachsung zwischen *Tradescantia fluviatilis* und *Callisia repens* weniger Zeit als autoplastische Pfropfungen bei *Tradescantia* (KABUS, 1912, S. 40).

Außer den vielen angeführten Pfropfungen zwischen verschiedenen Gattungen möchten wir die gelungene Verwachsung von *Amygdalus* mit *Prunus divaricata* L., *Juglans regia* L. mit den Arten des Genus *Carya* hier anführen. Bei uns verwuchs ferner *Hyoscyamus* gut mit *Solanum melongena* und *Syringa* mit *Ligustrum ovalifolium*. Meist lassen sich viele Gattungen der Papilionaten gut miteinander pfropfen (*Vicia, Pisum, Lathyrus, Trifolium, Medicago* u. a.). Für die *Cucurbitaceen* führt LIESKE (1920) 24 Fälle an. ROACH (1930) weist darauf hin, daß *Vicia faba* schnell mit *Vicia narbonensis* verwächst, aber in keinem Fall habe das Reis in seinen Ausmaßen die Kontrollpfropfung *Vicia faba* homoplastisch auf sich selbst erreicht (Zahlenangaben fehlen). Die umgekehrte Pfropfung ging ein, ohne die Reife zu erreichen. Anfangs entwickelte sich das Reis normal stark, fing dann an zu leiden und wurde von der Kontrollpfropfung *Vicia narbonensis* homoplastisch eingeholt. *Lupinus* gepfropft auf *Vicia faba* entwickelte sich in 11 Fällen stärker als homoplastisch gepfropft. In der umgekehrten Pfropfung, wo dem Aussehen nach eine befriedigende Verwachsung (anatomisch nicht untersucht) vorlag, war das Reis *(Vicia faba)* verzwergt.

MOLISCH (1922, S. 243) führt noch eine Reihe weiterer Pfropfungen zwischen verschiedenen Gattungen an. Nach unseren Experimenten läßt sich mehr oder weniger befriedigend *Nicotiana affinis* auf *Capsicum annuum* pfropfen, während sich *Kartoffel* sehr schlecht auf *Capsicum* pfropfen läßt. Das Reis entwickelt sich fast gar nicht, wenn es auch keine Luftknollen bildet (s. russische Ausgabe, Abb. 65, II). Aber auf *Tabak* und *Tomate* entwickelt sich die *Kartoffel* vollkommen befriedigend (s. russische Ausgabe, Abb. 65, I). Die umgekehrte Pfropfung aber, d. h. *Nicotiana affinis* auf *Kartoffel*, pflegt zu kümmern. Hier ist es interessant zu bemerken, daß die verschiedenen Rassen von *Nicotiana affinis* sich verschieden entwickeln. Aber auch bei Pfropfung von *Nicotiana affinis* auf *Tomate* entwickeln sich nicht alle Rassen des Reises gleich gut. So gedieh auch in unseren Experimenten die Rasse mit roten Blüten schwächer als die Rasse mit weißen (Abb. 84, I, II der russischen Ausgabe). Wir möchten noch auf die im allgemeinen schwachen Intergenuspfropfungen von *Solanum lycopersicum* auf *Capsicum annuum*,

Capsicum annuum auf *Solanum melongena* (KRENKE), *Rubus* auf *Roas canina* (s. SORAUER, 1898) usw., hinweisen. Manchmal muß man, um Verwachsung — wenn auch nur schwache — zu erzielen, die Pfropfung mittels „Duplieren" oder mittels „bottle grafting" ausführen. Dieser letzte Ausdruck ist durch BLAKESLEE und FARNHAM (1923) (welche fehlerhafterweise sich die Priorität für diese Pfropfmethode zugeschrieben haben), eingeführt worden. Diese seit langem bekannte Methode liegt ihrer Ausführungsart nach zwischen der Kopulation und der Ablaktation. Der Hauptunterschied liegt darin, daß das untere Ende eines langen Reisstengels bis zur möglichst vollständigen Verwachsung des Reises mit der Unterlage im Wasser gehalten wird. Die Verbindung der beiden wird durch entsprechende Schnitte (manchmal mit einer Zunge) von der Seite her ausgeführt. Dabei wird die Spitze der Unterlage, wie auch das überflüssige untere Ende des Reises erst nach Abschluß der Verwachsung weggeschnitten. Der Sinn dieser Methode ist klar: Zur Zeit der unvollständigen Verwachsung ist das Reis mit Wasser versorgt, die Entwicklung der Unterlage geht normal vor sich, da ihre Spitze nicht entfernt ist. Auf diese Art lassen sich z. B. *Kartoffel* und *Capsicum* (Abb. 65, II der russischen Ausgabe) und auch *Mirabilis jalapa* autoplastisch (Abb. 57, II der russischen Ausgabe) pfropfen.

Auf S. 474 wurde auf die Schwierigkeit (manchmal Unmöglichkeit) hingewiesen, feste Verwachsungen zwischen erwachsenen Monokotylen zu erzielen, unabhängig von dem Grad der Verwandtschaft der miteinander zu pfropfenden Komponenten. Es wurde auch bemerkt, daß bis jetzt keine Beweise vorlägen für irgendwelche besonderen unüberwindlichen, biologischen Hindernisse zur Erzielung des gewünschten Erfolges. Die Tatsachen der ausgezeichneten Verwachsung von Dikotylen mit zerstreuten Bündeln (z. B. *Mirabilis*) sprechen dafür, daß die Ursache des Mißerfolges der Monokotylenpfropfungen nicht in diesem Bauprinzip liegt. Allerdings unterscheiden sich die zerstreut liegenden Leitbündel der Monokotylen von denjenigen der Dikotylen. Auf jeden Fall sind weitere genauere Untersuchungen erforderlich. Dies ist besonders deshalb wichtig, weil die Pfropfungen von monokotylen Holzpflanzen im Ziergartenbau sich als sehr wesentlich erweisen können (nicht nur Umformungen der Krone, sondern auch Herstellung frostfester Pfropfungen in Gebieten, wo die kritische Temperaturgrenze der betreffenden Pflanze erreicht wird).

Am Beispiele der *Lärchen* (s. S. 472) wie auch an vielen anderen haben wir gesehen, daß der Verwandtschaftsgrad eine gewisse Bedeutung für den Pfropfungserfolg hat, aber nur innerhalb gewisser Grenzen. Es gibt auch umgekehrte Angaben. Also bleibt die Frage, ob gelungene Verwachsungen eine Reaktion auf den Verwandtschaftsgrad der Pfropfpartner seien, offen. Wir halten es für angebracht, diese Frage gemeinsam mit dem ähnlichen Problem der Pflanzenkreuzungen zu bearbeiten.

Über die verwandtschaftlichen Beziehungen der Pfropfpartner. 591

Dies ist auch schon deshalb ratsam, weil es von Interesse ist zu wissen, ob man aus einem eingetretenen Verwachsungserfolg auf einen möglichen Kreuzungserfolg schließen kann.

Um unsere Auffassung von der Möglichkeit einer derartigen Gegenüberstellung der beiden Gebiete zu stützen, möchten wir auf DARWIN (s. 1899, S. 230) hinweisen. DARWIN schreibt folgendes:

"We thus see, that, although there is a clear and great difference between the mere adhesion of grafted stocks, and the union of the male and female elements in the act of reproduction get that there is a rude degree of parallelism in the results of grafting and of crossing distinct species. And as we must look at the curious and complete laws governing the facility with which trees can be grafted on each other as incidental on unknown differences in their vegetative systems, so believe that the still more complex laws, governing the facility of first crosses are incidental on unknown differences in their reproductive systems. These differences in both cases, follow to a certain extent, as might have been expected, systematic affinity, by which term every kind of resemblance and dissimilarity between organic beings is attempted to be expressed. The facts by no means seem to indicate that the greater or lesser difficulty of either grafting or crossing various species has been a special endowment, although in the case of crossing the difficulty is as important for the endurance and stability of specific forms, as in the case of grafting it is unimportant for their welfare" (s. 1899, S. 230, 231).

Wir (N. K.) sind der Meinung, daß eine derartige Eigenschaft (diejenige der Verwachsungsfähigkeit) ein kompliziertes, abgeleitetes, genotypisches Merkmal darstellt, welches durch eine ganze Reihe von chemisch-physiologischen Merkmalen bedingt ist. Andererseits muß man theoretisch die Möglichkeit erfolgreicher experimenteller Kreuzungen und Verwachsungen beliebiger Arten annehmen, was, wie bekannt, aber unter keinerlei Bedingungen gelingt, wenigstens nach dem gegenwärtigen Stand der Wissenschaft. Immerhin hat die Verwachsungsfähigkeit eine verhältnismäßig ausgedehnte systematische Reichweite.

Die heute vorliegenden Daten zeigen viele Beispiele, wo Hybriden zwischen entfernteren, systematischen Einheiten leichter herzustellen sind als zwischen Nächststehenden. Eines der charakteristischen Beispiele dieser Erscheinung hat MEISTER (1924) für seine Roggen-Weizen-Bastarde gegeben.

Bei entsprechender Auswahl der Weizenrassen erhält man diesen Gattungsbastard sogar natürlich und mit größerem Erfolg als den Artbastard *Triticum vulgare* × *Triticum durum*. M. NAWASCHIN (1927) führt die von ihm untersuchten Tatsachen einer besser gelungenen Kreuzung zwischen entfernten Arten der Gattung *Crepis* als zwischen näherstehenden Arten an.

Entsprechend gibt es Beispiele für den Mißerfolg einer Kreuzung zweier Rassen einer und derselben Art, während Kreuzungen zwischen Arten derselben Gattung gelingen. Es gibt viele Beispiele über die verschiedensten Verhältnisse bei Kreuzungen zwischen Rassen einer Art. Endlich gibt es nicht wenige Fälle, wo die Hybriden sich ganz verschieden zur Rückkreuzung verhalten. So gibt z. B. *Nicotiana paniculata* Embryonen, wenn sie mit *Nicotiana Langsdorffii* bestäubt wird. Bei umgekehrter Kreuzung kommt die Befruchtung nicht zustande. Wenn *Mirabilis jalapa* Mutterpflanze ist, bringt sie Früchte bei Bestäubung mit Pollen von *Mirabilis longiflora*. Die reziproke Kreuzung gelingt auch hier nicht (H. FIRBAS, 1922, s. noch LAIBACH, 1930).

Es besteht ein Parallelismus in den gegenseitigen Beziehungen der Komponenten bei den zwei verschiedenen Formen ihrer Verbindung. Den Pfropfungen, wo ganze Pflanzenteile sich miteinander verbinden, einerseits — den Kreuzungen, wo die Geschlechtszellen (die Kerne) sich miteinander verbinden, andererseits — aber es fehlt in der Regel ein Parallelismus in bezug auf bestimmte miteinander zu kreuzende oder zu pfropfende Arten ganz zweifellos. Man findet viele Beispiele für gelungene Verwachsungen zweier Arten, wo Kreuzungen nicht gelingen. Auch das umgekehrte Verhältnis kommt vor.

Wir möchten nach allem, was wir bisher anführten, die Frage aufwerfen, ob man Pfropfungen und Kreuzungen als Reaktion auf die systematische Stellung der beiden im Experiment eingehenden Pflanzenarten benutzen kann. Meistens wird angenommen, daß man in der Mehrzahl der Fälle damit rechnen kann, daß gelungene Kreuzungen und Pfropfungen einen gewissen Verwandtschaftsgrad der beiden Komponenten charakterisieren. Es existiert aber auch die Ansicht, daß innerhalb gewisser Grenzen Pfropfungen, wie auch Kreuzungen den Verwandtschaftsgrad nicht zu charakterisieren vermögen. Diese Meinung gründet sich auf Fälle, wie sie oben angeführt wurden. Unsere Ansicht bezüglich dieses Problems haben wir schon 1928 ausgesprochen. Wir sagten damals: „Wenn wir den Verwandtschaftsgrad zweier systematischer Einheiten beurteilen, so sind wir nicht in der Lage, alle Merkmale der zu vergleichenden Einheiten zu berücksichtigen. Besonders schwer lassen sich chemische und physiologische Merkmale berücksichtigen. Und gerade diese Merkmale sind es, welche am häufigsten den Kreuzungs- und Verwachsungserfolg bestimmen. Dabei ist es bekannt, daß in verschiedenen Arten im Verlaufe des Evolutionsprozesses verschiedene Merkmale sich verschieden entwickeln. Das gilt z. B. für die Arten einer Gattung.

Parallelselektion oder Parallelvariabilität der Mehrzahl der Merkmale ist genau so gut wie starkes Auseinanderweichen einzelner Merkmale möglich. Man kann sich leicht vorstellen, daß zwei Arten in einem Merkmal, welches irgendwie chemisch oder physiologisch den Kreuzungserfolg oder den Verwachsungserfolg dieser Arten bestimmen kann, weit auseinandergewichen sind. Wenn nun die übrigen Merkmale einander ähnlich blieben, so werden wir die beiden Arten zweifellos mit Recht als einander nahestehend betrachten. Die Pfropf- oder Kreuzungsverbindung gelingt nur deshalb nicht, weil sich etwa eine der beiden

Arten in dem betreffenden Merkmale in vollkommen abweichender Richtung entwickelt hat. Bei morphologischen Merkmalen (auch bei der Blüte und ihren Elementen) und auch bei biologischen Merkmalen (Entwicklungstermine der Pflanze im ganzen oder der Geschlechtsorgane oder einzelner vegetativer oder generativer Elemente usw.) läßt sich gewöhnlich leicht die Unmöglichkeit oder die Schwierigkeit der Kreuzung zweier Arten und sogar Rassen erklären, ohne daß man dabei die Behauptung aufstellen müßte, daß diese Einheiten verwandtschaftlich einander fernstehen (s. LAIBACH, 1930). Die Betrachtungen lassen sich auch auf die Verwachsungsprozesse anwenden, wenn irgendwelche Besonderheiten der Struktur oder biologische Besonderheiten die Verwachsung stören, mögen auch im übrigen die Komponenten zweifellos nahe miteinander verwandt sein. Es ist z. B. die Verwachsung von saftigen und fleischigen Pflanzenteilen mit wesentlich anders aufgebauten sehr schwierig. Das gilt auch, wenn die beiden Pfropfpartner einander systematisch nahestehen. Aus rein technischen Ursachen ist die Verwachsung meristematisch verschieden gearteter Teile oft schwierig, auch dann, wenn sie einer und derselben Rasse angehören. Sehr oft gelingen die Pfropfungen von Pflanzen schlecht, deren Schnittflächen sich mit Milchsaft, Schleim oder Tanniden usw. bedecken. Allerdings erweisen sich diese Hindernisse häufig als überwindbar. So gelingen z. B. Pfropfungen zwischen den Arten der Familie der *Cactaceae*, die in ihrem Stengelparenchym eine große Anzahl schleimabsondernder Zellen führen, die auch Milchsaft besitzen, durchaus (vgl. KABUS, 1912, und FUNK, 1929). Bei schnell ausgeführter Operation gelingen auch Okulationen bei *Diospyros kaki*. Die Absonderung von Tanniden in der Rinde des Reises wie auch der Unterlage, mag sie auch zum selben Genus gehören, erschwert die Ausführung dieser Okulation (s. SARETZKY, 1929, S. 83). Die Verwachsung kann infolge Turgorverlust in den zur Verwachsung bestimmten Geweben (s. FUNK, 1929, S. 442) erschwert werden. Endlich kann der Mißerfolg bei der Verwachsung durch übermäßig große Empfindlichkeit der anliegenden Zellen gegen die Verwundung hervorgerufen werden. Infolge dieser Verwundung sterben Zellen ab oder erkranken stark, womit sie die zur Verwachsung notwendigen Funktionen verlieren. Diese Krankheit steht aber nicht im Zusammenhang mit der Pfropfung als solcher, sondern ist einfach eine Verwundungsfolge. Endlich kann, wie ARNAUDOW (1925) bemerkt, bei den Moospfropfungen die mangelnde Übereinstimmung des Querschnittes der Vaginula der Unterlage mit dem Querschnitt der Basis des gepfropften Sporogons ein Hindernis für die Verwachsung darstellen. Entsprechendes kann natürlich in den Pfropfungen der Gräser durch Hineinsetzen des Reises in die Blattscheiden der Unterlage eintreten (s. unsere S. 473). Im letzteren Beispiel kann es auch sein, daß die Pfropfung deshalb nicht zustande kommt, weil die Querschnitte des Reises und der Unterlage nicht zueinander passen, besonders, wenn die Unterlage den größeren Querschnitt hat. Manchmal erschwert das mangelnde Zusammenpassen der Querschnitte der beiden Transplantosymbionten die Verwachsung auch bei Dikotylenpfropfungen.

Aus dem Gesagten ist zu ersehen, daß in einer Reihe von Fällen bei nicht gelingenden Pfropfungen sich das Problem der Beseitigung der Verwachsungshindernisse ergibt. Man verfolgt bei der Behandlung dieser Aufgaben sozusagen passive Ziele. Aber wie schon im Kapitel über den Verwachsungsprozeß besprochen wurde, und auch auf Grund des in dem Abschnitt über den Einfluß der Pfropfung auf die Widerstandsfähigkeit der Transplantosymbionten gegen Krankheiten Gesagten, ist es klar, daß man als ein Ziel der Lehre von den Pfropfungen die aktive Verbesserung der Verwachsungsfähigkeit unter der Wirkung verschiedener Stimulatoren (nicht nur chemischer) auf die Schnittfläche, wie auch auf die Transplantosymbionten im ganzen aufstellen kann. Die allgemeinen Entwicklungsbedingungen und Ernährungsbedingungen, welche für die Pfropfung in Frage kommen, wie auch der Zustand der zu pfropfenden Partner, wirken auf den Verwachsungsprozeß. Alle diese Faktoren können bis zu einem gewissen Grade aktiv reguliert werden. Speziell kann, wie wir hier wiederholen möchten, die vorherige Behandlung des Materials für die spätere Pfropfung von positiver Bedeutung sein.

In bezug auf die Pfropfungen ergibt sich also das gleiche Problem, das jetzt hinsichtlich der Kreuzungen gestellt wurde (LAIBACH, 1930), wo es sich ebenfalls darum handelt, einesteils durch aktive willkürliche Beeinflussung den Geschlechtsprozeß zu begünstigen, andererseits sozusagen passive Hindernisse zu beseitigen.

Wir müssen noch bezüglich der Pfropfungen bemerken, daß uns Fälle experimenteller Überwindung von Hindernissen bei Arten, welche gar nicht miteinander verwachsen, nicht bekannt sind. Es handelte sich bis jetzt nur um experimentelle Begünstigung der Verwachsung bei Pflanzen, die, wenn auch schlecht, so doch auch ohne derartige Einwirkungen miteinander verwachsen, d. h. wir haben hier etwas ganz Ähnliches vor uns, wie wir es (s. S. 339) bezüglich der Stimulation der Bewurzelung von Stecklingen schon beschrieben haben. Wir erklären das aus Evolutionsursachen, die also in der geschichtlichen Entwicklung der gegebenen Pflanze liegen.

Wenn wir jetzt zu den oben erwähnten quasi mechanischen Hindernissen der Verwachsung zurückkehren, so wird klar, daß derartige Schwierigkeiten für eine Verwachsung keinerlei Beziehungen zur Beurteilung der systematischen Stellung der Komponenten zueinander haben können. Es kommen also nur Merkmale physiologischen und chemischen Charakters in Frage. Es wurde schon gesagt, daß auch sie keine endgültige Antwort auf die gestellte Frage geben können, da diese Merkmale in ähnlichen Untersuchungen meistens nicht berücksichtigt werden oder wenn, dann längst nicht hinreichend genau. Wenn es gelungen wäre, ausführlich die chemisch-physiologischen Merkmale der sich verbindenden Komponenten zu berücksichtigen, so könnten sich zwei verschiedene Zustände ergeben.

1. Die miteinander verwachsenden oder miteinander kreuzbaren systematischen Einheiten haben eine Gemeinsamkeit der Merkmale infolge tatsächlicher gegenseitiger Verwandtschaft, welche sich gerade in der Ähnlichkeit der physiologisch-chemischen Merkmale am deutlichsten ausprägt, während bezüglich der anderen Merkmale ein deutliches Auseinanderweichen beobachtet werden konnte. Dann werden die beiden Arten von den Systematikern als weit voneinander entfernt betrachtet werden.

2. Die Ähnlichkeit in bezug auf einige chemisch physiologische Merkmale ist nicht durch tatsächliche Verwandtschaft, sondern durch irgendwelche allgemeine Entwicklungsgesetze bedingt, d. h. sie stellt artphysiologisch eine chemische Konvergenz dar.

Also läßt die Frage sich auf das Wesen der Systematik selbst zurückführen. Wir wissen aber, daß diese Frage sehr weit von der endgültigen Lösung entfernt ist. Wir haben, wenn wir mit der orthodoxen, mit der rein extern-morphologischen Systematik beginnen, alle Stadien einer Vertiefung ihrer Methoden bis zu Versuchen zur zytologischen Systematik. Wir haben auch ein System, das auf der serodiagnostischen Methode aufgebaut ist (SEBER, 1909, S. 171—172). Endlich ist das „biochemische Grundgesetz der Evolution des Stoffes im Organismus" von IVANOW (1926) aufgestellt worden, wo die Evolutionslehre auf die chemischen Stoffe im Organismus ausgedehnt wird. Dieses könnte später ein Hilfsmaterial für ein bestimmtes phylogenetisches System geben. Wir werden nicht auf die vielen weiteren selbständigen oder Hilfsprinzipien einer natürlichen Systematik hier eingehen. Wir möchten aber bemerken, daß neben einem Zusammenfallen der Resultate der Systematik nach verschiedenen Methoden (NIKOLAEVA, 1922, 1923) auch Unterschiede gefunden werden. So fällt z. B. das chemische System von HALLIER stellenweise nicht zusammen mit dem morphologischen System von ENGLER. Ebenfalls sind Unterschiede im System von MEZ (1922 usw.) vorhanden, das nun wieder seinerseits kritisiert wird (s. BÄRNER, 1927, und MORITZ, 1928, 1929, 1930a, 1932b). Wir haben eine ausführlichere Untersuchung aller chemischen Merkmale weder für die großen systematischen Einheiten noch für die Arten auch nur eines Genus. Dabei könnten solche Daten uns in unseren speziellen Fragen vielfach helfen. Leider ist kaum daran zu denken, daß bei dem gegenwärtigen Zustand unserer Kenntnisse und Technik eine derartige Bearbeitung in allernächster Zeit erfolgen wird[1].

---

[1] [Als gute Zusammenfassung des vorhandenen Rohmaterials sei WEHMER (1929/30) hier erwähnt. M.]

Manchmal findet man auch Unterschiede in den Ergebnissen der Zytologen und allgemeinen Morphologen. Aber wenn auch alle diese Differenzen nicht vorhanden wären, so blieben trotzdem die feinen, chemischen und physiologischen Merkmale, die wahrscheinlich das Wesen der ganzen Sache ausmachen, unerforscht. Aus dem Gesagten geht für uns hervor, daß bei dem gegenwärtigen Zustand der natürlichen Systematik der Pflanzen eine allgemeine endgültige Lösung der Frage der Verwachsungen und Kreuzungen als Reaktion auf den Verwandtschaftsgrad der Komponenten noch nicht möglich ist. Das direkte Experiment spricht in der Mehrzahl der Fälle für die Möglichkeit einer positiven Lösung, was auch theoretisch leichter zu begründen ist. Denn bei nahe verwandten Arten sind wenig Aussichten für weites Auseinanderweichen von Merkmalen überhaupt gegeben und also auch für Merkmale, die auf den Verwachsungs- und Kreuzungserfolg einwirken können.

So haben wir 1928 geschrieben und wir haben absichtlich wegen der bequemen Gegenüberstellung mit den Betrachtungen von SIMON (1930, S. 152—155) über dasselbe Thema diese Betrachtung fast ohne Veränderungen hier gebracht. Jetzt möchten wir noch folgendes hinzufügen:

Die Erfolge der neuen interfamiliären Pfropfungen möchten von neuem dazu veranlassen, die Frage aufzustellen, ob der Pfropfungserfolg in irgendeiner Weise von dem Verwandtschaftsgrad der miteinander zu verbindenden Partner abhängt. Wir wiederholen aber, daß die überwiegende Mehrzahl der Fälle für eine derartige Abhängigkeit spricht. Wenn irgend jemand damit nicht einverstanden wäre, so wäre er gezwungen, eine Erklärung abzugeben, weshalb in der Mehrzahl der Fälle von Pfropfungen etwa innerhalb der Grenzen einer Art diese besser gelingen als interfamiliäre Pfropfungen. Wir sehen keine Möglichkeit, auf diese Frage eine Antwort zu geben, ohne die Bedeutung der verwandtschaftlichen Beziehungen anzuerkennen.

Umgekehrt, wenn das anerkannt wird, was oben ausgeführt wurde, so ist es nicht schwer den Erfolg einiger interfamiliärer Pfropfungen und möglicherweise auch von Pfropfungen zwischen noch weiter voneinander entfernten systematischen Einheiten zu erklären. Die Ursache würde darin liegen, daß hier im Prozeß der natürlichen Auslese in einzelnen systematischen Einheiten gerade diejenigen Merkmale verblieben sind, welche den Verwachsungsprozeß zulassen. Diese Merkmale brauchen bei weitem nicht streng spezifisch zu sein, andererseits erweisen sie sich aber bestimmt als evolutionärer Herkunft. Auf diese Weise wären also im Verlaufe der natürlichen Zuchtwahl diese Merkmale mit jenen anderen hinsichtlich deren die zu betrachtenden systematischen Einheiten sich abweichend entwickelten, und welche die systematische Charakterisierung der Einheit veranlaßt haben, nicht korrelativ verbunden.

Andererseits kann die Erklärung über Erfolg oder Mißerfolg sozusagen in umgekehrter Richtung geführt werden. Man braucht nämlich nicht die Merkmale zu betrachten, welche die Verwachsung begünstigen, sondern man kann auch von solchen reden, welche sie hindern. Also könnten gewisse im Verlauf des Evolutionsprozesses divergent entwickelte Merkmale den Verwachsungserfolg stören, während gemeinsame, die sich in den gegebenen systematischen Einheiten finden, die Verwachsung nicht hindern. Aber auch so sehen wir, daß der Verwachsungserfolg in irgendeiner Weise vom Evolutionsprozeß abhängig ist, und diejenigen Merkmale, welche den Verwachsungserfolg bestimmen, sind Merkmale genetischen Charakters im weiteren Sinne.

So können also Pfropfungen entfernter, systematischer Einheiten theoretisch zur Feststellung solcher Merkmale dienen, welche ohne korrelative Verbindung mit den übrigen spezifischen Merkmalen der zu betrachtenden Spezies, Genus, Familien usw. sich entwickelten. Das würde sogar von Wichtigkeit sein für das Verständnis des Evolutionsmechanismus und uns sogar eine gewisse aber nicht obligatorische Prognose ermöglichen. Wir müßten aber imstande sein zu bestimmen, welche dieser Merkmale den Verwachsungserfolg bedingen, was uns aber bis jetzt nicht möglich ist.

Es gibt Gründe für die Annahme, daß in Pfropfungen entfernter systematischer Einheiten die Reduktionsteilung im Reis um so eher gestört wird, da es wahrscheinlich ist, daß in solchen Pfropfungen in das Reis Lösungen eindringen werden, welche nicht normal sind oder jedenfalls weniger normal als es bei Pfropfungen auf nahe verwandte Arten der Fall sein würde. Selbstverständlich ist das nur eine Annahme, da wir nicht wissen, welche Veränderungen die wäßrigen Lösungen und die plastischen Stoffe eines Transplantosymbionten beim Übergang in das fremde Milieu des anderen Transplantosymbionten durchmachen.

Es bleibt noch die Frage ungelöst, wie Mißerfolge bei reziproken Pfropfungen (und Kreuzungen) zu erklären sein mögen. Wenn man dabei alle gewissermaßen mechanischen Faktoren (s. S. 593) beiseite läßt, so sehen wir hier ein verschiedenes physiologisches Verhalten derselben Pflanze als Reis und auf eigenen Wurzeln. In diesem Falle äußert sich dieser Unterschied gerade in bezug auf die Verwachsung mit der anderen zu untersuchenden Pflanze. Worin dieser Unterschied liegt, ist bis jetzt schwer zu sagen. Man kann sich z. B. vorstellen, daß in diesen Fällen Präzipitation oder ähnliche Reaktionen von Einfluß sind, derart, daß die Stoffe des Reises etwa als Antigene funktionieren, gegen welche Antikörper gebildet werden. In den umgekehrten Pfropfungen ändern sich in dieser Beziehung die Rollen[1].

---

[1] [Unter der Voraussetzung, daß Pflanzen überhaupt zu einer der im Tierkörper vor sich gehenden analogen Antikörperreaktion befähigt sind, würde eine derartige Erklärung durchaus möglich sein, da schon verschiedene Organe ein und derselben Pflanze sich bezüglich ihres Antigengehaltes unterscheiden. Über die sich aus eben dieser „Organspezifität" ergebenden Bedenken gegen die Möglichkeit einer Antikörperreaktion innerhalb einer Pfropfsymbiose sei auf die Erörterungen auf S. 1871f. verwiesen. M.]

Ähnlich kann man auch eine Reihe weiterer möglicher physiologischer, chemischer und physikochemischer Beziehungen sich vorstellen, welche hier von Wichtigkeit sein könnten. Wir möchten uns jedoch nicht bei diesen rein theoretischen Dingen aufhalten. Hier ist nur wichtig, daß die Mißerfolge reziproker Pfropfungen (und Kreuzungen) nicht gegen unsere Betrachtungen über die verwandtschaftlichen Beziehungen der Pfropfpartner sprechen. Tatsächlich weisen diese Fälle nur hin auf verschiedenartige, gegenseitige Beziehungen der verwendeten Arten, wenn sie einmal als Unterlage, einmal als Reis zu wachsen gezwungen waren, also jedenfalls unter verschiedenen Bedingungen wuchsen.

5. Pfropfmethoden und Pfropfungen auf nicht bewurzelte Stecklinge.

Wir haben schon gesehen, daß Pfropfungen auch ausgezeichnet auf Stecklinge ausgeführt gelingen, wenn diese in Wasser oder feuchten Sand gesetzt waren (Abb. 74 der russischen Ausgabe). Die Wurzeln bilden sich an der Unterlage dann sehr oft nach der Verwachsung des Reises mit der Unterlage. Selbstverständlich ist dieses Verfahren praktisch, wenn die Unterlage überhaupt die Fähigkeit besitzt, sich zu bewurzeln. Aber auch ohne daß diese Bedingung erfüllt wäre, gelingen die Pfropfungen, dann aber kann die gepfropfte Pflanze, die also wurzellos ist, nur eine begrenzte Zeit im Wasser am Leben erhalten bleiben. Für wissenschaftliche Zwecke genügt das sehr oft und das Fehlen einer Wurzel ist oft sogar erwünscht.

In der letzten Zeit wird in Georgien, wie schon lange in Frankreich (Montpellier, Gartenbauschule RICHTER), die Weinrebe auf nicht bewurzelte Stecklinge gepfropft. Diese Methode heißt „Pfropfung nach RICHTER".

Sie läßt sich durch ein spezielles Beispiel in folgender Weise erklären (NAKACHIDZE, 1915):

„Im Februar 1930 wurden die Unterlagen gewonnen. Im Frühling Reiser von hiesigen Sorten vorbereitet. Beide wurden im Keller im Sand eingegraben. Wegen Fehlens brauchbarer Treibhäuser konnte die Pfropfung nicht früher als am 25. April durchgeführt werden. Alle Arbeiten an der Pfropfung, wie Abschneiden, Säuberung der Unterlagen und Reiser, Pfropfoperationen, Verpacken in Kisten usw. waren am 13. Mai beendet. Die Kästen für das Einlegen der Pfropfungen wurden 11 × 11 Werschok[1] in Größe genommen. In solche Kästen kommen 600—800 Stück, je nach der Dicke der Pfropfung. Die Kästen werden so angefertigt, daß Wasserabfluß und Luftzufuhr möglich sind, und daß auch die Pfropfungen in diesen möglichst gleichmäßig angeordnet werden können. Auf den Boden der Kästen wird eine Schicht einer feuchten Mischung aus reinem, zerriebenen Moos ($^2/_3$) und feiner Kohle ($^1/_3$) gelegt. Je 100 in den Kasten eingelegter Pfropfungen werden mit solcher Mischung überschichtet. Nach bestimmter Regel werden die in den Kasten eingelegten Pfropfungen periodisch mit Wasser befeuchtet. Die Kästen mit den Pfropfungen werden ins Treibhaus gestellt. So waren am 1. Mai 6 Kästen mit Pfropfungen ins Treibhaus eingesetzt worden, die vorher vom 27. April

---

[1] 1 Werschok = 4,445 cm.

bis zum 1. Mai in der Pfropfwerkstatt gehalten worden waren. Die Temperatur wurde möglichst um 24⁰ R und die Luftfeuchtigkeit bei etwa 90% gehalten. In bestimmten Abständen werden die Kästen in ein Wasserbad gesetzt. Das überschüssige Wasser fließt durch eine Öffnung in den Kästen heraus. Unter günstigen Bedingungen ist nach 7—8 und im Maximum in 10—11 Tagen an den unteren Enden der Unterlagen die Kallusbildung abgeschlossen und die Augen des Reises wachsen zu 1—3 cm langen Sprossen aus. Danach werden die Kästen in einen Wärmeschrank gebracht, wo sie 5—6 Tage lang gehalten werden. Zum Schluß werden die Pfropfungen ausgepflanzt. Die Auspflanzung dieser Partien wurde am 17. Mai ausgeführt. Im Boden geht die Bewurzelung der Unterlagen sehr schnell vor sich und auf diese Weise haben wir im Laufe von $1^1/_2$ Monaten vom Beginn der Pfropfung an fertige, bewurzelte Stecklinge von der gepfropften Weinrebe. Diese Stecklinge werden im nächsten Frühjahr an ihren endgültigen Platz gepflanzt."

In ähnlicher Weise gelingt die Pfropfung von vielen Fruchtbäumen auf wurzellose Unterlagen (s. SEIGERSCHMIDT, 1876, Wiener Obst- und Gartenzeitung, S. 587, AUCHTER, 1925, und CHANDLER, 1905). Das gleiche bezieht sich auf *Rosen*, *Clematis* u. a. Der Vorzug dieser Pfropfung liegt darin, daß sie auch in einer gewissen Periode des Winters und der Frühlingszeit möglich ist, und ferner darin, daß sie die Möglichkeit gibt, ein Exemplar der Unterlage für viele Pfropfungen auszunützen. Auch eine leichte Bewurzelung der Unterlagen wird so erreicht. Man kann die Pfropfungen auch direkt in die Erde stellen, so daß 2—3 Augen des Reises oben bleiben.

Diese Beschreibung verzichtet wegen Platzmangels auf viele Einzelheiten, da es uns hier ja nur darauf ankommt, die Wichtigkeit der praktischen Anwendung von Pfropfungen auf nicht bewurzelte Stecklinge zu zeigen. Die Pfropfung auf den Steckling kann auch in dem Fall nützlich sein, wo die gewünschte Unterlage in bewurzeltem Zustand im gegebenen Augenblick nicht vorhanden ist. Für diese Experimente sind z. B. Stecklinge der *Tomate* als Unterlage sehr brauchbar, ferner auch Stecklinge von *Solanum nigrum*, der sich viel langsamer und viel weniger reichlich bewurzelt als die *Tomate*.

Bei Besprechung der Pfropfungen haben wir uns nebenbei auch mit der Technik des Schneidens und der Verbindung von Unterlage und Reis beschäftigt. Es gibt sehr viele Pfropfmethoden (bis 150) (s. ferner noch VÖCHTING, 1892, mit viel Literaturangaben über diese Frage). Die hauptsächlichsten dieser Pfropfmethoden sind in den Büchern über Obstbau angegeben (vgl. außerdem MOLISCH, 1922, S. 238—241).

Übrigens gibt es eine große Anzahl weiterer Möglichkeiten. Wir finden in den technischen Handbüchern (s. PATON, 1915) verschiedene Formen der Verbindung von Holzblöcken angegeben, die mit gewissen Veränderungen, manchmal aber auch direkt in die Technik der Pflanzentransplantation übernommen werden können. Selbstverständlich sind für viele Pfropfungen Spezialinstrumente, wie sie in medizinischen, chirurgischen Bestecken vorhanden sind, nötig (dünne Skalpelle, krumme und löffelförmige Messer). Es steht außer Zweifel, daß die Mehrzahl dieser Pfropfmethoden nur theoretisches Interesse (s. S. 457 c) haben werden. Es ist aber sehr wahrscheinlich, daß man auch auf recht interessante praktische Ergebnisse stoßen kann, wenn man vom Standpunkt des Verwachsungserfolges, wie auch vom Standpunkt der mechanischen Eigenschaften verschiedener Verbindungstypen das Problem betrachtet. Das hat in der allerersten Zeit des Bestehens einer Pfropfung, sehr oft aber auch für die nächstfolgende Zeit eine gewisse Bedeutung. Es ist interessant, darauf hinzuweisen, daß die Botaniker, ohne die allgemeinen Gesetze der Baukunst zu beherrschen, sich in einigen ihrer Methoden denjenigen der Architektonik nähern (s. z. B. WINKLER, 1924, S. 784). Es steht außer Zweifel, daß in Einzelfällen sogar Abweichungen von den gebräuchlichen botanischen Pfropfmethoden zur Erzielung von Verwachsungen nötig sein werden. Man kann zum Teil Ausschnitte (s. PATON, 1915, Abb. 57a, 73), die in einen Holzblock eingeschnitten worden sind, durch Einlegen von 1 oder 2 Ringstreifen der Rinde, die von einer der zu pfropfenden Arten genommen worden sind, ersetzen. Dabei kann das Zusammenschließen der Enden der Streifen nicht auf der Grenze ihrer Verwachsung stattfinden. Der Streifen kann mit seinen beiden Komponenten verwachsen (s. Daten hierfür bei VÖCHTING, 1892) und so eine lebendige Muffel bilden. Ein dieser Methode ziemlich nahekommendes Verfahren ist schon früher von der Praxis benutzt worden. So wird (s. die Zeitschrift Russkje Subtropike Nr. 7, S. 354, 1912 Batum) für *Hicoria pecan* MARSCH. ringförmige Okulation oft angewandt. Man nimmt von dem Wildling einen Rindenstreifen von etwa 2—3 cm Länge fort, ersetzt ihn dann durch einen ebensolchen Ring mit einer Knospe von einer eigens dazu ausgewählten Pflanze. Die verwundete Stelle wird mit Papier umwickelt und dicht verbunden. Auf ähnliche Weise wird manchmal auch *Diospyros kaki* gepfropft.

Das gleiche gilt auch für seitliche Längsversteifungen, welche die Verbindung befestigen. Gewöhnliche dünne Holzeinlagen und Stifte, analog den Nägeln (s. PATON, 1915, Zeichnung 49, 75, S. 81), werden schon seit langem bei Pfropfungen angewandt (s. z. B. bei KABUS Kakteenpfropfungen).

Als Beispiel zur Anwendung technischer Verfahren zur Herstellung der Verbindung möchten wir hier eine originelle Pfropfmethode (PATON, 1915, S. 51, Abb. 71, 72, 73) angeben, welche sich für einige spezielle Fälle als brauchbar erweist. Die Technik ist folgende: Die Unterlage und das Reis haben unbedingt gleiche Querschnitte. Der Schnitt beider wird genau senkrecht zu ihrer Achse ausgeführt. Dann macht man an jedem Zweig senkrecht aufeinanderstehende mediane Einschnitte. Die Tiefe aber der Einschnitte kann verschieden sein (von $1—3^{1}/_{2}$ cm). Jetzt werden die entgegengesetzten Viertel entfernt (s. Zeichnung 86, Abb. 1 der russischen Ausgabe 1928b). Danach bleibt nur noch das Reis in die Unterlage entsprechend einzuführen und wie gewöhnlich mit Bast zu umwickeln. Abb. 2 zeigt eine Variante derselben Pfropfung, nur mit dem Unterschied, daß die Einschnitte unter 60^{0} zueinander stehen (3 Einschnitte), und daß 3 Sektoren entfernt wurden. Endlich zeigt Abb. 3 einen ersten Typus, wo aber ein Rindenstreifen ($\rightleftarrows$) fortgeschnitten wird und durch einen Streifen der Unterlage ersetzt wird. Die Abb. 4 zeigt das endgültige Aussehen einer Pfropfung vom ersten Typus mit angelegtem Ringstreifen (→). Es fehlt nun nur noch die Bastumwicklung. Man kann an Stelle von einem auch zwei Ringe einlegen, indem man durch sie die obere und untere Berührungsgrenze der Komponenten besetzt. Endlich kann man versuchen, eine ganze Muffel, welche die gesamte Pfropfstelle unter gewisser Überlagerung nach oben und unten über die Grenzen der abgeschnittenen Bezirke genau umfaßt, anzulegen. Selbstverständlich sind Ringe und Muffel auch für andere Pfropfungen anwendbar. Eine gewisse Übung ist aber natürlich notwendig. Als Instrumente wird ein scharfes Skalpell mit dünner zweiseitig geschliffener Scheide an der Spitze benötigt. Besser brauchbar ist ein Rasiermesser mit geschliffener Schneide und Spitze. Ein ausgezeichnetes Objekt hierfür sind fleischige Krautstengel. Manchmal gelingt die Pfropfung aber auch mit verholzten Sprossen.

Hier möchten wir noch eine Pfropfmethode anführen, die wir als autoplastische Ablaktation mit Ausschnitt bezeichnen können. Wir wollen sie an einem Beispiel erklären. Abb. 83 der russischen Ausgabe zeigt einen freigelegten Hauptsproß von *Abutilon,* der oben eine Gruppe von Blättern trägt. Um den freigelegten Bezirk zu entfernen und die Krone tiefer zu setzen, gehen wir folgendermaßen vor:
Erstens machen wir eine Ablaktation der Krone auf den Zweig eines anderen *Abutilon.* Zweitens, nach der Verwachsung machen wir von neuem eine Ablaktation der Krone auf ihrem ursprünglichen Tragsproß in seinem unteren Teil. Der Pfropferfolg wird begünstigt, wenn die zweite Ablaktation auf den Hauptstengel unterhalb des Zweiges, d. h. in diesem Fall in einem Bezirk zwischen den Zweigen 1 und 2 ausgeführt wird. Nach stattgefundener Verwachsung wird alles übrige entfernt. Man kann diese Operation nicht immer durch einfache Duplierung ersetzen. Denn die ganze abgeschnittene Krone kann bei vielen Pflanzen vor der Verwachsung eingehen, wenn auch das untere Ende des Reises während der Verwachsungszeit sich im Wasser befindet.

Ohne uns weiter bei der Technik der Pfropfung hier aufzuhalten, kann nochmals bemerkt werden, daß, wie oben gezeigt wurde, das Resultat von der Berührung der verschiedenen Gewebe bei verschiedenem Pfropfarten und auch von der Ernährung der der Schnittstelle anliegenden Teile der Pfropfpartner abhängen kann. Der Charakter (Form, Dicke, Größe der bloßgelegten Fläche, Richtung der Schnitte) ist bei verschiedenen Pfropfungen verschieden. Wir möchten uns über die anderen Faktoren nicht nochmals auslassen. Man kann deshalb trotz der reichen Erfahrung, welche aus Garten- und Obstbau stammen, nicht immer sicher sein, daß eine angewandte Pfropfmethode in jedem speziellen Fall tatsächlich die beste ist. Darauf weisen auch die Praktiker hin. So spricht SARETZKY (1930, S. 141) davon, daß die Frage, ob bei der Pfropfung von *Citrus*-Arten die Okulation oder die Kopulation Vorteile hat, noch nicht entschieden ist.

VI. Chimären.
1. Definition und Klassifikation der Chimären.

Über die Chimären gibt es ein gedrängtes Sammelreferat von ISAEFF, welcher auch der Autor bekannter Chimärenliteratur ist (1922/23, 7—63). Außerdem existiert eine kurze Zusammenfassung mit Abbildungen über das Gebiet bei BAUR (1930, S. 287—304); ferner muß auf das inhaltreiche Sammelreferat von RUDLOFF (1931) hingewiesen werden. Wir halten es trotzdem für notwendig, die Frage in dieser Arbeit und zwar auf verhältnismäßig breitem Raum und mit den notwendigen Ergänzungen aus der Literatur sowie aus den Originalarbeiten des Verfassers zu vervollständigen.

Die Chimären sind eine elegante und zugleich eine verhältnismäßig neue Errungenschaft der Pflanzenchirurgie.

Als Chimären bezeichnet man ganze Organismen oder Teile von Organismen, welche aus genotypisch verschiedenen Geweben, d. h. aus Geweben von Pflanzen verschiedener Art oder verschiedener Rassenzugehörigkeit bestehen, oder aus genetisch veränderten Geweben im Bereiche eines Individuums. Dabei muß die genetische Verschiedenheit der genannten Gewebe durch eine Untersuchung ihres genetischen Verhaltens erwiesen werden. Absichtlich ist es von uns unterlassen worden, einen Hinweis auf den Charakter der gegenseitigen Beziehungen zwischen den Komponenten der Chimäre und auch einen Hinweis auf den Bildungsmechanismus und die Chimärenstruktur in die Definition mit einzubeziehen. Gegen eine derartige Auffassung der Chimären haben wir (1930) und auch RISCHKOW (1929/30) und letzten Endes alle Forscher protestiert, welche in den Chimären mehr als einfache, mechanische, wenn auch organisierte Komplexe genetisch verschiedener Gewebe gesehen haben.

Bei einer erweiterten Auffassung des Chimärenbegriffes braucht man keinen neuen Terminus für sie einzuführen, denn in der altgriechischen Mythologie, aus der der Terminus Chimäre entnommen ist, wurde unter einer Chimäre ein Fabeltier verstanden, das aus verschiedenen Tieren zusammengesetzt war, aber dennoch ein als Ganzes funktionierendes Gebilde mit gegenseitigen engen, organischen, physiologischen Beziehungen der Chimärenkomponenten darstellte. Die oben gegebene Definition umfaßt die Chimären, welche aus genotypisch verschiedenen Geweben gebildet sind. Weiter unten werden wir auf die Möglichkeit hinweisen, eine Art intrazellulärer Chimären herzustellen, die im Bereich einer Zelle Elemente genetisch verschiedener Herkunft enthalten.

Chimären können künstlich oder natürlich sein. Hier sollen zunächst hauptsächlich die künstlichen, besonders die Pfropfchimären, betrachtet werden, d. h. solche, welche als Resultat experimentell überwachter Pfropfungen erhalten worden sind. Die künstlichen Chimären teilen wir weiter ein in 1. die Pfropfchimären; 2. Stimulationschimären; 3. die Kreuzungschimären.

Unter dem zweiten hier aufgestellten Unterbegriff verstehen wir Chimären, welche im Bereich eines Genotyps auf dem Wege beliebiger energetischer Einwirkungen erhalten worden sind. Kreuzungschimären verdanken ihre Chimärenstruktur einem Kreuzungsakt und treten auf einer hybriden Pflanze auf, sei es infolge vegetativer Abspaltung, wenn eine solche tatsächlich existiert, oder infolge irgendwelcher anderen genotypischen Veränderungen in den Hybriden, wodurch Gewebsbezirke entstehen, welche von den übrigen Pflanzenteilen verschieden sind.

Ganz allgemein könnte man die dritte Gruppe in die zweite mit einschließen. Aber solange der Bildungsmechanismus der Kreuzungschimären noch nicht hinreichend geklärt ist, muß man sich vor einer Vereinigung hüten. Es ist möglich, daß die Kreuzungschimären streng spezifischen Ursachen ihre Entstehung verdanken.

Die natürlichen Chimären endlich teilen wir ein in: 1. zufällige, 2. scheinerbliche, 3. indirekt vererbbare und 4. echt erbliche Chimären. Von ihnen wird weiter unten die Rede sein.

Weiter sind wir der Meinung, daß es möglich ist, noch eine andere Chimärengruppe gesondert zu betrachten, nämlich solche Chimären, die wir uns als durch Modifikation entstanden vorstellen können. Wir könnten den „Modifikationschimären" die oben genannten Typen als „genotypische Chimären" entgegenstellen. Dabei ist hier nicht die Rede von der unmittelbaren Vererbung derartiger Chimären, sondern von genotypischen Besonderheiten der sie zusammensetzenden Komponenten. Wenn auch im speziellen Fall, nämlich dort, wo wir „ever sporting races" haben (s. CHITTENDEN, 1927) eine indirekte Vererbung, der Chimärenstruktur besteht, so muß doch daran festgehalten werden, daß es sich eben um eine Pseudovererbung handelt, und zwar deshalb, weil nicht die Chimärenstruktur selbst, sondern die Voraussetzungen zu ihrer Bildung vererbt werden.

Unter Modifikationschimären, die im folgenden kurz behandelt werden sollen, verstehen wir Individuen, innerhalb deren sich eine merkliche Veränderung einiger Gewebe vollzogen hat, was zu verschiedenen morphologischen und physiologischen Störungen der normalen Entwicklung des Individuums im ganzen oder einzelner seiner Organe führt. Aber die genannten Veränderungen der Gewebe sind nicht genotypisch bedingt. Die Ursache der Bildung von Modifikationschimären ist die verschiedenartige Reaktion verschiedener Gewebe eines Individuums auf irgendwelche äußeren Einwirkungen oder auf zufällige Störungen im Mechanismus der Entwicklung des Individuums.

Eine ausführlichere Analyse der Modifikationschimären muß aber bis auf einen späteren Zeitpunkt verschoben werden, wo genügend Tatsachenmaterial vorhanden ist. Doch auch jetzt würde man ohne Schwierigkeiten entsprechende Beispiele aus dem Bereich der Pflanzenpathologie beibringen können. Es ist aber nicht so sehr die Rede von Gewebsveränderungen, welche unmittelbar in Verletzungen bestehen, als von solchen, welche auf verschiedenartiger Reaktion der Gewebe auf Schädigungen oder auf äußere Einflüsse, welche eventuell auch von anderen Pflanzenteilen herrühren können, beruhen.

Wir hätten zu den Modifikationschimären z. B. einige Intumeszenzen zu stellen.

„Hier und da besonders auf der Sonnenseite der Zweige strecken sich die Rindenzellen stark in radialer Richtung, durchbrechen schließlich die Epidermis und quellen als lockeres Gewebshäufchen hervor." (KÜSTER, 1926, S. 45, 47, 48.)

Dieses Bild erinnert äußerlich genommen an den Durchbruch einer inneren Chimärenkomponente nach außen.

„In einigen weiteren Fällen verändern sich aber auch die Epidermiszellen. DALE beobachtete Schwellungen der ober- wie unterseitigen Epidermis bei *Hibiscus vitifolius* und der unteren Epidermis bei *Ipomoea*."

Da aber die beschriebenen Intumeszenzen von geringer Ausdehnung sind, so bringen wir diese Fälle zu den mosaikähnlich strukturierten Modifikationschimären. Zu den Modifikationschimären periklinaler Struktur (der Terminus stammt von JØRGENSEN, 1927) stellen wir die Erscheinungen,

„die auf der Innenseite des Perikarps vieler Leguminosen bei Einwirkung dampfgesättigter Atmosphäre entstehen. Weiterhin werden die Haarrasen gekennzeichnet durch die vorwiegende Beteiligung der Epidermis und namentlich durch ihre große Ausdehnung, so daß sie meist die ganze Innenfläche des Perikarps gleichmäßig in Anspruch nehmen."

Die Verdrehung der Blätter von *Solanum lycopersicum* nach Entfernung aller Vegetationspunkte, einschließlich der Sproßspitze, muß durch einen Mangel an Übereinstimmung in der Entwicklung der Epidermis und des Blattmesophylls (s. unsere S. 212 u. 250) erklärt werden. Hier liegt schon eine tiefere Analogie mit der Entwicklungsmechanik mancher genotypischer Periklinalchimären vor. Für den Beginn einer derartigen Klassifikation scheint hier ein besonders passendes Beispiel vorzuliegen.

Selbstverständlich sind wir uns darüber klar, daß auch dieser Fall, besonders aber die deutlich krankhaften Veränderungen, welche wir oben als Beispiel angeführt hatten, begründete Einwände hervorrufen können gegen die Möglichkeit einer Unterbringung bei den Chimären, möge es auch die Klasse der Modifikationschimären sein. Hier können wir unsererseits entgegnen, daß in diesen Fällen nicht alle Gewebe erkranken oder sich verändern, sondern nur ganz bestimmte, was ein Chimärenbild in der Verteilung der Krankheit gibt. Dies kann durch Unterschiede der spezifischen Eigenschaften der genannten Gewebe bedingt sein. Man wird weniger leicht etwas dagegen einwenden können, daß man eine Chimäre nach den pathologischen Möglichkeiten ihrer Gewebsteile bewertet; denn der Verlust oder die Abschwächung der Chlorophyllfärbung in durchaus anerkannten natürlichen Chimären ist auch eine Erkrankung, welche aber nicht unbedingt durch genetische Faktoren bedingt zu sein braucht. So führt CORRENS (1919) die natürlichen Chimären bei *Arabis albida* und *Mesembryanthemum cordifolium* (*Stat. leucodermis* und *Stat.*

albopelliculatus) an, bei welchen (S. 1019) die weiße Haut und das grüne Innengewebe ihrem Genotypus nach übereinstimmen:

„Die Krankheit ist demnach nur phänotypisch bedingt. Beide Zustände sind völlige Parallelformen zu dem *Albomaculatus*-Zustand (der *Mirabilis jalapa*, des *Antirrhinum majus* usw.) und nur verschieden durch die andersartige (periklinale) Verteilung von Weiß und Grün."

Alle hier angeführten Pflanzen werden hier also zu den natürlichen Modifikationschimären gerechnet.

2. Pfropfchimären.

a) Geschichtlicher Überblick.

Nach dieser Vorbemerkung über die Definition des Chimärenbegriffs und die Systematik der Chimären, können wir uns nunmehr dem historischen Teil der Chimärenfrage zuwenden. Vom Jahre 1811 an berichtete GALESIUS wiederholt über eine Chimäre (der heutigen Terminologie nach), welche als *Bizzaria-Orange* bezeichnet wird. Diese Chimäre ist nach den Worten des Gärtners, der sie entdeckte, auf einer gepfropften, aus Samen erhaltenen Pflanze erhalten worden (bittere Orange und Florentiner Zitrone). Nachdem der obere Teil der Pfropfung eingegangen war, bildete sich ein Sproß aus, der sich als Chimäre erwies. P. NATO (GALLESIO, 1839) fand weiterhin, daß diese Pflanze Organe bildet, welche den Charakter der reinen Komponenten der Chimäre tragen, sowie auch solche gemischten Charakters. Dies bezieht sich gleichmäßig auf die Blätter, Blüten und Früchte. Später wird diese Chimäre häufig in der Literatur erwähnt (s. PENZIG, 1887, S. 112, u. a.). Im Jahre 1927 überzeugte uns TANAKA endgültig, daß diese Chimäre eine Periklinalchimäre mit äußerem Mantel aus Zitronengewebe und Apfelsine als innerer Komponente darstellt. Die Bezeichnung „äußere Belegung" und „Einschachtelung" für die Chimärobionten hat der Autor dieses Buches 1930 vorgeschlagen. Manchmal bricht die innere Komponente nach außen durch und bildet einen unabhängigen Sektor. Es ist interessant, daß CH. DARWIN (1875, S. 417) bei Erwähnung der Arbeit von GALLESIO (1811) schreibt: "He speaks as if the compound fruit consisted in part of a lemon, but this apparently was a mistake."

Jetzt sehen wir, daß ein derartiges Bild bei der genannten und besonders der umgekehrten Anordnung der Komponenten möglich ist. DARWIN hat übrigens die Chimärenfrage sehr aufmerksam studiert und in seinen Werken berücksichtigt. Er nannte die Chimären, wie das damals üblich war, „graft hybrids". Er führt viele bemerkenswerte Beispiele an, von welchen einige hier erwähnt werden mögen:

"Mr. POYNTHERs new variety *(Rosa devoniensis)* is intermediate in its fruit and foliage between the stock and scion, and as it arose from the point of junction between the two, it is very improbable, that it owes its origin to mere budvariation, independently of the mutual influence of the stock and scion" (S. 420). "Mr.

TAYLOR who had received several accounts of potatoes having been grafted by wedge-shaped pieces of one variety inserted into another, ... He thus raised many new varieties, some like the graft or like the stock; others having an intermediate character."

"Mr. FITZPATRICK followed a different plan; he grafted together not the tubers, but the young stems of varieties producing black, white and red potatoes. The tubers borne by three of these twin or united plants were coloured in an extraordinary manner; one was almost exactly half black and half white, ... other tubers were half red and half white, or curiously mottled with red and white or with red and black, according to the colours of the graft and stock." "Mr. R. TRAIL stated in 1867 befor the Botanical Society of Edinburgh (and has since given me fuller information) that several years ago he cut about sixty blue and white potatoes into halves through the eyes or buds, and then carefully joined them, destroying at the same time the other eyes. Some of these united tubers produced white and others blue tubers; some, however, produced tubers partly white and partly blue; and the tubers from about four or five were regularly mottled with the two colours. In these latter cases we may conclude that a stem had been formed by the union of the bisected buds, that is, by grafthybridisation." (Vgl. T. HILDEBRAND, botanische Zeitung, 1868, 15. Mai, S. 321): "The so-called trifacial orange of Alexandria and Smyrna resembles in its general nature the *Bizzarria* and differs only in the orange being of the sweet kind; this and the citron are blended together in the same fruit, or are separately produced on the same tree; nothing is known of its origin."

In der zweiten Auflage der zitierten Arbeit erwähnt DARWIN eine Hyazinthenchimäre (S. 424), ohne jedoch sehr ausführlich zu werden. Doch wollen wir hier dieses Zitat wiedergeben (rückübersetzt):

„Die Zwiebeln von blauen und roten Hyazinthen, welche in der Mitte zerschnitten sind und dann wieder zur Verwachsung gebracht werden, pflegen gut zu verwachsen und gemeinsame Blütensprosse zu bilden (dieses habe ich selbst getan, Ch. D.). Daran finden sich Blüten in beiderlei Färbung auf den entgegengesetzten Seiten. Es ist aber bemerkenswert, daß manchmal Blüten erhalten werden, bei welchen beide Farben gemischt sind. Dadurch ähnelt dieses Beispiel vollkommen dem Zusammenfließen der Färbung der Weinrebe auf gepfropften kopulierten Zweigen." (S. 284.)

Es soll noch ein zweites Beispiel für die Kartoffel angeführt werden, da dieses für unsere weiteren Betrachtungen wichtig ist:

"Herr MAGNUS communicated the results of Dr. HEIMANNs experiments in grafting together the tubers of red saxon, blue, and elongated white potatoes. The eyes were removed by a cylindrical instrument and inserted into corresponding holes in other varieties. The plants thus produced yielded a great number of tubers which were itermediate between the to parent-forms in shape and in the colour both of the flesh and skin." (S. 422).

Im Jahre 1825 hat der Gärtner ADAM aus Vitry bei Paris durch Okulierung von *Cytisus purpureus* auf *Cytisus laburnum* L. an der Verwachsungsstelle („Kallus") einen Zweig erhalten, auf welchem Blüten und Blätter einen deutlich intermediären Charakter zwischen beiden Goldregenformen trugen. Darüber hat M. ADAM dem Mr. POITEAU (s. BRAUN, 1853, S. 23) berichtet. Die von einem derartigen Zweig abgenommenen Stecklinge entwickelten sich, auf eine passende Unterlage gesetzt oder als Stecklinge bewurzelt, zu Bäumchen, auf denen sich wieder intermediäre Bildungen zeigten. Außerdem entwickelten sie daneben auch Zweige von reinem *Purpureus-* oder reinem *Laburnum-*Charakter.

Diese Chimäre ist nach ihrem Hersteller *Cytisus Adami* genannt worden und stellt die bekannteste und bis jetzt in den Gärtnereien am meisten kultivierte Chimäre dar. Der genaue Mechanismus ihrer Entstehung ist unbekannt, doch ist sie auf jeden Fall im Gefolge einer Pfropfung entstanden. Es ist zwar leichter, sich vorzustellen, wie dies auch MOLISCH (1922,) tut, daß die genannte Chimäre auf dem gewöhnlichen Wege aus dem äußeren gemischten Pfropfkallus entstanden ist. Zugunsten der Meinung BAURs (1930) spricht aber, daß die Chimäre nicht zum zweitenmal erhalten wurde. Wenn auch der Entstehungsmechanismus, welchen BAUR vorschlägt, nämlich das Eindringen des Unterlagegewebes in einen zufällig ausgehöhlten Raum des Reises möglich ist, so ist er doch sehr selten. Übrigens ist diese Polemik heute nicht mehr wesentlich.

Wenn man aus *Cytisus Adami* einen Zweig mit reinen *Laburnum-* oder reinem *Purpureus*-Charakter nimmt, so entwickeln sich diese Stengel nicht zu Chimären, sondern zu den reinen Ausgangsformen. Ein Steckling aber von einem Zweig mit intermediärem Charakter entwickelt sich von neuem zu einer Chimäre. Diese Chimäre bringt gewöhnlich keine Samen. Wenn aber Samen entstehen, so gehen aus ihnen niemals wieder Chimärenpflanzen, sondern stets nur *Cytisus laburnum* L.-Pflanzen (HILDEBRANDT, 1908) hervor.

Im Jahre 1899 hat in der Gartenbauschule Dardara bei Metz BRONVAUX in ähnlicher Weise eine „Chimäre" zwischen *Mespilus germanica* und *Crataegus monogyna* erhalten. In späterer Zeit sind noch einige Chimären (*Quitte* und *Birne*, 1903 von den Brüdern HENRY, s. noch oben die entsprechende Chimäre *Pirocydonia* DANIELS bei DANIEL, 1919, *Mandel* und *Pfirsich*, DANIEL, 1908, *Populus trichocarpa* und *Populus canadensis*, BAUR, 1910, und eine Reihe neuer Chimären nach dem *Crataegomespilus*-Typ, SEELIGER, 1926) beschrieben worden.

SWINGLE (1927) stellte die Angaben über eine Reihe von Chimären von Kern- und Steinobstsorten zusammen. Speziell über die Chimären von Apfelbäumen teilen CASTLE (1914) und STOUT (1921) mit. RIVIÈRE und PICHARD (1925) halten die *Amygdalopersica formonti* auf Grund einer Untersuchung der Nachkommenschaft für eine Pfropfchimäre[1].

Weiter mögen die Chimären von LIESKE (1920, 1927) zwischen *Solanum lycopersicum* und *Solanum dulcamara* und endlich die neuen Chimären zwischen den Nachtschattenarten von JØRGENSEN (1927), JØRGENSEN und CRANE (1927) und KRENKE (1928b) erwähnt werden. Man muß hier darauf hinweisen, daß erst im Jahre 1909 BAUR (1910) eine neue Ansicht über das Wesen der Chimären ausgesprochen hat. Vor seinen Arbeiten hat man sich vorgestellt, daß die Chimären sich im

---

[1] Vgl. hierzu PENZIG 1921, Bd. II, S. 287 und S. 490 hier.

wesentlichen nicht von den geschlechtlich entstandenen Hybriden unterscheiden. Wie wir weiter unten sehen werden, kehrte man kürzlich in einem gewissen Bezirk dieses Problems von neuem zu der Ansicht zurück, welche vor BAUR herrschte. Besonders interessant ist die Meinung DARWINs, welche vielfach übersehen wurde. Bei der Besprechung der „Pfropfhybriden" schreibt DARWIN (1875, S. 417—424):

"I will therefore give all the facts which I have been able to collect of the formation of hybrids between distinct species or varieties, without the intervention of the sexual organs. For if, as I am now convinced, this is possible, it is a most important fact, which will sooner or later change the views held by physiologists with respect to sexual reproduction. A sufficient body of facts will afterwards be adduced, showing that the segregation or separation of the characters of the two parent forms by budvariation, as in the case of *Cytisus Adami*, is not an unusual though a striking phenomenon..."

"It would seem that the reproductive elements are not so completely blended by grafting, as by sexual generation: But segregation of this kind occurs by no means rarely, as will be immediately shown in seminal hybrids. Finally it must, I think, be admitted, that we learn from the foregoing cases a highly important physiological fact, namely, that the elements, that go to the production of a new beeing are not necessarily formed by the male and female organs. They are present in the cellular tissue in such a state that they can unite without the aid of the sexual organs and thus give rise to a new bud partaking of the characters of the two parent forms."

Dabei wendet DARWIN auf S. 416 derselben Arbeit ganz richtige Formulierungen bei der Beschreibung der Geschichte des *Cytisus Adami* an. Er schreibt:

"*Cytisus Adami* is not an ordinary hybrid, but is, what may be called a graft hybrid, that is, one produced from the united cellular tissue of two distinct species..., if we admit as true M. ADAMs account, we must admit the extraordinary fact that two distinct species can unite by their cellular tissue and subsequently produce a plant bearing leaves and sterile flowers intermediate in character between the scion and the stock, and producing buds liable to reversion; in short, resembling in every important respect a hybrid formed in the ordinary way by seminal reproduction."

Zu dieser Formulierung kann auch jeder, welcher *Cytisus Adami* im heutigen Sinne anerkennt, sich bekennen, denn es ist besonders zu betonen, daß von der Verbindung von „tissues" und nicht einfach von „Zellen" die Rede ist.

Speziell bei der Betrachtung der Abspaltung der Eigenschaften wird deutlich, daß DARWIN und BATESON (1926) prinzipiell dasselbe denken. Tatsächlich kann man sagen, daß DARWIN die somatische „Segregation" von BATESON gerne angenommen hätte.

Einen Anstoß zur ausführlichen Erforschung der Chimären haben die von WINKLER (1908b) experimentell erhaltenen Bildungen gegeben, worüber er 1907 in Dresden auf der Sitzung der Deutschen Botanischen Gesellschaft Mitteilung machte. Im selben Jahre publizierte er über seine Experimente. WINKLER operierte mit schwarzem *Nachtschatten* und *Tomate* und für die erhaltenen Neubildungen hat WINKLER den Namen

"Chimäre" vorgeschlagen, und diesen Terminus gegenüber der Bezeichnung "Centaur", welche auch angewandt wurde, bevorzugt. WINKLER hat aber eine unrichtige Erklärung für seine Chimären gegeben. Er schrieb (1907) (S. 575—576):

„Damit aber ist zum ersten Male in einwandfreier Weise die theoretisch bedeutsame Tatsache sichergestellt, daß auf anderem als sexuellem Wege die Zellen zweier wesentlich verschiedener Arten zusammentreten können, um als gemeinsamer Ausgangspunkt für einen Organismus zu dienen, der bei völlig einheitlichem Gesamtwachstum die Eigenschaften beider Stammarten gleichzeitig zur Schau trägt."

Es ist ganz offensichtlich, daß eine derartige Auffassung der Chimären — besonders noch durch die Vermengung dieser WINKLERschen Chimären mit den Pfropfhybriden — sich nicht von derjenigen DARWINs unterschied. DARWIN war vielmehr an der zitierten Stelle der heutigen Bewertung der Chimären wesentlich näher (WINKLER erwähnt DARWIN nicht).

Die Arbeiten WINKLERs haben das Interesse bei einer Reihe von Forschern (VESTERGREEN, 1909, STRASBURGER, 1909, und BAUR, 1909a und b und vielen anderen) wachgerufen. STRASBURGER hat unabhängig von BAUR gegen die Anerkennung der WINKLERschen Chimären als Bildungen, welche den Geschlechtshybriden ähnlich sind, protestiert. Und er hat durch zytologische Analyse der Pfropfstelle den Übergang des Kerns von einem Transplantosymbionten in den anderen und auch die für eine derartige Bildung notwendige Kernverschmelzung und Reduktionsteilung in somatischen Geweben nicht feststellen können. Aus demselben Grunde ist NOLL, welcher früher (1905) einen derartigen Übertritt für möglich hielt, von dieser Meinung abgekommen (s. NĚMEC, 1910, S. 239). Wenn auch NĚMEC (1910, S. 24) nun solchen Kernübertritt ablehnte, so tat er dies doch nicht aus prinzipiellen Gründen, da er schreibt:

„Ich möchte daher glauben, daß Pfropfhybriden kaum immer zustande kommen, wie es NOLL ursprünglich meinte, nämlich durch Kernübertritte und Kernverschmelzung."

Später dachte auch WINKLER (1908b, 1909) ähnlich über diesen Fall. STRASBURGER hat aber die Frage keineswegs endgültig gelöst, da er angenommen hat, daß bei den Pfropfungen ein so enger Kontakt der meristematischen Zellen der beiden Komponenten sich bildet, daß durch die Plasmodesmen oder auch ohne sie eine gegenseitige formative Beeinflussung innerhalb des Vegetationskegels des von der Pfropfstelle ausgehenden Sprosses möglich ist. Dabei würde sich nach STRASBURGER der entstehende Seitensproß einer Hybridenform ähnlich erweisen. Deshalb hat STRASBURGER die Chimären von solchem Typus als „Hyperchimären" bezeichnet. Später behielt man diesen Terminus bei, wenn auch in anderer Anwendung, nämlich für Chimären mit sog. Mosaiktypus. SCHAXEL (1922) riet, diesen Terminus ganz zu beseitigen und nur die Benennung „Mosaikchimären" zu gebrauchen. Dabei haben aber die Arbeiten von NOAK im gewissen Sinne (Analyse der diplochlamyden Chimären vom Typus *Crataegomespilus dardari*, *Solanum proteus* und *Solanum Gärtnerianum*) von neuem das Problem des morphogenetischen Einflusses der beiden aufeinandergepfropften Komponenten innerhalb des Vegetationskegels in Fluß gebracht. Auch die Frage des Zusammentritts der Kerne ist hier erörtert worden. Ehe wir diese Frage nun weiter verfolgen, wollen wir noch einige Erklärungen geben bezüglich gewisser Besonderheiten unserer Technik zur Erzielung von Chimären (s. KRENKE, 1930), welche andere Forscher bisher nicht erwähnten.

b) Bemerkungen zu technischen Fragen der Chimärenherstellung.

Nach dem Schnitt, welcher zur Erzielung einer Chimäre durch eine gewöhnliche Keilpfropfung geführt wird, achten wir darauf, daß dieser Querschnitt durch eine besonders große Fläche der Berührungszonen (KRENKE, 1928b, S. 331—384) hindurchgeht. Also, wenn die Schnittlage sich als ungenügend erweist, so schneiden wir mit dem Rasiermesser von neuem dünne Schichten ab, bis wir zum gewünschten Ergebnis gelangen. Die erwähnten Verbindungsfenster und Brücken sind nicht selten mit bloßem Auge zu sehen. Weiter beobachten wir die Kallusbildungen von diesen Frühstadien ab. Mit Hilfe einer 10—20fach vergrößernden Handlupe ist es leicht zu sehen, wie an den Stellen der zukünftigen Kallusbildung die Schnittfläche turgeszent wird, dabei birst die eingetrocknete äußere Haut und durch diese Spalte wird das junge Gewebe des sich bildenden Kallus sichtbar. Man kann in der Regel schon in diesem Stadium einen chimärenartigen Kallus, welcher sich natürlicherweise aus dem Nachbargewebe der Verbindungsbrücken oder Verbindungsfenster bildet, erkennen. Es handelt sich dabei um diejenigen Bezirke, wo die Gewebe beider Komponenten der Pfropfung sich mischen. Daraus geht hervor, daß es allgemein im Bereich der Verwachsung jeder Pfropfung histologische Chimärenbildung und korrelative Beziehungen wie bei Chimären (vgl. KRENKE, 1928b, S. 369 und 458) gibt. Unser Hinweis auf chimärenartig gebauten Kallus ist deshalb wichtig, weil er die rechtzeitige Auswahl von solchen Pfropfungen ermöglicht, welche Chimären zu geben versprechen. Und eventuell kann man durch rechtzeitige Wiederholung des Schnittes aus dem Stumpf der Pfropfung, welche die Chimären geben sollte, doch noch zum Ziele gelangen. Außerdem wird durch diese frühzeitige Bestimmung rechtzeitig solcher Kallus ausgeschieden, der nicht chimärer Natur ist. So erhalten wir eine größere Anzahl von Chimären in unserem Material. Wir haben bis zu 35% gelungener Pfropfungen (21 von 60) verzeichnen können. Außerdem ist die Analyse chimärgebauter Kallusse selbst sehr wichtig. Selbstverständlich garantiert das Vorhandensein eines Kallus von Chimärenstruktur noch nicht, daß nun tatsächlich eine Chimäre entsteht; denn für das Zustandekommen einer solchen muß der entstehende Adventivsproß wieder nur aus dem gemischten Gewebe des

Chimärenkallus sich bilden, während sich immer im Chimärenkallus bedeutende Gebiete getrennter Gewebe der reinen Komponenten finden, woraus natürlich Sprosse der reinen Komponenten entstehen können. Bei der Untersuchung der Anlage von Sekundärmeristemen des Kallus haben wir außer den von uns beschriebenen Bildern (KRENKE, 1928b, S. 194—199) folgende erwähnenswerte Erscheinung beobachtet. Es zeigen sich im Kallusparenchym einzelne Zellen oder Gruppen von Zellen, um welche herum wir Stimulationszentren der Meristembildung sehen (s. Abb. 5 bei KRENKE, 1930). Anfangs sind diese Zellen morphologisch von den umgebenden nicht zu unterscheiden. Aber nach und nach hypertrophieren sie, die Membran wird dicker, als ob sie mürbe würde, sie läßt sich schwerer färben und manchmal wird sie braun. Nach und nach wird die Zelle aufgelöst oder öfter auch eine ganze Gruppe von Zellen, wobei sich eine stark färbbare bräunliche Masse (s. Abb. 56) bildet. Gerade zu Beginn dieser Veränderung der erwähnten Zellen bildet sich um sie herum ein neues Meristem, wobei die Neubildungskraft nach der Entfernung vom Stimulationszentrum verschieden schnell erlischt. Als ähnliche Zentren für das sekundäre Meristem erweisen sich manchmal die im Kallus gebildeten isolierten Gefäßzellen, Tracheiden und, was noch öfter vorkommt, Gruppen von ihnen, so weit bis jetzt verfolgt werden konnte[1]. Diese Gruppen von Tracheiden bleiben nachher isoliert von dem organisierten Leitsystem des Kallus und schließlich zersetzen sie sich wie die oben beschriebenen Zellen. Auf jeden Fall bildet sich das Meristem um sie herum früher aus, als sich die Zersetzung morphologisch feststellen läßt. Interessant ist hier die häufige Bildung von überreizten Zellen (KRENKE, 1928b, S. 333 und 357), die hier die genannten Gruppen von dem ihnen benachbarten Meristem trennen (s. Abb. 6, KRENKE, 1930). Die Teilungsunfähigkeit bei überreizten Zellen ist direkt aus der Benennung verständlich. Daraus wird auch klar, daß die weiter entfernten Zellen einen normalen Reiz erhalten und also optimale Teilung zeigen. Diese Teilung erlischt dann langsam mit zunehmender Entfernung. Es mag noch daran erinnert werden (KRENKE, 1928b, S. 335—336), daß sich ähnliche Bezirke überreizter Zellen häufig auf der Wundoberfläche bilden. Im Falle eines offen liegenden Schnittes beginnt unterhalb von ihnen die Bildung des gewöhnlichen Kallus, und im Falle der Pfropfung die Bildung des Wundmeristems. Dabei ist es bemerkenswert, daß manchmal (s. KRENKE, 1930, Abb. 3) sich auf der Pfropfungsgrenze die überreizte Schicht mit dem ihr anliegenden Meristem nur bei einer Pfropfkomponente zeigt. Dies zeigt nochmals (s. KRENKE, 1928b, S. 383), **daß die Wundreize in den verschiedenen Pflanzenarten wie auch in den verschiedenen Geweben eines und desselben Individuums verschieden wirken können.**

---

[1] [Vgl. hierzu CZAJA (1931). M.]

Danach wird das sekundäre Meristem im Kallus, welches dann die Vegetationspunkte von Nebensprossen bildet, nach unseren Experimenten auf folgende zwei Arten gebildet: 1. unter der Schnittoberfläche, wahrscheinlich unter dem Einfluß des Wundreizes des Schnittes und 2. um die beschriebenen Zentren herum. Den ersten Zustand haben wir öfter gefunden. Dem zweiten allein begegnet man nicht. Jedenfalls haben wir ihn noch nicht gefunden, sondern immer neben dem ersten, was selbstverständlich ist, da ja die allgemeinen Wundreize vom Schnitt her stets vorhanden sind.

Im übrigen möchten wir noch bezüglich der Besonderheit unserer Methodik bemerken, daß sich unser Hinweis (KRENKE, 1928b, S. 473) über die häufigere Chimärenbildung aus einem Kallus, welcher sich im Bezirke des unteren Endes des schmalen Reiskeiles entwickelt (s. Abb. 173), bestätigt hat. Außerdem ist es für den Erfolg bei der Erzeugung von Chimären nicht gleichgültig, wie man die etwa aufgetretenen Chimären weiter behandelt. Gewöhnlich haben die anderen Autoren die Chimärensprosse durch Stecklinge vermehrt. Wir aber ließen daneben einen Teil von ihnen auf dem Mutterkallus zurück. Der Unterschied dieser beiden Verfahrungsweisen ist offensichtlich. Beim Stecklingmachen gehören in der Regel die Wurzeln der Periklinalchimären dank ihrer endogenen Anlage der inneren Komponente an, so daß die äußere Komponente mit Hilfe einer fremden Wurzel ernährt wird. Beim Belassen der Chimäre auf dem Kallus können wir in beliebiger Weise diese Beziehungen kombinieren. Wenn wir den Wunsch haben, die äußere Komponente durch ihre eigenen Wurzeln zu ernähren, so belassen wir diese Chimären auf der Unterlage, welche der äußeren Komponente angehört. Selbstverständlich könnte man die erhaltenen Chimären auf eine entsprechende Unterlage pfropfen, aber hier wird ein neuer Faktor, die Verwachsung, hineingebracht. Und die Beteiligung der Komponenten an der Verwachsung kann völlig verschieden sein. Diese Art der Pfropfung von Chimärenstecklingen auf eine dritte Art oder auf eine Chimäre anderer Art haben wir versucht, um künstlich dreifach, vierfach und theoretisch also mehrfach komplizierte Chimären zu erhalten, d. h. solche, bei denen an der Bildung der Chimäre mehr als zwei verschiedene Pflanzenarten teilnehmen. Über solche künstliche Chimären haben wir noch keine Literaturangaben gefunden. CHITTENDEN (1927) erwähnt etwas über derartige natürliche Chimären.

Außer dieser Methode wenden wir noch eine andere an. Wenn wir bis jetzt auch nicht das Gewünschte erhalten haben, so steht es doch außer Zweifel, daß entweder wir oder ein anderer Forscher, welcher unsere Methode anwendet, die Trichimären bei genügend großer Anzahl von Pfropfungen erhält. Wir haben sehr wenig erhalten.

Die vorzuschlagende Pfropfmethode ist sehr einfach und besteht in folgendem: (s. Abb. 189, C. D.)

Nach der Verwachsung einer gewöhnlichen Keilpfropfung (C) zweier Arten aufeinander, wird diese Pfropfung wie gewöhnlich bei der Erzeugung von Chimären annähernd im oberen Drittel des Keiles abgeschnitten. Weiter wird der erhaltene Stumpf noch einmal eingespalten, und zwar senkrecht zu der Mediane des Keiles der ersten Pfropfung. In diesen so erhaltenen Keil wird nun die dritte Pflanzenart gepfropft. So werden vier Berührungspunkte geschaffen, an welchen die Gewebe von drei Transplantosymbionten (D) zusammenstoßen. Gerade an diesen vier Punkten kann ein trichimärer Kallus sich bilden und dann derartigen Chimären den Ursprung geben. Die Tatsache einer wahren Verwachsung von drei Komponenten in den genannten Punkten ist von uns anatomisch nachgeprüft worden (s. z. B. Abb. 95). Diese Methode nennen wir die Pfropfung mit gekreuzten Keilen. Selbstverständlich kann diese Methode etwas modifiziert werden für die Schaffung von Chimären aus mehr als drei Pfropfpartnern. Man kann also diese Methode als Methode der „polyklinalen Pfropfung" bezeichnen (s. z. B. Zeichnung 189, E und F).

Wir möchten noch die Aufmerksamkeit auf die Notwendigkeit einer Schonung des unteren Keilendes des Reises der Pfropfung lenken, denn erstens kommt bei regelrechter Pfropfung gerade unten die Verwachsung (s. S. 420—421) zustande und zweitens entstehen, wie wir oben gesagt haben, diejenigen Sprosse, unter welchen wir die Chimären zu suchen haben, teilweise gerade aus den Überwallungen am unteren Ende und nicht nur aus den Überwallungen der Schnittfläche. Um das untere Keilende tatsächlich schmal und den inneren Flächen des Spaltes der Unterlage anliegend zu machen, ist es nötig, dem Keil eine hinreichende Schrägung zu geben. Außerdem ist es von Nutzen, in der Länge des Spaltes der Unterlage noch für einige Zeit einen Verband anzulegen, selbst nachdem der erste Verband der Pfropfungsstelle gelöst worden ist.

Die Pfropfungsmethode zur Erzielung von Chimären kann selbstverständlich auch noch eine andere sein. So sagt BAUR bezüglich der Chimäre aus *Populus nigra* und *Populus trichocarpa* (1930), daß es am besten sei, eine Art auf die andere im August zu okulieren. Im nächsten Jahre läßt man das Auge bis zum Sproß durchwachsen und schneidet dann die Pfropfung quer durch die Okulationsstelle ab. Es entwickelt sich ein reicher Kallus, in welchem sich multiple Vegetationspunkte entwickeln, die in fast jedem Experiment einige Chimären ergeben.

Endlich wollen wir unsere Versuche, um Wurzeln von Chimärenstruktur zu erhalten (KRENKE, 1928b, S. 507—508), beschreiben. Dazu kultivieren wir im Wasser und in mit Wasserdampf übersättigter Atmosphäre den oberen Teil von Pfropfungen, welcher zur Erzielung von Pfropfchimären in der beschriebenen Weise quer abgeschnitten wurde. Aus dem Kallus der Verwachsungsstelle der einzelnen Unterlagestücke bilden sich manchmal Wurzeln. Wir sind der Meinung, daß Gründe genug vorhanden sind, anzunehmen, daß man so Chimärenwurzeln erhalten wird. Wir erklären die bis jetzt erhaltenen Fehlschläge dadurch, daß wir nur eine geringe Menge exakt durchgesehenen Materials besitzen. Das hing davon ab, daß wir erstens dieses Experiment bis jetzt nur nebenbei durchführten und zweitens, daß es verhältnismäßig selten vorkommt, daß eine Wurzel sich gerade im offenen Verwachsungskallus anlegt. Die überwiegende Mehrzahl der Wurzeln wird im Stengelgewebe der reinen Pfropfsymbionten angelegt.

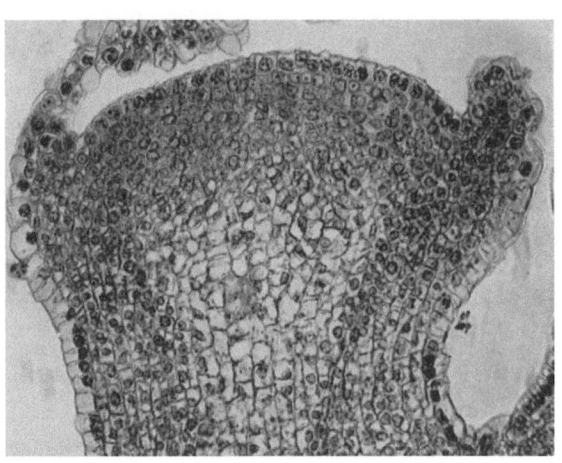

Abb. 150. Haplochlamyde Periklinalchimäre: außen *Solanum memphiticum*, innen *Solanum lycopersicum*. Sproßvegetationspunkt. Epidermiszellen sind größer und haben dunkler gefärbte Kerne.

Wie schon bei *Cytisus Adami* gezeigt wurde (und auch in anderen Fällen; z. B. haben wir dies in der Pfropfung zweier verschiedener *Populus*-Arten in der Gartenbauschule ,,Bratzowo" bei Moskau beobachtet), können chimäre Sprosse aus dem offenen, d. h. äußeren Kallus der Verwachsungsstelle entstehen, ohne daß eine Pfropfung abgeschnitten worden wäre.

c) Bildungsmechanismus und Bauprinzipien der Chimärenformen.

Nunmehr können wir zu der heute üblichen Erklärung der Chimären übergehen und beginnen dabei der geschichtlichen Folge nach mit den Arbeiten von BAUR. Es ist nötig, zu bemerken, daß die im folgenden vorgelegte Betrachtung auf keinen Fall ein Sammelreferat darstellen soll, sondern lediglich dasjenige Tatsachenmaterial bringen will, welches für das Verständnis der augenblicklichen Diskussion der Zusammenhänge zwischen den gegenseitigen Beziehungen der Chimärenkomponenten, der Entwicklungsmechanik und den Grundstrukturen der Chimären notwendig ist. BAUR (1909a und b) operierte mit *Pelargonium zonale*, welches im natürlichen Zustande Blätter mit weißem Rand hat. Er

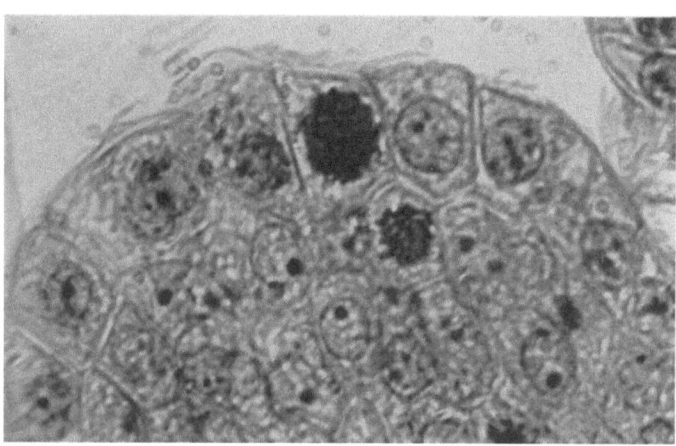

Abb. 151 (s. Abb. 150). In der Subepidermis 24 kurze Chromosomen (*Solanum lycopersicum*), in der Epidermis 48 lange Chromosomen (*Solanum memphiticum*).

beobachtete, daß bei diesem *Pelargonium* manchmal besondere Zweige entstehen, welche entweder rein grüne oder rein weiße Blätter tragen (s. S. 759 bis 761). Die ersten können durch einfaches Stecken und die zweiten durch Pfropfung auf entsprechende rein grüne Büsche hochgezogen werden. Daraus entstand der Gedanke, daß *Pelargonium zonale* eine natürliche Chimäre darstellt. Nach Untersuchung des Vegetationskegels an diesem *Pelargonium* hat BAUR gefunden, daß er aus verschiedenen Geweben, nämlich solchen mit weißen Plastiden und solchen mit grünen Plastiden besteht. Die gegenseitige Anordnung dieser Gewebe kann verschieden sein: entweder umgeben eine oder zwei Schichten von Zellen mit weißen Plastiden von außen her den grünen Teil des Vegetationskegels oder umgekehrt. Außerdem kann man vorwiegend auf künstlichem Wege halb grüne und halb weiße Vegetationskegel mit

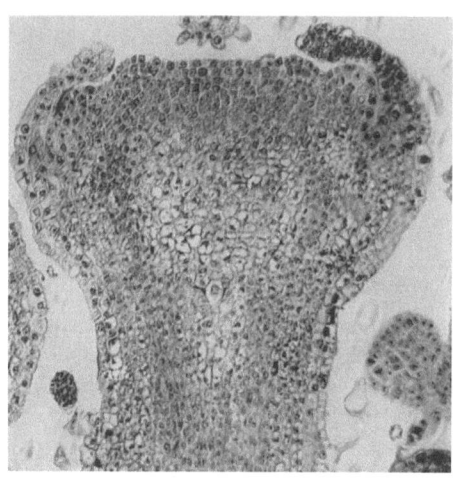

Abb. 152 (s. Abb. 151), aber dichlamyd. Zwei Schichten größerer Zellen mit dunkler gefärbten Kernen.

sektorialer Verteilung von weißen und grünen Geweben bekommen. Aus den Vegetationskegeln entwickeln sich Sprosse, Blätter und Blüten mit Geschlechtsorganen. Wenn der Vegetationskegel in seinen peripheren Schichten aus Zellen mit weißen Plastiden besteht, erweisen sich die Blätter des aus ihm entwickelten Sprosses als aus zwei Komponenten bestehend: Der innere Teil ist grün und in eine weiße Decke gehüllt (über die Zahl der Schichten weiter unten). Bei umgekehrtem Verhältnis

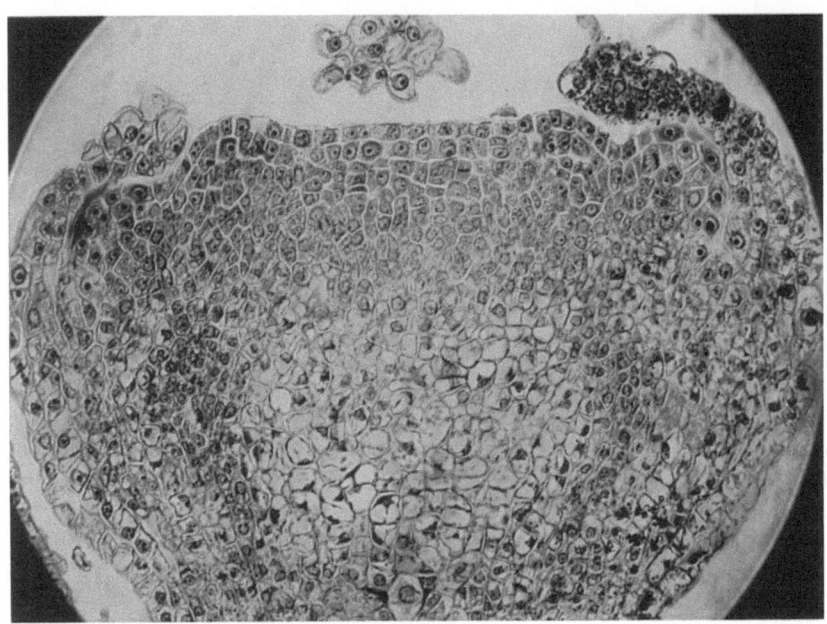

Abb. 153 (s. Abb. 152) stärker vergrößert. In der Subepidermis links eine antiklinale und rechts eine periklinale Teilung. Rechts Mitbeteiligung mindestens auch der dritten Schicht am Blatthöcker.

der Gewebe am Vegetationskegel findet man auch im Blatt entsprechendes. Endlich bekommt man bei sektorial verschiedenen Vegetationskegeln auch Pflanzen mit eigenartigen sektorial bunten, weißgrünen Blättern. Die ersten beiden Chimärentypen wurden periklinal, der dritte sektorial genannt. Die Periklinalchimären werden wiederum eingeteilt (BAUR, 1910, und MEYER, 1915) erstens in haplochlamyde Chimären, bei welchen nur eine Zellschicht der äußeren Komponenten das Gewebe der inneren Komponente einhüllt und zweitens dichlamyde Chimären, bei welchen die äußere Komponente des Vegetationskegels aus zwei Zellschichten besteht. In unseren Chimären haben wir zum erstenmal trichlamyde Chimären erhalten, d. h. solche, bei welchen die Vegetationskegel der Hauptsprosse bei ihrer Anlage mit drei Zellschichten des äußeren Partners bedeckt waren (*Solanum memphiticum* MART.), während der Mittelteil dem inneren Partner angehört (*Solanum lycopersicum* L.).

Wegen der Neuartigkeit dieser Ergebnisse führen wir eine Serie von photographischen Illustrationen dichlamyder wie auch zum Vergleich haplo- und trichlamyder Chimären (s. Abb. 150—159 mit Erklärung dazu) an. Die trichlamyden Chimären unterschieden sich sehr stark in ihrer allgemeinen Morphologie und in der Intensität ihrer Entwicklung (s. Abb. 171, I; 172, II) von den übrigen. Wir werden weiter unten ausführlicher darauf zurückkommen.

Bis jetzt existieren unseres Wissens keine tiefer gehenden Betrachtungen darüber, weshalb man bislang nur haplo- und dichlamyde Periklinalchimären kennt. Als besonders wichtiger Grund dafür könnte eine Vorstellung über die Entwicklungsmechanik des Vegetationskegels der Sprosse dikotyler Pflanzen angesehen werden. Wir haben uns aber in der klassischen Literatur über diese Frage (HANSTEIN, 1868, 1870;

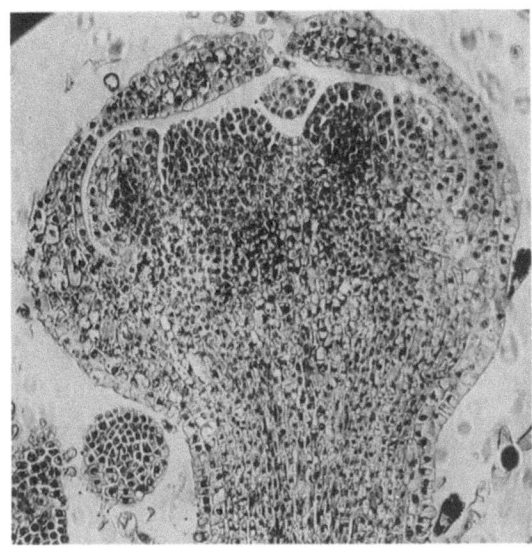

Abb. 154 (s. Abb. 152 u. 153). Frühstadium der Blütenentwicklung. Rechts in einer Staubblattanlage zwei Schichten der äußeren Komponente zu erkennen.

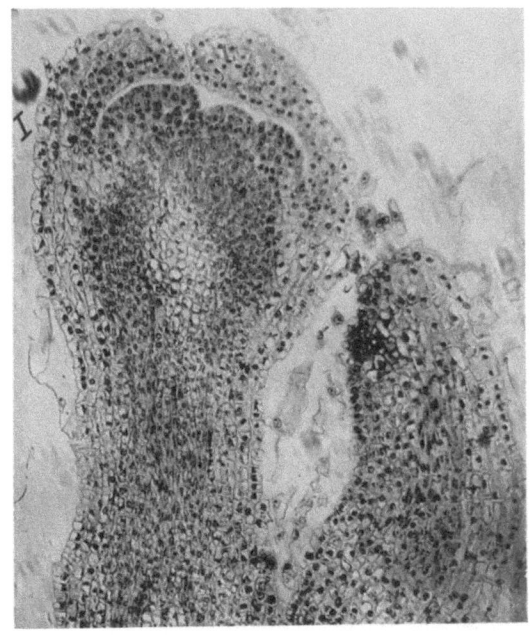

Abb. 155. Trichlamyde Chimäre von *Solanum memphiticum* und *Solanum lycopersicum*. *Solanum memphiticum* außen.

Schoute, 1903; Kniep, 1904; Flot, 1906, 1907; Sachs, 1878; Errera, 1886; Berthold, 1886; Haberlandt, 1891, u. a.) umgesehen, ohne überzeugende Daten zu finden, aus welchen sich die Annahme rechtfertigen ließe, daß irgendwelche Verhältnisse die Bildung von di- und

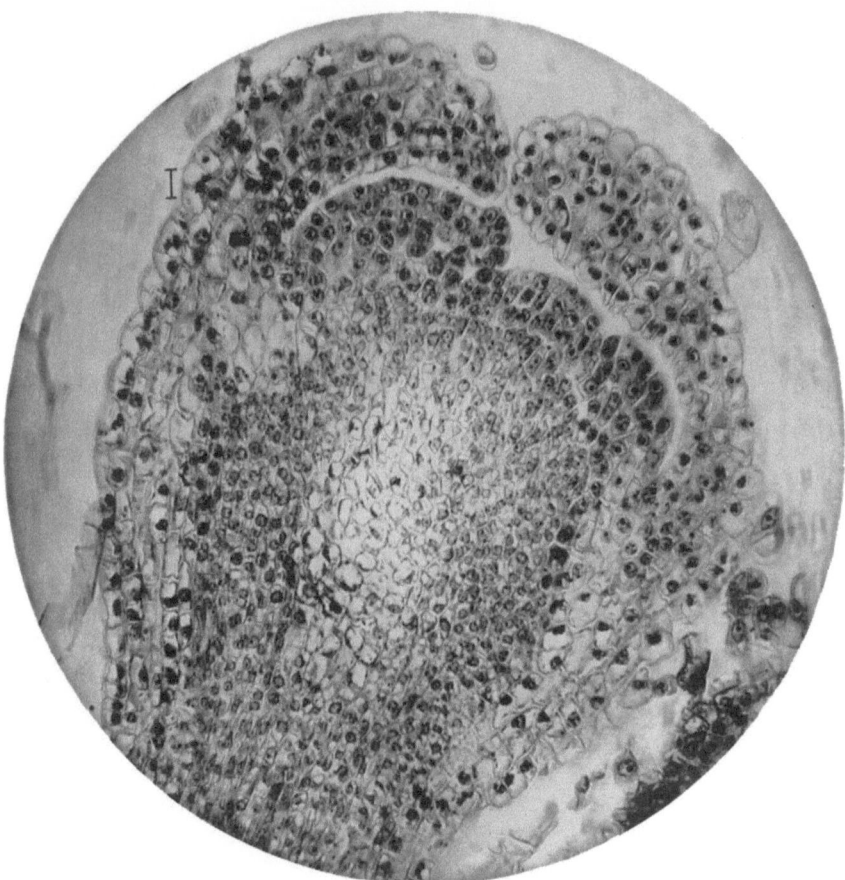

Abb. 156 (s. Abb. 155), stärker vergrößert. Im oberen Teil der Blattanlage keine Zellen der inneren Komponente.

tri- und mehrchlamyden Chimären stören könnten. Vielmehr ist es nicht selten schwer, das Periblem von Plerom abzugrenzen. Es liegt also jedenfalls das Wesen der Sache nicht in einer scharfen Abgrenzung dieser verschiedenen Gewebsteile.

In der Regel bleibt nur das Dermatogen scharf begrenzt, doch wie wir sehen werden, gibt es auch hier schon Ausnahmen. Unsere vorläufigen Untersuchungen (s. S. 236—239 und 611) über die Anlage der Sproßvegetationspunkte im Kallus haben auch keinen Grund ergeben für

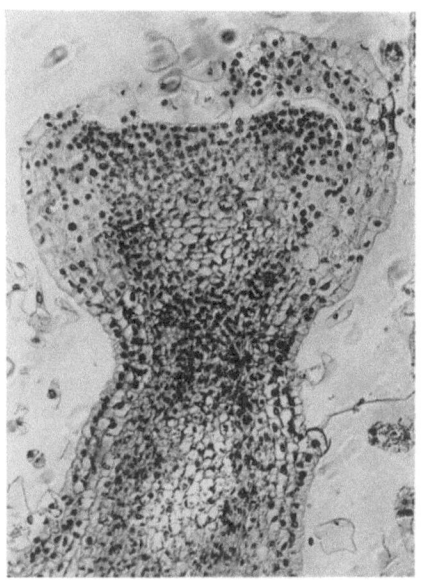

Abb. 157. Zweites Individuum der trichlamyden Chimäre aus *Solanum memphiticum* und *Solanum lycopersicum*.

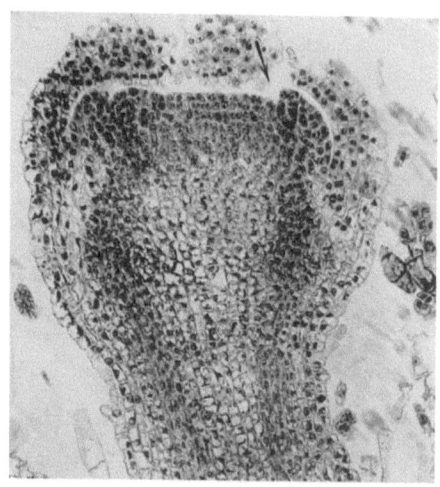

Abb. 158. Vegetationskegel des dritten Individuums der trichlamyden Chimäre aus *Solanum lycopersicum* und *Solanum memphiticum*.

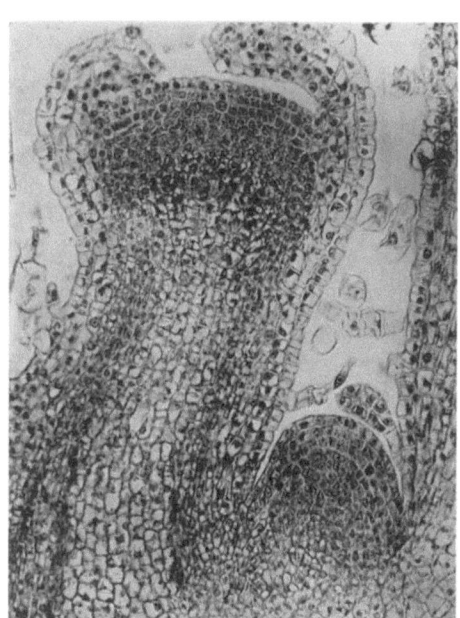

Abb. 159. Trichlamyde Chimäre aus *Solanum memphiticum* und *Solanum lycopersicum*. *Solanum memphiticum* außen. Sowohl beim Achselsproß rechts als auch im Hauptsproß sind drei äußere Schichten unterscheidbar.

Abb. 160. Haplodichlamydes Blatt einer im übrigen dichlamyden Chimäre von *Solanum lycopersicum* mit *Solanum memphiticum* (*Solanum memphiticum* außen). Links oben dichlamyder Teil, rechts unten hapochlamyder Teil des Blattes.

eine Hemmung der Bildung von polychlamyden Chimären. Aus den bei der Anlage von Chimärenvegetationspunkten im Kallus obwaltenden Verhältnissen lassen sich also keinerlei Gründe gegen die Bildung polychlamyder Chimären ableiten. Dabei hat aber Fräulein N. T. KACHIDZE (1931) mit Hilfe von Röntgenisation nur haplochlamyde Chromosomenchimären erhalten, was sie auch betont. Über diese Arbeit wird im Kapitel über die Stimulationschimären Näheres mitzuteilen sein.

Abb. 161. Dichlamyde Chimäre aus *Solanum lycopersicum* und *Solanum memphiticum*. Unterlage *Solanum memphiticum*. Beim Pfeil die Pfropfstelle. *I* unterer Teil eines Chimärenzweiges, der frühzeitig zur Fixierung abgeschnitten wurde. *a b Solanum memphiticum*; *II* Chimärenzweig von anscheinend sektorialem oder meriklinalem Bau; *III* gänzlich periklinaler Chimärenzweig. *IV* periklinaler Chimärenzweig (ebenso *II*). Im übrigen s. Text.

Bezüglich der Pfropfchimären könnte man noch an der Möglichkeit zweifeln, daß sie überhaupt in ihrer Grundanlage schon periklinal gebaut sind. Diesen Standpunkt nehmen z. B. JØRGENSEN und CRANE (1927, S. 258—259) ein. Sie sagen, daß in ihren Experimenten alle Chimärensprosse, welche aus einem Kallus sich entwickelt hatten, "were from the start meriklinal and it is noteworthy that in these experiments a complete periclinal shoot was never observed to arise directly from the cross-grafted plants... In solanums, as mentioned before, the branching is sympodial ... the sympodial type of branching is thus in our opinion of fundamental significance in the formation of periclinal chimars from the callus".

In den Arten mit monopodialen Verzweigungen bilden sich die Periklinalchimären "only as axillary shoots from the covered part of the mericlinal main shoot".

In Anbetracht dessen, daß z. B. bei *Solanum lycopersicum* die Verzweigung keine rein sympodiale ist, haben wir schon im Jahre 1928 (S. 489) geäußert, daß wir Fälle einer Entwicklung von Periklinalchimären aus dem Kallus nicht für ausgeschlossen halten. Im Jahre 1930 haben wir die Berechtigung unserer Annahme gezeigt, indem wir solche Chimären experimentell erzielten. Damals haben wir (s. KRENKE, 1930, S. 328) eine entsprechende Photographie angeführt (Nr. 8).

Jetzt können wir hinzufügen, daß unsere haplochlamyden Chimären sich fast ausschließlich unmittelbar aus dem Kallus entwickeln (Typ A) [Abb. 163, welche für einen anderen Zweck ausgeführt ist, auf der aber ein haplochlamyder Sproß (II) zu sehen ist, welcher sich aus dem Kallus unabhängig von dem zweiten Chimärensproß (I), den wir noch zu besprechen haben, entwickelt]. Weiter können (B) direkt aus dem Kallus gemischte periklinale Sprosse sich bilden, d. h. solche, welche zum Teil haplo- und zum Teil dichlamyd sind (s. S. 627).

Als solcher stellt der Sproß (II) auf den Abb. 161 und 162 sich dar. Ein etwas anderer Typus des gemischt-periklinalen Sprosses ist ein solcher (C), wo nicht die ganzen Organe Chimären verschiedener Chlamyditätsordnung sind, sondern wo im Bereich eines Organs verschiedene Chimärenstruktur vorhanden ist. Diesen Typus wollen wir als gemischt-periklinal-chimär bezeichnen.

Abb. 162 (s. Abb. 161). Dasselbe Individuum nach Frosteinwirkung. *S. l.* abgefrorenes Tomatenblatt.

So ist auf der Abb. 160 und auch auf Abb. 164b ein Blatt dargestellt, dessen gegliederter Teil haplochlamyd, dessen ungegliederter Teil dichlamyd organisiert ist. Einen gleichen Typ stellt auch das linke Blatt auf Abb. 8, S. 328 in unserer Arbeit aus dem Jahre 1930 dar, wo sie zum Beweis der Möglichkeit einer Periklinalchimärenentstehung direkt aus dem Kallus dient. Ohne entsprechende Erklärung könnte dieses Blatt für sektorial chimär gehalten werden. Entsprechendes sehen wir beim Blatt h auf Abb. 161. Weiter (D) kann aus dem Kallus eine Chimäre entstehen, bei welcher der Gipfel und die Mehrzahl der Blätter des Hauptsprosses eine Periklinalchimäre darstellen, während die einzelnen Blätter sich als zu der einen Chimärenkomponente gehörig oder als wahrhaft sektorial oder meriklinal gebaut erweisen können. Dies zeigt, daß sich tatsächlich aus dem Kallus eine meriklinale Chimäre zu entwickeln begann, daß sich dann aber ihr Gipfel von der reinen Chimärenkomponente befreite und zur wahren Periklinalchimäre wurde. Diesen Typ wollen wir „vorübergehende Meriklinalchimären" nennen.

Der Mechanismus dieses Prozesses ist sehr einfach und läßt sich am Massenmaterial sehr leicht bei verschiedener Färbung oder verschiedener Behaarung der Sprosse zeigen, was auch alles an unseren Chimären vorhanden ist.

Der Prozeß verläuft folgendermaßen: Entweder geht der obere Bezirk des Meriklinalsaumes der reinen Komponente im ganzen in der Anlage eines reinen Blattes auf (s. Abb. 178) oder der Streifen wird einfach langsam schmaler, verschwindet ganz, indem er auf seinem Wege am Aufbau von Seitenblättern teilgenommen hat oder sogar nicht einmal dies. Im ersten Falle kann das Blatt, welches unter Beteiligung des genannten Streifens gebildet ist, entweder rein oder sektorial gebaut sein. Das

Abb. 163. *Solanum lycopersicum — Solanum memphiticum (II)*. *I* Dichlamyd; *II* haplochlamyd, bei *III* Chimärenteil des doppelten Stengels zeigt Verwachsung durch Parallelwachstum — nicht Meriklinalstruktur. Weiter oben (*I*) selbständig und von periklinaler Struktur. S. l. reiner Tomatenpartner im doppelten Stengel.

weitere Aufhören der Entwicklung des Streifens in der Hauptachse ruft ein Zusammenschließen des Gewebes der äußeren Chimärendecke über der inneren Komponente hervor, so daß dann der Vegetationspunkt von rein periklinalem Bau ist. Diesen Prozeß haben wir an dichlamyden Chimären beobachtet (Abb. 161, 162, Sproß IV illustrieren derartige Chimären). Der Sproß II ist schon beschrieben. Der Sproß III auf dem Gipfel stellt eine dichlamyde Chimäre dar; sein Blatt dagegen ist hyplochlamyd. Der Sproß IV ist oben eine dichlamyde Chimäre, während er weiter unten ein Blatt des reinen Tomatenpartners (S. L.) trägt und außerdem ein Blatt von reinem *Solanum* (S.). Der Sproß V hat ein Blatt, das dichlamyd, sowie auch eins, das haplochlamyd ist.

So wird also auch der zuletzt beschriebene Chimärentyp zwar anfangs im Kallus als Sektorialchimäre angelegt, entwickelt sich dann aber periklinal oder in irgendeiner anderen Weise sympodialer Verzweigung weiter. Also auch dieser Fall läßt sich nicht in dem Schema, das von JØRGENSEN und CRANE (1927, S. 258—259) vorgeschlagen wurde, unterbringen.

Es kann auch ein anderer Zustand vorliegen, welcher einen speziellen Fall des eben beschriebenen darstellt und deshalb im Schema von JØRGENSEN nicht untergebracht werden kann. Es werden nämlich im Chimärenkallus intermediär zwei Vegetationspunkte angelegt, welche im Verlauf der weiteren Entwicklung eine Selbstpfropfung durch Parallelwachstum (s. S. 27) durchmachen. In irgendeinem Stadium geht einer der Vegetationspunkte ein und der andere setzt das Wachstum fort und bildet so eine selbständige Pflanze. In Abb. 163 ist ein derartiger Fall dargestellt. Der Stengel der dichlamyden Periklinalchimäre I und der Stengel des reinen Tomatenpartners bei III haben Selbstpfropfung durch Parallelwachstum erfahren. Aber der letztere hat sein Wachstum eingestellt, indem er an seinem Gipfel eine teratologische Blattstengelform ausgebildet hat. Auf S. 692 zeigen wir Abb. 183 I, wo sich der Hauptstengel der frei wachsenden jungen Tomate in bedeutender Entfernung von dem nächst unteren Blatte in eine spitzkonische Bildung (s) verwandelt und so sein Wachstum beendet. Der chimär gebaute Achselsproß (A) stammt aus der Achsel eines der untersten Blätter. Er ersetzte den Hauptstengel, indem er vertikale Lage annahm. Das Eingehen des Tomatenstengels braucht nicht direkt durch den spezifischen Einfluß des Chimärenwachstums bedingt zu sein. Aber es ist selbstverständlich möglich, daß die mächtige Chimäre auf ihren Partner hemmend gewirkt hat.

Aus der angeführten Abb. 163 geht klar hervor, daß der Vegetationspunkt (→) wahrer, periklinaler, haplochlamyder Chimären II tatsächlich im Kallus angelegt wird. Die Chimäre I wird nur eine Zeitlang von dem mit ihr verwachsenen Tomatensproß begleitet.

Wir haben oben darauf hingewiesen, daß dieser Zustand einen speziellen Fall des vorher beschriebenen Aufhörens der Entwicklung einer meriklinalen oder sektorial angelegten Chimärenkomponente darstellt. Tatsächlich sind alle Übergänge der Verschmelzung von Anlagen der Vegetationspunkte (und nicht nur von ihnen allein) zweier im Kallus benachbarter Sprosse vorhanden. In den Endstadien dieses Prozesses wird einer der potentiell möglichen Vegetationspunkte dieses oder jenes Teils, welcher einem der Verwachsungsstelle entgegengesetzten Pol anliegt, von jetzt ab zum einzigen und meist meriklinal gebauten Vegetationspunkt. Hier könnte insofern ein Widerspruch vorliegen, als in solchem Fall der meriklinale oder sektoriale Bezirk dieses Vegetationspunktes nicht von einem unabhängigen Vegetationspunkt, welcher eine bestimmte Struktur hat, abweicht. Wir wiederholen aber, daß alle Übergänge vorhanden sind, und es ist schwer, eine gut begründete Grenze ähnlich der, wie sie bei der Verschmelzung von Vegetationspunkten bei Achselsprossen von *Ulmus* und *Morus* (s. S. 91) vorliegt, zu ziehen. Eine andere Frage ist es aber, ob nicht auch dann, wenn die Verschmelzung so weit geht, daß sich keine zwei Vegetationskegel unterscheiden lassen, der meriklinale Bezirk in seiner Entwicklung bezüglich der Ausbildung des Vegetationspunktes unabhängig ist. Sonst müßte man annehmen, daß der tatsächliche meristematische Bezirk, welcher den größten Teil des Vegetationskegels darstellt, in sich Gewebe eingeschlossen enthält, welche selbständig keinen Vegetationspunkt bilden können. Man darf unsere Betrachtung nicht so auffassen, als ob wir meinten, daß im gemischten Verwachsungsgewebe der Pfropfpartner der meriklinale oder sektoriale Vegetationspunkt aus Geweben beider Komponenten gebildet werden, die nie je für sich als Vegetationspunkte differenziert seien. Selbstverständlich nehmen wir dieses an, und es ist zweifellos in der überwiegenden Mehrzahl der Fälle so. Wir betonen nur, daß alle Übergänge vorhanden sind, daß man also das Gewebe jedes der Partner an den genannten Chimären als potentiell befähigt ansehen muß, einen selbständigen Vegetationskegel zu bilden, wenn es nicht im Verlaufe der Bildung das Gewebe der mit ihm verwachsenen Komponente an der Bildung des tatsächlichen Vegetationspunktes teilgenommen hätte.

Aber wir sind der Meinung, daß man den Vegetationskegel eines Chimärensprosses von meriklinalem oder sektorialem Bau nicht als aus chirurgisch zur Verwachsung gebrachten Geweben der beiden Pfropfpartner bestehend betrachten kann. Tatsächlich haben wir in einem derartigen Vegetationskegel nicht die chimär verwachsenen Gewebe, sondern deren Derivate und sekundäre Gewebe vor uns. Dabei gelangen hier die Zellen der beiden Pfropfpartner nicht etwa in derselben Weise in Berührung, wie es bei der Verwachsung im Verlaufe einer Pfropfung der Fall ist, sondern genau so, wie im Verlauf der Gewebsbildung in der normalen Ontogenese infolge von Neubildung von Zellen.

Besondere Verhältnisse liegen vor, wenn im Vegetationskegel eines Chimärensprosses und in von ihm abgeleiteten Geweben sich spezielle physiologische Beziehungen zwischen genotypisch verschiedenen Zellen auswirken.

Endlich (E) können aus dem Kallus auch wahre sektoriale und nicht nur meriklinale Sprosse (s. KRENKE, 1930, Abb. 327 auf dem linken Sproß bei der Bezeichnung ,,ch". Hier ist der Sektor der Tomate zu sehen) entstehen. Auf Abb. 164 ist ein echt sektoriales Blatt (a) abgebildet, bei welchem der gegliederte Teil eine haplochlamyde Chimäre und der nicht gegliederte ein reines *Solanum memphiticum* darstellt. Die Abb. 165 aber demonstriert ein Sektorialchimärenblatt, bei dem der gegliederte Teil und der größte Teil des Stieles dem einen Partner *Solanum lycopersicum* und der nicht gegliederte Teil der Spreite und ein schmaler, heller, nicht behaarter Streifen des Stengels *Solanum memphiticum* angehört. Es ist möglich, daß dieser Streifen meriklinal gebaut ist und eine Schichtzahl von weniger als zwei hat. Aber die Spreite selbst ist zweifellos sektorial, wenn man das Wort bedingungsweise für diese geometrisch unregelmäßige Form anwendet, was aber gewöhnlich geschieht.

Abb. 164. *Solanum lycopersicum* — *Solanum memphiticum* (*II*). In der Pfeilrichtung Kallus an der Wunde der Pfropfung. Unterlage *Solanum memphiticum*. Im übrigen s. Text.

Also können die Sektorialchimären folgendermaßen gebaut sein:

a) Die Sektoren stellen die reinen Chimärosymbionten dar.

b) Sie können gemischt sektorial sein, d. h. ein Teil des Organs besteht aus einem reinen Chimärosymbionten und der andere aus einer Periklinalchimäre.

c) Kann es sich um sektorial-periklinale Chimären handeln, d. h. die Sektoren haben alle periklinalen Bau, aber dieser periklinale Bau ist verschieden (haplo-, di-, polychlamyd). Wie wir sehen ist dieser Typus mit dem von uns früher als „gemischt" bezeichneten identisch. Da die beiden Termini aber verschiedene Seiten einer und derselben Erscheinung betonen, so müssen sie auch benutzt werden (s. Abb. 161, Blatt h).

d) Endlich werden Blätter mit mosaiksektorialer Gewebsanordnung angetroffen, d. h. einer Gewebsanordnung, wo Bezirke inselartig entweder einer reinen Komponente angehören und umgeben sind von Teilen periklinaler Struktur, oder wo eine Mosaikanordnung verschiedener Periklinalstruktur vorliegt. Man kann auch meriklinale Strukturen entsprechend modifizieren. So sind von uns folgende Chimärentypen, welche sich unmittelbar aus dem Kallus entwickeln können, aufgestellt worden.

A. Periklinale, haplochlamyde, di- und trichlamyde.

B. Gemischt periklinale, haplochlamyde (wahrscheinlich auch andere analoge Kombinationen).

C. Gemischt periklinale, mosaikstrukturierte.

D. Vorübergehend meriklinale und vielleicht auch sektoriale und

E. sektoriale (reine sektoriale, gemischt-sektoriale, sektorial-periklinale und mosaik sektoriale).

F. Meriklinal (dieselbe Einteilung wie bei sektorial). Endlich sind weiter unten unsere Chimärenfrüchte beschrieben, welche wir als

G. Schichtchimären bezeichnen wollen. Diese Chimären verteilen sich auf meriklinale, periklinale und möglicherweise sektoriale Chimären. Bis heute haben wir im ganzen etwa 150 Chimären erhalten und auf Grund allerdings unvollkommener Notizen und aus dem Gedächtnis kann gesagt werden, daß alle erwähnten Typen mit Ausnahme der rein periklinalen dichlamyden und trichlamyden Chimären mit annähernd der gleichen Häufigkeit erhalten wurden. In Zukunft soll eine genaue Kontrolle eingeführt werden (s. noch S. 748—755).

Abb. 165. Sektoriales Blatt einer im übrigen dichlamyden Chimäre. S. Abb. 164 (aber anderes Individuum) ungegliederter Teil: *Solanum memphiticum*, rechts *Solanum lycopersicum*, Stiel mit Blattstengel und Hauptnerv *Solanum lycopersicum*. Heller Streifen am Blattstengel *Solanum memphiticum*.

Bei Behandlung der Anlagen im Kallus ist von uns betont worden (s. S. 236), daß sie immer aus Geweben mehr oder weniger endogener Herkunft stammen. Wenn man noch unsere Analyse des Verwachsungsprozesses und speziell die Verbindung der Pfropfkomponenten miteinander auf dem Wege des gegenseitigen Eindringens von Strängen des äußeren intermediären Gewebes berücksichtigt, so wird klar, daß auf dem Schnitt eines echten Berührungsfensters sich immer ein periklinaler Chimärenkallus entwickeln muß, aus welchem dann im Normalfalle Periklinalsprosse entstehen werden.

So sind also die gemischt-periklinalen und die übrigen Chimärenkonstruktionen verständlich. Tatsächlich kann der Bau des Chimärenkallus in dem Merkmal der gegenseitigen Anordnung der Gewebe der Transplantosymbionten sehr verschieden sein. Allerdings aber wird die meriklinale oder sektoriale Struktur in allen Übergängen zwischen beiden Typen häufig gefunden. Das ist verständlich. Tatsächlich wird ja der Schnitt zur Herstellung einer Chimäre durch die Stelle der wahren Verwachsung geführt. Diese Stelle wird im Falle der Verwachsung mit Hilfe der primären äußeren oder des gemischten intermediären Gewebes das Ausgangsgewebe des primären Chimärenkallus darstellen. Das Zusammenschließen des äußeren intermediären Gewebes der Pfropfpartner geht öfters über eine krumme und vielfach gefältelte Oberfläche hin vor sich, und viel seltener dringen einzelne Gewebe eines Partners in das Gewebe des anderen mit Hilfe von Ausläufern ein. Gerade in diesem letzten Falle ist die sicherste Voraussetzung zur Bildung eines periklinalchimären Kallus vorhanden. Bei den anderen Fällen erweist sich, daß an der Oberfläche die Gewebe der beiden Pfropfpartner einander nicht bedecken, wenn sie auch mit einer unregelmäßigen Grenze nebeneinander oder umeinander herum liegen. Im Falle eines tiefreichenden Ausläufers (s. Abb. 189 g), findet man in einigen Schnitten (z. B. in der Schnittlinie 1), daß über dem vorgewölbten Ausläuferbezirk des Gewebes des einen Partners (x) eine dünne Gewebsschicht des anderen Partners (y) liegt. Wenn jetzt der vorgewölbte Ausläuferbezirk (gestrichelt) mit darüberliegenden Gewebsschichten des anderen Partners sich zum Kallus oder zu einem Vegetationskegel zu entwickeln beginnen würde, so würde eine streng periklinale Bildung erhalten werden. Aber wie aus den gezeigten Schnitten zu sehen ist, sind sogar bei Vorhandensein der Ausläuferstruktur für die Bildung einer Periklinalchimäre nur wenige Schnitte brauchbar (zwischen 1 und 3). Bei den Schnitten oben (z. B. 0) oder unten (z. B. 3 oder 4) erhält man schon keinen Zustand, der für die Entwicklung der periklinalen Bildung garantieren ließe. Beim Schnitt 0 ist mehr Wahrscheinlichkeit vorhanden, daß im Kallus oder im Sproßvegetationskegel nur das Gewebe des Partners y sich entwickeln wird ohne Gewebsbeteiligung des Ausläufers x des anderen Partners. Beim Schnitt 3 sind schon mehr Aussichten vorhanden, daß im Falle der Kallusbildung oder der direkten Vegetationskegelbildung eine sektoriale oder meriklinale Chimäre mit chimärer Berührung der Oberflächen gegeben ist, wobei die Berührungslinie in unserem Schnitt durch den Punkt C berechnet wird. Nur wenn der Ausläufer (x) nicht sehr massiv, aber genügend breit im Querschnitt der Pfropfung ist und wenn unterhalb von ihm das Gewebe des Partners y besonders energisch an dieser Stelle und in der Richtung, die der Pfeil anzeigt, sich entwickeln wird, wird eine periklinale Chimärenstruktur zustande kommen, und zwar nur unter der Bedingung, daß die Anfangsentwicklung des genannten Bezirkes des Gewebes y energischer verläuft als die Entwicklung der oben liegenden Ausläufer des Gewebes x. Auf derselben

Zeichnung 189 g ist noch ein anderes für die Bildung eines periklinalen Regenerats günstiges Bild zu sehen.

Wenn man den ganzen oberen Teil durch den Schnitt 2 abnehmen würde, so würde im Querschnitt die Schnittoberfläche tatsächlich so aussehen, als ob ein anderer elliptischer Bezirk des Gewebes x (des Ausläufers) sich als Inselchen inmitten des ihn umgebenden Gewebes y befände. Im Längsschnitt wird, wie auch unsere Zeichnung darstellt, die obere Fläche dieses Inselchens als Abschnitt einer Geraden zwischen zwei weißen Punkten, welche auf der Linie 2 liegen, ausgedrückt. Wenn jetzt von der Oberfläche dieser Insel die Regeneration langsamer als im umgebenden Gewebe y verlaufen wird, so kann das Inselchen des Gewebes x von oben durch Regenerate des Gewebes y überwachsen werden. Als Fortsetzung der gemeinsamen Entwicklung des jetzt deckenden Gewebes y und des unter ihm liegenden Inselchens vom Gewebe x bekommt man eine periklinale Bildung.

Es ist verständlich, daß, je kleiner die obere Fläche der beschriebenen Insel wird, desto mehr Chancen vorhanden sind, daß diese Insel völlig durch das Gewebe y zugedeckt wird, wenn dieses Gewebe eine stärkere Regenerationsfähigkeit besitzt. Auf diese Weise wird der Schnitt, welcher auf der Höhe des Buchstabens y (d. h. etwas unterhalb vom Schnitt 2) durchgeführt ist, schon einen weniger günstigen Ausgangszustand zur Bildung eines periklinalen Chimärenregenerates geben.

Aus dem angeführten Schema ist klar, daß für die Bildung rein periklinaler Strukturen direkt aus dem Kallus das Zusammentreffen einiger bestimmter, relativ seltener Ausgangszustände der zu verwachsenden Gewebe, der Schnittführung und manchmal der verschiedenen Regenerationsfähigkeit des Wundgewebes der beiden Pfropfpartner nötig ist.

Möglich ist noch, daß der primäre sektoriale oder meriklinale Kallus im Prozeß der unregelmäßigen Entwicklung, wie sie beim Zusammentreffen genotypisch verschiedener Gewebe selbstverständlich leicht vorkommt, in späteren Stadien in den Periklinalkallus auf dem Wege über eine langsame Bedeckung des in der Entwicklung zurückgebliebenen Gewebes des einen Partners umgewandelt wird. Derartige Zustände werden sogar bei sekundären Veränderungen im gewöhnlichen nicht chimären Wundkallus angetroffen, sie sind aber hier und auch bei Chimären verhältnismäßig selten.

Die beschriebenen Bilder haben wir tatsächlich beobachtet. Man kann sie aber nicht immer mit vollkommener Sicherheit sehen. Wie im Kapitel über die Verwachsung gesagt wurde, ist es sehr schwer, die Zugehörigkeit des äußeren intermediären Gewebes (besonders bei der Entwicklung des sich aus ihm ableitenden Sproßvegetationskegels beim Schnitt der Pfropfung für eine Chimäre) zu diesem oder jenem Pfropfpartner zu entscheiden. Nur an speziellen Stellen, und auch dort nicht immer, gelingt es mit voller Sicherheit, diese Aufgabe im Wege der Beurteilung der Richtung des Wachstums und der Zellteilung zu lösen.

Auch der Chromosomenapparat ist nicht immer geeignet, die Frage lösen zu helfen, denn die nötigen Metaphasen findet man selten, und wenn sie vorkommen, dann in größeren Abständen voneinander, die man gezwungen ist, durch indirekte Anzeichen und Betrachtungen auszufüllen, was nicht genügend sicher ist.

Nur die differenzierte, natürliche oder künstliche Gewebsfärbung der Transplantationspartner kann die Sache weiterbringen.

Auf diese Weise sind wir zu dem Schluß gekommen, daß es prinzipiell sehr verschiedenartige Chimärenstrukturen gibt, von denen einige auch von uns erhalten worden sind. Aber die verschiedene Häufigkeit des Vorkommens einzelner Strukturen spricht dafür, daß die Strukturen der Chimärenkallusbildungen nicht ganz zufällig sind, sondern irgendwelchen, wenn auch nicht strengen Gesetzmäßigkeiten folgen.

So kommt es unvergleichlich seltener vor, daß sich trichlamyder Kallus bildet, nicht sehr oft findet man den dichlamyden, häufiger schon haplochlamyden und noch häufiger meriklinal oder sektorial gebaute Kallusbildungen.

Dies letztere ist schon erklärt. Die übrigen Tatsachen aber weisen deutlich auf irgendwelche korrelativen Gewebsverhältnisse der beiden Pfropfpartner bei der Bildung von chimär gebautem Kallus und bei der Bildung von Vegetationskegeln aus einem solchen Kallus hin. Tatsächlich kann man die genannten Fälle verschiedener Schichtzahlen des äußeren Partners eines chimär gebauten Kallus oder Sproßvegetationskegels nicht dadurch erklären, daß infolge einer Überreizung, welche durch den zur Erzielung der Chimäre gelegten Schnitt entsteht, etwa alle Schichten, die weiter außerhalb von dem beschriebenen Gewebsausläufer liegen als die nächsten ein bis zwei Zellschichten, unfähig zu irgendwelcher Regeneration wären. Weshalb sollten nicht vier oder fünf Zellschichten regenerationsfähig sein ? Und weshalb wiederholt sich dies Verhältnis in den Chimären aus verschiedenen Pflanzenarten ?

Die Erscheinung würde aber verständlich, wenn man annähme, daß der Schnitt etwa so hindurchgelegt worden wäre, daß über dem beschriebenen Gewebsausläufer, welcher die innere Komponente der Chimäre zu bilden haben würde, mehr als drei oder vier Zellschichten lägen, welche an der Neubildung teilzunehmen fähig wären. In diesem Falle würde die Neubildung lediglich von den Zellen dieses Gewebes ohne Beteiligung der zweiten Komponente also des anderen Pfropfpartners aufgebaut werden. D. h., man würde einen Sproß, der rein aus der ersten Komponente der Pfropfung bestünde, erhalten. Gerade die Abhängigkeit der Mitbeteiligung der zweiten Komponente von dem Vorhandensein einer bestimmten Anzahl deckender Zellschichten der ersten Komponente könnte die Erklärung gewisser korrelativer

Beziehungen zwischen den Geweben der Pfropfpartner der betreffenden Stelle bringen. Möglich ist es, daß bei Überwindung einer gewissen Zahl von Zellreihen des äußeren Gewebes der Wundreiz, welcher zu dem präsumptiven zweiten Partner gelangt, schon nicht mehr hinreichend stark ist. Doch glauben wir nicht, daß die Verhältnisse so erklärt werden können. Wenn die Erklärung so einfach wäre, so müßten viel mehr Varianten polychlamyder Chimären erhalten werden, als bis jetzt festgestellt wurden; denn es ist nicht möglich, in den verschiedenen Zellen eine so gleichmäßige Verbreitung und einen so gleichmäßigen Einfluß des Wundreizes sich vorzustellen. Außerdem erklärt dies in keinem Falle die andere mögliche und oben beschriebene Variante der Entwicklung periklinaler Bildungen auf dem Wege einer Überwachsung des passiveren Gewebes durch ein aktiveres Gewebe.

Zu Beginn unseres Berichts über trichlamyde Chimären (s. S. 618) haben wir darauf hingewiesen, daß uns ausführliche theoretische Betrachtungen, welche für die Unmöglichkeit einer Bildung von trichlamyden Chimären sprächen, nicht bekannt sind. Inzwischen ist uns die Arbeit von RISCHKOW (Dezember 1931) in die Hände gekommen. RISCHKOW erwähnt unsere frühere Arbeit (KRENKE, 1930, S. 330 und 331) nicht, obgleich wir damals auf die gelungene experimentelle Gewinnung trichlamyder Chimären hingewiesen hatten. RISCHKOW beschäftigt sich nur theoretisch mit der Möglichkeit des Vorkommens dieser Chimärenform.

Der Anlaß dazu war für RISCHKOW der von ihm untersuchte *Evonymus japonica f. argenteo-variegata* REGEL. Bei dieser Art hat der Autor als häufige Blattstruktur Dreischichtigkeit der farblosen Zellen entdeckt. Der Autor bezeichnet diese Pflanze daher als natürliche triplochlamyde Chimäre. Wir finden hier also wiederum eine ungenaue Anwendung des Ausdrucks Triplochlamydität. Wir haben schon früher darauf hingewiesen (KRENKE, 1928b, S. 479—480, sowie S. 487—488 und in diesem Buche S. 635), daß die Ausdrücke Triplochlamydität und Diplochlamydität sich nur auf den Bau des Vegetationskegels beziehen, nicht aber auf die Schichtzahl der äußeren Komponente in voll ausgebildeten Organen. Man kann also auch umgekehrt nicht etwa nach dem Bau erwachsener Organe mit Sicherheit auf den Chlamyditätsgrad einer Chimäre schließen. Eine Ausnahme machen nur gewöhnliche haplochlamyde Chimären.

Allerdings bespricht RISCHKOW (S. 681) auch die Möglichkeit, daß seine triplochlamyde Chimäre eine dichlamyde mit geteilter Subepidermis sein könnte, so daß also die dritte farblose Schicht von der Subepidermis geliefert worden wäre. Diese Annahme aber lehnt er deshalb ab, weil bei natürlichen weißrandigen diplochlamyden Chimären (S. 681) „sich die Zahl der weißen Schichten meist in der Nähe des Randes vermehrt, nämlich an der Stelle des Überganges in rein weißes Gewebe. Diese

Vermehrung der weißen Schichten schreitet stufenweise vor und die Anzahl der von oben und unten hinzugekommenen stimmt nicht überein."

Bei der oben genannten als trichlamyd bezeichneten *Evonymus*-Art „ziehen drei blasse, subepidermale Schichten regelmäßig von oben und unten hin und nähern sich sogar der mittleren Blattader. Bezirke mit einer subepidermalen Schicht allein treten hier in mehr oder minder zufälliger Weise auf". Außerdem geht aus der Zeichnung I A (S. 679) des Autors hervor, daß auch Fälle mit vier Schichten weißer Zellen vorkommen, worauf der Autor im Text eingeht. Die Angaben des Autors scheinen uns aber nicht als hinreichender Beweis für die tatsächliche Trichlamydität der untersuchten Chimäre. Dagegen ist von seinem Standpunkt aus die Betrachtung des Autors zur Unmöglichkeit des Vorkommens echter trichlamyder Chimären befriedigend. Er schreibt (S. 681):

„Wenn die drei oberen Schichten eines Blattes von anderem Ursprung sein sollen als das übrige Parenchym, so müßte das Mesophyll sich teilweise aus der vierten Schicht des Vegetationspunktes der dritten Subepidermalschicht entwickelt haben. Bis jetzt ist es uns nie gelungen, etwas derartiges zu beobachten."

Wir haben aber (KRENKE, 1930, S. 332) angegeben, daß wir „durch Erforschung der Richtung der Zellteilungen und der fertigen Zellwände für eine Reihe von Zellen festgestellt haben, daß die dritte, vierte und manchmal auch fünfte Schicht des Vegetationskegels am Bau des Blatthöckers beteiligt sind". Da aber RISCHKOW diese unsere Angaben nicht kannte, verwickelte er sich in den Widerspruch, daß er einerseits die untersuchte *Evonymus*-Form als trichlamyde Chimäre, nicht als dichlamyde Chimäre anerkannte, während er anderseits die Bildung trichlamyder Chimären für unmöglich hielt. Daran wird auch dadurch nichts geändert, daß der Autor seine Meinung an anderer Stelle dahingehend präzisiert, daß die Entwicklungsmechanik nicht gegen die Entwicklung triplochlamyder Chimären, sondern gegen die Entwicklung triplochlamyder Blätter spräche, trotzdem sich solche entwickelt hätten. Jedenfalls hält der Autor sie selber für triplochlamyd und betrachtet es anscheinend als unwesentlich, daß bei diesen Blättern die Trichlamydität sogar im mittleren Teil der Spreiten nicht streng war. RISCHKOW schreibt (S. 681):

„Ich lasse die Frage danach offen, wie die von mir entdeckte anatomische Struktur zustande gekommen ist, und die Benennung Periklinalchimäre gebrauche ich in einem konventionellen, rein beschreibenden Sinne, ohne vorwegzunehmen, wie solche Chimären entstehen mögen."

Wir sind der Meinung, daß, bevor man zu solchem Schlusse kommt, es tatsächlich notwendig sei, sich ganz genau zu überzeugen, daß in dem Objekt des Autors die vierte Schicht des Vegetationskegels an der Blattbildung nicht teilnahm. Die oben angeführte kurze Bemerkung des Autors, daß er dieses nicht beobachtet habe, wobei er irgendwelche

Bilder aus der Entwicklungsmechanik angibt, vermag uns schwer von der tatsächlich negativen Lösung der Frage zu überzeugen, und zwar einfach deshalb, weil wir experimentell sicher triplochlamyde Chimären, welche zytologisch kontrolliert sind, erhalten haben. Ferner haben wir die Möglichkeit einer Beteiligung der vierten Schicht des Vegetationskegels an der Blattbildung nachgewiesen.

Die von uns beschriebenen Anlagen von Chimärenbildungen geben einige, wenn auch nur ungefähre Ausblicke auf die Möglichkeit einer willkürlichen Beeinflussung des Entwicklungsprozesses, so daß man eventuell Chimären bestimmter Struktur erhalten könnte. Das wird hauptsächlich davon abhängen, ob man in der Lage ist, die Bilder der Ausgangsstadien, welche auf dem zur Erzielung der Chimäre angelegten Schnitt sich zeigen, genau zu erkennen und zu deuten. Da aber auf dem Wege wiederholter Schnitte oder auf dem Wege der Anlegung von Schnitten durch verschiedene Exemplare gleichartiger Pfropfungen, welche nach verschiedenen Methoden gemacht wurden, die Bestimmung des Ausgangsstadiums für die Verwachsungsprozesse an der Schnittfläche in unseren Händen liegt, so kann man theoretisch fast immer die gewünschten Verhältnisse aussuchen. Aber wie oben gesagt wurde, ist die Erkennung und Deutung der Ausgangsstadien mit der von uns verlangten Genauigkeit noch sehr großen und bis jetzt unüberwindlichen Schwierigkeiten ausgesetzt.

Wir kehren nunmehr zu den Chimären von BAUR zurück. Das Auftreten rein weißer oder rein grüner Zweige oder irgendwelcher anderer rein weißer oder rein grüner Elemente auf einer chimär gebauten Pflanze erklärt BAUR (1910) auf folgende Weise. Bei periklinalen Chimären werden gelegentlich Störungen in der gewöhnlichen Verteilung der Komponenten am Vegetationskegel beobachtet. Am häufigsten geschieht dies infolge kleiner Verletzungen. Dann entstehen je nach Art der Störung verschiedene Folgeerscheinungen, z. B. kann bei periklinalen Chimären mit weißer Außenschicht und grüner innerer Komponente die äußere weiße Zellschicht verletzt werden. Dann wird durch das Fenster, welches in der weißen Decke entstanden ist, ein Regenerat aus der darunterliegenden grünen Schicht hervorgehen, und die Pflanze sieht fast rein grün aus. Wenn aber eine derartige Öffnung gerade auf die Anlage eines seitlichen Vegetationskegels trifft, so bekommt man einen rein grünen Seitensproß und auf diese Weise kommt es zur „vegetativen Abspaltung" bei Chimären. Es kommt noch öfter vor, daß der Vegetationskegel sich in einer Blattachsel, die nur aus den beiden äußeren Schichten besteht, bildet. Dann erfolgt natürlicherweise die Bildung eines rein weißen Zweiges. Das Auftreten rein grüner Zweige wird durch umgekehrte Verhältnisse im Vegetationskegel erklärt.

Für die *Solanum*-Chimären erklärt LANGE (1927) ähnliche Abspaltungen durch Unregelmäßigkeiten im Zellteilungsvorgang im Bereich des Sproßgipfels ohne daß dabei eine Verletzung eine Rolle zu spielen brauche. Zweifellos können beide Fälle vorkommen (s. weiter unten).

Bei Sektorialchimären von *Pelargonium* ist die Erklärung von BAUR (1910) noch einfacher. Die Blätter, welche nur im weißen Sektor des Vegetationskegels sich bilden, werden rein weiß sein. Die Blätter, welche nur im grünen Sektor sich bilden, werden rein grün sein. Endlich werden Blätter, welche sich auf der Grenze gebildet haben, einen weißgrünen Typ mit sektorialer Verteilung bilden.

In ähnlicher Weise erklärt BAUR die Erscheinung, daß die Samen von Chimären niemals die Chimären selber wiederholen, sondern nur die eine oder andere Komponente in ihrer reinen Struktur geben. Es ist lange bekannt, daß das männliche Archespor sich ontogenetisch aus der äußeren Periblemschicht bildet, die gleich unter dem Dermatogen des Vegetationskegels liegt. Aus derselben Schicht entwickelt sich auch der Embryosack, von dessen primärem Kern die Eizelle herstammt. Wir haben gesehen, daß die genannte subepidermale Schicht des Vegetationskegels entweder aus der einen oder anderen Komponente besteht. Also gehören auch die Gameten entweder der einen oder der anderen Komponente an, keinesfalls aber bilden sie eine Mischung. Die Kreuzbestäubung der verschiedenen Komponenten stellt eine gewöhnliche Kreuzung dar. Deshalb können bei Selbstbestäubung von Chimärenblüten die Embryonen der Samen keine Chimärenbildung darstellen, sondern nur die eine oder andere reine Komponente. All das bestätigt sich durch das direkte Experiment an *Pelargonium zonale,* wie auch durch eine Reihe der anderen erwähnten Chimären, welche BAUR bei seinen Deutungen bearbeitet hat. Danach hat BAUR die angeführten Betrachtungen von DARWIN, WINKLER und zum Teil auch von STRASBURGER verworfen.

Wenn man die weiter unten behandelten Fälle berücksichtigt, welche zeigen, daß die prinzipielle Möglichkeit einer Bildung des Archespors auch aus der Epidermis vorliegt, so wird die Sachlage sich insofern ändern, als auch die Nachkommenschaft haplochlamyder Chimären der äußeren Chimärenkomponente angehören kann. Außerdem kann es in diesem Falle vorkommen, daß in den Grenzen einer Blüte Gameten, welche beiden Chimärenkomponenten angehören, gebildet werden. Dann ist die Bildung einer normalen Kreuzungshybride möglich, wenn überhaupt zwischen den vorliegenden Arten und Rassen eine Kreuzung möglich ist. Wenn aber eine derartige Kreuzung nicht gelingt, wenn die beiden Komponenten auf eigenen Wurzeln stehen, während sie möglich wäre, wenn die beiden Komponenten in einer Chimäre vereint sind, so wäre das ein glänzender Beweis für die von MITSCHURIN (s. o. S. 536) geäußerte Überzeugung von der Wirksamkeit der ,,vegetativen Annäherung". Man kann eine noch weitergehende vegetative Annäherung, als sie in den Chimären stattfindet, sich ohne allzu große Phantasie kaum vorstellen. Aber wenn tatsächlich bei Chimären eine derartige Hybride festgestellt würde, so wäre das noch kein Beweis für die Wirksamkeit der vegetativen Annäherung bei gewöhnlicher Pfropfung, denn die gegenseitigen Beziehungen von Unterlage und Reis auf der einen Seite und zwischen den Chimärenkomponenten auf der anderen Seite sind doch wohl ganz erheblich verschieden.

Im Grunde bleibt die Erklärung BAURs auch jetzt in Kraft. Es gab aber eine Periode, wo die Arbeiten NOACKs (1922) eine Reihe neuer Fragen in den Vordergrund gestellt hatten und wo die Anwendbarkeit der Deutungen von BAUR auf dichlamyde Chimären und vor allem für die Chimäre *Pelargonium zonale,* welche BAUR bei seinen Untersuchungen verwendet hatte, in Zweifel gestellt wurde.

NOACK sagte (S. 532—531), daß aus dem Gang der Zellteilungen bei der Blattentwicklung hervorgeht, daß weißrandige Pelargonien nicht als Periklinalchimären im Sinne BAURs, bei welchen alle ungefärbten Teile des ausgewachsenen Organes aus einer subepidermalen Schicht spezialisierter, farbloser Zellen des Vegetationskegels sich entwickeln, verstanden werden könnten, sondern man müsse für solche Pelargonien eher annehmen, daß auf dem Sproßgipfel in allen Fällen in gleichem Grade die Anlagen für grün und weiß vorhanden seien. Für solche Formen, in deren erwachsenen Organen die inneren Teile (Kern) und die äußeren Gewebe sich je aus verschiedenartigen Zellen, die an einem gemeinsamen Vegetationskegel angelegt werden, bestehen, möge die Bezeichnung „Mantelchimäre" vorgeschlagen werden.

Das kritische Entwicklungsstadium (des Vegetationskegels, KRENKE), welches den weiteren Charakter der einzelnen Zellen und deren Nachkommenschaft (der erwachsenen Organe, KRENKE) bestimmt, müsse man in dem Moment suchen, wo einzelne Elemente den typischen halbmeristematischen Zustande erreicht haben. Daraus geht hervor, daß diese Differenzierung im Frühstadium der Zellontogenese und in einzelnen Teilen des Organs nicht gleichzeitig vor sich geht.

Der erforschte Entwicklungsgang des Blattes läßt ohne weiteres die Möglichkeit der Existenz haplochlamyder, periklinaler Chimären zu. Umgekehrt aber erweist sich die Zusammensetzung dichlamyder, periklinaler Chimären derart, wie es bis jetzt bei *Crataegomespilus* und den *Solanum*pfropfsymbionten angenommen wurde, als unmöglich, wenn man von der Entwicklungsgeschichte (der Blätter, KRENKE) ausgeht. Die weiteren Untersuchungen sollen die genannten Formen erklären.

Eine entsprechende Gleichartigkeit der Anlagen schreibt NOACK auch den Zellen des Vegetationskegels von weißgrünen Sektorialchimären zu. Auch hier wird die Determination erst in der „kritischen Phase" stattfinden. Da die Mitteilungen NOACKs außerordentlich bedeutungsvoll sind, möchten wir das allgemeine Schema seiner Arbeiten anführen. NOACK beweist, daß die Epidermis jedes Angiospermenblattes bei der

Entwicklung aus dem Dermatogen des Vegetationskegels eine Bildung darstellt, welche von dem gesamten übrigen Gewebe unabhängig ist. Dieses ganze Gewebe ebenso wie die chimäre Rinde und ein Teil des Leitsystems stammen von einer, manchmal von mehreren Zellen einer äußeren subdermatogenen Periblemschicht des Vegetationskegels ab. Also kann sich in keinem Falle zeigen, daß die zwei äußeren Zellschichten der dichlamyden Periklinalchimären einer Komponente angehören, denn die Entwicklung der ersten Schicht (Epidermis) und der zweiten Schicht (Subepidermis) geht gänzlich unabhängig vor sich und dabei bildet die Subepidermis des Blattes das Palisadenparenchym. Im ganzen behauptet also NOACK, daß in dichlamyden Chimären, soweit sie im Vegetationspunkt dichlamyd angelegt sind, die innere Komponente nicht teilhat an der Blattbildung. So kann also diese Chimäre im entwickelten Zustand nicht dichlamyd sein, sondern ihre Blätter müßten überhaupt ein für allemal in ihrer Struktur aus dem Gewebe verschiedener Komponenten bestehen.

Diese Aussagen entsprechen den Resultaten von BUDER, welcher 1910 gezeigt hat, daß bei *Cytisus Adami* die Oberflächenschicht der einen Komponente angehört, und alles andere, d. h. der ganze innere Symbiont *Laburnum vulgare* darstellt. Ähnliche Verteilung der Chimärensymbionten ist von MEYER (1915) bei haplochlamyden Chimären von *Crataegomespilus asnieresii* (äußere Schicht *Mespilus,* innere Komponente: *Crataegus*) und auch *Solanum tubingense* und *Solanum koelreutherianum* (s. S. 637—639) festgestellt worden.

In Übereinstimmung mit NOACK stehen die Untersuchungen von MEYER (1915), welcher für die früher für dichlamyd gehaltene Chimäre *Crataegomespilus dardari* gezeigt hat, daß nicht nur Epidermis und Subepidermis *Mespilus*-Charakter tragen, sondern daß bis hin zur achten Schicht *Mespilus*-Chromosomen festgestellt werden können. Also gehören nur die allerinnersten Schichten der Hauptachse zweifellos *Crataegus* an.

Man muß sich jedoch vor Augen halten, daß der nicht dichlamyde Charakter voll entwickelter Chimärenorgane noch nicht gegen die Dichlamydität im Vegetationskegel spricht. Diese Frage fällt zusammen mit der Frage der weiteren Entwicklung dieses Vegetationskegels. Wenn sich zeigt, daß z. B. bei der Blattbildung außer den beiden äußeren Reihen des Vegetationskegels auch die inneren Schichten eine Anzahl der Gewebslagen des Blattes bilden (wie LANGE 1927 in Wirklichkeit auch gezeigt hat), so steht diese Tatsache nicht im Gegensatz zur Anerkennung der dichlamyden Chimären, wenn man diesen Terminus nur auf den Vegetationskegel bezieht, wie dies WINKLER (1910a u. b) tut. **Mit anderen Worten bestimmt also der Ausdruck ,,dichlamyde Chimären" zweifellos nicht den Charakter des Aufbaues der Organe, welche sich aus dem dichlamyden Vegetationskegel** entwickeln können und tatsächlich gehören nicht zwei, sondern eine größere Anzahl von Schichten der äußeren Komponente an. Dabei (LANGE, 1927) kann in verschiedenen Organbezirken, z. B. des Blattes, die Zahl dieser Schichten variieren. Das hier Gesagte scheint uns sehr wichtig zu sein, denn wir sind der Meinung, daß gerade durch die Unklarheit bei der Aufstellung dieser an sich sehr einfachen Aussage viele Unstimmigkeiten mit unterlaufen können.

Dabei kann die Geschwindigkeit des Auftretens von Derivaten der primären Deckschichten des Vegetationskegels einer Chimäre bei verschiedenen Pflanzenteilen ungleichmäßig sein. So ist auf Abb. 155, 157—159 zu sehen, daß im Rindenteil des Sprosses unterhalb des Vegetationskegels eine dem Vegetationskegel entsprechende Schichtzahl der äußeren Komponente noch eine Zeitlang beibehalten wird, und nun unten andere Verhältnisse zum Vorschein kommen. Über das Verhalten der Deckschichten in Blattanlagen werden wir uns weiter unten zu orientieren haben. Den genannten Zustand muß man bei Berücksichtigung der Möglichkeit des Eindringens irgendwelcher Pilze ins Gewebsinnere von Chimären mit relativ widerstandsfähiger Decke in Betracht ziehen. Das gleiche gilt auch für die Bewertung verschiedener äußerer Einflüsse auf die Entwicklung der Chimäre.

Wenn sich erwiesen hätte, daß nicht einmal die Subepidermis, sondern irgendwo auch die Epidermis von sich aus nach innen hin neue Gewebe produzieren könnte, so würde dies entsprechend auch für haplochlamyde Chimären, vielleicht für periklinale Chimären überhaupt gelten.

Auf Grund der folgenden Arbeiten, welchen wahrscheinlich noch mehrere hinzugefügt werden könnten, können wir derartige Verhältnisse nicht für ausgeschlossen halten. Außerdem haben wir selbst in haplochlamyden Chimären (KRENKE, 1930, S. 329, Abb. 9, I) Fälle beobachtet, wo eine periklinale Teilung der Epidermis im Vegetationskegel des Sprosses wie auch im jungen Blatt stattfand. LOTSY (1901) weist darauf hin, daß bei *Rhopolocnemis phalloides* die Blattanlage eingeleitet wird durch eine periklinale Teilung der Epidermis und bald darauf sich auch die Subepidermis am Aufbau beteiligt. Möglich ist auch hier also die epidermale Herkunft der Mutterzelle des Embryosackes.

UMIKER (1920) behauptet, daß bei *Helosis guyanensis* die Blüten einer Teilung der Epidermis ihre Anlage verdanken. JOHOW (1889) sagt, daß bei *Voyria*-Arten sich der ganze Nucellus aus der Epidermis entwickelt. FURLANI (1904) sowie HEIMANN-WINAWER (1919) beobachteten bei *Colchicum autumnale* die Entwicklung von Embryosackmutterzellen aus der Epidermis. SCHNIEWIND-THIES (1901) beobachtete Entsprechendes bei *Scilla sibirica*, AFZELIUS (1916) bei *Oncidium praetatum*. Übrigens findet eine derartige Entwicklung bei den zuletzt genannten Pflanzen nur in speziellen Fällen statt, was für uns übrigens noch interessanter ist, da es für die Möglichkeit spricht, daß derartige

Erscheinungen auch bei anderen Arten auftreten, wo normalerweise eine subepidermale Herkunft des Archespors sicher feststeht. Es ist möglich, daß gerade durch eine derartige Variation der Herkunft der Archesporien die Verschiedenartigkeit der Ansichten von STRASBURGER (1872) und HOFMEISTER (1849) in bezug auf die Entwicklungsgeschichte des Nucellus und der Embryosäcke bei *Orchideen* ihre Erklärung findet. HOFMEISTER beobachtete die epidermale Herkunft beim Genus *Orchis* wie auch bei *Gymnadenia* und *Herminium,* während STRASBURGER eine subepidermale Herkunft feststellte (s. AFZELIUS, 1916).

Wenn das Schicksal der Archesporialzellen epidermaler Herkunft auch nicht bis zu Ende verfolgt worden ist, so verlief doch der Prozeß der Reduktionsteilungen in seinen Anfangsstadien im allgemeinen normal. ROSENBERG (1907) hält apospore Entwicklung des Embryosackes bei zwei *Hieracium*-Arten aus der Epidermis des Nucellus für möglich (s. ferner DAHLGREEN, 1927, S. 349—353).

Kehren wir nunmehr zur Diskussion über die Natur der Blattanlage zurück, so sehen wir, daß die Frage der Teilnahme von tiefer gelegenen Schichten, die unterhalb des Dermatogens und der äußeren Periblemschicht liegen, das Hauptinteresse beansprucht. Gerade gegen die Beteiligung der tieferen Schichten spricht NOACK sich aus, indem er die bei *Pelargonium zonale* erhaltenen Daten auf andere dichlamyde Chimären und speziell auf die *Solanum*-Chimären ausdehnt.

Wenn man sich den NOACKschen Ansichten anschließt, bleiben von den bekannten Chimären nur solche haplochlamyden Typs verständlich. Umgekehrt bleiben die dichlamyden Chimären WINKLERs: *Solanum proteus* (wo die beiden äußeren Schichten der *Tomate* angehören und der ganze innere Teil dem schwarzen *Nachtschatten*) und *Solanum gaertneriunum* (das umgekehrte Verhältnis) ungeklärt. Liegen Merkmale vor, welche intermediär zwischen den beiden Eltern liegen, so beteiligt sich dennoch an solchen Blättern nach NOACK nur die eine Komponente, die zweite „induziert" in irgendeiner Weise ihre Merkmale dem Blatt. Bevor wir unsere endgültige Stellung zu dieser Frage präzisieren, möchten wir noch Arbeiten anführen, welche hierauf bezug nehmen.

Eben in diesen Arbeiten hat die von uns festgestellte Ungenauigkeit der Definition der Dichlamydität stattgefunden, d. h. es wurde augenscheinlich das Vorhandensein einer zweischichtigen Decke an entwickelten Organen und nicht nur am Vegetationskonus für nötig gehalten.

KLEBAHN infizierte im Jahre 1918 Chimärenblätter künstlich mit Konidien des Pilzes *Septoria lycopersici* und *Cladospermium fulgum.* Der Pilz befällt sehr stark *Tomaten*-Blätter, dagegen den *schwarzen Nachtschatten* keineswegs. Bei der Infektion der haplochlamyden Chimären *Solanum koelreutherianum* und *Solanum tubingense* (*Solanum koelreutherianum* = äußere Zellschicht [Epidermis] *schwarzer Nachtschatten*, alles übrige *Tomate*; *Solanum tubingense* umgekehrtes

Verhältnis) wurde folgendes Resultat erhalten. Die erste haplochlamyde Chimäre, die überwiegend *Tomaten*-Charakter hatte, erkrankte, die zweite aber nicht. Im Falle der dichlamyden Chimäre *Solanum proteus* und *Solanum gaertnerianum* erhielt man ein anderes Resultat. Man müßte erwarten, daß die erste dieser Chimären als überwiegend Nachtschattencharakter besitzend (wenn man annimmt, daß sie tatsächlich nur eine zweischichtige Tomatendecke hat), sich als widerstandsfähig erweist. In Wirklichkeit aber wurden diese Blätter von den Hyphen durchwachsen. Bei der zweiten Chimäre *Solanum gaertnerianum* hätte man eine Infektion erwarten können, da ja der *Nachtschatten* nur die beiden äußeren Zellschichten und das übrige Blattgewebe vom anfälligen Partner *(Tomate)* gebildet wurde. Es hat sich erwiesen, daß gerade diese Chimäre nicht oder wenn, dann nur sehr schwach vom Pilz befallen wurde (s. das Schema 78, S. 482 der russischen Ausgabe 1928) (s. auch FISCHER und GÄUMANN, 1929, M.). Daraus zog KLEBAHN den Schluß, daß die Voraussetzung der Zweischichtigkeit der Deckkomponente unrichtig war. KLEBAHN nimmt an, daß die vorliegenden Chimärenblätter entweder ganz aus der entsprechenden Deckkomponente bestehen oder daß die zweite Komponente im inneren des Blattes nur in sehr geringer Menge vorhanden ist, d. h. daß die wahre quantitative Beziehung der Komponenten der bis jetzt angenommenen gerade entgegengesetzt sei. Wie wir oben gesehen haben, ist auch NOACK in bezug auf dichlamyde Chimären zu solchen Resultaten gekommen. Zu gleichen Resultaten wie KLEBAHN kam auch schon früher SAHLI (1916), welche die „dichlamyde" Chimäre *Crataegomespilus* mit dem Pilz *Gymnosporangium clavariaeforme* infiziert hat.

In allen genannten Fällen muß man sich klarmachen, daß die Epidermis stets von den Hyphen durchdrungen wurde, daß aber die Entwicklung im übrigen immunen Gewebe aufgehalten und in dem anfälligen fortgesetzt wurde.

BAUR trat unverzüglich mit einer energischen Kritik den Arbeiten von NOACK entgegen. Einer seiner Gründe war die Behauptung (1923), daß es unmöglich sei, in der Entwicklungsgeschichte einwandfrei festzustellen, welche Teile vom jungen Blatt aus der zweiten und welche aus den tieferen Zellschichten des Vegetationskegels stammen. Aber KRUMBHOLZ (1925), dann LANGE (1927) und unmittelbar danach W. SCHWARZ (1927, S. 523) haben gezeigt, daß es „nicht unmöglich ist". Allerdings kann man nicht die Herkunft jeder Zelle bestimmen, aber die Natur der Hauptmasse der einzelnen Blatteile läßt sich feststellen. Und das wird für die Lösung der Frage der dichlamyden Chimären verlangt. Übrigens sagt LANGE, daß von den von ihm untersuchten Nachtschattenarten die Herkunft der einzelnen Gewebe aus bestimmten Schichten des Primordialblattes mit Sicherheit nur bei den dichlamyden Chimären *Solanum proteus* und *Solanum gaertnerianum* verfolgt werden kann.

Der zentrale Teil des primären Blatthöckers stammt von der inneren Komponente ab. Dieser zentrale Teil befindet sich später im inneren Teil des Blattstengels, dem größeren Teil der Haupt- und Seitenadern und einem Teil des Mesophyllgewebes der Spreite. Der äußere Partner der Chimäre liefert die Epidermis, die Palisadenschicht und die unteren Schwammparenchymschichten. Mehr oder weniger breite Randstreifen des Blattes sind immer ausschließlich von der äußeren Komponente gebildet. Bei *Solanum proteus* verbreitet sich diese Randzone, welche an der Basis der Spreite schmal ist, gleichmäßig nach dem Ende zu, während bei *Solanum gaertnerianum* das Gewebe des inneren Partners im Zusammenhang mit den Seitennerven verschieden und ungleichmäßig in die den äußeren Partner zugehörende Randzone eindringt (ähnliches Bild wie auf der Abb. 171, II). Bei diesen Chimären ist eine Reihe weiterer Unterschiede vorhanden. Von diesen ist der Grad der Beteiligung der Subepidermis an dem Bau der Blattspreite wichtig. Bei *Solanum gaertnerianum* (zwei äußere Schichten des Vegetationskegels: schwarzer Nachtschatten, innere Komponente: *Tomate*), erzeugt die Subepidermis, d. h. eine Schicht des Nachtschattens, die Hauptmasse der Blattspreite. Da aber diese Masse die äußere Komponente ist, stellt die erwähnte Chimäre im Aussehen mehr einen schwarzen Nachtschatten dar; umgekehrt bildet bei *Solanum proteus* (zwei äußere Schichten: *Tomate*, innere Komponente: *Nachtschatten*) die Subepidermis das Palisadengewebe durch perikline Teilungen und unten nur zwei Schichten des Schwammparenchyms. Deshalb ist *Solanum proteus* mehr der reinen inneren Form, d. h. dem *Nachtschatten* ähnlich. Diese Erklärung der äußeren Form auf Grund der Entwicklungsgeschichte ist zweifellos sehr interessant.

In bezug auf die Abkunft des primären Blatthöckers selbst aus den Geweben des Vegetationskegels hat LANGE gezeigt, daß die vorbereitenden Teilungen bei allen von ihm untersuchten Formen in der dritten und vierten Schicht des Vegetationskegels vor sich gehen (d. h. in der zweiten und dritten Periblemschicht). Die dritte Schicht des Vegetationskegels wächst in den jungen Blatthügel hinein und die vierte bildet die Prokambialbrücke. Die äußeren Schichten des Blatthügels werden durch Epidermal- und Subepidermalgewebe des Vegetationskegels gebildet. Teilungen des Subepidermalgewebes verspäten sich anfangs relativ zur dritten und vierten Schicht.

Unsere Beobachtungen zeigen auch (s. z. B. Abb. 153), daß an der Blattbildung vom Primordialhöcker her nicht nur die dritte und vierte Schicht des Vegetationskegels, sondern sogar die fünfte und möglicherweise die sechste Schicht teilnehmen können. Dies stellen wir nicht nur aus der Richtung der späteren Wände, sondern auch auf dem Wege der differenzierten Färbung der Chimärenkomponente und aus der Richtung der Teilungsspindeln fest. Gerade auf der Abb. 152, 153 sieht man, daß in dieser dichlamyden Chimäre die Zellen der äußeren Komponente nicht nur ihrer Größe nach, sondern auch der Färbung nach, besonders der Kernfärbung nach, sich unterscheiden von dem anderen Partner. In den Zellen des äußeren Partners sind sie merklich dunkler gefärbt. Ähnliches ist auf der Abb. 153 zu sehen und auf der Abb. 157 sind auch die Kerne der Zellen des äußeren Partners stärker gefärbt.

Wir erreichen eine derartige Färbung durch den verschiedenen Grad der Differenzierung der Präparate mit 2—4%igem Alaun. Die Präparate sind nach NAVASCHIN (mit einem Gemisch von 10 ccm 1%iger Chromsäure, 4 ccm käuflichem Formalin und 1 ccm Eisessig) fixiert, mit Hämatoxylin nach HEIDENHAIN und DELAFIELD gefärbt. Wir haben durch diese differenzierte Färbung gleichzeitig und unabhängig von I. N. SWESCHNIKOWA, welche annähernd mit derselben Methode arbeitete, differenzierte Chromosomenfärbung in einigen Hybriden (s. KRENKE, 1930, und SWESCHNIKOWA, 1930) erreicht. Es sei noch bemerkt, daß wir auch die Methode von LANGE (1927, S. 188—190), welche von ihm für Chimären vorgeschlagen wurde, ausprobiert haben, und zwar ohne solche Resultate, wie er sie erhalten hat, zu erzielen, obgleich LANGE schreibt: „Der Farbenunterschied konnte so verstärkt werden, daß er sogar im photographischen Bild erkennbar wird."

Leider hat der Autor diese Photographien nicht mit veröffentlicht. Es wäre interessant, zu wissen, ob diese Färbung LANGE in jedem Fall gelang, oder ob sie in einigen Fällen variabel war. Was unsere Färbung anbelangt, so verlangt zweifellos verschiedenes Material, ja sogar Material aus einem und demselben Individuum spezielle Anpassung in bezug auf Zeit und Differenzierungsgrad. Es ist sehr wahrscheinlich, daß gerade die Verschiedenheit des Materials uns abweichend von LANGE mit seiner Färbung keine guten Resultate erhalten ließ. Das Problem der differenzierten Chimärenfärbung ist im allgemeinen sehr wichtig und deshalb halten wir dafür, daß die Resultate, welche von LANGE, SWESCHNIKOWA und uns erhalten worden sind, für den Anfang recht wertvoll sind.

Zu unserer Färbung muß man bemerken, daß sich *Solanum memphiticum* stärker färbt, wenn es sich im Zustande der äußeren Chimärenkomponente befindet. Richtiger gesagt, färbt es sich nicht stärker an, sondern es behält die Färbung bei der Differenzierung besser. Dies bezieht sich nur auf die Kerne und Nucleoli, nicht aber auf die Zellmembranen. Der Grad der erhaltenen Unterschiede hängt wahrscheinlich auch von dem Zustand der Kerne (ruhende oder sich zur Teilung anschickende Kerne) ab. Man bekommt den Eindruck, daß die Kerne, welche sich zur Teilung vorbereiten, sich stärker färben lassen. Wir können aber dies nicht mit Sicherheit sagen.

Es ist endlich notwendig, zu bemerken, daß nur die Ursprungsschichten einen verschiedenen Färbungsgrad bei unseren Chimären gezeigt haben, während die abgeleiteten Gewebe sich nicht mehr differenziert färben lassen (s. Abb. 153, 157).

Wenn wir nunmehr zurückkehren zum Aufbau des Chimärenblattes vom grünen Blatt bis zum Fruchtblatt einschließlich ist es nötig auf folgendes hinzuweisen. Wir haben in unseren dichlamyden und besonders trichlamyden Chimären mehrfach beobachtet, daß im Aufbau des primordialen Blatthöckers nicht alle Schichten der äußeren Komponente des Vegetationskegels teilnehmen, sondern nur einige. So ist es bei der dichlamyden Chimäre, welche auf Abb. 155 und 156 abgebildet ist. Das Blatt 1 besteht in diesem Stadium aus 6 Zellschichten. Wenn man annimmt, daß an seinem Bau alle drei äußeren Schichten des Vegetationskegels teilgenommen haben, so muß man auch annehmen, daß das Blatt im ganzen aus dem Gewebe der äußeren Komponente aufgebaut ist. Aber wir haben an unseren trichlamyden Chimären (s. Abb. 171, 172) nicht ein einziges Mal ein reines *Solanum memphiticum*-Blatt (äußere Komponente) gesehen. Wir halten aber einen solchen Zustand in speziellen Fällen für möglich (vgl. die Meinung von BAUR und LANGE auf unserer S. 632), obgleich wir tatsächlich immer beobachtet haben, daß am Aufbau des Blatthöckers wenigstens noch die vierte Schicht des Vegetationskegels, d. h. bei dieser Chimäre Gewebe von *Solanum lycopersicum*, teilnimmt.

Im Falle polychlamyder Chimären mit mehr als drei Mantelschichten, vergrößert sich die Möglichkeit einer Bildung von Blättern und überhaupt von seitlichen Vegetationssprossen aus reinem Gewebe der Deckkomponente. Dies kann das Material für die Betrachtung der Beteiligung tieferer Schichten in den seitlichen Verzweigungen auch bei der normalen Entwicklung nicht chimärer Pflanzen im allgemeinen abgeben.

Auf den Abb. 157 und 158 bestehen die beiden äußeren Blätter der trichlamyden Chimäre nur aus 5 Zellreihen, also ist hier schon arithmetisch die Beteiligung aller Deckschichten des Vegetationskegels an dem Aufbau des Blattes nicht möglich, da in diesem Falle das Blatt minimal $3 + 3 = 6$ Zellschichten haben sollte. Wenn man aber berücksichtigt, daß die Blätter sich als chimär erweisen, wenn man die Beteiligung der inneren Chimärenkomponente an der Anlage des Blatthöckers sieht, endlich, wenn man manchmal im Blatt die Chromosomen dieser Schicht sieht, so müssen wir annehmen, daß in allen Fällen, welche auf den Abb. 155—158 abgebildet sind, schon die Schichten oder eine Schicht mindestens der *Tomate* angehört. Dies stützt den Beweis. Das Gesagte stellt einen sehr wichtigen Hinweis für die Erklärung verschiedener Blattvarianten im Bereich eines chimär gebauten Individuums dar (z. B. Vorhandensein von Blättern dichlamyden Typus auf einer trichlamyden Chimäre (Abb. 171, Ia, b und 172, II), sowie auch zur Erklärung der Umwandlung von Chimären oder von Teilen einer Chimäre aus einem Chlamyditätsgrad in einen anderen niedrigeren (s. Abb. 161, 162, Sproß II). Die letzte Erscheinung hat morphologisch JØRGENSEN (s. unsere S. 659) festgestellt, und wir bestätigen sie und entwickeln sie weiter.

d) Über die Labilität von Chimären verschiedener Chlamyditätsordnung.

Allerdings kann hier nicht nur die Rede sein von der Herabsetzung des Chlamyditätsgrades eines Vegetationskegels, sondern auch von einer entsprechenden Erscheinung an Seitensprossen des Stengels. Wir haben aber im Jahre 1930 (s. S. 329, Abb. 9) einen Fall gezeigt, wo der Vegetationskegel der Hauptachse dichlamyd, einer Seitenachse haplochlamyd war.

Auf den Abb. 184—186 sehen wir eine besondere Frucht (worüber weiter unten näher berichtet wird), auf einem Sproß einer dichlamyden Chimäre (s. die Blätter) und auf Abb. 177 sehen wir dieselbe Frucht (P) nach $1^{1}/_{2}$ Monaten weiteren Bestehens der Pfropfung. Auch hier hat der entsprechende dichlamyde Sproß die Blätter verloren und geht ein, während die seitlichen haplochlamyden Achsen sich entwickelt haben. Es ist interessant, daß nicht nur die Hauptachse (D) der dichlamyden Chimäre eingeht, sondern auch diejenigen, welche sich später aus dem Kallus (D_1 und D_2) entwickelt haben und diejenigen, welche sich auf den Seitenästen befinden (a, b), die später haplochlamyde Achsen liefern (H). Es ist klar, daß die haplochlamyde Struktur siegt. Anscheinend begünstigt sie anfangs das Eingehen der dichlamyden Sprosse nicht, sondern umgekehrt: zuerst beginnen die dichlamyden zu leiden und daraufhin erst die haplochlamyden sich zu entwickeln. Dann aber unterdrücken sie die Äste dichlamyder Natur weiter.

In bezug auf die Lebensdauer einer Chimäre können wir nur einen speziellen Hinweis geben, daß nämlich unter verhältnismäßig günstigen Bedingungen unsere Chimären nur vom Spätfrühling bis zum Frühherbst lebten. Trichlamyde Chimären gingen meistens etwa im September ein, während sie, wie die übrigen Chimären, Anfang Mai erhalten wurden. Dichlamyde gingen gewöhnlich im Dezember bis Februar ein, doch haben wir sie in einigen Fällen mit fast unbeblätterten Sprossen durch den Winter gebracht und es erlebt, daß sie im Frühling ergrünten und noch eine Vegetationsperiode hindurch lebten. Am widerstandsfähigsten erwiesen sich haplochlamyde Chimären. Eine von ihnen auf *Solanum memphiticum* als Unterlage (das wäre der äußere Chimärensymbiont) ist im Herbst 1931 $2^{1}/_{2}$ Jahre alt geworden. Sie begann zu diesem Zeitpunkt etwas zu leiden, was sich in verstärktem Blattfall äußerte. Dasselbe bezieht sich aber auf den abgespaltenen Seitensproß der reinen Tomatenkomponente (s. Abb. 166 in Richtung des unteren Pfeils). Die Kronen aller Sprosse sehen gesund aus. Bezüglich der Höhe erreicht die Chimäre die Größe eines mittelgroßen Mannes.

Über die Labilität von Chimären verschiedener Chlamyditätsordnung. 643

An der Chimäre befinden sich 8 Früchte, welche sehr spät angelegt wurden, mit Ausnahme einer einzigen, welche durch den oberen Pfeil angedeutet ist; denn alle Blüten fielen bis Anfang August ab. Diese Erscheinung, d. h. die Anlage der Früchte nur aus Spätblüten haben wir in der Regel bei unseren Chimären beobachtet. Der Tomatensproß

Abb. 166. *Solanum lycopersicum* — *Solanum memphiticum* (*I*). Zweijähriges Individuum neben einem Manne mittlerer Größe. c Kallus unterhalb *Solanum memphiticum*, s. Text. Unterer Pfeil Tomatenfrüchte, oberer Pfeil Chimärenfrucht.

trägt zwei Früchte. Wir haben vor, die Samen auszusäen, um eine Nachprüfung des Einflusses vorzunehmen, welchen das lange Zusammenleben der *Tomate* mit ihrem Chimärenkomponenten etwa auf die Nachkommenschaft hat. Die Chimärosymbionten reiner Art sind bei Überwinterung im Treibhaus langlebig.

Auf der Grenze des meriklinalen Streifens, welcher aus reinem *Solanum memphiticum* besteht, auf der rechten Hauptachse (s. Abb. 166) trat neulich aus der Achsel eines schon lange abgefallenen Blattes ein junger

41*

Sproß (S) auf, der gemischt sektorialen Charakter hatte (s. S. 626). Und aus dem alten auseinandergewachsenen Kallus (c) erschienen an der Schnittfläche der früheren Pfropfung einige junge Sprosse kleineren Ausmaßes.

Alle diese Sprosse sind durch Abschneiden der Hauptsprosse leicht zum Wachstum zu bringen. Wir werden wahrscheinlich gezwungen sein, dies auszuführen, um das Leben des Chimärenindividuums zu retten.

Die Lebensdauer von Blättern verschiedenen Chlamyditätsgrades, welche sich auf einem und demselben Sproß befinden, ist ebenfalls ungleich. So ging das Blatt 2 von dichlamyder Chimärenstruktur auf den Abb. 161 und 162 früher ein als das haplochlamyde Blatt 2, welches unterhalb von ihm sich befand, d. h. das ältere. Ferner gehen Blätter von haplochlamyden Chimären im Vergleich mit den Blättern der reinen Komponenten früher ein. So gingen auf der Chimäre, welche auf der Abb. 192 gezeigt ist, die Chimärenblätter a, b, x früher ein als die Blätter 1 und 2, welche reines *Solanum memphiticum* darstellten. Das noch nicht abgefallene eingegangene Chimärenblatt wird ebenfalls auf der Illustration dargestellt.

Dabei hat sich der Unterschied in der Widerstandsfähigkeit der Chimären besonders stark bei ungünstigen Lebensbedingungen gezeigt: bei Mangel an Licht, Luft und Luftfeuchtigkeit.

Die Pflanzen von völligem oder überwiegendem Chimärenbau vertragen ungünstige Bedingungen besser als einzelne Chimärensprosse oder -Blätter auf einem reinen Individuum. Diesen Zustand haben wir auch bei einigen natürlichen Chimären beobachtet, z. B. bei weißrandigem *Abutilon*. Wir erklären uns ein solches Verhalten dadurch, daß der reine Chimärensymbiont dank seiner normalen Entwicklungsphysiologie die Chimärenkonstruktion unterdrückt, indem er im Speziellen auf ihre Rechnung, z. B. was die Wasserversorgung angeht, sich ernährt. Dies letztere leiten wir daraus ab, daß auf der Chimäre der Abb. 192 die Chimärenblätter deutlich früher eintrocknen, was auch auf einem Blatt (x) zum Ausdruck kommt. Dasselbe geschah auch mit Chimären, welche gemeinsam mit ihren reinen Komponenten, sei es, daß diese sich durch Freimachen von der Chimärenstruktur entwickelten, sei es, daß sie als unabhängige Sprosse aus dem gemeinsamen Kallus der Pfropfung sich gebildet hatten, zu leben gezwungen waren.

Übrigens sind selbstverständlich direkte physiologische Untersuchungen notwendig, besonders deshalb, weil unser Material bis jetzt nur klein ist. Es sind auch andere Ursachen eines vorzeitigen Eingehens von Chimären nicht ausgeschlossen.

Übrigens kann der Sproß, welcher sich sehr spät als reiner Chimärensymbiont von einer Pfropfchimäre abgespalten hat, sich nicht weniger oft der mächtig entwickelten Chimäre unterlegen zeigen (s. Abb. 166).

Der genaue Mechanismus der Verringerung des Chlamyditätsgrades in den Vegetationskegeln der Seitensprosse ist von uns im einzelnen noch nicht registriert worden. Diese Feststellung wird aber keine Schwierigkeiten machen. Die Hauptaufmerksamkeit konzentriert sich dabei auf die Zelle, welche der Stelle anliegt, an welcher der seitliche Vegetationskegel sich vom Hauptkegel abzweigt (s. z. B. Abb. 158 in der Pfeilrichtung). Gerade hier sieht es danach aus, als ob die dritte Schicht des Vegetationskegels nicht mit in den Blatthöcker einginge:

Nach allem Gesagten darf man jedoch nicht übersehen, daß die am Blatt beteiligten Deckschichten der äußeren Komponente des Vegetationskegels von sich aus später sekundäre Gewebe geben können. Wir haben aber niemals beobachtet, daß aus diesen das Leitsystem des Blattes aufgebaut worden wäre. Es stammte in unseren Fällen immer aus dem Gewebe der inneren Komponente. Dies haben wir durch Feststellung der Chromosomenzahlen kontrolliert.

Bis jetzt war die Rede von di- und trichlamyden Chimären. In haplochlamyden Chimären haben wir nur zweimal periklinal, d. h. parallel zur Blattoberfläche orientierte Teilung einzelner epidermaler Zellen eines jungen Blattes beobachtet (s. russ. Ausg. 1933). Also kann man allgemein eine lokale Bildung innerer Gewebe von der Epidermis her nicht für unmöglich halten. Darüber wurde schon weiter oben gesprochen, doch möchten wir hier nochmals die Aufmerksamkeit auf die Zweige II und V auf Abb. 161 und 162 lenken. Auf dem Zweige II ist das zweite Blatt von unten bei der Ziffer 2 und auf dem Sproß V das erste Blatt (1) von unten typisch dichlamyd gebaut, während alle anderen Blätter dieser Sprosse sicher haplochlamyd sind. Wie ist das zustande gekommen? Es gibt nur zwei Wege. Entweder gingen die genannten Blätter vom dichlamyden Typ aus periklinalen Teilungen der gesamten Epidermis hervor, was wenig wahrscheinlich ist, oder auch der haplochlamyde Vegetationskegel dieser Sprosse besaß einen meriklinalen dichlamyden Streifen, aus welchem die Primordialhöcker der entsprechenden Blätter sich entwickelt haben.

Das letzte halten wir für das Wahrscheinlichste. Es ist von Interesse, daß der Sproß II (s. Abb. 161, 162) direkt aus dem Kallus (→) und der Sproß V (Abb. 161) aus der Blattachsel h angelegt worden ist. Also ist die Bildung des genannten, gemischt periklinalen Vegetationskegels des Stengels auf zweierlei Weise möglich: Erstens aus nicht differenziertem Gewebe, zweitens aus der Aufzweigung einer solchen schon präformierten Chimäre. Das erste ist auf dem angegebenen Schema g auf der Zeichnung 189 mit den entsprechenden Erklärungen dazu sichtbar (s. S. 627).

Der Fall kann auf zweierlei Art erklärt werden. a) Wenn man von den angeführten Beobachtungen über die Verringerung des Chlamyditätsgrades der Vegetationskegel von Seitensprossen ausgeht, so ist es nicht schwer, sich vorzustellen, daß die Herabsetzung des Chlamyditätsgrades eines Seitenvegetationskegels in bezug auf den Hauptvegetationskegel ungleichmäßig vor sich ging, d. h. die Epidermis des Hauptkegels hat sich z. B. über die ganze Erstreckung, und die Subepidermis nur über einen Teil der Oberflächenerstreckung ausgedehnt.

b) Der gemischt-periklinale Seitenkegel kann aus dem ihm ähnlichen, Hauptkegel bei Bildung des Seitenkegels an der Grenze von Bezirken verschiedener Schichtenzahl entstanden sein. Eben ein solcher Fall hat auch die Struktur des Sprosses V (Abb. 161) bedingt. Dafür spricht das Blatt h, aus dessen Achsel der Sproß V sich entwickelt hat. Wie oben gesagt wurde (s. S. 625), stellt das Blatt h in seinem ungegliederten Teil der Form und Struktur nach eine dichlamyde Chimäre dar, während es im gegliederten Teil haplochlamyd ist. D. h. es liegt hier dasselbe Verhältnis vor, wie bei den ganzen Blättern des Sprosses V (s. Abb. 161, 162).

Dabei ist zu sehen, daß der Hauptsproß über dem Sproß V eine reine dichlamyde Chimäre ist. Sie kann dadurch entstanden sein, daß der haplochlamyde meriklinale Streifen, der vom Blatt h und seiner Achselknospe sich hinzog, als Ganzes sich am Bau dieser Elemente beteiligt hat, sodaß auf diese Weise sich der Hauptsproß von dem ihn begleitenden haplochlamyden Streifen befreite. Einen ähnlichen Fall sehen wir auf der Abb. 178.

Daraus geht hervor, daß nach allen Angaben in der Literatur und nach unseren eigenen Forschungen die Behauptung NOACKs, daß in den genannten Chimären der innere Partner am Aufbau des Blattes nicht teilnimmt, abgelehnt werden muß. Es zeigt sich dabei, daß es nicht nötig ist, intermediäre Form der Blätter als Folge einer Induktion (s. unsere S. 641) anzusehen.

Wir haben nunmehr bisher von uns nicht erwähnte Fälle zu untersuchen, bei denen die Anwesenheit der inneren Komponente nur für einen Teil des Blattes, etwa den Blattstiel, zytologisch nach der Chromosomenzahl festzustellen war, während in der Blattspreite oder in einem Teil der Blattspreite nur Zellen der äußeren Komponente zytologisch festgestellt werden konnten. Im übrigen sahen diese Blätter ganz wie Chimärenblätter aus. Wir sind nicht geneigt, die spezifische, morphogenetische gegenseitige Beeinflussung der Chimärosymbionten, wie wir die Komponenten der Chimären in Analogie mit unserer Bezeichnung Transplantosymbionten nennen wollen, anzuerkennen. Aber die Tatsachen, welche wir bei der Beschreibung der Chimärenfrüchte in der Besprechung der natürlichen Chimären wie auch überhaupt in einer Reihe unserer Chimärenuntersuchungen erwähnen werden, veranlassen uns, mit Sicherheit zu behaupten, daß die gegenseitigen Beziehungen zwischen den Chimärosymbionten bei weitem über die Grenzen einer gegenseitigen, indifferenten, mechanischen Koexistenz hinausgehen. Diese Beziehungen verlangen nun eine weitere genaue Untersuchung.

e) Über die Natur der Epidermis nach ihrem Verhalten in den Chimären.

Tatsächlich scheint es, daß bei haplochlamyden Chimären Fälle vorkommen, wo die Epidermis eines kleinen, ganzrandigen Blattes das größere Blatt bedeckt, und sich der Form des letzteren anpassend, vollkommen die eigene Topographie, welche ihr bei normaler Anordnung an der entsprechenden Stelle zukäme, verlieren kann. Hier muß anerkannt werden:

Daß die Entwicklung der Epidermis in keinem Fall einen spezifischen Faktor für die Form des Blattes oder des Organes überhaupt darstellt, sondern daß die Epidermis sich scheinbar gänzlich passiv der Form anschmiegt, welche durch die inneren Gewebe des Organs bestimmt st. So kann man nach diesem Merkmal die Gewebe einteilen in aktive, formbildende und passive, nicht formbildende. Wenn man dies nicht annehmen will, so müßte man sich zu der ganz unmöglichen Alternative bekennen, daß die inneren Gewebe des Blattes der haplochlamyden Chimären die Epidermis hinsichtlich ihrer spezifischen Eigenschaft, sich der arteigenen Blattform anzupassen, derart verändern, daß sie die Blattform des inneren Chimärosymbionten annimmt. D. h., es würde das Auftreten der Eigenschaft eines fremden Genotyps erzwungen werden (vgl. hier HABERLANDT, 1927).

Es kann aber auch so sein, wie es uns die dichlamyden Chimären zeigen, daß die Epidermis sich nicht der Blattform der inneren Komponenten anschmiegt, und daß bei stärkerer Entwicklung der letzteren Zerreißungen der Epidermis wie auch des ganzen Blattes vorkommen.

Wir wollen annehmen, daß wir die Epidermis gemäß der zuerst angeführten Alternative gedeutet hätten. Die Gründe, die wir dafür haben, sind bekannt:

Wir wissen aus der elementaren Anatomie (z. B. I. R. BORODIN, 1910, S. 138), daß

„die Epidermis nicht überall bis zum Lebensende des Organs erhalten bleibt; sehr früh verlieren die Wurzeln ihre Epidermis und auf den Sproßachsen wird sie sehr häufig später durch Korkgewebe ersetzt".

Die Organe aber entwickeln sich in der ihnen zukommenden spezifischen Form weiter. Noch überzeugender in dieser Richtung sprechen die weitverbreiteten Restitutionserscheinungen der Organe von der Schnittoberfläche her. Auch hier sehen wir deutlich, daß die Epidermis keinen formbildenden Faktor hat, schon einfach deswegen, weil sie bei diesem Prozeß von Anfang an nicht mitgewirkt hat. Vielmehr bekleiden sich die sich bildenden Anlagen später mit einer Epidermis. Dies ist sehr gut zu sehen, wenn sich Sprosse aus dem Wundkallus bilden.

Aber wir wissen, daß die Form der Organe im Grunde durch Gene oder durch Teile von Genen des Individuums bestimmt wird. Wenn aber die Epidermis ihr Genom in bezug auf die Eigenschaft der Bildung der

Organformen nicht bestätigt, so besitzen die Epidermiszellen ein besondere Genom oder die entsprechenden Faktoren befinden sich in der Epidermis in einem latenten Zustand.

Es sei betont, daß wir es hier nicht mit dem alten Problem der „Verwirklichung" oder wie wir gesagt haben, „Ausdruck" der Erbfaktoren zu tun haben. Der „Faktor" der vorliegenden Epidermis ist irgendwie (s. LEVITSKY, 1924, Kapitel 5) ontogenetisch zum Ausdruck gekommen, da diese Epidermis als solche existiert.

Es handelt sich vielmehr darum, daß die Epidermis im korrelativ wirkenden System der Gewebe, welche die Blattform bestimmen, nicht aktiv teilnimmt.

Wir nehmen an, daß dieses Merkmal seine ontogenetische Prägung unter dem Einfluß der pleiotropen Wirkung von Genen erhält (s. Literatur bei LEVITSKY, 1924, und TSCHETWERIKOW, 1926), und daß die Epidermis von dem ontogenetischen System, welches die Blattform bestimmt, nicht mit erfaßt wird.

D. h. aber mit anderen Worten, daß die Epidermis durch ein anderes genetisches (pleiotropes) System bestimmt wird als die übrigen Blattgewebe. Es fragt sich nun, worin der Unterschied des genannten Systems liegen wird? Er kann einfach auf verschiedenen ontogenetischen Zuständen des gemeinsamen genetischen Individualsystems beruhen. Möglich ist auch, anzunehmen, daß das genetische System der Epidermis sich durch eine andere faktorielle Zusammensetzung auszeichnet. Endlich könnte der Unterschied in beiden genannten Richtungen liegen.

Über weitere Möglichkeiten werden wir weiter unten zu berichten haben. Hier aber wollen wir zunächst die erste Vorstellung als die am leichtesten zu beweisende und als die verbreitetste annehmen (vgl. LEVITSKY, 1924, Kapitel 5).

Nimmt man aber diese These an, so ergibt sich die Möglichkeit, zu erwarten, daß die Epidermis sich nicht nur in bezug auf ihr Verhältnis zur Blattform, sondern auch in bezug auf andere genetische Merkmale besonders verhält. Tatsächlich kann man daran denken, daß ein besonderer ontogenetischer Zustand des epidermalen Gensystems ein anderes Verhalten der Epidermis in bezug auf die Variabilität überhaupt und in bezug auf die genotypische Variabilität speziell herbeiführen kann. Das würde am einfachsten auf dem Wege der Untersuchung somatischer Mutationen nachzuprüfen sein. Haben wir dies angenommen — und wir sind geneigt, es zu tun — so werden viele Erscheinungen, wie z. B. die Häufigkeit des Auftretens gerade epidermaler vegetativer Mutationen (s. z. B. ASSEJEVA, 1930) oder umgekehrt die Widerstandsfähigkeit der Epidermis gegen den Mutationsprozeß sofort verständlicher. Hinsichtlich der ersten Erscheinung möchten wir die Daten von ASSEJEVA (1930) hier angeben. Über die natürlichen Periklinalchimären bei *Solanum tuberosum* schreibt sie folgendes:

„In meinem Material sind gegenwärtig 45 Mutationen hinsichtlich der Knollenfärbung vorhanden. Von ihnen mutierte die Epidermis in 37 Fällen, die Subepidermis in 2 Fällen und alle beide Schichten in 6 Fällen, dabei besteht Grund dafür, anzunehmen, daß die Mutanten der letzten beiden Gruppen nicht selbständig entstanden, sondern aus entsprechenden Epidermalmutanten auf dem Wege einer geeigneten Umgruppierung der Gewebe im Vegetationskegel infolge irgendwelcher Unregelmäßigkeiten in der Entwicklungsmechanik."

Das umgekehrte Verhalten der Epidermis, d. h. ihre genotypische Konservativität, sehen wir aus den Angaben von RISCHKOW (1929/30, S. 536). Er sagt:

„Am wenigsten ist bei der Erscheinung der Buntblättrigkeit die Epidermis in Mitleidenschaft gezogen. Aus den 76 untersuchten buntblättrigen Formen waren nur bei 5 die Epidermis über den weißen Bezirken ganz chlorophyllfrei (d. h. auch in Schließzellen war es nicht vorhanden). Über den reduzierten Geweben war sie normal und sogar übermäßig entwickelt. Besonders deutlich ausgesprochen ist die Autonomie der Epidermis bei einer bunten Form von *Artemisia vulgaris*, bei welcher in den befallenen Bezirken gar keine Plastiden vorhanden sind. Aber über ihnen und in der Epidermis in allen Fällen leuchtend grüne Chloroplasten zu sehen."

Es geht aus den Beobachtungen von ASSEJEVA und RISCHKOW also hervor, daß, ganz allgemein gesprochen, die genetische Stabilität und Labilität der Epidermis nicht nur die Folge der oberflächlichen Lage auf der Pflanze ist, also ihrer stärkeren Exposition gegenüber äußeren Einwirkungen.

Wir haben die Arbeiten der eben genannten Autoren in der von uns angenommenen Richtung aus eigener Initiative ausgewertet. Die Autoren selbst berühren unser Problem nicht. Nur die von RISCHKOW beiläufig erwähnte „Autonomie der Epidermis" deutet in unsere Richtung.

Bekannt sind Beispiele für besondere Reaktionen der Epidermis auf verschiedene Einwirkungen (s. z. B. weiter unten die Röntgenchimären [wie wir sie auffassen] von N. T. KACHIDZE, 1931). Mit anderen Worten gesagt, schien es, als ob der besondere ontogenetische Zustand des genetischen Systems der Epidermis an und für sich kein Merkmal des genetischen Unterschiedes der Epidermis gegenüber anderen Geweben darstellt. Vielmehr bildet dieser Zustand bei der Epidermis eine besondere Reaktionsnorm auf verschiedene Einflüsse aus. Dieser Zustand kann als genetischer Unterschied der Epidermis betrachtet werden (vgl. BAUR, 1930).

Wenn wir uns jetzt der zweiten der oben erwähnten Alternativen für die Erklärung des besonderen Verhaltens der Epidermis zuwenden, nämlich der Möglichkeit eines unmittelbaren „faktoriellen" Unterschiedes von den übrigen Geweben, so werden wir hier auf den ganzen Fragenkomplex und auf den ganzen Komplex von Schwierigkeiten stoßen, welche die klassische Theorie des Präformismus (s. DARWIN, DE VRIES und in besonders ausgeprägter Form selbstverständlich WEISSMANN) auszeichnen. Wir haben hier nicht die Möglichkeit, uns in die Analyse der Präformationslehre und der Theorie der Epigenesis zu vertiefen. Derartige Analysen gibt es sehr viele (s. z. B. die ausgezeichnete Arbeit von G. A. LEVITSKY, 1924, Kapitel 5).

Wir möchten nur einige Bemerkungen, welche wir bei anderen Autoren nicht vorgefunden haben, hier anführen. Zunächst, wenn wir die genetische (nach WEISSMANN ,,vererbbare") Ungleichwertigkeit von Geweben des Individuums, speziell der Epidermis, anerkennen, so muß man die Frage stellen, wie die Pflanzen aussehen würden, die von verschiedenen somatischen Geweben eines gewöhnlichen Individuums ihren Ausgang nahmen. Im Lichte der Theorie WEISSMANNs hätte man erwarten müssen, daß diese Pflanzen auch genotypisch nicht gleichwertig würden. Bezüglich der Epidermis kann man theoretisch folgende Wege zur Erzielung der genannten Pflanzen einschlagen. Auf S. 636—637 haben wir gesagt, daß es in der Tat Fälle epidermaler Herkunft des Archespors gibt bei Arten, welche normalerweise das Archespor aus der Subepidermis bilden. Sieht man obige Hypothese als richtig an, so müssen die entsprechenden Gameten in diesen Fällen verschieden sein. Theoretisch müßte bei entsprechenden Kreuzungen die Bildung genotypisch verschiedener Individuen möglich sein. Auch die Möglichkeit bastardanalytischer Untersuchungen ist nicht ausgeschlossen. Selbstverständlich wäre dies alles sehr kompliziert.

Es gibt noch einen einfacheren Weg, um die gewünschte, genetische Prüfung unserer Konstruktion durchzuführen. Wir gründen unsere Meinung auf die Mitteilung von ASSEJEVA (1930, S. 45 und 152). Allerdings ist diese Mitteilung in dem betreffenden Teil nicht genügend ausführlich. Immerhin schreibt die Autorin über die natürlichen Periklinalchimären bei der *Kartoffel* folgendes:

,,Versuche einer natürlichen Umwandlung epidermaler Mutanten zu dichlamyden waren nur in einer sehr geringen Zahl der Fälle von Erfolg" (in zwei Fällen, N. KRENKE).

Wenn das überhaupt möglich ist, so muß man in analoger Weise bei *Kartoffeln,* welche nicht für chimär gehalten werden, die Bildung epidermaler dichlamyder Chimären nach unserer Auffassung aus der Epidermis als einem genotypisch verschiedenen Gewebe hervorrufen können. Wir werden dann Gameten epidermaler Herkunft haben. Denn nach Erzielung einer epidermalen Homozygote ist es nach der Methode von ASSEJEVA leicht, durch Herausschneiden von Augen aus den Knollen dieser Homozygote Sprosse aus inneren Geweben, d. h. aus Geweben nicht epidermalen Ursprungs hervorzurufen. Es bleibt nun nur noch übrig, die auf diese Weise erhaltenen Pflanzen mit epidermalen Homozygoten zu vergleichen und die Frage würde gelöst sein, besonders, wenn man die jetzt leichte hybridologische Analyse durchführen würde.

Endlich scheint es, als ob einige Farne die denkbar einfachste Methode für die genetische Analyse der Epidermis darböten. Es ist bekannt, daß sich bei der Unterklasse der *Filicinae leptosporangiatae* das Sporangium aus einer Epidermiszelle entwickelt. Im Endresultat ist also der ganze Gametophyt epidermaler Herkunft. Man kann nun die Bildung von Prothallium bei den Farnen auf dem Wege der Aposporie direkt aus dem Sporangium (s. R. v. WETTSTEIN, Handbuch der systematischen Botanik) hervorrufen[1]. Wenn man jetzt Regenerate (Prothallien) aus den inneren Geweben des Blattes erhält, so wäre es wieder möglich, daß dieses Prothallium nicht epidermaler Herkunft wäre. Es wäre sehr interessant, jetzt die beiden genannten Prothallien epidermaler und subepidermaler oder mesophyllischer Herkunft zu vergleichen.

Aber bei jedem der genannten Wege der Analyse der Epidermalpflanzen müßte man sich folgendes vor Augen halten. Bei WEISSMANN bildet sich die vererbbare Ungleichwertigkeit der verschiedenen Gewebe im Laufe der Ontogenese heraus infolge der erblichen Ungleichwertigkeit der Zellteilungen. In den oben angenommenen Experimenten dürfen also nicht nur erwachsene Pflanzen epidermaler oder subepidermaler Herkunft der Betrachtung unterworfen werden, sondern auch die allerersten Entwicklungsstadien dieser Pflanzen, d. h. die ersten Stadien der Embryonen und des Prothalliums. Weiter erfolgen nach WEISSMANN neue erblich ungleichartige Zellteilungen, was den gesuchten Ausgangsunterschied der zu untersuchenden Pflanzen verdunkeln kann.

Theoretisch genommen, kann man aber, wenn man WEISSMANN folgt, irgendwelche erbliche Unterschiede zwischen den vollkommen entwickelten Pflanzen erwarten.

Bezüglich des Experiments mit dem Prothallium von Farnen kann man auf folgendes Hindernis treffen: Wenn sich die allerfrühesten Entwicklungsstadien verschieden erweisen werden, so braucht dies nicht durch den genotypischen Unterschied der Epidermis, sondern kann auch durch den verschiedenen Regenerationsmechanismus verschiedener Gewebe bedingt sein. Dies kompliziert selbstverständlich das Experiment, schließt es aber nicht aus.

Nehmen wir an, daß alle oben erwähnten Versuche negative Resultate ergeben hätten. Bedeutet dies, daß überhaupt genetische Ungleichwertigkeit verschiedener Gewebe fehlt?

Zunächst weisen wir darauf hin, daß zur Anerkennung der Möglichkeit erblich ungleicher Zellteilungen und von da aus von genetisch ungleichwertigen Geweben im Verlauf der normalen Ontogenese man keine Anerkennung der genetisch ungleichwertigen Teilungen der Kerne (wie

---

[1] [D. REINHOLD (1926) fand bei seinem Objekt niemals prothalloide Regenerate. E. LAWTON (1932) gibt jedoch für eine ganze Anzahl von Farnen Prothalliumregenerate an. Weitere Literatur über das Problem s. bei E. LAWTON (l. c.) oder bei A. HEILBRONN (1927). Weitere Angaben über Regenerationsformen bei Farnen macht R. BEYERLE (1932). Nach ihm sind die Regenerate der Farnprimärblätter im allgemeinen epidermaler Herkunft. M.]

dies WEISSMANN angenommen hat) braucht. Es genügt, anzunehmen, daß die ungleichmäßige Verteilung zwischen den Schwesterzellen von irgendwelchen Plasmaelementen, welche bestimmte Merkmale bedingen, abhängt (vgl. TISCHLER, 1922, S. 485—486; CORRENS, 1928; F. v. WETTSTEIN, 1928, 1930). Solange es sich aber bei uns nur um Gewebsdifferenzierung in der Ontogenese handelt, so ist es hier besonders wahrscheinlich, daß diese Differenzierung in erster Linie gerade durch plasmatische Beziehungen bedingt ist. Wenn selbst diese Beziehungen mit dem Kern als Zellorganoid korreliert sind, so kann die Korrelation der gegebenen Plasmaverhältnisse mit den Genen in den Chromosomen doch fehlen.

Man kann gegenwärtig die erblich ungleichwertige Verteilung des Plasmas auf die Schwesterzellen selbstverständlich nicht vom Standpunkt eines völligen Fehlens jeglicher erblicher Plasmaelemente („Plasmogen" oder Plasmon, nach F. v. WETTSTEIN) in einer der beiden Schwesterzellen, sondern nur vom Standpunkt der Unvollwertigkeit derselben oder ihres Umbaus betrachten. Die Unvollwertigkeit kann in quantitativen Beziehungen zum Ausdruck kommen (vgl. R. GOLDSCHMIDT, 1920). Ferner kann auch der Umbau andere gegenseitige korrelative Beziehungen innerhalb dieser Zelle, die zu verschiedener Differenzierung führen, mit sich bringen. Man kann sich verschiedene Formen der Unvollwertigkeit, unter anderem solche, welche sich wieder in vollwertige Formen umwandeln, vorstellen. Es kann dies bei der Entwicklung bestimmter Spezialzellen (z. B. bei der Bildung der Geschlechtszellen) oder unter bestimmten Sonderbedingungen der Entwicklung (z. B. bei der Regeneration) vorkommen.

Man kann sich z. B. vorstellen, daß der quantitative Mangel unter den genannten Bedingungen auf dem Wege der „Autokatalyse" (s. HAGEDOORN, 1911) ausgeglichen wird, und daß so die zustande gekommenen strukturellen Veränderungen sich von neuem in die Ausgangsstrukturen umwandeln. Die Chemie bietet hierfür Analoga.

Durch die angeführten Annahmen werden die Hauptschwierigkeiten, welche der Anerkennung einer Möglichkeit genetischer Ungleichheit der Zellteilungen im Verlaufe der Ontogenese entgegenstehen, überwunden. Unter diesen Annahmen ist die Erklärung der uns nicht befriedigenden „Keimbahn" von WEISSMANN nicht erforderlich. Es ist auch verständlich, weshalb aus einem Gewebe andere Gewebe regeneriert werden können. Auch die Anerkennung eines genetisch vollkommenen mosaikartigen Aufbaus des Individuums fällt fort. Tatsächlich ist die Mosaikstruktur nach den oben angeführten Betrachtungen ihrem Wesen nach nur ein vorübergehendes Mosaik genetischer Zustände. Diese

Zustände bleiben die ganze Zeit hindurch mit den allgemeinen korrelativen Beziehungen des ganzen sich entwickelnden Individuums und seiner Teile in Verbindung. Trotzdem besteht die Tatsache der Ungleichwertigkeit der Zellteilungen, die zusammen mit gleichwertigen Teilungen eine normale Gewebsdifferenzierung bedingt.

Man kann diese Ungleichwertigkeit deshalb als genetisch bezeichnen, weil sogar vorübergehende Ungleichwertigkeit genetischer Zustände schon einen genetischen Unterschied darstellt. Schon deshalb, weil, wie oben für die Epidermis bemerkt wurde, sie als Voraussetzung für erblich genetische Veränderungen dienen kann (somatische Mutationen in bestimmten Geweben).

Die andere Frage ist die nach den Ursachen für die topographische Gesetzmäßigkeit der Gewebsdifferenzierungen. Für dieses Problem hat noch niemand eine ausgearbeitete Lösung gefunden, und man kann die Tatsache auch nur durch einen allgemeinen Hinweis auf die evolutionären Voraussetzungen der ontogenetischen Entwicklung zu erklären versuchen. Man kann bemerken, daß in der letzten Zeit eine Reihe von Untersuchern ihre Betrachtungen und Schlüsse auf die Anerkennung der genetischen Ungleichwertigkeit der Zellteilungen in der Ontogenese gründen. Manchmal ist dabei die Rede von direkten Teilungen, manchmal spricht man von einer weitgehenden physiologischen Ungleichwertigkeit, welche den Boden für somatische Mutationen abgibt. Gewöhnlich handelt es sich nur um spezielle Fälle, nämlich die der Buntblättrigkeit und überhaupt der bunten Farbe bei Pflanzen. Man findet aber auch allgemeinere Konstruktionen. Wir möchten einige Beispiele dafür anführen.

Z. B. hat SCHWARZ (1930, S. 107—108) zusammen mit KÜSTER und anderen von ihm genannten Autoren die Möglichkeit einer tiefgehenden physiologischen Ungleichwertigkeit von Schwesterzellen anerkannt. Er legt diese Ungleichwertigkeit der ,,individuellen Zellvariation'' zugrunde, von wo auch SCHWARZ dann zu der genetischen Ungleichwertigkeit der Schwesterzellen kommt. Er sagt:

,,Bei entwicklungsmechanischem Zustandekommen der Panaschierung können ferner Zellmutationen beteiligt sein. Einzelne Zellen oder ganze Zellkomplexe mutieren. Diese Mutationen könnten sich auf die Kernsubstanz erstrecken oder die Plastiden selbst betreffen. Die Voraussetzung für diese Erklärung ist ein labiler (vererbbarer?) Zustand des Plastidenapparates. Es bedarf nur eines kleinen Anstoßes, um grüne Plastiden zur Degeneration zu bringen.''

Wir wiederholen, daß die Tatsache selbst der Mutation nur einer von zwei Schwesterzellen durch ihre physiologische Ungleichwertigkeit erklärt wird.

Auch die Theorie von MIEHE (1926), die wir aus anderen Gründen (s. S. 297) nicht billigen, führt zur Anerkennung einer genetischen Grundlage des Unterschiedes zwischen Schwesterzellen. Nach Meinung des Autors besitzen einige der Schwesterzellen ,,Archiplasma'', welches die Möglichkeit einer ununterbrochenen, vegetativen Vermehrung sichert, während die anderen Zellen nur Ergoplasma besitzen, das derartige Eigenschaften nicht hat.

BAUR und KÜSTER nehmen in einer Reihe von Arbeiten genetische Ungleichwertigkeit von Schwesterzellen zur Erklärung einiger Fälle von Buntblättrigkeit bei Pflanzen an (vgl. ferner EYSTER, 1928; CORRENS, 1919; RISCHKOW, 1929/30, S. 548).

ANDERSON schlägt vor, das Gen als aus Genomeren bestehend zu betrachten. Bei qualitativer Gleichheit der Genomeren erweisen sich die Schwesterzellen genotypisch gleichwertig. Bei Mutationen eines Teils der Genomeren könnten die Genomeren als qualitativ verschieden nur in eins von zwei Schwesterchromosomen gelangen, so daß dann die Schwesterzellen genotypisch verschieden sein würden. Durch diesen Mechanismus erklärt EYSTER die Chlorophyll- und Anthozyanmosaike bei den Blüten von *Verbena hybrida*.

Wir haben oben die Meinung ausgesprochen, daß keine Notwendigkeit besteht, zur Erklärung der normalen Differenzierung der Gewebe die Kerne mit einzubeziehen, sogar dann, wenn wir genetisch ungleichwertige Teilungen zu sehen wünschen. Die Theorie von EYSTER gestattet allerdings, ohne Schwierigkeiten den Kern mit einzubeziehen.

Wenn man diese Theorie weiter entwickelt, so ist es nicht schwer, bei qualitativer Gleichheit der Genomeren ungleichmäßige quantitative Verteilung in den Schwesterchromosomen anzunehmen. Auch dann werden die Schwesterzellen genotypisch verschieden sein. Diese Annahme aber kann auch auf die zahlenmäßig ungleiche Verteilung der Chromosomen in Schwesterzellen zurückgeführt werden, was, wie KOSTOFF gezeigt hat, schon Veränderungen in der Plasmaviskosität bewirken kann.

Allerdings geht die Verteilung der qualitativ ungleichen Genomeren nach EYSTER entsprechend dem Zufallsgesetz vor sich. Für eine gesetzmäßige Gewebsdifferenzierung wäre jedoch gesetzmäßige Verteilung der qualitativ verschiedenen Genomeren erforderlich. Aber dieses Hindernis ist überwindbar, wenn man annimmt, daß diese Gesetzmäßigkeit, bei der Zygote beginnend, von bestimmten verschiedenen physikochemischen Bedingungen des Plasmas und des Chromatins in den zwei ersten Schwesterzellen abhängt. Diese hängen ihrerseits wieder von der spezifischen Ungleichheit der Bedingungen im Plasma der Ausgangszygote ab. Für diese Annahme sind genug Gründe vorhanden. Die ursprüngliche Spezifität der Ungleichmäßigkeit der physikochemischen Bedingungen innerhalb der Zygote wie auch der qualitativen Ungleichwertigkeit der Genomeren, welche die Differenzierung der Gewebe bestimmen, ist ein Resultat einer natürlichen Auslese im Verlaufe der Evolution.

BATESON (1926) erklärt die Herkunft seiner „regelmäßigen Chimären" von *Pelargonium* durch eine bestimmte Regelmäßigkeit der Anordnung bestimmter Eigenschaften in der Zygote, die „einem geometrischen System, welches durch die normale Differenzierung gesteuert wird, entsprechen" (S. 290). So verbindet BATESON die normale Differenzierung mit Erscheinungen, welche von ihm als vegetative Abspaltung (vgl. G. A. LEVITSKY, 1927) verstanden werden. Unsere oben angeführten Ansichten führen die Frage, wie uns scheint, bis zum logischen Ende. Der Unterschied unserer Hypothese liegt darin, daß wir als primär nicht ein gänzlich unbestimmtes Stimulans der „normalen Differenzierung" annehmen, sondern eine auf dem Wege der Evolution zustande gekommene genetische Ungleichwertigkeit (z. B. eine Plasma- oder Genomerenungleichwertigkeit) der Schwesterzellen schon bei der ersten Teilung der Zygoten, was eben durch die genannte entsprechende Ungleichheit innerhalb der Grenzen der Zygote selbst bedingt ist. Die „normale Differenzierung" wird durch die evolutionistisch vererbbaren, genetischen Faktoren gesteuert.

Außerdem bedürfen wir keiner Hilfshypothese für die vegetative Chromosomenabspaltung, weshalb wir uns auch den Mechanismus der Differenzierung etwas anders vorstellen.

Wenn es sich also um natürliche Chimären handelt, so wird die genetische Ungleichwertigkeit gewisser Gewebe niemand in Erstaunen setzen.

Dies ist, wie uns scheint, dadurch bedingt, daß man hier mit dem deutlich sichtbaren Merkmal der Färbung operiert. Für uns steht es außer Zweifel, daß wir ohne aus den Grenzen der gewöhnlichen Betrachtungen über die natürlichen Chimären hinaus zu gehen, keinen Grund haben zu denken, daß diese Chimärennatur sich nur auf verschiedene Färbungsmerkmale beschränkt. Wir kennen in der Tat z. B. natürliche *Kartoffel*-Chimären (ASSEJEVA, 1927, 1930, 1932; im Druck), wo die Chimärenblätter gleichfarbig grün sind. Es können Chimären auch hinsichtlich irgendwelcher vererbbarer, biologischer Unterschiede zwischen den Geweben usw. existieren.

Das Ziel unserer oben angeführten Betrachtungen war, zu zeigen, daß, wenn keine genügenden Beweise vorhanden sind, so doch auf jeden Fall keine unüberwindlichen Schwierigkeiten bestehen für die Annahme, daß alle Pflanzen im Grunde als chimär gebaut betrachtet werden können. Diese Chimärität muß ohne Manifestwerden der „zusammensetzenden Komponenten" in der Nachkommenschaft bestehen können. Dies geht aus der Struktur der Chimären, welche eine normale Gewebsdifferenzierung darstellen und aus den korrelativen Verhältnissen dieser Gewebe und der sie zusammensetzenden Zellen hervor. Wir wollen nach dem Gesagten uns aber auf keinen Fall auf die vorgeschlagene Auffassung von der Entwicklung und dem Aufbau der Pflanze versteifen. Wir sind sogar der Meinung, daß unsere Betrachtungen in keiner Weise eine neue Hypothese darstellen. Unsere Aufgabe war nur, zu versuchen, unsere haplochlamyden Pfropfchimären zu verstehen. Dies hat uns logischerweise zur erneuten Stellung der Frage nach der Möglichkeit genetisch ungleicher Zellteilungen neben genetisch gleichen Zellteilungen im Verlauf der normalen Ontogenese geführt. Dabei haben wir nur in äußerst schematischer Art die Frage in etwas anderem Licht betrachtet, als unsere Vorgänger es getan haben.

Wir möchten darauf hinweisen, daß wir ein gewisses Material in bezug auf die Epidermis haben anführen können. Man muß ferner darauf hinweisen, daß die Epidermis in einer Reihe von Merkmalen Besonderheiten zeigt, von welchen einige auf S. 699—700 gelegentlich der Besprechung der Ursachen der Nichtausbreitung der Färbung eines der Chimärosymbionten über die Epidermis besprochen werden, ein anderer Teil auf S. 666, wo die Veränderlichkeit der Epidermis in haplochlamyden Früchten gezeigt wurde, besprochen wird.

Ferner sei noch auf S. 757 (Tetraploidie des Dermatogens in den Wurzeln von *Cannabis sativa*) hingewiesen. Wir möchten noch die Aufmerksamkeit darauf lenken, daß die ganze Konstruktion in bestimmter logischer Folge sich aus der Betrachtung der korrelativen Gewebsverhältnisse im Chimärenblatt entwickelt. D. h. gerade die Chimären vermögen das Material zur Aufstellung und Behandlung solcher Grundprobleme zu geben (vgl. KÜSTER, 1923). Hier erhält man die Möglichkeit, die Epidermis als Ganzes ohne Zusammenhang mit den anderen Geweben der eigenen systematischen Art zu studieren.

f) **Weiteres zum Problem der di- und polychlamyden Chimären.**

Wir haben uns oben mit der Blattanlage beschäftigt. Obgleich wir mit der Kritik der NOACKschen Arbeiten einverstanden sind, halten wir es für nötig, zu unterstreichen — dies wurde früher nicht getan —, daß NOACK als erster die neue Methodik für die Chimärenforschung angewandt hat. **Er hat als erster den Versuch gemacht, den Zusammenhang des äußeren Merkmals der Chimärenorgane mit der Entwicklungsgeschichte festzustellen. Erst nachdem die anderen Autoren diese Methode benutzten, haben sie ihre brauchbaren Resultate erzielt. Also hat NOACK zweifellos das Verdienst, eine neue Richtung auf dem Gebiete der Chimärenforschung angegeben zu haben.**

LANGE (1927) und SCHWARZ (1930) geben ein Verzeichnis von Pflanzen, bei denen die Entwicklungsgeschichte des Blattes untersucht wurde. Dabei sind bei SCHWARZ, welcher im allgemeinen auf dem NOACKschen Standpunkt steht, in der Gruppe, welche die theoretisch dichlamyden Chimären zuläßt (von der Entwicklungsgeschichte des Blattes ausgehend), sechs Arten erwähnt. Zu jeder Art aber ist die Bemerkung gemacht, daß eine genauere Analyse notwendig ist, ohne welche selbstverständlich ein endgültiger Schluß nicht möglich ist. Die sechs Pflanzen sind folgende:

1. *Honkenya peploides* (nach HERRIG mit Einsprüchen von KRUMB-HOLZ).
2. *Veronica speciosa* (nach SCHMIDT mit Hinweisen von SCHMIDT selbst auf die Notwendigkeit einer genaueren Erforschung, die nicht seine Aufgabe war).
3. und 4. *Oenothera* und *Pelargonium zonale* (Mme. SALLERAY nach KRUMBHOLZ); dabei fehlen bei *Pelargonium zonale* die Angaben über die Spreitenbildung, worauf auch SCHWARZ selbst hinweist.
5. und 6. *Pelargonium* und *Philadelphus* (nach BAUR). Hier sagt aber SCHWARZ, daß von seiten BAURs bis heute irgendwelche ausführlicheren Angaben fehlen außer dem oben zitierten kurzen Satz. Zu dieser Gruppe muß man ferner hinzufügen (s. Literatur bei LANGE, F. s. 1927):
7. *Solanum proteus* (nach MAYER-ALBERTY, 1924).
8. *Veronica myrtifolia* (nach G. KRUMBHOLZ, 1925).
9. *Crataegus monogyna*.
10. *Mespilus germanica* (beide nach der Annahme desselben Autors).
11. *Phaseolus multiflorus* (nach A. FAMINTZIN, 1875, keine hinreichend ausführliche Untersuchung).
12. *Tradescantia virginica* (nach A. GRAVIS, 1898).
13. Eine Reihe von Dikotylen (nach L. FLOT, 1906, 1907, der behauptet, daß hier an der Blattbildung das Plerom des Vegetationskegels teilnimmt).
14. *Oenothera-Bastarde* (KRUMBHOLZ, 1925).

Aus dem angeführten Verzeichnis ergibt sich ein allgemeines Bild, welches die „Möglichkeit" einer Bildung von dichlamyden Chimären, wenn man von der Entwicklungsgeschichte des Blattes ausgeht, zwar nicht ganz überzeugend dartut, jedoch auch nicht entscheidend gegen sie spricht. Von anderer Seite ist das Verzeichnis von Pflanzen, bei welchen die Entwicklungsgeschichte des Blattes die Bildung dichlamyder Chimären unmöglich machen soll, folgendermaßen ohne Besprechung dargestellt (SCHWARZ, 1930).

1. *Helodea densa* (nach HERRIG).
2. *Helodea canadensis* (derselbe).
3. *Hippuris vulgaris* (derselbe).
4. *Galium rubioides* (derselbe).
5. *Syringa vulgaris* (nach SCHMIDT).
6. *Scrophularia nodosa* (nach SCHMIDT).
7. *Pelargonium zonale* var. „*Mädchen aus der Fremde*" (nach NOACK).
8. *Plecthranthus fruticosus* (nach SCHWARZ).
9. *Ligustrum vulgare* (nach SCHWARZ).
10. *Crataegomespilus dardari* (indirekt nach HABERLANDT).
11. *Crataegomespilus asnieresii* (derselbe). Die letzten zwei Pflanzen haben wir hinzugesetzt, denn SCHWARZ hat in dieser Beziehung nicht auf HABERLANDT (1926) zurückgegriffen. Zur selben Gruppe gehören auch

12. *Laburnum Adami.*
13. *Laburnum vulgare.*
14. *Cytisus purpureus.*
15. *Utricularia.*
16. *Triticum vulgare* (RÖSLER, 1928).

Hier entwickelt sich das ganze Blatt angeblich allein aus dem Dermatogen. Wir sind der Meinung, daß diese Frage einer Bestätigung bedarf, da es andernfalls schwer ist, die dichlamyden Chimären bei Weizen, welche von ÅKERMANN (1920) und anderen Autoren untersucht worden sind, ganz zu verstehen.

Die mit aufgeführte haplochlamyde Chimäre *Laburnum Adami* beweist einfach die Tatsache des Fehlens einer dichlamyden Chimäre und nicht die theoretische Notwendigkeit des Fehlens.

Wir haben schon die Arbeiten von JØRGENSEN und CRANE (1927) erwähnt, welche der Bildung und Morphologie von *Solanum*-Chimären gewidmet ist. Die Autoren berühren keine der von uns angegebenen Arbeiten über die Entwicklungsgeschichte und Anatomie des Blattes. Deshalb ist auch von ihnen die Frage über das Wesen der Periklinalchimärenstruktur nicht aufgeworfen worden. An einer Stelle sprechen sie über die Wahrscheinlichkeit, daß die Schichtzahl der äußeren Komponente auf den entwickelten Organen mehr als zwei betragen kann. Von diesen Autoren ist auch die von uns erwähnte Veränderlichkeit der Periklinalchimären festgestellt worden. Die folgende Tabelle zeigt diese Erscheinung. Hier sind auch einige neue Bezeichnungen von Chimären, welche die Autoren vorgeschlagen haben, mit angeführt. Als erstes wird die Benennung der inneren Komponente eingesetzt, darauf folgt getrennt durch einen Strich die Benennung der äußeren Komponente. In Klammer wird (I) gestellt, wenn es sich um eine haplochlamyde Chimäre, und (II), wenn es sich um eine diplochlamyde Chimäre handelt. Wir sind der Meinung, daß in der Regel diese Benennungen tatsächlich mehr dem Wesen der Sache entsprechen als die neuen und ähnlichen Chimärenbenennungen von WINKLER. Hier scheint es, als ob sie das Auftreten einer genotypisch neuen Art ausdrückten, was geschichtlich verständlich ist, was jedoch nicht den Tatsachen entspricht. Besonders deutlich erweist sich die Berechtigung der neuen vorgeschlagenen Benennungen bei der Feststellung der Tatsache der Chimärenveränderlichkeit. Wenn die Burdonen bewiesen wären, so wird man bezüglich ihrer Benennung veranlaßt sein, der Benennung, welche für geschlechtliche Hybriden üblich ist, zu folgen. Tetraploide Formen und auch unsere Fälle von „Zwischenschichtchimären" verlangen eine besondere Bezeichnung.

An dieser Tabelle ist besonders die Tatsache interessant, daß die haplochlamyden Chimären (I) immer zur reinen Form der inneren Komponente zurückkehrten, während die dichlamyden (II) am

Tabelle 38. **Somatische Umwandlung von *Solanum*-Chimären im Laufe von 2 Jahren (nach Jørgensen und Crane, 1927, S. 271).**

Periklinal-Chimären	Produkte der somatischen Umwandlung
Solanum nigrum var. *gracile-sisymbrifolium* (I).	Gibt gewöhnlich reines *Solanum gracile*.
Solanum lycopersicum-guinense (I).	Hat in einem Falle reines *Solanum lycopersicum* gegeben.
Solanum lycopersicum-luteum (I).	Hat in drei Fällen reines *Solanum lycopersicum* gegeben.
Solanum lycopersicum-luteum (II).	Hat zweimal *Solanum lycopersicum-luteum* (I) und einmal reines *Solanum lycopersicum* gegeben.
Solanum lycopersicum-luteum (II).	Hat mehrmals reines *Solanum luteum* gegeben.
Solanum luteum-lycopersicum (I).	Hat mehrmals reines *Solanum luteum* gegeben.

häufigsten zur äußeren Komponente zurückkehrten, aber zweimal auch sich in eine haplochlamyde Chimäre mit derselben Verteilung der Komponenten umgewandelt haben. Für die Chimäre *Solanum lycopersicum-luteum* (II) weisen die Autoren darauf hin, daß diese Periklinalchimäre anfangs Übergangssprosse mit flachen gestielten und relativ kleinen Blättern entwickelt hätte. Der Gesamteindruck solcher Sprosse veranlasse zu denken, daß sie drei oder gar mehr Schichten von *Solanum luteum* (s. S. 660) besitzen könnten. Es ist zweifellos, daß hier von neuem eine Unklarheit in der Bestimmung der Dichlamydität (s. unsere S. 635) vorliegt; denn in anderen Fällen nehmen die Autoren anscheinend an, daß bei dichlamyden Chimären die Schichtzahl der äußeren Decke des Vegetationskonus auch in den voll entwickelten Organen als solche weiter besteht. Deshalb ziehen die Autoren, nachdem sie die haploide Zahl der Chromosomen bei der Reduktionsteilung in den Pollenmutterzellen bestimmt haben, direkt daraus Schlüsse auf die Schichtzahl der äußeren Komponente der Chimäre. So wurde z. B. bei *Solanum lycopersicum-luteum* (II) die haploide Chromosomenzahl in den Pollenmutterzellen mit 24 gefunden, d. h. ebenso hoch wie bei *Solanum luteum* (bei *Solanum lycopersicum* n = 12). Da aber diese Zellen aus subepidermalen Geweben herrühren, so gehört also das subepidermale Gewebe *Solanum luteum* an. Aber daraus geht nur hervor, daß *Solanum luteum* nicht weniger als zwei äußere Schichten angehören, nicht aber unbedingt nur zwei. Weiter ergibt sich, wenn auch für spezielle Fälle, ein Hinweis auf die Herkunft der generativen weiblichen Elemente aus Epidermiszellen, und es gibt auch ein Beispiel für ihre Entwicklung aus der dritten Schicht (Dahlgren, 1927a, S. 349—353). Wir halten es für richtig, daß für die Feststellung der Schichtzahl der äußeren Komponente diese unmittelbar am Vegetationskegel des Chimärensprosses und außerdem in den voll entwickelten Organen zu bestimmen ist. In unseren Arbeiten haben wir diese Methode befolgt.

Bezüglich der für JØRGENSEN und CRANE verdächtigen „dichlamyden" Chimäre *Solanum lycopersicum-luteum* (II) bezweifeln wir fast gar nicht, daß es sich nicht um eine dichlamyde, sondern um eine tri- oder polychlamyde Chimäre handelt. Dafür spricht auch die Blattform, welche der Beschreibung nach sehr an die Blätter unserer Trichlamyden erinnert. Gerade durch die Polychlamydität kann man ihre Umwandlung in eine reine äußere Komponente erklären. Wie wir weiter oben bemerkt haben (s. S. 641), ist das hier möglich, wenn die Vegetationskegel der Seitensprosse nur aus Geweben der äußeren Komponente gebildet werden, was anscheinend nicht bei diplochlamyden und noch weniger bei haplochlamyden Chimären vorkommt. Aus dieser Erklärungsmöglichkeit ergibt sich der Nutzen unserer Entdeckung der trichlamyden Chimären und des Beweises für die Möglichkeit polychlamyder Chimären.

g) Das Burdonenproblem.

Es gibt noch zwei Chimärentypen, welche in späterer Zeit von WINKLER erhalten wurden, und welche nicht bis zu Ende untersucht sind. Der erste Typ ist repräsentiert durch *Solanum darwinianum*, bei welchem jede Zelle 48 Chromosomen enthält, während ihre Komponenten 24 *(Tomate)* und 72 *(schwarzer Nachtschatten)* enthalten. Nach der Berechnung $(24 + 72) : 2 = 48$ ist WINKLER der Meinung, daß diese Chimäre infolge einer tatsächlichen Verschmelzung von Zellen der beiden Komponenten im Meristem des Wundkallus sich gebildet hat. Hier wäre also ein regelrechter Pfropfbastard entstanden. Aber abgesehen davon, daß die entdeckten 48 Chromosomen einfach einer tetraploiden *Tomate* angehören können, was nach den Arbeiten JØRGENSENs sehr wahrscheinlich ist, ist für eine solche Erklärung, unabhängig von der Wiederholung des Experimentes (dessen Häufigkeit uns unbekannt ist) eine Reihe anderer Beweise, hauptsächlich das Verhalten der Geschlechtsnachkommenschaft oder der Nachweis entsprechender Unterschiede in der Chromosomenmorphologie, erforderlich. Soweit bisher bekannt ist, ist dies bis jetzt noch nicht nachgeprüft worden. WINKLER glaubt an die Möglichkeit der Existenz solcher Chimären (Verschmelzung von Kern und Plasma vegetativer Zellen der beiden Komponenten). Er hat sie „Burdonen" genannt, nach der berechtigten Bemerkung von BAUR (1930) sind sie vorerst „rein hypothetische Gebilde".

Die Crataego-Mespili. Im Jahre 1927 hat HABERLANDT seine Arbeit über die *Crataegomespili* BRONVAUX veröffentlicht (MEYER, 1915; NOLL, 1905, SEELIGER, 1926). Diese Chimären wurden bis dahin für Periklinalchimären gehalten. Die erwähnte Arbeit von HABERLANDT ist ihrem Wesen nach sehr ähnlich seiner früheren Arbeit (1926). NOACKS (1927) Referat sympatisiert mit den Ansichten HABERLANDTs. Wir haben schon früher darauf hingewiesen, daß diese Chimäre von BRONVAUX in Form von zwei Zweigen erhalten wurde, welche aus der Verwachsungsstelle einer Pfropfung von *Mespilus germanica* auf *Crataegus monogyna* als Unterlage ausgingen. Einer von diesen beiden Zweigen erinnert mehr an *Crataegus monogyna* und wurde *Crataegomespilus asnieresii* genannt. Der zweite erinnert mehr an *Mespilus germanica* und wurde *Crataegomespilus dardari* getauft. Eine Reihe von Forschern hat angenommen, daß beide Formen periklinale Chimären seien mit *Crataegus monogyna* als innerer Komponente und *Mespilus germanica* als Decke. Und zwar hat man *Crataegomespilus asnieresii* als haplochlamyde Periklinalchimäre aufgefaßt, bei der *Mespilus* nur die Epidermis liefert, und *Crataegomespilus dardari* als dichlamyde Chimäre bezeichnet, bei der von *Mespilus* die epidermale und subepidermale Schicht stammt.

Auf Grund seiner anatomischen Untersuchungen über *Crataegomespilus* kommt HABERLANDT zu folgendem Schluß (S. 142):

„Der anatomische Aufbau der Blätter von *Crataegomespilus* BRONVAUX zeigt histologische Merkmale von intermediärem Typus zwischen den Merkmalen beider Eltern *(Mespilus germanica* und *Crataegomespilus monogyna)* und speziell eine Mosaikkonstruktion der mütterlichen Merkmale. Die These von BAUR und MEYER, daß die Blattepidermis reinen *Mespilus germanica*-Charakter trüge und der innere Blatteil wenigstens bei *Crataegomespilus asnieresii* („haplochlamyd", KRENKE) reiner *Crataegomespilus monogyna* sei, ist nicht richtig.

Phänotypisch sind die *Crataegomespili* bestimmt keine Periklinalchimären, eher kann man schon behaupten, daß die *Crataegomespili* auch genotypisch nicht als solche anzusehen sind, sondern einen Verschmelzungshybrid, d. h. einen Burdo darstellen."

Weiter bespricht HABERLANDT eine Reihe von theoretischen Annahmen für und gegen seine Ansicht. Er weist dabei mit Recht darauf hin, daß es große Schwierigkeiten macht, daß *Crataegomespilus* 32 Chromosomen hat, d. h. dieselbe Zahl wie jede der beiden Komponenten. Um eine solche Zahl zu erklären, muß man die Möglichkeit einer Reduktionsteilung (S. 671) nach der Verschmelzung vegetativer Zellen anerkennen. Im anderen Fall hätte man 64 Chromosomen im Hybriden finden müssen. HABERLANDT wendet den Terminus Reduktionsteilung hier ohne Vorbehalt an. Aber infolge einer ganz besonderen Bedeutung dieses Begriffes (Teilung zum Zwecke der Gametenbildung) werden wir hier weiter unten annehmen, daß unter der „Reduktionsteilung" in vegetativen Zellen nur der übrigens hypothetische Vorgang der Verminderung der Chromosomenzahl in Schwesterzellen verstanden wird, wobei der Mechanismus des Prozesses, sich von demjenigen der wahren Reduktionsteilung unterscheiden kann (wenn überhaupt diese Erscheinung bewiesen wird). HABERLANDT beruft sich auf eine Reihe verschiedener Autoren (STRASBURGER, KEMP, LUNDEGÅRDH und WINKLER), welche eine derartige Annahme bei der Untersuchung der Gigasformen von WINKLER (s. weiter unten) angenommen haben. Dabei meint HABERLANDT, daß die Tatsache des Vorhandenseins derselben diploiden Chromosomenzahl bei den *Crataegomespili* wie auch bei den Eltern einen dazu veranlassen muß, vorsichtig zu sein; andererseits stelle aber diese Tatsache kein entscheidendes Argument gegen die Burdonenhypothese dar.

Was die Morphologie der Chromosomen (nach MEYER, 1915) von *Crataegus monogyna* und *Mespilus germanica* anbelangt, so müßte ein Unterschied auch in der Chimäre vorhanden sein, was bis jetzt noch nicht bewiesen ist. HABERLANDT würde es als entscheidendes Argument zugunsten der periklinalen Theorie betrachten, wenn die Sämlinge von *Crataegus asnieresii* sich ausschließlich als *Crataegus monogyna* erwiesen hätten. Solche Sämlinge sind bis jetzt aber nicht erhalten worden. Dann bleibt nach HABERLANDT noch die Tatsache zu erklären, daß die Epidermis der in Rede stehenden Chimären Elemente (Zellen, Haare, Stomata) von der Form beider Komponenten enthält. Wenn man sich auf die periklinale Theorie stützt, so kann man dies nur durch morphogene Einwirkung von Stoffen, welche durch die anliegenden Zellen der inneren Komponente abgesondert wurden, erklären. Dann ist es notwendig, anzunehmen, daß bei *Crataegomespilus asnieresii* (also der „haplochlamyden" Chimäre) die Stoffe, welche von den Zellen des Palisadengewebes von *Crataegus monogyna* abgesondert werden, wenn sie in die Epidermiszellen von *Mespilus germanica* eindringen, sie zu einer Umwandlung in *Crataegus*-ähnliche Härchen und Stomata veranlassen, d. h. in Elemente, welche morphologisch von dem sie hervorrufenden Palisadengewebe verschieden sind.

Wenn man dieses annimmt, so muß man ähnliche Einwirkungen von Geweben aufeinander im Entwicklungsprozeß jeder höheren Pflanze überhaupt zulassen, womit sich dann aber die Frage ergibt, wie man unter diesen Umständen die gesetzmäßige Differenzierung des Meristems am Vegetationskegel in ganz bestimmte Gewebe und auch Organe erklären will. Man müßte dann wieder annehmen, daß bestimmte Vegetationskegelbezirke, z. B. das Dermatogen, das Prokambium usw. die Fähigkeit besitzen, in irgendeiner Weise irgendwelche Stoffe, welche in der Zukunft die entsprechenden Merkmale der Epidermis, des Leitsystems usw. hervorrufen, „anzuziehen". Wenn man aber diese Theorie gutheißt, sagt HABERLANDT (s. S. 149—150), so müßte man einen geheimnisvollen Bauplan annehmen, welcher über die Funktionen der Zellkerne, ihrer Chromosomen und Gene herrscht. Wer sich dazu nicht entschließen könne, der werde für die *Crataegomespili* die Periklinalchimärentheorie ablehnen, und die Burdonentheorie anerkennen. Er verzichte darauf, zugunsten dieses oder jenen Begriffes zu entscheiden. Wir möchten bemerken, daß die Tatsache der gesetzmäßigen Differenzierung schon von früheren Theorien, welche mit morphogenen Sprossen usw. arbeiteten, vorgeschlagen wurde.

HABERLANDT hat die Arbeit von NOACK (1922) berücksichtigt und hier eine Unterstützung nur insofern gefunden, als NOACK die Möglichkeit einer Existenz dichlamyder Chimären überhaupt und speziell dichlamyder

Crataegomespili dardari ablehnt. NOACK aber erkennt die Möglichkeit eines haplochlamyden *Crataegomespilus asnieresii* an, was mit HABERLANDTs Anschauungen unvereinbar ist. HABERLANDT versucht damit also, dem von NOACK gezogenen Schluß zu widersprechen und nimmt dabei an, daß die Ansicht NOACKs, daß am Blattaufbau nur eine Periblemschicht teilnimmt (s. S. 635), nicht hinreichend fundiert sei, da NOACK verhältnismäßig alte Blattanlagen untersucht hat. HABERLANDT sagt (S. 132):

„Weitere Untersuchungen werden wahrscheinlich zeigen, daß auch die zweite Periblemschicht am Blattbau teilnimmt, wie es schon für andere Pflanzen, genauer von HERRIG an *Honkenya peploides*, festgestellt worden ist."

Es ist verständlich, weshalb die NOACKschen Theorien für HABERLANDT unannehmbar sind; nach NOACK besteht die Blattepidermis in haplochlamyden Chimären nur aus der einen Komponente und der übrige Teil des Blattes würde aus der anderen Komponente bestehen. Der Unterschied gegenüber dichlamyden Chimären liegt aber darin, daß nach NOACK bei *Crataegomespilus dardari* nur die allertiefsten Schichten des Hauptsprosses dem *Crataegus monogyna* angehören und auf diese Art und Weise die ganze Masse der Blattspreite *Mespilus germanica*-Charakter trägt. Also bleibt der Chimärenbegriff doch bestehen. Das Hauptmoment, welches HABERLANDT von NOACK trennt, stellt die Tatsache dar, daß es nach Annahme der NOACKschen Theorie notwendig wird, bei „diplochlamyden Chimären" formative Einflüsse der genotypisch verschiedenen Gewebe aufeinander bei ihrer „Symbiose" in einem Organ anzuerkennen, d. h. man muß die Beeinflussung der Unterlage auf das Reis und umgekehrt mit Übertragung der Merkmale von einem Partner auf den anderen anerkennen. Von diesem Standpunkt aus ist die Theorie NOACKs für HABERLANDT nicht mehr annehmbar, denn hier ist es nötig, sich auf eine unbewiesene Erscheinung zu stützen. HABERLANDT arbeitet statt dessen mit der Annahme einer Art von Hybridencharakter. Aber wir werden unten sehen, daß die Frage auch bis jetzt noch nicht geklärt ist, wenngleich NOACK meint (1927, S. 564), daß es außer Zweifel stehe, daß die Beweise von HABERLANDT sehr stark für eine Anerkennung der *Crataegomespili* als Burdonen sprächen. Bei der Bewertung der Schlüsse von HABERLANDT haben wir auf dem Kongreß in Leningrad (s. RUDLOFF, 1931) ausgesprochen und auch in der Literatur schriftlich festgelegt (1930, S. 320),

„daß wir uns entschieden nicht einverstanden erklären mit der Behauptung, daß eine Übertragung von Merkmalen der einen Chimärenkomponente auf die andere stattgefunden hätte ohne eine vorangegangene Feststellung der freien Variabilität dieser Merkmale. Unvorsichtigkeiten in diesem Punkte können zu prinzipiell schweren Fehlern führen."

Wenn auch HABERLANDT dies nicht behauptet hat, so steht doch fest, daß seine Darstellung zur Anerkennung der *Crataegomespili* als Burdonen verleitet, wenn er sagt (1927, S. 142), daß „die These von

BAUR und MEYER darüber, daß die Blattepidermis reine *Mespilus germanica* und der innere Blatteil reine *Crataegus monogyna* ist, wenigstens bei *Crataegomespilus asnieresii* nicht richtig ist".

Wie wir oben gesehen haben, hat ebenso wie NOACK auch RUDLOFF (1931, S. 22) HABERLANDT in diesem Sinne verstanden, wenn er schreibt:

„Die Untersuchungen von HABERLANDT (1927) und damit übereinstimmend die Befunde von WEISS (1925) brachten wichtige Argumente gegen die Chimärenhypothese" der *Crataegomespili*.

Aber im Jahre 1930 (b) erkennt HABERLANDT die *Crataegomespili* trotz seiner früheren Ablehnung entschieden als Periklinalchimären an. Dies geschah deshalb, weil er nach der Untersuchung von jungen aus Samen gezogenen Pflanzen die von *Crataegomespilus asnieresii* abstammten, feststellte, daß sie nach ihren Merkmalen Sämlinge von *Crataegus monogyna* sind, oder jedenfalls solchen gleichen. Bei verschiedenen Individuen besitzen die Blätter von Sprossen bestimmten Alters eine Epidermis, welche den Blättern von *Mespilus germanica* eigen sind. Mit anderen Worten hat sich ergeben, daß die Epidermis von *Crataegus monogyna* einfach eine Altersvariabilität hat, und daß eine der Varianten dieselbe Form darstellt, welche wir im allgemeinen bei erwachsenen *Mespilus germanica* sehen. Makromorphologische Anzeichen solcher Vorkommnisse sind beliebig häufig gefunden worden (so z. B. DIELS, 1906, KRENKE, 1926, 1927a). Auf Grund eines solchen Parallelismus, welcher von uns in den genannten Arbeiten erklärt ist, hätte niemand gewagt, die Merkmale einer Art als Indikatoren für die Beteiligung eines anderen Genotyps an dieser Art anzunehmen. Eine andere Frage ist es schon, ob ein solcher Parallelismus durch die gemeinsame Herkunft erklärt werden kann. Gerade die Anwesenheit von Zellen vom *Crataegus monogyna*-Typ in der Epidermis von *Mespilus germanica* hat veranlaßt, den Burdonencharakter dieser Chimären anzunehmen. Man muß sagen, daß auch jetzt nach Anerkennung dieser Chimären als von periklinaler Natur HABERLANDT diese Frage noch offen läßt:

„Wie kommt es dann, daß sie in ihrem Blattbau sich ähnlich wie sexuelle Bastarde verhalten, daß sie Mittelbildungen vorstellen, wobei bald *Mespilus*- bald *Crataegus*-Merkmale sich stärker geltend machen, oder auch mosaikartige Kombinationen der elterlichen Merkmale sich zeigen?"

Von den drei vom Standpunkt HABERLANDTs aus möglichen Erklärungen dieser Erscheinung ist für uns nur die eine mehr oder weniger annehmbar:

„Die ... spezifischen Stoffwechselprodukte der beiden Partner können ihre histologische Entwicklung indirekt beeinflussen, und zwar in der Weise, daß in den betreffenden Geweben jedes Partners latente Merkmale geweckt werden, die in dem beeinflussenden Partner normalerweise zur Ausbildung gelangen."

Ohne diese Möglichkeit abzulehnen, halten wir es für nötig, festzustellen, ob die Sache nicht einfacher liegt. Es ist nämlich sehr wahrscheinlich, daß die genannte Variation der Epidermis von *Mespilus germanica* in den *Crataegomespilus*-Chimären kein Auftreten von unabhängigen, latenten Merkmalen, sondern einfach eine gewöhnliche fluktuierende Variation, deren man eine ganze Reihe bei *Mespilus germanica* bei Entwicklung auf eigenen Wurzeln unter verschiedenen Bedingungen (unter dieser oder jener äußeren Einwirkung: Wasserhaushalt, Ernährung, Beleuchtung) wird beobachten können. Die Anwesenheit intermediärer Formen in der Chimärenepidermis spricht zugunsten unserer Fragestellung. Die Anwesenheit eines Formmosaiks der Zellen wirft die andere Frage auf, ob es in der Entwicklung des Chimärenblattes irgendwelche Bedingungen gibt, welche, wenn sie mikrolokalisiert sind, eine strenge lokale Formmodifikation der Epidermiszellen hervorrufen könnten. Wir sind der Meinung, daß sehr viele Daten, besonders bei ungleichmäßig sich entwickelnden Blättern dichlamyder Chimären vorhanden sind, welche hier angeführt werden können.

Bei unserer Art der Behandlung des Gegenstandes entfällt die Notwendigkeit, nach streng spezifischen Stoffwechselprodukten, durch welche die Chimärosymbionten einander gegenseitig beeinflussen, zu suchen. Man kann im äußersten Falle von einer pseudospezifischen Beeinflussung sprechen, (s. die Besprechung der gegenseitigen Beziehungen der Transplantosymbionten.

Außerdem können so eine Reihe weiterer HABERLANDTscher Annahmen wegfallen, wie z. B. (s. S. 19—20) die Erklärung von Alters- und Jugendformen einer Art, soweit sie an die Formen bei anderen Arten erinnern, aus dem biogenetischen Grundgesetz. Hätten wir dieses Prinzip angenommen, so wären wir in große Schwierigkeiten geraten, wenn wir bei Betrachtung zweier verschiedener Fälle, das eine Mal eine Form als Jugendform, das andere Mal als Altersform, welche an eine dritte Art erinnert, gefunden hätten. Welche der beiden Arten stehen in diesem Falle den Ahnen der anderen näher? Dabei sind solche Zustände unter verschiedenen Entwicklungsbedingungen besonders unter der Einwirkung experimenteller Bedingungen nicht selten. Beispiele dazu wollen wir in einer im Druck befindlichen Arbeit unter dem Titel „Strukturelle Faktoren der Formbildung", welche von uns bei Gelegenheit des Allrussischen Botanikerkongresses in Moskau 1926 (KRENKE, 1927) vorgetragen wurde, behandeln. Hier soll nur in allgemeinen Zügen erwähnt werden, daß bei normaler Entwicklung einer Art (A) mit stark gegliederten Blättern, die Blattformen früherer Entwicklungsstadien in der Regel einfach sind; und man kann meist eine verwandte Art (B) finden, bei welcher eine ähnliche einfache Form sich in entwickelten Stadien findet. Wenn man dabei die Art A unter bestimmten Entwicklungsbedingungen (der Ernährung, des Wasserhaushaltes oder der Beleuchtung) zieht, so kann man bei ihr die Gliederung der Blätter so weitgehend verringern, daß sie in ihrer maximalen Gliederung zu den Formen der Frühblätter der Art A neigen oder zu den Altersblättern der Form B, welche, wie gesagt, wenig gegliederte Blätter sogar im optimalen Stadium der Entwicklung besitzt.

Wir erinnern hierbei an die Arbeit von SHULL (1905), welcher durch direkte Analyse es nicht für möglich hielt, das biogenetische Gesetz auf die Blattformen von *Sium cicutaefolium* bei der Untersuchung eines analogen Zustandes anzuwenden. Aber für die vorliegende Arbeit ist diese Frage nicht brennend genug, als daß wir ihr weitere Aufmerksamkeit schenken können.

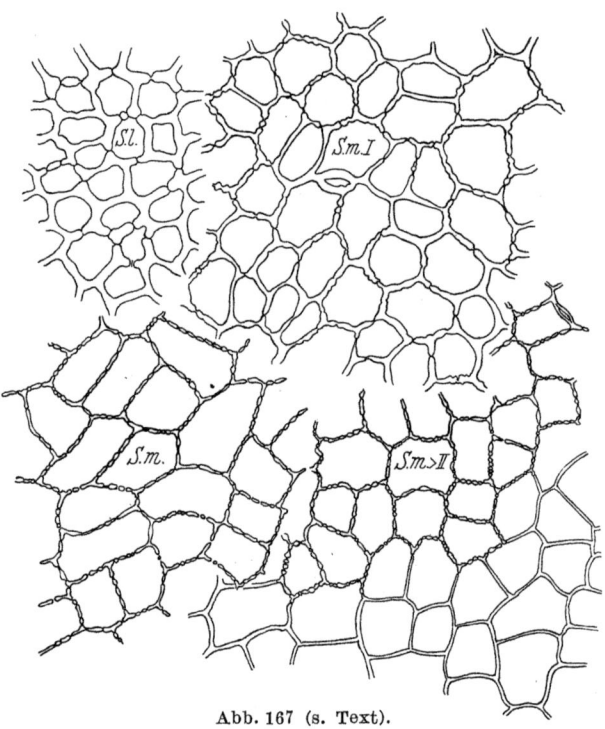

Abb. 167 (s. Text).

Epidermisvariabilität bei Solanum lycopersicum - memphiticum (KRENKE). Nach den von uns hier geäußerten Ansichten, wird es selbstverständlich erscheinen, daß wir, als in unseren Chimären eine Epidermisveränderung des äußeren Chimärosymbionten auftrat, welche man für eine Veränderung nach der Seite des Epidermischarakters des inneren Chimärosymbionten hätte halten können, zunächst eine Untersuchung der modifikativen Variabilität vornahmen (s. Abb. 167—168).

Auf der Abb. 167 sind Epidermisbezirke von Chimärenfrüchten dargestellt. Wie diese, so sind selbstverständlich noch weitere Abbildungen der Epidermis bei gleicher Vergrößerung (Objektiv 8,3, Okular 10) mit Hilfe des ABBEschen Zeichenapparates angefertigt worden. *Solanum lycopersicum* (S. L.) und *Solanum memphiticum* (S. m.) zeigen eine ganz verschiedene Epidermis in den reifen Früchten der reinen Chimärosymbionten. S. m. I bezeichnet die Epidermis von *Solanum memphiticum* in der haplochlamyden Chimäre und S. m. II bezeichnet dieselbe Epidermis in der dichlamyden Chimäre. Wir benutzen die Bezeichnung „>II", denn wir haben schon darauf hingewiesen, daß in entwickelten Pflanzenorganen, speziell in Früchten dichlamyder Chimären, die Schichtzahl der äußeren Komponente variabel sein kann. Aber sie beträgt fast immer mehr als zwei Schichten. Aus der Abb. 167 ist zu sehen, daß im Zustande der einschichtigen Decke bei der haplochlamyden Chimäre (S. m. I) die Epidermis von *Solanum memphiticum* deutlich verdickte radiär gerichtete Zellmembranen mit verringerter Menge an sichtbaren Poren und scheinbar etwas verkleinerten Ausmaßen der Zelle besitzt. Alle diese Veränderungen könnte man offensichtlich als nach der Seite der Epidermismerkmale von *Solanum lycopersicum* (S. 661) gerichtet anerkennen. Dabei fällt das Merkmal der Verkleinerung der Zellgröße und der Anzahl der Poren sofort weg, wenn wir die Epidermis anderer haplochlamyder Früchte derselben Chimäre betrachten. Tatsächlich ist auf den Abb. 168 S. m. II und 169 S. m. I zu sehen, daß

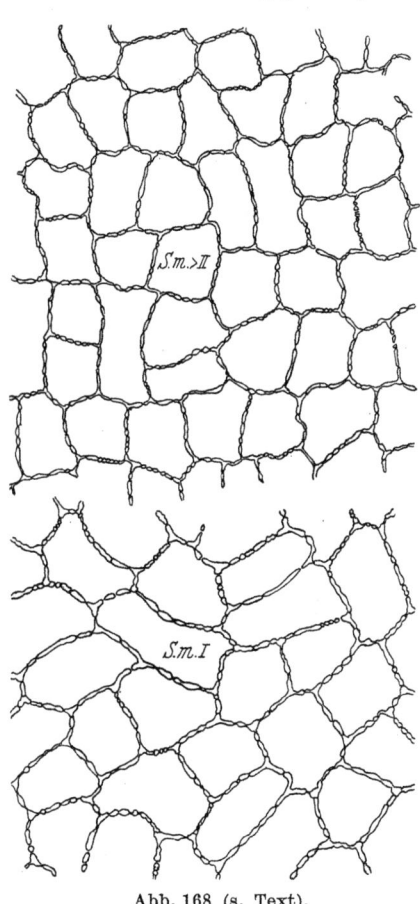

Abb. 168 (s. Text).

die Zellen größer als bei der Kontrollprobe der Epidermis (Abb. 167 S. m.) sind, und daß die Anzahl der Poren annähernd gleich ist. Dabei ist es bemerkenswert, daß die verdickten Zellmembranen im allgemeinen erhalten bleiben, aber auch hier ist nur eine geringe Variabilität zu sehen. So erwiesen sich auf der Abb. 168 (S. m. I) die Membranen wohl etwas stärker verdickt als bei der Kontrollepidermis (Abb. 167 S. m.), aber etwas dünner als in den beiden Epidermisproben der haplochlamyden Chimäre (Abb. 167, S. m. I und

Abb 168, S m. I). Also wird die Variation auch in diesem Merkmal bemerkbar. Dadurch aber wird das große Interesse, welches wir der genannten Festigung der Zellmembranen in den Früchten der Epidermis der haplochlamyden Chimären entgegenbringen, nicht verringert. Besonders deshalb nicht, weil in der dichlamyden Chimäre, wo dem inneren Chimärosymbionten der Früchte nicht nur die Epidermis, sondern auch noch einige andere Schichten angehören, die Epidermis genau so wie bei der Kontrollprobe an *Solanum memphyticum*-Gewebe grenzt (s. Abb. 167 S. m. II und 168 S. m. II und 167 S. m.). D. h. es besteht eine Abhängigkeit der Epidermisvariabilität der haplochlamyden Chimäre von der Natur der unmittelbar anliegenden Zellschichten. Es ist interessant, daß auch WEISS (1925, 1930) findet, daß bei der haplochlamyden Chimäre *Crataegomespilus asnieresii* sich die Epidermis der oberen Blattseite nicht mehr von den Kontrollen von *Mespilus germanica* entfernt als bei der dichlamyden Chimäre *Crataegomespilus dardari*.

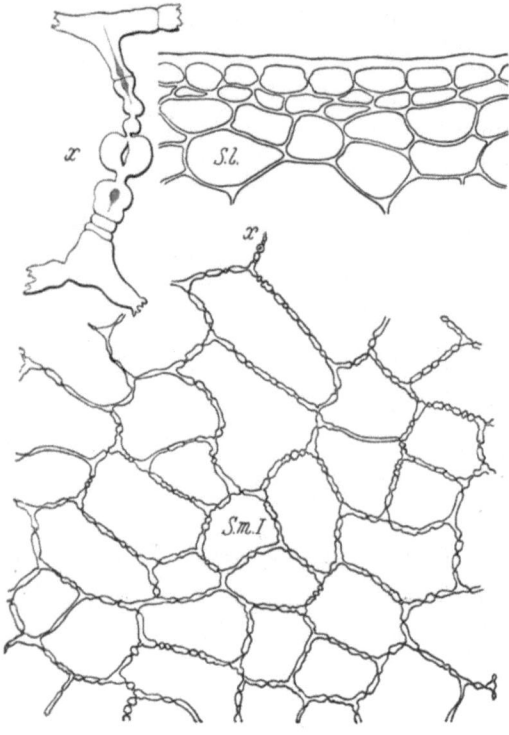

Abb. 169 (Erklärung im Text).

Dabei bleibt es aber nicht. Im ersten Falle sind die Seitenwände der Zellen gerade statt normalerweise wellenförmig, im zweiten Falle erweisen sie sich gewöhnlich als schwach gewellt, und nur ab und zu als gerade, d. h. die Epidermis steht in der dichlamyden Chimäre der Kontrollepidermis näher als in der haplochlamyden.

Wie wir oben gezeigt haben, ist die nächste Aufgabe nunmehr eine ausführliche Erforschung der physiologischen Beziehungen zwischen der Epidermis der haplochlamyden Chimäre und den inneren Geweben. Es ist zwar schwer, aber möglich, durch Feststellung der gleichen Veränderlichkeit der Epidermis homologer Organe der Kontrollpflanzen in irgendwelchen Pflanzenteilen oder in Teilen einzelner Organe weiterzukommen. Die Untersuchung erwachsener Stadien von verschiedenen erwachsenen Formen und von verschieden gezogenen Pflanzen ist notwendig. Die Feststellung analoger Varianten in der Variabilitätsreihe der betreffenden Kontrollpflanze wird, wenn sich etwa allgemeine Faktoren dieser Veränderlichkeit als deutlich vorhanden erweisen, dazu veranlassen, nach analogen Faktoren auch bei den Chimären zu suchen.

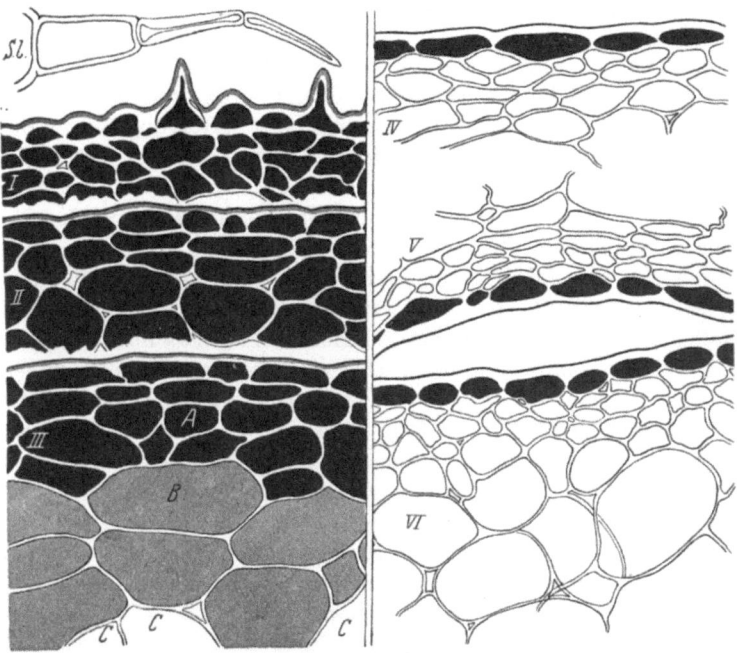

Abb. 170 (Erklärung im Text).

Wir haben soeben die Verdickung der seitlichen Zellmembranen der Fruchtepidermis bei der haplochlamyden Chimäre *Solanum lycoperiscum-memphiticum* (I, II) (Bezeichnung nach JØRGENSEN und CRANE, 1927) beschrieben. Was die oberen Membranen anbelangt, so gilt hier nicht in gleichem Maße dasselbe. Aber man sieht trotzdem, daß bei der haplochlamyden Chimäre diese Zellmembranen (s. Abb. 170, IV, V, VI) etwas dicker als bei den Kontrollmembranen sind, die mit der Epidermis der dichlamyden Chimäre (s. Abb. 170 II und III) identisch sind. Die Epidermisprobe von einer Frucht der dichlamyden Chimäre, welche ganz in der Nähe der Basis der Frucht (s. Abb. 170, I) entnommen ist, zeigt dickere, obere Zellhüllen als die entsprechenden einer Kontrollfrucht der reinen *Tomate* (s. Abb. 169, S. l.). Also haben wir auch hier eine Veränderung beobachtet, was unsere Ansicht über die Bewertung der Veränderlichkeit der Gewebselemente in Chimären weiter stützt. Wenn man gar keine gleichartige Variabilität dieser Elemente — in unserem

Falle der Dicke von Zellmembranen der Fruchtepidermis — im Kontrollmaterial unter verschiedenen Bedingungen der Aufzucht und Probenahme festgestellt hätte, so wäre es uns auch in diesem Falle leichter, das Vorliegen pseudospezifischer (s. S. 501, 556) Einwirkung einer der Komponenten, in unserem Falle der inneren, anzuerkennen, als die morphogenetische Übertragung der Merkmale des einen Chimärosymbionten auf den anderen anzunehmen, oder diese Chimäre als Burdo zu betrachten, oder gar streng spezifische modifikative Beeinflussung anzuerkennen. Wenn die Veränderlichkeit in den Chimären offensichtlich von deren Entwicklungsmechanik abhängt, z. B. wenn wir irgendeine Form der Zerknitterung, der Krümmung oder Zerreißung, oder wenn wir intermediäre Organformen finden (s. z. B. Abb. 160, 164, 165, 172, 173, 175 u. a.), dann ist es klar, daß dieses vom spezifischen Charakter der Entwicklung, des Wachstums und der Formbildung in jedem der Chimärensymbionten abhängt.

Es bleibt uns noch übrig, den Schlüssen HABERLANDTs zwei von ihm nicht berücksichtigte, aber zweifellos wichtige Arbeiten gegenüberzustellen. Die erste Arbeit wurde schon früher erwähnt. SAHLI (1916) hat *Crataegomespilus* mit dem Pilz *Gymnosporangium clavariaeforme* infiziert. Die als innere Komponente angenommene *Crataegus*-Art ist sehr empfänglich für diesen Pilz. *Mespilus* aber läßt sich umgekehrt gar nicht infizieren. Die haplochlamyde Chimäre *Crataegomespilus* (außen einschichtige Epidermis von *Mespilus*, innen *Crataegus*) läßt sich von diesem Pilz, wenn auch etwas langsamer als reiner *Crataegus*, infizieren, d. h. Pilzhyphen wachsen durch die immune Epidermis *(Mespilus)* hindurch und verbreiten sich im *Crataegus*. Umgekehrt verhielt sich die „dichlamyde" Chimäre *Crataegomespilus* (dabei wurde angenommen, daß außer der Epidermis noch die subepidermale Zellschicht *Mespilus* angehört) unempfindlich gegen den Parasiten, da, wenn auch beide äußeren Schichten schon genügend von Hyphen durchdrungen waren, ihre Entwicklung in der inneren Komponente, d. h. in der als *Crataegus* angenommenen, aufhörte. Aber, wie gesagt, ist *Crataegus* gegen den genannten Parasiten sehr empfindlich. Aus den Experimenten von SAHLI und KLEBAHN geht klar die Irrigkeit der ursprünglichen Annahme hervor. Die innere Komponente stellt nämlich auf keinen Fall *Crataegus*, sondern wahrscheinlich zum größten Teil *Mespilus* dar. Dies Experiment unterstützt zum Teil die NOACKsche Theorie über die Unmöglichkeit der Existenz dichlamyder Chimären, während die haplochlamyden Chimären als möglich erscheinen. Es ist für die Burdonentheorie nur insofern wichtig, als die ungenügende Durcharbeitung der Theorie der Periklinalchimären deutlich demonstriert wird. Dabei kann nach unserer Meinung die Methode einer derartigen Infektion sehr vieles für die Lösung der Frage des Wesens von *Crataegomespilus* bedeuten. Wenn es tatsächlich gelingen wird, die Verbreitung von Hyphen in bestimmten voneinander unterscheidbaren Elementen beider Komponenten zu verfolgen, so müssen sich erklärende Tatsachen ergeben.

Selbstverständlich ist in erster Linie nicht so sehr die Burdonentheorie zu erklären, als vielmehr die „Reduktionsteilung" in somatischen Zellen bei der Bildung eines „Burdo" wie etwa *Crataegomespilus* zu sehen und glaubhaft zu machen. Wenn dieser Vorgang oft in einem Präparat gezeigt würde, so wäre die Frage zugunsten der Burdonentheorie gelöst, und dann wäre man gezwungen, von neuem den tief eindringenden Geist von DARWIN zu bewundern (s. S. 608 dieser Arbeit). Theoretisch kann man sich derartiges leichter vorstellen, da einige Tatsachen, nämlich der Übertritt des Kernes einer Zelle in die andere, in toto (MIEHE, 1901) oder der Übergang einzelner Chromosomen (G. A. LEVITSKY, 1927) festgestellt sind (s. noch NĚMEC, 1910).

Da aber die „Reduktionsteilung" im Präparat nicht gezeigt wurde, so haben sich unüberwindliche Schwierigkeiten ergeben, und die Arbeit von HABERLANDT (1926/27) hat sie noch vermehrt. Bis jetzt hat, wie es scheint, nur WINGE (1927) nach Feststellung des tetraploiden Charakters von „crowngall"-Zellen der Rübenwurzel ohne Bedenken eine Reduktionsteilung zur Erklärung einzelner diploider Bezirke in diesen Geschwülsten angenommen (s. S. 410). Wie aus der vom Autor angeführten Abbildung (12) zu sehen ist, ist er geneigt, eine tatsächliche Diakinese zuzulassen, wenngleich er auf die Schwierigkeit der Diagnose aufmerksam macht. MANN-LESLEY (1925, S. 573) hat in den Wurzeln von *Tomaten* mit di- und tetraploiden Zellen (Kernen) in den letzten „irgend etwas der Reduktionsstellung Ähnliches" nicht beobachtet.

Pilzchimären. Als weitere Arbeit, welche nach unserer Meinung für die Burdonentheorie wichtig ist, nennen wir die Arbeit von BURGEFF (1914/15).

BURGEFF hat besondere Bildungen, „Mixochimären" (Pilzchimären) erhalten, welche nach BAUR (1922, S. 305) den „Pfropfhybriden" besonders nahestehen.

BURGEFF arbeitete mit zwei Rassen *(var. plicans* und *var. piloboloides)* des Pilzes *Phycomyces nitens* KUNKE. Das Mycelium stellt eine Riesenzelle mit einer Menge von Zellkernen dar. Die vom Autor angewandte Methode imponiert, wie BAUR auch sagt, durch ihre Einfachheit. Bei Überführung von Plasma des einen Sporangienträgers in den anderen zeigt sich, daß die „Protoplasmamischung" nicht sofort vor sich geht. Anfangs bildet sich an den Berührungsstellen der beiden Plasmen ein Koagulat, welches zeigt, daß sich die plasmatischen Körper voneinander durch eine ausgeschiedene Membran abgetrennt haben (größtenteils aber lösen sich diese Plasmatropfen nach einigen Stunden). Die von neuem zustande kommende Zirkulation ruft eine enge Vermischung des Plasmas hervor. Die durch den Druck zerstörten Sporangiumträgerteile werden von einer Hülle abgegliedert, und es setzt ein Regenerationsvorgang ein.

Wenn man die fertige Mixochimäre durch ein nicht zu dickes Agarstückchen zudeckt, so wird Myzel regeneriert. Während es, wenn man es an der Luft liegen läßt, einen neuen Sporangiumträger mit einem Sporangium regeneriert.

Im ersten Falle stellt das primäre Myzel, im zweiten Fall der Sporangiumträger mehr oder weniger intermediäre Typen der beiden Komponenten dar.

Es ist äußerst interessant und wichtig, daß im Wachstumsprozeß solcher „Chimären" manchmal vegetative Abspaltung, d. h. Bildung von Bezirken von Myzel und Sporangien, welche die Elternformen darstellen, beobachtet wird. In dieser Beziehung erinnert das Verhalten der Mixochimären an gewöhnliche Chimären. Aber Ähnlichem begegnet man auch bei Geschlechtshybriden. HABERLANDT (1927, S. 144) hat sich gerade auf diesen letzten Punkt gestützt, ohne welchen die vegetative Abspaltung bei *Crataegomespilus* mit der Annahme einer Burdonennatur nicht vereinbar gewesen wäre.

Notwendig ist es auch, die Experimente von WEIR (1911, S. 307—311) mit Hutpilzen hier anzuführen. Er hat *Coprinus niveus* auf *Coprinus fimetarius* var. *macrorrhiza* "end to end" aufeinandergepfropft. Nachdem das Reis 3 mm über der horizontalen Verwachsungsfläche abgeschnitten worden war, wurde von der Schnittfläche her der gesamte Fruchtkörper regeneriert, welcher dann in normaler Zahl Sporen brachte, die in ihrer Größe von 7—16 Mikron variierten. Diese Variabilität fehlt bei beiden Ausgangsarten. Außerdem aber sind noch eine Reihe gänzlich neuer Merkmale erschienen, und die Hauptsache war, daß das Regenerat auch Merkmale beider Formen trug. Von der Unterlage war übernommen: Allgemeinhabitus, schuppige Bedeckung des Hütchens, Fehlen von Heliotropismus. Vom Reis stammte der unzerschlitzte Hutrand, die Neigung zur Verwachsung der Lamellen mit dem Stiel des Hutes, die Art der Einkerbung am Hütchenrand. Das Fehlen einer Behaarung am Fuße stellt ein neues Merkmal dar, welches auf keiner der Ausgangsformen bemerkt worden war. Aus den ausgesäten Sporen des Regenerates entwickelten sich in zwei Generationen nur reine Formen von *Coprinus niveus*, d. h. des Reises. Bei der Erklärung der genannten Erscheinung nimmt der Autor die Beteiligung von Hyphen der Unterlage am Aufbau des neuen Fruchtkörpers als wenig wahrscheinlich an. Dabei wurde mehrfach im Bereich der Pfropfstelle die lokale Verschmelzung von Hyphen mit Übergang des Inhalts von einem Zellraum in den anderen beobachtet. Es ist nicht gelungen, die Zugehörigkeit solcher Hyphen zu den verschiedenen Arten festzustellen. Aber wenn die Verschmelzung beobachtet wurde, so gibt das immerhin eine gewisse Wahrscheinlichkeit dafür, daß sie auch zwischen den Hyphen der beiden Pfropfpartner vor sich ging. Der Autor schlägt vor, hierin die Erklärung für die Merkmale des Regenerates zu suchen. Wir sind der Meinung, daß die Experimente von BURGEFF zu einer solchen Deutung noch weiter ermutigen sollten.

Annähernd ähnlich (ohne die WEIRsche Arbeit hier zu erwähnen) äußerte sich 1930 KÖHLER. Er hat anastomatische Verbindung von Keimmyzelien verschiedener Arten eines Genus untersucht:

„Zur Bildung der breiten, deutlich erkennbaren Plasmaanastomosen kommt es in keinem Fall. Gesetzt den Fall, es würden zwischen artverschiedenen Partnern Plasmaanastomosen vorkommen — was keineswegs sichergestellt ist —, so müßten die Fusionskanäle jedenfalls äußerst eng sein. Der Fusionsvorgang verläuft demnach zwischen artverschiedenen Pilzen unvollständig oder zum mindesten mit sehr starken Einschränkungen."

Es ist interessant, bei den Pfropfungen von Hutpilzen und bei höheren Pflanzen die Vitalfärbung im Schnittbezirk anzuwenden. Eine Konidienfärbung ist KÖHLER gelungen, was selbstverständlich bei der Feststellung der Zugehörigkeit der Keimmyzelien zur einen oder zur anderen der beiden miteinander verwachsenen Arten sehr nützlich sein kann.

Also sprechen die Experimente von WEIR und KÖHLER und noch mehr die „Mixochimären" von BURGEFF, wie uns dünkt, für die Möglichkeit der Entstehung von Burdonen. (Dies bezieht sich selbstverständlich nicht auf die Einwände, welche gegen die Existenz bewiesener echter Chimären gemacht wurden, sondern lediglich auf die theoretische Möglichkeit einer Existenz von Burdonen.) Wir haben es hier mit einer, wenn auch künstlichen, so doch deutlichen Verschmelzung des Inhaltes zweier Zellen verschiedener Komponenten zu tun. Auch die weitere Regeneration mit Bildung eines intermediären Typs und endlich die vegetative Abspaltung elterlicher Formen aus dem „Bastard", der durch Verschmelzung zweier Zellen erhalten wurde, sind Tatsachen. Weiter unten führen wir ein Beispiel für eine Geschlechtschimäre bei Pilzen an und werten die Beobachtung von DODGE (1928) über die Bildung von Askosporen bei *Neurospora tetrasperma* entsprechend aus. Hier möchten wir darauf hinweisen, daß, wenn auch der Autor selber dieses nicht bemerkt hat, auch BURGEFF nicht erwähnt, wir die Resultate, welche KÖHLER (1930, S. 504, 505 und 518—519) erhielt, ohne weiteres zu den „Mixochimären" stellen, weil sie denen von BURGEFF ähnlich sind. Die anastomatische Verbindung der beiden verschieden „geschlechtlichen" Haplonten der *Neurospora tetrasperma* wird tatsächlich ungewöhnlich einfach, durch die Feststellung eines deutlichen gemeinsamen Plasmastroms bewiesen. KÖHLER allerdings (S. 518—519) lehnt es ab, daß sich hier etwa „miktohaplontische" (KNIEP) Myzelien bilden, denn der Übergang des Kerns der einen Haplonte in die andere ist von ihm nicht festgestellt worden. Wenn man ihn aber annimmt, obgleich KÖHLER selbst ihn nicht für tatsächlich bewiesen hält, so ist die Verschiebung des mit dem Kern zusammen übergegangenen Plasmastroms nicht festgestellt. Aber diese Behauptung stellt der Autor auf Grund indirekter Schlüsse auf, nämlich auf Grund dessen, daß es ihm nicht gelungen war, im gemischten Myzel die Bildung der Perithezien zu beobachten. Der Autor lehnt die Annahme ab, daß dieses dadurch erklärt wird, daß

„miktohaplontische Zellen die Befähigung zu vegetativem Wachstum einbüßen. Viel Wahrscheinlichkeit hat allerdings diese Annahme nicht für sich, wie das Beispiel von *Neurospora tetrasperma* beweist, deren ‚homothallisches' Myzel ein Gemisch von Kernen beiderlei Geschlechts führt, wobei diese Kerne auf das beste miteinander harmonieren."

Wir sind der Meinung, daß, wenngleich dieser Satz zugunsten einer Ablehnung des Kernüberganges in verschiedenen, aufeinander „gepfropften" Haplonten spricht, doch ein wesentlicher Unterschied besteht. Tatsächlich bilden sich im Kontrollfalle, wenn wir uns einmal so ausdrücken dürfen, geschlechtsverschiedene Kerne natürlicherweise in der Spore, während im Experiment ein solcher Zustand im Keimmyzel zustande kommt und künstlich hervorgerufen wird, wo man ganz mit Recht gewisse strukturelle Plasmastörungen annehmen kann. Also kann dieses Beispiel nicht als strenge Kontrolle dienen und die letzte Gegenüberstellung ist unmöglich. Hier wäre eine zytologische Analyse mit ununterbrochenen Fixationsserien, beginnend vom Moment der Berührung der Anastomosenschläuche an, nötig. Dann wird es wahrscheinlich möglich sein, eine topographische Kernverschiebung, wenn eine solche vor sich geht, festzustellen. Das negative Resultat würde ebenfalls als endgültig zu werten sein.

Es ist jedoch unmöglich, alles was wir über Burdonen bei Pilzen gesagt haben, als direkten Beweis für deren Bildung in den Pfropfungen oder in den Chimärenorganen bei höheren Pflanzen anzunehmen. Hier haben wir einen unüberwindlichen systematischen Unterschied, einen Unterschied in der Entwicklungsmechanik usw. und endlich ist an die Tatsache der Unerklärbarkeit der „Mixochimären" selbst zu erinnern. Wir wiederholen aber, daß nach unserer Meinung die drei angeführten Arbeiten wichtige theoretische Voraussetzungen für die Burdonentheorie bilden. Als sehr wichtiges Material sind noch die Experimente von G. A. LEWITSKY (1927) und von MIEHE (1901) hier anzuführen.

Es steht außer Zweifel, daß die Zukunft noch weitere Arbeiten über „Chimären" bei Pilzen und Algen bringen wird, was zu sehr wichtigen biologischen Resultaten führen kann.

Solanum lycopersicum gigas und Solanum nigrum gigas. Jetzt bleibt uns noch der zweite Typ neuer Chimären, den WINKLER 1916 beschrieben hat, zu behandeln. Während der 10 Jahre, welche er über Chimären gearbeitet hat, sind von ihm zufällig in drei Experimenten Riesenformen erhalten worden: Zwei von ihnen wurden aus der Periklinalchimäre *Solanum koelreuterianum* erhalten, welche sich in diesem Fall besonders mächtig entwickelt hat. In allen Zellen der inneren Komponente *(Tomate)* fand er eine gegen die Norm verdoppelte Chromosomenzahl (tetraploide Form $24 \times 2 = 12 \times 4 = 48$). In einem anderen Falle wurde bei der Periklinalchimäre *Solanum tubingense* etwas ganz Ähnliches gefunden, da auch hier sich ein tetraploider *schwarzer Nachtschatten* $36 \times 4 = 72 \times 2 = 144$ ergab[1].

Es ist natürlich, daß WINKLER versuchte, aus dieser Chimäre eine Riesen-*Tomate* in reiner Form ohne die Decke von *Nachtschatten*-Gewebe zu erhalten. Die ,,Zerstörung" der Chimärenstruktur hat sich als sehr einfach erwiesen. Der Chimärensproß wurde bewurzelt. An einer Schnittstelle bildete sich ein normaler ,,Überwallungskallus", der Adventivsprosse entwickelte. Unter ihnen befanden sich neben Chimären auch eine *Tomate*, welche sich als reine tetraploide *Tomate* erwies (48 Chromosomen). Diese wurden später auf gewöhnlichem Wege vermehrt und als *Solanum lycopersicum gigas* bezeichnet. Auf ganz ähnliche Weise wurde aus der Chimäre *Solanum tubingense* der reine Nachtschatten *Solanum nigrum gigas* erhalten. WINKLER ist der Meinung, daß sich diese Form infolge einer Kernteilung ohne nachfolgende Wandbildung gebildet hat. Bei der anschließenden Teilung dieser Kerne sind ihre Spindeln zu einer verschmolzen, so daß sie nunmehr eine gemeinsame Teilungsfigur bildeten. Die auf diesem Wege erhaltenen 48 chromosomigen (24 + 24) Zellen haben dann weiter entsprechende Gewebe und Organe gebildet, die sich in gewöhnlicher Art und Weise teilten.

JØRGENSEN und CRANE (1927, S. 269) stellten in einem Falle bei einer Chimäre, *Solanum lycopersicum-guinense* in einem *Tomaten*-Kern der Wurzelspitze 48 Chromosomen gegenüber der normalen Zahl von 24 fest. Da alle dem Versuch unterworfenen *Tomaten* diploid waren, muß man annehmen, daß hier eine tetraploide Form infolge Verdoppelung der Chromosomen in den Kalluszellen der gepfropften Pflanze zustande kam. Weiter unten (S. 710, 713) werden wir eine Reihe von Beispielen experimenteller wie auch natürlicher Vergrößerung von Chromosomenzahlen in einzelnen Organzellen und sogar in ganzen Pflanzenorganen anführen.

Gerade dies letzte hätte veranlassen können, die Frage zu stellen, ob tatsächlich die zufällige tetraploide Form von WINKLER erst infolge der Pfropfung und Chimärenbildung entstanden ist, oder ob die tetraploiden Sprosse das Resultat irgendwelcher Ursachen sind, welche noch keineswegs durchgängig geklärt sind und welche auch sonst zufällig tetraploide Formen ohne jede operative Einmischung auftreten lassen.

---

[1] [M. UFER (1927) teilt einen weiteren Fall der Entstehung von derartigen Gigasformen für *Cleome spinosa* und *Cleome gigantea* mit. Beide Formen wurden ebenfalls aus dem Kallus erhalten, welcher sich nach Durchschneidung einer Pfropfstelle bildete. Allerdings gelang es UFER noch nicht, die Chromosomenzahlen der Ausgangsrassen und der erhaltenen Gigasformen ganz sicher festzustellen. M.]

Aber die Daten von JØRGENSEN (1928), welcher bis zu 10% tetraploider Sprosse aus dem Kallus erhalten hat, sprechen für den Zusammenhang vieler Erscheinungen mit der Operation, genauer gesagt, mit der einfachen Wundüberwallung, d. h. ohne daß die Notwendigkeit einer Pfropfung gegeben wäre. Dasselbe bestätigen auch die von mir gemeinsam mit meiner Mitarbeiterin M. J. GUREWITSCH angestellten Experimente, wo wir auch nach einer anderen Richtung die Idee von NĚMEC (1910, S. 233) und WINKLER (1916, S. 425 und 426) verwirklicht haben, indem wir tetraploide Wurzeln aus dem Kallus von *Solanum lycopersicum* durch Stecklingskultur der Sprosse erhalten haben. Darüber wird weiter unten noch die Rede sein.

Es zeigt sich, daß die Riesenform von WINKLER eine interessante Besonderheit hat, indem sie nämlich steril ist, während die natürlichen tetraploiden Formen gewöhnlich fruchtbar sind (s. z. B. PHILIPTSCHENKO auf S. 202). Weiter waren ihre Früchte von kleineren Ausmaßen als bei gewöhnlichen diploiden Pflanzen.

Wenn es gelingen wird, die Erzeugung tetraploider Formen auch von wirtschaftlich nutzbaren Pflanzen der *Kartoffel*, des *Tabaks* u. a. durchzuführen, so werden diese Experimente damit eine außerordentliche praktische Bedeutung erlangen. Tatsächlich hat neulich G. D. KARPETSCHENKO in Leningrad nach der Methode von NĚMEC, WINKLER, JØRGENSEN einen tetraploiden *Kohl* erhalten, welcher den gewöhnlichen an Masse bedeutend übersteigt. Diese Arbeit ist anscheinend noch unveröffentlicht.

h) Immunitätsverhältnisse bei Chimären.

WINKLER (1913) wies seinerzeit auf die theoretische Möglichkeit einer praktischen Ausnutzung der Chimären für die Herstellung neuer *Kartoffel*-Sorten oder von gegen Pilzerkrankung immunen Weinstöcken hin. Besonders die letzte Aufgabe ist sehr verlockend. Man braucht sie nicht für aussichtslos zu halten. Aber die Möglichkeit einer Erzielung von Chimären hängt von der Möglichkeit, einen Kallus mit nachfolgender Bildung von Adventivsprossen aus der Verwachsungsstelle der Transplantosymbionten zu erzeugen, ab. Wir haben in vielen Fällen natürliche Schwierigkeiten gerade in dieser Richtung vorgefunden, da die regenerative Fähigkeit als solche ein genotypisches Merkmal darstellt. Da aber dieses Merkmal in seinem Erscheinen variabel ist, so ist bei Anwendung eines Massenmaterials von verschiedenen physiologischen und Alterszuständen die Möglichkeit für einen Erfolg auch bei schlechter regenerierenden Arten von vornherein nicht ausgeschlossen.

So erhielt JØRGENSEN (1927) trotzdem Regenerate aus dem Kallus eines Sproßschnittes der *Kartoffel*. RASSMUSSEN (nach RUDLOFF, 1931, S. 25) hat aber z. B. gerade infolge schlechter Regeneration die Bildung von Rebenchimären nicht erreicht. Wir kennen keine erfolgreichen

Angaben über die Stimulation der Erzeugung von Kallusgewebe mit Adventivsprossen bei Arten, welche sie normalerweise nicht liefern. Es gelang uns, den Kallus auf den Querschnitten von *Bohnen*-Pflanzen durch Infektion der Schnittoberfläche mit *Bacterium tumefaciens* hervorzurufen, ohne daß sich jedoch aus einem derartigen Kallusgewebe Nebensprosse gebildet hätten. Die Methode der Infektion selber schließt ja den Erfolg keineswegs aus, wenn man nur einen Erreger wählt, welcher gerade Geschwülste mit Adventivsprossen gibt, wofür die Pathologie viele Beispiele beizubringen vermag. Wichtig ist nur, daß diese Sprosse gesund sind, was in den von uns beschriebenen Geschwülsten bei *Nicotiana affinis* (s. russische Ausgabe dieses Buches Abb. 17, 18; nicht der Fall war.

Die Arbeiten von KLEBAHN und SAHLI zeigen, daß unter Umständen auch eine völlige Enttäuschung der Effekt sein kann, wenn man bei Chimären nach Immunitätseigenschaften sucht, da die dünne äußere Schicht in diesen Versuchen im Endresultat das Blattinnere keineswegs vor Infektion geschützt hat, wenn auch die Decke selbst immun war.

Dabei war in bezug auf die *Crataegomespili* die Frage, ob es sich um eine Periklinalchimäre oder einen Burdo handelt, gleichgültig, da man die Versuche unabhängig von der theoretischen Bewertung anstellte. Da es sich aber hier offenbar um eine Periklinalchimäre handelt, so läßt sich diese Pflanze infizieren, wenn ihre innere Komponente aus anfälligem Gewebe besteht. Ist überhaupt eine anfällige Komponente vorhanden, so ist es also auch nicht möglich, eine immune Kombination durch Hinzufügung einer immunen Komponente herzustellen. Es ist einfacher und sicherer, eine immune Sorte zu züchten. Für die Praxis müßte man wünschen, daß die Erzeugung echter Burdonen möglich wäre, da man damit rechnen kann, daß bei einer derartigen vegetativen Kreuzung sich immune Formen bilden können aus den gleichen Gründen, aus denen vielfach neue Merkmale bei Geschlechtshybriden auftreten. Im Falle der Periklinalchimären, besonders bei haplochlamyden Chimären, kann es vorkommen, daß man nur auf einen Pilz, welcher die zur immunen Sorte gehörende Decke nicht durchwächst, rechnet, d. h., daß wir nicht ein Schutzmittel gegen einen tatsächlichen Feind suchen, sondern umgekehrt, daß wir einen Schädling suchen, gegen welchen ein von uns erzielter Schutz wirksam ist. Für rationell kann man diese Fragestellung allerdings nicht halten. Was die di- oder polychlamyden Chimären anbelangt, so sind hier gewöhnlich so viele Möglichkeiten gegeben (s. z. B. die Aquarelle 187, 188), daß man zunächst die Brauchbarkeit des Chimärenprodukts selber feststellen muß. Wir können mitteilen, daß nach unserem Geschmack die Chimärenfrüchte nicht nur von dichlamyden, sondern auch von haplochlamyden Chimären nicht genießbar, jedenfalls nach unserer Meinung unter jeder Kritik waren. Nebenbei bemerkt, haben wir hier auch einen Nachweis für die gegenseitige Beeinflussung der Chimärosymbionten.

Damit wollen wir gar nicht sagen, daß die Chimären überhaupt keine praktische Bedeutung haben, wir sagen nur, daß die Frage nicht so einfach ist, wie sie auf den ersten Blick erscheint.

Wir schließen z. B. die Möglichkeit der Erzeugung von indirekt erblichen Chimären bei der *Kartoffel* nicht aus. Allerdings liegen hier noch mehr technische Schwierigkeiten vor. Dabei denken wir nicht an die schwache regenerative Fähigkeit der *Kartoffel*-Sprosse (vgl. S. 267 bis 272), sondern an die Schwierigkeit, die aus dem Kallus erhaltenen Chimärensprosse von den reinen Sprossen zu unterscheiden (wenn die Chromosomen der chimärisierten Pflanzen ähnlich sind).

Nebenbei möchten wir bemerken, daß wir jetzt Experimente mit der *Kartoffel* begonnen haben. Dabei versuchen wir außer der gewöhnlichen Methode zur Erhaltung der Chimären eine andere Methode anzuwenden. Da wir hier die Schwierigkeit — nämlich die Erzielung von Kallussprossen — umgehen wollen, führen wir die Längsverwachsungen von Augen der jungen Sprosse zusammen mit der Verwachsung zerschnittenen Knollen aus. Aus der Wahrscheinlichkeit des Erfolges einer solchen Verwachsung (vgl. S. 193) geht die Möglichkeit der Erhaltung verwachsener Sektorialchimären hervor. Es bestehen Aussichten, unter den Seitensprossen der letzteren auch periklinale Chimären zu erhalten (vgl. S. 679).

Endlich kann sich bei den polychlamyden Chimären, die, sagen wir, gegen einen bestimmten Pilz widerstandsfähig sind, erweisen, daß bei unbefriedigenden Eigenschaften der Komponente ihre Zufügung zu der inneren Grundkomponente praktisch auf die Eigenschaft (Qualität) des chimären Produktes wirken wird. Dies ist gerade für die *Kartoffel*-Knollen sehr wahrscheinlich.

Jørgensen (1928) versucht die *Kartoffel* gegen *Phytophtora* durch eine *Tomaten*-Decke zu schützen. Bei der Bewertung der immunen Chimäre hat der Autor kaum recht, wenn er die gemeinsame Decke für zweischichtig hält (s. unsere S. 635—636 und S. 294 des Autors). Die Mißerfolge bei den Versuchen die gewünschte Chimäre zu erhalten, sind vielleicht folgendermaßen erklärlich: Bis jetzt ist nur *Solanum lycopersicum-tuberosum* (I), welche den Anforderungen nicht entspricht, erreicht worden. Außerdem muß man in Zukunft überhaupt bei der Erzeugung von Chimären darauf achten, daß im Verlaufe ihrer Entwicklung die Sprosse der inneren Komponente entfernt werden, wenn diese in reiner Art wegen der somatischen Labilität der Chimären aufgetreten sind und auch für die Isolation von Verletzungen sorgen, welche den Weg zu einer Infektion der inneren Symbionten eröffnen. Die somatische Labilität der Chimären wird sowohl bei Pfropfchimären als auch bei natürlichen Chimären (s. Abb. 193—196) beobachtet. Über die letzteren wird weiter unten noch die Rede sein.

Gegenwärtig versuchen auch wir bei *Kartoffeln* Chimären zu erlangen. Wir verfolgen jedoch das Ziel, an *Phytophtora* erkrankende *Kartoffel*-

Sorten mit *Kartoffel*geweben zu umhüllen, und zwar mit solchen Sorten, die gegen diesen Parasiten widerstandsfähig sind. Auch wir erhielten ohne Infektion mit *Bacterium tumefaciens* nur selten Adventivsprosse. Obgleich wir ein paar Dutzend solcher Sprosse bekamen, ist das nur ungefähr 5% der Gesamtzahl der Versuchspflanzen. Selbstverständlich ergibt sich in diesem Falle nur eine kleine mathematische Wahrscheinlichkeit Chimären zu erzielen, und zur Erlangung günstiger Ergebnisse benötigt man eine ungeheure Anzahl von Pfropfungen. Wir wählten daher einen anderen Weg.

Wir schlagen die folgende Methode vor. Auf einem Anfangsstadium der Knollenbildung pfropfen wir Längshälften junger Knollen zweier Sorten, die uns speziell interessieren. Die Knöllchen werden dabei von der Mutterpflanze nicht abgeschnitten und fahren fort an ihr zu wachsen. Es ist möglich sowohl normale unterirdische Knöllchen als auch experimentell hervorgerufene oberirdische Knöllchen zu pfropfen (S. 466). Es ist bequemer, Knöllchen an langen Ausläufern zu benutzen. Die Pfropfungen gelingen gut und ein aus zwei Hälften verwachsenes Knöllchen fährt fort zu wachsen. Wir rechnen darauf, daß hier diejenigen Gewebe verwachsen, welche die Anlage für neue Sprosse des nächsten Jahres oder gar die allerersten Anlagen dieser Sprosse darstellen. Beim Auskeimen der Anlagen erwarten wir sektoriale (meriklinale) oder sogar direkt periklinale Chimärensprosse. Im Falle sektorialer (meriklinaler) Sprosse wird wahrscheinlich später eine Bildung periklinaler Sprosse stattfinden, welche wir wünschen. Obgleich Pfropfungen einzelner erwachsener Knollen vor oder während des Keimens allgemein gelingen und es sogar bei einer sorgfältigen Anpassung der Anlagestellen der Sprosse nicht schwer ist, an diesen Stellen die nötige vollständige Verwachsung zu erhalten, bilden sich hier gewöhnlich Chimärensprosse nicht.

Wir versuchen die bei der Erzeugung von Kartoffelchimären schwierige Bildung von Adventivsprossen zu umgehen, indem wir uns der allerfrühesten natürlichen Sproßanlagen der Knöllchen bedienen.

Im Experiment kann unsere Idee auch an Pflanzen angewandt werden, die keine Knollen bilden, z. B. für Weintrauben, welche höchst schwierig Sprosse aus Kallus geben.

Jedoch kann unser Vorschlag nur seiner Formulierung und seinem technischen Teile nach als originell gelten. Tatsächlich hat DARWIN (1875, V, I, S. 420—424) eine hinreichende Anzahl von Beispielen, für Pfropfchimären bei *Kartoffeln* angeführt. Es wurden zu ihrer Erzielung entweder Knollenhälften oder Knospen an Knollen gepfropft, ja auch oberirdische Sprosse wurden verwendet. Zwar nennt DARWIN die erzielten Produkte nicht Chimären, sondern bezeichnet sie als „graft-hybrids". Dennoch aber haben wir in ihnen eindeutige Chimären vor uns, meist sektorialer Natur, obgleich wahrscheinlich auch Periklinalchimären vorgelegen haben. Man wird also auch die alten Pfropfmethoden, welche schon Ergebnisse gezeitigt haben, bei der Lösung moderner Probleme weitgehend benutzen können.

Wir haben jedoch bei unseren Arbeiten mehrfach Fälle erlebt, daß unsere Chimären ihre Widerstandsfähigkeit im Laufe von 2 Jahren und in einem Falle (eine haplochlamyde Chimäre) sogar im Laufe von 4 Jahren ganz beibehalten haben. Allerdings erschien im letzten Falle ganz an der Basis der Chimäre ein reiner Tomatensproß, aber wahrscheinlich entwickelte sich infolge des Einflusses der mächtig entwickelten Chimäre dieser Sproß äußerst schwach und störte den gesamten Chimärentypus nicht. Im allgemeinen aber haben die haplochlamyden Chimären in unseren Experimenten eine größere somatische Stabilität als die dichlamyden Chimären gezeigt. Dies beruht wahrscheinlich auf einer geringerer Störung ihrer Entwicklungsmechanik. Die Frage des möglichen praktischen Wertes der Pfropfchimären bleibt jedenfalls offen. KOBEL (1931, S. 226) ist der Meinung, daß für den Gartenbau ihr Wert eben infolge der somatischen Labilität gering ist.

Hier mögen noch anhangsweise die Chimären von LIESKE (1920 und 1927) erwähnt werden. Er hat in vier Fällen Chimären zwischen dem normalerweise einjährigen *Solanum lycopersicum* und mehrjährigen *Solanum dulcamara* erhalten. Die Blätter dieser Chimären hatten entweder wenig entwickelte Spreiten, oder die Spreiten waren verbogen und verkrümmt, was häufige Zerreißungen hervorrief. Anfangs war LIESKE der Meinung, daß die weitere Entwicklung dieser Chimäre nicht gelingen könne, denn selbst dort, wo Blattbildung eintrat, hörte das Scheitelwachstum des Sprosses auf, und es traten nur einige Achseltriebe auf, die sich als reine *Tomaten*-Triebe herausstellten. Im Sommer 1927 erhielt LIESKE 10 ziemlich starke bewurzelte Exemplare dieser Chimäre, welche weiterer Untersuchung unterworfen werden sollen. Diese Chimären sind nach vorläufiger Bewertung periklinal und haplochlamyd. Die Epidermis hat *Solanum dulcamara*-Charakter, während die innere Komponente *Tomaten*-Charakter hat. Es besteht also Aussicht, Chimären zwischen ein- und mehrjährigen Holzpflanzen zu erhalten.

i) Über *Solanum lycopersicum-memphiticum* KRENKE.

Herkunft. Es sollen nun noch einige ergänzende Angaben über unsere Chimären gemacht werden. Bevor wir aber zu diesen Dingen übergehen, muß gesagt werden, daß in der vorläufigen Mitteilung über diese Chimären (KRENKE, 1930) ein bedauerlicher Fehler bezüglich der Benennung des einen der Chimärosymbionten vorgekommen ist. Dieser Fehler ist zurückzuführen darauf, daß wir unvorsichtigerweise auf die Bestimmung vertrauten, welche ein Botanischer Garten, von dem wir das Material erhielten, ausführte. Der eine der beiden Chimärosymbionten ist tatsächlich *Solanum lycopersicum,* den anderen aber muß man vorläufig für *Solanum memphiticum* MART. halten, jedoch nur bedingungsweise. Die liebenswürdige Feststellung dieser Unstimmigkeit hat uns der angesehene russische *Solanaceen*-Systematiker JUSEPTSCHUK zukommen lassen. Er hat dabei darauf hingewiesen, daß diese Bestimmung nicht als endgültig angesehen werden kann. Als endgültig bleibt aber bestehen, daß die in Frage kommende Art in die Gruppe der *Morellae verae* gehört. Trotz dem oben genannten Fehler und der noch nicht

Abb. 171. *Solanum lycopersicum* — *Solanum memphiticum*. *I* trichlamyde Chimäre; *II* dichlamyde Chimäre gepfropft auf *Solanum memphiticum*. Gleichaltrige Individuen zu gleicher Zeit gepfropft. Im übrigen s. Text.

endgültigen Bestimmung des zweiten Symbionten ändern sich die Angaben, die vorher gemacht waren, in keinem Punkte, soweit sie die Bildung, den Aufbau und das Verhalten dieser Chimären betreffen. Das ist zweifellos die Hauptsache. Es drängt uns, hier, ohne damit

unseren Fehler entschuldigen zu wollen, an jene briefliche Elegie von
GOETHE (1798) an CHRISTIANE VULPIUS („Zur Morphologie" 1831) zu
erinnern, wo er absichtlich betont, daß sein Garten nicht nach dem
Namen der Pflanzen, sondern nach den gesetzmäßigen Umwandlungen,
die in ihnen vorgehen, angeordnet sei.

Genau die gleiche Gesinnung hat uns veranlaßt, eine Reihe wichtiger
Angaben über das Wesen unserer Chimären mitzuteilen. Wir haben
die genannten Pflanzen deshalb für unsere Chimärenstudien gewählt,
weil sie 1. das notwendige starke Regenerationsvermögen besitzen;

Abb. 172. *Solanum lycopersicum — Solanum memphiticum.* I dichlamyde Chimäre (Steckling); II trichlamyde Chimäre, auf *Solanum memphiticum* gepfropft. Im übrigen s. Text.

2. weil sie in ihren makromorphologischen und einigen anatomischen
und physiologischen Eigenschaften streng unterscheidbar sind; 3. weil
sie nach Chromosomenform und -zahl unterscheidbar sind. Wir haben
festgestellt, daß *Solanum memphiticum* MART. 48 Chromosomen hat,
bei *Solanum lycopersicum* bestätigten wir 24 Chromosomen. Beide Zahlen
sind diploid. Die Formunterschiede gestatten uns eine Verwechslung
etwa auftretender tetraploider *Tomate* mit *Solanum memphyticum* (vgl.
JØRGENSEN, 1928) nicht zu fürchten. Auch in dem sehr unwahrscheinlichen Falle des Auftretens eines Burdo ist die Feststellung der Chromosomenzahl für uns nicht schwer. Dieser Fall liegt nahe bei *Solanum
darwinianum* von WINKLER (1910b, S. 117), wo die Zahl 48, die oben
gezeigt wurde, nicht nur als $\frac{24 + 72}{2}$, d. h. als die reduzierte Chromosomenzahl der verschmolzenen vegetativen Kerne, sondern auch als
einfache tetraploide *Tomate* aufgefaßt werden kann.

Wir haben schon einiges über die trichlamyden Chimären mitgeteilt.
Hier möchten wir hinzufügen, daß die vegetative Entwicklung bei ihnen

immer sehr schwach war, unabhängig davon, ob sie durch die Bewurzelung der Sprosse oder auf dem Wege der Pfropfung herangezogen wurden (s. Abb. 171, I und 172, II). Stärker und robuster sind im allgemeinen die dichlamyden Chimären (s. z. B. Abb. 171, II, 173 und die Blätter auf Abb. 172). Die beste Entwicklung besaßen die haplochlamydenChimären(s.Abb.166), wenn sie auch gewöhnlich im Vergleich mit der Entwicklung der reinen *Tomate* zurückblieben. Die dichlamyden Chimären haben keine einzige Frucht gegeben. Die Blüten fielen gewöhnlich schon im Knospenstadium ab.

Es ist nur die Rede von der Chimäre *Solanum lycopersicum-memphiticum* (I, II, III), denn die umgekehrte Chimäre mit äußerer Decke aus *Solanum lycopersicum* haben wir noch nicht untersucht. Wir besitzen übrigens nur wenig Material von ihr, was sich entweder aus ihrer großen Seltenheit, oder daraus, daß sie in Frühstadien schwer von den Sprossen der reinen *Tomate* zu unterscheiden sind, und deshalb als überflüssig vom Kallus abgeschnitten wurden, erklärt. Wir haben aber die Absicht, unsere Aufmerksamkeit in Zukunft auch auf diese Chimäre zu richten.

Abb. 173. *Solanum lycopersicum — Solanum memphiticum (II)*. S. *Solanum memphiticum*, Z charakteristisch verbogenes Blatt. Beim Pfeil die Pfropfstelle, Unterlage *Solanum memphiticum*.

Blätter, Blüten und Sprosse. Am typischsten für die oben genannten trichlamyden Chimären sind die Blätter mit ihren kleinen, schmalen mehr oder weniger glatten Spreiten, die in die Stiele verschmälert sind (s. Abb. 171, I b und 172, II, b, b_1, b_2). Der Blattstiel ist verhältnismäßig kürzer als bei den Blättern der dichlamyden Chimären. Es ist sehr wahrscheinlich, daß die in Chimären manchmal vorkommenden Blätter mit stark deformierter Spreite (s. Abb. 171, 1a), welche an die

Spreite bei dichlamyden Chimären erinnern, sich in der Form eines dichlamyden Höckers auf dem trichlamyden Vegetationskegel angelegt haben. Darüber wurde schon weiter oben gesprochen (s. S. 641). Sowohl bei dichlamyden als auch in trichlamyden Chimären haben wir zytologisch das Vorhandensein des äußeren Chimärosymbionten annähernd bis zur Tiefe der 16. Zellschicht der Stengelrinde festgestellt. Aber an verschiedenen Stellen und in verschiedenen Sprossen variiert diese Tiefe. Im allgemeinen wird sie an alten Sproßteilen größer.

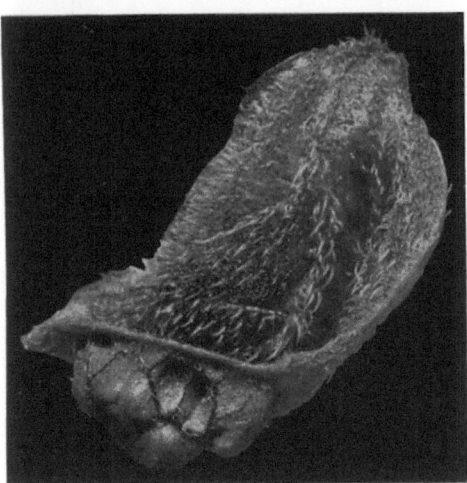

Abb. 174. Ein Chimärenblatt des Individuums von Abb. 173.

Alle Beobachtungen über den Aufbau des Vegetationspunktes führen wir tatsächlich lediglich an Präparaten des Vegetationskegels selber aus. Angaben über die Reduktionsteilung für die Strukturbestimmung des Vegetationskegels, wie z. B. JØRGENSEN und CRANE (1927) sie verwendeten, benutzen wir nicht. Tatsächlich kann man ja selbst dann, wenn die Geschlechtszellen stets subepidermaler Herkunft sind, nur davon reden, daß die betrachtete Chimäre mindestens dichlamyd ist, und in bezug auf die haplochlamyde Chimäre können Fehler auftreten, wo die Geschlechtszellen eben nicht aus ·der Subepidermis stammen. Dafür gibt es Beispiele genug bei uns (s. S. 636) und anderen.

Über die chimäre Struktur der Blätter haben wir das Hauptsächlichste schon gesagt (s. S. 625, 641). Hier sollen nur einige kleinere Hinzufügungen gemacht werden. Das gemischt periklinale Blatt, welches auf Abb. 160 dargestellt ist, ist auch dadurch interessant, daß sein haplochlamyder gegliederter Teil an der Oberfläche niedriger behaart ist, als der ungegliederte, welcher sich von dem dichlamyden Teil der Blattanlage ableitet.

Der Unterschied in den Entwicklungsbedingungen der soeben genannten Epidermisgebiete ist klar. Im ersten Falle liegt die Epidermis der von dem fremden Partner *(Tomate)* gebildeten Subepidermis an, während im anderen Falle das subepidermale Gewebe der gleichen Art wie die Epidermis angehört. Aber die Behaarung im zweiten Falle überragt an Dichte die Behaarung eines reinen *Solanum memphiticum*-Blattes. Wir können diese Erscheinung nicht verallgemeinern, da wir keine genaue Variationsreihe dieser Behaarungseigenschaften haben. Wie bekannt, ist die Variabilität der Behaarung, sowohl was verschiedene Altersstadien der Pflanze und der Organe als auch verschiedene äußere Bedingungen speziell des Wasserhaushaltes anbelangt, sehr bedeutend. Es ist möglich, daß die letztgenannte Außenbedingung die Ursache für den verschiedenen Grad der Behaarung des oben beschriebenen Blattes darstellt. Auf Abb. 174 ist ein Blatt der dichlamyden Chimäre dargestellt, wo die Behaarung schon ganz deutlich diejenige eines reinen *Solanum memphiticum*-Blattes an Stärke übertrifft. Wegen des Fehlens hinreichender Angaben können Annahmen über die eigentlichen Ursachen der beschriebenen Veränderung in der Behaarung lediglich spekulativen Charakter tragen.

Da bis jetzt das einzige unveränderliche Kriterium der anatomischen Artunterschiede der Chromosomenapparat ist, so können wir nicht mit der notwendigen Genauigkeit die Gewebsdislokationen der Komponenten in verschiedenen Organen feststellen. Wir wollen hier nur einige allgemeine Hinweise geben. Auf Abb. 175 ist ein Chimärenblatt mit einer Decke von *Solanum memphiticum* und einem Kern von *Solanum lycopersicum* abgebildet.

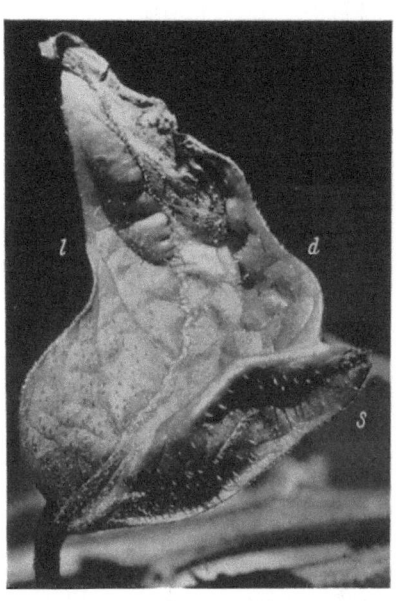

Abb. 175. Blatt von *Solanum lycopersicum* — *Solanum memphiticum (II)*. Geschlängelter Mittelnerv infolge disharmonischer Entwicklung. Im übrigen s. Text.

Der Hauptnerv gehört dem *Tomaten*-Partner an. Da aber das normalerweise zu ihm passende Blatt bedeutend länger ist als das Blatt des Partners, so hat sich dieser Nerv gewissermaßen, um in dem zu kurzen „Überzuge" Platz zu finden, bachähnlich geschlängelt[1]. Das gleiche gilt auch für die Seitenader auf der rechten Seite (d) der Blattspreite, während die Seitenadern links (l) sich als *Solanum memphiticum* angehörig erwiesen. Die Biegung des dargestellten Blattes nach links hin wird auch durch die stärkere Entwicklung der *Tomate* an seiner rechten Seite bedingt, was noch aus dem Versuch, hier ein freies Blatt (S) abzutrennen, zu ersehen ist. Eine besondere Verbindung des Chimären-

---

[1] [Hier hat also der Mittelnerv sowohl wie das ihn umgebende Gewebe, welches nicht nur aus Epidermis besteht, „formbildenden Charakter" bewiesen. Vgl. S. 647. M.]

blattes mit seinem Stiel, auf Abb. 176 dargestellt, kann dadurch erklärt werden, daß hier außer der mittleren Hauptader noch zwei seitliche den unteren seitlichen *Tomaten*-Blättern angehörende in einem Belag von *Solanum memphiticum*-Adern verlaufen. Diese Art der Angliederung findet meistens in dem Typus der Periklinalchimären (s. Blatt f auf Abb. 163) statt. Die Schlängelung der Ader trifft man verhältnismäßig selten und nur an einzelnen Blättern des Individuums. Diese Tatsache demonstriert den verschiedenen Grad von Beeinflussung, welchen eine äußere Komponente auf die Entwicklung der inneren Komponente ausüben kann.

Auf Abb. 163 sehen wir bei dem oben beschriebenen Chimärensproß schüssel- und kelchförmige Blätter (s. auch noch Abb. 172, I). Dabei kann der Kelch die ganzen Blätter (c, d, f) oder nur den oberen Teil (Blatt g) umfassen. Das hängt hauptsächlich von der Verteilung der Schichtzahlen des äußeren Chimärosymbionten im Blatt ab. In der Regel kehren kelchförmige Blätter den Boden des Kelches nach oben zu (Blatt d ist absichtlich zum Zwecke der Photographie herumgedreht worden). Das alles weist auf ungleichmäßige Entwicklung von Rücken- und Bauchseite der beschriebenen Blattspreiten hin. Manchmal ist der Rand der Spreite bei kelch- und schüsselförmigen Blättern durch eine Umbiegung der Spreite nach der anderen Seite zu eingerollt (s. Abb. 163, Blatt d und Abb. 174). Die Unregelmäßigkeit der Entwicklung der Spreite wird noch stärker (Abb. 172, I, a, b). Es ist aber interessant und wichtig, daß, obgleich die Spreitendeformation in einem Gebiete gleicher Chlamyditätsordnung verschieden sein kann, sich doch bestimmte Typen (s. z. B. Abb. 172, I, a, b, Abb. 163 zusammenfassen lassen. Die Störungen in der Entwicklungsmechanik dieser Blätter variieren also mit einer gewisse Gesetzmäßigkeit und stellen keine Zufälligkeiten dar, wie es zunächst scheinen möchte. Dadurch erweist sich die scheinbare Unordnung in der Entwicklungsmechanik polychlamyder Chimärenblätter bis zu einem gewissen Grade doch korrelativ gegeben. Das kann damit erklärt werden, daß jeder Chimärosymbiont trotz allem seine spezifischen Entwicklungscharakteristika behält. In den sich entspinnenden Kämpfen zwischen beiden Chimärosymbionten wird

Abb. 176. *Solanum lycopersicum — Solanum memphiticum (II)*. Blatt entsprechend *a* auf Abb. 172. Charakteristischer Ansatz der Spreite an den Stiel. Seitennerven des Blattansatzes *Solanum lycopersicum*.

endlich in verschiedenen verschiebbaren Phasen ein Gleichgewicht hergestellt. Wird es nicht erreicht, so führt das zu einer Zerreißung des

Abb. 177. Chimärenindividuum (*Solanum lycopersicum* — *Solanum memphiticum*) von gemischter Struktur. D_1, D_2 Dichlamyd; H Haplochlamyd; P proliferierte Chimärenfrucht. Im übrigen s. Text.

Blattes. Derartiges hat LIESKE (1920) bei seinen Chimären, und auch wir haben es bei einigen der unseren beobachtet. Oder es wird die Blattentwicklung aufgehalten und erlischt schließlich vollkommen, was wir in trichlamyden Chimären gefunden haben. Infolge der verschiedenartigen Entwicklungsmechanik und Form der verschiedenen Organe bei jedem reinen Chimärosymbionten zeigt sich, daß im chimären Zustand der Widerstreit in der Entwicklung und die Gleichgewichtsphasen bei verschiedenen Organen unterschiedlich gelagert sind. Das kommt darin zum Ausdruck, daß Grad und Charakter der Deformation verschiedener Organe schwanken.

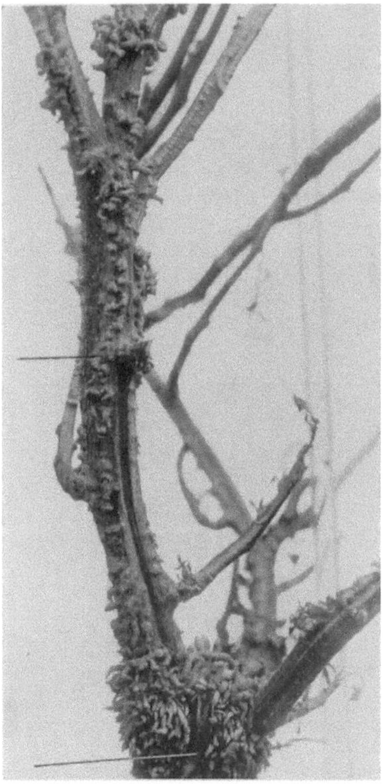

Wir haben auf den Sprossen einiger haplochlamyder Chimären üppige massive Auswüchse gefunden, welche im einzelnen an verkürzte Nebenwurzeln erinnerten (s.Abb. 177, und mehr ins Einzelne gehend auf Abb. 178). Eine besonders reichliche Ansammlung derartiger Auswüchse wurde am Kallusgrund von Sprossen, welche von der Ausgangspfropfung nicht abgetrennt worden waren, beobachtet (s. Abb. 177 am Pfeil). Diese Auswüchse fehlen deutlich auf dem Periklinalstreifen des reinen *Solanum memphiticum* (s. Abb. 178, ganz vorne zwischen den Strichen). Man muß also annehmen, daß diese Auswüchse durch die Anwesenheit der Tomate bedingt sind, bei welcher, nebenbei gesagt, tatsächlich Nebenwurzeln in der Luft bei hohem Feuchtigkeitsgehalt sich leicht bilden. Diese Auswüchse haben wir fixiert, um sie später ausführlich zu untersuchen. Auf einer Chimäre wurden alle Übergänge von derartigen Auswüchsen zu Luftwurzeln festgestellt.

Abb. 178. Vgl. Abb. 177. Wurzelartige Auswüchse an Chimärensprossen. Besonders dicht oberhalb des Kallus. Zwischen den beiden waagerechten Linien: ein Rindenstreifen von reinem *Solanum memphiticum*.

Wir haben uns nun den Blüten der Chimären zuzuwenden. Auf Abb. 179 und 180 (s. noch Abb. 172) sind Blüten der Elternformen und der Chimären dargestellt. Hier ist *Solanum memphiticum* die äußere Komponente, die das Fehlen einer starken Behaarung und den offenen Kelch in der Knospe bedingt, während die Anzahl der Elemente durch die *Tomate* bedingt wird. Die Behaarung der Decke, welche durch *Solanum memphiticum* gebildet wird, erweist sich verschieden von der Behaarung, welche wir auf der Blüte eines reinen *Solanum memphiticum* finden. Das zeigt die Abbildung auch gut. Abgesehen von dem hier Angeführten findet man auch noch andere Formen von Chimärenblüten,

Abb. 179. *1, 2* Blütenknospen von *Solanum memphiticum*; *3* und *4* Blütenknospen von *Solanum lycopersicum*; *5* Seitenansicht einer Blüte von *Solanum lycopersicum* — *Solanum memphiticum (II)*. Vgl. Abb. 180.

Abb. 180. Dieselbe Chimärenblüte wie Abb. 179 Vorderansicht.

die später beschrieben werden sollen. Die Untersuchung der Pollenmutterzellen und des Embryosackes ist im Gange.

Wenn auch die generativen Elemente im allgemeinen einem der beiden Komponenten gehören, und deshalb eigentlich normal sein müßten, so beobachteten wir doch weitgehende Abweichungen in ihrer Ausbildung. Das wird wahrscheinlich durch die anormalen chemischen und physikalischen Beziehungen (vgl. KOSTOFF, 1930) der Chimärensymbionten zueinander, wie auch durch anormale Spannungen, welche durch die ungewöhnliche Entwicklungsmechanik der Chimärenblüte hervorgerufen worden sind, bedingt. Dies letztere ist schon einzusehen, wenn man einfach den allgemeinen Typus der Chimären und ihrer Elternformen betrachtet, ohne auf feinere oder im großen und ganzen ja noch unklare Störungen der gewöhnlichen korrelativen Gewebsbeziehungen einzugehen.

Es wäre sehr interessant, festzustellen, ob die erwähnten Störungen die gegenseitigen Präzipitinverhältnisse der Chimärosymbionten beeinflussen. Zunächst allerdings ist es notwendig, solche Reaktionen in den Chimären festzustellen. Wir kennen aber keine direkten Arbeiten über dieses Thema. F. MEYER (1929) hat in diesem Gebiet mit *Laburnum adami* und *Crataegomespilus* gearbeitet. Seine Aufgabe aber war nur, die serologischen Verhältnisse zu den reinen sie zusammensetzenden Formen und zu

Abb. 181. *Solanum lycopersicum — Solanum memphiticum (I)*. Beim Pfeil große proliferierte Chimärenfrucht.

den anderen Pflanzen festzustellen. In dieser Beziehung ergab sich folgendes für die erste Chimäre: ,,Es gelang den Pfropfbastard *Laburnum adami* genau in die beiden Gattungen *Laburnum* und *Cytisus* zu differenzieren"[1].

Dabei sagt das Verhalten des Auszuges aus chimär gebauten Organen von beiden genannten Chimären unmittelbar nichts über die serologischen Verhältnisse in den Geweben, die die Chimäre zusammensetzen, aus. Man kann sich nur vorstellen, daß hier besondere Beziehungen existieren,

---

[1] [Diese Differenzierung ist bekanntlich mit der von MEYER angewandten Methodik unmöglich. M.]

denn die Reaktion der Chimärenauszüge verhielt sich anders, als eine einfache Mischung von Auszügen der Arten, welche die Chimäre zusammensetzen. Aber zur Stützung dieser Annahme sind weitere und sehr schwierige Experimente notwendig.

Indem wir auf unser Material zurückkommen, weisen wir noch darauf hin, daß die Pollenkörner in den Antheren in ihrer Größe sehr stark variieren. Man findet Zwerg- bis Riesenformen mit ebensolchen Kernen. In vielen Antheren ist entweder ein Teil oder das ganze Archesporialgewebe degeneriert. Die Degeneration geht auf verschiedenen

Abb. 182. *Solanum lycopersicum* — *Solanum memphiticum (II)*. Junge Frucht.

Altersstufen vor sich, manchmal zur Zeit, wo die Pollenkerne schon gebildet sind.

Es ist überhaupt, wie wir weiter unten sehen werden, das ganze Problem viel komplizierter, als es auf Grund einer gewöhnlichen Vorstellung von den Chimären erscheinen kann.

Bis jetzt hat keine unserer Chimären einen Samen in den vollkommen reifen Früchten ergeben.

Wir möchten noch zur allgemeinen Morphologie bemerken, daß wir sowohl in bezug auf die Blüten als auch in bezug auf die anderen Organe der Chimären auf einem und demselben Individuum verschiedene Typen des Chimärenbaus beobachten. Neben periklinalem Bau wird

44*

auch sektorialer und meriklinaler Typus beobachtet. Die Schichtzahl der äußeren Komponenten der Blüten der dichlamyden Chimäre kann verschieden sein.

Abb. 183. *I Solanum lycopersicum*; *S* eingegangenes konisches Ende des Hauptsprosses; *A* neugebildeter normaler Nebensproß; *II Solanum lcyopersicum — Solanum memphiticum* (*I*) *v* runde und konische Früchte; *a* abfallende Blüte.

In bezug auf die haplochlamyden Chimären können wir bis jetzt nicht mit Sicherheit dasselbe aussagen. Wir haben Bilder gesehen. welche der Färbung und Zellgröße nach uns zwingen, anzunehmen, daß in diesen Chimären Bezirke von Blütenorganen vorkommen (hauptsächlich im unteren Teil), wo außer der Epidermis wenigstens noch das Subepidermalgewebe der äußeren Komponente angehört. Man kann das aber nur dann behaupten, wenn man durch Beobachtung von Teilungsmetaphasen diese Meinung hinreichend sichert. Leider sind solche an den notwendigen Stellen im Präparat nicht angetroffen worden.

Bezüglich der Chimärenblüten muß man ferner noch sagen, daß bei ihnen die Blütenblätter gewöhnlich sehr lange nicht abfallen (wie bei der Mehrzahl der anderen *Solanaceen* und deren Chimären bleibt der Kelch auch an den reifen Früchten noch zurück, s. Abb. 181).

Abb. 184. *Sl* Doppelfrucht von *Solanum lycopersicum*; *Sm* Früchte von *Solanum memphiticum*; *H* proliferierte Frucht einer dichlamyden Chimäre. Vgl. Abb. 202, *4*.

Auf Abb. 182 ist die junge Frucht einer dichlamyden Chimäre mit noch nicht gewelkten Blütenblättern abgebildet.

Morphologie der Früchte[1]. Damit gehen wir über zu den Chimärenfrüchten, bei denen wir, wie uns scheint, die wichtigsten Tatsachen

---

[1] [Für die von WINKLER hergestellten Chimären *Solanum tubingense* und *Solanum proteus* sowie ihre Komponenten *Solanum lycopersicum* (außen) und *Solanum nigrum* (innen) ist (1932) eine vergleichend entwicklungsgeschichtliche Untersuchung der Fruchtknoten und Früchte von M. KRÜGER erschienen. Auf diese Arbeit sei hier ausdrücklichst hingewiesen. M.]

gefunden haben. Wir haben sie deshalb als Aquarellillustrationen dargestellt (Abb. 187—188). Diese Zeichnungen haben wir persönlich nach der Natur gemacht und glauben für die restlose Genauigkeit der Nuancen, selbstverständlich nur im Original, garantieren zu können.

Was zunächst die Morphologie betrifft, so sind die Früchte der haplochlamyden Chimäre *Solanum lycopersicum-memphiticum* (I) (s. Abb. 187, Früchte 1, 8, 11 und Abb. 188, Früchte 2, 10, 13) in der Regel deutlich kleiner als die *Tomaten*-Früchte (s. z. B. die *Tomaten*-Frucht mittlerer Größe, Abb.187, 22 und 23 und Abb. 166). Aber sie sind sichtlich größer als die Früchte von *Solanum memphiticum* (Abb. 187, 17 und 21). Dagegen nähern sich die extremen Varianten (Abb. 187, 8 und Abb. 188, 10) dementsprechend in den Maßen den mittleren Früchten der reinen Chimärensymbionten. Die Form der haplochlamyden Chimärenfrüchte variiert ebenfalls von rundlich flach (s. von Abb. 187, 1) bis rundlich länglich (s. den Typus Abb. 187, 2). Diese Variation findet nicht nur innerhalb eines Individuums, sondern innerhalb der Grenzen eines Blütenstandes statt (s. Abb. 183, II v). Das

Abb. 185. Dieselbe proliferierte Chimärenfrucht wie Abb. 184. Fast im Endstadium der Proliferation.

erklärt sich daraus, daß in ähnlicher Weise, gar nicht so selten sogar, die Früchte des reinen *Tomaten*-Partners variieren, wenn er auf eigenen Wurzeln wächst. Sowohl bei den Früchten der reinen *Tomate* wie noch mehr bei den Früchten von *Solanum memphiticum* haben wir niemals die Nasenbildung angetroffen, die bei der Frucht v auf Abb. 183, II und auf der Abb. 188, 6 und 9 sichtbar ist. Diese Nase endet manchmal mit einer dünnen Spitze, welche auch auf den flachrundlichen Früchten unabhängig von dem Vorhandensein der Nase angetroffen wird (s. Abb. 187, 1). Wir erklären das Auftreten dieser Nase durch die mechanische Wirkung des in Entwicklung begriffenen inneren *Tomaten*-Gewebes und halten diese Zuspitzung für den Rest des Pistills[1].

Die mangelnde Korrelation im Entwicklungsgang des inneren Chimärosymbionten in den Früchten führt bei diesen oft zu Proliferations-

---

[1] [Ein wesentlich umfangreicherer „nasen"ähnlicher Auswuchs wurde von mir 1932 im Botanischen Garten Kiel an *Solanum lycopersicum* beobachtet. M.]

Morphologie der Früchte. 695

erscheinungen. Dabei kommt die Proliferation annähernd mit gleicher Häufigkeit bei den haplochlamyden wie bei den dichlamyden Chimären vor. Wir haben 25—35% proliferierte Früchte angetroffen. Frucht 2 und ihr Längsschnitt 1 auf der Abb. 188 stellt die stark proliferierte Frucht einer haplochlamyden Chimäre dar (s. auch Abb. 181). Auf Abb. 184 (H), 185 und 186 sind verschiedene Stadien dargestellt, welche zwischen den von uns angetroffenen stärksten Proliferationszuständen der Früchte dichlamyder Chimären liegen. Die Zeichnungen 3, 4 in der Abb. 187 zeigen einen Längsschnitt und einen Querschnitt dieser Frucht zur völligen Reifezeit (s. Abb. 177, P). Auf die Farbtönung in der Zeichnung werden wir weiter unten noch eingehen. Gewöhnlich wird die Proliferation wesentlich schwächer ausgebildet angetroffen. So stellen die Zeichnungen 14 und 18 der Abb. 187 schwache Proliferationszustände von zwei Früchten dichlamyder Chimären dar. Die Zeichnungen 15, 16, 19, 20 zeigen entsprechende Längs- und Querschnitte dieser Früchte.

Der Anteil von 25—35% proliferierter Früchte ist auf Konto einzelner Chimärenindividuen zu setzen. Und

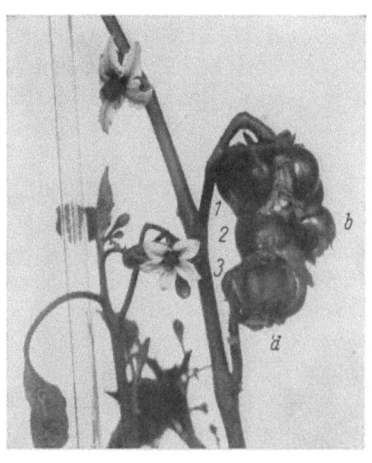

Abb. 186. Dieselbe Frucht wie Abb. 184. Endstadium der Proliferation.

das ist verständlich, da die Proliferation nach unserer Meinung durch einen besonders hervortretenden Mangel an Korrelation in der Entwicklung des inneren und äußeren Chimärosymbionten der Frucht bedingt war. Diese mangelnde Korrelation der Gesamtentwicklung hängt zweifellos von der individuellen Wachstumsenergie des betreffenden Tomatenindividuums, welches in die Chimäre eingegangen ist, ab. Keine *Tomate* zeigt seltener Proliferation (s. Abb. 202, 4).

Weiter sehen wir auf den Abb. 184—186 und auf Abb. 188, 1 und 2 eine sekundäre Proliferation, d. h., daß die durch die Proliferation der ersten Frucht (1) hervorgebrachte zweite Frucht (2) selber noch wieder in einer dritten (3) proliferiert wird, und die dritte selbst zeigt den Beginn einer weiteren Proliferation (4). Wir werden uns kaum irren, wenn wir das Gebilde, welches hier hervorgebrochen ist, mit dem selbständigen Terminus einer „Frucht" belegen. Tatsächlich zeigt sich, daß jeder der hervorgebrochenen Teile im Grunde einer nicht proliferierten Chimärenfrucht gleicht. Dabei ist noch bemerkenswert, daß die durch Proliferation entstandenen sekundären Früchte ihrer endogenen Herkunft zum Trotz sowohl bei haplochlamyden Chimären (Zeichnung 1 und 2, Abb. 188) als auch bei dichlamyden Chimären (Abb. 184—186), wiederum entsprechenden Chimärenbau zeigen. Aus allen Illustrationen, die wir oben zitiert haben, geht deutlich hervor, daß jeder nachfolgenden Proliferation ein Durchbruch des Ausgangsstadiums für diese gegebene Fruchtproliferation vorangeht (vgl. Abb. 202, 4).

Wenn wir auf Abb. 184 und den folgenden Abbildungen sehen, daß aus einer primären Frucht gleichzeitig zwei sekundäre (a, b) durchbrechen, so erklären wir das damit, daß das im Innern der Ausgangsfrucht sich befindende *Tomaten*-Gewebe normalerweise also unabhängig von seinem Chimärenpartner sich zu einer Doppelfrucht entwickelt hätte. Das kommt bei *Tomaten*-Früchten sehr häufig vor (s. z. B. Abb. 184, S. l. 1, 2) und dann ist eine der beiden miteinander verwachsenen Früchte (2) schwächer entwickelt. Genau das Entsprechende finden wir bei der durchgebrochenen doppelten Chimärenfrucht, wo eine Frucht sich als unvollkommen entwickelt zeigt (s. Abb. 184, b, 186, b). Selbstverständlich gilt für die Früchte alles, was wir auf S. 647, 685, 741 usw. über die Korrelation der Entwicklung bei chimären Organen gesagt haben.

Man muß noch darauf hinweisen, daß unter unserem Material die Erscheinung des Rippigwerdens bei Chimärenfrüchten wider Erwarten, wenn sie auftrat (nicht obligatorisch), stets nur in den Früchten dichlamyder Chimären beobachtet wurde (s. Abb. 184, H, Abb. 187, 18 und Abb. 188, 13). Die Früchte haplochlamyder Chimären waren demgegenüber ausnahmslos vollkommen glatt. Selbstverständlich kann man hier annehmen, daß diese Verhältnisse zufällig geschaffen wurden, indem sich in den gerippten Chimärenfrüchten als innere Komponente Gewebe einer gerippten *Tomaten*-Frucht befanden. Es ist ja allgemein bekannt, daß bei der *Tomate* auf einer und derselben Pflanze sowohl glatte als auch gerippte Früchte vorkommen können, was wir auf S. 120 im Zusammenhang mit der Frage der natürlichen Verwachsungen schon erwähnt haben. Wenn das der Fall ist, so würde es nach der Wahrscheinlichkeitstheorie ein sehr selten vorkommender Fall sein, wenn beide Geschehnisse zusammenträfen. Diese Wahrscheinlichkeit auszurechnen, wäre einfach, wenn wir untersucht hätten, wie viele gerippte Früchte eines *Tomaten*-Strauches sich unter der Gesamtzahl der Früchte eines *Tomaten*-Strauches befinden, welcher augenblicklich im chimären Zustand beobachtet wird. Man müßte selbstverständlich den Ausgangsstrauch dazu haben in der Form eines vollentwickelten Busches. Ebensogut könnte man von dem Mittelwert des Auftretens der gerippten Fruchtvariante einer bestimmten Rasse ausgehen. Wir haben jedoch diese Daten nicht.

Lehnt man die hier diskutierte Möglichkeit ab, so wird die Erscheinung unverständlich; denn es ist natürlich zu erwarten, daß das Rippigwerden der Frucht des inneren Chimärosymbionten um so stärker hervortritt, je weniger seine Gewebe von Seite der nicht zur Rippung neigenden äußeren Komponente beengt sind; d. h. es müßte bei den haplochlamyden Chimärenfrüchten die Rippigkeit bedeutend stärker hervortreten als bei den dichlamyden, was aber nicht der Fall ist. Dann bleibt also nur anzunehmen, daß unter der Einwirkung irgendwelcher unbekannter korrelativer Beziehungen sich die Früchte der gerippten *Tomate* bei der haplochlamyden Kombination nicht entwickeln.

Äußerst interessant ist noch ein weiterer Fall, welcher noch mehr darauf hinweist, daß wir es kaum mit einer zufälligen Erscheinung zu tun haben. In der Abb. 188, 6 und 7 wird eine Frucht gezeigt, deren Epidermis und inneres Gewebe nur zum Teil dem Partner *Solanum memphiticum* angehört. Gerade an diesem Bezirk ist die Erscheinung der Rippigkeit fast nicht zu bemerken. Sie tritt dagegen an der entgegengesetzten Seite sehr stark hervor und erreicht ziemlich genau gegenüber dem von *Solanum memphiticum* besetzten Bezirk ihr Maximum. Man könnte noch annehmen, daß aus irgendwelchen Gründen sich die Früchte der beschriebenen Kombination unter den vielen an chimären Pflanzen vorhandenen abfallenden (was an unseren Chimären und besonders bei haplochlamyden verbreitet ist) Blütenknospen und Blüten entwickelt hätten. Die Trennung beim Abfallen geht an dem Anheftungsknoten der Blüten- und Fruchtbasen vor sich (s. z. B. Abb. 183, II, a).

Es ist noch nötig, zu erwähnen, daß sogar bei den Proliferationsbildungen — von den einfachen Früchten wollen wir hier zunächst noch absehen — der Tomatenteil der Frucht eine eigene Entwicklung zeigt. Andernfalls würden keine vollständigen chimären Früchte gefunden werden. Sie müßten vielmehr alle mehr oder weniger zerrissen sein. Das gleiche gilt auch von den Blättern besonders der dichlamyden Chimären, worauf wir noch bei der Besprechung der natürlichen Chimären zurückzukommen haben werden.

Es ist klar, daß nicht nur mechanische Faktoren eine naturgemäße Entwicklung der inneren Chimärosymbionten erschweren. Die Proliferationserscheinungen und überhaupt eine einfache Abschätzung der Spannungen, welche bei der Entwicklung auftreten müssen, zeigen, daß der innere Chimärosymbiont selbstverständlich hinreichende Energie zur Zerreißung der beengenden äußeren Decke hat. Wenn das, wie wir hier gesehen haben, nicht der Fall ist, so folgt daraus, daß die innere Komponente im chimären Verbande nicht die ihr eigene natürliche Entwicklung durchläuft. Das kann zwei Gründe haben:

1. Die in bezug auf den inneren Partner unvollkommene Gewebszusammensetzung des betreffenden Organs kann eine volle Entwicklung der ihm eigenen Organform nicht gewährleisten.

2. Die normale Entwicklungsenergie des inneren Chimärosymbionten geht unter dem Einfluß der chemischen und physikochemischen Wirkungen des anderen Partners in den latenten Zustand über. Wir können uns bis jetzt für keine der beiden Alternativen entscheiden. Aber wenn

man die haplochlamyden Chimären betrachtet, wo nur eine fremde Epidermis vorhanden ist, welche, wie wir weiter oben (s. S. 647) gesehen haben, sich im allgemeinen als hinreichend passiv erweist, wird man sich schwer für die erste Theorie entscheiden können. Auch die Möglichkeit einer Regeneration von Gewebsbezirken, welche der Epidermis beraubt sind, spricht in diesem Sinne.

Zum Schluß möchten wir noch auf eine eigentümliche morphologische Erscheinung hinweisen. Auf zwei Büschen der haplochlamyden Chimäre war die Oberfläche fast aller Früchte scheinbar eingedrückt, gekraust (s. Abb. 188, 2). Die Früchte waren aber straff und gesund. Wir wissen nicht, woran diese Erscheinung liegt. Es macht aber den Eindruck, als ob die äußeren Teile der Früchte sich stärker als die inneren entwickeln, so daß es zu einer Bildung überschüssigen Hautgewebes kommt, was dann die Kräuselung hervorruft.

Die Färbung der Früchte. Wir wollen uns nunmehr einem Zentralproblem dieses Kapitels, und zugleich der ganzen Arbeit zuwenden, nämlich der Färbung chimär gebauter Früchte. Wir können uns nicht erinnern, eingehendere Untersuchungen und Angaben über dieses Thema gefunden zu haben. JØRGENSEN und CRANE (1927, S. 261) berichten über chimär gebaute Früchte von *Solanum lycopersicum-guineense* (I) wie folgt:

"The fruits are like tomatoes in shape except for the apical point formed by the persistent style (Fig. 11). They are however, quite different in colour, being blackish purple mottled with dull red. The seeds are very tiny and none viable. The mucilaginous layer is black and the central part is red."

Das ist alles, was wir gefunden haben. In Wirklichkeit handelt es sich hierbei um eine ziemlich wichtige Sache. Wir möchten an den Anfang unsere Ergebnisse stellen.

1. In vollkommen haplochlamyden, zytologisch nach dem Chromosomenmerkmal nachgeprüften Früchten kann Anthocyan (im Sinne des Sammelbegriffes), welches normalerweise nur dem äußeren Chimärosymbionten *Solanum memphiticum* MART. zukommt, ganz einwandfrei in allen Zellen des inneren Teiles der Frucht also auch im *Tomaten*-Teil der Chimärenfrucht festgestellt werden.

Das kann sogar in mechanisch mazerierten Zellen festgestellt werden.

2. Die Möglichkeit, daß die Zellen der beiden Chimärosymbionten verwechselt worden seien, kann ausgeschlossen werden, denn in den Zellen des inneren Teiles des Fruchtfleisches der *Tomate* findet man Chromoplasten, welche bei *Solanum memphiticum* nicht gefunden werden. Andererseits findet man in dem Fruchtfleisch reifer Früchte von *Solanum memphiticum* Chloroplasten, welche in *Tomaten*-Früchten nicht gefunden werden.

3. Die zytologische Analyse früher Stadien von Früchten zeigt deutlich die Verteilung der Gewebe in den Früchten der Chimäro-

symbionten. Die so gefundenen Tatsachen entsprechen denen, welche bei der weiteren Beobachtung der Färbungserscheinungen erhalten wurden.

Diese Verteilung der Färbung kann mit außerordentlicher Deutlichkeit auf dem Wege der Extraktion des Anthozyans aus allen Geweben der Chimärenfrüchte festgestellt werden. Wir legen zu diesem Zweck zerschnittene Früchte für zwei bis drei Tage in eine Kristallisierschale mit gewöhnlichem Leitungswasser. So werden Bilder erhalten, wie sie auf Abb. 187, 5, 6, 7, 3, 4 und auf Abb. 188, 12, welche einen Teil der Frucht aus Abb. 188, 10 darstellt, abgebildet sind. Der Teil, welcher in Abb. 188, 10 dargestellt ist, wurde nicht der Extraktion unterworfen. Die grünen Bezirke gehören *Solanum memphiticum* an und verdanken ihre grüne Färbung ihrem Chlorophyllgehalt, der vorher durch Anthozyan verdeckt war.

5. Daß die zusätzliche Färbung des *Tomaten*-Gewebes tatsächlich von Anthozyan herrührt, kann auch makroskopisch leicht durch die Wirkung der Ammoniakdämpfe und mikroskopisch durch Zusatz eines Tropfens der Ammoniaklösung unterm Deckglas demonstriert werden. Dabei tritt allgemein eine grüne Färbung der Zellen der beiden Chimärosymbionten auf, soweit diese Zellen Anthozyan enthalten. Später schlägt die Farbe in blau um.

6. Die Anthozyanbildung in den *Tomaten*-Zellen der Chimärenfrüchte beim Reifwerden geht im allgemeinen parallel mit der Bildung von Anthozyan in den Geweben von *Solanum memphiticum*. Also kann keine Rede sein von dem Übertritt fertigen Anthozyans aus dem *Solanum memphiticum*-Gewebe in das Gewebe der *Tomate*, sondern es kann lediglich ein Übergang anthozyanbildender Stoffe oder eine Stimulation der Bildung derartiger Stoffe innerhalb der *Tomaten*-Zellen angenommen werden.

7. Im Falle einer meriklinal-periklinal gebauten Chimärenfrucht (s. Abb. 188, 6, 7, 3, 4, 9, 13) zeigt sich, daß die *Tomaten*-Epidermis kein Anthozyan führt, selbst in den Zellen, welche den mit Anthozyan gefärbten Zellen des *Solanum memphiticum* unmittelbar anliegen. Es entsteht so eine scharfe Grenze zwischen den beiden Bezirken. Im Fruchtfleisch dagegen bildet sich in dem *Tomaten*-Gewebe (3, 4) Anthozyan in demjenigen Sektor, welcher dem Epidermisbezirk von *Solanum memphiticum* entspricht, und sehr langsam im benachbarten Gebiete. Über die Grenzen des Chimärenbezirkes der Frucht verbreitet sich das Anthozyan jedoch nicht.

Daraus kann man folgendes schließen: a) die physiologischen Beziehungen zwischen den Epidermalzellen der Frucht und die gegenseitigen Beziehungen zwischen den Zellen des Fruchtfleisches sind augenscheinlich verschiedener Natur. Dieser Unterschied ist durch die neue Methode der Chimärenforschung festgestellt worden. Die Möglichkeit einer entsprechenden Analyse der Gewebe auch anderer Pflanzenorgane ist nicht ausgeschlossen.

Für die Epidermis sind überhaupt Zweifel angebracht bezüglich der Möglichkeit eines leichten Stoffaustausches zwischen ihren einzelnen Zellen. Zwar kann als bewiesen gelten (s. HABERLANDT, 1924, S. 105), daß der Austausch wäßriger Lösungen durch die Seitenwände dieser Zellen hindurch möglich ist. Tüpfel (und Plasmodesmen) sind jedoch sowohl an den Seitenwänden als auch in den unteren Membranen nur an einzelnen Stellen nachgewiesen worden. KISSER (1926) zeigte, daß die Epidermiszellen sich sehr schwer mazerieren lassen. Außer anderen uns bekannten Eigenschaften, welche wir noch bei der Besprechung der Ursachen ihres besonderen, von dem übrigen Gewebe abweichenden Verhaltens berücksichtigen könnten, könnte man noch auf stärkere Azidität in ihnen hinweisen. Aber derartige Analysen sind nur bei einer sehr kleinen Anzahl von Pflanzen ausgeführt. Nur in speziellen Fällen zeigt sich, daß die Epidermis eine einwandfreie andersartige Reaktion als das subepidermale Gewebe für die nachfolgenden naheliegenden Zellschichten besitzt (s. SMALL, 1929). Endlich ist bekannt, daß der Epidermis gewisse spezifische Epidermalstoffe, welche sogar (s. J. BORODIN, 1910, S. 113) mit dem gemeinsamen Terminus „Epidermine" bezeichnet worden sind, eigen sind. Sie haben die Eigenschaft in einer Art von Sphärokristallen auszufallen, die teils nicht in Ammoniak, teils sowohl in Ammoniak als auch in kaltem Wasser löslich sind.

Aber alle diese Angaben werden hier nur ins Gedächtnis zurückgerufen, um allgemein auf den physikalischen Unterschied der Epidermis von den tiefer liegenden Geweben hinzuweisen. Um die speziellen Verhältnisse bei unseren Chimären zu klären, sind selbstverständlich spezielle Arbeiten an dem für unser Experiment wichtigen Objekt nötig.

b) Die Bildung des Anthozyans in den Geweben des Fruchtfleisches der *Tomaten*-Frucht ist deutlich abhängig vom Vorhandensein eines bestimmten Bezirks von *Solanum memphiticum*-Gewebe, da sich sonst Anthozyan am gesamten Fruchtfleisch hätte nachweisen lassen, was aber nicht der Fall ist.

c) Der Einfluß der erwähnten *Solanum memphiticum*-Gewebe äußert sich im Fruchtfleisch der *Tomate* stärker in zentripetaler als in tangentialer Richtung.

d) Dies zeigt, daß die gegenseitige Beeinflussung der Zellen des Tomatenfruchtfleisches in diesen beiden Richtungen verschieden stark ist. So kann durch die Methode der Erforschung sektorial periklinaler Chimären (s. S. 626) eine früher unbekannte Differenzierung der Gewebsbeziehungen erreicht werden.

8. Die Intensität der Färbung im *Tomaten*-Fruchtfleisch haplochlamyder Chimären ist verschieden. Sie entspricht aber immer der entsprechenden Farbnuance der *Solanum memphiticum*-Epidermis (vgl. Abb. 187, 11, 12 mit 1 und 2 und mit Abb. 188, 1 und 2). Hier zeigt sich eine direkte Abhängigkeit der Farbe des Fruchtfleisches von der Farbe

Tafel I.

Abb. 187. Früchte von *Solanum memphiticum* Mart., *Solanum lycopersicum* L. und ihren Chimären. Nach Originalaquarellen des Autors. *1—2, 8—13* haplochlamyde Chimären; *3—7, 14—16, 18—20* diplochlamyde Chimären; *17, 21* Solanum memphiticum Mart.; *22—23* Solanum lycopersicum L. *3, 7, 10, 12, 20, 21* Querschnitte; *2* Längsquerschnitt; *6* Außenansicht der abgeschnittenen oberen Querhälfte zu *5*; *3, 4, 5, 6, 7* Anthocyan mit Wasser extrahiert.

Krenke, Wundkompensation. Verlag von Julius Springer, Berlin.

Tafel II.

Abb. 188. Früchte von Chimärenpflanzen (*Solanum lycopersicum* L., *Solanum memphiticum* Mart.). Nach Originalaquarellen des Autors. *2, 6, 7* Gesamtansichten; *1, 9, 11* Längsschnitte; *3, 4, 5, 10, 13* Querschnitte; *12* Viertelfrucht; *8* Querschnitt einer reinen Tomatenfrucht derselben Pflanze, der *6* und *7* entstammen. Die Gruppen *1, 2, 5 — 3, 4, 7, 9 — 10, 12* entstammen je einer Pflanze.

Krenke, Wundkompensation.   Verlag von Julius Springer, Berlin.

der Epidermis. In einigen Fällen haben wir auch den Zustand gefunden, daß die Epidermis von *Solanum memphiticum* an voll periklinal haplochlamyden Chimärenfrüchten besonders dunkel gefärbte kleinere Bezirke aufwies. Die Schnitte dieser Früchte sind jedoch noch nicht untersucht worden.

9. Die Zellen des zentralen und peripheren Fruchtfleisches (*Tomaten*-Gewebe) in den Früchten dichlamyder Chimären (Abb. 187, 14. 15, 16, 18, 19, 20, sowie nach der Extraktion Zeichnung 5, 6, 7) waren ebenfalls durch Anthozyan gefärbt. Die Intensität dieser Färbung war variabel.

10. Das Gesagte spricht dafür, daß die Möglichkeit spezifischer gegenseitiger Wirkung zwischen den Chimärosymbionten in den Chimärenfrüchten und wahrscheinlich auch in anderen chimär gebauten Organen vorliegt (vgl. GOLDSCHMIDT). Dieser Beweis hätte nicht erbracht werden können, wenn es irgendwelche Rassen von *Solanum lycopersicum* gäbe, welche durch Anthozyan gefärbtes Fruchtfleisch besäßen, oder, wenn eine derartige Anthozyanfärbung durch irgendeine andere äußere Einwirkung hervorgerufen werden könnte. Weder das eine noch das andere ist uns aber bekannt. Deshalb haben wir bis jetzt keinen Grund anzunehmen, daß in unserem Falle nur irgendwelche normalerweise bei der *Tomate* latent vorhandenen Möglichkeiten der Anthozyanbildung nunmehr manifest geworden wären. Jedenfalls, wenn derartige Voraussetzungen vorhanden gewesen wären, so müssen sie derart organisiert gewesen sein, daß sie unter anderen Bedingungen nicht manifest zu werden vermochten. In diesem Falle wäre wenigstens die Verwirklichung dieser spezifischen Voraussetzungen gegeben. Die Lokalisation des Einflusses von *Solanum memphiticum* in dem oben angeführten Sektor dürfte tatsächlich bemerkenswert sein. Bemerkenswert erscheint uns auch die Korrelation in der Intensität der Anthozyanfärbung der Chimärosymbionten.

Es ist wohl kaum möglich anzunehmen, daß das Anthozyan infolge der Spannungen, welche bei der Entwicklung der Früchte auftreten, mechanisch in das Gewebe der *Tomate* hinübergepreßt worden sei. Bei Früchten, welche keine Proliferation zeigen, besonders bei sektorialperiklinal gebauten (Abb. 188, 6, 7), gibt es im übrigen kein Anzeichen für eine gegen die Norm vergrößerte Spannung im Verlaufe der Entwicklung. Außerdem hat KÜSTER (1929, S. 139) gezeigt, daß der Austritt des Anthozyans aus der Vakuole unter Einwirkung eines mechanischen Druckes bei *Allium cepa* mit der Zerreißung der Vakuole einhergeht. Dann verbreitet sich das Anthozyan nur im Gebiet einer Zelle und füllt „die Masse des lakunenreichen organisierten Plasmas aus". Die Zellen sind, wenn sie noch eine Zeitlang leben, doch jedenfalls nicht persistent.

Es ist interessant, worauf schon oben hingewiesen wurde, daß auch bei gewöhnlichen Pfropfungen der Übergang von Anthozyan oder von

Vorstufen des Anthozyans aus der Unterlage in das Reis nicht festgestellt wurde. Das bezieht sich sogar auf den Verwachsungskallus, allerdings anscheinend auf den äußeren Kallus. Durch den zu allgemeinem Gebrauch (s. unsere S. 234, 357) des Terminus Kallus kann man nicht genau entscheiden, wovon die Rede ist. Wir haben hier die Versuche NĚMECs (1910, S. 239 und 240) bei der Pfropfung der Blattstiele von *Sinningia purpurea* und *Centrosolenia bullata* im Auge. Der Verwachsungskallus bestand hier aus zwei Hälften,

„die zwar verwachsen sind, aber dennoch ihre spezifischen Verschiedenheiten bewahren. Insbesondere ist es der Anthozyanreichtum, durch welchen *Sinningia* ausgezeichnet ist, und durch welchen auf Schnitten durch frisches Material sofort zu erkennen ist, welche Kallushälfte von dieser Pflanze gebildet wurde."

Dies entspricht vollkommen der allgemein angenommenen Ansicht über die Unmöglichkeit eines Übertritts von Anthozyan durch die lebendige äußere Plasmaschicht. Aber der geschilderte Versuch, wie viele ähnliche, überzeugen uns, daß die gegenseitigen Beziehungen in organisierten Geweben der Chimärosymbionten von denjenigen, welche die nicht organisierten äußeren Intermediärgewebe der Verwachsung beherrschen, verschieden sind (s. S. 250). Diese Feststellung ist uns sehr wichtig, denn aus ihr geht hervor, daß die weiteren gegenseitigen Beziehungen der Gewebe unter der Einwirkung der Strukturfaktoren stehen, in deren Bereich die Beziehungen statthaben, und ferner unter der Wirkung des Ausgangszustandes der miteinander sich verbindenden Gewebe, selbst dann, wenn die beiden zu betrachtenden Partner meristematisch, aber von verschiedenen Meristemqualitäten waren (Wundmeristem und das Meristem des Vegetationskegels). Es ist kaum anzunehmen, daß uns mit der Annahme des Standpunktes von MÜNCH (1930) bezüglich der Leitung der Stoffe von einer Zelle in die andere auf dem Wege der Plasmodesmen gedient ist. Dann muß man annehmen, daß eine Plasmodesmenverbindung, die bei Chimärosymbionten (s. Abb. 189 A-B in der Pfeilrichtung) vorhanden ist, zwischen Transplantosymbionten fehlt.

Dann aber müßten, wie auf S. 392 auseinandergesetzt ist, diese Pfropfungen eingehen, was sie aber nicht tun. Wenn man aber sogar annimmt, daß das Anthozyan oder anthozyanbildende Stoffe durch die Plasmodesmen nicht hindurchdringen, während man sieht, daß sie bei den Chimären in die Gewebe des anderen Partners gelangen, so müßten wir in diesem Falle vom direkten Übergang spezifischer Stoffe eines Chimärosymbionten in den anderen sprechen. Bei den Chimärenfrüchten handelt es sich aber nicht um Anthozyan, sondern um Vorstufen des Anthozyans, da bei den beschriebenen Chimärosymbionten die Bildung von Anthozyan zeitlich annähernd parallel vor sich geht.

Mechanische Faktoren für den Übertritt des Anthozyans dennoch anzunehmen, ist schwer, weil gezeigt wurde (KÜSTER, 1929, S. 128), daß Anthozyan sich nur mit Mühe aus der Zelle auspressen läßt. So tritt bei *Rhöeo* durch die traumatische Reizung eine Kompression des

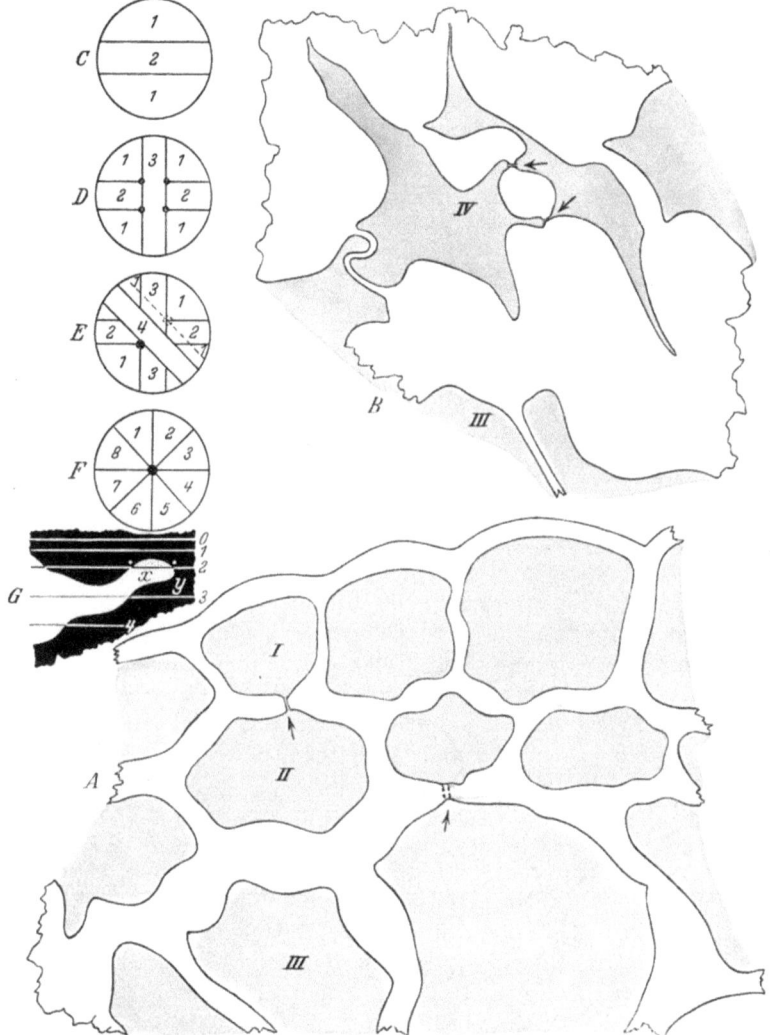

Abb. 189. *A, B*. Bei den Pfeilen Plasmodesmen zwischen Zellen der verschiedenen Schichten (*I, II, III*) eines jungen Stengels von *Solanum lycopersicum — Solanum memphiticum (II)*. Präparat angefertigt nach A. MEYER (1914); *C*. Querschnittschema einer gewöhnlichen Keilpfropfung; *D, E*. Querschnitte von Keilpfropfungen über Kreuz (Erzielung von Trichimären); *F*. Querschnitt einer Sektorialpfropfung (zum gleichen Zweck); *G*. Schema des Entstehungsmechanismus von Periklinalchimären unmittelbar aus dem Kallus.

Zellinhaltes ein. Dabei bleibt das Anthozyan im Inneren der Zelle, während andere Stoffe zusammen mit einem bedeutenden Wasserquantum nach außen gepreßt werden.

Man wird wohl unwillkürlich versucht haben, andere Angaben über die Färbungserscheinungen im Fruchtfleisch der Chimärenfrüchte mit der intermediären Färbung einer Reihe von Chimären zu vergleichen, welche DARWIN beschrieben hat, und über welche wir zu Anfang unseres Chimärenkapitals berichtet haben. Es ist sehr wohl möglich, daß eine derartige Färbungserscheinung etwa im Parenchym einer chimär gebauten *Kartoffel*-Knolle eine Erscheinung der gleichen Ordnung ist.

Außerdem gibt es noch weitere Angaben über den Übergang von spezifischen Stoffen in natürlichen Chimären. BAUR (1924) erklärte das Grünwerden von weißen Bezirken des buntblättrigen *Antirrhinum* mit dem Einfluß von Stoffen, die aus benachbarten grünen Geweben hineindringen.

Dasselbe nimmt RISCHKOW (Dezember 1931, S. 688) für die Erklärung des Fehlens einer scharfen Grenze zwischen weißen und grünen Geweben der Periklinalchimäre *Evonymus japonica aureo-marginata* an. Er schreibt diesem eine prinzipielle Bedeutung zu, denn hier ist (S. 688) „ein höchst anschauliches Beispiel der Wechselwirkung verschiedener Komponenten der Chimäre" vorhanden.

Wenn RISCHKOW unsere frühere Arbeit (KRENKE, 1930 oder das Referat über sie von RUDLOFF, 1931) berücksichtigt hätte, die er aber nicht erwähnt, so hätte er unsere Angabe über das Anthozyan in der *Tomate* in denselben Chimären, die wir hier beschrieben haben, und die anderen Daten über dasselbe Thema der gegenseitigen Beziehungen der Chimärenkomponenten doch in dem erwähnten Sinne gefunden. Es scheint, als ob auch DEMEREC (1931) für seine Ansicht stützendes Material aus unserer Arbeit entnehmen könnte. In der Tat nimmt DEMEREC für buntblättriges *Delphinium ajacis* an, daß in der Epidermis der Blütenblätter (S. 180—181).

"the dark purple cells only have the reverted purple allelomorph of rosa-alpha, and that the light purple colour of the cells on the borderline of purple spots is produced by some substance, which diffuses from the dark purple cells into the adjacent pink cells. A study of the cell lineage supports that assumption."

Leider hat sich der Autor mit dieser Bemerkung begnügt, ohne irgendwelche konkretere Beweise (z. B. aus der Entwicklungsmechanik) zu dieser Behauptung, die ganz allgemein und für die Arbeit des Autors besonders wichtig ist, zu geben.

In dieser Arbeit von DEMEREC ist alles auf die Zahl der mutierten Zellen in den Flächen begründet. Deshalb muß man ganz einwandfreie Beweise haben, um einige gefärbte Zellen für mutierte und die anderen, wenn auch hell gefärbte, für genetisch ursprünglich weiße Zellen zu halten.

Wir möchten daran erinnern, daß nach der Genomentheorie von EYSTER (1928), über welche weiter unten die Rede sein wird, die hellen Schattierungen in den Variationen auch als abgeleitete Mutationen, aber mit anderer Zahl von mutierten Genomeren erklärt werden. Darüber erwähnt DEMEREC nichts.

Weiter möchten wir bemerken, daß in unserem Material der buntblättrigen *Verbena hybrida* die überwiegende Mehrzahl der Fälle eine Untersuchung der Grenzen zwischen den Flecken verschiedenen Färbungsgrades und den gefärbten Bezirken und weißen Ausgangsbezirken nicht im Sinne DEMERECs gestattet. Nur in sehr stark bunten Blättern schien es, daß die weiß gebliebenen Bezirke infolge der Farbeninfusion kaum merkbar rosa gefärbt waren. Aber man kann dieses mit voller Sicherheit schwer behaupten. Dabei haben wir niemals beobachtet, daß in den Grenzen einer Zelle die Färbung von verschiedener Intensität war. Und es scheint uns, daß im Falle der Diffusion von Farbstoffen oder sogar von Stoffen, die dann die Färbung bilden, derartige Bilder angetroffen werden könnten.

Weiter haben wir bemerkt, daß in unseren Chimären gerade in der Epidermis der Übergang von anthozyanbildenden Stoffen in die *Tomaten*-Zellen zweifellos fehlte (s. sektoriale Chimärenfrucht). Der Übergang fand nur im Mark der Früchte statt. DEMEREC nimmt den Übergang gerade in der Epidermis an. Wir halten die Deutung von DEMEREC nicht für unmöglich, hätten aber, wie gesagt, sie gerne bestätigt gesehen (über die möglichen genetisch-chemischen Bildungswege von Anthozyan s. Literatur bei LEVITSKY, 1924, S. 119—120).

Eine besondere Bedeutung hat noch die Tatsache, daß sich Anthozyan auch in den Fruchtzellen solcher *Tomaten* bildet, welche Chloroplasten enthalten. Im Kapitel über die natürlichen Chimären, werden wir bei Behandlung der Ansicht CHITTENDENs (1927) über den Zusammenhang der Anthozyanbildung mit den Plastiden die Unabhängigkeit der Anthozyanbildung von der Weiß- oder Grünfärbung der Plastiden zeigen. Vorläufig sehen wir nur, daß die Karotinfärbung der Plastiden erstens die Anthozyanbildung nicht stört und zweitens sie auch nicht befördert. Dies geht daraus hervor, daß in gewöhnlichen *Tomaten*-Früchten Anthozyan nicht gebildet wird. Also hängt die Anthozyanbildung überhaupt nicht von der Plastidenfärbung ab. Damit dürfte alles Wichtige betreffend der Färbung der Chimärenfrüchte gesagt sein.

Es sind jedoch nunmehr noch einige Ergänzungen, bezüglich der chimär gebauten Früchte am Platze.

Gewebstopographie der Früchte. Auf dem Wege der Färbungsdifferenzierung der Chimärosymbionten hat sich genau die Gewebstopographie der beiden Komponenten bestimmen lassen. Allerdings war das Grundsätzliche dieser Bilder auch ohne die erwähnte Differenzierung klar, und dürfte sogar schon auf den Abbildungen (s. Abb. 190 und 191) zum Ausdruck kommen. Das folgende gilt für den Fall, daß trotzdem Zweifel über die Zugehörigkeit der Gewebe entstehen könnten. Wir haben jetzt eindeutig feststellen können, daß die smaragdgrünen Bezirke einerseits, die zinnoberroten andererseits eindeutig den Geweben von *Solanum memphiticum* bzw. *Solanum lycopersicum* angehören. Auf diese Weise und durch zytologische Analyse ist bewiesen

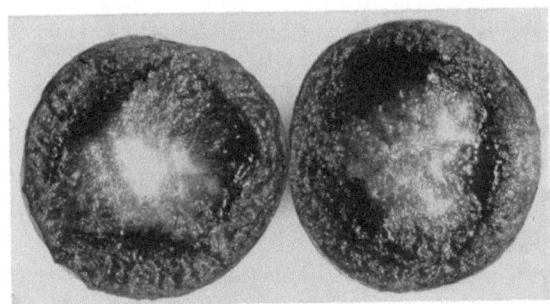

Abb. 190. *Solanum lycopersicum* — *Solanum memphiticum* (*I*). Eine Chimärenfrucht. Helle Bezirke außen und in der Mitte *Solanum lycopersicum*; dunkle Bezirke und Epidermis *Solanum memphiticum*.

worden, daß nicht nur die Früchte dichlamyder, sondern auch die Früchte haplochlamyder Chimären in Wirklichkeit keine einfachen Periklinalchimären darstellen, sondern man könnte sagen „periklinalschichtige" Chimären sind.

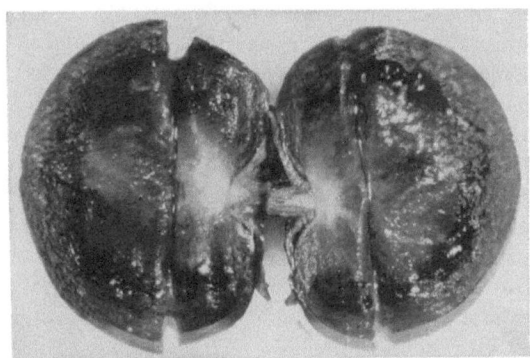

Abb. 191. Längsschnitt derselben Frucht wie Abb. 190.

Bei den haplochlamyden, periklinalschichtigen Früchten nimmt der äußere Chimärosymbiont die Epidermis ein (s. Zeichnung IV, V, VI der Abb. 170) und außerdem einige Schichten der äußeren Fläche des Fruchtfaches, wo eine besonders starke dunkle Färbung (z. B. Abb. 187, 2 und 188, 7, 5) beobachtet wird. Wenn die Früchte mehrfächrig sind, was durch die *Tomaten*-Komponente bedingt ist, sind sie gewöhnlich stark deformiert (s. Abb. 188, 13). Das ist der Grund dafür, weshalb die Richtung der beschriebenen dunklen Zwischenschichten von *Solanum memphiticum* verändert wird (s. z. B. Zeichnung 3, 4 und 5 auf Abb. 188).

Die Gallertmasse, welche die Plazenten umgibt, erweist sich als der äußeren Komponente angehörend oder befindet sich auf jeden Fall in einer Mischung mit der inneren. In den dunkel gefärbten Früchten unterscheidet sich diese Masse der Farbe nach wenig von der sie von außen her begrenzenden besonders dunklen Schicht, welche schon beschrieben wurde (s. Abb. 187, 12, 13, 9 und Zeichnung 13 und 14 in der Abb. 188). Bei helleren Früchten ist die Färbung deutlich unterscheidbar heller (s. Zeichnung 5 auf Abb. 188 und Zeichnung 2 auf Abb. 187).

Die einzige Verbindungsstelle des ganzen Systems der Gewebe des äußeren Chimärosymbionten in den Früchten sowohl von haplo- als auch von dichlamyden Chimären ist die Stelle am Gipfel der Frucht, an der Basis des ehemaligen Griffels. Abb. 187, 12 und 10, welche einen nicht genau durch diesen Punkt gezogenen Längsschnitt zeigen, ergeben, daß der genannte Verbindungsbezirk des Gewebes der äußeren Komponente einen säulenartigen Einschluß von sehr kleinem Querschnitt darstellt. Tatsächlich ist hier zu sehen, daß der etwas schräge Schnitt schon über die Grenzen des genannten Bezirkes hinausgeht, so daß es scheint, als ob der innere Fruchtteil des äußeren Chimärosymbionten mit der Fruchtepidermis nicht verbunden, sondern von ihm durch das *Tomaten*-Gewebe getrennt sei.

Dabei wird gerade durch diesen Bezirk, zusammen mit den ihm enger anliegenden Teilen des inneren Einschlusses des äußeren Chimärosymbionten, die Bildung einer gleichnamigen Decke in den durch Proliferation erfolgten Teilen der Chimärenfrüchte gewährleistet, worüber wir schon berichtet haben.

Es ist natürlich, daß die Gewebsdislokation der Chimärosymbionten sich als etwas abweichend erweist. Hier (s. Abb. 187, 15, 19, 16, 20) gehört zur äußeren Komponente nicht nur die Epidermis, sondern auch ein Teil des Fruchtfleisches bis an die innere Grenze der Samenfächer. aber nur in der Mitte des Fruchtblattes ist dieses Gewebe von *Tomaten*-Gewebe, welches eine gemeinsame Basis mit dem Markteil aus *Tomaten*-Gewebe im Gebiete der Anheftungsstelle des Fruchtstiels hat, durchsetzt.

Damit wären die Grundlagen der Gewebsdislokation der Symbionten in unseren Chimärenfrüchten geklärt. Wahrscheinlich gilt hier im allgemeinen dasselbe wie bei einer Reihe aus der Literatur bekannter Chimären.

Abb. 188, 1 und 6, 3 und 4 zeigen, daß diese Geweveverteilung der Komponenten auch bei den durch Proliferation entstandenen Fruchtteilen im ganzen dieselbe bleibt. Besonders deutlich zeigt das der obere Bezirk (auf der Zeichnung unten) der mit Extraktion behandelten Frucht 3 (Abb. 187). Hier ging der Schnitt auf der linken Seite genau durch den Ausläufer des subepidermalen Gewebes der *Tomate* hindurch. Normalerweise geht die grüne Zwischenschicht von *Solanum memphiticum* weiter und im Zentrum erweist sich das Gewebe von neuem als der

Tomate zugehörig. Wie noch besser die Zeichnung 1 (Abb. 188) zeigt, kann in durch Proliferation entstandenen Früchten die Gewebsverbindung der äußeren Chimärosymbionten vernichtet sein. Dann sind die inneren Fruchtteile dieses Gewebes isoliert und ohne Verbindung miteinander und mit der gleichnamigen Epidermis.

Wir haben einen Fall registriert, wo die kleine unregelmäßige Frucht einer dichlamyden Chimäre (s. Abb. 187, 5, 6, 7, welche einander entsprechend den Schnitt durch die äußere Frucht, deren äußere Ansicht, den abgespaltenen Teil und den Längsschnitt zeigen), bewies, daß der *Tomaten*-Partner im Fruchtfleisch nicht durch die oben beschriebenen Ausläufer, sondern in ganzer Schicht angeschlossen war. Diese Frucht (6) war von außen teilweise grün, was wohl auf ihre *Solanum memphiticum*-Gewebe zurückzuführen ist.

Wenn wir diese Frucht einmal beiseite lassen, so kann man sagen, daß das allgemeine Bild des Aufbaues der beschriebenen Früchte völlig gesetzmäßig ist. Besonders fällt die umgekehrte Lage der Verbindungspunkte beider Komponenten ins Auge, sowie, daß diese weiterhin im allgemeinen symmetrisch auf entgegengesetzten Seiten der Komponenten angeordnet sind.

Es ist jedoch schwer, zu entscheiden, welche Bedeutung die beschriebene Gewebsanordnung für das Verständnis der Entwicklungsmechanik normaler Früchte hat. Daß aber diese Materialien dem Verständnis dieser Vorgänge förderlich sein werden, ist uns klar.

Frostfestigkeit der Chimären. Wir möchten noch eine Tatsache aus dem Gebiet der physiologischen Beziehungen der Chimärosymbionten untereinander anführen. Im Herbst 1928 überstand *Solanum memphiticum* die Morgenfröste (1—4⁰ C), bei welchen unsere *Tomate* entweder stark litt oder ganz zugrunde ging. Die Chimären mit *Solanum memphiticum* als äußerer Komponente und *Tomate* innen verhielten sich so wie *Solanum memphiticum* selber, haben also seine Frostfestigkeit gezeigt. Wenn auf diesen Chimären einzelne erwachsene *Tomaten*-Blätter vorhanden waren, so gingen sie durch den Frost ein. Abb. 162 illustriert diese Verhältnisse recht gut. Der große gesunde Busch, den wir auf Abb. 161 dargestellt haben (S. 620), ging durch Frost ein, wie Abb. 162 (S. 621) zeigt. Dabei überstanden die Chimären und zwar auch haplochlamyde Periklinalchimären mit der gleichen Gewebsaufeinanderfolge die Kälte sehr gut. Wahrscheinlich hing diese Frostfestigkeit in irgendeiner Weise ab von der Änderung des osmotischen Wertes im *Tomaten*-Gewebe. Diese Änderung müßte also durch das Zusammenleben mit *Solanum memphiticum* im Chimärenverband hervorgebracht sein (vgl. N. A. MAXIMOW, 1913, ferner LIDFORSS, 1914).

„Unterbrochene" **Chimären.** Auf einen besonders originellen Fall einer Chimäre soll noch hingewiesen werden, den wir auf der Abb. 192 vorführen. Die Pflanze stellt in ihrem unteren und mittleren Teil ein reines *Solanum memphiticum* dar, während oben plötzlich Chimärenblätter mit *Tomate* als innerer Komponente erscheinen. Wir sind nicht in der Lage, zu beweisen, daß die *Tomate* nicht im unteren und mittleren Teile des Stengels irgendwo im Zentrum vorhanden ist. Nimmt man einen derartigen Zustand an, so muß man eine beliebige weitere Annahme machen bezüglich des Überganges der *Tomate* in die blattbildenden Schichten. Dies ist zweifellos möglich. Wir möchten aber ferner als weitere Möglichkeit einen mechanischen Transport einer irgendwo im *Solanum memphiticum*-Gewebe lokalisierten *Tomaten*-Zelle von ihrem ursprünglichen Orte im Chimärenkallus an einen anderen Ort zulassen. Derartige Zellen würden durch beliebigen Platzwechsel im Verlaufe des Wachstumsprozesses des Sprosses in jene Schichten, aus welchen sich Blätter bilden, gelangen können, und sich dann hier als innere Komponente der Blätter weiter entwickeln können. Es wäre hoffnungslos, zu versuchen, die Annahme nun direkt zu beweisen, denn für die restlose Verteidigung dieser Konzeption müßte irgendwo eine *Tomaten*-Zelle nachgewiesen werden, welche restlos von *Solanum memphiticum*-Zellen umgeben ist, die ihrerseits obendrein in dem für die Beobachtung und den Beweis notwendigen Zustand zählbarer Mitosen sich befänden.

Abb. 192. Unterbrochene Chimäre *S. m. Solanum memphiticum* (Unterlage). Beim Pfeil der Kallus von der Schnittwunde der Pfropfung. Aus ihm entwickelt *Solanum memphiticum*-Sprosse; *x a b* Blätter polychlamyder Chimären; *x* das älteste Chimärenblatt, infolge Vertrocknung eingegangen.

Eine elementare statistische Überschlagsrechnung würde die Unmöglichkeit einer derartigen Demonstration zeigen infolge der Seltenheit der beschriebenen Kombination. So bleibt nur der zweifellos gangbare Weg des Analogieschlusses übrig. Wir finden derartige isolierte Bezirke der weißen und grünen Komponente bei der natürlichen Chimäre *Abutilon*, „*Andenken an Bonn*". Weiter werden uns ebensolche Chimären bei den *Myosotisrassen* von CHITTENDEN (1928, S. 129) begegnen, wo „die unregelmäßigen Resultate der Züchtung (d. h. in bezug auf die Nachkommenschaft) wahrscheinlich dadurch sich erklären lassen, daß weder das rosa noch das blaue Gewebe rein diesen Färbungscharakter trägt, sondern daß in dem einen Inseln von blauen und in dem anderen Inseln von rosa Farbe vorhanden sind."

Auch beim Kallus finden wir derartige Zustände (SORAUER, 1924, und unsere eigenen Beobachtungen), wo das sekundäre Kallusgewebe bei seiner Entwicklung Bezirke des primären Gewebes umschließt und isoliert. Wir haben oben die Möglichkeit einer Isolation von Gewebsbezirken sogar des äußeren Chimärosymbionten innerhalb der Frucht erwähnt.

Weiter haben wir (KRENKE, 1928b, S. 114—117) den Transport der Blattanlage von *Brussonetia papyrifera* VENT. von einer Sprossetage auf die andere beschrieben. Ähnliches nehmen wir nach den heute herrschenden Theorien von KONHEIM und RIBBERT (s. z. B. GIRKE NIKIFFOROFF, 1909, S. 207—208) für die Erklärung des Wachstums und der Verbreitung von Krebsgeschwülsten und Teratomen im lebenden Organismus an. Wenn man die beschriebene Variante der Chimärenstruktur, welche wir mit der Annahme der Verschiebung einer *Tomaten*-Zelle unserer letzten Chimäre, die wir als „unterbrochene Chimäre" bezeichnen wollen, anerkennt, so kann dieses Prinzip dazu beitragen, einige Fälle von Mosaikchimären begreiflich zu machen, wo ebenfalls ein ununterbrochener, somatischer Zusammenhang genetisch gleichartiger Gewebe fehlt, d. h. wo einzelne Gewebsinseln isoliert mitten in der Umgebung eines genetisch fremden Partners liegen.

3. Stimulationschimären.

Wie oben gesagt wurde (s. S. 602), gehören zu dem Typus der Stimulationschimären solche Pflanzen, bei welchen durch irgendwelche äußere energetische Einwirkungen Veränderungen des Kerninhaltes (der Chromosomen) in einzelnen Zellen eines Organs oder in ganzen Organen eines Organismus hervorgerufen wurden. Wir wollen hier einige Beispiele anführen.

a) Veränderung einzelner Zellen oder Gewebsbezirke eines Organs.

SCHRAMMEN (1902, S. 17) erhielt durch Temperatureinwirkung bei einigen Zellen des Periblems und Pleroms an Vegetationspunkten von *Vicia faba* deutlich vergrößerte oder verkleinerte Kerne, welche auch in den Schwesterzellen nach der Teilung erhalten blieben. Ähnliche andere Experimente veranlassen uns zu denken, daß hier eine Veränderung der

Chromosomenzahl stattgefunden habe. So erklärt auch SCHRAMMEN selbst seine Resultate.

Noch früher publizierte J. J. GERASSIMOW eine Reihe von Arbeiten (1896, 1898, 1900, 1904a, b, c) über Kernveränderungen in Zellen von *Spirogyra* und *Zygnema* unter Einwirkung von Abkühlung oder Anästhesierung zur Zeit der Zellteilung. Er erhielt zwei- und mehrkernige Zellen neben kernlosen, die jedoch lebensfähig waren. Auch wurden Zellen erhalten, welche noch weiterer Teilungen fähig waren, die jedoch verkleinerte Kerne erhielten. Anscheinend stand diese Verkleinerung mit der Verringerung der Chromosomenzahl in Verbindung. Eine verdoppelte und sogar vervierfachte Chromosomenzahl wurde bei vergrößerten Kernen beobachtet. Wir halten den Hinweis von GERASSIMOW (1904a, S. 61—62) für wichtig, daß die Zellen mit primär und sekundär vergrößerten Kernen sich aus Mutterzellen bilden, welche in Teilung begriffen sind, wenn die zweite Tochterzelle völlig kernlos bleibt. Deswegen sind in den Zellen mit vergrößerten Kernen relativ reichlich Kernsubstanzen im Verhältnis zu den übrigen Bestandteilen der Zelle vorhanden oder es besteht, wenn wir einen anderen Standpunkt einnehmen, ein relativer Mangel an zytoplasmatischen Bestandteilen im Verhältnis zur Masse des Kerns dieser Zellen. Diese Störung der normalen quantitativen Beziehungen zwischen dem Kern und den übrigen Bestandteilen der Zelle, welche hier durch eine Verspätung der Kernteilung gegenüber der Zellteilung zustande gekommen ist, gleicht sich später wieder aus, und braucht deswegen im Endresultat keine ernstere Bedeutung zu haben. Das Faktum der Verspätung der Teilung bei einem Überfluß an Kernsubstanz und der häufigeren Wiederholung der Teilung bei Mangel an dieser Substanz, stellt eine Tatsache von großem Interesse dar.

Dies letzte steht in direkter Beziehung zu den gegenwärtig im Gange befindlichen Arbeiten über die Erzeugung haploider und polyploider Pflanzen. Es ist äußerst interessant, diese letzteren von unserem Standpunkt aus zu erforschen, und zwar besonders deshalb, weil nach den Angaben von KOSTOFF die Bildung von Schwesterzellen mit verschiedenem Kerninhalt von den Veränderungen in der Plasmaviskosität abhängt. Man kann also vermuten, daß der Unterschied in der Geschwindigkeit der Zellteilungen, welcher sich in den GERASSIMOWschen Experimenten gezeigt hat, von einer Veränderung in der Zähigkeit des Plasmas abhängt. KOSTOFF stellt seine Angaben den Arbeiten GERASSIMOWs nicht gegenüber.

SABLIN (1903) erhielt an wachsenden Wurzeln von *Vicia faba* ebensolche Erscheinungen wie SCHRAMMEN, und zwar nach Einwirkung von Chininsulfat, sowie ferner durch Temperaturerhöhung und -erniedrigung. Sehr gut bekannt sind die Experimente von NĚMEC (1903, 1904, 1910), welcher in chloralisierten und noch anderweitig behandelten Wurzelspitzen Gewebsbezirke mit tetraploiden Kernen und überhaupt mit veränderter Chromosomenzahl erhalten hat. Ähnliches haben weiter STRASBURGER (1907), KEMP (1910), LUNDEGÅRDH (1914), SAKAMURA (1920) in Stengelgeweben beobachtet. Äußerst wichtig und interessant ist der Hinweis von NĚMEC, daß in den Wurzeln von *Pisum sativum* die Nachkommenschaft der einmal gebildeten tetraploiden Kerne eine normale Anzahl von vergrößerten Chromosomen hatte, d. h. es wurde eine eigenartige Reduktion der Chromosomenzahl, nicht aber der Chromatinmasse, beobachtet. Der Reduktionsprozeß selber wurde nicht beobachtet. KOSCHUCHOVA (1927) erhielt durch Einwirkung von verschiedenen Temperaturen ein erhebliches Quantum von tetraploiden Kernen in Keimlingen der *Gurke* (Sorte „*Selenka*") und bei *Zea mays* (Sorte „*Minnesota*" Nr. 23).

WINGE (1927) entdeckte Tetraploidkerne in den Zellen von *Rüben*-Wurzeln, die von „crowngall" befallen waren.

Hier müssen ferner noch die Arbeiten von SAKAMURA (1926), welcher experimentell die Bildung von Pollenkörnern mit veränderter Chromosomenzahl hervorgerufen hat, sowie die Arbeiten von KOSTOFF und KENDALL (1930), welche Unregelmäßigkeiten in der Meiosis von *Lycium halimifolium* MILLER unter dem Einfluß von Gallenerkrankungen, sowie die Arbeiten von KOSTOFF (1929—1930b) über Chromosomenaberrationen und -mutationen in den Gameten des Pfropfreises erwähnt werden (s. noch G. A. LEVITSKY, 1927). Es muß allerdings bemerkt werden, daß Veränderungen in den Gametenzellen prinzipiell anders behandelt werden müssen, als solche in den somatischen Zellen. Aber gerade KOSTOFF hat gezeigt, daß hier als gemeinsames Prinzip und als unmittelbare Ursache der beschriebenen Veränderungen die Verschiebungen in der Protoplasmaviskosität wirksam sein können.

In neuester Zeit erschienen mehrere Arbeiten über die Einwirkung des Radiums und der Röntgenstrahlen auf karyologische Prozesse. HERTWIG (1927) hat eine Zusammenfassung dieser Arbeiten gegeben (s. auch HERTWIG, 1932 D.G.f.V.). Im Jahre 1929 hat inzwischen GOODSPEED durch Einwirkung von Röntgenstrahlen auf keimende Samen von *Nicotiana rustica var. pumila* eine Sektorialchimäre erzeugt, welche an verschiedenen Sprossen verschiedene Wuchsformen, Blütenformen, Blattformen und Früchte zeigte. Doch wurde die Chimäre nicht in allen Einzelheiten hinreichend erforscht.

Von den letzten Arbeiten auf diesem Gebiete möchten wir noch die interessante Mitteilung von KACHIDZE (1931) erwähnen. Diese Arbeit ist zur Zeit im Druck (im Bull. of appl. Bot. Plant Breeding. Leningrad UdSSR.). Dank der freundlichen Erlaubnis der Autorin können wir hier einen Auszug aus einem Brief mitteilen, in welchem die hauptsächlichsten Resultate enthalten sind. Die Arbeit von N. T. KACHIDZE berührt die Bildung von Chromosomenchimären bei *Cephalaria syriaca* unter der Einwirkung von Röntgenstrahlen.

„Wie bekannt, entstehen unter der Wirkung von Röntgenstrahlen leicht und reichlich Umgruppierungen des Chromatins. Dabei kann bei ein und derselben Pflanze der Translokationscharakter verschieden sein, z. B. zeigte das Wurzelsystem bei einem Individuum von *Cephalaria syriaca* in sieben Wurzeln fünf verschiedene Aberrationsformen. Dabei waren einige Wurzeln gänzlich verändert, während andere nur zum Teil sich von normalen unterschieden, also aus normalen und aberranten Bezirken bestanden. Der Bildungsmechanismus einer solchen Chimärenwurzel wird sich aus dem Bildungsmechanismus der Seitenwurzeln bei Angiospermen überhaupt erklären lassen. Wie bekannt, bilden sich bei dieser Pflanzengruppe die Seitenwurzeln aus dem gesamten wurzelbildenden Segment. Wenn also die Zellen des die Seitenwurzel bildenden Gewebes irgendwie nicht gleichmäßig sind, z. B. infolge teilweiser Translokationen, so wird man eine chimär gebaute Wurzel erhalten.

Chimärenbau wurde auch bei Gipfelknospen beobachtet, z. B. war bei einer Pflanze, die im Keimlingsstadium mit Röntgenstrahlen behandelt worden war, unter sieben untersuchten Knospen die Anzahl von vier normalen und drei veränderten vorhanden. Diese drei Aberranten waren je für sich verschieden verändert. Eine Knospe erwies sich als periklinale monochlamyde Chimäre, bei welcher die Epidermis normale Kerne besaß, während die subepidermalen und die inneren Gewebe aberrante Kerne hatten. Eine weitere Knospe stellte ebenfalls eine Periklinalchimäre dar, bei welcher die inneren Gewebe ebenfalls verändert waren wie bei der vorherigen, während die Epidermis aus Zellen bestand, die (unter anderen) auch aberrante Kerne führte. Der Translokationscharakter war dabei verschieden. Ein Bezirk der dritten Knospe stellte ein Mosaik aus Zellen mit normalen und aberranten Kernen dar. Wir haben also bei den Vegetationskegeln der Sproßknospen und der Wurzeln geröntgter Individuen ein äußerst buntes Mosaik verschiedener Chromatinveränderungen vor uns.

Es ist interessant zu bemerken, daß nur haplochlamyde Chimären beobachtet wurden, was nochmals auf die schon erwähnte Schwierigkeit der Bildung von di- und polychlamyden Chimären hinweist."

Aus dieser bemerkenswerten Arbeit ergibt sich neues Material für die Bewertung der Epidermis (s. S. 648, 649 unserer Arbeit) als eines sehr eigenartigen, vielleicht sogar genotypisch verschiedenen Gewebes. Damit können wir zu der zweiten Gruppe von Stimulationschimären übergehen, bei denen die Veränderungen ganze Organe berühren. Selbstverständlich kommen neben den von uns hier aufgeführten Gruppen Zwischentypen vor, wo die Veränderungen sowohl ganze Organe wie einzelne Gewebsbezirke erfassen.

b) Veränderungen ganzer Organe der Pflanze.

BLAKESLEE und BELLING (1924) riefen durch Einwirkung niedriger Temperaturen einzelne tetraploide Sprosse bei gewöhnlicher diploider

Datura hervor. I. M. MANN-LESLEY (1925) stellte bei zwei *Tomaten*-Pflanzen bei Aufzucht durch Stecklinge eine ganze tetraploide Wurzel und auch eine Wurzel fest, wo sich nur einzelne Bezirke als tetraploid erwiesen. MANN-LESLEY behauptet, daß dem Chromosomensatz nach keine zwei genau gleichen Wurzeln gefunden wurden. Trotzdem ist MANN-LESLEY nicht geneigt, die Ursache der beobachteten Tetraploidität in der Verwundung zu sehen. Sie nennt ihre Chimären „natürliche Chromosomenchimären". Wir sind damit nicht einverstanden, denn gerade im Zusammenhang mit Verwundung und Kallusbildung haben wir gemeinsam mit M. J. GUREWITSCH wiederholt tetraploide Wurzeln bei der *Tomate* erhalten und auf Grund von Arbeiten von NĚMEC, WINKLER, JØRGENSEN haben wir schon als Methode zur Erzeugung polyploider Wurzeln die Stecklingsvermehrung angeführt Dabei ist es klar, daß in dem Falle, wo diese Wurzeln Adventivsprosse ergeben, diese polyploid sein müssen. Ist aber die Mutterwurzel dieser Adventivsprosse chimär gebaut, d. h., wenn bei ihr nur gewisse Gewebebezirke verändert sind, so werden die aus der Grenzzelle hervorgehenden Adventivsprosse sich ebenfalls als Meriklinal-, Sektorial- oder sogar als Periklinalchimären erweisen können.

Dies letztere, also periklinale Bildung, ist angesichts der endogenen Anlage dieser Sprosse, wo sich die tiefer und oberflächlich gelegenen Wurzelgewebe von verschiedener Chromosomenzahl erweisen, besonders leicht möglich. Wir zweifeln nicht, daß in Zukunft polyploide chimäre Pflanzen auf diesem von uns gezeigten Wege erhalten werden können[1].

4. Kreuzungschimären.

Wie wir schon zu Beginn des Kapitels über die Chimären gesagt haben (s. S. 602), betrachten wir auch die Kreuzungschimären als künstliche Chimären. Allerdings ist das Experiment mit der gelungenen Erzeugung eines Bastards erschöpft. Wir möchten auch hier nicht versäumen, der leider allzu oft vergessenen Ansicht von CH. DARWIN über die Möglichkeit einer Bildung von Kreuzungschimären zu gedenken. DARWIN selbst wendet nur den Terminus „Kreuzungschimären" nicht an. BATESON (1926), dem gewöhnlich die Theorie der vegetativen Abspaltung zugeschrieben wird, hat in dieser Beziehung wenig Neues gegenüber DARWIN gebracht. Tatsächlich schreibt DARWIN, nachdem er eine Reihe konkreter Tatsachen mitgeteilt hat, folgendes (s. 1875, S. 438):

---

[1] [Zu den Stimulationschimären im Sinne KRENKEs wird man die „Radiomorphosen" STEINs (1930) stellen müssen. Hierher gehören wohl auch z. T. die Variationen, welche STUBBE (1932) unter der Einwirkung verschiedenster Agentien erhalten hat. Bemerkt mag noch werden, daß die Natur der so erhaltenen Variationen, die Unabhängigkeit insbesondere von dem wirkenden äußeren Agens ein gewisses Material für den vom Autor an anderer Stelle dieser Arbeit behandelten Formparallelismus abgibt. M.]

"In the vegetable kingdom the offspring from a cross between two species or varieties, whether effected by seminal generation or by grafting, often reverts, to a greater or less degree, in the first or in a succeeding generation, to the two parent forms and this reversion may affect the whole flower, fruit, or leaf-bud, or only the half or a smaller segment of a single organ. In some cases however, such segregation of character apparently depends on an incapacity for union rather than on reversion, for the flowers of fruit which are frist produced display by segments the characters of both parents. The various facts here given ought to be well considered by any one, who wishes to embrace under a single point of view the many modes of reproduction by gemmation, division and sexual union, the reparation of lost parts, variation, inheritance, reversion and other such phenomena. Towards the close of the second volume, I shall attempt to connect these facts together by the hypothesis of pangenesis ... Many cases of bud-variation, however, cannot be attributed to reversion, but to so called spontaneous variability, as is so common with cultivated plants raised from seed."

STRASBURGER (1907, S. 551) erklärte die Chimäre *Bizzarria* eben als vegetative Abspaltung einer Hybride. (Vgl. noch PENZIG 1887.) KÜSTER (1920, S. 44) schreibt über sektoriale Chimären bei den Äpfeln, die auf S. 729 erwähnt sind, folgendes:

„Künftige Untersuchungen werden die Frage zu prüfen haben, ob bei den sektorial geteilten Äpfeln eine mit der *Bizzarria* der Agrumen vergleichbare Erscheinung vorliegt. Verfasser spricht die Vermutung aus, daß bei den an Äpfeln beobachteten Erscheinungen es sich um eine vegetative Entmischung der Merkmale eines sexuell erzeugten Bastards handele."

Weiter unten im Kapitel über die natürlichen Chimären wird über die sektorial chimären Früchte bei den Apfelbäumen, die zu unrecht von einigen für Perikarp-Xenien gehalten werden, die Rede sein. Bezüglich der vegetativen Abspaltung möchten wir erinnern, daß wir bei der Besprechung der Bedeutung der Hybridisation für die somatische Mutationen (s. S. 31) die Meinung ROEMERs (1924), welcher die vegetative Abspaltung von Hybriden ablehnte, und welcher hier somatische Mutation, begünstigt durch den hybriden Zustand der Pflanze, angenommen hat, zitiert haben. (Vgl. ferner NAGAI 1923.) Etwas weiter unten werden wir sehen, daß G. A. LEWITSKY sich in einem speziellen Fall ähnlich geäußert hat (s. S. 29—33).

Wir haben darauf hingewiesen, daß wir zusammen mit ROEMER auch auf die Hybridisationschimären von IVANOFF (1930) aufmerksam gemacht haben, wo die somatische Mutation (Buntblättrigkeit) in den Hybriden von *Avena* in der Tat eine Mutation ist, denn sie ist deutlich von der mütterlichen Form verschieden.

Ferner sind die sozusagen klassischen Hybridisationschimären in den Gattungen *Pelargonium* und *Erodium* bekannt, die als echte, vegetative Plasmenaufspaltung im Merkmale der Chlorophyllfärbung des Blattes aufgefaßt werden (BAUR, s. 1930, und Mitarbeiter; s. auch das Kapitel über die natürlichen Chimären). Bei diesen Pflanzen werden in F_1 der Kreuzung von rein grünen und rein weißen Eltern Sämlinge verschiedenen Buntblättrigkeitsgrades erhalten. Bei der weiteren

Entwicklung der Sämlinge bilden sich sehr oft sektoriale oder periklinale Chimären. RENNER hat (1929) bei der Kreuzung *Oenothera lamarckiana* mal *Oenothera Hookeri* etwa 15% buntblättrige Pflanzen erhalten. Die wenigen, die von ihnen am Leben blieben, gaben neben bunten Sprossen einige Sprosse, die außer normal grünen auch rein gelbe Teile hatten. Die Nachkommenschaft dieser bunten Sprosse war gemischt (grüne, bunte und gelbe), und bei den gleichfarbigen Sprossen war die Nachkommenschaft von einer dem Muttersproß entsprechenden Farbe. Die gelben Sämlinge waren nicht lebensfähig. Diesen Fall fassen wir auch als eine typische Hybridisationschimäre auf. Es ist interessant, daß sich bei der Rückkreuzung keine Chimären bilden, RENNER erklärt dieses durch die verschiedene Reaktion der Plastiden in verschiedenen Kernplasmakombinationen. Die buntblättrige Nachkommenschaft hält der Autor für die Folge eines zufälligen Hineingelangens von Plastiden von *Oenothera Hookeri* in die Eizelle von *Oenothera lamarckiana*.

Es ist auch wichtig, die Aufmerksamkeit erneut auf die Beispiele zu lenken, die DARWIN gesammelt hat. Es werden sich hier manche Parallelen zu Objekten finden, welche in letzter Zeit bearbeitet worden sind. So schreibt z. B. G. A. LEVITSKY in seinem kritischen Referat der Arbeit von BATESON (1926) über die Bewertung der Beweise BATESONs für die vegetative Abspaltung (1927, S. 160):

„Erbliche Abweichungen bei Erbsen, welche unter dem Namen „*Rogues*" bekannt sind und welche sich durch kleinere Ausmaße der Blätter, der Nebenblätter und der Blütenblätter, sowie durch eigenartig gebogene Hülsen unterscheiden, stellen eine besonders bemerkenswerte Tatsache dar. Diese Abweichung, welche von Zeit zu Zeit bei den allerverschiedensten Erbsenrassen entsteht, ist ganz konstant. Kreuzungen zwischen den verschiedenen Erbsen und „*Rogues*" derselben Rasse geben in der F_1 einen intermediären Charakter, jedoch nur in den Frühstadien.

Mit dem Auftreten von Blüten und auch etwas früher geht ein derartiger Hybrid in einen typischen „*Rogues*" über. Bei Selbstbestäubung gibt die F_1 ausschließlich „*Rogues*". „Etwas komplizierter, aber vom selben Charakter sind die Abweichungen intermediären Charakters der sog. Gradus".

Man kann diese Erscheinung nach der Meinung LEVITSKYs sogar unter Anerkennung des Standpunktes der presence-absence-Theorie in diesem Falle (genau wie in dem Falle von *Matthiola*) als das „Verschwinden" von Allelomorphen jedoch kaum als „Abspaltung" oder etwas Ähnliches betrachten. Die einzige den Tatsachen entsprechende Benennung würde hier selbstverständlich den Terminus „Mutation" („Verlustmutation" einen labilen Gens) erfordern, von welchem Begriff BATESON sich aber nach und nach entfernt.

Hier sollen nun anschließend entsprechende Tatsachen angeführt werden, welche sich in der DARWINschen Arbeit (1875, S. 425) finden:

"Hybrids were raised by GÄRTNER between *Tropaeolum minus* and *majus*, which at first produced flowers intermediate in size, colour and structure between their two parents but later in the season, some of these plants produced flowers in all respects like those of the mother form, mingled with flowers still retaining the usual intermediate condition. A hybrid *Cereus* between *C. speciosissimus* and *C. phyllanthus* plants, which are widely different in appearance, produced for the first three years angular, five sided stems, and then some flat stems like those of *C. phyllanthus*. KOELREUTER also gives cases of hybrid *Lobelias* and *Verbascums*, which at first produced flowers of one colour, and later in the season, flowers of a different colour. NANDIN raised forty hybrids from *Datura loevis* fertilised by *D. stramonium*; and three of these hybrids produced many capsules, of which a half or quarter, or lesser segment was smooth and of small size, like the capsule of the pure *D. loevis*, the remaining part being spinose and of larger size, like the capsule of the pure *D. stramonium:* from one of these composite capsules, plants perfectly resembling both parent-forms were raised."

Dies letzte Kapitel ist allerdings schon nicht mehr so deutlich als Veränderung eines Genotyps des Individuums oder eines einzelnen

Abb. 193. Zwei *Papaver*-Formen (an den Seiten) und ihr Bastard (in der Mitte).

Sprosses im Verlauf seiner Ontogenese anzusprechen und erinnert eher an die vegetative Abspaltung im eigentlichen Sinne.

Nach den angeführten Tatsachen haben wir Grund, eine eigene Beobachtung an Hybriden zweier *Papaver*-Rassen mitzuteilen, welche zwar nicht abgeschlossen ist, jedoch trotzdem von Interesse sein dürfte.

Bei Bestäubung einer Rasse mit unzerschlitzten Blütenblättern und einer Rasse mit zerschlitzten Blütenblättern und Zungen an der Innenseite, erhält man in F_1 eine intermediäre Blütenform (s. Abb. 193). Diese intermediäre Blütenform verschwand bei der Mehrzahl unserer Hybriden im Herbst, und nun entwickelten sich Blüten, welche den mütterlichen Blüten glichen. Leider sind die Samen aus der Selbstbestäubung dieser F_1 eingegangen, und wir können bis jetzt nichts Sicheres über den weiteren Verlauf mitteilen. Aber aus der spontanen Sämlingsnachkommenschaft dieser Hybriden zeigten die an dieser Stelle entwickelten Pflanzen keinerlei Formen mit zerschlitzten Blütenblättern.

Wir fassen also alle sicheren Fälle von vegetativer Abspaltung, sowie von ontogenetischer Umwandlung einer Hybridenform in die Form einer der beiden Eltern, wo das weitere Verhalten der Nachkommenschaft die somatische Abspaltung der reinen Eltern bestätigt hat, als Hervorbringung von Kreuzungschimären auf.

Wenn man annehmen würde, daß bei diesen Hybriden die Abspaltung nicht an einen der beiden Eltern erinnert, so würde das gewisse Schwierigkeiten haben. Wenn nämlich solche Mutationen der reinen Arten gut bekannt und verbreitet sind und man entschieden bei Hybriden, wie auch bei Pfropfchimären oder einfach bei Pfropfungen damit rechnen muß, so ist es schwer, die „vegetative Abspaltung" von Hybriden damit in einer Reihe von Fällen zu erklären. Dazu müßte man annehmen, was sicher sehr selten zutrifft, daß die Hybride zufällig gerade nach der Seite des einen der beiden Eltern mutiert hat, unabhängig davon, ob diese Elternform sich an der Bildung des Bastards beteiligt hat. Wenn man danach einen Einfluß dieser Beteiligung auf die vollzogene Mutation annimmt und damit rechnet, daß die Mutation keine der reinen Eltern darstelle, so zwänge das noch merkwürdigere und unverständliche Annahmen zu machen.

Dem besonderen Fall der Kreuzungschimären kann man eventuell noch Chimärenindividuen polyembryonaler Herkunft anfügen, obgleich es richtiger wäre, sie zu den natürlichen Pfropfchimären zu bringen. Auch hierüber finden wir bei DARWIN schon einiges Material. Er schreibt (s. 1875, S. 426—427):

"I will append a very curious case, not of bud-variation but of two cohering embryos, different in character and contained within the same seed. A distinguished botanist Mr. G. H. THWAITES (1898) states, that a seed from *Fuchsia coccinea*, fertilised by *F. fulgens* contained two embryos and was 'a true vegetable twin'. The two plants produced from the two embryos were 'extremely different in appearance and character', though both resembled other hybrids of the same parentage produced at the same time. These twin plants were closely coherent below the two pairs of cotyledon-leaves into a single cylindrical stem, so that they had subsequently the 'appearance of being branches on one trunk'. Had the two united stems grown up to their full height, instead of dying, a curiously mixed hybrid would have been produced. A mongrel melon described by SAGERET (1830) may perhaps have thus originated; for the two main branches, which arose from two cotyledon buds, produced very different fruit on the one branch, like that of the paternal variety, and on the other branch like to a certain extent that of the maternal variety, the melon of China."

Wir haben Fälle doppelseitiger vollkommener Verwachsung bei einem Sämling von *Phaseolus vulgaris* beobachtet (KRENKE, 1927b). Bei diesem Sämling waren vier deutliche Kotyledonen und ein fasziierter Stengel mit fünf Primärblättern in der entfalteten Gipfelknospe vorhanden. Die Nachkommenschaft dieses Individuums war normal. In der russischen Auflage dieser Arbeit haben wir auf S. 644 eine Abbildung eines Sämlings von *Ipomoea hybrida* gebracht, welcher aus zwei natürlichen verwachsenen Embryonen infolge von Polyembryonie hervorgegangen ist. Hier waren paarweise angeordnet vier Kotyledonen und jedem Kotyledonenpaar zugeordnet ein selbständiger Vegetationskegel vorhanden. Das hypokotyle Glied und die Wurzel unterschieden sich äußerlich kaum von einem gewöhnlichen Sämling. Die Nachkommenschaft aus dieser Pflanze war normal.

Es scheint, als ob in dem Falle genotypisch verschiedener Embryonen bei Polyembryonie (Unterschied in den sich bildenden Gameten, Mutation in einem der Embryonen, apo- und amphimiktische Embryonen usw.) diese Embryonen in verschiedenem Grad und Form verwachsen können und dadurch eine wahre Chimäre zu bilden vermögen. Sie wird am häufigsten von sektorialem Typ sein, wenngleich die Möglichkeit einer beliebigen anderen Bauform nicht ausgeschlossen ist. Bei Arten, welche sehr häufig Fälle von Polyembryonie zeigen, wie z. B. *Citrus*-Arten, ist eine experimentelle Mitwirkung bei der Bildung von ,,Polyembryonalchimären" (wir wollen sie so nennen), auf dem Wege der Bestäubung mit den Pollen verschiedener Arten, wenn man jedesmal nur ein Korn anwendet, möglich. Wir erinnern uns an das Referat einer Arbeit, welche wir uns leider nicht notiert haben, wo gerade für *Citrus* das Auftreten von ,,Mutation" einer Art zur anderen durch polyembryonale Chimären erklärt wurde.

Jetzt möchten wir eine Reihe von Beispielen für Kreuzungschimären und analoge Fälle mit deutlichen zytologischen Unterschieden der beiden Komponenten anführen:

HOLLINGSHEAD (1928) beschreibt eine chimär gebaute Wurzel 1. bei dem Hybriden zwischen *Crepis biennis* (2 n = 40) × *Crepis setosa* (2 n = 8); 2. *Crepis biennis* × *Crepis bureniana* (2 n = 8). Im ersten Falle beobachtete der Autor eine Wurzel, welche aus diploiden und tetraploiden Zellen bestand (für den Bastard: 2 n = 24 und 4 n = 48).

Im zweiten Falle, d. h. bei *Crepis bureniana*, hatten 2 aus 30 untersuchten Wurzeln 16 Chromosomen in ihren Zellen und die übrigen 8 Chromosomen, d. h. ein Teil der Wurzel war voll tetraploid. Bei diesem Individuum wurden Pollenkörnern von Blüten verschiedener Zweige untersucht. Dabei sind aber Unterschiede in der Größe nicht festgestellt worden, so daß wahrscheinlich die Tetraploidität nur die Wurzel betrifft.

Derselbe Autor beschrieb im Jahre 1930 interessante ins Chimärengebiet gehörige Erscheinungen für ein haploides Individuum von *Crepis capillaris*. HOLLINGSHEAD nimmt an, daß die parthenogenetische Entwicklung der mütterlichen Haploiden durch die Wirkung fremden Pollenstaubes (von *Crepis tectorum*) hervorgerufen worden ist. Prinzipiell stimmt dies mit dem Standpunkt von POPOFF (1930, S. 318) überein, wenn er sagt, daß künstliche parthenogenetische Zellen somit nur ein Teilgebiet des großen Gebietes der Zellstimulation darstellen, dem sie subordiniert sind.

,,Diese Erscheinungen der künstlichen Parthenogenese sind allgemeine Zellstimulationserscheinungen, folglich haben sie als solche dieselbe atomar-energetische Grundlage wie diese letzteren und sind aus genau demselben Prinzip zu erklären und zu verstehen. Alle Zellstimulationsmittel sind folglich eo ipso auch künstlich parthenogenetische Mittel und umgekehrt."

HOLLINGSHEAD hat auf den haploiden Individuen einzelne diploide Seitensprosse beobachtet, welche der Mutter glichen, besonders häufig an der Wurzel; dann hat er aber auch periklinale und sektoriale Chimären aus haploider und diploider Komponente festgestellt. Manchmal zeigten sich in den Wurzeln sogar tetraploide Zellgruppen, und eine Wurzel erwies sich als vollkommen tetraploid. Es ist interessant, daß bei den diploiden Sprossen sich Störungen im Verlauf der Reduktionsteilung gezeigt haben. Man könnte das nach den Arbeiten von KOSTOFF durch den Einfluß der anderen haploiden Komponente der Chimäre erklären.

RUTTLE (1928) stellte bei *Nicotiana* fest, daß bei der haploiden Pflanze von 82 Wurzeln 52 haploid (n = 24), 22 Wurzeln dagegen diploid (2 n = 48) waren, deren 8 Wurzeln sich als Chimären aus diploiden und haploiden Gewebeteilen erwiesen. Dies ganze Bild ist zweifellos von derselben Ordnung wie die von HOLLINGSHEAD beschriebenen Chimären seiner haploiden Pflanzen.

Wenn wir auch die beiden zuletzt beschriebenen Chimären den Hybridisationschimären zugerechnet haben — was wohl auch prinzipiell gestattet ist —, so fehlt formal allerdings doch der Kreuzungsakt selber. Als nächste typische Kreuzungschimäre haben wir die von KOSTOFF beschriebene zu behandeln.

KOSTOFF (1930e) bearbeitete die Pflanze 81 der Rückkreuzung von [*Nicotiana glauca* (n = 12) mal *Nicotiana langsdorffii* (n = 9)] mal *Nicotiana langsdorffii*. Diese Pflanze unterschied sich sowohl morphologisch wie zytologisch von den anderen. Sie wuchs sehr langsam und begann erst etwa 3 Monate später als die Geschwister zu blühen. Ihre Blätter waren gekräuselt, saftig und von einer für *Nicotiana* ungewöhnlichen Form. Die Blüten waren besonders gebaut und kleiner als bei den Eltern. Gewöhnlich waren die Blütenblätter ungleichmäßig und oft nur zu vieren statt zu fünfen vorhanden. Die Antheren waren ungemein klein und blieben immer geschlossen. Der Rachen bei der gewöhnlichen Blüte war gewöhnlich breit zerspalten und mit einem kurzen und einem längeren Lappen versehen. Diese charakteristischen Merkmale fehlten bei den Eltern. Nach Öffnung der Pollenfächer mit einer Nadel und Untersuchung des reifen Pollenstaubes in Azetokarmin hat sich ergeben, daß die Körner taub waren. Bei der Bestäubung von *Nicotiana langsdorffi* hat sich kein befruchteter Embryo gebildet, obgleich die Pollenschläuche die Eizelle erreichten, und tief in die Mikropyle eindrangen. Danach ist die Pflanze 81 also unfruchtbar gewesen.

Die zytologische Untersuchung ergab folgendes:

In 30 Wurzeln fanden sich überall 20 Chromosomen. An einer Wurzelspitze hatten die Zellen einer Hälfte 20, die der anderen aber 40 Chromosomen, d. h. wir haben es hier mit einer chromosomalen Chimäre zu tun. Derartige Fälle wurden noch manchmal bei anderen Rückkreuzungen an *Nicotiana* beobachtet (KOSTOFF).

Die somatischen Teilungen der Pflanze 81 waren sehr oft unregelmäßig und der Autor beobachtete sehr häufig eine Verzögerung der

Chromosomenwanderung in der Spindel. In zwei Wurzeln wurden an Stelle von 20, 26 Chromosomen gefunden, was offensichtlich das Resultat einer somatischen „non-disjunction" war. Etwa 1 Monat später begann die Pflanze mit großen Blüten zu blühen, welche an diejenigen der Mutterpflanze (F_1) erinnern. Die Antheren dieser neuen Blüten waren größer und gaben viel Pollenstaub, von welchem 15—20% fruchtbar war. Der Rachen dieses neuen Blütentyps war normal, ähnlich dem der Mutterpflanze. Bei Selbstbestäubung wurden in einigen Zellen Embryonen erhalten. Die Reduktionsteilung wurde untersucht. An denjenigen Zweigen, welche sterile Blüten trugen, betrug 2 n bei der Reduktionsteilung in der homöotypischen Metaphase etwa 20 Chromosomen, an den Zweigen mit teilweise fertilen Blüten dagegen zeigten sich im selben Stadium etwa 26 Chromosomen.

Die zytologischen Beobachtungen haben gezeigt, daß in den Wurzeln und in den Zweigen der Pflanze 81 somatisches Nichtauseinanderweichen und Verdoppelung der somatischen Chromosomenzahl offensichtlich infolge unregelmäßiger und verspäteter somatischer Zellteilungen vorkam.

KOSTOFF kommt zu dem allgemeinen Schluß, daß "cold wounding, hybridisation, grafting etc. cause an increased protoplasmic viscosity and delay the division process" (vgl. die Arbeit von GERASSIMOW).

Eine interessante Chimäre ist die von M. NAWASCHIN (1930) beschriebene. M. NAWASCHIN beobachtete eine Sektorialchimäre, welche sich aus trisomiger *Crepis tectorum* gebildet hatte. Es wurden bei diesem Exemplar 26 Wurzeln untersucht. Davon waren 19 trisomig (2 n = 9), außerdem überzählige Chromosomen. Sieben Wurzeln hatten einen normalen diploiden Satz (2 n = 8). Seine Untersuchung des Wurzelsystems führte den Autor zum Schluß, daß er eine Sektorialchimäre aus trisomigem und normaldiploidem Gewebe vor sich hatte. Der oberirdische Teil der Pflanze hatte einen entsprechenden Bau: Die entwickelten Sprosse zeigten zwei scharf verschiedene Typen; zwei Sprosse waren trisomig, ein Sproß normal. Die trisomigen Sprosse konnte man an dem geringeren Wachstum, an der für die trisomigen charakteristischen Blattform, an den Ausmaßen des Blütenkorbes und am Vorhandensein von 9 Chromosomen in dem Meristem der Blütenknospen erkennen. So haben wir hier den Fall einer trisom-diploiden Chimäre vor uns, welche auf dem Wege der Eliminierung von Chromosomen entstanden war, derselben Erscheinung (Ausfall von Chromosomen), auf welche sich die Erscheinung der Gynandromorphen und der sog. Mosaiks bei *Drosophila* (STERN, 1927) gründet.

Von ganz anderem Charakter sind Erscheinungen, welche wir ebenfalls zur allgemeinen Gruppe der Kreuzungschimären stellen: die Kombinationen des Muttergewebes mit einem Hybridenembryo. Daß wir hier tatsächlich eine Chimärenbildung vor uns haben, zeigt der manchmal zu beobachtende Antagonismus zwischen diesen Chimärosymbionten.

Wir werden im Kapitel über die Einführung von Fremdstoffen in die Pflanze die betreffenden Arbeiten von KOSTOFF (1930), LAIBACH (1929), READLE (1930) anführen.

Endlich gehörte vielleicht zu den Kreuzungschimären ein Typ, welchen wir als „intrazelluläre Chimären" bezeichnen können. Streng gesagt, können intrazelluläre Chimären nicht nur durch Kreuzung, sondern auch durch Transplantation entstehen, wenn nämlich in eine Zelle auf chirurgischem Wege geformte Elemente einer anderen Zelle eingeführt werden. Hier kann man das Experiment von G. A. LEVITSKY (1927) der Überführung eines Chromosoms von einer Zelle in die andere sowie diejenigen von FARMER und WILLIAMS (1898) und dann von WINKLER (1901) der Übertragung eines fremden Kerns in die kernlos gemachte Zelle von Algen erwähnen. Wie bekannt, belegte man die so erhaltene „chimärenähnliche" Erscheinung mit dem Terminus der Merogonie. Wie aber WINKLER ausgezeichnet schildert, hat man bei Pflanzen keine hinreichend befriedigenden Resultate von den Merogonieexperimenten erhalten.

M. NAWASCHIN (1926 und 1927) hat als erster für die Lösung dieser Fragen die Kreuzungsmethode angewandt. Es ist ihm gelungen, eine Pflanze, bei der das Plasma aller Zellen von *Crepis tectorum*, der Kern von *Crepis alpina* stammte, zu erzeugen. Die Pflanze war vollkommen lebensfähig, wenn sich auch in ihrer Entwicklung einige Unterschiede herausstellten. Aber alle systematischen Charaktere der Pflanze haben sich als mit *Crepis alpina* gleich erwiesen. Während der Blütezeit ging die Pflanze aus unbekannter Ursache zugrunde. M. NAWASCHIN, dem LEHMANN (1928) zustimmt, wird durch diesen Fall davon überzeugt, daß nur die Kerne die Charaktere der genannten Arten bestimmen.

Es ist hier am Platze, sich der Experimente von HARDER (1927) zu erinnern, welche schon in dem Kapitel über die Beziehung des Geschlechts der Pfropfpartner beschrieben sind. Dem Wesen nach stellen die haploiden biprotoplasmatischen Myzelien von *Pholiota* und *Schizophyllum* einen besonderen Typ von Kreuzungsmerogonie dar. Sie können zugleich als intrazelluläre Chimären angesehen werden. Wir haben tatsächlich auf der einen Seite hier eine hybride Chimäre mit haploidem Kern. Wenn wir noch berücksichtigen, daß ferner das durch die Operation nicht beeinflußte hybride Ausgangsmyzelium vorhanden ist, so haben wir es hier außerdem noch mit einer gewöhnlichen Gewebschimäre, wenn auch mit einer „vorübergehenden" (s. S. 622) zu tun. Die eine Zelle ist biplasmatisch und binukleär (Kerne verschiedener Geschlechter), während zwei andere Zellen, die ihr anliegen, sich als biplasmatisch, aber mononukleär erweisen. Dabei gehören normalerweise die Kerne dieser Zellen auch verschiedenen Geschlechtern an. So kann man also hier von einer Trichimäre reden.

Es muß noch bemerkt werden, daß bei den beschriebenen künstlich voneinander getrennten Merogonen der erwähnten *Basidiomyceten* beobachtet wurde, daß gewisse ihrer Eigenschaften durch den Kern bestimmt wurden (das Geschlecht), und daß andere (der Habitus) vom Plasma abhingen.

Bei dieser freien Auffassung der intrazellulären Chimären könnte man auch jeden beliebigen Bastard hier mit behandeln, da er ja einen fremden Chromosomensatz besitzt. Selbstverständlich ist es aber auch möglich, den Begriff so abzugrenzen, daß man als „Chimäre" nur solche Organismen ansieht, welche Zellen, Gewebe oder Organe verschiedenen Genotyps besitzen (vgl. LOTSY u. Mitarbeiter, 1918, und H. NILSSON, 1920).

Übrigens dürfte der Begriff der intrazellulären Chimäre wahrscheinlich für manche Fälle durchaus anwendbar sein. Wir haben die bekannte BAURsche Theorie des Übertritts väterlicher Plastiden in die Eizelle dabei im Auge. Hier führt die ungleiche Verteilung der verschiedenen (weiß und grünen) Plastiden später zu einem weißrandigen *Pelargonium zonale*. Wir beobachteten hier sozusagen den Übergang von einer intrazellulären zu einer Gewebschimäre. Wir werden allerdings unten sehen, daß der BAURschen Theorie neben Angaben, die sie stützen, auch ernste Einwände erwachsen. Aber sogar CORRENS, welcher ein ernster Opponent der BAURschen Theorie ist, nimmt, wenn auch nur für spezielle Fälle (1928), die Erklärung der Buntblättrigkeit durch die Einführung väterlicher Plastiden in die Eizelle an.

Wenn man sich mit dem Begriff „intrazelluläre Chimären" einverstanden erklärt, so muß man sie nach ihrem genetischen Zustand einteilen in 1. Kern-, 2. Chromosomen-, 3. Kernplasma- und 4. Organell-Chimären, je nach der Abhängigkeit der Kombination der genannten Elemente von der genetischen Herkunft oder dem genetischen Zustand in der Zelle.

Hier möge noch eine Erwägung mitgeteilt werden. In einer Reihe von Fällen ist gezeigt worden, oder mindestens nehmen viele Forscher es an (Literatur s. unten), daß bei der Befruchtung nicht nur der Kern der männlichen Zelle in die Eizelle gelangt, sondern auch Protoplasma. Wenn dieses der Fall ist, so erhebt sich folgende Frage: Welches Protoplasma ist verantwortlich für die Natur der nunmehr gebildeten Zellmembranen bei der Entwicklung der Zygote? Es gibt bislang keinerlei Angaben über die Möglichkeit irgendeiner Beteiligung des Plasmas beider Eltern, wobei nicht an die Mitbeteiligung beider in Form einer homogenen Mischung, sondern nach Art einer intrazellulären Plasmachimäre gedacht ist. Wenn man dies annimmt, so geht daraus hervor, daß die Möglichkeit einer zufälligen Bildung gewisser Zellmembranteile aus dem einen oder dem anderen Plasma besteht und der Zellinhalt hybrid ist. Also können Fälle vorkommen, wo die Membran der einen Zellseite von dem einen Elter und die Membran der anderen Zellseite vom anderen Elter geliefert worden ist. Wenn sich erwiesen hätte, daß das Elternplasma sich chimärenartig auf die Schwesternzellen nach der Teilung verteilen könnte, so würde die hier vorgetragene Konstruktion eine neue Hypothese für die Erklärung gewisser Erscheinungen darstellen, welche wir im Kapitel über die natürlichen Chimären betrachten wollen. Aber auch abgesehen von dieser Forderung einer Chimärenverteilung der elterlichen Protoplasmen, die uns sehr wahrscheinlich erscheint, dürfte die Betrachtung der Membranverhältnisse für sich allein ziemlich wichtig sein. Tatsächlich gibt es bisher nämlich keine Daten, welche beweisen würden, daß in der reinen Membran eines der Eltern der hybride Inhalt der Zelle sich ebenso verhält, wie in der Membran des anderen Elters oder in einer chimär gebauten Membran. Mit anderen Worten, auch hier würde man ein verschiedenes Verhalten der Schwesterzellen bei der Teilung erwarten können.

Rückblick auf die künstlichen Chimären.

Damit kommen wir zum Schluß unserer Ausführungen über die experimentell erzeugten Chimären.

Bei oberflächlicher Betrachtung der tatsächlichen Etappen in der Bildung der Ansichten über das mögliche Wesen verschiedener Chimären sehen wir, mit DARWIN beginnend, zunächst eine Anerkennung der Burdonen (in gegenwärtiger Terminologie). Dann treten 1907 die ersten Chimären in den Experimenten WINKLERs auf, welcher sie, ohne DARWIN zu berücksichtigen, fast den Geschlechtshybriden gleichstellt. Das Jahr 1908 bringt die Arbeiten BAURs über sektoriale und periklinale, haplo- und dichlamyde Chimären. Im Jahre 1910 erhält WINKLER sein *Solanum darwinianum* und stellt es zu den Burdonen. Im Jahre 1914 nahm A. MEYER ebenso wie eine Reihe früherer Autoren die spezifische gegenseitige Wirkung der Chimärenkomponenten aufeinander an. 1916 behaupteten SAHLI, 1918 KLEBAHN und 1922 NOACK die Unmöglichkeit der Existenz von di- und erst recht von trichlamyden Chimären, ohne praktische Hinweise für die Erklärung der fraglichen Verhältnisse bei dichlamyden zu geben. 1927 hat LANGE die Berechtigung der Periklinaltheorie für haplo- sowie auch für dichlamyde Chimären bewiesen, indem er NOACK widerlegte und BAUR stützte. Danach widerlegte SCHWARZ BAUR und stützte auf diese Weise NOACK. 1927 lehnt HABERLANDT die Periklinalchimärentheorie für *Crataegomespilus* fast völlig ab, und gibt einen deutlichen Hinweis auf die Möglichkeit der Burdonen, d. h. es findet, wenn auch nur für einen speziellen Fall, ein deutlicher Rückschritt zu DARWIN hin statt. BAUR erkannte das nicht an und KRENKE (1928 b) hielt die Burdonentheorie für entschieden unbewiesen. 1930 (b) stellt HABERLANDT selbst fest, daß die *Crataegomespili* tatsächlich Periklinalchimären darstellen, er läßt aber den intermediären Charakter einzelner Epidermiszellen, sowie auch die Anwesenheit von

Zellen vom Typus des inneren Chimärosymbionten zunächst unerklärt. JØRGENSEN und CRANE (1927) entdeckten den meriklinalen Typus und zwingen dadurch dazu, den sektorialchimären Typus von neuem zu untersuchen. Die LIESKEschen Chimären (1927) lassen hoffen, daß es gelingen wird, zwischen ein- und mehrjährigen Pflanzen Chimären zu erhalten. 1930—1931 hat dann KRENKE drei neue Chimärentypen, nämlich die trichlamyde, periklinalschichtige und unterbrochene Chimäre nachgewiesen, dabei wird eine Reihe von früher nicht untersuchten Erscheinungen bei periklinalen und meriklinalen Chimären festgestellt, worunter als hauptsächlichstes Ergebnis die Feststellung des Anthozyans im *Tomaten*-Gewebe von chimären Früchten zu gelten hat. Damit wird von neuem die Frage der spezifischen gegenseitigen Einwirkung der Chimärosymbionten aufgeworfen. KRENKE stellt dann ferner, ausgehend von den korrelativen Verhältnissen bei Chimärengeweben, eine Hypothese auf über die genetische Ungleichwertigkeit der Epidermis gegenüber anderen Geweben im Bereiche eines und desselben Pflanzenindividuums. Endlich erhält KACHIDZE (1931) interessante Stimulationschimären, wobei ebenfalls eine besondere Eigenschaft der Epidermis demonstriert wird.

Fassen wir zusammen, so können wir sagen, daß das, was im Jahre 1909 als klar galt, heute erneut weiterer Untersuchungen bedarf, nachdem es inzwischen zweimal gestürzt und wieder behauptet worden war.

5. Über die natürlichen Chimären.

a) Klassifikation und Vergleich mit den künstlichen Chimären.

Obgleich die natürlichen Chimären scheinbar aus dem Rahmen dieses Buches herausfallen, kann ihre Behandlung doch in keiner Weise umgangen werden. Wir haben oben darauf hingewiesen, daß infolge der Arbeiten BAURs mit *Pelargonium zonale var. albotunicatus*, welche BAUR als wahre natürliche Periklinalchimäre anerkannt hat, diese Auffassung auf die ersten Chimären von WINKLER und später auf eine Reihe von anderen Chimären ausgedehnt wurde. Damit ist eine Wendung in der Beurteilung der Pfropfchimären eingetreten. Der strukturelle Teil der Theorie über die Periklinalchimären bleibt auch jetzt wenig verändert in bezug auf die Chimären von BAUR, WINKLER und anderen. Nötig sind aber im Zusammenhang mit unseren Ergebnissen über die Früchte der Periklinalchimären jetzt einige eingehende Betrachtungen zu diesem Gegenstand. Was die Entwicklungsmechanik und den Vererbungsmechanismus z. B. von *Pelargonium zonale* anbelangt, so hat sich um diese Frage herum, wie überhaupt um das Problem des genetischen Wesens der buntblättrigen Pflanzen, eine sehr ausgedehnte Diskussion entwickelt, und es sind viele experimentelle Tatsachen geliefert worden (CORRENS, 1909, 1910, 1920a, 1922, 1928; BATESON, 1916, 1919, 1921,

1926; WINGE, 1919, 1927; NOACK, 1921, 1922, 1924, 1925; KÜSTER, 1925a, 1926, 1926a, 1926b, 1927; BAUR, 1909a, 1910, 1922, 1924, 1930; EMERSON, 1922; RUHLAND und WETZEL, 1924; IKENO, 1916, 1930; KAJANUS, 1914; KRUMBHOLZ, 1925; LANGE, 1927; W. SCHWARZ, 1927; SCHERZ, 1927; ANDERSON, 1923, 1928; WETTSTEIN, 1928; RISCHKOW, 1927, 1930, 1931; DAHLGREEN, 1921, 1923; CHITTENDEN, 1927, 1928; RENNER, 1922, 1924; EYSTER, 1928, SABNIS, 1932, u. a.).

Schon DARWIN schrieb hinsichtlich der buntblättrigen Pflanzen: "Their have been endless disputes" usw. Er gibt einige Literatur an, hat also auch diesen Pflanzen schon einige Aufmerksamkeit zuteil werden lassen.

Hier soll diese Diskussion nicht in extenso behandelt werden, um so weniger, als RISCHKOW (1930 und 1931) eine ausführliche und stellenweise kritische Übersicht der Arbeiten über die Erscheinung der Buntblättrigkeit gegeben hat. Wir möchten nur, wo nötig, einige neue Gesichtspunkte einführen.

Zu Anfang des Chimärenkapitels haben wir darauf hingewiesen, daß wir die natürlichen Chimären in 1. zufällige, 2. scheinerbliche, 3. indirekt vererbbare und 4. echt vererbbare einteilen. Bei der Strittigkeit einer derartigen Einteilung ergibt sich der Begriff der natürlichen Chimären erst nach weiterer Betrachtung.

1. Es ist zu fragen, wie sich die natürlichen Chimären von den künstlichen, hauptsächlich von den Pfropfchimären, unterscheiden. Wir nehmen drei hauptsächliche Unterschiede an: a) nach der Art der Herkunft, b) in der Qualität der sie zusammensetzenden Chimärosymbionten, c) in der Vererbbarkeit des Chimärencharakters. Gerade der Art der Herkunft nach haben wir die natürlichen Chimären in die 4 oben genannten Gruppen eingeteilt. Allerdings kann man diese Einteilung als vollkommen labil bezeichnen, denn in der Mehrzahl der Fälle, ja selbst bei besonders gut erforschten Formen, wie etwa den buntblättrigen Chimären, ist bezüglich der Herkunft der verschiedenen Typen noch kein allgemeiner Gesichtspunkt gefunden worden. Die Art der Herkunft ist eng mit der Frage der Vererbung der Struktur der natürlichen Chimären verbunden. Wir werden unten Beispiele anführen.

2. Es besteht ferner ein Unterschied zwischen natürlichen und künstlichen Chimären in der Qualität der in der Chimäre miteinander verbundenen Komponenten. Wir halten diesen Unterschied für sehr wesentlich, besonders gegenüber den Pfropfchimären.

Wir können in den Pfropfchimären zwei oder auch in Zukunft mehr Chimärosymbionten miteinander verbinden, die in ihren Art- (bei den Interspezieschimären) oder in ihren Genus- (bei den Intergenuschimären) Eigenschaften verschieden sind. Dabei brauchen die beiden Chimärensymbionten keineswegs unmittelbar miteinander genetisch verbunden zu sein, jedenfalls ist diese Verbindung in keiner Weise notwendig. Dagegen leitet sich bei den natürlichen Chimären (aus denen wir bekanntlich die Kreuzungschimären bedingt ausgeschlossen haben) wie auch bei den Stimulationschimären immer einer der Chimärenkomponenten genetisch unmittelbar von dem andern ab. Der Unterschied drückt sich dabei in einem oder mehreren Merkmalen aus, keinesfalls in allen. Bei den natürlichen Chimären gehen in der Regel diese Unterschiede nicht über die Grenzen der Rassenunterschiede hinaus. Für uns steht es außer Zweifel, daß dieses nur scheinbar formale Moment wesentliche Unterschiede in den gegenseitigen Beziehungen der Komponenten beider Chimärengruppen einschließt. Als verhältnismäßig sekundär erscheint in diesem Zusammenhang die in Wirklichkeit wichtige und bis jetzt noch nicht unterstrichene Tatsache, daß in den natürlichen Chimären eine Plasmodesmenverbindung der Chimärosymbionten außer Zweifel steht, während sie bei den künstlichen Chimären strittig bleibt. (Wir sind aber der Meinung, daß sie zweifellos vorhanden sein muß.) Viel weniger Unterschiede gibt es schon zwischen den natürlichen und den Stimulationschimären, bei welchen ja auch eine direkte genetische Herkunft der einen Komponente von der anderen vorliegt. Auch der Mechanismus der Gewebsverbindung der Komponenten ist gleich. Aber die gegenseitige Gewebsverteilung ist bei beiden Gruppen ganz verschieden, kann jedenfalls sehr verschieden sein. Bei den Stimulationschimären ist sie gewöhnlich mehr oder weniger ohne strenge Ordnung. Allerdings handelt es sich hierbei nicht um ein charakteristisches Merkmal. Viel charakteristischer ist die Tatsache, daß bei den Stimulationschimären der qualitative Unterschied der voneinander abgeleiteten Komponenten gänzlich verschieden ist von dem bei natürlichen Chimären. In erster Linie zeigen jene verschiedene Störungen im Chromosomenapparat, welche über die Grenzen der einfachen Veränderungen der Chromosomenzahl hinausgehen.

Der hauptsächlichste Unterschied zwischen den natürlichen und den künstlichen Kreuzungschimären ist die Tatsache, daß bei den natürlichen Chimären die Komponenten eine unmittelbare genetische Herkunft voneinander aufweisen, ohne daß deshalb die eine Komponente ein Bastard der anderen sein müßte, während es bei den künstlichen Hybridisationschimären nicht nötig ist, daß eine der beiden Komponenten unmittelbare, genetische Verbindung zur zweiten hat.

Der zweite wichtige Unterschied steht dazu in direkter Beziehung. Nämlich das Zustandekommen, die Chimärogenese, der Kreuzungschimären ist durch die Erscheinung abnormer Chromosomen- oder Kernkombinationen bedingt. Dagegen haben wir es bei den natürlichen Chimären, mit Ausnahme der natürlichen Kreuzungschimären (welche selbstverständlich mit entsprechenden künstlichen identisch sind), primär mit Prozessen aus der Gruppe der Mutationen zu tun.

Das Verhalten des Chromosomenapparates könnte als hauptsächlichster Unterschied zwischen den natürlichen und den Kreuzungschimären erscheinen. Tatsächlich ist dies der Fall, aber nur für bestimmte Gruppen (wenn man z. B. buntblättrige, natürliche Chimären mit denjenigen Kreuzungschimären vergleicht, wo zahlenmäßige Unterschiede von Chromosomen vorliegen). Aber wie wir weiter unten sehen werden, spielen auch in anderen Gruppen der natürlichen Chimären Chromosomenveränderungen eine Rolle. Allerdings handelt es sich hier vornehmlich um Veränderungen der Chromosomenzahlen und nicht um morphologische Veränderungen einzelner Chromosomen. In einer Kreuzungschimäre (RENNER, 1929), welche als Kreuzungsresultat zweier Oenothera-Arten erhalten wurde (s. S. 716), können wir keinen scharfen Unterschied gegenüber gewissen natürlichen, buntblättrigen Chimären nicht hybrider Herkunft feststellen.

Überhaupt können die Unterschiede zwischen den natürlichen Chimären und künstlichen Kreuzungschimären nicht in endgültiger Form festgelegt werden, weil sich für viele Chimären, welcher Gruppe auch immer sie angehören mögen, noch keine einwandfreien Erklärungen auffinden lassen. Dies gilt besonders für chlorophyll- und anthozyanbunte natürliche Chimären.

Damit sind die Unterschiede zwischen natürlichen und künstlichen Chimären behandelt. Es ist klar, daß es für die Feststellung der Unterschiede notwendig ist, einzelne Chimärentypen aus beiden genannten Gruppen zu betrachten. Dabei zeigt sich, daß die allgemeine Definition des Begriffes „Chimären", wie sie auf der S. 602 gegeben ist, auch für die natürlichen Chimären gilt, unabhängig von den einzelnen Typen. Aus diesem Grunde bringen wir bei den natürlichen Chimären auch Individuen mit einzelnen genetisch sportierenden Sprossen unabhängig von dem Mechanismus dieser Sportierung mit unter. Das ist schon deshalb berechtigt, weil Sportation die Bedingung für die Bildung (sei es auch in seltenen Fällen) einzelner chimärenartig gebauter Organe ist. Wir glauben nicht, wie ASSEJEVA (1927, S. 28) geneigt ist anzunehmen, daß die Knospenmutationen in der Regel auf Chimärencharakter beruhen (s. S. 490 u. a. dieser Arbeit), meinen aber, daß diese Mutation nach Chimärenart aufgebaute Organe geben könne. Wie schon gesagt wurde, fassen wir dabei Individuen mit sportierenden nicht chimär gebauten Sprossen auch unter den Chimärenbegriff. Letzten Endes stellt also jede vegetative Mutation eine Chimäre dar. Wir haben es dann mit einem Individuum zu tun, dessen Teile genotypisch nicht gleichwertig sind. Es mag darauf hingewiesen werden, daß derartige Chimären vollkommen dem alten mythologischen Begriff der „Chimäre" entsprechen.

b) Zufällige natürliche Chimären.

Hier rubrizieren wir unter Vorbehalt auch diejenigen Chimären, welche unserer Chimärendefinition entsprechen, obgleich der Vererbungsgang nicht beobachtet wurde oder nicht beobachtet werden konnte.

Es wird dabei unter dem Erbgange der Chimäre die endgültige Vererbung der Chimärenstruktur, nicht aber die Vererbung der spezifischen Struktur jeder der beiden Chimärenkomponenten in reiner Art verstanden.

Perikarpxenien. Nicht selten entstehen zufällige sektorialchimärenartige oder meriklinale Früchte. Am häufigsten hat man an Apfelbäumen derartiges beobachtet. Z. B. teilt LAMPRECHT (1926) mit, daß bei einem Apfel der Sorte *Cox' Pomona* ein besonderer Sektor von einem Sechstel der Größe der ganzen Frucht erschienen sei. Die Untersuchung dieses Sektors hat gezeigt, daß er sich nach Größe, Form, Wachsbelag der Epidermis, Fleischkonsistenz, Transpiration, Zuckergehalt, Rohproteingehalt und Trockensubstanz anders verhielt als *Cox' Pomona*. Wohl aber erinnert er an die Sorte *Ribston pipping*. Nur dem Aschegehalt nach bestand ein bedeutender Unterschied gegenüber dieser Sorte. Über das Zusammenfallen dieser Mutation mit der schon bekannten Sorte wird weiter unten zu sprechen sein.

Unsere Auffassung der Perikarpxenien (Carpoxenien, Xenien zweiter Ordnung) als somatische Mutationen (KRENKE, 1928b, S. 504) teilt auch KOBEL (1931, S. 168).

Die Fälle von Größenveränderung der Embryonen und daher der Samen infolge einer Veränderung der Chromosomenzahl bei Hybriden, deren Eltern sich der Chromosomenzahl nach unterscheiden, faßt KOBEL (1931) als besonderen Xenientyp zusammen.

Diese Veränderung kann zu einer Änderung der Zellgröße und damit auch zu oben erwähnten Abweichungen führen. Möglich ist es auch, daß die vergrößerten Samen mechanisch reizend auf die anliegenden Schichten des Perikarps wirken und daß so eine verstärkte Entwicklung hervorgerufen wird. Es ist aber klar, daß dieses nichts mit der Übertragung von Merkmalen auf die somatischen Gewebe des Mutterindividuums zu tun hat. Wir sind der Meinung, daß es besser wäre, diese Fälle nicht als Xenien zu bezeichnen, nicht einmal bedingungsweise. Und zwar schon deshalb, weil die Anhänger der Carpoxenientheorie (Xenien zweiter Ordnung) sich gewöhnlich gerade auf Erscheinungen stützen, welche den tatsächlichen Xenien ähneln, nicht aber auf jenen Einfluß des Vaters auf das Soma der Mutter, wie wir ihn bei dem von KOBEL genannten Typ finden.

Übrigens haben die letzten uns bekannten Experimente zur Erzielung von Carpoxenien (s. KRUMBHOLZ, 1930) vollkommen negative Resultate geliefert.

Zum Schlusse möchten wir die Bewertung dieser Erscheinung durch DARWIN anführen und dann auf eine der möglichen Ursachen, welche zur unrichtigen Bewertung dieser Erscheinung führen können, aufmerksam machen. CH. DARWIN (s. 1875) führte eine Reihe von Beispielen an, die zur Carpoxenie gestellt werden, und hat die Bezeichnung

"Male element on the mother form" eingeführt und ganz bestimmt angenommen, daß

"male element may affect in a direct manner the tissues of the mother"...

..."That it is remarkable under a physiological point of view is clear" — "for the male element not only affects, in accordance with its proper function, the germ, but at the same time various parts of the motherplant in the same manner, as it affects the same part in the seminal offspring from the same two parents. We thus learn that an ovule is not indispensable for the reception of the influence of the male element. But this direct action of the male element is not so anomalous, as it at first appears, for it comes into play in the ordinary fertilisation of many flowers."

Allerdings schreibt Darwin vorher auf derselben Seite:

"It must not be supposed that any direct or immediate effect invariably follows the use of foreign pollen: this is far from being the case; nor is it known, on what conditions, the result depends: Mr. Knight expressly states that he has never seen the fruit thus affected though he crossed thousands of apples and other fruit trees. There is not the least reason to believe that a branch, which has born seed or fruit directly modified by foreign pollen is itself affected, so as afterwards to produce modified buds; such an occurrence, from the temporary connection of the flower with the stem, would be hardly possible. Hence, but very few, if any, of the cases of bud-variation in the fruit of trees, given in the early part of this chapter can be accounted for by the action of foreign pollen; for such fruits have commonly been propagated by budding or grafting. It is also obvious that changes of colour in flowers, which necessarily supervene long before they are ready for fertilisation and changes in the shape or colour of modified buds, can have no relation to the action of foreign pollen."

Es wird also nicht ganz deutlich, ob Darwin die direkte Wirkung des männlichen Elementes auf das mütterliche somatische Gewebe anerkennt. Anscheinend aber nimmt Darwin das Auftreten väterlicher Eigenschaften im mütterlichen Gewebe einer Frucht bedingungslos an, wenn sie sich unmittelbar nach einer Bestäubung mit fremdem Blütenstaub entwickelt hat.

Bei dem heutigen Stand unserer Kenntnisse ist es unmöglich, theoretische Grundlagen für eine Erklärung der „Xenien zweiter Ordnung" anzuführen. Die Tatsachen als solche bestehen aber, und man muß versuchen, sie auf irgendeine Weise zu erklären. Am einfachsten würden sie durch zufälliges Zusammenfallen einer Reihe von Mutationseigenschaften des mütterlichen Gewebes mit entsprechenden Eigenschaften des Vaters erklärt. Im Kapitel über den Parallelismus der Variabilität, welche wir im Zusammenhang mit der Frage der gegenseitigen Beeinflussung der Transplantosymbionten behandelt haben, sind einige der vielen Fälle, von denen auch Darwin einige erwähnt (s. 1875, Kapitel „Budvariation") angeführt worden. Es handelt sich dabei darum, daß, unabhängig von irgendeiner Kreuzung, somatische Mutationen einer schon existierenden Varietät oder sogar anderen Art desselben systematischen Bezirks ähneln (s. Lamprecht, l. c.). Bevor man also die Tatsache einer Übertragung der väterlichen Eigenschaften auf das somatische Gewebe der Mutterpflanze anerkennt, muß man sich überzeugen, daß der so erklärte Fall nicht etwa ein zufälliges Zusammenfallen einer Mutation mit schon existierenden Eigenschaften einer anderen Varietät oder Art darstellt. Man könnte diese Probleme statistisch behandeln, wenn eine allgemeine internationale sichere Registrierung vorläge

1. über die Häufigkeit der Fälle der genannten Mutationen bei bestimmten Rassen relativ zur Zahl der Fälle des Fehlens der anderen Mutationen;
2. über die Häufigkeit der Fälle von Xenien zweiter Ordnung bei Mutterpflanzen derselben Rassen;
3. über die Zahl der Fälle, in denen die ausgeführte Bestäubung keine Bildung von Xenien zweiter Ordnung in entsprechenden Rassen hervorgerufen hat.

Dies letztere ist besonders wichtig, da die so gearteten Fälle von niemandem registriert werden und sie doch die überwiegende Mehrzahl darstellen. Aus rein psychologischen Gründen schenkt man die Aufmerksamkeit gerade den sehr seltenen Fällen von ,,Xenien zweiter Ordnung''. Wenn sich aber erweisen würde, daß die relative Zahl der genannten Mutationen der relativen Zahl von analogen Fällen der Xenien zweiter Ordnung entsprächen, so würden wir für bewiesen halten, daß die Xenien zweiter Ordnung nicht existieren, und daß es sich tatsächlich nur um ein zufälliges Zusammenfallen nach der Wahrscheinlichkeitstheorie, wie wir es vorhin besprochen haben, handelt.

Ohne damit eine endgültige Lösung dieser Frage geben zu wollen, halten wir doch diesen Schluß für am wahrscheinlichsten.

Wir mußten die Erscheinung der ,,Xenien zweiter Ordnung'' hier erwähnen, können sie auch bis jetzt nicht eigentlich zu den Kreuzungschimären stellen. Und zwar deshalb nicht, weil unserer Definition nach nur dann von Chimären die Rede ist, wenn sich nachweisen ließ, daß tatsächlich genotypisch verschiedenes Gewebe bei ein und demselben Individuum vorhanden war. Ein derartiger Nachweis bedarf der Prüfung der Gewebe nach ihrem genetischen Verhalten. Bei den sog. ,,Xenien zweiter Ordnung'' gibt es derartige Beweise aber, soweit uns bekannt ist, nicht.

Viel schwieriger sind nun die Fälle von NIKOLAS (1929), welche aber großem Zweifel begegnen müssen. NIKOLAS behauptet, daß *Erdbeeren (Strawberry)*, welche zwischen Reihen von Rebpflanzen kultiviert wurden, den *Weintrauben* infolge des Einflusses ihres Blütenstaubes bei gleichzeitiger Blüte beider Pflanzen Erdbeergeschmack verleihen. Wenn diese Bemerkung nicht in einer Zeitschrift, die streng wissenschaftliche Arbeiten veröffentlicht, erschienen wäre, so würde ich es nicht gewagt haben, sie hier anzuführen.

Weitere Beispiele. Die Mehrzahl der entdeckten natürlichen haplochlamyden Chimären kann man zu den zufälligen rechnen. ASSEJEVA

(1930) hat den Erbgang solcher Chimären bei einer Reihe von *Kartoffel*-Sorten mit gefärbten Knollen nachgeprüft. Dabei hat sich gezeigt, daß die Zahlenverhältnisse, welche bei der Abspaltung epidermaler Mutanten mit gefärbten Knollen erhalten wurden, vollkommen mit der Abspaltungsquote entsprechender weißknolliger Normalsorten zusammenfällt. Da alle *Kartoffel*-Sorten mehr oder weniger heterozygot sind, so wird natürlich schon in der F_1 eine mehr oder weniger bunte Abspaltung beobachtet. Mit anderen Worten, wird das mutierende Merkmal nicht durch Samen übertragen. Und wenn in der Nachkommenschaft solcher Mutanten auch Sämlinge mit gefärbten Knollen auftreten, so erscheinen sie in derselben Menge ungefähr auch in der Nachkommenschaft normaler Sorten; und dies wird vollständig durch verschiedene Kombinationen der Färbung der väterlichen und der mütterlichen Pflanze bedingt. Hier ist es sehr erfreulich, daß die richtig angestellte Kontrolle, die wir sehr oft bei der Besprechung des Erbganges verschiedener Fälle von Variabilität, z. B. bei der Besprechung der Veränderlichkeit des Reises, vermißt haben, unterstrichen werden kann.

Als weiteres Beispiel kann man die Weizenchimären von ÅKERMANN (1920) anführen.

An einigen Ähren von *Speltoiden* hatten an einer Seite die Spelzen und Blätter den Charakter einer heterozygoten *Speltoid*-Form, auf der anderen Seite waren diese Elemente gebaut wie bei normalem *Triticum vulgare*. Die Nachkommenschaft, welche sich bei Aussaat dieser Samen ergab, bestand in dem normalen Teil der Ähre wie in dem speltoiden Teil aus *Triticum vulgare*. Man muß also anerkennen, daß der gesamte innere Teil der Ähre und ein Teil von deren Oberfläche aus gewöhnlichem *Triticum vulgare* bestanden hat. Der *Speltoid* bildet eine dünne epidermale Hülle nur von einer Seite her. Diese Chimäre ist als ,,teilweise haplochlamydperiklinal" zu bezeichnen. Dieser Typus ist auch als ,,gemischt sektorial" bezeichnet worden. ÅKERMANN hält die Anwesenheit einer vollkommenen Periklinalchimäre für möglich. Dann entsteht aus Früchten, welche dem äußeren Aussehen nach speltoid sind, gewöhnlicher Weizen.

Der verstorbene Professor PHILIPPTSCHENKO übergab mir Chimärenähren von Weizen, welche der Struktur nach an die Chimären von ÅKERMANN erinnerten. Doch war noch keine Gelegenheit vorhanden, sie zu untersuchen. Wenn der Samen die Keimfähigkeit nicht verloren hat, so ist zu hoffen, daß im nächsten Jahre diese Arbeit in Angriff genommen werden kann.

Auch viele dichlamyde Chimären stellen wir zu den zufälligen Chimären; denn es wird nur die äußere Komponente der Chimäre vererbt. Dies ist bei den dichlamyden Chimären der *Kartoffel*, über die ASSEJEVA berichtet, und bei der bunten Speltoidchimäre von ÅKERMANN der Fall.

In ihrer F_1 haben sich *Speltoide* und *Vulgare*-Weizen im Verhältnis
5 : 1 ergeben. Daraus folgt, daß die Ausgangspflanze eine Sektorialchimäre, eine echte oder meriklinale oder eine Mosaikchimäre war. Dabei gehören bei ihr in den *Vulgare*-Sektoren wenigstens zwei äußere Schichten der Art *Triticum vulgare* an, sonst hätten keine Samen der letztgenannten Form sich entwickeln können. Der Autor ist der Meinung, daß die speltoide Komponente der Chimäre in einer Zelle im Vegetationspunkt des *Vulgare*-Weizen durch Mutation oder Ausfall eines oder zweier Faktoren für die normale Entwicklung entstanden sind (S. 126).

Auf ähnliche Weise konnte die Bildung einer zufälligen Chimäre bei *Euphorbia pulcherrima* mit rotem Blütenstand beobachtet werden (ROBINSON and DARROW, 1929). Es entstand durch Mutation in äußeren Zellschichten ("superficial layer of cells") eine rosablütige *Euphorbia*. Endogen entstandene Wurzeln und aus ihnen erhaltene Regenerate (Wurzelstecklinge ?) endogener Herkunft haben die innere Chimärenkomponente wieder ergeben, nämlich die ursprüngliche rote Form. Es sind Samen der Chimäre erhalten worden und bei der Kreuzung mit der ursprünglichen roten Form *(Red × Pink)* zeigte sich die rosa Farbe in F_1 als dominant, vorausgesetzt, daß die Chimäre Vater war. Bei der Kreuzung *(Pink × Red)* dominierte dagegen in F_1 die rote Farbe. Dabei war bei der Kreuzung *Pink × White* wieder *Rosa* dominierend. Wenn man annimmt, daß die Gameten subepidermal entstehen, so sprechen die Fälle der Dominanz von *Pink* dafür, daß die Chimäre mindestens dichlamyd war. Weshalb bei der Kreuzung *Pink × Red Red* dominierte, erklären die Autoren nicht. Übrigens gehen sie überhaupt auf die Erklärung der angestellten Kreuzungen nicht ein. Es ist schwer anzunehmen, daß hier die väterliche oder mütterliche Funktion der gekreuzten Form eine Rolle gespielt habe, denn in einem Falle dominierte *Pink* als Mutter, im anderen als Vater. Leichter ist es schon, anzunehmen, daß im Falle *Pink × Red Pink* zufällig als haplochlamyde Chimäre vorhanden war, und in dem Falle also die Dominanz überhaupt fehlen mußte, denn faktisch wäre *Red × Red* gekreuzt worden, welche auch in der Kontrollkreuzung in F_1 *Red* gaben. Wichtig ist noch, daß *White* keine Chimäre darstellte, was auch durch Wurzelstecklinge nachgeprüft wurde. Es ist auch die Möglichkeit nicht ausgeschlossen, daß das erwähnte Verhalten in F_1 durch Ausgangsheterozygotie von *Red* in bezug auf *Pink* hätte erklärt werden können. In diesem Falle muß man annehmen, daß die Kontrollkreuzungen *Red × Red* nicht in hinreichender Zahl ausgeführt wurden. Bezüglich des somatischen Verhaltens, ist die beschriebene Chimäre den *Pelargonium* und *Bouvardia*-Chimären von BATESON (1919, 1921) und seinen Schülern sehr ähnlich. So geben die Wurzelstecklinge bei rosa *Bouvardia* (var „*Bridesmaid*") eine vegetativ stabile rotblumige *Bouvardia*. Eine analoge Erscheinung wurde bei drei Sorten von *Pelargonium* („*Escot*", „*Mrs. Gordon*" und „*Pearl*") beobachtet. Dabei wiederholten Stecklinge aus dem oberen Teil aller genannten Pflanzen die Ausgangsform. Bei Abtrennung der inneren Chimärenkomponente unterschied sich diese letztere nicht nur allein der Blumenfarbe nach, sondern auch in einer Reihe anderer Merkmale von der Chimäre. Obgleich aber diese Unterschiede manchmal auch wesentlich waren (ganzrandige Blumenblätter statt eingeschnittene, normale Entwicklung des Androeceums und des Gynaeceums statt reduzierter, glatte Blätter statt gerunzelte usw.), so sind sie doch für eine Reihe natürlicher Chimären gewöhnlich (z. B. bei *Kartoffel* s. Assejeva, bei *Rosa* und *Berberis* s. unter Darwin usw.) (noch mehr für Pfropfchimären). Wir sind also in diesem Punkte anderer Meinung als G. A. Levitsky (1927, S. 160), welcher bei der Bewertung der genannten Chimären Batesons sagt, daß diese Fälle sich wesentlich von gewöhnlichen Bildungen dieses Typs dadurch unterschieden, daß die Zellen der inneren Gewebe der Pflanzen sich von den Zellen der äußeren Gewebe nicht nur in den Plastideneigenschaften, sondern auch in dem genetischen Charakter einer Reihe anderer Eigenschaften unterscheiden. Wenn man dabei das weißrandige *Pelargonium zonale* und *Abutilon* („Andenken an Bonn") und ähnliche Chimären vor Augen hat, so unterscheidet sich hier auch die innere Komponente nicht nur den Plastiden, sondern auch der Blattgröße nach (s. Abb. 194, 195) und in einigen Rassencharakteren der Blattspreite von dem anderen. Wir halten uns deshalb bei dieser scheinbar nur sekundär wichtigen Frage auf, weil wir eine Komplizierung der sowieso schon schwierigen Fragen, mit welchen man es bei den natürlichen Chimären zu tun hat, durch Einführung neuer prinzipiell besonderer Typen von ihnen für unerwünscht halten.

Sogar der scheinbar besondere Chimärentyp Batesons, *(Pelargonium zonale „Happy thought")* erscheint uns nicht als eine prinzipiell neue Bildung. Bei dieser Chimäre mit heller oder hellgrüner Blattmitte und normalen grünen Rändern und mit grünlichgelben oder hellgrünen Blattstielen und Stengeln zeigt sich die subepidermale Schicht über dem hellen oder gelblichgrünen Teil der Blattspreite auch gelblich statt grünlich, wie zu erwarten war. Dabei müßte nach dem genetischen Verhalten dieser Chimäre und nach dem Verhalten der Wurzelstecklinge das Vorhandensein einer grünen epidermalen Schicht verlangt werden. Das Gelbwerden des genetisch grünen subepidermalen Zellgewebes kann man nur durch den lokalen Einfluß des zweiten Partners erklären. Etwas Ähnliches nimmt Correns (1922) an, als er die Meinung ausspricht, daß in Mosaikkörben von *Senecio vulgaris* und *Taraxacum officinale* in der Grenzzone von weißen und grünen Bezirken, das Zytoplasma der Eizellen entsprechender Blumen den

„indifferenten Zustand beibehalten habe und deshalb wieder gesundes, grünes und krankes, blasses Gewebe geben könne. Rechts und links davon werden fast gleichzeitig auf dem Boden, über den schon die definitive Entscheidung gefallen ist,

‚grüne' Blüten mit gesunden, und ‚weiße' mit kranken Eizellen gebildet, die ganz grüne und ganz weiße Nachkommen geben" (s. S. 1207). Dies ist auf der Theorie aufgebaut (S. 1206), daß „bei den echten *Albomuculatae* bis zu einem gewissen embryonalen Zustand des Gewebes (der bunten Pflanze oder eines bunten Astes) noch in jeder Zelle die Möglichkeit besteht, sich entweder normal zu entwickeln und grüne Chromatophoren zu bilden, oder krank zu werden und dann blasse Plastiden zu haben".

CORRENS erkennt also den Einfluß der grünen und weißen Nachbarbezirke auf das Protoplasma (Plastiden) der Grenzzone an, sonst wäre es schwierig, den indifferenten Zustand zu erklären.

Deshalb kann *Pelargonium zonale „Happy thought"* gemäß unserem Standpunkt über das Wesen der Chimären in dieser allgemeinen Gruppe bleiben.

Damit erkennen wir selbstverständlich an, daß bei einigen Chimären sich die innere Komponente genetisch von der äußeren nur in einem Merkmal unterscheidet, bei anderen aber in zwei oder in noch mehreren. Dies scheint uns nicht von prinzipieller Bedeutung zu sein. Wichtig ist es, daß ein genetischer Unterschied beider Komponenten vorhanden ist. Die Unterscheidungsmerkmale können verschieden sein. Allerdings sind manchmal die Unterschiede sehr scharf. Als Beispiel kann man die Chimäre CORRENS (1919) *Arabis albida leucodermis* anführen. Hier ist die subepidermale Schicht chlorotisch. Die Nachkommenschaft der mütterlichen Linie erweist sich als weiß, während die der väterlichen grün ist. Dabei zeigte sich die innere grüne Komponente als heterozygot in bezug auf die Normalfarbe. Die grünen Sprosse dieser Chimäre haben das Gen der chlorotischen Verfärbung. Sie geben in der Nachkommenschaft normale und hellgrüne Keimlinge im Verhältnis von 3 : 1. Es ist nicht ausgeschlossen, wenngleich keine hinreichenden Gründe dafür vorhanden sind, daß die Chimärenstruktur der Pflanze Erscheinungen bedingt, welche H. MOLISCH (1922, S. 261) beschreibt:
„Pflanzen, die gerne Wurzelsprosse erzeugen, wie die *Pflaume,* zeigen, wenn sie aus Wurzelschößlingen gezogen werden, im Gegensatz zu Sämlingen eine auffallende Neigung zur Bildung von Wurzelschößlingen. Werden beim Pfropfen von Äpfeln und Birnen sog. Wasserschößlinge ... verwendet, so entstehen daraus Bäume, in denen die Natur dieser Sprosse erhalten bleibt, d. h. sie behalten den starken Wuchs, zeigen aber wenig Neigung zum Blühen und Fruchten."

Das genetische Verhalten der genannten vegetativ besonderen Sprosse ist nicht erforscht. Jedenfalls ist uns nichts davon bekannt.

Man muß bemerken, daß derartige Tatsachen über das besondere Verhalten von Wurzeln und überhaupt von unterirdisch entstandenen Sprossen, welche auch heute noch einen recht erheblichen Eindruck machen, schon lange bekannt sind. DARWIN (s. 1875, S. 409—413) hat ihnen sogar einen besonderen Paragraphen gewidmet. Wir wollen hier einige Beispiele, die er angibt, auch anführen. Indem er CARRIERE (1866) zitiert, schreibt DARWIN (S. 400) über *Vitis vinifera:*

"A Clack Hamburg grape (FRANKENTHAL) was cut down and produced three suckers; one of these was layered, and after a time produced much smaller berries, which always ripened at least a fortnight earlier than the others. Of the remaining two suckers, ohne produced every year fine grapes, whilst the other although it set an abundance of fruit, matured only a few and these of inferior quality" (S. 406). "The double and highly-coloured *Belladonna* rose has produced by suckers both semi-double and almost single white roses; whilst suckers from one of these semi-double white roses reverted to perfectly characterised *Belladonnas*" (410). "Mr. SALTER informs me that two variegated varieties of *Phlox*-originated as suckers; but I should not have thought these worth mentioning, had not Mr. SALTER found, after repeated trials, that he could not propagate them by 'rootjoints' whereas the variegated *Tussilago farfara* can thus be safely propagated; but this latter plant may have originated as a variegated seedling, which would account for its greater fifedness of character. The *Barberry (Berberis vulgaris)* offers an analogous case; there is a well-known variety with seedless fruit, which can be propagated by cuttings or layers; but suckers always revert to the common form, which produced fruit, containing seeds. My father repeatedly tried this experiment and always with the same result. I may here mention that maize and wheat sometimes produce new varieties from the stock or root, as does the sugarcane" (S. 411). "*Imatophyllum miniatum,* in the Botanic gardens of Edinburgh, threw up a sucker, which differed from the normal form, in the leaves being two-ranked instead of four-ranked. The leaves were also smaller, with the upper surface raised instead of being channelled."

Es ist interessant, daß DARWIN (S. 409—410) auch für *Pelargonium* und damit also das Hauptobjekt BATESONs erwähnt, daß es besondere Formen von Wurzelschößlingen gibt. CHITTENDEN (1927) führt einige analoge Beispiele an, speziell das Verhalten von *Gardenia,* bei welcher gestielte Seitenzweige auftreten; es handelt sich dabei um Pflanzen, welche in einer Reihe von Merkmalen sich sehr stark von der Ausgangsform unterschieden, und welche sich aus Samen entwickelten. Die Wurzelschößlinge der genannten Stöcke stellten den normalen Saattypus dar. Hier wird die Angelegenheit dadurch kompliziert, daß man anerkennen muß, daß der samenbildende Achsenteil der Pflanze eine reine Chimärenkomponente darstellen muß, während die Seitenzweige eine Periklinalchimäre mit innerer Komponente vom Typus des Sämlings darstellen. Wir sehen keine unüberbrückbaren Schwierigkeiten gegen die Annahme einer solchen Deutung, besonders deshalb, weil noch nicht gezeigt worden ist, daß alle Seitenzweige sich abweichend verhalten.

Wir haben die beschriebenen Chimären (mit einer Ausnahme, nämlich *Pelargonium* und mit Ausnahme der Beispiele von CORRENS) in die Abteilung der zufälligen Chimären hineingenommen, und zwar, wie gesagt, nur mit Vorbehalt. Wenn sich erwiesen hätte, daß deren geschlechtliche Nachkommenschaft sich gleich den Eltern verhält, so wird man wahrscheinlich diese Chimäre mit zu den erblichen stellen müssen, worüber wir weiter unten hören werden.

In der Regel gehören zu den wirklich zufälligen Chimären diejenigen, welche als Resultat einer Knospenmutation entstanden sind, wo sofort oder bei der weiteren Verzweigung in der Sproßbildung sowohl mutierte als auch unveränderte Gewebe teilnehmen. Wir denken dabei nicht an Mutationen, welche zur Bildung buntblättriger Pflanzen führen. Derartige Fälle sind nicht wenige in der Literatur registriert worden. Wir möchten aus verhältnismäßig neuen Beobachtungen diejenigen von DARROW (1929) über *Rubus caesius* anführen. Hier hat die Buschbasis 2 Jahre hintereinander einen Sproß ohne Dornen produziert. Außerdem entwickelte sich aus der Verbindungsstelle des glatten und des stacheligen Sprosses ein dritter Sproß, welcher eine Sektorialchimäre oder Meriklinalchimäre mit schmalem glatten Rand war. Aus diesem Seitensproß seinerseits zweigte sich dann von neuem ein glatter Sproß ab. Der Autor bezeichnet diese Pflanze nicht als Chimäre, doch geht aus der Beschreibung und der Abbildung zweifellos hervor, daß der beschriebene gemischte Sproß eine richtige Chimäre war, und nach unserer Chimärendefinition auch der ganze Busch zu den Chimärenindividuen gehörte (vgl. noch DARROW, 1928). Wir halten jede Pflanze welche überhaupt eine Knospen- oder somatische Mutation ergeben hat, für eine Chimäre, unabhängig davon, ob sich dabei gelegentlich auch keine chimärenartig aufgebauten Organe entwickeln.

DARROW (1931) hat über eine periklinale Chimäre (mit einzelnen sektorialen Sprossen) bei „*Evergreen blackberry*" berichtet. Diese Chimäre hat sich als dornenlose Deckmutation auf der stacheligen Ausgangsform gebildet. Die Chimäre war anscheinend haplochlamyd. Dieses schließen wir daraus, daß (S. 406): "several hundred seedlings of this *Thornless evergreen* were all thorny".

Die „Obscuratum"-Form bei Phaseolus. Auf Grund der Arbeiten von KAJANUS (1914) und TJEBBES (1923) kann man die Erscheinung, welche der Autor (bei verschiedenen Arten und Rassen von *Phaseolus*) als „Obscuratum" bezeichnet, ebenfalls als eine Erscheinung vom Typus der zufälligen Chimären auffassen. Hier begegnet man öfters einzelnen Samen (oder es kommt sogar vor, daß alle Samen der Bohne so gebaut sind), die kleine gefärbte Bezirke über die ganze Schale verstreut zeigen. Die Samen sehen dann nicht bunt, sondern fast gleichfarbig aus, mit wenig sichtbaren Spuren der früheren hellen Grundfarbe. Allerdings behauptet TJEBBES, daß in Wirklichkeit keine Ausbreitung früher klein gewesener Farbenflecke vorliege, sondern das Auftreten einer besonderen vom Mosaik nicht direkt abhängigen Farbe sei dafür verantwortlich. Aber auch abgesehen von der Strittigkeit dieser Frage, die in einer anderen Arbeit noch zu besprechen sein wird, ändert sich dadurch nichts bezüglich der Möglichkeit, diese Erscheinung zu den zufälligen Chimären zu stellen. Obwohl es nicht möglich ist, die gefärbten Samen dem Aussehen nach der Ausgangsvarietät zuzuordnen, wird diese Färbung nicht vererbt und tritt nach den Angaben der genannten Autoren im Durchschnitt mit gleicher Häufigkeit in der Nachkommenschaft voll gefärbter (obscuratum) Samen, wie auch in der Nachkommenschaft gewöhnlich bunter Samen auf. TJEBBES hat zufällig die Arbeit von KAJANUS übersehen, aber obgleich er sie im Grunde wiederholt hat, doch ein prinzipiell neues Moment mit eingeführt. Nach aufmerksamer Beobachtung der topographischen Anordnung veränderter Samen im einzelnen Individuum ist er zu dem Schluß gekommen, daß er eine ,,volle Periklinalchimäre, welche sich nur als sektoriale zeigt", vor sich hat. Das Fehlen der Vererbung der ,,obscuratum-Form" der Samen spricht dafür, daß diese Chimären periklinal sind und die Tatsache einer äußerlich sektorialen Anordnung der mutierten Komponente weist darauf hin, daß die Periklinalnatur nur partiell ist. Aus verschiedenen Überlegungen heraus haben wir unserer Mitarbeiterin T. N. BELSKAJA empfohlen, nochmals diese Erscheinung an *Phaseolus vulgaris sph. hämatocarpus* SAV. einer der Grundrassen, welche in Georgien kultiviert werden, nachzuforschen. Bei dieser Rasse haben wir auch manchmal merkliche Samenmengen feststellen können, welche ,,Obscuratum"-Eigenschaften zeigten, und 2 Jahre lang haben wir deren Vererbungsmodus erforscht. BELSKAJA hat die Arbeit fortgesetzt und wird demnächst die Ergebnisse veröffentlichen (1933). Sie hat uns gestattet, folgendes mitzuteilen:

Tabelle 39.

A					B				
Eltern	Nachkommenschaft			Rechnungsjahre	Eltern	Nachkommenschaft			
Nr. des mütterlichen Busches, der aus der Nachkommenschaft des Busches vom Jahre vorher ausgesucht ist und die Prozentzahl des Obscuratumsamens	Zahl der berücksichtigten Büsche in der Nachkommenschaft	Gesamtzahl der Samen in der Nachkommenschaft	Prozentzahl der Obscuratumsamen in der Nachkommenschaft		Nr. des mütterlichen Busches, der aus der Nachkommenschaft des Busches vom Jahre vorher ausgesucht ist und die Prozentzahl des Obscuratumsamens	Zahl der berücksichtigten Büsche in der Nachkommenschaft	Gesamtzahl der Samen in der Nachkommenschaft	Prozentzahl der Obscuratumsamen in der Nachkommenschaft	
15/9—1927, 55,8% ↓ Obscuratumsamen[2] . . .	27	1085	9,309 ±0,882	1928	22/18—1927 ohne ↓ Obscuratum (157 Stück Samen) . . .	28	482	2,905 ±0,765	
1/IX—1928, 67,6% ↓ Obscuratumsamen[2] . . .	34 (23+11)[1]	4401	6,358 ±0,368	1929	1/XXV—1928 ohne ↓ Obscuratum (53 Stück Samen) . . .	38	2168	2,306 ±0,332	
9/IX—1929, 36,8% ↓ Obscuratumsamen[2] . . .	31 (28+3)[1]	2168	6,365 ±0,524	1930	13/XVII—1929 ↓ ohne Obscuratum (103 Stück Samen) . .	72	4831	2,132 ±0,208	
255—1930, 60,9% ↓ Obscuratumsamen[2] . . .	37 (24+13)[1]	2484	4,509 ±0,416	1931	99—1930 ohne ↓ Obscuratum (162 Stück Samen) . . .	63	5004	2,298 ±0,212	
277—1931, 52,5% Obscuratumsamen	Gewählt für die Saat im Jahre 1932				292—1931 ohne Obscuratum (164 Stück Samen)	Gewählt für die Saat im Jahre 1932			

"Solange wir die Vererbung der Obscuratumerscheinung auf demselben Wege untersuchten, wie KAJANUS (1914) und TJEBBES (1923) es taten, haben wir dieselben negativen Resultate erhalten wie sie. Im Laufe von 4 Jahren wurde eine bunte Nachkommenschaft erhalten, ohne gesetzmäßige Erhöhung der Obscuratumerscheinung oder eine Abschwächung dieser Erscheinung. Aber nach Durchführung einer ganz gewöhnlichen Analyse der Berechnung der Prozentzahl von Obscuratumsamen einmal von der Gesamtheit der Nachkommenschaft von am stärksten obscuratumtragenden Eltern und andererseits von solchen Eltern, welche nur gewöhnliche Samen besaßen, entstand ein ganz anderes Bild.

Die Tabelle 39 zeigt die Resultate einer systematischen Auslese von *Bohnen*-Büschen aus der Nachkommenschaft eines Busches, welcher einen großen Prozentsatz von Obscuratumsamen (A), und von einem anderen Busch, welcher diese Obscuratumerscheinung in seiner Nachkommenschaft in den Jahren 1927—1931 nicht zeigte (B) (s. Tabelle 39).

Wir können aus den Daten der Tabellen folgende Schlüsse ziehen: Die Büsche mit hoher Prozentzahl an Obscuratumsamen ergaben einen höheren Prozentsatz an Obscuratumsamen auch in der Nachkommenschaft als typische, welche nur gewöhnlichen Samen besaßen.

Der Unterschied ist in allen Fällen vollkommen sicher. Im Jahre 1928: $D/m_{Diff.} = 5{,}483$, im Jahre 1929: $D/m_{Diff.} = 8{,}286$, im Jahre 1930: $D/m_{Diff.} = 7{,}505$, im Jahre 1931: $D/m_{Diff.} = 4{,}713$.

Wir betonen nochmals, daß die erwähnte Verstärkung der Obscuratumerscheinung in der Nachkommenschaft der angegebenen obscuratumreichen Eltern während 4 Jahren gefunden worden ist, ohne daß je ein entgegengesetztes Bild auftrat. Außerdem soll noch bemerkt werden, daß in der Nachkommenschaft der gewöhnlichen Büsche Pflanzen mit so hohem Prozentsatz an Obscuratumsamen auftraten, wie an einzelnen Pflanzen der Nachkommenschaft solcher, welche an Obscuratum reich waren.

Die Untersuchung der Nachkommenschaft der einzelnen Sprosse hat gezeigt, daß die Teile eines und desselben Individuums die Obscuratumerscheinung in verschiedenem Maße vererben. Eine quantitative Beziehung der Obscuratumerscheinung zu (der speziellen Natur) des

Anmerkung zu Tabelle 39:
1. In Klammern steht an erster Stelle die Anzahl der Büsche, welche aus Obscuratumsamen hervorgingen und an zweiter Stelle die Anzahl der Büsche, welche von gewöhnlichen Samen abstammen.
2. Es ist gleichgültig, welche Samen dieser Büsche — gewöhnliche oder Obscuratumsamen — ausgesät werden. Die einen wie die anderen geben eine erhöhte Prozentzahl an Obscuratum in der F_1. Wichtig ist nur, daß der elterliche Busch im ganzen eine hohe Prozentzahl von Obscuratumsamen zeigte.

elterlichen Sprosses und seiner Nachkommenschaft wurde jedoch nicht festgestellt. Die Tabelle 40 demonstriert diese Analyse.

Tabelle 40. Vergleich der Nachkommenschaft einzelner Sprosse von Bohnen-Büschen (Büsche 205 und 203 der Ernte 1931).

Eltern					Nachkommenschaft 1931					
Nummer des Busches	Nummer vom Sproß	Prozentzahl der Samen dieses Sprosses	Die Zahl der berücksichtigten Büsche	Gesamtzahl der Samen	Zahl der gewöhnlichen Samen	Zahl der Obscuratum-Samen	Mittlere Anzahl der Obscuratum-Samen (M±m) %	Sicherheit des Unterschiedes		
205	I	47,7	32	1622	1612	10	0,617 ± 0,155			
	II	57,9	16	851	827	24	2,820 ± 0,567	II—I = 3,667		
	III	60,0	13	603	554	49	8,126 ± 1,111	III—II = 6,657		
	IV	55,5	10	350	333	17	4,857 ± 1,150	IV—I = 3,636		
	Σ	49,3	71	3426	3326	100	2,919 ± 0,288			
203	I	Ohne Obsc.	21	1118	1103	15	1,342 ± 0,344	I—II = 1,485		
	II	53,4	13	748	743	5	0,668 ± 0,297			
	III	100	34	2618	2465	153	5,844 ± 0,458	III—I = 7,857		
	IV	80,7	25	1120	780	340	30,357 ± 1,373			
	Σ	59,09	93	5604	5091	513	9,154 ± 0,385			

Bemerkung zu Tabelle 40:

Es ließ sich nicht immer feststellen, welcher von den Sprossen als Hauptsproß galt.

In der Nachkommenschaft des Busches 205 sind die Büsche mit dem höchsten Prozentsatz an Obscuratumsamen aus Samen eines Sprosses dritter Ordnung hervorgegangen.

In der Nachkommenschaft des Busches 203 gehen die Büsche mit größtem Prozentsatz an Obscuratumsamen aus den Samen von Sprossen vierter und dritter Ordnung hervor.

Die genaue Untersuchung der Verteilung der Erscheinung auf den Bohnenpflanzen und bei den Samen bestätigt die Annahme von TJEBBES (1923) bezüglich des Chimärencharakters dieser Erscheinung. Vergleichende Untersuchung von 29 derartigen haplochlamyden meriklinalen Chimären (s. JØRGENSEN) hat gezeigt, daß: 1. Bohnenhülsen mit lauter Obscuratumsamen oder einzelnen Obscuratumsamen in ihrem Auftreten nicht an ein bestimmtes Internodium der betreffenden Pflanze gebunden sind, 2. sie meistens auf einzelnen Seitensprossen gefunden werden, 3. sich an einem bestimmten Sproß die betreffenden Hülsen allgemein nach einer bestimmten Ordnung verteilen, 4. in der Regel die Anordnung der Obscuratumhülsen eine ontogenetische Verbindung unter ihnen festzustellen gestattet. Abweichungen werden durch gelegentliche Verschiebungen in der Entwicklungsmechanik, sowie durch Verletzungen erklärt.

Auf diese Weise bringt unsere Untersuchung ein prinzipiell neues Moment in die Frage der Obscuratumerscheinung. Wir haben in unserem Material eine partielle Vererbung dieser Erscheinung feststellen können, bei Berücksichtigung der Nachkommenschaft von Individuen im ganzen, nicht einzelner Samen oder einzelner Seitensprosse (s. S. 273—274). (Aber bezüglich der einzelnen Seitensprosse ist die Fortsetzung der Arbeit notwendig, denn wir haben sie nur in einer Generation verfolgt. Das ist selbstverständlich ungenügend, was auch unsere Untersuchung über die Vererbung ganzer Büsche zeigt. Wichtig ist es, das Resultat nach der Summe der Ergebnisse im Laufe mehrerer Jahre zu beurteilen).

Es wird also die verschiedene Fähigkeit zu der somatischen Mutation, welche die Obscuratumerscheinung ergibt, vererbt" (s. BELSKAJA, 1933).

Also gestatten die Daten von P. M. BELSKAJA zwar, die genannten Chimären aus der Gruppe der ganz zufälligen Chimären auszuschließen. Solange aber die Erblichkeit trotzdem sehr gering ist, besteht vorläufig keine Notwendigkeit dafür.

Abutilon „Andenken an Bonn" und andere buntblättrige Chimären. Endlich gehören zu den zufälligen natürlichen Chimären diejenigen Fälle buntblättriger Pflanzen, deren Struktur Chimärencharakter hat, aber deren Nachkommenschaft in der Farbe einer der Chimärenkomponente konstant bleibt; die Nachkommenschaft von Zweigen der abgespaltenen reinen Komponente zeigt sich entsprechend dem Mutterzweig gefärbt.

In vielen Fällen ist die Vererbung der Buntblättrigkeit aber nicht verfolgt worden. Deshalb kann eine Stellungnahme zu dem Wesen dieser Formen nur unvollständig sein. Die Abb. 194 und 195 zeigen eine weißrandige Chimäre von *Abutilon („Andenken an Bonn")*. Auf der ersten Abbildung ist ein Zustand mittlerer Reduktion der benachteiligten bunten Komponente und auf Abb. 195 ein noch weiteres Hervortreten der inneren grünen Komponente zur Darstellung gebracht worden. Hier wird besonders der bedeutend größere Umfang (2—5mal) der grünen Blätter im Vergleich mit den weißrandigen deutlich. Daraus geht ganz klar hervor, daß die Entwicklung der inneren Komponente im Chimärenblatt bedeutend gegen die Norm herabgesetzt sein kann. Hätte sie sich normal entwickelt, so wäre die Chimäre überhaupt nicht zustande gekommen, vielmehr wäre der äußere Mantel zerrissen worden. Dies ist aber nicht der Fall. Also beeinflußt der Chimärenmantel den Entwicklungsgrad der inneren Komponente, und es scheint dabei, daß diese Beeinflussung über die Grenzen einer rein mechanischen Einwirkung hinausgeht. Wenn man berücksichtigt, daß beide Chimärenkomponenten mit Plasmodesmen verbunden sind (in welcher Hinsicht wir die Angabe von A. MEYER, 1914, bestätigen), so kann man in den Plasmodesmen die Wege sehen, auf welchen die Übertragung etwaiger Einflüsse stattfindet. Weiter ist es wahrscheinlich, daß infolge des

Unterschiedes der Assimilationsintensität ein Partner auf den anderen nach Art eines Parasiten wirkt. Doch scheint uns dieser Umstand nicht besonders wichtig. Man kann tatsächlich unter den Chimärenblättern des genannten *Abutilon* immer solche finden, wo nur ein Blatteil sich

Abb. 194. *Abutilon* (Andenken an Bonn). Größere Blätter gehören der frei gewordenen inneren grünen Komponente an.

von der weißen Decke befreit hat, z. B. ein Lappen oder der Bezirk eines Lappens. Auch das kommt vor, daß nur ein ganz kleines grünes Bezirkchen, welches vollkommen durch weißes Gewebe von dem übrigen grünen Teil der Einschachtelung isoliert ist, sich befreit. In allen solchen Fällen entwickeln diese selbständigen grünen Teile einen Umfang, welcher der Entwicklungsform der reinen grünen Komponente entspricht. Es ist zweifellos sicher, daß in diesen Blättern sich die gewissermaßen parasitierende weiße Außenschicht nicht nur auf Kosten der genau darunter liegenden inneren Komponente ernähren kann, sondern es müssen an der Ernährung hier selbstverständlich auch die freien Teile der inneren Komponente mit teilnehmen. Wenn sich diese trotzdem normal entwickeln, sogar bei vollkommener Unterbrechung der Verbindung zwischen dem isolierten grünen Bezirk und dem übrigen grünen Teil, dann kann man wohl sagen, daß der parasitische Einfluß des weißen Mantels verhältnismäßig gering sein muß. Zu demselben Schluß führt auch der direkte Vergleich der Masse des parasitierenden Gewebes mit der Masse des grünen Gewebes. Es ist kaum anzunehmen, daß lediglich durch die parasitische Ausnutzung der grünen Komponente durch die weiße eine so weitgehende Reduktion der grünen Komponente stattfindet, wie es beim Vergleich eines sich frei entwickelnden grünen Blattes mit einem „parasitierten" Blatte der Fall ist. Selbstverständlich geben wir zu, daß man außer den angestellten Überlegungen noch direkte physiologische Versuche und Berechnungen hätte anstellen müssen, um dieses Problem genügend zu behandeln. Uns aber scheint das Gesagte schon genügend zu demonstrieren, daß nicht nur die Aufnahme von Nahrung und die mechanische Beengung den Einfluß der äußeren Komponente auf die innere hinreichend erklären kann.

Abb. 195. *Abutilon* (Andenken an Bonn). Frei gewordene grüne Komponente hat die Entwicklung der Chimärensprosse unterdrückt. Links unten Blätter mit weißem Rand.

Es ist interessant, dem Mitgeteilten noch hinzuzufügen, daß man genau wie in den natürlichen und künstlichen Chimären eine Reihe von Latenzgraden individueller Wuchseigenschaften (wahrscheinlich aber auch anderer Eigenschaften) der inneren Komponente feststellen kann.

Bei unserer *Abutilon*-Chimäre geht die erwähnte Wachstumseigenschaft vollkommen in den latenten Zustand über, während bei einigen natürlichen Chimären von *Pelargonium* besonders bei dichlamyden (in geringerem Grade bei trichlamyden) unserer Pfropfchimären sich die Wuchseigenschaften zum Teil zeigen. Es kommt dann eine Blattdeformation zustande. An den Sprossen mit Blüten haben wir diese Deformation nicht feststellen können.

Wir haben schon darauf hingewiesen, daß das Heraustreten der grünen Komponente bei dieser und bei anderen Chimären nicht nur in Form einzelner Seitensprosse, sondern auch in Form verschiedener Bezirke auf der Blattspreite vorkommen kann. Die dabei möglichen Lagerungsfälle haben wir folgendermaßen klassifiziert (1928):

1. **Isolation am Rande**: Ein oder mehrere kleine grüne Bezirke am Blattrand sind bloßgelegt.

2. **Isolation an Blattzähnen oder Blattlappen**: Während das Zentralgebiet der Blattspreite und die übrigen Zähne oder Lappen völlig ihren Chimärencharakter bewahren, haben sich einer oder mehrere Zähne freigemacht.

3. **Tiefe Isolation**: Ein oder mehrere Blattzähne, Blattflügel und ein Teil der Zentralzone der Blattspreite haben sich freigemacht.

4. **Inselförmige Isolation**: Einer oder mehrere grüne Bezirke sind bloßgelegt, jeder von ihnen ist durch Chimärengewebe umgeben.

5. **Gemischte Isolation**: Grüne Bezirke sind als unregelmäßiges Mosaik an beliebigen Stellen der Blattspreite bloßgelegt.

Die erwähnten Typen sind durch Übergänge verbunden. In allen Fällen ist die Grenze zwischen der weißen Decke und dem freigelegten grünen Gewebe zu sehen. In allen Fällen ist ferner das Wachstum der rein grünen Bezirke bedeutend stärker als in den Chimärenregionen, wodurch entsprechende Störungen der Form- und Oberflächengestaltung des Blattes zustande kommen.

Wir haben persönlich keine Gelegenheit gehabt, das Freiwerden der inneren Komponente bei solchen buntblättrigen Chimären sorgfältig zu untersuchen, die vor unseren Augen durch somatische Mutation entstanden waren. DARWIN aber (1875 V, I, S. 409) schreibt darüber:

> "It is remarcable that plants propagated from branches which have reverted from variegated to plain leaves, do not always or never (as one observer asserts) perfectly resemble the original plainleaved plant, from which the variegated branch arose: it seems that a plant, in passing by bud-variation from plain leaves to variegated, and back again from variegated to plain, is generally in some degree affected so as to assume a slightly different aspect."

Es wäre sehr interessant, diese Beobachtungen zu wiederholen.

Als zufällige Chimären bezeichnen wir auch haplochlamyde, partiell periklinale Chimären bei *Myosotis* wie sie CHITTENDEN (1925) entdeckt hat. Bei regelmäßig radial sternförmiger Färbung der Blütenblätter auf weißem Grund an den Mutterblüten war die Nachkommenschaft ganz weiß. Auf Abb. 196 links ist die buntblättrige Chimäre *Evonymus japonica fol. argenteo-marginatis* mit einem rein grünen Sproß (oben

Abutilon „Andenken an Bonn" und andere buntblättrige Chimären. 745

links) und einem rein weißen Sproß (unten) dargestellt. An allen bunten Blättern ist die verschieden starke Intensität der grünen Verfärbung an verschiedenen Teilen der Spreite zu sehen (vgl. RISCHKOW, 1927). Interessant ist auch, daß der Unterschied in der Größe der rein grünen und bunten Blätter in dieser Chimäre gering ist. Die rein weißen Blätter und Sprosse dagegen haben deutlich geringere Ausdehnung. Wir haben

Abb. 196. *I Evonymus japonica fol. argenteo-marginatis.* Periklinale Struktur. Unten fast rein weiße Sprosse, links oben rein grüne Sprosse (innere Komponente). *II Evonymus verrucosus* (SCOP.) (sektorial-meriklinal). Im übrigen s. Text.

bei einigen anderen Varietäten des buntblättrigen *Evonymus* den Austritt der grünen Komponente mit kräftigeren Sprossen, welche bedeutend (3—4mal) größere Spreiten bildeten als die bunten Blätter, beobachtet. Es scheint, als ob ein derartiges Verhalten der grünen Sprosse im Zusammenhang mit der Zeit ihrer Bildung steht. Die Frühjahrssprosse sind nämlich besonders mächtig. Man wird also bei der in der Abbildung dargestellten Evonymusvarietät unbedingt noch die grünen Sprosse aus verschiedener Ausbildungszeit untersuchen müssen.

Bei der dargestellten *Evonymus*-Chimäre haben wir sehr selten eine partielle Bloßlegung der grünen Komponente in den Grenzen der Blattspreite gesehen. Selten wurden auch einzelne grüne Blätter bloßgelegt.

Als Regel kann gelten, daß ganze grüne Sprosse „chimärisiert" waren. Oft begegnet man aber auch weißen Blättern auf buntblättrigen Sprossen, jedoch in der überwiegenden Mehrzahl der Fälle nur dort, wo die weiße Komponente bedeutend größere Blattflächen besitzt als die grüne.

Abb. 197. In der Mitte *Nerium oleander* (natürliche Periklinalchimäre). Unterer Sproß links periklinal. Sproß rechts unten rein weiße äußere Komponente mit einzelnen Chimärenblättern. Mittlerer Sproß rein grüne Komponente, beim Pfeil auf die Chimäre gepropft. Links *Pelargonium zonale* und *Evonnymus japonicus*. Vgl. Abb. 196. Rechts mosaikartig buntblättrige *Hedera*, Chimärennatur genetisch nicht festgestellt.

Alle diese Umstände sind sehr interessant im Zusammenhang mit der Entwicklungsmechanik derartiger Chimären und mit dem Problem der gegenseitigen Beziehungen der beteiligten Komponenten. Übrigens sind die gegenseitigen Beziehungen der Symbionten bei diesem Typ von Periklinalchimären keineswegs gleichmäßig. Dies erscheint uns, wie oben schon gesagt wurde, sehr wichtig deshalb, weil es zeigt, daß die gegenseitigen Beziehungen der beiden Komponenten für einzelne Arten

Abutilon „Andenken an Bonn" und andere buntblättrige Chimären. 747

spezifisch sein können und man sie also nicht als einfaches fast mechanisches Nebeneinander zweier verschiedener Genotypen ansehen darf. Vielmehr dürfte die gegenseitige Wirkung, welche zwischen ihnen stattfindet, tiefer sein, wenn auch keine spezifischen genotypischen Eigenschaften übertragen werden.

Auf Abb. 197 in der Mitte ist eine Periklinalchimäre von *Nerium oleander* mit weißem Gewebe als Außenmantel dargestellt. Eigentlich ist die Periklinalchimäre nur ein kleinerer Sproß unten am Busch. Außerdem sind drei Blätter von dem unteren Knoten des weißen Sprosses chimär gebaut. Der auf der Abbildung dunklere, rein grüne Sproß entwickelt sich im allgemeinen viel stärker, während die Größe seiner Blätter die der bunten fast gar nicht überragt (der kleine bunte Sproß ist noch nicht voll entwickelt). Doch sind die grünen Blätter etwas größer als die weißen. Vom Standpunkt der Entwicklungsmechanik ist dieses Vorkommen periklinaler Struktur (unten am weißen Sproß) an einzelnen, nicht aber an allen Blättern der Mutation, interessant.

Die grüne Komponente als Innere ist also nur in einzelnen Blättern aufgetreten, da sie sich nur in einem kleinen Bezirk des Vegetationskegels entwickelt hat. D. h. innerhalb des unteren Stengelteiles ist ein schmaler Zug der grünen Komponente vorhanden, welcher die ersten Chimärenblätter abgezweigt hat und dann weiterhin mit seinen apikalen Enden in das Innere des Blatthügels, der so das letzte chimär gebaute Blatt des Sprosses darstellte, eingetreten ist. Auf diese Weise hat sich der Vegetationskegel von dem grünen Partner befreit und hat sich weiter als rein weißer Sproß entwickelt. Wir haben es hier also mit einem Fall des früher (S. 622) erwähnten Typs der „vorübergehenden" Chimäre — nur hier bei natürlichem Vorkommen — zu tun. Wir kennen meriklinale vorübergehende Chimären; hier ist eine periklinale Chimäre angegeben und endlich gibt es noch „vorübergehende" Kreuzungschimären (s. S. 722).

T. N. BELSKAJA übergab mir eine von ihr in der Gegend von Moskau gefundene, anscheinend sektorial gebaute Chimäre von *Evonymus verrucosus Scop.*, welche die Abb. 196, II darstellt. Da wir ihre natürliche Entwicklung studieren wollten, haben wir sie noch nicht anatomisch untersucht. Wir nehmen sektoriale Struktur nicht nur nach der äußeren sektorialen Anordnung der weißen Komponente an, sondern auch deshalb, weil während unserer dreijährigen Beobachtung diese Chimäre niemals eine periklinale Bildung, einerlei, ob es sich dabei um Sprosse oder einzelne Blätter handeln mag, gezeigt hat. Stets entwickelten sich nur äußere sektoriale Bildungen. Wenn diese Chimäre meriklinal wäre, was auf Grund der Daten von JØRGENSEN angenommen werden könnte, so wären nach der Art der Anlage neuer Sprosse und Blätter alle Aussichten für eine Entwicklung periklinaler Bildungen vorhanden gewesen. Aller Wahrscheinlichkeit nach handelt es sich bei dieser Chimäre um eine wirklich zufällige.

Nebenbei mag noch eine interessante Beobachtung mitgeteilt werden, welche wir an diesem Individuum anstellen konnten. Es wurde aus dem Walde im Herbst 1928 ausgegraben, in einen Blumentopf mit Walderde eingepflanzt und zur Winterszeit mit dem in die Erde eingegrabenen Topf unter freiem Himmel in der Gärtnerei belassen. In der Vegetationsperiode 1929 entwickelte sich die Chimäre vollkommen normal. Im Winter 1929/30 wurde die Pflanze ins Treibhaus gebracht, wo sie wie normalerweise unter freiem Himmel zur gewöhnlichen Zeit ihre Blätter verlor. Sie blieb aber im Frühling 1930 im Wachstum stehen, trotzdem sie Anfang Mai von neuem ins Freie gebracht wurde. So lebte sie im blattlosen Winterzustand die ganze Vegetationsperiode 1930 hindurch. Im Winter 1930/31 wurde sie, wie zuerst, draußen gelassen, worauf sie im Frühling 1931 ihre Knospen ganz normal entfaltete und sich während der ganzen Vegetationsperiode völlig normal entwickelte. Wir haben die Absicht, im Winter 1931/32 das Experiment zu wiederholen, indem wir sie wieder in das Treibhaus setzen. Der Befund ist vom Standpunkt der Charakterisierung des Einflusses der winterlichen Fröste auf die Entwicklung der Pflanzen von Interesse. In unserem Falle, wie übrigens auch in vielen anderen (s. z. B. Winterkorn), rief die Wintertemperatur bestimmte Prozesse in der Pflanze hervor, von welchen offenbar das Erwachen im Frühling und die weitere Entwicklung abhängen.

Zum Schluß sei als Beispiel für buntblättrige natürliche Chimären die von uns unweit Zwenigorod (Bezirk Moskau) aufgefundene buntblättrige Chimäre *Vaccinium vitis idaeae* L. angeführt (vgl. Abb. 198).

Das eine Exemplar hatte mosaikbunte Blätter (Abb. 198, 3, 4, 5), während das andere sektorialbunte Blätter hatte neben mosaikbunten mit sektorialen Merkmalen an einem anderen Sproßzweig (Abb. 198 1 u. 2). Übrigens konnten auf den grünen Arealen sektorialbunter Blätter einige bunte Fleckchen festgestellt werden. Ähnlich fanden sich auch auf den mosaikbunten Blättern des ersten Exemplars (Abb. 198 3, 4, 5) stellenweise Spuren sektorialer Farbverteilung. Die Abb. 199 zeigt die Querschnitte einiger von diesen Blättern. Danach läßt sich über die Strukturverhältnisse das folgende sagen:

Vom Standpunkt ihrer Struktur stellen die mosaikbunten und die sektorialbunten Blätter ganz verschiedenartige Chimären dar. Neben den schon erwähnten Fällen einer Kombination von mosaikartiger und sektorialer Verteilung innerhalb desselben Blattes finden sich auch noch kompliziertere Verhältnisse.

a) Auf ein und demselben Blattareal finden sich gleichzeitig Mosaik- und Sektorialstrukturen. Abb. 199 III m Bezirk u-M stellt eine Periklinalchimäre dar, bei welcher aber die innere grüne Komponente mosaikartig eingeschlossen ist. Wir wollen diesen Chimärentypus als „I-trägerförmige Periklinalchimäre" bezeichnen. Dabei soll bei der Verwendung des Ausdrucks „I-Träger" nur eine gewisse morphologische Analogie hervorgehoben werden, keineswegs aber ist dabei an irgendeine mechanische Parallele, die bekanntlich in der Pflanzenanatomie behandelt wird, gedacht.

b) Das Areal *e—k* des Schnittes IV m ähnelt dem eben beschriebenen Chimärentypus, zeigt aber die Komplikation, daß weiße „I-Träger-

Abutilon „Andenken an Bonn" und andere buntblättrige Chimären. 749

Füllungen" (*e—s* und *i—k*) in dem Mesophyll durch eine horizontale Schicht verbunden sind. So haben wir also in dem Bezirk *s—i* drei

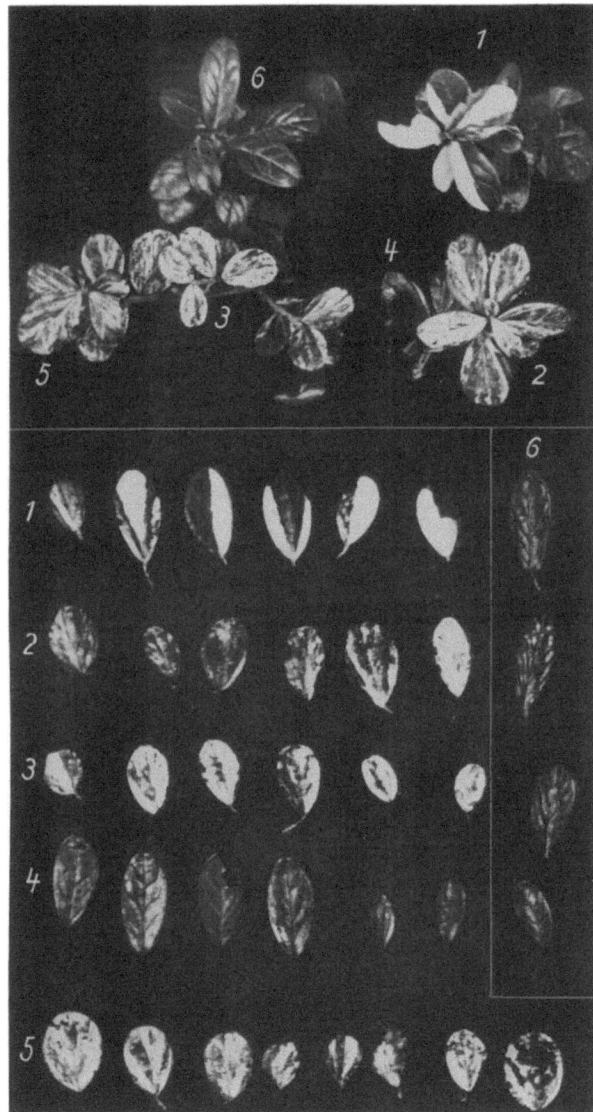

Abb. 198. *Vaccinium vitis idaea* L. buntblättrig (s. Text).

Schichten von abwechselnd weißem und grünem Gewebe. Hier hätten wir es also mit einer Schichtperiklinalchimäre zu tun. Der ganze

Abschnitt e—k stellt also eine I-trägerförmige Schichtchimäre dar. Es ist klar, daß die durch die echten I-Träger-Chimären und die I-Träger-

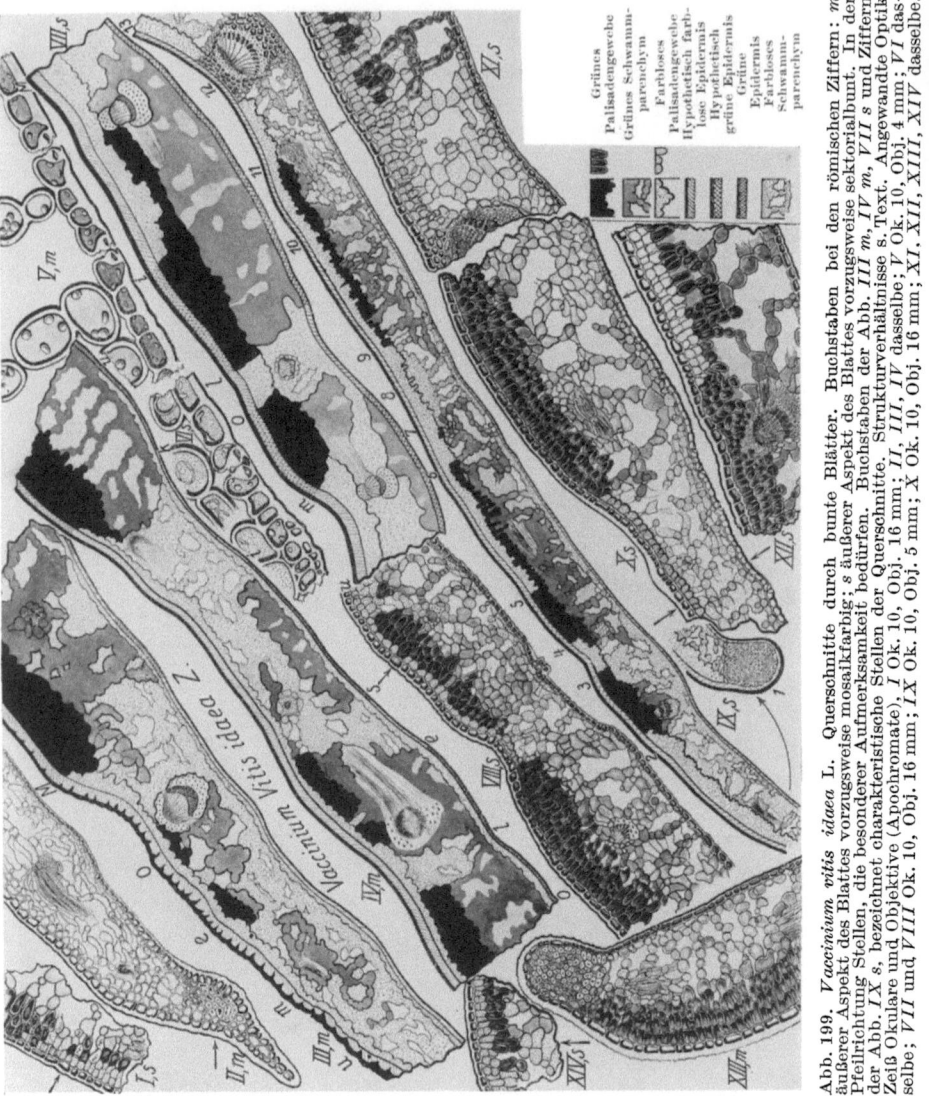

Abb. 199. *Vaccinium vitis idaea* L. Querschnitte durch bunte Blätter. Buchstaben bei den römischen Ziffern: *m* äußerer Aspekt des Blattes vorzugsweise mosaikfarbig; *s* äußerer Aspekt des Blattes vorzugsweise sektorialbunt. In der Pfeilrichtung Stellen, die besonderer Aufmerksamkeit bedürfen. Buchstaben der Abb. III *m*, IV *m*, VII *s* und Ziffern der Abb. IX *s*, bezeichnet charakteristische Stellen der Querschnitte. Strukturverhältnisse s. Text. Angewandte Optik Zeiß Okulare und Objektive (Apochromate). *I* Ok. 10, Obj. 16 mm; *II*, *III*, *IV* dasselbe; *V* Ok. 10, Obj. 4 mm; *VI* dasselbe; *VII* und *VIII* Ok. 10, Obj. 16 mm; *IX* Ok. 10, Obj. 5 mm; *X* Ok. 10, Obj. 16 mm; *XI*, *XII*, *XIII*, *XIV* dasselbe.

Schichtchimären hindurchgehenden weißen Bezirke einfach weiße Sektoren in einer „Mosaikperiklinalsektorialchimäre" sind. Mit diesem Ausdruck wollen wir die unter III m, IV m angegebenen Typen bezeichnen (vgl. Abb. 199).

Abutilon „Andenken an Bonn" und andere buntblättrige Chimären. 751

c) Abb. 199 XII s zeigt im rechten Teile die weiße Schicht nur auf der Oberseite des Blattes, während unten bis zur unteren Epidermis einschließlich sich nur grüne Komponente befindet. Diese Struktur kann ihrem Wesen nach meriklinal (JØRGENSEN, 1928) oder partiell trichlamyd genannt werden. Abb. 199 VIII s stellt links bis zum ersten Gefäßbündel einen rein grünen Sektor eines hauptsächlich sektorial gefärbten Blattes dar. Weiter findet sich bis zur Bezeichnung VIII s auch ein grünes Areal, bei dem aber die untere Epidermis und Subepidermis weich sind. Unterhalb der Bezeichnung VIII s findet sich eine I-Träger-Füllung eines rein weißen Sektors. Weiterhin sehen wir das Areal einer Periklinalchimäre und rechts den Bezirk einer gemischten meriklinal mosaikförmigen Chimäre. Das ganze Blatt VIII s kann also als sektorial-meriklinal-mosaikförmig bezeichnet werden. Wir haben in dieser komplizierten Bezeichnung die einzelnen Charakteristika in der Reihenfolge ihres quantitativen Auftretens angeordnet.

Nach dem soeben Gesagten bezeichnen wir also die Struktur, welche durch Abb. 199 IX s vertreten wird, (12 = Hauptader) als „sektorial-periklinal-meriklinal-mosaikförmige" Chimären. Bezeichnungen: 1—2- weißer Sektor; 2—3 Meriklinalsektor; 3—4 Periklinalsektor; 4—5 Meriklinalsektor; 5—6 dichlamyder Periklinalsektor; 6—7 oben tri- unten dichlamyder Meriklinalsektor; 7—8 weißer Sektor; (I-Träger-Füllung). 8—9 T-trägerähnlicher Sektor; 10—11 oben tri- und unten polychlamyder Periklinalsektor; 11—13 weißer Sektor.

2. Färbungsverhältnisse (Chlorophyll in der Epidermis). Da die Arbeit von RISCHKOW (1927) einen guten Überblick über die Frage der Färbungsverhältnisse bei Chimären gibt, so können wir uns hier weitere Literaturangaben sparen. Seit 1927 bis zu unserer vorliegenden Untersuchung scheinen keine neuen Arbeiten über dieses Problem erschienen zu sein (SABNIS, 1932). In unserem Material fehlte das Chlorophyll in der oberen Epidermis der Blätter vollkommen, sowohl in den äußerlich grünen als auch in den äußerlich weißen Arealen. Wir standen also vor einer Frage, mit welcher sich die früheren Autoren nicht befaßt hatten, nämlich, in welchem genetischen Verhältnis die obere Epidermis des äußerlich grünen Areals zu der grünen Komponente steht, und in welchem zu der inneren weißen Komponente eines äußerlich weißen Blattareals. Es ist ja die Möglichkeit nicht von der Hand zu weisen, daß sich bei der unteren Epidermis chlorophyllose Bezirke des weißen Areals in gewissem Grade über das angrenzende grüne Areal ausgebreitet haben und umgekehrt (vgl. Abb. 199 VIII s links unten und Abb. 199 IV m rechts unten). Als Maximalumfang derartiger Areale haben wir 16 Zellen beobachtet. Von der Lösung dieser Frage hängt es ab, ob wir die vorliegende Struktur als echt sektorial oder als haplochlamyd periklinal anerkennen wollen. Theoretisch genommen kann dies in gewissen Fällen auch von praktischer Bedeutung sein. Wenn nämlich Chimären

vorliegen, welche eine in bezug auf bestimmte Krankheiten immune Epidermis besitzen, so wäre es wichtig zu wissen, ob sich diese Epidermis über die ganze Oberfläche der Chimäre verbreitet, oder ob die innere Komponente an bestimmten Stellen frei geworden ist. Man kann darüber in manchem Falle, wo andere Indikatoren fehlen, im unklaren sein. Bei Durchsicht von Abbildungen unserer Präparate erhielten wir den Eindruck, daß im großen und ganzen die Zellen der oberen Epidermis über den rein weißen Sektoren etwas kleiner seien als über den rein grünen Sektoren. Vgl. Abb. 199 VIII s in Richtung der Pfeile. Wir haben durch W. J. BASAWLUK diese Zellen unter unserer Kontrolle genau messen und entsprechende statistische Berechnungen anstellen lassen. Je fünf Zellen über rein weißen und rein grünen, einander benachbarten Arealen wurden gemessen. Es wurden dazu Querschnitte durch verschiedene Teile des Blattes gemacht. Da aber nur benachbarte Zellen der aneinander angrenzenden weißen und grünen Blattareale verglichen wurden, so hatte die Variabilität der Zellenlänge in verschiedenen Blattteilen keinen Einfluß auf den endgültigen Schluß. Im Gegenteil wurde unser Ergebnis dadurch verallgemeinerungsfähiger, da es sich prinzipiell auf jeden beliebigen Teil des Blattes beziehen läßt. Von dem Ort des Querschnitts kann nur die absolute Durchschnittsfläche der weißen und grünen Zellen abhängen, keineswegs ihr Verhältnis zueinander. Die Analyse von W. J. BASAWLUK hat nun gezeigt, daß die Durchschnittsfläche der erwähnten Zellen über den grünen Arealen beträgt: $Mg = 23{,}793 \pm 0{,}378$ und die Durchschnittslänge über benachbarten rein weißen Arealen $Mw = 21{,}707 \pm 0{,}343$. Die Glaubwürdigkeit der Differenzen beträgt $D/m_{Diff.} = 4{,}197$, d. h. also, daß an unserem Material statistisch bewiesen wurde[1], daß die Zellen über den grünen Bezirken im Durchschnitt größer sind als über den angrenzenden weißen. Man kann also auf statistischem Wege stets bestimmen, welcher der beiden transgredierenden Variationskurven eine einzelne vorliegende Variante angehört. Damit erscheint es auch möglich, die genetische Zugehörigkeit dieser Variante zum weißen oder zum grünen Partner der Chimären zu bestimmen. Allerdings müßte man zu dem Zwecke die erwähnten Durchschnittsgrößen für verschiedene Zonen des Blattes besonders bestimmen, weil nach verschiedenen Blattbezirken die Zellgröße unabhängig von ihrer Variation auf Grund der Färbung nochmals variiert. Man muß aber dabei im Auge behalten, daß die Querschnittserstreckung einer Epidermiszelle keineswegs immer bei jeder einzelnen Variante die tatsächliche Ausdehnung charakterisiert. Das würde nicht einmal bei isodiametrischen Epidermiszellen der Fall sein und noch viel weniger also bei solchen, welche eine unregelmäßige, gewellte Form besitzen. Es ist danach klar, daß die Querschnittsgröße davon abhängt, an welcher Stelle der Zelle der Schnitt durchgeführt worden ist. Also gleichen die

---

[1] s. S. 273—274.

Durchschnittslängen nicht nur die wahren Zellängen aus, sondern auch alle Unterschiede, die zufällig durch die Schnittlage zur Zelle bedingt sind. In Wirklichkeit dürfte die Variation der wahren Längen weißer und grüner Zellen in der Tat noch unbedeutender sein als die Variation der hier gefundenen Größen. Man würde also zweckmäßiger eine planimetrische Ausmessung der Zellflächen auf genau ausgeführten Zeichnungen vornehmen. Die Schwierigkeit liegt hier nicht so sehr in der Messung als solcher als vielmehr in der Feststellung der wirklichen Grenzen rein weißer und rein grüner Bezirke. Sobald bei der hier mitgeteilten Messung diese Grenzen nicht hinreichend exakt beachtet wurden, so war die Differenz der Zellängen nicht mehr reell zu werten. Nämlich $Mg = 23{,}681 \pm 0{,}693$, $Mw = 21{,}798 \pm 0{,}300$; $D/m_{Diff.} = 2{,}493$. Daraus könnte ein prinzipieller Einwand gegen die Aufstellung unserer Probleme überhaupt abgeleitet werden: Die Differenz in der Zellgröße über den grünen und weißen Bezirken braucht nicht durch verschiedene genetische Eigenschaften dieser Zellen, sondern könnte einfach durch ernährungsphysiologische Unterschiede bedingt sein. Allerdings können wir darauf erwidern, daß die Höhe der Zellen sowohl über den grünen als über den weißen Geweben dieselbe bleibt. Ferner können folgende Tatsachen herangezogen werden: Erstens daß sowohl die Breite als auch die Länge der subepidermalen Palisadenzellen unabhängig davon ist, ob sie selbst einem rein weißen Areal oder einem grünen Bezirk angehören (s. Abb. 199 VIII s; XI s, XII s, X s). Hier findet keine Vergrößerung der weißen Zellen über grünem Gewebe statt. Soweit es ohne besondere Berechnungen und Messungen möglich war, wurde für die grünen Zellen das Entsprechende beobachtet. Allerdings kommen gelegentlich Fälle vor, wo grüne Zellen, welche zwischen weiße eingestreut sind, etwas kleiner sind (s. Abb. 199, I s und XI s; Richtung der Pfeile). Aber auch entgegengesetzte Bilder kann man finden. (s. z. B. Abb. 199 XIV s; streng in der Richtung der Pfeile).

Zweitens spricht für die genotypische Bedingtheit der Unterschiede in der Zellgröße unserer Epidermis die Tatsache, daß bei gleicher Breite der weißen und grünen Zellen des Palisadengewebes die Epidermis sowohl über weißen als über grünen Arealen glatt bleibt. Wir müßten aber eine gewellte Epidermis erwarten, wenn sich die einem grünen Areal gegenüberliegenden weißen Epidermiszellen infolge verstärkter Ernährung stärker entwickelt hätten.

Also nehmen wir bis auf weiteres Unterschiede in der Durchschnittsgröße der Epidermiszellen über weißen und grünen Blattbezirken als genotypisch bedingt an. Wir bezeichnen also eine Epidermis, die über grünen Blattarealen (die mit weißen benachbart sind) liegt, als hypothetisch grün. Wir wollen damit sagen, daß wir ohne spezielle Messungen und statistische Berechnungen nicht immer mit Sicherheit behaupten können, daß es sich hier nicht um eine aus dem weißen Areal hineingedrungene Epidermiszelle handelt. Das gleiche gilt auch für die angrenzenden weißen Bezirke. Aber auf den Abbildungen haben wir derartiges nicht bemerkt.

Endlich haben wir noch die untere Epidermis zu erwähnen. Hier liegen die Verhältnisse viel klarer. Auf rein grünen Arealen ist die Epidermis eindeutig chlorophyllhaltig. Die Epidermis rein weißer Areale ist in der Regel chlorophyllos. Sehr selten ist Chlorophyll in den Schließ- und Nebenzellen der Spaltöffnungen vorhanden. Obgleich wir Apochromate benutzen, können wir aber auch diese Tatsache nicht mit voller Bestimmtheit behaupten. Dies gilt besonders für die Schließzellen, deren Zellräume sehr klein sind (s. Abb. 199 V m und VI s). Ferner haben wir uns mit solchen Fällen befaßt, wo die untere Epidermis chlorophyllhaltig war in Bezirken, die eine weiße Subepidermis zeigten, während darüber massiv grünes Gewebe zu finden war (s. Abb. 199 III m, IV m) (vgl. aber außerdem noch Abb. 199 IX s). Am leichtesten wären diese Tatsachen zu erklären, wenn man annehmen würde, daß hier lediglich ein Eindringen genetisch grüner Epidermis oder umgekehrt ein Eindringen weißer Subepidermis in grünes Gewebe stattfände. Aber die ziemlich strenge Übereinstimmung zwischen der Ausdehnung der grünen Epidermisbezirke und der über ihr liegenden grünen Mesophyllmassen, läßt uns diese Erklärung für unwahrscheinlich halten. Man würde hier also eine physiologische Wirkung der grünen Gewebsmassen auf die genetisch weiße Epidermis durch die Zwischenschicht des weißen Gewebes hindurch zulassen müssen. Das wäre zwar gewagt, doch finden wir in der Literatur schon ähnliche Erklärungen (s. z. B. S. 735 u. 766

Wegen Mangels an Material haben wir die Zellen der eben erwähnten Epidermisbezirke nicht gemessen. Doch sind wir der Meinung, daß solche Messungen bei der Bestimmung der genetischen Zugehörigkeit dieser Bezirke der weißen oder grünen Komponente der Chimäre von Nutzen sein werden.

Endlich wollen wir unsere Aufmerksamkeit der außerordentlichen Verschmälerung des Blattquerschnitts an den Stellen zuwenden, wo rein weiße Areale vorliegen, oder wo in einem gemischten Bezirk der weiße Anteil verhältnismäßig stark ist. Abb. 199 IV m im Bezirk $i-k$, sowie VIII s und X s illustrieren diese Verhältnisse. Abb. 199 X s, welche den Mittelteil eines Blattes darstellt, bringt die weitestgehende Verkleinerung des Blattquerschnittes, welche wir überhaupt gefunden haben, zur Anschauung (s. Richtung der Pfeile). Beispiele der zweiten Möglichkeit sind z. B. das Areal 1 (Abb. IV m) sowie die Bezirke $s-i$ und $i-k$ derselben Abbildung sowie eine Reihe anderer Stellen. Alle diese Fälle sprechen dafür, daß der Durchtritt der Assimilate in die weißen Gewebe aus den Geweben der angrenzenden grünen Bezirke ungenügend oder gehemmt ist, insbesondere in einer zur Oberfläche des Blattes parallelen Richtung. Im entgegengesetzten Falle hätten wir entweder einen allmählicheren Übergang der Dicke des Blattes von grünen zu weißen Sektoren als wir ihn in Wirklichkeit finden (vgl. Abb. 199 X s) oder bei einem sehr kleinen weißen Bezirk, wie z. B. Nr. VIII s, dürfte ein Dünnerwerden der Spreite überhaupt nicht eingetreten sein.

Wir sehen also, daß viele natürliche Chimären reiches Material für das Studium komplizierter struktureller Verhältnisse darbieten und auch das Verständnis physiologischer Verhältnisse bei Chimären fördern können.

Natürliche Chromosomenchimären. Auf S. 710, 728 dieses Kapitels haben wir erwähnt, daß die bekannten natürlichen Chimären in einzelnen Bezirken oder sogar in einzelnen Organen sich nach dem Chromosomenmerkmal unterscheiden.

Gewöhnlich kommen diese Veränderungen darauf hinaus, daß sich die Zahl der Chromosomensätze ändert, oder daß Eliminierungen einzelner Chromosomen auftreten. Bei den Kreuzungschimären haben wir drei Fälle erwähnt, welche nach der gegenwärtigen Einteilung auch zu den natürlichen zufälligen Chimären gestellt werden könnten.

Weiter finden wir bei Behandlung der Stimulationschimären sehr ähnliche Erscheinungen. Aber, wie oben gesagt wurde (S. 727 dieses Kapitels), ist bei den Stimulationschimären das Vorhandensein irgendwelcher Momente wahrscheinlich, welche über die Grenzen einer einfachen meristematischen Variabilität des Chromosomenapparates hinausgehen.

Hier sollen noch einige Beispiele für offensichtlich zufällige natürliche Chromosomenchimären, welche unserer allgemeinen Bestimmung des Chimärenbegriffes genügen, angeführt werden (s. S. 602).

Es scheinen in der Natur Verhältnisse vorzukommen, welche denen entsprechen, die GERASSIMOW (s. unsere S. 711 f.) und andere Autoren bei *Spirogyra* und bei anderen Algen und bei Blütenpflanzen (NĚMEC) auf experimentellem Wege geschaffen haben.

WISSELINGH (1909) beobachtete nämlich bei *Spirogyra triformis* (n. sp.) und *Spirogyra setiformis* (ROTH Kg) Zellen mit gegenüber der Norm vergrößerten Kernen, d. h. eine Veränderung, welche bei dieser Alge auf dem Wege einer Abkühlung oder einer Anästhesierung bei der Zellteilung hervorgerufen werden kann, und welche durch die größere Chromosomenzahl oder jedenfalls größere Chromatinmenge in den vergrößerten Kernen charakterisiert wird.

GERASSIMOW (1898, S. 10—12) hat, wenn auch nicht direkt in der Natur, so doch in der Kultur ohne irgendwelche besondere darauf hinzielende Einwirkungen folgende zwei Fälle gefunden.

1. Zuerst wurde ein Faden der *Spirogyra majuscula* (KTZ), deren Zellen zweikernig waren, gefunden. Bei Beobachtung der Kopulation der zweikernigen Zellen konnte man zuweilen Parthenosporen finden. Wenn zwei benachbarte, weibliche Zellen mit einer und derselben männlichen Zelle kopulieren, so bleibt eine von beiden ohne Verschmelzung mit dem männlichen Protoplasten. Doch bildet sich dem ungeachtet

eine Parthenospore von geringeren Dimensionen als die benachbarte befruchtete Zygote. Sie umkleidet sich sogar noch mit der ersten Haut. Wir haben hier also eine eigenartige, natürliche zufällige Kreuzungschimäre vor uns. Ihr weiteres Schicksal konnte nicht beobachtet werden.

2. In dem anderen Fall fand GERASSIMOW einen Faden, der an einem Ende aus zweikernigen Zellen, am anderen Ende aus einkernigen Zellen bestand und dessen Ursprung ihm unklar war. Vielleicht kann man aber eine hypothetische Erklärung geben: Wenn zwei benachbarte „weibliche" Zellen durch eine unvollkommene Scheidewand getrennt sind, folglich nicht als einzelne Zellen, sondern nur als Kammern einer einzigen Zelle erscheinen, so geben sie eine zusammengesetzte, doppelte Zygote. Wenn man voraussetzt, daß zwei solche Kammern zufällig mit einer und derselben männlichen Zelle kopulieren, so wird nur die eine Hälfte der Doppelzygote befruchtet sein, und vielleicht wird bei ihrer Keimung ein Faden entstehen, welcher an einem Ende aus zweikernigen Zellen, am anderen Ende aber aus einkernigen Zellen besteht. Aber diese ziemlich komplizierte Annahme kann man durch eine viel einfachere ersetzen, analog derjenigen, die mehrfach für höhere Pflanzen angeführt wurde. Selbstverständlich muß eine von zwei zunächst vorhandenen Schwesterzellen eine Kernteilung ohne Zellteilung durchgemacht haben, während die andere sich normal teilte. Die ontogenetische Nachkommenschaft der zweikernigen Zelle hätte sich dann bei der weiteren Fortpflanzung infolge der auch von GERASSIMOFF (1890, S. 552, 1892, S. 118 und 1898, S. 2) festgestellten, streng bestimmten gegenseitigen Mittellage zweier Kerne als konstant zweikernig gezeigt, während sich die Nachkommenschaft der einkernigen Zelle auch weiterhin als einkernig erwiesen hätte. So könnte man das Zustandekommen des erwähnten Chimärenfadens ohne weiteres zwanglos erklären.

Was die Vererbung derartiger experimentell erhaltener Algenchimären anbelangt, so hat sich die sexuelle Nachkommenschaft zweikerniger Zellen später als einkernig erwiesen. Allerdings ist der Kern dieser Nachkommenschaft größer als der gewöhnliche Spirogyrakern. Außerdem überragen die Zellen, welche sexuell aus den zweikernigen Zellen hervorgehen, die normal einkernigen Zellen, bezüglich ihrer Zelldicke. Sie gleichen in der Beziehung zweikernigen Zellen, wie sie oben beschrieben wurden. Im Zusammenhang damit dürfte es von Interesse sein, an die Experimente von NĚMEC (1903) zu erinnern, der zeigte, daß die ontogenetische Nachkommenschaft experimentell erzeugter tetraploider Zellen im Wurzelgewebe von *Pisum sativum, Vicia faba* und *Allium cepa* die normale Zahl von Chromosomen hatte, deren Größe aber doppelt so groß war als die der Normalchromosomen; d. h. die Chromatinmenge als solche wurde vererbt, während die Chromosomenzahl durch irgendeine somatische Reduktion (vielleicht Verschmelzung von Chromosomen paarweise) sich auf die Hälfte verringerte. Wir sehen hier eine Analogie mit dem Verhalten der Nachkommenschaft zweikerniger Zellen bei *Spirogyra*. Wenn man berechtigt ist, anzunehmen, daß zweikernige Zellen der oben beschriebenen *Spirogyra*-Chimären sich ähnlich verhalten, wie Fäden, welche ganz aus zweikernigen Zellen bestehen, so erweist sich, daß in dieser Chimäre tatsächlich zwei genotypisch verschiedene Komponente vorhanden sind, denn die Nachkommenschaft der einkernigen und der zweikernigen Komponente ist ja karyologisch wie auch der Zelldicke nach verschieden.

Im Kapitel über die künstlichen Chimären haben wir die Experimente von GERASSIMOFF erwähnt. Hier möchten wir speziell daran erinnern, daß die Bildung zweikerniger Zellen häufig mit Kernlosigkeit einer Nachbarzelle einhergeht. Auch hier haben wir es also mit einer Art von Chimären zu tun, welche man als „negative" Chimären (vielleicht besser „Verlustchimären" O. M.) bezeichnen könnte, denn eine Komponente (kernlose Zelle) scheint genotypisch verschwunden zu sein, da sie keine Nachkommenschaft geben konnte. Die zufällige Bildung derartiger Chimären in der Natur erscheint sehr wohl möglich.

Endlich ist bekannt (nach W. und H. SCHWARZ, 1930, S. 107), daß es bei einigen grünen Algen einzelne Bezirke gibt, welche chloroplastenfrei sind (PASCHER, CZURDA und TERNETZ). Das wird erklärt durch das Fehlen einer Teilung der Plastiden bei der Zellteilung. Auch solche Individuen kann man also als zufällige Chimären ansprechen.

Aus dem Bereich der höheren Pflanzen wollen wir von den vielen möglichen Beispielen hier zunächst die Beobachtung von M. NAWASCHIN (1926) an *Crepis dioscoridis* anführen, in deren Wurzel ein tetraploider Sektor (16 Chromosomen statt 8) festgestellt wurde.

BRESLAWETZ (1926) weist auf die häufige Erscheinung der Zelltetraploidie im Dermatogen der Wurzeln von *Cannabis sativa* hin; d. h., daß diese Wurzel eine haplochlamyde Periklinalchimäre darstellt. Diese Angabe ist für uns besonders dadurch interessant, daß wir hier wieder das genotypisch verschiedene Verhalten der Epidermis (Dermatogen) sehen (s. unsere S. 650). In anderen Geweben war die Erscheinung weniger deutlich.

c) Scheinbar erbliche Chimären.

Über den Begriff der Vererbung. Die Abgrenzung des Begriffs der Vererbung stellt eine besonders komplizierte Frage dar, welche noch heute zur Diskussion steht. Als Diskussionsobjekt spielen hauptsächlich verschiedene buntblättrige Pflanzen eine Rolle. Es können aber grundsätzlich in den Fragenkreis auch Chimären einbezogen werden, welche in anderen Merkmalen — bis hin zu streng morphologischen — sich ähnlich verhalten wie die hier in Rede stehenden buntblättrigen Chimären.

Der Begriff der Scheinerblichkeit könnte zu dem der „Pseudovererbung", welcher, soweit uns bekannt ist, zuerst von LENZ auf buntblättrige Pflanzen angewandt wurde (1926, S. 1901), in Beziehung gesetzt werden. Wir aber wenden den Terminus „Scheinerblichkeit" ganz anders als LENZ oder der ihn sehr vorsichtig unterstützende JOHANNSEN (1926, S. 614) an. LENZ übernimmt die Theorie BAURs über den Übergang der väterlichen Plastiden in die Eizelle bei bestimmten buntblättrigen Pflanzen. Dieser Plastidenübertritt führt zur Bildung von Chimären, welche aus verschiedenen Geweben bestehen, deren Färbungen durch die Farben der elterlichen Sprosse bedingt sind. LENZ aber vergleicht die Plastiden selbständigen Organismen, welche symbiotisch mit den Zellen leben. Wir werden weiter unten unsere Ansicht über die Theorie von BAUR zum Ausdruck bringen; hier möchten wir darauf hinweisen, daß wir unter der Scheinvererbung bei natürlichen Chimären den Zustand verstehen, daß von dem Vater nicht die Eigenschaftsfaktoren — unabhängig ob auf dem Wege des Kernes oder dem Plasmawege — übertragen wurden, sondern, daß die Eigenschaft als solche in mehr oder weniger entwickelter Form übertragen wird; d. h., daß ein Teil des Pflanzenkörpers faktisch nicht unmittelbar eine Abbildung des Genotyps der Pflanze ist, obwohl verschiedene Elementarfaktoren des Genotyps ihn beeinflussen[1].

In Analogie mit mathematischen Definitionen könnte man allerdings bedingungsweise die den Genotyp bestimmenden Faktoren als „relativ unabhängig veränderliche" und die durch diese Faktoren bedingten Merkmale, hierher gehören auch die Plastiden, als „relativ abhängig veränderliche" Merkmale bezeichnen. Wir betonen unseren Zusatz „relativ", denn ohne ihn wäre unsere Definition zu mechanisch weil es andere als relativ unabhängige Elemente im Organismus nicht gibt. Ebenso wichtig ist der Begriff des veränderlichen Merkmals, denn es gibt im allgemeinen keine Merkmale, die nicht variabel wären. Nach Annahme dieser Termini wird unsere allgemeine Bestimmung einer Pseudovererbung[2] (Scheinvererbung) in folgender Weise dargestellt: Wir bezeichnen als Scheinerblichkeit eine unmittelbare Übertragung relativ abhängig veränderlicher Eigenschaften von den Eltern auf die Kinder.

Dieser Bestimmung entsprechen nach unserer Meinung die Fälle des Übertritts väterlicher Plastiden.

Umgekehrt wollen wir als echte Vererbung definieren: Die unmittelbare Übertragung relativ unabhängig veränderlicher

---

[1] [Es ergibt sich so die formal interessante Sachlage, daß die Erscheinungen der „echten" Vererbung abhängen von einem Vorgang direkter Merkmalsübertragung (der Chromosomenzahl und Form des Chromosomeninhalts) der eigentlich als „scheinbare" Vererbung zu werten ist. Vgl. aber die bedingt eingeführten Einschränkungen im folenden Absatz. M.]

[2] [Doch wird dieser Ausdruck in Zukunft bewußt vermieden, da er (s. o.) schon in anderer Bedeutung angewandt wurde. M.]

Faktoren, welche die relativ abhängig veränderlichen Eigenschaften bestimmen, von den Eltern auf die Kinder.

Die Erscheinung, daß die Eltern auf die Kinder solche Elemente übertragen, welche keine organischen Bestandteile der Eltern darstellen, welche also in bezug auf die Eltern weder zu den relativ abhängigen, noch zu den relativ unàbhängigen Eigenschaften gehören, haben wir bei der Übertragung von Infektionsviren, Färbungen (z. B. Sudan) vor uns. Hier reden wir nicht einmal von der Erscheinung einer Scheinvererbung, da die betrachteten Eigenschaften nicht eigentlich zur Vererbung überhaupt gehören.

Wir sind uns klar darüber, daß die Unterordnung der beschriebenen Fälle von Vererbung unter die Kategorie der Scheinvererbung auch nur bedingt gilt, besonders wenn man die Chondriosomentheorie der Plastidenbildung berücksichtigt, da in diesem Falle notwendig eine direkte Plasmavererbung in Betracht gezogen werden muß.

Uns scheint, daß dies unseren Aufbau nicht hindert, sondern umgekehrt fördert, wenn anerkannt wird, daß ,,idioplasmatische Unterschiede, die in den Chromatophoren lokalisiert sind, mit einer vegetativen Spaltung *(Mirabilis, Pelargonium)* vererbt werden" (BAUR, 1930, S. 235).

Es entsprechen also unserer präcisierten Definition der ,,scheinbaren Erblichkeit" nur die Plastiden. Die auftretende vegetative Abspaltung ist das Zeichen einer relativen Unabhängigkeit der Plastidenmerkmale von anderen genetischen Merkmalen. Denn vegetative Abspaltung finden wir im allgemeinen nur für Plastiden, nicht für mendelnde Merkmale[1] (BAUR, 1930, s. S. 231—232).

Plastiden und Anthozyan in Chimären. CHITTENDEN (1927) nimmt die Beteiligung der Plastiden an der Bildung von Anthozyan an, aber abgesehen davon, daß dieses eine — wenn auch begründete — so doch nur eine Annahme ist, so ist diese Funktion der Plastiden keine genetisch obligatorische und bezieht sich auf rein physiologische Vorgänge. Auf jeden Fall gibt es kein Anzeichen dafür, daß die Anthozyanbildung ein genetisch unmittelbar von den Faktoren, welche in den Plastiden lokalisiert sind, abhängendes Merkmal ist. Es dürfte daher eine elegante Methode von Interesse sein, welche zur Klärung der Frage eines Zusammenhanges der Anthozyanbildung mit den grünen Plastiden führt. Wir arbeiten dabei mit weißgrünen buntblättrigen Pflanzen, welche erstens auf ihren Blättern eine Anthozyanzeichnung bilden, zweitens fähig sind, vegetativ rein weiße und rein grüne Sprosse abzuspalten. Wenn die Anthozyanzeichnung sich auf den Blättern beider Arten von Sprossen hätte nachweisen lassen, so müßte man anerkennen, daß entweder das Anthozyan von den Plastiden unabhängig oder jedenfalls von der Anwesenheit des Chlorophylls unabhängig ist.

Hinsichtlich der rein weißen Sprosse haben wir dies beim weißrandigen *Pelargonium zonale,* das einen Anthozyankranz hat, der den zentralen

---
[1] [Eventuell aber für Plasmamerkmale (s. Pilzburdonen BURGEFF). M.]

grünen Teil des Blattes umringt, untersucht. Von der Außenseite dieses Kranzes nach der Peripherie des Blattes zu bleibt eine grüne unregelmäßige Begrenzung über, welche dann in den ebenfalls unregelmäßigen randständigen weißen Saum übergeht (s. Abb. 200, 1, 2, 3). In den jungen Blättern, welche noch lange nicht ihre Normalmaße erreicht haben, ist

Abb. 200. 1—6 *Pelargonium zonale*; 1—3 Abschwächung des Anthocyankranzes je nach dem Entwicklungsstadium des Blattes; 4—6 das gleiche beim Blatt der rein weißen Komponente; 7—8 andere *Pelargonium*-Rasse; 8 Auftreten des Antho cyankranzes beim natürlichen Welken.

dieser genannte Anthozyankranz viel leuchtender und deshalb leichter bemerkbar. Mit der weiteren Blattentwicklung wird die Anthozyanfärbung schwächer und im erwachsenen Blatt ist die verhältnismäßig wenig bemerkbar (s. die Blätter 1, 2, 3 auf Abb. 200 nacheinander).

Es ist nun interessant, daß in einigen anderen rein grünen Rassen der erwähnte Anthozyankranz auf den rein grünen Blättern gar nicht sichtbar ist (s. Abb. 200, Blatt 7). Mit dem Welken des Blattes, d. h. mit dem Verlust der Chlorophyllfärbung tritt dieser Kranz immer deutlicher hervor und erreicht das Maximum, wenn die ganze Spreite weißlichgelb wird und eintrocknet (s. Abb. 200, Blatt 8).

Diesen Prozeß haben wir unter den Bedingungen der gewöhnlichen Zimmerkultur beobachtet.

Kehren wir nunmehr wieder zu dem oben betrachteten weißrandigen *Pelargonium* zurück. Hier hat sich erwiesen, daß auf rein weißen Sprossen (die nicht von der Mutterpflanze abgetrennt wurden) erstens auch ein Anthozyankreis vorhanden ist und zweitens die Veränderung seiner Färbungsintensität in derselben Weise vor sich geht wie bei den weißgrünen Blättern. Nur verschieben sich alle Phasen mehr nach dem Jugendstadium hin. So wird ein besonders leuchtender Kranz an noch nicht entfalteten Blättern (s. Abb. 200, Blatt 4, das für die Aufnahme etwas auseinandergerollt wurde) beobachtet.

Dann wird die Anthozyanfärbung schnell schwächer (Blatt 5) und an einem erwachsenen Blatt ist sie fast nicht mehr bemerkbar (Blatt 6). Dieser Busch hat rein grüne Sprosse nicht ergeben. Aber aus der Analogie mit der oben angeführten Rasse ist es wohl wahrscheinlich, daß die rein grünen Sprosse des weißrandigen *Pelargoniums* ebenfalls Blätter mit Anthozyankranz tragen. Die angeführten Daten gestatten, den Schluß zu ziehen, daß in diesem Falle die Anthozyanbildung nichts mit der Plastidenfärbung zu tun hat. Wenn man sich daran erinnert (S. 698), daß in unseren Chimärenfrüchten das Anthozyan auch in dem Parenchym der *Tomate* gebildet wurde, so zeigt sich, daß die Bildung des Anthozyans auch nicht von der Orangefärbung der Plastiden (Chromoplasten) abhängt.

Aller Wahrscheinlichkeit nach ist der Anthozyankranz durch einen genetischen Faktor, welcher mit der Blütenfärbung zusammenhängt, bedingt. Die Anwesenheit dieses Kranzes bei rein weißen Blättern weist darauf hin, daß rein weiße Sprosse in diesem Merkmal keine vegetative Abspaltung erlitten haben. Die entstandenen weißen Sprosse tragen Blüten hybrider Färbung, da nur plastidäre „Aufspaltung" eintrat.

Jedenfalls steht es außer Zweifel, daß die Übertragung relativ unabhängiger und relativ abhängiger Eigenschaften zwei verschiedene Erscheinungen darstellen. Wir sind im allgemeinen mit RISCHKOW (1930, S. 561) einverstanden, wenn er sagt, daß

„die Aufstellung der Frage entweder Zytoplasma oder Kern für den Autor abstrakt ist. Die Zelle stellt einen lebendigen Organismus dar, die Gamete ist eine Zelle, und man kann eher erwarten, daß die Vererbung von der Gametenstruktur im ganzen und nicht von ihren einzelnen Teilen abhängt, mit anderen Worten von den komplizierten Gegenwirkungen zwischen den Elementen Kern und Zytoplasma."

Aber solche Auffassung soll nicht dazu führen, die realen Faktoren der differenzierten Vererbung durcheinander zu werfen. Es ist zweierlei, ob die Rede ist von der Vererbungserscheinung überhaupt, oder ob es sich um bestimmte Vererbungsfälle handelt. Es ist hier am Platze, von neuem an eine richtige Bemerkung MIEHES (1926), über die Fähigkeit der Gewebe zur Regeneration, zu erinnern:

Es könne sein, daß dem Namen nach alle Gewebe zur Regeneration des Organismus fähig sind; aber in jeder einzelnen Pflanze kann diese Fähigkeit einzelnen Gewebe nach Belieben fehlen. Nur in einer idealen Pflanze, welche aus entsprechenden Geweben speziell zusammengesetzter Arten zusammengesetzt ist, könnte der oben erwähnte Zustand stattfinden.

Was die Vererbung anbelangt, so ist es selbstverständlich richtig, daß alle Zellelemente gegenseitig mitwirken. Daß aber die gegenseitige Wirkung immer gleich wäre und immer in den Vererbungserscheinungen einzelner Eigenschaften sich äußerte, wäre eine Anschauung, welche für uns unannehmbar wäre.

Es will uns scheinen, daß unsere Definition der scheinbaren Erblichkeit bedeutend weniger extrem sei, als der Ausspruch CORRENS (1928), der bezüglich der Buntblättrigkeit nicht geneigt ist, selbst nur einige Fälle von Übertragung durch das Mutterprotoplasma als echte Vererbungserscheinungen zu bezeichnen, sie vielmehr als Erscheinungen krankhafter Natur hinstellt.

Vererbung der Buntblättrigkeit bei Pelargonium zonale. Von allen Theorien, welche für die Erklärung der Vererbung plastidenbedingter Buntblättrigkeit bei *Pelargonium zonale* vorgeschlagen wurden, interessiert uns am meisten die Grundtheorie von BAUR (1930, S. 229—236), welche später von WINGE (1919) und SCHERZ (1927) weiter entwickelt wurde. Wir schließen uns auch in dieser Beziehung ROTH (1927) und CHITTENDEN (1927) an.

Ein sehr ernster Widerspruch gegen die Theorie von BAUR ist von seiten CORRENS' (1922) erhoben worden. Er sagt im Vorwort, daß die BAURsche Theorie nicht in der Lage sei, das Auftreten von buntblättrigen und einfarbigen Pflanzen zugleich in der Nachkommenschaft von grünen und weißen Zweigen zu erklären. Außerdem weist CORRENS auf das Mißverhältnis zwischen der tatsächlichen Plastidenverteilung in den Fällen weißrandiger *Pelargonien* und der Verteilung, welche nach der Wahrscheinlichkeitstheorie zu fordern wäre, hin. Dies demonstriert CORRENS durch gewöhnliche einfache Auszählungen wahrscheinlicher Kombinationen einer mechanischen Auslese weißer und schwarzer Kugeln aus der Urne. Aber den Widersprüchen von seiten CORRENS sind von neuem Gegenargumente entgegengestellt worden.

Bezüglich der Angaben CORRENS' (1922, S. 1201—1206) über das Mißverhältnis zwischen der vorauszusehenden Verteilung verschieden gefärbter Plastiden in Schwesterzellen und der tatsächlichen, wollen wir unsererseits folgendes bemerken: Diese Überlegung ist außerordentlich wichtig, wenn man von Anfang an als sichere Voraussetzung annimmt, daß die genannten Plastiden sich nach dem Zufallsgesetz verteilen müssen. Es können aber auch Zweifel an der Richtigkeit dieser Voraussetzung auftauchen. Tatsächlich muß man fast mit Bestimmtheit behaupten, daß die weißen und grünen Plastiden sich nicht nur in einer Reihe von chemischen, sondern auch von physikalischen und physikochemischen Eigenschaften unterscheiden. Zum Teil könnte man dies auch experimentell prüfen, z. B. durch Zentrifugieren von Stengelabschnitten mit nachfolgender Beobachtung der Senkungsgeschwindigkeit der weißen und grünen Plastiden. Eine ähnliche Methode hat KOSTOFF (1930c) für die vergleichende Charakteristik der Plasmaviskosität durch die Beobachtung der Senkungsgeschwindigkeit der Stärkekörner angewandt. Wenn man das Zentrifugieren zu der Zeit vornimmt, wo in den Plastiden Stärke vorhanden ist, so wird die Wahrscheinlichkeit eines verschiedenen Verhaltens gegenüber der Zentrifugalkraft von seiten der grünen und weißen Plastiden größer, denn dabei vergrößert sich der Unterschied im spezifischen Gewicht. In einigen Fällen wird auch eine direktere Untersuchung mit Hilfe des Mikromanipulators möglich sein.

Endlich könnte man eventuell verschiedenartiges Verhalten der genannten Plastiden hinsichtlich ihrer taktischen Eigenschaften auf verschiedene Einwirkungen hin festzustellen suchen.

Wenn die grünen und weißen Plastiden in den genannten Beziehungen nicht gleichwertig sind, so kann dieses allein nach unserer Meinung genügen, um die Voraussetzung, daß die Verteilung nach dem Zufallsgesetz erfolgen müßte, zu erschüttern.

Aber außerdem gibt es noch andere komplizierende Momente, welche von CORRENS nicht berücksichtigt worden sind, und welche er im Interesse der Richtigkeit seiner Berechnungen gezwungen ist, außer acht zu lassen. CORRENS nimmt mit Recht unter den Bedingungen seiner Berechnungen alle Verhältnisse, welche mit der Verteilung beider Plastidenarten im Zusammenhang stehen, als ausgeglichen an. Andernfalls wäre seine Berechnung unwirksam.

Wir bezweifeln nur ganz entschieden die Möglichkeit eines derartigen Ausgleichs des ganzen Teilungsprozesses und des Prozesses der Plastidenverteilung in den diskutierten Fällen. Wir nehmen keine volle Gleichheit der Schwesterzellen an. Übrigens sagt auch CORRENS (S. 1202):

„Die Zellteilung stellt im großen und ganzen eine Halbierung der Plasmamenge dar, in der die Plastiden annähernd gleichmäßig verteilt sind", d. h. also, daß nur die Rede ist von einer annähernd gleichmäßigen Verteilung des Protoplasmas. Das ist sehr wesentlich. Weiter nehmen wir nicht als erwiesen an, daß die Geschwindigkeit der Verteilung grüner und farbloser Plastiden gleich ist, besonders nicht unter der Bedingung eines Zusammenlebens beider Arten in einer Zelle. Besonders wichtig scheint uns noch folgendes.

Wenn in die Zelle auch Vaterplasma geraten ist, so entstehen in der Hybridzelle neue und zwar topographisch und auch physikochemisch zweifellos ungleichmäßige Plasmabeziehungen. Daß die fremden Plasmen sich homogen mischen, ist schwer anzunehmen. Besonders, da das Chromatin sich zweifellos in der Zygote nicht homogen mischt. Denn sonst könnten wir uns das bekannte weitere Verhalten der elterlichen Chromosomen nicht erklären.

Außer den theoretischen Überlegungen sprechen gegen die homogene Mischung zweier Plasmen auch die schon erwähnten Experimente von BURGEFF (1914—1915) über die experimentelle Überführung des Plasmas von Sporangiumträgern einer *Phycomyces*-Rasse *(Phycomyces nitens)* in den Sporangienträger einer anderen Rasse derselben Art. Der Beschreibung des Autors nach ist es hier schwer anzunehmen, daß die fremden Plasmen sich homogen vermischten.

Man gewinnt vielmehr den Eindruck, daß schließlich eine Art Mosaikmischung erhalten wird. Die Hauptsache aber ist, daß in den dann gebildeten Mixochimären eine vegetative Abspaltung der reinen Komponenten beobachtet wurde, was nach unserer Meinung direkt dafür spricht, daß das gemischte Plasma sich von neuem entmischt hat.

Wenn man aber den unserer Meinung nach verschiedenen physikochemischen Plasmazustand in den verschiedenen Gebieten der hybriden Zelle annimmt, so wird dieser Zustand bei den Eltern auch als direkte Voraussetzung für die Plastidenverteilung entschieden nicht dem Zufallsgesetz nach wirken.

Eine Arbeit von WISSELINGH (1909) spricht für unsere Betrachtungen. Es hat sich gezeigt, daß bei *Spirogyra* in den Schwesterzellen, welche gleich nach dem Zentrifugieren bei ungleichmäßiger Verteilung anderer Elemente der Mutterzelle gebildet wurden, ungleichmäßige Verteilung der Chromatophoren — bis zum vollkommenen Fehlen von Chromatophoren in einer der beiden Schwesterzellen — eintrat. Heute ist bekannt, daß sich durch das Zentrifugieren die Plasmaviskosität ändert, was auch zu einer ungleichmäßigen Verteilung des Inhaltes der Mutterzelle in den Schwesterzellen führt. Wie schon oben bemerkt wurde, zeigte KOSTOFF in der letzten Zeit Entsprechendes für die Chromosomen. Die Viskosität des Plasmas ist gerade eine von denjenigen Grundeigenschaften, deren Veränderung im fremden Plasma der hybriden Zelle für uns außer Zweifel steht. Es ist ganz wahrscheinlich, daß die Plasmaviskosität in den Geschlechtszellen des Vaters mit grünen Plastiden und in denen mit farblosen Plastiden verschieden ist.

Weiter oben haben wir einige Bemerkungen über die Chimärenstruktur der Zellmembranen von Hybriden, bei denen Vaterplasma in die Eizelle geriet, mitgeteilt Dabei ist theoretisch die Chimärität einer Zelle dadurch gegeben, daß die Hüllen der Schwesterzelle sich ganz oder vorzugsweise auf Kosten des Plasmas eines der beiden Eltern aufbauen. Wir haben auch darauf hingewiesen, daß bei verschiedenem physikochemischen Zustand der elterlichen, sich nicht homogen mischenden Plasmen dieselbe

Chimärität in verschiedenen Schwesterzellen in bezug auf sich selbst vorhanden ist bis zum Auseinandergehen des väterlichen und mütterlichen Plasmas seiner ganzen Menge nach. Dieses alles führt zweifellos die Abweichung der Plastidenverteilung von der nach dem Zufallsgesetz zu erwartenden Quote herbei.

Die hier dargestellte Theorie führt unvermeidlich zu dem Schluß, daß man eine vegetative Abspaltung derjenigen Eigenschaften, die durch das Plasma vererbt werden, nicht für ausgeschlossen halten darf.

Man hat aber tatsächlich angenommen, daß (s. BAUR, 1930, S. 235) ,,idioplastische Unterschiede, die im Protoplasma lokalisiert sind, ohne vegetative Spaltung ... vererbt werden ...". Gerade dadurch wird das Fehlen vegetativer Aufspaltung in grüne und weiße Sämlinge bei einigen buntblättrigen Pflanzen (*Humulus:* WINGE, 1914, 1919; *Capsicum:* IKENO, 1916) erklärt. Wenn man unsere Konstruktion annimmt, so wird das Auftreten rein weißblättriger und rein grünblättriger Sprosse neben buntblättrigen in der F_1-Kreuzung zwischen weißen und grünen Sprossen von *Pelargonium zonale* nicht mehr widerspruchsvoll erscheinen.

Unsere Betrachtungen sind fast rein theoretischer Natur. Die weiteren Tatsachen werden den Grad der Gültigkeit zu zeigen haben. Selbstverständlich ist es auch möglich, daß durch irgendwelche physikochemischen und biologischen Beziehungen das inhomogen gemischte Plasma beider Eltern der Hybriden bei der Bildung von Schwesterzellen sich nicht ungleichmäßig auf die Komponenten verteilen kann. Mit anderen Worten gesagt, ist es nicht ausgeschlossen, daß zwei fremde Plasmen in einer Hybridzelle ein gewisses, neues, stabiles biologisches System bilden, welches in den Schwesterzellen sich wiederherstellt. Dann ist ohne sekundäre Erscheinungen das Hervortreten der betreffenden Eigenschaft der reinen elterlichen Formen weder durch vegetative noch durch generative Aufspaltung möglich.

Es scheint uns, daß unsere Überlegungen über die zufällige Verteilung von Plastiden kaum Widerspruch zu fürchten haben.

Weiter unten führen wir auch noch andere mögliche Betrachtungen an. So hält BAUR die genannten grünen und weißen Sprosse nicht für entsprechend rein. Die Fälle einer großen Menge von Chloroplasten in der Nachkommenschaft einer weißen Mutter und eines grünen Vaters können durch intensive Entwicklung der grünen Plastiden erklärt werden. Zum Teil kann auch der umgekehrte Fall, d. h. eine bedeutende Menge bunter Pflanzen in der umgekehrten Kreuzung (weiblich grün mal männlich weiß) eintreten, was für eine starke Vermehrung weißer Plastiden spricht. Das Plasma wird ferner hier noch mitwirken können. Diese unsere Erklärung geht teilweise parallel mit der Erklärung, welche CHITTENDEN (1927) für das Fehlen von Zellen mit Plastiden beider Arten gibt. CHITTENDEN nimmt an, daß die weißen Plastiden bei Anwesenheit von grünen auch grün werden (gesund werden). Wir aber sprechen nicht von den Plastiden selbst, sondern von der mitgehenden Hauptmasse des Plasmas. Im Gegensatz zu CHITTENDEN hält KRUMBHOLZ (1925) das Eingehen weißer Plastiden bei Gegenwart von grünen für möglich.

Es ist wohl ein Zeichen für die Richtigkeit des Gedankens, daß die Beziehungen weder zwischen den grünen und weißen Plastiden, und zwischen ihnen und dem Plasma nicht gleichgültig sind, wenn er von verschiedenen Autoren, wenn auch manchmal in sehr verschiedener Form verfolgt wird. So läßt CORRENS (1922) in der oben erwähnten Arbeit, indem er das Vorhandensein beider Plastidensorten in den Zellen der Grenzzone zwischen rein weiß und rein grün ablehnt, zu, daß das Plasma der Eizellen, welche sich in dieser Zone entwickeln (bei buntblättrigen *Taraxacum officinale* und *Senecio vulgaris*) besonders labil ist, weshalb sich als Resultat die Entwicklung weißer und grüner Pflanzen aus den Samen dieser Blüten ergibt. Dadurch stellt CORRENS (wie auch NOACK es tut) das Verhalten von *Pelargonium zonale albotunicata* mit der buntblättrigen *Mirabilis jalapa* gleich; hier nimmt CORRENS an, daß das labile Plasma sowohl weiße wie grüne Plastiden herstellen kann.

Wir lehnen auch diese Möglichkeit, daß in dem genannten Grenzgebiet das Protoplasma labiler ist, nicht ab. Man muß aber betonen, daß die Anerkennung dieses Zustandes bedeutend willkürlicher ist, als die Anerkennung der Veränderlichkeit weißer und wahrscheinlich auch grüner Plastiden innerhalb der Grenzen einer und derselben Zelle. Wenn dies der Fall ist, so sind die Widersprüche gegen die Betrachtungen von BAUR, WINGE, KRUMBHOLZ, CHITTENDEN u. a., zum Teil auch gegen unsere eigenen, in diesem Teil besonders abgeschwächt.

RISCHKOW (1931) ist geneigt, ebenso wie BAUR (1924) für trichlamyde Periklinalchimären der buntblättrigen *Evonymus japonica* und für das buntblättrige *Antirrhinum* anzunehmen (S. 688), „daß die grünen Gewebe solche Substanzen absondern, die unter gewissen Bedingungen die weißen Gewebe zum Ergrünen bringen können" (vgl. unsere S. 754).

Damit ist bereits das Fehlen scharfer Übergänge zwischen farblosen, äußeren Blattschichten und inneren grünen Geweben zu erklären. Auf die Beziehung zu unseren Chimärenfrüchten (s. S. 699) sei hier hingewiesen.

In Verbindung mit der angeführten Theorie von CORRENS kann man auch die Tatsache erklären, daß bei bestimmten Chimären, nämlich bei *Pelargonium zonale* „happy thought" (s. S. 734), bei welcher eine gelbe Subepidermis in der Mitte der Blattspreite vorkommt, die Geschlechtsnachkommenschaft und ebenso die vegetative Nachkommenschaft, welche aus Stecklingen der Nebenwurzeln erhalten wird, die rein grüne innere Komponente darstellt. Es ist möglich, daß ein derartiger Zustand der Subepidermis eine rein lokale, sozusagen eine Modifikationserscheinung ist, während das subepidermale Gewebe — seiner eigentlichen genetischen

Potenz nach — grün ist. Die andersartige Färbung des subepidermalen Gewebes in Blatteilen kann um so weniger stören, als sich aus diesem Teile das Archespor bildet. Wenn man aber berücksichtigt, daß innerhalb der Grenzen der Blattspreite die Subepidermis verschieden ist: in der Mitte gelb und an den Seiten grün, so gibt es entschieden keine Daten, welche gegen die Anerkennung der genotypisch grünen Natur desjenigen subepidermalen Gewebes spricht, aus welcher sich das Archespor bildet. Wenn die oben angeführten, bedingungsweise angenommenen Betrachtungen über die genetische Ungleichheit von Geweben jeder Pflanze tatsächlich richtig wäre, so wäre es keine unerwartete Erscheinung, wenn sogar innerhalb der Grenzen der Epidermis sich in speziellen Fällen genetisch ungleichwertige Bezirke gezeigt hätten.

NOACK (1924—1925) weist gegenüber der früheren Erwiderung von CORRENS bezüglich des mit der BAURschen Theorie nicht übereinstimmenden Verhaltens der Nachkommenschaft der Kreuzung zwischen der weißen und grünen Komponente darauf hin, daß auch das Verhalten von *Pelargonium zonale albotunicata* und *Pelargonium zonale evanidotunicata* nicht mit der Theorie in Übereinstimmung gebracht werden kann. Die blaßgelbe Subepidermalschicht des letztgenannten *Pelargoniums* ist in den früheren Stadien hellgrün. Bei der Bestäubung dieses *Pelargonium* mit dem Pollen seiner rein grünen Sprosse und auch bei Selbstbestäubung bunter Sprosse erhält man ebensolche Nachkommenschaft wie nach entsprechenden Bestäubungen bei *Pelargonium zonale albotunicata* oder *albomarginata* BAURs.

Wenn man bei der Kreuzung *Pelargonium zonale albotunicata* mit *Pelargonium zonale evanidotunicata* neben den nach BAUR zu erwartenden lebensunfähigen Nachkommen auch bunte und sogar grüne Pflanzen erhält, so halten wir für die beste Erklärung für dieses Auftreten grüner Pflanzen in der Nachkommenschaft die von ROTH (1927) gegebene; man kann sie noch durch eine Zusatzannahme vervollkommnen. Es ist nämlich möglich, daß bei der genannten buntblättrigen *Pelargonium*-Rasse nicht nur einzelne subepidermale Bezirke potentiell grün sind, sondern daß in einigen Zellen das Archesporialgewebe überhaupt nicht vom Subepidermalgewebe abstammt, sondern aus der nächsten faktisch grünen Schicht. Auf Grund der obigen Ausführungen über die Beziehungen der weißen und grünen Plastiden zueinander und zu verschiedenem Plasma kann man nicht erwarten, daß unbedingt die ganze Nachkommenschaft der genannten *Pelargonium*-Rasse lebensunfähig sein muß. Besonders deshalb nicht, weil die einzelnen Plastiden verschiedene individuelle Besonderheiten besitzen. Damit kann auch der verschiedene Grad der Buntblättrigkeit bei bunten Sämlingen erklärt werden. Auch dieses Bedenken steht, wie uns scheint, in keinem Widerspruch, sondern harmoniert sogar mit dem Befunde NOACKs, welcher verschiedene Grade der Buntblättrigkeit in der Nachkommenschaft verschiedener Individuen von weißrandigen *Pelargonien* festgestellt hat. Wir sind ganz mit ROTH (1927) und CHITTENDEN (1925) einverstanden, daß die Plastiden sowohl modifikationsfähig als auch genotypisch verschieden sein können.

Weiter unten werden wir in bezug auf das analoge Verhalten der Anthozyanbuntblättrigkeit einige eigene Angaben machen. Außerdem können zur Erklärung des Verhaltens der verschiedenen Hybriden auch unsere Betrachtungen über die ungleichmäßige Verteilung der elterlichen Plasmen in den Schwesterzellen hier angewandt werden.

Für die Anerkennung der BAURschen Theorie ist es selbstverständlich notwendig, den tatsächlichen Übergang der väterlichen Plastiden in die Zygote zu zeigen. Wir können uns aber nicht daran erinnern, daß derartiges für *Pelargonium* erwiesen worden sei. Daß dieser Prozeß jedoch wahrscheinlich ist, zeigen z. B. die Arbeiten von FINN (1928) und RUHLAND und WETZEL (1924). Als ein sehr schwerwiegender Widerspruch gegen die BAURsche Theorie wird die Angabe von NOACK angesehen, daß im Vegetationspunkt inverser Chimärensprosse von *Pelargonium zonale albomarginata*, d. h. von Sprossen, wo die grüne Komponente sich draußen und die farblose sich innen befindet, im Kegel kein Chlorophyll festgestellt wurde. Im Vegetationskegel gewöhnlicher Sprosse dagegen, d. h. mit äußerer farbloser Komponente, wurde durch Fluoreszenzuntersuchungen die Anwesenheit von Chlorophyll nachgewiesen. Bis zu einer Zeit, wo die Fragen der Physiologie der Plastiden endgültig geklärt sind, und wo speziell die Verhältnisse bei den Buntblättrigen hinreichend untersucht sein werden, bleibt den Vertretern der BAURschen Theorie nichts übrig, als sich hinter der derzeitigen Unvollkommenheit unserer Kenntnisse über die Plastiden zu verschanzen.

Die Tatsache, daß farblose Plastiden sich wieder in grüne umwandeln können, ist uns bekannt. Wir haben sie speziell an einem weißen Sämling von *Phaseolus vulgaris spt. var. hämatocarpus* SAV. beobachtet. Hier entwickelte sich aus der Achsel des ersten gefiederten Blattes ein rein grüner Sproß. Die Pflanze ging jedoch ein.

KÜSTER (1925, 1926c, 1927) schlägt zur Erklärung der Buntblättrigkeit eine neue Hypothese vor. Diese stimmt nach der Meinung RISCHKOWs (1929/30, S. 554)

„in einigen Punkten mit der Hypothese von CORRENS, in anderen Punkten mit der BAURschen Hypothese überein. KÜSTER hat das mit CORRENS und NOACK gemeinsam, daß er die Erscheinung der Buntblättrigkeit nicht mit dem Mechanismus der Verteilung von kranken und gesunden Plastiden verbindet. Mit BAUR stimmt er insofern überein, als er grüne und weiße Zellen für erblich verschieden hält, nicht als Resultat der Nichtverwirklichung einer in der Mutterzelle angelegten Möglichkeit, sondern als Folge einer erblich ungleichmäßigen Teilung. Durch diese inäquale Teilung bekommt eine von den Zellen die Potenz zur Chlorophyllentwicklung, während die andere sie nicht erhält."

Die Tatsache, daß KÜSTER die Ungleichwertigkeit der Zellteilungen vom physiologischen Standpunkt aus betrachtet, und daß er sie in

Zusammenhang bringt mit äußeren Bedingungen, ändert nach unserer Meinung das Wesen der Sache nicht. Es sind Beispiele bekannt *(Soja)*, wo eine genetisch bedingte Mosaikfärbung der Samen in verschiedenem Grade auftritt, abhängig von den Kulturbedingungen (s. BUJLIN, 1931, S. 51—55). Wir finden in dieser Hypothese einige wenige gemeinsame Züge mit der in der neueren Zeit vorgeschlagenen Theorie von EYSTER (1928). Diese Theorie stützt sich auf die Idee von ANDERSON über den Aufbau der Gene aus Genomeren. Für diese Idee kommt, wie weiter unten gezeigt wird, die Priorität zum Teil CORRENS (1919) zu. EYSTER sucht nicht periklinale Buntblättrigkeit, sondern die Mosaikbuntblättrigkeit zu erklären. Und darin liegt der wesentliche Unterschied. Tatsächlich müßte man ja, um die Periklinalchimären durch genetisch inäquale Teilung zu erklären, annehmen, daß diese Teilung ihrer topographischen Orientierung nach streng der Entwicklung mechanisch bestimmter Pflanzengewebe und der Gesetzmäßigkeit der normalen Gewebsdifferenzierung unterworfen wäre. Wenn man dies anerkennt, dann nähert sich die Hypothese KÜSTERs der Hypothese BATESON: (1926), welcher die Herkunft „richtiger" Chimären durch vegetative Abspaltungen, welche in ihrer Verwirklichung der normalen Entwicklungsmechanik unterworfen sind, annimmt.

Die EYSTERsche Theorie erkennt auch die mathematisch zufällige Verteilung genetisch (richtiger genomerisch) ungleicher Zellteilungen an und erklärt damit die verschiedene Mosaikform. Allerdings sagt EYSTER an einer Stelle bei der Erklärung einer regelmäßigen Zeichnung der Blüten von *Verbena* (S. 681): daß diese Variegation "however occurs in *Verbena* evidently to the radical symmetry of its flowers". EYSTER kommt auf dieses nach unserer Meinung sehr wesentliche Moment nicht mehr zurück. Er erklärt auch nicht, weshalb in allen anderen Fällen die Farbenverteilung nicht der radiären Blütensymmetrie, d. h. der besonderen Entwicklungsmechanik unterworfen ist. Es ist auch unverständlich, weshalb die radiäre Farbenverteilung (aber nicht deren Intensität) in der Kreuzung *Starvariegation* × *Rose* = *Medium variegation* verlorengeht, und in der Kreuzung *Starvariegation* × *Red* = *Starvariegation* (S. 682) erhalten bleibt. Weiter unten werden wir bei der Besprechung unserer Arbeiten über dieses Thema noch darauf zurückkommen. Die Idee der Ungleichwertigkeit zweier Schwesterzellen überhaupt und insbesondere von deren genetischer Ungleichwertigkeit interessiert uns, und wir haben in dieser wie auch in der früheren Arbeit sie benutzt und illustriert (1928b, S. 151—152 und 641, Abb. 3). Wir betonen noch, daß EYSTER seine Theorie für die Erklärung der Periklinalchimären nicht anwendet.

Wir haben hier nicht die Möglichkeit, uns tiefer in die Analyse der Periklinalchimären einzulassen, besonders deshalb nicht, weil deren Vielgestaltigkeit zu groß ist. Noch im Jahre 1919 hat CORRENS (S. 1019 bis 1023) nur für die Pflanzen, wo die Chimärität durch den Verlust oder die Abschwächung der Chlorophyllfärbung bedingt ist, sieben genetisch verschiedene Chimären (darunter *Pelargonium zonale albotunicata,* BAUR) unterschieden. Zwei von ihnen haben wir am Anfang unseres allgemeinen Chimärenkapitels in dem Abschnitt über die Modifikationschimären erwähnt.

Neue natürliche Periklinalchimären teilte, wie schon oben bemerkt wurde, in letzter Zeit auch RISCHKOW (1931) mit. Dabei bemerkt er mit Recht, daß in mancher Hinsicht die Auffassung von den Periklinalchimären bei weitem noch nicht klar ist.

d) Echt erbliche Chimären.

Es wurde schon stellenweise bemerkt, daß es eine Reihe weiterer Typen von buntblättrigen Pflanzen gibt, welche unserer Definition des Chimärenbegriffs entsprechen. In vielen Fällen ist der Mechanismus ihrer Entstehung und damit das Vorgehen zu ihrer Erforschung sowohl in entwicklungsmechanischer wie in genetischer Beziehung viel komplizierter, als es bei den Periklinalchimären der Fall war. Hier ist in erster Linie notwendig, die buntblättrigen Farne ins Gedächtnis zurückzurufen, welche von ANDERSON (1928) erforscht worden sind. Bei *Adiantum cuneatum* gaben nur die Sporangien, welche sich auf grünen Stellen entwickelten, Sporen, aus welchen sowohl blasse als auch bunte Pflanzen im Verhältnis von annähernd 2 : 1 (bunte zu blasse) sich entwickelten. Dabei sehen die bunten Sprosse anfangs grün aus.

Bei *Polystichum angulare* entwickelt ein ähnliches Sporangium vier genotypisch verschiedene Sporentypen. Der eine Typ ergibt rein grüne, der andere nicht lebensfähige rein weiße Pflanzen und zwei Sporentypen ergeben genetisch verschiedene bunte Sprosse. Dieser Fall von Buntblättrigkeit könnte auch bei unseren scheinerblichen Chimären untergebracht werden, jedoch nur dann, wenn das ganze genetische Verhalten der gegebenen Farne auf die verschiedene Umkombinierung von Plastiden und deren modifikative Veränderlichkeit zurückgeführt wird, wofür wir aber keine Möglichkeit sehen. Es existiert auch kein Grund, anzunehmen, daß die bunte Färbung, welche bei entsprechenden Kreuzungen in zwei Generationen auftritt, eine neuentstandene Mutation ist, d. h., daß wir es hier mit einem ersten Fall von indirekt erblichen Chimären zu tun haben. Eine andere Sache wäre es, wenn es sich nur um Prothallien handelte. Hier ist bei Auswachsen der Sporen die erste Zelle immer grün, und die Buntheit durch das nachfolgende plötzliche Auftreten weißer Zellen im Vegetationspunkt bedingt. Man könnte also annehmen, daß die Buntheit nicht unmittelbar vegetativer Natur ist, sondern daß die Fähigkeit zur Chlorophyllverlustmutation übertragen wird.

Besonders merkwürdig erschien einigen Forschern das dritte buntblättrige Farnkraut, nämlich *Scolopendrium vulgare*, welches ebenfalls von ANDERSON bearbeitet wurde.

Die Sporen des bunten Sporophyten dieses Farns enthalten Anlagen für grün oder bunt oder hellgrün. Diese entwickeln dann bei der Befruchtung mit „grünen" Spermatozoiden sowie bei Selbstbefruchtung bunte Sporophyten.

Anfangs führte BATESON (1926) den weiter unten erwähnten Anzeichen nach, diese Farne als Beweis einer genetischen, vegetativen Abspaltung an. Dann schreibt RISCHKOW (1929—30, S. 560):

„Es ist merkwürdig, daß alle 64 Sporen eines Sporangiums solcher bunten Sporophyten entweder grüne oder weiße Anlagen aber niemals beide zusammen enthalten. Die Abspaltung geht hier also vor der Reduktionsteilung vor sich."

G. A. LEWITSKY (1926, S. 159—160) bemerkt mit Recht, daß hier ein Mißverständnis vorliegt, wenn er sagt:

„Hier ist nichts Merkwürdiges, da das Sporangium der höheren Farne (*Filicinae leptosporangiatae* N. K.) sich aus einer Zelle entwickelt, in welche sowohl normale als auch blasse Chloroplasten geraten konnten. Mit der Abspaltung im gewöhnlichen Sinne hat diese Erscheinung nur rein äußerlich Ähnlichkeit."

Aus unserer Definition des Chimärenbegriffes geht hervor, daß wir zu den natürlichen Chimären auch diejenigen Fälle von Buntblättrigkeit zählen, welche im allgemeinen nach dem Schema CORRENS' (1909, 1910) für *Mirabilis jalapa variegata* und *Albomaculata* vererbt werden. Diesen sehr nahe steht auch das Verhalten von *Mirabilis jalapa striata* (nach den Benennungen, welche von CORRENS angewandt wurden).

Wenn man die von CORRENS mitgeteilten Tatsachen sich vor Augen hält, muß die buntblättrige *Mirabilis* zu den echt erblichen Chimären gestellt werden, denn in der buntblättrigen Nachkommenschaft sind grüne und weiße oder hellgrüne Komponenten durch genetische Faktoren in den Geschlechtszellen unmittelbar bedingt. Aber auch die bunte Färbung als solche ist faktoriell bedingt. Dabei können beide Komponenten in entsprechenden Rassen sich unabhängig sowohl vegetativ als auch in bestimmten Fällen generativ entwickeln.

CORRENS erklärt, wie bekannt, das genetische Verhalten von *Mirabilis jalapa variegata* und *Mirabilis jalapa striata* durch eine sehr eigenartige Erscheinung, nämlich durch den Übergang somatischer Zellen aus dem homozygoten in den heterozygoten Zustand.

Es muß darauf hingewiesen werden, daß das genetische Verhalten von *Mirabilis jalapa* auch frühere Forscher interessiert hat. So schreibt DARWIN (1875, S. 426, 439, 407):

"The plants of *Mirabilis*, which bear such extraordinarily variable flowers in most, probably in all cases, owe their origin, as shown by Prof. LECOQ, to crosses between differently coloured varieties."

Und deshalb betrachtet DARWIN das Auftreten entsprechender gleichartiger Färbung auf den buntblättrigen Individuen als vegetative

Abspaltung "(the segregation of the parental characters in seminal hybrids by bud-variation").

Zu diesem Standpunkt neigt auch BATESON. Nach unserer Meinung hat diese Auffassung ebenfalls gemeinsame prinzipielle Merkmale mit derjenigen von CORRENS. Was *Mirabilis jalapa variegata* anbelangt, so erklärt CORRENS ihr Verhalten folgendermaßen (1910, S. 670):

„Folgende Annahme kommt der Wahrheit am nächsten: das Gen für dunkelgrün wird nur teilweise (aber rein!) abgespalten, ein Rest bleibt bei dem *Variegata*-Gen übrig, der wieder anwächst, gewissermaßen regeneriert wird, und von dem dann in der nächsten Generation wieder ein Teil abgespalten werden kann usw."

Wir sind der Meinung, daß die Hauptsache dabei die prinzipielle Anerkennung der Möglichkeit einer vegetativen Abspaltung ist. Und diese Vorstellung liegt immerhin im Bereich des Verwirklichungsmechanismus, dieser aber ist sekundär. Von diesem Standpunkt aus ist im entsprechenden Teil sogar die von EYSTER (1928) entwickelte schon erwähnte Theorie der Genomeren (genomere theory of the gene), welche alle Variationen (S. 647) umfaßt, nicht ganz neu. EYSTER hält sie für gültig für alle Variationen "wether they are concerned with the distribution of the chloroplastid, pigments in the leaves or the anthocyanin in flowers fruits and seeds".

Der Unterschied liegt hier darin, daß bestimmte Fälle von Variegation nicht durch somatische Abspaltung elterlicher Merkmale, sondern durch Abspaltung mutierter und nicht mutierter Genomeren, aus denen in bestimmter Anzahl nach der Theorie das Gen besteht, erklärt werden (S. 675):

"Changes in the chemical, physical, or physico-chemical nature of one or more genomers is here regarded as a point mutation in its strictest sense. When all of the genomeres change from one condition to another as indicated above, a new gene is produced which has the stability of the original gene, but when only some of the genomeres change genetically a gene will be produced with more than one kind of genomere which will be segregated in the soma and give rise to the color changes which have been called somatic mutation."

... (S. 676): "The quantitative changes in variegation which range continuously from one extreme condition, as self-colored, to another extreme condition, as colorless are the expressions of genes having different numbers of contrasting genomeres in their structure.

Between each somatic mitosis each gene, and consequently each genomere composing the gene, must reproduce itself. The experimental results ... indicate that the genomeres of a gene are assorted at random in each mitosis. Accordingly a gene of the constitution $(K-1)\,C + c$ might divide to form the daughter genes $(K-1)\,C + c$ and $(K-1)\,C + c$ or $(K-2)\,C + 2c$ and KC[1].

A change in a single genomere of a gene, followed by the chance assortment of genomeres by the mechanism of mitosis, would ultimately lead to the production of genes with the C and c genomeres in all possible numerical combination, such as are thought to occur in variegation series."

---

[1] K = konstante Anzahl der Genomeren im Gen.
C = Farbe bedingende Genomere.
c = Farblosigkeit bedingende Genomere.

Echt erbliche Chimären. 773

RISCHKOW (1929/30, S. 548—549) fand, daß diese Theorie der Gennatur mit derjenigen gemeinsame Züge habe, welche CORRENS bei der Erklärung des genetischen Verhaltens von *Capsella bursa pastoris albovariabilis* aufstellte. Da uns diese Gegenüberstellung von großem Interesse scheint, möchten wir sie hier entwickeln und auseinandersetzen. Das entsprechende Zitat aus CORRENS lautet folgendermaßen (1919a, S. 985):

„Man könnte sich z. B., um wenigstens ein Bild zu haben, vorstellen, an das materielle Substrat des Gens, gedacht als ein großes Molekül, würde dieselbe Atomgruppe mehrmals, sagen wir zehnmal, angelagert werden können. Die Zahl wäre veränderlich, sie könnten unter (für das Gen) äußeren Bedingungen, die wir nicht kennen, zunehmen oder abnehmen. Jeder Zahl der Atomgruppen am Molekül entspräche ein bestimmtes Verhältnis von Weiß und Grün im Mosaik an der Pflanze. Das würde dann getrennte kleine Stufen des Mosaiks von ganz Weiß bis ganz Grün geben, die aber transgressiv modifizierbar wären. Der Unterschied dieser Deutung von der durch Poly- bzw. Homomerie läge darin, daß der Zustand des Genes, die Zahl der Atomgruppen, die an das Genmolekül angelagert werden, nicht beständig ist, daß neue Gruppen angelagert und alte wegfallen können, auch während der Ontogenese des Individuums. Nur ein Zustand oder vielleicht zwei wären konstant, wenn alle möglichen Atomgruppen angelagert sind, oder alle wegfallen. Der eine entspräche dem homogenen Grün, der andere dem homogenen Weiß."

Tatsächlich stellt diese Vorstellung ein deutliches Vorbild der Genomerentheorie dar. Hauptsächlich formelle Unterschiede weist die CORRENSsche Hypothese gegenüber der EYSTERschen auf, nämlich:

CORRENS nimmt an, daß alle Atomgruppen (Genomeren) die Färbung und dadurch ein verschiedenes Mosaik bedingen. Er erklärt aus der variierenden Zahl von Atomgruppen im Gen die Färbung. EYSTER aber ist der Meinung, daß die Genomerenzahl im Gen beständig ist und nur ein Teil der Genomeren, nämlich mutierte, die Faktoren für die Färbung bilden. Er wie auch CORRENS erklären das verschiedenartige Mosaik durch verschiedene Genomerenzahl an verschiedenen Stellen. Diese Unterschiede in der Zahl sind aber bei EYSTER nicht durch die Veränderlichkeit der gesamten Genomerenzahl bedingt, sondern durch die Veränderlichkeit der Zahl nur der mutierten Genomeren. Diese Veränderlichkeit wird durch die zufällige Verteilung der Genomeren in den Schwestergenen hervorgerufen. Dieser Aufbau geht notwendigerweise von der Anerkennung der gesamten Genomerenzahl in einem Gen als einer Konstanten aus, sowie von der Anerkennung, daß nur ein Teil der Genomeren die Färbung bedingt. Wenn man annimmt, daß der Grad der Färbung von der Genomerenzahl in den Genen bedingt ist, so könnte für EYSTER eigentlich nur ein Weg für die Erklärung der verschiedenen Genomerenzahl in den entsprechenden Genen der Schwesterzellen übrigbleiben. Man könnte annehmen, daß in jeder verschieden gefärbten Zelle eine unabhängige Genomerenmutation vor sich geht. Man müßte aber annehmen, daß auf der großen Fläche gleichartig gefärbter Gewebe, welche nach und nach durch die sich teilenden Zellen gebildet wird, in jeder Zelle von neuem eine gleichartige Genomerenmutation vor sich geht. Diese These anzuerkennen, ist sehr schwer. Deshalb entwickelte sich die Genomerentheorie natürlicherweise in der Form, wie wir sie bei EYSTER finden.

Wir sind der Meinung, daß der Unterschied zwischen CORRENS und EYSTER sozusagen in der unterschiedlichen Bewertung der Entstehung der verschiedenen Anzahl von Atomgruppen (Genomeren), welche die Zellfärbung bedingen, liegt. Als das Wichtigste erscheint uns die Anerkennung von Genen, welche aus Genomeren bestehen, die Anerkennung der Abhängigkeit verschiedener Färbungsgrade von der Zahl dieser Genomeren, und endlich die Anerkennung der Möglichkeit, daß in der Zelle durch eine verschiedene Genomerenanzahl (Anzahl von Atomgruppen) die Färbung bestimmt wird. Dies ist beiden Autoren gemeinsam. Ferner, allerdings nicht ohne eine gewisse Gewaltsamkeit, kann man die erwähnten Zitate von CORRENS so deuten, daß die Veränderlichkeit in der Zahl nicht nur denjenigen Atomgruppen eigen ist, durch welche die Färbung bedingt ist, sondern, daß außer ihnen sich in einem Gen noch Atomgruppen mit anderen Eigenschaften befinden. Daraus kann man leicht logisch ableiten, daß die gesamte Zahl der Atomgruppen in einem Gen unverändert bleibt, und daß diejenigen unbekannten Ursachen, welche die Veränderlichkeit der Gruppenzahl in der Färbung hervorrufen, gerade in der Mutation der übrigen Gruppen liegen.

Durch eine solche Auffassung kann die CORRENSsche Hypothese der Genomerentheorie weitgehend angenähert werden. Wir sind der Meinung, daß dies alles vom Standpunkt der Problemgeschichte nicht ohne Interesse ist. Aber, wie oben gesagt wurde, bleibt die Hypothese doch nur als ein Vorbild für die Genomerentheorie zu betrachten, schon deshalb, weil die letztere entwickelt und verallgemeinert wurde. Die Genomerentheorie hat nach unserer Meinung einen wesentlichen gemeinsamen Zug mit zwei anderen Theorien, mit der Theorie der vegetativen Abspaltung von DARWIN und BATESON und mit der Theorie des Übergangs somatischer Gewebe von dem homozygoten in den heterozygoten Zustand von CORRENS. Das Gemeinsame sehen wir hier darin, daß alle Theorien die vegetative Bildung verschiedener Genotypen in ein und demselben Individuum annehmen. Nach DARWIN, BATESON und CORRENS muß man annehmen, daß das betreffende Merkmal in faktoriellem Zustand in den Genomeren des Individuums vorhanden war, und daß seine Existenz sich nur infolge irgendeiner Umkombination gezeigt hat. Nach EYSTER dagegen ist dieses Merkmal eine vollkommen neue Erscheinung, welches auf dem Wege der Mutation entstanden ist. Es zeigt sich ferner, daß nach den erwähnten Theorien äußere Umformung des neu hervortretenden Merkmals von dem ontogenetischen Stadium der Pflanze oder eines Teils der Pflanze abhängt. Dann aber ist seine weitere äußere Ausbildung der Entwicklungsmechanik unterworfen.

Natürlich werden die vegetativen Mutationen von EYSTER dem Wesen nach durch die allgemeine Theorie der Mutation, speziell auch der vegetativen Mutation von DE VRIES (1903, "Ever sporting varieties") umfaßt.

Während beim Prozeß der generativen Merkmalsaufspaltung im großen und ganzen sowohl der Mechanismus als auch die Lokalisation erforscht sind, bleibt bei dem Prozeß der vegetativen Abspaltung genotypischer Eigenschaften vieles, wenn auch nicht alles, unklar. Speziell ist ganz unverständlich, warum bestimmte Orte oder bestimmte Zeitpunkte in der Ontogenese für die Merkmalsaufspaltung prädestiniert sind. Gerade dieser Frage sind unsere Arbeiten über *Mirabilis jalapa gilvaroseostriata* gewidmet. Außerdem haben wir gleichzeitig und unabhängig von EYSTER unsere ersten Beobachtungsresultate über die buntblättrige *Verbena hybrida* publiziert (1928b, S. 276—277, sowie 535). Diese *Verbena hybrida* sah ihrem äußeren Aussehen nach derjenigen von EYSTER ähnlich. Wir werden weiter unten die hierüber vorhandenen Beobachtungen mitteilen. Im folgenden sollen nun einige vorläufige Beobachtungen über *Mirabilis* angeführt werden.

Über Mirabilis jalapa gilvaroseostriata. Zunächst interessierte uns, ob nicht irgendeine Gesetzmäßigkeit bezüglich des Ortes bestünde, wo auf einer Pflanze Blüten mit verschiedenartiger aber gleichmäßiger sowie mit bunter Färbung auftreten. Wenn dieses gelungen wäre, so wären dadurch bestimmte topographische Regelmäßigkeiten für den Übertritt irgendwelcher Faktoren aus dem homozygoten Zustand in den heterozygoten Zustand oder für das Auftreten neuer Faktoren in der Pflanze festgestellt, wobei diese letztere Möglichkeit erwähnt ist für den Fall, daß die Theorie des Übergangs aus dem homo- in den heterozygoten Zustand irgendwelcher Veränderungen bedürfen sollte. Wir haben bis jetzt aber diese Aufgabe noch nicht gelöst, da noch nicht genügend Zeit zur Verfügung stand, das Material zu bearbeiten, doch sind einige vorläufige Ergebnisse vielleicht trotzdem von Interesse.

Wenn es gelungen wäre, das Fehlen jeglicher Gesetzmäßigkeit bei der Verteilung verschieden gefärbter Blüten zu beweisen, so wäre auch dies schon von Wichtigkeit gewesen, hätte es doch auf einen wahrhaft ungeordneten und von den Gesetzen der Entwicklungsmechanik und von den einzelnen ontogenetischen Stadien unabhängigen Vorgang hingewiesen.

Die Voraussetzung dafür war natürlicherweise die Möglichkeit, die Insertionsorte der verschiedenartigen Blüten und andere Orientierungseigenschaften genau festzulegen. Es wurde daher genau die Morphologie der Verzweigung festgestellt. In einer speziellen Arbeit werden wir das ausführliche Material mitteilen. Hier aber werden wir uns damit begnügen, die Beschreibung der korrelativen Beziehungen zwischen den Kotyledonen und deren Achseltrieben zu geben.

Die genaue Kenntnis der Morphologie hat es prinzipiell möglich gemacht, die Farbenbezeichnungen aller sich entwickelnden Blüten in entsprechende Schemata einzutragen. Aber wir halten unser Material noch nicht für ausreichend, um eine sichere Verallgemeinerung vorzunehmen, haben daher die Absicht, es zu vervollkommnen. Nur einige Momente sollen hier mitgeteilt werden.

CORRENS (1909, S. 641) bemerkt nebenbei, daß, wenn man Knospen mit lauter roten Blüten betrachtet, auch die Zweigachsen viel stärker rot gefärbt sind. Weitere Mitteilungen über die Färbung von Sproßachsen eines Busches mit verschieden gefärbten Blüten sind uns aber bei CORRENS nicht begegnet. Aber schon die angeführte Bemerkung rechtfertigt die Frage, ob man nicht den Determinationsort viel früher als bei der Blütenbildung oder gar beim Erscheinen der Blüten zu suchen habe; d. h.: es sollte der Entstehungsweg eines Merkmales noch vor dem endgültigen Erscheinen des Merkmals selbst, wenn man einmal die Blütenfärbung als solches betrachtet; morphologisch verfolgt werden.

Abb. 201. *Mirabilis jalapa gilva-roseo-striata*, haplochlamyde anthocyan-grünbunte Blätter (s. Text).

Allerdings ist auch die Färbung des Sprosses selbst schon ein manifestes Merkmal, daß sich aber nur auf die Sproßachse beschränkt, während in bezug auf das Färbungsmerkmal der Blüte die Sproßfärbung lediglich etwa einen Übergangsweg darstellt. Wenn wir hier auch nicht bis zu Ende gelangen, und wenn wir auch nur einen speziellen Teil behandeln, noch dazu für einen kleinen Bezirk der Ontogenie, so handelt es sich trotzdem hierbei um das fast unberührte Problem, wie die Lücke auszufüllen ist, welche zwischen den Merkmalsfaktoren und dem Merkmal selbst liegt (vgl. LILLIE, 1927).

Zunächst haben wir festgestellt, daß sowohl die Kotyledonen als auch die ersten Blätter der Sämlinge und auch die ersten Blätter junger Adventivsprosse der über Winter aufbewahrten Wurzel (s. S. 232 über die Restitution und Regeneration von *Mirabilis*-Sprossen) manchmal entweder gleichfarbig oder sektorial oder mosaikartig mit karminroter Farbe verschiedener Intensität gefärbt waren.

Die Färbung der Sämlinge ist aber gewöhnlich viel schwächer als die der Adventivsprosse. Uns scheint, daß diese Bilder derartig demonstrativ sind (s. Abb. 201), daß wir dadurch veranlaßt sind, anzunehmen, daß wir tatsächlich die Priorität für diese Beobachtung haben.

Wenn man berücksichtigt, daß wir es mit buntblütiger *Mirabilis* zu tun hatten, und daß auch bei genetisch rein roten und rein gelben Individuen ein entsprechend scharfer Unterschied in der Färbung der Sprosse beobachtet wurde, so ergibt sich daraus natürlicherweise die Aufgabe, die Blütenfärbung auf verschieden gefärbten Sprossen von *Mirabilis jalapa gilvaroseostriata* zu verfolgen. Die Tabellen 41 und 42 demonstrieren einige der bisher eingetragenen Beobachtungen.

Aus der Tabelle 43 über die Sämlinge ist zu ersehen, daß rein gelbe Blumen (wir haben solche sicher beobachtet) immer zu rein grünen Kotyledonen und gefärbten ersten Blättern korrelative Beziehungen zeigen. Wir haben phänotypisch keinerlei Buntheit an Sämlingen beobachtet, welche nachher einen Busch mit überwiegender Mehrzahl gerade noch eben merklich bunter Blüten und ausnahmsweise einzelnen roten Blüten ergaben. Deutlich bunte Blüten zeigen immer zu bunten Kotyledonen (einem allein oder beiden) und auch zu bunten Primärblättern klare Korrelationen. Nur in einem Falle war im ersten Blattpaar eines buntblütigen Busches ein Blatt grün, während das andere von unten gesehen rötlich war. Es ist eigenartig, daß dabei die Mehrzahl der buntblütigen Büsche nur ein buntes Kotyledon aber zwei bunte Primärblätter besaß. Dabei ist die Verhältniszahl der Fälle von bunten Primärblattpaaren zur Zahl der Fälle mit gemischten Paaren wie $53:36 = 1{,}47$. Dem entspricht das umgekehrte Verhältnis bei den Kotyledonen $41:28 = 1{,}46$.

Die Wahrscheinlichkeit des Zufalls dieser Beobachtung ist gering. Bei Bestätigung muß man nach Erklärungen suchen. Auf jeden Fall liegt hier eine korrelative Beziehung der Färbung der Kotyledonen und der Primärblätter vor.

Bevor wir zu den Beziehungen der roten Blüten übergehen, soll bemerkt werden, daß die roten Blüten auf bunten Büschen von wenigstens viererlei Arten sein können. Diese Beobachtung haben wir bei CORRENS nicht gefunden, doch scheint sie uns sehr wesentlich zu sein, besonders wenn man berücksichtigt, daß auch nach CORRENS das genetische Verhalten der von ihm in eine gemeinsame Gruppe gestellten roten Blüten verschieden ist. Die vier Typen roter Färbung sind folgende:

1. rein rote Blüte;
2. orangerote Blüte mit rotem Schlund;
3. rote mit orangerotem Schlund;

Tabelle 41. **Vergleich der Blütenfärbungen mit der Färbung der Kotyledonen und ersten Laubblätter von Sämlingen, welche später die Blüten hervorbrachten, bei „homozygoten" *Mirabilis jalapa gilvaroseostriata*.**

Die Zahlen in der Tabelle bedeuten die Anzahl untersuchter Büsche in den Nachkommenschaften dreier bunter Büsche.

	Färbung der Kotyledonen und ersten Laubblätter auf der Unterseite	Färbung der Blüten der entsprechenden Individuen					
		Bunte (auf gelbem Grund verschiedenes rotes Mosaik), selten einzelne rote Blüten	Eben merkbare Buntheit. Einzelne rote Blüten als Ausnahme	Augenscheinlich rein gelb	Intermediär rot mit dunkelroter Buntheit	Intermediär rot	Rein rot
Cotyledonen	Grün.	98 + 5 (Verschiedene Buntheit					
	Grün.			10			
	Grün.		21				
	Eine bunt, eine grün	41					
	Beide bunt . . .	28					
	Beide rötlich . .					17 + 1	
	Beide rötlich .				2		
	Beide rot . . .					+ 4	2
	Gesamtzahl der Büsche	167 + 5	21	10	2	17 + 5	2
Erstes Laubblattpaar	Grün.	54					
	Grün.			10			
	Grün.		21				
	Ein Blatt bunt, das andere grün	36					
	Beide Blätter bunt	53 + 6					
	Ein Blatt grün und eines rötlich .	1					
	Beide Blätter rötlich					17 + 5	
	Beide Blätter rötlich				2		
	Beide Blätter rot						2
	Gesamtzahl der Büsche . . .	144 + 6	21	10	2	17 + 5	2

1. Die Kotyledonen und ersten Blätter wurden an denselben Büschen beobachtet. 2. Mit +-Zeichen sind die Sämlinge von hybriden Büschen bezeichnet (s. Tabelle 43).

4. orangerote mit rotem Schlund und rein roten Zipfeln oder Sektoren an den Blütenblättern.

Es muß noch bemerkt werden, daß in den genannten Fällen die Orangeschattierungen an den roten Blütenblättern manchmal sehr schwach, und bei oberflächlicher Beobachtung kaum wahrnehmbar sind, so daß die Blüten rein rot erscheinen. Beim direkten Vergleich der rein roten Blüten mit den intermediären Farben kann man immer die rein rote Farbe für sich erkennen. Gewöhnlich ist der Unterschied ohne jede Mühe festzustellen. Bei der weiter unten behandelten Analyse der *Verbena* werden die Reaktionen der Anthozyane mit Ammoniakdämpfen beschrieben. Nach dieser Methode sind auch alle hier genannten Blütentypen zu unterscheiden. Die roten Teile werden später braun als die orangeroten. Dabei muß man sich vor Augen halten, daß der Röhrenteil der rein roten Blüten, wenn auch zweifellos von genetisch rein roter Rasse, doch von orangeroter oder etwas anderer Schattierung sein kann. Im Gegensatz zu den Blüten des dritten Typus kommt jedoch diese Farbschattierung nie auf dem offenen Teil der Blütenblätter zur Ausbildung. Diese Beobachtungen sind von uns in dem Wunsch gemacht worden, die rote Blütenfarbe der homozygoten bunten Ausgangspflanze zu vergleichen mit der Farbe der Nachkommenschaft der Kreuzung von *Mirabilis jalapa gilva* × *Mirabilis jalapa rosea*. In diesen Hybriden (s. Tabelle 43) waren alle Blüten vom zweiten Typus, wie man ihn auf bunten Büschen antrifft, d. h. er lag zwischen roten Blüten und solchen mit karminrotem Schlund.

Dabei zeigte sich, daß die Mehrzahl der Zwischenformen roter Blüten an bunten Büschen dem dritten Typ, d. h. rot mit gelblichrotem Schlund, angehörte. Beide Typen, der zweite und der dritte, sind deutlich verschieden.

Leider haben wir den Unterschied zwischen dem zweiten und dritten Typus intermediär roter Blüten auf bunten Büschen nur nach Aussaat einiger Samen, welche von Blüten gesammelt wurden, die von uns als intermediär bezeichnet sind, festgestellt, ohne jedoch eine Verteilung auf die zwei Typen vorzunehmen. Deshalb können wir bei den weiteren hier anzuführenden Daten bei der Benennung für bunte Büsche mit „intermediär roten" Blüten nicht immer dafür garantieren, daß nur die Blüten eines, nämlich des zweiten oder dritten Farbentypus, vorhanden waren. Geht man aber davon aus, daß der dritte Typus in der überwiegenden Mehrzahl der Fälle angetroffen wurde, so muß man annehmen, daß unsere Daten vorzugsweise den dritten Typus charakterisieren.

Wir möchten noch in bezug auf die Blütenfärbung hierzu bemerken, daß sowohl bei der Beobachtung in Tiflis (Kaukasien) wie in Moskau sich am Ende der Vegetationsperiode Blüten zeigten, welche rein weiß waren, wie auch Blüten, welche gelb sein sollten, bei der Entfaltung rein weiß sein können. Bei einzelner Betrachtung dieser Blüten ist es leicht, sie für eine physiologisch unterschiedene Rasse zu halten. Ebenso sehen die Dorsalflecken der Blumenblätter in späteren Knospen aus, während die Ventralseite (d. h. in der noch nicht entfalteten Knospe ihre äußere Fläche) gelblich bleibt.

Unter der Wirkung von Ammoniakdämpfen färben sich die weißen Blüten ebenso wie weiße Bezirke bunter Blüten zitronengelb (Flavon?). Das Weißwerden der Blüten findet man erst im Herbst derart, daß sich anfangs mehr gelbe Blüten und später nach und nach immer hellere bis hin zu vollkommen weißen entfalten. Aber diese Erscheinung vollzieht sich auf den gleichen Individuen nicht in jedem Herbst mit gleicher Stärke, was wahrscheinlich durch meteorologische Umstände bedingt ist. Die beschriebene Erscheinung ebenso wie die Veränderung der Anthozyane in der Ontogenese beim Altern der Blütenblätter einzelner Blüten bei einer Reihe von Pflanzen ist deshalb interessant, weil es regelmäßig für fast jede der dabei entstehenden Schattierungen irgendeine Parallele gibt in genotypischen Merkmalen bei verschiedenen Rassen derselben Art und bei Arten desselben Genus, welche im optimalen ontogenetischen Zustand beobachtet werden (z. B. *Verbena hybrida,* worüber weiter unten berichtet wird, und eine Reihe von Arten und Genus aus der Familie der *Borraginaceae* usw.). Vorkommende Ausnahmen sind wahrscheinlich durch den konvergenten Charakter der Farbenähnlichkeit bedingt. Sehr oft verändern die Blütenblätter in analogen Paaren bei Einwirkung von Ammoniakdämpfen ihre Farbe gleichmäßig oder annähernd gleichmäßig, z. B. verändert ein altes Blütenblatt eines Genotyps sich so wie die gleichfarbige junge Blüte eines anderen Genotyps. Von unserem Standpunkt aus ist dies durch die entsprechende Gemeinsamkeit der chemischen Ausgangsstoffe bedingt, welche aber in verschiedenen Rassen für die Bildung derselben Färbung verschiedene Reaktionsbedingungen verlangen. Diese Bedingungen sind durch genetische Faktoren gegeben. Dies halten wir für prinzipiell analog oder gar homolog mit jener Erscheinung, daß zwischen den Altersformen einiger Arten oder Rassen und den optimal entwickelten Formen anderer Arten und Rassen ein Parallelismus besteht. Ja, man kann noch umfassender sagen: Diese Erscheinung stellt einen Fall von Parallelismus zwischen Modifikations- und erblich bedingten Eigenschaften dar, worüber wir uns schon mehrmals, z. B. auch in dieser Arbeit im Kapitel über die gegenseitigen Beziehungen der Transplantosymbionten ausgelassen haben.

Wenn wir nun auf die Tabelle 41 zurückkommen, so sehen wir, daß mit den roten Kotyledonen und Primärblättern rein rote Blüten korrelativ verbunden sind. Die intermediär gefärbten Blüten homozygoter Büsche sind nur mit rötlichen Kotyledonen und Primärblättern korrelativ verbunden. Dies ist schon deshalb interessant, weil, wie wir unten sehen werden, sowohl genotypisch als phänotypisch rote und intermediär rote Blüten bei Selbstbestäubung in der Mehrzahl der Fälle buntblättrige Pflanzen ergeben, was im großen und ganzen mit den Angaben von CORRENS übereinstimmt. Aber es scheint, als ob man erwarten könnte, daß die Mehrzahl von Individuen mit roten und intermediären Blüten bunte Kotyledonen und bunt gefärbte Blüten haben können. Dies ist aber nicht der Fall. Eine ganz analoge Übereinstimmung der Blütenfärbung mit der Färbung der unteren Blätter der Adventivsprosse geht aus Tabelle 42 hervor.

Tabelle 42. Das Verhältnis der Blütenfärbung und der ersten Blätter von Nebensprossen, welche diese Blüten tragen, bei „homozygoter" *Mirabilis jalapa gilvaroseostriata*.
Die Zahlen der Tabelle bedeuten die Anzahl untersuchter Sprosse.

Nr. der Büsche	Färbung der untersten Blätter der Sprosse	Blütenfärbung entsprechender Sprosse			
		Bunt (auf gelbem Grund verschiedenes rotes Mosaik) seltene einzelne rote Blüten	Intermediär rot (gelblich purpurn)	Rein rot (purpurn)	Rein rot und intermediär rote
2	Bunt (auf dem grünen Grund rote Flecke und Punkte	10			
	Bunt		1		
	Rötlich von der Unterseite		10		
	Rötlich von beiden Seiten		2		
7	Bunt	9			
	Bunt		1		
	Rötlich von der Unterseite		5		
	Leuchtend rot von der Unterseite . .			2	
	Rötlich mit leuchtend roten Flecken von der Unterseite				1
13	Bunt (mit roten Flecken und roten Segmenten) . . .	überwiegend intermediär rote Blumen			
	Rötlich von der Unterseite		3		
	Gesamtzahl der Sprosse	20	22	2	1

Hier hat nur in einem Falle ein bunter Sämling später intermediäre Blüten gegeben. In einem Falle wurde eine ausgezeichnet genaue Korrelation beobachtet: nämlich ein Zusammentreffen von roten Flecken auf ganz rötlichen Blättern mit intermediären und rein roten Blüten auf demselben Individuum. In der Tabelle 41 sind die Fälle, welche Übereinstimmung der Blütenfärbung hybrider Büsche mit der Färbung bei deren Kotyledonen zeigen, mit dem Zeichen + bezeichnet. Die väterlichen Formen dieser Hybriden sowie die übrigen Einzelheiten sind aus der Tabelle 43 zu ersehen. Die Übereinstimmung wird auch hier streng aufrecht erhalten. Es hat sich nur gezeigt, daß in 4 von 5 Fällen rein intermediäre Blüten nicht mit rötlichen Kotyledonen zusammentrafen, sondern mit roten, ähnlich denjenigen, welche bei rot blühenden Individuen vorhanden waren. D. h. die Dominanz der roten Farbe ist bei Hybriden anscheinend stärker als bei homo-heterozygoten Individuen mit Blüten intermediärer Färbung. In allen Fällen, sowohl bei den Kotyledonen wie bei den Blättern wie auch bei den Blüten befinden sich die Anthozyanide nur in der Epidermis: bei den Blüten auf beiden Seiten des Blütenblattes und bei den Kotyledonen und Blättern nur auf der unteren Seite. In speziellen Fällen wurde aber auch hier Färbung auf beiden Seiten, wenngleich auf der Unterseite stärker, beobachtet (Tabelle 43).

Tabelle 43. Allgemeine Charakteristik der Färbungen der Blüten, Kotyledonen und des ersten Laubblattpaares bei F_1-Hybriden von *Mirabilis jalapa*.

Nr.	Eltern	Blütenfärbung bei F_1	Färbung der Kotyledonen bei F_1	Färbung der ersten Blattpaare bei F_1
1	Rein gelbe Blüte vom rein gelben Busch (♀) × Intermediär rote Blüte vom bunten Busch (♂)	Bunt	Grün	Mit bunten Pünktchen
2	Dasselbe	Dasselbe	Dasselbe	Dasselbe
3	,,	,,	,,	,,
4	,,	,,	,,	,,
5	,,	,,	,,	,,
6	Rein gelbe Blüte vom rein gelben Busch (♀) × Rein strohgelbe Blüte von buntem Busch (♂)	Intermediär rot mit orange Schalung	Rötlich	Rötlich
7	Rein gelbe Blüte von rein gelbem Busch (♀) × Sektorial bunte Blüte von buntem Busch (♂)	Bunt	Nicht vermerkt	Mit roten Pünktchen
8	Rein gelbe Blüte von rein gelbem Busch (♀) × Rein rote Blüte von rein rotem Busch (♂)	Intermediär rot mit karminrotem Schlund	Rot	Rot
9	Dasselbe		Dasselbe	Dasselbe
10	,,		,,	,,
11	Rein rote Blüte von rein rotem Busch (♀) × Rein gelbe Blüte von rein gelbem Busch (♂)	Dasselbe	,,	,,

In bezug auf die Hybriden möchten wir die Aufmerksamkeit darauf lenken, daß

1. in fünf Fällen eine intermediär rote Blüte (sicher vom dritten Typus, s. S. 777) bei Kreuzung mit genetisch rein gelben eine bunte Färbung ergab;

2. rein strohgelbe Blüten bei derselben Kreuzung eine intermediäre Färbung vom selben Typus, welcher am häufigsten bei bunten „homozygoten" Blüten getroffen wird, gaben;

3. Hybriden mit genetisch rein gelben und rein roten Blüten eine intermediäre Färbung vom zweiten Typus gaben, d. h. jenem Typ, welcher sich selten auf „homozygoten" bunten Individuen findet.

Endlich möchten wir bemerken, daß strohgelbe Blüten ebenso wie intermediäre oder rein rote sich am häufigsten auf Seitenzweigen abgetrennt finden, wenngleich sie einzeln auch angeschlossen an buntblütige Zweige gefunden werden.

Ferner soll daran erinnert werden, daß unser erstes Ziel darin bestand, die Ausbreitung des Merkmals in der Ontogenese zu verfolgen. Die Betrachtung der Färbung der unteren Blätter versprach Erfolg, wenn wir mit bunten Büschen arbeiteten, welche einzelne rote Blüten und rote Zweige gaben. Es hat sich aber gezeigt, daß die Färbung bei den Blättern nur auf einigen der ersten Etagen des Sämlings erhalten bleibt, während dann die folgenden Blätter ununterscheidbar grün werden. Schon in den unteren Etagen verschwindet die Färbung bei den Sämlingen, während sie auf den Adventivsprossen in einigen Fällen in Spuren bis zum 8. oder 10. Blattpaar beobachtet werden konnte. Gewöhnlich verschwindet die Färbung aber auch hier von dem 5. Blattpaar an und noch eher.

Bei den Adventivsprossen besteht eine entsprechende Übereinstimmung zwischen den Blüten und der Sproßoberfläche. D. h., daß auch die Sprosse in entsprechend verschiedenen Graden rötlich oder bunt oder rein grün sind. Diese Färbung der Sprosse wird besonders an den Knoten der höheren Stockwerke stärker als an Blättern beobachtet. Aber an großen Sprossen verschwindet sie in der Regel auch dort. Wir haben bei Sämlingen bunte Sproßfärbung nur in Ausnahmefällen festgestellt. Sie verschwindet auch hier in tieferer Lage als bei den Adventivsprossen. Es gilt also hier das gleiche wie bei den Blättern. Wenn auch der Merkmalsweg verlorenging, so hat sich eine andere der Aufmerksamkeit würdige Erscheinung gezeigt: daß nämlich ein und dasselbe Färbungsmerkmal sich in der Ontogenese in derselben Variation zweimal zeigt: in allerfrühesten Stadien des Sämlings und im Geschlechtsstadium desselben Individuums. Im Zwischenstadium der Ontogenese geht dieses Merkmal in den latenten Zustand über. Wenn ein analoger Zustand für irgend welche anderen Merkmale festgestellt würde, d. h., wenn irgendein Merkmal mit Unterbrechung von zwei oder mehreren ontogenetischen Stadien sich auf dem Individuum gezeigt hätte, so hätte dies vom Standpunkt der Merkmalsprognose für ein späteres Stadium der Individualentwicklung auf Grund der Beobachtung früherer Entwicklungsstadien desselben Individuums sich als wertvoll erweisen können. Dies wird wahrscheinlich hauptsächlich für physiologische Merkmale gelten. In der oben erwähnten Arbeit (KRENKE, 1933a) werden wir Illustrationen der verschiedensten Variationen (nach ihrer Gliederung) übereinstimmender Blattformen bei Sämlingen und postfloralen Sprossen an *Sambucus racemosa* L. geben. Analoge Verhältnisse finden sich auch bei einer Reihe anderer Pflanzen, wobei nicht nur an die gewöhnlich sehr stark verminderte Gliederung der Spreite von Blättern unterer und oberer Zweige eines

Tabelle 44. Färbungsverhältnisse von Nebensprossen des 4. Kulturjahres, welche sich auf der Trennungsspur der Sprosse des 3. Jahres (auf der Basis des Sproßrestes vom 3. Jahr) des Busches 7 „homozygoter *Mirabilis jalapa gilvaroseotriata*" entwickelten.

Blütenfärbung der Achselsprosse der ersten Laubblätter im 3. Kulturjahre	Nr. der Sprosse des 3. Kulturjahres	Nr. entsprechender Sprosse des 4. Kulturjahres	Färbung der ersten Laubblätter von Sprossen des 4. Kulturjahres und genauer Ort ihrer Anlage in bezug auf die Abfallspur der Sprosse des 3. Kulturjahres	
			Färbung	Anlagestelle
Bunt	VI	1	Bunt	An den Rippen der Abfallspur
		2	,,	Dicht an der Seite der Abfallspur
,,	VII	1	,,	Von der Rippe der Abfallspur her
,,	VIII	1	,,	Dicht an der Seite der Abfallspur
,,	XI	1	,,	Dasselbe
Bunt, aber obere Abzweigungen mit intermediär roten Blüten	XII	1	,,	,,
Bunt	XIX	1	,,	,,
		2	,,	An der Oberfläche der Abfallspur
Rein rot	XXII	1	Leuchtend rot von der Außenseite	Dicht an der Seite der Abfallspur
		2	Dasselbe	An der Oberfläche der Spur
		3	,,	Dasselbe
,, ,,	XXVI	1	,,	An der Rippe der Abfallspur
		2	,,	Dasselbe
Intermediär rot, rein rot mit roten Sektoren	XXVII	1	Rot von der Unterseite	,,
Zusammen:	9	14	Alle entsprechen	6 Fälle an der Seite der Spur. 5 Fälle an der Rippe der Spur. 3 Fälle an der Oberfläche der Spur

Sprosses gedacht ist. Nachdem wir die Übereinstimmung der Blütenfärbung mit der Färbung der Primärblätter von Adventivsprossen aus der Trennungsnarbe der letzten vorjährigen Internodien erforscht hatten, hat uns der Charakter der Adventivsprosse des nachfolgenden Jahres interessiert, welche sich an der Trennungsstelle von schon determinierten vorjährigen Sprossen gebildet haben. Mit anderen Worten gesagt, wir haben uns als Ziel vorgenommen, festzustellen, ob die Blütenfärbung neuer Seitensprosse der Färbung der vorjährigen Sprosse von derselben Trennungsstelle gleicht. Die Tabelle 44 gibt unsere diesbezüglichen Beobachtungen wieder. Die Übereinstimmung scheint sehr deutlich zum Ausdruck zu kommen. Auf der Tabelle haben wir nur die Färbung der ersten Blätter der Seitensprosse angeführt. Dies genügt, da wir schon gezeigt haben, daß diese Daten auch die Blütenfärbung der entsprechenden Sprosse charakterisieren.

Bei hier nicht registrierten Beobachtungen haben wir dasselbe Bild gefunden. Allerdings erinnern wir uns einiger Fälle, wo dicht neben der Trennungsstelle des vorjährigen Sprosses ein Sproß mit ungleicher Färbung sich entwickelt hat; aber, wie wir unten sehen werden, bestätigt das den Schluß, welchen wir aus unserer Arbeit ziehen werden.

Für diese Schlußfolgerung seien folgende Betrachtungen angeführt:

1. Falls überhaupt von der Stelle der Trennungsspur des vorjährigen Sprosses Adventivsprosse des nachfolgenden Jahres mit gleicher oder bei bunten Sprossen im allgemeinen mit ähnlicher Färbung der Blüten sich entwickeln, wobei natürlich die Sprosse von verschiedenen Trennungsspuren desselben Individuums untereinander verschieden sein können, so hat als Bildungsbezirk aller dieser Sprosse keine genetisch gleichmäßige Struktur zu gelten, denn die verschiedene Färbung der verschiedenen Sprosse ist in irgendeiner Weise genetisch, wenn auch manchmal nur in quantitativer Beziehung, bedingt.

2. Falls verschieden gefärbte Sprosse sich aus topographisch verschiedenen Stellen der sie bildenden Zone entwickeln, so wird die genetisch ungleiche Struktur dieser Zone in mehr oder weniger lokalisierten, genetisch ungleichen Zwischenbezirken zum Ausdruck kommen, und das würde den Schluß rechtfertigen, daß das genannte Gebiet im allgemeinen Sinn „sektorial" chimärenartig aufgebaut ist. Aber um was handelt es sich eigentlich bei dieser Zone? Nachdem eine Hauptachse bei einjährigen Pflanzen abgefallen ist, bleibt nur eine Spur zurück. Im nächsten Jahr werden am häufigsten die Seitensprosse endogen von der Rippe dieser Spur oder unmittelbar daneben, etwas seltener exogen nach Art einer Restitution direkt von der Oberfläche aus angelegt. Und falls diese Sprosse des zweiten Lebensjahres der Pflanze sich als vollkommen verschieden gefärbt erweisen, so bedeutet das, daß schon im ersten Jahre der Bezirk der Trennungsspur des Hauptsprosses und manchmal dieser Sproß selbst, sektorialchimärenartig aufgebaut war. Es ist also sehr wahrscheinlich, daß der Hauptsproß des ersten Jahres selber von Anfang seiner Entwicklung an chimärenartig aufgebaut ist. Es ist zwar wahrscheinlich, aber nicht unbedingt sicher deshalb, weil man noch folgende Deutung annehmen kann: Von der Trennungsspur des nicht chimärenartigen Sprosses haben sich verschiedene Sprosse auf dem Wege unabhängiger Mutationen oder auf dem Wege des Übergangs aus dem homozygoten in den heterozygoten Zustand gebildet, was dem Wesen nach auch eine Mutationsform darstellt. Auch ein derartiger Zustand hindert nicht, den Chimärencharakter der betreffenden Trennungsspur anzunehmen, da ja seine verschiedenen Bezirke in dem Merkmal bestimmt verschiedene Mutationen zu liefern vermögen.

Hier kommt scheinbar ein Widerspruch zutage. Anfangs haben wir gesagt, daß von der erwähnten Trennungsspur her die Sprosse sich mit muttergleicher Färbung entwickelten, während wir für die Sprosse des zweiten Jahres, welche sich aus dem Bezirk der Trennungsspur des einjährigen Sprosses entwickelt hatten, die Möglichkeit des Gegenteils

Tabelle 45. *Mirabilis jalapa gilvaroseostriata* (CORRENS). Das Verhalten der „homozygoten"

Nr. der Muttersprosse	Blütenfärbung	Rein rote (himbeer-purpurn)											Intermediär- Reine										
		Buschzahl der Blütenfärbung nach	Färbung der Kotyledonen			Färbung des ersten Blattpaares				Buschzahl der Blütenfärbung nach	Färbung der Kotyledonen			Färbung des ersten Blattpaares							
			Beide grün	Beide rot	1–grün 1–bunt	1–grün 1–rot	Beide bunt	Beide grün	Beide rot	1–grün 1–bunt	1–grün 1–rot	Beide bunt		Beide grün	Beide rot	1–grün 1–bunt	1–grün 1–rot	Beide bunt	Beide grün	Beide rot	1–grün 1–bunt	1–grün 1–rot	Beide bunt
1	XXII	3																					
2	XXVI	18											6		2^1								
3	XXVII																						
4	N 4	?											6		6^1						6^1		
5	N 4	$0{,}33^2$											0,33										
6	N 7	21											6		2								

Das Verhalten des F_1 der Selbstbestäubung von rein intermediär roten Blüten

7	XV																						
8	XVI	9	9																				
9	XVII												3		3^1						3^1		
10	XXI																						
11	XXIII												6		6^1						6^1		
12	XXIV																						
13	XXVII																						
14	XXV				Die Blütenfärbung dieses Sprosses								1										
15	von drei anderen solchen Büschen																						
16	Zusammen vom Busch 7	9		9									9		9					9			

Das Verhalten der F_1 aus Selbstbestäubung rein strohgelber Blüten von

| 17 | | | 2 | | 2 | | | | 2 | | | | | | | | | | | | | | |

Das Verhalten der F_1 von auf den ersten Blick rein gelben Blüten von rein

---

[1] Diese Kotyledonen und Blätter waren an ihrer unteren (Bauch-) Seite nicht
[2] Das heißt: Es fanden sich auf dem Busch rote Blüten der drei erwähnten
Blüte *a*: intermediär-rot mit gelbem Sektor von 35° mit roten Tüpfelchen.
Blüte *c*: $2\frac{1}{2}$ Blütenblätter rot; $2\frac{1}{2}$ Blütenblätter gelb mit roten Tüpfelchen.
? = Es besteht der Zweifel, ob dieser Zweig tatsächlich rein rote Blüten trug,
zu unterscheiden war.

konstatierten. In Wirklichkeit sind keine Widersprüche vorhanden. Der Sproß des ersten Jahres ist von Samenherkunft. Nehmen wir an, daß er eine Chimäre war, dann ist es verständlich, daß aus dem Bezirk der Trennungsspur sich Sprosse der sie zusammensetzenden Komponenten bilden. Es gibt keinen Grund, daß sich aus der Trennungsspur jedes

F_1 der Selbstbefruchtung rein roter Blüten von rein roten Zweigen des Busches 7.

Buschzahl der Blütenfärbung nach	rote mit dunkelroter Buntheit									Buschzahl der Blütenfärbung nach	Bunte								
	Färbung der Kotyledonen				Färbung des ersten Blattpaares						Färbung der Kotyledonen					Färbung des ersten Blattpaares			
	Beide grün	Beide rot	1–grün 1–bunt	1–grün 1–rot	Beide bunt	Beide grün	Beide rot	1–grün 1–bunt	1–grün 1–rot	Beide bunt		Beide grün	Beide rot	1–grün 1–bunt	1–grün 1–rot	Beide bunt	Beide grün	Beide rot	1–grün 1–bunt	1–grün 1–rot	Beide bunt
7											40										
											70	2									2
											5										
											14	12		2			12		1		1^1
0,33																					
7											115	2									2

von den rein intermediär roten Zweigen des „homozygoten" bunten Busches 7.

											17	5		9			2	2		2	12
											12	1		1			9	1		1	9
											12	5		5			1			6	6
2		2^1					2^1				4	1					3				4
											28	19		8				11		12	5
											1						1				1
wurde nicht registriert											15	2	8				6	7	2	13	13
											21										
2		2					2				74	46	2	31			22	21	2	34	50

rein strohgelben Zweigen des „homozygoten" bunten Busches 15.

| | | | | | | | | | | | 1 | 1 | | | | | | | | | 1 |

gelben Zweigen der bunten „homozygoten" Büsche 7 und 15.

leuchtend rot, sondern zeigten rotes Schillern.
Typen annähernd zu gleichen Teilen.
Blüte *b*: 3½ Blütenblätter rot; 1½ Blütenblätter gelb mit hellroten Tüpfelchen.
Blüte *d*: dasselbe. Blüte *e*: gelb mit rotem Sektor von 60—80⁰.
oder ob sie von intermediärer Färbung waren, welche hier fast nicht von reiner

788   Chimären.

Tabelle 45

Nr. der Muttersprosse	Blüten-färbung	Rein rote (himbeer-purpurn)											Intermediär-									
		Busch-zahl der Blüten-färbung nach	Färbung der Kotyledonen		Färbung des ersten Blattpaares						Busch-zahl der Blüten-färbung nach	Reine								
												Färbung der Kotyledonen				Färbung des ersten Blattpaares			
			Beide grün	Beide rot	1 grün / 1 bunt	1 grün / 1 rot	Beide bunt	Beide grün	Beide rot	1 grün / 1 bunt	1 grün / 1 rot	Beide bunt	Beide grün	Beide rot	1 grün / 1 bunt	1 grün / 1 rot	Beide bunt	Beide grün	Beide rot	1 grün / 1 bunt	1 grün / 1 rot	Beide bunt
	Blüten-färbung	–	auf den ersten Blick rein gelbe										gelbe mit eben merkbaren roten Pünktchen								
18	Busch 7	7	7					7					3	3					3				
19	Busch 15												6	6					6				1
20		7	7					7					9	9					9				1
	Das Verhalten der F_1 von gemischt bunten Blüten (Sektoren und Tüpfelung)																				
21		3	3			3							12	12					12				
22	Busch 4 Blüte a	1											1										
23	Busch 4 Blüte b																						
24	Busch 4 Blüte c																						
25	Busch 4 Blüte d																						
26	Busch 4 Blüte e																						
	Das Verhalten F_1 der getupfelt bunten Blüten des bunten Zweiges des „homo-																				
27	I																						

dieser Sprosse nun verschieden gefärbte Komponenten entwickeln müßten, denn die entsprechenden Muttersprosse (die Sprosse des ersten Jahres) waren selbst keine Chimärensprosse.

Nunmehr ist es leicht, diejenigen Fälle zu erklären, wo sich aus dem Trennungsbezirk des zweijährigen Sprosses oder der Sprosse der nachfolgenden Jahre ein gegenüber dem Muttersproß abweichend gefärbter Sproß entwickelt. Dafür muß man nur die Annahme machen, — welche man kaum ablehnen kann — daß diese Sprosse sich in dem Grenzbezirk zweier oder mehrerer einander benachbarter, voneinander verschiedener Gebiete entwickeln. Ist dies der Fall, so muß der Sproß des dritten oder nachfolgenden Jahres, welcher nicht genau die Färbung des Muttersprosses wiederholt, trotzdem in sich die Elemente des im vorigen Jahr benachbarten Sprosses enthalten. Nach unseren Beobachtungen, die wir allerdings bis jetzt nicht genau registrierten, ist dies der Fall.

Wenn man unsere Konstruktion annimmt, so erschließen sich damit neue Wege zur Erklärung des Auftretens von gleichfarbigen Verzweigungen aus buntblättrigen Sprossen. Es ist möglich, daß sie Komponenten darstellen, aus welcher die Chimären zusammengesetzt sind. Wir sind

(Fortsetzung).

Buschzahl der Blütenfärbung nach	rote mit dunkel-roter Buntheit										Buschzahl der Blütenfärbung nach	Bunte									
	Färbung der Kotyledonen					Färbung des ersten Blattpaares						Färbung der Kotyledonen					Färbung des ersten Blattpaares				
	Beide grün	Beide rot	1 grün 1 bunt	1 grün 1 rot	Beide bunt	Beide grün	Beide rot	1 grün 1 bunt	1 grün 1 rot	Beide bunt		Beide grün	Beide rot	1 grün 1 bunt	1 grün 1 rot	Beide bunt	Beide grün	Beide rot	1 grün 1 bunt	1 grün 1 rot	Beide bunt
	Getüpfelte gelbrote											Nicht registrierte Blüten									
1 1			1 1									9 7 16					9 7 16				

von bunten Zweigen der „homozygoten" bunten Büsche 4 und 14.

| 5 | 5 | | | | | 4 | 1 | | | |

| | | | | | | | | | | | | 1 1 3 | | | | | | | | | |

zygoten" bunten Busches 9.

| | | | | | | | | | | | 3 | | | | | | | | | | |

einverstanden damit, daß unsere Erklärung der Blütenfärbung weder für alle Typen von *Mirabilis jalapa*-Pflanzen, noch auch für alle vorkommenden Blütentypen genügt. Wir haben aber auch nicht versucht, der beschriebenen Chimärenstruktur der in Frage stehenden *Mirabilis* eine Art von Monopolstellung für die Erklärung des gesamten Verhaltens dieser Pflanze zuzuschreiben. Umgekehrt scheinen uns die Arbeiten von CORRENS im Grunde sehr überzeugend zu sein; nur nehmen wir an, daß die Chimärenkomponenten, welche selbst vielleicht auf dem Wege, welchen CORRENS annimmt, gebildet worden sind, auch im weiteren Verlauf ähnliche Veränderungen (Übergang aus der Homo- in die Heterozygotie) durchmachen. Diese Veränderungen können natürlich sowohl die ursprüngliche Chimärenstruktur der Pflanze als auch das somatische und generative In-Erscheinung-Treten dieser Struktur verdecken.

Jetzt wollen wir als weiteres Material unsere Beobachtungen über das Auftreten dieser Färbung in F_1 bei Selbstbestäubung für verschieden gefärbte Blüten eines Individuums wie auch verschiedener Individuen, welche im Merkmal Blütenfärbung deutlich vom Allgemeintypus abweichen, anführen.

CORRENS (1910, S. 663) läßt sich über diese Angelegenheit folgendermaßen aus:

„Die Menge von Hellgelb und Rosa in der Streifung schwankt an derselben Pflanze innerhalb weiter Grenzen und ist auch von Individuum zu Individuum verschieden. Es liegen hier wohl sicher erbliche (Linien-) Unterschiede vor, die aber wegen der schon erwähnten Schwankungen am selben Individuum schwer zu untersuchen sind und uns nicht beschäftigen können."

In unserem Material haben wir buntblättrige Büsche gefunden von einem gleichmäßigen Typ schwacher Buntheit mit Ausnahme einzelner rein roter und intermediärer oder grob sektorial gebauter Blüten. Diese vereinzelten seltenen Blüten haben den Gesamttypus nicht gestört. Das bezieht sich auch auf einige Büsche mit stärker ausgeprägter Buntheit ihrer Blüten. Allerdings begegnet man bei den letzteren (nicht obligatorisch) einzelnen Verzweigungen mit Blüten von intermediärer Färbung, deren buntblättriger Teil aber im ganzen gleichartig ist und gerade dieser Typus wird in der Nachkommenschaft wiederholt. Weiter haben wir die F_1 von Blüten studiert, welche verschiedene Färbung hatten, welche aber auf besonderen in sich gleichartigen Zweigen eines Busches (7) standen. Wir hatten es dabei mit einer mehrjährigen Wurzel zu tun und die berücksichtigten Zweige zweigten sich von ganz unten her ab, da sie sich aus den schon beschriebenen Nebensprossen entwickelt hatten. Die Resultate zeigt uns die Tabelle 45.

Es hat sich gezeigt, daß auf verschiedenen gleichartigen Zweigen die Blüten mit äußerlich gleicher Färbung verschiedene Verhältnisse in der Nachkommenschaft zeigen; dies gilt in noch höherem Grade für entsprechende Sprosse eines anderen Busches (s. Busch 4).

1. Rote Blüten von gleichmäßig roten Zweigen.

Sproß 22 gab ein Verhältnis von bunten Blüten zu rein roten wie 13:1. Der Sproß 26 gab für dasselbe Verhältnis 4:1, wenn man die Blüten mit intermediärer Färbung nicht mit berücksichtigt. Rechnet man aber diese mit zu den bunten, so erhält man das Verhältnis 4,6:1. Wenn man die intermediär roten Blüten zu den rein roten rechnet, wozu aber kein Grund vorhanden ist, so würde das Verhältnis 2,26:1 erhalten werden. Summarisch sagen die Verhältnisse der beiden Sprosse folgendes:

a) (bunte = intermediäre) zu rein roten = $(115 + 6 + 7):21 = 6,1:1$ (85,9 und 14,1%);

b) bunte: (rein roten + intermediären) = $115:(21 + 6 + 7) = 3,38:1$ = $3,38 \pm 0,669$ (77,18 $\pm$ 4,33% und 22,82 $\pm$ 4,33%);

c) rein rote: intermediären = $21:(6 + 7) = 1,62:1$;

d) bunte: rein roten = $115:21 + 5,48:1$ (85,82% und 14,18%);

e) im ganzen intermediäre Blüten = 8,67%.

Bei CORRENS, welcher die Blüten mit intermediärer Färbung nicht erwähnt, war das Verhältnis der bunten Blüten zu roten in F_1 bei roten Blüten des roten Zweiges vom buntblättrigen Busch annähernd 10 : 1. CORRENS weist darauf hin, daß das Quantum roter Blüten (a) zwischen 0 und 10% und höher schwankte. Wenn man dies Verhältnis mit unserem b = 3,38 : 1 vergleicht, so ist ein bedeutender Unterschied zu bemerken. Wahrscheinlich ist der Vergleich mit diesem Verhältnis aber am richtigsten; denn man kann sich denken, daß, wenn in den Experimenten von CORRENS Blüten von intermediärer Farbe auftreten, sie als rote Blüten registriert worden wären. Wenn dagegen intermediäre Blüten nicht vorhanden gewesen wären, so hätte man mit unserem unter d angegebenen Verhältnis 5,48 : 1 zu vergleichen. Selbstverständlich ist dabei ein direkter Vergleich unmöglich, da bei CORRENS die entsprechenden Angaben allgemeinerer Art sind als bei uns. In jedem Fall aber sind doch irgendwelche ernsten Abweichungen unserer Angaben von denen CORRENS' nicht vorhanden.

2. Intermediäre Blüten von gleichmäßig mit intermediären Blüten besetzten Zweigen.

Hier verhalten sich verschiedene Sprosse verschieden. So gab der Sproß 16 rein rotbunte Nachkommenschaft (9 Büsche), die Sprosse 15, 21, 24 aber gaben nur buntblütige (entsprechend 17, 12, 28) Büsche. Außer dem Sproß 16 gab keiner einen einzigen rein rotblütigen Busch. In der Nachkommenschaft der Sprosse 17 und 23 gab es sehr viele Büsche mit Blumen, welche nur intermediäre Farben hatten. Für den Sproß 17 ist das Verhältnis der Zahl buntblütiger Büsche zu denen mit intermediär gefärbten Blüten 12 : 3 = 4 : 1. Und für den Sproß 23 sogar 4 : 8 = 1 : 2. Die summarischen Verhältnisse in F_1 im einzenen sind bei den Sprossen mit Blüten von intermediärer Färbung folgende:

a) (bunte + intermediäre) : rein roten (74 + 2 + 9) : 9 = 9,44 : 1 (90,43 : 9,57%);

b) bunte : (rein roten + intermediären) = 74 : (9 + 9 + 2) = 3,7 : 1 = 3,7 ± 0,603 (78,72 ± 3,35 : 21,28 ± 3,35%);

c) rein rote : intermediären + 9 : (9 + 2) = 0,82 : 1;

d) bunte : rein roten = 74 : 9 = 8,22 : 1 (89,16 und 10,84%).

Im ganzen sind an intermediären Blüten 11,70% vorhanden. Wenn man diese Verhältnisse mit den Verhältnissen in der Nachkommenschaft rein roter Blüten gleichartiger Zweige vergleicht, so sieht man
1. daß eine kleine Möglichkeit vorhanden ist dafür, daß die Zahl der rein rotblütigen Individuen etwas größer in der Nachkommenschaft rein roter Blüten wird als in der entsprechenden Nachkommenschaft intermediärroter Blüten (14,1% ± 2,85% gegenüber 9,57 ± 3,034%). Die Glaubwürdigkeit des Unterschiedes ist $D/m_{Diff.} = 1,088$; d. h. mit der Wahrscheinlichkeit von 0,720 oder mit 2,57 Chancen

gegen 1 können wir annehmen, daß bei wiederholter Untersuchung desselben Materials unter denselben Bedingungen sich die Unterschiede wiederholen werden. Diese Wahrscheinlichkeit ist selbstverständlich nicht genügend, um die Überzeugung zu rechtfertigen, daß sich das Geschehnis wiederholen wird.

2. In der Nachkommenschaft der intermediär roten Blüten gibt unser Resultat keinerlei Grund, zu erwarten, daß die prozentische Anzahl von intermediär roten Blüten tatsächlich größer wird als in der Nachkommenschaft rein roter Blüten (11,70 ± 2,63% gegenüber 8,67 ± 2,90%). Die Glaubwürdigkeit des Unterschiedes ist $D/m_{Diff.} = 0{,}774$.

3. Was das Verhältnis a anbetrifft, so ist hier eine kleine, aber nicht überzeugende Wahrscheinlichkeit vorhanden, daß in der Nachkommenschaft von rein roten Blüten buntblütige Individuen etwas weniger vorhanden sind als in der Nachkommenschaft von intermediären Blüten (85,9 ± 2,85% gegenüber 90,43 ± 3,034%). Die Glaubwürdigkeit des Unterschiedes ist $D/m_{Diff.} = 1{,}088$, d. h. die Wahrscheinlichkeit für die Wiederholung des Resultates ist dieselbe wie bei Punkt 1.

4. Verhältnis b der Zahl der buntblütigen Individuen zu der Zahl der gleichfarbig blühenden rein roten plus intermediär roten ist in beiden Nachkommenschaften gleich. Der Unterschied ist gänzlich unglaubwürdig, denn $D/m_{Diff.}$ ist 0,348.

5. Das Verhältnis d zeigt uns eine kleine Wahrscheinlichkeit dafür, daß das Verhältnis der Zahl der buntblütigen Individuen zu rein rot blühenden in der Nachkommenschaft der rein roten Blüten etwas kleiner ist als in der Nachkommenschaft der intermediären Blüten (5,48 gegen 8,22). Das geht aus dem unter 3. und 1. Gesagten hervor.

6. Außer dem Verhältnis b gibt kein Verhältnis der beiden Nachkommenschaften irgendwelche Annäherungen an Mendelverhältnisse. Das Verhältnis b aber nähert sich dem Verhältnis 3:1, als wären die gleichfarbigen Blüten heterozygot in bezug auf die buntfarbigen. Aber diese Annahme fällt scheinbar aus, da das Verhalten der Nachkommenschaft eine Dominanz der bunten Färbung über die gleichfarbige zeigt. Diese Dominanz würde also hier in den elterlichen Blüten fehlen.

3. Rein gelbe Blüten mit einem gleichartigen Zweig desselben Busches 7 gekreuzt.

In der Nachkommenschaft dieser Blüten zeigte sich, daß rein gelbe Individuen 2,3mal häufiger vorhanden waren als buntblütige (7 : 3). Dabei hatten die buntblütigen nur eben merkliche Buntheit. In demselben Verhältnis stand die Nachkommenschaft eines gleichen Sprosses von einem anderen Busch (15). Rein gelbe Individuen fehlten aber hier. Es zeigte sich eines mit intermediären roten Blüten und mit dunkelrot bunten Blüten.

Wichtig ist es, daß die Nachkommenschaft der beiden genannten Zweige von zwei Büschen trotzdem wenig vom Allgemeintyp der elterlichen abwich.

Wenn man das angeführte Verhältnis vom Busche 7 mit dem analogen Verhältnis in der Nachkommenschaft rein roter Blüten (1—a) vergleicht, so erweist es sich, daß die Verhältnisse gänzlich verschieden, ja sogar umgekehrt sind.

Wenn man nun gar das Summenverhältnis zwischen 7 und 15 berücksichtigt, so erhalten wir, daß die bunten zu rein gelben sich verhalten wie 10 : 7 = 1,43 : 1. Das analoge Verhältnis in der Nachkommenschaft rein roter Blüten desselben Busches war 6,1 : 1.

4. Gelbe Blüten mit eben noch merklichen Flecken von einem gleichartigen Zweig (jedoch nicht einem ganzen Sproß) des Busches 7.

a) Die Verhältniszahl der buntblütigen Individuen zu rein gelben ist 17 : 3 = 5,67 : 1 (85% und 15%), d. h. dasselbe, welches sich im Verhältnis a der Nachkommenschaft rein roter Blüten zeigte. Hier war aber die elterliche Blüte nicht rein gelb.

Dabei ist dieses Verhältnis (17 : 3 wie 5,67 : 1) gänzlich verschieden von dem entsprechenden Verhältnis in der Nachkommenschaft rein gelber Blüten, wenn man die rein summarischen Resultate der Büsche 7 und 15 (10 : 7 = 1,43 : 1) betrachtet, ohne denselben Busch 7 (3 : 7 = 0,43 : 1) zu berücksichtigen. D. h. die Resultate sind völlig verschieden von denen, welche CORRENS erhielt; denn CORRENS schreibt (in kleiner Schrift) 1910, S. 667:

„So bringen die *Gilva*-Äste (wenigstens in den bisher beobachteten Fällen) etwa soviel *Gilva-Roseo-Striata-* und *Gilva*-Nachkommen hervor als die *Striata*-Äste desselben Stockes."

Wenn auch CORRENS vorher (S. 663) über die Schwierigkeit schreibt, ganz genau die rein gelben Blüten von eben noch gefleckten zu unterscheiden, so sind wir an Hand der angeführten Zitate doch der Meinung, daß hier von richtig gelben Blüten die Rede war. Also hängt der Unterschied in unseren Befunden nicht von der Farbe der elterlichen Blüte ab. Möglicherweise ist der Unterschied dadurch bedingt, daß CORRENS mit rein gelben Blüten von einem zwar einfarbigen Zweig arbeitete, welcher sich aber von einem Sproß ableitete, der auch anders gefärbte Blüten trug. Wir dagegen haben mit rein gelben Blüten von einem rein gelben Sproß gearbeitet, welcher von Grund auf unabhängig war. Das ist natürlich nur möglich bei Anwendung vieljähriger Individuen. CORRENS aber führt offensichtlich Angaben für einjährige Pflanzen an, denn er erwähnt mehrjährige nicht.

Wenn man die von uns vorgeschlagene Ursache der Unterschiede als wirklich bestehend annimmt, so geht daraus die genetische Abhängigkeit der Verzweigungen von dem Grundsproß hervor, von welchem diese

Zweige abgehen. Und wenn dieses der Fall ist, so vollzieht sich also der von CORRENS vorgeschlagene Übergang aus dem homozygoten in den heterozygoten Zustand in einzelnen Pflanzenteilen nicht vollkommen unabhängig voneinander, sondern in einer gewissen Abhängigkeit von wenigstens dem nächstgelegenen Muttersproß. Diese Erwägung erscheint uns für das Verständnis des Prozesses sehr wichtig. Sie findet eine genaue und noch nicht abgeschlossene Bestätigung erstens in dem hier beschriebenen Verhalten der Nachkommenschaft von eben noch fleckigen Blüten, welche nicht auf einem gänzlich entsprechend gleichartigen Sproß, sondern auf einer in sich gleichartigen Abzweigung eines Sprosses sich befanden. Diese Nachkommenschaft erwies sich als vielfältiger (s. Tabelle 45) als wir dieses in denjenigen Fällen fanden, wo der Muttersproß von Grund auf unabhängig von anders gearteten Pflanzenteilen war und wo im allgemeinen gleichmäßig etwas fleckige Blüten beobachtet wurden. Zweitens erwies sich in ähnlicher Weise (s. Tabelle 45, Busch 4), daß die Nachkommenschaft einer rein roten Blüte einer kleinen Abzweigung des bunten Sprosses sich anders verhielt als die Nachkommenschaft solcher Blüten, deren Sproß von Grund auf unabhängig war, und welcher also nur rote Blüten trug.

5. Rein gelbe Blüten von gleichartigen Sprossen des Busches 7.

In zwei Fällen haben wir nur rein rote Blüten erhalten. Dies ist interessant in Anbetracht dessen (s. Tabelle 45), daß die F_1 der Kreuzung zwischen rein gelber Blüte und genetisch rein gelber Blüte ebenfalls gleichfarbig blühte, sich allerdings im Typus etwas anders erwies (intermediär rot mit orangefarbigem Rachen). Unsere Betrachtungen über strohgelbe Blüten sind deutlich ungenügend. Wir haben überhaupt selten rein gelbe Blüten gefunden. Sie haben gewöhnlich mehr oder weniger rote Buntheit gezeigt.

Damit haben wir unsere Übersicht über die Nachkommenschaft des Busches 7 zum Abschluß gebracht.

Ferner haben wir die F_1 einiger bunter Blüten untersucht, welche rote Sektoren verschiedener Größe besaßen. Es wurde nur je eine Blüte von jedem Typus untersucht, was natürlich gänzlich unzureichend ist, und wir würden die Resultate unserer Beobachtung nicht hier vorlegen, wenn das erhaltene Bild uns nicht zwingen würde, wenigstens vorläufig die Aufmerksamkeit auf sie zu lenken. In der Tabelle 45 unten ist die Nachkommenschaft der genannten Blüten, deren Charakter in der entsprechenden Spalte erwähnt ist, angegeben. Es hat sich gezeigt, daß (s. die Blüten b, c, d, e) die Nachkommenschaft der Blüte mit dem größten roten Sektor nur intermediäre Blüten trägt. Bei Verringerung des roten Sektors der Mutterblüte erweist sich die Nachkommenschaft als buntblühend. Dabei gaben die Blüten (e) mit kleinstem roten Sektor in allen drei Fällen bunt blühende F_1. D. h. hier ist das Resultat glaubwürdiger als das Resultat für die Blüten c und d, wo man nur hoffen kann, daß bei Wiederholung sich intermediäre oder rein rote Nachkommenschaft zeigen würde, was die mögliche Gesetzmäßigkeit glaubwürdiger machen würde.

Die Blüte a soll gesondert betrachtet werden; wenngleich ihr dunkelroter Sektor kleiner war als bei den anderen Blüten, so waren diese doch ganz intermediär rot, und die F_1 erwies sich als rein rot. Dieser Fall verstärkt also nur die mögliche Wohlgeordnetheit des Bildes.

Wir haben diese Beobachtung noch deshalb mitgeteilt, weil eine Erscheinung, welche der von uns mitgeteilten ähnelt, von EYSTER (1928, S. 670) für *Zea* beschrieben worden ist. EYSTER sagt:

"The change from one color pattern to another variegation series varies according to the position of the different types in the quantitative series. For example dilute red self-colors give rise to variegations more frequently than do dark red self-colors, and heavy variegations give rise to self-colors more frequently than do light variegations."

Wir wiederholen aber, daß wir nur unsere vorläufige Beobachtung als solche mitteilen wollten. Wir halten es auch nicht für möglich, irgendwelche anderen endgültigen Schlüsse aus unserer ganzen Beobachtung über *Mirabilis* zu ziehen, als diejenigen, auf welche wir bei der Darstellung als vollkommen sicher hingewiesen haben.

Wir unterstreichen noch die Besonderheit des von uns eingeschlagenen Weges der Forschung. Wir hielten es für nötig, das Individuum zum Objekt unserer Untersuchungen zu machen, und es möglichst weitgehend zu differenzieren. Dafür hat die Anwendung mehrjähriger Pflanzen, deren wir uns bedient haben, sich als geeignet erwiesen.

Es mag hier noch darauf hingewiesen sein, daß unserer Ansicht nach die Untersuchungen über das Wesen der buntblütigen *Mirabilis* noch in keiner Weise abgeschlossen sind.

Wir haben das Beispiel der *Mirabilis jalapa striata* als Illustration für echt vererbliche, natürliche Chimären in unserem weiten Sinne dieses Ausdruckes angeführt. Aber sogar bei der üblichen Auffassung des Chimärenbegriffes sehen wir keine besonderen Hindernisse, zu behaupten, daß z. B. die sektorial gefärbten Blüten, Blätter oder Sprosse Sektorialchimären sind, unabhängig davon, in welchem Moment und auf welchem Wege die genetisch verschiedene zweite Komponente entstanden ist.

Es dürfte besonders schwer sein, die sektoriale oder meriklinale Chimärenstruktur desjenigen Teils der Wurzel oder des Restes vom ursprünglichen alten Sproß anzuerkennen von denen wiederholt im Verlaufe von zwei und mehr Jahren unabhängige Sprosse ausgehen, deren Blütenfärbung auf jedem einzelnen Seitensproß in sich gleichartig ist, aber auf verschiedenen Sprossen verschieden sein kann. Es ist selbstverständlich, daß von einem Grenzort der Anlage derartiger Sprosse aus auch solche sich entwickeln können, welche verschiedene Struktur zeigen. Es muß hier daran erinnert werden, daß CORRENS (1919b, S. 1023), ohne überhaupt *Mirabilis jalapa* als Chimäre zu bezeichnen, darauf hinweist, daß

„nicht alle Sippen mit bunten Keimlingen Periklinalchimären bilden (*Mirabilis jalapa* und andere *Albomaculatus*-Zustände). Es müssen also noch weitere Bedingungen gegeben sein".

Hier handelt es sich also erstens um eine andere Rasse von *Mirabilis*, was übrigens nicht so wesentlich sein kann, zweitens ist nur von Periklinalchimärenstruktur die Rede. Wir aber lassen, wie oben gezeigt wurde, auch solche zu, besonders bei der Entwicklung von Sprossen aus einer mehrjährigen Wurzel. Es kann sein, daß gerade hier die von CORRENS erwähnten anderen Bedingungen der Entwicklungsmechanik gegeben sind, nach welchen unserer Meinung nach Nebensprosse von der Chimärenstruktur des Ausgangsgewebes entstehen.

Daß wir *Mirabilis jalapa striata* zu den direkt, nicht zu den indirekt erblichen natürlichen Chimären stellen, ist dadurch bedingt, daß das Erscheinen der anderen Komponente von uns schon beim Embryo (Färbung der Kotyledonen) aufgezeigt wurde.

Man könnte noch viele Beispiele für natürliche erbliche Chimären anführen, ohne dabei über den Rahmen der Betrachtungen herauszugehen, welche wir bei unserer Wertung der Verhältnisse bei *Mirabilis* angestellt haben. Es darf aber nicht wundernehmen, daß bei unserer Auffassung von der Epidermis als einem genetisch andersartigen Gewebes (s. S. 647), alle Pflanzen, die eine Epidermis besitzen, welche sich in ähnlicher Weise verhält wie die oben beschriebene, zu den natürlichen echt erblichen Chimären gestellt werden.

Indirekt vererbbare Chimären. Wie oben gesagt wurde, nennen wir diejenigen natürlichen Chimären „indirekt vererbbar", welche nicht direkt alle Faktoren der beiden (drei usw.) Chimärenkomponenten, sondern nur die Möglichkeit vererben, daß die Pflanze somatisch auf irgendeinem Stadium der Ontogenese in dieser Richtung mutiert. Hierher stellen wir also alle unserer Definition entsprechenden Fälle von "ever sporting varieties" (DE VRIES, 1903).

Über Myosotischimären. Von neuen Beispielen möchten wir die Beobachtung von CHITTENDEN (1928) erwähnen, welcher mit *Myosotis* arbeitete. Der Autor nimmt an, daß die Buntblütigkeit entsteht durch somatische Mutationen von Plastiden, welche (S. 129)

"may be directly concerned with anthocyanin production, and that anthocyan mosaics may be the result of the existence of dissimilar plastid types in the same plant".

Weiter weist der Autor auf die Schwierigkeit einer Erklärung für das gegebene Mosaik durch Anerkennung einer Kernmutation hin. Denn dabei bleibt das häufige Vorkommen der Mutationen im Soma der gegebenen Rasse ungeklärt.

"If on the contrary we suppose it to be due to plastid mutation, then, if the inheritance of plastides be biparental in this case it is only necessary to assume one mutation, all the sports observed being due to the subsequent somatic segregation of the two dissimilar plastid types".

Vom Standpunkt der somatischen Struktur bringt CHITTENDEN die *Myosotis*-Rasse, mit welcher er arbeitete, bei den wahren Chimären vom gemischten Typus unter, indem er nach der Beschreibung sich leiten läßt von dem Vorhandensein eines mosaikperiklinalen Typus (die Mehrzahl der Blätter, wahrscheinlich auch andere Pflanzenteile) und dann von dem sektorialen oder meriklinalen Typus, auf welchen die topographische Anordnung verschiedener Blüten und Blütenteile hinweist.

Wenn man die Erklärung anerkennt, welche der Autor für den Mechanismus des Auftretens der bunten Färbung gibt, so müßten wir diesen Fall als ein Mittelding zwischen den scheinerblichen Chimären (Übertragung väterlicher Plastiden s. S. 726, 757) und den indirekt vererbbaren Chimären ansehen (Vererbung der Fähigkeit zur somatischen Mutation). Aber es muß darauf hingewiesen werden, daß für die Annahme der Erklärung von CHITTENDEN drei Hypothesen zugelassen werden müssen. 1. Übertragung von väterlichen Plastiden; 2. das Auftreten von Anthozyan infolge des Antagonismus verschiedener Plastiden und 3. ein spezieller Fall der Entwicklungsmechanik hauptsächlich in bezug auf die Verteilung der Plastiden. Im letzten Fall würde man einigen von denjenigen Schwierigkeiten wieder begegnen, welche bei der Untersuchung der BAURschen Theorie über die Bildung der Weißrandchimären von *Pelargonium zonale* zutage traten. Wir haben allerdings keine unüberwindlichen Schwierigkeiten gegen die Annahme der BAURschen Theorie vorgefunden, doch ist im *Pelargonium*-Falle ja ein deutlicher Unterschied zwischen den einzelnen Plastiden klar. Im Falle der *Myosotis* haben wir keine direkten Anzeichen für derartige Unterschiede gefunden. CHITTENDEN selber macht jedenfalls keine derartigen Angaben.

Vielmehr kann das Verhalten der genannten *Myosotis*-Rasse auch durch die Genomerentheorie von EYSTER erklärt werden, besonders, wenn die letzte enger mit der Entwicklungsmechanik verbunden wird, wobei sie ihrerseits einiger Ergänzungen bedürfen würde.

Verbenachimären.

Als zweites Beispiel für indirekt vererbliche Chimären kann man die buntblütige *Verbena hybrida* anführen, über die wir schon berichtet haben (s. S. 491, 775). Wir und unabhängig von uns EYSTER haben über diese *Verbena* publiziert, wobei sich einige Tatsachen und eine Reihe wesentlicher Punkte ergaben haben, in denen sich unsere Angaben von denen EYSTERs unterscheiden.

Wir haben sogar den Verdacht, daß das genetische Wesen unserer buntblütigen *Verbena* von dem Material EYSTERs verschieden war, wenn auch die allgemeine Beschreibung der Pflanze in vielen Punkten übereinstimmt.

EYSTER schreibt, daß er und DEYIRMENJCAN eine ungewöhnliche Variationsbreite der Buntheit ("variegation patterns") gefunden habe, "ranging continuously from flowers that are pure white perhaps only a single splash of color in a single flower of an entire inflorescence to flowers, that are deep violet with in conspicuous variegations in the form of darker and lighter markings ... As yet neither pure colorless nor pure self-colored strains have been isolated in *Verbena*."

In unserem Material haben wir auch alle möglichen Grade von Buntheit gefunden. Es waren vertreten: radiale Striche, Linien, Sektoren verschiedener Größe bis zu einem oder mehreren ganz karminroten oder in anderen Individuen krapplackroten Blütenblättern. Manchmal begegnet man auch völlig roten Blüten oder einzelnen Blütenblättern mit mehreren dunkelroten Linien, Strichen oder Sektoren ähnlich wie es bei den *Mirabilis jalapa*-Sektoren geschildert wurde.

Weiter unterschieden einzelne Individuen sich im allgemeinen sehr stark: Einige besaßen im allgemeinen ganz schwache Buntheit in Form von einzelnen Strichen oder Sektoren auf einzelnen Blütenblättern, andere wieder in einzelnen Blütenständen, während alle übrigen Blüten und Blütenstände gänzlich weiß waren. Noch andere Individuen hatten eine ausnahmsweise starke Buntheit und hatten nicht nur keine einzige rein weiße, sondern sogar keine einzige auch nur schwach bunte Blüte. Die geringste Buntheit in einzelnen Blüten war dann von mittlerer Stärke, aber gerade bei diesen Individuen fand man nicht nur einzelne ganz gefärbte Blüten oder ganz gefärbte Blütenstandsteile, sondern stets Zweige, die von einzelnen ganz karminroten Blütenständen und sogar einzeln von dem unteren Teil des Busches her ausgingen, und welche nur karminrote Blütenstände trugen. Einzelne völlig gefärbte Blüten wurden, wenn auch viel seltener, auf den im ganzen mittelbunten Blütenständen angetroffen. Auf den schwach bunten fehlten sie. Ganz gefärbte Blüten in Blütenständen konzentrierten sich, abgesehen von sehr seltenen Ausnahmen, in einem Sektor oder Segment des Blütenstandes. Ferner ist bemerkenswert, daß, wenn in den Blüten, welche dem ganz gefärbten Sektor des Blütenstandes benachbart sind, auch vollkommen gefärbte Sektoren vorhanden waren, diese sich in der Regel nach der Seite des ganz gefärbten Blütenstandsektors hin befanden. Auf diese Weise haben wir phänotypisch eine deutlich sektoriale Anordnung der vollkommen gefärbten Elemente eines bunten Busches vor uns. Das Bild ist dem von CHITTENDEN (1928, S. 129) beschriebenen "ever sporting" *Myosotis*, deren somatische Struktur der Autor für chimärenartig hält, sehr ähnlich. Wie wir weiter unten sehen werden, fassen wir unsere *Verbenae* als

Chimären auf, die aber durch andere Erscheinungen noch außerordentlich kompliziert sind.

Parallel mit der Buntheit der karminroten Färbung verschiedener Intensität in den Grenzen einer Blüte, begegnet man nicht selten einer Buntheit mit schwächeren, bis sehr hellroten Schattierungen. Dabei kann die hellrote Buntheit in beliebigen radialen Verhältnissen zur

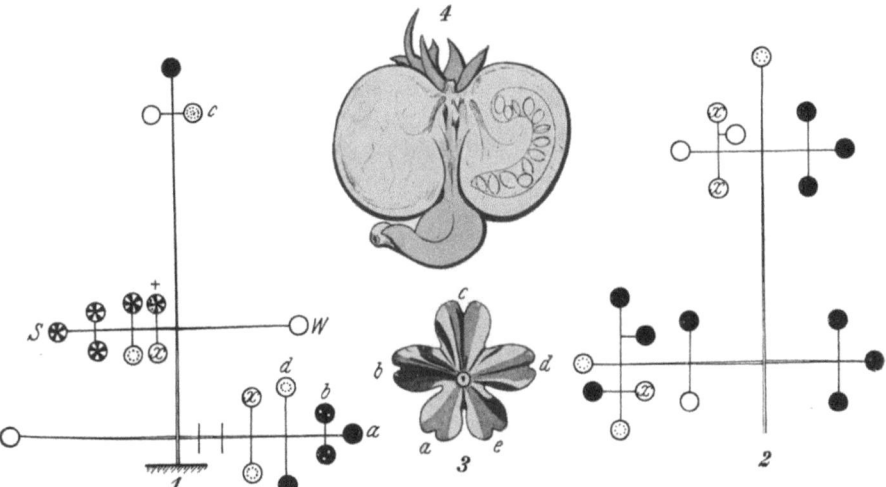

Abb. 202. *1 Verbena hybrida.* Schema eines buntblättrigen Busches mit einem Sproß mit regelmäßig sternförmiger Färbung der Blütenblätter; *2 Verbena hybrida.* Schema eines buntblättrigen Busches mit besonders viel rein roten Blütenständen; *3 Verbena hybrida.* Bunte Blüte Kombination von sternförmiger rosa Färbung mit ordnungsloser karminroter Färbung verschiedener Schattierungen; *4 Solanum lycopersicum.* Proliferierte Frucht einer Pflanze auf eigener Wurzel (vgl. Abb. 184).

○ Blütenstand mit rein weißen Blüten.
◉ Blütenstand mit starkbunten Blüten.
● Blütenstand mit rein roten Blüten.
❀ Blütenstand mit rein sternförmiger („herzchenförmiger") Blütenzeichnung.
ⓩ Unentfalteter Blütenstand.

◉ Blütenstand mit mittelbunten Blüten.
❂ Blütenstand mit roten Blüten und einzelnen rein weißen Blüten.
❁ Blütenstand mit sternförmiger Blütenbildung. Einige Blüten schwach bunt.

karminroten angeordnet sein. D. h. es kann der Entwicklungsmechanismus der beiden oder eventuell noch mehrerer Buntheitsschattierungen der gefärbten Bezirke gegenseitig voneinander unabhängig sein. Als äußerstes Extrem dieser Unabhängigkeit mögen die Blüten vom Typus 3 auf der Abb. 202 dienen, wo die rosa Bezirke ein regelmäßiges sternartiges Zeichen gebildet haben und die karminroten Bezirke verschiedener Schattierungen sich regellos angeordnet zeigen. Manchmal aber bekommt man den Eindruck eines Zusammenhangs im Entwicklungsmechanismus der hellen und der dunkel gefärbten Bezirke.

So kommt es z. B. vor, daß ein richtiger Strahl von sternartiger Färbung auf zwei sich gegenseitig ergänzenden, oft gleich großen Sektoren von abwechselnd karminroter und hellrosa Färbung, ohne jene dazwischenliegende Schattierung, gebildet wird. Auf die sternartige Färbung kommen wir weiter unten zurück. Außerdem ist noch zu bemerken, daß sich in der Nachkommenschaft einige Büsche mit der oben beschriebenen ungeordneten bunten karminroten Färbung fanden, welche im allgemeinen denselben Buntheitstypus hatten. Doch war die Färbung eine deutlich andere: statt karminrot war sie krapplackrot, d. h. viel leuchtender und ohne jegliche rosa Schattierung.

Es ist interessant, daß diese Färbung, wie auch die karminrote, und ihre einzelnen Grade, welche auf den bunten Individuen angetroffen wurden, wie auch endlich die weiter unten erwähnte dunkellila Buntheit bei einem Busch samt und sonders phänotypisch genaue Analogien hatten in der Färbung einzelner gewöhnlicher, erblich einfarbiger Varietäten der *Verbena*. Auch die Reaktion in Ammoniakdämpfen war bei gleichgefärbten Bezirken der bunten Blüten und der entsprechenden einfarbigen Varietäten völlig dieselbe.

Dies kann man nur erklären, wenn man sich VILMORINs Ansicht über die Herkunft der bunten Farbe zu eigen macht. Wir haben die Ansicht VILMORINs aus der Arbeit von EYSTER entnommen (1928, S. 672), da er aber keinen Hinweis auf die entsprechende Arbeit von VILMORIN gibt, so führen wir die Auffassung VILMORINs in der Wiedergabe EYSTERs an:

"Perhaps the first to concern himself with the origin and nature of variegations was VILMORIN, who observed, that striped flowers occur only in species which are themselves colored, but which posses a white or yellow variety. He believed the first variety to arise from the colored type to be white (or yellow) from which later the striped form originates as a partial reversion to the parent species."

Wir haben aber darauf hingewiesen, daß die verschiedenen Schattierungen im Bereich eines Individuums einfach gefärbten anderen Varietäten entsprechen. Also muß man annehmen, daß irgendwelche gemeinsame Färbungsfaktoren vorliegen, welche von einem gemeinsamen Ahnen vererbt worden sind. Und wenn man hier die Genomerentheorie EYSTERs anwendet, so ist der Unterschied in den Färbungsgraden dieser Varietäten auf dem Wege einer später vererbten Mutation von verschiedener Genomerenzahl eines und desselben Färbungsgens vor sich gegangen. Dabei muß man annehmen, daß die entsprechende buntblütige *Verbena* die Möglichkeit hat, quantitativ verschiedene somatische Mutationen zu geben, welche gleich oder ähnlich denjenigen sind, deren Ergebnis in einzelnen entsprechenden Varietäten vorliegt. Wenn man einen solchen Vorgang annimmt, so muß die Genomerentheorie für die Erklärung der Buntblütigkeit modifiziert werden; denn man würde so den Zustand erhalten, daß die buntblütige *Verbena* einen besonderen Faktor (Gen) für Buntblütigkeit besitzt. Dann ist durch die Genomerentheorie noch die Erklärung für das Auftreten dieses Gens zu liefern. Allerdings kann dieses Erscheinen des Gens gerade als Mutation verschiedener Genomerenzahlen betrachtet werden. Trotzdem aber bekommt dadurch, wie uns scheint, die Genomerentheorie einen etwas anderen Charakter.

Einige weitere Ursachen veranlaßten uns, die Genetik der buntblütigen *Verbena* in dieser Richtung zu behandeln. Als Ausgangsmaterial dienten uns zwei mittelbunte Büsche, mit einigen rein weißen Blütenständen. Sie traten unter den gewöhnlichen einfarbigen auf, die aus Samen erhalten wurden, welche aus einem Gärtnereibetrieb in Moskau stammten.

Auf diesen ersten zwei buntblütigen Pflanzen befand sich weder eine ganz einfarbige Blüte noch ein ganz gleichmäßig gefärbter Blütenstand.

In der Nachkommenschaft der Samen dieser Pflanzen, welche von nicht einzeln bezeichneten Blüten gesammelt wurden, haben wir neben rein weißen auch bunte Pflanzen erhalten. Unter den letzten stach ein Busch besonders hervor, welcher neben rein weißen auch karminrote sowie buntblütige Blütenstände hatte. Die Buntheit in den Blüten war überwiegend von sektorialem Charakter. Bei den anderen mittelstark bunten Individuen waren gewöhnlich die Blütenblätter neben den Sektoren auch mit kleinen Linien und Radialflecken versehen, welche nicht bis zum Blütenrachen reichten. Einer der Zweige der beiden beschriebenen Büsche, der besonders reich an karminroten Blütenständen war, ist auf Abb. 202 unter 2 schematisch dargestellt.

Sowohl bei diesem Busch als auch bei der überwiegenden Anzahl der übrigen Fälle zweigten sich Nebenachsen, welche lauter oder einzelne ganz karminrote Blütenstände trugen, vom unteren Teil des Busches her ab. Wenn man diesen Busch einmal bei der Beschreibung heraushebt, so kann man jedenfalls nicht sagen, daß er gänzlich verschieden von den anderen war, im Gegenteil kamen intermediäre Typen vor (Tabelle 46).

In der Tabelle 46 sind die Färbungscharakteristika einzelner Blüten, sowohl des beschriebenen Busches als auch einiger anderer, aufgeführt, deren systematische Bezeichnung (s. Kolumne 2) die Tabelle 46 enthält. In der Kolumne 3 ist die Färbung der mütterlichen Blüten charakterisiert; Kolumne 4 enthält den annähernden, manchmal auch genauen Farbenwert. Durch das Zeichen „Σ" sind rein karminrote Blüten bezeichnet. Lateinisches „V" bezeichnet Blüten, die ganz und gar eine Lilaschattierung zeigen.

Weiter wird als Einheit der Färbung die symmetrische Blütenblatthälfte, welche natürlicherweise durch den Radius der Blütenblätter und damit durch die Blütenblattrippe begrenzt ist, angenommen (s. Abb. 202,3). Eine völlig gefärbte Blütenblatthälfte erhält also die Färbungsbezeichnung 1. Ein völlig gefärbtes Blütenblatt würde mit 2 bezeichnet werden. Eine völlig weiße Blüte würde also die Bezeichnung 0, eine völlig rot gefärbte Blüte die Bezeichnung 10 erhalten. Diese zahlenmäßige

Bezeichnung wenden wir an bis hinunter zu 0,25. Wenn Abweichungen zu beobachten waren, welche zwischen Viertelwerten des halben Blütenblattes lagen oder welche überhaupt weniger als ein Viertel einer Einheit betrugen, so hielten wir es nicht mehr für praktisch, hier noch Zahlenbezeichnungen anzuwenden, da diese einen Anspruch auf Genauigkeit ausdrücken würden, für den keine Grundlagen vorhanden wären. Da es sich hier also um eine rein subjektive Bewertung handelt, wurde für sie eine Sonderbezeichnung angewandt in Form von $+$ oder $-$ Zeichen nach Analogie der Bezeichnung für die Stärke serologischer Präzipitationen. Um ein ungefähres Bezugssystem zu der Zahlenbezeichnung zu geben, wollen wir setzen, daß die Bewertung von $++$ einer Zahleneinheit, also der Fläche eines halben Blütenblattes entspricht [1].

Es ist nun noch nötig, möglichst genau die mittlere Färbung einer ganzen Pflanze abzuschätzen, was sich am ehesten nach der Abschätzung jeder einzelnen Blüte und Berechnung des geometrischen Mittelwertes mit dem entsprechenden Fehler ausführen läßt. Man kann aber auch so vorgehen, daß die Buntheit des ganzen Busches unmittelbar nach einem Bonitierungssystem abgeschätzt wird. 10 würde dann für die Buntheit eines Busches heißen, daß er nur einfarbige, gefärbte Blüten enthält. 0 dagegen würde einen rein weißblütigen Busch bezeichnen. Selbstverständlich muß man bei der Berechnung nicht nur bunte Blüten, sondern alle auf dem Busch überhaupt vorhandenen Blüten berücksichtigen. Nur in speziellen Analysen werden die bunten Blüten allein berücksichtigt, während die einfarbigen für sich in ihrer Gesamtzahl angegeben werden. Immer ist es notwendig, die Zahl der entsprechenden Blütenstände (rein weiß, ganz gefärbt und bunt) zu berücksichtigen.

Die Kolumne 2 in unserer Tabelle, gibt am Ende der Beschreibung der mütterlichen Pflanze eine Abschätzung der Buntheit in Zahlen und in Kolumne 15 ist ebenfalls eine derartige Abschätzung der Nachkommenschaft der Pflanzen (F_1) gegeben. Kolumne 2 enthält die mittlere Abschätzung mehrerer Nachkommenschaftspflanzen der F_1.

Kolumne 5 enthält die Blütenzahl, welche die Nachkommenschaft überhaupt erzeugt hat, und in den Kolumnen 6—13 sind dann die verschiedenen Färbungsvarianten, welche in F_1 auftraten, angegeben. Die Bezeichnung $\times$ in der Darstellung besagt, daß die F_1 der entsprechenden Blüte (Kolumne 3) denjenigen Buntheitstypus hatte, welcher in der Überschrift der Kolumne bei den betreffenden Zeichen $\times +$ angegeben ist. Wenn also z. B. in der 11. Zeile der 5. Kolumne 12 Blüten angegeben sind, und gegenüber in derselben Zeile in der 12. Kolumne das Zeichen $\times$ steht, so bedeutet dieses, daß an jedem Busch der Nachkommenschaft dieser 12 Blüten vollkommen weiße Blüten vorhanden waren. Entsprechendes gilt für jede beliebige andere Variante, wenn also in der

---

[1] [Von mir stark gekürzt. M.]

Zeile 10 mehrere Zeichen × stehen, so bedeutet das, daß in der Nachkommenschaft der entsprechenden Blüten oder der entsprechenden Blüte bei jedem Individuum alle bezeichneten Buntheitstypen hervortraten.

Kolumne 14 gibt die allgemeine Charakteristik der Färbung der Pflanzen der F_1.

Wenn wir die Resultate, welche die Tabelle 46 zeigt, betrachten, so ist zu ersehen, daß für die Pflanze, die als erste in der Tabelle aufgeführt ist, und welche wir im Text beschrieben haben, die folgenden Daten gelten:

1. Aus den 13 Samen der roten Blüten des roten Blütenstandes erhielt man 12 weißblütige Büsche und einen rotblütigen Busch.

2. Aus 7 Samen roter Blüten der bunten (gemischten) Blütenstände wurden 5 weißblütige und 2 rotblütige Pflanzen erhalten.

3. 6 Samen von sektorial gezeichneten Blüten des bunten Blütenstandes ergaben 6 weißblütige Büsche.

4. Der Samen der weißen Blüte des bunten Blütenstandes ergab einen weißblütigen Busch.

5. Aus 9 Samen von lila gefärbten Blüten eines verschieden zusammengesetzten Blütenstandes wurden 4 weißblütige, 4 rotblütige und 1 Busch erhalten, welcher einen weißen, einzelne sektorial gezeichnete Blüten (Sektoren von roter Farbe) gegeben hat.

EYSTER hat nicht den Vererbungsmodus einzelner Blüten angegeben, aber aus seinen Daten geht unbedingt hervor, daß die von uns gezeigte Vererbung bei ihm nicht stattfinden konnte.

Tatsächlich konnten die rein roten Blüten nach EYSTER durch die genetische Form kC (selfred and stable) ausgedrückt werden, und rein weiße Blüten durch die Formel kc (colourless and stable).

Bei EYSTER aber waren diese theoretischen Fälle verwirklicht als extreme Kombinationen, wo einmal alle (K) Genomeren des Gens, welches jetzt die rote Färbung gibt, mutiert waren, und im zweiten Fall kein einziges Genomer mutiert war (Blüte farblos, weiß). Bei uns aber gaben unter 20 Fällen von rein roten Blüten des bunten Busches 17 (Zeile 2 und 4) in F_1 und ihrer weiteren Nachkommenschaft konstant rein weißblütige Pflanzen. Dieses Verhalten wird am besten in der Weise erklärt, daß man annimmt, daß die elterlichen Blüten haplochlamyde Chimären mit einer Epidermis sind, welche die Faktoren der roten Färbung besaßen, und einer inneren Komponente, welche diese Faktoren nicht enthielt. Dieser Konstruktion laufen nur 3 Fälle (Zeile 1 und 3) zuwider, wo aus rein roten Blüten auch rein rotblütige Pflanzen erhalten wurden, welche in der weiteren Nachkommenschaft konstant geblieben sind. Diese Fälle kann man entweder durch eine generative Mutation des ganzen Färbungsgenes oder dadurch erklären, daß einige Subepidermalzellen, welche den Anfang des Archesporialgewebes bilden,

Tabelle 46. Das Verhalten der Blütennachkommenschaft verschiedener

Charakteristik des großmütterlichen Busches	Charakteristik der mütterlichen Büsche	Charakteristik der mütterlichen Blüten	Verabredete Farbenbenennung	Blütenzahl	Vorhandensein ganz roter Blütenstände auf bunten Büschen	Charakteristik		
						Vorhandensein einzelner ganz roter Blüten auf bunten Blütenständen	Vorhandensein ganz roter Blüten auf bunten Blütenständen	Vorhandensein überwiegend sektorialer Färbung
1	2	3	4	5	6	7	8
Mittel weiß-rot-bunt mit einzelnen rein weissen Blütenständen	Die Blütenstände des Hauptsprosses sind weißblütig; die Blütenstände der untersten Achselsprosse sind ganz karminrot, bunte Blüten mit einzelnen roten und rein weißen (s. Schema 2 auf der Abb. 202).	Karminrot von roten Blütenständen	Σ	1		—	—
		Dasselbe	Σ	12		—	—
		Karminrot von bunten Blütenständen	Σ	2		—	—
		Dasselbe	Σ	5		—	—
		Weiße Blüte vom bunten Blütenstand	0	1		—	—
		Blüten von Lilaschattierung	V	4		—	—
		Bunter Blütenstand	V	4		—	—
		Dasselbe	V	1		—	—
		Dasselbe	V	4		—	—
	Busch 8 stark weiß-rot-bunt. Die ersten Blütenstände mit stark bunten Blüten. Die nächstentfalteten Blütenstände mit Blüten, welche einzelne rote Blütenblätter und Blattblätter erhalten. Die letztentfalteten Blütenstände trugen neben den bunten auch rein rote Blüten. Rein weiße Blüten fehlten auf dem Busch. Vater-Farbwert 8 auf seine Nachkommenschaft durchschnittlich Farbwert 4 (d. h.	Weiße Blüte mit einem roten Blütenblatt, einem roten Halbblütenblatt und einem weißen Blütenblatt mit einer roten Linie	3 +	2	—	×	× karminrot oder rosa
		Weiße Blüte mit einem roten Blütenblatt	2	1	—	—	—
		Aus derselben Blüte		2	—	—	—

Verbenachimären.

Färbung bei den buntblättrigen Büschen von *Verbena hybrida*.

Vorhandensein sektorialer, linealer und trichförmiger Färbung	Vorhandensein nur linealer und strichförmiger Färbung	Vorhandensein einzelner weißer Blüten in bunten Blütenständen	Vorhandensein ganz weißer Blütenstände an bunten Büschen	Vorhandensein sternförmiger Färbung	Allgemeine Abschätzung der Buschbuntheit	Allgemeine Buntheit in Schätzungsziffern ausgedrückt	Zeilen-Nr.
9	10	11	12	13	14	15	16
—	—	—	—	—	Gleichfarbig rot	10	I
—	—	—	—	—	Dasselbe weiß	0	II
—	—	—	—	—	Dasselbe rot	10	III
—	—	—	—	—	Dasselbe weiß	0	IV
—	—	—	—	—	Dasselbe weiß	0	V
—	—	—	—	—	Dasselbe weiß	0	VI
—	—	—	—	—	Dasselbe rot	10	VII
×	—	—	×	—	Mittel bunt	5	VIII
—	—	—	×	—	Gleichfarbig weiß	0	IX
—	—	×	×	—	Mittel bunt	5	X
—	—	—	—	—	Gleichfarbig rot mit roten Rachen der Blüten	10	XI
×	—	×	—	—	Stark bunt	8	XII

806   Chimären.

Tabellle 46.

Charakteristik des großmütterlichen Busches	Charakteristik der mütterlichen Büsche	Charakteristik der mütterlichen Blüten	Verabredete Farbenbenennung	Blütenzahl	Charakteristik			
					Vorhandensein ganz roter Blütenstände auf bunten Büschen	Vorhandensein einzelner ganz roter Blüten auf bunten Blütenständen	Vorhandensein überwiegend sektorialer Färbung	
1	2	3	4	5	6	7	8
	unterhalb des halbbunten), d. h. zweimal weniger.	Aus derselben Blüte Dasselbe	2	—	—	—	—
		Weiße Blüte mit 2 roten Halbblütenblättern	1—1	1	—	—	—
		Weiße Blüte mit einem roten Halbblütenblatt und einem Blütenblatt mit rotem Strich	1+	1	—	×	—
		Aus derselben Blüte	1+	—	—	×	—
		Aus derselben Blüte	1+	—	—	—	—
		Aus derselben Blüte	1+	—	—	—	—
		Weiße Blüte mit einem roten Halbblütenblatt	1	1	—	—	—
		Aus derselben Blüte	1	—	—	—	—
		Weiße Blüte mit einem roten Halbblütenblatt	1	1	—	×	—
		Weiße Blüte mit einer roten Blütenblatthälfte	1	1	—	—	×
		Aus derselben Blüte	1	—	—	×	×

Verbenachimären. 807

Fortsetzung.

der Nachkommenschaft (F₁) dieser Blüten

Vorhandensein sektorialer, linealer und strichförmiger Färbung	Vorhandensein nur linealer und strichförmiger Färbung	Vorhandensein einzelner weißer Blüten in bunten Blütenständen	Vorhandensein ganz weißer Blütenstände an bunten Büschen	Vorhandensein sternförmiger Färbung	Allgemeine Abschätzung der Buschbuntheit	Allgemeine Buntheit in Schätzungsziffern ausgedrückt	Zeilen-Nr.
9	10	11	12	13	14	15	16
×	—	×	—	—	Mittel bunt	5	XIII
—	×	×	—	×	Schwach bunt	3	XIV
× Einzelne rote Blütenblätter und große Sektoren	—	×	?	× Einzelne Blütenblätter mit rosa Herzchen	Mittel bunt	5	XVI
× Dasselbe	—	×	?	× Dasselbe	Schwach bunt	3	XVII
×	—	×	?	—	Schwach bunt	3	XVIII
—	—	—	—	—	Gleichfarbig hellrosa	10	XIX
×	—	×	?	—	Mittel bunt	5	XX
×	—	×	?	—	Mittel bunt	5	XXI
×	—	×	×	—	Schwach bunt	3	XXII
—	—	×	×	—	Schwach bunt	3	XXIII
—	—	×	×	—	Wenig als mittel bunt	4	XXIV

808   Chimären.

Tabelle 46.

Charakteristik des großmütterlichen Busches	Charakteristik der mütterlichen Büsche	Charakteristik der mütterlichen Blüten	Verabredete Farbenbenennung	Blütenzahl	Charakteristik		
					Vorhandensein ganz roter Blütenstände auf bunten Büschen	Vorhandensein einzelner ganz roter Blüten auf bunten Blütenständen	Vorhandensein überwiegend sektorialer Färbung
1	2	3	4	5	6	7	8
		Aus derselben Blüte	1	—	—	—	×
		Aus derselben Blüte	1	—	—	—	—
	Mehr als mittelrotbunt; mit roten Strichen, Linien, Halbblütenblättern, Blütenblättern und rein roten, ebenso wie auch rein weißen Blumen. Vater Farbwert 7 seine Nachkommenschaft im Durchschnitt Farbwert 4,25, d. h. weniger in 1,65mal.	Weiße Blüte mit einer roten Blütenblatthälfte		1	—	—	×	—
		Weiße Farbe mit einer roten Linie und einigen Strichen auf anderen Blütenblättern	++	1	—	—	—	×
		Weiße Blüten mit einer roten Linie auf einem Blütenblatt und roten Strichen auf dem anderen	++—	1		—	—	—
		Weiße Blüte mit einigen roten Strichen	++	1		—	—	—
		Aus derselben Blüte	++	—	—	—	—	—
		Aus derselben Blüte	++	—	—	—	—	—
		Weiße Blüte mit einem roten Strich	+—	1	—	—	× Rot-rosa Sektoren
		Aus derselben Blüte	+—	—	—	—	—
		Weiße Blüte	+—	1	—	×	×

Fortsetzung.

der Nachkommenschaft (F₁) dieser Blüten

Vorhandensein sektorialer, linealer und strichförmiger Färbung	Vorhandensein nur linealer und strichförmiger Färbung	Vorhandensein einzelner weißer Blüten in bunten Blütenständen	Vorhandensein ganz weißer Blütenstände an bunten Büschen	Vorhandensein sternförmiger Färbung	Allgemeine Abschätzung der Buschbuntheit	Allgemeine Buntheit in Schätzungsziffern ausgedrückt	Zeilen-Nr.
9	10	11	12	13	14	15	16
—	—	×	×	—	Schwach bunt	3	XXV
—	×	×	×	—	Eben bunt	1	XXVI
×	—	× Sehr wenig	—	× Einzelne Blumen	Stark bunt	8	XXVII
—	—	×	×	—	Schwach bunt	3	XXVIII
—	—	—	—	—	Gleichfarbig himbeerrot	10	XXIX
—	—	—	—	—	Gleichfarbig karminrot	10	XXX
—	—	—	—	—	Dasselbe	10	XXXI
—	—	—	—	—	Dasselbe	10	XXXII
—	—	×	×	—	Schwach bunt	3	XXXIII
—	—	—	—	—	Gleichfarbig rosa mit großen Blüten	10	XXXIV
—	—	×	?	—	Schwach	3	XXXV

810   Chimären.

Tabelle 46.

Charakteristik des großmütterlichen Busches	Charakteristik der mütterlichen Büsche	Charakteristik der mütterlichen Blüten	Verabredete Farbenbenennung	Blütenzahl	Charakteristik			
					Vorhandensein ganz roter Blütenstände auf bunten Büschen	Vorhandensein einzelner ganz roter Blüten auf bunten Blütenständen	Vorhandensein überwiegend sektorialer Färbung
1	2	3	4	5	6	7	8
		aus einem roten Strich					
		Rein weiße Blüte	0	1	—	—	—
	Mittel weiß-rot-bunt; Blüten mit roten Strichen, Linien und Blütenblättern; rein rote und ebenso rein weiße. Vater-Farbwert 5 und seine Nachkommenschaft im Durchschnitt Farbwert 8, d. h. in 1,3mal mehr.	Rote Blüte mit weißen Seitenrändern bei zwei Blütenblättern	6 + ++	1	×	× Viel	× Karminrote und rosa Färbung
	Busch 2. Mittel weiß-rot-bunt. Die Blüten mit roten Strichen, Sektoren, auch rein rote. Auf dem Blütenstand des Hauptsprosses keine weißen Blüten, später traten auf den Achselsprossen rein weiße Blüten auf. Vater-Farbwert 5 und seine Nachkommenschaft im Durchschnitt Farbwert 3,3, d. h. in 1,5mal weniger.	Weiße Blüte mit einem roten Blütenblatt	2	1	—	—	—
		Weiße Blüte mit einer roten Linie auf einem Blütenblatt und einigen Strichen auf den anderen	××	1	—	—	—
		Weiße Blüte mit einem roten Halbblütenblatt	1	1	—	×	—
		Aus derselben Blüte	1	—	—	×	×
		Aus derselben Blüte	1	—	—	—	—
	Mittel weiß-rot-bunt, Blüten mit roten Linien, Strichen und Sektoren, auch rein	Weiße Blüte mit einem roten Blütenblatt	1	1	—	—	—

Verbenachimären. 811

Fortsetzung.

der Nachkommenschaft (F_1) dieser Blüten

Vorhandensein sektorialer, linealer und strichförmiger Färbung	Vorhandensein nur linealer und strichförmiger Färbung	Vorhandensein einzelner weißer Blüten in bunten Blütenständen	Vorhandensein ganz weißer Blütenstände an bunten Büschen	Vorhandensein sternförmiger Färbung	Allgemeine Abschätzung der Buschbuntheit	Allgemeine Buntheit in Schätzungsziffern ausgedrückt	Zeilen-Nr.
9	10	11	12	13	14	15	16
					bunt		
—	—	—	—	—	Gleichfarbig weiß	0	XXXVI
—	—	—	—	—	Stark bunt	8	XXXVII
× Mit einzelnen roten Blütenblättern	—	—	?	—	Weniger wie mittel bunt	4	XXXVIII
—	—	—	—	—	Gleichfarbig leuchtend rosarot	10	XXXIX
—	×	×	×	—	Schwach bunt	3	XL
—	—	×	?	—	Schwach bunt	3	XLI
—	—	—	—	—	Gleichfarbig weiß	0	XLII
—	—	—	—	—	Gleichfarbig rotrosa	10	XLIII

812   Chimären.

Tabelle 46.

Charakteristik des großmütterlichen Busches	Charakteristik der mütterlichen Büsche	Charakteristik der mütterlichen Blüten	Verabredete Farbenbenennung	Blütenzahl	Charakteristik			
					Vorhandensein ganz roter Blütenstände auf bunten Büschen	Vorhandensein einzelner ganz roter Blüten auf bunten Blütenständen	Vorhandensein überwiegend sektorialer Färbung
1	2	3	4	5	6	7	8
	weiße. Vater-Farbwert 5 und seine Nachkommenschaft im Durchschnitt Farbwert 3, d. h. in 1,66mal weniger.	Aus derselben Blüte	1	—	—	—	—
		Aus derselben Blüte	1	—	—	—	—
		Aus derselben Blüte	1	—	—	—	—
		Weiße Blüte mit einem roten Strich	×—	1	—	—	—
		Aus derselben Blüte	×—	1	—	× Mit weißem Rachen	—
		Aus derselben Blüte	×—	1	—	—	×
		Aus derselben Blüte	×—	1	—	—	×
	Mittel weiß-rot-bunte Blüten mit roten Linien, Strichen und Halbblütenblättern. Auch rein weiße Blüten. Vater-Farbwert 5 und seine Nachkommenschaft im Durchschnitt Farbwert 3,4, d. h. in 1,47mal weniger.	Weiße Blüte mit einem roten Blütenblatt und einer roten Linie auf dem anderen Blütenblatt	2+	1	—	×	—
		Weiße Blüte mit einigen Strichen	++	1	—	—	—
		Weiße Blüte mit einem roten Strich	+—	1	—	—	—

Verbenachimären. 813

Fortsetzung.

der Nachkommenschaft (F_1) dieser Blüten							
Vorhandensein sektorialer, linealer und strichförmiger Färbung	Vorhandensein nur linealer und strichförmiger Färbung	Vorhandensein einzelner weißer Blüten in bunten Blütenständen	Vorhandensein ganz weißer Blütenstände an bunten Büschen	Vorhandensein sternförmiger Färbung	Allgemeine Abschätzung der Buschbuntheit	Allgemeine Buntheit in Schätzungsziffern ausgedrückt	Zeilen-Nr.
9	10	11	12	13	14	15	16
—	—	—	—	—	Dasselbe	10	XLIV
—	—	—	—	—	Rosa mit lila Schattierung	10	XLV
—	—	—	—	—	Gleichfarbig lila	10	XLVI
—	—	—	—	—	Gleichfarbig himbeer-rosa	10	XLVII
—	×	×	?	—	Schwach bunt	3	XLVIII
—	—	×	?	—	Schwach bunt	3	XLIX
—	—	×	×	—	Schwach bunt	3	L
—	×	×	?	—	Weniger als mittelbunt	4	LI LII
—	× Rosa Striche auf den Blüten der Blütenstände seitlicher Sprosse	×	× Blütenstand des Hauptsprosses	—	Eben bunt	1	LIII
—	—	—	—	—	Gleichfarbig dunkelrosa	10	LIV

814   Chimären.

Tabelle 46.

Charakteristik des großmütterlichen Busches	Charakteristik der mütterlichen Büsche	Charakteristik der mütterlichen Blüten	Verabredete Farbenbenennung	Blütenzahl	Charakteristik			
					Vorhandensein ganz roter Blütenstände auf bunten Büschen	Vorhandensein einzelner ganz roter Blüten auf bunten Blütenständen	Vorhandensein überwiegend sektorialer Färbung
1	2	3	4	5	6	7	8
		Weiße Blüte mit einem roten Strich	+—	1	×	×	×
		Aus derselben Blüte	+—	1	—	—	—
		Weiße Blüte mit einem roten Strich	+—	1	—	—	× Dunkelrosa
	Busch 3. Weniger als mittel weiß-bunte Blüten mit karminroten Strichen, Linien, Halbblütenblättern, einzelne Blütenstände rein weiß. Vater-Farbwert 4 und seine Nachkommenschaft im Durchschnitt Farbwert 2,53, d. h. in 1,58mal weniger	Weiße Blüte mit einem roten Blütenblatt	2	1	—	×	×
		Weiße Blüte mit einer roten Blütenblatthälfte und einigen roten Strichen auf den anderen Blütenblättern	1+ ++	1	—	—	—
		Aus derselben Blüte	1+ ++	—	—	—	—
		Weiße Blüte mit einer roten Blütenblatthälfte und einem roten Strich auf einem anderen Blütenblatt	1+	1	—	—	—
		Weiße Blüte mit einer roten Blütenblatthälfte	1	1	—	—	—

Verbenachimären. 815

Fortsetzung.

der Nachkommenschaft (F₁) dieser Blüten

Vorhandensein sektorialer, linealer und strichförmiger Färbung	Vorhandensein nur linealer und strichförmiger Färbung	Vorhandensein einzelner weißer Blüten in bunten Blütenständen	Vorhandensein ganz weißer Blütenstände an bunten Büschen	Vorhandensein sternförmiger Färbung	Allgemeine Abschätzung der Buschbuntheit	Allgemeine Buntheit in Schätzungsziffern ausgedrückt	Zeilen-Nr.
9	10	11	12	13	14	15	16
—	—	×	×	—	Mittel bunt	5	LV
× Mit roten Halbblütenblättern	—	×	?	—	Weniger wie mittel bunt	4	LVI
—	—	× Viel	?	—	Schwach bunt	3	LVII
—	—	×	×	—	Mittel bunt	5	LVIII
×	—	×	×	—	Schwach bunt	3	LIX
—	× Auf einzelnen Blüten	×	×	—	Schwach bunt	1	LX
—	—	—	—	—	Gleichfarbig leuchtend rosa	10	LXI
—	× Auf einzelnen Blüten	×	×	—	Eben bunt	1	LXII

816   Chimären.

Tabelle 46.

Charakteristik des großmütterlichen Busches	Charakteristik der mütterlichen Büsche	Charakteristik der mütterlichen Blüten	Verabredete Farbenbenennung	Blütenzahl	Charakteristik			
					Vorhandensein ganz roter Blütenstände auf bunten Büschen	Vorhandensein einzelner ganz roter Blüten auf bunten Blütenständen	Vorhandensein überwiegend sektorialer Färbung	
1	2	3	4	5	6	7	8	
		Aus derselben Blüte		1	—	—	—	—
		Weiße Blüte mit einer roten Linie auf einem Blütenblatt und einigen Strichen auf den anderen	++ +	1	—	—	×	
		Aus derselben Blüte	++ +	—	—	—	—	
		Weiße Blüte mit einigen roten Strichen	++ +	1	—	—	—	
		Weiße Blüte mit einem roten Strich	+—	1	—	—	—	
		Weiße Blüte mit einem roten Strich	+—	1	—	—	—	
		Ebensolche Blüte	—	1	—	—	—	
		Weiße Blüte mit einem roten Strich	+—	1	—	×	—	
		Ebensolche Blüte	+—	1	—	—	—	
		Ebensolche Blüte	+—	1	—	—	—	
		Ebensolche Blüte	+—	1	—	—	—	

Verbenachimären. 817

Fortsetzung.

	der Nachkommenschaft (F_1) dieser Blüten							
Vorhandensein sektorialer, linealer und strichförmiger Färbung	Vorhandensein nur linealer und strichförmiger Färbung	Vorhandensein einzelner weißer Blüten in bunten Blütenständen	Vorhandensein ganz weißer Blütenstände an bunten Büschen	Vorhandensein sternförmiger Färbung	Allgemeine Abschätzung der Buschbuntheit	Allgemeine Buntheit in Schätzungsziffern ausgedrückt		Zeilen-Nr.
9	10	11	12	13	14	15		16
—	—	—	×	—	Gleichfarbig weißblütig	0		LXIII
—	—	×	×	—	Schwach bunt	3		LXIV
—	—	—	—	—	Gleichfarbig leuchtend rosa	10		LXV
×	—	×	×	—	Schwach bunt	3		LXVI
× Auf einzelnen Blüten	—	×	×	—	Etwas bunt	1		LXVII
					Gleichfarbig rosa	10		LXVIII
					Dasselbe	10		LXIX
×	—	×	×	—	Weniger als mittel bunt	4		LXX
×	—	×	×	× Ein Blütenstand fast ganz aus sternförmig gefärbten Blüten	Weniger als mittel bunt	4		LXXI
×	—	×	×	—	Schwach bunt	3		LXXII
×	—	×	×	—	Schwach bunt	3		LXXIII

818   Chimären.

Tabelle 46.

Charakteristik des großmütterlichen Busches	Charakteristik der mütterlichen Büsche	Charakteristik der mütterlichen Blüten	Verabredete Farbenbenennung	Blütenzahl	Charakteristik		
					Vorhandensein ganz roter Blütenstände auf bunten Büschen	Vorhandensein einzelner ganz roter Blüten auf bunten Blütenständen	Vorhandensein überwiegend sektorialer Färbung
1	2	3	4	5	6	7	8
		Aus derselben Blüte	+—	—	—	—	—
		Ebensolche Blüte	+—	1	—	—	—
		Ebensolche Blüte	±	—	—	—	—
		Aus derselben Blüte	±	—	—	—	—
		Dieselbe Blüte	±	1	—	—	—
		Aus derselben Blüte	±	—	—	×	—
		Aus derselben Blüte	±	—	—	—	—
		Dieselbe Blüte	+—	4	—	—	—
					—	—	—
		Rein weiße Blüte	0	1	—	—	
		Aus derselben Blüte	0	—	—	—	—
		Aus derselben Blüte	0	—	—	—	—
		Rein weiße Blüte	0	11	—	—	—

Fortsetzung.

der Nachkommenschaft (F₁) dieser Blüten								
Vorhandensein sektorialer, linealer und strichförmiger Färbung	Vorhandensein nur linealer und strichförmiger Färbung	Vorhandensein einzelner weißer Blüten in bunten Blütenständen	Vorhandensein ganz weißer Blütenstände an bunten Büschen	Vorhandensein sternförmiger Färbung	Allgemeine Abschätzung der Buschbuntheit	Allgemeine Buntheit in Schätzungsziffern ausgedrückt	Zeilen-Nr.
9	10	11	12	13	14	15	16
—	×	×	×	—	Eben bunt	1	LXXIV
×	—	×	×	—	Schwach bunt	3	LXXV
×	—	×	×	—	Schwach bunt	3	LXXVI
—	×	×	×	—	Schwach bunt	3	LXXVII
×	—	×	×	—	Schwach bunt	3	LXXVIII
—	×	×	×	—	Schwach bunt	3	LXXIX
—	×	×	×	—	Schwach bunt	3	LXXX
—	×	×	×	—	Schwach bunt	3	LXXXI
—	×	×	×	—	Schwach bunt	3	LXXXII
—	×	×	×	—	Eben bunt	1	LXXXIII
			×		Gleichfarbig weiß	0	LXXXIV
			×		Dasselbe	0	LXXXV
			×		Dasselbe	0	LXXXVI
			×		Dasselbe	0	LXXXVII
					Gleichfarbig rosa	10	LXXXVIII
—	×	×	×	—	Eben bunt	1	LXXXIX
—	×	×	×	—	Eben bunt	1	XC
—	—	—	—	—	Gleichfarbig rosa	10	XCI

820   Chimären.

Tabelle 46.

Charakteristik des großmütterlichen Busches	Charakteristik der mütterlichen Büsche	Charakteristik der mütterlichen Blüten	Verabredete Farbenbenennung	Blütenzahl	Charakteristik		
					Vorhandensein ganz roter Blütenstände auf bunten Büschen	Vorhandensein einzelner ganz roter Blüten auf bunten Blütenständen	Vorhandensein überwiegend sektorialer Färbung
1	2	3	4	5	6	7	8
					×	×	×
					—	—	×
					—	—	—
					—	—	—
					—	×	—
					—	—	—
					—	—	—
					—	—	—
					—	—	—
Siehe oben in der Säule 2, Busch 3	Busch 107 (s. Abb. 202, Zeichnung 1)	Weiße Blüte mit Herzchen auf den 3 Blütenblättern. Auf dem 4. Blütenblatt ist ein unvollkommenes Herzchen und ein roter Strich; das 5. Blütenblatt = rein weiß		1	—	—	× Zum Teil große rosarote Sektoren und einzelne rosarote Blütenblätter

Verbenachimären. 821

Fortsetzung.

der Nachkommenschaft (F_1) dieser Blüten							
Vorhandensein sektorialer, linealer und strichförmiger Färbung	Vorhandensein nur linealer und strichförmiger Färbung	Vorhandensein einzelner weißer Blüten in bunten Blütenständen	Vorhandensein ganz weißer Blütenstände an bunten Büschen	Vorhandensein sternförmiger Färbung	Allgemeine Abschätzung der Buschbuntheit	Allgemeine Buntheit in Schätzungsziffern ausgedrückt	Zeilen-Nr.
9	10	11	12	13	14	15	16
—	—	×	×	× (s. Zeichnung 1 auf der Abb. 202)	Stark bunt an den Zweigen (Busch 107)	8	XCII
—	—	×	×	—	Schwach bunt	3	XCIII
×	—	×	×	—	Schwach bunt	3	XCIV
×	—	×	×	—	Schwach bunt	3	XCV
—	×	×	×	—	Schwach bunt	3	XCVI
—	×	×	×	—	Schwach bunt	3	XCVII
×	—	×	×	—	Schwach bunt	3	XCVIII
×	—	×	×	—	Schwach bunt	3	XCIX
×	—	×	×	—	Schwach bunt	3	C
—	—	—		—	Gleichfarbig weiß	0	CI
—	—	×		× Ab und zu auf einzelnen Blütenblättern grell und leuchtend rosarot	Schwach bunt	3	CII

822   Chimären.

Tabelle 46.

Charakteristik des großmütterlichen Busches	Charakteristik der mütterlichen Büsche	Charakteristik der mütterlichen Blüten	Verabredete Farbenbenennung	Blütenzahl	Charakteristik		
					Vorhandensein ganz roter Blütenstände auf bunten Büschen	Vorhandensein einzelner ganz roter Blüten auf bunten Blütenständen	Vorhandensein überwiegend sektorialer Färbung
1	2	3	4	5	6	7	8
		Aus derselben Blüte			—	—	Dasselbe
		Aus derselben Blüte			—	—	Dasselbe
		Eine Blüte mit nicht registrierter Färbung	?	1	—	—	Dasselbe
		Eine Blüte mit nicht registrierter Färbung	?	1	—	—	Dasselbe
		Zusammen: Zahl der mütterlichen Blüten, Zahl der Büsche F_1 und Zahl der Fälle entsprechender Färbung		65 Blüten, welche 120 Büsche F_1 gegeben haben	3	18	22

auch den Faktor für die rote Farbe besessen haben (vgl. S. 735) oder endlich, daß in diesen Fällen das Archesporialgewebe von der Epidermis herstammte (vgl. S. 636). Alle diese Varianten sind möglich. Dabei haben wir keinen Grund anzunehmen, daß diese Blüten Mosaikchimären waren, so wie CHITTENDEN (1928, S. 129 und unsere S. 796) die Blüten von *Myosotis* bewertet, welche ein „unregelmäßiges" Verhalten in der Nachkommenschaft gezeigt haben. Tatsächlich waren alle von uns untersuchten Blüten phänotypisch rein karminrot ohne irgendwelche weißen Punkte, da diese bei aufmerksamer Beobachtung nicht zu übersehen waren.

Die Zeile 5 demonstriert die Abspaltung eines rein weißen Genotyps aus der rein weißen Blüte des bunten Blütenstandes von demselben

Fortsetzung.

der Nachkommenschaft (F_1) dieser Blüten

Vorhandensein sektorialer, linealer und strichförmiger Färbung	Vorhandensein nur linealer und strichförmiger Färbung	Vorhandensein einzelner weißer Blüten in bunten Blütenständen	Vorhandensein ganz weißer Blütenstände an bunten Büschen	Vorhandensein sternförmiger Färbung	Allgemeine Abschätzung der Buschbuntheit	Allgemeine Buntheit in Schätzungsziffern ausgedrückt	Zeilen-Nr.
9	10	11	12	13	14	15	16
—	—	×	—	Dasselbe	Dasselbe	3	CIII
—	—	×	—	Dasselbe	Dasselbe	3	CIV
—	—	×	—	Dasselbe	Mittel bunt	5	CV
—	—	×	—	Dasselbe	Mittel bunt	5	CVI
27	19	65, d. h. viel öfter als einzelne rote Blüten (Säule 7)	>50, d.h. viel öfter als einzelne rote Blütenstände (Säule 6)	11	—	—	

bunten Busch. Wir möchten nur daran erinnern, daß die Buntblütigkeit hier vorzugsweise in sektorialen karminroten Bezirken sich ausdrückte. Dieser Hinweis ist wesentlich, denn aus weißen Blüten sektorial gefärbter Blütenstände oder aus einzelnen grob sektorial gezeichneten Blüten haben wir öfter rein weißblütige oder rein rotblütige Individuen erhalten als aus Blüten, welche durch schmale Linien und Striche gefärbt waren und aus weißen Blüten von Blütenständen, welche Blüten einer derartigen schwächer ausgebreiteten Buntheit trugen.

Also haben sich aus dem beschriebenen bunten Busch schon in der ersten Generation gleich die rein weißen und roten ihn zusammensetzenden Komponenten absondern lassen. Bei allen übrigen oben erwähnten Daten gibt dieser Zustand hinreichenden Grund, die entsprechenden Blütenstände als sektorial-chimär und die entsprechenden Blüten für periklinal-chimär gebaut zu halten.

Aber auf demselben Busch zeigten sich in einem der bunten Blütenstände einige Blüten, welche ganz mit einer sehr hellen lila Schattierung gefärbt waren und diese Blüten (Zeile 6, 7, 8) gaben bei der Selbstbestäubung in F_1 vier rein rotblütige, sieben rein weißblütige und ein mittelbuntblütiges Individuum. Halten wir das buntblütige Individuum für eine Mutation der weißen F_1, so haben wir in der Nachkommenschaft der genannten lila Blüten vier rote und fünf weiße Individuen, d. h. ein Verhältnis von annähernd 1 : 1. Bekanntlich erhält man ein solches Verhältnis bei der Rückkreuzung heterozygoter Individuen mit den homozygoten Rezessivindividuen. Wenn man diesen Mendelfall für unser Experiment anwendet unter Berücksichtigung der Tatsache, daß die lila gefärbten Blüten selbstbestäubt waren, so muß man anerkennen, daß die Zelle des Muttergewebes ihrer Eizellen heterozygot waren in bezug auf die rote Farbe, und daß die Zellen des Ursprungsgewebes der Spermien dieser Blüten homozygot weiß waren oder umgekehrt. Oben wurde darauf hingewiesen, daß für die Erklärung einiger buntblättriger und buntblütiger Pflanzen eine gleich einleuchtend angenommen werden können, 1. somatische Mutationen in einem beliebigen Organ der Pflanze oder im Meristem des bevorzugten Stadiums der Ontogenese. Dabei führen diese Mutationen sowieso zu chimärenartiger Verteilung der mutierten Komponente. 2. In ganz denselben Verhältnissen geht der Übergang aus dem homozygoten in den heterozygoten Zustand vor sich, was nach unserer Meinung auch einen der Mutationstypen darstellt. Aus diesem Grunde kann man leicht zulassen, daß gerade das letzte in den Geweben vor sich gegangen ist, welche die Gameten eines der beiden Geschlechter geliefert haben.

Wir möchten noch darauf die Aufmerksamkeit lenken, daß unsere Erklärung keineswegs eine Anerkennung der Heterozygotie der Blütenblätter darstellt. Sie brauchen also nicht heterozygot rot oder rosa zu sein (bei uns dominiert die rote Farbe über die weiße). Dann müßten aber diese Blütenblätter entweder homozygot rot oder homozygot weiß oder homozygot periklinalchimär sein, d. h. so wie die andern einfarbig gefärbten des betreffenden Individuums sich erwiesen haben. In Wirklichkeit hat sich aber ergeben, daß die betreffenden Blüten eine gleichmäßige lila Schattierung hatten. Diesen Zustand kann man so erklären, daß der Faktor, welcher die Fähigkeit des Überganges aus dem homozygoten in den heterozygoten Zustand bedingt, mit dem Faktor der Lilafärbung gekoppelt ist oder aber, daß der erste der genannten Faktoren zu einem anderen Allelomorphenpaar gehört und mit dem Färbungsfaktor zusammen derart wirkt, daß die Färbung aus roter oder weißer Farbe sich in hellila umwandelt. Das Verhalten der lila Blätter von F_1 kompliziert das Wesen des betreffenden buntblütigen Individuums so weitgehend, daß es nicht möglich ist, es im ganzen für eine gemischte, aber gewöhnlich aufgebaute Chimäre zu halten. Dabei bleibt das Prinzip des Chimärenbaues im weiteren Sinne auch hier wirksam.

Wie leicht ersichtlich, ist es schwer, für die Erklärung des Auftretens der beschriebenen ganz karminroten und ganz lila Blüten aus der Pflanze die Genomerentheorie von EYSTER, wenigstens in der vorgeschlagenen Art zu benutzen, doch es ist dies auch nicht notwendig. Es wurde aber erwähnt (s. Abb. 202, 2), daß auf dem beschriebenen Busch auch bunte Blüten auftraten, für welche die genannte Theorie scheinbar anwendbar ist. Darauf werden wir noch weiter unten eingehen. Vorläufig aber zeigt sich, wenn wir einmal bedingt die Anwendbarkeit der EYSTERschen Theorie hier annehmen, daß in den verschiedenen Organen eines und desselben Individuums der Mechanismus des Auftretens einer und derselben Färbung verschieden sein kann. Für die gänzlich gefärbten Blüten fehlt erstens die somatische Mutation eines Teiles der Genomeren im Gen, vielmehr mutiert das ganze Gen. Die Vollfärbung ist hier nicht eine der möglichen gelegentlichen quantitativen Varianten der Genomerenmutation, weil die Häufigkeit des Vorganges hier dagegen spricht und auch die Übergänge fehlen.

Außerdem erweist sich diese Mutation dadurch, daß in der Mehrzahl der Fälle nur die Epidermis mutiert, für die Pflanze im ganzen nicht als erblich. Noch mehr sogar: die Fähigkeit zur Wiederholung ähnlicher Mutationen in der Nachkommenschaft zeigt sich als nicht erblich.

Auf diese Weise schließt nach unserer Deutung die beschriebene Pflanze zugleich die Natur einer zufälligen wie einer vererbbaren Chimäre in sich. Weiter unten werden wir sehen, daß die Buntblütigkeit selber auch durch ein ganzes Gen bedingt ist, das in der Sporogenese Spaltung zeigt, d. h. auch echte Chimärenvererbung ist vorhanden.

Im ganzen übrigen Teil der Tabelle 46 ist die Charakteristik von einzelnen verschieden bunten Blüten (Kolumne 3), welche verschieden bunten Büschen (Kolumne 2) angehören, für die F_1 gegeben. Sowohl die elterlichen Büsche als auch ihre einzelnen Blüten sind in der Reihenfolge abnehmender Buntheit angeordnet. Unser Ziel war, zu erkennen, ob der verschiedene Grad der Buntheit ganzer Büsche sowohl wie einzelner Blüten vererbt wird.

Wenn wir die Resultate nach der ziffernmäßigen Abschätzung der ganzen Büsche betrachten, so zeigt sich folgendes:

Wenn wir den Korrelationskoeffizienten für den Zusammenhang zwischen dem Buntheitsgrad der mütterlichen Pflanzen (Kolumne 2) und den Pflanzen von deren F_1 (Kolumnen 14 und 15) in üblicher Weise für die kleine Zahl der mitbeteiligten Größen ausrechnen, und dann diese Buntheitsgruppen der mütterlichen Büsche den entsprechenden Gruppen der mittleren Buntheit der Büsche von F_1 gegenüberstellen, so erhalten wir folgendes:

$$r = \frac{\Sigma a_x a_y}{n\sigma_x \sigma_y} \pm 0{,}6745 \frac{1-r^2}{\sqrt{n}} = +0{,}2603 \pm 0{,}2378.$$

Es ist dann der Regressionskoeffizient:

$$R_{\frac{x}{y}} \pm m_{R_{\frac{x}{y}}} = r\frac{\sigma_x}{\sigma_y} \pm 0{,}6745 \frac{\sigma_x}{\sigma_y}\sqrt{\frac{1-r^2}{n}} = 0{,}326 \pm 0{,}308;$$

$$R_{\frac{y}{x}} \pm m_{R_{\frac{y}{x}}} = 0{,}208 \pm 0{,}197$$

Infolge zu geringer Anzahl der untersuchten Fälle (7) bei andererseits bedeutender Variationsbreite ist das Vorhandensein einer selbst nur geringen Korrelation in dem Grad der Buntheit der elterlichen Pflanze und dem Buntheitsgrad in F_1 des einen dieser Pflanzen nicht bewiesen. Ebensowenig ist aber die völlige Abwesenheit einer derartigen Korrelation bewiesen worden. Die Untersuchungen müssen auf eine wesentlich breitere Basis gestellt werden. Wir haben unsere Daten hauptsächlich vom methodischen Standpunkt ausgeführt. Weiter haben wir den Korrelationskoeffizienten zwischen dem Buntheitsgrad der elterlichen Blüten und deren F_1 ausgerechnet. Dabei dürfte die mittlere Buntheitsgruppe der F_1-Pflanzen nur von solchen Blüten in Betracht gezogen werden, welche eine Nachkommenschaft aus zwei oder mehreren Samen gegeben hatte.

Der Korrelationskoeffizient erwies sich als $0{,}437 \pm 0{,}076$.

Der Regressionskoeffizient $= R_{\frac{x}{y}} \pm m_{R_{\frac{x}{y}}} = 0{,}553 \pm 0{,}107$, d. h. also, daß mit der Vermehrung der Buntheit des mütterlichen Busches um eine Gruppe sich die Blütenbuntheit der Nachkommenschaft in der F_1 auf $0{,}553 \pm 0{,}107$ Gruppen höher stellt. Der Regressionskoeffizient $R_{\frac{y}{x}} \pm m_{R_{\frac{y}{x}}} = 0{,}346 \pm 0{,}067$, d. h. daß mit der Steigerung der Blütenbuntheit in der F_1 um eine Gruppe dies die Buntheit der elterlichen Blüten um $0{,}346 \pm 0{,}067$ Gruppen erhöht.

Allerdings sind die Koeffizienten infolge der geringen Anzahl von Beobachtungen innerhalb eines ziemlich stark variablen Materials nicht genügend sicher. Trotzdem kann aber eine geringe positive Korrelation zwischen dem Buntheitsgrad der elterlichen Blüten und den Blüten der F_1 als sehr wahrscheinlich betrachtet werden. Also: will man nunmehr die Theorie von EYSTER hier anwenden, so wird eine partielle Vererbung des Faktors beobachtet, welcher die mittlere Anzahl derjenigen Genomeren bestimmt, die somatisch mutieren können. Auf Grund des allgemeinen unmittelbaren Eindruckes von größerem Material sind wir der Meinung, daß der erhaltene Korrelationskoeffizient im allgemeinen der tatsächlichen Sachlage entspricht. Wahrscheinlich herrschen ähnliche Verhältnisse nicht nur für die Vererbung des Buntheitsgrades einzelner Blüten, sondern auch ganzer Büsche.

Ein derartiges Zusammenfallen des Grades der Erblichkeit der mittleren Buntheit einzelner Blüten mit der Erblichkeit der Buntheit des ganzen betrachteten Busches ist theoretisch notwendig.

Man muß zu dem Zwecke aber die Vererbung aller oder der Mehrzahl aller Blüten eines Individuums untersuchen; sonst ist es möglich, daß im Experiment die Blüten mit stärkerem oder schwächerem Grade der Erblichkeit sich zufällig zeigen. Dies würde das Bild des mittleren Grades der Erblichkeit darstellen. Wenn es notwendig ist, ganz genau die Buntheit des Mutterbusches und der F_1-Büsche auf dem Wege der individuellen Berücksichtigung aller Blüten festzustellen, so kann keine Rede von der genannten Abweichung sein. Wir haben aber nur eine schematische Bewertung der Buntheit ganzer Büsche vor.

Bei der Berechnung der Korrelationskoeffizienten haben wir nur buntblättrige F_1 berücksichtigt. Die Büsche, welche einfarbig waren, sind nicht berücksichtigt worden, denn einfache Blütenfärbung kann, wie oben gesagt, nicht als extreme Variante der bunten Färbung gelten, sondern lediglich als Hervortreten der reinen Komponente einer natürlichen Chimäre, welche keine Faktoren einer weiteren somatischen Mutation und noch weniger also der Mutation eines Teiles der Genomeren eines Gens in sich birgt.

Wenn wir im einzelnen betrachten, welchen Mutterblüten eine einfache Blütenfärbung entspricht, so zeigt sich folgendes Bild: In 5 Fällen wurden von bunten Mutterblüten (Zeile XI, XXIX, XXX, XXXI, XXXII) karminrot blühende F_1 und in 6 Fällen (Zeile XLII, LXIII, LXXXIV, LXXXV, LXXXVI, LXXXVII) weiß blühende F_1 erhalten. In 2 von diesen 6 Fällen ergab dabei die weißblütige F_1 nur je einen Samen, die nicht weiter untersucht wurden, während sich aus den anderen 4 buntblütige Individuen entwickelt haben. In 9 Fällen zeigte sich in der F_1 von bunten Blüten gleiche einfache Färbung, aber in verschiedenen Schattierungen von rosa bis lila. Aus diesen 9 Fällen fielen 4 (Zeilen XLIII, XLIV, XLV, XLVI) auf vier Samen einer Blüte. Wir wollen jetzt von der Erörterung dieser 9 Fälle absehen, da bei einigen von ihnen doch der Verdacht entstanden ist, daß trotz peinlicher Isolation hier eine Kreuzbestäubung durch sehr kleine Insekten, welche reichlich unsere *Verbena* besuchten, stattgefunden hat. Diese Insekten sind gelegentlich durch die Spalten zwischen der Watte und Pergamenthülle, sowie an den Falten der letzteren hindurchgekommen.

Das gleiche bezieht sich auf 2 ähnliche Fälle in der Nachkommenschaft weißer Blüten (Zeilen LXXXVIII, XCI), aus welchen im ersten Fall von drei Samen zwei buntblütige und (Zeilen LXXXIX, XC) eine rein rosa Pflanze (Zeile LXXXVIII) entstanden sind.

Außerdem ergab in einem Fall (Zeile CI) die rein weiße Blüte eines bunten Blütenstandes rein weiße F_1.

Dieser Fall fällt unter das von EYSTER erwähnte Hervortreten des Ausgangsgenotyps der buntblütigen Variation, welche das Färbungsgen ks bildet. Das gleiche gilt auch für die oben angeführten 6 Fälle der Herausspaltung der rein weißen F_1 aus bunten Blüten.

Endlich haben wir noch die Samen der schon erwähnten Blüten mit regelrechter sternartiger Zeichnung (s. Abb. 202, Zeichnung 1) ausgesät. Leider ging infolge ungünstiger Verhältnisse keiner von ihnen auf. Nur fünf Samen dieser Pflanze gingen überhaupt auf: drei Samen der Blüte, welche regelrechte Strahlenzeichnung hatte („Herzchen"), und zwar auf drei Blütenblättern, während sie auf dem vierten nicht vollkommen war (roter Strich) und das fünfte Blütenblatt rein weiß war. Ferner gingen zwei Samen von gefärbten Blüten ohne Zeichnung auf. Die F_1 war in allen Fällen schwach buntblütig, und zwar trat die Färbung vorzugsweise in Form mehr oder weniger großer Sektoren auf. Strich- und Linienzeichnung gab es wenig. Die übrigen Daten möge man aus der Tabelle 46 (Zeilen CII, CIII, CIV, CV und CVI) entnehmen.

Es ist auffallend, daß, wenn auch selten, doch auf allen genannten fünf Pflanzen sich einzelne Blütenblätter mit „Herzchen" befanden, während bei den übrigen buntblättrigen Büschen solche Blütenblätter eine ganz seltene Ausnahme waren.

Leider geht aus der Arbeit von EYSTER (1928, S. 681, s. auch unsere S. 799) nicht deutlich hervor, ob er ähnliche regelrechte Sternfärbung an *Verbena* an einzelnen Büschen gesehen hat, oder ob alle Blüten des für die Kreuzung angewandten Ausgangsbusches diese Färbung besaßen. Dies ist wichtig, da in einer Kreuzung von *Starvariegation* x *Red* in F_1 sich alle Blüten als *Starvariegation* erwiesen. Das Verhalten der *Starvariegation* in den Kreuzungen EYSTERs ist uns überhaupt unklar geblieben, und zwar besonders deshalb, weil der Autor die Genomerenformel, die er für alle anderen Färbungen angibt (S. 680), für *Starvariegation* nicht mit anführt, wahrscheinlich infolge der Regelmäßigkeit der Zeichnung. Wir behandeln diesen Färbungstypus im Zusammenhang mit den Arbeiten von CHITTENDEN (1927, 1928), der gezeigt hat, daß bei *Myosotis* die Form "*Star of Zürich*" mit sternartiger Blütenblattfärbung eine haplochlamyde, periklinale, nichterbliche Chimäre war. In einem anderen Falle entstanden zwei ganz ähnliche Formen zuerst durch "bud sports" auf den fünf rosablühenden Pflanzen und auf einer mit hellblauen Blüten. Dabei war auf den sportierten Zweigen nicht bei allen Blüten eine vollkommene Sternfärbung zu bemerken. Dem Vererbungsgang wurde nur bei den Blüten mit völliger Sternfärbung nachgeforscht. Es hat sich gezeigt, daß, wenn auch die Mehrzahl der Fälle ganz einfarbige Pflanzen zeigte, man doch in einigen Fällen F_1-Pflanzen erhielt, deren Blüten alle mit regelrechter Sternfärbung versehen waren. Diese Frage nach den Ursachen der Farbenveränderung in der Nachkommenschaft hat den Autor am meisten interessiert. Er nimmt diesbezüglich zu unserem Erstaunen an, daß (s. S. 129)

"it is probabale that after a period of vegetative propagation as prolonged as that to which 'Star of Zürich' had been subjected these plants will also become stable somatically and genetically."

Nähere Begründungen für diese Annahme sind nicht mitgeteilt.

Dabei scheint es uns sehr verlockend, auf Grund unserer Beobachtungen über *Verbena* einige Betrachtungen über die möglichen Bildungswege einer unvollkommenen Färbung der Blüte überhaupt mitzuteilen. Auch aus den Ergebnissen von CHITTENDEN und EYSTER können wir einiges Material für diese Betrachtungen entnehmen. Den Kern der Sache sehen wir darin, daß es uns unmöglich war, bei unseren buntblättrigen *Verbenen* in vielen Fällen eine scharfe Grenze zu ziehen, zwischen regelmäßiger Sternfärbung und unregelmäßiger Radialfärbung von Blüten oder einzelnen Blütenblättern (s. Abb. 202, Zeichnung 3). Uns scheint es gänzlich außer Zweifel zu stehen, daß regelmäßige Färbung hier eine der gelegentlichen Varianten der unregelmäßigen Färbung darstellt. Die unregelmäßige Färbung wird topographisch nach EYSTER erklärt durch nach Ort und Zeit zufälliges Auftreten der ersten Genomerenmutationen des Gens für verschiedenen Färbungsgrad und durch zufällige Verteilung der modifizierten Genomeren in den Schwesterzellen. Der Autor untersucht ausführlich aber nur den zweiten Teil seiner Aussage, während er den ersten nur oberflächlich mit anführt. Dabei ist es klar, daß man, wenn Chimärenmutation in denjenigen Zellen des Vegetationskegels der Blüte vor sich geht, welche im Laufe der weiteren Entwicklung produktive Gewebe mit einer ganz bestimmten und regelmäßigen Anordnung von Blütenblättern ergeben, so eine regelmäßige Färbung erhält. Für eine regelmäßige, gleichtönige Färbungszeichnung ist also die Verwirklichung einer der seltensten Varianten des Mutationsortes für bestimmte Varianten des Mutationsgrades der Gene (Zahl der mutierten Genomeren) notwendig; denn eine regelmäßige Zeichnung kann verschiedene, aber nicht alle Schattierungen haben, welche bei einer regellosen Färbung auftreten. Am häufigsten erweisen sich die Strahlen als hellrosa. Es erscheint uns schwer, den Mutationsort und den Färbungsgrad nur als von einem Faktor abhängig zu betrachten. Für das Auftreten einer regelmäßigen Zeichnung ist also das Zusammenfallen des Auftretens eines Faktors für einen bestimmten Mutationsort mit einem oder einigen Faktoren für eine bestimmte Färbung notwendig. Aus den Angaben von CHITTENDEN, EYSTER und unseren eigenen muß man aber (s. Abb. 202, Zeichnung 1) zu der Annahme kommen, daß die regelmäßige Zeichnung viel öfter auftritt als man sich bei einem ganz zufälligen Ereignis vorstellen kann. Hier zeigt sich also, daß das Zusammenfallen der für die regelmäßige Zeichnung notwendigen Umstände nicht ganz zufällig ist. Diese kann nur dann auftreten, wenn die Faktoren für Ort und Färbungsgrad miteinander gekoppelt sind oder unter der Bedingung, daß a) der Faktor für den Mutationsort dies betreffende Stadium der Entwicklungsmechanik eng begrenzt, oder daß b) das Auftreten vom Entwicklungsmechanismus selber reguliert wird. Das Vorhandensein aller topographischen Übergänge zwischen regelmäßiger und unregelmäßiger Zeichnung auf den Blütenblättern von *Verbena* spricht dafür, daß nicht die Entwicklungsmechanik als solche das Auftreten des Faktors für den Mutationsort bestimmt, sondern daß dieser Faktor tatsächlich einen ganz genauen Mutationsort bestimmt. Diese Stelle ist nach der Wahrscheinlichkeitstheorie bei *Verbena* nur in speziellen Fällen bestimmt. So kann also der Faktor für den Mutationsort eine verschiedene Amplitude der Genauigkeit seines Auftretens haben, und die Größe dieser Amplitude kann qualitativ den Faktor in verschiedenen Fällen charakterisieren. Mit anderen Worten erweist sich dieser Faktor für den Mutationsort als variabel. Aber diese Variable ist schwerlich mit der qualitativen Variation in Analogie zu setzen, z. B. mit einem Färbungsfaktor in der Vorstellung EYSTERs, denn solche Vorstellung wirft von neuem die Frage auf, weshalb sich gerade extreme Varianten dieses Faktors in bestimmten Meristempunkten zeigen.

Wir stellen uns das so vor: Das Meristem ist im ganzen, wenn nicht genetisch (s. S. 653), so doch wenigstens physikochemisch oder physiologisch nicht gleichartig. Dabei ist diese Ungleichartigkeit, welche im Evolutionsprozeß entstanden ist, für den gegebenen Genotypus vollkommen gesetzmäßig. Diese primäre Ungleichmäßigkeit des Meristems stellt die Ursache für die gesetzmäßige Differenzierung des Meristems und damit für den Entwicklungsmechanismus des Pflanzenkörpers dar. Wenn dieses der Fall ist, so ist es vollkommen verständlich, daß in verschiedenen Meristemzonen das Auftreten des Färbungsfaktors sogar unter der Bedingung, daß sich die Färbungsfaktoren in dieser Zelle befanden, verschieden sein kann, denn in verschiedenen Meristemzonen werden verschiedene Milieubedingungen, welche das Manifestwerden oder das Auftreten des Faktors begünstigen oder stören, vorhanden sein (vgl. GOLDSCHMIDT, 1927). Ein derartiges Moment kann schon regelmäßige Blütenzeichnung erklären, wenn man sich vorstellt, daß für das Auftreten des Färbungsfaktors gerade diejenigen physikochemischen Bedingungen sich notwendig erweisen, welche in bestimmten Zellen des Vegetationskegels der Blütenblätter, d. h. in den Zellen, deren Nachkommenschaft eine bestimmte Lage in den sich entwickelnden Blütenblättern einnimmt, vorliegen. Es zeigt sich so, daß der oben erwähnte Faktor für den Mutationsort als solchen nur ein indirekter Faktor ist. In Wirklichkeit stellt er einen Faktor für eine bestimmte Meristemdifferenzierung — beginnend vom Zygotenstadium an — dar. Es steht außer Zweifel, daß ein solcher Faktor weder quantitativ noch auch qualitativ gleichmäßig sein kann. Seine quantitative Ungleichartigkeit kommt dadurch zum Ausdruck, daß an verschiedenen Meristemorten einige qualitativ gleichartige physiologische und physikochemische Eigenschaften in verschiedenen Graden auftreten. Die qualitative Ungleichartigkeit des genannten Faktors kommt also dadurch zum Ausdruck, daß erstens in den Meristemzellen die qualitativ verschiedenen Ausgangseigenschaften ungleichartig sind und zweitens dadurch, daß sogar verschiedene quantitative Grade gleichartiger Eigenschaften zu den qualitativen Unterschieden in diesen Fällen führen (dialektische These). Es kann auf diese Art und Weise ein dritter Faktor in einer Zelle auftreten, in einer anderen nicht.

Wenn aber der Faktor für eine bestimmte Färbung sich nicht in allen Zellen befindet, so kann eine regelmäßige Zeichnung nur dann entstehen, wenn zufällig in der Entwicklungsmechanik nur bestimmte Ausgangszonen im Meristem, wie oben beschrieben, diesen Faktor besitzen.

Ein derartiger Zustand ist theoretisch denkbar, aber sicher sehr selten. Wenn aber dieser Faktor für eine bestimmte Färbung sowohl in der genannten Zone als auch an anderen Orten vorhanden ist, so wird sich neben der regelmäßigen Zeichnung auch eine unregelmäßige Zeichnung (s. Zeichnung 3 der Abb. 202) zeigen. Hier entsteht noch eine Schwierigkeit. Wenn die angeführte Betrachtung sich nur auf eine Blüte bezieht, so ist alles verständlich. Auf welche Weise sich aber die regelmäßige Zeichnung bei allen oder der Mehrzahl der Blüten und Blütenstände des sportierenden Zweiges zeigt — wie bei *Verbena* (s. Zeichnung 1 der Abb. 202) — oder wie es in einem anderen Falle bei der *Myosotis* CHITTENDENs geschah, das bleibt zunächst unerklärt. Man kann sich nicht vorstellen, daß ganz unabhängig voneinander in jeder Blüte eines solchen Zweiges zufällig gerade eine und dieselbe Bedingung für die regelmäßige Zeichnung, wie wir sie oben beschrieben haben, entstanden wäre. Lehnt man dieses ab, so bleibt ganz selbstverständlich nur ein Schluß übrig, daß nämlich die entwicklungsmechanischen Gesetzmäßigkeiten der entsprechenden Gewebe der verschiedenen aufeinanderfolgenden Blütenstände und Blüten der Grund der Regelmäßigkeit sind. So ist also die Entwicklungsmechanik für die gleichartige Verbreitung einer primären Mutation in der Ontogenese verantwortlich. Dieses wird auch schon durch die erwähnte Beobachtung bestätigt, daß in dem Falle, wo nur ein Teil des Blütenstandes oder nur ein Teil der Blüten mutiert ist, dieser Teil in der Regel sektorial oder nach Segmenten angeordnet ist.

Jetzt möchten wir uns der von CHITTENDEN berührten Frage (s. S. 829) zuwenden, ob nämlich die gelegentlich entstandene regelmäßige Zeichnung, deren generative Vererbung nur teilweise beobachtet wurde (und noch dazu in sehr schwachem Maße), bei längerer Fortzüchtung dieser Form durch vegetative und generative Vermehrung vollkommen konstant wird. Die Wahrscheinlichkeit für vegetative Konstanz können wir als sehr groß annehmen. Man muß sogar sagen, daß für die Störung der vegetativen Dauerhaftigkeit einer regelmäßigen Zeichnung eine neue topographisch verschiedene Farbenmutation eintreten müßte, denn die entwicklungsmechanische Gesetzmäßigkeit der Gewebe bleibt konstant. In bezug auf die erbliche Konstanz bei geschlechtlicher Fortpflanzung kann man eine ganz analoge Betrachtung anstellen wie bei der Analyse der modifikativen und mutativen Variation. Die modifikative Variabilität bedingt in keinem Fall unmittelbar eine ihr selbst gleichende, erbliche Veränderlichkeit. Der Parallelismus der modifikativen und der erblichen Variabilität ist aber trotzdem ganz natürlich. Es genügen die allerkleinsten qualitativen und quantitativen Veränderungen in dem System, welches das gegebene Modifikationsmerkmal bestimmt, um dieses Merkmal aus einem genetisch labilen in ein genetisch stabiles umzuwandeln. Aber dieser, wenn auch kleine, Unterschied im System kann sich als ausnahmslos seltene Kombination unter der Vielzahl anderer, welche keine genetische Stabilität des gegebenen Systems bewirken, dennoch verwirklichen. Also kann von unserem Standpunkt aus die lang andauernde vegetative Vermehrung nicht die Ansammlung eines Faktors zur Folge haben, welcher in geringer Menge keine genetische Stabilität besitzt, sondern diese durch lange Zeit fortgesetzte vegetative Fortpflanzung hat zur Folge eine größere Wahrscheinlichkeit dafür, daß der nötige Vorgang sich auch tatsächlich vollzieht. Theoretisch ist das Auftreten eines derartigen Prozesses vom ersten Augenblick an möglich.

Auf Grund der Tabelle 46 können wir noch erklären, bei welchem allgemeinen Färbungstypus eines *Verbena*-Busches man am häufigsten vollständig einfach gefärbten Blüten und Blütenständen begegnet. Dies ist sehr wesentlich, da, wenn sich erwiesen hätte, daß sie am häufigsten auf Büschen mit Blüten, welche vorzugsweise große Sektoren besitzen, auftreten, man diese letzten als quantitative Stufe eines Überganges zur vollständigen Färbung betrachten könnte. D. h. auf diesem Wege kann man feststellen, ob die vollkommene Einfachfärbung einen extremen Ausdruck eines und desselben quantitativ variablen Färbungsfaktors darstellt. Man kann dies a priori nicht sagen, denn man kann sich beliebig vorstellen, daß die Sektorialfärbung ein Ausdruck des Faktors der Buntfärbung ist. Die Resultate dieser Betrachtung zeigt die Tabelle 47.

Es geht aus der Tabelle hervor, daß die größte Prozentzahl des Auftretens rein roter Blüten dem sektorialen Färbungstypus der Mutterblüten zugeordnet ist. Wenn man weiter berücksichtigt, daß (s. Zeilen XXXVII, LV, XCII der Tabelle 46) alle drei Büsche, welche voll und ganz gefärbte Blütenstände und auch gänzlich gefärbte Einzel-

Tabelle 47.

Zu vergleichender Färbungstyp	Färbungstypen der Mutterblüten von buntblütigen *Verbena*-Büschen, Zahl der Fälle, Kombination dieser Typen mit rein roten Blüten auf entsprechenden Büschen			
	Vorwiegend sektoriale Färbung	Gemischte sektorial-lineal-strichförmige Färbung	Lineal gestrichelte Färbung	Vorhandensein voll gefärbter Blütenstände auf der Pflanze
Rein rote Blüten	47,47% (8 Fälle aus 17 Fällen)	19,23% (5 Fälle aus 26 Fällen)	26,32% (5 Fälle aus 19 Fällen)	100% (3 Fälle)

blüten an den bunten Blütenständen hatten und auch diese Büsche bunte Blüten vor allem in sektorialer Anordnung trugen, so wird daraus klar, daß die gänzlich rote Färbung ganzer Blütenstände den quantitativen Ausdruck eines und desselben Färbungsfaktors darstellt (der auf Abb. 202, 1 (S. 799) beschriebene Busch wird hier nicht berücksichtigt).

Wenn man aber im Auge behält, daß von den letzten drei Pflanzen zwei zu den stark bunten Exemplaren gehörten und eine nur den mittelbunten angehörte, wenn man weiter berücksichtigt, daß zwischen den breiten Sektoren und den Linien und zwischen den Linien und den Strichen alle Übergänge, wenn auch nicht innerhalb der Grenzen der einzelnen Blüten oder gar eines einzelnen Busches, vorhanden waren, so erweist sich zweifellos, daß auch jeder beliebige Typus der uns interessierenden Buntblütigkeit einen verschiedenen quantitativen Ausdruck eines und desselben Färbungsfaktors, unabhängig davon, welches nun sein Wesen sein mag, darstellt.

Wir möchten hier die Aufmerksamkeit darauf lenken, daß somit eine sozusagen extensive Methode der Analyse somatischer Bilder auf die Deutung des genetischen Wertes buntblütiger oder buntblättriger Pflanzen bei Mosaikanordnung der Färbung im weiteren Sinne des Wortes anwendbar ist.

Im folgenden sollen nun einige Kreuzungen bunter Blüten mit genetisch rein weißen, welche aber von einem bunten Busch stammen, angeführt werden.

Kreuzbestäubung buntblütiger Büsche von *Verbena hybrida* mit erblich einfarbigen.

I. **Rein weiße Nr. 12 (weiblich) × mittelbunte Blüte eines schwach bunten Busches 3 (männlich).**

In den erhaltenen zwei Büschen der F_1 waren beide dunkelrosa mit himbeerroter Schattierung.

II. **Rein weiß Nr. 12 (weiblich) × stark bunte Blüte des mittelbunten Busches 2 (männlich).**

Die erhaltenen vier Pflanzen der F_1 zeigten sich alle als dunkelrosa mit himbeerfarbener Schattierung.

III. Rein weiß Nr. 12 (weiblich) × stark bunte Blüte des stark bunten Busches 8 (männlich).

Die sieben Individuen der F_1 waren alle dunkelrosa mit himbeerroter Schattierung.

Die F_2 (der unter III genannten Kreuzung) zeigte folgende Erscheinungen:

1. Von einem Busch: a) bunter Busch. In den Blütenständen werden ab und zu rein rote bis himbeerrote Blüten mit rein weißem Rachen gefunden. Auch die Färbung des Rachens müßte genetisch erforscht werden. Sie ändert sich in den Kreuzungen und Mutationen. Diese Analyse haben wir nicht durchgeführt.

Bunte Blüten mit Sektorial-, Linien- oder Strichzeichnung:

Bei den bunten Blüten fehlt der weiße Rachen überhaupt, oder er ist schwächer gefärbt als die dunkelbunten Blütenblätter. In den Blütenblättern finden sich außer der himbeerbunten Buntheit noch isolierte Bezirke mit verschiedenen Graden einer hellen himbeerroten Färbung. Stellenweise fand sich bei stark bunten Blüten ein eben wahrnehmbarer lila Grundton. Auch die Reaktion mit Ammoniakdämpfen bestätigt dieses. Hier färben sich diese Stellen mit etwas grünlicher Schattierung, während die tatsächlich weißen Stellen ebenso wie bei weißen Kontrollblüten von konstant weißem Busch eine weiche hellzitronengelbe Farbe annehmen. Deutlich mit Anthozyan gefärbte Bezirke nehmen, abhängig von der Dunkeltönung der Färbung, rein blaugrüne Farben verschiedener Schattierungen an. An einzelnen Blütenblättern sieht man (aber sehr selten) eine sehr regelmäßige strahlige Sternzeichnung („Herzchen"). In den Fällen, wo diese Zeichnung helle Farbe hat, findet sich auf ihrem Grund und zwischen dieser Zeichnung hier und da ein dunkel gefärbter Bezirk. Nur bei einem Blütenblatt (s. Tafel 202, Zeichnung 3, Blütenblatt a) zeigte sich ein gleichfarbiger Strahl („Herzchen"). Aber auch hier erreicht an der Blütenblattbasis der dunkle Strich die Verbindungsstelle des Nachbarblütenblattes (e).

Rein weiße Blüten und Blütenstände fehlen diesem Busch, d. h. sie haben hier denselben Zustand wie beim großväterlichen Busch 8.

b) Der stark bunte Färbungscharakter ist derselbe wie auch beim vorherigen Busch, aber statt himbeerroter Schattierung ist eine leuchtend krapplackrote vorhanden. Der Grundton bei den stark bunten Blüten ist eine sehr zarte rosa Schattierung. Dieser Befund liegt aber an den Grenzen der Wahrnehmbarkeit. In anderen Blüten ist die Grundfarbe rein weiß, was auch die Färbung mit Ammoniakdämpfen bestätigt. Aber bei den Blüten dieses Busches ist die Färbung in Ammoniakdämpfen qualitativ von der Färbung des ersten bunten Busches sowohl als auch des großväterlichen Busches verschieden. Bei ihnen färbte sich das himbeerrote Anthozyan mit rein grünblauen Schattierungen, während die krapplackroten Anthozyanfarben in den Ammoniakdämpfen in braunviolettgrüne Schattierungen übergehen, welche sich scharf von der blaugrünen Farbe unterscheiden. Dabei zeigte sich in unserem Material, unabhängig von den buntblütigen Büschen, eine Rasse von rein krapplackroten Blüten. Diese Blüten reagierten auf Ammoniak genau so, wie es für die gleiche Färbung bei den bunten Blüten beschrieben wurde. Diese Erscheinung wurde schon besprochen.

Eine rein herzchenartige Färbung der Blütenblätter wurde auf dem beschriebenen bunten Busch überhaupt nicht gefunden. Die Annäherung an eine solche konnte jedoch hier und da festgestellt werden.

    c) Gleichfarbig himbeerrot ohne weißen Rachen.
    d) Gleichfarbig himbeerrot mit weißem Rachen.
    2. Die F_2 des anderen F_1-Busches war:
    a) bunt (Buntheitscharakter ist zufällig nicht registriert);
    b) leuchtend rosa mit weißem Rachen.
    IV. Stark bunt Nr. 2 (weiblich), rein weiß von Busch 12 (männlich).

Die in F_1 erhaltene Pflanze war von dunkelroter Farbe mit himbeerroter Schattierung.

Das Resultat der Kreuzungen kann man direkt mit dem von EYSTER erhaltenen vergleichen.

EYSTER schreibt (S. 683—684):

"The results which have been obtained clearly indicate that light variegations are dominant over heavy variegations, variegations are dominant over the dilute self colors, and light self colors are dominant over darker self colors."

EYSTER hat keine Kreuzungen mit rein weißen Blüten erwähnt. Aber nach dem angeführten Zitat kann man annehmen, daß in seinem Material weiße Blüten bei der Kreuzung mit den bunten ein von unserm Resultat abweichendes Resultat gegeben hätten.

Also bei allen 14 Kreuzungen bunter Blüten, welche von drei verschiedenen Individuen kamen, mit genetisch rein weißen Blüten eines Individuums, hat sich gezeigt, daß unabhängig davon, wer Vater oder Mutter darstellt, die F_1 eine und dieselbe dunkelrote Färbung mit himbeerroter Schattierung hat, d. h. annähernd denselben Charakter wie der gefärbte Teil der bunten elterlichen Blüten. Die Heterozygotie der bunten elterlichen Blüte in bezug auf die dunkelrosa Färbung ist hier schwer in Zweifel zu ziehen (was in speziellen analogen Fällen EYSTER tut), denn in solchem Falle müßten aus 14 Büschen der F_1, wenn nicht die Hälfte, so wenigstens einige der Büsche bunt sein, was nicht der Fall ist.

So zeigt sich also der Faktor für die bunte Färbung bei Anwesenheit der Faktoren für weiße Blüte nicht.

Man könnte hier folgenden faktorialen Ausdruck des erhaltenen Resultats vorschlagen:

a = Gen der Farblosigkeit,
A = Gen für dunkelrosa Färbung,
B = Gen für Abwesenheit bunter Färbung,
b = Gen für bunte Färbung.

A dominiert über a und B dominiert über b. Dann erhält man folgendes: aaBB × AAbb = AaBb oder weiß × bunt = dunkelrosa, was unserer F_1 entspricht.

In der Aufspaltung der F_1 bei Selbstbestäubung muß sich folgendes Verhältnis zeigen: 9:3:3:1, d. h. neun dunkelrosa, drei bunte, drei weiße und eine weiße. Die letzte weiße muß bei der Rückkreuzung mit der Ausgangsbunten buntblütige F_1 geben.

Bei Selbstbestäubung dagegen müssen alle weißen weiß bleiben.

Infolge eines zufälligen Eingehens unseres Materials haben wir keine F_2 erhalten. Die angeführte Konstruktion wird dadurch jedoch nicht erschüttert.

Die Rezessivität der weißen Farbe in bezug auf die einfache Färbung wird durch folgende Kreuzungen demonstriert:

Kreuzbestäubungen erblich gleichfarbiger Büsche von *Verbena hybrida*.

1. **Dieselbe rein weiße Nr. 12 (weiblich) × himbeerrot (männlich).** An den 10 Büschen der F_1 welche aus den 2 elterlichen Büschen erhalten wurden, hat sich gezeigt:
   a) 6 Büsche dunkelrosa mit himbeer Schattierung;
   b) 2 Büsche dunkellila mit weißem Rachen;
   c) 1 Busch lila mit weißem Rachen;
   d) 1 Busch dunkelkarminrot.

In der F_2 wurden nur 3 Büsche erhalten, die übrigen gingen zufällig ein.

Aus den übriggebliebenen ging hervor:

Aus a) 2 Büsche himbeerrot mit großem weißem Schlund.

Aus b) 1 Busch lila mit großem weißem Schlund. Wegen des Mangels an Material in F_2 und Fehlen von Rückkreuzungen kann man sich hier keine genaue Meinung über die Ursachen der verschiedenartigen F_1 bilden.

II. **Rein weiße Nr. 12 (weiblich) × rosarot (männlich).** Die beiden Büsche von F_1 zeigten:
   a) 1 Busch rosarot;
   b) 1 Busch weiß.

Also war wahrscheinlich der Vater in bezug auf rote Farbe heterozygot.

III. **Hellrote (weiblich) × rein weiß Nr. 12 (männlich).** Aus 2 Büschen der F_1 ging hervor:
   a) 1 Busch rein weiß;
   b) 1 Busch rein weiß;
   c) 1 Busch rosa.

Aus den erhaltenen F_2-Pflanzen, die von den weißen Büschen der F_1 abstammen, haben wir zwei rein weiße erhalten. Es ist am wahrscheinlichsten, daß die Mutter in bezug auf die rosa Farbe heterozygot war.

Dieses wären unsere vorläufigen Resultate der Untersuchung der buntblütigen *Verbena*.

Wenn wir das ganze Bild betrachten, so können wir sagen, daß hier die Buntblütigkeit erstens durch somatische Mutationen von Genomeren und Genen bedingt ist. Diese führt zu der Chimärenstruktur in unserer erweiterten Auffassung, ja sogar nach der üblichen Auffassung.

Weiter ist die Buntblütigkeit auch durch direkte generative Faktoren der Buntblütigkeit bedingt. Es ist, wie oben gesagt wurde, wahrscheinlich, daß die somatischen Mutationen das Hervortreten des generativen Faktors (Gen) der Buntblütigkeit darstellt. Die Möglichkeit einer Abstammung der Buntblütigkeit auf zwei der genannten Wege wird auch von EYSTER anerkannt. Er sagt (S. 684):

"Variations in color intensity in variegation pattern in variegated organisms are produced not only by the segregation of genomers during somatic development, but also by the segregation of whole genes during sporogenesis in plants and gametogenesis in animals followed by chance recombinations of them at fertilisation."

Wir haben aber nicht feststellen können, daß der Autor die von uns beschriebene scheinbar gemeinsame Wirkung des generativen Buntblütigkeitsfaktors und der somatischen Genomeren- und Genmutation zuläßt.

Zum Schluß des Abschnittes über die Buntblütigkeit der *Verbena* soll hier noch ein Fall angeführt werden, der uns in diesem Sommer 1931 in Erstaunen versetzte:

Unter den Büschen, welche aus der im Jahre 1930 zu Boden gefallenen Saat entstanden, ist von einem mütterlichen Individuum, von dem man mit ziemlicher Bestimmtheit sagen kann, daß es buntblütig war, ein Busch hervorgegangen, dessen Blütenstände am Hauptsproß bunt, aber von ganz anderer Färbung als wir es bisher beobachtet haben, war. Hier fanden sich nämlich auf einer lila Grundfarbe schmale Sektoren, Linien und Striche von gewöhnlicher Form aber dunkellila Farbe. Dieses ist an und für sich nichts Verwunderswertes, da man es durch prinzipiell ähnliche Überlegungen wie wir sie oben anstellten, durch neue Mutation oder durch eine zufällige Hybridisation erklären könnte. Eigentümlich war es jedoch, daß alle Seitensprosse dieses Busches die normalen gleichartig dunkelroten Blütenstände trugen. Wir haben etwas Samen von Sprossen beider Blüten gesammelt und werden, wenn sie aufgehen, über das Verhalten der Nachkommenschaft dieses Individuums berichten (die Samen sind nicht vollkommen reif).

Gedanken zur Arbeit DEMERECs über Delphinium. Da nach Beendigung unseres Berichts über die buntblütige *Verbena* eine Arbeit von M. DEMEREC

(1931) über Buntblütigkeit bei *Delphinium ajacis* erschien, welche ähnliche Fragen berührt, soll im folgenden auf die Arbeit DEMERECs eingegangen werden.

Der Autor konnte zeigen, daß bei der untersuchten *Delphinium*-Form das Gen „*Rose alpha*" sehr häufig zu seinem purpurroten Allelomorph mutiert wird. Der Autor nimmt zwölf somatische Zellgenerationen in den Blumenblättern als für die Mutation maßgebend an. In diesen zwölf somatischen Zellgenerationen erscheint die Mutation jeweils mit gleicher Häufigkeit. Das Gen „*Lavender*" dagegen wird in den verschiedenen ontogenetischen Stadien des Blumenblattes mit ungleicher Häufigkeit zu dem purpurroten Allelomorphen mutiert. In dieser Ungleichmäßigkeit kommt jedoch eine gewisse Gesetzmäßigkeit zum Vorschein.

Das Verhalten der beiden genannten Gene steht nach der Meinung des Autors (s. S. 188—189) im Gegensatz zu der EYSTERschen Theorie vom Aufbau der Gene aus Genomeren. DEMEREC erwähnt bei dieser Gelegenheit nur die EYSTERsche Arbeit aus dem Jahre 1924, nicht seine zweite Arbeit, auf welche wir uns bezogen und welche die Endresultate darstellt.

Wir haben schon darauf hingewiesen, daß auch wir die Anwendung der EYSTERschen Theorie nicht in allen Fällen für möglich halten, während sie in anderen Fällen durchaus anwendbar ist. Diejenigen Unstimmigkeiten gegenüber den Vorstellungen EYSTERs, welche wir feststellen mußten, sind aber durchaus anderer Natur als die Einwände DEMERECs. Nach unserer Meinung umfaßt die Theorie vom Aufbau des Gens aus Genomeren das Problem der verschiedenen Häufigkeit des Auftretens somatischer Mutationen auf verschiedenen ontogenetischen Stadien keineswegs mit. Also sprechen unserer Meinung nach auch die Angaben DEMERECs nicht gegen die EYSTERsche Theorie. Über die ontogenetische Entwicklung der abweichend gefärbten Flecke sind spezielle Berechnungen anzustellen, welche zu zeigen hätten, daß bei rein statistischer, zufälliger Verteilung der Genomeren auf die Schwesterzellen Bilder entstehen, die den Angaben DEMERECs entsprechen. Selbstverständlich läßt sich dieses nicht im voraus annehmen.

Außerdem möchten wir aber noch folgende Bedenken gegen die Arbeit anführen:

1. Wir weisen auf unsere oben schon einmal geäußerte Ansicht (s. S. 702, 799) hier nochmals hin, daß keine Beweise dafür vorliegen, daß aus mutierten Zellen Anthozyan in benachbarte farblose Zellen hinein diffundiert. Der Autor macht diese Annahme und hält nur die besonders dunkel gefärbten Zellen für genetisch verändert. Sobald aber auch Übergangsfarben Anzeichen genetischer Veränderung darstellen, so würde dies den Betrachtungen des Autors einen schweren Stoß versetzen.

2. DEMEREC nimmt stillschweigend an, daß zwei oder mehrere benachbarte gefärbte Zellen unbedingt durch Teilung einer und derselben

mutierten Ursprungszelle entstanden sind. Nach unserer Meinung müssen aber in jeder beliebigen somatischen Generation beliebig viele benachbarte Zellen gleichzeitig mutieren können. Dafür spricht auch die Überlegung, daß eine direkte Mutation unter dem Einfluß bestimmter chemischer oder physikalisch-chemischer Bedingungen hervorgerufen wird. Und es ist zweifellos plausibler, anzunehmen, daß derartige Bedingungen nicht nur in einer einzelnen isolierten Zelle, sondern auch in benachbarten Zellen wirken. Auch DEMEREC (S. 189) nimmt übrigens an, daß die Mutation des Färbungsmerkmals eine Folge der großen chemischen Labilität der betreffenden Gene sei. Daraus ergibt sich als natürliche Folgerung, daß sich diese Labilität erst dann manifestieren wird, wenn chemische Veränderungen im Milieu der Gene vor sich gehen.

Wenn aber tatsächlich zwei oder mehrere benachbarte abweichend gefärbte Zellen der Epidermis gleichzeitige Mutationen der gleichen somatischen Generation darstellen können, so wären damit alle Berechnungen DEMERECs hinfällig. Der Autor faßt daher auch Flecken, die aus zwei oder mehr gefärbten Zellen bestehen, als mehreren verschiedenen somatischen Generationen angehörig auf. Nach unserer Meinung können sie, wie gesagt, ebensogut auch einer und derselben Generation angehören.

3. DEMEREC nimmt ohne weiteres an, daß die Ausbildung der Epidermis eines erwachsenen Blütenblattes dem Schema einer geometrischen Reihe folge (a, aq, aq^2, ... qa^{n-2}, aq^{n-1}, aq^n für $q = 2$, $a = 1$). Einen Beweis für diese Annahme tritt der Autor jedoch nicht an, während vom Standpunkt der Entwicklungsmechanik ein derartiger Vorgang sehr wenig wahrscheinlich ist. Außerdem erscheint es durchaus möglich oder sogar wahrscheinlich, daß die Zellen der verschiedenen Gebiete der Epidermis verschiedenen somatischen Generationen angehören. Viel eher ist das Gegenteil als unwahrscheinlich anzunehmen. Da der Autor aber meint, daß alle Epidermiszellen ein und derselben somatischen Generation angehören, so müßten, vorausgesetzt, daß unsere Betrachtungen zu Recht bestehen, sich die Berechnungen des Autors ganz entschieden ändern. Insbesondere ist die Annahme des Autors, daß der Mutationsvorgang vor der Chromosomenspaltung unmöglich sei, abzulehnen. DEMEREC nimmt ferner an (S. 192), daß die Anzahl der zwei Zellen umfassenden Flecke relativ größer sein müßte, als sich aus seinen Beobachtungen ergibt. Tatsächlich wird aber der relative Anteil der zweizelligen Flecken wesentlich steigen, wenn man ihre Zahl (5558) nicht auf 84 366 000 (vom Autor angenommene Anzahl Zellen in der 11. Generation) bezieht, sondern auf eine viel kleinere Zahl, wie sie sich ergibt, wenn man aus der Gesamtheit (84 366 000) diejenigen Zellen ausscheidet, welche in Wirklichkeit nicht der 11., sondern beliebigen anderen, z. B. der 6. oder der 10. Generation angehören. Auf diese Möglichkeit haben wir schon oben hingewiesen. Ferner erscheint uns

die Annahme einer Unmöglichkeit des Mutationsvorganges vor der Chromosomenspaltung keinesfalls als zwingend. Endlich brauchen die zweizelligen Flecken keineswegs Minimalareale darzustellen. In der vom Autor angenommenen Teilungsperiode können durchaus auch einzellige Flecken auftreten. Ebenso können in der von uns angenommenen Periode zweizellige Flecke vorkommen. Daraus werden sich wieder Einwände gegen die Berechnungen des Autors ergeben.

4. Besteht kein Hinderungsgrund anzunehmen, daß die mutierte Zelle in einem beliebigen früheren Stadium sich nicht mehr teilt und in die Epidermis eines erwachsenen Blumenblattes eingeht. Der Autor aber nimmt willkürlich eine Mutation in der letzten somatischen Generation an (s. Punkt 3).

So sind wir also der Meinung, daß die Berechnungen DEMERECs, um vollkommen überzeugend zu wirken, noch einer Bestätigung der entwicklungsmechanischen Grundlagen bedürften. Man muß eine derartige Berücksichtigung der Entwicklungsmechanik schon deshalb wünschen, weil der Autor auf Grund seiner Beobachtungen zu dem sehr bedeutsamen, wenn auch nur vorsichtig ausgedrückten Schluß kommt (S. 192), daß das neue Gen nicht auf dem Wege einer Aufteilung des alten Genes auf zwei neue entstehe, sondern daß

"the new gene might be formed next to the old gene from the material accumulated from the cytoplasm by the action of the old gene."

Wir sind deshalb auf die übrigen Beweise des Autors für die Richtigkeit seiner Anschauungen nicht eingegangen, weil nach unserer Meinung zunächst die soeben erwähnten grundlegenden Einwände entkräftet werden müssen, ehe die übrigen Beweise als entscheidend gelten können.

f) Schlußbetrachtung über künstliche und natürliche Chimären.

Aus dem, was über die natürlichen und künstlichen Chimären, speziell über die Pfropfchimären, zu sagen war, glauben wir auf eine tiefliegende Gemeinsamkeit in deren somatischem Verhalten schließen zu sollen. Dies gilt besonders für die Periklinal-, Meriklinal- und Sektorialchimären. Den Grund dafür sehen wir in den allgemeinen Gesetzen ihrer Entwicklungsmechanik.

In der Vererbung vegetativ abgespaltener Komponenten, wie auch der Chimärenstrukturen werden

1. gleichartige Verhältnisse (z. B. auf Seiten der natürlichen Chimären bei haplochlamyder *Myosotis*) und

2. auch tiefgreifende Unterschiede vorgefunden, welche durch die begleitenden Faktoren der Struktur der natürlichen Chimären bedingt sind, wie z. B.: somatische Mutationen, Übergang aus dem homozygoten in den heterozygoten Zustand, Übergang des Vaterplasmas zusammen

mit den Plastiden in die Eizelle, genetisch nicht vollkommener vegetativer Abspaltung der beiden die Chimäre zusammensetzenden Komponenten (weiße Sprosse bei *Pelargonium zonale,* Sprosse mit einfach gefärbten Blüten und auch Blättern bei *Mirabilis jalapa striata* und *variegata* u. a.) usw.

Vom Standpunkt der Gegensätzlichkeit der gegenseitigen Beziehungen im Bereich der Entwicklungsmechanik der die Chimäre zusammensetzenden Komponenten geben die Pfropfchimären mit genetisch weiter entfernten Komponenten wohl die eindrucksvollsten Bilder ab. Aber in einigen Fällen (z. B. bei *Abutilon* „*Andenken an Bonn*" u. a.) sind auch bei natürlichen Chimären diese gegensätzlichen Beziehungen sehr deutlich ausgedrückt. Es führt also innerhalb bestimmter Grenzen nicht immer größere genetische Entfernung zu größeren Kontrasten und Widersprüchen in physiologischer und entwicklungsmechanischer Hinsicht.

VII. Einführung von Fremdstoffen in die Pflanze.

a) Über den Begriff der Einführung von Fremdstoffen.

Obgleich scheinbar der Ausdruck „Einführung von Fremdstoffen" klar ist, müssen doch einige Bemerkungen vorausgeschickt werden.
Unter Einführung kann man verstehen:
I. Eine direkte Einführung, und zwar
1. infolge eines chirurgischen Eingriffes oder
2. unter Ausnutzung der Aufnahme von Lösungen durch die intakte Oberfläche eines Pflanzenorganes hindurch.
II. Ferner kann man an eine indirekte Einführung denken, worunter die aktive Ausführung einer Operation verstanden würde, welche das Eindringen von Fremdstoffen ohne weitere Beteiligung des Experimentators zur Folge hat. Selbstverständlich gibt es zwischen den hier gekennzeichneten beiden Möglichkeiten Übergänge.

Hauptsächlich die Frage der indirekten Einführung von Fremdstoffen hat uns veranlaßt, dieses Kapitel in unserem Buch zu behandeln, da dieses Gebiet im Zusammenhang mit der Frage der gegenseitigen Beziehungen der Transplantosymbionten und Chimärosymbionten steht.

Aber auch die Arbeiten über direkte Einführung von Fremdstoffen müssen bei Behandlung der Stimulation verschiedener Regenerationsprozesse berücksichtigt werden.

Ferner hat man zu unterscheiden zwischen der Einführung der Fremdstoffe in die Pflanze von außen her und der Verlagerung derselben innerhalb der Pflanze. Bezüglich des letzteren Falles kann man z. B. sagen, daß die Verlagerung von geformten Elementen aus der Zelle „a" in die Zelle „b" eventuell als Einführung von Fremdstoffen in die Zelle „b" bezeichnet werden kann. Ja, es ist eine experimentelle

842　　　　Einführung von Fremdstoffen in die Pflanze.

Verlagerung von Stoffen innerhalb der Grenzen einer Zelle möglich. Erscheinungen dieser Art haben wir in Kürze schon weiter oben erwähnt (s. S. 130—132) und sie bei der Besprechung der Frage der Verlagerung von Pflanzenelementen mitbehandelt.

Diese Klassifikation umfaßt wahrscheinlich diejenigen Prozesse, welche irgendwie mit einer experimentellen Einwirkung einhergehen. Es verbleibt aber ein großes Gebiet: dasjenige des natürlichen Eindringens fremder Elemente in den Pflanzenkörper von außen her oder die Bildung solcher Fremdelemente innerhalb des Körpers des Pflanzenindividuums. KRABBE (1887) und KÜSTER (1929) teilen Fälle des Absterbens und nachheriger Abkapselung von Protoplasmabezirken mit, welche dann im abgekapselten Zustande neben den lebenden Zellen verbleiben. Solche Erscheinungen sind bei im Protoplasma befindlichen Einschlüssen sehr verbreitet (Öltropfen, ROSANOWsche Kristalle).

Auf dem Wege der Verwundung kann man verschiedene den Zelldegenerationen ähnliche Erscheinungen innerhalb der anliegenden Zellen hervorrufen. So bemerkt HABERLANDT (1925) nach Ausführung einer Verletzung durch Bürsten der Blätter von *Alnus glutinosa* in den Schließzellen die Bildung innerer Zellulosenmembranen, die wahrscheinlich nach dem Tode der Kerne entstanden waren. Andere Beispiele siehe bei KÜSTER (1929b, S. 142).

Ohne uns ausführlich mit den angedeuteten Prozessen zu befassen, wollen wir hier zwei Beispiele speziellen Charakters behandeln und weiter unten allgemeinere Erscheinungen beschreiben. Wir werden dabei versuchen, experimentelle Daten solchen natürlichen Ereignissen gegenüberzustellen, die ihnen dem Wesen nach ähneln.

Die Methode der direkten Einführung von Fremdstoffen in die Pflanze wird unter Anwendung chirurgischer Methoden für die Lösung zweier wichtiger Probleme angewandt: Bei den Arbeiten über die erworbene und natürliche Immunität der Pflanzen, die enge Beziehungen zu serologischen Fragen aufweist, und bei den Arbeiten über die sog. ,,innere Therapie der Pflanzen", zu der man gewöhnlich auch die Ernährung wurzelloser Pflanzen rechnet. Ferner können auf diesem Wege einige Fragen aus den Gebieten der Physiologie, der Entwicklungsmechanik und der korrelativen Beziehungen der Pflanzenteile untereinander behandelt und vielleicht gelöst werden.

Erworbene Immunität.
b) Direkte Einführung.

Es handelt sich bei der ,,erworbenen pflanzlichen Immunität" um die Bildung von Schutzstoffen gegen künstlich eingeführte oder auf natürlichem Wege in die Pflanze eingedrungene fremde Elemente. Diese Fremdelemente können Organismen oder Stoffe sein. Besonders interessant ist hier selbstverständlich die Frage, ob sich in der Pflanze Antikörper bilden, die denjenigen analog sind, mit denen der tierische Organismus auf die Einführung von Antigenen antwortet. Ursprünglich gehört diese Frage ins Bereich der Lehre von den natürlichen Krankheiten der Pflanze. So erhielt SCHIFF-GIORGINI (1906) Agglutination und Auflösung des *Bacillus oleae* durch Saft von *Oliven*-Gewebe, welches sich neben einer Geschwulst, die durch diesen Bacillus hervorgerufen war, befand. Dann beobachtete WAGNER (1915) eine spezifische Agglutination und Lyse des *Bacillus mesentericus vulgatus*, *Bacillus puditum* und *Bacillus asterosporus* im Saft von *Solanum tuberosum* und *Sempervivum Hausmannii*.

Ähnliches hat KORINEK (1924) in Experimenten mit dem Saft von *Beta vulgaris* beobachtet. CAPPELLETTI (1923) zeigte bei einer Reihe von *Leguminosen* (*Pisum sativum, Vicia faba, Lathyrus odoratus*), daß sich Antikörper in den vom *Bacillus radicicola* befallenen Geweben befinden, und zwar zum Teil nach der Auflösung dieser Bakterien. Wenngleich die Antikörper die Infektion nicht abwehren können, so ergeben sie doch im Preßsaft eine spezifische Agglutination der oben genannten Bakterien. HEINRICHER (1929) neigt dazu, eine langsame Verstärkung der Immunität gegen *Viscum* bei *Pirus communis* nach wiederholten Infektionen anzuerkennen. Der Autor läßt aber die Frage trotzdem offen. Eine serodiagnostische Analyse wurde dabei nicht durchgeführt. Wir wollen uns nicht weiter mit einer Reihe von Arbeiten befassen, welche, wenngleich sie eine direkte Beziehung zu dem von uns zu betrachtenden Problem haben, doch nicht die Immunitätsfrage direkt berühren. So weist z. B. RIPPEL (1921) auf die Unmöglichkeit hin, solche Pflanzenteile, welche schon Teleutosporen von *Puccinia graminis* tragen, mit Uredosporen desselben Pilzes infizieren. Aber in anderen Fällen, z. B. bei einigen Spargelsorten (*Asparagus virgatus, Palmetto, Argentenil* u. a.) (NORTON, 1913), besteht offenbar kein Zusammenhang zwischen der Widerstandsfähigkeit der Pflanzen gegen eine Ansteckung mit Uredosporen von *Puccinia asparagi* und der Anfälligkeit gegen das Aecidialstadium desselben Pilzes. Auch im Falle des Weizens wird also nur spezielle Untersuchung das Wesen dieser Erscheinung klären können.

Weiter stellt ARNAUDI (1925) fest, daß der Stengel von *Pelargonium zonale* gegen *Bacterium tumefaciens* unempfindlich sei, wenn man eine Impfung in unmittelbarer Nähe einer schon vorhandenen Geschwulst, welche durch dieses Bakterium hervorgerufen wurde, vornimmt. ARNAUDI zeigte auch, daß die Geschwülste zurückgehen, wenn man einen infizierten Zweig in Wasser tut, dem ein Kaninchenantiserum gegen *Bacterium tumefaciens* zugesetzt wurde. NOBÉCOURT (1928, S. 139—141) teilt mit, daß bei *Euphorbia* und *Rizinus* derartige Versuche mißlangen. Hier waren wiederholte Stengelinfektionen mit *Bacterium tumefaciens* möglich, was übrigens auch davon abhängen könnte, daß die späteren

Infektionen in bedeutender Entfernung von den vorherigen ausgeführt wurden. Eine Reihe von Arbeiten geben teils positive (PICADO, 1921; CARBONE, 1928; ZOJA, 1925; NOBÉCOURT, zum Teil 1928, u. a.) oder negative (SARDIÑA, 1926; zum Teil NOBÉCOURT, 1928) Antworten auf diese Frage. Dabei hat es sich sowohl um Bildung von Antikörpern gegen infektiöse als auch indifferente Fremdelemente in den Pflanzenkörpern gehandelt. Manchmal wurde für ein und dasselbe Objekt (z. B. Cladodien von *Opuntia ficus indicia*) verschiedene Resultate erhalten. PICADO erhielt positive Resultate mit Maispollen als Antigen, und NOBÉCOURT erzielte ein negatives Resultat bei Injektionen von Konidien und Kulturflüssigkeit von *Acrostalagmus cinnabarinus* und anderen Antigenen. SARDIÑA (1926) erhielt mit *Opuntia* bei Infektion von Bakterien negative Resultate. Aber auch bei im Grunde positiven Resultaten werden diese prinzipiell verschieden ausgewertet. Als Beispiel hierfür kann die Diskussion zwischen NOBÉCOURT (1928) und MAGROU (1928) dienen über die Frage, wo und wann bei der Orchidee *Loroglossum hircinum* die Stoffe entstehen, welche die Myzelentwicklung des Pilzes *Orcheomyces hircini* hemmen. Dieser Pilz befällt in der Regel nur die Wurzeln, manchmal nur kleine Bezirke der Knolle dieser Orchideen. MAGROU behauptet, daß sich die genannten Stoffe in der Pflanze bilden, da das Myzel nicht an der Stelle eines Nährbodens wächst, wo ein abgetrenntes Knollenstückchen vor der Aussaat des Pilzes kurze Zeit gelegen hatte. NOBÉCOURT zeigte aber, daß chloroformierte oder erfrorene Knollenspitzen in der Regel (aber nicht immer) infiziert werden, so daß also eine aktive Produktion von Antikörpern von seiten der lebenden Zellen notwendig ist und nicht eine einfache mechanische Absonderung. Wir müssen unsererseits bemerken, daß dieser Einwand nur von bedingtem Wert ist, da es erstens sehr wohl möglich ist, daß der Mechanismus der Ausscheidung der Stoffe, welche während der Lebenstätigkeit der Knolle in der Pflanze gebildet wurden, durch die Tätigkeit lebender Zellen bedingt sein kann; da es zweitens sich bei NOBÉCOURT um Ausnahmen handeln kann, die entweder auf der Ungleichheit der Zellreaktionen auf die Chloroformierung oder auf verschiedenem Grad der Chloroformierung beruhen. Noch stärker begründet NOBÉCOURT seine Einwände durch folgendes Experiment: Das herausgeschnittene Knollenstückchen wurde anfangs der Wirkung der angenommenen Stoffe, welche durch das wachsende Myzel ausgeschieden werden, unterworfen. Dann überträgt man dieses Stückchen auf einen Nährboden in ein anderes Reagenzrohr, wo es chloroformiert wurde. Auch jetzt schon hinderten diese Stückchen das Myzelwachstum. Aber auch hier unterscheiden sich die Bedingungen in der vorherigen künstlichen Einwirkung auf ein isoliertes Stück so scharf von den Bedingungen, die in den unberührten Pflanzen walten, daß ein direkter Vergleich nicht einwandfrei ist. Die Hauptsache ist, daß auch NOBÉCOURT Fälle desselben

Typus wie MAGROU feststellte, so daß er gezwungen war, die Möglichkeit der Antikörperproduktion in den Knollen auch unverletzter Pflanzen, wenn auch nur für spezielle Fälle zuzugeben. Auf diese Weise verliert die Diskussion den Charakter eines Streites um die Qualität dieser Erscheinung. Wir sind der Meinung, daß die Hauptsache der Grad der Infektion und der Grad der Reaktion verschiedener Zellen bei der Bildung der Antikörper in der unberührten Pflanze sei. Davon hängt auch das nachfolgende Verhalten abgetrennter Knollen ab. Wenn man sich aber mit der Qualität eines schwer berechenbaren Faktors in bezug auf die Entstehung einzelner verschiedener Varianten befaßt, so ist es nötig, eine statistische Methode anzuwenden, also eine größere Anzahl von Experimenten mit Hinweis auf die Verteilung der Variationen bei den Resultaten anzustellen. Derartiges gibt es bis jetzt nicht.

NOBÉCOURT gibt aber ein Beispiel für die Herstellung von Antikörpern gegen *Bacillus carotovorus* an. Bei der Einführung von $1/2$ ccm der Kultur dieses Bacillus in den hohlen Stengel einer 30 cm langen *Vicia faba*-Pflanze ging die Pflanze ein. Aber wenn vorher in den Stengel ein Filtrat (durch Chamberlandkerze filtriert) der Kulturflüssigkeit dieses Bacillus in Dosen von 0,5—1 ccm eingeführt wurde, so war die Pflanze in der Regel gegen die erwähnte Kultur immun. Aber auch hier fand eine gewisse Variation statt und das bestätigte die von uns oben geäußerte Meinung bezüglich der Abhängigkeit des Grades der Immunisierung von dem Quantum des eingeführten Antigens und von dem Zustand und der individuellen Abhängigkeit der Pflanze und der Pflanzenteile von diesem Faktor. Eine weitere Bestätigung dieser Ansicht finden wir in den Arbeiten von KOSTOFF (1929) und hauptsächlich in der Zoologie, d. h. in der Mutterwissenschaft des von uns betrachteten Gebietes (s. z. B. M. SEBER, 1909, und die russische Übersetzung des Buches mit zahlreichen Zusätzen des Autors, 1914).

Eine gewisse Verminderung der Infektionen von Weizen durch *Puccinia* würde von NEWTON, LEHMANN und CLARK (1929) bei Infektion von Saft befallener Pflanzen in die Gewebe oder bei vorheriger Aufbewahrung abgeschnittener Blätter in Wasser, welchem der oben erwähnte Saft zugeführt wurde, gefunden. Aber eine ähnliche Verminderung der Infektion wurde auch bei Einführung verschiedener organischer Stoffe wie Phenol, Salizylsäure, Katechin, Vanillin beobachtet. Diese Stoffe hemmten das Auswachsen der Sporen. Selbstverständlich schließt, wenn man unsere spätere Darstellung der inneren Therapie der Pflanzen berücksichtigt, die erwähnte Wirkung der Chemikalien nicht die Möglichkeit einer Antikörperbildung bei Einführung von Saft kranker Pflanzen (wie in diesem Experiment) aus.

Endlich gibt es Fälle einer Scheinimmunität gegen die Reinfektion. Ein derartiges Beispiel führt TISCHLER (1914) für *Euphorbia cyparissias* in bezug auf den Kostpilz *Uromyces pisi* an.

Weitere Beispiele positiver Resultate im allgemeinen und speziell unter Ausnutzung chirurgischer Methoden oder bei osmotischer Einführung der Antigene in unverletzte Gewebe finden wir in der Zusammenfassung von CARBONE und ARNAUDI (1930). Dabei ist es notwendig zu vermerken, daß in allen Fällen, wo wirklich eine künstlich erworbene Immunität gezeigt wurde, diese nur für sehr kurze Zeit hat nachgewiesen werden können. Tatsächlich stellte ZOJA (1925) die Wirksamkeit der aktiven Immunität seiner Getreidepflanzen gegen *Helminthosporium sativum* nur im Verlauf eines Monats nach der Infektion fest. Die Einführung des Antigens wurde durch Aufwachsenlassen der Pflanzen im wäßrigen Extrakt der Kultur dieses Pilzes bewirkt.

Indirekte Einführung. Als Beispiel für indirekte Einführung von Antigenen führen wir in erster Linie die schon oben erwähnten Arbeiten von KOSTOFF (1928, 1929, 1930) an. Er behauptet entschieden, daß sich bei der Wirkung von Unterlage und Reis aufeinander Antikörper bilden. Hier wird also eine gewöhnliche Operation ausgeführt (die Pfropfung), die aber nach der Meinung des Autors das Eindringen der reziproken Antigene in Reis und Unterlage zur Folge hat. Wenn auch die Behandlung dieser Frage ins Gebiet der Zoologie und der Medizin gehört (s. z. B. SEBER, 1914, S. 33; s. SEBER, 1909), so ist die Übertragung dieses Prinzips auf botanische Objekte doch ein Problem von außerordentlicher Wichtigkeit. Deshalb sehen wir uns genötigt, trotz unserer großen Sympathie für die Arbeiten KOSTOFFs, alle möglichen Überlegungen anzustellen bezüglich der Vorsichtsmaßregeln, welche bei der Anstellung dieser Untersuchungen zu treffen sind. Dann erst kann man endgültig von neuem die Frage der Beziehungen der Pfropfpartner zueinander stellen[1].

Im folgenden führen wir einige Tabellen dieses Autors an.

Die Tabelle ist eine Zusammenfassung der Tabellen 8 und 9 (1929, S. 47 und 48) des Autors. Die Vereinigung beider Tabellen wurde der Übersichtlichkeit halber vorgenommen. Als normal bezeichnet der Autor einfach das Extrakt einer Pflanze, welche auf eigenen Wurzeln wächst, während das Extrakt einer der beiden Pfropfkomponenten von ihm als Immunextrakt bezeichnet wird. Also finden wir in der Tabelle Kontrollreaktionen von Normalextrakten einiger *Solanaceen* mit Normalextrakten von *Nicotiana rusbyi* in zwei Wiederholungen mit verschiedenen Individuen der letzten Art. Die Bezeichnungen bedeuten: — Fehlen der Reaktion, ± Spuren, +, +, +++, ++++ bedeuten Niederschläge (UHLENHUTHsche Ringe), die nach ihren Ausmaßen oder ihrer Dichte bezeichnet sind. Man sieht, daß sich der individuelle Ausschlag nicht selten um ein ganzes oder halbes Plus unterscheidet. Zweifellos würde man bei einer größeren Zahl eine noch größere individuelle

---

[1] [Vgl. hierzu die Arbeiten SILBERSCHMIDTs (1931 und 1932) sowie das Anhangskapitel dieses Buches. M.]

Tabelle 48.

Reaktion des Normalextrakts mit	Beginn der Reaktion nach					
	1 Minuten	5 Minuten	10 Minuten	20 Minuten	30 Minuten	40 Minuten
1. Nicotiana rustica	—	± / +	+ / +	— / ±	— / ±	—
2. Nicotiana paniculata ..	—	—	—	—	—	—
3. Nicotiana glauca	—	—	—	—	—	—
4. Nicotiana Langsdorffii ..	± / +	++ / +++	+++ / +++	+++ / +++	++ / ++	++ / ++
5. Nicotiana alata	— / —	+ / +	+ / +	± / ±	± / ±	± / ±
6. F₁ Nicotiana rustica × Nicotiana tabacum ...	—	+	+	+	±	±
7. Nicotiana tabacum ..	wurde nicht wiederholt					
8. Nicotiana suaveolens ..	± / —	+ / ± / ++	++ / + / +++	+ / + / +++	+ / + / ++	± / ± / ++
9. Petunia violacea	— / ±	++ / ++	+++ / ++	+++ / +++	++ / ++	++ / ++

Normale Präzipitationsreaktion des Extraktes von *Nicotiana rusbyi* (Pflanze „B" und „c").

Variation erhalten haben, wofür auch die Kurven des Autors (S. 50, Abb. 2) sprechen, wo bei drei untersuchten Individuen von gepfropfter *Nicotiana rusbyi* sich 20 Tage nach der Pfropfung bei zwei Pflanzen („A" und „E") Niederschläge zeigten, mit einer Ausnahme, wodurch aber an der prinzipiellen Tatsache einer bedeutenden individuellen Variation nichts geändert wird. Daraus geht hervor, daß die vom Autor angeführten 4 Fälle von besonders starken Niederschlägen der Immunextrakte im Vergleich mit den normalen Kontrollextrakten mit Ausnahme eines Falles (Tabelle 12) nicht den Eindruck eines reellen Unterschiedes machen. Dieser Unterschied liegt vielmehr in den Grenzen einer individuellen Variation des normalen Niederschlages. Noch weniger sicher ist der erhaltene Niederschlag bei den sieben nächsten Pfropfungen, wo der Autor selbst darauf hinweist, daß der Niederschlag „sehr schwach" war. Wenn man berücksichtigt, daß in 11 Fällen von Pfropfungen derselben *Solanaceen* sich kein erworbener Niederschlag zeigte, und in 4 Fällen ein Niederschlag erhalten wird, der kleiner war als bei den Kontrollen, so können wir nach den Materialien des Autors (Abb. 2, Tabellen 12, 13, 14, 15; Abb. 3 und Verzeichnis auf S. 52—53) folgende Kurve aufzeichnen.

Eine derartige Kurve stellt die Unterschiede zwischen den Niederschlägen des „Immunextraktes" einerseits der Reiser und andererseits des Normalextraktes derselben Arten, welche aber auf eigenen Wurzeln wachsen, mit Normalextrakten der Unterlagearten dar. Die rechte Hälfte dieser Kurve könnte man bedingungsweise verändern, indem man sie als punktierte Linie aufzeichnet. Wenn man annimmt, daß erstens die vom Autor nicht gezeigte quantitative Verminderung des Niederschlages bei *Nicotiana tabacum*, die auf *Datura Wightii* gepfropft wurde, einem Plus gleich ist, wenn man zweitens annimmt, was sehr wahrscheinlich ist, daß in irgendwelchen anderen Pfropfkombinationen derselben *Solanaceen* sehr schwache Erniedrigungen des Niederschlages bestehen, ähnlich der sehr schwachen Erhöhung auf der linken Seite der Kurve, dann würden sich die Resultate im allgemeinen nach dem Typus der Binomialkurve

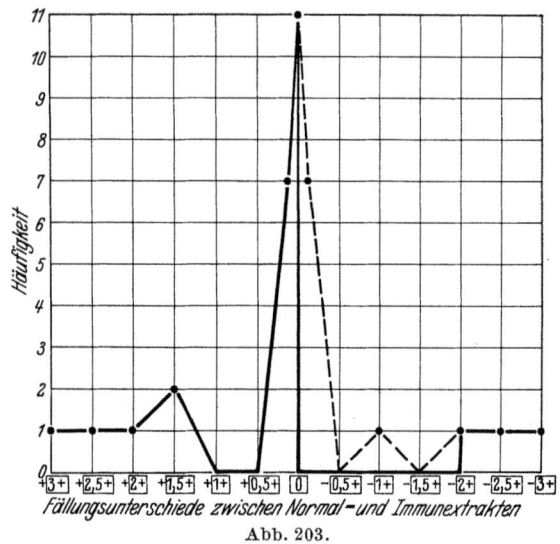

Abb. 203.

verteilen, was für die Existenz eines „Zufalls-Elements" in der Gruppenveränderlichkeit der Bildung des erworbenen Niederschlages spricht. Wenn bei einer großen Zahl Wiederholungsexperimente mit verschiedenen Individuen einer Art eine derartige Kurve für die individuellen Resultate erhalten würde, so würde das auf die dominierende Beteiligung von „Zufallsfaktoren" an den Resultaten schließen lassen. Aber zu einem derartigen Schluß fehlen uns jetzt faktische Daten. Indem wir von neuem zu den Materialien des Autors zurückkehren, muß bemerkt werden, daß bei der Analyse der Spezifität des Niederschlages sich diese mehr oder weniger deutlich nur bei Verdünnungen nachweisen läßt[1]. Dagegen beweisen die Daten mit dem Ausgangsextrakt (Tabelle 19) auf keinen Fall diese Spezifität. Bei der genaueren Gegenüberstellung dieser Daten mit den Kontrollen (Tabellen 8 und 9) ergibt sich, daß der Niederschlag des Immunextrakts vom Reise *(Nicotiana rusbyi)* in bezug

---

[1] [Eine Beurteilung der Spezifität wird sich, wenn nicht die brauchbaren Absättigungsreaktionen benützt werden, stets auf Beobachtung der Reaktionsgrenzen bei Verdünnung zu stützen haben. M.]

auf den Normalextrakt der Unterlage *(Nicotiana rustica)* die Niederschläge desselben Reises mit anderen Arten von *Nicotiana* um Größen von 0 bis in seltenen Fällen ++ überragt, was innerhalb der Grenzen der Variabilität liegt.

Wir halten es ferner für sehr wahrscheinlich, daß die Stärke des Niederschlages auch von der Antigenmenge, die aus einem Transplantosymbionten in den anderen übertritt, abhängt. Diese ist nach den Angaben KOSTOFFs (s. z. B. 1929 u. a.) grundsätzlich von der veränderlichen Geschwindigkeit des Transports der Lösungen abhängig. Andererseits hängt nach unserer Meinung die Menge der eingeführten Antigene von dem Grade der Vollkommenheit der Verwachsung irgendwie ab. Mit der Menge der eintretenden Antigene muß sich auch die gebildete Antikörpermenge ändern[1]. Wenn das der Fall ist, so müssen diese Momente, die KOSTOFF nicht berücksichtigt hat, berücksichtigt werden. Andererseits ist es nicht ausgeschlossen, daß die Niederschlagsstärke, die man als spezifischen Indikator benutzt, in Wirklichkeit durch äußere Experimentalbedingungen hervorgerufen wurde.

Der scheinbare Beweis der Spezifität des Immunextraktes aus der Luftknolle der Pfropfung *Solanum tuberosum* auf *Nicotiana rustica* schwächt diesen Eindruck dadurch ab, daß die Kontrollreaktion mit gewöhnlichen unter der Erde gewachsenen Kartoffelknollen gemacht wurden. Vielmehr mußte diese Kontrolle entweder mit Luftknollen ausgeführt werden, welche durch die gewöhnliche Verdunkelungsmethode hervorgerufen wurden, oder es müßte eine Sorte für das Experiment gewählt werden, wo Luftknollen natürlicherweise vorkommen (s. z. B. BUKASSOV, 1925, S. 75—76). Selbstverständlich könnte man eine derartige Ausführung des Experiments auch umgehen, wenn vorher die Gleichheit der Reaktion von Erdknollen und Luftknollen bei nicht gepfropften Pflanzen bewiesen worden wäre. Man darf aber nicht von vornherein diese Gleichheit annehmen, trotzdem z. B. MEZ (1926a) oder SEBER (1914) die Identität der Eiweißreaktion aller Pflanzenteile annehmen[2]. Abgesehen von der mangelhaften Bearbeitung dieser Themen, gibt es auch entgegengesetzte Angaben (s. z. B. SEBER, 1914, S. 63). Außerdem zeigen eine Reihe von Daten direkt, daß Eigenschaften von über der Erde gewachsenen und unter der Erde gewachsenen Knollen nicht gleich sind (s. z. B. DANIEL, 1920, und auch SMALL, 1929). Endlich ist es nötig, bei Anstellung von serologischen Reaktionen zwischen den Pfropfpartnern Kontrollpfropfungen der Arten auf sich selbst zu untersuchen. Was die Betrachtungen von KOSTOFF über die Abhängigkeit der Bildung von Luftknollen (Stärkeansammlung) bei *Solanum tuberosum*, welches auf *Nicotiana* gepfropft ist, anbelangt, so besteht nach unserer Meinung keine Notwendigkeit, diese gewöhnliche

---

[1] [Sicher nur innerhalb gewisser Grenzen (s. das Anhangskapitel). M.]
[2] [Inzwischen ist der Nachweis der serologischen Organdifferenzierung endgültig erbracht worden (s. v. BERG, 1932). M.]

Erscheinung durch Antikörperreaktionen zu erklären (s. unsere S. 508). Tatsächlich bilden sich diese ersten Luftknollen wie gesagt, bei der Kartoffel auch ohne jegliche Pfropfung bei Abschattung oder Stecklingsbildung, zweitens wird die Stärke vieler Reiser bei der Pfropfung auf sich selbst in dieser Weise aufgespeichert, und in diesem Fall ist es ja kaum möglich, die Bildung von Antikörpern in der Unterlage zu erwarten. Über weitere Erscheinungen im Reis, welche der Autor hervorgehoben hat, haben wir schon auf S. 529—31, 533—535, 537 u. a. gesprochen.

Bezüglich der Technik des Autors bemerken wir nur, daß auch hier bedeutende Schwierigkeiten vorliegen, welche zu fraglichen Resultaten führen können. Über die Schwierigkeiten bei der Auswertung serologischer Reaktionen vergleiche man MORITZ (1929, S. 765 und 1932b.) Dieser Autor hat die Methode der anaphylaktischen Reaktionen nach der SCHULZ-DALEschen Methode am sensibilisierten und isolierten Uterusmuskel virgineller Meerschweinchenweibchen in die Phytoserologie eingeführt. MORITZ zeigt, daß diese Methode in ihrer Anwendung auf botanische Objekte bedeutende Empfindlichkeit besitzt. Es gelang ihm, insbesondere in dem Interspezieshybriden *Berberis impetrifolia* × *Berberis Darwinii* serologisch parallel nebeneinander beide Eltern festzustellen. Allerdings sind die Kontraktionskurven des gegen den Bastard immunisierten Muskels bei Zugabe der Elternextrakte zu dem Muskel nur äußerst geringfügig. Es wäre notwendig, auch Kontrollreaktionen mit anderen Arten von *Berberis* anzustellen, um den Grad der Spezifität der erhaltenen Reaktionen mit den Eltern des Bastards festzustellen. Wenn also diese Reaktionen noch keine endgültige Antwort über die Brauchbarkeit dieser Methode für die Analyse von Bastarden geben, so liegen doch hinreichende positive Voraussetzungen für eine derartige Anwendung vor, was auch der Autor selbst betont[1]. Zweifellos muß diese Methode auch für die Feststellung von serologischen Beziehungen zwischen Unterlage und Reis ausprobiert werden[2].

Anaphylaxieerscheinungen bei Pflanzen kennen wir fast gar nicht. NOBÉCOURT (1928) ist der Meinung, daß Anaphylaxie nur für Bakterien festgestellt sei, für höhere Pflanzen sei sie zweifellos nicht bewiesen. MORITZ (1928, S. 439) hofft Anaphylaxie durch Injektion von Antigenen in einzellige Pflanzen vom Typus der *Mucorineen* und *Siphoneen* festzustellen. Wir glauben, daß dieser Hinweis schon deshalb Aufmerksamkeit verdient, weil die Einführung von Fremdstoffen in *Siphoneen* und gerade in *Valonia*, mehrfach mit Erfolg (s. KÜSTER, 1929b) ausgeführt wurde. Das gleiche gilt auch für die *Mucorineen* (s. z. B. unsere S. 671).

Eigentlich gehört zu der indirekten Einführung des Antigens noch die gewöhnliche künstliche Infektion durch Organismen, welche spezifische

---

[1] [Vgl. MORITZ u. v. BERG 1931, sowie MORITZ 1933, wo eindeutige Bastardanalysen mitgeteilt wurden. M.]
[2] [S. Anhangskapitel und MORITZ, 1932b. M.]

Stoffe absondern. Diese Meinung wurde schon z. B. in den oben angeführten Arbeiten von NOBÉCOURT und bei einer Reihe anderer Autoren (s. CARBONE und ARAUDI, 1930) mit erwähnt. Zur indirekten Einführung von Antigenen würde ich auch die Tatsachen der sog. genetischen Antigeneinführung rechnen. KOSTOFF (1930e) nimmt z. B. an, daß die unvollkommene Entwicklung von Embryonen einiger Artbastarde von *Nicotiana* durch Antikörper bedingt sei, welche in den Geweben der Mutterpflanze unter der Wirkung der Antigene des Hybridenembryos entstehen. Dieser Schluß, so sagt der Autor (1929, S. 73), würde auch durch die Präzipitinreaktionen, welche zwischen den Extrakten aus Plazenta von Pflanzen von *Nicotiana rustica*, auf denen hybride Samen von *Nicotiana rustica* und *Nicotiana Langsdorffii* wuchsen, und dem Normalextrakt von *Nicotiana Langsdorffii* erhalten werden, gestützt. Wenn hier diese Ursache gewirkt hat, so ist wahrscheinlich, daß sich das Experiment von LAIBACH (1929) entsprechend erklärt. Ihm ist allerdings nur in einem Fall gelungen, den isolierten Embryo des Bastards *Linum austriacum* × *Linum perenne*, dessen Samen normal nicht keimen, heranzuzüchten. Man stellt unwillkürlich diesen Angaben auch die von READLE (1930) beobachteten Fälle gegenüber. Er zeigte, daß bei *Zea mays* eine Asynapsisrasse existiert. Bei der Kreuzung des diploiden weiblichen Gemetophyten der genannten Rasse mit normalen haploiden männlichen Gametophyten erhält man einen triploiden Embryo auf einem pentaploiden Endosperm, welches die Entwicklung des Embryos unterdrückt. Aber eine weitere Vertiefung in das Gebiet der genetischen Einführung von Antigenen würde uns zu weit führen, denn davon wird im allgemeinen jede Kreuzung überhaupt berührt. Die Nützlichkeit einer derartigen Analyse steht außer Zweifel. So können wir uns auch nicht bei den Tatsachen über die Anormalitäten im Geschlechtsakt aufhalten, noch auch bei den Erscheinungen der Polyspermie, wo ganz zweifellos die Erscheinungen des Eindringens von Fremdelementen vorliegen. Wirklich (s. z. B. SHOWALTER, 1926, 1927; RICKETT, 1923) verhält sich die Eizelle den überzähligen Spermien gegenüber nicht indifferent, genau so, wie diese letzteren der Eizelle gegenüber sich nicht indifferent verhalten. Dabei handelt es sich nicht um einfache Verletzung der Zellen durch ein Spermium, wie das HABERLANDT (s. unsere S. 149—150) annimmt, sondern um weit feinere Beziehungen, wie z. B. um Abweichungen in der ontogenetischen Entwicklung der überzähligen Spermien, wo diese sich in der Beeinflussungssphäre der Eizelle befinden. Weiter können in verschiedenen Zellen die überzähligen Spermien sogar die Eizelle nicht erreichen, indem sie entweder im Plasma verbleiben, oder wenn sie den Kern erreicht haben, in sein Inneres nicht eindringen können. In anderen Fällen wieder dringt ein überzähliges Spermium sogar bis in den Kern hinein. Im letzten Falle übersteht die polyspermatische Zygote oftmals den anormalen

Zustand und entwickelt sich normal weiter. In anderen Fällen zersetzt sie sich scheinbar (z. B. bei *Sphaerocarpus*). Dies verschiedene Verhalten der überzähligen Spermien bei verschiedenen Arten und sogar in verschiedenen Fällen bei derselben Art deutet auf die Existenz irgendwelcher Prozesse, die sich zwischen der Eizelle und diesen Spermien abspielen und vielleicht sogar zwischen diesen untereinander. Deshalb hielten wir es für nützlich, auch diese Erscheinungstypen in unseren Gedankengang über die Einführung von Fremdstoffen in die Pflanze mit einzubeziehen. Es kann sein, daß man auch hier serologische Beziehungen suchen muß. Gedenken wir weiter der sogar unter normalen Verhältnissen sehr verbreiteten Erscheinung der Bildung von Fremdstoffen im Pflanzenkörper. Diese Bildung von Fremdstoffen umfaßt letzten Endes auch abgestorbene Zellen oder Zellgruppen, die manchmal resorbiert werden (s. S. 40, 157, 381—382, 448—453 dieses Buches), in anderen Fällen aber auch durch Schichten von verkorkten Zellen abgekapselt werden.

Wir behandeln dann den zweiten Teil unseres Themas, nämlich die

c) **innere Therapie der Pflanzen und ähnliche Erscheinungen.**

Wir haben es hier überwiegend mit der Methode der direkten Einführung von Stoffen zu tun. Die folgenden Ziele werden bei der Einführung von Chemikalien und Pflanzenextrakten in den Pflanzenkörper verfolgt:

1. Die Erforschung der Bewegung und Verteilung von Stoffen in der Pflanze.
2. Die Untersuchung des Mechanismus der Reizleitung.
3. Feststellung der H-Ionenkonzentration im lebenden Gewebe.
4. Analyse der Immunität der Pflanzen.
5. Vitalfärbung von Pflanzengeweben.
6. Zusätzliche Ernährung.
7. Therapeutische Behandlung der Pflanzen.
8. Einwirkung auf die Phasen der vegetativen Entwicklung der Pflanzen.
9. Einwirkung auf generative Elemente.

Wir haben schon weiter oben bemerkt, daß man experimentell Fremdstoffe, sowohl durch die unverletzte Organoberfläche, noch besser aber durch Schnitte und Einschnitte, in solchen Konzentrationen einführen kann, wie sie im normalen Stoffwechsel der betreffenden Pflanze nicht vorkommen. Von den alten Literaturangaben über künstliche Einführung von Stoffen in die Pflanze kann ich mich auf die Bemerkungen von PFEFFER (1890) und SACHS (1878) und auf die Arbeit von MANGOLD, der 1709 die Saftbewegung in der Pflanze an abgeschnittenen und in Farblösungen gestellten Zweigen untersuchte, beschränken. Weiter versucht COTTA (1806), ebenfalls ohne genügenden Erfolg, den Weg und die Geschwindigkeit des aufsteigenden Saftstromes mit Hilfe der Einführung von Farblösungen in die Pflanze festzustellen. MÜNCH

(1930, S. 110—117) ist der Meinung, daß die Methode der Einführung von Farben oder anderen Stoffen, wie z. B. das sich in den Pflanzen verhältnismäßig schnell verbreitende und bequem nachweisbare Lithiumsalz, für die Lösung der gestellten Aufgabe unbefriedigend sei[1]. Tatsächlich beeinflussen diese Stoffe in der Regel den physikochemischen Zustand der lebenden Zellen, die sie erreichen, weitgehend. Aber gerade der Zustand und die Tätigkeit dieser Zellen sind mit für die natürliche Verbreitung der Stoffe in der Pflanze verantwortlich[2]. Selbstverständlich können einige relativ brauchbare Hinweise trotz alledem erhalten werden. Das gleiche bezieht sich auch auf die Lösung anderer Fragen. So führten RICCA (1906) und dann SEIDEL (1923) bei der Untersuchung des Reizmechanismus der *Mimose* Gewebssaft derselben *Mimose* unter Zusatz von Lithiumsalzen ein. Es hat sich ergeben, daß die Reizungsleitung rascher fortschreitet als das Aufsteigen der Lösung. Dabei wandert der Reiz ebenso schnell in der Richtung von oben nach unten wie umgekehrt. Hier kamen, wie schon früher gezeigt wurde (S. 554), RICCA und SEIDEL zu ganz verschiedenen Schlüssen[3].

Aus früheren Arbeiten, die in Verbindung mit unserem Thema stehen, bemerken wir noch die Experimente von BOUCHERIE (1840), welcher die Abhängigkeit der Verbreitung eingeführter Stoffe von der Einführungsstelle in den Stamm je nach der Höhe untersucht hat. Im Jahre 1871 hat MACNAB und 1878 SACHS die neue Methode der spektroskopischen Feststellung von in die Pflanze eingeführten Salzen angewendet. Dies erleichtert die Untersuchungen über die Verteilung der Salze in den Geweben wesentlich. Im Jahre 1885 führte PFEFFER Anilinfarben in die lebende Zelle ein. Und WIELER (1888) erweiterte die PFEFFERschen Experimente, indem er die Speicherung gewisser

---

[1] [Neuerdings hat HUBER (1932) mit radioaktiven Stoffen gearbeitet. Zu besonders interessanten Befunden gelangte SCHUMACHER (1933), der die Fluorescenz des Fluoresceinkaliums zum Nachweis der Wanderung dieses Stoffes in den Siebröhren ausnutzte. Es ergab sich die höchst überraschende Tatsache, daß die Stoffwanderung mit erheblicher Geschwindigkeit im Plasma, nicht im Zellsaftraum erfolgte. M.]

[2] [Woraus sich eventuell auch gerade die Anwendbarkeit der Methode ergeben kann: Ein besonders interessantes Beispiel der Einwirkung von außen eingeführter Fremdstoffe auf die Funktionen pflanzlicher Gewebe stellt die von W. SCHUMACHER (1930) studierte Einwirkung des Eosins auf das Phloem der Pflanzen dar. Das Eosin wurde durch die Blätter eingeführt und bewirkte dann eine elektive Aufhebung der Funktionen der Siebröhren in den Pflanzen. Gleichzeitig wurde damit die Ableitung der Eiweißstoffe aus den Blättern sistiert, womit ein sehr wesentlicher indirekter Beweis für die Rolle des Phloems bei der Eiweißableitung gewonnen war. M.]

[3] [A. B. A. KOK hat den Weg, auf welchem Koffein und Lithiumnitrat durch parenchymatisches Gewebe transportiert werden, untersucht. Er findet, daß sowohl der Protoplast wie die Zellwand dem Transport hindernd entgegentreten, und sieht als den Haupttransportweg die Vakuolen der Zellen an. Die Plasmarotation beeinflußte die Geschwindigkeit des Transportes nicht (vgl. KOK, 1933). M.]

Farbstoffe durch die Wurzel lebendiger Pflanzen zeigte. Einen weiteren sehr beachtlichen Beitrag auf diesem Gebiet haben dann die russischen Forscher (Entomologen) SHEWIRJEFF (seit 1892), MOKRSCHECKI (seit 1893) und PATCHOSKY (seit 1903) geliefert. MÜLLER (1926) führt ihre Hauptarbeiten an.

Die russischen Autoren versuchten hauptsächlich praktische Resultate für die Bekämpfung von Krankheiten und Krankheitserregern zu erreichen. Es ist interessant, festzustellen, daß in Frankreich im Weintraubenbau zur gleichen Zeit die innere Behandlung in die Praxis eingeführt wurde. RASSIGUIER (1892) heilte die Chlorose der Weinrebe durch Pinselung von Schnittflächen oder der ganzen Oberfläche der Büsche mit Eisenvitriollösung. In der Herbstzeit, in welcher diese Experimente ausgeführt wurden, verschluckt ein normaler Busch infolge des negativen Druckes in den Rindengefäßen und der Endosmose der diese Gefäße umgebenden Zellen im Laufe von 48 Stunden durchschnittlich 254 ccm (HOUDAILL et GUILLON, 1896).

Selbstverständlich ist die Menge der resorbierten Lösung wie auch die Geschwindigkeit der Resorption von einer Reihe von verschiedenen Umständen abhängig, von den genetischen Besonderheiten des Individuums bis hin zu den meteorologischen Bedingungen der Operation.

Die Arbeiten von TSCHERMAK (1896), RUMBOLD (1915—1920), RANKIN (1917) und REIMANN (1925) ergeben ein weiteres großes Material für diese Frage. Der letzte verfolgt allerdings eher rein technische Ziele, denn seine Methode der Einführung von Farben in den Baumstamm beruht auf so ernsten Verletzungen des Stammes, daß von der Anwendung dieser Methode für die Behandlung lebender Bäume kaum die Rede sein kann. Etwas anderes ist ja die Erreichung vitaler Färbung eines Stammes, welcher dann gefällt werden soll. MÜLLER (1926, S. 58—60) teilt über die industrielle Anwendung dieser Methode einiges mit.

Entsprechend wurden schon früher Färbungsversuche mit frischen Blumen nicht nur durch Beräucherung (mit Schwefeldioxyd, Ammoniak, Salzsäuredämpfen u. a.) angestellt, sondern auch durch Einführung von färbenden Stoffen in das Innere der Pflanze (s. MIKSCH, 1926).

Wenn man uns heute vor die Frage der prinzipiellen Möglichkeit der inneren Behandlung von Pflanzen und ihrer Ernährung ohne Wurzeln stellt, so geben wir gemeinsam mit MÜLLER (1926) eine positive Antwort. Weniger günstig steht es um das Problem der vorhandenen technischen Möglichkeiten und des Bereichs der Anwendbarkeit dieser Methode.

Die praktischen Aufgaben beschränken sich entweder auf die Prophylaxe und Behandlung parasitärer (tierischer und pflanzlicher) und nicht parasitärer Erkrankungen oder auf die allgemeine Kräftigung der Entwicklung und der Fruchtbarkeit der Pflanze. MÜLLER (1926, S. 61) betrachtet als Grundlage für die Möglichkeit der Lösung der ersten dieser beiden Aufgaben zunächst die Existenz natürlich immuner Pflanzen.

Hier hätten wir dem Autor zugestimmt, wenn auch von einem ganz anderen Gesichtspunkt aus. Wir sehen nämlich in der Existenz natürlicher Immunität an sich keinen Grund dafür, daß die innere Behandlung der Pflanzen mit Hilfe von Chemikalien von Erfolg gekrönt sein müsse (vgl. NOBÉCOURT, 1928, S. 79, und ferner VAVILOV, 1919), denn es ist verhältnismäßig selten, daß die Immunität auf einem Schutz der Pflanze durch irgendwelche unmittelbar wirkenden chemischen Stoffe beruht[1]. Auf jeden Fall sind die Beweise zugunsten der gegenteiligen Ansicht nicht genügend. Dabei zeigt die natürliche Immunität der Rassen, daß diese Eigenschaft genotypisch sein kann und daß deshalb ihr Fehlen, wie wir uns ausdrücken möchten, „genetisch behandelt" werden müßte, was in diesem Falle die Einführung von Immunitätsfaktoren auf dem Wege der Kreuzung bedeuten würde. Eine Reihe von Autoren (besonders R. H. BIFFEN, 1905, 1907, 1912; H. NILSON-EHLE, 1909; SALAMAN, 1910; HERIBERT-NILSSON, 1913; VAVILOV, 1919) untersuchten mit Erfolg die genetische Natur der Immunität[1]. Fast alle haben bei einer Reihe von landwirtschaftlichen Pflanzen Fälle von Dominanz der Immunität gegenüber der Anfälligkeit in den Hybriden gefunden.

Eine weitere Grundlage für den Erfolg der inneren Behandlung der Pflanzen, stellen die Tatsachen der Aufnahme und der Verbreitung gewisser Fremdstoffe in der Pflanze dar, welche für den Parasiten giftig sind, oder welche die nicht parasitäre Krankheit beeinflussen. Wenig Schwierigkeiten macht die Ernährung der Pflanzen ohne Wurzeln mit Stoffen, die in ihnen allgemein gefunden werden, wenn auch in anderen quantitativen Verhältnissen und Dosierungen.

Zweifellos neigt man zum Vergleich der inneren Therapie der Pflanzen mit entsprechenden Maßnahmen in der Medizin und in der Tierheilkunde. Die innere Pflanzentherapie ist so weit zurück, daß es ziemlich schwer fällt, eine genügend tiefgehende Parallele zu ziehen. Erklären kann man das nicht nur aus Ursachen biologischer Art, sondern auch aus den sozialen Umständen. Die sozialen Verhältnisse stellen an dieses Gebiet der Botanik nicht derartige Forderungen wie an das entsprechende der Zoologie.

Indem wir zu der Technik der Angelegenheit übergehen, stoßen wir zunächst auf Schwierigkeiten bei der Einführung der notwendigen Stoffe und bei der Erreichung einer gleichmäßigen Verteilung in den Geweben der ganzen Pflanze[2]. Wenn man bedingungsweise die einzuführenden Stoffe als neutral in bezug auf die Zellen des Pflanzengewebes annimmt, so würde die Verteilung in der Pflanze abhängen

---
[1] [Vgl. diesbezüglich FISCHER und GÄUMANN (1929).]
[2] [Eine wichtige Methode der Einführung von Fremdstoffen stellt noch die Zentrifugenmethode von Fr. WEBER (1927) dar. M.]

1. von ihrem Eingehen in die normalen Saftströme in den Leitgeweben;
2. von den Druckverhältnissen im Leitbündel;
3. von der Möglichkeit der Verteilung der eingeführten Stoffe in den Geweben außerhalb des Leitbündelsystems. Maßgebend für dies Eindringen ist z. B. die Möglichkeit der Endosmose und Exosmose, hauptsächlich aber (s. Münch, 1930) anscheinend die Möglichkeit der Herausbildung von mechanischen Druckdifferenzen in den aufeinanderfolgenden Zellreihen.
4. und 5. usw. hängt die Stoffverteilung in der Pflanze von den Eigenschaften dieser Stoffe ab, von der systematischen Art, vom Alter, vom Zustand der Pflanze, von dem Charakter des zu operierenden Teiles, von der Operationsmethode und schließlich von den äußeren Bedingungen der Operation.

Wenn man die Prozesse nach den Resultaten beurteilt — und das ist wegen Mangels an konkreten Tatsachen zur Zeit die einzige Möglichkeit —, so sehen wir, daß in bezug auf die Richtung der Verbreitung eines in die Pflanze eingeführten Stoffes im großen und ganzen die Schwierigkeiten überwunden wurden. So beobachtete Tschermak (1896) bei der Lithiumchloridlösung eine starke seitliche Verbreitung in den Stämmen ($2 r \pi = 40$ cm) von *Tsuga canadensis, Acer platanoides* und anderen Bäumen. Die Einführung der Lösung wurde nicht auf chirurgischem Wege („Trichtermethode" und „trockene Methode"), sondern durch Abschneiden der Wurzel herbeigeführt.

Im Falle von *Tsuga canadensis* trat „völlige" Durchtränkung des Stammes schon nach 24 Stunden, vom Beginn der Einführung an gerechnet, ein. Rumbold erreichte bei *Castanea dentata* die Verbreitung einer 0,025%igen Lösung von Methylenblau, Kongorot und Trypanblau, sowohl bei dünnen Zweigen als auch bei Wurzeln junger Bäume nach chirurgischer Einführung der Lösung in die Stämme. Ausgezeichnet demonstriert die oben angeführte (S. 854) Methode von Rassiguier (1892) die basipetale Verbreitung von Lösungen. Müller (1926) beschreibt im Wesen das gleiche unter dem Namen „Zweigmethode". Dabei scheint Shewirjeff (1903) zuerst Lösungen vom Einführungsort nach unten derart eingeführt zu haben, daß er die Operation in der Lösung ausführte und dadurch verhinderte, daß Luft in das durchschnittene Hadrom eindrang. Derartige Beispiele gibt es viele (s. Müller, 1926). Aber in der Regel geht die Verbreitung in basipetaler radiärer und tangentialer Richtung viel schlechter vor sich und kommt oft überhaupt nicht zustande. Das veranlaßte viele, z. B. Strasburger, nicht viel Hoffnungen auf die befriedigende Lösung des Problems zu setzen, schon deshalb, weil die Verbreitung in akropetaler Richtung sehr oft nur in den Gefäßen und Tracheiden des jungen Splints und manchmal sogar nur im letzten Jahresring vor sich geht.

Bezüglich der Erreichung der Peripherie der Pflanze durch die Lösungen ist ein Hinweis von SHEWIRJEFF (1903) interessant. Er fand, daß Karmin die Äderchen der Blütenblätter von *Crataegus* färbte, nachdem die Lösung in den Baumbestand eingeführt wurde. RUMBOLD stellt Lithium in den Früchten von *Castanea*bäumen fest, in die Lithiumsalzlösung eingeführt worden war. Wenn auch in diesem Falle der Eingriff keine therapeutische Bedeutung hatte, so beobachtete dieser Autor doch das Absterben von Krebsneubildungen auf einzelnen Kastanienbäumen, die auf chirurgischem Wege mit Lithiumhydroxydlösung oder mit Natriumkarbonat, mit Thymol oder (etwas schlechter) mit Kalisalzen getränkt worden waren. Nach MÜLLER (1926, S. 99) und auch in den Experimenten von RUMBOLD war die Durchtränkung nicht vollkommen. Das ist auch verständlich, wenn man die Schwierigkeit der Verbreitung selbst nur im Leitbündelsystem betrachtet, abgesehen von der Endosmose in das Zellinnere. BIRCH-HIRSCHFELD (1920), welcher Lithiumsalze zur Untersuchung der Saftströme in die Pflanze eingeführt hat, konnte nicht feststellen, ob Lithium in die Protoplasten der Zellen oder nur in die Zellmembran eindringt. Wenn man aber bedenkt, daß z. B. PATCHOSKY (1903) im Verlaufe der Ausbreitung der Lösungen verschiedene chemische und physikochemische und physikalische Beziehungen zu Stoffen des Pflanzenkörpers eintreten können, und daß die Konzentration der Lösungen dank der Absorption nach der Peripherie zu oder überhaupt auf ihrem Weg sich verringern kann (MÜLLER, 1926, S. 97—99), so wird die Frage nach dem Mechanismus der Verteilung der eingeführten Stoffe und danach auch die Frage der gleichmäßigen und vollkommenen Durchtränkung der Pflanze bedeutend komplizierter. Die Komplexheit wird noch größer, wenn man die Erscheinungen des Eindringens der Stoffe ins Innere der Zellen und dann die Bewegung der Stoffe in den Geweben außerhalb des speziellen Leitsystems analysieren will.

Dabei spricht das von CIAMICIAN u. RAVENNA (1921) durchgeführte Experiment einer Injektion von Alkaloiden in die Wurzeln von Bohnensprossen, wodurch Buntblättrigkeitserscheinungen hervorgerufen wurden, deutlich für das Eindringen der Alkaloide in das Zellinnere, selbst in bedeutender Entfernung von der Einführungsstelle. Wahrscheinlich wurde dieser Transport durch die Gefäße bewerkstelligt.

Seit PFEFFER (1886—1888) ist das Eindringen von Anilinfarben in die lebenden Protoplasten bekannt. So wurde in der lebenden *Spirogyra*-Zelle die Ansammlung eines körnigen Niederschlages von gerbsaurem Methylenblau beobachtet, der eine Verbindung in die Zelle eingedrungenen Methylenblaues (1 : 10000—1 : 100000) mit den Gerbstoffen der Zelle darstellt. Derartige Beispiele gibt es viele und die Mehrzahl von ihnen zeigt, daß Giftstoffe, welche in die Zelle eingeführt wurden, die Zelle schädigen je nach dem Grade der Konzentration der eingeführten Lösungen. Das hängt natürlich von den Eigenschaften der Zelle selbst und den äußeren Bedingungen des Experimentes ab. Es ist bekannt (s. SMALL, 1929), daß bei der kolorimetrischen p_H-Bestimmung an lebenden Zellen die Indikatoren ins Zellinnere eindringen, worauf die Bestimmung sich gründet.

Etwas anderes hat KÜSTER (1929a, S. 158) beschrieben. Er weist darauf hin, daß wäßrige Lösungen von Farbstoffen, die nicht in das lebende Protoplasma einzudringen vermögen, auf chirurgischem Wege in die Zellen eingeführt werden können, wenn man das angeschnittene Gewebe (Epidermis der Zwiebelschuppe von *Allium cepa*) in die Farblösung eintaucht. Dann diffundiert die Farbe in die durch den Schnitt geöffneten Vakuolen hinein. Weiter können die Vakuolen, die das Trauma überstanden haben, auf dem Wege der Plasmolyse sich schließen und die Farbe scheint nunmehr im Innern der Vakuole eines zur Zeit lebendigen Protoplasten zu liegen. Selbstverständlich kann ein derartiger Mechanismus nicht in Frage kommen, wenn Stoffe innerhalb der pflanzlichen Gewebe wandern, vorausgesetzt, daß der Übertritt aus einer Vakuole in die andere innerhalb der Grenzen einer Zelle, und in speziellen Fällen die Verschiebung von Zelle zu Zelle mit Hilfe der Plasmodesmen nicht mitgerechnet wird.

Für die uns interessierende Frage des Eindringens von Fremdstoffen in die Zelle sind auch Experimente über die Einführung von Lösungen in unverletzte Blätter von Interesse. Hauptsächlich bei der Behandlung der Pflanzen zur Bekämpfung von Pilzkrankheiten wird diese Form der Einführung angewandt.

Eine Reihe von Autoren (s. SORAUER, S. 886) stellt in den Zellen der Blätter Kupfer nach Bespritzung mit Bordeauxflüssigkeit fest. Karbolineum konnte nach Bestreichen der Stämme mit diesem Stoff in den Zellen festgestellt werden. In beiden Fällen begünstigten Wunden (z. B. Verletzungen durch Insekten) natürlich das Eindringen. Gewöhnlich töten die in die Zelle eingedrungenen Stoffe die Zelle ab. Aber das Wachstum in den benachbarten Gebieten wird manchmal verstärkt. So wurde die Verstärkung von Zellteilungen in der Rinde, speziell im Phellogen der Stämme, die mit einer besonderen Karbolineumsorte bestrichen worden waren, beobachtet. Man kann dies sowohl auf eine unmittelbare Reizwirkung des Karbolineums als auch auf die Wirkung von Produkten abgetöteter Zellen („Nekrohormone") erklären.

Bei Anwendung des Karbolineums (an der Rinde der Stämme) wie auch bei Bespritzung der Blätter mit Kupferkalklösungen (besonders Bordeauxbrühe) wird manchmal eine Vermehrung des Chlorophyll-, Stärke- und Eiweißgehaltes der Zellen beobachtet. Das kann einmal durch die verdunkelnde Wirkung der Lösungen, zweitens auch durch eine Hemmung des Abtransportes der Assimilate an der Stelle der Auftragung der Lösungen erklärt werden. Eine Verstärkung der Assimilation oder der Transpiration und Atmung der Blätter findet nicht statt. Vielmehr hat man eine Abschwächung dieser Prozesse beobachtet (SORAUER, S. 886). Wie L. HILTNER (1909) und E. HILTNER (1924) zeigten, gelingt es mitunter, durch unverletzte Blätter therapeutisch wirksame Lösungen einzuführen. So wurde mit Hilfe von Eisensalzen die Chlorose der Lupinen geheilt. Weiter unten (S. 869) werden wir die Entwicklungsanregung mit Hilfe von Gasen erwähnen. MÜLLER (1926, S. 169—171) führte mit Erfolg Kupfersulfatlösungen (1 : 100 und 1 Tropfen Schwefelsäure auf 100 ccm) in voll entwickelte Fliederzweige ein. Zu diesem Zwecke wurde der Zweig ins Wasser gestellt und ein Seitenzweig mit seinen Blättern in die oben genannte Lösung eingetaucht. Dabei wurden verschiedene Grade der Schädigung an den Blättern des Hauptzweiges beobachtet.

Über die Möglichkeit der Aufnahme von Wasser durch die Blätter ist schon früher aus den Experimenten von HELS, PFEFFER, WIESNER u. a. einiges bekannt. Jetzt handelt es sich also um die Einführung spezieller Lösungen und Mischungen.

Infolge der verschiedenartigen Ausbildung der Cuticula und der verschiedenen Entwicklung der Spaltöffnungen (vgl. CZAJA, 1930) kann der Mechanismus der Resorption bei verschiedenen Pflanzen und verschiedenen Lösungen sich weitgehend unterscheiden.

Aber das Problem beschränkt sich nicht nur auf den Eintritt ins Zellinnere, sondern erstreckt sich auch auf die Verschiebung dieser Stoffe aus einer Zelle in die andere. Wir haben schon früher davon gesprochen. Diese Frage hat bisher keine endgültige Lösung gefunden, nicht einmal für normale Stoffwechselprodukte der Pflanze. MÜNCH (1930) geht zum Teil bei der Behandlung dieser Frage auf alte Autoren zurück und schreibt den Plasmodesmen und der Ausbildung von Potentialdifferenzen des mechanischen Drucks eine entscheidende Rolle zu. Dabei muß MÜNCH bei der Besprechung des Durchtritts der Stoffe durch die Vakuolenhaut die gewöhnliche Osmose zulassen, die er für den Durchgang durch die Protoplasmaoberfläche abstreitet. Bezüglich genauerer Daten über diese Frage hat man sich an die Originalarbeiten zu halten[1]. Wenn man berücksichtigt, daß die Frage der Eigenschaften der Protoplasmaoberfläche und ihrer Beziehungen zu der Zellmembran (s. z. B. KÜSTER, 1929b, S. 9, S. 13, und MÜNCH, 1930, S. 59) noch keineswegs gelöst ist, und man ferner bedenkt, daß auch die Existenz von Plasmodesmen (als plasmatische Fäden) (JUNGERS, 1930, s. unsere S. 555) bezweifelt wird, so wird die Schwierigkeit einer endgültigen Lösung des Problems der Verbreitung von Fremdstoffen, die in die Pflanze von außen eingeführt wurden, klar. Nur in der letzten Zeit nähern wir uns

---

[1] [Permeabilitätsliteratur: GELLHORN 1929, HÖBER 1926, HÖFLER 1931, RUHLAND und HOFFMANN 1925, SCHÖNFELDER 1931. M.]

dem Verständnis der Grundlagen der Erscheinung des Eindringens von Farbstoffen in die Zellmembranen. Hier wollen wir die Arbeiten von CZAJA (1930) anführen, welcher (S. 425) in den substantiven Farbstoffen ein sicheres Mittel in der Hand hat, die differente Struktur, ferner Permeabilitätsverhältnisse der Membran verschiedener, sogar direkt benachbarter Zellen oder auch verschiedener Schichten ein und derselben Zellwand mit Leichtigkeit zu ermitteln. (Es handelt sich hierbei um Ultrafiltrationsprozesse, durch welche die verschieden hochdispersen Fraktionen der Farben gespeichert oder zurückgehalten werden.) Als Indikator dienen hierbei die Farbtönungen, die in den verschiedenen Gebieten entstehen. Es sei darauf hingewiesen, daß das Prinzip, welches diesen Arbeiten zugrunde liegt, mit dem von RUHLAND für das Plasma ausgearbeiteten Ultrafilterprinzip übereinstimmt. Diese Arbeiten beleuchten den Weg zur Lösung der uns interessierenden Fragen. Es ist interessant, daß im Falle der Pflanzenhaare CZAJA (1930b) zeigte, daß (S. 454)
„auf die Diffusion der Farbstoffe in der Zellulosewand die Säuren- oder Basennatur der betreffenden Farbstoffe keinen grundsätzlichen Einfluß ausübt."

Aber für die Protoplasten ist in der Regel die chemische Wirkung der Fremdstoffe nicht gleichgültig, weshalb eine Übertragung der mit ihrer Hilfe gefundenen Daten auf die Verhältnisse bei der Verbreitung normaler Stoffe kaum möglich ist. Selbstverständlich handelt es sich hier stets um die Durchgängigkeit der lebenden Protoplasten. Bezüglich der toten Zellen liegen die Dinge einfacher. Für uns aber ist allenfalls von Interesse, wie der Übertritt von Stoffen aus toten Zellen in lebende vor sich geht.

Wie schon gezeigt wurde, hängt die Verbreitung von in die Pflanze eingeführten Stoffen sogar bei vollkommen unschädlichen Konzentrationen von den Eigenschaften der Zelle ab. In den Experimenten von RUMBOLD (1915) mit Kastanienbäumchen hat sich gezeigt, daß organische Verbindungen besser aufgenommen wurden, als die Alkalimetallsalze, als Schwermetallsalze und Wasser. Das Extrakt aus der Rinde einer Krebsgeschwulst *(Endothia parasitica* MURR.*)* wurde schlechter aufgenommen als Extrakt aus gesunder Rinde. Aber auch die Aufnahme des pathologischen Extraktes wurde durch Zugabe von Zitronensäure beschleunigt. Dabei vernichtet das Extrakt der Krebsgeschwulst den Baum, während das Extrakt aus gesunder Rinde keine Schädigung hervorruft. MÜLLER (1926, S. 92, 116—117) zeigt, daß, wenn auch für die Mehrzahl der von ihm erprobten Pflanzenextrakte und ihrer Mischungen kein günstiges Resultat im Sinne einer Befreiung der Fruchtbäume von Blattläusen sich zeigte, doch für zwei Mischungen ein Erfolg erreicht wurde. Wenngleich das stimmt, so bleibt doch unbekannt, ob dieser Erfolg durch die vollkommene Verbreitung des Extraktes im Baum und durch den chemischen Inhalt dieses Extraktes (die Mischung war: Rhabarbersaft + Tabaksaft + Tomatensaft + wäßriger Auszug von Kautabak zu gleichen Teilen von 1% Borsäure) bedingt war. Wir halten es aber für möglich, daß dieser Erfolg auch von irgendwelchen anderen nicht berücksichtigten Ursachen, z. B. von den individuellen Eigenschaften der Bäume oder von entfernteren Ursachen abhängig sein könnte. Wir bemerken noch, daß alle diese Arbeiten, die sich mit einer Einführung von Extrakten befassen, nicht mit dem Problem der aktiven Immunität der Pflanze im Zusammenhang standen. Hier wollen wir die Gelegenheit benutzen, zu zeigen, daß das Quantum von Lösungen, welche die Pflanze aufnimmt, nach unserer Meinung genügend sei, um in entsprechenden Kombinationen die Bildung von Antikörpern in der Experimentalpflanze, wenn es unter solchen Bedingungen überhaupt zur Antikörperbildung kommt, auszulösen, da ja KOSTOFF den Mißerfolg der Experimente SARDIÑAS (1926) aus der geringen Menge der eingeführten Stoffe erklärt. Wir wollen beispielsweise darauf hinweisen, daß in den Experimenten von SHEWIRJEFF (1903) eine Birke mit ihrem Stamm (von 17,78 ccm im Durchmesser in Brusthöhe) bei warmem Sonnenwetter in einem Park bei Leningrad 2,77 l in 4 Tagen aufnahm. Eine ähnliche andere *Birke* nahm bei feuchtem und kaltem Wetter im Laufe von 9 Tagen 2,77 l auf. Im Botanischen Garten Nikitin in der Krim saugte ein *Apfelbaum* mit einem Stamm von 11,11 cm Durchmesser 3,075 l im Laufe von nur 2 Stunden auf. In den Experimenten von RUMBOLD nahm in einem anderen Falle ein Baum im Laufe von 41 Tagen 32,5 l Paranitrophenollösung (1 : 1000 GM.) auf (s. noch MÜLLER, 1926). In den angeführten Fällen wurden die Lösungen in den Baumstamm eingeführt. Bei Einführung in einzelne Zweige oder in kleine Pflanzen wird die Sättigung der Pflanze mit der Lösung bedeutend größer. Das relative Quantum der notwendigen Lösung für die möglichst vollkommene Durchtränkung der lebenden Pflanze hängt von den Eigenschaften der Lösungen selbst, von den Eigenschaften der Pflanze und von den Operationsbedingungen ab. Speziell hat bei der Pflanze das Verhältnis des Gefäßvolumens zu dem Gesamtvolumen der Gewebe und der Permeabilitätsgrad der Zellen für die gegebene Lösung große Bedeutung. Dieser Permeabilitätsgrad vergrößert sich gewöhnlich parallel dem Grad der Schädigung des Protoplasten. Es hat sich nämlich ergeben (RUMBOLD, MÜLLER u. a.), daß Lösungen von stärkeren Konzentrationen in viel größeren Quanten aufgenommen wurden, als solche geringerer Konzentration. Das erklärt sich natürlich in erster Linie dadurch, daß die stärkeren Lösungen die Protoplasten töteten oder schädigten, wodurch die Permeabilität anstieg.

Ohne uns bei der großen Anzahl der verschiedenen verwendeten Lösungen aufzuhalten, wollen wir nur bemerken, daß SZÜCS (1913) und dann auch MÜLLER (1926, S. 132—133) dazu raten, ausgeglichene Lösungen anzuwenden, bei denen ein Reagens, das ich als „Ballastreagens" bezeichnet hätte, und welches für die Pflanze verhältnismäßig unschädlich ist, und dem Eindringen der für die Insekten giftigen Komponente in die Pflanzenzelle entgegenwirkt, zugesetzt wird. Aber die Schwierigkeiten sind hier bedeutend größer als es zuerst scheinen mag (vgl. MÜLLER, S. 133), denn erstens ist es nicht leicht, entsprechende Stoffe auszuwählen und zweitens ist es nicht nur wichtig, daß die einzuführenden Volumina des Ballastreagens und der giftigen Komponente in bestimmten Beziehungen zu dem Volumen der Pflanze stehen, sondern vielmehr, daß die Mischung gerade in diesem Mischungsverhältnis gleichmäßig auf die ganze Pflanze verteilt wird, ohne dabei ihre chemischen oder physikalischen Verhältnisse zu wechseln. Jedenfalls dürfte dabei nicht der Grundsinn der „Balance" der Lösung gestört werden.

Noch mehr Zweifel ruft die angeblich erfolgreiche Anwendung von trockenen Stoffen für die innere Behandlung der Pflanzen hervor. So behauptete z. B. MOKRSCHECKI (1905), daß es ihm gelungen sei, mit Erfolg trockene Salze in Einschnitte von Spalten oder Stämmen einzuführen. So wurde in eine schwach chlorotische *Birne* von einer Seite des Stammes her eine staubfeine Mischung von pyrophosphorsaurem Eisen und pyrophosphorsaurem Kalium eingeführt. Zum Schluß zeigte sich, daß diejenige Seite der Krone, an welche der Einschnitt des Stammes und die Einführung der Mischung stattgefunden hätte, von der Chlorose geheilt war, und weiterhin, daß sie sich nicht von dem Pilz *Septoria piri* infizieren ließ. Der übrige Teil der Krone blieb dagegen chlorotisch und wurde infiziert. Ähnliches zeigte SANFORD (1914) für einen alten *Pfirsich*baum. Hier verstärkte sich die vegetative Entwicklung, auch die Ernte wurde größer, nachdem in das Bohrloch des Stammes Kristalle von Kaliumzyanid eingeführt wurden. Ähnliche Beispiele führen einige andere Autoren an. Es sei hier der Hinweis von SURFACE (1914) in Erinnerung gebracht. Er erzielte einen Erfolg bei Einführung trockener Salze, die sich in einer Kapsel befanden (Zusammensetzung der Kapselhüllen ist nicht angegeben), in die Rinde der Stämme. MÜLLER (1926, S. 133) sagt mit Recht, daß die Schädlichkeit eines in die Pflanze eingeführten festen Stoffes sehr weitgehend von dem Löslichkeitsgrade abhängt, da ein giftigerer, aber im schnellen Saftstrom der Gefäße weniger löslicher Stoff weniger Schaden stiften kann als ein anderer, der absolut genommen wenig giftig ist, aber infolge seiner hohen Löslichkeit in stärkerer Konzentration auftritt und deshalb der Pflanze mehr schaden kann. Es fällt uns ziemlich schwer, uns den Mechanismus der Auflösung und der Lösungsverbreitung der trockenen Stoffe, welche in ein Loch des Stammes eingeführt wurden, vorzustellen. Dabei berücksichtigen wir, daß an den Oberflächen des Bohrloches bei der Verwundung gewöhnlich Um- und Neubildungen von Geweben vor sich gehen (s. z. B. KÜSTER, 1925, Wundgewebe), was sehr oft dazu führt, daß sogar für die Aufnahme flüssiger eingeführter Lösungen die Verhältnisse ungünstig sind. Überhaupt sind die anatomischen und zytologischen Bilder der Verheilung der Wundstellen und der Anfangsgebiete der Verbreitung, besonders in den Frühstadien, bei Einführung der Fremdstoffe nur ganz mangelhaft erforscht (s. RUMBOLD, 1916, 1920). Dabei hätten derartige Kenntnisse für das Verständnis des Mechanismus der Stoffeinführung sehr nützlich sein können. Es gibt allerdings Angaben, die scheinbar auf eine geringe Bedeutung des Gewebszustandes im Verwundungsgebiet hinweisen. Das gilt von den Experimenten von MÜLLER (1926, S. 177—179) bei der Einführung von Stoffen mit Hilfe der „Zweigmethode", wo nachträgliche Auffrischung der Zweigenden durch neue Schnitte keine Vermehrung der Annahme von Lösungen (Pyridin 1 : 50 und 1 : 500 wurde in einen Apfelspalierbaum eingeführt) zeigte. Aber wenn man die Experimente von POPOFF (1924), über die Verstärkung der Stimulationswirkung bei reihenmäßiger Änderung der stimulierenden Flüssigkeit und des Wassers in Betracht zieht, so sind wir der Meinung, daß es von Nutzen ist, diese Maßnahme auch bei der „Zweigmethode" auszuprobieren. Es ist möglich, daß dann auch die Anfrischung der Schnittflächen einen größeren Effekt zeigen wird.

Es mögen dann zum Schluß des Kapitels über die innere Behandlung der Pflanzen noch zwei oder drei Beispiele mit befriedigendem Resultat angeführt werden.

Auf S. 846 haben wir gezeigt, daß Weizen durch Einführung gewisser organischer Stoffe vor der Rosterkrankung geschützt werden kann. Es stimmt, daß die Experimente nur prinzipielle, nicht aber praktische Bedeutung haben. Im Gartenbau scheint man aber auch einige praktische Erfolge erzielt zu haben, z. B. wurde die Fleckigkeit der *Apfelbäume (Phyllosticta prunicola Sacc.)* und auch der Eiche *(Phyllosticta quercina)* geheilt. Durch Einführung von phosphorsaurem Kalium ist es gelungen, die Ernte eines alten vernachlässigten Fruchtgartens zu verbessern und zu vermehren. Nach der Behauptung von MOKRSCHECKI (1905) heilte die Gummosis der *Aprikose* nach Einführung von 0,1%iger Salyzilsäure ab. Schon SACHS (Vorlesungen über Pflanzenphysiologie, 1882, S. 343) weist auf die Behandlung der Chlorose durch Einführung von Eisensalzlösungen hin. Ähnliches schlägt auch MOKRSCHECKI vor. Er heilte die Blattchlorose bei fast allen von ihm untersuchten Arten, speziell bei der *Weinrebe* durch chirurgische Einführung von Eisenvitriol. G. A. BARBERON (1912) beschreibt die Anwendung von Eisenvitriollösungen unter Einführung in Sproßschnitte (s. unsere S. 854).

„Im Herbst (vom Oktober an) sind die Büsche fähig, die Flüssigkeit durch Sproßschnitte aufzunehmen, im Winter und im Januar wird diese Fähigkeit geringer; mit den ersten Frühlingstagen tritt die umgekehrte Erscheinung, welche unter dem Namen ‚Traubenweinen' bekannt ist, auf. Die Methode der Einführung des Vitriols in Schnitte nennt man ‚Badigonage'. ‚Badigonage' muß zu der Zeit der größten Aufnahmefähigkeit vorgenommen werden. Diese Zeit fällt mit derjenigen des Blattfalles zusammen. Die Untersuchungen zeigten auch den Einfluß der Bodenfeuchtigkeit und des Regens auf die Verringerung der Aufnahmefähigkeit der Büsche. Das erklärt viele Mißerfolge bei Anwendung der Badigonage nach Regen bei bedeutender Bodenfeuchtigkeit. Dadurch wird auch die häufigere Schädigung der Stöcke durch Auftragen von Vitriol in südlichen und trockenen Gegenden als in nördlichen, wo infolge des Reichtums an Niederschlägen ... die Büsche kleinere Mengen der Lösung aufnehmen, erklärt. Deshalb ist in verschiedenen Fällen eine verschiedene Konzentration der Lösung des Eisenvitriols anzuwenden. Auf jeden Fall hat die Praxis gezeigt, daß einige Sorten, die auf einem Boden mit hohem Gehalt an kohlensaurem Kalk ($CaCO_3$) chlorotisch werden, nach der Badigonage leicht einen Gehalt von 30% $CaCO_3$ im Boden ertragen. Selbstverständlich muß die Behandlung zur Erreichung derartiger Resultate am Anfang der Ausbildung der Chlorose einsetzen. Büsche, welche im letzten Grade der Chlorose krank sind, gehen unter der Wirkung von konzentrierter Eisenvitriollösung zugrunde, anstatt zu genesen" (S. 365—366).

Bezüglich der Insektenbekämpfung wollen wir ein kleines Experiment von MÜLLER (1929) anführen. Ein Zweig von *Vicia Faba,* der durch *Aphis fabae* Scop. befallen wurde, nahm durch einen unteren Schnitt im Verlauf von 22 Stunden von einer $1/100$%igen Pyridinlösung eine Menge auf, welche seinem Eigengewicht entsprach. Im weiteren Verlauf wurde dann gewöhnliches Wasser in die Gefäße gegossen. 19 Stunden nach Beginn des Experiments fing *Aphis fabae* Scop. an wegzukriechen und nach 28 Stunden verließen 80% der Insekten die Pflanze. Der Kontrollzweig blieb wie vorher mit *Aphis fabae* Scop. befallen. Ein anderes Beispiel desselben Autors: Ein *Birnen*zweig wurde 48 Stunden lang in einer Lösung von 1 : 500 und 1 : 1000 eines Alkaloids (Präparat ,,X") gehalten. Dann wurde er in reines Wasser gebracht und mit ,,Raupen" besetzt. Die ,,Raupen" starben, bevor sie die Blätter wesentlich verletzt hatten, während der Kontrollzweig fast ganz abgefressen wurde. Die Pflanze litt anscheinend durch das Alkaloid nicht. Es ist selbstverständlich, daß es auch hier noch sehr weit ist bis zu eigentlich praktischen Resultaten.

Welchen Schluß kann man nun aus dem oben Gesagten ziehen? Wir glauben, daß, wenn man bedenkt, daß die Verbreitung der Stoffe von einer ganzen Reihe von Faktoren abhängt, einmal von der Einführungsmethode, dann von den Eigenschaften, der Konzentration und den Mengen der eingeführten Stoffe, von den systematischen Eigenschaften der Rasse, von der Entwicklungsphase, von dem Alter, von dem individuellen Zustand, der Größe und Form der Experimentalpflanze, endlich von der Jahreszeit und dem Operationstag, von den klimatischen und übrigen äußeren Bedingungen bei der Einführung der Stoffe, und wenn man weiter in Rechnung stellt, daß neben negativen Resultaten auch vollkommen positive Experimente erhalten wurden, wenn auch nur bei der Lösung spezieller Aufgaben, dies ein genügender Grund ist, die Forschungen in dieser Richtung fortzusetzen. Natürlich muß man von Anfang an auf das Suchen nach Universalmethoden und -mitteln verzichten. Das geht aus der Vielfältigkeit der soeben aufgezeigten Faktoren des Erfolges und Mißerfolges der Operation hervor. So glauben wir, daß eine entschieden negative Stellungnahme zu dieser Frage nicht genügend begründet und deshalb vorzeitig ist. Etwas ganz anderes ist es aber, wenn z. B. SORAUER (1924, S. 38) nicht ganz mit den Experimenten von SCHEWIRJEFF und MOKRCECKI übereinstimmt und annimmt, daß die Wirkung sowohl der Nährlösungen wie der Giftlösungen im besten Falle einen vorübergehenden guten Einfluß ausüben, während die physiologische Arbeitsrichtung der ganzen Pflanze nicht dauernd verändert werden.

Tatsächlich hat niemand etwa einen Übertritt der eingeführten Lösungen in die jungen Triebe, welche sich nach der Einführung gebildet haben, gefunden.

Es könnte aber scheinen, daß man indirekt derartiges doch aus dem Experiment von KIESSLING (1918) schließen könnte, welcher bei Injektion des Fruchtansatzes der Gerste mit einer 1/5000 Lösung von Salpeter aus den Samen der genannten Blüte eine buntblättrige Pflanze erhielt. Aber es bleibt ungeklärt, ob die angeführte Lösung sich beim Wachstum oder bei Zerteilung verbreitete und ob die Plastiden oder das kranke Plasma sich auf gewöhnlichem Wege weiter verbreitete.

Aber in jedem Falle einer Verstärkung der Ernährung der Pflanze und noch mehr im Falle der Pflanzentherapie kann sich immerhin „ein vorübergehender guter Einfluß" zeigen, zumal, wenn dieser Einfluß auf vorübergehende Krankheiten und pflanzliche Schwächezustände wirkt. Derartige Zustände gibt es in hinreichender Menge. Außerdem muß man den biologischen und den ökonomischen Effekt voneinander zu unterscheiden wissen. Uns interessiert hier nur der erste.

Bei Besprechung der Einführung von Fremdstoffen in die Pflanze, wie sie auf S. 841—842 gezeigt wurde, haben wir nicht nur Fragen der erworbenen Immunität und der inneren Pflanzentherapie vor uns. Wir möchten hier auf einen Fall hinweisen, wo einfach auf mechanischem Wege harte Fremdkörper in die Zelle oder in pflanzliche Gewebe eingeführt wurden, die normalerweise überhaupt nicht in die lebende Zelle eindringen. Die Möglichkeit derartiger Vorkommnisse demonstriert die Natur am Beispiele der lokalisierten interzellulären und intrazellulären Symbiose. Das gleiche gilt auch für verschiedene Formen der „Einkapselung" von toten und abgestorbenen Elementen der Zelle oder Gewebsbezirken und endlich für ganze Organe (s. S. 230, Überwallung von Ästen). Bezüglich experimenteller Einführung derartiger Fremdstoffe erinnern wir z. B. an die Einführung von Karminkörnchen in das Protoplasma der Wunde bei *Vaucheria* (PFEFFER, 1890, S. 169) oder an die Einführung sehr kleiner Eisenkügelchen in das lebende Plasma von *Myxomyceten* zum Zwecke der Viskositätsbestimmung am Protoplasma durch Beobachtung der Bewegung der Kügelchen unter Einwirkung eines Magneten (HEILBRONN, 1922).

In unserer Sammlung gibt es einen Stammabschnitt mit Seitenzweigen des Papierbaumes *(Brussonetia papyrifera* VENT.*)*. In die Achsel dieses Seitenzweiges ist ein Stück Leine eingewachsen, die hier während der Entwicklung des Baumes (in Tiflis) herumgespannt wurde und $3^1/_2$ Jahre nicht abgenommen wurde. Infolge der Kallusüberwallung vom Hauptstamm und vom Zweig her haben sich die Wälle über der Leine zusammengeschlossen, so daß es scheint, als sei sie durch den Stamm hindurchgezogen worden (vgl. SORAUER, 1924, S. 752).

Wenn man an die Beschreibungen der Abheilung von Frostrissen und Wunden nach dem Abschneiden lebender Zweige dicht am Stamm erinnert, so wird folgendes klar: Wenn man in die Wunde oder auf der Schnittfläche des Zweiges einen fremden Gegenstand befestigt, wie z. B. eine Münze, so wird dieser Gegenstand durch die Überwallungsränder der Wunde dicht abgedeckt. Manchmal kann man in zugewachsenen Frostrissen die Reste hineingekrochener und abgestorbener Insekten finden. Auf ähnliche Weise „wächst" der in den Stamm hineingehauene Nagel in den Baum hinein (s. noch S. 231 über die Aststümpfe).

Einen sehr originellen Fall, welcher in der Natur wahrscheinlich nicht selten ist, fanden wir bei *Parrotia persica*. In der Achsel der Verzweigung zweier Wurzeln ist ein kleiner Stein steckengeblieben, der dann ganz umwachsen wurde und sich innerhalb des Holzes der beiden Ausläufer der Wurzel als eingeschlossen erwies. Auf Abb. 19,5, S. 70 ist ein entsprechender Querschnitt dargestellt. Hier finden sich an den Seiten des erwähnten Steines zwei Zentren der früher getrennten und jetzt durch „Umfassung" miteinander verwachsenen Jahresringe der Wurzeln (s. S. 43). Der Querschnitt stellt neben diesen verschmolzenen Wurzeln einen anderen Wurzelzweig dar, der seinerseits mit dem Zweig, welcher den Stein „verschluckt" hat, wie auch mit einer dünneren Wurzel, welche zwischen den genannten Wurzeln eingekeilt ist, verwachsen ist.

Manchmal hat eine derartige Operation auch therapeutische Bedeutung. Wenn sich nämlich in einem wertvollen Baumzweig eine lokale Fäule gezeigt hat, so schneidet man sie heraus, die Wunde wird desinfiziert und mit einem Holzpfropfen verschlossen, dessen überstehender Teil abgesägt wird. In manchen Fällen wächst die verbliebene Öffnung langsam durch neue Kallusüberwallungen zu. Auf ähnliche Weise wird die Höhle des Stammes plombiert. Hier nimmt man eine Betonplombe (z. B. 2,5 Teile Sand oder kleine Steine und 1 Teil Portlandzement). Übrigens empfiehlt es sich auch die oben genannten Wunden von Zweigen zu zementieren.

Hier müssen wir auch Fälle von dem oben bezeichneten Typus erwähnen, wo eine partielle Umwachsung des eingeschlossenen Gegenstandes stattfindet. Manchmal erhält man dabei die merkwürdigsten Bilder. So finden wir im botanischen Museum der Akademie der Wissenschaften zu Leningrad, daß *Cinnamomum tamala* NEES. das Eisengitter so bewachsen hat, daß nur die Enden der Gitterstäbe aus der sie umschlingenden Holzmasse hervorsehen.

Weiter oben haben wir die Experimente einer Aussaat von kleinen Samen, wie z. B. von *Tabak, Mohn* und anderen Pflanzen, in die Einschnitte saftiger Pflanzenstengel derselben und manchmal auch anderer Art angeführt. In einigen Fällen erzielt man ein Auskeimen dieser Samen und ihre Ernährung auf Kosten des Wirtes. Aber eine besondere Bedeutung haben diese „Halbparasiten" nicht weiter[1].

In unseren Experimenten haben wir ein ähnliches Beispiel gefunden, wo die Wurzel des Reises *(Solanum nigrum)* in das Mark der Unterlage *(Nicotiana affinis)* hineingewachsen war.

Es kommt manchmal vor, daß ein in die Pflanze eingeführter Organismus nicht auf die Pflanze unmittelbar wirkt, sondern auf dem Wege über die von ihm abgesonderten Stoffe: Wir denken dabei in erster Linie an die Gallen. Im Innern jeder Galle kann man in einem bestimmten Zeitabschnitt ein Insekt finden, dessen Absonderungen wahrscheinlich die Gallenbildung bedingen. Auf S. 170 (KRENKE, 1928b), wo der Hinweis von MAGNUS (1903) auf das Fehlen „spezifischer organbildender Stoffe" bei Gallen angeführt wurde, haben wir hierüber schon gesprochen. Die Meinung MAGNUS widerspricht jedoch der Existenz eines Absonderungsfaktors bei der Bildung der Insektengallen nicht. Diese Ausscheidungen üben einen rein lokalen Einfluß aus, ohne in die Gewebe der Pflanze einzudringen (WINKLER, 1912b).

Nach SAKAMURA (1920) wird bei Gallen in einigen Fällen Tetraploidie beobachtet. Sie hat sich vielleicht unter dem Einfluß der Ausscheidungen des gallenbildenden Insektes *(Heterodera)* herausgebildet (vgl. auf S. 247 die Ansicht von WINGE über die Gallen von *Beta vulgaris*).

Bezüglich der Gallen wurde gezeigt (STOCKERT, KURT, ZELLNER, HARTIG), daß der Gehalt an Harzen und anderen unlöslichen Stoffen sich bei ihnen zugunsten des Gehaltes an Zuckern und Säuren (osmotisch aktiver Substanzen) verringert, worauf das Wachsen der Gewebe beruht.

Wenn man auch auf dem Wege einer künstlichen Einführung von Gallenextrakten Kalluswucherungen erhalten hat, so stellten diese doch keine richtigen Gallen dar. Durch die Einführung von Fettsäuren (NEMEC) ist es gelungen, Wucherungen hervorzurufen. Die Salze dieser Säuren aber haben diese Wirkung nicht gezeigt. Ausführlicheres über die Gallen s. bei KÜSTER (1925a). Krebsartige Überwucherungen werden manchmal auch durch pilzliche Erkrankungen der Pflanze hervorgerufen (vgl. Ausführlicheres über die Pilzinfektionen bei H. VAVILOV, 1919, Pflanzenimmunität gegen die Insektenkrankheiten, Moskau). Auf *Pirus communis, Prunus domestica, Prunus cerasus* und *Prunus avium* bilden sich unter dem Einfluß von Pilzen aus der Familie der

---

[1] [Vgl. MAC DOUGAL (1910 u. 1911). M.]

Exoascaceae sog. „Hexenbesen". Es unterliegt wohl keinem Zweifel, daß die Hexenbesen als Geschwülste, welche sich unter dem Einfluß der Pilze bilden, nicht nur durch den Faktor des Eindringens der Parasitenkörper in die Pflanzengewebe (mechanische Beeinflussung), sondern auch durch chemische Stoffe, die irgendwie im Zusammenhang mit den Parasiten stehen, sich bilden[1].

Es gibt aber Fälle, wo der eingedrungene Fremdling nicht auf das Befinden des Wirtes wirkt. Besonders klar liegt der Fall bei *Lolium temulentum* L. Früchte von *Lolium temulentum*, welche von dem Pilz infiziert waren, wurden in ägyptischen Pyramiden (4000 Jahre alt) gefunden. Der Pilz von *Lolium* fruchtet nicht, so daß er also von einer Generation auf die andere bei der Saat mit übertragen wird. Andere Angaben gibt es nicht. Es ist bekannt, daß im Zusammenhang mit der dauernden Anwesenheit des Pilzes die Früchte von *Lolium* ein giftiges Alkaloid enthalten, welches für Menschen schädlich ist. Im Botanischen Garten zu Straßburg wurden einzelne Exemplare von *Lolium* gefunden, deren Früchte nicht vom Pilz befallen waren. Diese Früchte enthielten auch kein Alkaloid. Die Pflanze hat vier Generationen solcher Früchte, welche frei von Pilz und Gift waren, gegeben. Alle anderen Eigenschaften dieser „gesunden" Pflanzen waren genau so wie die der infizierten. Es wurden keine Unterschiede festgestellt (HANNIG, 1907b). Man kann fast für bewiesen halten, daß die parasitären Einflüsse die Erbeigenschaften nicht verändern können. Pilzfreies *Lolium* könnte also nicht eine unter dem Einfluß der Pilze in vergangenen Generationen artspezifisch veränderte Form darstellen.

Eine ganze Reihe anderer Pilze und Insekten rufen bei Pflanzen ebenfalls keine besonderen Bildungen hervor. So z. B. bewirken alle „minierenden" Blattinsekten und eine Reihe von in den Stengel eindringenden usw. keine morphologischen Neubildungen oder Organveränderungen. Es gehen nur anatomische Veränderungen auf den Wundoberflächen (Auswachsen der Zellen, Verkorkung usw.) vor sich[2].

Früher (S. 159) haben wir schon darauf hingewiesen, daß Einspritzung eines Knollenauszuges in die Blätter von *Gesneria* einen formativen Erfolg hatte. Derartige Blätter bildeten nämlich Knöllchen, während Kontrollblätter unter genau den gleichen Bedingungen Sprosse ergaben. Allerdings muß das Experiment wiederholt werden.

In dieses Gebiet gehören auch die Arbeiten über Stimulation der Pflanzenentwicklung und über die Verschiebung der Vegetationsphasen. Über Kallus und Stecklinge haben wir auf S. 240 u. 337 das nötige gesagt. Hier bemerken wir noch, daß MÜLLER (1926, S. 113) bei bewurzelten Pflanzen Stimulation des Wachstums und der Wurzelbildung durch Magnesiumsulfat (1:500), Ameisensäure (1:5000) und Chloral-

---

[1] [Neuere Gallenliteratur s. insbesondere ZWEIGELT (1931) und Ross (1931). M.]
[2] Über Bakterien, vgl. S. 245 u. 267.

hydrat (1 : 1000) beobachtete. Bekanntlich gehören diese Erscheinungen in das von POPOFF und seiner Schule bearbeitete Gebiet (s. S. 337, 151, 174). Da (vgl. z. B. MORITZ, 1930, S. 256—260) in einer Reihe von Fällen die Regenerationsgeschwindigkeit einen Faktor der Widerstandsfähigkeit gegen verschiedene Schädigungen darstellen kann, muß man schließen, daß in die Pflanze eingeführte Stimulationsmittel, indem sie die Regenerationsfähigkeit der Pflanze fördern, auch ihre Widerstandsfähigkeit speziell gegen Krankheiten und Parasiten vergrößern.

Auf S. 143 f. wurde gezeigt, daß in einer der wichtigsten Fragen der Traumatologie, nämlich in der Frage der Wundreize, die Einführung verschiedener Stoffe in die Pflanze einen sehr wichtigen Platz einnimmt.

Bekanntlich können die Phasen und Formen der vegetativen Entwicklung (vgl. S. 503) durch Pfropfung verschoben werden, was wohl in erster Linie auf Veränderungen der mineralischen und organischen Ernährung beruht. Die folgenden Experimente über die Verschiebung der Entwicklungsphasen können (aber nur zum Teil) mit analogen Erscheinungen bei den Pfropfungen verglichen werden. FR. WEBER (1911) rief eine frühere Entwicklung der Knospen beim *Flieder* und bei der *Linde* durch Einführung von Wasser in die Knospen hervor. Diese Knospen haben sich 3 Wochen früher als andere entfaltet. Die Bestätigung dafür finden wir in der Arbeit von JACOBI (1926), welcher mit Hilfe der Einspritzung von destilliertem Wasser oder Kalisalzlösungen (KNO_3, KCl) in Fliederknospen eine Beschleunigung der Entwicklung dieser Knospen und des Blattwachstums bewirkt hat. Ein ähnliches Resultat erhielt er für Bohnensprosse. JESENKO (1912) verkürzte die Ruheperiode durch Injektionen von Alkohol (0,1—20%), Äther (0,001 bis 10%) und durch Injektion der Lösungen verschiedener Säuren. Einfaches Eintauchen abgeschnittener Zweige mit der Krone nach unten in die gleichen Lösungen war auch wirksam.

JOHANNSEN (1908) rief frühzeitiges Frühlingswachstum durch Begasung mit Ätherdämpfen hervor. Die Dämpfe von Thymol, Azeton, Kampher u. a. wirken ähnlich wie Äther (s. noch GASSNER 1925). Alle Fälle erfordern bestimmte Experimentalbedingungen und Dosierungen.

MOLISCH (1909) hat den gleichen Erfolg durch Eintauchen der Krone oder Teile von ihr bei verschiedenen Pflanzen in ein warmes Wasserbad erreicht. In beiden Fällen müssen die Wurzeln von der Einwirkung verschont bleiben, sonst geht die Pflanze ein.

Es ist allgemein bekannt, daß die Beschleunigung der Knospenentwicklung bei abgeschnittenen Zweigen von *Weiden, Pappeln* oder *Kirsche* usw. schon durch Einstellen der abgeschnittenen Zweige in Wasser von Zimmertemperatur zustande kommt. Noch erfolgreicher ist dies Experiment bei Zugabe von Nährstoffen (z. B. KNOPsche Nährlösung, G. LAKON, 1912). Dadurch wird auch die Lebensdauer der abgeschnittenen Zweige verlängert.

Man muß noch bemerken, daß bei Injektion in die Knospe oder in einen Zweig auch der Einschnitt als solcher, d. h. die mechanische (chirurgische) Einwirkung, von Bedeutung ist (s. Experimente von HABERLANDT auf S. 150, von RITTER auf S. 179 etc.). Es wird so eine anatomische Veränderung hervorgerufen. So zeigte TAYLOR (1919), daß die Einspritzung von Chloroform, Ammoniak, kohlensaurem Lithium, schwefelsaurem Kupfer, Pikrinsäure und destilliertem Wasser eine Zellregeneration bei allen Geweben mit Ausnahme der verholzten oder verkorkten oder kutinisierten hervorruft. Auch das Kollenchym regeneriert.

Auf diese Weise bestätigt sich im ganzen der Parallelismus zwischen dem Einfluß chemischer und mechanischer Reize. Aber es gibt auch Hinweise darauf, daß der Einfluß, den beide Reiztypen ausüben, verschieden sein kann. So zeigte NAGAI (1919), daß durch Behandlung der Brutknospen von *Marchantia* mit 10%igem KNO_3 und anderen Salzlösungen folgende Erscheinungen hervorgerufen werden können: Die Zellen wurden zum Teil plasmolysiert, sterben aber nicht ab. Dann wird bei weiterer Haltung in KNOPscher Lösung das Wachstum des Vegetationspunktes dieser Knospen sehr stark gehemmt. Aber von den Epidermiszellen aus bilden sich zahlreiche Sprosse von fädiger und leicht verzweigter Form. Dabei liefert weder Austrocknung noch mechanische Verletzung ein derartiges Bild, so daß also der chemische Reiz eine besondere Wirkung zeigt. Das kann erstens von der Verschiedenheit der Bezirke, welche von den verschiedenen Reiztypen betroffen werden, oder von deren Wirkungsintensität oder drittens von dem qualitativen Charakter der Reize abhängen. Wir glauben, daß der erste Umstand dominierenden Einfluß hat.

Im allgemeinen macht die Einführung verschiedener Infektionsstoffe, unabhängig von ihrem Wesen, keine Schwierigkeit. So haben z. B. RANDS und BROTHERTON (1925) bei Untersuchung der Anthraknose und einer bakteriellen Krankheit von *Phaseolus* die Stengel der Sämlinge durch Stichinfektion mit Reinkulturen infiziert. Es entstanden so Sorten, die gegen die Krankheit immun waren. Bei Untersuchung der Mosaikkrankheit des *Tabaks* (LINK, JONES und TALIFERRO, 1926) wird die Möglichkeit eines Zusammenhanges dieser Krankheit mit Mikroorganismen *(Myzetozoae)*, welche als *Plasmodiophora tabaci* bezeichnet werden, zugelassen. Aber dieser „Organismus" ist auch bei gesunden Tabakpflanzen verbreitet. Es wurden genesenden Pflanzen Auszüge von kranken, wie auch gesunden Pflanzen zugeführt. Dabei wurden sie in einem Falle vorher filtriert. So führte man einer gesunden Pflanze einen Saft zu, der die Mikroorganismen selbst nicht enthielt, sondern nur die Produkte ihrer Tätigkeit, während im anderen Falle die Mikroorganismen selbst eingeführt wurden. Die erhaltenen Resultate ergaben jedoch keine endgültige Lösung der Frage nach den Ursachen der Mosaikkrankheiten des Tabaks, da erstens die Infektion durch Einspritzung eines Auszuges, welcher aus einer kranken Pflanze hergestellt ist, gelingt, zweitens der filtrierte Auszug eine Infektion ergab. Dies letztere rechnen wir nicht als Beweis gegen die Beteiligung von Mikroorganismen; denn es ist sehr wohl möglich, daß für die Erkrankung die Lebenstätigkeit der *Plasmodiophora tabaci* nicht unmittelbar vonnöten ist (über andere Fälle von Mosaik s. unsere S. 541).

Endlich sei noch auf die Einwirkung auf das generative System eingegangen. Wir haben uns schon mit den Arbeiten von Kostoff (S. 533) befaßt, der behauptet, daß Antigene oder Unterlage Unregelmäßigkeiten der mitotischen Teilung der Pollenmutterzellen hervorrufen. Nebenbei weist Kostoff darauf hin (1929—1930b, S. 19), daß bei derselben *Nicotiana rustica* 50—75% Abortivpollen erhalten wurden, wenn man die Pflanze unter dem Einfluß von Wassermangel oder unter dem Einfluß eines Überschusses von Chilesalpeter aufwachsen läßt.

Diese Experimente haben für unser Thema (chirurgische Einführung von Stoffen) zwar eine gewisse, aber doch nur sekundäre Bedeutung. Deshalb werden wir auch die Experimente Klebs' (1896a u. b) u. K. Gussewas (1930) über die Einwirkungen verschiedener Nährböden auf die generative Sphäre der Algen hier nicht näher behandeln.

Etwas näher stehen unserem Gebiet die Experimente von Haberlandt (s. unsere S. 150) über Anreizung der Eizelle zur Teilung durch Einwirkung von Wundstoffen, welche infolge einer Durchstechung der Keimanlage entstanden sind. Wichtig ist für unser Thema die Arbeit von MacDougal (1911a), welcher glaubte, durch Injektion bestimmter chemischer Stoffe in die Fruchtknoten oder in die Narbe beim Auskeimen der Pollenschläuche auf ihr eine veränderte Nachkommenschaft („Mutationen") hervorgerufen zu haben. Allerdings wird die Richtigkeit der Behandlung dieser Resultate von Winkler (1916, S. 423) bestritten.

Damit haben wir alle von uns angegebenen Möglichkeiten (s. S. 841) einer chirurgischen Einführung von Fremdstoffen in die Pflanze behandelt.

Anhang.

Betrachtungen über die serologischen Beziehungen der Pfropfpartner zueinander.

(Von O. Moritz.)

In dem vorliegenden Werke mußte notwendigerweise die Arbeit Kostoffs (1929, 1930 usw.) über die serologischen Beziehungen der Pfropfpartner zueinander gewürdigt werden. Kurz gefaßt besagen die Arbeiten Kostoffs, daß im Gefolge einer Pfropfung von dem einen Pfropfpartner in den anderen Körper übertreten, welche auf den „injizierten" Organismus wie Antigene im Sinne der Tierpathologie wirken.

Auf seine Feststellungen gründet KOSTOFF weittragende Schlüsse bezüglich der Rolle der Antigen-Antikörperbeziehungen in der Ontogenie der Hybriden usw. Von allen diesen Dingen ist bereits im vorangegangenen ausführlich die Rede gewesen. Ich möchte nicht verfehlen, zu bemerken, daß ich mich mit dem Autor dieses Werkes eins weiß sowohl in bezug auf den außerordentlich hohen Wert, welcher den KOSTOFFschen Ideen als solchen zukommt als auch in bezug auf die Notwendigkeit und Zulässigkeit der Kritik, welche der Autor an den Deduktionen KOSTOFFs übt. Diese Kritik bedarf in dem von dem Autor verfolgten Sinne keiner Ergänzung. Wohl aber ist weitere Kritik vom anderen Standpunkte aus an den KOSTOFFschen Arbeiten nicht nur zulässig, sondern sogar notwendig und zum Teil auch bereits erfolgt (SILBERSCHMIDT, 1931 und 1932 a b, 1933). Die von SILBERSCHMIDT angewandte Methode der Kritik KOSTOFFs ist diejenige der direkten Nachuntersuchung der KOSTOFFschen Arbeiten, soweit von einer solchen bei den geringen Angaben KOSTOFFs über die angewandte Methodik überhaupt die Rede sein kann. Ich glaube nicht zuviel zu sagen, wenn ich aus den von SILBERSCHMIDT mitgeteilten Versuchen den Schluß ziehe, daß dieser Autor KOSTOFFs Angaben zum mindesten nicht zu bestätigen vermöchte[1].

Außer KOSTOFF und SILBERSCHMIDT hat noch CHESTER (1932) ähnliche Arbeiten wie KOSTOFF unternommen, jedoch gründet er einen großen Teil seiner Ergebnisse auf die Auswertung von „Normalpräzipitinreaktionen", die nach seiner Angabe zunächst ein gutes Bild der natürlichen Verwandtschaft der Pflanzen geben, die sich jedoch, wie ich aus einer späteren Mitteilung desselben Autors entnehme, in der überwiegenden Mehrzahl der Fälle als Kalziumoxalatfällungen herausstellten.

Auch im hiesigen (Kieler) Institut wurde der Weg der direkten Nachprüfung der KOSTOFFschen Arbeiten beschritten, ohne daß sich jedoch bisher ein irgendwie positiv zu wertender Erfolg ergeben hätte.

Danach ist es notwendig, vom prinzipiellen Standpunkte aus das gesamte Problem zu betrachten, daß ja in mehrfacher Beziehung von außerordentlicher biologischer Bedeutung ist. Berührt es doch gleichermaßen das Gebiet der pflanzlichen Entwicklungsmechanik, das der Phytopathologie, und das der Pflanzen-„Chirurgie" wie insbesondere in den vorangegangenen Ausführungen KRENKES klargelegt wurde.

Für diese prinzipielle Betrachtung ist es nötig, eine systematische Zuordnung für Erscheinungen, wie sie KOSTOFF beschreibt, — für den Fall ihrer wirklichen Existenz in dem von KOSTOFF angegebenen Sinne — vorzunehmen. Dies bietet die erwünschte Gelegenheit zugleich eine Ergänzung der Ausführungen KRENKEs in dem Kapitel Ziele und Bedeutungen der Pfropfungen über die Erscheinungen der pflanzlichen Immunität überhaupt (s. S. 523 f.) vorzunehmen. Hier kann zunächst auf die ganz ausgezeichnete Darstellung des Problems der pflanzlichen

---

[1] [Vgl. SILBERSCHMITT, 1933. M.]

Immunität, welche wir bei FISCHER und GÄUMANN (1929) finden, hingewiesen werden. Außerdem sei die Monographie von CARBONE und ARNAUDI (1930) erwähnt. Man wird behaupten können, daß das von dem Autor dieses Werkes vorgeschlagene allgemeine System der Immunitätserscheinungen (s. S. 523f.) sich im wesentlichen, wenn auch nicht nomenklatorisch, mit demjenigen deckt, welches FISCHER und GÄUMANN in ihrem Buche geben. FISCHER und GÄUMANN unterscheiden Immunitätserscheinungen im strengeren Sinne von den Erscheinungen der Resistenz. Während als Resistenz ganz allgemein alle Erscheinungen betrachtet werden, welche ohne aktive Mitwirkung des Protoplasmas zustande kommen, bleibt der Ausdruck Immunität allen jenen Erscheinungen vorbehalten, welche die physiologische Aktivität des befallenen Organismus beanspruchen. FISCHER und GÄUMANN gliedern die passiven Faktoren der Empfänglichkeit und Widerstandsfähigkeit (Resistenz) in morphologisch-anatomische Faktoren, die den Entwicklungsrhythmus, die Wuchsform, Epidermisbau, Behaarung usw. umfassen; und physiologisch-chemische Faktoren der Resistenz, als da sind Saugkraft, Azidität, Gerbstoffgehalt, Anthozyan usw. Die aktiven Faktoren der Empfänglichkeit und Widerstandsfähigkeit (Immunität) gliedern sich in morphologisch-anatomische und physiologisch-chemische. Das deckt sich, wie gesagt, im wesentlichen mit dem System KRENKEs, nur mit dem einen Unterschied, daß die im Entwicklungsrhythmus gegebenen Faktoren mit denen des anatomischen Baues usw. koordiniert sind, während KRENKE ihnen eine besondere Stellung als Faktoren der Wuchsresistenz anweist. Man wird nicht fehlgehen, wenn man das Zusammenfallen dieser beiden Systeme unter dem Gesichtswinkel des „Parallelismus" betrachtet.

Gegenüber dem von FISCHER und GÄUMANN gegebenen System sei es gestattet, im folgenden ein vielleicht geringfügiges Bedenken zu erheben, da die Scheidung der beiden Formen der Widerstandsfähigkeit, Resistenz einerseits und Immunität andererseits, vielleicht einen allzugroßen Unterschied zwischen beiden Erscheinungsgruppen suggerieren könnte, abgesehen davon, daß der Ausdruck Resistenz letzten Endes nichts ist als eine direkte Übersetzung des im allgemeinen übergeordneten Sinne angewandten Ausdrucks „Widerstandsfähigkeit". Es kann aber kaum mit genug Nachdruck darauf hingewiesen werden, wie es schon (weiter oben) geschah, daß die Grenzen zwischen beiden Erscheinungsgruppen durchaus fließend sind. Als Illustration dazu kann die Betrachtung jedes beliebigen regelmäßig erfolgenden Abheilungsvorganges betrachtet werden. Bei keinem ist letzten Endes klar, ob der Heilungseffekt beruht: auf einem direkten Abwehrfaktor (z. B. Abwehrstoff), den die Zelle schon vor Beginn des parasitischen Verhältnisses besaß, oder ob sich die Immunität erst im Verlaufe des parasitischen Verhältnisses herausbildete, was sich in der Abheilung ausdrückt. Besonders krasse Grenzfälle sind z. B. diejenigen, welche KUSANO (1930) für *Synchytrium fulgens* auf *Oenothera* oder CARTWRIGHT 1930 für *Synchytrium endobioticum* auf der *Kartoffel* sorte ,,Great Scot" beschrieben haben[1]. Etwas Ähnliches stellt der von FISCHER und GÄUMANN (l. c.) beschriebene Fall einer Immunität des Gesamtindividuums infolge von Überempfindlichkeit der einzelnen Zelle dar (Immunität des *Malakoffweizen* gegen *Puccinia graminis*). Dem entspricht ferner, was CARBONE und ARNAUDI auf S. 72 ihrer Monographie beschreiben. In jedem Falle also können wir es ebensogut mit einer ,,Resistenz" wie mit einer ,,Immunitätserscheinung" zu tun haben. Ja man kann soweit gehen, zu sagen, daß der Besitz der Fähigkeit, mit einer Reaktion, die als ,,Immunitäts"-Erscheinung zu werten wäre, auf einen parasitären Befall zu antworten, eine Resistenzerscheinung darstellt. Man wird also schon aus diesem Grund gut tun, vorläufig noch rein äußerlich sichtbar das Gemeinsame am Widerstand gegen eine Infektion und der Fähigkeit zur Abheilung usw. mehr zu betonen als die trennenden Momente.

Endlich ist an noch eins zu denken: HECHT (1932) weist mit Recht darauf hin, daß man gut tun wird, in der pflanzlichen Immunitätslehre die verschiedenen Termini möglichst in dem Sinne anzuwenden, in welchem sie auch in der medizinischen Immunitätslehre verwendet werden. Es ist nun nicht zu leugnen, daß, wenngleich der Ausdruck ,,Widerstandsfähigkeit" gewählt wird, die Attribute ,,passiv" und ,,aktiv" in der tierischen Immunitätslehre in einem ganz anderen Sinne verwendet werden, was zu Mißverständnissen Anlaß geben könnte. Andererseits wird man für die Phytopathologie in Anspruch nehmen können, daß ihr System der viel größeren Mannigfaltigkeit ihrer Objekte gegenüber denen der medizinischen Pathologie und Immunitätslehre Rechnung tragen muß. Will man danach noch ein System nach dem mutmaßlichen Ablauf der immunitären Prozesse aufstellen, so wird man vielleicht an die Stelle der ,,Resistenz" ,,statische Immunität", an die Stelle der ,,Immunität" FISCHER und GÄUMANNs den Ausdruck ,,dynamische Immunität" setzen können (vgl. L. GÄUMANN, 1928, S. 462 sowie MORITZ, 1932a). Die weitere Einteilung kann nach der Natur der wirkenden Faktoren im einzelnen geschehen wie bei FISCHER und GÄUMANN. Jeder einzelne Faktor wird von der Pflanze autonom (aktiv) oder durch äußere experimentelle Einwirkung (passiv) erworben werden können. Bei jeder Immunitätserscheinung wird ferner zu entscheiden sein, in welchem Verhältnis sie zu dem betreffenden parasitischen Agens steht, ob sie spezifisch eigens auf einen bestimmten Parasiten eingestellt ist oder unspezifisch auf Fremdkörpereinführung allgemein.

Erscheinungen, wie sie KOSTOFF in seinen Arbeiten behauptet und wie sie vor ihm als Folgen parasitären Befalles von vielen anderen (s. FISCHER und GÄUMANN, CARBONE und ARNAUDI) behauptet worden

---

[1] Vgl. hierzu noch KÖHLER, E. 1931.

sind, würde man also als spezifische, aktive, dynamische Immunität zu bezeichnen haben. Hier ist nun die Frage aufzuwerfen, in welchem Maße Voraussetzungen für derartige Erscheinungen bei einem Pfropfverhältnis, ja bei der Pflanze überhaupt gegeben sind (vgl. MORITZ, 1932b). Die erste Bedingung, die zu erfüllen wäre, bestünde in der Feststellung der Antigennatur, z. B. des Reises für die Unterlage. Will man sich auf den Standpunkt stellen — und unter dem Gesichtswinkel einer klaren Zielsetzung wird man das tun dürfen —, daß zunächst die Aufgabe besteht, festzustellen, ob Antigen-Antikörperreaktionen vom Typus der tierischen bei den Pflanzen gefunden werden, so hat man sogar vorerst festzustellen, ob das Reis als solches Stoffe enthält, die im Tierversuch als Antigene wirken. Diese Frage wird man ganz allgemein bejahen können nach den Ergebnissen der phytoserologischen Arbeiten, welche in Königsberg unter MEZ, in Berlin unter GILG und SCHÜRHOFF, in Münster unter HANNIG und in Kiel von dem Referenten ausgeführt wurden. Eine andere Frage ist es, ob das Reis für die Unterlage antigen ist. Eine Vorbedingung für die antigene Wirksamkeit ist die Körperfremdheit oder mindestens die Organfremdheit des eingeführten Stoffes. Es ist mir nicht bekannt, daß irgendeiner der bisherigen Untersucher festgestellt hätte, daß tatsächlich Reis und Unterlage sich serologisch unterschieden hätten. Der einzig gangbare Weg für diese Feststellung wäre der Tierversuch, und zwar der Absättigungsversuch in irgendeiner Form (s. MORITZ, 1932a). Nehmen wir also selbst an, daß Stoffe, die prinzipiell als Antigene wirken können, von einem Pfropfpartner in den anderen wandern, so ist damit noch nicht gesagt, daß sie als Antigene Antikörperbildung anregen. Dazu wäre nötig, daß sie sich von den entsprechenden Körpern des Pfropfpartners unterscheiden. Das schränkt selbstverständlich zunächst jede Überlegung darüber ein (s. z. B. dieses Werk S. 849), ob die Menge an Antigenen, die eventuell übertritt, ausreichend sein kann, um Antikörperbildung hervorzurufen. Es ist nicht die Gesamtmenge prinzipiell antigen wirksamer Stoffe, sondern prinzipiell antigen wirksamer Stoffe von Fremdkörpercharakter, die hier maßgebend ist. In Untersuchungen, die zur Zeit im Kieler Institut betrieben werden, wird versucht, diese Grundlagenfragen mit zu berücksichtigen, was jedoch auf erhebliche methodische Schwierigkeiten stößt, die in den Besonderheiten serologischer Reaktionen grüner Pflanzenorgane begründet sind.

Wir hatten bisher vorausgesetzt, daß Stoffe, die prinzipiell antigen wirksam sind, von einem Pfropfpartner in den anderen hinübertreten. Selbst diese Voraussetzung ist bisher experimentell sehr wenig gerechtfertigt. Antigene sind im allgemeinen hochmolekulare Stoffe. Wenn wir von gewissen Lipoiden, z. B. dem Lezithin und dem Cholesterin und einigen hochmolekularen Sacchariden absehen, so können wir sagen, daß Antigene Eiweißkörper sind. Außerdem bedürfen in sehr vielen

Fällen die erwähnten Lipoide, um als Antigene wirken zu können, der Mithilfe von Eiweißkörpern (Schleppertheorie von SACHS, 1928). Ehe man also überhaupt an die Frage, ob die anscheinend rein statistisch unzureichenden Reaktionen KOSTOFFs gewertet werden können, herantritt, müßte die Vorfrage behandelt werden, in welchem Maße antigenartig wirkende Stoffe im Pflanzengewebe zu wandern, und vor allen Dingen in die Pflanzenzelle einzudringen vermögen. Wir haben es hier mit einem Problem zu tun, das sich eng mit dem berührt, welches der Autor dieses Buches im Kapitel über die Einführung der Fremdstoffe behandelt hat. Der Weg, der hier zu beschreiten wäre, ist klar. Nachdem auf serologischem Wege, z. B. mittels der Absättigungsreaktion am sensiblen Meerschweinchenuterus, die Verschiedenheit von Unterlage und Reis festgestellt wurde, ist zu prüfen, ob nach der Pfropfung z. B. die Unterlage solche Antigene enthält, welche vorher nur im Reis, nicht aber in der Unterlage festgestellt werden konnten. Die auf S. 581 f. dieses Buches erwähnten interfamiliären Pfropfungen werden ein ausgezeichnetes Material zur Prüfung dieser Fragen abgeben.

Aber schon die Frage, ob Stoffe von antigenen Eigenschaften, Eiweißkörper also vor allen Dingen, in der Lage sind, die unverletzte Wurzel einer Pflanze zu durchdringen, ist keineswegs hinreichend erforscht. Mir ist nur eine Arbeit aus dem Jahre 1907 von KRAUS, PORTHEIM und YAMANOUSCHI bekannt, die sich mit diesem Problem befaßt. Die Autoren wollen das Eindringen von Seren in *Bohnen*pflanzen durch die unverletzte Wurzel hindurch festgestellt haben. Der Autor dieses Abschnittes hat 1932 über den Versuch berichtet, die prinzipielle Möglichkeit eines solchen Eindringens zu bestätigen. Es ergaben sich jedenfalls Andeutungen für die Möglichkeit einer solchen Wanderung von Ovalbumin durch die unverletzte Wurzel von *Vicia faba* hindurch bis hinauf in die Blätter. Wie schon in dem zitierten Vortrag betont wurde, bedürfen diese Angaben weiterer Bestätigung, können aber den hier zu beschreitenden Weg illustrieren. Sollten sich die bisherigen positiven Befunde bestätigen lassen, dann wird es nötig sein, den Weg zu diskutieren, auf welchem die Antigene in den Pflanzenkörper eindrangen. Auch hier wird man zweckmäßig mit möglichst einfachen Fragestellungen beginnen, etwa derjenigen, ob die fraglichen Stoffe in Agar oder Gelatine, wie sie RUHLAND (1912) als Modell für seine Permeabilitätsuntersuchungen verwandte, eindringen. Zunächst aber interessiert lediglich die Frage, ob überhaupt eine Wanderung antigener Stoffe innerhalb des Pflanzenkörpers stattfinden kann. Der Frage, ob Eiweißkörper die soeben erwähnten Modellmembranen zu durchdringen vermögen, sind wir im Kieler Institut nachgegangen. Es ergab sich, daß Ovalbumin in allen Fällen, die untersucht wurden (zehn verschiedene Membranen aus drei 20%igen Gelatineansätzen), in serologisch leicht nachweisbaren Mengen durch die Modellmembranen hindurchdrang. Es versteht sich von selbst, daß die Membranen auf Dichtigkeit gegenüber den von RUHLAND als nicht permeationsfähig befundenen Stoffen geprüft wurden und daß für Asepsis durch Toluolbeigabe und tiefe Temperatur (Eisschrank) ebenfalls Sorge getragen wurde. Unter diesen Umständen gewinnt die Aussicht, den Eintritt von unveränderten, jedenfalls ihre serologischen Eigenschaften in vollem Maße besitzenden Eiweißkörpern in die lebende Pflanzenzelle festzustellen, an Wahrscheinlichkeit. Sehr unwahrscheinlich ist dagegen die Aufnahme in die Vakuole. Es handelt sich um eine Stoffaufnahme in die Zelle, nicht um eine Permeation in die Vakuole (Intrabilität und Permeabilität vgl. HÖFLER, 1931)[1].

Es ist klar, daß als weitere Kontrolle sowohl für negativ wie für positiv ausgefallene Versuche über Antigen-Antikörperreaktionen beim Transplantosymbionten Kontrollen nötig sind, welche sowohl unspezifische Reaktionen als auch unspezifische Reaktionshemmung ausschließen, wie ebenfalls in dem zitierten Vortrag gefordert wurde.

Eine weitere theoretische Schwierigkeit ergibt sich für unser Problem aus den zuerst im Kieler Institut (MORITZ, 1932b; VOM BERG, 1932) eindeutig nachgewiesenen serologischen Unterschieden zwischen den einzelnen Organen eines Pflanzenkörpers. Danach verhält sich das Blatt als Antigen anders als Wurzel- oder Samenmaterial. Jeder normale Pflanzenkörper würde also eigentlich schon die Bedingungen eines KOSTOFFschen Experimentes verwirklichen, eine Tatsache, die zweifellos unter dem Gesichtswinkel der von KRENKE in diesem Buche hervorgehobenen Anwendbarkeit des Chimärenbegriffs auf die normale Pflanze interessant ist. Man steht angesichts dieser Tatsache vor der Alternative, entweder serologische Reaktionen zwischen den Pfropfpartnern für wenig wahrscheinlich zu halten, oder aber ihnen eine bedeutende Rolle im Verlauf der normalen Ontogenese zuzusprechen, wenn man nicht annehmen will, daß die Fähigkeit, in die Pflanzenzelle einzudringen, eine Sondereigenschaft des Ovalbumins ist.

Nach all diesem ist klar, daß die Frage der serologischen Beziehungen der Pfropfpartner und damit auch der Chimärenpartner zueinander durch die KOSTOFFschen Arbeiten eigentlich erst angeschnitten worden ist, ohne daß sich wesentliche Beiträge zu ihrer Lösung ergeben hätten. Es ist aber keine Frage, daß es sich hier um ein Problem von ziemlich weitreichender, allgemein biologischer Bedeutung handelt, mit dessen Bearbeitung begonnen werden muß.

---

[1] Ovalbumin nimmt infolge seines niederen Molekulargewichtes (ca. 33 000) eine gewisse Sonderstellung ein. Serumalbumin (ca. 100 000) durchdrang bisher die erwähnten Modellmembranen nicht.

[Inzwischen hat HÖBER (1933) nachgewiesen, daß eine Aufnahme normalerweise nicht permierender Stoffe in die Pflanzenzelle durch elektrische Ströme erzwungen werden kann. Es muß hier auf die interessante Beziehung zu der Annahme durchgehender Potenzialdifferenzen im Pflanzenkörper (WENT, 1932) einerseits, zu der Wanderung des Ovalbumins durch die Anodenmembran andererseits (MÂCHEBOEUF und SØRENSEN, 1927) hingewiesen werden. M.]

Literaturverzeichnis [1].

AFZELIUS, K.: Zur Embryosackentwicklung der *Orchideen*. Sv. bot. Tidskr. **10** (1916). — ÅKERMANN, A.: Speltlike Bud-sports in Common Wheat. Hereditas **1** (1920). — ALBACH, W.: Zellphysiologische Untersuchungen über vitale Protoplasmafärbung. Protoplasma (Berl.) **5** (1928). — ALEXANDROW, W. G. u. O. G. ALEXANDROWA: Ist die Verholzung ein reversibler oder irreversibler Vorgang? Planta (Berl.) **7** (1929 a). — Über Tüllenbildung und Obliteration bei Spiralgefäßen. Beitr. Biol. Pflanz. **17** (1929 b). — ALEXANDROW, W. G. u. L. DJAPARIDZE: Über das Entholzen und Verholzen der Zellhaut. Planta (Berl.) **4** (1927). — [AMBRONN u. FREY: Das Polarisationsmikroskop. Seine Anwendung in der Kolloidforschung und in der Färberei. Kolloidchem. in Einzeldarst., Bd. 5. Leipzig: Akademische Verlagsgesellschaft 1926.] — AMOS, J., R. G. HATTON, T. N. HOBLYN and G. C. KNIGHT: The Effect of Scion on Root. II. Stem-worked Apples. The Journ. of Pomol. and Horticult. Sci., Vol. 8. 1930. (For part I of this series see literature cited.) — ANDERSSON, J.: Maternal inheritance of chlorophyll in maize. Bot. Gaz. **76** (1923). — The Inheritance of variegation in some ferns. Verh. 5. internat. Kongr. Vererbgswiss. Berlin (1927). Z. Abstammgslehre **50**, Suppl. I (1928). — [ANDREWS, F. M.: Die Wirkung der Zentrifugalkraft auf Pflanzen. Jb. Bot. **56** (1915).] — APPEL, O.: Zur Kenntnis des Wundverschlusses bei den Kartoffeln. Ber. dtsch. bot. Ges. **24** (1906). — Disease Resistance in Plants. Science (N.Y.) **41** (1915). — ARENDS, J.: Über den Einfluß chemischer Agentien auf Stärkegehalt und osmotischen Wert der Spaltöffnungsschließzellen. Planta (Berl.) **1** (1925). — ARNAUDI, C.: Sull'immunutà nei vegetali. Atti Soc. ital. Sci. nat. **1925**. — ARNAUDOW, N.: Über Transplantieren von Moosembryonen. Flora (Jena) **118, 119** (1925). Goebel-Festschrift. — [ASCHERSON, P. u. P. GRAEBNER: Synopsis der Mitteleurop. Flora (Jena) II **6** (1906—10)]. ASSEJEWA, T.: Kartoffelchimären. Landwirtsch. Bezirksstat. Moskau. Ausgabe 16. Moskau 1927 (Moskowskaja Oblastnaja S.-chos. Stanzia). — ASSEJEWA, T. O.: Vegetative mutations in the potato. Proc. UdSSR. Congr. Genetics, Plant a.-Animal-Breeding held Leningrad, 10.—16. Jan. **1929**. Russ. mit englischer Zusammenfassung. 1930. — Vegetative Mutation bei Kartoffel. Bull. appl. Bot. Genetics a. Plant-Breeding **27**, Nr 4 (1931). (Russ. mit englischer Zusammenfassung.) AUCHTER, E. C.: An Experiment in propagating apple trees ont heir own roots Proc. amer. Soc. Hort. Sci. **22** (1925). — [AVERY, P.: Cytological studies of five interspecific hybrids of Crepis leontodontoides. Univ. California Publ. agricult. Sci. **6** (1930).]
BAILEY, L. H.: The Nursery Book 16-th. ed. New York 1911. — BAILLON, H.: Memoire sur le développement du fruit des Morées, Tome 1. Adansonie 1860. — BARANETZKY: Von den sog. bicollateralen Gefäßbündeln. Ber. Naturforsch.-ges. Kiew **16** (1899). — BARANOW, P. A.: Die Migration der Kerne in den Wurzeln von Ranunculus acer, subsp. Steveni. Mitt. Kongr. Bot. UdSSR. Moskau, Jan. **1926**. — BARBERON, G.: Winzerei, Bd. 1. Petersburg 1912. — BÄRNER, J.: Serodiagnostische Verwandtschaftsforschungen innerhalb der Gera-

---

[1] [Autorennamen mit einem Stern besagen, daß die betreffende Literaturstelle sich entweder im Nachtrag zum Literaturverzeichnis befindet oder unauffindbar war. (Vgl. Anm. zur redaktionellen Vorbemerkung.) Literaturstellen, die im Text selber nicht ausdrücklich erwähnt sind (s. Vorwort des Autors) sind eingeklammert worden. M.]

niales, Sapindales, Rhamnales und Malvales. (Diss. Berlin) Bibl. Bot. **1927**, H. 94. BARY, A. DE: Vergleichende Anatomie der Vegetationsorgane der Phanerogamen und Farne, 1877. — BATESON, W.: Root-cuttings, chimaeras and "sports". J. Genet. **6, 8, 11** (1916, 1919, 1921). — Segregation. J. Genet. **16**, (1926). Dort weitere Lit. — BAUER, E.: Über Förderung der Zellteilung mittels der Verminderung der Oberflächenspannung des umgebenden Mediums. Arch. mikrosk. Anat. u. Entw.mechan. **101** (1924). — BAUR, E.: Über eine infektiöse Chlorose von Evonymus japon. Ber. dtsch. bot. Ges. **26**a (1908). — Das Wesen und die Erblichkeitsverhältnisse der „Varietates albo-marginatae" von Pelargonium zonale. Z. Abstammgslehre **1**, (1909a). — Pfropfbastarde, Periklinalchimären und Hyperchimären. Ber. dtsch. bot. Ges. **27** (1909b). — Pfropfbastarde. Biol. Zbl. **30** (1910). — Einführung in die experimentelle Vererbungslehre, 5. u. 6. neubearb. Aufl. Berlin 1922. 7.—11. Aufl., 1930. — Ref. über NOACK: Entwicklungsmechanische Studien an panaschierten Pelargonien ... Z. Abstammgslehre **31** (1923). — Untersuchungen über das Wesen, die Entstehung und die Vererbung von Rassenunterschieden bei Antirrhinum majus. Bibl. Genet. **4**. Leipzig 1924. — BEHRE, K.: Physiologische und zytologische Untersuchungen über Drosera. I. Regenerationsuntersuchungen (S. 208) und II. Reizphysiologische Untersuchungen, S. 269. Planta (Berl.) **7** (1929). — BEIJERINCK, M. W.: Over het ontstaan van Knoppen en wortels uit bladen. Nederl. Kruid. Arch. Nijmegen, II. s. **4** (1882). — Over regenerativerschynselen an gespleten vegetatiepunten van Stengels en over bekervorming. Nederl. Kruid. Arch. Nijmegen, II. s. **4**, St. 1; s. a. Bot. Zbl. **16**, 231 (1883). — Beobachtungen und Betrachtungen über Wurzelknospen und Nebenwurzeln. Verh. Akad. Wetensch. Amsterd., Wis- en natuurkd. Afd. 1886, Nr 25. — BEIN, E.: Untersuchungen über die Korrelationen zwischen Blattstiel und Blattspreite. Gartenbauwiss. **9** (1932). — [BEISSNER, L.: Über Jugendformen von Pflanzen, speziell von Koniferen. Ber. dtsch. bot. Ges. **6** (1888).] — [Handbuch der Nadelholzkunde, 2. Aufl. Berlin 1909.] — BELSKAJA, T. N.: Über die Vererbung der „Obskuratumerscheinung" bei Phaseolus vulgaris L. Arbeiten aus dem Biologischen Institut zum Andenken an K. A. TIMIRIASEFF, Bd. 1. Moskau 1931. — „On the inheritance of the phenomenon of colour variation (Obscuratum Erscheinung) in the seeds of beans (Phaseolus vulgaris sph. haematocarpus savi.) and the distribution of the modified seeds on the plant." Sammelwerk „Phänogenetische Entwicklung". Abteilung für Phytomorphogenese des Timiriaseff-Instituts für Biologie. Moskau 1933a. — „Experimentelle Adventivsprosse bei zwei Kartoffelsorten (NARODNIJ u. JUBEL)." ibidem. — BENECKE, W.: Über die Keimung der Brutknospen von Lunularia cruciata. Bot. Ztg I **1903**, H. 2. — BENECKE, W. u. L. JOST: Pflanzenphysiologie. 4. Aufl. Jena 1924. — BENEDICT, H.: Senile Changes in leaves of Vitis vulpina and certain other plants. Cornell Univ. Agricult. exper. Stat., Juni **1915**. — BERG, H. VOM: Über serologische Organspezifität bei Pflanzen. Ber. dtsch. bot. Ges. **50** (1932). — [BERGAMASCHI, M.: Nuove ricerche sui caratteri di senilita nelle piante. Atti Ist. Bot. Univ. Pavia **1927**, No 3. Ref. Bot. Zbl. **10** (1927).] — [BERKOVEC, A.: Über die Regeneration bei den Lebermoosen. Bull. internat. Acad. Sci. Bohême **1905**.] — BERTALANFFY, S. W.: Theoretische Biologie, Bd. 1. Berlin: Gebrüder Bornträger 1932. — BERTHOLD, G.: Studien über Protoplasmamechanik, Kap. 7. Leipzig 1886. — BETZ, C.: Birnen auf Sorbus veredeln nicht empfehlenswert. Moellers dtsch. Gärtnerztg **38**, 50; vgl. Bot. Abstr. **12** (1923). — [BEUTNER, R. and Y. LOZNER: The relation of life to electricity. Part III. Protoplasma (Berl.) **12** (1931). (s. Hinweise auf Teile I und II.)] — BEWLEY, W. F. u. B. J. BOLAS: Aucuba or yellow mosaic of the Tomato plant: reaction of infected juice. Nature (Lond.) **125**, (1930). — BEYER, A.: Untersuchungen über den Traumatotropismus der Pflanzen. Biol. Zbl. **45** (1925). — BEYERLE, R.: Untersuchungen über die Regeneration von Farnprimärblättern. Planta (Berl.) **16** (1932). BIEDERMANN, W. u. G. JERMAKOFF: Die Salzhydrolyse der Stärke. III. Mitt.

Hydrolyse durch anorganische Katalysatoren. Biochem. Z. 149 (1924). — BIFFEN, R. H.: Mendel's laws of inheritance and wheat breeding. J. of Agricult. Sci. 1 I (1905). — Studies in the inheritance of disease resistance. J. of Agricult. Sci. 2 II (1907); 4 (1912). — BILLROTH: Über die Einwirkungen lebender Pflanzen- und Tierzellen aufeinander. Eine biologische Studie. Wien 1890 (nach W. FIGDOR, 1881. S. 185). — BIRKHOLZ, E.: Wundreiz und Kernveränderung. Protoplasma (Berl.) 13 (1931). — BIRCH-HIRSCHFELD, L.: Untersuchungen über die Ausbreitungsgeschw. gelöster Stoffe in der Pflanze. Jb. Bot. 59 (1920). — [BLACKMAN, E.: The physiology of crop yield: a survey of modern methods of attack. Vortr. 5. Imper. bot. Confer. 1925.] — BLAKESLEE, A. F.: Distinction between primary and secondary chromosomal mutants in Datura. Proc. nat. Acad. Sci. USA. 10 (1924). — BLAKESLEE, A. and M. FARNHAM: Bottle grafting. J. Hered. 14 (1923). — BLARINGHEM, M. L.: Action des traumatismes sur la variation et l'hérédite (Mutation et traumatismes). Theses presentées à la fac. des scs. de Paris pour obtenir le grade de docteur des scs. natur., Ser. Nr. 536, No. d'ordre 1260. Lille 1907. Imprimerie 1. — BLOCH, R.: Umdifferenzierungen an Wurzelgeweben nach Verwundung. Ber. dtsch. bot. Ges. 44 (1926) (dort seine Arbeit — Zum Problem der Korkentstehung). — BOAS, F. u. F. MERKENSCHLAGER: Pflanzliche Tyrosinasen. (Mit besonderer Berücksichtigung der Chininwirkung.) Biochem. Z. 155 (1924). — [BOBILIOFF-PREISSER, W.: Beobachtungen an isolierten Palisaden- und Schwammparenchymzellen. Beih. z. Bot. Zbl. I 33 (1917).] — BOCK, F.: Experimentelle Untersuchungen an koloniebildenden Volvocaceen. Arch. Protistenkde 56 (1926). — BOEHM, J.: Über die Respiration der Kartoffel. Bot. Ztg 45 (1887). — [BÖRGER, H.: Über die Kultur von isolierten Zellen und Gewebsfragmenten. Arch. exper. Zellforsch. 2 (1926).] — BORODIN, I.: Kursus über die Pflanzenanatomie, 4. Ausg. Moskau: Wolf 1910. — BOUCHERIE, A.: Memoire sur la conservation des bois. Ann. Chim. et Physic. 74 (1840). — BRAUN: Bot. Mem. roy. Soc. 1853, 23. — BRAUNER, L.: Untersuchungen über das geoelektrische Phänomen Jb. wiss. Bot. 66 (1927). — BRAUNS, JOS.: Mechanische Windwirkung auf die hochalpine Vegetation. Ber. schweiz. bot. Ges. 19—21 (1916). — BRAVAIS, L. u. A.: Über die geometrische Anordnung der Blätter und der Blütenstände. Aus dem französischen übersetzt von V. G. WALPERS. Breslau 1839. — Essai sur la disposition des feuilles curviseriées. Siehe SCHWENDENER, 1878. S. 4. — BREHMER, W. v. u. J. BÄRNER: Über die Viruskrankheiten bei der Kartoffel. Arb. biol. Reichsanst. Land.- u. Forstw. 18 (1930). — BRESLAWETZ, L.: Polyploide Mitosen bei Cannabis sativa L. Ber. dtsch. bot. Ges. 44 (1926). — On the heredity transmitted by the plasma. J. Soc. Bot. de Russ. 15, Nr 1—2 (1930) russ. mit englischer Zusammenfassung. (Dort auch weitere Literatur.) — BRIEGER, F.: Untersuchungen über den Wundreiz. Ber. dtsch. bot. Ges. 42 (1924). — Untersuchungen über den Wundreiz. II. Die Ätiologie der Tüllen. Ber. dtsch. bot. Ges. 43 (1925). — BROILI: Zur Beschreibung der Kartoffel. FRÜHLINGs Landw. Ztg 70, Nr 11—12 (1921). — BRZEZINSKY, J.: Les graines du raifort et les résultats de leurs semis. Bull. Acad. Sci. Cracovie 1909 (nach SORAUER, 1924). — BUCHNER, P.: Tier und Pflanze in Symbiose. Berlin 1930. — BUDER, G.: Studien an Laburnum adami. Ber. dtsch. bot. Ges. 28 (1910). — BUJLIN, D.: Über die Gefleckheit der Sojabohne (russ.). „Semenowodstwo" (Samenzucht). Moskau 1931. — BUKASSOW, S. M.: The Potato in UdSSR. (Russia). (Classification of Potato Varieties and the Selection of the Potato.) Bull. appl. Bot. a. Plant-Breed. 15 (1926). — BÜNNING, E.: Untersuchungen über die Koagulation des Protoplasmas bei Wundreizen. Bot. Archiv 14 (1926a). — Untersuchungen über Reizleitung und Reizreaktion bei traumatischer Reizung von Pflanzen. Bot. Archiv 15 (1926b). — Untersuchungen über traumatische Reizung von Pflanzen. Z. Bot. 19 (1927). — BURBANK, L.: J. Hered. 20, 314 (1929). — BURCKHARDT, W.: Die Lebensdauer der Pflanzenhaare. Diss. Leipzig 1913. — BURGEFF, H.: Untersuchungen über Variabilität, Sexualität und Erblichkeit bei

Phycomyces nitens Kuntze. Flora (Jena) **107** (1914); **108** (1915). — BURNS, P. and HEDDEN, M. 1906: Conditions influencing regeneration of hypocotyl. Beih. z. Bot. Zbl. II **19**, 383—392. — BUSSATO, M.: Giardino di agricoltura 4: 8 + 74: 6 pp. Venice 1599. — BUY, H. G. DU: Über die Bedingungen, welche die Wuchsstoffproduktion beeinflussen. Proc. Akad. v. Wetensch. Amsterd. **34** (1931). CALDERINI, I.: Essai d'expér. sur la greffe des Graminees. Ann. Sci. nat. Bot., III. s. **6** (1846). — CANDOLLE, P. DE: Physiologie végétale, Tome 11. 1833. — CAPPELLETTI, C.: Reazioni immunitarie nei tubercoli radicali di Leguminose. Giorn. Biol. e Med. sper. **1923**. — CARBONE, D.: Über aktive Immunisierung der Pflanzen. Zbl. Bakter. II **76** (1928). — CARBONE, D. ed C. ARNAUDI: L'immunità nelle piante. Monographie dell'istituto sieroterapico Milanese, 1930. Milano A. VIII. — CARRIÈRE, E. A.: Greffes des Cucurbitacées. Revue Hort, p. 14 Paris 1875. — CASTLE, W.: An apple chimera. J. Hered. **5** (1914). — CELAKOVSKY, L.: Teratologische Beiträge zur morphologischen Deutung des Staubgefäßes. Jb. Bot. **11** (1878). — CHAMBERLAIN, I.: Growth rings in a Monocotyly. Bot. Gaz. **72**, Nr 5 (1921). — CHAMBERS, W.: 1923. Nach MIEHE, 1926. — CHANDLER, W. H.: Polarity in the formation of scion roots. Proc. amer. Soc. Hort. Sci. **22** (1905). — CHESTER, K. S.: Studies on the Precipitin Reaction in Plants. I. The specificity of the normal Precipitin Reaction. J. of Arnold Arboretum **13** (1932a). — Studies on the Precipitin Reaction in plants. II. Preliminary Report on the Nature of the „Normal Precipitin Reaction". J. of Arnold Arboretum **13** (1932b). CHILD, C.: Individuality in organisms. Chicago 1915. — CHITTENDEN, R. Y.: Studies in variegation. II Hydrangea and Pelargonium. With notes on certain chimeral arangements, which involve sterility. J. Genet. **16** (1925). — Vegetative Segregation. Bibl. Genet. **3** (1927). — Ever-sporting races of Myosotis. J. Genet. **20**, Nr 1 (1928). — CHOLODNY, N.: Wuchshormone und Tropismen bei den Pflanzen. Biol. Zbl. **47** (1927). — Einige Bemerkungen zum Problem der Tropismen. Planta (Berl.) **7** (1929a). — Über das Wachstum des vertikalen und horizontalen Stengels in Zusammenhang mit der Frage nach der hormonalen Natur der Tropismen. Planta (Berl.) **7** (1929b). — Verwundung, Wachstum und Tropismen. Planta (Berl.) **13** (1931a). — Zur Physiologie des pflanzlichen Wuchshormons. Planta (Berl.) **14** (1931b). — CIAMICIAN, G. u. C. RAVENNA: Sul significato biologico degli alcaloidi nelle piante. Bologna: Zanichelli 1921. Ref. Bot. Zbl.**2** (1923). — CLAUSEN, R. E.: Inheritance in Nicotiana tabacum, XI, The fluted assemblage. Amer. Naturalist **65** (1931). — COHNHEIM, O.: Chemie der Eiweißkörper, 2. Aufl. Braunschweig: Fr. Vieweg u. Sohn 1904 (s. auch neuere Auflage)[1]. — COMES, O.: Del fagialo comune (Phaseolus vulgaris) Storia filogenesi qualita e sospettata tossicita. Napoli 1909. — La profilassi nella patologia vegetale. Napoli 1916. — COMPTON, R. H.: An Anatomical Study of Syncotyly and Schizocotyly. Anw. of Bot. **27** (1913). — CORRENS, C.: Untersuchungen über die Vermehrung der Laubmoose durch Brutorgane und Stecklinge. Jena 1899. — Bastarde zwischen Maisrassen mit besonderer Berücksichtigung der Xenien. Bibl. Bot. 1901 (Abh. Bot.) — Vererbungsversuche mit blaß (gelb) grünen und buntblättrigen Sippen bei Mirabilis, Urtica und Lunaria, **1909**. Gesammelte Abhandlungen zur Vererbungswissenschaft aus periodischen Schriften, 1899—1924. Berlin 1924. — Der Übergang aus dem homozygotischen in einen heterozygotischen Zustand im selben Individuum bei buntblättrigen und gestreift blühenden Mirabilissippen, **1910**. Gesammelte Abhandlungen zur Vererbungswissenschaft aus periodischen Schriften, 1899—1924. Berlin 1924. — Vererbungsversuche mit buntblättrigen Sippen, **1919a**. Gesammelte Abhandlungen zur Vererbungswissenschaft aus periodischen Schriften, 1899—1924. Berlin 1924. — Vererbungsversuche mit buntblättrigen Sippen, II, **1919b**. Gesammelte Abhandlungen zur Vererbungswissenschaft aus periodischen Schriften, 1899—1924. Berlin 1924. — Vererbungsversuche

---

[1] CIESIELSKY s. Nachtrag.

mit buntblättrigen Sippen. III—V, **1920** a. Gesammelte Abhandlungen zur Vererbungswissenschaft aus periodischen Schriften, 1899—1924. Berlin 1924. — Die geschlechtliche Tendenz der Keimzellen gemischt-geschlechtlicher Pflanzen, **1920** b. Gesammelte Abhandlungen zur Vererbungswissenschaft aus periodischen Schriften, 1899—1924. Berlin 1924. — Die geschlechtliche Tendenz der Keimzellen gemischt geschlechtlicher Pflanzen. Z. Bot. **12** (1920c). — Vererbungsversuche mit buntblättrigen Sippen. VI—VII, **1922**. Gesammelte Abhandlungen zur Vererbungswissenschaft aus periodischen Schriften, 1899—1924. Berlin 1924. — Über den Einfluß des Alters der Keimzellen I. Dritte Fortsetzung der Versuche zur experimentellen Verschiebung des Geschlechtsverhältnisses. Sitzgsber. Akad. Wiss. Berlin, Physik.-math. Kl. 9 (1924). — Über nichtmendelnde Vererbung. Verh. 5. internat. Kongr. Vererbgswiss. Berlin **1927**; Z. Abstammgslehre 1, Suppl. (1928). — COTTA, H.: Naturbeobachtungen über die Bewegung und Funktion des Saftes in den Gewächsen mit vorzüglicher Hinsicht auf Holzpflanzen. Weimar 1806. — Grundriß der Forstwissenschaft. Dresden u. Leipzig 1832. — COULTER, J. and W. LAND: The origin. of monocotyledony. Bot. Gaz. **57** (1914). — The origin of monocotyledony in grasses. Ann. Mo. Bot. Gard. **2** (1915). — CRUEGER, H.: Einiges über die Gewebsveränderungen bei der Fortpflanzung durch Stecklinge bei Portulaca oleracea. Bot. Ztg **1860**. — CURTELL, G.: De l'influence de la greffe sur la composition du raisin. C. r. Acad. Sci. Paris **139** (1904). — CZAJA, A. TH.: Physikalisch-chemische Eigenschaften der Membran der Utriculariablase. Pflügers Arch. **206** (1924). — Entwicklungsmechanik der Pflanzen. PETERFIs Methodik der wissenschaftlichen Biologie, Bd. 2. 1928. — Über das Verhalten der Membranen der Pflanzenhaare zu organischen Farbstoffen. Planta (Berl.) **10** (1930). — Der Einfluß von Korrelationen auf Restitution und Polarität von Wurzel- und Sproßstecklingen. Ber. dtsch. bot. Ges. **49** (1931).

DAHLGREN, K. V. O.: Vererbungsversuche mit einer buntblättrigen Barbarea vulgaris. Hereditas (Lund) **2** (1921). — Geranium bohemicum XG deprehensum E. Almqu., ein grün-weiß-marmorierter Bastard. Hereditas (Lund) **4** (1923). — Die Morphologie des Nuzellus mit besonderer Berücksichtigung der deckzellosen Typen. Jb. Bot. **67** (1927a). — Eine Sektorialchimäre vom Apfel. Hereditas (Lund) **9** (1927b). — DAMMANN, H.: Aus dem Nachlaß von HANS KNIEP; Experimentelle Erzeugung von Rieseneiern bei Fucus und deren Entwicklung nach Befruchtung. Ber. dtsch. bot. Ges. **49** (1931). — DANIEL, L.: Sur la greffe de parties souterraines des plantes. C. r. Acad. Sci. Paris **133** (1891). — Greffe de quelques Monocotylédones sur elles-mêmes. C. r. Acad. Sci. Paris **124** (1899). — Effets de la décortication annulaire chez quelques plantes herbacées. C. r. Acad. Sci. Paris **131** (1900). — Comparaison anatomique entre le greffage, le pinsement et la décortication annulaire. C. r. Acad. Sci. Paris **1901**. — Les variations spécifiques dans la greffé ou hybridation assexuelle. Rapport présenté au congres de l'hybridisation de la vigne tenu à Lyon le 15. Nov. 1901. Lyon 1902. — Un nouvel Hybride de greffe: le néflier de Lagrange. Rev. Bret. Bot. **4** (1909). — Sur les variations specifiques du chimisme et de la structure provoquées par le greffage de la Tomate et du Chou cabus. C. r. Acad. Sci. Paris **162** (1910). — Influence de la greffe sur les Produits d'adaptation des Cactées. C. r. Acad. Sci. Paris **164** I (1917). — On the stability and heredity of Crataegomespilus and of Pirocydonia. C. r. Acad. Sci. Paris **169** (1919). — Recherches sur la greffe des Solanum. C. r. Acad. Sci. Paris **171** (1920). — Hyperbioses de Soleil et de Topinambour. C. r. Acad. Sci. Paris **175** (1922). — Nouvelles recherches sur l'hérédité chez le Topinambour greffé. C. r. Acad. Sci. Paris **180** (1925a). — Recherches sur les greffes d'Alliaire et de Chou. C. r. Acad. Sci. Paris **183** (1925b). — L'hérédité de l'absinthe greffée sur chrysanthème arborescent. C. r. Acad. Sci. Paris **185** (1927a). — Sur les variations de la descendance de Topinambour sans greffage. C. r. Acad. Sci. Paris **185** (1927b). — Sur les variations de la descendance des topinambours greffées. C. r. Acad. Sci. Paris 185 (1927c). — DANIEL, L. et E. POTEL: Greffes de Douce-Amère sur racines de Belladone. C. r. Acad. Sci. Paris 181 (1925). — DARROW, G. M.: Notes on Thornless Blackberries. J. Hered. 19 (1928). — Thornless sports of the ÿoung dewberry. J. Hered. 20 (1929). — A productive thornless sport of the evergreen Blackberry. J. Hered. 22 (1931). — DARWIN, CH.: The variation of Animals and Plants under domestication. Second edition, revised, Vol. I. 1868 and Vol. II. 1875. London: John Murray. — The origin of species by means of natural selection or the preservation of favoured races in the struggle for life. London 1899. — DEJNEGA, W.: Materialien zur Geschichte der Blattentwicklung. Moskau 1902. — DELAUNAY, L. N.: Die Umwandlung des Zellkernes in der erblichen Variabilität. Trudy prikl. Bot. i pr. (russ.) 1, H. 1. Charkow 1926. DEMEREC, M.: Behaviour of two mutable genes of Delphinium ajacis. J. Genet. 24 (1931). — DENNY, F.: The Role of the Mother Tuber in the Growth of the Potato Plant. Amer. J. Bot. 15 (1928). — DETJEN, L.: A mutating blackberrydewberry hybrid. J. Hered. 11 (1920). — DIELS, L.: Jugendformen und Blütenreife im Pflanzenreich. Berlin 1906. — DIETERICH, K.: Über Kultur von Embryonen außerhalb des Samens. Flora (Jena) 117 (1924). — DIGBY, L.: Ob the Cytology of Apogamy and Apospory. Proc. roy. Soc. Lond. 76 (1905). — Observation on „Cromatin bodies" and their relation to the nucleus in Galtonia candicans, Decane. Ann. of Bot. 23 (1909). — DODGE, RO.: Unisexual conidia from bisexual mycelia. Mycologia (N. Y.) 20 (1928). Siehe außerdem WILCOX: Mycologia (N. Y.) 20 (1928); 22 (1930). — DOLK, H.: Concerning the sensibility of decapitated coleoptiles of Avena sativa for light and gravitation. Proc. Akad. Wetensch. Amsterd. 29 (1926). — DOLL, W.: Beiträge zur Kenntnis der Dipsaceen und dipsaceenähnlicher Pflanzen. Bot. Archiv 17 (1927). — DOPOSCHEG-UHLAR, J.: Studien zur Regeneration und Polarität der Pflanzen. Flora (Jena) 102 (1911); 106 (1914). — DÖRING, H.: Beiträge zur Frage der Hitzeresistenz pflanzlicher Zellen. Planta (Berl.) 18, (1932). — DOROFEJEW, N.: Über Transplantationsversuche an etiolierten Pflanzen. Ber. dtsch. bot. Ges. 22 (1904). — DOSTÁL, L.: Korlacni vztahy u klicnich rostlin Papilionacei. Rospravy Ceske Akademie cisare Frantiska Josefa pro Vedy, Slovesnost a Umeni. Rocnik (tschech.) 17 I (1908). — DOSTÁL, R.: Die Korrelationsbeziehung zwischen dem Blatt und seiner Axillarknospe. Ber. dtsch. bot. Ges. 27 (1909). — Zur experimentellen Morphogenesis bei Circaea und einigen anderen Pflanzen. Flora (Jena) 103 (1911). — O formationi cinnosti reservnich organu restlinnych. Rozpravy Ceske Akademie cisare Frantiska Josefa pro Vedy, Slovesnost a Umeni, Rocnik (tschech.) 26, 46. Praha 1918. — Zur Theorie der Massenproportionalität bei der Regeneration. Ber. dtsch. bot. Ges. 44 (1926a). (Dort auch weitere Literatur.) — Über die wachstumsregulierende Wirkung des Laubblattes. Acta Soc. Scientiarum naturalium Moravicae. 3, H. 5; signatura: F. 25; Brno 1926b (Cechoslovakia). — Versuche über die Massenproportionalität bei der Regeneration von Bryophyllum crenatum. Flora (Jena) 124 (1930). — DUBROWITZKAJA, N. I.: Über Veränderungen in den Stielen bewurzelter Blätter von Begonia rex.) Über den Einfluß der Funktionsänderungen eines Organs auf seine Struktur.) „Phänogenetische Entwicklung", Sammelwerk der Abteilung für Phytomorphogenese des Timiriaseff-Instituts für Biologie. Moskau 1933a. — Experimentelle Adventivsprosse bei zwei Kartoffelsorten (Mindalnij und Silesia). „Phänogenetische Entwicklung", Sammelwerk der Abteilung für Phytomorphogenese des Timiriaseff-Instituts für Biologie. Moskau 1933b. — Siehe hier Literatur über diese Frage. — DUCHARTRE, M.: Note sur des Feuilles ramifères de Tomates. Ann. des Sci. natur., III. s., Botanique, 1853. — DUHAMÉL DU MONCEAU: La Physique des arbres, Tome 2. Paris 1758.— DÜRKEN, B.: Verhältnis von Zelle und Organismus vom entwicklungsmechanischen Standpunkt. Schles. Ges. vaterländ. Kultur. 102, Jber. 1929a. — DÜRKEN, B.: Grundriß der Entwicklungsmechanik. Berlin 1929b.

EDELSTEIN, W.: Einführung in den Gartenbau. Moskau: Gasisdatelstwo 1926. — EHRENFELS: Über die Krankheiten und Verletzungen der Frucht- und Gartenbäume. Breslau 1795. — ELENKIN, A.: Über das Gesetz des leblosen Gleichgewichtes und gemeinsamen Lebens in der Pflanzengemeinschaft. Isd. Gl. Bot. Sada 20. Leningrad 1921. — ELFVING, F.: Über die Einwirkung von Äther und Chloroform auf die Pflanzen. Öfversigt Finska Vetensk.-Soc. Förh. 28 (1886). Ref. Nr 105. — EMERSON, E. A.: The nature of bud variations as indicated by their mode of inheritance. Amer. Naturalist 41 (1922). — ENGELS, FR.: Naturdialektik. Buch 2. Archiv von K. MARX und F. ENGELS. Moskau: Gosisdatelstwo 1925. Deutscher und russischer Text parallel. — ENGLER, A. u. K. PRANTL: Die natürlichen Pflanzenfamilien, 1895. — ERDMANN, RH.: Reorganisationsvorgänge bei „einzelligen" Lebewesen und ihre Bedeutung für das Problem der Verjüngung. Berl. klin. Wschr. 1921. — ERDMANN, RH. u. L. L. WOODRUFF: Vollständige periodische Erneuerung des Kernapparates ohne Zellverschmelzung bei Paramaecium Biol. Zbl. 34 (1914). — ERRERA, L.: Ein Transpirationsversuch. Ber. dtsch. bot. Ges. 4 (1886a). — Eine fundamentale Gleichgewichtsbedingung organischer Zellen. Ber. dtsch. bot. Ges. 4 (1886b). — Über Zellformen und Seifenblasen. Bot. Zbl. 34 (1888). — ERNST, A.: Siphoneen-studien, II. Beih. z. Bot. Zbl. 16 (1904). — Bastardierung als Ursache der Apogamie im Pflanzenreiche. Jena 1918. — ESENBECK, E. u. K. SUESSENGUTH: Über die aseptische Kultur pflanzlicher Embryonen. Arch. exper. Zellforsch. 1 (1925). — EULER, H. v.: Chemical studies on the action of two plant viruses. 2. Congr. internat. Path. comp. Paris II. C. r. et Communicat. 1931. — EULER, H. v. u. O. MORITZ: Chemische Beiträge zur Kenntnis der Chlorophylldefekte. Ark. Kemi 10 A (1930). — EULER, H. V. u. D. RUNEHJELM: Experimentelle chemische Beiträge zur Erblichkeitslehre III. Z. physiol. Chem. 185 (1929). — EULER, H. V., S. STEFFENBURG u. H. HELLSTRÖM: Über die Bildung von Xanthophyll, Carotin und Chlorophyll in belichteten und unbelichteten Gerstenkeimlingen. Z. physiol. Chem. 1929, 183. — EYSTER, W. H.: A genetic analysis of variegation. Genetics 9 (1924). — The Mechanism of Variegations. Z. Abstammgslehre Suppl.-Bd. 1 (1928); Verh. 5. internat. Kongr. Vererbgswiss. Berlin 1927.

FABER, F.: Zur Entwicklungsgeschichte der bicollateralen Gefäßbündel von Cucurbita Pepo. Ber. dtsch. bot. Ges. 22 (1904). — FAMINTZIN, A.: Entwicklung der Blattspreite von Phaseolus multiflorus. Bot. Ztg 1875, Nr 31 (Ref. 59). — Über Knospenbildung bei Equiseten. Mélanges biologiques tirés du bulletin de l'académie impériale des Sciences de St. Pétersbourg, Tom 9. 1876 (Ref. 11). — FARMER, S. and WILLIAMS: Contributions to our knowledge of the Fucaceae: their life-history and cytology. Phil. Trans. roy. Soc. 190 (1898). — [FARMER, Y. B., Y. E. S. MOORE and L. DIGBY: On the cytology of apogamy and apospory. Proc. roy. Soc. Lond. 71 (1903).] — FEHER, D.: Untersuchungen über den Fruchtabfall einiger Koniferen. Ber. dtsch. bot. Ges. 45 (1927). Hier auch den Hinweis auf seine Arbeit 1925 über Laubbäume. — FEHSE, F.: Einige Beiträge zur Kenntnis der Nyktinastie und Elektronastie der Pflanzen. Planta (Berl.) 3 (1927). — FIGDOR, W.: Experimentelle und histologische Studien über die Erscheinung der Verwachsung im Pflanzenreich. Sitzgsber. Akad. Wiss. Wien, Math.-naturwiss. Kl. I 100 (1891). — Über Regeneration der Blattspreite bei Scolopendrium. Ber. dtsch. bot. Ges. 24 (1906). — Über experimentell hervorgerufene ascidienförmige Blätter von Bryophyllum calycinum Salisb. Flora (Jena) 118, 119 (1925). GOEBEL Festschrift. — [FILIPTSCHENKO, J.: Spezielle Genetik, Teil 1, Isd. „Sejatel" Leningrad 1926.] — FINN, W. W.: Spermazellen bei Vincetoxicum nigrum and V. officinale. Ber. dtsch. bot. Ges. 44 (1926). — Spermazellen bei Vinca minor und V. herbacea. Ber. dtsch. bot. Ges. 46 (1928a). — Über die Existenz der Spermazellen bei den Angiospermen. I. Die Entwicklungsgeschichte der männlichen Gameten und der Befruchtungsvorgang bei Asclepias

Cornuti Decsm. Festschr. z. 40. Jahre der wiss. Tätigkeit von SERGEI GAVRILOWITSCH NAWASCHIN (1883—1923) und zum 25. Jahre seitdem er die doppelte Befruchtung entdeckt hat (1898—1923). Moskau 1928a. Russ. mit deutscher Zusammenfassung. Vgl. Bot. Gaz. 1925. — FINKELSTEIN, E.: Über die Entstehung und Entwicklung des natürlichen Todes. Esteswosnanie. Marksism, Nr 4 (russ.). Moskau: Kommunistische Akademie 1929. — FIRBAS* 1922. — FISCHER, ED.: Die Empfänglichkeit von Pfropfreisern und Chimären für Uredineen. Mycol. Zbl. 1 (1912). — FISCHER, E. u. E. GÄUMANN: Biologie der pflanzenbewohnenden parasitischen Pilze. Jena: Gustav Fischer 1929. — FITTING, H.: Beeinflussung der Orchideenblüten durch die Bestäubung und durch andere Umstände. Z. Bot. 1 (1909a). — FITTING, H.: Entwicklungsphysiologisches Problem der Fruchtbildung. Biol. Zbl. 29 (1909b). — Weitere entwicklungsphysiologische Untersuchungen von Orchideenblüten. Z. Bot. 2 (1910). — Die Pflanze als lebender Organismus. Jena 1917. — Das Verblühen der Blüten. Naturwiss. 9 (1921). — Untersuchungen über Chemodinese bei Vallisneria. Jb. Bot. 67 (1927). — Untersuchungen über die Empfindlichkeit und das Unterscheidungsvermögen der Vallisneria-Protoplasten für verschiedene Aminosäuren. Jb. Bot. 77 (1932). — FLIRY, M.: Zur Wirkung der Endknospe auf die Hypokotylstreckung des Dikotylenkeimlings. Jb. Bot. 77 (1932). — FLOT, M. L.: Recherches sur la naissance des feuilles et sur l'origine folliaire de la tige. Chapitre II, Etude du point végétatif. Rev. gén. Bot. 18, 26, 110, 167, 220, 281, 311, 344, 379, 428, 466, 499 (1906); 19, 29, 70, 116, 169 (1907). — FLORY, PH.: Über Wurzelverwachsungen. Schweiz. Z. Forstwes. 70 (1919). — FRANK, A.: Die Krankheiten der Pflanzen, 1. Aufl. Breslau 1880. — FRANKE, M.: Beiträge zur Kenntnis der Wurzelverwachsungen. Beitr. Biol. Pflanz. 3 (1883). — [FRANQUET, R.: Formation de tubercules aériens de Topinambours sans greffage. C. r. Acad. Sci. Paris 185 (1927).] — [FREUNDLICH, H. F.: Entwicklung und Regeneration von Gefäßbündeln in Blattgebilden. Jb. Bot. 46 (1909).] — FREY-WYSSELING: Mikroskopische Technik der Micellaruntersuchung von Zellmembranen. Z. Mikrosk. 47 (1930). — FRIEDRICH, H.: Über die Stoffwechselvorgänge infolge der Verletzung von Pflanzen. Zbl. Bakter. II 21 (1908). — [FROST, H.: Bud variation and chimeras in Mathiola incana, R. Br. J. of Agricult. Res. 33 (1926).] — [FRUWIRTH, C.: Allgemeine Züchtungslehre der landwirtschaftlichen Kulturpflanzen, 5. Aufl. Berlin 1920.] — FURLANI, J.: Zur Embryologie von Colchicum autumnale. Z. Oesterr. bot. Z. 54 (1904). — FUNK, R.: Untersuchungen über heteroplastische Transplantationen bei Solanaceen und Cactaceen. Beitr. Biol. Pflanz. 17 (1929). — FÜRTH, O. v.: Lehrbuch der physiologischen und pathologischen Chemie, 1929. GAJDUKOW, N.: Ultra-mikroskopische Forschungen. Trudy imper. St. P. Obschtestwa Estestwoispytateley 43. Petersburg 1912. — GALLESIO, G.: Traité du Citrus. Paris 1829. — 1811 und 1839 nach CH. DARWIN (1875). — GARDNER, F.: A study of the conductive tissues in Shoots of the Bartlett pear and the relationship of food movement to dominance of the apical buds. Techn. Pap. Coll. Agricult. Berkeley 20 (1925). — GASSNER, G.: Untersuchungen über die Abhängigkeit des Auftretens der Getreideroste vom Entwicklungszustand der Nährpflanze. Z. Parasitenk. 44 (1915). — Frühtreibversuche mit Blausäure. Ber. dtsch. bot. Ges. 43 (1925). — GÄUMANN, L.: Das Problem der Immunität im Pflanzenreich. Festschrift HANS SCHINZ. Vjschr. naturforsch. Ges. Zürich 73 (1928). — GELLHORN, E.: Das Permeabilitätsproblem, seine physiologische und allgemeinpathologische Bedeutung. Berlin: Julius Springer 1929. — GERASSIMOFF, J. J.: Einige Bemerkungen über die Funktion des Zellkernes. (Vorläufige Mitteilung.) Bull. Soc. imper. Naturalist. Moscou 1890, Nr 4. — Über die kernlosen Zellen einiger Konjugaten (vorläufige Mitteilung). Bull. Soc. imper. Naturalist. Moscou 1892, Nr 1. — Über ein Verfahren, kernlose Zellen zu erhalten. Bull. Soc. imper. Naturalist. Moscou. 1896, Nr 3. — Über die Copulation der zweikernigen Zellen bei Spirogyra. (Zur Frage über die Vererbung erworbener Eigenschaften.) Bull. Soc. imper. Naturalist.

Moscou 1898, Nr 3. — Über die Lage und die Funktion des Zellkerns. Bull. Soc. imper. Naturalist. Moscou 1900, Nr 2/3. — Zur Physiologie der Zelle. Bull. Soc. imper. Naturalist. Moscou 1904a, Nr 1. — Über die kernlosen und die einen Überfluß an Kernmasse enthaltenden Zellen bei Zygnema. Hedwigia (Dresden) 44 (1904 b). — Über die Größe des Zellkerns. Beih. z. Bot. Zbl. I 18 (1904 c). — Ätherkulturen von Spirogyra. Flora (Jena) 94 (1905). — GERIGHELLI, R.: Recherches physiologiques sur la respiration de la racine. Ann. Fac. Sci. Marseille, II. s. 1 (1921). — Influence de l'eau distillée et des sels de calcium sur le développement des boutures. Bull. Soc. Bot. France 73 (1926). — GERTZ, O.: Zur Physiologie der Rhizoidenbildung bei den Brutkörpern von Lunularia cruciata (L.) Dum. Lunds. Univ. Årskr., N. F. Avd. 2, 22, Nr 3 (1926). — [GIRKE, E.: Kurze Darstellung der pathologischen Anatomie (russ.). Moskau 1913.] — GLADKOFF, W.: Über erfolgreiche interfamiliäre Propfungen, 1931. (Wird vorbereitet zum Druck.) — [GLEISBERG, W.: Obstunterlagenselektion nach Bewurzelung und Wundverwachsung. Züchter 2 (1930).] — GLEY, E.: Die Lehre von der inneren Sekretion. Abhandlungen und Monographien auf dem Gebiete der Biologie und Medizin, H. 1. Bern-Leipzig 1930. — GOEBEL, K.: Beiträge zur Morphologie und Physiologie des Blattes. Bot. Ztg 38, Nr 50 (1880). — Über Regeneration im Pflanzenreich. Biol. Zbl. 22 (1902). — Einleitung in die experimentelle Morphologie der Pflanzen. Naturwissenschaft und Technik in Lehre und Forschung. Leipzig 1908. — Über sexuellen Dimorphismus bei Pflanzen. Biol. Zbl. 30 (1910). — Organographie der Pflanzen, 2. Aufl., Teil 3, Spezielle Organographie der Samenpflanzen. Jena 1923. Siehe noch Biol. Zbl. 36 (1916). — Organographie der Pflanzen, 3. Aufl., Teil 1, Allgemeine Organographie. Jena 1928. — Organographie der Pflanzen, 3. Aufl., Teil 2, Bryophyten-Pteridophyten. Jena 1930. — GOEPPERT, H. R.: Über innere Vorgänge bei dem Veredeln der Bäume und Sträucher. Kassel 1874. — GOLDSCHMIDT, R.: Die quantitative Grundlage von Vererbung und Artbildung, 1920. — Physiologische Theorie der Vererbung. Berlin: Julius Springer 1927. — [GOLDSTEIN, B.: Nuclear forms related to functional activities of normal and pathological cells. Bot. Gaz. 86 (1928).] — GOLENKIN, M. J.: Materialien zur Charakteristik der Blütenstände bei Urticineae (russ.). Moskau 1895. — Sieger im Existenzkampf. Erforschungen über die Ursachen und Bedingungen für die Eroberung des Bodens durch Angiospermen, in der Mitte der Kreideperiode. Trudy. Bot. Inst. 1 — go Most. Gosudarstwt. Univ. Moskau 1927 (russ. mit deutschem Referat). — GOLINSKY, ST.: Recherches sur les variations du chimisme chez les tomates greffés sur les pommes de terre et sur Liciet (Licium barbarum L.). C. r. Acad. Sci. Paris 178 (1924). — GOODSPEED, T. H.: The effects of x-rays and radium on species of the genus Nicotiana. J. Hered. 20 (1929). — GORDJAGIN, A.: Zur Frage über die winterliche Verdunstung einiger Gehölze, Trudy Obschestwa Estest woispytateley pri Gos. Kasanskom Univ. 50 (1925). — GORSCHKOV, I.: I. W. MITSCHURIN, sein Leben und seine Leistungen (russ.). Moskau 1925. — GORSCHKOV, I.: Beobachtungen über den Einfluß der Unterlage auf das Reis und vice versa. Proc. Michurin State's pomol. nursery Woronesch (russ.) 1929. — [GÖTZE, H.: Hemmung und Richtungsänderung begonnener Differenzierungsprozesse bei Phycomyceten. Jb. Bot. 58 (1918).] — GRADMANN, H.: Untersuchungen über geotropische Reizstoffe. Jb. Bot. 64 (1925). — Die tropistischen Krümmungen als Auswirkungen eines gestörten Gleichgewichts. Jb. Bot. 72 (1930). — [GRAEBNER, P.: Lehrbuch der nichtparasitischen Pflanzenkrankheiten. Berlin 1920.] — GRAVIS, A.: Recherches anatomiques et physiologiques sur le Tradescantia virginica L. au point de vue de l'organisation générale des Monocotylées et du type Commélinées en particulier. Bruxelles: Hayez 1898. — GREBNITZKY, A.: Riesenfrüchte und ihre Züchtung (russ.). Petersburg 1915. — GUIGNARD, L.: Recherches physiologiques sur la greffe des plantes à acide cyanhydrique. Ann. des Sci. natur. Bot. 6 (1907). — GURWITSCH, A.: Unter Mitwirkung von L. GURWITSCH. Das Problem der Zellteilung physiologisch betrachtet. Berlin: Julius Springer 1926. — Einige Bemerkungen zur Arbeit von HERR. B. ROSSMANN. Roux' Arch. 113 (1928). — Die mitogenetische Strahlung aus den Blättern von Sedum. Biol. Zbl. 49 (1929). — GURWITSCH, A. u. L.: Über ultraviolette Chemolumineszenz der Zellen im Zusammenhang mit dem Problem des Carcinoms. Biochem. Z. 196 (1928a). — Zur Energetik der mitogenetischen Induktion und Zellteilungsreaktion. Roux' Arch. 113 (1928b). — GUSSEWA, K.: Über die geschlechtliche und ungeschlechtliche Fortpflanzung von Oedogonium capillare Ktz. im Lichte der sie bestimmenden Verhältnisse. Planta (Berl.) 12 (1930). HAAS, A. R. C. and F. F. HALMA: Chemical relationsship between scion and stock in Citrus. Plant Physiol. 4 (1929). — HABERLANDT, G.: Das reizleitende Gewebesystem der Sinnpflanze. Leipzig 1890. — Mitt. naturwiss. Ver. Steiermark 1891. — Kulturversuche mit isolierten Pflanzenzellen. Sitzgsber. Akad. Wiss. Wien, Math.-naturwiss. Kl. I 3 (1902). — Physiologische Pflanzenanatomie, Bd. 1. Leipzig 1904. — Zur Physiologie der Zellteilungen. Sitzgsber. preuß. Akad. Wiss., Physik.-math. Kl. 1913—19. — Zur Physiologie der Zellteilung, V. Mitteilung: Über das Wesen des plasmolytischen Reizes bei Zellteilungen nach Plasmolyse. Sitzgsber. Akad. Wiss. Berlin, Physik.-math. Kl. 1920, Nr 2. — Wundhormone als Erreger von Zellteilungen. Beitr. Bot. 2 (1921a). — Über experimentelle Erzeugung von Adventivembryonen bei Oenothera Lamarckiana. Sitzgsber. preuß. Akad. Wiss., Physik.-math. Kl. 1921b. — Die Entwicklungserregung der Eizellen einiger parthenogenetischer Kompositen. Sitzgsber. preuß. Akad. Wiss., Physik.-math. Kl. 1921c. — Die Entwicklungserregung der parthenogenetischen Eizellen von Marsilia Drummondii. A. Br. Sitzgsber. preuß. Akad. Wiss., Physik.-math. Kl. 1922a. — Über Zellteilungshormone und ihre Beziehungen zur Wundheilung. Befruchtung, Parthenogenesis und Adventivembryonie. Biol. Zbl. 42 (1922b). — Die Vorstufen und Ursachen der Adventivembryonie. Sitzgsber. preuß. Akad. Wiss., Physik.-math. Kl. 1922c. — Physiologische Pflanzenanatomie, 6. Aufl. Leipzig 1924. — Über das Verhalten der Schließzellen gebürsteter Laubblätter von Alnus glutinosa. Ber. dtsch. bot. Ges. 43 (1925). — Über den Blattbau der Crataegomespili von BRONVAUX und ihrer Eltern. Sitzgsber. preuß. Akad. Wiss., Physik.-math. Kl. 1926. — Sind die Crataegomespili von BRONVAUX-Verschmelzungspfropfbastarde oder Periklinalchimären? Biol. Zbl. 47 (1927). — Zur Entwicklungsphysiologie der Peridermes. Sitzgsber. preuß. Akad. Wiss., Physik.-math. Kl. 1928. — Über „mitogenetische Strahlung". Biol. Zbl. 49 (1929a). — Über Regenerationsvorgänge bei Bryopsis und Codium. Sitzgsber. preuß. Akad. Wiss., Physik.-math. Kl. (1929b). — Über Zellteilungshormone. Scientia (Milano) 1930a. — Das Wesen der Crataegomespili. Sitzgsber. preuß. Akad. Wiss., Physik.-math. Kl. 1930b. — [HÄCKER, VAL.: Allgemeine Vererbungslehre. Braunschweig 1911.] — HAGEDORN* 1911. — HAGEMANN, A.: Untersuchungen an Blattstecklingen, Gartenbauwiss. 6 (1931). — HALES, ST.: Vegetable statiks 8⁰, London Experim. 1727. [HALLIER, H. L.: L'origine et le systeme philétique des Angiospermes exposes a l'aide de leur arbre genéalogique. Arch. néerland. Sci. exact et nat., III. s. 1 (1912).] — HALMA, F. F. and A. R. HAAS: Identification of certain species of Citrus by colorimetric tests. Plant Physiol. 4, USA. 1929. — HAMMETT, F. S. and D. W. HAMMETT: The influence of sulfhydryl on the Formation of aberrant disorganized overgrowths in the regenerating right chela of the hermit crab (Pagurus Longicarpus). Protoplasma (Berl.) 17 (1932). — HANNIG, E.: Zur Physiologie pflanzlicher Embryonen. I. Über die Kultur von Cruciferen Embryonen außerhalb des Embryosackes. Bot. Ztg 62 (1904). — Zur Physiologie pflanzlicher Embryonen. Assimilieren Cruciferen Embryonen in künstlicher Kultur die Nitrate der Nährlösung? Bot. Ztg I 65 (1907a). — Über pilzfreies Lolium temulentum. Bot. Ztg I 65 (1907b). — [Hansen, Ad.: Über Adventivbildung. Sitzgsber. physik.-med. Soc. Erlangen 1880. Vgl. Bot. Zbl. 1880.] — Hanstein, H.: Versuche über die Leitung des Saftes durch die Rinde und Folgerungen daraus. Jb. Bot. 2 (1860). — Die Scheitelzellgruppe der Phanerogamen. Bonn 1868. — Bot. Abh. 1 (1870). — Einige Züge aus der Biologie des Protoplasmas II; Reproduktion und Reduktion der Vaucheriazellen. Bot. Abh. 4 (1880). — HANSTEEN-CRANNER, B.: Beiträge zur Biochemie und Physiologie der Zellwand und der plasmatischen Grenzschichten (vorl. Mitt.). Ber. dtsch. bot. Ges. 37 (1919). — HARDER, R.: Zur Frage nach der Rolle von Kern und Protoplasma im Zellgeschehen und bei der Übertragung von Eigenschaften. Z. Bot. 19—20 (1927). — HARIG, A.: Untersuchungen über die experimentellen Beeinflußbarkeit von Wachstumsvorgängen bei vegetativer Fortpflanzung und Regeneration. Planta (Berl.) 15 (1932). — [HARRIS, A.: A tetracotyledones race of Phaseolus vulgaris. Memoir New-York. Bot. Garden 1916.] — HARTIG, R.: Lehrbuch der Pflanzenkrankheiten, 3. Aufl. Berlin 1900. — HARTMAN, M.: Formwechsel der Phytomonadinen (Volvocales). 4. Mitt. Arch. Protistenkde 43 (1921). — Über die Veränderungen der Kolonienbildung von Eudorina elegans. Arch. Protistenkde 49 (1924). — HARTSEMA, J. M.: Beiträge zur Analyse der Wurzelbildung an Veronica beccabunga und anderen Sumpfgewächsen. Flora (Jena) 123 (1928). — [HATTON, R. G.: The Relationship between Scion and Root-stock with special Reference to the Tree Fruits. Roy. Hort. Soc. 1930.] — HATTON, R. G., N. H. GRUBB and J. AMOS: Some Factors influencing Root Development. I. Effect of Scion on Root. East Malling Kent. Res. Sta. Ann. Rept. 1923. — HATTON, R., N. GRUBB and R. KNIGHT: Black currant variety trials. Reliability of results. J. Pomol. a. Hort. Sci. 4 (1925). — HECHT, O.: Über die Verwendung immun-biologischer Begriffe in der Phytopathologie. Biol. Zbl. 51 (1931). — HEDEMANN, E.: Über experimentelle Erzeugung von Adventivembryonen bei Mirabilis uniflora und Mirabilis Froebelii. Biol. Zbl. 51 (1931). — HEDRICK, TAYLOR and WELLINGSTON: Ringing herbaceous plantes. Arb. landw. Versuchsstat. Staat New York Geneva Bull. 1906, Nr 288. Nach SORAUER: 1924. S. 704. — HEGI, G.: Illustrierte Flora von Mitteleuropa. München 1906. — HEILBRONN, A.: Apogamie, Bastardierung und Erblichkeitsverhältnisse bei einigen Farnen. Flora (Jena) 101 (1910). — Eine neue Methode zur Bestimmung der Viskosität lebender Protoplasten. Jb. Bot. 61 (1922). — HEILBRONN, A.: Über experimentell erzeugte Tetraploidie bei Farnen. Z. Abstammgslehre Suppl. 2 (1927). — HEILMANN-WINAWER: Beiträge zur Embryologie von Colchicum autumnale L. Diss. Zürich 1919. — HEINICHEN* 1895. — HEINRICHER, E.: Allmähliches Immunwerden gegen Mistelbefall. Planta (Berl.) 7 (1929). — HEITZ, E.: Das Verhalten von Kern und Chloroplasten bei der Regeneration. Z. Zellforsch. 2 (1925). — HELM, J.: Über die Beeinflussung der Sproßgewebedifferenzierung durch Entfernen junger Blattanlagen. Planta (Berl.) 16 (1932). — HENRY* 1901. — HERAIL: Tige de Dicotyl. Ann. Sci. Nat., Bot. VII. s. 2 (1885). — HERČIK, FERD.: Jak pusobi svetlo na povrchove napeti rostlinnych stav. The Influence of light on the surface Tension of Plant sap, Publication d. l. faculté d. sc. de l'univ. Masaryk. Brno 1926. cis. 74 [nach J. KŘÍŽENECKÝ und O. DUBSKÁ 1927. Studien über die Funktion der im Wasser gelösten Nährsubstanzen, 7. Mitt. Protoplasma (Berl.) 2.] — HERKLOTS, G. A.: The effects of an artificially controlled H. i. c. upon wound healing in the potato. New Phytologist 23 (1924). — HERMANN, L. u. K. UMRATH: Über einige Reaktionen der Erregungssubstanz von Mimosen und deren Prüfung am Froschherzen. Planta (Berl.) 3 (1927). — HERTWIG, P.: Partielle Keimesschädigungen durch Radium und Röntgenstrahlen. BAUR-HARTMANNs Handbuch der Vererbungswissenschaft, 1927. — HERTZSCH, W.: Beiträge zur infektiösen Chlorose. Z. Bot. 20 (1928). (Dort auch weitere Literatur.) — Infektiöse Chlorosen (Sammelreferat). Züchter 2 (1930). — HETTLINGER: 1901 (zit. nach KOVSHOFF). — [HEUER, W.: Pfropfbastarde. Gartenflora 59 (1910).] — HEYN, A. N. J.: Der Mechanismus der Zellstreckung. Rec. Trav. bot. néerl. 28 (1931). — HILDEBRANDT, F.: Über Bildung von Laubsprossen aus Blütensprossen von Opuntia. Ber. dtsch. bot. Ges. 6 (1888). — Über Sämlinge von Cytisus Adami. Ber. dtsch. bot. Ges. **26a** (1908). — HILTNER, L.: Praktische Blätter für Pflanzenbau und Pflanzenschutz, 1909. — HILTNER, E.: Zur Bekämpfung der Dörrfleckenkrankheit des Hafers. Landw. Jb. **1924**. — HIMMELBAUR, W.: Der gegenwärtige Stand der Pfropfhybridenfrage. Sammelref. Mitt. N.V. Univ. Wien 1910. — Zur Entwicklungsgeschichte von Crocus sativus L. Festschrift A. TSCHIRCH. Leipzig 1926. — HÖBER, R.: Physikalische Chemie der Zelle und Gewebe, 1926 u. 1932. — Über den Einfluß des elektrischen Stroms auf die Permeabilität von Pflanzenzellen. Erwiderung auf die Mitteilung von GICKLHORN und DEJDAR. Protoplasma (Berl.) **19** (1933). — HOCQUETTE, M.: Fasciation d'origine traumatique chez Bergenia crassifolia. C. r. Soc. Biol. (Lille) **106** (1931). — HÖFLER, K.: Über Kappenplasmolyse. Ber. dtsch. bot. Ges. **46** (1928). — Das Permeabilitätsproblem und seine anatomischen Grundlagen. Ber. dtsch. bot. Ges. **49** (1931). — HOFFMANN, M.: Vegetations- und Vererbungsversuch mit Kartoffeln. Illustr. landw. Ztg **1902**, Nr 61. — HOFMEISTER* 1848. — HOLDEN, H. S.: Observations on some Wound Reaktions in the Aerial Stem of Psilotum triquetrum. Ann. of Bot. **44** (1930). — HOLLINGSHEAD, L.: Chromosomal chimeras in Crepis. Univ. California Publ. agricult. Sci. **2** (1928). — A cytological Study of haploid Crepis capillaris plants. Univ. California Publ. agricult Sci. **6** (1930a). — Cytological investigation of Hybrids and Hybrid derivatives of Crepis capillaris and Cr. tectorum. Univ. California Publ. agricult. Sci. **6** (1930b). — HOLLRUNG, M.: Jahresbericht über das Gebiet der Pflanzenkrankheiten. Ref. Biol. Zbl. **30** (1910). — HÖSTERMANN, G.: Versuche zur vegetativen Vermehrung von Gehölzen nach dem Dahlemer Drahtungsverfahren. Ber. dtsch. bot. Ges. **48** (1930). — [HOTTER, E.: Der Einfluß der amerikanischen. Unterlagsreben auf die Qualität des Weins. Zbl. Agricult. chem. **1905**, 625.] — HOUDAILLE, F. et J. M. GUILLON: Absorbtion de liquides par les sections pratiquées sur les sarments de la vigne. Rev. de Viticulture **1896**. — HUBER, B.: Beobachtung und Messung pflanzlicher Saftströme. Ber. dtsch. bot. Ges. **50** (1932).

IKENO, S.: Studies on the hybrids of Capsicum annuum II. On some variegated Races. J. Genet. **6** (1916a). — A note to my paper on some variegated races of Capsicum annuum. J. Genet. **6** (1916b). — Studien über die mutative Entstehung eines „intermedium" Typus bei Gerste. Z. Abstammgslehre **37** (1925). — Studien über einen eigentümlichen Fall der infektiösen Buntblättrigkeit bei Capsicum annuum. Planta (Berl.) **11** (1930). — ILJIN, W.: Materialismus und Emperiokritizismus (russ.). Moskau: Verlag „Sweno" 1909. — ILJINSKIJ, A. P.: On vegetative reproduktion and phylogeny of some species of Cardamine. Mitt. Hauptbot. Garten. Leningrad 1926. (Russ. mit englischer Zusammenfassung.) — IRMISCH, TH.: Über die Keimung und die Erneuerungsweise von Convolvulus sepium und C. arvensis, so wie über hypokotylische Adventivknospen bei krautigen phanerogamen Pflanzen. Bot. Ztg **1857**, Stück 26—29. — ISABURO NAGAI: s. Nagai, J. — ISBELL, C. L.: Regeneration in leaf cuttings of Ipomoea Batatas. Bot. Gaz. **91** (1931a). — Regenerative capacities of leaf and leaflet cuttings of tomato and of leaf and shoot cuttings of potato. Bot. Gaz. **92** (1931b). — ISSAEW, W. M.: Chimären. Bull. appl. Bot. a. Plant-Breed (russ.) **13**. Leningrad 1922—1923. — Transplantationen und Verwachsungen. Moskau-Leningrad. Gosisdat (russ.) **1927**. — IVANOV, F. J.: On crosses of tetraploid oat forms (Av. barbata Pott., AV. Brauni Koern.) among themselves and with hexaploid forms. (Av. sativa L., Av. nuda L. var inermis Koern., Av. Ludowiciana Dur., Av. sterilis L.). Proc. UdSSR. Congr. Genet., Plant a. Animal Breeding **2** (1930) (Genetics). (Russ. mit englischer Zusammenfassung.) — IVANOW, S. L.: The Principal Biochemical Law. Bull. appl. Bot. a. Plant Breeding **16**. Leningrad 1926. (Russ. mit englischer Zusammenfassung.) IWANOWSKY, D.: Pflanzen physiologie. Charkow Roston auf Don. Kais. bot. Garten Petersburg 1917—1919, Teil II.

JACOBY, B.: Über den Einfluß verschiedener Substanzen auf die Atmung und Assimilation submerser Pflanzen. Flora (Jena) **86** (1899). — Beeinflussung des

Wachstums morphologisch ungleichwertiger Pflanzenteile durch verschiedene Reize. Österr. bot. Z. 75 (1926). — JAEGER, M.: Untersuchungen über die Frage des Wachstums und der Entholzung verholzter Zellen. Jb. Bot. 68 (1928). — JAKOW-LEW, P. N.: Blattbewurzelung bei verschiedenen Frucht- und Zierpflanzen. Proc. Mitschurin States pomolog. Nursery. Woronesch (russ.) 1929. — Über die Leistungen in der Pflanzenschule im Jahre 1927. Proc. Mitschurin States pomolog Nursery. (russ.). Woronesch 1929. — JANSE, J. M.: An investigation on polarity etc. Akad. VAN WETENSCH. Amsterdam 1905. — Ein Blattsteckling von Camelia japonica mit Adventivknospe. Flora (Jena) 114 (1921). — Ernährung, Adventivbildung und Polarität. Flora (Jena) 118, 119 (1925). — JENSEN* 1895. — JESENKO, FR.: Einige neue Verfahren die Ruheperiode der Holzgewächse abzukürzen. Ber. dtsch. bot. Ges. 29 (1911); 30 (1912). — JESSEN, F.: Über die Lebensdauer der Gewächse und die Ursachen verheerender Pflanzenkrankheiten. Breslau u. Bonn 1855. — JOHANNSEN, W.: Äther- und Chloroformnarkose und deren Nachwirkung. Bot. Zbl. 68 (1896). — Frühtreibe mittels Äther. Jena: Gustav Fischer 1902. — Das Ätherverfahren beim Frühtreiben mit besonderer Berücksichtigung der Fliedertreiberei, 2. Aufl. Jena 1908. — Elemente der exakten Erblichkeitslehre, 3. Aufl., 1926. — JOHN-SON, E. L.: Effects of X-rays upon growth, development, and oxidizing enzymes of Helianthus annuus. Bot. Gaz. 82 (1926). — JOHOW, FR.: Die chlorophyllfreien Humuspflanzen nach ihren biologischen und anatomischen entwicklungsgeschichtlichen Verhältnissen. Jb. wiss. Bot. 20 (1889). — JOLLOS, V.: Genetik and Evolutionsproblem. Verh. dtsch. Zool. Ges. 1931. — JØRGENSEN, C.: A periclinal tomate potato chimaeria. Hereditas (Lund) 10 (1927). — The experimental formation of heteroploid plants in the genus Solanum. J. Genet. 19 (1928). — JØRGENSEN, C. and M. CRANE: Formation and morphology of Solanum chimaeras. J. Genet. 18 (1927). — JOST, L.: Pflanzenphysiologie, Bd. 2. 1924. — Über schlafende Knospen. Flora (Jena) 118, 119 (1925). — JUNGERS, V.: Recherches sur les plasmodesmes chez les végétaux. Cellule 40 (1930). — JUNGNER, J. R.: Wie wirkt träufelndes und fließendes Wasser auf die Gestaltung des Blattes? Einige biologische Experimente und Beobachtungen. Bibl. bot. 1895, H. 32. (Ref. 80.)

KABUS, BR.: Neue Untersuchungen über Regenerationsvorgänge bei Pflanzen. Beitr. Biol. Pflanz. 11 (1912). — KACHIDZE, N. T.: Chromosomveränderungen und Bildung von Chromosomchimären bei Cephalaria syriaca unter dem Einfluß von Röntgenstrahlen. (Im Druck in Bull. appl. Bot. Genet. a. Plant-Breeding. Leningrad 1931. (Russ. mit englischer Zusammenfassung.) — [KACZMAREK, A.: Untersuchungen über Plasmolyse und Deplasmolyse in Abhängigkeit von der Wasserstoffionenkonzentration. Diss. Leipzig 1929.] — KAJALOWITSCH, B.: Anfangsgründe der Integralrechnung. Moskau 1923. — KAJANUS, B.: Zur Genetik der Samen von Phaseolus vulgaris. Z. Pflanzenzüchtg 2 (1914). — KAKE-SITA, K.: Experimental studies on Regeneration in Bryophyllum calycinum. Jap. J. of Bot. 5 (1930). — KALASCHNIKOW, L.: Über einige Experimente zur Pflanzenregeneration (vorl. Mitt.). Trudy sarat. Obscht. Estestwoisp. i ljubitelsk. Estestwosn. (russ.) 9 (1924). — KAMENOGRADSKI, P. J.: Stecklingsbildung unter Biegung und in inverser Lage. Vestn. Imerat. Ross. Obscht. Sadowod. (russ.) 1902, Nr 4. — [KAMENSKAJA, T.: Zur Frage der physiologischen Bedingungen zur Ansammlung von Atropin im Blatt von Atropa belladonna. Vestn. prikl. Bot. 1930, Nr 34.] — KAMERER, P.: Der Tod und das ewige Leben. (Übersetzung) Gosisdatelstwo. 1925. — KARSCH, A.: Vademecum Botanicum. Leipzig 1894. — KARZEL, R.: Über die Nachwirkungen der Plasmolyse. Jb. Bot. 65 (1926). — KASAKEWITSCH, L. J.: Über die Haupttypen vegetativer Vermehrung der Pflanzen von Süd-Ost-Rußland. Protokoll ersten allruss. Kongr. Bot. 1921, 83. — KELLER, B.: Allgemeine Botanik. 1923, Teil I; Voroneg. 1924, Teil II. — KEMP* 1910. — KERN, I. Proff.: Subtropiecs Nr. 5—6. Abhasien Scientific. Soc. Agricultural Section. Suchum (ASSR.) 1930. — KERNER, A.: Pflanzenleben 1906 I (russ. Übersetzung). — KEW BULLETIN: Royal

Botanic Gardens, Kew Bulletin of Miscellaneous information Additional Series, Vol. 8, p. 3. London: Rubler 1906. — KIESEL, A.: Über die Rolle des Plastins von Myxomyceten und über seinen albuminoiden Charakter. Ž. èksper. Biol. i Med. (russ.) **1927,** Nr 15. Moskau. — KIESSLING, L.: Einige besondere Fälle von Chlorophylldefekten Gersten. Z. Abstammgslehre **19** (1918). — KIPEN, A.: Pfropfung und Beschneidung der Weinstöcke, Ausg. 2, Odessa 1906. — KIRCHHEIMER, F.: Protoplasma und Wundheilung bei Phycomyces. Planta (Berl.) **19** (1933). — KISSER, J.: Maceration parenchymatischer Gewebe usw. Planta (Berl.) **2** (1926). — Die stofflichen Graundlagen der pflanzlichen Reizkrümmungen. Verh. zool.-bot. Ges. Wien **81** (1931); s. ferner: Wien. acad. Anz. **1931,** H. 27. — KLEBAHN, H.: Impfversuche mit Pfropfbastarden. Flora (Jena) **111, 112** (1918). — Fortsetzung der experimentellen Untersuchungen über Alloiophyllie und Viruskrankheiten. Phytophath. Z. **4** (1931). — KLEBS, G.: Beiträge zur Physiologie der Pflanzenzelle. Pfeffer, Unters. bot. Inst. Tübingen II **1886**—**88**. — Über den Einfluß des Kerns in der Zelle. Biol. Zbl. **7** (1887). — Die Bedingungen der Fortpflanzung bei einigen Algen und Pilzen, 1896a. (S. außerdem B. NĚMEC, 1900.) — Über die Fortpflanzungsphysiologie der niederen Organismen. Jena 1896b. — Willkürliche Entwicklungs-Änderungen bei Pflanzen. Jena 1903. — Über Probleme der Entwicklung. Biol. Zbl. **24** (1904). — Über künstliche Metamorphosen. Stuttgart 1906. — Über die Entwicklung der Pflanzen. Sitzgsber. Heidelberg. Akad. Wiss., Math.-naturwiss. Kl. **1911, 23,** Abh. Heidelberg. — KLEIN, L.: Die botanischen Naturdenkmäler des Großherzogtums Baden usw. Karlsruhe (nach SORAUER, 1924). — Bemerkenswerte Bäume im Großherzogtum Baden. Heidelberg 1908. — KLEIN, G.: Zur Ätiologie der Tüllen. Z. Bot. **15** (1923). — Studie o korelaci mezi delchon a uzlanim pupenem po strance vnitrnich podminek. Publ. biol. de l'école des hautes études vétérinaires. Tome 5, p. 12, Sign. B. 72 (mit französischer Zusammenfassung). Bruo 1926. — KLEINMANN, A.: Über Kern- und Zellteilungen im Kambium. Bot. Archiv **4** (1923). — [KLEMM, P.: Über die Regenerationsvorgänge bei den Siphonaceen. Flora (Jena) **78** (1894a). — Aggregationsstudien. Bot. Zbl. **57** (1894b).] — KLERCKER: Eine Methode zur Isolierung lebender Protoplasten. Pflanzenphysiol. Mitt. **3**. Stockholm 1892. (Nach NĚMEC, 1924). — KNAPP, E.: Hepatikologische Studien. 1. Ist die Entwicklung des Lebermoosperianths von der Befruchtung abhängig? Planta (Berl.) **12** (1931). — Entwicklungsphysiologische Untersuchungen an Fucaceeneiern. Planta (Berl.) **14** (1931). — KNIEP, H.: Sur le point végétatif de la tige de l'Hippuris vulgaris. Ann. Sci. Nat., VIII. s. **19** (1904). — Vererbungserscheinungen bei Pilzen. Bibliographia genet. **5** (1929). — KNIGHT, TH. A.: (1806.) A selection from the physiological and horticultural papers. London 1841. — KNY, L.: Versuche über den Einfluß äußerer Kräfte usw. Verh. bot. Ver. Prov. Brandenburg **23** (1882). — Über die Bildung des Wundperiderms an Knollen in ihrer Abhängigkeit von äußeren Einflüssen. Ber. dtsch. bot. Ges. **7** (1889a). — Umkehrversuche mit Ampelopsis quinquefolie und Hedera helix. Ber. dtsch. bot. Ges. **7** (1889b). — Über die Einschaltung des Blattes in das Verzweigungssystem der Pflanze. Naturwiss. Wschr. **3** (1904). — Über künstliche Spaltung der Blütenköpfe von Helianthus annuus. Naturwiss. Wschr., N. F. **4,** Nr 47 (1905). — KOBEL, F.: Versuche zur Stimulation von Samen und Stecklingen mit besonderer Berücksichtigung der Rebe. Landw. Jb. Schweiz. **40** (1926). — Lehrbuch des Obstbaues auf physiologischer Grundlage. Berlin: Julius Springer 1931. — KOERNICKE, M.: Über Ortsveränderungen von Zellkernen. Sitzgsber. niederrhein. Ges. Natur- u. Heilk. Bonn **1901.** (Nach NĚMEC, 1910.) — Der heutige Stand der Elektrokulturfrage. Beitr. Pflanzenzucht **9** (1927). — KÖGL, F. u. HAAGEN-SMIT: Über die Chemie des Wuchsstoffes. Proc. Akad. Wetensch. Amsterd. Wis- en natuurkd. Afd. **34** (1931). — KÖHLER, E.: Zur Kenntnis der vegetativen Anastomosen der Pilze. Planta (Berl.) **10** (1930). — Über das Verhalten von Synchytrium endobioticum usw. Arb. d. Biol. Reichsanst, Bd. 19. Berlin 1931. — Allgemeines über Viruskrankheiten bei Pflanzen. Angew.

Bot. 14 (1932). — Kok, A. C. A.: Über den Transport körperfremder Stoffe durch parenchymatisches Gewebe. Rec. Trav. bot. néerl. 30 (1933). — Koketsu, R.: Studies on the folier transpiring power and its daily fluctuation as related to the development of leaves in Coleus Blumei. Bot. Mag. Tokyo 40 (1926). Ref. Bot. Zbl. 9 (1927). — Komarek, V.: Zur experimentellen Beeinflussung der Korrelationstätigkeit von epigäischen Keimblättern. Flora (Jena) 124 (1930). — Komaroff, W. L.: Botanisches Handbuch für Praktiker, Teil I, Struktur der Pflanzen (russ.), 4. Aufl. Moskau-Leningrad: Gosisdat 1923. — Konopka, K. u. S. H. Ziegenspeck: Die Kerne des Drosera-Tentakels und die Fermentbildung. Protoplasma (Berl.) 7 (1929). — Koopmann, K.: Grundlehren des Obstbaumschnittes, 1896. — Korinek, J.: O korrelacih mezi delohon a uzlabnim pupenom. Publ. Fac. Sci. Univ. Masraryk. Cis. 16, 1—17. (Mit französischer Zusammenfassung.) Brno 1922. — Au sujet des agglutinines specifiques etc. Publ. Fac. Sci. Univ. Charles 10 (1924). (Vgl. Kostoff 1929.) — Korotkewitsch, A. P.: Zur Frage über die Pfropfungen bei der Zuckerrübe. S.t.D.-H.C. of N.E. — UdSSR. Central-Jnstitution of the Sugar-Industry. Contributions from Plant breeding Institute. Vol. 5. (Russ. mit deutscher Zusammenfassung.) Kiew 1930. — Korschelt, E.: Lebensdauer, Altern und Tod, 3. Aufl. Jena: Gustav Fischer 1924. — Regeneration und Transplantation, Bd. 1. Regeneration 1927. Bd. 2. Transplantation unter Berücksichtigung der Explantation, der Pflanzenpfropfung und Parabiose. Berlin: Gebrüder Bornträger 1931. (Wegen späten Erscheinens konnte diese Arbeit nicht benutzt werden.) — Koshuchowa, S.: Experimentelle Verdoppelung der Chromosomenzahl in somatischen Zellen unter dem Einfluß von Temperatureinwirkungen. Sapiski Kyevsk. Tovaristwa Prirod. (russ.) 24, Nr 2 (1927). — Koso-Poljansky, B.: Symbiogenesis in der Evolution der Pflanzenwelt. Voroneg: Gosisdat 1921. — Kostoff, D.: Studies on callus tissue. Amer. J. Bot. 15, Nr 10 (1928). — Acquired immunity in plants. Genetics XIV (1929). — Biologia na callusa. (Biology of the callus.) Bulg. mit englischer Zusammenfassung. Ann. Sofia Univ. 8 (1929/30a). — Chromosomabberrationen und Genmutationen als Ursachen des Saatgutsabbaues. (Vorl. Mitt.) Ann. Agricult. Fak. Univer. Sofia 8. (Bulg. mit beinahe vollständiger deutscher Übersetzung. 1929/30b.) — Chromosomal chimeras in Nicotiana. J. Hered. 21 (1930a). — Chromosomal aberants and gene mutations in Nicotiana obtained by grafting. J. Genet. 22 (1930b). — Protoplasmic viscosity in plants. II. Cytoplasmic viscosity in callus tissue. Protoplasma (Berl.) 11 (1930c). — Protoplasma viscosity in plants. IV. Cytoplasmic viscosity in Tumors of Nicotiana hybrids. Protoplasma (Berl.) 11 (1930d). — Tumors and other malformations on certain Nicotiana hybrids. Zbl. Bakter. 81 (1930e). — Kostoff, D. and J. Kendall: Irregular meiosis in Datura ferox caused by Tetranychus telarious. Genetica ('s-Gravenhage) XII (1930). — Variants and Aberrants of Nicotiana Tabacum, obtained experimentally. Biol. generalis (Wien) 7 (1931). — Kostytschew, S.: Studien über Photosynthese II. Wirkt Wundreiz stimulierend auf die Kohlensäureassimilation im Lichte ? Ber. dtsch. bot. Ges. 39 (1921). — Physiologie der Pflanzen (russ.). Leningrad 1924. — Lehrbuch der Pflanzenphysiologie, Bd. 1. — Chemische Physiologie. Berlin 1926. — Kostytschew-Went: Lehrbuch der Pflanzenphysiologie, Bd. 2. 1931. — Kovschoff, I.: Über den Einfluß von Verwundungen auf die Bildung von Nukleoproteiden in den Pflanzen. Ber. dtsch. bot. Ges. 21 (1903); Rev. gén. Bot. 14, 449 (1902). — Kowalewska, Z.: Über Sproßregenerate an isolierten Keimblättern von Bohnen und Erbsen. Bull. Acad. Polonaise Sci., et Lettres, Cl. Sci., Math. et Natur. Série B. Cracovie 1927/28. — Krabbe, G.: Ein Beitrag zur Kenntnis der Struktur und des Wachstums vegetabilischer Zellhäute. Jb. Bot. 18 (1887). — Über den Einfluß der Temperatur auf die normalen Prozesse lebender Pflanzenzellen. Jb. Bot. 29 (1896). — Krämer, S.: Physiologische Studien an *Iris germanica I.* Gartenbauwiss. 6 (1932). — Kranz, G.: Zur Kenntnis der wechselnden Blattform des Efeus und ihrer Ursachen. Flora (Jena) 125

(1931). — KRASCHENINNIKOW, H.: Notes sur quelques espèces du genre Artemisia de la flore russe. III. Bull. Jard. imp. bot. Pierre le Grand 14. (russ. u. franz.) 1915. — KRASCHENINNIKOW, F. u. SOKOVNINA: Entwicklung von Kohlensäure bei Landpflanzen und Braunalgen im Polargebiet. Ausg. bot. Inst. 1. Moskau. Stadtuniv. **1925**. — KRAUS, R., L. VON PORTHEIM u. T. YAMANOUCHI: Biologische Studien über Immunität bei Pflanzen. I. Untersuchungen über die Aufnahme präcipitierbarer Substanz durch höhere Pflanzen. (Vorl. Mitt.) Ber. dtsch. bot. Ges. **25** (1907). KRAUSE, G.: (nach SORAUER, 1924, S. 495). Über die Wasserverteilung in der Pflanze II. Der Zellsaft und seine Bestandteile. Abh. naturforsch. Ges. Halle **15** (vgl. Bot. Ztg 1881, 389). — KRENKE, N. P.: Konstruktive Momente in der Formbildung. Proc. UdSSR. Congr. Bot. held Moscow **1926a**. (Russische Zusammenfassung.) — Thesen zum Vortrag, Struktur-Momente der Formbildung (russ.), 1926b. — Rules of the combination of leaf forms in opposite and alternate arrangement. Bull. appl. Bot. a. Plant Breeding **2**. (Russ. mit englischer Zusammenfassung.) 1927a. — Allgemeiner pädagogischer Vortrag, gehalten im Polytechnischen Museum zu Moskau im Jahre 1925. Vologda: Siewernij Petschatnik 1927b. — Homologe Reihen erblicher mutativer Abweichungen im Kotyledonenapparat von Angiospermen und der Mechanismus ihrer Entstehung. Jubiläumssammlung S. G. NAWASCHIN. Moskau 1928a. — Chirurgie (Traumatologie) der Pflanzen (russ.). Moskau: Nowaja Derewnja 1928b. — Der heutige Stand der Frage betreffs Transplantation und Regeneration der Pflanzen. Mitt. Kongr. Bot. UdSSR. Leningrad (russ.) **1928c**. — Beiträge zur Frage über die Transplantation und Regeneration. Mitt. Kongr. Bot. UdSSR. Leningrad **1928d** (russ.). — Chimären zwischen Solanum memphiticum Mart. und Solanum lycopersicum L. (Vorl. Mitt.) Proc. UdSSR. Congr. Genetics, Plant- a. Animal-Breeding **2**, Genetics. (Russ. mit deutscher Zusammenfassung.) 1930. — A Morphogenetical Analysis of the Cotton tree (with some general considerations). I. The variability of the number of carpels (loculi) in the bolls and their sidposition (in press). (Russ. mit englischer Zusammenfassung.) 1931. — Transplantation der Pflanzen. Uspehi sovremennij Biologij (russ.). (Fortschritte der modernen Biologie). Bd. 1, Lief. 3—4. 1932. — Konstruktive Indikatoren der Formbildung. „Phänogenetische Entwicklung", Sammelwerk der Abteilung für Phytomorphogenese des Timiriaseff-Instituts für Biologie. Moskau 1933a. — Die Methodik des Auslösens von Adventivsprossen bei Kartoffeln zwecks Bildung polyploider Sorten und Chimären. „Phänogenetische Entwicklung", Sammelwerk der Abteilung für Phytomorphogenese des Timiriaseff-Instituts für Biologie. Moskau 1933b. — A morphogenetical analysis of the cotton tree (Gossypium Linn.) with some general considerations. The variability of the Bolls. „Phänogenetische Entwicklung", Sammelwerk der Abteilung für Phytomorphogenese des Timiriaseff-Instituts für Biologie. Moskau 1933c. — A morphogenetical analysis of the cotton tree (Gossypium Linn.) with some general considerations. The variability of the leaves. „Phänogenetische Entwicklung", Sammelwerk der Abteilung für Phytomorphogenese des Timiriaseff-Instituts für Biologie. Moskau 1933d. — Buntblätterige Vaccinium vitis ideae L. „Phänogenetische Entwicklung", Sammelwerk der Abteilung für Phytomorphogenese des Timiriaseff-Instituts für Biologie. Moskau 1933e. — Notiz zur Frage der Pfropfungen zwischen Pflanzen verschiedener Familien. „Phänogenetische Entwicklung", Sammelwerk der Abteilung für Phytomorphogenese des Timiriaseff-Instituts für Biologie. Moskau 1933f. — [KRENKE, N. P., N. USSOWA u. T. BELSKAJA: Hauptaufgaben und Prinzipien der Organisation des Biolog. Museums zum Andenken an TIMIRIASEW. Moskau: Verlag Kommunistische Universität zum Andenken an SSWERDLOW 1927.] — KRIEG, W.: Beiträge zur Kallus- und Wundholzbildung geringelter Zweige und deren histologische Veränderungen. Würzburg 1908. — KŘÍŽENECKÝ, J. u. O. DUBSKÁ: Studien über die Funktion der im Wasser gelösten Nährsubstanzen im Stoffwechsel der Wassertiere. 7. Mitt. Verminderung der Oberflächenspannung des Mediums und Wachstumssteigerung. Protoplasma (Berl.) **2** (1927). — KRÜGER, M.: Vergleichend-entwicklungsgeschichtliche Untersuchungen an den Fruchtknoten und Früchten zweier *Solanum*-Chimären und ihrer Elternarten. Planta (Berl.) **17** (1932). — KRUMBHOLZ, G.: Untersuchungen über die Scheckungen der Oenotherenbastarde, insbesondere über die Möglichkeit der Entstehung von Periklinalchimären. Jena. Z. Naturwiss. **62** (1925). — Untersuchungen über Xenienbildungen bei Äpfeln. Landw. Jb. **124** (1930). (Jahresberichte Geisenheim.) — KUBES, V.: Étude des relations matérielles de la formation du tissu cicatriciel sur les cotyledons isolés du pois. Publ. biol. École vét. Brünn **4**, (1925); Bot. Zbl. **9** (1927). — KULAGIN, N.: Schädliche Insekten und ihre Bekämpfung, 2. Aufl. Moskau 1913. (russ.) — KUPFER, E.: Studies in plant regeneration. Dissert. Columbia University New York 1907. — KUSANO, S.: The life history and physiology of Synchytrium fulgens Schroet., with special reference to its sexuality. Jap. J. of Bot. **5** (1930). — KÜSTER, E.: Über Stammverwachsungen. Jb. wiss. Bot. **33** (1899). — Beobachtungen über Regenerationserscheinungen an Pflanzen. Bot. Zbl. **14**, Beih. (1903). — Beiträge zur Kenntnis der Wurzel- und Sproßbildung an Stecklingen. Jb. Bot. **40** (1904a). — Experimentelle Untersuchungen über Wurzel- und Sproßbildung an Stecklingen. (Vorl. Mitt.) Ber. dtsch. bot. Ges. **22** (1904b). — Über sektoriale Panaschierung und andere Formen der sektorialen Differenzierung. Mh. naturwiss. Unterr. **1** (1909). — Methode zur Gewinnung abnorm großer Protoplasten. Roux' Arch. **30** I, Festschr. (1910). — Pathologische Pflanzenanatomie, 2. Aufl. Jena 1916; 3. Aufl. Jena 1925a. (Literatur.) — Über sektorial differenzierte Äpfel. Nach einem im November 1920 vor der Oberhessischen Gesellschaft für Natur- und Heilkunde gehaltenen Vortrag. Mh. naturwiss. Unterr. Jahrg. und Zeitschriftnummer nicht angegeben. — Botanische Betrachtungen über Alter und Tod. Abh. theoret. Biol. **1921**, Nr 10. — Botanische Betrachtungen über Gewebekorrelationen. Biol. Zbl. **43** (1923). — Über experimentell erzeugbare Gallen. Naturwiss. Mschr. **6** (1925b). — Über einige Fragen der vergleichenden Pathologie. Jap.-dtsch. Z. Wiss. u. Techn. **4** (1926a). — Problèmes de Phytotomie pathologique. Scientia (Milano) **1926**b. — Zur Ätiologie der Panaschierungen. Z. Pflanzenkrkh. **36** (1926c). — Neue Probleme der Physiologie der Pflanzenzelle. Nachr. Giessen. Hochschulges. **5** (1927). — Beobachtungen an verwundeten Zellen. Protoplasma (Berl.) **7** (1929a). — Pathologie der Pflanzenzelle, Teil I. Pathologie des Protoplasmas. Protoplasma Monographien **3** (1929b). — KVARAZKHELIA, T. K.: To the question of the biology of the root-system of fruit-trees. Suchum 1927. UdSSR. (ASSR.).

LACHMANN, P.: Origine et développement des racines et des radicelles du Ceratopteris thalictroides. Ann. Univ. Grenoble **18**, 107 (1906). — LAIBACH, F.: Ectogenesis in Plants. Methods and Genetic Possibilities of Propagating Embryos otherwise dying in the seed. J. Hered. **20** (1929). — Kreuzungsschwierigkeiten bei Pflanzen und die Möglichkeiten ihrer Behebung. Ber. dtsch. bot. Ges. **48** (1930). — Pollenhormon und Wuchsstoff. Ber. dtsch. bot. Ges. **50** (1932). — LAKON **1912** (zit. nach IWANOWSKY). — LAMPRECHT, W.: Über die Kultur und Transplantation kleiner Blattstückchen. Beitr. allg. Bot. **1** (1918). — Über die Züchtung pflanzlicher Gewebe. Arch. exper. Zellforsch. **1** (1925). — Sektorialchimären vom Apfel. Die Beziehungen zwischen dem sortefremden Sektor und dem übrigen Teil der Chimäre. Hereditas (Lund) **8** (1926). — [LANDAUER, W.: Der spezifische Erreger der Zellteilung. Biol. generalis (Wien) **1** (1925).] — LANGE, F.: Vergleichende Untersuchungen über die Blattentwicklung einiger Solanum-Chimären und ihrer Elternarten. Planta (Berl.) **3** (1927). — LAWTON, E.: Regeneration and induced Polyploidy in Ferns. Amer. J. Bot. **19** (1932). — LEBEDEVA, S. P.: Über die Experimente zur Transplantation von Cucurbitaceae. Bull. appl. Bot. Genetics a. Plant-Breeding **23** (1930) (russ. mit englischer Zusammenfassung). — LEBEDEW, W. W. u. J. E. KOTSCHEREJENKO: Vegetative Vermehrung des Apfelbaums.

Selkolchosgiz. Moskau 1932. — LEBLOND: C. r. Soc. Biol. Paris **82** (1919). — LECLERQ DU SABLON: Sur l'influence du sujet sur le greffon. C. r. Acad. Sci. Paris **134** (1903). — LEHMANN: Untersuchungen über die Anatomie der Kartoffelknolle unter besonderer Berücksichtigung des Dickenwachstums und der Zellgröße. Planta (Berl.) **2** (1926). — LEHMANN, E.: Reziprok verschiedene Bastarde usw. Tübing. naturwiss. Abh. **1928**, H. 11. — LEK, H. A. A. VAN DER: Over de wortelvorming van houtige stekken. Diss. Utrecht, Wageningen 1925. — Versuche über den Einfluß von niedrigen Temperaturen auf die Wurzelbildung von Stecklingen. „Die Gartenbauwissenschaft", Bd. 7. 1933. — LEMOINE: J. Soc. impér. et centr. horticul. France, II. s. 3 (1869). — LENZ: Erblichkeitslehre im allgemeinen und beim Menschen im besonderen. Handbuch der normalen und pathologischen Physiologie, Bd. 17. 1926. — LEPESCHKIN, W.: Über physikalisch-chemische Ursachen des Todes. Biol. Zbl. **46** (1926). — Über den Zusammenhang zwischen mechanischen und chemischen Schädigungen des Protoplasmas und die Wirkungsart einiger Schutzstoffe. Protoplasma (Berl.) **2** (1927a). — Mechanische Koagulationen der lebenden Materie und Analogie zwischen Grundstoffen derselben und Explosivstoffen. Arch. exper. Zellforsch. **4** (1927b). — LEPESCHKIN, W.: Der thermische Effekt des Todes. Ber. dtsch. bot. Ges. **46** (1928). — Nekrobiotische Strahlen. Ber. dtsch. bot. Ges. **50** (1932). — LEVITSKY, G. A.: Die materielle Grundlage der Vererbung. Ukraine: Kisizdat 1924. — On natural and voluntary changes in the flowers of Veratrum nigrum L. Bull. appl. Bot. Genetics a. Plant-Breeding **14** (1924—25). — Referate der Arbeiten von BATESON 1926 (Segregation) und anderer Autoren (russ.). Bull. appl. Bot. Genetics a. Plant-Breeding **16** (1926). — Experimentally induced translocation of chromosomes from one cell to another. Mitgeteilt in Russ. bot. Ges., 14. Dez. 1927 (russ. mit englischer Zusammenfassung). — LIDFORSS, B.: Die wintergrüne Flora. Lunds Univ. Årskr., N. F. **1907**, H. 2. — Resumé seiner Arbeiten über Rubus. Z. Abstammgslehre **12** (1914). — LIESKE, R.: Pfropfversuche I, II, III. Ber. dtsch. bot. Ges. **38** (1920). — Pfropfversuche IV, Untersuchungen über die Reizleitung der Mimosen. Ber. dtsch. bot. Ges. **39** (1921). — Vortrag in Ber. dtsch. bot. Ges. **45**, Sitzg März 1927. — LILLIE, F. R.: The gene and the ontogenetic Process. Science (N. Y.) **66**, Nr 1712 (1927). — LINDEMUTH, H.: Impfversuche mit buntblättrigen Malvaceen. Verh. bot. Ver. Prov. Brandenburg **1872**, 32. — Vegetative Bastarderzeugung durch Impfung. Thieles Landw. Jb. H. 6. Berlin 1878. — Das Verhalten durch Copulation verbundener Pflanzenarten. Ber. dtsch. bot. Ges. **19** (1901). — Über Größerwerden isolierter ausgewachsener Blätter nach ihrer Bewurzelung. Ber. dtsch. bot. Ges. **22** (1904). — Über angebliches Vorhandensein von Atropin in Kartoffelknollen infolge von Transplantation und über die Grenze der Verwachsung nach dem Verwandtschaftsgrade. Ber. dtsch. bot. Ges. **24** (1906). — Studien über die sogenannte Panaschüre und über einige begleitende Erscheinungen. Landw. Jb. H. 36. Sitzgsber. Ges. Naturfr. Berlin **1870, 1871**; Gartenflora **1897, 1900, 1901, 1902, 1904**. — LINGELSHEIM, A.: Verwachsungserscheinung der Blattränder bei Arten der Gattung Syringa. Beih. Bot. Zbl. **33**, (1917). — LINK, G., P. JONES and W. TALIFERO: Possible etiological role of Plasmodiophora tabaci in tabaccomosaic. Bot. Gaz. **82** (1926). — LINSBAUER, K.: Studien über die Regeneration des Sproßscheitels. Anz. Akad. Wiss. Wien, Math.-naturwiss. Kl. **52**, 20 (1915). Ref. Bot. Zbl. **132** (1916). — Die physiologischen Arten der Meristeme. Biol. Zbl. **36** (1916). — Studien über die Regeneration des Sproßvegetationspunktes. Denkschr. Akad. Wiss. Wien, Math.-naturwiss. Kl. **93** (1917). — Rückdifferenzierung als Voraussetzung ontogenetischer Entwicklung. Flora **1925, 118, 119**. — Über Regeneration der Farnprothallien und die Frage der „Teilungsstoffe". Biol. Zbl. **46** (1926). — Untersuchungen über Plasma und Plasmaströmung an Charazellen I. Protoplasma (Berl.) **5** (1929). — Betrachtung zum Problem der Sproßregeneration. Planta (Berl.) **9** (1930). — LINSBAUER, K. u. V. GRAFE: Über die wechselseitige Beeinflussung von Nicotiana Tabacum und

N. affinis bei der Pfropfung. Ber. dtsch. bot. Ges. **24** (1906). — LJUBIMENKO, W.: Lehrbuch der allgemeinen Botanik (russ.). Moskau: Gosizdat 1924. — Substanz und Pflanze (russ.). Moskau: Gosisdat 1923. — LOEB, J.: Rules and mechanism. of inhibition and correlation in the regeneration of Bryophyllum calycinum. Bot. Gaz. **60** (1915). — The Organism as a whole. New York and London 1916. — The physiological basis of morphological polarity in regeneration. J. gen. Physiol. **1** (1918). — The physiological Basis of morphological polarity in regeneration. II. J. gen. Physiol. **1** (1919). — [LOOMIS, W.: Studies in the transplanting of vegetable plants. Cornell Univ. Agn. Exp. Sta. Mem. **87** (1925).] — LOPRIORE, G.: Über die Regeneration gespaltener Wurzeln. Ber. dtsch. bot. Ges. **10** (1892). — Vorläufige Mitteilung über die Regeneration gespaltener Stammspitzen. Ber. dtsch. bot. Ges. **13** (1895). — Über die Regeneration gespaltener Wurzeln. Nova acta Leop. Carol. **46** (1896). (Nach NĚMEC, 1924.) — Regeneration von Wurzeln und Stämmen infolge traumatischer Einwirkungen. Internat. bot. Kongr. Wien-Jena 1906. — LOREY, E.: Mikrochirurgische Untersuchungen über die Viskosität des Protoplasmas. Protoplasma (Berl.) **7** (1929). — LOTSY: Rhopalocnemis phylloides Jungn. A morphological-systematical study. Ann. Jard. bot. Buitenzorg. (17) **2** (1901). — [LOTSY, KOOLMAB, H. u. M. GOEDEWAAGEN: Die Oenotheren als Kernchimären. Genetics **1** (1918).] — LUBIMENKO s. LJUBIMENKO. — LÜDTKE, M.: Neuere Ergebnisse der Zellwandforschung und ihre Bedeutung für phytopathologische Fragen. Phytopath. Z. **3** (1931a). — LÜDTKE, M.: Biochem. Z. **233**, 1 (1931b). — LUNDEGÅRDH, H.: Experimentelle Untersuchungen über die Wurzelbildung an oberirdischen Stammteilen von Coleus hybridus. Arch. Entw.mechan. **37** (1913). — Experimentellmorphologische Beobachtungen. Flora (Jena) **107** (1914). — Reizphysiologische Probleme. Planta (Berl.) **2** (1926). — LUSS, S. I.: The increase of the Frost Resistance and the Protection of Citrustrees against frost. Abhasian Sci. Soc. Agricult. Sect. Suchum (ASSR.) **1929**. — [LUTMAN, B. F.: Respiration of potato tubers after injury. Bull. Torr. Bot. Club. **53** (1926).] — LUYTEN, I.: Vegetative cultivation of Hippeastrum, I. part. Proc. Akad. Wetensch. Amsterd., Wis-en natuurkd. Afd. **29** (1926). Ref. Bot. Zbl. **10** (1927).

MACDANIEL, L. and O. CURTIS: The effect of spiral Ringing on solute Translocation and the structure of regenerated Tissues. Amer. J. Bot. **15** (1928). — MACDOUGAL, D. T.: Induced and occasional parasitism. Publ. Washington. Carneg. Inst. **1910**, 129. — Alterations in heredity induced by ovarial treatment. Bot. Gaz. **51** (1911a). — An attempted analysis of parasitism. Bot. Gaz. **1911**b. — MCNAB, W. R.: Experiments on the transpiration of watery fluids by leaves. Trans. bot. Soc. Edinburgh **2** (1871). — MACHEBOEUF, M., MARGRETHE SØRENSEN et S. P. S. SØRENSEN: Sur la teneur en phosphore et la solubilité de l'ovalbumine. C. r. Lab. Carlsberg **16**, 12 (1927). — MADAUS, G. u. R. KUNZE: Über den Einfluß von Blutdruckhormonen und Wundhormonen auf Pflanzen. Biol. Heilkunst **13**, Nr 51 (1932); **14**, Nr 4 (1933). — [MAGNUS, P.: Hyazinthenblätter als Stecklinge. Sitzgsber. Ges. naturforsch. Freunde, 16. Juli 1878. (Vgl. Bot. Ztg 1878.)] — MAGNUS, W.: Experimentell-morphologische Untersuchungen. I. Reorganisationsversuche an Hutpilzen. II. Zur Ätiologie der Gallbildungen. Ber. dtsch. bot. Ges. **21** (1903). — Über die Formbildung der Hutpilze. Arch. f. Biol. **1** (1906). — Wund-Kallus und Bakterien Tumore. Ber. dtsch. bot. Ges. **36** (1918). — MAGROU: Symbiose des plantes supérieurs. Rev. gén. Bot. **1928**. — MAHEU et COMBES: Sur quelques formations subéro-phellodermiques anormales. Bull. Cos. bot. France **54** (1907). — MALPIGHI, M.: Anatome Plantarum cui subjungitur appendix. iteratas et auctos ejusd. auth. de ovo incubato observationes contineus, Pars 1 et 2. Londini 1675—1679, Vol. I. — Opera omnia, figuris illustrata. Tomus A. 2. Londini 1687, Vol. 1. — MANGOLD* 1709. — MANN-LESLEY, M.: Chromosomal chimeras in the Tomato. Amer. Naturalist **59** (1925). — MANTEUFFEL,

A.: Untersuchungen über den Bau und Verlauf der Leitbündel in Cucurbita Pepo. Bot. Beih. Zbl. I **43**, (1926). Siehe S. 164 Literatur. — MARCHAL, EL. et EM.: Aposporie et sexualité chez les Mousses. III. Acad. roy. Belg. Bull. classe Sc. 1911 (s. hier frühere Arbeiten). — MARCHAND* **1909**. — [MARX, L. M.: Über Intumeszenzbildung an Laubblättern infolge von Giftwirkungen. Österr. bot. Ztg **61** (1911).] — [MASSART: La cicatrisation etc. Mem. cour. publ. Acad. r. Belg. **57** (1898).] — MASTERS: Des Jacinthes. Amsterdam 1768. — [MASTERS, M. T.: Vegetable Teratology, 1869.] — MATHUSE, O.: Über abnormales sekundäres Wachstum von Laubblättern insbesondere von Blattstecklingen dicotyler Pflanzen. Beih. Bot. Zbl. I **20**, (1906). — [MÄULE, C.: Der Faserverlauf im Wundholz. Eine anatomische Untersuchung. Bibl. Bot. **1895**, H. 33.] — MAXIMOW, N. A.: Chemische Schutzmittel der Pflanze gegen Erfrieren, I, II und III. Ber. dtsch. bot. Ges. **30** (1912). — Über das Ausfrieren und die Kältestabilität der Pflanzen (russ.). Experimentelle und kritische Forschungen. Petrograd 1913. — Über die inneren Faktoren der Widerstandsfähigkeit der Pflanzen gegen Frost und Dürre. Bull. appl. Bot. Genetics a. Plant-Breeding **22** (1929). — The Plant in Relation to Water. London 1929. — MAYER-ALBERTY, M.: Vergleichende Untersuchungen über den Blattbau einiger Solanum Pfropfbastarde. Mitt. Inst. allg. Bot. Hamburg **6** (1924). — MAYSURIAN, N.: An essay on classification of the species Secale cereale L. Mitt. wiss.-angew. Abt. bot. Garten Tiflis **1925**, Nr 4 (russ. mit englischer Zusammenfassung). — MEHRLICH, F. P.: Factors affecting growth from the foliar meristems of Bryophyllum calycinum. Bot. Gaz. **92** (1931). — MEISTER, G. K. u. N. G.: Roggen-Weizen-Bastarde, 1924. — METZNER, P.: Über polare Leitfähigkeit lebender und toter Membranen. Ber. dtsch. bot. Ges. **48** (1930). — MEYER, A.: Notiz über die Bedeutung der Plasmaverbindungen für die Pfropfbastarde. Ber. dtsch. bot. Ges. **32** (1914). (Dort auch weitere Literatur.) — MEYER, FR.: Serologische Studien über Gattungsbastarde, Pfropfbastarde und Artbastarde. Biol. Pflanz. **17** (1929). — MEYER, J.: Die Crataegomespili von Bronvaux. Z. Abstammgslehre **13** (1915). — MEYER, A. u. E. SCHMIDT: Die Wanderung der Alkaloide aus dem Pfropfreise in die Unterlage. Ber. dtsch. bot. Ges. **25** (1907). — Über die gegenseitige Beeinflussung der Symbionten heteroplastischer Transplantationen mit besonderer Berücksichtigung der Wanderung der Alkaloide durch die Pfropfstellen, Flora (Jena) **100** (1910). — MEZ, C.: Anleitung zu sero-diagnostischen Untersuchungen für Botaniker. Bot. Arch. **1** (1922) und die Bedeutung der Sero-Diagnostik für die stammesgeschichtliche Forschung. Bot. Archiv **16** (1926a). — Theorien der Stammesgeschichte. Schr. Königsberg. gelehrte Ges., Naturwiss. Kl. **3**. Berlin 1926b. — MIEHE, H.: Über Wanderungen des pflanzlichen Zellkernes. Flora (Jena) **88** (1901). — Wachstum. Regeneration und Polarität isolierter Zellen. Ber. dtsch. bot. Ges. **23** (1905). — Das Archiplasma. Betrachtungen über die Organisation des Pflanzenkörpers. Jena: Gustav Fischer 1926. (Dort auch weitere Literatur.) — MIKSCH, K.: Das Färben lebender Blumen. Gartenztg (Österr. Gartenbau-Ges.) Wien **1926**. Ref. Bot. Zbl. **9**. — MIRANDE, R.: Recherches sur la composition chimique de la membrane et le morcellement du thalle chez les Siphonales. Ann. Sci. Nat. Bot., IX. s. **18** (1913). — MIRSKAJA, L.: Ergänzungsvorgänge an längsgespaltenen Stämmen von Mirabilis jalapa. Flora (Jena) **124** (1930). — MITSCHURIN, I. W.: Eine Erklärung der Wirkung der ,,Mentoren". Proc. Mitchurin States Pomolog. Nursery Woronesch **1929** a. — Die Pflaume ,,*Mopr*". Proc. Mitchurin States Pomolog. Nursery Woronesch **1929**b. — MÖBIUS, M.: Beiträge zur Lehre von der Fortpflanzung der Gewächse. Jena 1897. — Historisches über den Ringelungsversuch. Beih. Bot. Zbl. I **21**, (1907). — MODER, A.: Beiträge zur Protoplasmatischen Anatomie des Helodea-Blattes. Protoplasma (Berl.) **16** (1932). — MOHL, H. VON: Über den Vernarbungsprozeß bei den Pflanzen. Bot. Ztg **1845**, 7. — MOKRSCHEZKY, S.: Innere Therapie und Intrawurzelnährung der Pflanzen. Ber. über die Tätigkeit des Gouvernemententomologen des taurischen Semstwo für 1904. G. E. Simferopol 1905. Andere Arbeiten dieses Autors s. bei A. MÜLLER 1926. — MOLISCH, H.: Das Warmbad als Mittel zum Treiben der Pflanzen. Jena: Gustav Fischer 1909. — Pflanzenphysiologie als Theorie der Gärtnerei, 5. Aufl. Jena 1922. — Die Lebensdauer der Pflanze. Jena 1929. — MOQUIN TANDON: Pflanzen-Teratologie. Übersetzung von SCHAUER, 1842. — MORITZ, O.: Zur Kritik der Phytoserologie. Biol. Zbl. 48 (1928). — Weitere Beiträge zur Kritik und zum Ausbau phytoserologischer Methodik. Planta (Berl.) 7 (1929). — Betrachtungen zum „Ende" der botanischen Serodiagnostik. Beih. Bot. Zbl. II 46 (1930a). — Studien über Nectrialkrebs. Z. Pflanzenkrkh. (Pflanzenpath.) u. Pflanzenschutz 40 (1930b). — Zur Frage der Antigen-Antikörperreaktionen bei Pflanzen. Ber. dtsch. bot. Ges. 50 (1932a). — Prinzipien und Beispiele der Anwendung phytoserologischer Methodik. Planta (Berl.) 15 (1932b). — MORITZ, O. u. H. VOM BERG: Serologische Studien über das Linswickenproblem. Biol. Zbl. 51 (1931). — MORKOWIN, N. W.: Recherches sur l'influence des anestisiques sur la respiration des plantes. Rev. gén. Bot. 11 (1899). — MORKOWIN, N. W.: Einfluß der anaesthesierenden und giftigen Stoffe auf die Atmung der höheren Pflanzen (russ.). Warschau 1901. — MORREN* 1868. — MOTHES, K.: Neue Untersuchungen über den Eiweißumsatz in höheren Pflanzen. Ber. dtsch. bot. Ges. 48 (1930). MOTHES, K.: Die natürliche Regulation des pflanzlichen Eiweißumsatzes. Naturwiss. 1932, H. 6. — [MOTTIER, D. M.: The effect of centrifugal force upon the cell. Ann. of Bot. 13, Nr 51 (1899).] — MÜLLER, A.: Die innere Therapie der Pflanzen. Monogr. angew. Entomol. Berlin 1926, Nr 8. — Innere Therapie bei Pflanzen. Umsch. 33 (1929). — MÜLLER, D.: Studies on traumatic stimulus and loss of dry matter by respiration in branches from Danish forest trees. Dansk. Bot. Ark. 4 (1924). Ref. Bot. Zbl. 9, 73 (1927). — MÜLLER, K.: Rebschädlinge und ihre neuzeitliche Bekämpfung, 1922. — MÜLLER, W.: Einfluß und Erkennung mechanischer Behandlung der Flachsfaser. Zur Kenntnis der Verschiebungen. Faserforsch. 1921, H. 1. — MÜNCH, E.: Die Stoffbewegungen in der Pflanze. Jena: Gustav Fischer 1930. — MUNKELT, W.: Versuche zur Stoffwechselpathologie der Kulturpflanzen. Angew. Bot., Z. Erforsch. Nutzpflanz. 9 (1927).

[NABELEK, V.: Das Krebsproblem der Pflanze. Prace Ucene Spolecnosti Safarikovy v Bratislave.] Prag 1930. — NABOKICH, A.: Zu der Frage über die Wachstumserreger (russ.). Experimentelle Studien. Odessa 1908. — NAGAI, M.: Induced adventions growth in the gemmae of M archantia. Bot. Mag. Tokyo 33 (1919). — Observation on somatic segregation in Soja beans. Jap. J. of Bot. 2, Nr 1 (1923). — NAKACHIDZE, K.: Die Durchwachsung von Pfropfungen nach der RICHTERschen Methode. Z. Wjestn. Winodel. Odessa 1915, Nr 11/12. — NAKANO, H. Untersuchungen über Kallusbildung und Wundheilung bei Keimpflanzen. I, II. Ber. dtsch. bot. Ges. 42 (1924). — NAWASCHIN, M.: Variabilität des Zellkerns bei Crepis-Arten ... Z. Zellforsch. 4 (1926). — Über die Veränderung der Zahl und Form der Chromosomen infolge der Hybridisation. Z. Zellforsch. 6 (1927a). Ein Fall von (echter) Merogonie hervorgerufen durch Artkreuzung bei Kompositen (Vorl. Mitt.). J. Soc. bot. de Russ. 12 (1927b). — NAWASCHIN, M.: Un cas de mérogonie chez les composées. C. r. Acad. Sci. Paris 1927c. — „Amphiplastie", eine neue karyologische Erscheinung. Z. Abstammgslehre Verh. 5. internat. Kongr. Vererbgslehre Suppl II. Z. f. Abst. 1928. — Studies on Polyploidy. I. Cytological investigations on triploidy in Crepis. Univ. California Publ. agricult. Sci. 2 (1929). — Unbalanced somatic chromosomal variation in Crepis. Univ. California Publ. agricult. Sci. 6 (1930). — Spontaneous chromosome alterations in Crepis tectorum L. Univ. California Publ. agricult. Sci. 6 (1931a). — Chromatin mass and cell volume in related species. Univ. California Publ. agricult Sci. 6 (1931b). — Chromatin deficiency in Crepis tectorum leading to formation of a heteromorphic chromosome pair and to partial sterility. Z. Abstammgslehre 1932a. — The dislocation hypothesis of Evolution of Chromosome numbers. (Preliminary note.) Z. Abstammgslehre **1932** b. — NAWASCHIN, S. G.: Essai de représentation structurelle des propriétés des noyaux sexuels (russ.). Jubiläumssammlung von I. P. BORODIN 1926. — Le sexe en tant que facteur de l'évolution organique. Scientia (Milano) **1928**. — NAYLOR, E.: The morphology of regeneration in Bryophyllum calycinum. Amer. J. Bot. **19** (1932). — NEGER, F. W.: Der Eichenmehltau. Naturwiss. Z. Landw. **13** (1915). — NĚMEC, B.: Über Ausgabe ungelöster Körper in hautumkleideten Zellen. Sitzgsber. böhm. Ges. Wiss., Math.-naturwiss. Kl. **1899**. — Über die Folgen einer Symmetriestörung bei zusammengesetzten Blättern. Bull. internat. Acad. Sci. Bohême **7** (1902). — Über ungeschlechtliche Kernverschmelzungen. 1.—4. Sitzgsber. böhm. Ges. Wiss., Math.-naturwiss. Kl. **1902—04**. — Über die Einwirkung des Chloral-hydrates auf die Kern- und Zellteilung. Jb. Bot. **39** (1904). — Studien über die Regeneration. Berlin 1905 a. — Über Regenerationserscheinungen an angeschnittenen Wurzelspitzen. Ber. dtsch. bot. Ges. **23** (1905 b). Weitere Untersuchungen über die Regeneration. Bull. intern. de l'Acad. des Sci. de Bohême. **3** (1907); **4** (1911). — Einige Regenerationsversuche an Taraxacumwurzeln. Festschrift für WIESNER, 1908 (nach B. NĚMEC 1924). — Das Problem der Befruchtungsvorgänge und andere zytologische Fragen. Berlin 1910. — Einiges über zentrifugierte Pflanzenzellen. Bull. internat. Acad. Sci. Bohême **20** (1915 a). — Über die Bakterienknöllchen von Ornithopus sativus. Bull. internat. Acad. Sci. Bohême **20** (1915b). — Methoden zum Studium der Regeneration der Pflanzen. Handbuch der biologischen Arbeitsmethoden, Abt. XI, Teil 2. 1924. (Schluß.) Dort auch weitere Literatur. — Einige Beobachtungen über die Regeneration bei Collybia tuberosa. Handbuch der biologischen Arbeitsmethoden, Bd. 3. 1925 a. — Einiges über die Dorsiventralität der Fruchtkörper von Pilzen. Stud. Plant Physiol. Labor. Charles. Univ. Prague **3** (1925 b). — Regenerationserscheinungen an Lenzites Sepiaria, W. Stud. Plant Physiol. Labor. Charles Univ. Prague **3** (1925 c). — Vliv chloralisace na polaritu korenu pampelisku. ,,Preslia'' Bull. Soc. **6** (1928 a). (Mit englischer Zusammenfassung.) — Über die Pflanzentumoren. Arch. exper. Zellforsch., besonders Gewebezüchtung (Explantation) **6** (1928 b). Verh. Abt. exper. Zellforsch. 10. internat. Zool.kongr. Budapest, 3. bis 12. Sept. **1927**. — Über den Einfluß der Bakterien auf die Entwicklung des pflanzlichen Kallus. Sitzgsber. K. b. Ges. Wiss. Prag **1929**. — Bakterielle Wuchsstoffe. Ber. dtsch. bot. Ges. **48** (1930). — [NESTLER, A.: Über Ringfasciation. Sitzgsber. Akad. Wiss. Wien, Math.-naturwiss. Kl. I **103** (1894). — Über die durch Wundreiz bewirkten Bewegungserscheinungen des Zellkerns und des Protoplasmas. Sitzgsber. Akad. Wiss. Wien, Math.-naturwiss. Kl. I **107** (1898).] — NEUMANN, N. F.: Zur Frage nach dem Verwachsungsprozeß bei Beta vulgaris. ,,Phänogenetische Entwicklung'', Sammelwerk der Abteilung Phytomorphogenese des Timiriaseff-Instituts für Biologie. Moskau 1933. — NEWTON, LEHMANN and CLARK: Studies on the nature of rust resistance in Wheat. Canad. J. Res. **1929**. — NICOLAS, J. G.: The carnation rose. An unusual Teratologic Variation. J. Hered. **20** (1929). — NIELSEN, N.: Rhizopin, ein wachstumsregulierender Stoff. Jb. Bot. **73** (1930). — NIETHAMMER, A.: Stimulationswirkungen im Pflanzenreiche. III. Die Beeinflussung ruhender Knospen und Zellteilung durch Thyreoidea und Zinksulfat. In der Literatur s. I u. II. Protoplasma (Berl.) **2** (1927). — NIKIFFOROW, M.: Grundlagen der pathologischen Anatomie. Moskau 1909 (russ.). — NIKOLAEW, W.: Konferenz über Quercus suber in Tiflis, 18.—19. Jan. 1930. Subtropics. Abhasian Scientific. Soc., Nr 5—6. Suchum (UdSSR.) 1929 (russ.). — NIKOLAEWA, A. G.: Cytologische Methode in der Selektion und Genetik. Iswestija selektionnoj Stanzli S-cbos. Akademii. Moskau 1922 (russ.). — Cytologische Untersuchungen des Genus Triticum. Bull. appl. Bot. a. Plant-Breeding **13** (1923). — NILSSON, H.: Potatosfoeradling och potatosbedoemning. W. Weibulls årsbog, 1913. — Kritische Betrachtungen und faktorielle Erklärung der lacta-velutina Spaltung bei Oenothera. Hereditas **1** (1920). — NILSSON-EHLE, H.: Kreuzungsuntersuchungen an

Hafer und Weizen. Lund 1909 (s. außerdem Botanica Notizer, H. 6). — NOACK, K. L.: Untersuchungen über die Individualität der Plastiden bei Phanerogamen. Z. Bot. **13** (1921). — Entwicklungsmechanische Studien an panaschierten Pelargonien, zugleich ein Beitrag zur Theorie der Periklinalchimären. Jb. Bot. **61** (1922). (Dort auch weitere Literatur.) — Vererbungsversuche mit buntblättrigem Pelargonium. Verh. physik.-med. Ges. Würzburg, N. F. **49** (1924). — Weitere Untersuchungen über das Wesen der Buntblättrigkeit bei Pelargonium. Verh. physik.-med. Ges. Würzburg, N. F. **50** (1925). — Ref. über G. HABERLANDT: Über den Blattbau der Crataegomespili von Bronvaux und ihrer Eltern. Z. Bot. **19** (1927). — NOBÉCOURT, P.: Contribution a l'étude de l'immunité chez les végétaux. 2. Edit. Tunis 1928. — [NOEL, B. M.: Etudes sur la tubérisation. Rev. gén. Bot. **14** (1862)]. — NOISETTE, L.: Traité complet de la greffé et de la taille extrait du manuel complet du jardinier, Tome 1. Paris 1825. — La greffe, 2-me ed. Paris 1826a. — Vollständiges Handbuch der Gartenkunst. Übersetzt von SIGWART, Bd. 2. Stuttgart 1826b. — NOLL, F.: Über den Einfluß der Lage auf morphologische Ausbildung einiger Siphoneen. Arb. bot. Inst. Würzburg **3**, H. 4 (1888). — Pfropf- und Verwachsungsversuche mit Siphoneen. Sitzgsber. niederrhein. Ges. Bonn 1897. — Über den bestimmenden Einfluß der Wurzelkrümmungen auf Entstehung und Anordnung der Seitenwurzeln. Landw. Jb. **1900**. Vgl. Z. Pflanz.krkh. **12** (1902). — Die Pfropfbastarde von Bronvaux. Sitzgsber. niederrhein. Ges. Bonn **1905**. — NORTON, J. B.: Methods used in breeding Asparagus für Rust Resistance. US Dep. of Agriculture. Bureau Plant Indust. Nr 263. Washington 1913. — NYLOW, V., W. WILLIAMS u. L. MICHELSON: On transformation of essential oils in plants. J. Gov. bot. Garden **10**. Nikita, Yalta, Crimea 1929. (Russ. mit englischer Zusammenfassung.)

OBERSTEIN, O.: Über das Vorkommen echter Knospenvariationen bei pommerschen und anderen Kartoffelsorten. Dtsch. landw. Presse **1919**, Nr 74. — OHMANN, M.: Über die Art und das Zustandekommen der Verwachsung zweier Pfropfsymbionten. Zbl. Bakter. II **21** (1908). — OKANENKO, A. C.: Die Rolle der Blätter und der Wurzel bei der Anhäufung des Zuckers bei der Rübe (russ.). Central Institution of the Sugar-Industry. Contributions from Plant breeding Institute, Vol. 5. Kiew 1930. — OLIVER, G. W.: The Seedling-Inarch and Nurse-plant Methods of Propagation. Bur. of plant Indust. Bull. **201**. Washington, D. C. Governement Printing Office 1911. — OLUFSEN, L.: Untersuchungen über Wundperidermbildung an Kartoffelknollen. Beih. Bot. Zbl. **15**, (1903). — OOSTERHUIS, J.: Der Einfluß der Knospen auf das Stengelwachstum von Asparagus plumosus und A. Sprengeri. Rec. Trav. bot. néerl. **28** (1931). — OPARIN, A.: Über das grüne Atmungsferment ... Helianthus annuus. Iswestija Rossijsk Academii Nauk. 1922. — Zur Frage über die Oxydationsprozesse in lebender Zelle. Ž. éksper. Biol. i Med. **1927**, Nr 15. — OSBORNE, TH.: Über Pflanzenproteine. Erg. Physiol. **10** (1910). — OSSENBECK, C.: Kritische und experimentelle Untersuchungen an Bryophyllum. Flora (Jena) **122** (1927). — OSTENFELD, C. H.: Some experiments on the Origin of new forms in the genus Hieracium sub.-genus Archieracium. J. Genet. **2** (1921). — OTTO, R.: Arbeiten der chemischen Abteilung der Versuchsstation des Kgl. pomologischen Instituts zu Proskau. O.S. in Jahren 1889/1900. Bot. Zbl. **82** (1900).

PADDOCK, W.: Experiments in Ringing Grape Vines. N. Y. agricult. exper. Stat. Bull. **1898**, Nr 151. — [PALLA, L.: Über Zellhautbildung kernloser Plasmateile. Ber. dtsch. bot. Ges. **24** (1906).] — PALLADIN, W.: Über die Bedeutung des Wassers im Prozeß der alkoholischen Gärung und Pflanzenatmung (russ.). Sborn. noswjaschtenny Kl. Ark. Timiriasewy. Moskau 1916. — PATCHOSSKY, J. K.: Enemies of agriculture in the province of Cherson. Rep. Gov. Entomol. **1903**. — PATON, E.: Über die Holzbrücken, Ausg. 2 (s. Kap. Verzapfung der Teile). Kiew 1915. — PENZIG, O.: Studi Botanici sugli Agrumi etc. Ann. di Agricolt. **1887** a, 112 (nach MOLISCH 1922, S. 253). — Za Bizzarria. Bull. Soc. Toscana Ortic. **12**, No 3. Tirenze 1887b. — Pflanzenteratologie, 2. Aufl. Berlin 1920—22. Einige Hinweise sind nach der alten Ausgabe gemacht, Bd. 1, S. XVIII; Bd. 2, S. 146 u. a. Es sind in dieser Hinsicht aber keine Veränderungen eingetreten. — PETCH, T.: Racophyllus B. u. Br. Trans. brit. Mycol. Soc. **11** (1926). Ref. Bot. Zbl. **10** (1927). — PETERS, L.: Beiträge zur Kenntnis der Wundheilung bei Helianthus annuus und Polygonum cuspidatum Sieb. et Zucc. Diss. Göttingen 1897. — [PETROV, A. V.: Experiments on the influence of self-pollination and cross-pollination on the forming and the variation of the Apple fruit. Bull. appl. Bot. a. Plant-Breeding **14** (1924—25) (russ. mit englischer Zusammenfassung).] — PFEFFER, W.: 1886—88. Über Aufnahme von Anilinfarben in lebende Zellen. Unters. bot. Inst. Tübingen **2** (1886). — Über Aufnahme und Ausgabe ungelöster Körper. Abh. sächs. Ges. Wiss., Math.-naturwiss. Kl. **2**, 147 (1890). — Druck- und Arbeitsleistung durch wachsende Pflanzen. Sitzgsber. sächs. Akad., Math.-naturwiss. Kl. **1893**, 193. — Pflanzenphysiologie, Bd. 1. Leipzig 1897; 2. Aufl., Bd. 2. 1901. — [PFEIFFER, H.: Experimentelle und theoretische Untersuchungen über die Entdifferenzierung und Teilung pflanzlicher Dauerzellen. I. Der isoelektrische Punkt (IEP) und die aktuelle Azidität von meristematisierten Zellen. Protoplasma (Berl.) **6** (1929).] — PICADO, C.: Anticorps experimentaux chez les végétaux. Les végétaux peuvent-ils produire des anti-corps a la suite d'inoculations d'antigénes appropriès ? Ann. Inst. Pasteur **1921**. — PLACZEK **1928** (s. u. PLACZEK 9130). — PLACZEK, E. M.: om originating processes in the sunflower under the influence of hybridisation and inbreeding. Proc. UdSSR. Congr. Genetics, Plant-Breeding a. Animal Breeding held Leningrad **2**, 10. bis 16. Jan. 1929. Genetics Leningrad **1930**. (Russ. mit englischer Zusammenfassung.) — POND, R. H.: Emergence of lateral roots. Bot. Gaz. **46** (1908). — POPOFF, M.: Biologische Möglichkeiten zur Hebung des Ernteertrages. Biol. Zbl. **43** (1923). — Studien zur Beschleunigung der Wundregeneration durch Anwendung von zellstimulierenden Mitteln. I. und II. Biol. generalis (Wien) **1924**. — Über theoretische Fragen der Zellstimulation. Z. Stimulationsforsch. **2** (1926). — Lebensprozesse und Stimulationserscheinungen. Die Wirkungsweise der chemischen und physikalischen Stimulantien. Eine theoretische Betrachtung. Z.-Stimulationsforsch. **1930**. — Das Zellstimulationsproblem in Anwendung mit der Medizin und Landwirtschaft. Berlin 1931. — POPOFF, M. u. W. GLEISBERG: Stecklingsbewurzelung und Pfropfung nach Stimulation. (Vorl. Mitt.). Zellstimulationsforschungen, 1924. — POPOFF, M. u. K. SEISOFF: Über die Steigerung der kolloidalen Quellung durch chemische Stimulationsmittel. Biochem. Z. **156** (1925). — PORODKO, F.: Über den Chemotropismus der Wurzel. Teil II. Sapiski Noworossij-skavo Obschtestwa Estestwoispitateley, Vol. 41. Odessa 1915. — Untersuchungen über den Chemotropismus der Pflanzenwurzeln. Jb. Bot. **64** (1925). — POTONIÉ, H.: Grundlinien der Pflanzen-Morphologie im Lichte der Palaeontologie. Jena 1912. — PORTHEIM, L. v.: Beobachtungen über Wurzelbildung an Kotyledonen von Phaseolus vulgaris. Österr. bot. Z. **53** (1903). Nach NĚMEC 1924. — PRANTL: 1874. Nach NĚMEC 1924, S. 817. — PRÁT, S. u. K. M. MALKOVSKY: Ursachen des Wachstums und der Zellteilung. Protoplasma (Berl.) **2** (1927). Dort auch weitere Literatur. — PRIESTLEY, I.: Light and growth. On the anatomy of etiolated plants. New Phytologist **25** (1926). — PRINGSHEIM, E. G.: Lageveränderungen an Blättern nach Symmetriestörungen. Flora (Jena) **126** (1932). — PRINGSHEIM, N.: Über vegetative Sprossung der Moosfrüchte. Auszug aus dem Monatsbericht der kgl. Akad. d. Wiss. zu Berlin vom 10. Juli 1876. — Über Sprossung der Moosfrüchte und den Generationswechsel der Thallophyten. Jb. Bot. **11** (1878). — PROEBSTING, E.: Structural weaknesses in interspecific grafts of Pyrus. Bot. Gaz. **82** (1926). — PROWAZEK, S.: Transplantations- und Protoplasmastudien an Bryopsis plumosa. Biol. Zbl. **21** (1901).

RAEWSKI* 1929. — RANDS, R. and W. BROTHERTON: Bean varietal tests for disease resistance. J. agricult. Res. 31 (1925). — RANKIN, W. H.: The penetration of foreign substances introduced into trees. Phytopathology 7 (1917). — RASDORSKI: 1923/24. — Pflanzenarchitektonik. Iswest. Aserbaidschawsk. 3. Baku. (russ.). — Kreuzungsuntersuchungen bei Reben. Z. Abstammgslehre 17 (1916). — RASSIGUIER: Traitement radical de la chlorose. Progr. agricult. et viticul. 1892. — RAVAZ, L.: Choix des Porte-greffes. Rev. de viticult. 1895, No 100, 105, 106. — Le Court noué. Ann. Ecole Nat. Agricult. Montpellier 9 (1899—1900). — La Coulure de la vigne. Progr. agricult. et viticult. 33 (1900). — Encore le rognage et l'incision annulaire. Progr. agricult. et viticult. 1924, No 24. — READLE, G. W.: Genetical and cytological studies of Mendelian asynapsis in Zea Mays. Cornell Univ. agricult. exper. Stat. Memoir 129. Ithaca 1930. — RECHINGER, K.: Untersuchungen über die Grenzen der Teilbarkeit im Pflanzenreich. Abh. Zool. bot. Ges. 43. Wien 1893. — REGEL, F.: Die Vermehrung der Begoniaceen aus ihren Blättern, entwicklungsgeschichtlich verfolgt. Jena. Z. Naturwiss. 10 (1876). — REHWALD, CHR.: Über pflanzliche Tumoren als vermeintliche Wirkung chemischer Reizung. Z. Pflanz.-krkh. 37 (1927). — REICHE, H.: Über Auslösung von Zellteilungen durch Injektion von Gewebesäften und Zelltrümmern. Z. Bot. 16 (1924).* — REIMANN, O.: Einrichtung zum Anbohren der Stämme lebender Bäume behufs Einführung von Farbstoff in dieselben. 1925. Schweiz. Patent Nr. 108 536. Kl. 80 (Deutsches Patent 1923.) — REINHARDT, N. O.: Plasmolytische Studien zur Kenntnis des Wachstums der Zellmembran. Festschrift für SCHWENDENER, 1899. — REINHOLD, G.: Über regenerative Sproßbildung bei Adiantum capillis Veneris L. Diss. Hamburg 1926. Mitt. Inst. allg. Bot. Hamburg 6 (1926). — RENNER, O.: Eiplasma und Pollenschlauchplasma als Vererbungsträger bei den Oenotheren. Z. Abstammgslehre 27 (1922). — Die Scheckung der Oenotherenbastarde. Biol. Zbl. 44 (1924). — Artbastarde bei Pflanzen. Handbuch der Vererbungswissenschaft, Bd. 2. 1929. — REUBER, A.: Experimentelle und anatomische Untersuchungen über die organisatorische Regulation von Populus nigra usw. Arch. Entw.mechan. I 34 (1912). — [REVIEW, A.: Vegetative Propagation of Bryophyllum. J. Hered. 15 (1924).] — RICCA, U.: La propagazione di stimula nella Mimosa. Nuova Giorn. bot. ital. 5 (1906); s. noch Arch. ital. de Biol. (Pisa) 54 (1916). — RICHARDS, M. M.: The Respiration of Wounded Plants. Ann. of Bot. 10 (1896). — RICKETT, H. W.: Fertilization in Sphaerocarpus. Ann. of Bot. 37 (1923). — RIKER, A.: Cytological studies of crowngall tissue. Amer. J. Bot. 14, Nr 1 (1927). — RIPPEL, A.: Entwicklungs- und Ernährungszustand der Pflanzen in ihren Beziehungen zum Auftreten von parasitären Pflanzenkrankheiten. Frühlings landw. Ztg, Zbl. prakt. Landw. 1921. — Wachstumsgesetze bei höheren und niederen Pflanzen. Naturwiss. u. Landw. 3 (1925). — RISCHKOW, V.: Neue Daten über geaderte Panaschierung bei Evonymus japonica und E. radicans. Biol. Zbl. 47 (1927a). — Die Verbreitung des Chlorophylls und der Peroxydasegehalt der Epidermis buntblättriger Pflanzen. Biol. Zbl. 47 (1927b). — The problem of variegation of leaves in modern literature. Bull. appl. Bot. Genetics Plant-Breeding 22 (1929—1930). — Materialien zur Kenntnis der Periklinalchimären. Biol. Zbl. 31 (1931). — RISCHKOW, V. u. M. BULANOWA: Kurze Mitteilung. Über sterile Kulturen von Albinos. Planta (Berl.) 12 (1931). — RITTER, C.: Sur la flexion et le redressement de la pédoncule du pavôt. Mém. de l'institut agronomique et forestier à Nowo Alexandria, Tome 19. 1908. Autoref. Bot. Zbl. 108, 603 (1908). — RITTER, G.: Über Traumatotaxis und Chemotaxis des Zellkerns. Z. Bot. 3 (1911). — RIVERA, V.: Saggi di radioterapis vegetale. Boll. R. Staz. Pat. Veg. Roma 6 (1926). Ref. Bot. Zbl. 10, 201 (1927). — RIVIÈRE, G. et G. BAILHACHE: Influence du portegreffe sur les greffes. J. Soc. agricult. de Brabant-Hainaut 1897, No 12. — RIVIÈRE, G.

---

* REICHE, K. s. Nachtrag.

et G. PICHARD: De la postérité de l'Amygdalopersica Formont (Daniel). C. r. Acad. Sci. Paris 181 (1925). — ROACH, W.: Immunity of potato varieties from attack by the wart disease fungus, Synchytrium endobioticum Schilb. (Perc). Ann. appl. Biol. 14 (1927). — ROACH, W. A.: Increased Scion Vigour induced by certain foreign Root-stocks. Ann. of Bot. 44 (1930). — [ROBBINS,W. J. and W. E. MANEVAL: Effect of light on growth of excised root tips under sterile conditions. Bot. Gaz. 78 (1924).] — ROBINSON, R. and G. M. DARROW: A pink poinsettia chimera. J. Hered. 20 (1929). — RÖMER, TH.: Vererbungsstudien mit Lupinen. Z. Pflanz.-züchtg 9 (1924). — ROLLOW, A.: Materialien zur Feststellung von gewerblichen Obstassortimenten in Georgien. Iswestija Tyflissk. Gosud. Polytechn. Instituta, H. 1. Tiflis 1924. — ROSEN, H.: Morphological notes together with some ultrafiltration experiments on the crown-gall pathogene Bacterium tumefaciens. Mycologia (N. Y.) 18 (1926). — ROSENBERG, O.: Cytological studies on the apogamy in Hieracium. Bot. Tidskr. Kopenhagen 28 (1907). — [ROSENVINGE-KOLDERUP: Influence des agents exterieurs sur l'organisation polaire et dorsiventrale des plantes. Rev. gén. Bot. 1889. — RÖSLER, P.: Histologische Studien am Vegetationspunkt von Triticum vulgare. Planta (Berl.) 5 (1928). — ROSS, H.: Practicum der Gallenkunde. Biol. Studienbücher 12. Berlin 1932. — ROTH, L.: Untersuchungen über die periklinalbunten Rassen von Pelargonium zonale. Z. Abstammgslehre 45 (1927). — [ROTHER, W. O.: Aufzucht und Pflege der Kakteen und Phyllokakteen, 2. Aufl. Frankfurt a. O.: Trowitsch und Sohn 1910.] — RUDLOFF, G.: Zur Kenntnis der Oenothera purpurata (Klebahn) und Oenothera rubricaulis. Z. Abstammgslehre 52 (1929). — Pfropfbastarde (Sammelref.). Züchter 3 (1931). — RUHLAND, W.: Studien über die Aufnahme von Kolloiden durch die pflanzliche Plasmahaut. Jb. Bot. 51 (1912). — Zur chemischen Organisation der Zelle. Biol. Zbl. 33 (1933. — Weitere Beiträge zur Kolloidchemie und physikalischen Chemie der Zelle. Jb. Bot. 54 (1914). — RUHLAND, W. u. C. HOFFMANN: Die Permeabilität von Beggiatoa mirabilis. Planta (Berl.) 1 (1925). — RUHLAND, W. u. K. WETZEL: Der Nachweis von Chloroplasten in den generativen Zellen von Pollenschläuchen. Ber. dtsch. bot. Ges. 42 (1924). — RUMBOLDT, C.: Methods of injecting trees. Phytopathology 5 (1915). — Pathological anatomy of the injected trunks of chestnut trees. Proc. amer. philos. Soc. 60 (1916). — Effect of chestnuts of substance injected into their trunks. Amer. J. Bot. 7 (1920a). — The injection of chemicals into chestnut trees. Amer. J. Bot. 7 (1920b). — RUTTLE, M. L.: Chromosome number and morphology in Nicotiana. II. Diploide and partial diploide in root tips of Tabacum haploids. Univ. California Publ. Bot. 2 (1928). — RYERSON, K.: Embryo budding of the Avocado. J. Hered. 15, Nr 1 (1924). — RZIMANN, G.: Regenerations- und Transplantationsversuche an Daucus carota. Gartenbauwiss. 6 (1932).

SABLIN, W. K.: Wirkung der äußeren Bedingungen auf die Teilung der Kerne in den Wurzeln von Vicia Faba (russ.). Trav. Soc. Nat. St. Petersburg 33, sect. Bot. (1903). — SABNIS, T. S.: Inheritance of variegation II. Z. Abstammgslehre 62 (1932). — SACHS* 1860. — SACHS, J.: Geschichte der Botanik. München 1875. — Ein Beitrag zur Kenntnis des aufsteigenden Saftstromes in transpirierenden Pflanzen. Arb. bot. Inst. Würzburg 2 (1878). — Vorlesungen über Pflanzenphysiologie. Leipzig 1882. — Physiologische Notizen. Flora (Jena) 75 (1892). — SACKTRÄGER, I. J.: Eine Pfropfungsprobe von Quercus suber auf Quercu siberica. Subtropics (russ.). Abhasian Sci. Soc. 1930 II, Nr 1—2. — SAHLI, G.: Die Empfänglichkeit von Pomaceenbastarden Chimären und intermediären Formen für Gymnosporangien. Zbl. Bakter. II 45 (1916). Hier auch Zitat der Arbeit 1913 über dasselbe Thema. — SAKAMURA, T.: Experimentelle Studien über die Zell- und Kernteilung mit besonderer Rücksicht auf Form, Größe und Zahl der Chromosomen. J. Coll. of Sci. imp. Univ. Tokyo, 39 II (1920). — SAKAMURA, T. and J. STOW: Über experimentell veranlaßte Entstehung von keimfähigen Pollenkörnern mit abweichenden Chromosomenzahlen. Jap. J. of Bot. **3** (1926). — SALAMAN: The inheritance of colour and other characters in the potato. J. Genet. **1** (1910). — SALENSKY, W.: Materialien zur quantitativen Anatomie verschiedener Blätter. Iswest. Kiewsk. Politech. Inst. Nr 1. Kiew 1904. — SALKIND, S. J. u. G. M. FRANK: Mitogenetische Strahlen. Moskau: Gosisdat 1930 (russ.). — SANFORD, F.: An experiment on killing tree scale by poisoning the sap of the tree. Science (N. Y.) 1914. — [SANDT, W.: Zur Kenntnis der Beiknospen. Zugleich ein Beitrag zum Korrelationsproblem. Bot. Abh. **1925**, H. 7.] — SAPÉHIN, L. A.: Über die faktorielle Natur der Unterschiede im Verlaufe der Reduktionsteilung. Ber. dtsch. bot. Ges. **48** (1930). — SAPOSCHNIKOW, W.: Über die Bildung von Kohlenstoffverbindungen in den Blättern und über ihre Verschiebung in der Pflanze. Diss. Moskau 1900 (russ.). — SARDIÑA, J. R.: Zur Frage der Antikörperbildung bei Pflanzen. Angew. Bot. **8** (1926). — SAREZKY, A. J.: Über die Kultur japanischer Churma. Subtropics Nr 5—6. Abhasian Sci. Soc., agricult. Sect., Suchum. ASSR. (UdSSR.) 1929 (russ.). — Die Winter 1928/29 und 1929/30 und subtropische Obstpflanzen in Suchum. Subtropics Nr. 7—12. Abhasion Sci. Soc., agricult. sect., Suchum ASSR. (UdSSR). 1930 (russ.). — SCHAEDE, R.: Über die Reaktion des lebenden Plasmas. Ber. dtsch. bot. Ges. **42** (1924). — SCHAFFNER, J.: The change from opposite to alternate phyllotaxy and repeated rejuvenation in hemp by means of changed photoperiodicity. Ecology **7** (1926). — SCHAFFNIT, E. u. K. MEYER-HERMANN: Über den Einfluß der Bodenreaktion auf die Lebensweise von Pilzparasiten und das Verhalten ihrer Wirtpflanzen. Phytopath. Z. **2** (1930). — SCHAFFNIT, E. u. A. VOLK: Beiträge zur Kenntnis der Morphologie und Physiologie verschieden ernährter Pflanzen. Landw. Jb. **67** (1928). — SCHAXEL, J.: Über die Herstellung tierischer Chimären. Genetica 's-Gravenhage) **4** (1929). — SCHEITTERER, H.: Versuche zur Kultur von Pflanzengeweben. Arch. exper. Zellforsch. **12** (1931). — SCHELLENBERG, A.: Das Ringeln von Birn- und Apfelbäumen. Gartenbauwiss. **5** (1931). — SCHELLENBERG: Siehe Referat von M. HOLLRUNG. Biol. Zbl. **30** (1910). — SCHERZ, W.: Beiträge zur Genetik der Buntblättrigkeit. Z. Abstammgslehre **45** (1927). — SCHIEMANN, E.: Zur Genetik einer fadenblättrigen Tomatenmutante. Z. Abstammgslehre **43** (1932). — SCHIEMANN, E.: Entstehung der Kulturpflanzen. Handbuch für Vererbungswissenschaft. Lief. 15. 1932. — SCHIFF-GIORGINI: Untersuchungen über Tuberkelkrankheiten des Ölbaumes. Zbl. Bakter. II **15** (1906). — SCHILLING, E.: Zur Kenntnis des Hagelflachses. Faserforsch. **1921**, H. 2. — Ein Beitrag zur Physiologie der Verholzung und des Wundreizes. Jb. Bot. **62** (1923). — SCHLECHTENDAL, D. F.: Abnorme Blattbildungen. Bot. Ztg **1855**, 32. — SCHLEIDEN* 1846. — SCHMIDT: Beobachtungen über die vielkernigen Zellen der Siphonocladiaceen, 1879. Festschr. nat. Ges. Halle (nach NĚMEC 1924). — SCHMUCKER, T.: Isolierte Gewebe und Zellen von Blütenpflanzen. Planta (Berl.) **9** (1930). — SCHNEE, L.: Einiges über die Beziehungen zwischen Blütenbildung und Tod der hapaxanthischen Pflanzen, Flora (Jena) **27** (1933). — SCHNIEWIND-THIES: Die Reduktion der Chromosomenzahlen und die ihr folgenden Kernteilungen in den Embryosackmutterzellen der Angiospermen. Jena 1901. — SCHOELLER, W. u. H. GOEBEL: Die Wirkung des Follikelhormons auf Pflanzen. Biochem. Z. **1931**, 240. — SCHÖNFELDER, S.: Weitere Untersuchungen über die Permeabilität von Beggiatoa Mirabilis nebst kritischen Ausführungen zum Gesamtproblem der Permeabilität. Planta (Berl.) **12** (1931). — SCHOUTE: Die Stelaertheorie. Jena 1903. — SCHRAMMEN, F. R.: Über die Einwirkung von Temperaturen auf die Zellen des Vegetationspunktes des Sprosses von Vicia Faba. Bonn 1902. — SCHUBERT, O.: Bedingungen zur Stecklingsbildung und Pfropfung von Monocotylen. Zbl. Bakter. **38** (1913). Dort auch weitere Literatur. — SCHUERHOFF, P. N.: Das Verhalten des Kerns in Wundgewebe. Beih. Bot. Zbl. I **19**, (1906). — Über die Entwicklung des Eiapparates der Angiospermen. Ber. dtsch. bot. Ges. **46** (1928). — SCHULZE, TR.: Untersuchungen über die Bedeutung von Aktivatoren und Paralysatoren für den pflanzlichen Eiweißstoffwechsel. Planta (Berl.) **16** (1932). — SCHUMACHER, W.: Über Eiweißumsetzungen in Blütenblättern. Jb. Bot. **75** (1931). — SCHUMACHER, W.: Untersuchungen über die Lokalisation der Stoffwanderung in den Leitbündeln höherer Pflanzen. Jb. Bot. **73** (1930). — Untersuchungen über die Wanderung des Fluoresceïns in den Siebröhren. Jb. Bot. **77** (1933). — SCHUSTER, J.: Zur Kenntnis der Bakterienfäule der Kartoffel. Arb. biol. Anst. Land- u. Forstw. **8** (1912). — SCHWABE, G.: Über die Wirkung der Aminosäuren auf den Sauerstoffverbrauch submerser Gewächse. Inaug.-Diss. 1932. — [SCHWANITZ, F.: Experimentelle Analyse der Genom- und Plasmonwirkung bei Moosen. V. Protonemaregeneration aus Blättchen, Chloroplastengröße, Chlorozahl, plastenassimilatorische Relation. Z. Abstammgslehre **62** (1932).] — [SCHWARZ, H.: Zur Beeinflussung des Wachstums durch gasförmige und flüssige Reizstoffe. Flora (Jena) **122** (1927).] — SCHWARZ, W.: Die Entwicklung des Blattes bei Plectranthus fruticosus und Ligustrum vulgare und die Theorie der Periklinalchimären. Planta (Berl.) **3** (1927). — Über die Entwicklungsmechanik der Panaschierungen. Ber. dtsch. bot. Ges. **48** (1930). — SCHWARZ, W. Die Strukturänderungen sproßloser Blattstecklinge und ihre Ursachen. Jb. Bot. **78** (1933). — SCHWARZ, W. u. H.: Algenstudien am Golf von Neapel. Flora (Jena) **124** (1930). — SCHWEIDLER, J. H.: Die systematische Bedeutung der Eiweiß- oder Myrosinzellen der Cruciferen nebst Beiträgen zu ihrer anatomisch-physiologischen Kenntnis. Ber. dtsch. bot. Ges. **23** (1905). — SCHWENDENER, S.: Mechanische Theorie der Blattstellung. Leipzig 1878. — SEBER, M.: Moderne Blutforschung und Abstammungslehre. Experimentelle Beweise der Descendenztheorie. Frankfurt a. M. 1909 und russische Übersetzung, 1914. — SEELIGER, R.: Topophysis und Cyclophysis pflanzlicher Organe und ihre Bedeutung für die Pflanzenkultur. Angew. Bot. **6** (1924). — Die Weißdornmispel von Anzig. Ber. dtsch. bot. Ges. **44** (1926). — SEIDEL, K.: Versuche über die Reizleitung bei Mimosa pudica. Beitr. allg. Bot. **11** (1923). — SENN, G.: Weitere Untersuchungen über die Gestalts- und Lageveränderung der Chromotophoren. Ber. dtsch. bot. Ges. **27** (1901). — SEUBERT, E.: Über Wachstumsregulatoren in der Koleoptile von Avena. Z. Bot. **17** (1925). — SEYFERT, FR.: Über den physikalischen Nachweis von mitogenetischen Strahlen. Diss. Tübingen 1932. — [SHADOWSKY, A.: Zellteilungshormone und deren Rolle. Usp. eksper. Biol. (russ.) **3** (1924)]. — SHAMEL, A. G., C. S. POMERA and R. E. CARYL: Citrus fruit growing in the Southwest. Farmers Bull. **1930**, Nr 1447. U.S.A. — SHARPEY-SCHAFER, E.: The endocrine organs. An introduction to the study of internal secretion. Part I. Second edition London. Weitere Literatur s. bei B. SAWADOWSKY. Strittige Fragen in der Endokrinologie. Med. Dialekt. Material. (russ.) **2**. Moskau: Verl. Kommunist. Acad. 1924. — SHEWIRJEFF, I.: Außerwurzelige Nahrung von kranken Bäumen zwecks ihrer Behandlung und Beseitigung ihrer Parasiten. Petersburg 1903 (russ.). (Andere Arbeiten dieses Autors s. bei AD. MÜLLER 1926.) — Intraradical nutrition of diseased trees. Selsk. Kohoz. i. Lyesov, 1903. 209. — SHOWALTER, A. M.: Studies in the Cytology of the Anacrogynae. Ann. of Bot. **40** (1926). — Studies in the Cytology of the Anagrogynae. IV. Fertilization in Pellia Fabbroniana. Ann. of Bot. **41** (1927). — SHULL, G.: Stages in the Development of Sium cicutaefolium, Washington. Papers of Station for experimental. Evolution at Cold Spring Harbor Nr 3. NewYork 1905. — [SIDORIN, M. I. u. T. N. KOSLOW: Zur Frage über die physiologische Rolle der Innervation der Blätter (russ.). Mitt. Kongr. Bot. UdSSR. Moskau, Jan. **1926**.] — SIEBERT, W. W.: Das Stempell-Phänomen an den LIESEGANGschen Ringen. Biochem. Z. **222** (1930). — SILBERBERG, B.: Stimulation of storage tissues of higher plants by zink sulphate. Contrib. Dep. Bot. Col. Univ. **1909**, Nr 243. — SILBERSCHMIDT, K.: Natürliche Resistenz und erworbene Immntität bei Pflanzen und Tieren. Sitzgsber. Ges. Morph. u. Physiol. München **40** (1931a). — Studien zum Nachweis von Antikörpern bei Pflanzen I. Planta (Berl.) **13** (1931b). — Studien zum Nachweis von Antikörpern in Pflanzen II. Planta (Berl.) **17** (1932). — Beiträge zur Kenntnis der Stoffwechselgemeinschaft zwischen Pfropfpartnern. Planta (Berl.) **19** (1933). — SIMON, S.: Untersuchungen über die Regeneration der Wurzelspitze. Jb. wiss. Bot. **40** (1904). — Experimentelle Untersuchungen über die Entstehung von Gefäßverbindungen. Festschr. dtsch. bot. Ges. **26** (1908). — SIMON, S.: Über die Beziehungen zwischen Stoffstauung und Neubildungsvorgängen an isolierten Blättern. Z. Bot. **12** (1920). — Über Gewebeveränderungen in den Stielen abgetrennter bewurzelter Blätter von Begonia rec. Jb. wiss. Bot. **70**. — Transplantationsversuche zwischen Solanum melongena und Iresine Lindeni. Jb. Bot. **72** (1930). — SLEDGE, W. A.: The rooting of woody cuttings considered from the standpoint of anatomy. J. Pomol. a. Hort. Sci. **8** (1930). — SMALL, J.: Hydrogenion-concentration in Plant cells and tissues. Protoplasma-Monographien (Berl.) **2** (1929). — SMITH, E. F.: Bacteria in Relation to Plant Diseases, Vol. 2. Washington 1911. — Bacterial dieseases of plants, 1920. — [SMITH, E. P.: The action of acids on cell division with reference to Permeability to Anions. Amer. J. Physiol. **72** (1925).] — SÖDING, H.: Hormone und Pflanzenwachstum. Beih. Bot. Zbl. **49**, (1932). — SOLEREDER: Systematische Anatomie der Dycotyledonen, 1899. — SORAUER, O.: Rubus auf Rosa. Z. Pflanzenkrkh. 1898. — SORAUER, P.: Vorläufige Notiz über Veredlung. Bot. Ztg **33**, 201 (1875). — Handbuch der Pflanzenkrankheiten. 5. Aufl., Bd. 1. 1924. Dort auch weitere Literatur. — SPALDING: The traumatotropic curvature of roots. Ann. of Bot. **8** (1894). — SPEK, J.: Oberflächenspannung als eine Ursache der Zellteilung. Diss. Heidelberg 1918. — [SPERLICH, A.: Wasserversorgung und Geotropismus des Sprosses. Planta (Berl.) **2** (1926).] — SSAWOSTIN, P. W.: Magnetwachstumsreaktionen bei Pflanzen. Kurze Mitteilung. Planta (Berl.) **12** (1930). — [STARK, P.: Das Reizleitungsproblem bei den Pflanzen im Lichte neuerer Erfahrungen. Erg. Biol. **2** (1927). Dort auch weitere Literatur.] — STARLING* **1906**. — STARRING, C. C.: Influence of the carbohydrat and nitrate content of cuttings upon the production of roots. Proc. amer. Soc. Hort. Sci. **20** (1923). — [STEBLER, F.: Untersuchungen über das Blattwachstum. Jb. Bot. **11** (1878).] — STECHE, O.: Paratismus und Symbiose. Handbuch der normalen und pythologischen Physiologie, Bd. 1. 1927. — STEIN, E.: Weitere Mitteilung über die durch Radiumbestrahlung induzierten Gewebe-Entartungen in Antirrhinum (Phytocarcinome) und ihr erbliches Verhalten. (Somatische Induction und Erblichkeit.) Biol. Zbl. **50** (1930). — STEIN, W. W.: Der Winter 1928/29 und seine Wirkung auf die Vegetation im Sotschi-Bezirk. Subtropics Nr 5—6. Suchum ASSR. (UdSSR.) (russ.) 1929. — STEMPELL, W.: Notiz über die Wirkung frischen Zwiebelsohlenbreies auf die Bildung LIESEGANGscher Ringe. Biol. Zbl. **50** (1930). — Referate mit kritischen Bemerkungen über die Arbeiten von W. SIEBERT 1930 und B. P. TOKIN 1930. Protoplasma (Berl.) **12** (1931). Dort auch die Arbeiten des Verfassers. — STERN, K.: Elektrophysiologie der Pflanzen, 1924. — STICH: Die Atmung der Pflanzen bei verminderter Sauerstoffspannung und bei Verletzungen. Flora (Jena) **74** (1891). — STINGL, G.: Experimentelle Studien über die Ernährung von pflanzlichen Embryonen. Flora (Jena) **97** (1907). — STOLL: Das Veredeln von Birnen auf Äpfeln. Wien. Obst- u. Gartenztg **1876**. — STOMPS, TH.: Blattbecher und Sproßbecher. Trav. bot. Néerl. **14**. Groningen 1917. — STOMPS, TH.: Blattbecher, Sproßbecher und Stengelbecher. Ber. dtsch. bot. Ges. **40** (1922). — STOPPEL, R.: Pflanzenphysiologische Studien. Jena 1926. — STOUT, A. B.: A graft chimaera in the apple. J. Hered. **9** (1921). — STOW, I.: Experimental Studies on the Formation of the Embryosac-like Giant Pollen Grain in the Anther of Hyacinthus orientalis. Cytologia (Tokyo) **1** (1930). — STRASBURGER, E.: Über Verwachsungen und deren Folgen. Ber. dtsch. bot. Ges. **3** (1885). — Über Befruchtung. Jb. Bot. **30** (1897). — Über Plasmaverbindungen pflanzlicher Zellen. Jb. Bot. **36** (1901). — Über die Individualität der Chromosomen und die Pfropfhybridenfrage. Jb. Bot. **44** (1907). — Meine Stellungnahme zur Frage der Pfropfbastarde.

Ber. dtsch. bot. Ges. **27** (1909). — Lehrbuch der Botanik, 12. Ausg., russische Übersetzung. Moskau 1921. — STRUGGER, S.: Untersuchungen an isolierten Kernen der Internodialzellen von *Chara fragilis Desv.* Planta (Berl.) 8, 717—741 (1929). — STUBBE, H.: Untersuchungen über experimentelle Auslösung von Mutationen bei Antirrhinum majus. III. Die Erhöhung der Gen-Mutationsrate nach Röntgenbestrahlung, Bestrahlung mit ultraviolettem Licht, Temperaturschocks, nebst einigen Bemerkungen über die in diesen Versuchen induzierten Variationen. Z. Abstammgslehre **60** (1932). — SURFACE, H. A.: Cyanide of Potassium in Trees. Science (N.Y.), N. s. **40** (1914). — SVESHNIKOVA, I. N.: Reduction division in the hybrids of Vicia. Proceed. of the UdSSR. Congr. Genetics, Plant- a. Animal-Breeding held Leningrad, 10.—16. Jan. 1929. Genetics **2** (1930) (russ.). — SWARBRICK, TH.: The healing of wounds in woody stems. J. Pomol. a. Hort. Sci. **5** (1926). — Rootstock and scion relation-ship. Some effects of scion variety upon the rootstock. J. Pomol. a. Hort. Sci. 8 (1930). — SWINGLE, CH.: The Propagation of apple varieties by cuttings. Science (N. Y.), 11. Dez. **1925**. — SWINGLE, CH. F.: Graft Hybrids in plants. J. Hered. 18 (1927). — SWINGLE, CH.: T. R. ROBINSON and E. MAY: The Nurse-grafted Y-cutting method of plant propagation. J. Hered. **20** (1929). — SZUECS, J.: Experimentelle Beiträge zu einer Theorie der antagonistischen Ionenwirkungen. Jb. Bot. **52** (1913).

TÄCKHOLM, G.: Cytologische Studien über die Gattung Rosa. Acta Horti Bergiani 7. Uppsala 1922. — TALANOW, W.: Plant breeding and Seed growing in UdSSR. during the last decade 1914—1923 (russ.). Moskau: Nowaja Derewnia 1924. — TANAKA, T.: Further data on Bud-variation in Citrus. Jap. J. of Genet. **3**, Nr 3 (1925). — Bizzaria a clear cace of periclinal chimera. J. Genet. **18** (1927). — TANGL, E.: Zur Lehre von der Kontinuität des Protoplasmas im Pflanzengewebe. Sitzgsber. Akad. Wiss. Wien., Math.-naturwiss. Kl. 1, **90** (1884). — TAUBERT, E.: Beiträge zur äußeren und inneren Morphologie der Licht- und Schattennadeln bei der Gattung Abies. Mitt. dtsch. dendrol. Ges. **1926**, 206. — TAYLOR, W.: On the production of new cell formations in plant. Contrib. bot. Labor. Univ. Pennsylvania **4** (1919). — TAYLOR, G. W. and E. N. HARVEY: The theory of mitogenetic radiation. Biol. Bull. Mar. biol. Labor. Wood's Hole **61** (1931). — THEOPHRASTI ERESII opera quae supersunt omnia. Ed. F. Wimmer Parisiis 1866 (s. De causis plantarum n I, 6 und II, 14). — THIERFELDER, H.: Handbuch der physiologischen und pathologischen chemischen Analyse, 9. Aufl., Berlin 1924. — THOUIN, A.: Sur les greffes. Suite de la description des greffes. Ann. Mus. Hist. natur. **16** (1810). — Monographie des Pfropfens. Übersetzt von BERG, 1824. — THRUPP, T. C.: The transmission of "mosaic" disease in hops by means of grafting. Ann. appl. Biol. **14** (1927). Ref. Bot. Zbl. **11**, 53 (1927). — TIEGHEM, PH. VAN: Memoire sur la racine. Ann. des Sci. natur., V. s. **13** (1871). — Recherches physiol. sur la germination. Ann. des Sci. natur., V. s. **17** (1873). — Sur les fibres libériennes primaires de la racine des Malvacées. Ann. des Sci. natur., VII. s. **7** (1888a). — Sur le réseau de soutien de l'écorce de la racine. Ann. des Sci. natur. **7** (1888b). — TIMMEL, H.: Über die Bildung anormaler Tracheiden im Phloem. (Beiträge zur experimentellen Anatomie der Wurzel.) Flora (Jena) **122** (1927). — TISCHLER, G.: Über die Verwandlung der Plasmastränge in Cellulose im Embryosack bei Pedicularis. Diss. Bonn 1899. — Über die Bildung von verjüngten Stämmchen bei alternden Weiden. Flora (Jena) **90** (1902). — Untersuchungen über die Beeinflussung der Euphorbia Cyparissias durch Uromyces Pisi. Flora (Jena) **104** (1911). — Über latente Krankheitsphasen nach Uromyces-Infektion bei Euphorbia Cyparissias. Bot. Jb., Festband für A. ENGLER, 1914. — Allgemeine Pflanzenkaryologie. Linsbauers Handbuch der Pflanzenanatomie, Allgemeiner Teil 2. Berlin 1922. — Studien über die Kernplasmarelation in Pollenkörnern. Jb. Bot. **64** (1925). — TITTMANN: H. Physiologische Untersuchungen über Kallusbildung an Stecklingen holziger Gewächse. Jb. Bot. **27** (1895). — TITTMANN, H.: Beobachtung über Bildung und Regeneration des Periderms, der

Epidermis, des Wachsüberzuges und der Cuticula einiger Gewächse. Jb. Bot. **30** (1897). — TJEBBES, K.: Ganzfarbige Samen bei gefleckten Bohnenrassen. Ber. dtsch. bot. Ges. **41** (1923). — TOBLER, FR.: Biologie der Flechten. Berlin 1925. — Über Regeneration und Polarität sowie verwandte Wachstumsvorgänge bei Polysiphonia und anderen Algen. Jb. Bot. **42** (1906). — TOKIN, B. P.: Über die mitogenetischen Strahlen und die LIESEGANGschen Ringe. Biol. Zbl. **50** (1930). — Neues Material über den Einfluß der Ätheröle auf die Sprossung der Hefe Nadsonia fulvescens und auf die Entwicklung der Eier von Mollusca Pygsa fontinalis L., Biol. Zbl. 1932 (?). (Im Druck.) — TOKIN, B. P. u. A. S. BARANENKOWA: Über die Ätheröle und die Zellteilung. Biol. Zbl. **50** (1930). — TOLMATSCHEW, I. M.: Über den Einfluß plastischer Stoffe auf die Wasserverdunstung durch die Pflanze (vorl. Mitteilung). Istwestija Kiewskavo Polytechnitscheskavo selsko chosjajstwen. Institutof, 1924 (russ. mit engl. Zus.). — Über die Bedeutung der Anhäufung von plastischen Substanzen für die Pflanzen (russ.). Mitt. Kongr. Bot. UdSSR. Moskau, Jan. **1926**. — [TOWNSEND, CH. O.: Der Einfluß des Zellkernes auf die Bildung der Zellhaut. Jb. Bot. **30** (1897).] — [TRÉBOUX, O.: Einige stoffliche Einflüsse bei submersen Pflanzen. Flora (Jena) **92** (1903).] — TRÉCUL, M.: Accroissement des végétaux dicotyledones ligneux, reproduction du bois et de l'écorce par le bois décortiqué. Ann. Sci. natur. Bot., III. s. **19** (1853). — TRESPE, G.: Versuche der Vermehrung von Cucommia ulmoides. Scientific Research institutes of the Supreme council of National Economy Nr. 498. Transactions of the Rubber and Guttapercha Institute 5. Articles on Rubber plants **1** (1931). — TREVIRANUS, L. C.: Beiträge zur Pflanzenphysiologie. Göttingen 1811. — Physiologie der Gewächse, I, II. 1838. — TRÖNDLE, A.: Über den Einfluß der Verwundungen auf die Permeabilität. Beih. Bot. Zbl. II **38**, (1921). — TSCHERMAK, E.: Über die Bahnen von Farbstoff und Salzlösungen. Diss. 1896. — TSCHETWERIKOV, S.: Über einige Momente des Evolutionsprozesses vom genetischen Standpunkt (russ.). Moskau J. Biol. exper. A **2** (1926). — [TSCHUKITSCHEW, I. P.: Oberflächenaktive Substanzen und ihre physiologische Funktion (s. hier Verweisung auf das Manuskript von M. N. TSCHUKITSCHEWOJ: „Der Einfluß von oberflächenaktiven Substanzen auf die Teilung der Hefezellen bei Belichtung und Dunkelheit"). Arbeit des Laboratoriums für die Untersuchung des Eiweißes und des Eiweißstoffwechsels im Organismus. Ausgabe der Lenin-Akademie für landwirtschaftl. Wissenschaft der Sowjet Union. I. Lief. Redakt. Prof. S. S. PEROW. Moskau 1931.]

UFER, M.: Vergleichende Untersuchungen über Cleome spinosa, Cleome gigantea und ihre Gigas-Formen. Diss. Hamburg 1927. — UMIKER: Entwicklungsgeschichtlich-cytologische Untersuchungen an Helosis guyanensis Bich. Diss. Zürich 1920. — UMRATH, K.: Über die Erregungsleitung bei Mimosen. Sitzgsber. Akad. Wiss. Wien, Math.-naturwiss. Kl. I **134** (1925). — Über die Erregungsleitung bei höheren Pflanzen. Planta (Jena) **7** (1929). — UPENEK, N.: Das Wurzelsystem bei der Unschiu-Mandarine im Boden des Batum-Strandes. Russian Subtropict. J. agricult. Soc. Bot. Gardens Batum **1916**, Nr 4/5, 1—8 und sein nächster Artikel. — URSPRUNG, A.: Untersuchungen über die Festigkeitsverhältnisse an exzentrischen Organen und ihre Bedeutung für die Erklärung des exzentrischen Dickenwachstums. Beih. z. Bot. Zbl. **19** I. — USPENSKY, E. E.: Struktur und optische Eigenschaften der Zellhäute bei den Pflanzen. I. Teil. (Einführung.) Mitt. bot. Inst. I. Moskau. staatl. Univ. (russ.). Moskau 1928. (Dort auch weitere Literatur.) Siehe außerdem Tagebuch 1. allruss. Kongr. russ. Bot. 1921 Leningrad, S. 48 (russ.). — USPENSKY, E. M.: A contribution to the biology of flowering in the potato. Proc. UdSSR. Congress of Genetics Plant and Animal-Breed. (russ.), Vol.3. 1929. — UYLDERT, I. E.: De invloed van groeistof op planten bij intercalaire groei. Diss. Utrecht 1931.

VACLAVIK, O.: Studie o podminkach korelace mezi delchou a uzlabnim pupenem u hrachu. Publ. biol. École veter. Brno (tchecoslov.) **3** (1924). (Mit französischer

Zusammenfassung.) — Étude sur les conditions de la corrélation entre le cotyledon et son bourgeon axillaire dans le pois. Publ. biol. École veter. Brno **1924**. Ref. Bot. Zbl. **9**, (1927). — VALLEMONT, DE, L'ABBÉ: Curiosités de la nature et de l'art sur la végétation etc. Bruxelles 1715 (nach KAMENOGRADSKI 1902). — VARRO, M. T.: Rerum Rusticarum Libri tres. Post Henricum Keil Iterum edid. Geor. Goetz, Vol. 1. Lipsiae: Teubneri 1912. — VAVILOV, N.: Übersicht über die Lehre von den Pflanzentransplantationen. Sad i ogorod Moskau **32** (1916). (russ.) — VAVILOV, N. I.: Immunity of Plants to Infectious Diseases. Mitt. Petrowski landw. Akad. **1918** (russ.). Moskau 1919. — The Law of Homologous series in variation. J. Genet. **12** (1922). — [VEJNAROVA, E.: Beschleunigung der Regeneration durch Verminderung der Oberflächenspannung des Mediums. Arch. mikrosk. Anat. u. Entw.mechan. **101** (1924).] — VELENOWSKY, J.: Vergleichende Morphologie der Pflanzen, Teil II. 1907. — VERGILLII: Maronis opera Bucolica, Georgica et Aeneis. Tomus primus (s. Georgia Liber 11). Londini. Apud A. Dulau et Co. Soho square 1800. — VERWORN, M.: Physiologische Bedeutung des Zellkerns. Pflügers Arch. **51** (1891). — VESTERGREEN* **1909**. — VIRTANEN, A. J., S. v. HAUSEN u. H. KARSTRÖM: Untersuchungen über die Leguminose-Bakterien und Pflanzen. 12. Mitt. Biochem. Z. **258** (1933). — VÖCHTING, H.: Über Organbildung im Pflanzenreich. Bonn 1878. — Über die Regeneration der Marchantieen. Jb. Bot. **16** (1885). — Über die Bildung der Knollen. Bibl. Bot. **1887**, H. 4. — Über Transplantation am Pflanzenkörper. Untersuchungen zur Physiologie und Pathologie. Tübingen 1892. — Über die durch Pfropfen herbeigeführte Symbiose des Helianthus tuberosus und H. annuus. Sitzsber. preuß. Akad. Wiss., Physik.-math. Kl. 1894. — Zur Physiologie der Knollengewächse. Jb. Bot. **34** (1900). — Über die Keimung der Kartoffelknollen. Bot. Ztg **60** (1902). — Über Regeneration und Polarität bei höheren Pflanzen. Bot. Ztg **64** (1906). — Untersuchungen zur experimentellen Anatomie und Pathologie des Pflanzenkörpers. Tübingen 1908. — Untersuchungen zur experimentellen Anatomie und Pathologie des Pflanzenkörpers. 11. Die Polarität der Gewächse. Tübingen 1918. — VOLK, A.: Einflüsse des Bodens, der Luft und des Lichtes auf die Empfänglichkeit der Pflanzen für Krankheiten. Phytopath. Z. **3** (1931). — VOLK, A. u. E. TIEMANN: Zur Anatomie verschieden ernährter Pflanzen. Forsch. Pflanzkrkh. Immun. **3** (1927). — VOSS, W.: Über die durch Pfropfen herbeigeführte Symbiose einiger Vitis-Arten, ein Versuch zur Lösung der Frage nach dem Dasein der Pfropfhybriden. Landw. Jb. **33** (1904a). — Über Verkorkungserscheinungen an Querwunden bei Vitis-Arten. Ber. dtsch. bot. Ges. **22** (1904b). — VRIES, H. DE: Über den Einfluß des Rindendruckes auf den anatomischen Bau des Holzes. Flora (Jena) **58** (1875). — Über Wundholz. Flora (Jena) **59** (1876). — Over de Erfelykheid van Synfisen. Bot. Jb. **1895**. — Über tricotyle Rassen. Ber. dtsch. bot. Ges. **20** (1902). — Die Mutationstheorie, Bd. 2. 1903. — VUILLEMIN, P.: Les anomalies Végétales. Leur cause biologique, p. 19. Paris 1926. — VYVYAN, M. C.: The effect of scion on root. III. Comparison of stem and root-worked trees. J. Pomol. a. Hort. Sci. **8** (1930). Dort auch Teil I und II zitiert.

WÄCHTER, W.: Wundverschluß bei Hippuris vulgaris. Beih. Bot. Zbl. **18** I (1905). WADA, B.: Anstichversuche an den Zellen der Staubfadenhaare von Tradescantia virginica. Cytologia **1** (1930). — WAGNER, N.: Sur les chondriosomes et les plastides pendant la formation du pollen chez Veratrum album L. var Lobélianum Bernh. (Extr. Mem. Soc. Nautral. Kiev), Tome 25. 1915. — Über die von A. GURWITSCH entdeckten spezifischen Erreger der Zellteilung (mitogenetische Strahlen). Biol. Zbl. **47** (1927). — Über die Mitosenverteilung im Meristem der Wurzelspitzen. Planta (Berl.) **10** (1930). — WAGNER, R. J.: Über bakterizide Stoffe in gesunden und kranken Pflanzen. Zbl. Bakter. II **42** (1915). — Wasserstoffionenkonzentration und natürliche Immunität der Pflanzen. Zbl. Bakter. II **44** (1916). — [WALCH, B. D.: Law of Equable Variability. Proc. entomol. Soc. of Philad. Ost. 1863 (nach

CH. DARWIN 1875).] — [WALTER, H.: Plasmaquellung und Wachstum. Z. Bot. **16** (1924). — WARDLAW, C. W.: The Biology of Banana Wilt. (Panama Disease 11. Preliminary observation on sucker Infection. Ann. of Bot. **44** (1930). — WASBAUER: 1915. — [WAUGE, F.: The graft union. Mass (Hatch). Agricult. exper. Stat. tech. Bull. **2** (1904) (nach E. PROEBSTING 1926).] — WEBER, F.: Über die Abkürzung der Ruheperiode der Holzgewächse durch Verletzung der Knospen usw. Sitzgsber. Akad. Wiss. Wien, Math.-naturwiss. Kl. I **120** (1911); s. noch I **125** (1916) u. Biochem. Z. **1922**. — Ruheperiode und Frühtreiben. Ber. dtsch. bot. Ges. **42** (1924 a). — Theorie der Meristembildung. Naturwiss. **1924** b, H. 16. — Vitale Blattinfiltration. (Eine zellphysiologische Hilfsmethode.) Protoplasma (Berl.) **1** (1927). — Plasmolyse in verdünntem Gewebesaft. Protoplasma (Berl.) **8** (1930). — WEHMER, C.: Die Pflanzenstoffe, 2. Aufl., 1929/31. — WEHNELT, B.: Untersuchungen über das Wundhormon der Pflanzen. Jb. Bot. **66** (1927). Dort auch weitere Literatur. — WEIR, J.: Untersuchungen über die Gattung Coprinus. Flora (Jena) **103** (1911). — WEISMANN, A.: Vorträge über Descendenztheorie. Jena 1902.— WEISS, F. E.: On the leaf tissues of the graft Crataegomespilus Asnieresii and Crataegomespilus Dardari. Mem. Manc. Lit. a. Phil. Soc. **69** (1925). — The Problem of graft Hybrids and Chimeras. Biol. Rev. Cambridge philos. Soc. **3** (1930). — Note on the Crataegomespili of Saujon. Mem. Manc. Lit. a. Phil. Soc. **47** (1930). — WEISS, P.: Morphodynamik. Schaxels Abh. theoret. Biol. **1926**, H. 23. — WENT, F. A. F. C.: Über wurzelbildende Substanzen bei Bryophyllum calycinum Salisb. Z. Bot. **23** (1930). — WENT, F. A. F. C. 1931 s. u. KOSTYTSCHER-WENT. — WENT, F. W.: On a substance causing root formation. Akad. Wetensch. Amsterdam, Vol. **32**. 1929. — WENT, F. W.: Eine botanische Polaritätstheorie. Jb. Bot. **76** (1932). — WETTSTEIN, F.: Entwicklung der Beiwurzeln einiger dikotyler Sumpf- und Wasserpflanzen. Beih. Bot. Zbl. II **20** (1906). — Morphologie und Physiologie des Formwechsels der Moose auf genetischer Grundlage I. Z. Abstammgslehre **33** (1924). — Morphologie und Physiologie des Formwechsels der Moose auf genetischer Grundlage II. Bibl. genet. **10** (1929). — Über plasmatische Vererbung und über das Zusammenwirken von Genen und Plasma. Ber. dtsch. bot. Ges. **46** (1928). — Ber. dtsch. bot. Ges. **48** (1930). — WETTSTEIN, R. v.: Handbuch der systematischen Botanik, 1. Aufl. Wien 1901. — Die Erblichkeit der Merkmale von Knospenmutationen. Festschrift zu ASCHERSONS 70. Geburtstage, 1904. — WETZEL, K. u. W. RUHLAND: Zur Frage der Äpfelsäurebildung in Crassulaceen. Planta (Berl.) **15** (1932). — WHITE, P. R.: Plant Tissue Cultures. The history and present status of the problem. Arch. exper. Zellforsch. **10** (1931). — WIELER, A.: Über den Anteil des sekundären Holzes der dikotylen Gewächse an der Saftleitung und über die Bedeutung der Anastomosen für die Wasserversorgung der transpirierenden Flächen. Betreffend u. a. die Aufnahme von Methylenblau und Fuchsin durch die Wurzeln lebender Pflanzen. Jb. Bot. **19** (1888). — WIESNER, J.: Untersuchungen über die Bewegung des Imbibitionswassers im Holze und in der Membran der Pflanzenzelle. Sitzgsber. Wien. Akad. **72** (1875). — Untersuchungen über die Wachstumsbewegungen der Wurzeln (DARWINsche und geotropische Wurzelkrümmungen). Sitzgsber. Akad. Wiss. Wien, Math.-naturwiss. Kl. I **89** (1884). — Elementarstruktur und das Wachstum der lebenden Substanz. Wien 1892 a. — Vorläufige Mitteilung über die Erscheinung der Exotrophie. Ber. dtsch. bot. Ges. **10** (1892 b). — WINGE, O.: The Pollination and Fertilisation process in Humulus lupulus and H. japonicus. C. r. Trav. Labor. Carlsberg **1914**. — Om den ikke mendelnde arvelighed hos brogetbladede planter. Medd. Carlsberg Labor. **14** (1919). — Zytologische Untersuchungen über die Natur maligner Tumoren. I. „Crown-Gall" der Zuckerrübe. Z. Zellforsch. **6** (1927). — WINKLER, H.: Über Polarität, Regeneration und Heteromorphose bei Bryopsis. Jb. Bot. **35** (1900). — Über Merogonie und Befruchtung. Jb. Bot. **36** (1901). — Über Regeneration der Blattspreite bei einigen Cyclamenarten. Ber. dtsch. bot. Ges. **20** (1902). — Über regenerative Sproßbildung auf den Blättern von Torenia asiatica L. Ber. dtsch. bot. Ges. **21** (1903). — Über Regenerativsproßbildung an den Ranken, Blättern und Internodien von Passiflora coerula. L. Ber. dtsch. bot. Ges. **23** (1905). — Über Pfropfbastarde und pflanzliche Chimären. Ber. dtsch. bot. Ges. **25** (1907). — Über die Umwandlung des Blattstiels zum Stengel. Jb. Bot. **45** (1908a). — Solanum tubingense, ein echter Pfropfbastard zwischen Tomate und Nachtschatten. Ber. dtsch. bot. Ges. **26**a (1908b). — Weitere Mitteilungen über Pfropfbastarde. Z. Bot. **1** (1909). — Über die Nachkommenschaft der Solanum Pfropfbastarde und die Chromosomen-Zahlen ihrer Keimzellen. Z. Bot. **2** (1910a). — Über das Wesen der Pfropfbastarde. Ber. dtsch. bot. Ges. **28** (1910b). — Untersuchungen über Pfropfbastarde, Teil 1. Jena 1912a. — Entwicklungsmechanik oder Entwicklungsphysiologie der Pflanzen. Handw.buch der Naturwissenschaften, Bd. 3. 1912b. (Nach NĚMEC 1924). Neue Auflage 1933. Bd. III. — Die Chimärenforschung als Methode der experimentellen Biologie. Sitzgsber. physik.-med. Ges. Würzburg **1913**. — Transplantation, Pfropfung, Pfropfbastarde. Handwörterb. Naturwiss. **10** (1915). — Über die experimentelle Erzeugung von Pflanzen mit abweichenden Chromosomenzahlen. Z. Bot. **8** (1916). — Methoden der Pfropfung bei Pflanzen. Handbuch der biologischen Arbeitsmethoden, Abt. 11, Teil 2. 1924. — WINOGRADOW-Nikitin, P.: Einige Beobachtungen über das Leben der Bäume (russ.). Istwestija Tyflissk. Gosicarst. Polytechn. Inst. **1924**, H. 1. — WISSELINGH, C. v.: Zur Physiologie der Spirogyra-Zelle. Beih. Bot. Zbl. I **24** (1909). WITTROCK, V.: Über Wurzelsprosse bei krautigen Gewächsen mit besonderer Rücksicht auf ihre verschiedene biologische Bedeutung. Ref. Bot. Zbl. **17** (1884). — WORONICHIN, N.: Pilz- und Bakterienerkrankungen. Tiflis 1922 (russ.). — WULFF, E.: Über Heteromorphose bei Dasycladus clavaeformis. Ber. dtsch. bot. Ges. **28** (1910). YAMAHA, G. u. I. TOMOYUKI: Über die Ionenwirkung auf die Chromosomen der Pollenmutterzellen von Tradescantia reflexa I. Cytologia (Tokyo) **3** (1932). — YAMPOLSKY, C.: Male-female grafts in Mecurialis annua. J. Hered. **21** (1930).

ZABEL: Entwicklung der von der Achse abgetrennten Keimblätter. Bot. Jber. **10** (1882). — ZALESKI, W.: Beiträge zur Verwandlung des Eiweißphosphors in den Pflanzen. (Vorläufige Mitteilung). Ber. dtsch. bot. Ges. **20** (1902) — Über den Aufbau der Eiweißstoffe in den Pflanzen. Ber. dtsch. bot. Ges. **25** (1907). Siehe noch Biochem. Z. **55** (1913). — [ZANKER, J.: Untersuchungen über die Geraniaceen. Planta (Berl.) **9** (1930). —] [ZEDERBAUER, E.: Apfelxenien. Fortschr. Landw. **1** (1926).] — ZEHENDNER, S.: Über Regeneration und Richtung der Seitenwurzeln. Flora (Jena) **117** (1924). — ZEIDLER, J.: Beiträge zur Frage des Galvanotropismus der Pflanzen. Bot. Archiv **9** (1925). — ZIMMERMANN, W.: Zytologische Untersuchungen an Sphacelaria fusca Ag. Ein Beitrag zur Entwicklungsphysiologie der Zelle. Z. Bot. **15** (1923). — ZIMMERMANN, P. W. and A. E. HITCHCOCK: Influence of leaves and Buds on the Type of Roots developed by Cuttings. Amer. J. Bot. **15** (1928a). (Ref.) — Water intake by Cuttings. Amer. J. Bot. **15** (1928b). (Ref.) — Types of Root Growth from cuttings with special Reference to Position on the stem. Amer. J. Bot. **15** (1928c). (Ref.) — ZOJA, A.: L'immunita nelle piante, Atti Ist. Bot. Univ. Pavia **1925**. — ZOLLIKOFER, C.: Über geotropische Krümmungen von Gramineen Koleoptilen bei gehemmter Reizleitung. Planta (Berl.) **2** (1926). — ZWEIGELT, FR.: Blattlausgallen. Monogr. angew. Entomol. **1931**.

Verzeichnis der Gattung- und Artnamen*.

Abies 44, 518.
— alba 482.
— concolor 482.
— grandis 482.
— nobilis 391.
— Nordmannia 482.
— pectinata 391, 472.
Abutilon 504, 541, 580, 601, 644, 710, 734, 742, 743.
— „Andenken an Bonn" 741 f., 742*, 743*.
— arboreum 542.
— Darwinii tesselatum 543.
— indicum 541.
— selloanum 543.
— striatum 541, 542.
— Thompsoni 541, 551, 583.
Acacia 518.
Acer eriosperma 477.
— platanoides 856.
Achimenes haageana 316.
Acrostalagmus cinnabarinus 844.
Adiantum cuneatum 770.
Aeglopsis chevalieri 574.
Aesculus hippocastanum 479, 577.
— Pavia 479.
— rubicunda 577.
Agave americana 219.
Aglaonema simplex 474.
Ailanthus glandulosa 6.
Algen 13, 16, 294, 471.
Alliaria officinalis 512.
Allium 130.
— cepa 130, 177, 178, 179, 198, 211, 375, 701, 756, 858.
Alnus 516.
— barbata 517.
— glutinosa 124, 517, 842.
— incana 517.
— japonica 517.
Aloe 362, 433, 472.
— arborescens 512.
— ligulata 219.
— plicatilis 474.
— sulcata 219.
Alternanthera 583.

Althaea narbonensis 552.
— officinalis 542.
— rosea 156.
Amarantaceen 583, 585.
Amherstia nobilis 244.
Amygdalopersica formonti 607.
Amygdalus 589.
— communis 558.
Anethum graveolens 586.
Anthemis frutescens 551.
Antirrhinum 704, 766.
— majus 552, 605.
Anthurium 211.
Apfel 15, 306, 336, 338, 339, 369, 386, 477, 478, 479, 503, 534, 536, 537, 558, 559 f., 564, 566 bis 569, 575, 576, 588, 729, 735, 861, 863.
Apfelsine 562, 605.
Aphis fabae 864.
Apium graveolens 198.
Aprikose 16, 385, 558, 863.
Arabis albida 604.
— — leucodermis 735.
Araceen 88.
Aralia 580.
Archantophönix cunninghamiana 12.
Aristolochia clematis 6.
Aroideen 211.
Artemisia absinthium 586.
— vulgaris 649.
Asclepias syriaca 111.
Asparagus 130.
— officinalis 132.
— virgatus 843.
Aspidium filix mas 4.
Atropa 511.
— belladonna 336, 348, 511, 519.
Aucuba 385, 547, 579.
— japonica 544 f.
Avena 163, 715.
— barbata 31.
— ludowiciana 31.
— sativa 31.
— sterilis 31.
Axolotl 205.

Bacillus asterosporus 843.
— carotovorus 845.
— mesentericus vulgatus 843.
— oleae 843.
— puditum 843.
— radicicola 843.
Bacterien 245, 248.
Bacterium coli 245.
— megatherium 245.
— mesenthericum 245.
— proteus 245.
— radicicola 245.
— tumefaciens 245, 246 f., 265 f., 363, 514, 677, 843.
Balsamocitrus Dawei 574.
Bananen 389.
Barbarea vulgaris 335.
Basidiomyceten 723.
Bauerntabak 215.
Baumwolle 562, 576.
Begonia 205, 241, 306.
— discolor 243.
— phyllomanica 204, 364.
— rex 1, 168, 204, 307*, 308, 309, 311, 312 f., 316, 513.
— Teuscheri 313.
Berberidaceen 360.
Berberis 734.
— vulgaris 736.
— empetrifolia × B. Darwinii 850.
Beta 405, 468, 553.
— vulgaris 198, 464, 843, 867.
Bignoniaceen 80.
Birke 15, 861.
Birne 21, 136*f., 140, 336, 386, 478, 503, 521, 522, 536, 537, 547, 553, 558, 559, 563 f., 567—569, 576, 578, 583 f., 588, 607, 735, 862, 864.
Bizzaria 605 f., 715.
Bocconia 314.
Bohnen 152, 516, 520, 546, 547, 677, 739, 740.
Boletus candidus 46.
— edulis 45*, 46, 47, 101.
— rufus 46.

* Sterne an der Seitenzahl weisen auf Abbildungen hin.

Boletus scaber 46.
Bollvilleria auricularis 528.
— malifolia 528.
Bonatea speciosa 150.
Boraginaceen 780.
Botrytis allii 471.
Boussingaultia 466.
— baselloides 399.
Bouvardia 733.
Brachychiton populneum 583.
Brassica 120.
— oleracea 45, 587.
— — caulorapa gongylodes 147.
— quadrivalvis 121.
Brombeere 30, 479.
Brownea coccinea 244.
Brussonetia 84, 85, 91.
— papyrifera 83, 86, 133*, 134f., 710, 866.
Bryonia alba 512, 576.
— dioica 512, 576.
Bryophyllum 156, 241, 299, 316.
— calycinum 157, 258, 259, 468, 505.
— crenatum 12, 148, 293.
Bryopsis 471.
— mucosa 155, 219f., 302, 315.

Cacteen 513, 586, 593.
Cactus 329.
Calamus ciliaris 13.
Calanchoe 156.
Calendula officinalis 118.
Callisia repens 589.
Camelia japonica 1.
Campanulaceen 20, 22.
Campelia zanonia 473.
Canna 10.
Cannabis sativa 324, 483, 579, 587, 656, 757.
Caprifoliaceen 66.
Capsella bursa pastoris albovariabilis 773.
Capsicum 348, 350, 352, 353, 359, 377, 386, 397, 541, 588, 590, 765.
— annuum 348*, 354*, 358*, 359*, 375*, 376*, 387*, 501, 541, 589.
— pyramidale 513, 530.
Cardamine dentata 334.
— pratensis 334.
Carpinus orientalis 77*, 78.
Carya 589.

Castanea 541.
— dentata 856.
— vulgaris 558.
Catharinea undulata 471.
Caulerpa 199—201.
Celosia cristata 119.
Cedrus libani 553.
Centaurea 493.
Centrosolenia 351.
— bullata 515, 702.
Cephalaria syriaca 712, 713.
Cephalotaxus 472.
Ceratonia siliqua 579.
Ceratopteris thalictroides 326.
Cereus 421, 580.
— acereus 139.
— cyaneus 139.
— grandiflorus 139.
— hystrix 397.
— phyllanthus 717.
— Seidelii 139.
— speciosissimus 139, 717.
Chamaedorea 12.
Chamaerops humilis 13.
Chlorophytum 328.
— commosum 26, 79, 80*.
Chrysanthemum annuum 585*, 586, 587.
Cichorium 511.
Cinnamomum tamala 867.
Cinnia elegans 587.
Cirsium arvense 6.
Citrus 258, 519, 520, 574, 578, 601, 719.
— bigaradia 523.
— limonum 562, 583.
— nobilis 522, 523, 566, 568, 579.
— trifoliata 522, 566, 568, 579.
Cladospermium fulgum 637.
Clematis 599.
Cleome gigantea 675.
— spinosa 675.
Cochlearia armoracia 215.
Cocos weddeliana 13.
Codium tomentosum 212, 293.
Colchicum autumnale 636.
Coleus hybridus 148.
— schueltianus 148.
Coloquinte 464.
Collybia tuberosa 217, 293, 302, 316, 470.
Compositen 22, 585—587.
Coniferen 37, 317, 433, 470.
Convolvulus arvense 6, 316.

Coprinus fimetarius 293, 672.
— niveus 672.
Cordyline 433, 474.
Corylus 45.
Cotoneaster 511.
— frigida 511.
— microphylla 511.
Crassulaceen 148.
Crassula 156.
— lactea 148.
Crataegomespilus 247, 480, 607, 634, 638, 660f., 670, 671, 672, 677, 690, 724.
— asnieresii 635, 657, 661f., 668.
— dardari 610, 635, 657, 661f., 668.
Crataegus 477, 635, 670, 857.
— monogyna 607, 657, 661f.
— oxyacantha 528, 577.
Crepis 32, 351, 591.
— alpina 722.
— biennis 125.
— biennis × setosa 719.
— — × bureniana 719.
— bureniana 719.
— capillaris 719.
— ciliata 125.
— dioscorides 757.
— tectorum 719, 721, 722.
— virens 546.
Crocus sativus 331.
Cucumis 45.
— sativus 576.
Cucurbitaceen 512, 589.
Cucurbita 512.
— maxima 548.
— Pepo 45.
Cuscuta 15.
Cycas revoluta 149.
Cyclanthera pedata 576.
Cydonia 140, 588.
— vulgaris 139.
Cytisus 690.
— Adami 247, 607f., 635.
— alpinus 477.
— hirsutus 577.
— laburnum 551, 606f.
— sessilifolius 477.
— purpureus 606f., 658.
Cystosira barbata 305.

Dahlia 399.
— variabilis 198, 418.
Datura 32, 391, 511, 534, 588, 714.

Datura ferox 530.
— loevis 717.
— stramonium 465, 505, 588, 717.
— Wrightii 530, 534, 848.
Daucus 316.
— carota 45, 198.
Delphinium 837.
— ajacis 704, 838.
Derbesia 471.
Dicotylen 433, 436, 453, 460, 473.
Dicranaceen 471.
Dicranum 471.
Diospyren 478.
Diospyros kaki 45, 548, 593, 600.
— lotus 548.
— malabaricum 244.
Dipsacaceen 65.
Dipsacus fullonum 66.
Dracaena 433, 472, 474.
Drosera 297, 302.
Drosophila 124, 721.

Eberesche 478.
Echinocactus 139, 421.
— denudatus 580.
Echinocystis lobata 576.
Efeu 1.
Eiche 229, 581.
Eierfrucht 388, 527.
Elaeagnus 516.
Endothia parasitica 860.
Epiphyllum 139, 326, 518, 580.
Equisetum 5.
— Schaffneri 137.
Erbsen 716.
Erdbeeren 731.
Erodium 715.
Erysiphe graminis 526.
Erythrina christa galli 45.
Esche 53.
Escheveria secunda 148, 153, 173, 174.
Eucalyptus 479.
Eucommia ulmoides 336, 574, 579.
Euphorbiaceen 330.
Euphorbia 843.
— cyparissias 316, 845.
— pulcherrima 733.
— tirucalli 220*, 335.

Evonymus japonica 544, 630f., 744, 745*, 746*, 766.
— — aureo-marginata 704.

Evonymus japonica f. argenteo-marginat. 744, 745*.
— — — argenteo-variegat. 630.
— — — chlorino-marginat. 543.
— — — marmorat. 543.
— verrucosa 745*, 747.
Exoasceen 868.

Fagus silvatica 197.
Farne 326, 335, 472.
Feracactus Wislicenii 325.
Ficaria ranunculoides 243.
Ficus benjamina 80.
— latifolia 78.
— scandens 80.
Filicinae leptosporangiatae 651, 771.
Flechten 4, 6, 16.
Flieder 19, 213, 397, 859, 869.
— persischer 53.
Fomes 470.
— applanatus 470.
Fragaria 46, 328.
— moschata 482*f, 497, 498.
— vesca 255.
Fraxinus 49, 53, 541.
— excelsior 197.
Fucus 131.
Fusarium 471.
— cubense 389.
Futterrübe 396, 506.
Fuchsia coccinea 718.
— fulgens 718.

Galium rubioides 657.
Galtonia candicans 132.
— officinalis 152.
Gardenia 736.
Gartentabak 248, 463.
Gesneriaceen 159.
Gesneria 736.
— graciosa 159, 316.
Getreide 279.
Gingko 579.
— biloba 255.
Gleditschia triacanthos 255, 258.
Gloxinia hybrida 243.
Gossypium 45, 278, 503.
— arboreum 504.
— barbadense 504.
— brasilense 504.
— herbaceum 504.

Gossypium hirsutum 279, 320, 504.
— peruvianum 504.
Gramineen 41*, 473, 593.
Gratiola officinalis 355.
Gurke 522, 548, 575, 712.
Gymnadenia 637.
Gymnosporangium clavariaeforme 638, 670.
— confusum 528.
— sabinae 528.
— tremelloides 528.

Hafer 180, 188, 190, 200.
Hanf 355.
Hedera 580, 746*.
— ampelopsis 246.
— helix 73, 74, 77, 78, 317, 320.
Helianthus 122, 132, 155, 253.
— annuus 7*, 8*, 9*, 28, 35, 45, 64, 111*f., 125, 132, 161, 256, 322f., 357.
— — cucumerifolius 116.
— tuberosus 357, 510.
Helichrysum monstrosum 586, 587.
Helminthosporium sativum 846.
Helodea 6.
— canadensis 236, 657.
— densa 657.
Helosis guyanensis 636.
Hemerocallis 490.
— flava 490.
— fulva 490.
Hemionitis palmata 326.
Herminium 637.
Heterodera 867.
Hibiscus 504.
— vitifolius 604.
Hicoria pecan 600.
Hieracium 30, 637.
— tridentatum 30.
Himbeere 480, 482.
Hippuris vulgaris 241, 657.
Honkenya peploides 657, 663.
Humulus 541, 765.
— lupulus 542, 579.
Hyazinthen 474, 606.
Hyazinthus 37*, 38*, 39, 77, 141, 157, 423, 425.
— orientalis 36*, 39, 40, 513.
Hydrocharis morsus ranae 222, 316.

Hyophorbe 12.
Hyoscyamus 589.

Imatophyllum miniatum 736.
Ipomoea 604.
— batatas 306.
— hybrida 718.
Iresine 583.
— Lindeni 360, 585.
Iris 130.
— germanica 211.

Jasminus 49, 53, 541.
Johannisapfel 576.
Juglans 45.
— regia 472, 589.
Juniperus 138*.

Kakteen 398, 421, 600.
Kalanchoe 156.
Kartoffel 136, 144, 146, 147, 156, 160, 175, 195, 197, 215, 241, 243, 316, 334, 335, 338, 339, 349, 359, 384, 399, 455, 490, 491, 505, 508, 509, 523, 527, 528, 542, 550, 580, 588, 589, 590, 606, 650, 655, 676, 678, 679, 704, 732, 734, 874.
Kastanie 503, 857, 860.
Kentia Belmoriana 12.
Kiefern 216, 472.
Kirsche 21, 336, 355, 479, 516, 547, 565, 566, 569, 576, 869.
Kitaibelia vitifolia 541.
Knautia 66.
— arvensis 65.
— hybrida (Coult.) 65, 66.
Kohl 317, 512, 518, 521, 531, 581, 678.
Kohlrabi 152, 156, 175, 176, 245.
Kürbis 399, 418, 505, 522, 548, 575.
Kulturgräser 473.

Laburnum 690.
— Adami 658, 690.
— vulgare 577, 635, 658.
Lactuca 511.
Lagenaria vulgaris 548.
Lappa major 587.
Larix 44.
— europaea 472, 553.

Lärche 15, 590.
Lathyrus 589.
— odoratus 843.
Leguminosen 252, 843.
Lein 355.
Lenzites sepiaria 232.
Leucanthemum lacustrum 551.
Ligustrum 541.
— ovalifolium 589.
— vulgare 657.
Linde 15, 88, 581, 869.
Linum usitatissimum 146, 219f.
— austriacum × L. perenne 851.
Liliifloren 433.
Lobelia 17, 717.
Lolium temulentum 868.
Lophophytum mirabile 15.
Loranthaceae 15.
Loranthus europaeus 15.
Lorbeerkirschen 479.
Loroglossum hircinum 844.
Luffa 548.
Lunaria vulgaris 549.
Lunularia 314, 316.
Lupinus 31, 516, 517, 589.
— albus 180.
— angustifolius 180.
Lycium barbarum 530.
— halimifolium 712.
Lycoperdon 4.
Lycopersicum esculentum 585—587.

Macleya cordata 219.
Magnolia grandiflora 215.
Mahalebkirsche 479.
Malus 45, 576.
— paradisiaca 503.
Malvaceen 504, 543, 545, 583.
Mandarine 578.
Mandel 16, 385, 502, 503, 607.
Mango 6.
Marchantia 870.
Marchantiales 13.
Marsilia Drummondii 150.
Mathiola 716.
Medicago 589.
Melone 505, 512, 522, 547, 576.
Mercurialis annua 484, 485.
— perennis 483.
Mesembrianthemum cordifolium 604.
Mespilus 635, 670.

Mesphilus germanica 528, 607, 657, 661f., 668.
— japonicus 778.
Microsphaera alni 329.
Mimosa 153, 155, 392, 554, 555, 853.
— elliptica 554.
— pudica 159.
— spegazzini 159, 554.
Mirabellen 534.
Mirabilis 4, 5, 122, 149, 299, 350, 361, 364, 365, 386, 392, 398, 417, 422, 434, 437, 512, 582, 759.
— jalapa 4*, 12, 35, 93f., 95*, 96*, 98*, 99*, 101, 114, 157, 216, 222, 232, 272f., 289f., 299, 338*, 356*, 358, 360*, 362*, 363*, 366*, 391, 402*, 403*, 404*—414*, 418*, 420, 423*, 424*, 426*, 428*—430*, 432*, 552, 590, 592, 605, 766, 771, 772, 796, 798.
— — albomaculata 771.
— — gilva × M. jalapa rosea 779.
— — gilvaroseostriata 775, 776*, 777f.
— — striata 771, 795, 796, 841.
— — variegata 771, 772, 841.
— longiflora 592.
Mispel 478.
Modiola caroliana 551.
Mohn 867.
Mohrrüben 200, 239, 246, 247, 514.
Möhren 242, 246.
Monocotyle 141, 157, 421, 427, 430, 433f., 460, 472, 473f., 583.
Moose 13, 298, 302, 322, 335, 471.
Morellae verae 680.
Morus 83, 86, 90, 122, 479, 624.
— alba 46, 84.
— nigra 84, 85, 89*, 90*, 91*, 125.
— nigra 46, 84, 85, 89*, 90*, 91*, 125.
— papyrifera 83.
Mucorineen 470, 850.
Musa 10.

Musa ensete 10.
— japonica 10.
Myosotis 710, 744, 796, 798, 828, 822, 831, 840.
Myxomyceten 865.

Nachtschatten 369, 400, 420, 461*, 462*, 463, 467, 472, 551, 580, 608, 637, 638, 639, 660, 675.
Nepenthes 255.
Nerium oleander 158, 216, 221, 252, 746*, 747.
Neurospora 471.
— tetrasperma 457, 673, 674.
Nicotiana 1, 32, 254f., 437, 501, 541, 588, 720.
— affinis 4*, 222f., 223*, 247, 253, 254*, 255*, 272, 356*, 360, 366*, 367*, 380f., 398, 418*, 420, 467, 486*, 487f., 491, 551—553, 582, 586—589, 677, 867.
— alata 847.
— glauca 398, 513, 530, 720, 847.
— Langsdorffii 534, 592, 720, 847, 851.
— paniculata 591, 847.
— rusbyi 846, 847, 848.
— rustica 508, 534, 712, 847, 849, 851, 871.
— — × Nicotiana tabacum 847.
— suaveolens 847.
— tabacum 185, 398, 530, 534, 587, 588, 847, 848.
Nußbaum 581.
Nyctaginaceae 360.
Nymphaeaceen 361.
Nymphaea Leydeckeri 151.

Oenothera 657, 728, 874.
— hookeri 716.
— Lamarckiana 30, 149, 150, 165, 716.
Olea europaea 568.
Oncidium praetatum 636.
Opuntia 326, 519.
— amylea 422.
— ficus indica 844.
— imbricata 397.
— laboretia 512.
— robusta 422.
Orcheomyces hircini 844.

Orcheomyces psychodis 247.
Orchideen 355, 637.
Orchis 637.
Orobanche 15.
Oryza sativa 473, 532.

Palmen 11, 13.
Panicum crus galli 473.
Papaver 163, 717*.
Papilionaceen 511.
Pappeln 869.
Papyrius papyrifera 83.
Paradiesapfel 479, 503.
Parrotia persica 67*, 68*, 70*, 73, 74, 77, 78, 230f., 231*, 866.
Peireskia 519.
— aculeata 586.
Pelargonium 241, 248, 546, 633, 654, 657, 715, 733, 743, 759, 761.
— zonale 148, 239, 399, 615, 633, 634, 637, 657, 723, 725, 734, 746*, 759, 760*, 762, 765, 797, 841, 843.
— — var. „Mädchen aus der Fremde" 657.
— — status varietas albotunicat. 725, 767.
— — — — albomarginat. 767, 768.
— — — — evanidotunicat. 767.
— — — — „happy thought" 735, 736, 766.
— — — — „Meteor" 368, 468, 505.
Pellionia 83, 85.
Peperomia 156.
Peronospora 527.
Persea gratissinea 550.
Petroselium sativum 198.
Petunia 391, 588.
— nyctaginiflora 348, 588.
— violacea 847.
Pfirsich 216, 492, 558, 565, 568, 576, 607.
Pflaume 477, 502, 558, 566, 575, 576, 579, 735.
Phaseolus 65, 516, 517, 737, 870.
— lunatus 511.

Phaseolus multiflorus 657.
— vulgaris 7, 45, 101, 511, 718, 738, 768.
— — haematocarpus Sav. 738, 768.
Philadelphus 657.
Philodendron 421, 472.
— glaciovii 211.
Phleum pratense L. 40.
Phlox 736.
Pholiota 485, 486, 722.
Phönix 12.
Phormidium autumnale 22.
— subfuscum 22.
Photinia 511.
Phyllosticta pumicola 863.
— quercina 863.
Phylloxera 558.
Phycomyces nitens 212, 298, 671, 764.
Physalis 588.
Phytophthora 527, 678.
— infestans 11.
Picea 44, 73, 75.
— abies 197.
— excelsa 42*, 74.
Pilea imparifolia Wedd. 83.
— nutans Wedd. 83.
Pilze 16, 294, 390, 470f.
Pinus 44.
— silvestris 472.
Pirocydonia 607.
Pirus communis 139, 528, 537, 583, 843, 867.
— malus 537.
— niedzwezkiana 560.
— — paradisiaca 575.
— ussuriensis 522.
Pistacia 478, 579.
— lentiscus 576.
— terebinthus 576.
— vera 576.
Pisum 242, 589.
— arvense 516.
— sativum 351, 712, 756, 843.
Plantago major 2, 131, 185.
Plasmodiophora tabaci 870.
Plasmodium lycogala apidendron 325.
Plectonema tomasinium 4.
Plecthranthus fruticosus 657.
Plumeria acutifolia 244.
Podocarpus 472.
Podophyllum peltatum 360.
Polyporus 470.
Polystichum angulare 770.

Verzeichnis der Gattungs- und Artnamen.

Polytrichaceen 471.
Pomeranze 562.
Populus 239, 465, 518, 614.
— alba 6.
— canadensis 607.
— nigra 353, 613.
— trichocarpa 607, 613.
Porphyrospatha schottiana 211.
Portulacaceae 586.
Portulaca grandiflora 586, 587.
— oleracea 355.
Pothos elatocaulus 80.
Procrideae 83.
Prunus armeniaca 558.
— avium 139, 867.
— besseyi 575.
— cerasus 139, 523, 867.
— chamaecerasus 576.
— divaricata 558, 566f., 589.
— domestica 558.
— insititia 45, 579.
— laurocerasus 553.
— mahaleb 523.
— munsoniana 577.
— padus 553.
— pseudocerasus 547.
— pumila 477, 523.
— spinosa 576.
Psilotum triquetrum 211.
Ptelea 541.
Puccinia asparagi 843.
— glumarum 526.
— graminis 843, 874.
Punica protopunica 574.

Quercus 558.
— castaneaefolia 553, 578.
— iberica 553.
— ilex 553.
— macrantherus 553, 578.
— phellos 478.
— pubescens 553.
— sessiliflora 553.
— suber 553, 577, 578.
Quitte 21, 386, 476, 503, 547, 558, 564, 576, 578, 607.

Ranunculaceen 360.
Ranunculus acer 132.
Raphanus sativus minor 224*f., 225*.
Ravenala madagascariensis 10.
Rebe 577.
Reineclauden 479.
Rhapis flabelliformis 13.
Rhipsalis paradoxa 512.

Rhizopus suinus 167.
Rhoeo discolor 179, 180, 188.
Rhopalocnemis phalloides 636.
Ricinus 245, 249, 363, 843.
— communis 199, 219.
Riesenkürbis 580.
Rizophora 14.
Robinia Caragana 478.
— Chamlagu 478.
— hispida 478.
— pseudacacia 255, 551.
— pygmaea 477.
— viscosa 478.
Roggen 200.
Roggen-Weizen-Bastard 591.
Rosa 6, 255, 734.
— cannabifolia 491.
— canina 589.
— devoniensis 605.
Rosaceen 122, 511.
Rosen 327, 581, 588, 599.
Rote Beete 393, 395, 399, 454, 464, 587.
Rotbuche 216.
Rote Rübe 316.
Rubiaceen 66.
Rubiales 66.
Rubus 6, 482, 589.
— biflorus 219.
— caesius 213, 737.
— idaeus 64, 481*, 481f., 497.
Rudbeckia 357.
Rübe 712.
Rumex acetosa 6.

Saintpaulia ionantha 148.
Sambucus 576.
— nigra 353.
— racemosa 28, 258, 320, 540, 783.
Sarracenia 255.
Sauromatum guttatum 399.
Schachtelhalm 5, 6.
Schizanthus retursus 348, 588.
— Grahami 582.
Schizophyllum 485, 722.
Scilla sibirica 636.
Sclerotinia 471.
— fructigena 457.
Scolopendrium vulgare 771.
Scrophulariaceen 582.
Scrophularia nodosa 289, 466, 467, 509, 657.

Secale 47.
— cereale 40, 182.
Sedum spectabile 148, 156, 173, 174.
Sempervivum Hausmannii 843.
— montanum 148.
Senecio vulgaris 734, 766.
Septoria lycopersici 637.
— pisi 862.
Sinapis arvensis 518.
Sinningia 351.
— purpurea 515, 702.
Siphonales 302.
Siphoneen 298, 471, 850.
Sium cicutaefolium 666.
Soja 769.
— hispida 517.
Solanaceen 360, 582, 585, 586, 680, 693, 846, 847, 848.
Solanum 1, 64, 299, 582, 588, 632, 634, 637, 658, 659.
— arboreum 552, 577.
— capsicastrum 367*, 398, 551.
— darwinianum 660, 682, 724.
— dulcamara 550, 588, 607, 680.
— gaertnerianum 610, 637, 638, 639.
— gracile 659.
— guinense 350f., 389*.
— koelreutherianum 635, 637, 674.
— luteum 659.
— — lycopersicum 659.
— lycopersicum 34, 122, 221*, 222*, 224, 235*f., 250*, 251*, 260, 266, 271, 348*, 350f., 354*, 358*, 359*, 369*, 375*, 376*, 378*, 379*, 380*f., 386, 387*, 389, 398, 401*, 404, 408, 417, 418*, 419*, 425*, 464, 486*, 487f., 497, 501, 511, 550, 551, 552, 577, 585*, 588, 589, 604, 607,614* bis 617*, 618* bis 622*, 625*, 641, 643, 659, 667, 676, 680, 681*—689*, 693, 701, 706 bis 709.

Solanum lycopersicum filiforme 497.
— — gigas, 674, 675.
— — — guinense 659, 675, 698.
— — — luteum 659, 660.
— — — memphiticum 666, 669, 680, 690*—695*, 706, 709*.
— — — tuberosum 678.
— melongena 360, 378* bis 380*, 383, 461, 467, 491, 513, 523, 530, 576, 585, 588, 589.
— monstrosa 215.
— memphiticum 34, 224, 237*, 250*f., 466*, 614*—622*, 624, 625*, 640, 641, 642, 643*, 644, 667, 668, 680, 681*—689*, 697 bis 701, 703*, 706 bis 709.
— nigrum 221*, 222*, 364, 369*, 398, 401*, 404, 408, 409, 417, 418*, 419*, 420, 425*, 464, 511, 519, 530, 534, 550, 583, 588, 599, 693, 867.
— — gigas 674, 675.
— — var. gracile-sisymbrifolium 659.
— proteus 610, 637, 638, 639, 657, 693.
— pseudocapsicum 550.
— spinosum 389.
— tuberosum 198, 264*, 265*f., 266*, 466*, 508, 511, 582, 588, 648, 843, 849.
— tubingense 635, 637, 675, 693.
Sonnenblume 7, 10, 255f., 579.
Sorbus 477, 577.
— aria 385, 528, 537.
— aucuparia 385, 479, 528, 578.
— Laponia 479.
Sphaerocarpus 852.
Spinacia oleracea 252.
Spirogyra 711, 755, 757, 764, 857.
— majuscula 755.
— setiformis 755.
— triformis 755.
Steineiche 478.

Sterculiaceen 583.
Streptocarpus Wendlandii 316.
Süßkirsche 21, 341, 516, 534.
Schwarze Johannisbeere 258.
Sycios angulata 522, 547, 575, 576.
Sycomore 477.
Synandrae 22.
Synchytrium endobioticum 874.
— fulgens 874.
Syringa 55, 62, 63, 64, 589.
— amurensis 63.
— chinensis 63.
— — Willd. 48.
— Emodi 63.
— josikaea 48, 54, 56, 60, 61.
— persica 48, 49, 53, 63.
— — forma pinnata 48.
— Swegenzowii 63.
— villosa 48.
— vulgaris 28, 34, 48, 49*, 50*, 52*—61, 101, 258, 657.

Tabak 358, 364, 420, 467, 484, 488, 501, 511, 534, 551, 589, 676, 867, 870.
Tanne 581.
Taraxacum 238, 302, 304, 314, 381, 511.
— officinale 150, 734, 766.
Taxus baccata 472.
Tecoma radicans 14.
Telephora 302, 470.
Testudinaria elephantipes 316.
Thurberia 504.
Tilletia tritici 12.
Tigrida conchiflora 490.
— paronia 490.
Tilia 255.
— cordata 227f., 227*, 228*.
— intermedia 577.
— tomentosa 577.
— vulgaris 577.
Tomate 119f., 212, 213, 215, 246, 247—249, 251, 255, 263*, 302, 334, 348, 350, 351, 356, 359, 369, 375, 377, 383, 388, 397, 398, 400, 420, 461*, 462*, 463, 465, 467, 482, 501, 505, 511, 513, 515, 521, 545, 576, 580, 581,

582, 583, 586, 588, 589, 599, 608, 623, 637, 638, 639, 660, 669, 671, 675, 678, 688, 694, 696—701, 703*, 704, 705—710, 714, 725, 761.
Torreya 472.
Topinambur 510.
Tradescantia 39, 130, 157, 179, 213, 357, 398, 414, 417, 423, 474, 514.
— crassiflora 243.
— fluminensis 434*, 435* bis 442*, 444*—446*, 447f., 449*—451*.
— fluviatilis 589.
— laekernensis 436.
— virginica 143, 657.
— viridis 434.
— zebrina 434*—438*, 440*—442*, 444* bis 446*, 447f., 449* bis 451*.
Tragopogon pratensis 220.
Trametes 470.
— pini 470.
— suaveolus 470.
Trifolium 589.
Triticum spelta 490.
— vulgare 490, 658, 732, 733.
— — × Triticum durum 591.
Tropaeolaceae 586.
Tropaeolum 586.
— majus 586, 716.
— minus 716.
Tsuga 472.
— canadensis 856.
Tubifex rivulorum 205.
Tussilago farfara 736.

Udotea 471.
Ulme 15.
Ulmus 53, 54, 83, 84, 86, 89, 122, 624.
— campestris 84, 85, 87*, 91, 92*, 93*, 94*, 125, 255, 258.
— effusa 85.
— rubra 350.
Umbelliferae 586.
Uromyces pisi 329, 845.
Urticaceen 330.
Urtica dioica 219.
Urticiflorae 84.
Urticinae 84.
Ustilago maydis 12.
Utricularia 255, 658.

Vaccinium vitis idaea 748, 749*.
Valerianaceen 66.
Vallisneria 154.
Vanilla 421, 472.
— planifolia 474, 512.
Vaucheria 179, 865.
Veratrum 483.
Verbascum 717.
Verbena 491, 769, 779.
— hybrida 654, 705, 775, 780, 797f.
Veronica myrtifolia 657.
— speciosa 657.
Vicia 245, 267, 589.
— faba 177, 192, 198, 211, 243, 353, 516, 517, 546, 547, 551, 587, 589, 710, 711, 756, 843, 845, 864, 876.
— narbonensis 589.
Viscum 843.
— album 15, 79, 518.
Vitis 46.
— riparia 520, 578.
— rupestris 523.
— vinifera 312, 520, 523, 735.
Volvocaceen 158.
Voyria 636.

Waldhimbeere 481.
Waldkirsche 479.
Walnuß 503.
Wassermelone 547.
Weiden 869.
Weinreben 125, 529, 558, 598f., 863.
Weinstock 581, 676.
Weintrauben 578, 579, 679, 731.
Weißdorn 478, 479.
Weizen 732, 733, 874.

Zea 795.
— Mays 166, 712, 851.
Zitrone 553, 583f., 605.
Zwetsche 566f.
Zygnema 711.
Zwiebel 172, 182, 187, 190.
— (Schale) 144, 242.
Zuckerrübe 245, 506.

Namenverzeichnis[1].

(Siehe auch alphabetisches Literaturverzeichnis S. 878f. und Nachträge S. 932f., die hier nicht berücksichtigt sind. Die aufgeführten Namen beziehen sich nur auf Angaben im Text.)

Afzelius 636, 637.
Åkermann 658, 732.
Albach 143, 375.
Alexandrow u. Djaparidze 355, 365, 381.
Alexandrow u. Alexandrowa 355, 365, 381, 417, 448, 452.
Amos, Hatton, Hoblyn u. Knight 560, 561.
Andersson 726, 770.
Appel 243, 526.
Arends 197.
Arnaudi 843.
Arnaudow 471, 581, 593.
Assejewa 329, 648, 650, 655, 728, 732.
Auchter 574, 599.

Bailey 574.
Baranetzky 363.
Baranow 132, 387.
Barberon 214, 529, 863.
Bärner 595.
Bary de 406, 408.
Bateson 608, 654, 714, 725, 769, 771.
Bauer 175f.
Baur 320, 515, 541, 546, 602, 607, 609, 613, 615, 616, 632, 633, 638, 649, 660, 671, 704, 715, 724, 726, 759, 762, 765, 766.
Behre 297, 302.
Beijerinck 6, 222, 299, 306.
Bein 142.
Belskaja 267, 738, 741.
Benecke 337.
Benecke u. Jost 130.
Berg, vom 324, 849, 877.
Bertalanffy 177.
Berthold 618.
Betz 578.
Bewley u. Bolas 545.
Beyer 191, 302.

Beyerle 326, 334, 651.
Biedermann u. Jermakoff 198.
Biffen 855.
Billroth 146.
Birkholz 163, 179, 187, 188.
Birch-Hirschfeld 857.
Blakeslee 32.
Blakeslee u. Farnham 590.
Blaringhem 7, 86, 142, 186, 261, 334.
Bloch 211, 329, 355.
Blumenthal u. Hirschfeld 248.
Boas u. Merkenschlager 195.
Bock 158.
Boehm 197.
Borodin 5, 197, 438, 647, 700.
Bosc 509.
Boucherie 853.
Braun 606.
Brauner 145, 192.
Brauns 138.
Bravais 84.
Breslawetz 757.
Brehmer u. Bärner 544.
Brieger 165, 198, 367, 374.
Broili 215.
Brzezinsky 214.
Buchner 21.
Buder 635.
Bujlin 769.
Bukassow 268, 271, 509, 849.
Bünning 143, 149, 182, 191, 200, 242, 244, 350.
Burbank 550.
Burgeff 199, 212, 470, 485, 555, 571, 764.
Burns u. Hedden 322.
Buscalioni u. Muscatello 241.
Bussato 574.
Buy, du 167.

Calderini 473, 532.
Candolle, de 318.
Cappelletti 843.
Carbone 375, 844, 846.
Carbone u. Arnaudi 851, 873, 874.
Carrière 463, 735.
Castel 532.
Castle 607.
Celakowsky 81.
Chamberlain 146, 362, 405, 438.
Chambers 298.
Chandler 574, 599.
Chester 872.
Child 315.
Chittenden 317, 603, 612, 705, 710, 726, 744, 759, 761, 762, 765, 768, 796, 798, 822, 828.
Cholodny 145, 155, 162, 163, 165, 166, 180, 192, 193, 244.
Ciamician u. Ravenna 857.
Ciesielsi 222.
Clausen 32.
Cohnheim 529.
Comes 529.
Compton 8.
Correns 324, 604, 652, 654, 723, 725, 734, 762, 766, 769, 771, 773, 776, 790, 793, 796.
Couders 527.
Coulter u. Land 8, 28.
Crueger 355, 381, 452.
Curtell 578, 579.
Czaja 168, 302, 611, 859, 860.

Dahlgren 637, 659, 726.
Dammann 131.
Daniel 212, 215, 326, 421, 472, 482, 508, 510, 512, 518, 521, 523, 527, 532, 581, 607, 849.

[1] [Bezüglich Bedeutung des Sterns (*) bei Autorennamen vgl. Anmerkung zum Literaturverzeichnis. M.]

Namenverzeichnis. 921

Daniel u. Potel 511, 519.
Darrow 737.
Darwin 32, 150, 476, 489, 491, 494, 495, 496, 532, 535, 541, 587, 591, 605, 608, 679, 714, 716, 718, 729, 730, 735, 744, 771.
Dejnega 11.
Delaunay 496, 499.
Demerec 704, 837f.
Detjen 479.
Diels 664.
Dieterich 314.
Digby 132.
Dodge 673.
Dolk 244.
Doll 65.
Doposcheg-Uhlar 159, 302, 316.
Döring 149.
Doroféjew 21, 546.
Dostál 202, 273, 289, 316, 338, 466.
Dubrowitzkaja 168, 306, 434, 436, 513.
Duchartre 260.
Duhamel du Monceau 230, 342, 502.
Dürken 24.

Edelstein 216, 305.
Ehrenfels 503.
Elenkin 21.
Elfving 243.
Emerson 726.
Engels 33, 304.
Engler-Prantl 582.
Erdmann 330.
Erdmann u. Woodroff 330.
Errera 618.
Ernst 331.
Esenbeck u. Suessenguth 314.
Euler, v. 545.
Euler, v. u. Moritz 546.
Euler, v. u. Runehjelm 546.
Euler, v., Steffenburg u. Hellström 545.
Eyster 654, 704, 726, 738, 769, 772, 775, 795, 800, 828.

Faber 363.
Famintzin 5, 657.
Farmer, Moore u. Digby 132.
Farmer u. Williams 722.
Fehér 12.
Fehse 144.

Figdor 18, 146, 258, 260, 349, 371.
Finn 768.
Finkelstein 318, 324.
Firbas* 592.
Fischer 528.
Fischer u. Gäumann 524, 638, 855, 873, 874.
Fitting 154, 163.
Fliry 154, 161, 162, 167.
Flot 618, 657.
Flory 44.
Frank 146.
Franke 44, 78.
Frey-Wysseling 159, 301.
Friedrich 198.
Furlani 636.
Fürth, v. 176.
Funk 20, 347, 354, 356, 358, 361, 368, 382, 388, 391, 398, 421, 433, 588, 593.

Gäumann 874.
Gajdukow 128, 129.
Gallesio 605.
Gardner 214.
Gaßner 338, 869.
Gates 132.
Gellhorn 859.
Gerassimoff 351, 711, 755, 756, 757.
Gerighelli 337.
Gertz 302, 337.
Girke-Nikifforoff 710.
Gladkoff 585.
Gley 161.
Goebel 8, 16, 17, 23, 27, 81, 84, 102, 103, 121, 122, 137, 202, 206, 273, 314, 316, 337, 338.
Goeppert 355, 356, 385.
Goldschmidt 489, 652, 830.
Golenkin 83, 84, 295.
Golinsky 553.
Goodspeed 712.
Gordjagin 12, 310.
Gorschkov 357, 518, 522, 532, 533, 536, 538, 548, 560, 588.
Gradmann 180.
Gravis 657.
Guignard 511.
Gurwitsch 169,170,174,459.
Gussewa 871.
Gustafson 157.

Haas u. Halma 519.
Haberlandt 13, 146, 147, 149, 150, 154, 155, 156, 158, 160, 162, 165, 169,

173, 212, 219, 221, 259, 293, 298, 299, 302, 314, 315, 337, 352, 374, 392, 480, 554, 555, 618, 647, 657, 660, 663, 664, 671, 672, 700, 724.
Hagedoorn 652.
Hagemann 204, 306, 333, 549.
Hales 463.
Hallier 595.
Halma u. Haas 562.
Hammett, F. S. u. D. W. Hammett, 167.
Hannig 314, 868.
Hanstein 230, 617.
Hansteen-Cranner 159.
Harder 485, 722.
Harig 168, 259.
Hartig 10, 44, 72, 245.
Hartmann 497.
Hartsema 273, 313, 338.
Hatton, Crubb u. Amos 258, 560.
Hecht 874.
Hedemann 149.
Hedrick, Taylor u. Wellingston 215.
Hegi 316.
Heilbronn 651, 865.
Heilmann-Winawer 636.
Heinichen* 203.
Heinricher 843.
Heitz 298, 327.
Helm 142.
Henry 607.
Herail 363.
Hercik 317, 318.
Herklots 158, 197.
Hermann u. Umrath 153.
Hertwig 712.
Hertzsch 541, 542.
Hettlinger 198.
Heyn 167.
Hildebrandt 329, 607.
Hiltner, E. 859.
Hiltner, L. 859.
Himmelbaur 331.
Hocquette 186.
Höber 859.
Hoffmann 580.
Höfler 859, 877.
Hofmeister 637.
Holden 211.
Hollingshead 31, 719.
Hollrung 318.
Höstermann 214, 339.
Hotter 578.
Houdaille u. Guillon 854.
Huber 853.
Huß 523.

Ikeno 765, 541, 726, 765.
Iljin 33.
Iljinskij 334, 335.
Irmisch 316, 465.
Isbell 306.
Issaew 342, 344, 345, 601.
Ivanow 31, 336, 595, 715.
Iwanowsky 145, 163, 383.
Jacoby 869.
Jaeger 355.
Jakowlew 306, 522, 583.
Janse 1, 200, 306, 313.
Jensen 382, 514.
Jesenko 869.
Jessen 318.
Johannsen 243, 689, 758.
Johnson 117, 338.
Johow 636.
Jollos 8, 123.
Jørgensen 186, 263, 267, 334, 351, 604, 676, 678, 682, 725, 751.
Jørgensen u. Crane 607, 620, 623, 658, 669, 675, 684, 698.
Jost 72, 165.
Jungers 15, 130, 392, 555, 859.
Jungner 128.

Kabus 19, 140, 156, 195, 198, 239, 243, 338, 368, 372, 382, 395, 418, 422, 455, 468, 473, 505, 589, 593.
Kachidze 65, 620, 649, 712, 725.
Kajalowitsch 81.
Kajanus 726, 737, 739.
Kakesita 240, 339.
Kalaschnikow 297.
Kamenogradski 303.
Karsch 582.
Kasakewitsch 335.
Keller, B. 14.
Kemp 712.
Kern 553, 577.
Kerner 12, 80.
Kiesel 325.
Kießling 865.
Kipen 316.
Kirchheimer 298.
Kisser 167, 289, 700.
Kitschunow 16.
Klebahn 541, 542, 544, 637, 724.
Klebs 222, 244, 273, 297, 301, 302, 304, 316, 509, 553, 871.
Klein, G. 273, 364.

Klein, L. 137.
Kleinmann 353.
Klercker 467.
Knapp 305.
Kniep 131, 618.
Knight 337, 508.
Kny 117, 222, 243, 246, 299, 302, 306.
Kobel 337, 680, 729.
Koernicke 130, 338.
Kögl u. Haagen-Smit 167.
Köhler 26, 166, 390, 457, 470, 544, 673, 874.
Kok 853.
Koketsu 317.
Komarek 273, 283, 287.
Komaroff 15, 432.
Konopka u. Ziegenspeck 187.
Koopmann 212.
Korinek 273, 287, 843.
Korotkewitsch 316, 336, 454.
Korschelt 165, 205, 206, 260, 294, 295, 298, 314, 332.
Koshuchowa 712.
Koso-Poljansky 21.
Kostoff 184, 186, 235, 240, 247, 249, 265, 347, 351, 381, 384, 390, 398, 409, 415, 421, 454, 506, 507, 508, 512, 513, 529, 534, 535, 537, 690, 712, 720, 722, 762, 763, 845, 846, 849, 851, 871, 872, 874.
Kostoff u. Kendall 131, 185, 712.
Kostytschew 145, 197, 293.
Kostytschew-Went 167, 518.
Kovschoff 198.
Kowalewska 297, 306.
Krabbe 146, 219, 842.
Krämer 142.
Kranz 319, 320.
Krascheninnikow 295.
Kraus, von Portheim u. Yamanouchi 876.
Krause 137.
Krenke 7, 35, 45, 58, 74, 88, 98, 101, 121, 123, 124, 130, 166, 167, 169, 181, 222, 238, 256, 258, 297, 298, 278, 302, 303, 308, 316, 317, 318, 319, 320, 334, 338, 339, 350, 356, 374, 407, 433, 489, 490, 493, 497—499, 508, 533, 540, 546, 550, 607, 610—613, 621, 624, 630,

631, 636, 640, 664, 665, 680, 704, 710, 718, 724, 725, 729, 783, 867.
Krieg 146, 363.
Kříženecky u. Dubska 317, 324.
Krüger 693.
Krumbholz 638, 657, 726, 729.
Kubéš 242, 245.
Kupfer 301.
Kusano 874.
Küster 24, 77, 128, 153, 159, 162, 164, 179, 202, 203, 206, 228, 233, 238, 240, 241, 249, 294, 297, 298, 302, 305, 314, 323, 353, 365, 366, 372, 375, 381, 391, 416, 422, 433, 448, 467, 656, 701, 715, 726, 768, 842, 850, 858, 859, 867.
Kvarazkhelia 559, 573.

Lachmann 387.
Laibach 314, 163, 167, 592, 593, 594, 722, 851.
Lakon 869.
Lamprecht 146, 294, 467, 729, 730.
Lange 632, 635, 636, 638, 640, 656 f., 724, 726.
Lawton 335, 651.
Lebedeva 547, 548.
Lebedew u. Kotschèrejenko 334.
Leblond 164.
Leclerq du Sablon 503, 564, 578.
Lehmann 335, 337, 491, 722.
Lek, van der 167, 337.
Lemoine 541.
Lenz 757.
Lepeschkin 143, 183, 190.
Levitsky 30, 131, 132, 185, 186, 483, 648, 650, 655, 671, 674, 705, 712, 716, 722, 771.
Lidforß 30, 708.
Lieske 247, 272, 392, 505, 512, 516, 522, 551, 552, 553, 575, 577, 589, 607, 687, 725.
Lillie 776.
Lindemuth 212, 306, 316, 371, 384, 465, 466, 509, 541, 576, 582, 583.
Lingelsheim 49, 62.
Link, Jones u. Talifero 870.

Linsbauer 222, 297, 305, 316, 318, 331, 332.
Linsbauer u. Grafe 511.
Ljubimenko 197, 198.
Loeb 273, 302.
Lopriore 117, 222.
Lotsy 636, 723.
Lüdtke 129.
Lundegardh 302, 303, 320, 712.
Luyten 314.

Mâcheboeuf, Sørensen, M. u. Sørensen, S. P. L. 878.
MacDougal 513, 867, 871.
MacDaniel u. Curtis 302.
McNab 853.
Madaus u. Kunze 168, 195.
Magnus, W. 239, 246, 248, 299, 302, 316.
Magrou 248, 363, 844.
Maheu et Combes 220.
Malpighi 214.
Mangold 852.
Mann-Lesley 671, 714.
Manteuffel 363, 418.
Marchal 335.
Marchand 344.
Massart 353.
Masters 474.
Mathuse 306, 308, 312, 309.
Mäule 381, 385.
Maximow 521, 708.
Mayer-Alberty 657.
Maysurian 40.
Mehrlich 259.
Meister 591.
Metzner 302.
Meyer, A. 15, 391, 555, 724, 741.
Meyer, Fr. 475, 690.
Meyer, J. 616, 635, 660, 662.
Meyer, A. u. Schmidt, E. 391, 511.
Mez 318, 326, 595, 849.
Michotte 553.
Miehe 130, 165, 188, 294, 296, 303, 305, 318, 323, 327, 653, 671, 674, 762.
Miksch 854.
Mirande 199, 372.
Mirskaja 222, 364.
Mitschurin 516, 521, 538, 539, 549, 579, 584.
Möbius 318.
Moder 236.
Mohl, von 316, 372.
Mokrschezky 854, 862, 863.
Molisch 129, 212, 273, 294, 314, 316, 317, 318, 330,

332, 338, 433, 472, 549, 589, 599, 607, 735, 869.
Moquin Tandon 43.
Moritz 177, 324, 525, 595, 850, 869, 874, 875, 877.
Moritz u. vom Berg 516, 517, 850.
Morkowin 243.
Morren 541.
Mothes 154, 167.
Müller, A. 526, 527, 854, 856, 857, 860, 861, 862, 863, 864, 868.
Müller, C. 205.
Müller, D. 187, 197.
Müller, K. 526.
Müller, W. 129.
Münch 215, 227, 229, 230, 323, 392, 702, 853, 856, 859.
Munkelt 195.

Nabokich 146, 156, 241, 242, 337, 372.
Nagai 314, 337, 715, 870.
Nakachidze 598.
Nakano 165, 168, 192, 199, 239, 302, 303.
Nawaschin, M. 31, 32, 591, 721, 722.
Nawaschin, S. G. 25, 31, 163, 331, 757.
Nawaschin, S. G. 178.
Naylor 293.
Neger 329.
Němec 18, 130, 149, 179, 181, 184—186, 202, 206, 216, 222, 232, 241, 245, 248, 254, 262, 293, 294, 302—305, 314, 316, 322, 351, 357, 372, 374, 381, 391, 433, 514, 609, 671, 676, 702, 711, 756.
Neumann 395.
Newton, Lehmann u. Clark 845.
Nicolas 731.
Nielsen 167.
Niethammer 242.
Nikifforow 710.
Nikolaew 553, 578.
Nikolaewa 595.
Nilsson 855, 723.
Nilsson-Ehle 855.
Noack 634, 660, 662, 663, 724, 726, 767.
Nobécourt 247, 329, 843, 844, 850, 855.
Noisette 463.
Noll 302, 338, 471, 609, 660.

Norton 843.
Nylow, Williams u. Michelson 336.

Oberstein 490.
Ohmann 382, 422.
Okanenko 506.
Oliver 574.
Olufsen 350.
Oosterhuis 167.
Oparin 145, 194, 350, 455, 456.
Osborne 324.
Ossenbeck 273.
Ostenfeld 30.
Otto 336.

Paddock 214.
Palladin 145, 194.
Patschosky 854, 857.
Paton 15, 599, 600.
Penzig 20, 34, 44, 49, 118, 268, 481, 490, 607, 715.
Peters 222.
Pfeffer 202, 314, 852, 853, 857, 865.
Pfeiffer 13.
Picado 844.
Placzek 115.
Pond 387.
Popoff 151, 164, 169, 174, 242, 337, 454, 719, 863.
Popoff u. Gleisberg 242.
Popoff u. Seisow 323, 337.
Porodko 191, 193, 337.
Potonié 119, 121, 306.
Portheim 337.
Prantl 222.
Prát u. Malkovsky 169, 294, 324.
Priestley 547.
Prillieux u. Carrière 271.
Pringsheim, N. 182, 303, 322, 335.
Proebsting 358.
Prowazek 471.

Raewsky 215.
Rands u. Brotherton 870.
Rankin 854.
Rasdorski 128, 488.
Rasmussen 676.
Rassiguier 854, 856.
Ravaz 214, 529, 577.
Readle 722, 851.
Rechinger 246, 299, 302.
Regel 364.
Rehwald 200, 243, 244, 247, 248.
Reiche 152, 176, 352, 355.
Reiche, K. 17.

Reimann 854.
Reinhold 651.
Renner 716, 726, 728.
Reuber 222.
Review 314.
Ricca 554, 853.
Richards 145, 197, 366.
Rickett 851.
Riker 247, 249.
Rippel 843.
Rischkow 543, 602, 630f., 649, 654, 704, 726, 745, 751, 766, 768, 771, 773, 776.
Rischkow u. Bulanowa 546.
Ritter, C. 163.
Ritter, G. 179.
Rivera 245, 249.
Rivière u. Bailhache 578.
Rivière u. Pichard 607.
Roach 517, 528, 588, 589.
Robinson u. Darrow 733.
Römer 31, 715.
Rollow 575, 576.
Rosenberg 637.
Rösler 658.
Roß 868.
Roth 762, 767, 768.
Rudloff 602, 663, 664, 676, 704.
Ruhland 726, 768, 876.
Ruhland u. Hoffmann 859.
Rumbold 854, 860, 863.
Ruttle 720.
Ryerson 550.
Rzimann 468.

Sablin 711.
Sabnis 726, 751.
Sachs 316, 371, 618, 852, 853, 863, 876.
Sackträger 553.
Sahli 528, 638, 670, 724.
Sakamura 712, 867.
Salaman 855.
Salensky 317.
Salkind u. Frank 169, 171, 173.
Sandford 862.
Sapêhin 541.
Saposchnikow 212, 544.
Sardiña 844, 861.
Saretzky 522, 523, 593, 601.
Schaede 144.
Schaffner 328.
Schaffnit u. Meyer-Herrmann 526.
Schaffnit u. Volk 526.

Schaxel 609.
Scheitterer 314.
Schellenberg 214.
Scherz 727, 762.
Schiemann 497.
Schiff-Giorgini 843.
Schilling 129, 165, 355.
Schlechtendal 48.
Schleiden 371.
Schmidt 372.
Schmucker 314.
Schnee 330.
Schniewind-Thies 636.
Schoeller u. Goebel 168.
Schönfelder 859.
Schoute 618.
Schrammen 710.
Schubert 273, 294, 382, 392, 433, 441, 473, 512, 583.
Schuerhoff 142, 179.
Schulze, Tr. 167, 279, 316, 318.
Schumacher 167, 853.
Schuster 526.
Schwabe 154.
Schwarz, W. 306, 493, 638, 653, 656, 726.
Schwarz, W. u. H. 293, 757.
Schwendener 84.
Seber 595, 845, 846, 849.
Seeliger 317, 607, 660.
Seidel 392, 554, 853.
Seigerschmidt 599.
Senn 179.
Seubert 191, 194.
Seyfert 170.
Shamel, Pomera u. Caryl 574.
Sharpey-Schafer 160.
Shewirjeff 854, 856, 857, 861.
Showalter 851.
Shull 666.
Siebert 170, 172.
Silberberg 242.
Silberschmidt 846, 872.
Simon 19, 200, 206, 222, 239, 299, 306, 307—309, 311, 354, 360, 378, 382, 448, 584, 588, 596.
Sledge 338.
Small 144, 157, 158, 195, 199, 317, 530, 700, 849, 858.
Smith, E. F. 247.
Söding 167.
Solereder 406, 408.
Sorauer, O.

Sorauer, P. 10, 44, 76, 101, 125, 136, 137, 206, 213, 216, 228, 234, 239, 240, 294, 314, 318, 355, 356, 503, 527, 541, 546, 553, 578, 588, 865, 866.
Spalding 180.
Spek 324.
Ssawostin 302.
Starling 160.
Starring 213, 337, 546.
Stein, E. 714.
Stein, W. W. 522.
Steche 21.
Stempell 172.
Stern, C. 721.
Stern, K. 181, 192.
Stich 197.
Stingle, G. 314.
Stoll 588.
Stomps 7, 252, 253, 254, 255.
Stoppel 191, 302.
Stout 607.
Stow 150.
Strasburger 391, 511, 582, 609, 637, 712, 715.
Strugger 161, 315.
Stubbe 714.
Surface 862.
Sveshnikova 267, 271, 640.
Swarbrick 245, 560.
Swarbrick u. Roberts 560.
Swingle 306, 574, 607.
Swingle, Robinson u. May 214, 339, 533, 574, 580.
Szuecs 861.

Täckholm 30.
Talanow 115.
Tanaka 605.
Tangl 178.
Taubert 482.
Taylor 329, 870.
Taylor u. Harvey 170.
Theophrastus 341.
Thierfelder 324.
Thouin 20, 341, 465, 477, 553, 557, 574.
Thrupp 542.
Tieghem, v. 296, 387.
Timmel 299, 300, 302, 314, 381, 419.
Tischler 130, 228, 329, 381, 540, 652, 845.
Tittmann 219.
Tjebbes 737, 739, 740.
Tobler 21.
Tokin 170, 172.

Tokin u. Baranenkowa 170, 172.
Tolmatschew 213.
Townsend 372.
Trécul 329, 350, 355.
Trespe 338.
Treviranus 503.
Tröndle 183.
Tschermak 854, 856.
Tschetwerikov 123, 648.

Ufer 675.
Umiker 636.
Umrath 159, 555.
Upenek 563.
Ursprung 138.
Ursprung u. Blum 323.
Uspensky, E. 129, 215, 301.
Uspensky, E. M. 550.
Uyldert 167.

Vaclavik 273.
Vallemont, de 303.
Varro 582.
Vavilov 495, 518, 519, 524, 526, 855, 867.
Velenowsky 20, 34.
Vergil 336, 341, 582.
Verworn 382.
Vestergreen 609.
Virtanen, Hausen u. Karström 517.

Vöchting 19, 163, 206, 243, 294, 297, 301, 302, 306, 314, 338, 341, 371, 382, 386, 391, 392, 393, 396, 417, 464, 467, 468, 508, 509, 511, 512, 581, 599, 600.
Volk u. Tiemann 337, 520.
Voß 120.
Vries, de 7, 775, 796.
Vuillemin 34.
Vyvyan 560, 561, im L.-V. ev. Vivyan s. Vyvyan.

Wächter 241.
Wada 143.
Wagner, N. 177f.
Wagner, R. I. 843.
Walsh 495.
Wardlow 389, 390, 525.
Weber 165, 190, 855, 869.
Wehmer 595.
Wehnelt 152, 155, 176, 179, 233, 352.
Weir 213, 293, 470, 672.
Weismann 300, 649f.
Weiß 664, 668.
Went, F. W. 167, 301, 877.
Went, F. A. F. C. 167.
Wettstein, F. v. 4, 16, 20, 22, 273, 335, 652, 726.
Wettstein, R. v. 4, 16, 20, 22.
Wetzel u. Ruhland 157.

White 314.
Wieler 853.
Wiesner 146.
Wilkoewitz u. Ziegenspeck 326.
Winge 247, 272, 465, 514, 671, 712, 726, 762, 765.
Winkler 14, 15, 16, 186, 202, 262, 265, 302, 306, 307, 308, 310, 362, 461, 472, 476, 479, 482, 515, 531, 532, 602, 608, 609, 635, 674, 676, 682, 693, 722, 724, 867, 871.
Winogradow-Nikitin 44, 66, 72, 553, 578.
Wisselingh 755, 764.
Wittrock 6.
Woronichin 12.
Wulff, E. 302.
Wulff, H. D. 128.

Yamaha u. Tomoyuhi 531.
Yampolsky 484, 506.

Zabel 297.
Zaleski 145, 198.
Zehendner 5, 333.
Zeidler 194.
Zimmermann, P. W. u. Hitchcock 273, 334, 338.
Zoja 844, 846.
Zollikofer 244.
Zweigelt 868.

Sachverzeichnis.

Ableger, Bewurzelung von 214.
— Bildung natürlicher 1.
Abheilungsvorgänge, immunitäre 873.
Ablaktation 24, 581.
Abspaltung, vegetative (s. a.„ever sporting races") 31, 32, 493, 608, 632, 655, 714, 759, 765, 769.
Abtrennung, natürliche von Pflanzenteilen 2, 13.
Abweichungen 295.
— formbildende 82.
— konvergente 498.
— verwandte 498.
Acidität 164.
— im Wundgebiet 144, 196.
— der Zellsäfte 157.
Aciditätsverhältnisse der Pfropfpartner 529.
Adrenalin 168.
Adventivregeneration 72, 210.
Adventivsprosse 204, 263, 339.
— an Kartoffeln 271.
Adventivwurzeln 5.
Adventive Wurzelsprosse 267.
Agglutination 513, 843.
Albinos, Aufzuchtmethoden 546.
— Pfropfung von 546.
Albuminoide 324.
Algenpfropfungen 471.
Alkaloide, Injektion von 857.
Alkaloidwanderung in Pfropfungen 511.
Alloplastik 344.
Allotransplantation 344.
Altern 319, 320.
Altersform 320.
Altersvariabilität 665.
Altersverhältnisse und Pfropfungen 549.
Amitosen, bei der Wundheilung 353.

Amphiplastie 31.
— bei Crepis 32.
Amputat 203, 208, 217.
Amputation 202.
Amputatregeneration 293.
Anaphylaxie 326, 517, 850.
Anastomosen bei Pilzen 26, 166.
Anastomosenbildung in Pfropfungen 458.
Anilinfarben, Eindringen von 857.
Anisolamellie 289.
Anisopetiolie 288.
Anisophyllie 275, 288.
— korrelative Bedeutung der 292.
Annäherung, vegetative 536, 539, 634.
Antagonismus von Hormonen 289.
Anthozyan 515, 529, 797.
— in Chimären 699, 759.
Antigene 507, 513, 535, 540, 843, 871.
Antigen-Antikörperbeziehungen 458, 477, 872, 875.
Antigeneinführung, genetische 851.
Antikörper 513, 534, 540, 843.
Antikörperbildung 326.
Antipolare Saftleitung 463.
Apogamie 331.
— ovogene 331.
— somatische 331.
Apomixis 331.
Aposporie bei den Farnen 651.
Archiplasma 296, 318, 323, 653.
Archiplasmatheorie 174.
Archiplastischer Faktor 296, 318.
Aromabeeinflussung durch Pfropfung 512, 578.
Aszidien 35, 86, 88, 92, 252, 260.
— bei Helianthus 7.
— bei Ulmus 87.

Asparaginsäure 154.
Assimilation im Pfropfverhältnis 510.
Atavismus 295.
Atmung 196, 244, 455.
Atmung und Verwundung 367.
Atmungschromogen 194, 373, 455.
Atmungspigmente 145, 195, 455.
Atropin 336, 511.
Aufbau des Chimärenblattes 641.
Auslese, natürliche 8, 122, 123, 497.
Autokatalyse 652.
Autokoide 160.
Autolyse 145.
Autoplastik 24.
Autotransplantation 24, 43.
— bei Bäumen 44.
— bei Früchten 45.
— Klassifikation der 101.
— bei Pilzen 46.
Auxin 163, 167.

Badigonage 864.
Ballastreagens 862.
Bastardanalyse, serologische 850.
Bastarde, Veränderlichkeit der 30.
Bastardierung und Artbildung 30.
Bastardierung und Pfropfung 591.
Baumstämme, Verwachsung von 42.
Baumwachs 349.
Berührungsfenster im Verwachsungsgebiet 458.
Bewurzelte Stiele 311.
Bewurzelung 213.
Biegung als mechanische Einwirkung 2, 137.
Biologischer Koeffizient 58.
Blattanlage bei Chimären 637.

Sachverzeichnis.

Blattanordnung, zweizeilige 83.
Blätter, Abfaulen der 12.
— Aufnahme von Fremdstoffen in 858.
Blattkerbung, Entstehung bei Syringa 48.
Blattlausbekämpfung, interne 860.
Blattregeneration 306.
Blattspreitenzerreißung 10.
Blattstiele, Längszerreißung der 10.
— Umwandlung in Sprosse 306.
Blattvariabilität 480.
Blattverlagerung bei Brussonetia 135.
Blütenkörbe bei Helianthus annuus 111.
Blütezeit, Beeinflussung durch Pfropfungen 547.
Botenstoffe 163, 167.
Bottle grafting 590.
Brückenpfropfungen 421.
Brückenverwachsung 396.
Buntblättrigkeit, Vererbung der 762 f.
Burdo 481, 660, 671, 673, 682.

Carpoxenien 490, 729.
Centaur 609.
Chemodinese 154.
Chimären 31, 262, 267, 601.
— Behandlung nach der Entstehung 612.
— Definition und Klassifikation 603.
— echt erbliche 726.
— Entstehungsmöglichkeit polychlamyder 620, 635, 656.
— indirekt vererbbare 726, 796.
— intrazelluläre 722.
— künstliche 602.
— natürliche 725, 726.
— regelmäßige 654.
— scheinerbliche 726, 757.
— sektorial-periklinale 625.
— Technik zur Erzielung von 610, 612.
— trägerförmige 748.
— trichlamyde 641, 682.
— unterbrochene 708.
— vorübergehende 747.
— zufällige natürliche 726, 728.

Chimärenbildung 272.
Chimärenentstehung aus Kallus 629.
Chimärenformen, Bildungsmechanismus und Bauprinzipien der 614.
Chimärenfrüchte 693.
— Gewebstopographie der 705.
Chimärenkallus 611, 627.
Chimärennatur von Zellen 764.
Chimärentypen, Klassifikation 626.
Chimärosymbionten 646.
Chlamyditätsordnung, Labilität 642.
Chlorogensäure 195, 199, 372, 455.
Chloroplasten, Traumatotropismus der 179.
Chloroplastenbewegung 146.
Chlorose 864.
— infektiöse 541.
— der Weinrebe 854.
Chromosomenaberrationen 534.
Chromosomenchimären 711, 723.
— natürliche 755.
Chromosomenverhältnisse bei Regeneration 261.
Chromosomenverlagerungen 131.
Chromosomenzahl bei Regeneration 263.
Coenobien 11.
Coniferenpfropfungen 472.
Crown-Gall 248.
Cuticula, Restitution der 219.
Cyclophysis 317.

Dauermodifikation 501.
Defasziation 118.
Dehnung als mechanische Einwirkung 2.
Demarkationslinie 385.
Dermatosom 129.
Despezifikation (körperfremder Stoffe) 507.
Determinantentheorie 300.
Determinierung 332.
Differentialfärbung bei Chimären 640.
Diplochlamydie 616, 637.
Disharmonische Pfropfungen 512.
Dioicae, Umwandlung von
— in Monoicae 557.

Doppelähren 40.
Druck als mechanische Einwirkung 2.
Durchbrechung der Isolierschicht 457.
Durchbruchsfenster 379.
Durchfaulen von Stengeln 13.

Eigenalter 319.
Einführung fester Stoffe 862.
— von Fremdstoffen 2.
Eiweiß, Altern von 324.
— spezifisches 178.
Eiweißkörper, Aufnahme von 876.
Eiweißstoffe, Ableitung der 853.
Eiweißumsatz im Wundgebiet 198.
Elektronenradiatorentheorie 169, 175.
Empfindlichkeit 528.
Endomixis 330.
Entartung 330.
Entdifferenzierung 355.
Entholzung 355.
Entwicklung, metamere 203.
— — bei Tieren 205.
Entwicklungsphasen, Verschiebung der 503.
Entwicklungspotenz 332.
Enzymoide 545.
Eosin 853.
— und Siebröhrenfunktion 853.
Epidermis, Natur der 647.
Epidermisvariabilität bei Chimären 666.
Epigenesis 650.
Erntebeeinflussung durch Pfropfung 575.
Erntezeit, Beeinflussung durch Pfropfung 575.
Ersatzreaktionen 202.
Ever sporting races 603.
Evolution 121, 123, 318, 332, 497, 556, 597.
Evolutionsmechanismus 597.

Farbstoffwanderung in Pfropfungen 514.
Farne 4, 335.
— buntblättrige 770.
Farnpfropfungen 472.
Farnprimärblätter, Regeneration bei 334.

Fasziation 116, 118, 120.
Fibrillen 129.
Flachzellen 356.
Flechte 4, 21.
Fluoresceinkalium 853.
Formbildung, evolutionäre 25.
— somatische 25.
Formen, besondere 81, 82.
Freiwerden einer Chimärenkomponente 743.
Fremdstoffe, Einführung von 841.
— Wirkung auf Gamentenbildung 871.
Frost 13.
Frostfestigkeit 579.
— der Chimären 708.
Frosthärte und Pfropfung 478, 521.
Frostwirkung 10.
Fruchtaroma und Pfropfung 479.
Fruchtbarkeit und Pfropfung 478.
Fruchtblätter 120.
Fruchtblattzahl, Erhöhung 120.
Früchte, formbildende Verwachsung an 119.
Fruchtform und Pfropfung 482.
Fruchtgröße und Pfropfung 478.
Frühtreiberei 869.

Gallen 867.
Gametenbildung bei Chimären 633.
Ganzheitsstörung bei Pflanzenelementen 4.
— an Pflanzenteilen 2.
Gefäßobliteration 445.
Gefäßtypen im Verwachsungsgewebe 417.
Gefäßverbindung 19, 22, 399.
— bei interfamiliären Pfropfungen 586.
Genesung von Zellen 375.
Genomeren 30, 654, 769, 772.
Genomerentheorie 825.
Geotropismus 180.
Gesamtalter 319.
Geschlechtsbeeinflussung 483.
Geschlechtschromosomen 484.

Geschlechtsstoffe, spezifische 485.
Geschwulstbildung bei Orchideen 211.
Gesetz der verwandten Abweichungen 497.
Gewebezüchtung 314.
Gewebstransplantation 467.
Gigasformen 661.
Gleichgewichtsreaktion 182.
Glutaminsäure 154.
Glutathion 168.
„Gradus" bei Erbsen 716.
Gramineenpfropfungen 473.
Gummosis 198, 350, 503.

Habitusänderung nach Pfropfung 477.
Haftwurzel 15.
Hagel 11.
Halone 160.
Haplochlamydie 616.
Heliotropismus 180.
Hemmungsstoffe 289.
Heteromorphose 260, 296, 298.
Heteropfropfung 24.
Heteroregenerationen 296, 298.
Heterorestitution 260.
Heterosis 334.
Hexenbesen 868.
1-Histidin 154.
Hohlschäfte, Ausbildung von 40.
Holzimprägnation, vitale 854.
Homopfropfung 24.
Hormone 13, 148, 153, 160, 347, 361, 457, 518.
— Antagonismus von 167, 289.
— Gewebespezifität 359.
— Spezifität der 364, 458.
— tierische 168.
Hybriden, Empfindlichkeit gegen Außenbedingungen 516.
— Veränderlichkeit von 32, 538, 539.
Hydratation des Plasmas 337.
Hyperbiont 342.
Hyperchimären 609.
Hypobiont 342.
Hyoszyamin 511.

Idioplasmamizelle 301.
Immergrüne Pflanzen, Pfropfungen 553.
Immunität, aktive 524.
— Beeinflussung durch Pfropfungen 523.
— von Chimären 638, 670, 676.
— erworbene 390, 842.
— genetische Natur der 855.
— Klassifikation 873.
— mechanische 524.
— passive 524.
— pflanzliche 872.
— physiologische 524.
Immutation 203, 206, 211, 214.
Implantat 345.
Index of closeness of fit 58.
Individualität der Pflanzenteile 315.
Infektiöse Chlorose, Immunität gegen 542.
Inkrementation 203, 206, 212, 227.
Insektenbekämpfung, interne 864.
Interfaszikularkambium 362.
Intermedialwachstum 72.
Intermediär-Gewebe 347, 356, 457.
Intermediärgewebe, Einteilung 315.
— Herkunft des 355.
Intrabilität und Permeabilität 877.
Intumeszenzen 153, 233, 604.
Inulin 510.
Inulinwanderung in Pfropfungen 510.
Involution 318, 332.
Inzucht 116.
Isolierschicht 75, 370, 455, 457.
— Abkapselung der 460 (s. noch S. 842).
— mechanische Durchbrechung der 374.
— Resorption der 374, 381.

Jugendformen 320.
Jugendvariabilität 539.

Kallus 68, 187, 233, 299, 384, 399, 867.
— bei verschiedenen Arten 334.

Sachverzeichnis.

Kallus, chimärenartiger 610.
— kombiniert sekundärer 234.
— primärer 234.
— primär differenzierter 234.
— sekundärer 234.
— trichlamyder 629.
Kallusbildung 215.
— polare 192.
— Polarität der 299.
Kallusbrücken 71.
Kambium, Rolle des — bei der Verwachsung 368.
Keimbahn 300, 652.
Kern-Chimären 723.
Kerne, Traumatotropismus der 179.
Kernemigration 352.
Kernkoagulation 183.
Kernobstchimären 607.
Kernplasma-Chimären 723.
Kernverlagerung 131.
Kittschicht 356.
Knöllchenbakterien 516.
Knospen, adventive 72.
— preventive 72.
— schlafende 72.
— schlummernde 72.
Knospenmutationen 32, 479.
Knospenvariationen 493.
Koagulation, traumatische 143.
Koeffizient, isotonischer 190.
Koffein 853.
Kohlehydratvermehrung im Reis 507.
Kombinationsprozesse in der Evolution 123.
Kompensation 203.
Kontaktverwachsung 77.
Konvergenz 489.
Korrelationen 162, 202, 293, 320, 338.
Korrelationsstörung 142, 259, 469.
Korrelative Beziehungen 273.
— — zwischen Blättern und ihren Achseltrieben 290.
Kotyledonenapparat 7.
— Entwicklungsmechanik des 8.
Kotyledonen, Zahl der 7.
Kreuzungschimären 602, 714.
— vorübergehende 747.

Kryptarchonten 297.
Kurzknotigkeit 529.
Kutikula 22.
Kutikularnaht 17.

Längsverwachsung von Stämmen 74.
Law of homologous series 495.
Lebens, Systemcharakter des 178.
Lebensdauer 319.
— der Blüten 330.
— einer Chimäre 642.
— des Reises 576.
Leitbündel, offene und geschlossene 405.
— und Verwachsungsvorgänge 354.
Leitbündelverbindung 39.
Leitgewebe, Bedeutung für Verwachsung 359, 377, 383, 397, 458.
Leitsysteme, Verbindung der 399.
Leptohormone 156.
Leptom und Wundreize 146.
Libriform in den Leitbündeln 311.
Liesegangsche Ringe 172.
Lithiumnitrat 853.
Lokalisation von Regenerationszentren 293.
Luftabschluß und Wundheilung 195, 455.
Luftknollen 466, 491, 508, 509.
Luftwurzeln 513.
Lyse 843.

Mantelchimäre 634.
Mehrjährige, Pfropfung auf Einjährige 550.
Meiosis im Reis 534.
„Mentor"-Methode 538.
Meriklinalchimären, vorübergehende 622.
Meristeme, progressive 318, 332.
— regressive 318, 332.
Meristembildung im Kallus 237, 612.
Meristemring 28.
Merkmalsprognose 783.
Merkmalsstabilisierung in der Zeit 832.
Merogonie 722.
Milchröhren und Wundperiderm 220.

Mimose, Reizmechanismus der 554, 853.
Mineralstoffe, Wanderung in Pfropfungen 518.
Mißbildungen 81.
Mitogenetische Strahlen 169, 459.
Mitosen, Verteilung der 170.
Mitosestörung im Reis 507.
Mixochimären 671, 673, 764.
Modifikationen 501.
Modifikationschimären 603.
Monokotylenpfropfungen 39, 421, 433, 514.
Moos-Pfropfungen 581.
Mosaikchimären 609.
Mosaikkrankheit 541, 870.
Mutationen 30, 501.
— somatische 574, 824.
Mutationsgrad 829.
Mutationsort 829.
Mutationsprozesse in der Evolution 123.
— somatische 301.
Myxomyzeten 325.

Nachbarschaftswirkung 305.
Nachkommenschaft des Pfropfreises 531.
Nebenwurzeln 4.
— Anlage der 299.
Nekrohormone 150, 158, 221, 381, 472, 858.
Nekrose, lokale 353.
Neubildungen 261.
— adventive 203.
— preventive 203.
Nikotin 511.

Oberflächenspannung und Zellteilung 175, 459.
Obliteration 157, 381.
Obscuratumerscheinung 737.
Oktoploidie im Kallus 265.
Okulation von Gehölzen 369.
Orchideenmykorrhiza 844.
Orchideenpilze 329.
Organell-Chimären 723.
Organfolge, experimentelle Änderung 463.
Organreproduktion, Ursachen der 259.
Organrestitutionen 222.
Organspezifität, serologische 690, 849.

Krenke, Wundkompensation. 59

Organverlagerung 133.
Ovalbumin 324, 876, 877.

Parallelismus der Formen 489.
Parallelselektion 592.
Parallelvariabilität 8, 32, 121, 475, 489, 592, 665.
Parasitismus 15, 21.
Parthenogenese 149, 151, 331.
Periderm 222.
Peridium 4.
Perikarpxenien 729.
Periklinalchimären 481, 616, 746.
Permeabilität 183, 859.
— und Intrabilität 877.
Pfropfbastarde 262, 608, 660.
Pfropfchimären 602, 605.
Pfropfimmunität 846.
Pfropfmethoden 598.
Pfropfpartner, serologische Beziehungen der 871 (s. auch Antigene und Antikörper).
Pfropfsymbiose, autoplastische 24.
— Definition und Klassifikation 23.
— eigentliche 23.
— heteroplastische 24.
— homoplastische 24.
— Transplantation 23.
Pfropfung (s. auch Verwachsung) 25, 26, 79, 339, 341.
— Definition der 23.
— experimentell eingeleitete 26.
— historisch formbildende 26.
— interfamiliäre 360, 581, 582, 585.
— mit gekreuzten Keilen 613.
— Kontakt- 26.
— natürliche 24.
— durch Parallelwachstum 26.
— taxonomisch zufällige 26.
— unbestimmt zufällige 26.
— — — natürliche 33.
— als Verwandtschaftsreaktion 592.
Phloem, Verwachsung des 422.

Phloemhormone 450.
Phloemnekrose 362.
Phloemregeneration 360.
Phyletische Potenz 319.
Physiologie, phylogenetische 295.
Pilzburdonen 759.
Pilzchimären 671.
Pilzkonidien 11.
Pilzpfropfungen 470.
Plasmaanastomosen 673.
Plasmaviskosität 185, 187, 240, 265, 351, 415, 534, 535, 536, 712, 763.
Plasmodesmen 15, 18, 391, 554, 741, 859.
— Zerreißung von 158.
Plasmodesmenverbindung der Chimärosymbionten 702, 727.
Plasmon 652.
Plasmontheorie 335.
Plastiden, Übertragung von 797.
Plastidenverteilung 763.
Plastin 325.
Polarität 182, 192, 246, 301.
— und Traumatotropismus 191.
Polaritätsproblem 191.
Polaritätsstörung 468.
Polaritätstheorie 167.
Pollenschlauch des Reises 536.
Polychlamyde Chimärenblätter 686.
Polychlamydität, Möglichkeit der 620, 635, 656.
Polyembryonie 718.
Polyklinale Pfropfung 613.
Polyploidie 131, 351, 674 f.
— bei Farnen 335.
— bei Moosen 335.
Polyspermie 851.
Porphyrie 545.
Potenz 296.
Präformismus 649.
Präzipitation 326.
Präzipitine 507.
Preventionsgeneration 72, 210, 212.
Primärkallus, veränderter 234.
Prochromosomen 188.
Prolificatio interna 136, 268.
Prolifikation 327.
Protenom 326.
Protonema 322.
Pseudoparthenogenese 331.

Pseudorestitution 225, 227.
Pseudovererbung 757.
Punkte, besondere 81.

Radiomorphosen 714.
Reblaus 527.
Regeneration 202, 206, 217.
— künstlich längsgespaltener Sproßsysteme 117.
— bei Pflanze und Tier 203.
— reproduktionsähnliche 294.
— restitutionsähnliche 294.
— Stimulation der 335.
Regenerationsfähigkeit als genetisches Merkmal 333.
Regenerationstypus, über Spezifität des 217.
Reis 139, 342.
— etioliertes 21.
Reizleitung in Pfropfungen 553.
Reparation 202.
Reproduktion 202.
Reproduktion, preventive 272.
— restitutionsähnliche 233, 249.
Resorption der isolierenden Schicht 457.
— zerstörter Zellen 146.
Restitution 202.
— reproduktionsähnliche 232.
Rhizocollesie 44.
Ringelung 212, 338, 548.
— bei Obstbäumen 216.
„Rogues" bei Erbsen 716.
Rohrzuckergehalt, Beeinflussung durch Pfropfung 506.
Röntgenstrahlen 712.
Rückkpfropfung 476.
Rückschlag 30.
Rückschläge, unvollkommene 32.

Samenansatz beim Reis 479.
Scheinerblichkeit 758.
Scheinimmunität 845.
Schema der mechanischen Wirkungen 2.
Schichtchimären 626.
Schlagwirkung 2.
Schlepptheorie 876.

Sachverzeichnis.

Schnittrichtung und Verwachsung 421.
Schutz junger Anlagen 6.
Sclerotium 217.
Secondary trisomies 32.
Segregation, somatische 608.
Seitenwurzelanlagen 5.
Sektorialchimären 616, 625.
Selbstpfropfung 24.
— durch Parallelwachstum 120.
Sensibilisationskrankheit 545.
Serologie 324, 454, 850, 871 f.
Serumalbumin 877.
Solanin 511.
Sonnenspalten 10.
Soredie 4.
Spaltung als mechanische Einwirkung 2.
Spermatozoiden 150.
Sporangiumträger 322.
Sportation 494.
Sproß, Querrestitution am 222.
Sproßknospen, Durchbruch adventiver 6.
Stabilität der Chimärenform 680.
Stärkespeicherung im Reise 508.
Stecklinge, Bewurzelung von 139, 333, 573.
— Vermehrung durch 330.
Stecklingsbildung, Zusammenfassung über 340.
Steinobstchimären 607.
Stengelverwachsung bei Hyacinthen 26 f., 36.
Stimulation 243, 454, 868.
— der Regeneration 335.
Stimulationschimären 602, 710.
Stimulatoren 174.
Stoffwanderung 853.
Substanzen, organbildende 167.
— wurzelbildende 167.
Sulfhydrilkörper 167.
Sulfhydrilsystem 318.
Symbiose 20, 21.
Syndiploidie 262.
Systematik, Methoden der 595.
Systemcharakter des Lebens 178.
Teratologie 34, 45, 82, 101, 498.

Tetraploidie des Dermatogens 656.
Therapie, innere 852.
Todesvorgang 143.
Topophysis 317.
Totipotenz 296.
Trägerchimären 748.
Transpiration geringelter Zweige 213.
Transpirationsbeeinflussung durch Pfropfungen 520.
Transplantation 16, 24, 341.
— autoplastische 342.
— Geschichte der 341.
— heteroplastische 342.
— homoplastische 342.
— des Kallus 465.
Transplantationsformen, Klassifikation der 342.
Transplantosymbiont 342.
Traumatotropismus 178, 352.
— elektrische Deutung 192.
Trennungsschicht 13.
Trophomorphosen 162.
Trichimäre 388.
Trichlamyde Chimären 682.
Trichlamydie 616.
Trichoblasten 151.
Tricotylie 93, 98.
Tüllen 355.
Tüllenbildung 364, 381.
Tryptophan 546.

Überwallungsholz 355.
Überreizte Zellen 350, 611.
Überreizung 75, 165, 200, 238, 353, 373, 374.
Ultrafilterprinzip 860.
Umdifferenzierung verschiedener Gewebe 355.
Unempfindlichkeit 528.
Unterlage 139, 342.

Vakzination 375.
Variabilität 475.
— meristische 204.
— der kallusbürtigen Neubildungen 249.
Variabilitätsschwankung in der Ontogenese 540.
Variegation 772.
Vegetationskegel von Chimären 614.
— Widerstandsfähigkeit des 329.

Vegetationsphasen, Verschiebung der 868.
Vegetative Abspaltung 31, 32, 493, 608, 632, 655, 714, 759, 765, 769.
— Annäherung 536, 539, 634.
— Fortpflanzung und Altern 328.
— Mutationen 775.
— Spaltung 759.
Vererbung, echte 758, 726.
— erworbener Eigenschaften 476.
— indirekte 726.
— scheinbare 726.
Verjüngung 320, 326, 332.
Verkittung 22.
Verklebung 16, 22.
Verkorkung 143.
Verlagerung 2.
— aktive 128.
— passive 128.
Verlagerung von Pflanzenteilen 126.
Vermehrung durch Stecklinge 330.
Vernarbungsgewebe 234.
Verschleimung 13.
Verschmelzung 17.
— der Blütenorgane 16.
Versorgungskoeffizient 310.
Verwachsung (s. auch Pfropfung) 17, 79, 141, 213, 342.
— anastomotische 400.
— autoplastische 3.
— Begriff der 14.
— erweiternde Klassifikation der natürlichen 126.
— experimentell eingeleitete, natürliche 124.
— feste 16.
— formbildende 29, 80.
— generative 66.
— gemischt bedingte, taxonomische 79.
— heteroplastische 3.
— homoplastische 3.
— intermediäre Kambial- 400.
— kongenitale 8, 17, 27, 28, 64, 66.
— und Luftfeuchtigkeit 349.
— und Luftzutritt 349.

Verwachsung natürliche, von Pflanzenteilen 14.
— durch Parallelwachstum 77.
— von Pflanzenteilen 2, 3.
— taxonomisch zufällige 47.
— und Temperatur 349.
— durch Umfassung 74, 77.
— vollständige 16.
— an Zweigen 67.
Verwachsungskallus 357, 415.
Verwachsungsmechanismus 17.
Verwachsungsprozeß 347, 457.
Verzweigung durch paarweise Verwachsung 111.
— sympodiale 111.
Verzweigungswechsel 504.
Virus 542.
— autokatalytische Wirksamkeit des 545.
Viskosität des Plasmas 183, 265, 536.
Viskositätsbestimmung am Protoplasma 865.
Vitalfaktor 318.
Vitalitätspotential 319, 326.

Wachstum, gleitendes 128, 422f.
Wachstumsresistenz 525.
Wassergehalt des Reises 519.
Wechselwirkung, physiologische und Verwachsung 22.
— zwischen Parasit und Wirt 15.

Widerstand, Richtung des geringsten 4, 6, 10.
Widerstandsfähigkeit 528.
Widerstandslosigkeit 528.
Windwirkung 137.
Wirt, Wechselwirkung zwischen Parasit und — 15.
Wuchshabitus des Reises 576.
Wuchsstoffe 167, 193, 289.
— Antagonismus der 193.
Wundbrei 352.
Wundgebiet, Chemismus des 199, 370f.
Wundheilung (s. a. Verwachsung) 141, 201, 298.
— und Verletzungsform 200.
Wundhormone 148, 149, 353.
Wundkompensation 203, 206.
Wundkork 202, 222.
Wundreaktionen, abgeleitete 142.
— eigentliche 142.
Wundreize 13, 69, 143, 201, 238, 352, 458.
Wundreiz, Temperaturabhängigkeit des 187.
— und Zellkern 188.
Wundreizstoffe, Thermostabilität der 152, 176.
Wundstoff 143.
Wundstoffe, Antagonismus der 193.
— bei Gewebszerreißung 11.
Wundverheilung 195.
Wundverschluß 241.
Wurzelersatz durch Pfropfung 557.

Wurzelsystem, Beeinflussung durch Pfropfungen 558.
Wurzelverwachsung 44.

Xenien 729.
X-Körper 543.

Zählrohr von Müller und Geiger 170.
Zellen, Regeneration isolierter 314.
Zellennaht 17.
Zellisolation, plasmolytische 314.
Zellmembranen, Zerreißung der 11.
Zellpermeabilität 190.
Zellrestitutionen 219.
Zellstimulation 151.
Zellteilungen, erblich gleiche 300.
— erblich ungleiche 300, 656.
— inäquale 768.
Zellteilungshormone 154.
Zellteilungsordnung im Kambium 353.
Zelltod 143.
Zellulosedegeneration 323.
Zellwände, Dehnbarkeit der 323.
Zerreißung 199.
— Störung der Ganzheit von Geweben durch 6.
Zerschneidung 199.
Zuchtwahl, natürliche 499.
Zufälligkeitskoeffizienten 58.
Zwischengewebe 356.
Zwischenpfropfung 140, 583.

Berichtigungen.

S. 84, 6. Zeile von unten. Nach: GOLENKIN 1895 dar". einzufügen: (KRENKE 1933a).
S. 89, 1. Zeile. Statt: in gleicher Menge — ungleich häufig.
S. 237, 9. Zeile von unten. wie sie auf Abb. 55 ... umzuändern in ,,wie sie von uns (KRENKE 1930, Abb. 5).
S. 237, 8. Zeile von unten. Auf Abb. 56 ... umzuändern in: Auf dieser Abbildung.
S. 237, 5. Zeile von oben. Wenn man ... betrachtet: Betrachtet man von diesem Standpunkt Abb. 5 bei KRENKE (1930).
S. 318. Sulflydril .... umzuändern in Sulfhydril.
S. 328, 10. Zeile. Nach: geringste sein muß" einzufügen (als Fußnote): Vgl. GOEBEL 1928, Teil I, S. 272. ,,Parasitismus des Vegetationspunktes".
S. 472, 14. Zeile von oben. Lärchen .... umzuändern in Kiefern.
S. 472, 18. Zeile von unten. nach ... jedoch nicht einzufügen (nach TSCHUDI aus WINKLER 1924).
S. 523. HUSS ... umzuändern in LUSS.
S. 595. WEHMER 1929/30 ... umzuändern in 1929/31.
S. 636. SCHNEIWIND-THIES ... umzuändern in SCHNIEWIND-THIES.

Nachträge.
1. Zum Text.

Zu S. 91. Über die Verschmelzung von Blattpaaren vgl. ferner PENZIG 1921, Bd. 2, S. 137, 458, 460, und besonders 1922, Bd. 3, S. 144. Es ist denkbar, daß dieser Vorgang, der noch bei einer Anzahl von Arten mit gegenständigen Blattpaaren vorkommt, dort denselben Prozeß andeutet, der später für *Ulmus* und *Morus* beschrieben wird.

In Japan hat man die Rasse ,,*Jakukawa*" von *Morus alba* gefunden (BOLLE 1904, S. 9 [Zwillingsblätter]), bei welcher Verschmelzung der Blattpartner ein konstantes Merkmal darstellt. Unserer Auffassung nach handelt es sich hier um einen Extremfall des sich vor unsern Augen abspielenden Entwicklungsprozesses, dessen einzelne Stufen bei verschiedenen Arten und Rassen einander selbstverständlich nicht gleichen.

Zu S. 248. Zum Krebsproblem vgl. noch NÁBĚLEK (1930). [Lit.-Verz.]
Zu S. 370 f., 454 f. Zur Frage der Beschaffenheit der Schnittflächen der Pfropfpartner s. TAKENOUSHI (1930). [Lit.-Verz. Nachtrag.]
Zu S. 660f. Die Frage des Blattbaus der *Crataegomespili* hat ganz neuerdings LANGE (1933) bearbeitet. [Lit.-Verz. Nachtrag.]
Zu S. 581. Die von PENZIG angeführten Verwachsungen betreffen *Sambucus* und *Sophora*.
Zu S. 217f., 305f. (Bedeutung des Kerns für den Regenerationstypus und Regenerationsfähigkeit verschiedener Pflanzen [hier Zell-]-Teile) und

S. 471f. (Pfropfungen an Algen) vgl. noch HÄMMERLING (1932). [Lit.-Verz. Nachtrag.]

Zu S. 505. Übertritt organischer Stoffe durch die Pfropfstelle vgl. noch SILBERSCHMIDT (1933). [Lit.-Verz.]

2. Zum Literaturverzeichnis.

BOLLE, J.: Seidenraupenzucht in Japan. Russ. Übersetzung von K. A. SATUNIN unter Redaktion von N. N. SCHAWROW. Tiflis 1904. — BUSCALIONI e MUSCATELLO: Contribuzione allo studio delle lesioni fogliari. Malpighia **24** (1911).

CIESIELSKI, T.: Untersuchungen über die Abwärtskrümmung der Wurzel. Beitr. Biol. Pflanz. **1** (1882).

DANIEL, L.: Un nouvel hybride de la greffe. C. r. Paris **37** (1903).

GATES, R. R.: Pollenformation in *Oenothera gigas*. Ann. of Bot. **25** (1911).

HAGEDOORN: Autocatalytical substances, the determinants for the inheritable characters. Roux' Arch. **12** (1911). — HÄMMERLING, J.: Entwicklung und Formbildungsvermögen von *Acetabularia mediterranea*. II. Das Formbildungsvermögen kernhaltiger und kernloser Teilstücke. Biol. Zbl. **52** (1932). — HEINICHEN: Deutschlateinisches Schulwörterbuch. Leipzig 1895. — HOFMEISTER: Die Entstehung der Phanerogamen. Leipzig 1849.

JENSEN: Über individuelle Unterschiede zwischen Zellen der gleichen Art. Arch. f. Physiol. **62** (1895).

KEMP: On the question of the occurrence of heterotypical reduction in somatic cells. Ann. of Bot. **24** (1910). — KITSCHUNOW, N.: Übersicht über die gegenwärtige Lage des gewerblichen Obstbaues in Nordamerika. 27. Zulage, Bull. Appl. Bot. a. Plant Breeding. Leningrad 1926.

LANGE, F.: Über die Blattentwicklung der *Crataegomespili* von Bronvaux und ihrer Elternarten. Planta (Berl.) **20** (1933).

REICHE, K.: Über nachträgliche Verbindungen frei angelegter Pflanzenorgane. Flora (Jena) **1891**.

SACHS, J.: Landwirtschaftliche Versuchsstationen II. 1860. — SCHLEIDEN: Beiträge zur Anatomie der Cacteen. Mem. présentés à l'académie impériale des sciences de St. Petersbourg par divers Savants. Tome 4. 1845.

TAKENOUSHI, Y.: Studien über die Schnittfläche der Pfropflinge. Agric. u. Horticult. **5** (1930). Ref. Jap. J. of Bot. **5** (1930).

WILKOEWITZ, K. u. H. ZIEGENSPECK: Die verschiedenen Generationen und Jugend- und Altersformen in ihrer Einwirkung auf den Ausfall der Präzipitin-Reaktionen. Bot. Archiv **22** (1928).

VERLAG VON JULIUS SPRINGER / BERLIN

Lehrbuch der Pflanzenphysiologie. Von Dr. S. Kostytschew, ord. Mitglied der Russischen Akademie der Wissenschaften, Professor der Universität Leningrad. In zwei Bänden.
Band I: **Chemische Physiologie.** Mit 44 Textabbildungen. VII, 567 Seiten. 1925. RM 27.—, gebunden RM 28.50*
Band II: **Stoffaufnahme, Stoffwanderung, Wachstum und Bewegungen.** Unter Mitwirkung von Dr. F. A. F. C. Went, Professor der Universität Utrecht. Mit 72 Textabbildungen. VI, 459 Seiten. 1931.
RM 28.—, gebunden RM 29.80

Lehrbuch der Pflanzenphysiologie auf physikalisch-chemischer Grundlage. Von Dr. W. Lepeschkin, früher o. ö. Professor der Pflanzenphysiologie an der Universität Kasan, jetzt Professor in Prag. Mit 141 Abbildungen. VI, 297 Seiten. 1925. RM 15.—, gebunden RM 16.50*

Die physikalische Komponente der pflanzlichen Transpiration. Von A. Seybold. («Monographien aus dem Gesamtgebiet der wissenschaftlichen Botanik", Band II.) Mit 65 Abbildungen. X, 214 Seiten. 1929. RM 26.—*

Das Permeabilitätsproblem. Seine physiologische und allgemein-pathologische Bedeutung. Von Dr. phil. et med. Ernst Gellhorn, a. o. Professor der Physiologie an der Universität Halle a. S. («Monographien aus dem Gesamtgebiet der Physiologie der Pflanzen und der Tiere", Band XVI.) Mit 42 Abb. X, 441 Seiten. 1929. RM 34.—, geb. RM 35.40*

Das Problem der Zellteilung, physiologisch betrachtet. Von Professor Dr. Alexander Gurwitsch, Institut für experimentelle Medizin in Leningrad. Unter Mitwirkung von Lydia Gurwitsch. Mit 74 Abbildungen. VIII, 222 Seiten. 1926. RM 16.50*

Als zweiter Band der „Probleme der Zellteilung" erschien:
Die mitogenetische Strahlung. Mit 70 Abb. IX, 384 Seiten.
1932. RM 32.—, gebunden RM 33.80
(Band XI und XXV der „Monographien aus dem Gesamtgebiet der Physiologie der Pflanzen und der Tiere".)

Fortschritte der Botanik. Unter Zusammenarbeit mit mehreren Fachgenossen herausgegeben von Fritz von Wettstein, München.
Erster Band: **Bericht über das Jahr 1931.** Mit 16 Abbildungen. VI, 263 Seiten. 1932. RM 18.80
A. **Morphologie.** Morphologie und Entwicklungsgeschichte der Zelle. Von L. Geitler, Wien. — Morphologie, einschließlich Anatomie. Von W. Troll, Halle a. S. — Entwicklungsgeschichte und Fortpflanzung. Von L. A. Schlösser, München. — B. **Systemlehre und Stammesgeschichte.** Systematik. Von J. Mattfeld, Berlin-Dahlem. — Paläobotanik. Von M. Hirmer, München. — Systematische und genetische Pflanzengeographie. Von E. Irmscher, Hamburg. — C. **Physiologie des Stoffwechsels.** Physikalisch-chemische Grundlagen der biologischen Vorgänge. Von E. Bünning, Jena. — Zellphysiologie und Protoplasmatik. Von K. Höfler, Wien. — Der Wasserumsatz in der Pflanze. Von B. Huber, Darmstadt. — Stoffwechsel I. Allgemeiner Stoffwechsel. Von K. Mothes, Halle a. S. — Stoffwechsel II. Heterotrophe und Spezialisten. Von A. Rippel, Göttingen. — Oekologische Pflanzengeographie. Von H. Walter, Stuttgart. — D. **Physiologie der Organbildung.** Wachstum und Bewegungserscheinungen. Von H. v. Guttenberg, Rostock i. M. — Vererbung. — Entwicklungsphysiologie. Von F. Oehlkers, Freiburg i. B. — E. Anhang. Oekologie. Von Th. Schmucker, Göttingen.

* Auf die Preise der vor dem 1. Juli 1931 erschienenen Bücher wird ein Notnachlaß von 10% gewährt.

VERLAG VON JULIUS SPRINGER / BERLIN

Selbststerilität und Kreuzungssterilität im Pflanzenreich und Tierreich. Von Dr. **Friedrich Brieger**, Privatdozent an der Universität Berlin. ⟨„Monographien aus dem Gesamtgebiet der Physiologie der Pflanzen und der Tiere", Band XXI.⟩ Mit 118 Abbildungen. XI, 395 Seiten. 1930. RM 32.—, gebunden RM 33.80*

Organisation und Gestalt im Bereich der Blüte. Von Dr. **Wilhelm Troll**, Privatdozent an der Universität München. ⟨„Monographien aus dem Gesamtgebiet der wissenschaftlichen Botanik", Band I.⟩ Mit 312 Abbildungen. XIII, 413 Seiten. 1928. RM 39.—*

Die Regulationen der Pflanzen. Ein System der ganzheitbezogenen Vorgänge bei den Pflanzen. Von Professor Dr. E. **Ungerer**, Privatdozent an der Technischen Hochschule Karlsruhe. Zweite, erweiterte Auflage. ⟨„Monographien aus dem Gesamtgebiet der Physiologie der Pflanzen und der Tiere", Band X.⟩ XXIV, 364 Seiten. 1926. RM 22.80, gebunden RM 24.—*

Die Reizbewegungen der Pflanzen. Von Dr. Ernst G. **Pringsheim**, Privatdozent an der Universität Halle a. S. Mit 96 Abbildungen. VIII, 326 Seiten. 1912. RM 12.—*

Elektrophysiologie der Pflanzen. Von Dr. Kurt **Stern**, Frankfurt a. M. ⟨„Monographien aus dem Gesamtgebiet der Physiologie der Pflanzen und der Tiere", Band IV.⟩ Mit 32 Abbildungen. VII, 219 Seiten. 1924. RM 11.—, gebunden RM 12.—*

Pflanzensoziologie. Grundzüge der Vegetationskunde. Von Dozent Dr. J. **Braun-Blanquet**, Montpellier. ⟨„Biologische Studienbücher", Band VII.⟩ Mit 168 Abbildungen. X, 330 Seiten. 1928. RM 18.—, gebunden RM 19.40*

Lehrbuch des Obstbaus auf physiologischer Grundlage. Von Dr. Fritz **Kobel**, Botaniker an der Schweizerischen Versuchsanstalt für Obst-, Wein- und Gartenbau in Wädenswil. Mit 63 Abbildungen. VIII, 274 Seiten. 1931. RM 16.—, gebunden RM 18.40*

Praktikum der Gallenkunde (Cecidologie). Entstehung, Entwicklung, Bau der durch Tiere und Pflanzen hervorgerufenen Gallbildungen sowie Oekologie der Gallenerreger. Von Professor Dr. **Hermann Ross**, Hauptkonservator und Abteilungsleiter i. R. am Botanischen Museum in München-Nymphenburg. ⟨„Biologische Studienbücher", Band XII.⟩ Mit 181 Abbildungen. X, 312 Seiten. 1932. RM 24.—, gebunden RM 25.60

* *Auf die Preise der vor dem 1. Juli 1931 erschienenen Bücher wird ein Notnachlaß von 10% gewährt.*

MIX
Papier aus verantwortungsvollen Quellen
Paper from responsible sources
FSC® C105338

If you have any concerns about our products,
you can contact us on
ProductSafety@springernature.com

In case Publisher is established outside the EU,
the EU authorized representative is:
**Springer Nature Customer Service Center GmbH
Europaplatz 3, 69115 Heidelberg, Germany**

Printed by Libri Plureos GmbH
in Hamburg, Germany